中国油气管道工程技术与装备交流大会论文集

中国石油工程建设协会◎编

中国石化出版社
·北京·

图书在版编目(CIP)数据

中国油气管道工程技术与装备交流大会论文集 / 中国石油工程建设协会编 . —北京 ：中国石化出版社，2024. 1
ISBN 978-7-5114-7421-6

Ⅰ. ①中… Ⅱ. ①中… Ⅲ. ①石油管道-管道工程-文集 Ⅳ. ①TE973-53

中国国家版本馆 CIP 数据核字(2023)第 255046 号

中国石化出版社出版发行
地址:北京市东城区安定门外大街 58 号
邮编:100011 电话:(010)57512500
发行部电话:(010)57512575
http://www. sinopec-press. com
E-mail:press@ sinopec. com
北京艾普海德印刷有限公司印刷
全国各地新华书店经销
*
880 毫米×1230 毫米 16 开本 36. 5 印张 987 千字
2024 年 1 月第 1 版　2024 年 1 月第 1 次印刷
定价:168. 00 元

《中国油气管道工程技术与装备交流大会论文集》

编 委 会

前　言

为全面贯彻落实党的二十大精神、中央经济工作会议精神和习近平总书记视察石油、石化企业重要指示精神，把能源的饭碗牢牢端在自己手里，大力推进数智化改造、绿色化转型，打造世界领先的绿色智能能源企业，石油石化能源企业必须坚持科技创新迈向高水平自立自强，走好生态优先绿色发展之路，推进行业数智化转型，支撑保障石油石化工业高质量发展。

油气管道是能源动脉，是现代能源体系和现代综合交通运输体系的重要组成。为推动绿色低碳建设和新一代数字技术在油气管道领域的广泛应用，锚定新质生产力发展方向，着力解决油气管道工程建设和运营中的难点问题，持续提升油气管道技术水平与关键装备研发和国产化替代，搭建管道企业、科研院所及技术服务机构的交流平台，深入交流学习互鉴，中国石油工程建设协会、中国石油天然气集团有限公司工程和物资装备部、中国石油化工集团有限公司工程部、中国海洋石油有限公司工程技术部、国家石油天然气管网集团有限公司工程部、中国石油集团工程股份有限公司定于2024年1月9日–11日在广州市联合举办“中国油气管道工程技术与装备交流大会”，大会以“创新驱动绿色低碳建设，数字赋能自立自强发展”为主题，着力推动油气管道工程建设数字化转型、绿色低碳发展，提高整体油气管道技术与关键装备核心竞争力，增强发展新动能，打造合作共赢新生态。

本次大会得到了中国石油、中国石化、中国海油、国家管网等单位的有力指导和大力支持，各相关企事业单位、科研院校积极参与，踊跃投稿。大会共征集学术论文200余篇，经相关专家评审择优收录97篇，内容涉及油气输送管道勘察设计、工程建设、技术与装备等领域的科技创新和数字化转型、智能化发展的最佳实践，论文整体上反映了国内油气管道工程建设和运营的最新研究成果、技术、方法及应用进展等，具有较高的学术价值和借鉴意义。

本书编委会

2024年1月

目　录

第一篇　设计与施工篇

第二篇　投产与运行篇

第三篇　信息化、数智化类

第一篇　设计与施工篇

中等口径薄壁管全自动焊技术在低温环境下应用

杨建新　侯　俊　蔡德宇　马青山　许　航　周培兴

（国家管网集团北方管道有限公司）

摘　要　目前，国内长输管道全自动焊工艺应用主要在管径 *DN*700 以上的管道，中小口径（*DN*200～500）管道的焊接工艺，多采用手工焊、组合自动焊，施工效率低、劳动强度大，焊接质量低于全自动焊。中等口径薄壁管全自动焊工艺的应用有效提升了施工工效，减少人为因素造成的焊接缺陷产生几率，降低了劳动强度。本文结合中俄东线嫩江支线工程实践，介绍了中等口径薄壁管全自动焊技术的施工工艺和低温环境对自动焊焊接产生的影响，低温环境下薄壁管自动焊的施工效率，特别是在冬季低温环境下确保焊接设备正常运转和保证施工质量采取的相应措施。

关键词　中小口径；薄壁管；全自动焊；低温应用

中等口径薄壁管全自动焊技术目前在国内处于实验阶段，尤其是在低温环境更鲜有应用。本文结合中俄东线嫩江支线在东北极寒环境下的应用，针对低温环境下产生焊口错变量变大现象，通过一系列应对措施，探索低温环境下可适用的施工措施管控办法，使中等口径薄壁管全自动焊工艺适应低温环境，为今后长输管道在低温环境下进行中等口径薄壁管自动焊施工提供了有效的方法和经验。

1　工程概述

中俄东线嫩江支线天然气管道工程（下文简称嫩江支线）管道起自中俄东线天然气管道齐齐哈尔支线富裕分输清管站，终到嫩江末站，线路全长 195km，设计输量为 8.63 亿 m^3/年，设计压力 6.3MPa，采用常温输送工艺。

为提高施工效率，验证中等口径薄壁管全自动焊技术在长输天然气管道的应用效果，在嫩江支线线工程（管径 D508mm，壁厚 7.1mm，材质 L415M 螺旋缝/直缝埋弧焊钢管），50km 采用自动氩弧焊外根焊+实心焊丝自动焊工艺。项目实施位置位于我国东北寒冷地区，冬季寒冷且漫长，最冷月平均气温-24～-14℃，极端天气温度达-42.5℃。

2　中等口径薄壁管全自动焊施工工艺应用现状及优缺点对比

目前，可用于中等口径薄壁管道（*DN*200～500）的全自动焊工艺有 3 种类型，即铜衬垫内对口器+GMAW 外自动焊工艺、无衬垫 GMAW 外自动焊工艺、无衬垫钨极氩弧外自动焊工艺。

2.1　铜衬垫内对口器+GMAW 外自动焊工艺

铜衬垫内对口器+GMAW 外自动焊在海洋管道建设、国外长输管道建设中有较成熟的应用案例。以国内某工程项目为例，该项目管材 D323.9mm 直缝焊管，采用 0 间隙带衬垫全自动焊工艺，采用双 V 型坡口，错边量要求≤1/8*T*，且最大不应大于 1.0mm。根焊采用实心焊丝自动外根焊工艺（GMAW），热焊、填充、盖面采用气保护药芯焊丝自动焊工艺（FCAW-G），铜衬垫内对口器工艺在该工程中累计焊接 821km，检测合格率为 97%。焊接过程中，铜衬垫与管内壁紧密贴合，可以为整个根焊熔池提供稳定的支撑，有利于焊缝背面成型与根焊缝质量。但只适用于无缝管、直缝管，管口存在噘嘴时，铜衬垫无法与钢管内壁良好贴合，根焊焊接质量无法保证。业内存在对该工艺是否渗铜引发焊缝裂纹的质疑。

2.2　无衬垫 GMAW 外自动焊工艺

无衬垫 GMAW 外根焊工艺在国外没有工程应用案例，国内某项目 D323.9mm 直缝焊管应用 2 公里，检测合格率 98%。无衬垫 GMAW 外自动焊工艺坡口形式为 U 型窄坡口，组对间隙为 0～0.5mm，错边量要求≤1/8*T*，且最大不应大于 1.0mm。无衬垫 GMAW 外自动焊工艺根焊焊接速度可以达到 25～40cm/min，焊缝质量与焊接效率高。但该工艺相比带铜衬垫工艺由于缺少衬垫衬托电弧稳定性差，易出现未焊透或烧穿缺陷，相比自动氩弧外根焊熔池深、飞溅特性明显，根焊质量不易保证。

2.3　无衬垫钨极氩弧外自动焊工艺

无衬垫钨极氩弧外自动焊工艺在锦郑成品油管道华北注入支线改线工程项目 D457mm、7.1mm 壁厚螺旋焊管试验应用 1km，采用钨极氩弧焊自动焊根焊+气保护药芯焊丝自动焊上向填充、盖面。该焊接工艺采用 CPP900-TWR 轨道式自动氩弧焊根焊设备进行 360°圆周焊接，采用热丝技术，无衬垫、0 间隙组对。试验焊口 93 道，检测合格率为 100%。由于该工艺填充盖面仍然采用气保护药芯焊丝上向焊工艺，虽然根焊速度较快，但是总体焊接速度提升不够明显。

在嫩江支线工程项目 D508mm 螺旋焊管目前应用 11km，采用自动氩弧焊外根焊+实心焊丝自动焊工艺下向填充、盖面。该焊接工艺同样采用 CPP900-TWR 轨道式自动氩弧焊根焊设备进行 360°圆周焊接，采用热丝技术，无衬垫、0 间隙组对。采用实心焊丝下向焊工艺后，最高工效可达 24 道口/工日，检测合格率为 98%。但应用过程中当环境温度达到-15℃以下时，温差导致焊接产生的变形量较大，出现局部错边量超出焊接工艺规程要求的问题。

3　自动氩弧焊外根焊+实心焊丝自动焊施工工艺

3.1　坡口要求

自动氩弧焊外根焊+实心焊丝自动焊采用窄间隙坡口，使用坡口机对管口进行坡口加工，保证坡口的精度和一致性，相关要求详见图 1。

3.2　组对要求

自动氩弧焊外根焊+实心焊丝自动焊采用内对口器无衬垫进行管口组对，对口间隙 0~0.5mm，错边 ≤ 1/8*T*，超过 1/8*T* 且不大于 1.2mm 的局部长度不大于 50mm。内对口器及错边量测量见图 2。

3.3　焊接方式

自动氩弧焊外根焊+实心焊丝自动焊采用 360°管道全位置连续根焊工艺，实现 1 人、1 机、1 个接头的焊接方式，是手工 TIG 焊接的 4 倍以上（以 D508mm 管为例，氩弧全自动圆周焊根焊时间约为 10min，手工 TIG 焊接需要点焊固定，在进行焊接，单人整口焊接时间约为 40min），有效提高了打底焊的焊接速度。具体焊接工艺参数见表 1。

接头型式：对接　坡口型式：短舌U型，见图1

坡口面角度(*a*)：5 ± 1°　背垫：无

钝边(*P*)：1.8 ± 0.2mm　对口间隙(*b*)：0~0.5mm

圆弧半径*R*=2.4mm　短舌长度(*L*)：1.1 ± 0.2mm

半开口宽度*W*=3.6~3.8mm

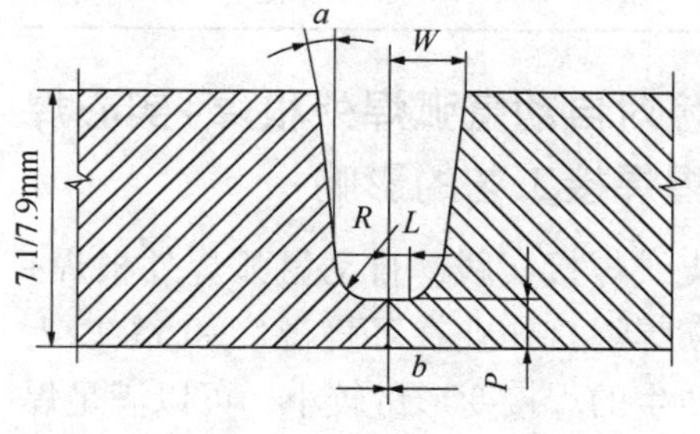

图 1　坡口要求及接头示意图

图 2　内对口器及错边量测量

表 1 焊接工艺参数

焊道	焊接方法	填充材料		极性	焊接方向	电流/A	电压/V	摆动宽度/mm	边缘停留/ms	送丝速度/(m/min)	保护气体流量/(L/min)	焊接速度/(cm/min)	热输入/(kJ/min)
		型号	规格										
根焊	GTAW	W49A36	1.0mm	DCEN	上向	175~230	9~15	1.7~2.6	100~220	1.9~2.4	12~18	16~20	0.76~0.34
					下向	155~230	9~15	2.0~3.0	160~220	1.8~2.2	12~18	16~20	0.65~0.31

3.4 焊材使用对比

自动氩弧焊外根焊+实心焊丝自动焊采用气保实芯焊丝单焊炬下向方式填盖，采用窄间隙的坡口形减少了焊材的使用。管径 508mm，壁厚 7.1mm，气保实芯下向填盖整道口共三层所需焊材约 0.575kg。同等壁厚组合自动焊气保药芯上向填盖整道口共三层所需焊材约为 0.9kg。具体焊接工艺参数和保护气体见表 2、表 3。

表 2 焊接工艺参数

焊道	焊接方法	填充材料		极性	焊接方向	电流/A	电压/V	摆动宽度/mm	边缘停留/ms	送丝速度/(m/min)	保护气体流量/(L/min)	焊接速度/(cm/min)	热输入/(kJ/min)
		型号	规格										
填充	GMAW	W49A5M21S15	1.0mm	DCEP	下向	120~240	20~28	1.3~3.5	60~150	5.6~9.4	25~30	34~69	0.36~0.61
盖面	GMAW	W49A5M21S15	1.0mm	DCEP	下向	120~185	20~28	3.2~6.0	60~150	5.6~7.7	25~30	24~45	0.56~0.73

表 3 保护气体

焊道	根焊	填充/盖面
保护气体类型	Ar	混合气($Ar—CO_2$)
混合比要求(体积比)	100%Ar	80%Ar+20%CO_2
纯度要求	CO_2 气体纯度≥99.5%，Ar 气体纯度≥99.96%	
含水量要求	CO_2、Ar 气体含水量均≤0.005%	

4 低温环境对自动氩弧焊外根焊+实心焊丝自动焊焊接工艺的影响

经嫩江支线焊接实践，自动氩弧焊外根焊+实心焊丝自动焊焊接作业在环境温度-15℃以上焊接正常，产生的焊接变形量较小，可以满足焊接工艺要求，日均功效为 20~24 道口。当环境温度降到-15℃后，通过焊接防风棚内安装两组电加热取暖装置使棚内施焊环境温度达到不低于工艺要求温度的-4℃，但此时焊接产生的变形量较大，出现局部错边量超出焊接工艺要求的问题，影响工程质量及机组工效。

问题产生后，经过大量的试验和分析后发现，问题产生的根本原因在于薄壁管在焊接过程中易产生变形，尤其是在低温情况下变形量更为突出，通过控制管口组对错边量、预热温度、调整涨靴位置等因素，可对焊接完成后焊接的变形量进行约束，产生满足工艺要求的焊口。试验对比情况见表 4：

表 4 实验对比情况表

方案	内对口器调整措施	预热温度/℃	组对时最大错边量/mm	焊接后错边量/mm	结 论
1	二次加压对口状态保持至焊接全部完成，用内对口器涨靴来约束焊接变形量	100	0.6	1.0~1.2	局部错边量不符合工艺要求
2	内对口器压力 0.87MPa，根焊完成后内对口器不再提供约束力	65	0.6	1.1	局部错边量不符合工艺要求
3	内对口器压力 0.87MPa，根焊完成后内对口器不再提供约束力	130	0.5	1.0	局部错边量不符合工艺要求
4	内对口器二次加压状态，根焊完成后内对口器不再提供约束力	120	0.5	1.0	局部错边量满足工艺要求
5	内对口器二次加压状态减小对口器前后涨靴距离为 20mm，根焊完成后内对口器不再提供约束力	120	0.5	0.9	局部错边量满足工艺要求

续表

方案	内对口器调整措施	预热温度/℃	组对时最大错边量/mm	焊接后错边量/mm	结　论
6	内对口器二次加压状态减小对口器前后涨靴距离为20mm，根焊完成后内对口器不再提供约束力	120	0.4	0.8	局部错边量满足工艺要求
7	内对口器二次加压状态减小对口器前后涨靴距离为20mm	130~150	0.4	0.7~0.8	局部错边量满足工艺要求

通过采取上述几种措施，可以发现，调节对口器前后涨靴到焊道的距离、对口时管口错边量和管口预热温度等办法，均可有效的减小中等口径薄壁管自动焊在低温环境下焊接产生的变形，行成满足工艺要求的焊口。

5　低温环境焊接采取的措施

5.1　施工机械设备维保

针对冬季低温环境下施工，为确保机械设备（焊接工程车、坡口机等）在低温环境下正常运转，通过及时更换施工设备的液压油、机油、防冻液，并安装低温环境启动系统，现场配备热风机等防护措施，均可有效避免因低温造成的设备故障。

5.2　内对口器选型及操作

冬季低温环境下传统气动内对口器采用压缩空气为动力源，因压缩空气中水分结冰导致气动阀无法工作，为解决此问题，现场采用电驱无线遥控内对口器，有效避免了因为依赖压缩空气产生的系列问题。

鉴于薄壁管的物理特性，在进行组对焊接时，会产生较大的焊接变形。在项目实施中，通过电驱无线遥控内对口器使前后涨靴的间距不超过20mm，并配备涨靴调整垫片调节错边量，严格控制错边量在0.4mm以下再进行焊接，可有效的减小焊接过程的变形量。

5.3　焊前预热环节

在常温环境下的施工过程中，通常只要确保焊前预热不低于焊接工艺要求即可，而在低温环境下，在管口组对好后，在防风棚内进行焊前预热，由于散热较快，要将焊前预热温度控制在120~150℃，此温度范围内可以保证焊接接头得到适当的加热，同时减少焊接变形量。低温环境下的焊前预热采用中频加热，中频加热能够使管口受热更加均匀且受热面积更大，可有效的控制焊前预热温度，防止因环境温度过低造成的散热问题。

5.4　施焊环境保障

施焊环境也是影响焊接质量的一个重要环节，全自动焊焊接作业需在全封闭的防风棚内进行，防风棚内圈应与管子密实贴合，低温环境的防风棚采用带保温层的壁板，与管子贴合处棚内安装防风帘，棚外加装保温防风被。低温环境下为确保施焊环境温度，同时还在防风棚内加装4组电加热取暖装置，每组采用4个275W的防爆取暖灯，来提高施焊环境温度，避免因寒冷低温环境对焊接质量的影响。

5.5　层间温度保障

嫩江支线施工现场采用全自动流水作业施工程序，并在低温环境下严格控制层间温度，每道工序结束后需要更换防风棚作业时，焊道使用岩棉保温被进行紧密包裹，保障层间温度不低于预热温度。施工现场采用接触式温度测量仪进行温度测量，如果发现层间温度低于预热温度，为保证焊接质量和减小焊接变形量，要重新将焊口温度加热到预热温度后方可进行后续焊接作业。

5.6　焊后及时保温

一般温度下，在焊口成型后，自然冷却即可。但由于焊接完成后焊道温度较高，焊口暴露在低温环境下冷却速度过快，易产生热应力或裂纹。故在嫩江支线冬季施工现场，自动焊焊接完成后采取岩棉保温被进行包裹，配备棘轮捆绑带对岩棉保温被进行预紧，确保岩棉保温被与焊道紧密贴合，以达到保温并缓冷的作用。

6　低温环境下自动焊措施优化前后与组合自动焊功效对比

在低温条件下，施工机械的预热启动时间、管口组对错边调整时间、管口预热时间等较常温状态下有所增加，有效的采取预防措施和优化工艺，可提高低温状态下的施工功效和合格率。详见表5。

表5 功效对比

	组合自动焊	低温环境全自动焊措施优化前	低温环境全自动焊措施优化后
日焊接量	稳定 13 道	低于 16 道	稳定 24 道
焊口合格率	≥95%	≥96%	≥98%

7 结论

自动氩弧焊外根焊+实心焊丝自动焊技术的应用可有效的提高施工效率，窄间隙坡口的应用减少了焊材的使用，节约了工程造价成本。本文通过嫩江支线在冬季低温环境下，结合中等口径薄壁管自动焊施工中存在的问题，给出相应的预防措施，确保低温环境下中等口径薄壁管全自动焊施工高效正常运行，大大提高了长输管道中等口径薄壁管自动焊施工的实施应用水平，为今后的长输管道在低温环境下进行中等口径薄壁管自动焊施工提供了有效的方法和经验，具有深远意义。

参考文献

[1] 闫臣，鹿锋华，崔成武，孙帅 . WPS-NJZX-07. 中俄东线嫩江支线天然气管道工程焊接工艺规程，2023(9).

超临界 CO_2 输送管道断裂控制技术

商永滨[1]　徐德权[1]　吴琛楠[1]　肖述琴[2,3]

(1. 长庆工程设计有限公司；2. 中国石油长庆油田分公司油气工艺研究院；3. 低渗透油气田勘探开发国家工程实验室)

摘　要　针对超临界 CO_2 输送管道运行过程中存在的延性断裂风险，结合国内外超临界 CO_2 管道止裂韧性研究及全尺寸爆破试验结论，采用 Battelle 双曲线模型、失效评估图(FAD)技术分别对 L360、L415、L450 三种材质钢管管体、焊缝部位的止裂韧性值进行了预测，结果表明：钢管管体起裂韧性值计算值均大于 GB/T 9711 的标准规定值，止裂韧性要求值执行计算结果；焊缝部位的起裂韧性值计算值均小于 GB/T 9711 的标准规定值，起裂韧性要求值按照 GB/T 9711 标准规定执行。通过对 L360、L415、L450 钢管管体及焊缝进行夏比冲击韧性测试，三种材质管体、焊缝的夏比冲击韧性值测试结果全部满足 GB/T 9711 标准要求，且有较大的余量。

关键词　超临界；延性断裂；止裂韧性；Battelle 双曲线模型；失效评估

在碳中和目标下，CO_2 捕集利用与封存(CCUS)作为一项有望实现化石能源大规模低碳利用的新兴技术，未来减少二氧化碳排放、保障能源安全和实现可持续发展的重要手段，管道输送以其输送量大、输送距离远成为 CO_2 远距离输送最经济、最便捷的途径。断裂控制一直是密相/超临界 CO_2 输送管道设计的核心问题。管道全尺寸爆破试验是确定超临界 CO_2 管道止裂韧性的最佳方法，目前全球范围内仅有 15 次超临界 CO_2 管道全尺寸爆破试验(Battelle2 次、挪威 2 次、CSM2 次、National Grid UK3 次、澳大利亚 2 次、英国 3 次、国家管网 1 次)，试验结果将显著提升二氧化碳管道止裂韧性的计算精度，所获数据为二氧化碳输送管材研制、管道设计和建设技术提供了重要的数据支撑。

目前针对超临界 CO_2 管道断裂研究仍处于起步阶段，因此有必要采取试验和数值模拟研究相结合的方法，对 CO_2 输送管道延性断裂机理进行更加深入的研究，避免管道延性断裂的发生，确保管道输送的安全运行。

1　管道管体止裂韧性

API SPECIFICATION 5L/ISO3183 中给出了几种常用的止裂韧性预测方法的适用范围(表 1)，结合国内外关于减压波与裂纹扩展的研究现状相关设计标准及现有全尺寸爆破实验数据分析，对于长庆超临界 CO_2 输送管道，输送压力取 10MPa，管径取 508mm，推荐使用 Battelle 双曲线法为止裂依据。

表 1　常用止裂韧性预测方法

序号	止裂韧性预测方法	适用范围			
		钢级	输送压力/MPa	管径 D、壁厚 t/mm	介质
1	EPRG 指南	—	≤8.0	D≤1430，t≤25.4	单相气体
2	Battelle 简化公式	≤X80	≤7.0	40<D/t<115	单相气体
3	Battelle 双曲线模型	≤X80	≤12	40<D/t<115	单相或富气
4	AISI 公式	≤X70	—	D≤1219，t≤18.3	单相气体
5	全尺寸爆破试验	—	—	—	—

Battelle 双曲线方法基本原理是通过计算和比较材料阻力曲线(J 曲线)和气体减压波曲线来

确定止裂韧性，如图 1 所示。当这两条曲线相切，代表在某一压力下裂纹扩展速率与气体减压波速率相同，达到止裂的临界条件，与此条件相对应的韧性(夏比冲击功)即为 Battelle 双曲线法确定的止裂韧性。如果材料阻力曲线和减压波曲线没有交点，则在任何条件下减压波速率都大于裂纹扩展速率，裂纹尖端的压力将一直下降至零，随着驱动力的逐渐下降(裂纹尖端压力)，裂纹将最终停止扩展。

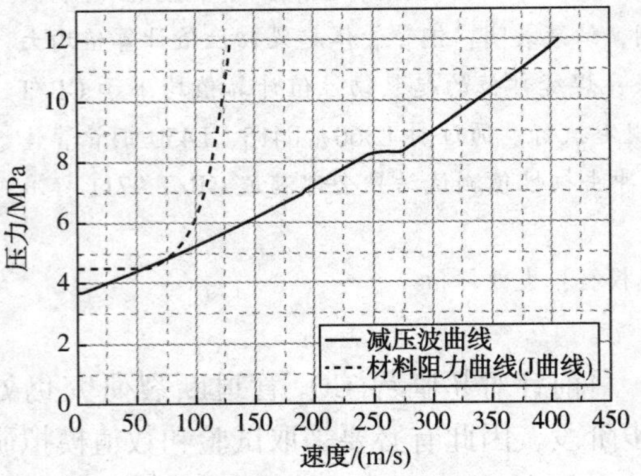

图 1　BTC 方法原理示意图

BTC 模型中用来计算材料阻力曲线的基本公式如下：

$$V_c = c\times\frac{\sigma_{flow}}{\sqrt{R}}\times\left(\frac{P_d}{P_a}-1\right)^m \qquad (1)$$

$$P_a = \frac{4}{M_T\times\pi}\times\frac{t}{D}\times\sigma_{flow}\times\cos^{-1}\exp\left(\frac{-10^3\times\pi\times E\times R}{8\times C_{eff}\times\sigma_{flow}^2}\right) \qquad (2)$$

式中，V_c 为裂纹扩展速度；R 为裂纹扩展阻力，取 C_V/A_c；C_V 为夏比冲击功；A_c 为冲击试样韧带面积；σ_{flow} 为材料流变应力，取 σ_y+68.95MPa；P_d 为裂纹尖端动态压力；P_a 为止裂压力；c 和 m 为回填常数；t 为钢管壁厚；D 为钢管外径；σ_{arrest} 为止裂应力；M_T 为膨胀因子；E 为钢管弹性模量；C_{eff} 为有效裂纹长度，取 $3\sqrt{Dt/2}$。

减压波与气体的组分、温度和压力有关。减压波速度定义为：

$$W = C_S - U \qquad (3)$$

式中，W 为减压波波速，C_S 为局部声速，U 为介质流出的平均速度。声速和介质流出的平均速度可用压力和密度的增量来计算，密度和声速都需要由状态方程来确定。

对于超临界 CO_2 的减压波行为研究相对较少，本报告采用广泛应用于气体管道工业的 PR 状态方程考虑气体等熵膨胀得到的压力分布方程来表示气体局部压力与裂纹扩展速度的关系，如式 3.4 所示。

$$P_1 = P_0\left(\frac{2}{\gamma+1}+\frac{\gamma-1}{\gamma+1}\frac{V}{V_0}\right)^{\frac{2\gamma}{\gamma-1}} \qquad (4)$$

式中，P_1 为减压后的压力水平，MPa；P_0 为开裂前管内压力，MPa；γ 为起始状态下气体比热容；V 为减压波速度，m/s；V_0 为起始状态下声速，m/s。

管体止裂韧性计算结果表 2 及图 2 所示。按照标准 GB/T 9711《石油天然气工业管线输送用钢管》中规定：D<1422mm、钢级≤L555 的钢管在试验温度为 0℃或协议更低温度时，管体冲击功要求的最小值为 27J。由表 2 起裂韧性计算结果可知，计算值均大于 GB/T 9711 的标准规定值，为保守起见，管体的止裂韧性要求值执行计算结果。

表 2　起裂韧性计算结果

编号	钢级	管径/mm	壁厚/mm	压力/MPa	起裂韧性/J	GB/T 9711 要求
1	L360	508	9.8	10	44	≥27
2	L415	508	8.5	10	60	
3	L450	508	7.84	10	68	

图 3 为对不同规格的 L360、L415、L450 钢管管体进行夏比冲击韧性测试和统计结果。从图中可以看出，三种材质管体的夏比冲击韧性值测试结果全部大于计算要求的最小值，且有较大的余量。

2　焊接区域防止起裂的韧性

大量的管道失效案例统计分析结果表明，焊接钢管启裂一般都发生在钢管焊缝或热影响区，所以用焊接接头断裂韧性指标作为焊管启裂韧性指标。偏于安全起见，国际上的作法(如 ASME 和 EPRG)是假设钢管焊缝或热影响区存在深度为 $t/4$(t 为钢管名义壁厚)的表面裂纹缺陷，采用断裂力学分析方法获得裂纹不发生扩展的临界断裂韧性值，将此临界断裂韧性值作为焊管的启裂韧性指标。

计算分析采用英国 CEGB 最早提出的以弹塑性断裂力学为基础的失效评估图(FAD)技术，

即双判据方法，如图 4 所示。基于失效评估图的双判据法综合考虑了钢铁结构的断裂失效和塑性变形失效两种失效模式，确定的临界断裂韧性与单纯断裂判据相比更为可靠，在结构设计中，既可防止断裂失效，又可防止过量塑性变形失效，从而有效地降低结构的失效概率，是国内外在结构断裂评定规范中普遍采用的一种方法。采用标准 SY/T 6477 计算分析，FAD 图中的失效评估曲线 FAC 方程如下：

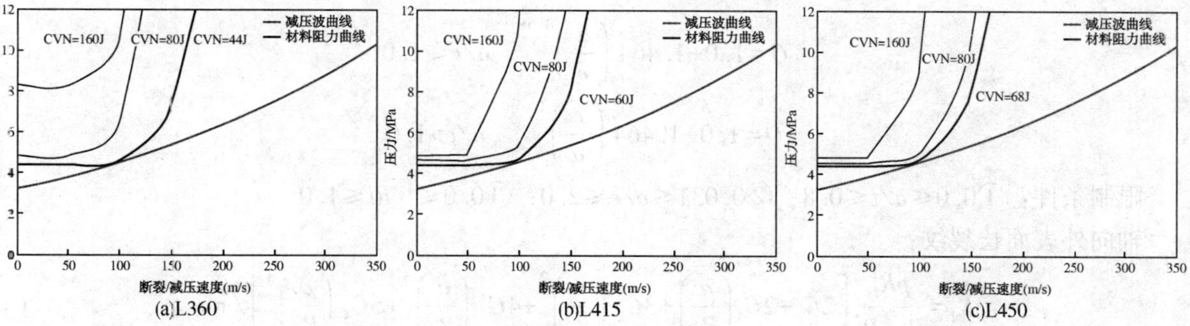

图 2　三种管材止裂韧性计算结果

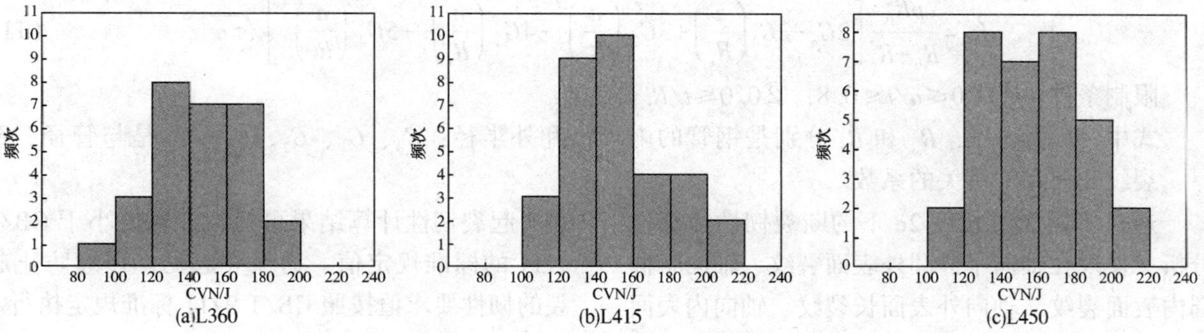

图 3　三种管体夏比冲击韧性测试结果

$$K_r=(1-0.14(L_r^p)^2)(0.3+0.7\exp[-0.65(L_r^p)^6]) \tag{5}$$

式中，$K_r=K_I/K_C$，K_I 为应力强度因子，K_C 为材料断裂韧性；$L_r=s_{ref}/s_y$，s_y 为材料屈服强度，s_{ref} 为参考应力，与裂纹尺寸和主应力有关。

当载荷比 L_r 满足公式(2)给出的条件时，按照公式(1)在设定表面裂纹深度 a 为 $t/4$ 后，进行不同裂纹长度 $2c$ 下的断裂韧性敏感性分析，将所定义的无限裂纹长度 $2c$ 对应的断裂韧性 K_C 值作为断裂韧性要求值，即启裂韧性指标。

$$L_r \leqslant (\sigma_y+\sigma_u)/2\sigma_y \tag{6}$$

由于断裂韧性 K_C 测试费用高且周期长，为便于工程应用，可以利用研究获得的 K_C 和 CVN 经验关系式，将断裂韧性 K_C 指标转化为夏比冲击功 CVN 指标。本文采用了 API RP 579 推荐的以下经验公式：

$$K_C=8.47\times(CVN)^{0.63} \tag{7}$$

考虑轴向半椭圆外表面裂纹、轴向半椭圆内表面裂纹、轴向外表面长裂纹、轴向内表面长裂纹四种裂纹类型，进行不同裂纹长度 $2c$ 下的断裂韧性敏感性分析。其中，对于前两种表面裂纹 $a/c \geqslant 0.031$，对于后两种长表面裂纹 $a/c < 0.031$，定义为长裂纹。四种表面裂纹分别有相应的应力强度因子 K_I 计算公式，见公式(8)~(11)。

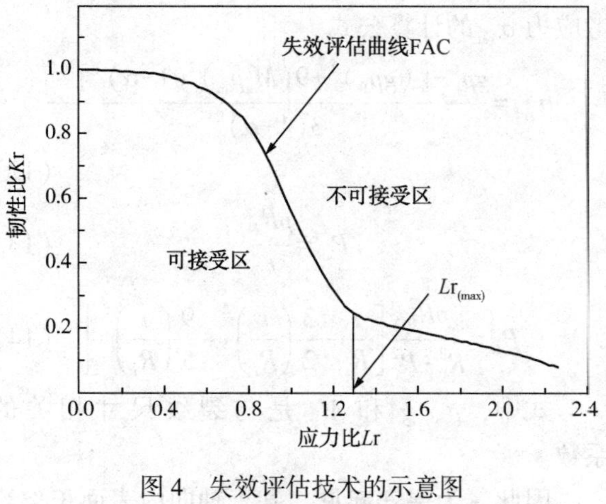

图 4　失效评估技术的示意图

半椭圆状轴向外表面裂纹：

$$K_I=\frac{pR_i^2}{R_o^2-R_i^2}\left[2G_o+2G_1\left(\frac{a}{R_o}\right)+3G_2\left(\frac{a}{R_o}\right)^2+4G_3\left(\frac{a}{R_o}\right)^3+5G_4\left(\frac{a}{R_o}\right)^4\right]\sqrt{\frac{\pi a}{Q}} \tag{8}$$

半椭圆状轴向内表面裂纹：

$$K_I=\frac{pR_o^2}{R_o^2-R_i^2}\left[2G_o-2G_1\left(\frac{a}{R_i}\right)+3G_2\left(\frac{a}{R_i}\right)^2-4G_3\left(\frac{a}{R_i}\right)^3+5G_4\left(\frac{a}{R_i}\right)^4\right]\sqrt{\frac{\pi a}{Q}} \tag{9}$$

$$Q=1.0+1.464\left(\frac{a}{c}\right)^{1.65}\quad a/c\leqslant1.0$$

$$Q=1.0+1.464\left(\frac{c}{a}\right)^{1.65}\quad a/c>1.0$$

限制条件：①$0.0\leqslant a/t\leqslant0.8$；②$0.031\leqslant a/c\leqslant2.0$；③$0.0\leqslant t/Ri\leqslant1.0$。

轴向外表面长裂纹：

$$K_I=\frac{pR_i^2}{R_o^2-R_i^2}\left[2G_o+2G_1\left(\frac{a}{R_o}\right)+3G_2\left(\frac{a}{R_o}\right)^2+4G_3\left(\frac{a}{R_o}\right)^3+5G_4\left(\frac{a}{R_o}\right)^4\right]\sqrt{\pi a} \tag{10}$$

轴向内表面长裂纹：

$$K_I=\frac{pR_o^2}{R_o^2-R_i^2}\left[2G_o-2G_1\left(\frac{a}{R_i}\right)+3G_2\left(\frac{a}{R_i}\right)^2-4G_3\left(\frac{a}{R_i}\right)^3+5G_4\left(\frac{a}{R_i}\right)^4\right]\sqrt{\pi a} \tag{11}$$

限制条件：①$0.0\leqslant a/t\leqslant0.8$；②$0.0\leqslant t/Ri\leqslant1.0$。

式中，P 为内压；R_o 和 R_i 分别是钢管的内半径和外半径；G_0、G_1、G_2、G_3、G_4 是与管径、壁厚、裂纹几何尺寸有关的系数。

通过不同裂纹长度 2c 下的断裂韧性敏感性分析，发现在轴向半椭圆外表面裂纹、轴向半椭圆内表面裂纹、轴向外表面长裂纹、轴向内表面长裂纹四种类型裂纹中，轴向内表面长裂纹最为苛刻，同样的裂纹长度 2c 下，对材料断裂韧性的要求最高。下面给出了轴向内表面长裂纹的参考应力 σ_{ref} 的计算公式。

$$\sigma_{ref}=\frac{gp_b+[(gp_b)^2+9(M_sp_m)^2(1-\alpha)^2]^{0.5}}{3(1-\alpha)^2} \tag{12}$$

$$P_m=\frac{pR_i}{t} \tag{13}$$

$$P_b=\frac{pR_0^2}{R_0^2-R_i^2}\left[\frac{t}{R_i}-\frac{3}{2}\left(\frac{t}{R_i}\right)^2+\frac{9}{5}\left(\frac{t}{R_i}\right)^3\right] \tag{14}$$

式中，p、g 和 M_s 是与裂纹尺寸相关的系数。

因此，为保守起见，基于轴向内表面长裂纹的敏感性分析结果确定管道焊接接头断裂韧性指标。计算结果表 3 及图 5 所示。

按照标准 GB/T 9711《石油天然气工业管线输送用钢管》中规定：$D<1422$mm、钢级≤L555 的钢管在试验温度为 0℃或协议更低温度时，焊缝及热影响区的冲击功要求的最小值为 27J。由表 3 起裂韧性计算结果可知，计算值小于 GB/T 9711 的标准规定值，为保守起见，焊缝防止起裂的韧性要求值按照 GB/T 9711 标准规定执行。

表 3　起裂韧性计算结果

编号	钢级	管径/mm	壁厚/mm	压力/MPa	起裂韧性/J	GB/T 9711 要求
1	L360	508	9.8	10	19	≥27
2	L415	508	8.5	10	21	
3	L450	508	7.84	10	22	

图 6 为对不同规格的 L360、L415、L450 焊管焊缝进行夏比冲击韧性测试和统计结果。从图中可以看出，三种材质的焊缝夏比冲击韧性值测试结果全部满足 GB/T 9711 标准要求，且有较大的余量。

3　结论

（1）采用 Battelle 双曲线模型对 L360、L415、L450 三种材质钢管管体的止裂韧性值进行了预测，结果表明，计算值均大于 GB/T 9711 的标准规定值，为保守起见，管体的止裂韧性要求值执行计算结果。

（2）通过对 L360、L415、L450 钢管管体进行夏比冲击韧性测试和统计，结果表明，三种材质管体的夏比冲击韧性值测试结果全部大于计算要求的最小值，且有较大的余量。

（3）采用失效评估图(FAD)技术对 L360、L415、L450 三种材质钢管焊缝部位的起裂韧性值进行了预测，结果表明，计算值小于 GB/T 9711 的标准规定值，为保守起见，焊缝防止起裂的韧性要求值按照 GB/T 9711 标准规定执行。

（4）通过对 L360、L415、L450 钢管焊缝进行夏比冲击韧性测试和统计，结果表明，三种材质的焊缝夏比冲击韧性值测试结果全部满足 GB/T 9711 标准要求，且有较大的余量。

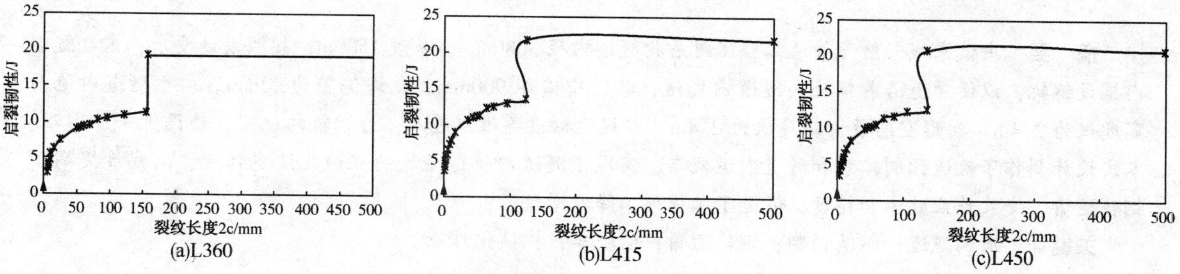

图 5　三种管材起裂韧性计算结果

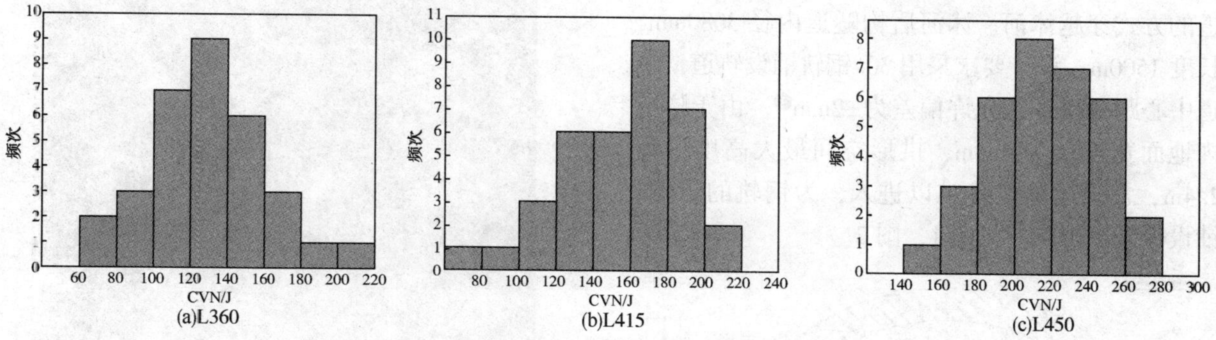

图 6　三种管材焊缝夏比冲击韧性测试结果

参 考 文 献

[1] 汪梦诗，金亦秋，张红超，等．“双碳”目标下我国能源行业高质量发展思考与建议[J]．石油科技论坛，2022. 41(1)：92-99.

[2] 梁锋．碳中和目标下碳捕集利用与封存(CCUS)技术的发展[J]．能源化工，2021，42(5)：19-26.

[3] 李鹤林，霍春勇，池强，等．输送管产品开发与工程应用技术支撑体系[J]．油气储运，2020，39(7)：721-729.

[4] 李鹤，池强，霍春勇，等．X90/X100 高钢级管道止裂概率计算方法[J]．压力容器，2021，38(11)：53-58.

[5] 赵新伟，池强，张伟卫，等．管径 1422mm 的 X80 焊管断裂韧性指标[J]．油气储运，2017，36(1)：37-43.

[6] 李胜男，苗青，欧阳欣，等．密相/超临界 CO_2 管道全尺寸爆破试验综述[J]．石油管材与仪器，2023，9(1)：16-22.

盾构隧道内轨道预制、运输方案及装备研究

马征宾　朱利杰　王要飞　巨世庆　侯　刚

（中国石油管道局工程有限公司第三工程分公司）

摘　要　中俄东线天然气管道工程沭河盾构隧道内径3080mm，长度1500m。按照设计要求，需在隧道内铺设钢轨，以便管道沿着钢轨向隧道内发送，轨道中心距900mm，允许偏差为±2mm。由于隧道内地面宽度仅为2.4m，拱形空间最大高度仅为2.4m，常规运输设备难以进入，为钢轨的运输、铺设带来了困难。本文设计制作了轨道预制工装和隧道内运轨车，实现了隧道内轨道运输的机械化流水作业，大幅度提高了钢轨运输、安装作业效率和精度，促进了工程施工降本增效。

关键词　盾构隧道；钢轨预制；钢轨运输；运轨车；机械化作业

中俄东线在山东省临沂市境内，通过盾构隧道的方式穿越沭河。沭河盾构隧道内径3080mm，长度1500m。设计要求采用30#钢轨铺设轨道，轨道中心距900mm，允许偏差为±2mm[1]。由于隧道内地面宽度仅为2.4m，拱形空间最大高度仅为2.4m，常规运输设备难以进入，为钢轨的运输、铺设带来了困难。见图1、图2。

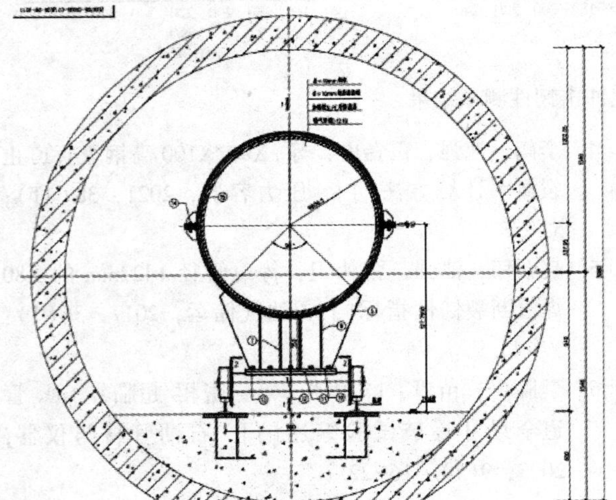

图1　隧道内轨道及管道示意图

图2　铺轨前的盾构隧道

项目初期曾计划采用三轮摩托车进行隧道内钢轨运输，经测试，一次仅能运输2~3节轨道。且由于三轮车在隧道内无法调头，三轮车在卸下轨道后，只能倒退行驶撤出隧道，驾驶易疲劳，车厢易剐蹭隧道壁，运输效率低，安全风险高，劳动强度大，因此，有必要研究开发新的盾构隧道内轨道铺设方案和配套设备。本文采用轨道预制工装，在隧道外完成钢轨预制后运输到隧道内安装，并设计制作配套的隧道内钢轨运输车，来解决上述问题。见图3、图4。

图3　等待运输的轨道

[1] 该轨道安装精度指标来源于中俄东线天然气管道工程（永清—上海）大汶河、沂河、沭河盾构穿越工程施工图。

图4　三轮摩托车在隧道内行驶

1　轨道预制工装设计制作

1.1　轨道预制工装设计制作

钢轨预制工装由20mm厚钢板作为平台，根据设计文件中轨道安装定位尺寸要求，在钢板上焊接定位块，可将两根轨道中心距控制在900mm，偏差不超过±1mm。在钢轨底板上均布焊接3根ϕ20mm圆钢定位，即可在隧道外快速完成2根钢轨的预制。

1.2　轨道预制工装应用效果

采用轨道预制工装后，与钢轨直接在隧道内进行定位后安装方案相比，可大幅节约工时，减小安装尺寸误差(≤1mm)，减轻人工劳动强度。见图5。

图5　轨道预制工装制作

2　隧道内轨道运输车设计制作

2.1　隧道内轨道运输车参数确定

隧道内运轨车采用静音型柴油发电机组为动力，主要参数确定：

行驶速度：隧道内运轨车用于在沭河隧道内将预制完成的轨道从竖井运输至安装位置。单程最大运输距离800m，机组要求时间不超过10min，因此运轨车时速应达到5km/h，并可无级调速。

额定载重：预制完成的轨道每节长6m，宽1m，重量380kg。隧道内高度3m，减去0.6m垫层、运轨车高度、龙门吊电葫芦高度，运轨车每次约可运输轨道8~10节，因此，载重能力应不小于4t。

额定功率：查机械手册表，橡胶轮与水泥地面滚动摩擦系数0.02。以运轨车自重+载重4t，行驶速度5km/h(1.4m/s)计算，需驱动功率：

$$P=FV=4000\times9.8\times0.02\times1.4=1098\text{W}$$

其中：P为驱动功率；F为牵引力，即运轨车重量与车轮滚动摩擦系数的乘积；V为运轨车行驶速度。

考虑启动时静摩擦阻力，确定运轨车驱动采用2台2.2kW变频减速电机驱动，总功率4.4kW。考虑电机启动余量，则配套发电机组输出功率应不小于8kW。

车身尺寸：隧道内垫层宽度2.4m，考虑到门式吊架装卸钢轨需求，运轨车车厢宽度不小于1.1m，整车最大宽度不大于1.7m。车厢长度不小于4m，车头长度满足发电机组和控制箱安装要求。

综上，可确定隧道内运轨车设计技术参数：采用静音型柴油发电机组为动力，功率8kW，额定载重4t，最大行驶速度5km/h，可无级调速，电动转向，有线遥控操作。车厢宽度1.2m，车身宽度1.5m，长度5.2m，在满足钢轨运载要求的情况下，最大限度的减小了车身尺寸，便于在隧道内狭窄空间应用。

2.2　隧道内轨道运输车车身制作

隧道内运轨车车身采用150×100×8mm的Q235方钢管焊接制作，中部采用6根100×50×5mm槽钢加强。车身宽度1.2m，长度4.6m，在满足预制钢轨运载要求的前提下，尽可能的减小了车身尺寸，满足隧道内行驶要求。

方钢管驱动电机、转向电机等相应位置进行开孔，便于电缆从方钢管内部走线，电缆不外露，提高安全性和美观性。见图6。

2.3　隧道内轨道运输车驱动系统安装

隧道内运轨车驱动系统采用2台2.2kW变频减速电机驱动，根据轮胎外径450mm，周长

图 6　隧道内轨道运输车车身制作

1.4m，速度 5km/h(1.4m/s)，可得减速机输出转速应达到 60rpm。四极电机转速 1500rpm，则减速机减速比 1500÷60=25。

采用 10mm 钢板焊接制作减速机安装座，用高强螺栓将减速机固定在车头位置，将实芯橡胶轮固定在减速机输出轴上，完成运轨车驱动系统安装。

运轨车驱动系统带有电磁刹车，行驶过程中自动松开刹车，并发出声光警报，停车时自动刹车，保障了运轨车的行驶安全。见图 7。

图 7　隧道内轨道运输车驱动系统安装

2.4　隧道内轨道运输车转向系统安装

隧道内运轨车转向系统采用转向节转向，转向动力采用蜗轮蜗杆减速电机驱动，功率 180W，最大转向角度 25°。

采用 25mm 钢板焊接制作转向节安装座和转向电机安装座，将转向节安装在车尾；采用 ϕ25mm 圆钢制作转向拉杆，用法兰将转向机与转向节连接在一起，完成运轨车转向系统安装。见图 8、图 9、图 10。

2.5　隧道内轨道运输车动力系统安装

隧道内运轨车动力系统采用静音型柴油发电机组，额定功率 8kW，风冷散热，无需冷却液。发电机组采用角钢和螺栓固定在车头。

设计了发动机尾气净化装置，将尾气通过尿素溶液和石灰水净化，减少了尾气中有害物排放，减轻了噪音，改善了人员作业环境。见图 11、图 12。

图 8　轨道运输车转向节

图 9　转向节安装座下料

图 10　安装完成的转向系统

图 11　运轨车发电机组安装

图 12　尾气净化装置安装

2.6　隧道内轨道运输车控制系统安装

运轨车控制系统采用变频器，实现了无级调速和软启动、软停止，保障运轨车行驶平稳。由于隧道内空间狭小，为保障操作者的人身安全，本文决定行走控制采用有线遥控方式。遥控器带有蘑菇头急停按钮和变频器调速旋钮，可实现运轨车的前进、后退、左转、右转，并可随时调节运轨车行走速度。

为保证设备操作和行走安全，控制系统采用36V 安全电压，在控制箱顶部安装了红色蜂鸣报警灯，运轨车行走时自动闪亮并发出报警声，提醒附近人员注意安全。见图 13、图 14。

图 13　运轨车控制系统安装

图 14　运轨车遥控器

2.7　隧道内轨道运输车模拟测试和涂装

运轨车组装完成后，负载 3t 进行了模拟测试，行走、转向、调速功能正常。

采用工程黄面漆对整车进行了涂装，完成了隧道内轨道运输车的总装。见图 15、图 16。

图 15　运轨车负载测试

图 16　运轨车总装完成

3　现场应用

3.1　轨道预制

在沭河盾构隧道发送端进行场地平整，按设计方案，完成轨道预制平台的制作。与采办部门沟通，完成 30#钢轨、Φ20mm 圆钢的采购、进场验收。向焊工、起重工等作业人员进行作业前技术交底，完成了轨道预制。见图 17。

图 17　高效完成轨道预制

3.2 隧道内轨道运输

3.2.1 运轨车使用前准备

(1) 隧道内运轨车采用静音型柴油发电机组为动力，使用期间，应确保隧道内通风正常，以防烟气聚集影响作业安全。

(2) 检查隧道内运轨车螺栓连接是否有松动，相关电气元件线路连接是否牢固、无损伤。

(3) 隧道内运轨车使用前应检查配套部件是否齐全，设备是否完好；控制箱、电机有无碰伤、泥水等杂物。若有异常情况应及时处理，不得带病工作。

(4) 隧道内运轨车运行前，应检查柴油发电机组燃油、润滑油状况，按要求保养发电机组，延长设备使用寿命。

(5) 投入施工应用前，应先对设备进行调试，操作手应熟悉设备使用方法。

(6) 分别按下手持有线遥控器的前进、后退、左转、右转等控制按钮，检测设备进退、转向是否正常。

(7) 检查手持有线遥控器急停按钮是否正常。

3.2.2 运输过程

(1) 将运轨车行驶到沭河盾构隧道发送口位置，采用汽车吊将预制完成的轨道吊装到运轨车上，每次运输轨道不超过10节，不得超过额定载荷，轨道应在车架上均匀分布。轨道应捆扎牢固，防止运输过程中跌落。

(2) 调节手持遥控器上的调速旋钮，按下前进按钮，运轨车低速起步。当行驶方向无障碍物时，可逐步调节遥控器调速旋钮，提高运轨车行驶速度。

(3) 运轨车行驶到隧道内卸车位置附近时，调节运轨车遥控器调速旋钮，降低运轨车行驶速度，避免急刹车。到达卸车位置时，松开前进按钮，运轨车停车并自动刹车。

(4) 完成隧道内轨道卸载之后，按下运轨车遥控器后退按钮，即可将运轨车撤回隧道外轨道安装点，进行下一车轨道的装载。见图18。

图18 运轨车在沭河隧道内作业图

3.3 应用效果、效益分析和推广应用情况

3.3.1 运轨车应用效果

隧道内轨道运输车和轨道吊装龙门吊制作完成后，2022年3月份运抵中俄东线沭河盾构隧道施工现场应用，仅用5天时间就完成了1500m沭河盾构隧道内钢轨的运输、铺设作业，大幅度提高了作业效率，有效推动了工程施工降本增效。

3.3.2 运轨车效益分析

与原人工向隧道内拖运钢轨、隧道内现场定位安装施工方案相比，可节约工期4天。直接经济效益：按中俄东线南段施工机组人工费53万元/月、设备费115.5万元/月计算，减少4天工期，可节约人工费和设备费：

(53万元/月+115.5万元/月)÷30天×4天
=22.46万元

与原方案三轮摩托车人工运轨方案相比相比，技术经济效益分析如表1所示。

3.3.3 运轨车推广应用情况

2022年6月份，盾构隧道内运轨车再次应用于中俄东线南段沂河盾构隧道，该隧道长度1650m，历时6天完成隧道内轨道运输安装，得到了业主、监理和施工机组的好评。见图19、图20。

图19 运轨车在沂河隧道内应用

表 1 技术经济效益分析

	运输效率	安全性	方便性
原三轮摩托车人工运轨方案	载重 800kg，一次仅能运输 2 节轨道	轨道长度 6m，超过摩托车 2m 车厢长度，安全性差	摩托车无法调头，撤出隧道时需倒车行驶，易剐蹭隧道壁，驾驶易疲劳
盾构隧道内运轨车机械化流水作业	载重 4000kg，一次可能运输 10 节轨道	运轨车长度 5.2m，可安全运载轨道	遥控操作，驶入、驶出隧道操控方便
采用隧道内运轨车的效果	提高轨道运输效率 5 倍以上	保障了作业的安全	减轻了人工劳动强度

图 20 安装完成的轨道

4 总结

采用轨道预制工装和隧道内运轨车，实现了隧道内轨道运输的机械化流水作业，大幅度提高了沭河、沂河盾构隧道内钢轨运输、安装作业效率和精度，缩短了工期，减轻了人工劳动强度，促进了工程施工降本增效，本方案及配套装备具有良好的技术经济价值和社会价值，可在国内各隧道内油气管道施工中推广应用。

参 考 文 献

[1] 成大先，等．机械设计手册．北京：化学工业出版社，2010.

[2] 吴信丽，章文誉，葛立银，等．叉车转向机构优化设计：工程机械，2014(07).

[3] 刘文强，王巍，邵庆然．自制柴油发动机尾气净化处理装置理论思考：内燃机与配件，2020(11).

[4] 申进杰．煤矿井下防爆柴油机排气污染的控制．煤矿机械，2009(08).

[5] 吴忠智，吴加林．变频器应用手册．北京：机械工业工业出版社，2002.

海洋工程船管廊模块运输系固结构分析

张美荣[1]　赵淑文[1]　徐田甜[2]　张　飞[1]　张念涛[1]

[1. 海洋石油工程股份有限公司；2. 中海石油(中国)有限公司天津分公司]

摘　要　海洋工程船的管廊模块采用滚装装船和驳船近海运输；工程船远洋拖航时，没有上部模块从横向支撑管廊模块，须对管廊模块设系固结构。基于DNV规范确定驳船运动参数，应用SACS、ANSYS软件分析了驳船运输工况时的管廊模块及驳船结构强度，结果满足API、CCS船级社规范要求。基于工程船远洋拖航自存工况的环境条件和载况，应用DNV SESAM软件分析了工程船水动力性能；应用SACS、PATRAN/NASTRAN软件分析了管廊模块、系固结构和工程船甲板支墩的结构强度，结果满足API、BV船级社规范要求。

关键词　海洋工程船；管廊模块；海上运输；拖航自存；系固

超大型海洋工程船主甲板之上的管廊模块是油、气、水等管道和电缆集中布置的场所，布置考虑各层管道、电缆在各上部模块之间的穿行和人员安全通道、设备检修物流通道的布置要求，通常设计为多层、门型框架结构，结构的横向刚度较弱；故管廊模块装船运输工况和工程船远洋拖航工况时均须设系固结构，保证管廊模块、驳船和工程船甲板支墩的结构强度。基于此，本文开展某工程船管廊模块运输系固结构分析。

1　管廊模块概况

工程船船体总长为330m，入BV船级。管廊顶部高于工程船主甲板29m，总长度为249m，设计将管廊沿纵向划分为数座模块(简称M模块)，管廊模块主立柱下设甲板支墩；在管廊模块的两侧布置上部模块。管廊模块的工艺甲板至工程船主甲板高度为6m。管廊模块的横向宽度考虑人员安全通道和设备检修物流通道的布置，取为6m。工程船远洋拖航工况时因上部模块未安装，无法从横向支撑管廊模块，故须对管廊模块设横向系固支撑结构，见图1。

图1　M3管廊模块横向系固支撑(工程船远洋拖航工况)

为有效控制管廊模块主体结构变形对管道支撑设计的影响，应注意控制工程船船体运动造成的管廊模块主体结构变形，设计对管廊模块结构水平方向许用相对挠度要求见表1。管廊模块结构设计考虑在管廊模块与相邻的上部模块之间设横向销连接，以借助上部模块的横向支撑刚度，有利于控制管廊模块结构自重。见表1。

表1　管廊模块结构水平方向许用相对挠度

工况	水平方向许用相对挠度
在位操作	整体：1/300 纵向，仅因船体运动：1/1200 横向，仅因船体运动：1/800
远洋拖航	整体：1/300 纵向，仅因船体运动：1/750 横向，仅因船体运动：1/500

M2模块驳船运输工况的自重质量最大为551t；M3模块拖航工况的自重质量为467t，位于工程船远洋拖带首端，在工程船拖航自存工况时的运动加速度最大；故以M2和M3模块为典型模块分别分析驳船运输工况和工程船远洋拖航

自存工况的结构强度。

2　驳船运输管廊模块工况结构分析

2.1　运输布置设计

管廊模块采用自行平板车(SPMT)滚装装船和驳船近海运输方式，对管廊模块进行刚性系固是保障运输安全的必要措施。管廊模块运输时受的水平向惯性力使管廊模块滑动和翻转，刚性系固力必须能够抵抗水平向惯性力，垂向惯性力、刚性系固力的稳定力矩必须能够抵抗水平向惯性力的翻转力矩。

SPMT 车运输时在 M2 模块下方设 4 个门型框架；SPMT 车宽 8m，最小高度 1.55m，门型框架净跨距为 10.97m，净空高为 1.8m，满足 SPMT 车滚装装船要求。管廊模块底部用肘板系固于门型框架水平梁上，模块主立柱与门型框架水平梁之间设 4 根斜撑杆，保证管廊模块的横向稳定性，见图 2。驳船载运 M2 模块布置图见图 3，在门型框架立柱底部设垫板和 6 块系固肘板，垫板四周与驳船甲板用肘板系固，门型框架立柱底部下方为驳船纵舱壁。按 DNV-OS-H203 规范要求确定驳船运动参数，驳船运输工况主要设计参数见表 2。

图 2　SPMT 车载运 M2 模块和门型框架

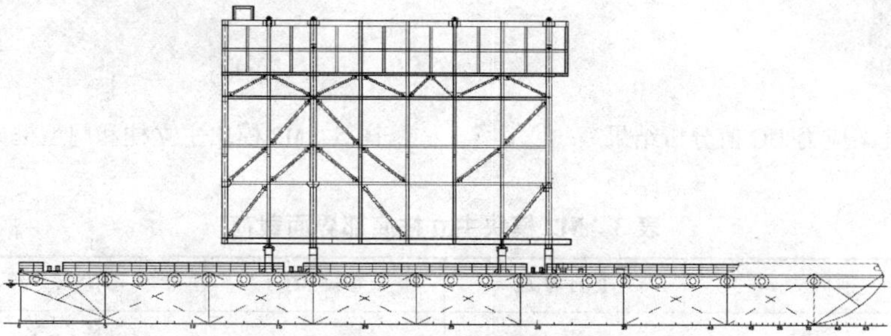

图 3　驳船载运 M2 模块和门型框架

表 2　驳船运输工况主要设计参数

参　数	数　值
驳船总长 L_{oa}×型宽 B×型深 D/(m×m×m)	91.5×24.4×5.5(CCS 船级)
驳船甲板设计承载能力/(t/m²)	10
驳船最大纵向运动加速度 $a_{x\max}/g$	0.144(最大纵摇角 5°，周期 10s)
驳船最大横向运动加速度 $a_{y\max}/g$	0.288(最大横摇角 10°，周期 10s)
驳船最大垂向运动加速度 $a_{z\max}/g$	0.100
驳船运动加速度组合模式	1) $\pm a_{x\max}\pm a_{z\max}$；2) $\pm a_{y\max}\pm a_{z\max}$； 3) $\pm0.8a_{x\max}\pm0.6a_{y\max}\pm a_{z\max}$； 4) $\pm0.6a_{x\max}\pm0.8a_{y\max}\pm a_{z\max}$。 ($x$，$y$，$z$ 分别为纵、横、垂向)
风速/(m/s)	20.6
管廊模块主立柱尺寸/mm	H600×600×15×35(材质 DH36)
门型框架水平箱型梁尺寸/mm	BOX800×830×15×24(材质 EN SS400)
门型框架箱型立柱尺寸/mm	BOX1 030×830×24×24(材质 EN SS400)
横向斜撑杆尺寸/mm	H300×400×13×21(材质 DH36)
管廊模块主立柱与门型框架水平梁系固肘板边长×壁厚/mm	410×300×20(材质 DH36)
门型框架立柱底部系固肘板边长×壁厚/mm	500×500×30(材质 DH36)

2.2　M2管廊模块强度分析

应用SACS软件建立了M2模块、门型框架、系固结构的有限元分析模型，门型框架立柱底部设为刚性固定边界条件。分析表明：M2模块主立柱和横向斜撑杆的最大应力UC值分别为0.917和0.975(见图4)，满足API RP 2A WSD规范要求。模块顶部的纵向和横向相对挠度分别为1/1769和1/402。

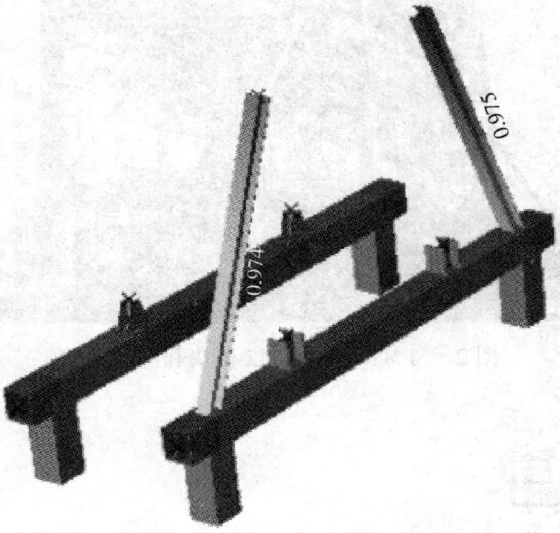

图4　门型框架应力UC值分析结果

2.3　门型框架强度分析

应用ANSYS软件建立了M2模块主立柱和门型框架之间系固结构的有限元分析模型，有限元单元属性为壳单元，网格尺寸为50mm×50mm。门型框架立柱底部和水平梁中点端部设为刚性固定边界条件，见图5，施加M2模块主立柱底部界面载荷，见表3。门型框架水平梁和系固肘板的最大等效应力分别为166MPa和234MPa(见图6)，分别小于API RP 2A WSD规范许用应力176MPa和269MPa。

图5　M2模块主立柱和门型框架系固结构分析模型

表3　M2模块主立柱底部界面载荷

纵向力 F_x	横向力 F_y	垂向力 F_z	弯矩 M_x	弯矩 M_y	弯矩 M_z
/kN			/(kN·m)		
160.08	401.89	-639.6	-343.61	176.75	-4.67

图6　M2模块主立柱和门型框架系固肘板等效应力

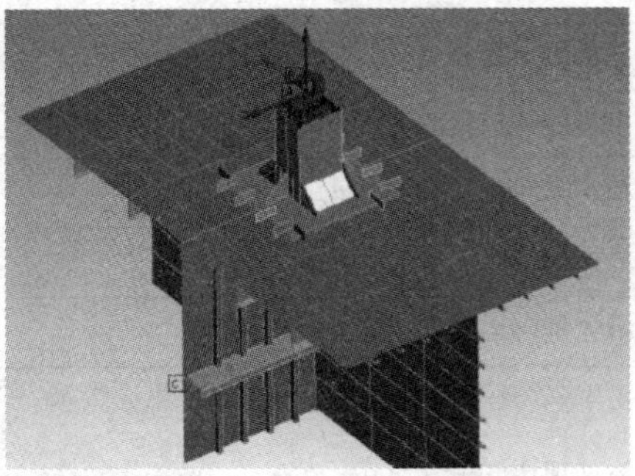

图7　门型框架立柱与船体甲板系固结构分析模型

2.4　系固结构和驳船强度分析

应用ANSYS软件建立了门型框架立柱和驳船甲板之间系固结构的有限元分析模型，有限元的单元属性为壳单元，网格尺寸为50mm×50mm。船体结构四周边界设为刚性固定边界条件，见图7，施加门型框架立柱底部界面载荷，见表4。系固结构和驳船的等效应力分析结果见表5，满足CCS船级社规范要求。

图8　门型框架立柱与船体甲板系固肘板等效应力

3 工程船远洋拖航自存工况结构分析

3.1 工程船水动力分析

根据 GL ND《海上拖航指南》要求和远洋拖航航线十年一遇的环境条件，确定工程船拖航自存工况设计环境条件和载况，见表 6。

表 4 门型框架立柱底部界面载荷

纵向力 F_x	横向力 F_y	垂向力 F_z	弯矩 M_x	弯矩 M_y	弯矩 M_z
/kN			/(kN·m)		
34.0	773.2	−2985.5	917.9	34.3	39.7

表 5 系固结构和驳船等效应力

构　　件	最大等效应力/MPa	许用应力/MPa
门型框架立柱底部系固肘板(图 8)	198	269(材质 DH36)
门型框架立柱下的垫板	64	269(材质 DH36)
驳船横舱壁	221	244(材质 B 级)

表 6 工程船远洋拖航自存工况设计环境条件和载况

参　　数	数值
风速 V_w/(m/s)	50.0
海水表层流速 V_c/(m/s)	1.0
有义波高 H_s/m	12.0
波浪周期 T_p/s	12.5，16.0，19.0
波浪谱峰提升因子 γ	3.3
工程船拖航自存吃水/m	12.0

远洋拖航自存工况是工程船船体和管廊模块结构设计的控制性工况，工程船须加载压载水，增大工程船吃水以改善耐波性能。工程船水动力分析应用 DNV SESAM 软件；建立工程船船体湿表面模型，根据拖航自存工况建立质量模型，输入质量分布；以 JONSWAP 波浪谱模拟波浪，波浪周期分别取最小、平均和最大周期。浪向取工程船船首迎浪 0°~180°，每个浪向间隔 15°，共取 13 个浪向，每个浪向概率相等；工程船的航速取为零，计算工程船在不同浪向和频率组合的规则波中的运动响应幅值。拖航自存工况时，M2 和 M3 模块重心处的运动加速度分析结果见表 7，可见拖航工况比驳船运输工况的运动加速度大。

表 7 M2 和 M3 模块运动加速度(拖航自存工况)

工况	M2 模块运动加速度/g			M3 模块运动加速度/g		
	a_x	a_y	a_z	a_x	a_y	a_z
纵向运动加速度 a_x 最大时	0.140	0.107	0.131	0.149	0.170	0.253
横向运动加速度 a_y 最大时	0.010	0.363	0.203	0.010	0.368	0.204
垂向运动加速度 a_z 最大时	0.019	0.247	0.338	0.020	0.256	0.339

3.2 M3 管廊模块强度分析

为确保 M3 模块的横向强度和刚度，在模块主立柱与上部模块甲板支墩之间设 4 根横向斜撑杆，见图 1(b)。应用 SACS 软件建立了 M3 模块和甲板支墩、横向斜撑杆结构的有限元分析模型；管廊模块甲板支墩底部设为弹簧支座边界条件，横向斜撑杆底部设为刚性固定边界条件。远洋拖航自存工况主要设计参数见表 8。

分析表明：M3 模块主立柱和横向斜撑杆的最大应力 UC 值分别为 0.53 和 0.89(见图 9)，模块结构强度满足 API RP 2A WSD 规范要求；模块顶部的相对挠度见表 9，满足刚度设计要求。横向斜撑杆的最大轴向压力为 1772kN，撑杆、插板和各连接焊缝强度均满足 AISC 规范要求。

表 8　远洋拖航自存工况主要设计参数

参　数	数　值
工程船运动加速度组合模式	1) $\pm a_{x\max} \pm a_y \pm a_z$；2) $\pm a_x \pm a_{y\max} \pm a_z$； 3) $\pm a_x \pm a_y \pm a_{z\max}$； 4) $\pm 0.8a_{x\max} \pm 0.8a_{y\max} \pm a_{z\max}$。 ($x$, y, z 分别为纵、横、垂向)
管廊模块甲板支墩底部的工程船主甲板变形	X 向：±6.7mm；Z 向：±4.8mm； 绕 Y 向转动：$\pm 3.5\times10^{-4}$rad
管廊模块甲板支墩底部的工程船主甲板刚度/(kN/mm)	X 向：75.85；Y 向：243.43； Z 向：4132.23
管廊模块横向斜撑杆尺寸/mm	Φ457×15(材质 API 5L X52)
横向斜撑杆端部插板厚度/mm	30(材质 DH36)

图 9　M3 模块拖航工况结构应力 UC 值

表 9　M3 模块顶部水平方向相对挠度

相对挠度	数　值
纵向，整体	1/1462
横向，整体	1/499
纵向，仅因船体运动	1/4328
横向，仅因船体运动	1/1043

3.3　甲板支墩强度分析

管廊模块甲板支墩与工程船主甲板之间的界面是“海洋工程区”(Offshore Area)内的关键界面之一。与管廊模块甲板支墩相关联的船体结构设计满足 BV-NR445、NR467 规范要求。甲板支墩拖航工况结构许用应力和在位操作工况结构许用应力相同。管廊模块甲板支墩及与之相关的工程船船体局部加强结构均属于“海洋工程区”。由管廊模块载荷在船体结构上产生的等效应力(Von Mises 应力)超过 30MPa 的范围也属于“海洋工程区”。

远洋拖航自存工况时，M2 和 M3 模块甲板支墩顶部界面载荷见表 10，可见 M2 模块甲板支墩处(145 和 170 号肋位处)载荷较大。M2 模块甲板支墩分析应用 PATRAN/NASTRAN 软件建立了工程船船中 90m 长舱段(130-220 号肋位)有限元模型(见图 10)；模型沿船体纵向的有限元粗网格尺寸为 833mm，横向和垂向的有限元粗网格尺寸为骨材间距，局部有限元细网格尺寸为 100mm×100mm。模型中采用板壳单元模拟主甲板、船底板、平台甲板、舱壁，以及纵桁、肋板、强横梁、舱壁水平桁和垂直桁等构件的腹板以及较大肘板的腹板等；采用梁单元模拟主甲板纵骨、船底纵骨、舷侧纵骨，以及舱壁、强横梁、桁材的加强筋等。按 BV-NR445 规范施加工程船船体载荷、上部模块和管廊模块甲板支墩顶部界面载荷。M2 模块甲板支墩及相关船体结构(材质为 DH36)等效应力分析结果见表 11，满足 BV 规范要求。

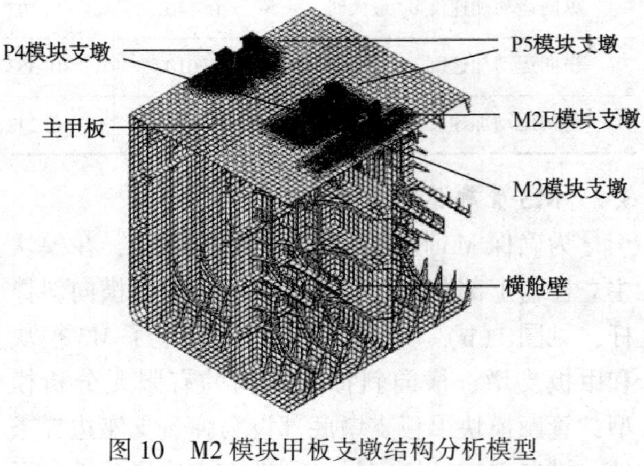

图 10　M2 模块甲板支墩结构分析模型

表 10　M2 和 M3 模块甲板支墩顶部界面载荷(拖航自存工况)

模块	支墩顶部界面力/kN			支墩顶部界面力矩/(kN·m)		
	纵向力 F_x	横向力 F_y	垂向力 F_z	弯矩 M_x	弯矩 M_y	弯矩 M_z
M2	1081.5	548.9	3374.8	791.2	559.9	0
M3	762.9	350.5	2045.7	392.6	312.9	0

表 11　M2 模块甲板支墩结构等效应力(拖航自存工况)

构件	最大等效应力/MPa	许用应力/MPa
175 号肋位处船体横舱壁	217	234.3
170 号肋位处船体强横梁	167	
支墩下的局部加强主甲板	(252)	234.3 (276.9)
支墩下的主甲板纵桁	(243)	
支墩底部趾端	210(图 11)	

注:(　)内的数据为结构局部热点应力值和许用应力值。

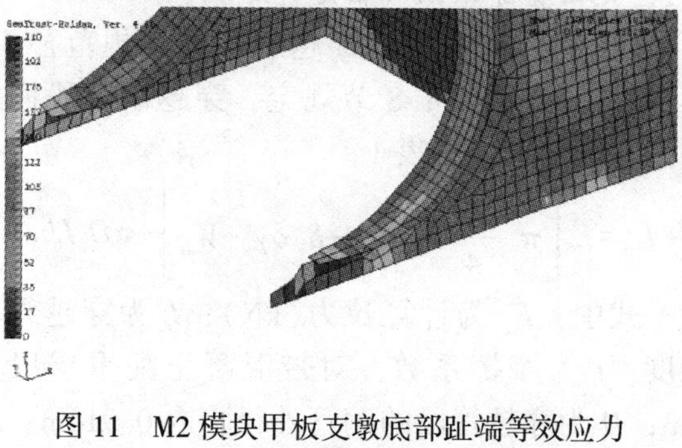

图 11　M2 模块甲板支墩底部趾端等效应力(170 号肋位处)

4　结论

海洋工程船管廊模块采用滚装装船和驳船近海运输方式,远洋拖航工况时没有上部模块从横向支撑管廊模块,对管廊模块、驳船、工程船和系固结构的强度提出了较高的要求。管廊模块运输系固结构设计的结果表明:

(1)管廊模块底部与门型框架之间、门型框架立柱与驳船甲板之间应设计合理的垫板和系固肘板,使管廊模块载荷能有效地传递至驳船结构上,尽量降低对驳船结构强度的要求,不对驳船结构进行加强改造。

(2)工程船远洋拖航自存工况应具有合理的浮态,保证耐波性能。采用拖航航线的环境条件分析了工程船水动力性能,确定了管廊模块的运动加速度。在分析管廊模块结构强度时,应准确计入甲板支墩的刚度和变形,以获得准确的管廊模块结构应力和甲板支墩顶部界面载荷。

(3)位于工程船船首的管廊模块运动加速度最大,系固结构应保证管廊模块的强度和刚度。位于工程船船中的管廊模块的甲板支墩受载荷较大,应综合考虑工程船船体总纵弯曲载荷和甲板支墩顶部界面载荷,分析工程船船体和甲板支墩结构强度,满足船级社规范要求。

参 考 文 献

[1] 李晓强. 海运重大件货物运输安全性研究[D]. 大连海事大学,2020.

[2] 朱海明. 重大件货陆运及海运系固校核方法研究[D]. 天津大学,2018.

[3] API. API RP 2A-WSD: Recommended Practice for Planning, Designing, and Constructing Fixed Offshore Platforms-Working Stress Design[S]. 2007.

[4] GL Noble Denton. GL0030/ND-Guidelines for marine transportations [S]. Noble Denton Technical Policy Board, 2016.

[5] 梁双令,章红雨,齐江辉等. 基于设计波法的船体波浪载荷计算[J]. 舰船科学技术,2018,40(4):39-42.

[6] Bureau Veritas. BV-NR445 Rules for the classification of offshore units[S]. Bureau Veritas, 2013.

[7] Bureau Veritas. BV NR467 Rules for the classification of steel ships[S]. Bureau Veritas, 2013.

关于陆对海定向钻支持船舶平台选型的研究

李 明 陈文杰 陈文超 钱洪波 崔志云 张 毅

（中国石油管道局工程有限公司海洋工程分公司）

摘 要 随着海洋管道建设的不断增多，海底管道建设过程中，收到海岸保护、生态红线、海底建构筑物等外界因素影响，陆对海定向钻逐渐成为海底管道登陆的一种优选方式。结合项目建设经验，本文阐述了海上支持船舶平台的选用原则、受力分析、空间分析等，为后续类似项目建设提供相应的经验和理论支持，以便海底管道建设行业更好更快高质量发展。

直接影响了陆对海定向钻的实施，尤其是管道回拖期间船舶平台的稳定性直接影响其回拖的成败。

关键词 海底管道；陆对海定向钻；管道回拖；船舶平台；定位锚

陆对海定向钻穿越是一种海洋管道登陆的施工工艺。在管道建设区域受限、难以大开挖进行敷设的位置，陆对海定向钻管道穿越成为一种解决方案。该方式无需占用大量土地，仅在陆地登陆处、海上与正常海管敷设末端安装设备进行和洗孔、扩孔、最后将管道回拖，即可完成管道定向钻穿越。其具有占地面积小，安全系数高，保护生态环境，能最大程度地降低施工对环境的影响，被愈来愈多地运用于海洋管网工程中，行业前景宽阔。

陆对海定向钻在管道入土点进行定向钻机安置，在海上出土点采用大型平板驳船或平台作为定向钻支持。支持船舶或平台顶面放置一台定向钻机和泥浆回收、钻杆回收等配套设备。根据设计勘察地质资料进行钻孔、扩孔和洗孔，完成后，借助定向钻支持驳船或平台传递的定向钻机拉力，将管道回拖至出土点，管道就位。

1 支持船舶、平台的选型

定向钻支持船舶船舶或平台的选型原则：(1)按照设计要求完成回拖力计算；(2)根据力的传导，确认船舶、平台受力；(3)根据定向钻需要配置的设备明确平台长度、宽度、锚机、锚缆受力等；(4)对拟用船舶或平台进行经济性分析。

陆对海定向钻回拖选用的支持船舶、平台甲板有效长度≥60m，宽度≥24m，最少配置6台30t以上定位锚，锚缆长度500m以上。船头回拖受力一侧锚缆合计拉力达到200t以上。

陆对海定向钻回拖时，陆地推管机使用推力将管线推向出土点位置，另一端支持船舶平台上定向钻机进行回拖。将陆地一侧管线拉向出土点位置，这就需要支持船提供足够大的锚缆拉力。

2 案例分析

以已施工完成的海底管道工程项目为例，其管道外径914mm，壁厚22.23mm，配重层厚50mm。首先计算回拖力，从而根据回拖力，确定定向钻支持船所需要提供的锚缆拉力。

2.1 定向钻穿越段回拖力计算

按《油气输送管道穿越工程施工规范》(GB 0424—2015)第6.1.8节规定，穿越段管段回拖力按下式计算。见表1。

$$F_p = L_f\left[\pi\frac{D_e^2\gamma_m}{4} - \pi(D-\delta)\delta\gamma_s - W_b\right] + \pi D_e L k_V$$

式中，F_p为计算拉力(kN)；L为穿越管段长度；f为摩擦系数，对带混凝土配重层段取0.3；D为穿越管段的钢管外径，取0.914m；D_e为穿越管段的管道外径，取1.0624m；δ为钢管壁厚，取0.02223m；γ为钢材密度，取78.5kN/m^3；γ_m为泥浆重度，取12kN/m；k_V为黏滞系数，取0.175kN/m；W_b为回拖过程中单位长度配重。

2.2 定向钻过渡段回拖力计算

回拖过程中，过渡段回拖力应按照下式计算：

$$F = F_T + F_f + F_0$$

$$F_T = K_g\frac{1}{2}C_f\rho V^2 A_S$$

$$F_f = N\cdot\mu$$

式中，F为过渡段拖拉登陆所需要的拖拉力；F_T 为海水阻力；F_f 为海底管道与海床的摩擦力；F_0 为预设后拽力；K_g 为安全系数，取 1.25；C_f 为海水阻力系数 $C_f=\frac{0.075}{(\lg Re-2)2}$；$R_e$ 为雷诺数，$Re=\frac{VD}{v}$；v 为运动黏度系数；ρ 为海水密度；V 为管道与海流之间的相对速度：包括拖管速度和海水流速，海水流速包括波激水质点速度和恒定海流速度两部分；D 为管道外径；A_S 为管段的湿表面积；N 为海底管道水下重量；μ 为海底管道与海床的摩擦系数，0.3。

表 1 定向钻穿越段回拖力计算

输入参数		
D	穿越段钢管外径/mm	914
t	穿越段钢管壁厚/mm	22.23
L	穿越管段实长/m	1155
N	定向钻穿越最大回拖力计算安全系数	2
	配重方式	混凝土配重层
l	带配重层管长/m	1155
i_c	带配重层厚度/mm	50
γ_s	钢材重度/(kN/m³)	78.5
γ_m	泥浆重度/(kN/m³)	12
γ_w	水的重度/(kN/m³)	10.25
γ_c	混凝土重度/(kN/m³)	30.4
K	泥浆黏滞系数	0.175
f_2	带混凝土配重层段钻孔孔壁摩擦系数	0.3
计算结果		
单位管段有效重力 W_n(kN/m)：$W_n=\frac{\pi}{4}(D+2t_c)2\gamma_m-\pi(D-t)t\gamma_s$		4.808
设计配重重力 W_p(kN/m)：$W_p=\frac{\pi}{4}((D+2t_c)2-D^2)\gamma_c$		4.603
配重后单位管段有效重力 W_{pn}(kN/m)：$W_{pn}=W_n-W_p$		-0.205
计算回拖力 F_t(kN/m)：$F_p=L_f\left[\pi\frac{D^2\gamma_m}{4}-\pi(D-\delta)\delta\gamma_s-W_b\right]+\pi DLk_V$		648.505

表 2 过渡段回拖力计算

输入参数	符号	单位	取值
管道拖拉长度	L	m	250
管道与海底接触长度	L_s	m	250
管道中心水深	d	m	12.09
一年一遇底层流速	V_1	m/s	0.256
一年一遇有义波高	H_S	m	1.62
谱峰周期	T_P	s	4.2
拖管速度	V_2	m/s	0.1

续表

输入参数	符号	单位	取值
管道外径	D_S	m	0.914
管道壁厚	t	m	0.0222
防腐层厚度	t_{COR}	m	0.0042
防腐层密度	ρ_{COR}	kg/m³	940
混凝土配重层厚度	t_{CON}	m	0.05
混凝土配重层密度	ρ_{CON}	kg/m³	3040
管道密度	ρ_p	kg/m³	7850
重力加速度	g	m/s²	9.81
运动黏度系数	v	m²/s	1.0537E-06
海水密度	ρ	kg/m³	1025
海底管道与海床的摩擦系数	μ	—	0.3
海底管道修正系数安全系数	kg	—	1.25
预设后拽力	F_0	T	0
参考周期	T_n	s	1.110142289
—	T_n/T_P	—	0.264319593
—	φ	—	3.299831646
峰值增强因子	γ	—	1
—	U_sT_n/H_s	—	0.46
波浪诱导水质点速度	U_s	m/s	0.671265303
管道与海流之间的相对速度	W_R	m/s	1.027265303
雷诺数	Re	—	891070.0264
海水阻力系数	C	—	0.004807137
海底管道水下重量	N	T	30.21179409
海底管道海水摩擦阻力	F_1	T	0.23780591
浮筒海水摩擦阻力	F_2	T	0
海底管道与海床的摩擦力	F_f	T	9.063538227
海底管道总拖拉力	F	T	9.301344137

2.3　施工过程回拖力计算

施工中，总体计算回拖力为 F_s 穿越段回拖力与过渡段回拖力之和，即：

$$F_s=F_p+F$$

式中，F_s 为总体计算回拖力；

经计算，管道总体回拖力 $F_s=74.2$t。根据规范要求，最大回拖力取计算回拖力值的 1.5~3 倍选取。因此，考虑采用钻机最大回拖力不小于 200t 钻机，同样定向钻支持船选用受力一侧锚固力大于 200t。

2.4　支持船舶平台选用

结合上述计算，定向钻支持船舶需提供至少 200t 回拖力。

船舶选用时，如选取过大船舶会导致空间浪费，费用增加。选用普通船舶，锚缆拉力不满足要求。因此，选用 200t 回拖力支持船时，首先根据 200t 回拖力所需设备，确认设备所需空间布置，对选用船舶的甲板面积进行筛选，尽量避免甲板空间浪费。

其次，对支持船的锚机拉力进行复核，确认支持船的锚机拉力。结合施工地域水文条件及施工时间，提前进行锚位规划布置，确保船舶在满足 200t 回拖力要求下，可以克服因涨落潮带来的纵流、横流，及恶劣天气海况的影响，确保施工期间船舶稳定性，最终确定每个锚抓力。

3　船舶受力分析

同样以已施工完成的海底管道工程项目为例，所需回拖力为200t。首先，确定设备布置位置及所需空间，如图1所示。甲板面积长60m，宽24m。

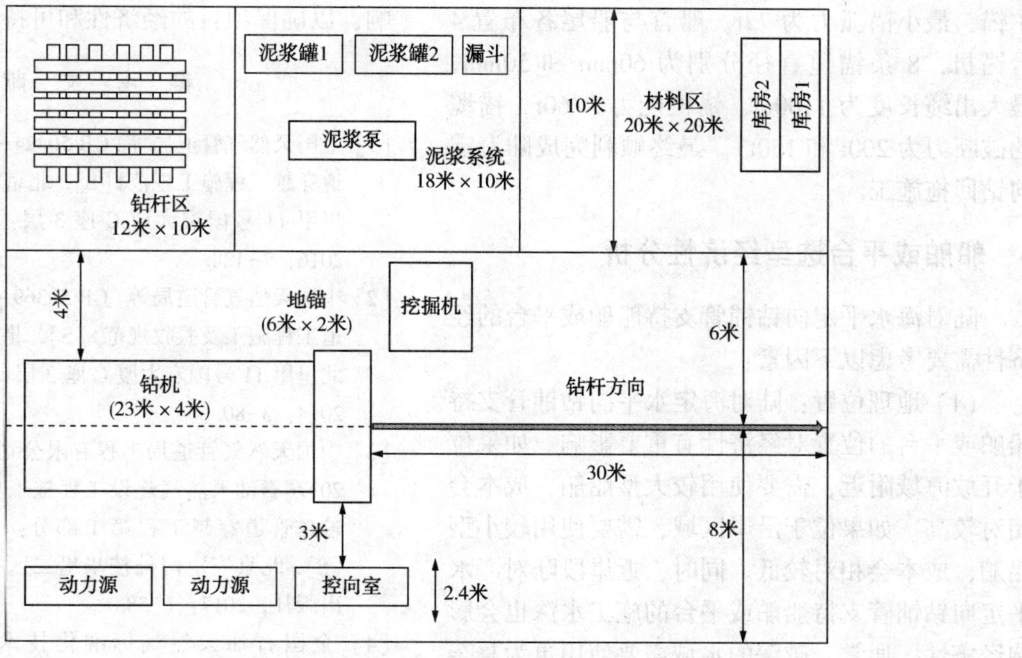

图1　定向钻出土点设备布置示意图

然后，对项目海域水文条件进行实地考察，该海域为半日潮潮波系统，潮波自东北向西南传播，潮时递增，平均潮差逐渐增大，施工期间，潮差3.5m，最大流速105cm/s，船舶主要抵抗纵流，抵抗角度为15°，综合考虑船舶提供回拖力需满足200t。

通过Moses软件根据所建船舶的横断面特征结构，建立适用于分析的船泊模型，根据典型工况，进行计算分析(计算中采用的标准为API RP 2SK)提前进行锚位布置分析，如图2所示。

图2　船舶分析模型示意图

船舶锚位如图3所示。

锚位布置确定后，对锚缆受力及船舶稳定性进行校核，最终确认在该海况下锚缆最大张力和

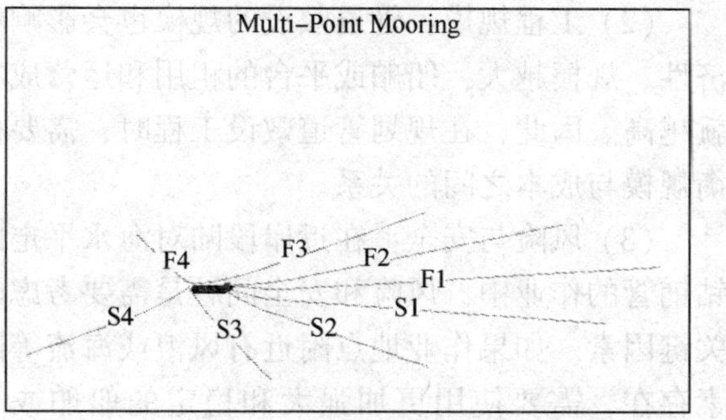

图3　系泊系统模型

锚受最大水平力不应小于48.56t。

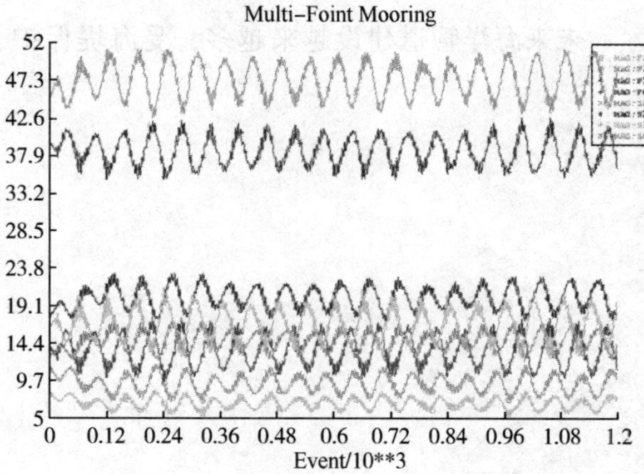

图4　锚缆受力情况

综合考虑甲板面积，锚缆受力和船舶稳定性分析，在保证甲板面积的同时锚机满足施工要求，项目选用了CPP681做为陆对海定向钻支持船(船舶长75.50m、船宽24.4m、型深5.5m，满载吃水3.5m，采用8锚定位系统，使用9t霍尔锚，最小锚抓力为72t。船首与船尾各布置4台锚机，8条锚缆直径分别为60mm和50mm，最大出缆长度为1100m，锚机能力为60t，锚缆的破断力为200t和150t)。最终顺利完成陆海定向钻回拖施工。

4　船舶或平台选型经济性分析

陆对海水平定向钻铺管支持船舶或平台的经济性需要考虑以下因素：

(1)地理位置：陆对海定水平向钻铺管支持船舶或平台的位置对经济性有重要影响。如果位于开放海域附近，需要使用较大型船舶，成本会相对较高。如果位于沿岸区域，需要使用较小型船舶，成本会相对较低。同时，近岸段陆对海水平定向钻铺管支持船舶或平台的施工水深也会影响经济性。通常，越深的水域需要使用更为复杂和昂贵的设备和技术，成本也就越高。

(2)工程规模：管道敷设的规模也会影响经济性。规模越大，船舶或平台的租用和运营成本就越高。因此，在规划管道敷设工程时，需要权衡规模与成本之间的关系。

(3)风险与安全：在近岸段陆对海水平定向钻铺管的作业中，风险和安全问题是需要考虑的关键因素。如果作业地点附近有风浪或海流等因素存在，需要使用更加强大和稳定的船舶或平台，成本也就越高

5　结论

未来海洋管道建设越来越多，受海堤保护、海岸红线、海岸建构筑物的影响，与陆地管道的连通方式多为陆对海定向钻，而海上支持船选用成为了定向钻成功与否的重要因素，项目建设中，必须高度重视支持船的选用，严格按照管道受力选用合适的船舶，并综合权衡各因素的影响，以确保项目的经济性和可持续性。

参考文献

[1] 中国天然气管道局等.GB 50424—2015《油气输送管道穿越工程施工规范》[S].北京市西城区木挥地北里甲11号国宏大厦C座3层：中国计划出版社，2016：7-128.

[2] 中国天然气管道局等.GB 50369—2014《油气长输管道工程施工及验收规范》[S].北京市西城区木挥地北里甲11号国宏大厦C座3层：中国计划出版社，2014：3-80.

[3] 中国天然气管道局工程有限公司等.SY/T4216.1—2017《石油天然气建设工程施工质量验收规范油气输送管道穿越工程第1部分：水平定向钻穿越》[S].北京安定门外按华里二区一号楼：石油工业出版社，2017：1-58.

[4] 全国石油天然气标准化技术委员会等.GB/T 31032—2014《钢质管道焊接及验收》[S].北京市朝阳区和平里西街甲2号：中国标准出版社，2019：1-91.

[5] 国家能源局等.SY/T 4109—2020《石油天然气钢质管道无损检测》[S].北京安定门外按华里二区一号楼：石油工业出版社，2021：1-199.

[6] DET NORSKE VERITAS. DNVGL-ST-F101—2021《Submarine Pipeline Systems》[S].

[7] American Petroleum Institute. API SPEC 5L—2018《Specification for Line Pipe》[S].

[8] DET NORSKE VERITAS. DNVGL-ST-F121—2019《Pipeline installation by horizontal directional drilling》[S].

[9] The American Society of Civil Engineers. ASCE-2001《Guidelines for the Design of Buried Steel Pipe》[S].

输油管道穿越活动断层有限元分析方法研究

徐　勇

（中石化江汉石油工程设计有限公司）

摘　要　本文采用有限元方法进行通过活动断层的管道抗震计算，运用壳-接触结构模式，用8节点六面体单元模拟岩土体，在模拟输油管道的壳单元和模拟土体的实体单元之间建立面-面弹性接触单元，考虑管道与土体的挤压与摩阻作用以及发生位错时的变形协调作用，可以充分表达管道在断层错动作用下的实际情况，为穿越活动断裂带管道敷设方式提供了设计依据。

关键词　有限元分析；活动断裂；管道敷设

滇中成品油管道迁改工程分三段进行，其中曲靖-秧田冲段改线长度约31.00km，秧田冲-长坡段改线长度约2.00km，昆东支线段改线长度约7.02km；曲靖-秧田冲段管径为Φ406.4，设计压力9.3MPa，选用L415MPSL2级螺旋缝埋弧焊钢管(SAWH)，采用常温加强级三层PE外防腐层；秧田冲-长坡段管径为Φ273.1，设计压力10MPa，选用L360NPSL2级无缝钢管，采用常温加强级三层PE外防腐层；昆东支线管径为Φ219.1，设计压力5MPa，选用L360NPSL2级无缝钢管(SMLS)，采用常温加强级三层PE外防腐层；国网华南的输油管道，介质汽柴油，406.4mm，壁厚10.0，设计压力9.3MPa。管道采用高频直缝电阻焊管，材质为L415M，管道埋深1.5m。

工程建设场地场地抗震设防烈度为8度，不良地质作用一般发育，地质环境基本未受破坏，地形地貌中等复杂，管道位于地下水位以上，场地复杂程度等级为二级；岩土种类较单一，比较均匀，性质变化不大，地基等级为二级；按《油气田及管道岩土工程勘察标准》(GB/T 50568—2019)第3.0.5条，确定该工程岩土工程勘察等级为乙级。

1　小江活动断裂概况

小江断裂带北起巧家以北，南至建水东南，全长超过400km。断裂带形成时代较早、发育历史长，经历过多期构造活动。新构造时期以来，断裂活动表现为强烈的左旋走滑运动以及两侧断块垂直差异活动。

沿断裂地震活动强烈，为西南乃至中国大陆上一条著名强震带。断裂带由多条次级剪切断层和张剪切断层组成，内部结构十分复杂。按其结构特征以及新活动程度差异，可将其大致分成北、中、南三大段，中段和南段主要为东支和西支，又可细分为多条更次级的段。北段，北起巧家以北向南止于蒙姑东南，走向北西5°，倾向南西，断裂基本上呈单条沿小江与金沙江河谷延伸。如图1所示。

图1　小江断裂带分布图

断裂地貌显示清楚，断层槽地、断层崖发育多处可见水系、山脊等同步左旋位错，在东川梭山至磨碑村一系列冲沟被左旋位错，位移量最大达1200m，最小9m。晚更新世早期(8万~10万年)以来位移量为500m，位移速率为5~6.3mm/a；全新世中晚期(0.4万~0.8万年)以来，位移量为20~34.5m，位移速率为2.5~8.6mm/a。在东川盆地西南大脑包相当于大白河I级阶地堆积层中开挖的长 17m，高 9m 多的探槽剖面上，见有 4 条断层，据在该探槽旁边的剖面上所采一个 C14 样的测试结果，年龄为(7.42±0.085)ka，相当于该剖面砾石层上部地层的时代，前人研究认为该剖面反映了全新世以来的 4 次古地震事件。

1.1 断裂带位错量

震评单位提供的最大地震设防位错量和平均设防位错量。其中大事件设置值水平为 5m，垂直为 0.6m；加权平均设防止水平 3.47m，垂直 0.61m。

1.2 分析方法

采用有限元方法进行通过活动断层的管道抗震计算，可以充分考虑管道在断层错动作用下的实际情况，缺点是建模与计算过程比较复杂。管道在断层错动作用下材料将进入非线性状态且在断层附近管体之间会发生几何相对大变形，因此，有限元方法采用能够分析几何大变形和材料非线性的有限元解法。

2 分析过程

2.1 Ansys 有限元模型的建立

一般情况下，大口径油气管道属于薄壳结构，易采用薄壳理论进行分析。虽然管道与周围土体的作用并非是简单的两个面相接触，但为了同时考虑两者之间的法向挤压与切向摩阻作用，使用接触理论是一种实用方法。本模型采用壳-接触结构模式，用 8 节点六面体单元模拟岩土体，在模拟油气管道的壳单元和模拟土体的实体单元之间建立面-面弹性接触单元，这样可以很好地同时考虑管道与土体的挤压与摩阻作用以及发生位错时的变形协调作用。上述两种材料单元均考虑了材料的非线性。

2.1.1 土体的本构模型

土是一种比较典型的弹塑性介质，许多情况下处于塑性状态。目前可供采用的本构模型很多，其中以剑桥模型、修正剑桥模型、Duncan-张模型、Mohr-Coulomb 模型最为著名。鉴于 Mohr-Coulomb 模型应用简单，故本文采用该模型。

材料参数如表 1 所示。

2.1.2 管土耦合模型

管道可采用梁单元、管单元或者壳单元建立有限元模型，其中梁单元和管单元模型相对简单，而壳单元模型相对复杂，但是能够更好地模拟管道作为一个中空薄壳结构的实际情况，特别是管道受压的情况。本模拟采用管土相互作用模型，埋地管道采用壳单元模拟，使用实体单元模拟管道周围的土体，建立管土接触模型。有限元模型如图 2 所示，管道沿 Z 轴方向嵌入在图中的细长的长方体的土壤中。棱形土体的顶面表示土壤表面，并按照管道工程实践选择约 2 倍的管道直径作为管道埋深值。管道直径 406.4mm，壁厚 10mm。我国《油气输送管道线路工程抗震技术规范》(GB/T 50470—2017)中规定，为了保证结果的可靠性，有限元管道计算模型分析管道长度不小于 60 倍管径。X 轴 6.0m，Y 轴 4.0m，Z 轴方向 25.0m，如图 2 所示。

表 1　材料参数表

材料	参数名称	参数
X60 钢	弹性模量/MPa	2.1×105
	泊松比	0.3
	密度/(kg/m³)	7900
	弹性屈服强度/MPa	453
	塑性屈服强度/MPa	513
粉质黏土	压缩模量/MPa	18
	泊松比	0.42
	密度/(kg/m³)	1880
	黏聚力/kPa	36
	内摩擦角/(°)	8
	管土摩擦系数	0.3
	膨胀角/(°)	8
细砂	压缩模量/MPa	26
	泊松比	0.42
	密度/(kg/m³)	1930
	黏聚力/kPa	3
	内摩擦角/(°)	34
	管土摩擦系数	0.3
	膨胀角/(°)	8

图 2　管土相互作用管沟填充细砂有限元模型

2.2 边界条件设置

活动断层的运动方式为断层两盘发生相对滑动，为了方便研究，通过对两盘分别施加对称的位移载荷。对两侧土体上下表面 Y 轴施加 0.18m 总位移载荷，使得土体发生上下滑动；对土体前后两侧的表面施加断层滑移方向的位移 1.5m(各为总位错一半)，对于不动边界面不进行约束保证土体可以自由错开滑动。作用在模型上的载荷主要为静力学荷载和位移载荷。静止荷载是由管道和土体重力引起的载荷，作用整个模型上。不随时间发生变化，重力加速度 9.8mm/s，方向沿 Y 轴负方向。

接触计算是指 2D 或 3D 固体单元与钢筋、梁、板、壳、管道等结构单元之间的接触，主要包括接触面、接触组及接触对的定义。一般，接触面是指最初接触或预期会发生接触的面，可为线性单元或非线性(几何和材料)单元，接触的两个面组成一个接触对，接触组中包含多个接触对。在接触对中，通常将刚性面设为目标面，剩下的面为接触面，接触面与目标面的区别在于收敛过程中，目标面节点能够在接触体上发生重合。

接触问题分为无摩擦和库仑摩擦。考虑库仑摩擦是基于接触面间不存在缝隙的前提下，当滑动力小于最大库仑摩擦力时，接触面节点与目标段相黏结；当滑动力等于或大于最大库仑摩擦力时，接触节点沿目标段滑动。

2.3 计算过程

初始条件为输油管道壁厚 10mm、管道与断层交角 50°、管道埋深 0.8m，分别改变壁厚条件(10mm、12mm、14mm)、交角条件(40°、50°、60°、70°)、埋深条件(0.7m、0.8m、0.85m、1m)进行有限元模拟，分别探究壁厚、交角、埋深对管道在断层活动下的应变变化规律。

2.3.1 改变壁厚

(1) 有内压时，厚度为 10mm、断层与管道交角 50°、埋深 0.8m 进行模拟计算，管道拉伸和压缩应变如图 3 所示。

(2) 有内压时，厚度为 12mm、断层与管道交角 50°、埋深 0.8m 进行模拟计算，管道拉伸和压缩应变如图 4 所示。

经计算，改变壁厚最大轴向拉伸应变和最大轴向压缩应变变化如表 2 所示。

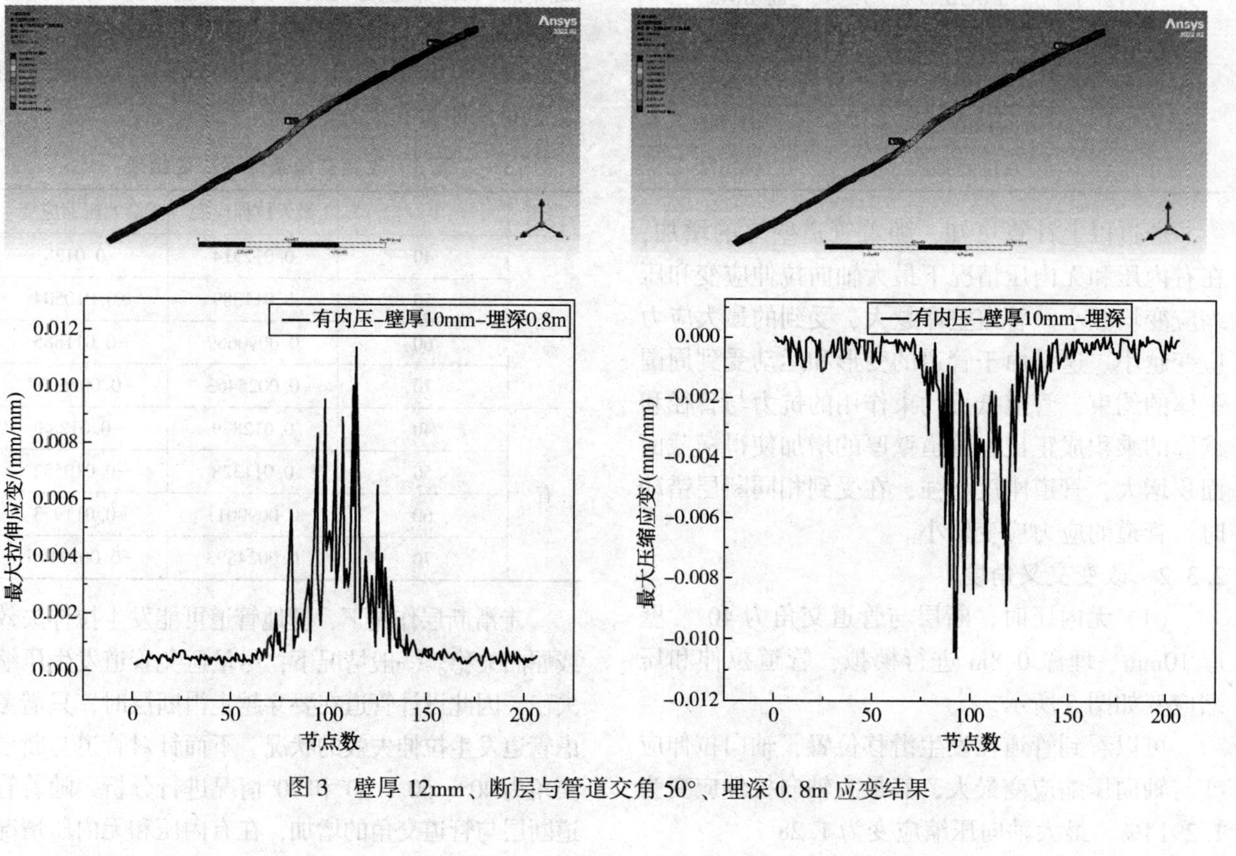

图 3 壁厚 12mm、断层与管道交角 50°、埋深 0.8m 应变结果

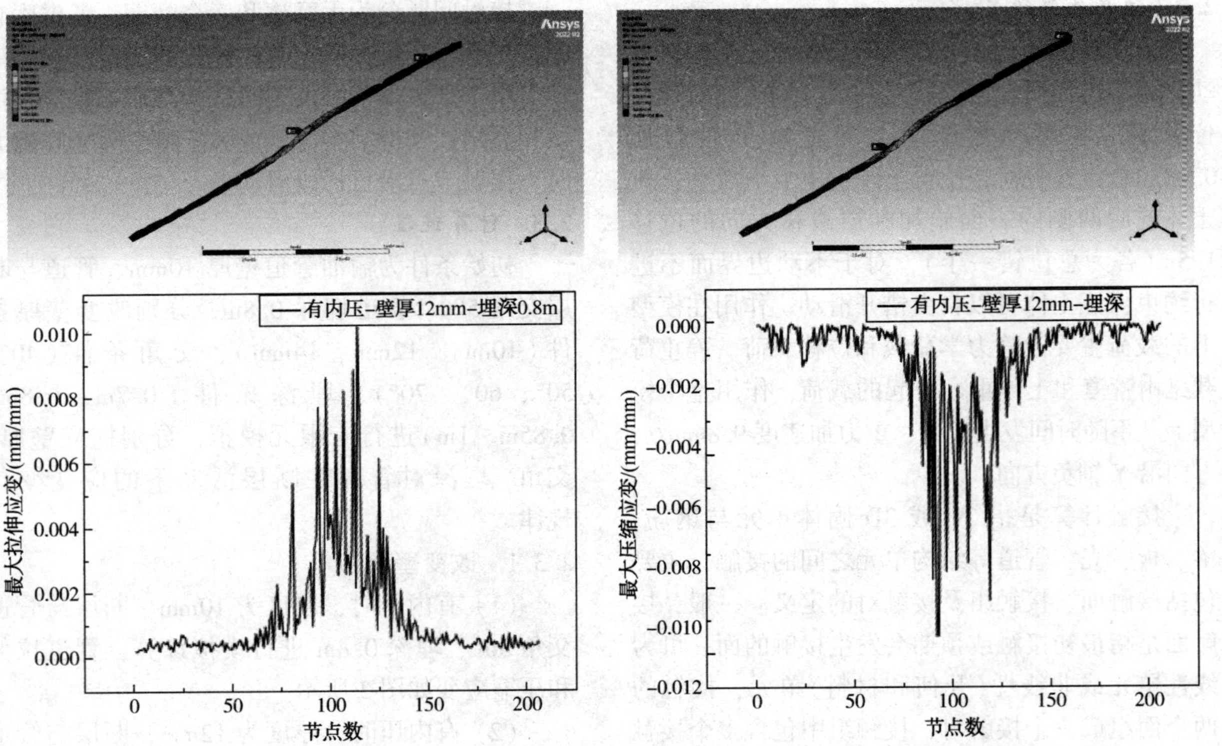

图 4　壁厚 12mm、断层与管道交角 50°、埋深 0.8m 应变结果

表 2　拉伸和压缩应变计算结果

内压	壁厚	最大轴向拉伸应变	最大轴向压缩应变
无	10	0.011389	−0.010504
	12	0.01209	−0.01048
	14	0.0093317	−0.0087313
有	10	0.011328	−0.010582
	12	0.010177	−0.0094795
	14	0.0092866	−0.0087674

通过以上计算可知，随着管道壁厚的增加，在有内压和无内压情况下最大轴向拉伸应变和压缩应变均减小。管道壁厚越大，受到的最大应力应变越小。这是由于管道的变形和运动受到周围王体的约束，管道抵抗约束作用的抗力与管径和壁厚的乘积成正比，管道壁厚的增加使得横截面面积增大，管道刚度增强，在受到相同断层错动时，管道的应力应变较小。

2.3.2　改变交叉角度

（1）无内压时，断层与管道交角为 40°、壁厚 10mm、埋深 0.8m 进行模拟，管道拉伸和压缩应变如图 5 所示。

可以看到管道在发生滑移位置，轴向拉伸应变与轴向压缩应变最大，其最大轴向拉伸应变为 1.2914%，最大轴向压缩应变为 1.28%。

（2）无内压时，断层与管道交角为 50°、壁厚 10mm、埋深 0.8m 进行模拟，管道拉伸和压缩应变如图 6 所示。

可以看到管道在发生滑移位置，轴向拉伸应变与轴向压缩应变最大，其最大轴向拉伸应变为 1.1389%，最大轴向压缩应变为 1.0504%。

改变交角最大轴向拉伸应变和最大轴向压缩应变变化如表 3 所示。

表 3　改变交角条件下应变结果

内压	角度/(°)	最大拉伸应变	最大压缩应变
无	40	0.012914	−0.0128
	50	0.011389	−0.010504
	60	0.0090669	−0.011885
	70	0.0025463	−0.0026907
有	40	0.012879	−0.01288
	50	0.011328	−0.010582
	60	0.0090011	−0.011973
	70	0.0024893	−0.0027195

走滑断层作用下，埋地管道可能发生拉伸失效或屈曲失稳。一般情况下，尽量避免管道发生压缩失稳，因此设计管道在要穿越走滑断层时，只需考虑管道发生拉伸失效的状况。下面针对管道与断层交角为 40°、50°、60°和 70°情况进行分析，随着管道断层与管道交角的增加，在有内压和无内压情况下最大轴向拉伸应变，最大轴向压缩应变整体呈减

小趋势，在50°加到60°时略有增大。

2.3.2　改变管道埋深

（1）无内压时，埋深为0.7m、壁厚10mm、交角50°时进行模拟，管道拉伸和压缩应变如图7所示。

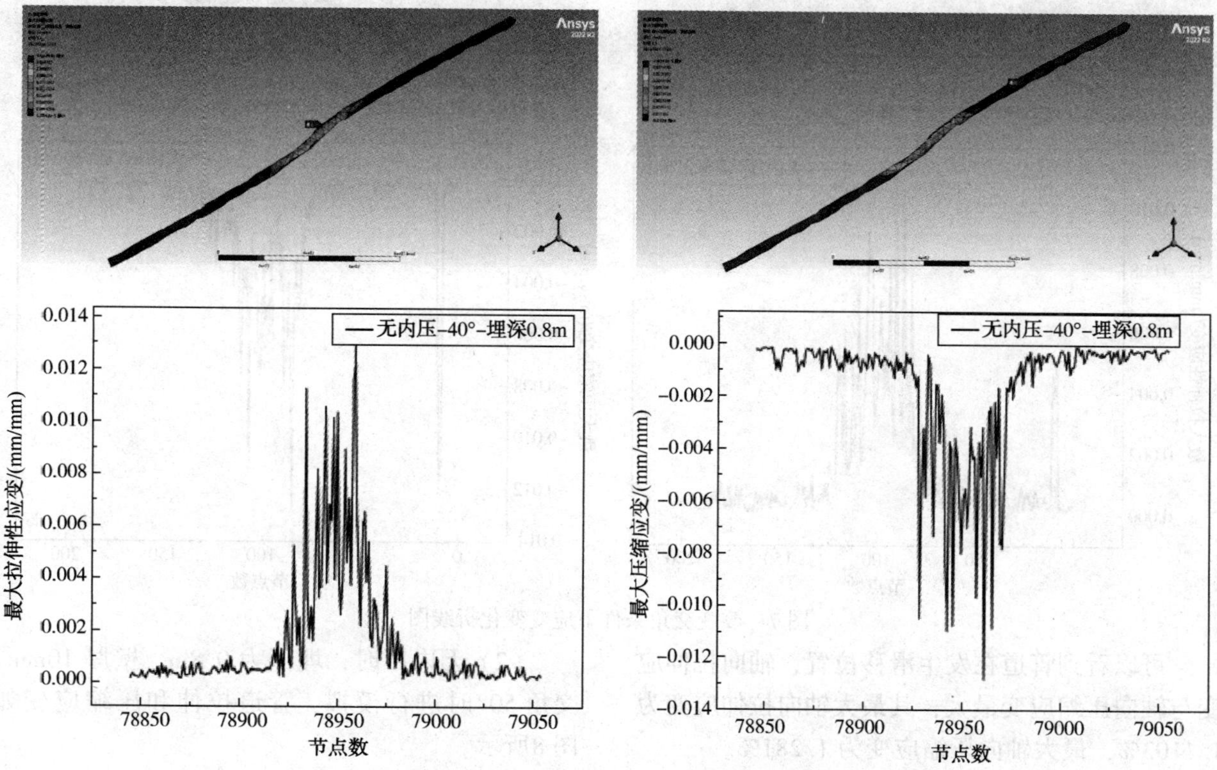

图5　壁厚10mm、断层与管道交角40°、埋深0.8m应变结果

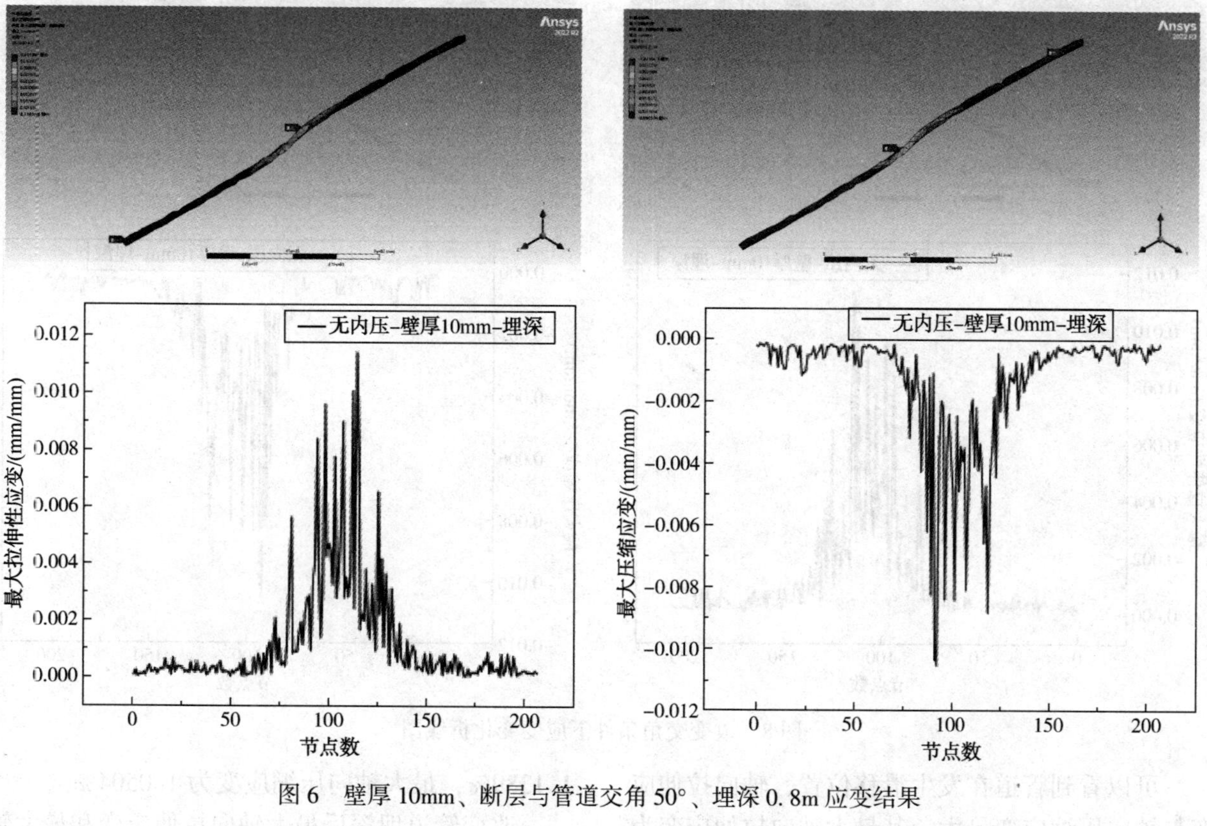

图6　壁厚10mm、断层与管道交角50°、埋深0.8m应变结果

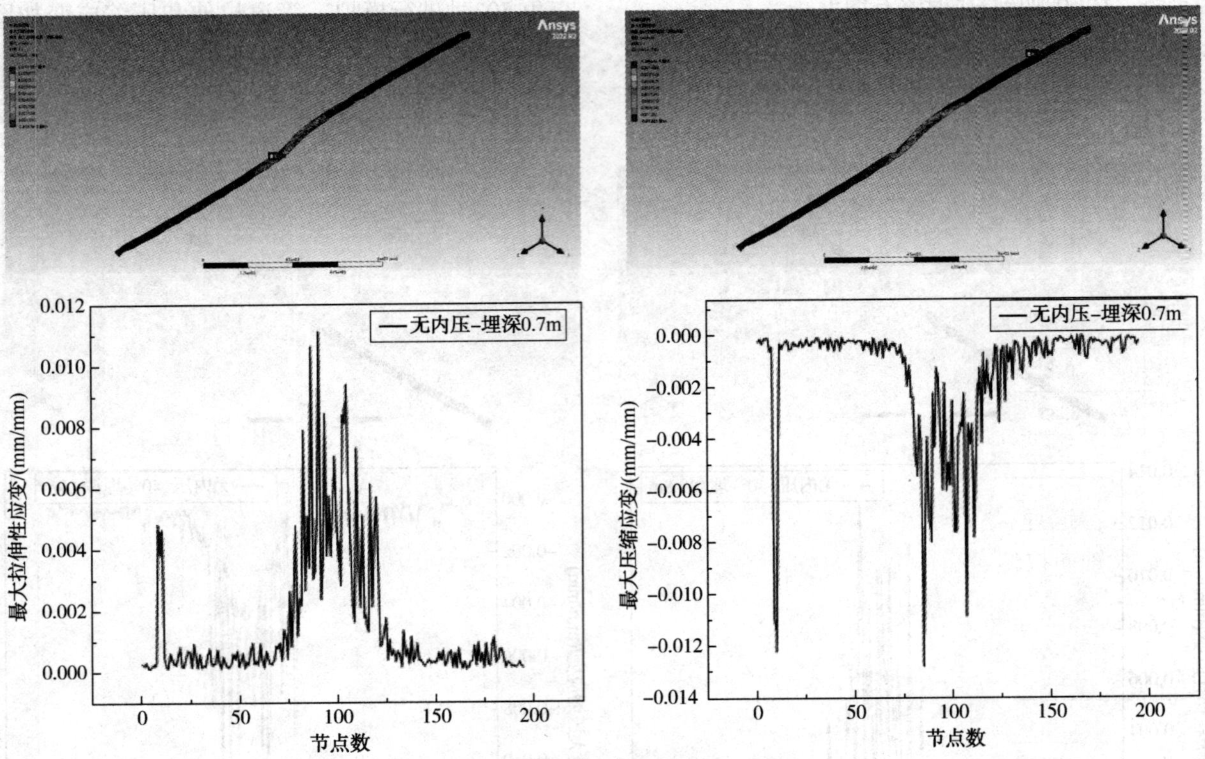

图 7　改变交角条件下应变变化折线图

可以看到管道在发生滑移位置，轴向拉伸应变与轴向压缩应变最大，其最大轴向拉伸应变为1.1103%，最大轴向压缩应变为1.281%。

（2）无内压时，埋深为0.8m、壁厚10mm、交角50°时进行模拟，管道拉伸和压缩应变如图8所示。

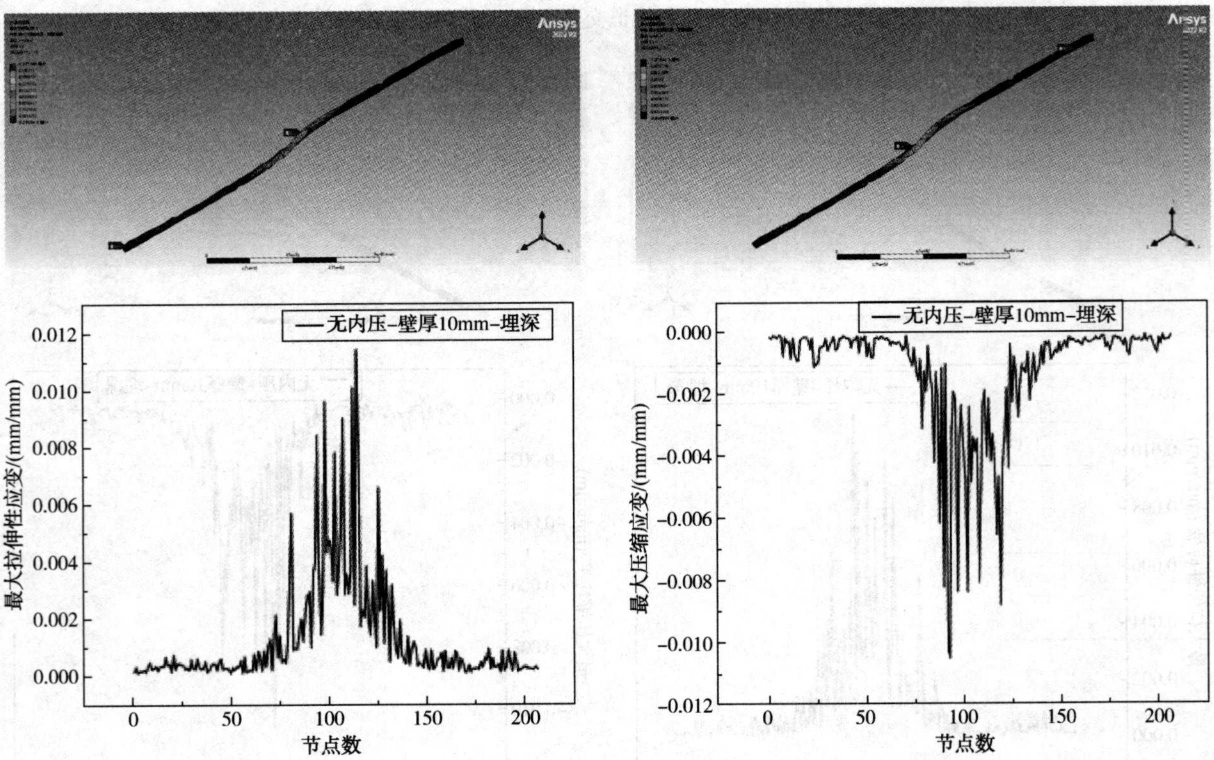

图 8　改变交角条件下应变变化折线图

可以看到管道在发生滑移位置，轴向拉伸应变与轴向压缩应变最大，其最大轴向拉伸应变为1.1389%，最大轴向压缩应变为1.0504%。

改变管道埋深后最大轴向拉伸应变和最大轴

向压缩应变变化如表 4 所示。

表 4　改变埋深条件下应变变化

内压	埋深	最大拉伸应变	最大压缩应变
无	0.7	0.011103	−0.01281
	0.8	0.011389	−0.010504
	0.85	0.011632	−0.0086192
	1	0.010584	−0.0092225
有	0.7	0.010987	−0.012891
	0.8	0.011328	−0.010582
	0.85	0.011564	−0.008704
	1	0.010483	−0.0092823

随着管道埋深的增加，在有无内压的情况下，最大轴向拉伸应变和压缩应变均呈现先增大后减小的形式，在 0.85m 处较其他埋深出现最大值。应力应变随埋深的增加增大。是由于管道埋深的增加，增强了土体对管道的约束力，降低了管道横向和纵向的活动能力，在同样断层错动作用下，管道的应力应变反应增大。埋深的增加使管道应力应变微小增加，是由于管道最大应力应变没有超过弹性极限，埋深的增加使得管道应力应变微小增加。

3　项目应用

3.1　计算边界条件

根据国标 GB/T 50470—2017 中关于管道穿越活动断裂带的计算公式进行应力计算，本次 Ansys 有限元模拟分析采用的是 X60 管线钢，其参数如表 5 所示。

管道轴向容许应变计算结果如表 6 所示。

表 5　力学性能指标

钢管力学性能指标				环焊缝力学性能指标			
力学性能	符号	单位	数值	力学性能	符号	单位	数值
屈强比	λT	—	0.85	表观韧性	δT	mm	0.267
均匀延伸率	εu	%	10	缺陷长度	$2c$	mm	25
轴向屈服强	σy	MPa	437	缺陷高度	a	mm	2.5
钢管表面波浪缺欠的波峰至谷底的高度	hg	mm	0.13%D 和 8%δ 较大值	—	—	—	—

表 6　容许应变计算结果

管径/mm	管道壁厚/mm	设计压力工况		无内压工况	
		压缩应变/%	拉伸应变/%	压缩应变/%	拉伸应变/%
406.4	10	1.31331	0.94775	0.7829	1.2185

3.2　计算结果（表 7）

表 7　计算结果

内压	埋深/m	角度/(°)	最大拉伸应变/%	最大压缩应变/%	轴向容许拉伸应变	轴向容许压缩应变
无	1.0	30	0.67303	0.67342	(1.4761)满足	(0.8455)满足
	1.0	40	1.0151	0.89212	(1.4761)满足	(0.8455)不满足
	1.0	50	0.7478	0.75066	(1.4761)满足	(0.8455)满足
有	1.0	30	0.66585	0.68351	(1.1481)满足	(1.4184)满足
	1.0	40	1.0055	0.89816	(1.1481)满足	(1.4184)满足
	1.0	50	0.74061	0.75914	(1.1481)满足	(1.4184)满足

管道在埋深 1m 时，加宽管沟且管沟内部充填弹性材料的情况，采用 40°~50°的交叉角度通过活动断裂带，可满足安全要求。

4　结论

通过对断层震害及管道破坏模式的研究，建立穿越断层埋地管道非线性有限元模型，分析断层荷载作用下埋地管道力学行为及参数影响规律，提出穿越走滑断层埋地管道应变简化计算公式。在所建有限元结构模型基础上，考虑管输介质的影响，建立基于断层错动作用下埋地管道有限元模型，分析断层与流体荷载共同作用下埋地管道的变形反应。对穿越断层埋地管道抗震设计方法进行改进，提出在役管线抗震改造措施，设计穿越断层埋地管道安全监测预警系统。获得如下研究结论：

（1）调研国内外穿越断层埋地管道反应分析方法，对断层的发生机制及错动方式进行补充，分析正断层、逆断层和平移断层的运动机理。将断层错动作用下埋地管道的破坏模式划分为拉伸、局部屈曲和梁式屈曲失效，探讨了引起管道失效的主要震害因素，确定基于应变的管道失效判断准则。

（2）在管道壁厚方面，10mm 壁厚进行的有限元模拟不满足容许应变要求，随着壁厚的增加，管道应变减小，12mm 壁厚在存在内压时满足容许应变要求，依据 GB/T9711 优先选用的外径和壁厚，在外径 406.4mm 下的壁厚优选要求，建议管道壁厚选用 10mm。

（3）在管道交角方面，40°~50°应变值满足要求，工程上方便实施。

（4）在埋深方面，随着埋深的增加，管道应变值变化不大，因此建议保持原本 1.0m 埋深不变。

（5）研究管道壁厚、埋深、场地土条件、管道与断层交角及管道内压等参数对管道变形状况的影响规律。结果表明，断层错动距离较小时，管道处于弹性阶段，不同钢级管材的应力应变相差不大；增大管道壁厚有助于提高管道的抗震能力。管道埋置越深，周围土体对管道的约束强度越大，有利于降低梁式屈曲的发生。场地均一条件下，断层土体的硬度越大管道承受的应力应变越高；场地非均一时，管道的应力应变处于软弱土和硬质均一场地土之间。断层破碎带宽度的增加有助于减缓管道的反应强度。应根据断层错动方式，选择合适的管道穿越角度。

（6）对《油气输送管道线路工程抗震技术规范》（GB/T 50470—2017）过断层埋地管道抗震设计方法存在的不足进行分析，提出改进后的抗震设计流程。基于常用抗震措施，提出在役管道的抗震改造措施。设计穿越断层埋地管道安全监测预警系统，利用传感器对断层致灾体、管道承载体及土体对管道作用力进行监测，形成地震动加速度、断层位移、管道应变、管道泄漏等多个预警功能，有效减少突发性灾害导致的管道受损破坏及次生灾害的发生。

参 考 文 献

[1] GB/T 50470—2017，《油气输送管道线路工程抗震技术规范》[S].

[2] GB/T 50568—2019，《油气田及管道岩土工程勘察标准》[S].

X70/X80 钢级长输管道钨极氩弧自动焊根焊工艺研究及应用

郑明高　赵桂敏　周清军　谢江平　阴有贵

（中石化江汉油建工程有限公司）

摘　要　目前油气长输管道普遍采用自动焊施工，对于特殊地段则采用组合自动焊的工艺，根焊普遍采用手工钨极氩弧焊或半自动根焊（STT 或 RMD），填充盖面焊采用药芯焊丝气体保护焊，但焊接填充量大，且根焊易产生假熔的缺陷，整体焊接效率较低。我们通过试验将钨极氩弧自动焊外根焊首次引入到长输管道线路施工中，填充盖面采用气保护实心焊丝下向焊，实现了根焊的自动化，保证了施工质量，提高了施工效率。

关键词　自动钨极氩弧焊；U 型坡口；焊接工艺

1　概述

随着环境保护日益严格，为完成“碳达峰碳中和”庄严承诺，作为清洁能源的天然气的需求大量增加，对大口径主干管网需求越来越大，为保证施工质量、提高施工进度，目前主干管网普遍采用自动焊工艺完成，内焊机+双焊炬外焊自动焊技术日趋成熟，但该工艺对地形要求较高，内焊机爬坡能力和通过率受限，大于 12%的坡度很难爬行。对于特殊地段普遍采用组合自动焊（即根焊采用手工焊或半自动焊，填充盖面采用自动焊）的工艺，根焊普遍采用手工钨极氩弧焊或半自动根焊（STT 或 RMD），由于采用标准的 25 度单 V 坡口且组对间隙为 2.5~4.5mm，致使焊接填充量大，且半自动根焊易产生假熔的缺陷，对组对要求严格；同时由于填充盖面采用药芯焊丝向上焊，焊接小车行走慢，导致整体焊接效率较低。

为保证焊接质量、提高组合特殊地段的焊接效率，经过多方考察、试焊，进行自动外根焊设备和工艺的选择，采用不同坡口、增加熔深等手段，将钨极氩弧自动焊外根焊首次引入到长输管道主线路施工中，填充盖面采用气保护实心焊丝下向自动焊。通过不断调整接头设计（坡口型式、坡口角度、钝边尺寸、对口间隙等）、焊接工艺参数，最终完成了试焊工作，获得了外观成型较好的焊缝，并通过焊接工艺评定试验。

2　X70 钢级长输管道的钨极氩弧自动焊外根焊工艺研究

2.1　试验材料和方法

2.1.1　试验材料

试验以某 $\Phi 813mm * 14mm$（L485M 级螺旋缝埋弧焊钢管）输气管道工程为例，在现场进行了焊接工艺评定的试件焊接工作，管材化学成分及物理性能详见表 1；根焊、热焊焊丝型号为 ER70S-6，直径 1.0mm，填充、盖面焊丝型号为 ER70S-G，直径 1.2mm，焊丝的化学成分及机械性能详见表 2。

表 1　钢管化学成分及物理性能

化学成分/%		C	Mn	Si	P	S	Mo	Ni	Cr	Cu
	钢管 1	0.07	1.7	0.11	0.008	0.001	0.14	0.20	0.25	0.01
	钢管 2	0.07	1.7	0.11	0.008	0.001	0.14	0.20	0.25	0.01
		V	Nb	Ti	Al	N	B	Ceq	Pcm	Nb+Ti+V
	钢管 1	0.003	0.066	0.02	—	—	0.0001	—	0.18	0.089
	钢管 2	0.003	0.066	0.02	—	—	0.0001	—	0.18	0.089
管体物理性能	Rt0.5（MPa）				Rm（MPa）			A（%）		
	525（钢管 1）/560（钢管 2）				660（钢管 1）/675（钢管 2）			37（钢管 1）/37（钢管 2）		

表 2　焊丝化学成分及机械性能

焊道	根焊/热焊											填充/盖面										
执行标准	AWS A5.18											AWS A5.18										
型号	ER70S-6											ER70S-G										
规格	Φ1.0mm											Φ1.2mm										
牌号	BOHLER TIG EMK6											BOEHLER SG3-P										
化学成分	C	Si	Mn	P	S	Cr	Mo	Ni	V	Cu	Al	C	Si	Mn	P	S	Cr	Mo	Ni	Cu	Ti	Al
	0.06	0.88	1.50	0.023	0.014	0.030	0.003	0.010	0.002	0.110	0.003	0.07	0.77	1.52	0.007	0.009	0.020	0.010	0.002	0.11	0.06	0.002
机械性能	$R_{eL}/R_{p0.2}$/MPa		R_m/MPa		A/%	-30℃冲击试验 单值/J			均值/J			$R_{eL}/R_{p0.2}$/MPa		R_m/MPa		A/%	-50℃冲击试验 单值/J			均值/J		
	≥420		500~640		≥22	≥32			≥47			≥460		530~680		≥22	≥32			≥47		

2.1.2　焊接工艺

根焊、热焊采用自动钨极氩弧焊(GTAW)，100% Ar 保护，填充、盖面采用自动外焊(GMAW)，80%Ar+20%CO_2 混合气体保护，该工艺为首次在长输管道现场施工应用。

2.1.2.1　接头设计

采用 U 形坡口，无间隙组对。

选择 U 形坡口是由于根部较宽，容易焊透，具有减小焊接残余应力和变形，提高焊接质量，减少填充量，降低生产成本的优点；选择无间隙组对是由于组对过程中间隙不宜控制在统一标准内，后续填充盖面的质量不易保证。

具体坡口示意及焊接层道数见图 1。

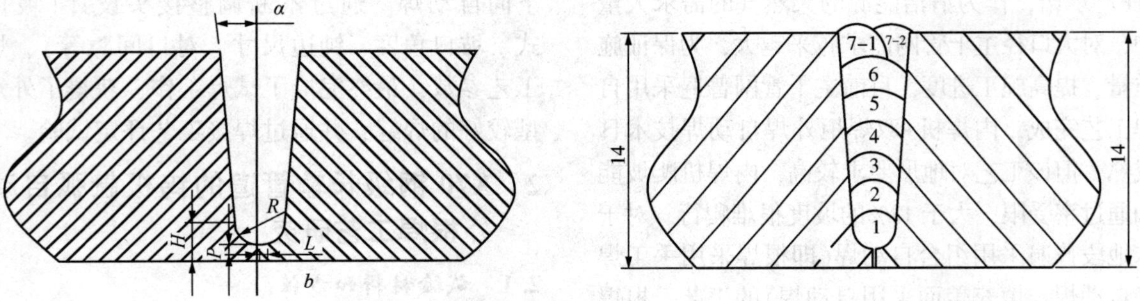

图 1　坡口型式图层道数顺序示意图

坡口角度：α=10°±1°；钝边(P)：1.4±0.2mm；背垫：无；对口间隙(b)：0~0.5mm；
下坡口 1/4 圆弧半径：R=2.4mm；下坡口 1/4 圆弧平直长度：L=1.5±0.1mm；错边：0~2.0mm

2.1.2.2　焊接工艺参数

按业主《油气管道工程线路焊接技术规定》的要求，在第三方监督单位人员的见证监督下，连续完成 3 道环焊缝的焊接，具体焊接工艺参数见表 3。

2.2　试验内容

2.2.1　无损检验

已完成的 3 道焊口，按照 GB/T 31032—2014《钢质管道焊接及验收》、GB 50369—2014《油气长输管道工程施工及验收规范》、DEC-OGP-G-WD-002-2020-1《油气管道工程线路焊接技术要求规定》进行外观检查合格；按 SY/T 4109—2020《石油天然气钢质管道无损检测》和 DEC-OGP-G-NT-004-2020-1《油气管道工程相控阵超声检测技术规定》进行了 RT 和 PAUT 无损检测，结果均合格，满足理化试验取样要求。

表 3　焊接工艺参数表

焊道	焊接方法	焊接方向	极性	焊接电流/A	电弧电压/V	送丝速度/(in./min)	焊接速度/(cm/min)	焊接热输入/(kJ/mm)
根焊	GTAW	上向	DCEN	100~150	10~14	60~70	10~18	0.62~0.92
热焊	GTAW	上向	DCEN	120~185	11~15	60~70	10~18	0.79~1.12
填充	GMAW	下向	DCEP	100~275	19~28	145~360	35~65	0.28~1.19
盖面	GMAW	下向	DCEP	90~165	18~26	145~265	35~65	0.25~0.72

图 2　具体焊接过程

2.2.2　理化试验

根据根据国家标准及业主具体要求，任意选取 2 道焊口，按照图 3 所示取样，送实验室进行破坏性试验，试验主要项目包括：拉伸试验、夏比冲击试验、刻槽锤断试验、导向弯曲试验、维氏硬度试验、金相分析及断裂韧性（CTOD）试验。

2.2.2.1　拉伸试验

依据标准 GB/T 228.1—2010、GB/T 2651—2008，结果见表 4 所示。

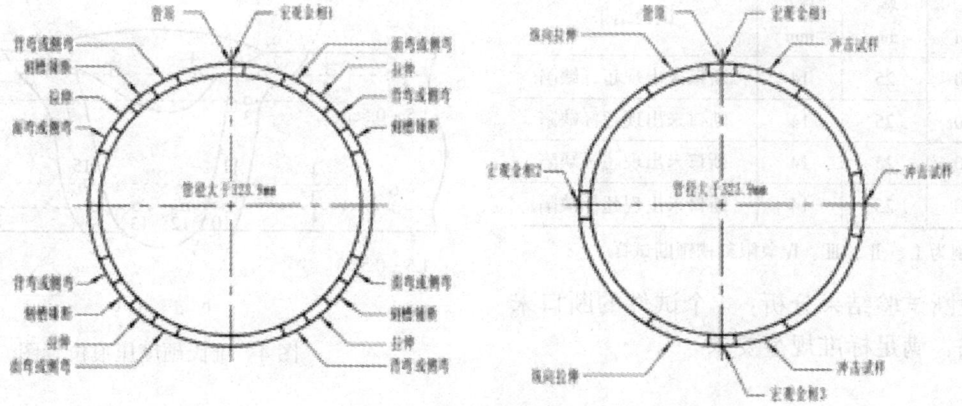

图 3　理化试验取样示意图

表 4　拉伸试验结果

试样		屈服强度	屈服强度	屈服强度	抗拉强度	断后伸长度	断裂位置
编号	名义直径/宽度×标距/mm	$R_{t0.5}$/MPa	$R_{p0.5}$/MPa	R_{eH}/MPa	R_m/MPa	A_{25mm}/%	
T0-WM	Φ6.25×25	597	598	601	658	26.0	—
T6-WM	Φ6.25×25	603	603	621	668	32.0	—
T1	19	—		—	678	—	母材
T2	19	—		—	668	—	母材
T3	19	—		—	668	—	母材
T4	19	—		—	663	—	母材

注：T0-WM、T6-WM 为平焊位、仰焊位全焊缝试样，T1、T2、T3、T4 为Ⅰ、Ⅱ、Ⅲ、Ⅳ象限焊接接头试样。

拉伸结果分析：通过试验 4 组试件拉伸断裂位置都在母材，且抗拉强度均在标准要求的范围内，断后伸长率、断面收缩率均在满足标准规范要求。

2.2.2.2　低温冲击试验

依据标准 GB/T 229—2020 试验，结果见表 5。

表 5　低温冲击试验结果

试样		位置	试验温度/℃	吸收能量 KV_2/J				剪切断面率 *FA*/%			
编号	规格/mm			单个值			平均值	单个值			平均值
C0-WM	10×10×55	平焊焊缝	-10	170	161	158	163	85	85	85	85
C0-FL	10×10×55	平焊熔合线	-10	205	189	216	203	85	80	90	85
C3-WM	10×10×55	立焊焊缝	-10	159	163	172	165	90	95	95	93
C3-FL	10×10×55	立焊熔合线	-10	270	202	212	228	100*	75	80	85
C6-WM	10×10×55	仰焊焊缝	-10	185	171	159	172	90	90	80	87
C6-FL	10×10×55	仰焊熔合线	-10	271	290	214	258	95	100	80	92

注*：表示断口有分离。

低温冲击试验结果分析：在-10 摄氏度下，18 个试件最小冲击功 158J，平均值 191J，满足标准规范要求。

2.2.2.3　刻槽锤断试验

依据标准是 GB/T 31032—2014，结果见表 6。

表 6　刻槽锤断试验结果

试样编号	长/mm	宽/mm	厚/mm	试验结果
N1	300	25	14	断口未出现超标缺陷
N2	300	25	14	断口未出现超标缺陷
N3	300	25	14	断口未出现超标缺陷
N4	300	25	14	断口未出现超标缺陷

注：N 分别为Ⅰ、Ⅱ、Ⅲ、Ⅳ象限刻槽锤断试样。

刻槽锤断试验结果分析：4 个试件的断口未见超标缺陷，满足标准规范要求。

2.2.2.4　导向弯曲试验

依据标准是 GB/T 2653—2008，结果见表 7。

导向弯曲试验结果分析：12 个试件侧向弯曲 180 度未见裂纹，满足标准规范要求。

2.2.2.5　维氏硬度试验

依据标准是 GB/T 4340.1—2009，压痕位置见图 4，试验结果见表 8。

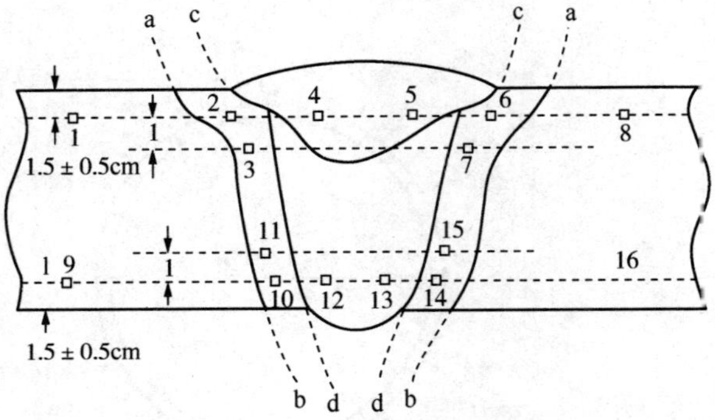

图 4　维氏硬度压痕位置图

表 7　导向弯曲试验结果

试样		弯轴直径/mm	弯曲角度/(°)	弯曲方向	试验结果
编号	长×宽×厚/mm				
S1	300×14×13	90	180	侧弯	未出现裂纹
S2	300×14×13	90	180	侧弯	未出现裂纹
S3	300×14×13	90	180	侧弯	未出现裂纹
S4	300×14×13	90	180	侧弯	未出现裂纹
S5	300×14×13	90	180	侧弯	未出现裂纹
S6	300×14×13	90	180	侧弯	未出现裂纹
S7	300×14×13	90	180	侧弯	未出现裂纹
S8	300×14×13	90	180	侧弯	未出现裂纹
R1	300×25×12.7	90	180	背弯	未出现裂纹
R2	300×25×12.7	90	180	背弯	未出现裂纹
R3	300×25×12.7	90	180	背弯	未出现裂纹
R4	300×25×12.7	90	180	背弯	未出现裂纹

注：S、R 分别为Ⅰ、Ⅱ、Ⅲ、Ⅳ象限侧弯和背弯试样。

表 8　维氏硬度试验结果

试样编号	压痕位置及硬度值(HV10)							
H3（立焊位）	1	2	3	4	5	6	7	8
	228	222	222	232	216	225	222	233
	9	10	11	12	13	14	15	16
	235	223	210	268	241	227	226	228
H6（仰焊位）	1	2	3	4	5	6	7	8
	224	218	221	228	231	223	226	231
	9	10	11	12	13	14	15	16
	232	202	221	244	249	215	221	228

维氏硬度试验结果分析：试件经抛光腐蚀后，找到母材、热影响区和焊缝区域，按照图 4 所示位置进行维氏硬度试验，硬度值最大为 233，最小为 216，满足标准规范要求。

2.2.2.6　宏观金相试验

依据标准是 GB/T 13298—2015，试验结果见表 9，平焊位宏观形貌见图 5，立焊位宏观形貌见图 6，仰焊位宏观形貌见图 7。

表 9　金相分析试验结果

试样编号	焊缝低倍	焊接层(道)数
M0(平焊位)	未见宏观焊接缺陷	7 层 8 道
M9(立焊位)	未见宏观焊接缺陷	7 层 8 道
M6(仰焊位)	未见宏观焊接缺陷	7 层 8 道

金相试验结果分析：试件经抛光腐蚀后，可以清晰看到是 7 层 8 道，未发现焊接缺陷，满足标准规范要求。

2.2.2.7　断裂韧性(CTOD)试验

依据标准是 GB/T 21143—2014 和 ISO 15653—2018 分别计算，试验结果见表 10。

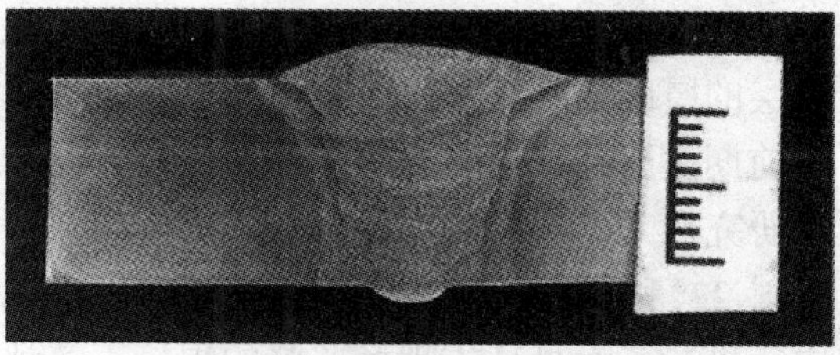

图 5　平焊位宏观形貌

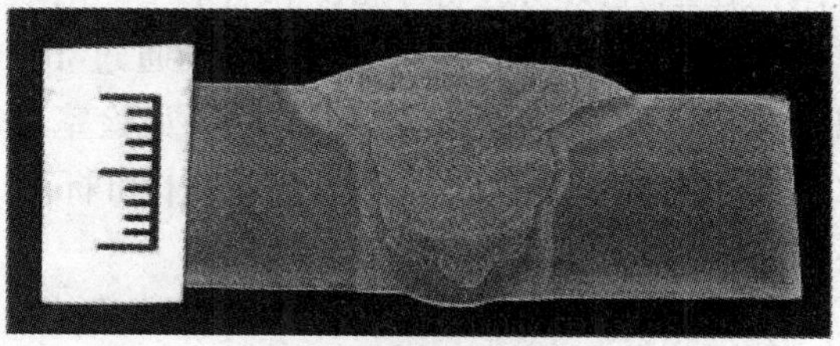

图 6　立焊位宏观形貌

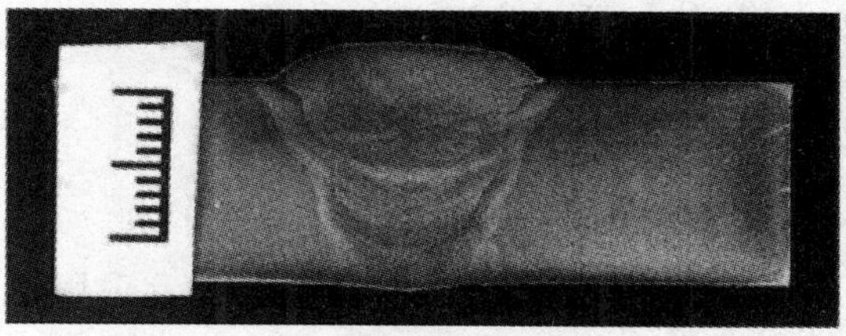

图 7　仰焊位宏观形貌

表 10　CTOD 试验结果

试样编号	试验温度 t/℃	厚度 B/mm	净厚度 B_N/mm	宽度 W/mm	载荷 F/N	V_g/mm	V 的塑性分量 V_P/mm	CTOD 值① δm/mm	CTOD 值② δm/mm
D0-WM	−10	9.87	9.87	20.43	12081	1.903	1.702	0.426	0.608
D0-FL	−10	9.81	9.81	20.40	12627	3.103	2.884	0.704	1.008
D3-WM	−10	9.84	9.84	20.41	12543	1.751	1.543	0.395	0.563
D3-FL	−10	9.83	9.83	20.40	12786	2.653	2.440	0.598	0.854
D6-WM	−10	9.86	9.86	20.38	11578	2.053	1.853	0.448	0.636
D6-FL	−10	9.82	9.82	20.40	13063	3.154	2.925	0.715	1.023

断裂韧性(CTOD)试验结果分析：试验结果不低于 0.254mm，满足标准和设计要求。

3　X80 钢级长输管道的钨极氩弧自动焊外根焊工艺研究

在 X70 钢级长输管道的钨极氩弧自动焊外根焊工艺研究的研究基础上，对 X80 钢级的钨极氩弧自动焊外根焊工艺继续开展研究，重点进行了坡口角度、焊接材料的选择、钨极氩弧自动焊的焊接层数及管斜 30°位置焊接工艺参数进行了研究。

前期研究时采用的是10°的坡口面角度，焊接过程中发现焊材填充量大、焊接时间长且填充盖面易出现未熔合缺陷，为保证焊接质量和提高焊接效率，对坡口面角度进行了调整、试焊，最终确定的坡口面角度为5°。

经过对多种国产和进口氩弧焊丝进行焊接情况、焊材采购、焊材质量、无损检测情况及理化检验情况等进行详细的评估，最终确定选用焊丝。

前期为防止烧熔的现象发生，采用的是两遍氩弧焊(根焊、热焊)，焊接时间长，特针对该情况进行了氩弧自动根焊的焊接参数研究，提高根焊层的厚度，确保不发生烧熔。

前期主要是针对水平固定的管道位置进行的工艺研究，考虑到将来在山区地段的应用，进行了管斜22°和30°的焊接工艺参数研究。在研究完成后进行了无见证方现场监督的焊接工艺评定工作，在工程现场进行了5G和管斜20°的现场焊接验证工作，各焊接3道焊口，通过RT和AUT检测，按业主要求分别送3家实验室进行力学性能试验，全部性能满足设计和标准的要求。

通过大量的研究、焊接、检测和试验，最终依托××输气管道工程(X80钢级、D1219×18.4/22mm)完成焊接工艺评定。

4　现场焊接应用情况

4.1　X70钢级长输管道焊接应用

在依托的X70输气管道工程中，采用1站钨极氩弧自动焊设备+2站气保护实心焊丝单焊炬自动焊设备在现场进行了D813×16.8mm管道焊接，共完成4km的焊接，所有焊缝均采用AUT+RT检测，焊接一次合格率为96.3%，建设方按规定随机抽取2道现场口送实验室进行力学性能检测，全部符合设计和标准的要求。

4.2　X80钢级长输管道焊接应用

在依托的X80输气管道工程中，采用1站钨极氩弧自动焊设备+2站气保护实心焊丝单焊炬自动焊设备在现场进行了D1219×18.4/22mm管道焊接，共完成2.2km的焊接，所有焊缝均采用AUT+RT检测，焊接一次合格率为98.3%。按规定随机抽取2道现场口送实验室进行力学性能检测，全部符合设计和标准的要求。

4.3　易产生的缺陷及原因

在现场应用过程中，发现在根焊和填2易出现未熔合及气孔缺陷。

(1)未熔合缺陷出现的原因：由于是无间隙组对，对组对的错边量要求较高，不能超过1.7mm，需严格控制坡口加工的质量；焊接过程出现问题打磨破坏了坡口，需要人员训练打磨，尽量不破坏坡口；操作时不带跟踪，需要人员仔细观察熔池状态，随时进行操作调整，满足焊接要求。

(2)气孔出现的原因：主要是防风措施不到位，焊接时管两端未密封；焊接时的气流量不合适。

5　结论

采用钨极氩弧自动焊和自动外焊的组合完全满足管道焊缝的力学性能要求，在长输管道施工尤其是山区地段焊接中采取U型坡口形式，实心丝下向填充具有填充量少，焊接效率高，质量易保证的优点，有很好的应用前景。

6　下一步继续研究的方向

(1)由于该工艺对坡口加工要求严格，现有的坡口机的加工长度较长，热煨弯管的直管段长度不能满足坡口机的加工要求，且热煨弯管的椭圆度难以满足坡口加工要求，需要对热煨弯管的焊接进行研究；

(2)大坡度的山区位置内对口器无法满足施工安全要求，需对现有的外对口器进行改进，满足组对和焊接的要求。

参考文献

[1] 李亚江，等．先进材料焊接技术．北京：化学工业出版社，2012.1.

[2] 靳孝义，朱德才，钟华．不同热处理保温时间下P280GH管道自动焊焊接接头性能研究．焊接技术，2020.8.

CO_2 输送关键技术

来海雷　张璐瑶　陈泓传　蒋风松　王泽伟

（大庆油田设计院有限公司）

摘　要　CCUS/CCS 是将捕获的 CO_2 进行直接利用或封存，是国际公认的三大减碳途径之一，也是国际公认的应对气候变化、实现大规模快速碳减排、迈向碳中和的关键技术路径。碳输送是连接碳捕集与碳利用（或埋存）的重要环节，CO_2 管道输送是陆上碳输送最经济的选择。鉴于国内关于 CO_2 管道输送，特别是超临界/密相 CO_2 管道输送工程应用几乎为零。通过对我院在 CCUS-EOR 全产业链地面工程技术体系与建设模式取得成果的介绍，重点论述了 CO_2 输送关键技术，以期为 CCUS-EOR 技术和项目推广应用提供一些建议和帮助。

关键词　CCUS-EOR；技术标准；输送工艺；输送设备；管材选择

1　CO_2 管输技术现状

1.1　技术背景

CCUS（碳捕集、利用与封存，Carbon Capture，Utilization and Storage）是将捕获的 CO_2 进行直接利用或封存，既可以去除多余的 CO_2 也可产生一定的经济效益；是国际公认的三大减碳途径之一，也是国际公认的应对气候变化、实现大规模快速碳减排、迈向碳中和的关键技术路径。CCUS-EOR 是规模化碳利用减排的主体。GCCSI（全球碳捕集与封存现状，2020）资料显示，目前全球碳减排项目 28 个，年 CO_2 捕集能力 3816 万吨，其中 22 个 EOR 项目年捕集能力 2926 万吨，占比 76.68%，CCUS-EOR 已经成为全球油气行业发展共同的战略性选择。

习近平总书记指出，实现碳达峰、碳中和是一场广泛而深刻的经济社会系统性变革，要把碳达峰、碳中和纳入生态文明建设整体布局，拿出抓铁有痕的劲头，如期实现 2030 年前碳达峰、2060 年前碳中和的目标。中国 CCUS 地质封存潜力 1.21 万~4.13 万亿吨，预计 2050 年、2060 年减排 6 亿~14 亿吨和 10 亿~18 亿吨，可以满足实现碳中和目标的需求。而碳输送是连接碳捕集与碳利用（或埋存）的重要环节，CO_2 管道输送是陆上碳输送最经济的选择。为了实现“双碳”目标，中国石油集团公司分别制定了 2025 年、2035 年和 2050 年 CO_2 目标减排量，分别为 3776 万吨、10313 万吨和 20952 万吨。CCUS-EOR 将是实现集团公司“双碳”目标一举多赢的路径。

1.2　技术现状

流体态的 CO_2 分为气态、液态、密相态、超临界态，CO_2 的 P-T 相图如图 1 所示。当温度和压力同时大于临界值时 CO_2 会处于超临界状态。超临界/密相 CO_2 具有类似于液体的高密度和类似于气体的高扩散性与低黏度。当压力大于临界压力，温度低于临界温度时（对于纯 CO_2 为 7.38MPa，31.1℃），CO_2 处于密相状态。仅从技术上说，CO_2 在管道中以气态、液态或密相、超临界态运输都是可行的。但密相或超临界运输方案投资较低，远距离运输压降小，对杂质耐受力大，捕集净化和压缩成本低；大规模运输时，相同管径下，密相或超临界运输方案的运输容量大，运输成本低，适合于远距离、大输量。在实际工程中，对于 CO_2 大输量、长距离输送，采用超临界相态输送是最经济的方式，但是由于中间加热维温问题，往往超临界/密相跨相态最为适宜。

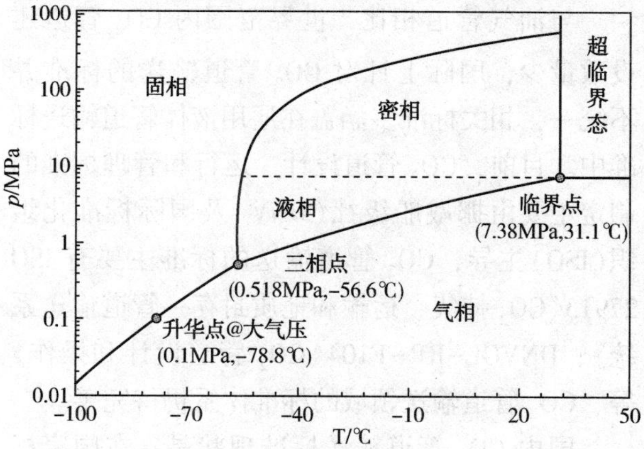

图 1　CO_2 的 P-T 相图

目前，全球范围内已经有超过 80 个 CO_2 管道项目，超过 10000km 的 CO_2 管道，多分布在北美和欧洲。仅到 2004 年，美国就有 70 个 CO_2 管道输送项目，5800kmCO_2 输送管道，且全采用超临界输送技术。其中 Kinder Morgan 是世界最大的 CO_2 管道运营商，其运营的 CO_2 管道达到 8000 多公里，部分 CO_2 管道系统概况如图 2 所示。

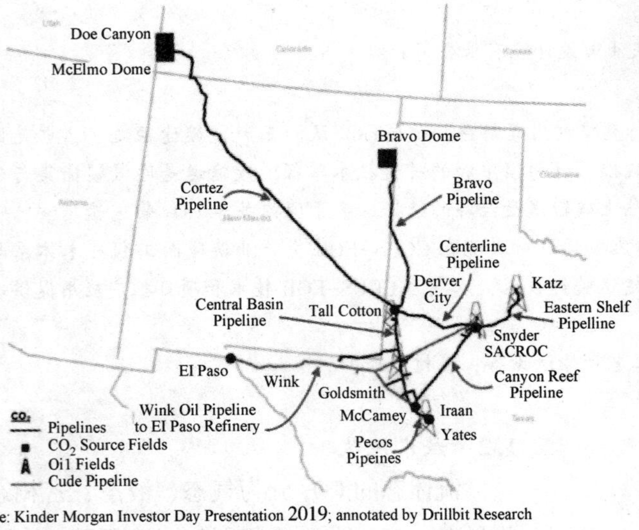

Pipeline Details			
Name	Length (miles)	Diameter	Year Built
CRC PL	138	16″	1972
Cortez PL	502	30″	1984
Central Basin PL	143	26″,24″,20″, &16″	1985
Pecos PL	25	8″	1985
Centerline PL	112	16″	2002
Cogdell PL	4	10″	2003
Eastern Shelf PL	91	10″	2010
Tall Cotton PL	6	12″	2014
Total	1,304	4″to30	

图 2　Kinder Morgan CO_2 管道系统部分概况

我国有关 CO_2 运输技术的研究刚刚起步，技术尚未成熟，CO_2 管道铺设项目较少，目前仅有一些短距离示范性的尝试，大庆油田、吉林油田、华东局等建设了短距离气相 CO_2 运输管道，其目的是提高油气采收率。2023 年 7 月 11 日，中国石化“齐鲁石化-胜利油田百万吨级 CCUS 项目”建设了中国首条百万吨输送规模、百公里输送距离的高压常温密相 CO_2 输送管道。现阶段很多 CO_2 管线建设方案已经提上日程，CO_2 管道输送已经成为研究热点，实际应用前景广泛。

2　CO_2 管输关键技术

2.1　技术标准

与油气管道相比，世界范围内 CO_2 管道建设数量少，国际上针对 CO_2 管道输送的标准并不统一，相关标准多涵盖在通用液体管道输送标准中。目前，CO_2 管道设计、运行和管理标准的制定主要由挪威船级社（DNV）及国际标准化组织（ISO）主导，CO_2 管道输送的标准主要有 ISO 27913《CO_2 捕集、运输和地质封存—管道输送系统》、DNVGL-RP-F104《CO_2 管道设计和操作》等，CO_2 管道输送领域的标准体系仍待完善。

国内 CO_2 管道输送标准现状是：在国家标准方面，全国石油天然气标准化技术委员会修订并发布 GB/T 42797—2023《CO_2 捕集、输送和地质封存　管道输送系统》（修改采用 ISO 国际标准：ISO 27913：2016）；在行业标准方面，中国石油化工集团公司针对 CO_2 输送管道制定了 SH/T 3202—2018《CO_2 输送管道工程设计标准》；在企业标准方面，目前工程建设标委会组织编制了《CO_2 输送管道工程设计规范》的企业标准，已形成报批稿。目前 CO_2 管道输送在气质标准、管材和关键设备、管道安全运营、管道完整性管理等各个环节，未形成具有科学性、全面性和系统性的标准体系。

2022 年，大庆油田设计院承担了中石油《CO_2 管道输送标准体系研究》的项目，并于 2023 年 1 月通过了中石油标准化委员会验收。该项目重点是对现行油气管道标准进行适用性分析，编制 CO_2 输送管道标准体系结构，提出未来五年标准制定、修订建议。通过梳理油气输送管道标准 508 项，分析构建了具有三级子体系的 CO_2 输送标准体系。通过梳理、研究，发现 CO_2 管道在设计、施工与管理的各个方面，与现行油气管道相关标准，覆盖率达 90% 以上。但 CO_2 管道在关键技术领域，如介质质量要求等方面仍缺少标准，需着重补充完善。针对 CO_2 物理特性，我院承担了 2023 年中石油集团公司企业标准制定项目《CO_2 管道输送介质要求》编制任务，初步形成了管道输送 CO_2 各项技术建议指标，规定了 CCS/CCUS-EOR 领域不同用途下 CO_2 流组分含量限值，如建议 CO_2 非掺混回注驱油时，CO_2 组成含量>95mol%；水露点限值-30℃时，H_2O≤10ppm 等。

2.2 输送工艺

2.2.1 CO_2 管输关键影响因素

根据国外 CO_2 管道输送经验，超临界/密相被认为是大输量、长距离 CO_2 管道输送最经济的方式，如何通过管输计算合理设定管道入口、出口参数及管道尺寸是 CO_2 管道安全运行的关键。影响 CO_2 管输的关键因素主要包括以下方面：

（1）CO_2 组分

根据《二氧化碳输送管道工程设计标准》(SH/T 3202—2018)的规定“二氧化碳采用超临界输送时，沿线任一点的压力不应低于临界压力的 1.1 倍”，通常管输 CO_2 组分中均含杂质，杂质的存在将影响 CO_2 的临界压力、临界温度，而临界点附近 CO_2 对于温度压力敏感，物性变化剧烈，因此管道设计时需要考虑含杂质 CO_2 的相态特性。通过优选状态方程，得到 CO_2 相图及物性参数，确定管道最低运行压力，控制管道全线为超临界/密相状态从而保障管道安全性。

在数值计算方面，当 CO_2 组分中含杂质时，会产生气液两相区，且两相区较窄。因此无法通过传统物性参数表进行准确的流体物性插值，尤其是计算跨相态工况时，数值计算过程中容易出现数值求解不稳定和不收敛的情况。用基于压力-热焓(PH)的闪蒸算法代替传统的基于压力-温度(PT)的闪蒸算法能较好地解决这一问题，在相同的 CO_2 组成情况下，PH 闪蒸算法将生成较宽的气液两相区，进一步提高了含杂质 CO_2 数值计算的收敛性以及稳定性。

（2）地温

超临界/密相 CO_2 管道的流体物性参数受温度影响较大，随着管道沿线温度的降低，CO_2 密度逐渐增大。对于相同输量、温压条件下的超临界/密相 CO_2 管道，地温越低，管道输送能力越大。如图 3、图 4 所示。

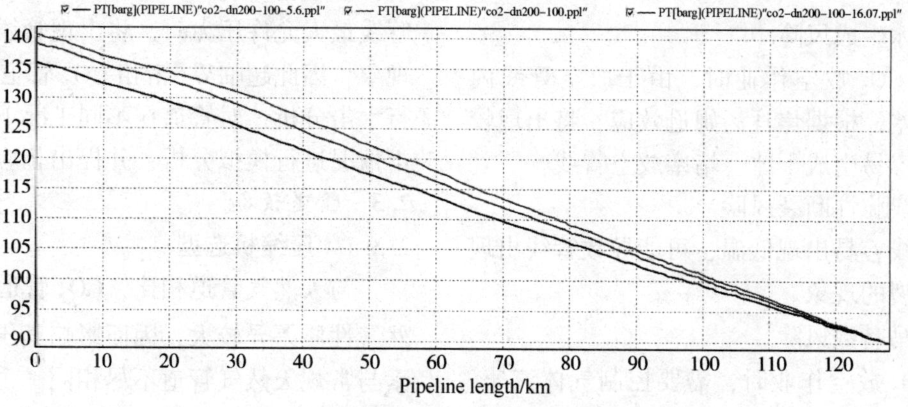

图 3　不同季节地温下某 CO_2 管道沿线压降曲线

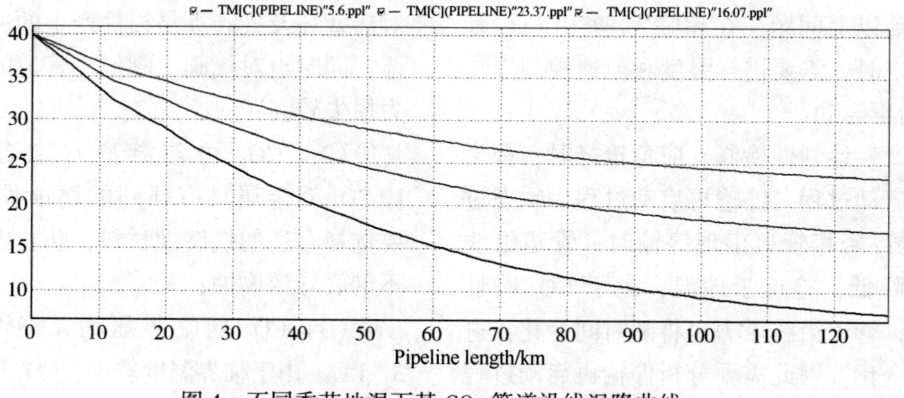

图 4　不同季节地温下某 CO_2 管道沿线温降曲线

(3) 高程

由于密相 CO_2 有接近液体的密度，高程变化将引起管道沿线温压变化，因此在设计中需要考虑高程的影响，尤其当管道存在翻越点时，由于翻越点处压力较低，需注意核算压力，避免出现低于临界压力1.1倍的情况。如图5所示。

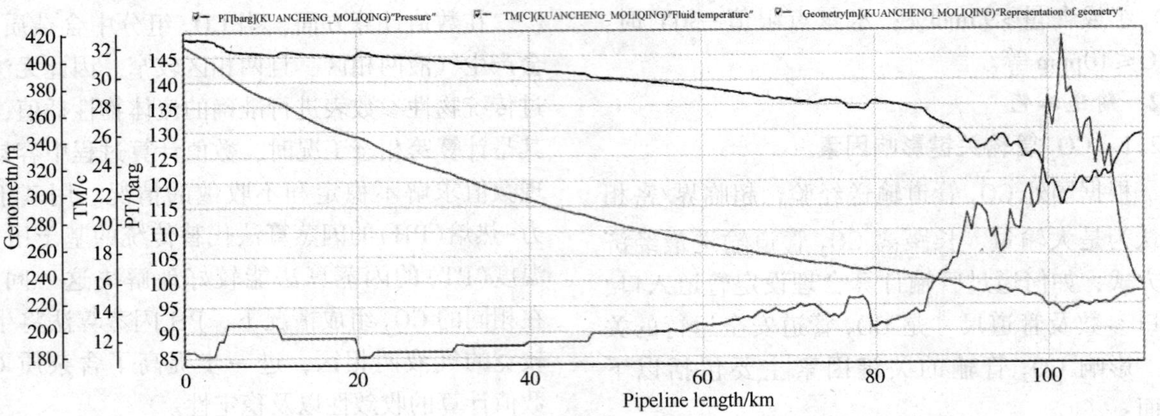

图5 某地形起伏 CO_2 管道沿线高程、压降、温降曲线

2.2.2 安全泄放

当超临界/密相 CO_2 管道进行安全泄放作业时，压力、温度及密度均迅速下降，管内流体将经历超临界-密相-液相-气相的复杂相变，放空管线的压力越高、温度越低，所需的放空时间就越长。放空过程中需要考虑以下三个方面的流动安全保障问题：

(1) 干冰生成风险

在进行 CO_2 放空作业时，由于放空管线内存在较大压差，根据焦耳汤姆逊效应，将出现较低的温度，容易生成干冰，堵塞放空管线。

(2) 管线脆性断裂风险

放空管线容易出现低温，可能导致管线出现低温脆性断裂的现象。

(3) 高马赫数风险

进行 CO_2 放空作业时，需要控制气体流速。气体流速控制不当时，容易出现高马赫数情况，造成较大的噪音污染。

为了避免以上问题，在超临界/密相 CO_2 管道计划性放空时，需要进行温度和流速控制。

2.2.3 停输再启动

管道投产、计划性检修、应急抢修时，都会存在停输再启动过程。停输再启动过程为瞬态过程，当超临界/密相管道出现停输时，管道沿线温度随时间降低，趋近于地温，由于 CO_2 物性随温度变化，管道沿线压力也将随时间变化，进而导致相态变化。因此需要分析停输再启动过程管道内温度、压力以及相态的变化，了解该过程对 CO_2 管道运行的影响，并在必要时采取稳压措施。再启动时应注意在全线压力温度稳定在超临界/密相范围后，再开启下游注入泵。

2.2.4 水击

当 CO_2 在致密液相区间运行时，其流体性质更倾向于液相。当管道阀门突然开启或关闭时，管道会出现压力跃升，当最大水击压力超过管线最大允许压力时，将出现管线形变以及破裂现象，因此超临界-密相 CO_2 管道设计时需要进行水击分析，对管道在不同工况下可能发生的水击情况进行模拟分析，并提出相应的处理方案。

2.3 输送设备

2.3.1 压缩机选型

与天然气管道相比，CO_2 管道输送介质与天然气性质差异较大，因而影响其压缩机选型的因素与常规天然气管道不尽相同。主要影响因素有如下几点：

(1) CO_2 的密度约为天然气密度的2.5倍，对活塞环及气阀等易损件产生的冲击大于甲烷气体，同时也对气阀、阀门、管道的冲击较大，压力损失较高；

(2) CO_2 可与游离水结合形成 H_2CO_3，H_2CO_3 对金属具有强烈的腐蚀性，压缩机组需要选择合适的抗腐蚀材料，防止因生产前期干燥不彻底导致腐蚀；

(3) CO_2 的临界压力7.38MPa，临界温度31.1℃。由于临界温度较高，CO_2 容易液化，液相介质进入压缩机容易造成顶缸或损坏叶片等问题；

（4）超临界 CO_2 易溶解于润滑油中，导致润滑油黏度降低，从而降低润滑效果。因此 CO_2 压缩机需要选用耐 CO_2 的润滑油，尽量减少脂类润滑油的使用。

目前常用的压缩机有离心式压缩机、往复式压缩机及整体齿轮式压缩机等。其中整体齿轮式压缩机作为较新型的压缩机，其技术还不成熟，国内缺乏生产厂家，进口成本高，周期长，通常不作为 CO_2 管道选用的压缩机类型。根据 CO_2 管道输送特点，针对目前常用的离心式压缩机、往复式压缩机进行技术比选，结果见表 1 所示。

表 1　压缩机对比表

项　　目	离心式压缩机	往复式压缩机
适用流量范围	低	高
压比	小	大
尺寸	紧凑	较大
占地面积	小	大
噪音	小	大
运动结构	少	多
维护量	少	多
维护费用	低	高
被压缩气体与润滑油	不接触	接触
介质污染	无	存在一定污染

此外，离心式压缩机在偏离设计输量时，效率将显著下降，因此选型时应满足设计额定工况下处于最高效率区，偏离工况下压缩机组也应能满足要求；往复式压缩机由于动力不平衡性和气流的脉动作用，设备基础和配管等需采取防震动措施，噪声较大。离心式压缩机与往复式压缩机均有在役 CO_2 机组，技术成熟，可作为主要选用的压缩机类型，具体选用时需综合考虑离心式压缩机和往复式压缩机的特点。

2.3.2　流量计选择

目前大庆油田、吉林油田和塔里木等油田开展了 CO_2 管输的应用，分别采用了金属转子流量计、V 锥流量计等流量测量技术应用与相关 CO_2 流量测量。从目前使用情况看目前使用的流量测量技术存在着维护量大，计量准确度不能满足现场实际需要等一些问题。

根据以前的工程经验及油田目前超临界 CO_2 流量计的使用情况，选取槽道式流量计、金属转子流量计、V 锥流量计、文丘里流量计、科里奥利质量流量计进行技术对比，详见表 2。

表 2　流量计对比表

项　　目	槽道式流量计	金属转子流量计	V 锥流量计	文丘里流量计	科里奥利质量流量计
准确度	0.15%	1.50%	0.50%	4%	0.10%
量程比	100：1	10：1	5：1	5：1	25：1
检定规程	JJG-640	JJG-257	JJG-640	JJG-640	JJG-1038
压力损失	标准孔板¼	标准孔板¼	标准孔板½	标准孔板¼	标准孔板 1½
前直管段要求	无	5D	5D	30D	无
后直管段要求	无	无	2D	10D	无
耐压等级	42MPa	42MPa	42MPa	42MPa	25MPa
过程振动影响	无	有	有	无	有
表体内可动部件	无	有	有	无	无
维护费用	低	高	低	低	低
实流检定	水、空气	水、空气	水、空气	水、空气	水、空气
流出系数	$Re>1\times10^5$ 常数	等比例	与 Re 非线形相关	与 Re 非线形相关	常数
工况条件流出系数	常数	补偿转换系数	相同条件下校准获得	ISO-5167	常数
适用 Re 范围	2000-临界	300-1×10^7	8000-1×10^7	2＊105-2×10^6	
最大测量流速	临界	1.5m/s	0.5m/s	1m/s	10m/s
压力与流量突变	对传感器不会造成损坏	可能会造成浮子和表体损坏	可能会造成 V 锥表体损坏	对传感器不会造成损坏	对传感器不会造成损坏
维护费用	低	高	低	低	低
价格	高	中	中	中	适中

综合以上技术比较，考虑到超临界 CO_2 管输的具体工艺条件，出于安全考虑不建议使用V锥流量计(有掉锥现象)；槽道式流量计目前较少应用实例，价格高；孔板式流量计对安装条件要求高，价格较高；科里奥利流量计虽没有大口径高压力产品，在16MPa压力条件下最大口径DN100，但对安装条件要求低、精度高、价格适中。

2.4 线路管材选择

与天然气管道相比，CO_2 的性质与天然气有很大差异，CO_2 管道具有难以止裂、泄漏后温降大、易腐蚀等特点，管材需具有优良的低温性能、高的止裂韧性及较高的耐腐蚀性，即 CO_2 管材选择最重要的方面与断裂控制有关。

2.4.1 减压波特性计算

根据BTC(巴特尔)双曲线模型，管道若要依靠自身韧性止裂，需满足管道压力大于止裂压力的前提下减压波速一直大于裂纹扩展速度。即当管内压力低于止裂压力时，减压波波速大于裂纹扩展速度，管道的韧性才能满足止裂要求，裂纹扩展速度计算流程如图6所示。

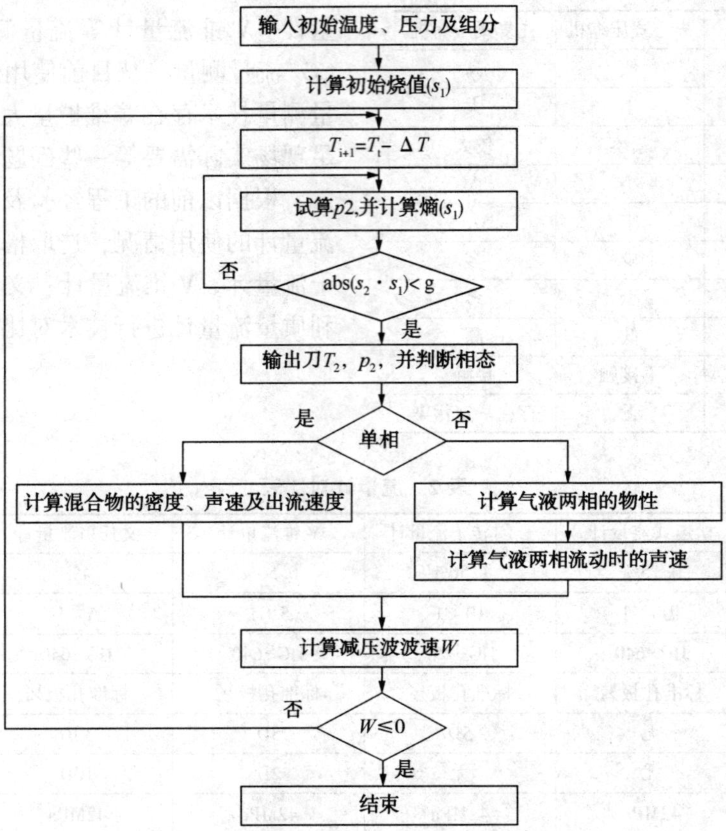

图6　裂纹扩展速度计算流程图

模拟大庆油田CCUS-EOR管道工程的实际工况，裂纹扩展速度和减压波波速分析如图7所示。可知，管材性能满足最小止裂夏比能量要求时，管材可依靠自身韧性进行止裂。

2.4.2 管材延性起裂模拟计算

CO_2 管道抗起裂能力的优化过程与其他流体管道相同，对于轴向缺口，起裂过程主要由环向应力驱动。通过轴向穿透裂纹在断裂时的环向应力计算，可计算出临界缺陷长度值与夏比冲击功之间的数据关系，从而得出管道起裂韧性值的最低要求。

对于大庆油田CCUS-EOR管道工程推荐管材L415M HFW钢管进行模拟计算，得知管径为323.9mm时，最小起裂夏比能量值为68.41J。

2.4.3 延性止裂模拟计算

按照有关规定，经理论研究和全尺寸爆破试验，一般认为BTCM(巴特尔双曲线模型)对于超临界/密相 CO_2 管道止裂计算预测不适用。但当进一步提升夏比能，使得裂纹扩展曲线与减压波曲线完全相切(没有交点)，此时的最小夏比能为巴特尔双曲线法规定依靠自身止裂的最小夏比能。计算流程如图8所示。

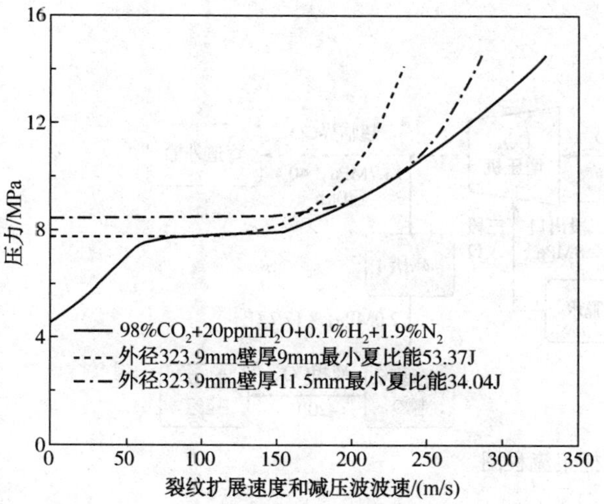

图 7　裂纹扩展速度和减压波波速分析图

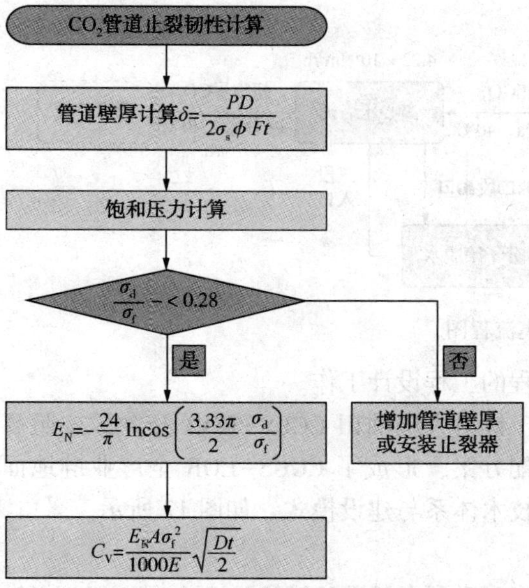

图 8　CO_2 管道止裂韧性计算流程

同时，超临界/密相 CO_2 管道止裂韧性评估示意图如图 9 所示。根据 GB/T 9711—2017 中巴特尔双曲线法规定最小夏比能量确定的止裂方案在 DNV 最新标准中，要使选择壁厚的管材都处于基于小试样试验区进行评估。

通过直管段延性止裂模拟计算和止裂评估方案综合计算分析，可得出超临界/密相 CO_2 管材所需具备的最小止裂韧性值。

通过对大庆油田 CCUS-EOR 管道工程推荐管材 L415M HFW 钢管进行模拟计算，得知管径为 323.9mm 时，最小止裂夏比能量值为 110J。

2.4.4　脆性断裂要求

管材的脆性断裂控制应保证管道在韧脆转变温度以上工作。一般情况下，管道工程脆性断裂指标为 DWTT 或夏比冲击剪切断面率，通常要求 DWTT 试验剪切面积在 85% 以上。CO_2 管道脆性断裂控制计算可按常规管道通用规范和标准中的相关做法。

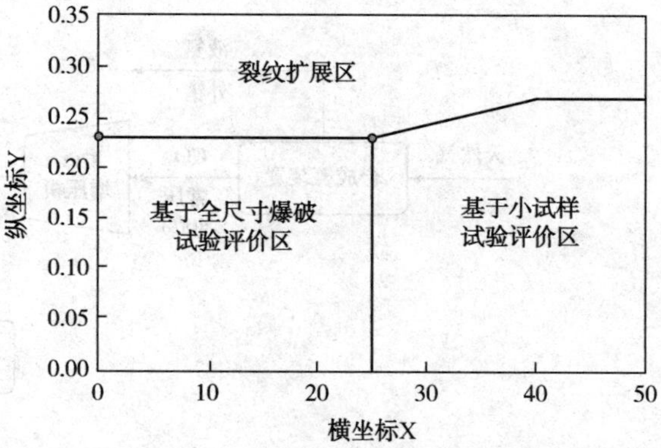

图 9　超临界/密相 CO_2 管道延性断裂止裂评估示意图

2.4.5　裂纹扩展模拟

通过管材断裂指标的模拟计算，可得出超临界/密相 CO_2 管道管材选择相对安全的止裂韧性指标。但各止裂韧性指标的可行性、安全性，需结合具体工况条件，进行裂纹扩展模拟来验证所选管材的止裂效果。通过模拟裂纹扩展速度随扩展距离的变化规律，可得出裂纹止裂时的位置信息。

对大庆油田 CCUS-EOR 管道工程推荐管材管径 D323.9mm L415M HFW 钢管进行模拟计算，管材裂纹单侧扩展 0.98m 后可自行止裂。

3　大庆油田 CCUS-EOR 已取得的成果

3.1　CO_2 捕集工程

碳捕集分为高浓度碳捕集和低浓度碳捕集。大庆油田已建设运营 4 套碳捕集装置，总规模 23.7 万吨/年，均与天然气净化装置同期建设，采用溶剂（活化 MDEA）吸收法。大庆石化 40 万吨规模高浓度捕集装置利旧大庆油田部分闲置设备，依托大庆石化化肥厂，建设 1 套 CO_2 液化装置，以液态形式回收大庆石化合成氨装置排放的 CO_2（原料气 CO_2 浓度为 99.23%），采用压缩干燥法，装置已于 2023 年 6 月建成投产。如图 10 所示。

低浓度捕集推荐选用吸收容量高、溶剂循环量低、捕集率高、稳定性高的高效复配醇胺溶剂，耦合国内领先、成熟可靠的节能工艺技术，充分依托已建公用工程及辅助设施，力争实现较低的装置公用工程消耗、运行成本及投资费用，并获得较好的经济效益。如图 11 所示。

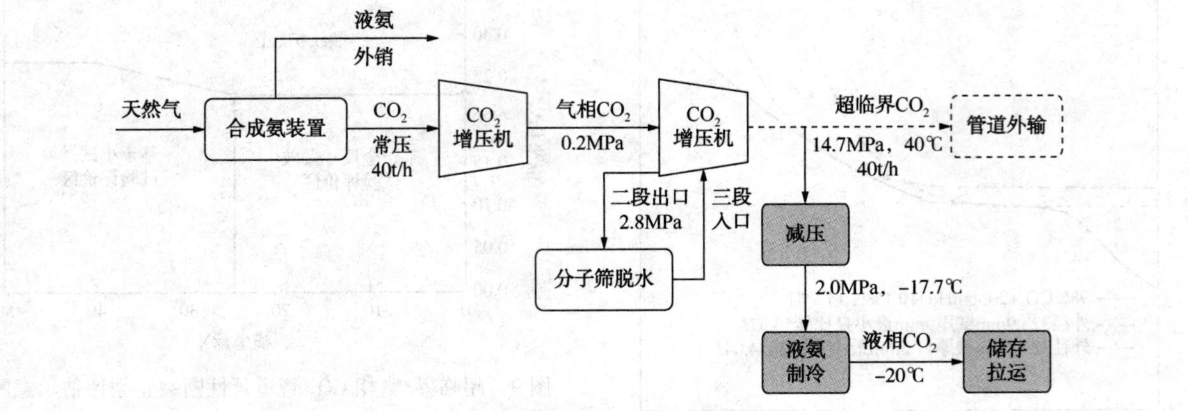

图 10　高浓度碳捕集流程图

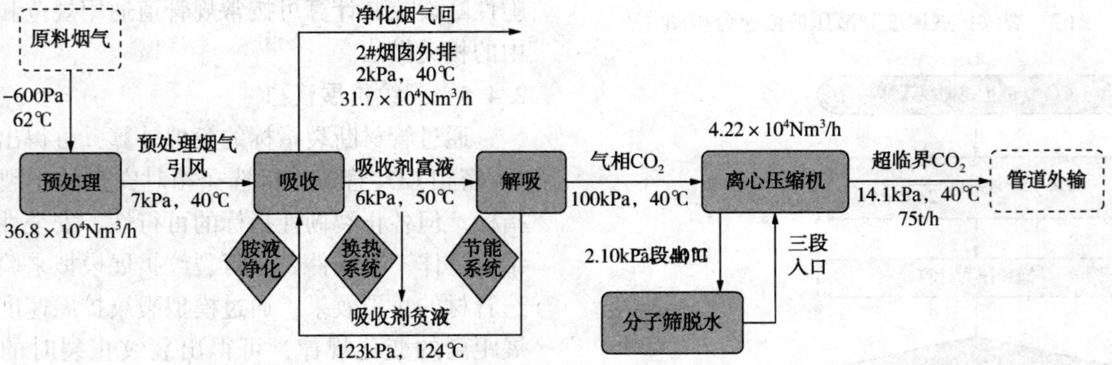

图 11　低浓度碳捕集流程图

3.2　CO_2 管输工程

我院现已承揽并开展了吉林石化至吉林油田 CO_2 管道工程、大庆油田 CCUS-EOR 管道工程(一期)、塔里木轮南油田 CCUS-EOR 输送管道工程的工程设计工作。

针对大庆油田 CCUS-EOR 开发，按照源汇匹配方案，形成了 CCUS-EOR 全产业链地面工程技术体系与建设模式。如图 12 所示。

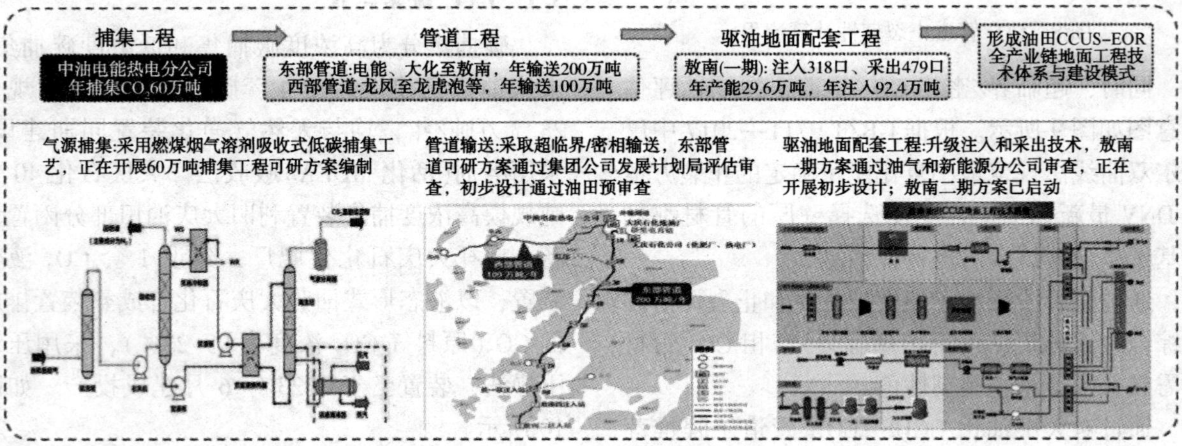

图 12　CCUS-EOR 全产业链地面工程技术体系与建设模式图

在管道工程规划设计中，重点依托“两项研究基础”，充分实施“四项技术保障”，建设经济技术最优化、生产低碳化、站场橇装化、运行智能化的“四化”管道。如图 13 所示。

3.3　CO_2 注入工程

1) 创新研究多种注入模式，基本满足开发试验需要。

(1) 针对小规模的 CO_2 驱油试验，研发了井场活动注入工艺技术：优点是运输吨位小，费用相对较低，且灵活性强，移动方便。如图 14 所示。

（2）随着开发试验规模扩大，形成了“建站集中注入”工艺模式：具体注入工艺有单泵单井和一泵多井两种工艺，需要根据开发提出的注气井地质条件和注气压力等资料来选择。如图 15 所示。

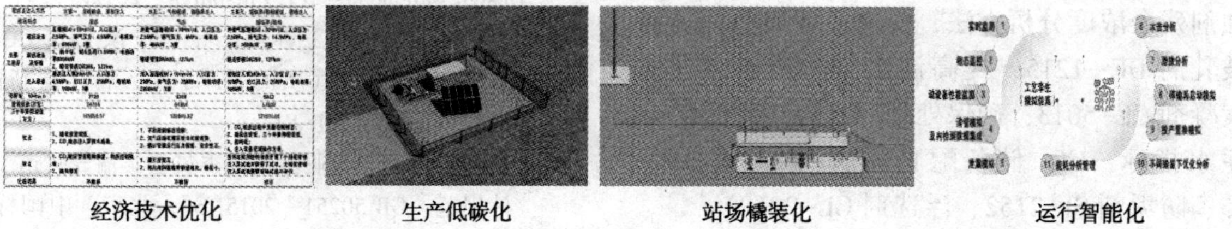

图 13　管道工程规划设计中“四化”管道图

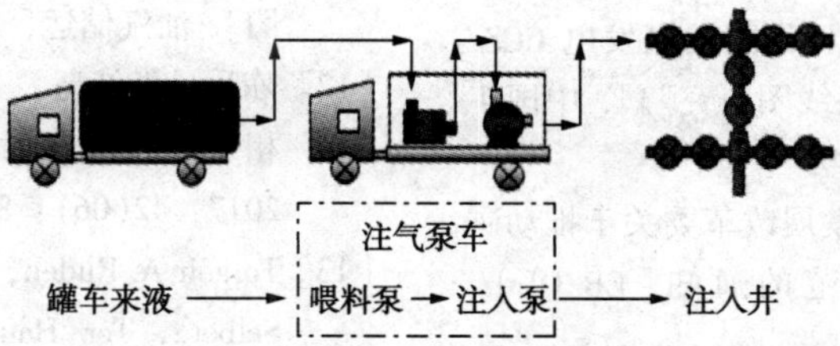

图 14　井场活动注气工艺流程示意图

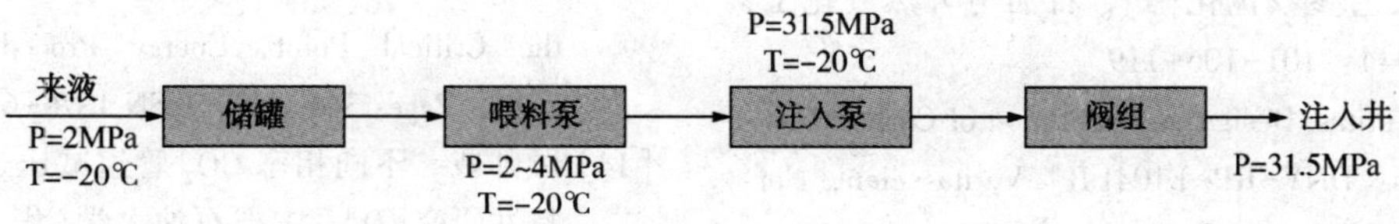

图 15　注气站集中注气工艺流程图

2）初步建立“采出气回收循环注入”模式，促进 CO_2 循环回注

（1）初步明确了伴生气中 CO_2 回收利用经济点

伴生气中 CO_2 体积含量≤30%时，可作燃料气；当伴生气中 CO_2 含量在 30%～80%之间，且开发预测 CO_2 含量能够在此区间保持长时间稳定的情况下，可采用醇胺吸收法来分离；当伴生气中 CO_2 含量达到 80%以上、且满足回注要求时，可以过滤处理后超临界气相回注；当伴生气中 CO_2 含量达到 80%以上、但不满足回注要求时，可依托已建或新建低温液化设施分离。

（2）建立了“伴生气中 CO_2 回收循环注入”模式

海拉尔油田 CO_2 驱工业化试验区依托贝 14 转油站建设回收循环注入系统，对贝 14 区块采出气实施超临界注入，与常规伴生气分离脱碳、液化增压注入相比，工艺简单、节省占地，并减少高耗能的 PSA 装置，投资及十年费用现值节省 1000 余万元。如图 16 所示。

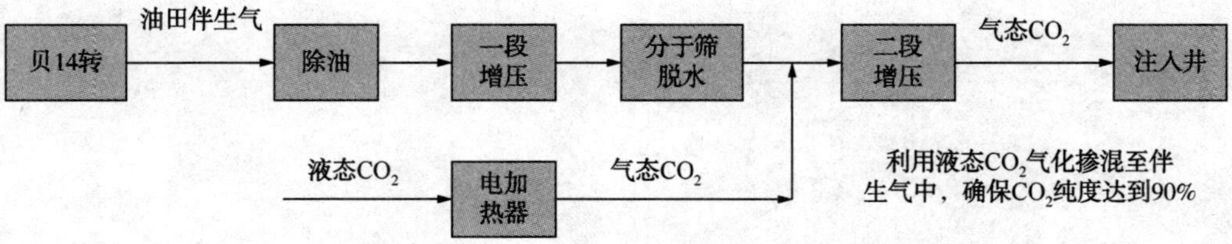

图 16　海拉尔油田 CO_2 超临界回收循环注入流程示意图

3.4　CO_2 工程采出液处理

大庆油田 CO_2 驱采出流体特点：CO_2 对原油具有萃取性，轻质组分随开发先增加、后减少；重质组分随开发先减少、后增加；采出流体

气油比高，最高 800m³/t 多，间歇性突高、甚至出现气段塞；伴生气高含 CO_2，通常体积含量在 80%以上、最高可达 98%以上。

初步研发出采出系统配套化学剂，包括：缓蚀剂 CI-1009，有效降低地面系统的腐蚀，建立缓蚀剂残余浓度分析方法，实现经济加药；研制出破乳剂 DE-1215，提高油水分离效果；研制出絮凝剂 CL-5013，确保处理后水质达到低渗透回注水指标；CO_2 储备配套药剂（消泡剂 AF-1005、防垢剂 SI-2152、浮选剂 CL-2019）。

参 考 文 献

[1] 叶云云，廖海燕，王鹏，等．我国燃煤发电 CCS/CCUS 技术发展方向及发展路线图研究[J]．中国工程科学，2018，20(3)：80-89.

[2] 国家发展改革委员会．国家发展改革委关于推动碳捕集、利用和封存试验示范的通知[EB/OL]．(2013-05-09)[2022-03-24].

[3] 陈兵，巨熔冰，白世星等．含杂质超临界-密相 CO_2 管道输送工艺参数优化[J]．石油与天然气化工，2018，47(04)：101-106+119.

[4] DetNorske Veritas. Design and operation of Carbon Dioxide Pipelines：DNV-RP-F104[R]. Veritasveien，Norway：DNV，2021.

[5] ISO/TC 265(Carbon Dioxide Capture，Transportation，and Geological Storage). Carbon Dioxide Capture，Transportation and Geological Storage-Pipeline Transportation Systems：ISO27913：2016[S/OL].(2016-11-01)[2022-03-24].

[6] 中华人民共和国工业和信息化部．二氧化碳输送管道工程设计标准：SH/T 3202—2018[S]．北京：中国石化出版社，2018：3-18.

[7] 黄辉，周晶，粟科华．CO_2 输送管道工程设计标准的探讨[J]．天然气工业，2014，34(12)：131-134.

[8] National Energy Technology Laboratory. Quality Guidelines for Energy System Studies：CO_2 Impurity Design Parameters[R]. Pittsburgh：2012.

[9] 陈思锭，张哲，王春燕，等．浅谈 CCS/CCUS 中 CO_2 管道输送对气质的要求[J]．油气与新能源，2022，34(02)：71-81.

[10] 石油工程建设专业标准化委员会．输气管道工程设计规范：GB 50251—2015[S]．北京：中国标准出版社，2015：12-2.

[11] 刘建武．二氧化碳输送管道工程设计的关键问题[J]．油气储运，2014，33(4)：369-373.

[12] 陈兵，肖红亮，王香增．气体杂质对管道输送 CO_2 相态的影响[J]．天然气化工(C1 化学与化工)，2017，42(06)：89-94.

[13] Torgeir A. Ruden，Zheng Gang Xu，Monica Håvelsrud Selberg，Tor Haugset，Morten Langsholt，Lan Liu，Joar Amundsen，Simulating Flow of CO_2 with Impurities in OLGA；Dealing with Narrow Phase-envelopes and the Critical Point，Energy Procedia，Volume 51，2014，Pages 344-352，ISSN 1876-6102.

[14] 顾帅威．不同相态 CO_2 管道减压过程流动与温降特性研究[D]．中国石油大学(华东)，2019. DOI：10.27644/d.cnki.gsydu.2019.000609.

[15] 中国国家标准化管理委员会．石油天然气工业管线输送系统用钢管：GB/T 9711—2017[S]．北京：中国标准出版社，2018：98-135.

[16] 蒋风松，汪璐，曹毅渊．关于 CCUS 项目中管材选择的探讨[J]．油气田地面工程，2023，42(10)：82-88.

基于金属磁记忆法非开挖式埋地管道检测分析

张经纬　刘艳双

（大庆油田设计院有限公司）

摘　要　截至2020年底，大庆油田已建成埋地钢制管道近10万公里。近些年，年钢质管道失效约为36000次，并且工艺管道的失效次数呈现逐年增加趋势，影响到管道的运行安全。开展有效的管道检测与评价，建立钢制管道健康检测与评价体系，是管道完整性管理的重要环节，也是实现低成本治理、降低失效率、控制安全环保风险的关键。为了评估大庆油田埋地钢制管道损伤情况，且埋地管道开挖检测成本太高，因此采用基于金属磁记忆法的非开挖式检测方法对埋地管道进行检测，并使用低频导波、超声相控阵等方法开挖检测进行验证，结果发现非开挖式金属磁记忆法对于埋深在1m左右(小于15倍管径)：管径在ϕ89及以上是可以收集到有效的磁信号，并能准确分析出管道异常点；管径在ϕ89及以下，不能准确判断出管道异常点，但是可以检测出异径野蛮焊接，弯曲变形。

关键词　金属磁记忆；非开挖检测；埋地管道；低频导波；超声相控

截至2020年底，大庆油田已建成埋地钢制管道近10万公里，并且工艺管道的失效次数呈现逐年增加趋势，其影响到管道的运行安全。目前，现有的无损检测技术有漏磁检测、超声波检测等，以上检测技术均有检测精度高、检测技术成熟等优点，也存在都需要接触到检测物体的问题。漏磁内检测虽然也能对埋地钢制管道进行内检测，但是受制于管道尺寸和清管要求，并不适用于大庆埋地管道检测需求。如果埋地钢制管道能够全部开挖检测，检测费用会十分高昂，因此非开挖式金属磁记忆法可以满足大庆油田埋地钢制管道运行安全检测的需求。非开挖式金属磁记忆法原理为：运行中的埋地管道管体上会产生一定的应力分布，管道在地磁的作用下，在应力集中区磁场会发生畸变，我们通过检测管体上的磁场变化，定位应力集中区，就可以找到管体上因腐蚀缺陷、几何形变等原因造成的缺陷。并通过开挖验证的方式，使用低频导波和超声相控阵技术对金属磁记忆法标定的缺陷进行验证。

为了进一步评估大庆不同管径埋地钢制管道的损伤情况，掌握埋地钢制管道的损伤程度，针对现场非开挖的需求，利用金属磁记忆法可以非接触检测的特性，使用非开挖式金属磁记忆检测装置对大庆埋地钢制管道进行检测，其结果对于了解大庆埋地钢制管道有一定的帮助。

1　现场试验

1.1　*实验对象*

此次实验检测对象为大庆油田一厂、二厂、五厂、十厂埋地管道，共计21km。其管道检测信息，如表1所示。

表1　金属磁记忆检测管道基础信息总表

检测区段	管材	管径/mm	壁厚/mm	防腐层	设计压力/MPa	运行压力/MPa	投产年份	检测长度/m
一厂中十六联外输油管道	25#钢	Φ325	7	聚氨酯泡沫	1.6	0.7	1997	1538.7
一厂中43-3掺水管线	25#钢	Φ60	4	聚氨酯泡沫	1.6	1.3	1999	141.4
一厂新中304-7站间集油管线	25#钢	Φ219	7	聚氨酯泡沫	1.6	1.1	1994	367.4
二厂南七联外输油管线	25#钢	Φ325	7	聚氨酯泡沫	1.6	0.5	2005	2203.3
五厂杏9-4-325注水管道	25#钢	Φ60	4	聚氨酯泡沫	1.6	1.3	2000	480.1
五厂杏9-丁3-128出油管道	25#钢	Φ76	4.5	聚氨酯泡沫	1.6	1.4	1990	552.3

续表

检测区段	管材	管径/mm	壁厚/mm	防腐层	设计压力/MPa	运行压力/MPa	投产年份	检测长度/m
五厂干线节点到杏南十三转油站气管道	25#钢	Φ89	4.5	聚氨酯泡沫	1.6	0.25	2011	266.9
五厂杏南13#-2计量间掺水管道	25#钢	Φ114	4.5	聚氨酯泡沫	2.5	1.9	1991	1246.1
五厂杏十五-1脱水站外输油管道	25#钢	Φ168	5	聚氨酯泡沫	1.6	0.6	2015	5277.1
五厂杏南十三转油站集油管道	25#钢	Φ273	6.4	聚氨酯泡沫	1.6	1.4	1991	1769.5
五厂杏南13#-4计量间掺水管道	25#钢	Φ114	4.5	聚氨酯泡沫	2.5	1.9	1991	884.9
五厂北干线阀室至杏V-I脱水站外输油管道	25#钢	Φ219	6	聚氨酯泡沫	1.6	0.5	2012	2931
802/803计量间至中间阀室集油管道	25#钢	Φ159	7	聚氨酯泡沫	2.5	1.6	2007	1252.5
朝一联合站至朝12中转站掺水管道	25#钢	Φ114	5	聚氨酯泡沫	2.5	0.8	2007	2377.9
总计								21289.1

1.2 检测系统及限制条件

当检测埋地管道时，需要一个检测人员使用管道扫查仪跟踪埋地管道并标定检测路线，另一个检测人员需将非开挖式金属磁记忆检测设备穿戴在身上，开启设备，跟随前一个检测人员标定的路线前进。非开挖式金属磁记忆装置实物，如图1所示。

图1　金属磁记忆装置实物图

当铁磁性管体的材料发生损伤时，损伤周围的磁畴就会重新排列，周围的磁场也就发生了变化。这样我们就可以检测到这个变化，通过软件进行数据分析处理我们就可以得到该异常点的位置、异常等级等信息，由于非开挖的原因，从埋地管道渗漏到地表的磁场通常很微弱，所以非开挖式金属磁记忆检测有一定的限制条件，详细内容如下：

（1）新建管道需要运行3年以上，管道口径越大，运行时间越长，运行压力越高，磁记忆信号越强，检测效果越好；

（2）进行智能内检的管道3年内不能进行磁记忆检测，智能内检给管体外加激励强磁信号，会破坏管体本身的磁记忆信号；

（3）已切换的旧管道，应力释放，不适合检测；

（4）水平偏移小于5倍管径。

2 埋地管道检测结果总结

依据SY/T 6151内容对埋地管道损伤类别评定，并给出修复计划如表2所示。

表2　埋地管道损伤类别评定表

类别	修复计划	评定与结论
1	立即修复	腐蚀程度很严重，应立即修复
2	限期修复	腐蚀程度较严重，应制定修复计划或降至安全工作压力运行
3	监测使用	腐蚀程度不严重，能维持正常运行，但监测使用，如果管体存在较大附加应力，应另行考虑

腐蚀坑相对深度计算：

$$A = D/T \times 100\% \tag{1}$$

式中，A为腐蚀坑相对深度；D为实测的腐蚀区域最大腐蚀坑深度，mm；T为管道公称壁厚，mm。

如果$A \leqslant 10\%$，属于第3类腐蚀；

如果$A > 80\%$，属第1类腐蚀；

如果$10\% < A < 80\%$，按第2和第3类评定。

对大庆油田21km埋地钢制管道异常点进行总结，如表3所示。

在表3中，21km管道中异常点总数为210个，1类点为8个，约占总数的3.8%，2类点为81，约占总数的38%，表中3类点为121个，约占总数的57%。

3 埋地管道检测结果

3.1 Φ273×7mm 管道检测结果及开挖结果验证(图2、图3、图4)

表3 检测异常统计表

序号	检测区段	1级异常数量/个	2级异常数量/个	3级异常数量/个
1	中十六联外输油管道	1	8	11
2	中43-3掺水管线	0	3	1
3	新中304-7计量间站间集油管线	0	0	0
4	第二采油厂南七联外输油管线	0	7	3
5	杏9-4-325注水管道	0	0	0
6	杏9-丁3-128出油管道	0	1	1
7	干线节点到杏南十三转油站气管线	0	3	2
8	杏南13#-2计量间掺水管道	0	0	3
9	杏十五-1脱水站外输油管线	2	19	44
10	杏南十三转油站集油管道	5	13	15
11	杏南13#-4计量间掺水管道	0	5	7
12	北干线阀室至杏V-I脱水站外输油管道	0	6	19
13	802/803计量间至中间阀室集油管道	0	7	6
14	朝一联合站至朝12中转站掺水管道	0	9	9
总计		8	81	121

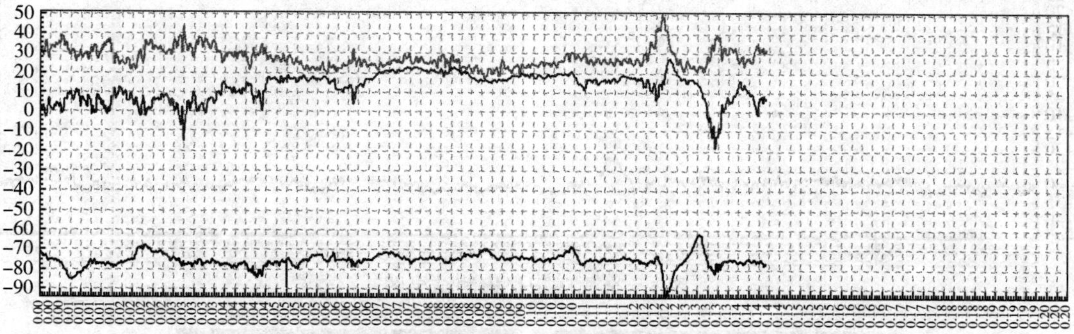

图2 金属磁记忆检测结果图

图3 开挖验证实物图

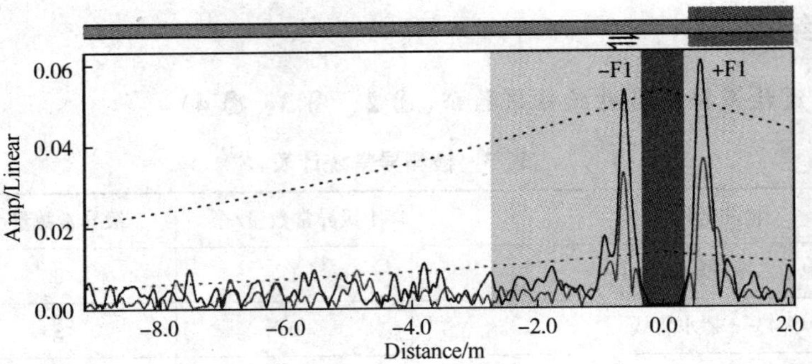

图4　低频导波图

通过低频导波检测，检测范围内无其他异常信号，检测部位未发现腐蚀深度超过壁厚20%的点腐蚀和面腐蚀。管体壁厚检测如表4所示。

表4　管体壁厚检测　　mm

序号	1	2	3	4	5	6	7	8	9	10	11	12
厚度	6.4	6.0	5.6	5.8	5.9	6.2	6.5	6.4	6.5	6.5	6.4	6.5

通过超声波相控阵检测，检测区域实测最大壁厚6.6mm，最小壁厚5.8mm。得到结论如下：外腐蚀，剩余壁厚：5.6mm，检测部位未发现腐蚀深度超过壁厚20%的点腐蚀和面腐蚀，检测区域实测最大壁厚6.6mm，最小壁厚5.8mm。

3.2　Φ273×6.3mm管道检测及开挖结果认证(图5、图6)

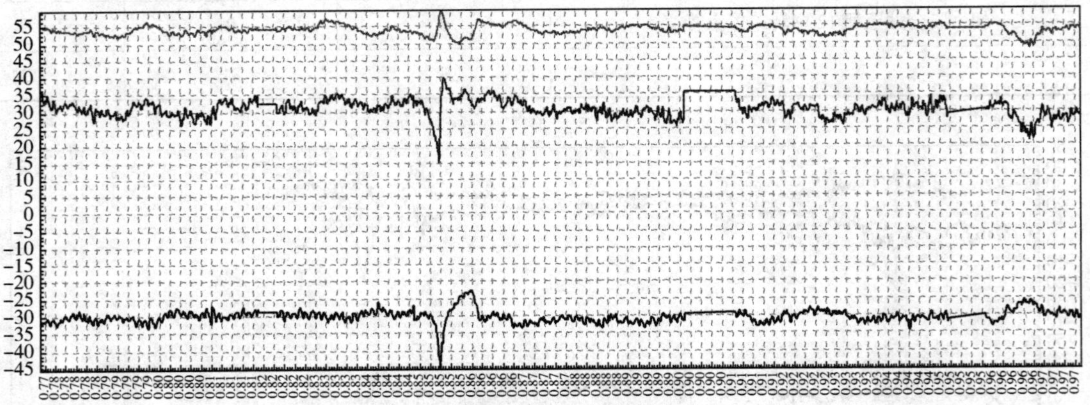

图5　金属磁记忆检测结果图

(a)

(b)

图6　开挖验证实物图

通过超声波相控阵检测，检测区域实测最大壁厚6.2mm，最小壁厚4.5mm。得到结论如下：内腐蚀，最小壁厚4.2mm，检测区域实测最大壁厚6.2mm，最小壁厚4.5mm，建议维修。如表5所示。

表5　管体壁厚检测

mm

序号	1	2	3	4	5	6	7	8	9	10	11	12
厚度	5.8	6.0	5.6	5.3	4.2	5.8	5.0	6.0	6.2	6.2	6.2	6.1

3.3　Φ325×7/8mm管道检测及开挖结果认证(图7、图8)

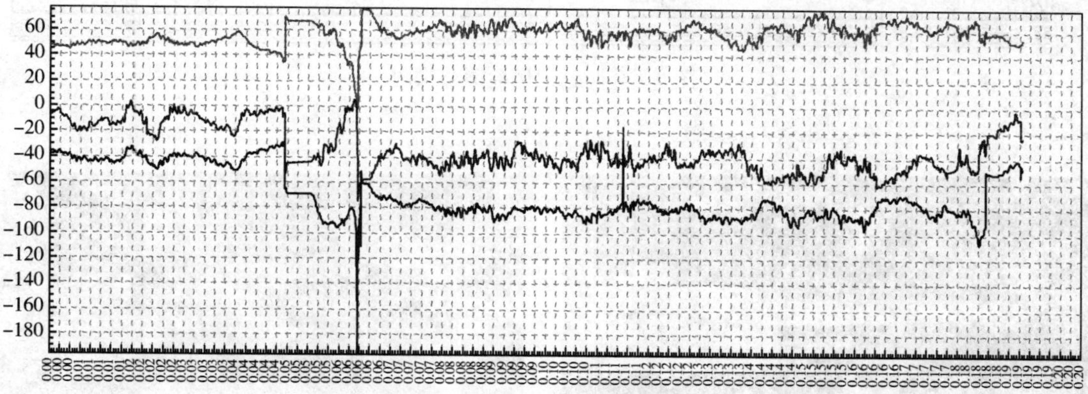

图7　金属磁记忆检测结果图

(a)　　(b)

图8　开挖验证实物图

通过低频导波检测，检测范围内无其他异常信号，检测部位未发现腐蚀深度超过壁厚20%的点腐蚀和面腐蚀。如表6所示。

表6　管体壁厚检测

mm

序号	1	2	3	4	5	6	7	8	9	10	11	12
厚度	7.8	7.8	7.8	7.3	7.5	6.7	6.8	7.2	7.5	7.9	7.8	7.8

通过超声波相控阵检测，检测区域实测最大壁厚7.9mm，最小壁厚6.6mm。得到结论如下：划痕/内腐蚀，最小壁厚6.7mm，检测范围内无其他异常信号，检测部位未发现腐蚀深度超过壁厚20%的点腐蚀和面腐蚀。检测区域实测最大壁厚7.9mm，最小壁厚6.6mm。

3.4　Φ60×3.5mm 管道检测及开挖结果认证(图 9、图 10、图 11)

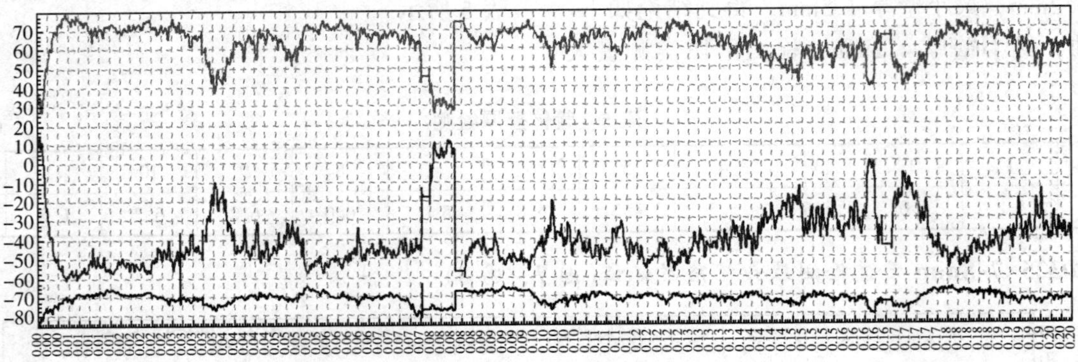

图 9　金属磁记忆检测结果图

(a)　(b)

(c)　(d)

图 10　开挖验证实物图

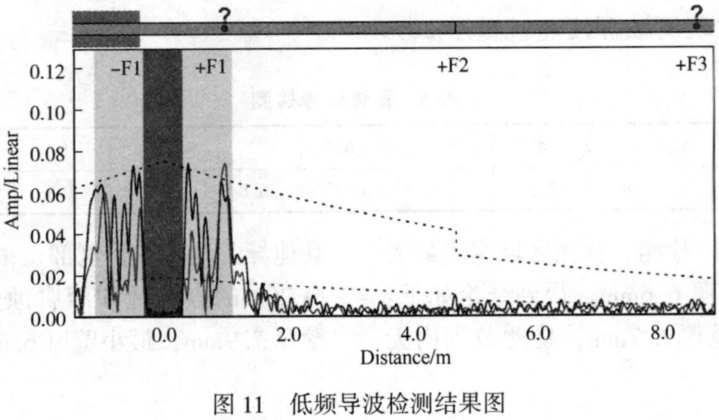

图 11　低频导波检测结果图

表 7　低频导波检测数据图

异常信号标识	异常信号位置	振幅/mV	信号描述
+F1	0.99	0.0456	疑似信号
+F2	4.69	0.00978	焊缝
+F3	8.55	0.0056	疑似信号
-F1	-0.37	0.069	套管

在检测范围内距检测位置 1m 和 8.55m 处发现疑似信号，建议验证检测。通过开挖验证，肉眼可见弯曲，并且发现了异径野蛮焊接现象，70 管径套住 60 管径焊接，60 管径套住 50 管径焊接。

4　小结

通过使用非开挖式金属磁记忆检测装置对大庆油田一厂、二厂、五厂、十厂总计 21km 埋地钢制管道进行检测，并通过低频导波和超声波相控阵检测方法对金属磁记忆检测结果进行开挖验证，结果发现非开挖式金属磁记忆法：(1)检测距离要求小于 15 倍管径，通常在埋深 1m 左右；(2)管径在 $\phi89$ 及以上，可以有效的收集到磁信号，并能准确分析出管道异常点；(3)管径在 $\phi89$ 及以下，不能准确判断出管道异常点，但是可以检测出异径野蛮焊接，弯曲变形等缺陷。

参 考 文 献

[1] 冯继和．大庆油田埋地钢制管道腐蚀主要原因及对策分析[J]．全面腐蚀控制，2018，32(07)：79-81.

[2] 马义来，苏小祥，闻亚星．漏磁内检测缺陷信号的快速识别方法[J]．无损检测，2023，45(10)：43-48.

[3] 任桂芹．管道对接焊缝超声波检测信号特征提取方法[J]．焊接技术，2023，52(08)：93-97.

[4] 孙静，孙谨，章卫文，等．长输管道内检测技术研究进展[J]．石油和化工设备，2023，26(02)：30-33.

[5] 任吉林，林俊明．金属磁记忆检测技术[M]．北京：中国电力出版社，2000，34-39.

[6] DUBOV A A. Screening of weld quality using the metal magnetic memory[J]. Welding in the World，1998，41(03)：196-199.

[7] 冷建成．基于磁记忆技术的铁磁性材料早期损伤诊断方法研究[D]．哈尔滨：哈尔滨工业大学，2012：61-75.

[8] 邢飞龙，徐传标，孙浩腾，等．低频导波技术在核电站消防管线腐蚀检测中的应用[J]．无损探伤，2020，44(06)：6-9.

海洋复合软管非金属结构层的设计选材

朱文胜[1]　薛欣悦[2]　代志双[2]　刘　军[2]　金　磊[2]　姜　蕊[2]　王鸿轩[1]

[1. 中海油油气田腐蚀防护中心；2. 中海油(天津)管道工程技术有限公司]

摘　要　随着海洋油气勘探开发的发展，海洋复合软管由于其自身的性能优势应用越来越广泛，但国内柔性管道技术与世界先进水平之间还存在一定的差距。本文主要介绍了海洋复合软管的典型结构型式及各结构层的功能，并对其中的非金属结构层的选材需要考虑的因素和问题进行了相关分析，以期为海洋复合软管的设计提供技术参考。

关键词　复合软管；非金属结构层；老化；蠕变；应力松弛；渗透

随着深海油气开采范围的日益扩大，复合软管在石油天然气开发中得到了越来越广泛的应用。与传统的海底钢制管道相比，复合软管具有以下优点：连续长度长、地形适应性好、耐腐蚀性高、安装铺设快捷方便、不需要使用大型铺管船、安装费用低等，其越来越多的承担原油天然气外输、化学药剂输送、注水等重要任务。

根据其结构形式，海洋复合软管可分为两种基本类型：黏结型复合软管和非黏结型复合软管。黏结型复合软管一般由非金属材料层和金属材料增强层挤压而成，成型后通过特殊的工艺使非金属材料材料层和金属增强层之间产生较高的黏结强度。非黏结型复合软管由高性能金属材料与非金属材料复合而成，其中非金属材料层通常是通过连续挤出制成，金属材料层是由多层高强度钢带(或相互咬合的扁钢)螺旋缠绕而成。复合软管的结构相对复杂，要求设计人员、生产工艺和设备均要具备较高的水平，目前复合软管国外供应商有Technip、Baker Hughes(Wellstream)、NOV(NKT)等，国内制造商有海忠软管、恒安泰、江苏正道、揭阳亨通等。国外的复合软管制造商在供应链条上有垄断把持效果，使得复合软管的国外采购周期长，价格昂贵。同时在复合软管的关键技术方面，各公司都申请了专利，采用专利进行技术保护，以达到对此行业进行技术封锁的目的。

我国在海洋复合软管管方面研究的开展较晚，产品设计、制造工艺和设备、以及监检测等方面与国外先进水平相比，都有着非常大的差距。由于复合软管的结构复杂性，以及各结构层的不同作用，使得复合管道各结构层对材料的要求有很大差别。

本文主要介绍海洋非黏结型复合软管的结构型式，并重点针对非金属结构层在材料选择方面需要考虑的问题进行相关分析，以期为柔性管道的设计提供参考。

1　海洋复合软管的典型结构

非黏结型复合软管从内到外的典型结构层及其功能如下：

(1) 骨架层：为金属材料互锁缠绕成型，其作用为支撑内管，防止内衬层承受外压时产生压溃；

(2) 内压密封层：为非金属聚合物材料挤出成型，其作用为形成输送流体的密封层；

(3) 抗压铠装层：为金属材料互锁缠绕成型，其作用为承受内压和外压；

(4) 耐磨层：为聚酯带或尼龙带缠绕成型，其作用为防止金属与金属接触磨损；

(5) 抗拉铠装层：为钢带螺旋缠绕成型，其作用为承受轴向拉力；

(6) 中间包覆层：为非金属聚合物挤塑成型，其作用为限制抗拉铠装层钢丝变形，减少磨损；

(7) 保温层：为保温带缠绕成型，其作用为防止热量流失；

(8) 外包覆层：为非金属聚合物挤塑成型，其作用为抗机械损坏，防止海水侵入。

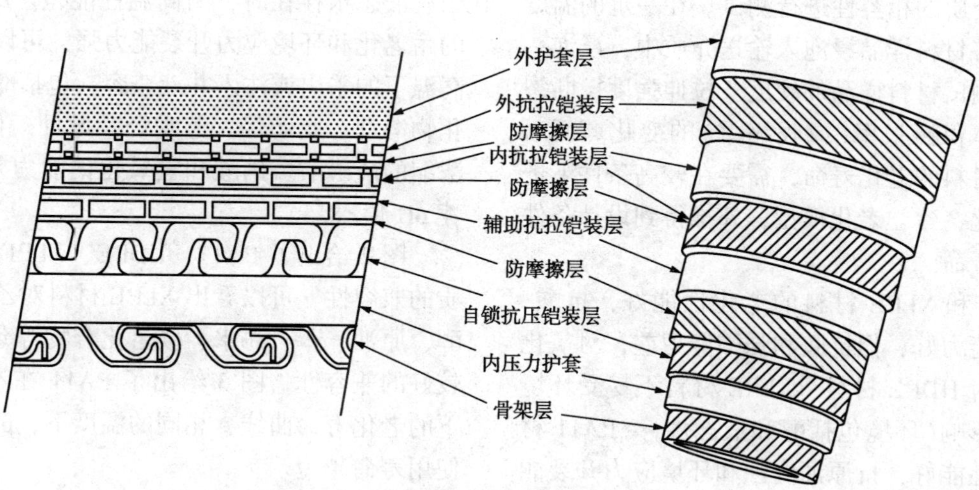

图1　非黏结型柔性管的典型结构

2　非金属结构层典型材料

API 17J中定义了内压密封层、中间包覆层以及外包覆层中用到的每一种非金属预先认证的范围和暴露条件。同时API 17B中针对非黏结软管各非金属层推荐的材料如表1所示。

表1　非黏结软管的典型非金属材料

结构层	材料类型
内压密封层	HDPE，XLPE，PA-11，PVDF
中间包覆层	HDPE，XLPE，PA-11，PVDF
外包覆层	HDPE，PA-11

HDPE(高密度聚乙烯)是一种结晶度高、非极性的热塑性树脂，结晶度为80%~90%，软化点为125~135℃，是管道上应用最多的工程塑料之一。

XLPE(交联聚乙烯)是一种特殊等级的聚乙烯，是在聚乙烯的基础上形成的三维网状结构，从而提高其基本性能。交联方法有物理交联(辐射交联)和化学交联两种，化学交联的方法又可分为硅烷交联、过氧化物交联。复合软管适用的交联方法和交联工艺需要软管生产厂商根据实际情况进行鉴定。

PVDF(聚偏二氟乙烯)是一种高度非反应性热塑性含氟聚合物，可通过1,1-二氟乙烯的聚合反应合成，密度在1.77~1.79g/cm^{3}之间，玻璃转化温度(Tg)约为-35℃，结晶度通常为50%~60%。

PA11(尼龙11)的密度为1.04g/cm^3，熔点185℃左右，吸水率0.1%~0.4%，拉伸强度47~58MPa。具有吸水率低、耐油性好、耐低温、易加工等优点。

3　非金属材料选材因素

3.1　温度

API 17B给出了基于20年使用寿命下海洋复合软管应用中聚合物选取的指导方针。对于具体工程项目，需要一个经过验证的老化模型来证实聚合物使用寿命的要求。

每种材料应用的温度范围也取决于输送流体的组分，例如，PA-11的最大使用温度随着含水量明显降低。对很多聚合物而言当所要求寿命降低后，则可以在更高的操作温度下使用，但是一点并不适合所有聚合物材料，老化特征应当基于测试数据。如表2所示。

表2　非金属材料的温度限值指导(使用寿命20年)

非金属材料	最小暴露温度/℃	最大操作温度/℃	含水限值/%
HDPE	-50	+60	0~100
XLPE	-50	+90	0~100
PA-11	-20	+90	0
	-20	—	0~100
PVDF	-20	+130	0~100

3.2　兼容与老化性能

海洋软管输送介质中含有多种组分，对软管聚合物材料的性能可能有一定的影响，如腐蚀、溶胀、力学性能的变化等，这就需要测试挤塑聚合物与输送介质的兼容性以及在设计条件下的长期寿命问题，这也是制约挤塑聚合物材料选择和使用最重要的因素。

根据设计温度、压力和应变条件对聚合物材

料与输送介质的相容性进行测试。在一定的温度和压力下将材料样品浸泡入输送介质中，浸泡一定时间后测试材料样品的硬度、拉伸强度、断裂伸长率、体积膨胀率(或收缩率)的变化。而对于聚合物材料的老化寿命，需要在较高条件下进行加速老化，建立老化模型，外推得到设计条件下的老化寿命。

HDPE 和 XLPE 材料的老化性能好，抗酸、海水和油能力好，但抗胺和强酸能力差，对氧化敏感，相对 HDPE 材料，XLPE 材料不易受环境应力开裂影响(环境包括醇和液态烃)。PA11 材料抗老化性能好，抗原油腐蚀和环境应力开裂能力好，但耐溴化物以及高温下耐酸性能力有限，当有液态水存在时，耐高温性能差。PVDF 材料的耐老化和环境应力开裂能力强，可以和大多数高温下的采出或注入井液兼容，包括醇、酸、氯化物溶剂，脂肪烃、芳香烃及原油，但抗强胺、浓缩的硫磺酸、硝酸和氢氧化钠能力差(一般推荐 pH 值<8.5)。

图 2 给出了 PA11、HDPE、XLPE 对不同介质的兼容性，可以看出 XLPE 材料对乙二醇、甲醇、原油、苯、海水、碳氢化合物等介质均具有较好的兼容性。图 3 给出了 PA11 在不同 pH 值下的老化寿命曲线，相同的温度下，pH 值越低，使用寿命越短。

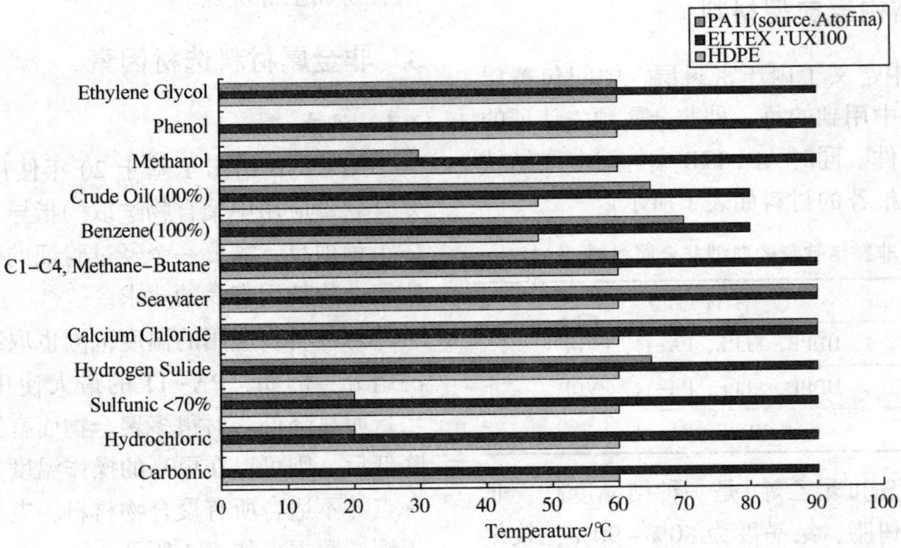

图 2　PA11、HDPE、XLPE 对不同介质的兼容性

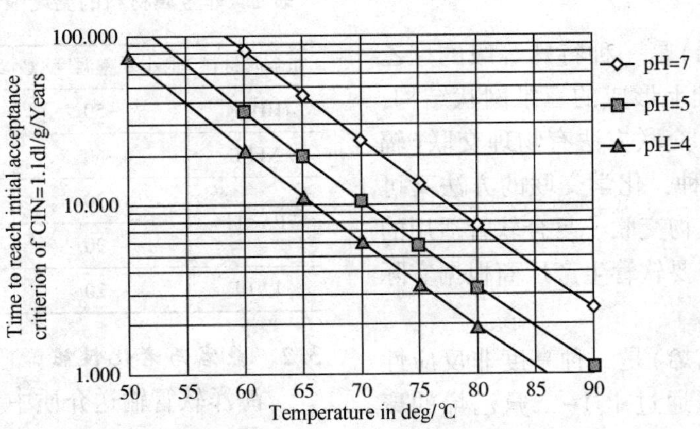

图 3　PA11 不同温度不同 pH 值下的老化曲线寿命图(CIV = 1.1)

3.3　抗蠕变性

蠕变性能的试验方法是：在某一恒温下，把一组试样置于恒定应力下进行试验，得到一系列蠕变曲线，然后在对数坐标上画出该温度下蠕变应变与时间的关系曲线，然后改变试验温度，在相同的恒应力下进行试验，得到一系列温度下的蠕变应变曲线，通过时温等效原理做出蠕变应变随时间的叠加曲线，从而外推出在设定温度和预

定寿命下的蠕变应变，以确定材料的尺寸稳定性和长期负载能力。

海洋复合软管运行期间的内压荷载直接作用到内压密封层上，但由于聚合物的强度和硬度较金属材料低，其将内压载荷传递到其外的金属层来承担，因此在传递载荷过程中，挤塑层高分子材料为主要承受压载荷，随着服役时间的延长，挤塑层材料可能会被挤压进入其相邻金属缠绕层的缝隙，从而造成厚度的减小，根据 API 17J 的设计准则，软管服役期内的厚度减薄率不能超过 30%。

代志双等人根据复合软管的结构特点，设计了蠕变试验工装，研究了 PE 材料的蠕变特性，分析了设计寿命期间 PE 材料的蠕变应变，如图 4 所示。研究发现：复合软管内压 20MPa，设计寿命 30 年时，内衬层 PE 的厚度减薄率为 6.6%左右，远小于 API 规范规定的最大值 30%。

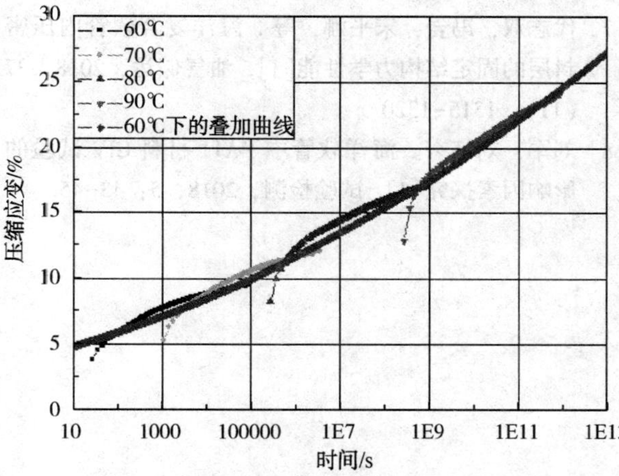

图 4　HDPE 材料的压缩蠕变曲线

3.4　抗应力松弛性能

黏弹性材料在总应变不变的条件下，由于试样内的应变(或塑性应变)分量随时间不断增长，使回弹应变分量随时间逐渐低，从而导致变形恢复力(回弹应力)随时间逐渐降的现象。高温下的紧固零件，其内部的弹性预紧应力随时间衰减，会造成密封泄漏或松脱事故。

代志双等人根据聚合物下料在接头处的结构状态，设计了应力松弛试验工装，测试了 PVDF 的长期应力松弛性能，校核了内压密封层固定件提供的轴向力，为接头处内压密封层的固定分析提供了数据支撑。如图 5 所示。

3.5　渗透和抗起泡性能

海洋复合软管经常输送的气体包括二氧化碳

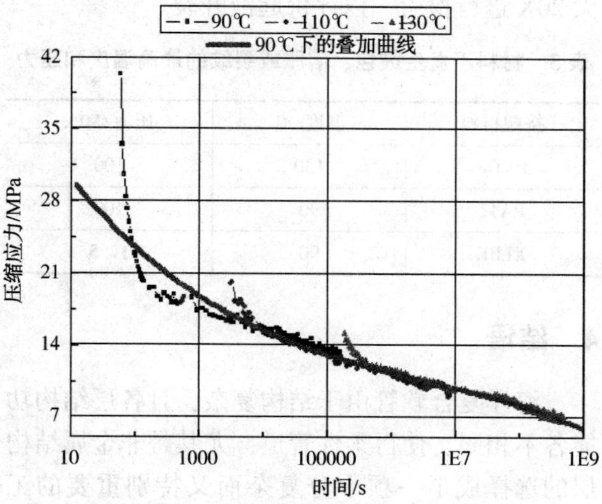

图 5　PVDF 材料的压缩应力松弛曲线

(CO_2)和甲烷(CH_4)气体，其透过内压密封层的量对于复合软管环形域介质环境的确定以及承力层金属材料的选择至关重要，因此 CO_2 和 CH_4 气体的渗透系数是管道设计中的重要参数之一。同时由于二氧化碳(CO_2)和甲烷(CH_4)气体渗透进入环形域空间，当软管内介质停输时，软管内部气体压力突然降低时，内压密封层内部吸附的气体会迅速溢出，从而可能导致内压密封层的鼓泡、溶胀或开裂，并对内压密封层的密封性能产生一定的影响。

抗起泡试验应反映海洋复合软管的设计要求，特别是流体条件、压力、温度、降压次数以及降压速率，应满足下述条件(部分如表 3 所示)：

(1) 样品：样品应取自挤塑的聚合物层；

(2) 流体混合：试验程序文件所规定环境条件下的气体成分；

(3) 浸泡时间：足够长以保证饱和度>95%，饱和度可以通过聚合物中流体的扩散系数来计算；

(4) 试验循环：采用预期的降压次数，或至少施行 20 个循环；

(5) 降压速率：采用预期的降压速率，或至少 7MPa/min。当压力低于起始压力的 10%时，可以选用更低的降压速率；

(6) 厚度：以内压密封层壁厚或者 6mm 作为最小值；

(7) 温度：最低要求为操作温度；

(8) 压力：最低要求为最大操作压力；

(9) 程序：最后一个降压循环后，将试样放大 20X 进行检验，以评价起泡开裂。

表 3 材料不发生鼓包、溶胀或裂纹的最高温度和压力

挤塑材料	温度/℃	压力/MPa
PVDF	130	100
PA11	90	100
XLPE	90	17.5

4 结语

海洋复合软管由于结构复杂，且各层结构功能各不相同，使得柔性管道，尤其是非金属结构层的选择成了一项十分复杂而又特别重要的工作。其影响因素较多，不仅与输送流体的组成（主要为输送流体中介质的成份和浓度）、性质等有关，还与输送介质的压力、温度、所以及海洋环境等有关，并且以上这些影响因素之间又存在相互的关联性。进口材料受到工期和价格的因素，软管厂商在努力需求国产化替代，但国产化材料种类繁多，需要经过一系列的试验认证才才能应用。目前国内的海洋复合软管技术与世界先进水平还存在一定的差距。面对我国走向深海的总体战略，海洋复合软管的需求更加明显，应加大对我国海洋复合软管以及配套国产化材料的重视程度和研制力度，提升海洋复合软管的研发能力，以满足我国海洋油气田开发的需要。

参 考 文 献

[1] 代志双，宋平娜，高志涛，等．纤维复合材料在海洋油气开发中的应用[J]．海洋工程与装备，2014，1(3)：249-253.

[2] Specification for Unbonded Flexible Pipe. American Petroleum Institute. API SPEC 17J，2014.

[3] Recommended Practice for Flexible Pipe. American Petroleum Institute. API RP 17B，2014.

[4] 胡建春，傅建楠．海洋柔性管道结构形式及设计选材分析[J]．福建建设科技，2019，2：8-10.

[5] 代志双，王鸿轩，宋平娜，等．PE 材料在海洋复合软管中的应用[J]．中国海洋平台，2017，32(5)：35-40.

[6] 代志双，王鸿轩，鲁成林，等．复合柔性软管用 HDPE 的蠕变性能[J]．海洋工程装备与技术，2016，3(2)：135-139.

[7] 代志双，冯岩，宋平娜，等．海洋复合软管内压密封层的固定结构力学性能[J]．油气储运，2018，37(11)：1315-1320.

[8] 刘军，刘栋杰．海洋软管中 PA11 材料 CIV 试验的影响因素探究[J]．试验检测，2018，5：43-45.

中卫-贵阳联络线遵义压气站改扩建设计方案

师海斌　艾力群

(国家管网集团西南管道公司贵阳输油气分公司)

摘　要　遵义压气站作为中卫-贵阳天然气通道的关键节点，本文通过对该遵义压气站所在涉及近期及中远期资源市场分析，并在SPS软件中建立模型，仿真了不同工况下的遵义压气站主要工艺参数，结果发现无论从经济性和安全性考虑，均有必要对遵义压气站进行改扩建。通过对遵义压气站现有两台GE压缩机组及其辅助系统分析，并通过经济技术深入比选，提出了遵义压气站改扩建设计方案，该项目实施后，将大大提高中卫-贵阳联络线可靠性及总体经济性。

关键词　遵义压气站；SPS；改扩建；GE压缩机组；可靠性；经济性

1　引言

中卫-贵阳联络线干线(以下简称“中贵线”)起自宁夏中卫，经甘肃、陕西、四川、重庆，止于贵州贵阳，干线全长1613km，设计输气能力150×108Nm^3/a，干线设计压力10MPa，管径D1016mm，于2012年7月建成投产。中贵线是面向全国公平开放的重要天然气基础设施，该管道通过西气东输系统西段北接中亚进口天然气、中国石油和中国石化的塔里木气以及西北储气库调峰资源，通过中缅管道和北海LNG外输管道南接中国石油、中国石化、中国海油和地方企业在广东和广西的LNG资源，中接中国石油和中国石化的川渝天然气资源，构成国内天然气骨干管网的重要一“纵”。着“全国一张网”日趋完善，从全国天然气整体流向和经济性考虑，川渝天然气除通过川气东送系统东输外，剩余天然气宜沿中贵线南下供应云贵和珠三角地区更为合理。该通道以江津为界分为北上和南下两个水力系统，其中遵义-贵阳-广州输气通道为南下部分。

随着广西省、广东省内天然气需求量的增大，中缅境外气源减少及川渝气田上产以及相国寺储气库调峰来气，遵义-贵阳-广州输气通道的战略作用日益突显：首先，该通道担负着向广西省、广东省市场提供稳定气源的作用，可以充分利用已建管网系统的输气能力，满足沿线用户的用气需求，推动广西省、广东省社会经济与环境的良性循环与可持续性发展；第二，可以在极端天气用气量高峰时，将川渝气田上产气以及相国寺储气库调峰用气输送至广州，进一步作为“南气北上”气源，提升资源互供互保能力，发挥“全国一张网”对于强化应急保供和应对突发事件短供断供等方面的优势，不断夯实冬季保供能力；第三，可以在川二线故障或输量受限的情况下做为川渝气田上产气的应急外输通道，进而支撑川气上产，保障油气管网安全平稳运行和资源灵活调配。遵义压气站资源涉及川气、丁山页岩气、中亚进口气、塔里木气、新疆煤制气等。遵义压气站功能定位是将中贵线遵义节点上游来气通过压缩机组增压南输，遵义节点上游主要为中贵线中卫节点转供的西部天然气及川渝地区天然气资源经平衡后南输的天然气量，转供市场为贵州遵义下游、广西省和广东省，如图1所示。

遵义压气站现有两台16MW的GE压缩机组，原设计是按照是“1+1”，即一用一备运行，但从近期及中远期资源市场分析，遵义压气站将长期处于“2+0”运行状态，因此，遵义压气站有必要通过改扩建增加机组。

2　遵义压气站改扩建必要性分析

2.1　遵义压气站区域资源分析

遵义压气站功能定位是将中贵线遵义节点上游来气通过压缩机组增压南输，遵义节点上游主要为中贵线中卫节点转供的西部天然气及川渝地区天然气资源经平衡后南输的天然气量，转供市场为贵州遵义下游、广西省和广东省，遵义压气站近期及中远期转供气量如表1所示。

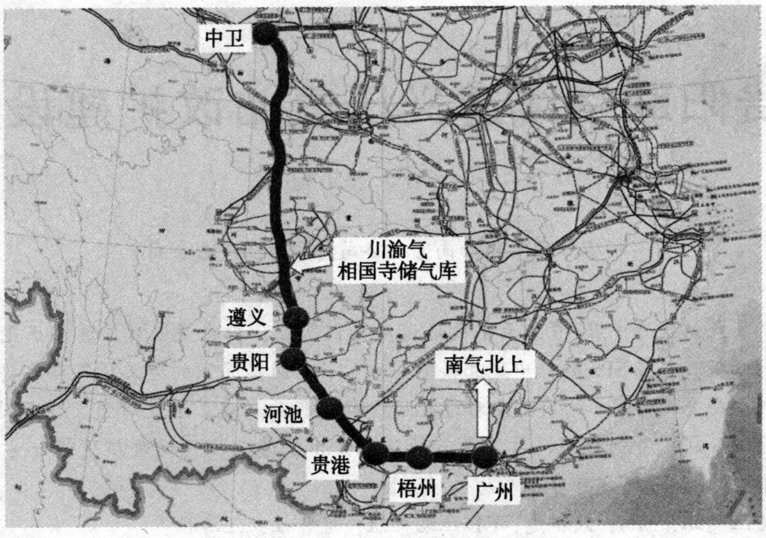

图1 遵义压气站区域资源市场分布

表1 遵义压气站近期及中远期转供气量

10^4Nm^3

年份		2025年	2030年	2035年
进站	川渝地区	3657	3657	3657
下载	分输下载	263	367	433
出站	压缩机组流量	3394	3290	3224

2.2 遵义压气站区域市场分析

遵义压气站下游市场涉及贵州、云南、广西和广东四省。结合四省“十四五”规划报告，“十四五”期间，四省的天然气市场均处于高速发展期，预计到2035年，贵州省天然气年需求量达到约$76\times10^8Nm^3$，云南省天然气年需求量约$75\times10^8Nm^3$，广西天然气年需求量约$99\times10^8Nm^3$，广东省2035年天然气年需求量约$672\times10^8Nm^3$。

2.3 遵义压气站改扩建必要性分析

2.3.1 运行工况分析

根据中贵联络线遵义压气站天然气平衡分析的高月均日量进行逐年工况计算，在中卫首站9.5MPa出站压力以及贵阳末站不低于6.3MPa的进站压力条件下，在SPS(Synergi Pipeline Simulator)中仿真中卫-贵阳联络线计算2025年、2030年、2035年均参数。

(1) 2025年年均输量工况

2025年，遵义压气站来气为$3657\times10^4Nm^3/d$，分输量为$263\times10^4Nm^3/d$，年均地温条件下，中贵线沿线压力、流量曲线见图2。

(2) 2030年均输量工况

2030年，遵义压气站来气为$3657\times10^4Nm^3/d$，分输量为$367\times10^4Nm^3/d$，年均地温条件下，中贵线沿线压力、流量曲线见图3。

(3) 2035年均输量工况

2035年，遵义压气站来气为$3657\times104Nm^3/d$，分输量为$433\times104Nm^3/d$，年均地温条件下，中贵线沿线压力、流量曲线见图4。

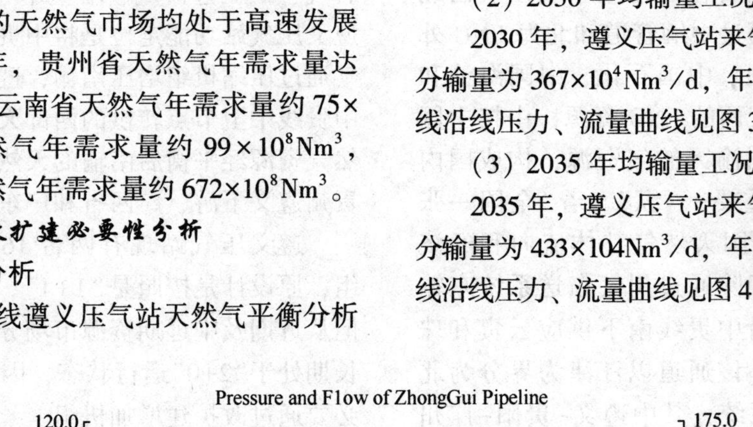

图2 2025年年均工况中贵线压力、流量曲线

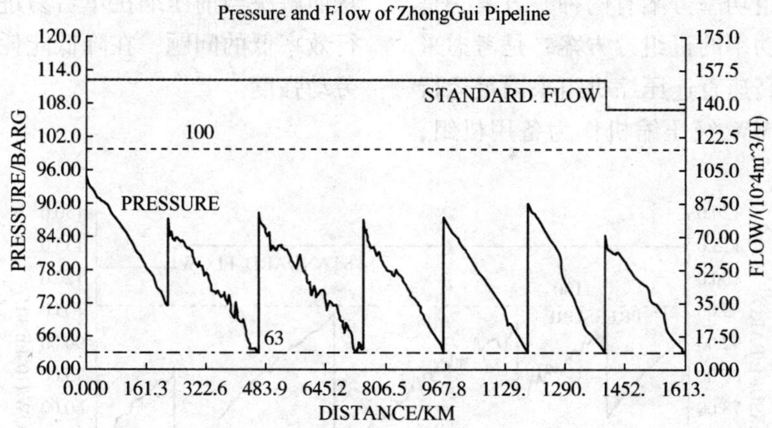

图 3　2030 年年均工况中贵线压力、流量曲线

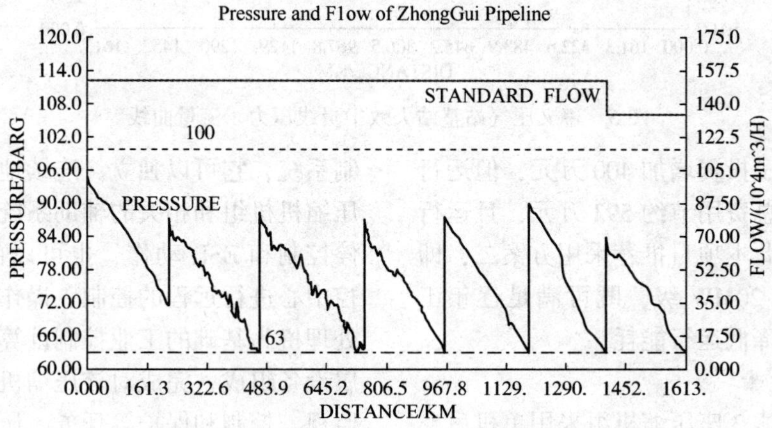

图 4　2030 年年均工况中贵线压力、流量曲线

2.3.2　压缩机组失效分析

对于遵义压气站，由于单台机组的流量最大约为 $2300\times10^4Nm^3/d$，小于压力越站时的最大流量。因此，从实际操作角度考量，当需要双机运行时单机失效等同于整站失效。

本文以 2024 年高月均日工况为基础(日输量 $4053\times10^4Nm^3$)，主要针对遵义压气站整站失效工况进行分析。根据遵义压气站已建的 2 台压缩机，当其中一台失效，则遵义站以压力越站方式运行，中贵线降量，此时最大流量为 $3000\times10^4Nm^3/d$，相对于 2024 年高月均日降量达到 $1053\times10^4Nm^3/d$，通过在 SPS(Synergi Pipeline Simulator)仿真计算结果如图 5 所示，结果表明，当遵义压气站机组单台机组失效会造成整个中卫-贵阳联络线管输能力下降 25.9%，降量达到 $1053\times104Nm^3/d$，考虑到 2024 年及以后本站压缩机主要为双机运行工况，运行时间大大加长，4k 和 8k 保养频率也相应增加，在本站没有备用机组的情况下，保养期间系统只能降量运行。单台机组 4k 或 8k 保养用时 7~10 天，按每年保养 2 台次，共用时 15 天，如增设备用机组，则可减少停机，相应减少系统降量，预计每年可减少系统降量 $1.5\times10^8Nm^3$。

从上述仿真计算及失效分析可以看出遵义压气站从 2025 年开始日输量均大于 $3200\times10^4Nm^3/d$，而 GE BCL452 机组流量大于 $2200\times10^4Nm^3/d$ 时均需双机运行，即从 2025 年初遵义压气站将处于无备机状态，因此对遵义压气站改扩建增加 1 台机组十分有必要。

3　遵义压气站改扩建设计方案

在遵义压气站压缩机预留封头位置动火增加 1 台电驱压缩机组及配套设施，新增压缩机的放空和排污依托遵义压气站已建设施。

3.1　压缩机组选型

根考虑到本项目为遵义压气站已建 2 台电驱离心式压缩机组设置备用机组，为提高运维便利性，驱动方案与已建机组保持一致，采用电驱离心式压缩机组。

根据 2023~2035 年逐年工况计算结果，本次改造可采用的机组功率方案有两种，方案一是采用与现有机组同功率的机组，方案二是考虑采用1台更大功率的高速直连压缩机组来满足运行需求，已建2台16MW级压缩机作为备用机组，从而解决当前压缩机单台易进入阻塞区或两台运行效率低的问题，在降低能耗的同时也降低员工劳动强度。

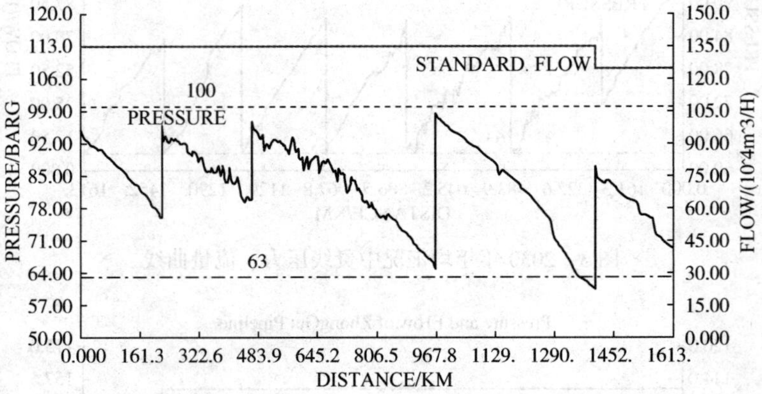

图5 遵义压气站整站失效中贵线压力、流量曲线

方案二虽然建设投资增加400万元，但运行费用低于方案一，总费用节约593万元，且运行管理更为便利，因此本项目推荐采用方案二，即新增备机组功率为20MW级，既可满足逐年工况运行要求还可以降低运行能耗。

3.2 空冷器设置方案

遵义压气站已建2座压缩机组采用单机后空冷(含空压机、过滤器、冷却器、1.5m³缓冲罐、无热再生干燥机等)，本项目新增1座压缩机组与已建2座压缩机组联合运行，新增压缩机组空冷方案与已建工程保持一致，采用单机后空冷方案，根据输气工艺计算结果，凡是压缩机出口温度大于50℃时，则空冷器需将流体降温至50℃。

3.3 压缩空气系统方案

遵压气站设置压缩空气处理系统，为离心压缩机组提供仪表风、干气密封隔离气、电机启动前的正压通风气和气动阀门的仪表风等，要求为干燥空气，供气压力为0.6~1.0MPa。

遵义压气站已建3台空压机，单台排气量900Nm³/h，经核算，已建空压机的气量满足本项目增加备机后压缩空气的需求。遵义压气站已建2台空气储罐，单台容量20m³，经核算，已建空气储罐的容量不满足增加压缩机后的需求。

3.4 自动控制系统总体方案

本项目新增1台电驱离心式压缩机组。压缩机控制系统(Unit Control System，UCS)随压缩机机组成套提供。

压缩机控制系统(UCS)是一个完整独立的控制系统，它可以独立、连续地控制、监视和保护压缩机机组和相关的辅助系统。压缩机机组的启停控制和ESD动作，也可以由站控制系统和调控中心进行远程的控制、操作和运行。它由以微处理机为基础的工业控制计算机、仪表系统、附属设备组成，完成对该压缩机组及其辅助系统的监视、控制和保护等任务。压缩机控制系统主要由启动/停车顺序控制系统、压缩机防喘振控制系统、速度控制及保护系统、负荷控制系统、机械状态监视系统、安全仪表系统等组成。

压缩机组设置独立的一套安全仪表系统。压缩机组安全仪表系统与站场的安全仪表系统类似，分为安全联锁保护系统和ESD系统两部分。

压缩机组UCS与站控制系统之间的数据传输分为硬点信号和网络通信数据两部分。关键信号通过硬点传输，其余压缩机组上传数据均通过标准数据通信/网络接口与站控制系统相连，进行数据交换，将机组及其辅助系统参数上传至站控制系统。

新增压缩机控制系统优先选用国产控制系统。机组控制系统配套新增操作员工作站，设置有负荷分配系统，可查看已有机组数据。

本项目在硬件上实现一键启站所需的硬件条件，一键启站软件调试工作待后期由西南管道统筹考虑。

3.5 机组负荷分配

遵义压气站已设置有2台GE机组以及压缩机控制系统，并实现了2台机组负荷分配。本项目新增 1 套负荷分配系统，纳入新增机组以及已有机组的负荷分配数据，实现 3 台机组负荷分配以及联合运行。负荷分配功能的实现包含新增软硬件以及对已有机组、新增机组的负荷分配信号接入工作。

3.6 通信系统

本项目通信系统主要包括遵义压气站增设压缩机组及配套设施相关通信系统的设计。

本项目在压缩机厂房内安装防爆一体化摄像机，对压缩机进行监视。新增工业电视监控前端通过原传输通道将监控数据上传至地区公司进行显示。

3.7 供电方案

遵义压气站新建 1 台 20MW 级电驱离心式压缩机组，与遵义压气站已建 2 台 16MW 级电驱离心式压缩机组实现互为备用，即运行本次新增的 1 台 20MW 级压缩机(1+2)或运行已建的 2 台 16MW 级机组(2+1)。

全站增加约 103kW 低压负荷，根据表 10.3-1《遵义压气站(2+1 运行)负荷计算表》，总计算负荷为 31.17MW，原有 2x40MVA 主变、2x1600kVA 站变及供电线路可以满新增负荷需求。为满足压缩机 2+1 先启后停的切换方式，变电所运行方式调整为两路电源及两台主变一用一热备。新增机组电源引自 110kV 变电所 10kV 母线，新增 1 面高压柜与原高压柜并柜安装。在低压配电间新增 4 面低压开关柜，为机组辅助设施供电，新增低压柜与原低压柜采用母线桥连接。

新增自控、通信、备用照明、压缩机和变频控制系统的电源引自现有 UPS 配电柜的备用回路，现 UPS 的容量及备用回路可以满足需求；新增压缩机组应急润滑油泵，由厂家配套 UMD (带蓄电池)供电。

3.8 建筑结构方案

压缩机厂房为钢结构，轴线尺寸为 26m×27m，建筑高度 20m，耐火等级二级，火灾危险性分类为甲类，主要功能为电驱离心式压缩机组使用，内设 25T 桁吊。外墙隔声降噪量不低于 35dB。

变频装置室为钢筋混凝土框架结构，轴线尺寸为 20m×20m，建筑高度 5.6m，耐火等级二级，火灾危险性分类为丙类，主要房间变频装置室、变频变压器室等房间。本单体在原有变频装置室单体山墙处扩建。

4 结论

本文通过对该遵义压气站所在涉及近期及中远期资源市场分析，并在 SPS 软件中建立模型，仿真了不同工况下的遵义压气站主要工艺参数，结果发现无论从经济性和安全性考虑，均有必要对遵义压气站进行改扩建。通过对遵义压气站现有两台 GE 压缩机组及其辅助系统分析，并通过经济技术深入比选，提出了遵义压气站改扩建设计方案，该项目实施后，将大大提高中卫-贵阳联络线可靠性及总体经济性。

参 考 文 献

[1] 周淑慧．干线管网独立对中国天然气行业的影响及相关建议[J]．国际石油经济，2019，27(6)：1-10.

[2] 国家发展改革委，国家能源局．十四五现代能源体系规划．[Z].

[3] 中国石油天然气集团公司．中华人民共和国国家标准：GB 50251—2015[S]．北京：中国计划出版社，2015：2.

水平定向钻磁导向钻井技术研究与工程实践

乔　磊　杜卫强　林盛杰　车　阳　任宪可　王辰龙　张子龙

（中国石油集团工程技术研究院有限公司）

摘　要　随着国内油气管网建设埋深超过120m以上（如山体穿越，超深江、河穿越等），有时采用有线地磁控向系统与陀螺导向系统组合测量方式，相互校验，进一步提高控向精度，磁干扰较大的穿越工程，采用磁控向系统效果更好（甚至采用陀螺系统辅助定向）。能够采用明挖直铺的线路路由越来越少，对水平定向钻技术的需求呈现快速增长的态势，其核心配套技术是磁定位导向技术，目前国内相关企业和单位经过科技攻关实现了水平定向钻磁导向钻井工具产品的定型和落地转化，并开展了相关的工程实践。

关键词　水平定向钻；磁导向；磁靶；轨迹控制

根据国家发展规划及市场需求预测，中国油气市场需求量在未来一定时期内增长依然强劲。预计到2030年，中国化石能源占一次能源消费比例70%，到2040年，中国天然气消费量将达到峰值7000亿m^3，到2050年，中国化石能源占一次能源消费比例趋近50%，能源市场需求的旺盛将直接推动未来管道的建设和发展。

目前国家大力推进构建“衔接上下游、沟通东西部、贯通南北方”的油气管网体系，预计到2025年，全国油气管网规模达到24万公里，随着国内油气管网建设步入深水区，能能够采用明挖直铺的线路路由越来越少，对水平定向钻技术的需求呈现快速增长的态势。

水平定向钻技术是将石油工业的定向钻技术和传统的管线施工方法结合在一起的一项施工技术，广泛应用于天然气、石油、电力、通信等管线铺设施工工程中。水平定向钻核心配套技术是磁定位导向技术，该技术起源于美国，最初是为了引导救援井与事故井的有效连通而开发的一项技术，经历近几十年的发展，该技术已在水平定向钻领域生根落地开花结果。

近年来中石油工程院等企业立足自主攻关，在结合磁学、钻井工艺等学科的基础上，通过大量的理论研究、计算机仿真模拟、地面测试等手段，成功建立了水平定向钻高精度磁导向测控理论，在此基础上实现了国产磁导向钻井系统的成功研发，并初步实现了产品的定型和落地转化。

1　交流电磁线圈定位技术

传统的地磁导向定位方法存在累计误差，从而导致轨迹出现较大偏差，为了解决这一问题，提出了交流电磁线圈定位方法，在地面布置线圈导线作为磁信标，利用可编程低频电源给线圈施加特定的电流，通过钻具中的磁传感器阵列测量磁信标在测点处的磁场分布，用正交检波算法、匹配滤波算法提取信号的幅值，并计算磁场分量在相应方向上的变化率，采用三维牛顿梯度下降法求解交流线圈及十字磁靶磁场大小，得到测点相对于磁信标的位置坐标，最终实现钻头从地面设计位置精准出土的工程技术需求。

对于交流线圈采集到的信号，需要用到正交检波算法提取信号的幅值，匹配滤波算法提取信号的相位信息（符号），这样可以正确用于定位解算算法的输入。

基于匹配滤波器，首先将交流线圈采集到的原始信号均值滤波平移到时间轴对称，然后基于采样频率和原始数据序列构造匹配信号，通过循环移位的方式，将得到的数据序列与匹配信号相乘并累加，找出最大值对应的数据序列点数，提取出对应的匹配信号，并根据一个周期的信息得到采集到的原始信号（不含地磁场）的符号和地磁场值。

2　十字磁靶定位技术

水平定向钻主要应用于山地河湖地区以及人口稠密经济发达地区，有些场景不便于铺设大面积的交流线圈，因此提出了便于运输及放置的十字磁靶，该装置是通过两个带有水平轴且互相垂直的螺线管源，产生交流电磁场，利用井下探管感知磁靶产生的人工磁场、通过上位机和工程软件解算出钻头和磁靶的相对空间位置关系，控向工程师结合解算结果进行控向作业。

在十字磁靶定位系统中，钻头(探管)的方位可以用探管(接收器)相对于磁靶(发射器)坐标之间的矩阵变换来描述，探管(接收器)和磁靶(发射器)的空间关系如图1所示。

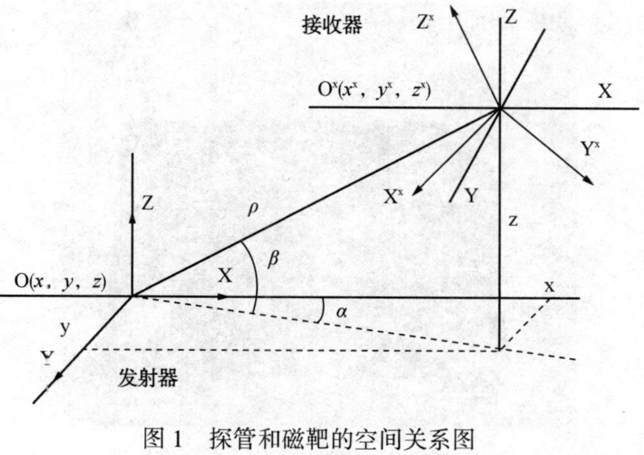

图1　探管和磁靶的空间关系图

由于任意磁偶极子产生的波场可以认为是两种相互正交的极化波之贡献的总和，所以任意方向磁偶极子产生的电磁波的传播问题可以分解成两个彼此无耦合的标量波动方程，这两种类型的波分别对应于Ev波和EP波。EV波是电场矢量垂直于入射面的线形极化波，EP波是电场矢量平行于入射面的线形极化波。由于两种波彼此独立互不耦合，所以通过分别研究EV波和EP波在各介质层中的反射和透射规律，就可以完全确定出任意介质层中的波场分布。

每层中磁偶极子的电磁场水平分量具有以z轴为中心的对称性，因此可选取柱坐标系，研究EV波和EP波的水平分量与垂直分量之间的关系即可。

2.1　磁靶磁矩计算理论模型

通电十字磁靶的磁矩取决于电流大小、线圈匝数和线圈横截面积，对于理想的通电螺线管而言，磁矩可以看作是许多平面圆环的磁矩叠加，也就是 $P_m = INS$，其中 I 是流过的电流大小，N 是平面圆环的个数，S 是单个平面圆环的横截面积。但是在我们的磁靶中，导线是螺旋缠绕的，并不是许多个平面圆环的堆叠，可抽象为如图2所示，其中螺线管的半径为 R，螺距为 h。

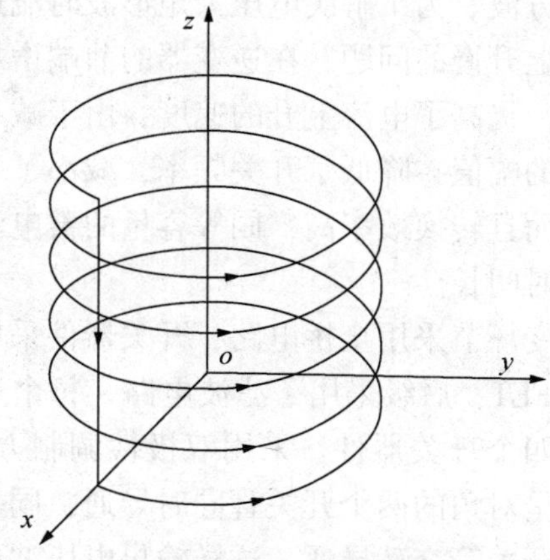

图2　螺旋缠绕导线抽象示意图

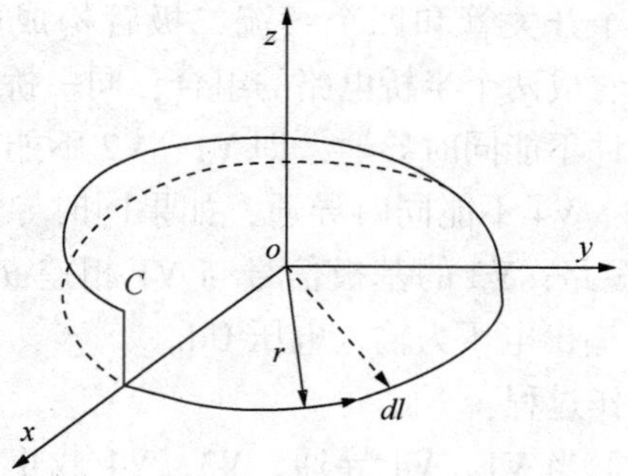

图3　一个螺距内的磁矩

在分析这样的螺线管时，首先取出一个螺距来分析，如图3所示。图3是一个螺距内的电流分布情况，电流由A点螺旋上升到C点，再由C点到A点。在螺旋线上任一点M处取电流元 Idl，dl的方向为电流方向，$\vec{r}=\overrightarrow{OM}$。非平面的磁矩为：

$$\vec{P}_m = \frac{1}{2}\oint \vec{r} \times I\mathrm{d}\vec{l} \tag{1}$$

缠绕磁芯的导线的电阻可以表示为

$$Z = \frac{\rho L}{s} \tag{2}$$

其中 ρ 为电阻率，是由材料本身性质决定，L 为导线总长度，s 为导线横截面积。

最后磁矩的方向可以通过右手判断，而磁矩大小为

$$P_m = NI * \pi R^2 = \frac{\pi U R r^2}{2\rho} \tag{3}$$

2.2　多通道可控交流激励电源

多通道可控交流激励电源装置是为十字磁靶激发信号而研制的一种电源装置，该电源为两路

输出，为了便于现场使用输入端口设置了220伏市电输入和12V蓄电池输入两种接口，输出电流为准方波。为了解决电压为矩形波时流过电感的电流上升慢的问题，在逆变器的前端增加了强励电路，提高了电流上升的速度，由于减小了输入电压的幅值，降低了开关频率，减小了装置的体积，而且转换效率高，同等容量的蓄电池供电时工作时间长。

逆变环节采用全桥电路，开关器件采用大功率MOSFET，后级采用了滤波电路。每个逆变模块含有四个开关器件。采用双极性调制方式时，逆变器呈对角的两个开关管同时导通，同一桥臂的上下开关管交替导通，这样输出电压波形在任何半周期内都同时存在两种极性。

四个开关管和四个续流二极管构成两个桥臂，可看成两个半桥电路的组合；同一桥臂两个开关器件不能同时导通，即V1、V2不能同时导通，V3、V4不能同时导通，如果同时导通会导致Ud短路；V3的基极信号与V1相差θ（$0<\theta<180$）；输出电压为输入电压Ud。

工作过程：

（1）当V1、V4导通，V3、V4截止时，电流途径为V1->R->L->V4；

（2）当V1导通，V2、V3、V4均截止时（V3的基极信号与V1相差θ），电流途径为V1->R->L-VD3->V1；

（3）当V1、V2、V3、V4均截止时，uo为0；

（4）当V1、V4截止，V2、V4导通时，电流途径为V3->L->R->V2；

（5）当V2导通，V1、V3、V4截止时，电流途径为V2->VD4->L->R->V2；

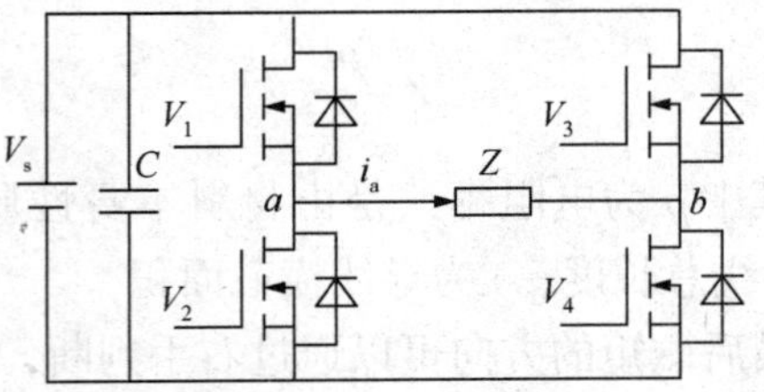

图4 全桥逆变电路示意图

3 旋转磁铁对接定位技术

在对接穿越工艺中，一侧钻头处安装一个旋转磁源短节，磁源短节主要永磁铁和短节本体构成，为水平定向钻两井对接连通施工提供一个可

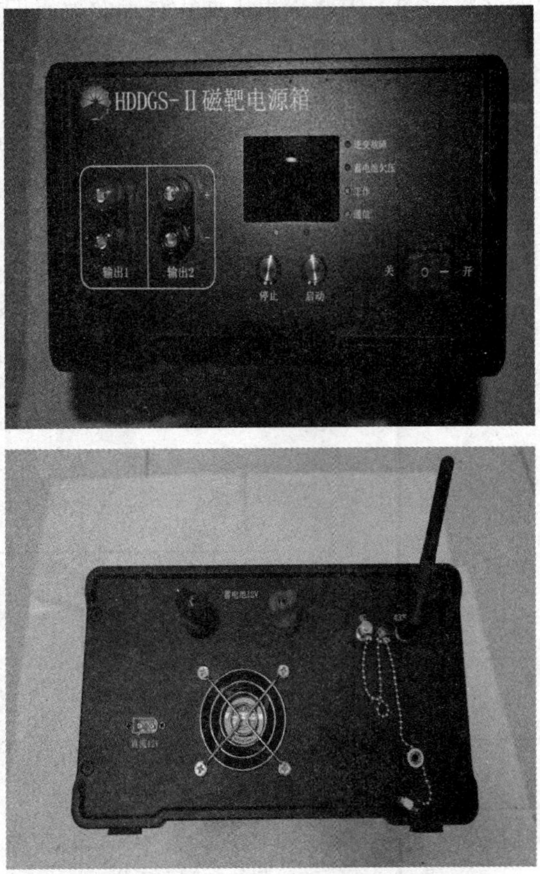

图5 多通道可控交流激励电源实物图

识别的恒定强磁场，以保证与在孔下正常钻进同步的磁信号定位及分析判断，修正钻头钻进方向并引导钻头精确与对接井实现贯通目标，磁源发射装置是两井对接连通中的一个重要部件，具体地，由磁源发射装置提供磁场，探测装备接收信号判断，并参考MWD坐标系进行逻辑运算后，将数据反馈给控向人员，实现钻头的控制。

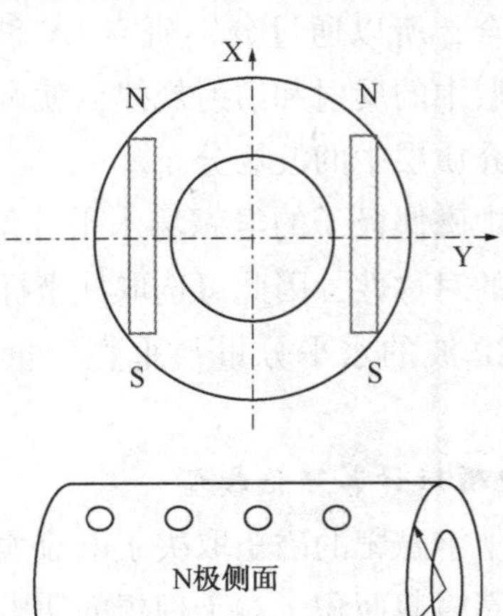

图6 磁短节设计示意图

磁源短节通常由多组磁铁组成，呈平行方向，磁铁的布置数量由现场磁场强度需要而决

定。基于以上的磁源物理模型，将单个圆柱状磁体考虑为一个磁偶极子模型，沿 X、Y 和圆周方向忽略圆柱状小磁铁间隙的影响，将整个组合磁源假设为 2n 个磁偶极子的矢量和。

$$P = 2 \times \sum_{i=1}^{n} p_i \tag{4}$$

4 工程实践

4.1 江苏沿江管道工程南通纺织工业园定向钻工程

南通纺织工业园定向钻工程拟穿越场区地貌属于冲积、海积平原地貌，受人类活动影响，地形局部稍起伏。拟建管道基本沿厂区道路敷设，道路两侧紧邻已建如崇管线、电缆、供水管道，场区施工作业空间有限，地下设施复杂。

场区地下水主要类型为第四系松散岩类孔隙水，含水层由主要第四系粉土和粉砂等组成。地下水赋存于松散堆积物孔隙之中，具有自由潜水水面，一般不具承压性质，呈孔隙潜水分布。其补给源主要为大气降水、地表水径流入渗，地下水位的变化主要受降雨及河水等地表水涨落控制，河水上涨时，河水补给地下水；河水跌落时，地下水向河流排泄；在天然条件下，地下水排泄方式以蒸发和向河流排泄为主。

勘察期间各钻孔均揭露地下水，地下水埋深较浅，地下水稳定水位埋深为 1.50～1.70m，标高 1.47m～1.64m。该含水层主要受大气降水的影响，其水位随季节变化，据调查，场区地下水位年变幅约 1.5m。

穿越段轴线为南北走向，管道基本沿 G238 国道敷设，入土点选择在北侧 BB009 桩，出土点选择在南侧 BB010 桩，入土角为 8°，出土角为 6°。出土点位于纳潮河填平段。

穿越施工区域紧邻已建如崇管线、电缆、供水管道、排污管道，存在作业环境磁干扰严重及地表地下设施复杂，无法布置磁场线圈等诸多作业挑战。

在充分借鉴以往非开挖定向钻磁导向成功经验基础上，优化磁导向作业方案，此次穿越工程全程使用磁靶导向，累计设置 8 个磁靶测量点，于 2023 年 6 月 27 日顺利出土，完成定向钻导向孔施工作业，工程穿越长度 810 米、水平偏移 50 米、水平转角 22.3 度。

图 7　穿越工程布置的磁靶测量点

4.2 达溪河水平定向钻穿越工程

达溪河定向钻穿越工程隶属于西气东输三线中段中卫-枣阳段工程，该工程起自宁夏中卫联络压气站、途经宁夏、甘肃、陕西、河南、湖北共 5 个省(自治区)。

西三线中段工程在甘肃省平凉市灵台县中台镇安家庄村附近同时穿越山体与达溪河，拟采用定向钻穿越方案。穿越处压力为 10MPa，输送温度为 49.9℃，地区等级为二级。穿越段钢管为 D1219×27.5mm L555M 直缝埋弧焊钢管，防腐采用常温型加强级 3LPE 防腐层，外覆无溶剂型环氧玻璃钢防护层。

该工程位于甘肃省平凉市灵台县中台镇安家庄村附近，线路路由穿越中华鳖保护区，保护区要求采用非开挖方式通过达溪河，设计范围内线路水平长度 1405m，全部为定向钻穿越段。

2023 年 9-10 月利用自主研制的 MGD-C 水平定向钻磁导向钻井工具完成了达溪河定向钻穿越工程，最终该工程穿越距离 1422 米，入土点和出土点高差 110 米，现实精准出土，整套工具累计入井时间 30 余天，工具的可靠性与测量准确性、稳定性得到了工程验证。

5 结论

本文结合国内水平定向钻磁导向技术研究及应用现状，对交流电磁线圈定位技术、十字磁靶定位技术、旋转磁铁对接定位技术等 3 个方面的进展做了分析研究。

（1）国内企业经过近年的技术攻关，形成了初代穿越磁导向工具，初步实现了产品定型机国产化替代，但是测量范围等方面仍和国外导向产品有一定的技术差距。

（2）在一些水平定向钻施工中发生钻具埋卡

等问题，往往与导向轨迹控制等有直接关系，一般建议采用2-3种以上的导向手段，作为可信数据，避免单一计算方式，打偏导向。

(3) 超长距离的水平定向钻，可以借鉴石油工程上比较成熟的旋转导向钻井系统(RSS)，该系统在钻头旋转的情况下进行方向调整，可解决水平定向钻穿越仅在直推钻杆情况下调整角度的问题，可以有效改善轨迹，降低磨阻，为超长距离导向孔作业和硬岩施工提供了一种新思路，新方法。

"碳"索未来，光伏⁺赋能天然气长输管道阀室、站场低碳转型的实践与探索

黄　昕

（中石化皖能天然气有限公司）

摘　要　在国家3060双碳背景下，以光伏为代表的新能源已成为国内新增能源主体，为有效落实天然气长输管道项目建设"五化"和行业规范要求，推动天然气长输管道运行能源清洁、低碳转型，结合天然气长输管道实际，创新提出阀室电控综合装置"光伏+储能"、站场生产用房"光伏+建筑"多元优化应用方案，并组织逐步探索、实施，实现了阀室外电零接入安全、平稳、低碳运行，站场光伏建筑有机结合整体预制，经济、社会效益明显，对新能源与长输管道融合发展具有推动意义。

关键词　天然气长输管道；光伏；预制舱；站场；阀室；集成

近年来，得益于国家政策支持和科技创新迭代，大力发展光伏、光电等新能源，推动能源清洁、低碳转型，已成为全球各国的广泛共识，也是实现"双碳"目标的重要途径，以光伏为代表的新能源已成为国内新增能源主体，根据光伏行业协会调研数据显示，2023年多晶硅、硅片、电池、组件产量均同比增长50%以上，应用端新增装机超100GW，伴随光伏+多元化应用模式的不断创新，光伏已广泛融入于各个行业中。

根据国家发改委发布的《"十四五"现代能源体系规划》，到2025年全国集约布局的储气能力将达到550亿~600亿m^3，占天然气消费量的比重约13%。全国油气管网规模达到21万公里左右，参照《中长期油气管网规划》制定的目标，预计2030年油气管网规模将超过30万公里，新增油气站场、阀室数量可观。而目前天然气长输管道站场多采用砖混结构生产用房，存在建设周期长、消防手续办理复杂、施工期间工序交叉管理难度大、施工风险高的困难。在站场融合应用光伏时，多采用分体式光伏系统额外架设在砖混用房屋顶，作为照明等不重要负荷电源，能源利用率低和集成性较差。而现阶段长输管道阀室内电控综合装置历经数次迭代，撬装装置已趋于成熟，但仍未摆脱网电依赖。

为实现光伏新能源与天然气长输管道发展有机融合的同时，解决天然气长输管道站场、阀室现阶段存在的问题及困难，落实天然气长输管道项目建设"五化"和行业规范要求，本文创新提出阀室电控综合装置"光伏+储能"、站场生产用房"光伏+建筑"多元优化应用对策方案，充分利用当地太阳能资源与站场、阀室构筑物集成供电，满足行业发展要求。

1　天然气长输管道站场、阀室内建构筑物发展现状

1.1　阀室电控综合装置发展现状

天然气长输管道阀室是天然气长输管道线路阶段阀及其配套设施的总称。阀室在天然气长输管道中起到关键节点性作用，其主要功能为截断来气，放空特定管段内天然气，因其功能、征地及安全等多方面因素，位置一般远离城镇。长输管道阀室发展至今，随着设备撬装化、工厂化预制的技术发展，阀室内电控综合装置由建筑物（砖混式板房）逐渐向构筑物（撬装电控综合装置）转变，在中石化称为电控一体化小屋EIT，在中石油及国家管网又称为橇装机柜间，基本功能及特征相似，但仍未摆脱网电依赖，供电电源一般就近引自当地10kV市电，普遍存在电力依托少，供电可靠性较差，接入程序繁杂，施工及运维成本高的问题。太阳能资源一、二类特殊地区，有采用分体式光伏供电案例，但集光伏发电、储能、配电、控制、传输于一体橇装综合装置在国内尚属空缺。

1.2　站场生产用房发展现状

天然气长输管道站场是天然气长输管道各类工艺站场的总称，一般包括输气首站、输气末

站、分输站、分输清管站等。随着电、仪、控领域的不断发展，现阶段油气站场的运行理念已由早期"有人值守、有人操作"转变为"有人值守、无人操作"，并逐步向"无人值守、无人操作"转变。目前常规油气站场生产用房仍以单层砖混结构建筑居多，从房屋土建、设备安装、通信接入，到单调、联调，建设周期至少为5个月，加上前期手续办理周期，使站场工程建成周期普遍在1年左右，成为影响站场建设周期的关键工程。其中还会由于不同工序同期施工造成的管理混乱、工序反复等影响施工质量、进度。无法实现"五化"建设中关于缩短工期的要求，需要进一步向标准化、橇装化方面改进。

在站场融合应用光伏时，多采用分体式光伏系统额外架设在砖混用房屋顶，作为照明等不重要负荷电源，能源利用率低和集成性较差。

2 "光伏+储能"阀室光伏离网型电控综合装置技术方案与实践

2.1 阀室光伏离网型电控综合装置技术方案

针对阀室远离城镇电力依托较少，用电设备功率小，重要性高的特点，结合光伏发电特性，提出阀室光伏离网型电控综合装置技术方案，方案主要分为电控系统、预制舱和系统集成三部分。

2.1.1 光伏离网型供电系统

总体采用离网光伏发电+储能电池供电，并预留应急充电发电机接口。白天晴朗日照条件下，由太阳能发电，同时对系统负载和蓄电池供电；当太阳能发电不足以供给系统负载时，不足部分由蓄电池加以补足，直至由蓄电池完全给负载供电。蓄电池电量小于20%时采用移动发电机应急供电。见图1。

由于采用离网光伏发电+储能电池的供电方式，阀室空间受限，整体发电和储能量有限，需要在优化并确定阀室用电负荷后，根据阀室所在地的光能资源分布情况对光伏组件数量、储能系统进行选型配置，保证供、储、配系统满足运维需求，稳定运行。

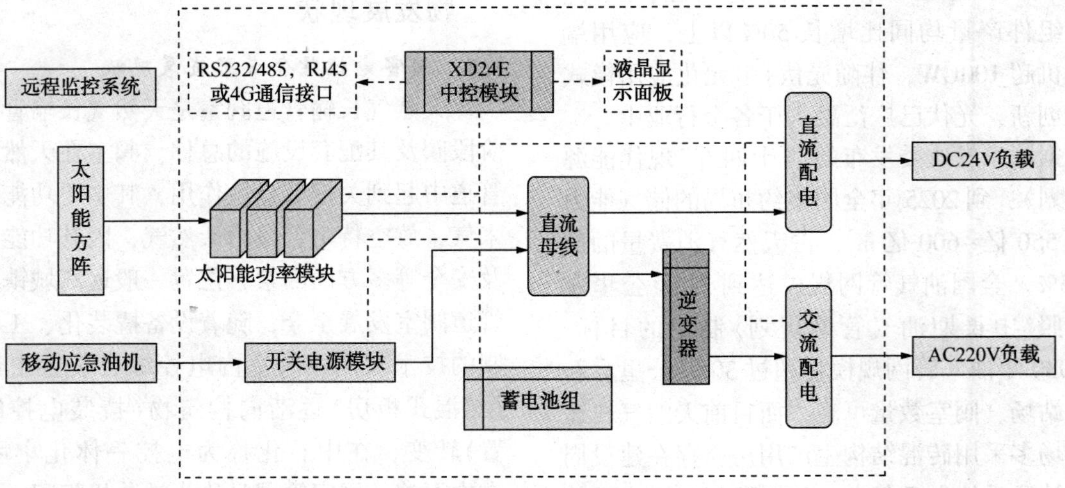

图1　离网光伏供电系统拓扑图

2.1.2 预制舱结构

经过对中石化、中石油、中海油以及国家电网等等电控综合装置预制舱行业调研，从安全性、适用性、经济性、可靠性最终确定装置预制舱体结构方案。舱体由底座、铺板、框架、门板、顶盖及附件构成；采用一体化成型焊接，底座和框架焊接一体，门板为可拆卸安装件，安装于框架上，形成完整的舱壁，顶盖单独焊接而成，最终安装于框架上，形成完整独立的立方体结构。舱体保温隔热采用顶盖、壁板、底板均采用100mm岩棉板+50mm聚氨酯泡沫塑料结构保温绝热。通过温控风机和加热器，实现舱内温度、湿度自调节。见图2。

2.1.3 预制舱体与光伏发电集成方案

根据对舱体结构型式、光伏配电系统、连接型式研究确定的结构、光伏系统关键参数，同步考虑装置的安全运维、灵活安装等措施，对阀室

图 2　预制舱体结构方案

电控综合装置进行细化设计。将光伏组件通过支架与屋顶相结合的方式固定，50%的光伏组件安装于屋顶，50%的光伏组件安装于侧墙。撬装设备整体高度降低 30%以上，屋顶占用空间减少 50%以上。保证光伏发电系统性能，满足阀室用电需求同时，降低设备整体高度，有效降低高处作业风险。见图 3。

2.2　阀室光伏离网型电控综合装置技术方案实践效果

将阀室光伏离网型电控综合装置技术应用于 X 天然气长输管道 7 座阀室中，实现了工厂化预制，成品吊装至现场后，1 天内完成模块化组装施工，高效安装调试完成。试运至今，7 套装置均采用光伏+储能方式供电安全稳定运行，光伏系统所发电量能够满足日常需求，运行情况良好。根据对阀室储能系统数据分析，在晴天和多日阴雨天气情况下，电池容量均保持在 25%以上，特别是冬季连续 7 天阴雨仍正常运行，实现了预期目标。见图 4。

图 3　预制舱体与光伏发电集成方案模型

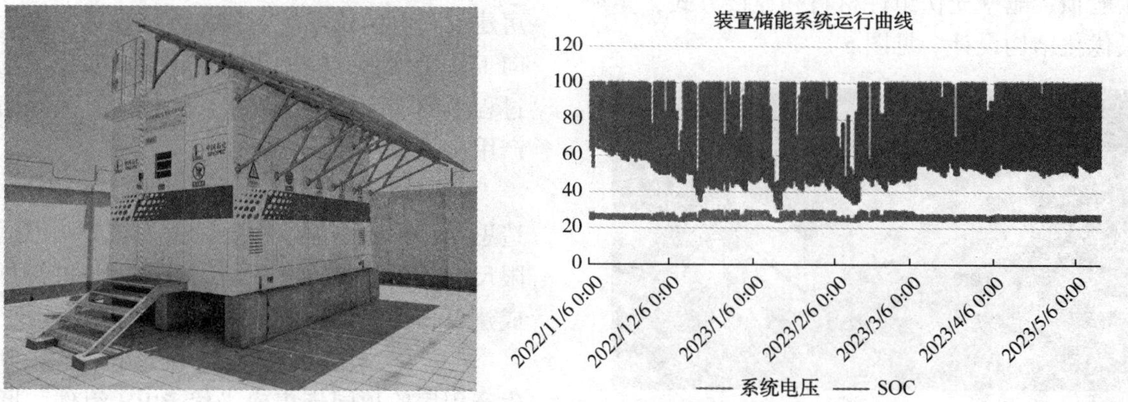

图 4　X 天然气长输管道阀室光伏离网型电控综合装置实践效果

经济社会效益突出，单套装置直接节约一次性投资 57.12 万元，运维成本节约 5.31 万元/年。社会效益方面，一是离网型光伏发电实现自发自用，外电“零接入”。解决了阀室供电难、农网供电可靠性差、管理存在交叉、管理难度大等问题，减少了架空线路带来的征地、施工等高额费用，消减了电力线路巡护工作。二是最大化实现工厂化预制、模块化施工、标准化采购、智能化运维，大幅减少现场工作量，节省外电接入施工时间 30 天，现场组装仅用 1 天即可完成，有效缩短建设周期，实现阀室快速部署，早建成早收益。三是清洁环保低碳运行，助力双碳目标实现。光伏发电项目在发电过程中，没有噪声，也不会对空气和水产生污染，实现阀室低碳运行。运行节能减排约 4.65 吨/年，环保效益突出。

光伏离网型阀室电控综合装置在皖东北管道一期的试运行成功，证明该装置在太阳能资源三类地区能够满足阀室用电需求，该成果在光伏资源一类、二类、三类地区的长输管道阀室，均可推广应用。

3 "光伏+建筑"站场光电赋能预制舱式生产用房技术方案探索

3.1 站场光电赋能预制舱式生产用房技术方案

针对天然气长输站场生产用房综合功能需求多、规模较大、用电需求量大的特点，同时为了解决砖混用房施工许可、消防手续复杂，建设周期长、施工管理难度大、施工风险高的问题，提出站场光电赋能预制舱式生产用房技术方案，光伏建筑与舱体结构合二为一，提升光能利用率；模块化预制，缩短建设周期。方案主要分为 BIPV 光伏建筑结构设计、光伏产能智慧管理及应用技术和数字化设计及系统集成三部分。

3.1.1 光伏建筑结构设计

根据站场生产用房使用需求，确定总体预制舱体的结构、布局和尺寸，针对光伏建筑一体化组件材料的强度、硬度、防水、防风、防火等性能要求及其负温效应，综合考虑能源产量、美观性、安装维护成本、空间利用效率等，研究确定光伏舱顶、舱壁光伏组件材料和连接方式，实现其最优化结构设计。见图 5。

图 5　光电赋能预制舱式生产用房方案模型

3.1.2 光伏产能智慧管理及应用技术

按照国家"双碳"政策和建筑节能要求，基于站场用电需求时间分布和峰谷负荷特征及其影响因素分析，依托已建立的光伏建筑结构形成分布式光伏发电系统光伏产能特征，综合交直分离、逆变器及储能容量设置等，实时用电响应预测，完成产能用能匹配方案设计，保证供、配电系统满足运维需求，稳定运行。

3.1.3 数字化设计及系统集成

综合考虑预制舱体强度、功能、寿命、制造运输成本、现场安装、接线难度、可靠性、抗风性能、力学性能等，结合站内土建工程全面工程预制化，数字化建模，实现生产用房系统优化设计。

通过模块化设计，以主要设备为核心，同时以运输极限尺寸分割各模块，以最大限度对舱体进行结构拼接。按照功能分区为配电室模块、机柜室模块、UPS 室模块、控制室模块、门卫室模块、工具间模块、卫生间模块，在厂家预制完成后，拉运至现场组装即可建成。见图 6。

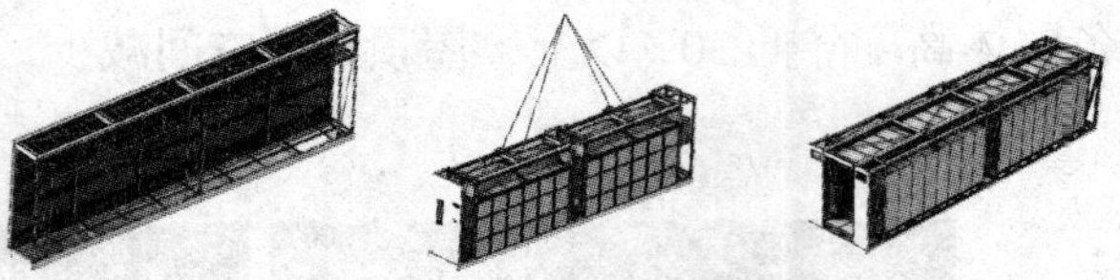

图 6　模块划分示意图

3.2 站场光电赋能预制舱式生产用房优势分析

与天然气长输管道同类站场砖混生产用房对比，采用光电赋能预制舱式生产用房单套装置可节约投资约 10-15%，电费成本节约 2.8 万/年，社会效益方面可实现：

（1）生产用房撬装化。将传统砖混生产用房改为工厂预制舱方式深度预制。将电信仪等设备在工厂内集成至预制舱中高度集成，推进生产用房建设和电信仪现场安装由传统设计、施工方式向工厂化预制、模块化施工转变，实现现场建设过程中的零涂刷、少焊接、无扬尘，大幅缩短生产用房建设工期。

（2）现场安装模块化。采用"搭积木式"建造思路，预制舱体以主要设备为核心，以运输极限尺寸分割各模块，预制舱运达现场进行拼接完成建设，提高建造效率，降低安全风险。

（3）运维用电低碳化。在光电赋能预制舱式生产用房舱顶同步集成光伏 BIPV 组件，形成分布式光伏发电系统，减少站场耗能，从而实现站场运行环节的低碳减排，打造站场局部碳中和区，绿电补能，助力双碳目标。

4 结论

本文通过对天然气长输管道阀室、站场内建构筑物发展现状分析，针对阀室远离城镇电力依托较少，用电设备功率小，重要性高的特点，结合光伏发电特性，提出阀室光伏离网型电控综合装置技术方案，并将该技术应用于X天然气长输管道7座阀室中，实现了光伏+储能方式供电的安全稳定运行，取得了良好的经济社会效益。针对站场生产用房综合功能需求多、规模较大、用电需求量大的特点，同时为了解决砖混用房施工许可、消防手续复杂，建设周期长、施工管理难度大、施工风险高的问题，探索提出站场光电赋能预制舱式生产用房技术方案，可实现光伏建筑一体化、生产用房撬装化、现场安装模块化，提高建造效率，大幅缩短建设周期，运维用电低碳化，节能减排，绿色低碳。

光伏+多元优化应用方案赋能天然气长输管道阀室、站场低碳转型，可实现了阀室外电零接入安全、平稳、低碳运行，站场光伏建筑有机结合整体预制，经济、社会效益明显，符合国家政策和中石化发展战略，可广泛应用于同类天然气长输管道站场、阀室中，具有广阔的市场前景。

参考文献

[1] 杨会丰，赵英，陈志成，等．新能源在油气田的应用展望[J]．石油石化节能，2021，11(12)：48-49+11.

[2] 高敬，王亮，彭俊，等．太阳能发电在天然气管道项目中的应用[J]．科学技术创新，2020，(06)：174-175.

[3] 王振，张阳，吕林林，等．山地管道监视阀室风光互补供电改造研究[J]．油气田地面工程，2021，40(11)：62-65.

[4] 薛纪新，柳志伟，张晨，高锦跃，邵岩．天然气长输管道站场生产用房装配舱式预制建设方案探索[J].

[5] 葛静华，万丽．长输管道监控阀室供电方案分析[J]．电工技术，2018，(11)：125-127.

[6] 董飞．光伏储能供电系统在天然气管道阀室的应用[J]．石油石化节能，2022，12(08)：23-26.

[7] 魏代晓，徐铭忆，张悦，等．适应烟台地区零碳建筑的核心技术及能效提升技术[J]．建筑技术，2023，54(17)：2167-2170.

[8] 文杨，李维娜．军工产品研制"三化"理念在装配式建筑优化中的应用[J]．价值工程，2019，38(30).

[9] 郑瑞忠，陈国华．预制舱式二次组合设备布置方式探讨[J]．能源与环境，2014，(01)：42-43+47.

[10] 李辉．油田用太阳能发电系统一体化测试装置研究[J]．石油石化节能，2022，12(10)：43-50.

[11] 王蒙，汪可友．分布式太阳能发电系统在智能电网中的应用[J]．科技视界，2016(17)：113. DOI：10.

立管替换施工智能封堵应用研究

翟明增[1]　肖华民[2]

[1. 中国石化上海海洋油气分公司；2. 中海石油(中国)东海西湖石油天然气作业公司]

摘　要　针对某海洋油气生产平台立管替换施工中的封堵需求，对常见的封堵技术进行了比选研究，认为智能封堵较为适用，通过对国内外的智能封堵技术对比，目前国外的智能封堵设备和技术尚处于垄断地位。结合现场施工需求与智能封堵器性能，对立管的替换智能封堵方案进行了设计，同时制定了智能封堵的风险控制措施以保障施工过程安全，避免智能封堵过程中产生较大风险危及平台人员及平台。

关键词　立管；智能封堵；施工方案设计

1　研究背景

某海洋油气生产平台受限于平台 28 吋管(内径 679.2mm)发球筒及其至立管悬挂法兰的设计压力限制，无法提高输送能力。为了满足后续的油气田增产需求，需对发球筒至悬挂法兰间管道以及发球筒筒体与相关阀门进行替换，设计压力将由原设计的 9MPa 提高到 11MPa。发球筒至悬挂法兰间主要管件如图 1 所示。

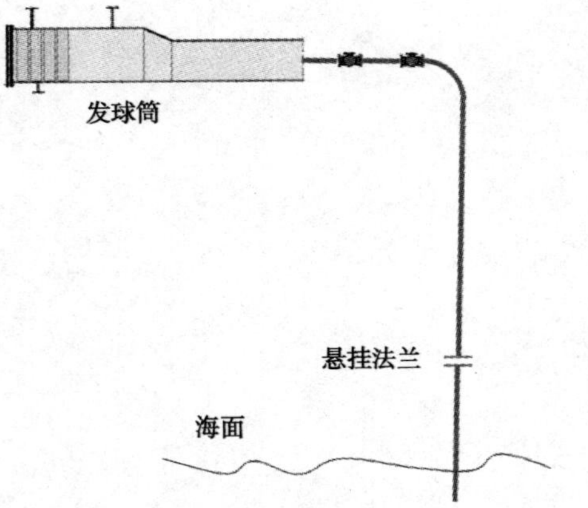

图 1　发球筒至悬挂法兰间主要管件图

平台同时承担着周边平台产出油气的转输任务，若进行海管整体降压惰性置换后进行立管替换施工则需要停产至少 50 天，长时间的停产将对整个区域油气田的年产量产生较大影响。调研显示可通过封堵技术实现海管不整体降压置换的方式来实施立管替换，不同的封堵技术要求的停产时间互相间相差较大。在立管替换期间应尽量控制平台的关停时间同时要保障平台的安全，须选择适宜的封堵技术。

2　封堵技术优选

2.1　常见封堵技术

冷冻封堵技术是通过开孔向管内注入能够快凝和解凝的液体，利用外部降温法使其冷凝的一种封堵技术。冷冻封堵技术在我国油气管道封堵施工中应用较早，但其应用管径受限，室内试验在 180mm 内径管柱获得成功，实际成功应用的最大管柱内径为 139.7mm，同时管道材料在低温下易发生冷脆。

囊式封堵技术是通过将特制橡胶气囊放入管道内进行充气，使气囊贴紧管壁来封堵的技术。在囊式封堵技术的基础上还发展除了挡板——囊式封堵器，应用广泛、施工效率高，封堵压力最高可达 0.9MPa，适用多种介质。缺点是对管内清洁度要求高，封堵压力较低，一次封堵开孔点位多达十个。

盘式封堵技术是先在管道上开孔，送入盘式封堵器，通过液动方式使皮碗与管壁间密封的技术。盘式封堵设备体积小，操作方便，适用于多种介质。延伸发展出的悬挂式封堵技术可实现双级封堵，封堵压力可达 10MPa 以上，安全稳定性高。缺点是施工时间长、成本高，对管道造成了不可修复的破坏，一次封堵开孔点位需要六个，同时要求管道内部无结垢、侵蚀和无较大变形，否则可能会造成封堵不成功。

筒式封堵技术是先开孔，送入封堵器，机械手将封堵器涨开式封堵器外表面压紧开孔截面实现封堵的技术。筒式封堵技术也适用于多种介质、适用管径 15~1500mm，可以适用于存在不规则变形、结垢和侵蚀的管道，开孔点位相对囊式与盘式封堵要少一些，一次封堵仅需三个孔。缺点是无法立即判断封堵是否成功，封堵结束后提堵比较困难。

智能封堵技术可在管道入口放入封堵器，在介质的推动下到达拟封堵位置，遥控刹车并封堵，在施工完成后再遥控解除封堵的技术。智能封堵适用于多种介质及管径的管道，封堵压力高，无需开孔，具有较高的安全稳定性且封堵器可回收。缺点是智能封堵器为国外公司所有，仅提供技术服务，价格高昂，对管道的通过性要求较高，否则可能会出现封堵不成功甚至卡住智能封堵器。

考虑尽量避免对立管的破坏以及海上的施工外界环境，综合常见的封堵技术，分析认为冷冻技术管径受限且可能损伤立管，囊氏封堵、盘式封堵、筒式封堵需要的开孔点位多，对立管的未来适用将产生较为恶劣的影响，由此智能封堵器较为适用此立管替换施工。

2.2 智能封堵技术比选

美国 T. D. Williamson 公司成立于 20 世纪 20 年代，经多年研究掌握了非常先进的管道封堵技术。1998 年挪威 Plugging Specialists International 公司研制出了真正意义上的可实现远程超低频电磁通讯的管内封堵装置。2005 年 PSI 公司被 TDW 公司收购，管内智能封堵器也成为 TDW 公司的主营设备之一。TDW 公司研制的管内智能封堵器 Smart Plug 封堵压力最高可达 20MPa，适用于管径 254~1067mm。2013 年，TDW 公司成功开发了 Smart track™ 监控系统，可与 Smart Plug 结合应用于管内封堵施工。

英国的 Stats Group 公司是世界油气管道高压封堵的另一巨头，其代表性封堵产品有 Tecno Plug™、BI－STOP™ 和 BISEP™ 等，适用管径 323~1067mm。

国内管道封堵技术研究起步较晚，经过多年的探索研究也取得了较大的进展。中国石油天然气管道局维抢修分公司掌握着管道封堵抢修的技术及设备，主要应用于陆地管道，且属于非智能封堵技术。张仕民等积极推动国内海洋管道封堵技术的发展，在智能封堵技术上取得了一定的进展。

从国内外智能封堵的技术对比，分析认为目前国外的智能封堵设备和技术尚处于垄断地位，此立管替换封堵只能选择国外的智能封堵技术。

3 立管替换封堵施工方案设计

结合立管替换需求和智能封堵器性能，对立管替换封堵施工方案进行了设计，其中停产时间大概可控制在 7 天左右。

3.1 选择适配智能封堵器

选择与立管内径匹配的智能封堵器，具备前进、后退双向行走能力，封堵器上具备通讯系统，可通过遥控器控制其位置、进行方向与速度、封堵与解堵、自检封堵密封性等功能，工作状态下智能封堵器上的电池至少可持续一年。

3.2 立管内壁变形与腐蚀情况检测

对立管内壁进行变形与腐蚀情况检测。如有变形需与施工人员确认智能封堵器的可通过性。如有较大腐蚀坑，需标识位置，避免封堵器在相应位置进行封堵施工。

3.3 封堵施工与切除原立管

各项前期准备工作确认已完成。

平台停产。

在发球筒内放入智能封堵器，控制智能封堵器进行至悬挂法兰下方适当位置，控制智能封堵器进行封堵，自检封堵密封性。封堵器在立管内的封堵示意图如图 2 所示。

图 2　封堵器在立管内的封堵示意图

发球筒泄压，同时监测封堵器是否发生位移。如有位移，则说明封堵不成功，需要重新进行封堵施工。

对发球筒至封堵器之间的管线及发球筒内部进行氮气置换，每隔半小时检测一次立管内部可燃气体含量，连续三次检测确认内部可燃气体含量应低于 0.5% 为置换合格。将发球筒至封堵器间管线压力泄放至大气压，持续检测可燃气体含量及封堵器的封堵状态。

切除计划替换的立管段及拆除原发球筒。

3.4 旁通管线安装与二次封堵

在封堵点的上方立管切割点处焊接三通，连接提前预制好的旁通管线，焊口无损检测合格。

控制智能封堵器解除封堵并移动至三通上方再次进行封堵，自检封堵密封性。

确认无泄露后平台恢复生产，天然气走新建旁通管线流程。

3.5 替换立管与发球筒安装检验

在立管与发球筒原位置进行新立管与发球筒的安装及检验。

3.6 解除封堵恢复原流程

控制智能封堵器解除封堵并移动到新发球筒。

切换天然气输送流程至新立管流程并隔离新收球筒。

关闭旁通管线。

在新收球筒和旁通管线惰性置换后取出智能封堵器并拆除旁通管线。

4 立管替换封堵风险控制

为了保障立管替换封堵施工过程中的安全，制定如下风险控制措施。

4.1 智能封堵器的匹配性风险控制

使用与立管同内径管材在陆地进行测试其密封性、前进与后退的行走能力遥控操作试验，确认性能满足现场需求，避免智能封堵器到现场后发现不匹配与不可操控的风险。

4.2 立管内壁对封堵的影响控制

提前使用高精度检测器对立管内壁的变形与腐蚀进行检测，并将检测结果与施工人员共同研究探讨其对封堵的影响，确保立管内壁情况不影响封堵功效。

4.3 封堵自检密封不合格或密封泄露的风险控制

如出现封堵自检密封不合格或密封有泄露现象，可尝试前进或后退一段管线重新进行封堵，如还不合格，则有可能是关键部件受损，应控制封堵器至发球筒处取出进行检查并替换受损部件再重新进行封堵施工。

4.4 封堵遥控失效

如出现封堵遥控失效，首先排除是否外部接收器、遥控器、通讯线缆等设备是否受损或故障。如外出设施无故障，则通过应急释放工具解除封堵，并将智能封堵器回收至发球筒后进行检测修复。

4.5 封堵中的火灾与爆炸风险控制

在立管切除与焊接过程中均会产生火花，在封堵过程中有多次切换流程和惰化中会有不定量的天然气泄放，每次施工前及施工过程中均需严格按照程序检测管内及周边空气中的可燃气体含量，如可燃气体含量超过限定值，则需要马上提供并消除隐患后方可继续施工，避免可能存在的火灾与爆炸风险。

5 结语

针对某平台立管替换封堵需求，对常见的封堵技术进行了比选研究认为智能封堵器适用，通过对国内外的智能封堵技术对比，国外的智能封堵设备和技术尚处于垄断地位。对立管的替换封堵方案进行了设计，同时制定了风险控制措施来避免智能封堵过程中产生较大风险。

参 考 文 献

[1] 马明，赵弘，苏鑫等．油气管道封堵抢修技术发展现状与展望[J]．石油机械，2014，42(06)：109-112+118.

[2] 何弦桀，王留洋，罗园．大通径管柱冷冻暂堵技术[J]．断块油气田，2019，26(1)：131-133.

[3] 王元清．钢结构在低温下脆性破坏研究概述[J]．钢结构，1994(4)：217-221.

[4] 邓华蛟．低压燃气管道不停输气囊式封堵技术与设备[J]．管道技术与设备，2006(01)：40-42.

[5] 赵磊．挡板——囊式封堵器的研究[J]．中国石油和化工标准与质量，2011，31(12)：98.

[6] 刘罡．在役挡板—囊式管道封堵器的研究[J]．管道技术与设备，2008(05)：60-61.

[7] 闫宏伟，马建强，汪洋等．自锁式管道内封堵装置结构与封堵性能分析[J]．中国安全生产科学技术，2017，13(11)：27-33.

[8] 刘建强，勾绘．盘式封堵技术[J]．油气田地面工程，2003(10)：52.

[9] 张行，张仕民，王文明等．324mm 管道双级封堵器结构设计与分析[J]．油气储运，2013，32(11)：1227-1231.

[10] 陈继胜，尹福胜，行登恺．管道不停产带压开孔封堵新技术自带旁通筒式封堵设备[J]．管道技术与设备，1996(02)：26-28.

[11] 高利民，赵连河．膨胀筒式不停输封堵工艺在管道

改造中的应用[J]. 石油工程建设，2006(05)：37-39+83.

[12] 杨志炜，张琼飞，蔡婷，隆梅，赵文峰，邱露. 天然气管道不停输带压封堵施工创新技术[J]. 天然气工业，2012，32(02)：95-97+122.

[13] 金文皓，张士大，何良元. 膨胀筒式不停输带压封堵施工技术的改进[J]. 上海煤气，2018(02)：16-18+23.

[14] 张仕民，李彦民，马永明，樊文斌. 管内高压智能封堵技术[J]. 油气储运，2009，28(06)：59-61+79+87.

[15] Aleksandersen J，Tveit E. The Smart Plug：A Remotely Controlled Pipeline Isolation System[C]. Proceedings of the Eleventh(2001)International Offshore and Polar Engineering Conference，Stavanger，Norway，2001.

[16] Lie M R G，Muangsuankwan M N. Remote-Controlled Plugging Technology Minimizes Platform Downtime：Valve Replacement Through SmartPlug© Isolation [C]. ASME 2015 India International Oil and Gas Pipeline Conference，2015：V001T04A001-V001T04A001.

[17] 耿岱，张仕民，王德国，高建. 管道智能封堵器锚爪结构的优化[J]. 油气储运，2011，30(04)：279-282+296+235-236.

[18] Kang Zhang et al. Research on the Design Criterion of Packers and Slips in Pipeline Isolation Tool [J]. MATEC Web of Conferences，2018，153.

[19] Kang Zhang et al. Experimental research on frictional resistance of smart isolation tool during maintenance operation in offshore pipeline[J]. Industrial Lubrication and Tribology，2018，70(7)：1145-1150.

钢骨架复合管带压开孔卡具结构优化及极限孔径拟合方法

刘冬冬　梁爱国　张　磊　朱秋波

（中国石油新疆油田公司）

摘　要　钢骨架塑料复合管的传统维修维护方式以局部热熔焊和整根替换为主，本文对其不动火带压开孔及不停输调整管网工艺进行研究创新。研制带压开孔机械三通卡具，通过内部密封槽与定位垫片的配合来保障开孔段的稳定性及强度，实现了钢骨架塑料复合管的带压开孔及安装支线的施工作业。同时，建立仿真模型，并基于有限元分析方法对不动火带压开孔极限开孔孔径计算模型进行拟合，保障施工的安全可靠性。

关键词　钢骨架复合管；带压开孔；三通卡具；有限元；极限孔径

1　前言

钢骨架塑料复合管是一种具有内外双层防腐结构的压力管道，作为基体的聚乙烯塑料具有良好的耐腐蚀性能，可以有效地避免因腐蚀带来的安全事故，而内层的钢骨架网又具有较好的承压能力。它的出现很好的解决了金属管道易腐蚀、非金属管道不耐压的问题。同时，由于外层塑料具有很好的塑性，因此在复杂多变地形的油气集输管道，尤其是长输管道中，其适用性更具优势。

钢骨架塑料复合管的连接方式主要有热熔套管和法兰两种，其传统维修维护方式主要以局部热熔焊和整根替换为主，如何进行不停产不动火带压开孔、安装闸门及支线，进而在不停输情况下进行管网调整，并避免施工过程中的管线二次破坏，这是需要解决的关键问题。

2　钢骨架塑料复合管结构及力学特性

钢骨架聚乙烯塑料复合管采用挤出成型的方式进行生产，以筒形钢丝网作为增强骨架，高密度聚乙烯为基体。在生产线上，钢丝网焊接与内外层塑料浇注同步进行，经冷却、牵引得到制品。

其主要组成材料是 Q235 钢丝和聚乙烯塑料，在管道正常运行的压力和温度条件下，聚乙烯分子会发生蠕变现象而造成分子链的拆解和断裂，这也是管材造成破坏的主要原因。因此，如果要延长管材的使用寿命，就要尽可能降低聚乙烯分子发生蠕变的速度。如图 1 所示。

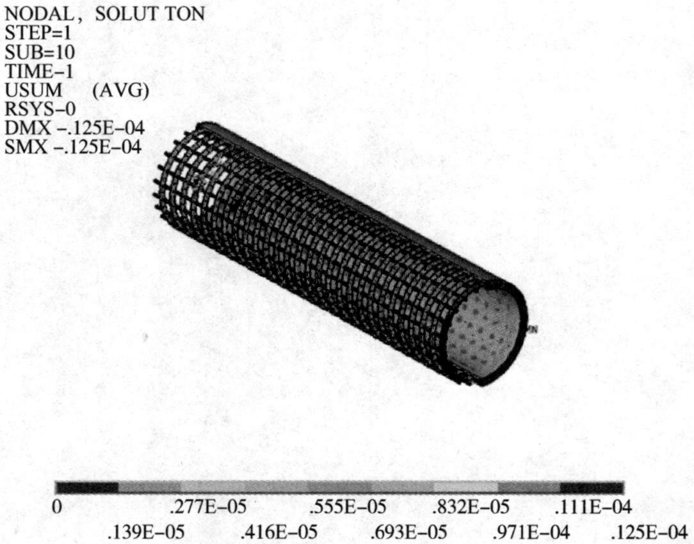

图 1　钢骨架塑料复合管结构及工作压力条件下管线的变形分布图

3 钢骨架复合管带压开孔及不停输调整管网工艺

3.1 带压开孔机械三通密封机具的研制

充分结合钢骨架塑料复合管在受压状态下可产生变形的特性，研制新型的带压开孔机械三通卡具。与传统单级密封卡具结构特点对比，新型卡具创新采用了多道密封设计(图2)。其显著特点：一是通过内部密封槽与加固在管道本体的定位垫片契合，阻止管线与卡具之间的相对位移，从而解决管线与卡具的定位难题；二是多级密封设计能更有效保证管线在带压开孔过程中的密封，从而解决管线带压开孔施工过程中的管线变形而带来技术难题，确保开孔段的稳定性及强度。

如图3所示，卡具两端由内到外分别各开有三道密封槽，分别为槽1、槽2、槽3；形成三个槽边，分别为边1、边2、边3；其中各边边宽为两倍槽宽，槽深为卡具厚度的一半，边3弧面内径与管线外径相同。

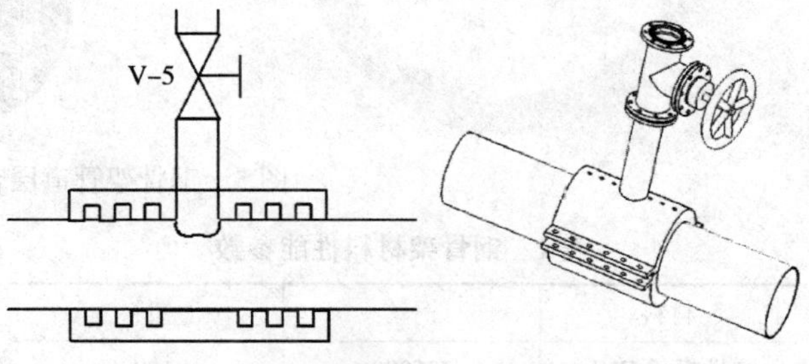

图2　带压开孔机械三通卡具安装示意图

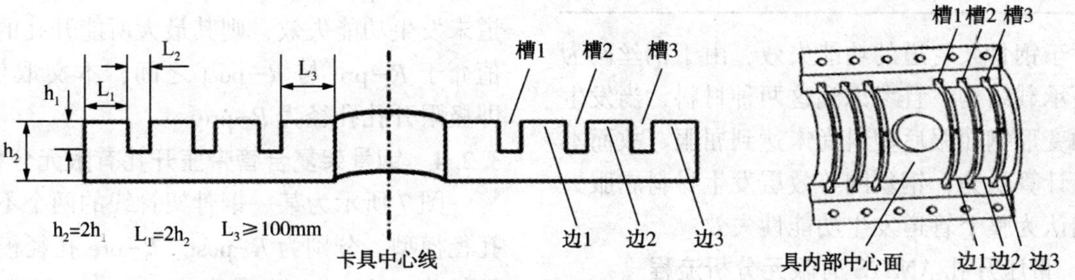

图3　机械三通卡具内部结构示意图

如图4所示，边1、边2弧面中部开有定位垫片槽，槽宽与密封槽槽宽相同；定位垫片厚度4~6mm，其上等距开三个定位销钉孔，定位销钉螺旋状锥形结构，保证其在管线上带压安装时管线无泄露。

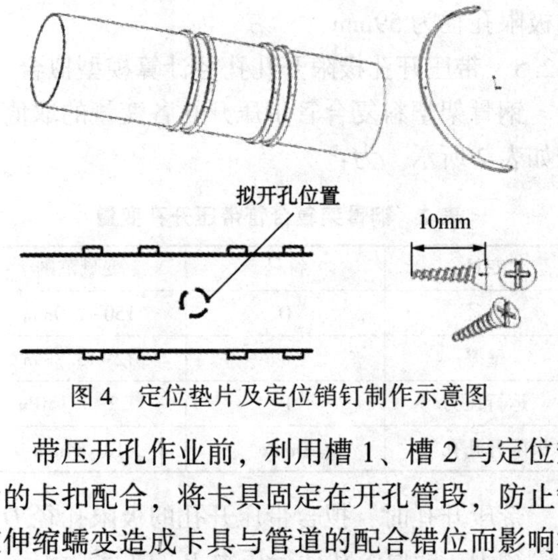

图4　定位垫片及定位销钉制作示意图

带压开孔作业前，利用槽1、槽2与定位垫片的卡扣配合，将卡具固定在开孔管段，防止管道伸缩蠕变造成卡具与管道的配合错位而影响密封效果，同时在槽3内注入密封剂，即可实现不动火带压开孔、不停输安装闸门及支线，以达到改变集输流向和调整管网的目的。

3.2 不动火带压开孔极限开孔孔径计算模型拟合

3.2.1 带压开孔模型的建立

在ANSYS中采用solid186结构单元模拟塑料和钢丝网等效层建立模型。在管壁厚度方向上依次设置三层单元，由外到内依次是外塑料层、钢丝网等效层和内塑料层(见图5)。

根据等体积原则以及环向钢丝和轴向钢丝的力学行为将环向钢丝和轴向钢丝等效为一定厚度的钢板。等效钢丝网层与内层塑料和外层塑料之间通过共用节点的方式进行耦合连接。为消除边界效应，管长取4倍的管径，管道两端固支。内压以面压的形式施加在管壁内侧以模拟管道的运行压力，外压以面压的形式施加在外部以模拟注胶槽施加给管道的压力。

3.2.2 管线的材料性能与失效判断

钢骨架模型由两种材质(钢丝与塑料)复合而成，其材料参数如表1所示。根据输油管道承压标准，采用弹性失效准则判断管道的失效，即在外载作用下当组成钢骨架的材料达到弹性屈服则认为管道失去承压能力。

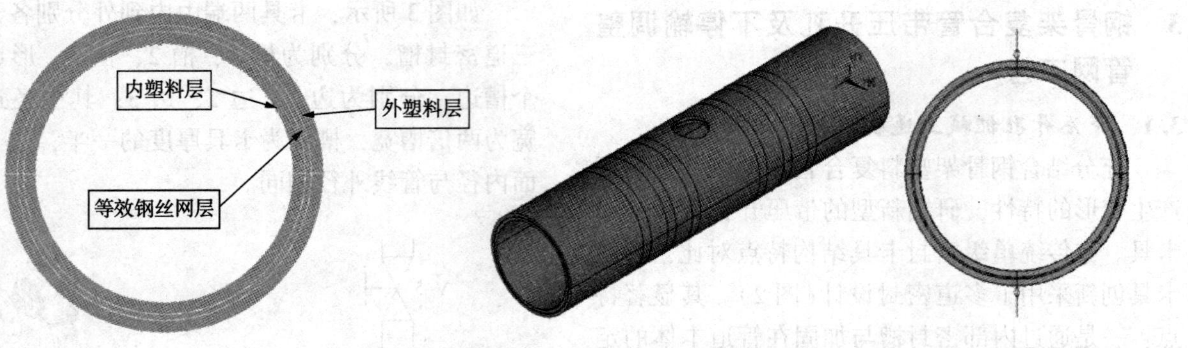

图5　钢骨架管道层合模型截面及开孔模型图

表1　钢骨架材料性能参数

材料	钢丝	塑料
弹性模量/MPa	205000	1009
泊松比	0.3	0.45
屈服强度/MPa	235	22.5

对于钢骨架管道的功能失效，由于钢丝网为其主要承载结构，且考虑到这两种材料，当发生相同的变形钢屈服后塑料尚未达到屈服。故而本次数值计算认为，钢丝网等效层发生材料屈服失效后则认为整个管道发生功能性失效。

3.2.3　带压开孔 ANSYS 有限元分析流程

带压开孔模拟流程图如图6所示，对于某一组管材参数(D、P、T)，其中D为管径、T为管壁厚度，在某一运行压力P_{in}和外压P_{out}作用下，通过依次增加开孔大小R得到所能开最大孔的尺寸。如图6所示。

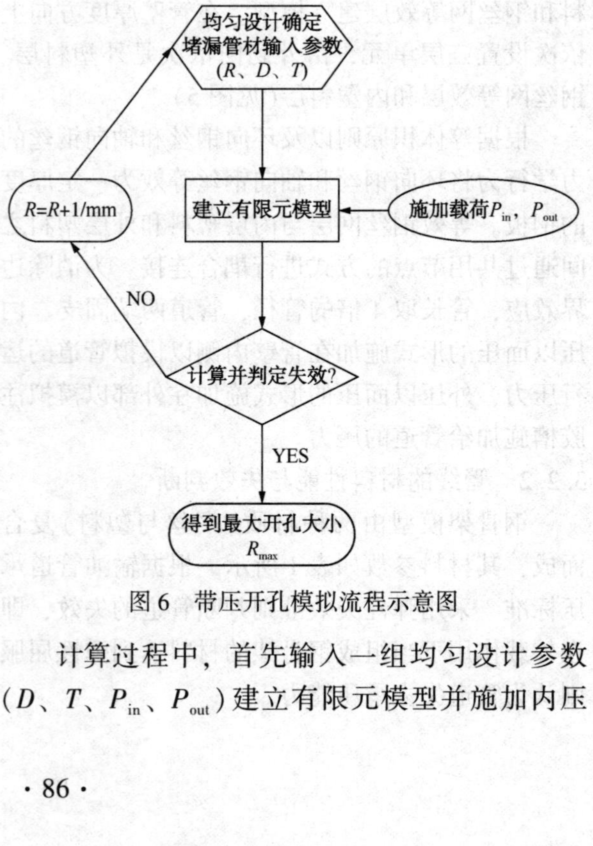

图6　带压开孔模拟流程示意图

计算过程中，首先输入一组均匀设计参数(D、T、P_{in}、P_{out})建立有限元模型并施加内压P_{in}和外压P_{out}，然后逐次以$R-step$(取为2.5mm)的步长改变外压开孔大小的值，直到某一开孔大小R-post(本文定义为破坏开孔大小)的管道发生功能性失效，而R-post的前一个开孔大小R-pre(本文定义为未破坏开孔大小)的管道未发生功能失效，则其最大所能开孔的孔径取值介于R-pre与R-post之间，本文取保守值，即极限开孔孔径为R-pre。

3.2.4　钢骨架复合管带压开孔有限元分析

图7所示为某一钢骨架管线的两个不同开孔孔径模型，分别为R-post、R-pre孔径模型，其管径为200mm，壁厚为13.6mm，运行压力为0.7MPa，外压为0.9MPa。在开孔大小R-post=64mm时，其最大等效应力为236MPa，超过钢丝的屈服强度235MPa，即其发生破坏，其最发生失效的位置孔边；在开孔大小R-pre=59mm时，其最大等效应力为228MPa，小于钢丝的屈服强度，即其未发生破坏。因此，此道带压开孔的极限孔径为59mm。

3.2.5　带压开孔极限开孔孔径计算模型拟合

钢骨架塑料复合管带压开孔各变量的取值范围如表2所示。为：

表2　钢骨架复合管带压开孔变量

变量	符号	变量范围
管径	D	150~240mm
壁厚	δ	12~13.8mm
运行压力	P	0.2~1.1MPa
极限开孔孔径	Dmax	10~84mm

带压开孔时，拟合带压开孔的极限孔径D_{max}与管径D、壁厚δ和运行压力P的关系为：

$$
\begin{aligned}
D_{max}=&-43.9739P^3-1.46088DP^2\\
&+4.46924\times10^{-3}D^2-245.516P^2\\
&+0.584350DP+13.4278\delta P
\end{aligned}
$$

$$-2.68555\delta-254.062P-1.39921D-198.140$$

利用计算模型，可得到不同管径钢骨架塑料复合管带压开孔的工况数据，如表3所示。

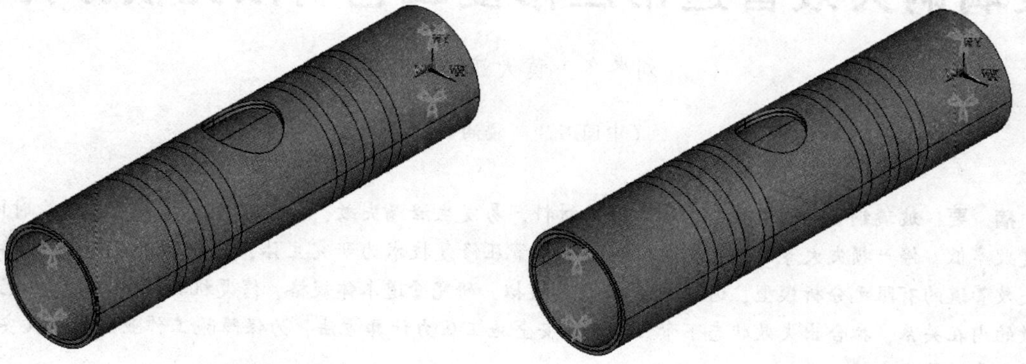

(a)孔径为R-post　　(b)孔径为R-pre

图7　钢骨架带压开孔模型

表3　钢骨架管道带压开孔工况拟合数据表

序号	管径 D/mm	壁厚 δ/mm	运行压力 P/MPa	拟合极限孔径/mm
1	150	12.8	0.8	53.2
2	160	13.8	0.4	60.6
3	170	12.6	1.1	9.6
4	180	13.6	0.7	54.5
5	190	12.4	0.3	63.3
6	200	13.4	1.0	13.2
7	210	12.2	0.6	56.6
8	220	13.2	0.2	78.1
9	230	12.0	0.9	12.5
10	240	13.0	0.5	83.4

通过对拟合关系式的分析，可以发现：

(1) 极限开孔直径与运行压力P呈显著的负相关，与管径D呈现二次的正相关性；

(2) 随着壁厚δ的增大，极限开孔直径也增大，但受到运行压力P的耦合影响；

(3) 运行压力P和管径D之间存在耦合，两个耦合项值越大，极限开孔直径越小。

4　结论

(1) 针对钢骨架塑料复合管的带压开孔及安装支线作业，研制新型的带压开孔机械三通卡具，创新采用多道密封设计，可通过内部密封槽与加固在管道本体的定位垫片契合，阻止管线与卡具之间的相对位移，并保障带压开孔过程中的密封，确保开孔段的稳定性及强度。

(2) 基于有限元仿真方法，采用solid186结构单元模拟塑料和钢丝网等效层，建立钢骨架塑料复合管带压开孔模型，按照ANSYS有限元分析流程，拟合出带压开孔极限开孔孔径计算模型。

(3) 通过模拟，带压开孔极限开孔孔径与钢骨架塑料复合管管径、壁厚及运行压力存在相关性及耦合关系，据此建立其拟合公式，对于提高施工安全可靠性，完善工艺技术体系具有重大的现实意义。

参考文献

[1] 梁爱国，蒋华义，等．油气管道维抢修密封卡具的安全检测与应用[J]．中国安全生产科学技术，2019(1)：129-132.

[2] 梁爱国，齐傲江，等．钢骨架塑料复合管带压开孔的有限元模拟[J]．油气储运，2020(1)：99-101.

[3] 于淼，窦超，等．油气集输系统法兰免动火柔性带压注胶封堵技术研究与应用[J]．特种油气藏，2022(2)：170-173.

玻璃钢失效管道带压修复工艺有限元模拟方法

刘冬冬 黄大江 唐 宇

（中国石油新疆油田公司）

摘 要 玻璃钢管道的树脂基体属于脆性材料，易发生泄漏失效，其传统修复方法存在停输时间长、修复效率低、停产损失大等缺点。本文以不停输、带压修复技术为研究主体，选取SOLID186实体单元建立失效管道的有限元分析模型，通过ANSYS计算模拟，研究管道本体规格、修复机具规格、施工工艺等多参数的内在关系，拟合出失效状态下带压修复的安全施工压力计算方法，为保障施工作业成功率及安全性提供可靠的技术支撑。

关键词 玻璃钢管道；失效模型；有限元；安全施工压力

1 前言

随着石油开采油气集输工艺的不断发展，为满足腐蚀、高压、结垢等复杂工况的使用要求，各类非金属管道的应用领域逐步拓宽，其中玻璃钢管道因其轻质、高强、耐腐蚀的特点亦被广泛使用。玻璃钢管道是一种新型复合材料管道，它的增强体是玻璃纤维，一般来说玻璃纤维的含量可以达到70%，而基体也大都由环氧树脂，不饱和聚酯树脂，酚醛树脂，填料硅砂等热固性材料组成。

在现场实际运行中，由于受到外力冲击、输送介质水击、输送温差大幅波动、管材加工及安装质量不合格等原因，玻璃钢管道会发生泄漏失效。其中玻璃钢管道接头的失效形式有泄漏和滑脱两种，接头连接部分在外力的作用下，外螺纹连接头从接箍内脱开，导致发生泄漏；玻璃钢管道本体的树脂基体属于脆性材料，当变形率达到2%~3%时，材料就会产生永久性破坏。因此管道在装卸、安装及生产运行或作业施工中受外力冲击，尤易受损。

2 玻璃钢管道带压修复工艺简介

目前玻璃钢管道传统维修方法主要有卡箍黏接维修、截断换管维修、法兰维修等，均需要全线停输，对破漏处进行深度清理后，进行打磨、黏接、热固等，即存在停输时间长，维修工序复杂、修复效率低等问题，且停输会造成油气开发上游停产，因此造成巨大的经济损失。依托热注塑造原理，发明“注胶槽带压密封工艺”，衍生玻璃钢管道不动火带压维抢修技术，可以在不停输、不动火条件下对失效管道进行快速堵漏密封修复，减少大量经济损失。

考虑到管材的独特性质，玻璃钢管道带压修复作业通常采用内衬式卡具。卡具为双面弧结构，分为上下盘两部分。双槽式卡具上、下盘中分别设计有条形、环形注胶槽，扣合后形成彼此相联的四个密封腔。密封卡具的独特之处在于按照卡具环形凹槽规格尺寸制作内衬卡瓦，分上下两盘交错搭接，卡在环形凹槽上将其填平。管道发生泄漏破损时，利用内衬保护卡瓦和密封卡具将泄漏部位快速包裹，阻止管道内的流体继续泄漏，重建集输通道。然后通过在特殊的密封槽内注入密封胶，便可实现管道与卡具之间的密封，达到快速抢修的目的。如图1所示。

3 玻璃钢失效管道有限元分析模型的建立

玻璃钢是一种纤维复合材料，根据其结构特点及力学性能，可以得到玻璃钢失效管道的建模方式为层合板建模方式。

3.1 模型单元的确定

对于复合材料来说，层合板结构可用壳单元和实体单元来模拟，在此选取SOLID186实体单元进行模拟。对于其分层特性来说，SOLID186单元最大层数可以达到250层，可以利用SOLID186分层实体单元来模拟玻璃钢管道本体，用SOLID186结构实体单元来模拟钢制卡具内衬。由于内衬与管道外壁是面面接触所以采用目标单元TARGR170和接触单元CONTA174来定义三维接触对。如图2所示。

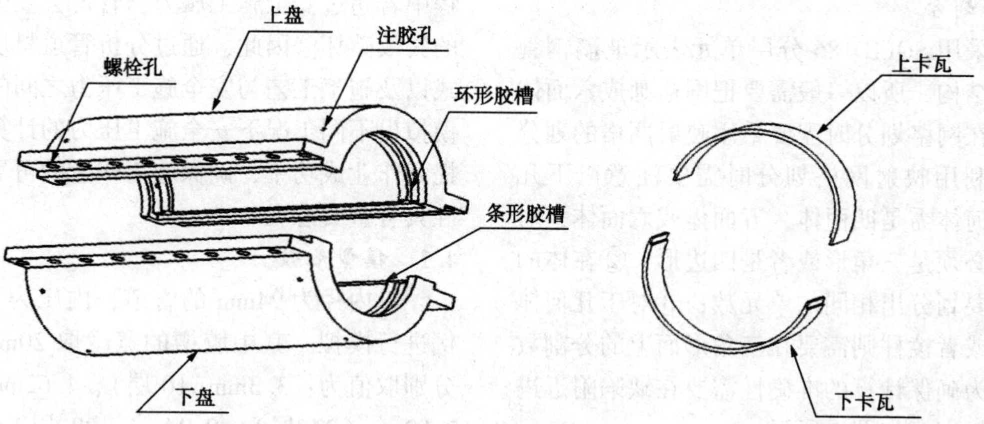

图 1　密封卡具及内衬保护卡瓦示意图

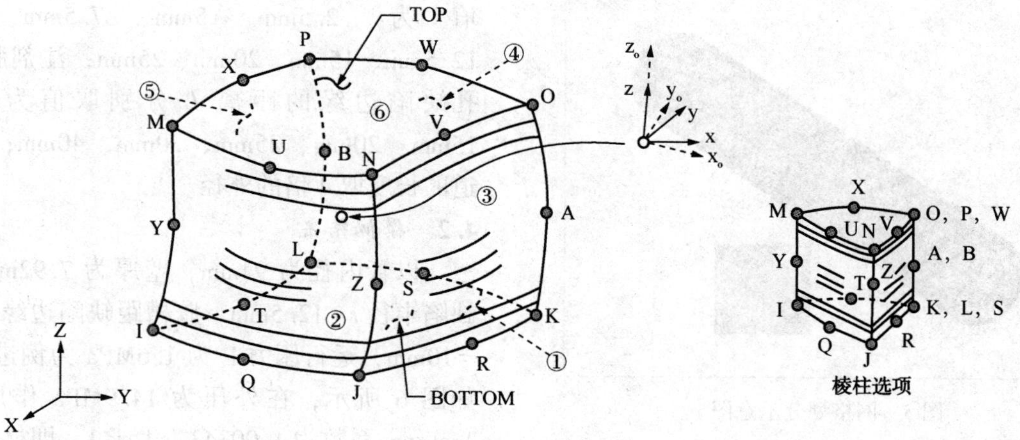

图 2　SOLID186 结构分层实体单元示意图

3.2　管道几何模型及受力区域的确定

实验中，模拟玻璃钢失效管道不动火带压修复的过程，采用带有内衬的卡具对泄露部位进行密封作业。模型的受力区域主要分为三大部分，用阴影区域进行表示：管道受到环向胶槽的作用力以及一部分轴向胶槽的作用力；卡具内部与管道接触的内衬受到轴向胶槽的作用力；管道内壁受到内压的作用力，受力区域如图 3 中的阴影区域所示。

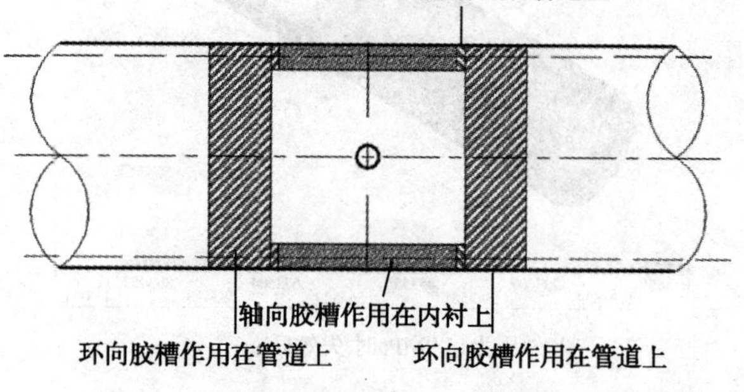

图 3　管道失效形式及受力区域示意图

3.3　材料模型的确定

玻璃钢属于分层各向异性材料，所以在其材料模型建立时需要同时考虑这两方面的性质。在各向异性中需要设置材料单层板的各个方向的泊松比，杨氏模量，剪切模量，拉伸失效强度，压缩失效强度和剪切强度。在分层性质设置时需要输入其铺层角，单层厚度以及铺层数，其中玻璃钢的单层板厚度为 0.33mm，铺层角为 55°，如图 4 所示。

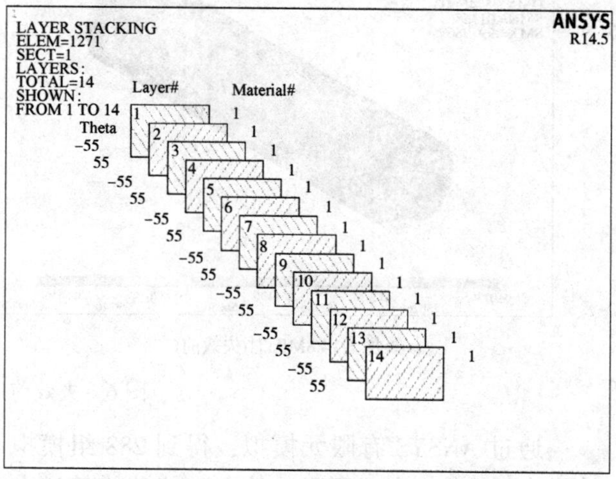

图 4　玻璃钢层单元示意图

3.4 网格划分

由于采用SOLID186分层单元表示玻璃钢管道的层状结构，所以一般需要把网格画成六面体网格，则在网格划分时需要采用映射网格的划分方法，在利用映射网格划分时需要注意以下几点：①几何体需是四面体，五面体或六面体，对于面来说必须是三角形或者是四边形；②在体的对边上需要划分出相同的单元数；③对于几何体为四面体或者棱柱则需要在三角形面上的分割数为偶数。为确保计算的准确性需要在缺陷附近进行网格的加密。如图5所示。

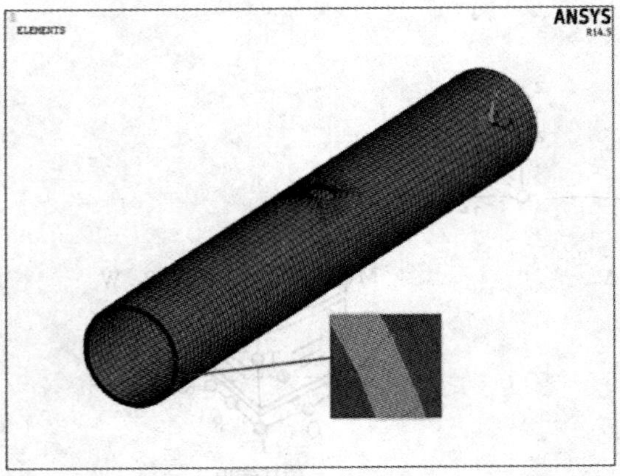

图5　网格划分示意图

4 玻璃钢失效管道带压修复安全施工压力研究

由于玻璃钢管道抗冲击性差，在带压密封注剂过程中管道外壁需承受部分注剂压力，其能承受的最大弹性压力即为安全施工压力。在施工过程中若超过安全施工压力，管道会发生不可恢复的失效破坏。因此，通过分析管道材质、缺陷形式以及施工工艺与安全施工压力之间的关系，确模拟出不同工况下安全施工压力的计算方法，为提高作业成功率，确保施工作业的可靠性、安全性具有重要意义。

4.1 模型参数

以内径为94mm的管道，内压为1.6MPa为例进行模拟。其中胶槽的宽度取20mm，壁厚δ分别取值为：3.3mm(10层)、4.62mm(14层)、7.92mm(24层)、9.24mm(28层)、12.54mm(38层)、14.52mm(44层)；缺陷半径r分别取值为：2.5mm、5mm、7.5mm、10mm、12.5mm、15mm、20mm、25mm；注剂胶槽距圆孔缺陷边缘的距离L分别取值为：10mm、15mm、20mm、25mm、30mm、40mm；模拟管道的长度取4倍的外径。

4.2 模拟结果

以管内径为94mm，壁厚为7.92mm，圆形缺陷半径$r=12.5$mm，胶槽距缺陷边缘的距离$L=10$mm，运行压力P为1.6MPa为例进行说明。如图6所示，在外压为14.9MPa作用下，其Tsai-wu系数为1.00343，大于1，即材料发生破坏，且其首先发生破坏处位于缺陷附近；在外压为14.8MPa作用下，其Tsai－wu系数为0.997986，小于1，此时材料未发生破坏，所以在此工况下玻璃钢缺陷管道带压堵漏安全注剂压力为14.8MPa。

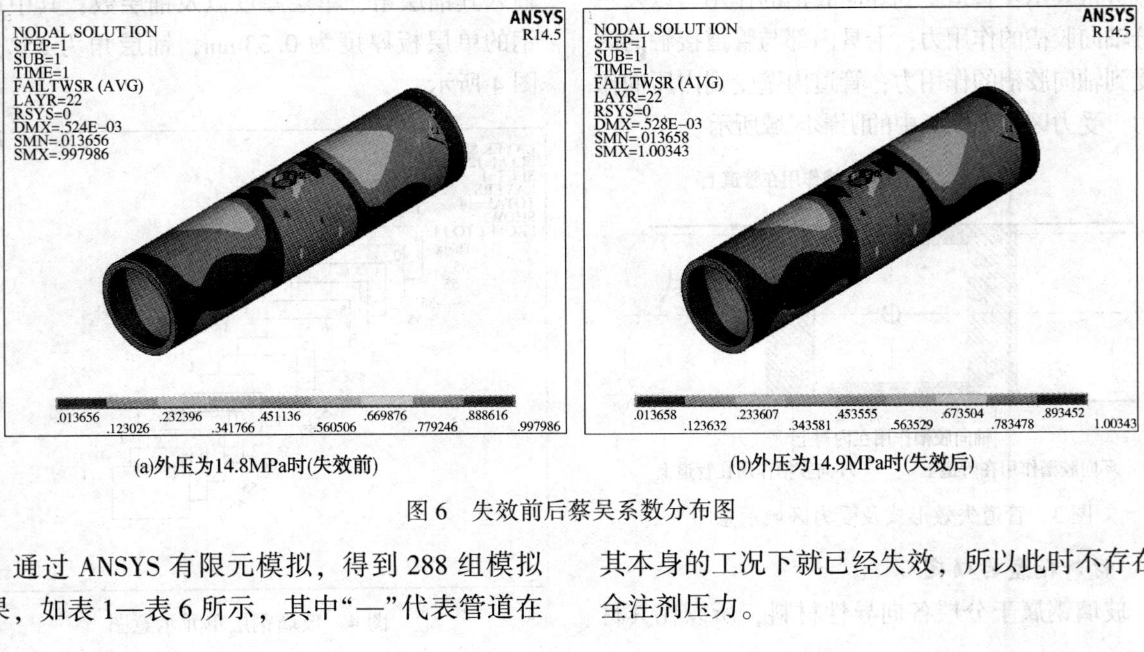

(a)外压为14.8MPa时(失效前)　　(b)外压为14.9MPa时(失效后)

图6　失效前后蔡吴系数分布图

通过ANSYS有限元模拟，得到288组模拟结果，如表1—表6所示，其中“—”代表管道在其本身的工况下就已经失效，所以此时不存在安全注剂压力。

表 1　内径 D=94mm、壁厚 δ=3.3 管道的安全注剂压力

槽边距 L/mm	圆形缺陷半径 r/mm	安全注剂压力 P/MPa
10	2.5、5、7.5、10、12.5、15、20、25	4.8、—、—、—、—、—、—、—
15	2.5、5、7.5、10、12.5、15、20、25	1.9、—、—、—、—、—、—、—
20	2.5、5、7.5、10、12.5、15、20、25	1.5、—、—、—、—、—、—、—
25	2.5、5、7.5、10、12.5、15、20、25	1.4、—、—、—、—、—、—、—
30	2.5、5、7.5、10、12.5、15、20、25	1.2、—、—、—、—、—、—、—
40	2.5、5、7.5、10、12.5、15、20、25	1.1、—、—、—、—、—、—、—

表 2　内径 D=94mm、壁厚 δ=4.62mm 管道的安全注剂压力

槽边距 L/mm	圆形缺陷半径 r/mm	安全注剂压力 P/MPa
10	2.5、5、7.5、10、12.5、15、20、25	10.3、3.6、3.3、—、—、—、—、—
15	2.5、5、7.5、10、12.5、15、20、25	4.2、2.8、2.5、—、—、—、—、—
20	2.5、5、7.5、10、12.5、15、20、25	3.9、2.6、1.7、—、—、—、—、—
25	2.5、5、7.5、10、12.5、15、20、25	3.7、2.5、1.6、—、—、—、—、—
30	2.5、5、7.5、10、12.5、15、20、25	3.4、2.3、1.4、—、—、—、—、—
40	2.5、5、7.5、10、12.5、15、20、25	3.2、2.1、1.2、—、—、—、—、—

表 3　管内径 D=94mm、壁厚 δ=7.92mm 管道的安全注剂压力

槽边距 L/mm	圆形缺陷半径 r/mm	安全注剂压力 P/MPa
10	2.5、5、7.5、10、12.5、15、20、25	15.7、15.4、15.3、15.1、14.8、14.5、14.1、13.2
15	2.5、5、7.5、10、12.5、15、20、25	14.3、14.1、13.9、13.2、12.7、12.5、12.1、10.8
20	2.5、5、7.5、10、12.5、15、20、25	11.9、11.3、10.6、9.9、9.6、9.1、8.7、8.1
25	2.5、5、7.5、10、12.5、15、20、25	10.5、9.9、9.3、8.6、8.1、7.9、7.6、7.4
30	2.5、5、7.5、10、12.5、15、20、25	8.9、8.6、8.4、8.1、7.7、7.4、7.2、7.1
40	2.5、5、7.5、10、12.5、15、20、25	8.5、8.0、7.7、7.5、7.2、7.1、6.9、7

表 4　管内径 D=94mm、壁厚 δ=9.24mm 管道的安全注剂压力

槽边距 L/mm	圆形缺陷半径 r/mm	安全注剂压力 P/MPa
10	2.5、5、7.5、10、12.5、15、20、25	17.6、17.9、18.1、18.5、19.4、20.1、20.8、21.5
15	2.5、5、7.5、10、12.5、15、20、25	17.2、17.4、17.7、18.1、18.5、17.9、17.5、17.1
20	2.5、5、7.5、10、12.5、15、20、25	16.8、17.1、15.8、14.9、14.6、14.2、13.9、13.5
25	2.5、5、7.5、10、12.5、15、20、25	15.7、14.8、14.5、14.2、13.6、13.3、12.9、12.6
30	2.5、5、7.5、10、12.5、15、20、25	14.3、13.1、12.7、12.3、12.1、11.6、11.1、10.5
40	2.5、5、7.5、10、12.5、15、20、25	13.5、12.3、11.8、11.7、11.5、11.3、10.9、10.2

表 5　管内径 D=94mm、壁厚 δ=12.54mm 管道的安全注剂压力

槽边距 L/mm	圆形缺陷半径 r/mm	安全注剂压力 P/MPa
10	2.5、5、7.5、10、12.5、15、20、25	24.8、25.1、25.8、26.3、27.8、29.4、31.9、35.5
15	2.5、5、7.5、10、12.5、15、20、25	24.2、24.6、25.1、25.9、26.5、28.3、29.7、33.4
20	2.5、5、7.5、10、12.5、15、20、25	23.9、23.8、24.1、24.9、25.8、27.3、29.1、27.5
25	2.5、5、7.5、10、12.5、15、20、25	23.5、23.6、23.9、24.5、25.4、24.2、23.1、22.8
30	2.5、5、7.5、10、12.5、15、20、25	23.4、22.1、21.6、20.2、19.7、19.3、19.2、19.5
40	2.5、5、7.5、10、12.5、15、20、25	21.8、19.7、18.9、18.5、18.1、18、17.8、17.2

表6　管内径 $D=94mm$、壁厚 $\delta=14.52mm$ 管道的安全注剂压力

槽边距 L/mm	圆形缺陷半径 r/mm	安全注剂压力 P/MPa
10	2.5、5、7.5、10、12.5、15、20、25	30.3、31.4、33.7、34.1、35.6、36.4、38.8、40.5
15	2.5、5、7.5、10、12.5、15、20、25	29.1、29.6、30.9、31.7、33.5、34.8、37.4、38.3
20	2.5、5、7.5、10、12.5、15、20、25	27.8、29.1、29.9、30.5、31.6、33.4、36.3、36.7
25	2.5、5、7.5、10、12.5、15、20、25	26.3、26.7、27.5、28.4、30.9、32.6、31.8、30.6
30	2.5、5、7.5、10、12.5、15、20、25	25.2、25.8、26.4、27.1、28.3、30.1、28.9、28.5
40	2.5、5、7.5、10、12.5、15、20、25	24.1、25.4、25.2、25、24.9、24.1、23.8、23.3

4.3　多因素对结果的影响

均匀设计法是将实验点均匀地分布在实验数据范围内，使得每一个均匀设计的点都具有良好的代表性，以较少的数据来获取较多数据间关系的一种方法。本文中以壁厚 δ，胶槽距缺陷边缘的距离 L，缺陷大小 r 三个因素为分析自变量，安全注剂压力 P 为因变量，研究三个自变量对安全注剂压力的影响，可采用9水平的 $U_9^*(9^4)$ 表格进行均匀设计表格(表7)安排：

表7　$U_9^*(9^4)$ 使用表

S(因子数)	D(偏差)			
2	1	2		0.1547
3	2	3	4	0.198

首先需要确定3个因素的取值范围：胶槽距缺陷边缘的距离 L：$L1\sim L9$(10~40mm)，确定缺陷半径 r：$r1\sim r9$(2.5~24.9)，壁厚 δ：$\delta1\sim\delta9$(6.6~13.2mm)，3个因素各自取9个水平，排列如表8所示。方案表如表9所示。

根据之前模拟方案以及模拟步骤按照方案表进行模拟得出均匀实验的结果如表10所示：

通过结果发现：壁厚 δ，胶槽距缺陷边缘的距离 L 和缺陷大小 r 三个因素共同影响安全注剂压力 P，通过对模拟的数据进行拟合可以得到安全注剂压力 P 的计算方法：

表8　水平取值表

列号	1	2	3	4
1	1	3	7	9
2	2	6	4	8
3	3	9	1	7
4	4	2	8	6
5	5	5	5	5
6	6	8	4	2
7	7	1	9	3
8	8	4	6	2
9	9	7	3	1

表9　方　案　表

序号	δ(6.6~13.2mm)	L(10~40mm)	r(2.5~24.9mm)
1	8.58	32.5	24.9
2	10.56	21.25	22.1
3	13.2	10	19.3
4	7.26	36.25	16.5
5	9.9	25	13.7
6	12.54	13.75	10.9
7	6.6	40	8.1
8	9.24	28.75	5.3
9	11.22	17.5	2.5

表10　结　果　表

序号	δ/mm	L/mm	r/mm	模拟结果/MPa	拟合结果/MPa	误差/%
1	8.58	32.5	24.9	8.1	7.4	8.6
2	10.56	21.25	22.1	18.3	19.1	4.4
3	13.2	10	19.3	34.2	34.6	1.2
4	7.26	36.25	16.5	6.1	5.5	9.8
5	9.9	25	13.7	15.7	15.4	1.9
6	12.54	13.75	10.9	25.8	27.3	5.8
7	6.6	40	8.1	5.9	5.2	11.9

续表

序号	δ/mm	L/mm	r/mm	模拟结果/MPa	拟合结果/MPa	误差/%
8	9.24	28.75	5.3	13.1	13.8	5.3
9	11.22	17.5	2.5	21.6	21.1	2.3

$$P=0.417805+2.094624\delta-0.16222L-11.358r+5.670376\delta^{-2.314}L^{9.29553}+9.237152\delta^{0.082653}r^{1.011466}-0.00313L^{1.275006}r^{1.347422}+4.78\times10^{-5}\delta^{-1.74987}L^{3.115319}r^{1.588667}$$

5　结论

（1）针对泄漏破损玻璃钢管道，研发不动火带压维抢修及安装技术，研发注胶槽带压密封工艺，以本质化安全为理念，实现不停输、不动火条件下对玻璃钢破损管道的堵漏密封修复。

（2）采用有限元分析软件 ANSYS 及其优化技术，并结合试验对比建立出符合实际的理论力学模型，对泄漏失效玻璃钢管道的材质、缺陷形式等进行系统的力学分析，模拟出不同施工工艺及施工参数与安全施工压力之间的关系。

（3）以均匀设计法为依据，将玻璃钢管道壁厚、胶槽距缺陷边缘的距离以及缺陷大小等多因素与安全施工压力进行拟合，得出不动火带压维抢修技术安全施工压力的计算方法，有效提高带压密封作业效率、应急抢修效率及施工作业成功率。

参考文献

[1] 梁爱国，齐傲江，等．钢骨架塑料复合管带压开孔的有限元模拟[J]．油气储运，2020(1)：99-101.

[2] 梁爱国，蒋华义，等．油气管道维抢修密封卡具的安全检测与应用[J]．中国安全生产科学技术，2019(1)：129-132.

国内外埋地钢质管道防腐层修复技术标准对比分析

赵　君　王禹钦　陈洪源　燕冰川

（国家管网集团北方管道有限责任公司）

摘　要　对比分析了 SY/T 5918—2017《埋地钢质管道外防腐层保温层修复技术规范》和 ISO 21809-11：2019《石油天然气工业-管道输送系统中采用的埋地管道或水下管道的外防腐层　第十一部分：现场涂覆、补伤和大修的防腐涂料》的各条款，发现在防腐修复材料选择、管道悬空长度和防腐层施工方面，SY/T 5918—2017 较 ISO 21809-11 规定更详细，在管体金属表面处理和涂层修复质量检验方面，两个标准差异不大，在防腐层修复施工及检验从业人员资质方面，ISO 21809-11 较 SY/T 5918—2017 更加详细。针对 SY/T 5918—2017 给出了一些标准修订建议。

关键词　埋地管道；修复；外防腐层；标准

埋地钢质管道通常采用外防腐层+阴极保护系统对管体金属进行腐蚀防护。新建管道防腐层一般在工程预制成型，质量较好，但在管道运输、安装过程中，防腐层不可避免会受到损伤，防腐层完整性遭到破坏，局部管体金属暴露在腐蚀性环境中，成为腐蚀风险。防腐层的完好性直接关系到管道的使用寿命，必须对埋地管道防腐层上存在的各种缺陷及时开展修复，维持其完整的管道防护功能。后期运行维护过程中，经地面检测并定位后，需对防腐层漏点进行修复。另外，随着管道服役时间延长，防腐层老化失效逐渐发生，也需要进行大修理或更换。目前国内外均发布了关于埋地钢质管道外防腐层修复的技术标准，规定的技术内容不尽相同。

石油行业标准 SY/T 5918—2017《埋地钢质管道外防腐层保温层修复技术规范》是国内油气管道防腐层修复经验和修复技术的总结，历经了三次修订，基本满足行业需求。其规定陆上埋地钢质管道外防腐层保温层修复的技术、质量和安全保障要求，详细规定了在役管道防腐层大修的施工流程、管道开挖、原油加热输送管道防腐层大修安全保障要求、旧防腐层清除与表面处理、防腐层施工以及质量检验、大修完工的防腐层补涂、修补及复测等技术要求。

ISO 21809-11：2019《石油天然气工业-管道输送系统中采用的埋地管道或水下管道的外防腐层　第十一部分：现场涂覆、补伤和大修的防腐涂料》规定了防腐涂料质量评定和现场防腐涂料施工程序、质量管理、已有防腐涂层状况评估、大修涂料选择、已有管道涂层清理、表面处理、现场施工、补伤等要求。ISO 21809-11 是国外首部关于防腐层大修的标准。

文中从防腐修复材料选择、施工及检验人员资质、现场防腐施工工艺、质量检验、施工安全保障等方面进行对比分析并找出差异，为以后标准制修订提供参考。

1　修复材料选择与推荐

随着防腐涂层技术的发展和环保要求的提高，油气管道防腐涂层由最初的石油沥青玻璃布防腐层、煤焦油瓷漆防腐层，逐步发展为聚乙烯、聚丙烯胶黏带防腐层，熔结环氧防腐层，最终三层聚乙烯防腐层得到广泛应用。常用的修复材包括聚烯乙烯冷缠带、环氧煤沥青、热缩防腐胶带、无溶剂液体环氧涂料、黏弹体材料等。

SY/T 5918—2017 针对拟开展防腐层修复管道的不同防腐层类型，如聚烯烃类、液体涂料类和沥青类，按照防腐层缺陷的大小，分别推荐了目前常用的防腐层修复材料，基本囊括了行业现行做法，并给出了修复材料的性能要求及测试方法。

ISO 21809-11 规定修补和大修涂料的施工技术和性能参照 ISO 21809-3《石油天然气工业-管道输送系统中采用的埋地管道或水下管道的外防腐层　第三部分：现场补口涂层》规定执行。该标准中给出了 8 大类 23 种防腐材料，但并未根据拟修复管道防腐层类型推荐合适的防腐修复材料。

差异性分析：SY/T 5918—2017 给出了不同防腐层推荐修复材料的选择，针对性和实用性更强；而 ISO 21809-11 参照 ISO 21809-3 执行，给出了 23 种修复材料，但未针对原防腐层类型给出明确的推荐修复材料。作为管道运行者，依据 ISO 21809-11 无法为管道防腐层修复选择合适的材料。

2　从业人员资质

2.1　防腐施工人员资质

SY/T 5918—2017 规定防腐施工人员应具有相关的资质和要求。ISO 21809-11 规定防腐施工人员应当在工艺评定试验和预生产试验期间，经由采购方同意的第三方机构证实而获得相应的资质。

差异性分析：SY/T 5918—2017 没有明确如何获取相关的资质，但工程实践中，尤其是新建管道防腐补口施工或防腐大修工程，防腐施工人员上岗前有培训和考试。21809-11 在标准中明确了资质的获取。

2.2　检验人员资质

SY/T 5918—2017 没有相关要求。ISO 21809-11 规定检验人员应当接受制造商或者采购商批准的资质认证计划的认证机构的培训，例如 NACE、SSPC、FROSIO(挪威表面处理检验人员培训和资质评定专业委员会)或者 DVGW GW15(德国燃气与供水工程联合会)。

差异性分析：SY/T 5918—2017 没有相关要求；21809-11 有明确资质的获取要求。

3　现场施工工艺及质量控制

3.1　现场工艺评定试验

SY/T 5918—2017 没有工艺评定试验的要求。ISO 21809-11 规定为：如果需要，可以进行防腐涂料现场施工工艺评定试验，以验证涂覆工艺技术规范。

差异性分析：SY/T 5918—2017 没有相关规定，ISO 21809-11 有相关规定，但不是强制规定。

3.2　已有防腐涂层性能评估

目前管道外防腐层检测技术方法很多，一般常用交流电位梯度法(ACVG)，直流电位梯度法(DCVG)与密间隔电位测试法(CIPS)对油气管道进行外检测。

SY/T 5918—2017 没有相关规定，只针对发现的防腐层缺陷进行修复。ISO 21809-11 规定应当参照 ISO 19345-1 和 ISO 19345-2 标准来确定管道防腐涂层的状况，并介绍了几种适用的检测技术，以及开挖探坑检查防腐层状况。

差异性分析：SY/T 5918—2017 未明确规定。ISO 21809-11 明确了管道防腐涂层评价的执行标准，详细给出了采用探坑开挖检查的方式确定防腐层修复范围。防腐层修复的技术标准宜重点关注防腐层缺陷的修复，而不是原防腐层性能评价。原防腐层性能评估应执行相应的检测评价标准 SY/T0087.1《钢质管道及储罐腐蚀评价标准　第一部分：埋地钢质管道外腐蚀直接评价》。

3.3　管道悬空长度

SY/T 5918—2017 按照不同管径和不同输送介质，给出了悬空长度的计算方法和悬空长度推荐表。ISO 21809-11 规定在作业坑和管沟内防腐作业时，外露管段的长度主要取决于悬空管段自身支撑不下垂弯曲的能力。

差异性分析：SY/T 5918—2017 比 ISO 21809-11 更加详细和明确，给出了悬空长度的计算和推荐值。

3.4　表面处理磨料选择

SY/T 5918—2017 规定采用的磨料应无油无水，不含杂质。ISO 21809-11 规定金属的或非金属的磨料，应当分别符合 ISO 11124 标准或者 ISO 11126 标准，或者防腐涂料采购方批准的其他标准。

差异性分析：SY/T 5918—2017 未给出具体执行标准，ISO 21809-11 给出了执行标准。

3.5　表面处理要求

SY/T 5918—2017 规定手动工具清理达到 st2 级，电动工具清理达到 st3 级，喷砂清理达到 sa2-1/2 级，表面粗糙度 50~90um，灰尘度 2 级。ISO 21809-11 规定手动工具清理达到 st2 级，电动工具清理达到 st3 级，喷砂清理达到 sa2-1/2 级，表面粗糙度 25~100um，灰尘度 2 级，可溶盐含量不超过 $50mg/m^2$。

差异性分析：两个标准差异不大，主要差别在于 ISO 21809-11 给出了可溶盐含量指标。ISO 21809-11 另外介绍了高压水喷射清理。

3.6　防腐涂层施工

SY/T 5918—2017 规定了三大类防腐修复材

料的详细现场施工工艺。ISO 21809-11 规定应当按照涂料厂商提供的推荐做法、项目技术规程以及批准的涂覆工艺技术规范准备和涂覆防腐涂料。另外，ISO 21809-11 中防腐修复材料种类是参照 ISO 21809-3 执行的，而 ISO 21809-3 给出了各种防腐修复材料的施工工艺、检测项目及方法等，所以可以间接认为 ISO 21809-11 给出了防腐材料修复工艺规定。

差异性分析：两标准都给出了不同防腐层修复材料的施工工艺，可操作性性强。但 ISO 21809-11 引用的 ISO 21809-3 中防腐材料的种类比 SY/T 5918—2017 中给出的防腐材料种类更多。

3.7 涂层修复质量检验

SY/T 5918—2017 规定了修复过程检验和最终检验，包括表面清理后管体表面清洁度、粗糙度、灰尘度，液体涂料固化程度、涂层外观、厚度、漏点、附着力(剥离强度)、抗冲击试验等。

ISO 21809-11 附录 A 给出了涂料检验和测试频率，包括表面清理后管体表面清洁度、粗糙度、灰尘度、可溶盐含量，涂覆表面的温度；液体涂料固化程度、涂层外观、厚度、漏点、附着力(剥离强度)、抗冲击试验，热水浸泡试验和阴极剥离试验等。

差异性分析：两个标准差异不大，现场测试项目基本相同。ISO 21809-11 中规定的热水浸泡试验和阴极剥离试验实际上应该是防腐材料性能试验，而非现场质量检验项目。

4 其他方面

4.1 保温层修复

SY/T 5918—2017 规定了聚氨酯泡沫保温层局部缺陷修复的做法和工艺。ISO 21809-11 只有防腐层修复内容，没有保温层修复内容。

差异性分析：SY/T 5918—2017 规定了聚氨酯泡沫保温层局部缺陷修复的做法和工艺；ISO 21809-11 只有防腐层修复内容，没有保温层修复内容。

4.2 修复期间热力安全保障

对于高黏易凝原油输送管道，输送过程中需对原油进行加热，并保证原油进站温度达到最低标准。因此，在管道防腐层大规模开挖修复过程中，应关注原油温度，避免发生凝管事故。SY/T 5918—2017 规定了加热输送原油管道在防腐层修复过程热力安全保障措施。ISO 21809-11 无相关内容。

差异性分析：SY/T 5918—2017 中关于加热输送原油管道修复期间的热力安全保障内容是针对东北高黏易凝原油管道防腐层大修工作的，目前国内输送该类原油的管道较少。ISO 21809-11 无相关内容。

5 对比分析结论

(1) 在修复材料选择与推荐、管道悬空长度和防腐层施工方面，SY/T 5918—2017 的技术规定相对 ISO 21809-11 更加详细，更加具有可操作性。

(2) 在防腐层修复施工及检验从业人员资质方面，SY/T 5918—2017 规定内容相对 ISO 21809-11 的规定内容薄弱，但目前国内防腐施工人员和检验人员资质评定体系尚不健全，即使在标准中规定了，可能也不会得到有效执行。

(3) 在现场工艺评定试验规定方面，SY/T 5918—2017 没有相关规定，ISO 21809-11 也非强制规定。从行业实践来看，目前大部分防腐层修复工程为小规模局部修复或单点修复；另一方面，防腐层修复工艺评定试验是考察防腐层材料在一定的环境条件下修复工艺是否适用，而现场防腐层施工在露天开展，环境条件也很难控制在工艺评定试验的环境条件，因此开展工艺评定试验意义不大。

(4) 在表面处理磨料选择方面，ISO 21809-11 给出了参照执行的标准，SY/T 5918—2017 没有相关规定，后期标准修订可以补充相关内容。

(5) 在管体金属表面处理和涂层修复质量检验方面，两个标准差异不大，现场测试项目大致相同，个别指标存在差异。SY/T 5918—2017 没有规定管体表面处理后的可溶盐含量，后期标准修订，可补充在近海管道上实施防腐层修复施工时，需测试管体表面处理后的可溶盐含量。

(6) 在保温层修复和修复期间热力安全保障方面，SY/T 5918—2017 有相应规定，而 ISO 21809-11 未涉及此部分内容。

参考文献

[1] 沈光霁，陈洪源，薛致远，等．管道涂层应用现状与分析[J]．腐蚀科学与防护技术，2013，25(03)：246-249.

[2] 崔艳雨，张曼曼，刘远征，等．埋地管道外防腐层性能评价准则综述[J]．应用化工，2015，44(12)：2312-2316.

[3] 江涛，于东升，李方圆．埋地管道外防腐层的检测与修复[J]．管道技术与设备，2013，02：44-46.

[4] SY/T 5918—2017. 埋地钢质管道外防腐层保温层修复技术规范[S].

[5] ISO 21809-11：2019. Petroleum and natural gas industries— External coatings for buried or submerged pipelines used in pipeline transportation systems —Part 11：Coatings for in-field application，coating repairs and rehabilitation [S].

[6] 董延辉．浅析埋地管道外防腐层检测与修复[J]．全面腐蚀控制，2018，32(6)：68-69.

[7] 徐祯炜．石化行业埋地管道外防腐层修复技术探讨[J]．化工管理，2020(06)：116-117.

[8] 肖起才．关于石化行业管道防腐层修复技术的探讨[J]．中国石油化工，2017(05)：99-100.

[9] ISO 21809-3：2008. Petroleum and natural gas industries— External coatings for buried or submerged pipelines used in pipeline transportation systems —Part 3：Field joint coatings [S].

[10] 全佳，谭泉玲，岳良武，等．埋地油气管道外防腐层检测及修复技术[J]．天然气与石油，2013，31(1)：75-77.

[11] SY/T 0087. 1—2018. 钢质管道及储罐腐蚀评价标准　第一部分：埋地钢质管道外腐蚀直接评价[S].

新疆油田 CCUS 防腐技术研究与应用

熊启勇　陈　森　曾美婷　易勇刚　张莉伟

（中国石油新疆油田公司工程技术研究院）

摘　要　针对新疆油田 CO_2 驱提高采收率过程中油套管材料腐蚀失效行为进行研究，采用动静态高温高压挂片实验结合微观表征技术研究了新疆油田 CO_2 驱环境中油套管材料的腐蚀行为，研制水基、油基环空保护液及高效缓蚀阻垢剂，建立 CO_2 驱工况下管材腐蚀预测数学模型及管柱选材图版，形成了 CO_2 驱管材腐蚀防治工艺技术，在新疆油田 CO_2 驱提高采收率先导试验区应用，取得较好的防治效果，有效保障了新疆油田股份公司 CO_2 驱重大试验项目的顺利开展。

关键词　CCUS 腐蚀；缓蚀阻垢剂；腐蚀数学模型；选材界限

1　引言

CCUS-EOR 是低渗透油田大幅度提高采收率的战略性接替技术，具有碳减排社会效益与驱油经济效益“兼得”的优势，与绿色低碳发展战略高度契合，发展完善和工业化推广应用该技术意义重大。新疆油田大力开展 CCUS 提产试验，计划建成横跨准噶尔盆地 1000 万吨 CCUS 规模。由于 CO_2 溶于水具有很强的腐蚀性，在 CO_2 驱油的过程中，在高温、高压、高 CO_2 含量、高矿化度等复杂工况条件下，注采井管材发生较为严重的 CO_2 腐蚀，对 CO_2 驱油长期有效开采造成了制约。

腐蚀控制是油田注 CO_2 提高采收率的关键技术，是 CCUS 全产业链关键一环。本文针对新疆低渗透砂砾岩油藏 CO_2 驱注采井中存在的 CO_2 腐蚀及其控制问题，采用高温高压釜、电化学工作站、扫描电镜、X 衍射仪等技术手段对注采井管柱的腐蚀行为进行研究，明确了不同温度、CO_2 分压和材质条件下 CO_2 腐蚀规律及影响因素，研制了环空保护液及高效缓蚀阻垢剂，形成了 CO_2 驱管材腐蚀防治工艺技术，在新疆油田 XX 井区 CO_2 驱提高采收率先导试验区应用，取得较好的防治效果，有效保障了股份公司 CO_2 驱重大试验项目的顺利开展。

2　新疆油田 CO_2 驱腐蚀规律及影响因素

CO_2 驱采油过程中，注气井环空中的滞留液会引起油套管管柱产生腐蚀问题。注气井环空中的滞留液主要由环空保护液、溶解的 CO_2、厌氧菌及少量的溶解氧构成。环空中的滞留液都会使油套管产生腐蚀，如：溶解氧引起的氧腐蚀，CO_2 腐蚀、细菌腐蚀以及氯离子引起的点蚀等。

CO_2 驱采油过程中，CO_2 溶于注入水和地层水中形成碳酸对井筒造成腐蚀。由于注采过程中的压力、温度、pH 值、微生物等变化因素的复杂性，使得 CO_2 腐蚀更加严重。本文针对新疆油田 CO_2 驱腐蚀工况条件，研究了温度、CO_2 分压、材质等因素对 CO_2 腐蚀的影响。

2.1　不同温度下 4 种油套管钢腐蚀影响

如图 1 所示为 4 种油套管钢在模拟 CO_2 辅助蒸汽驱环境中，160℃、180℃、200℃、220℃实验条件下的失重实验结果。4 种油套管钢均随着温度升高，腐蚀速率先下降后升高，且均在 180℃时达到最小值。N80 和 3Cr 钢的腐蚀速率在 160℃时最高，而 9Cr 和 13Cr 钢的腐蚀速率在 220℃时最高。在不同温度下，四种钢材的腐蚀速率依次为：N80>3Cr>9Cr>13Cr。

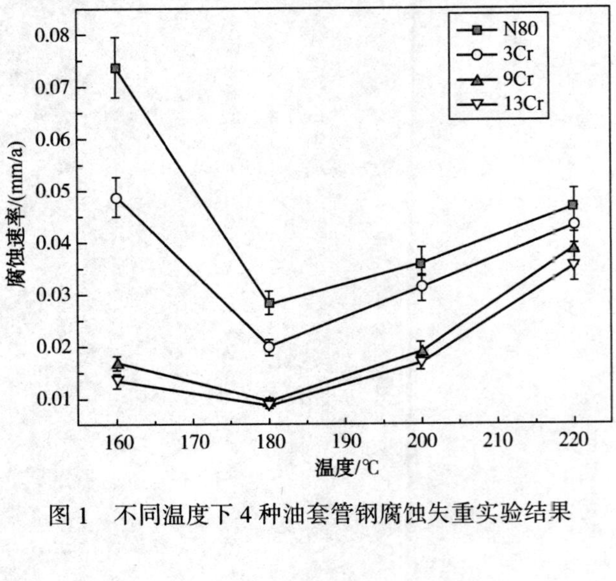

图 1　不同温度下 4 种油套管钢腐蚀失重实验结果

2.2 不同 $CO_{2分}$ 压条件下 4 种油套管钢腐蚀影响

图 2 是不同 $CO_{2分}$ 压条件下 4 种钢材的腐蚀速率。由图可知：CO_2 分压为 1~4MPa 时，4 种钢材随 CO_2 分压的升高，其腐蚀速率先升高后降低。N80 和 3Cr 钢的腐蚀速率在 CO_2 分压为 2MPa 时达到最大值，而 9Cr 和 13Cr 钢的腐蚀速率在 CO_2 分压为 3MPa 达到最大值。CO_2 分压为 2MPa 时，N80 钢的腐蚀速率超过油田腐蚀控制指标。在其他条件下，N80、3Cr、9Cr、13Cr 的腐蚀速率在四种温度下均小于油田腐蚀控制指标 0.076mm/a。在不同的 CO_2 分压下，4 种钢材的腐蚀速率依次为：N80>3Cr>9Cr>13Cr。

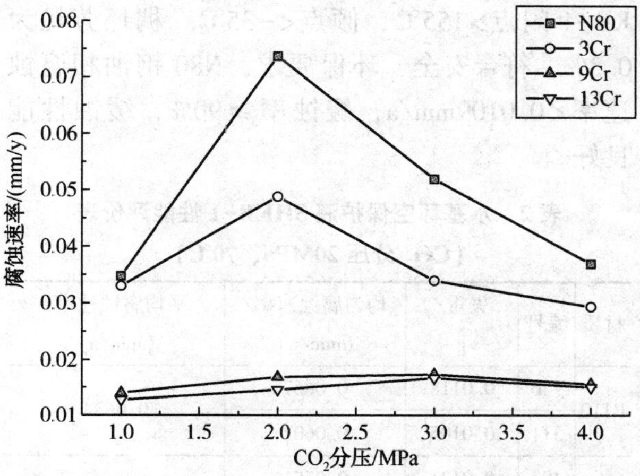

图 2　不同 CO_2 分压条件下，4 种油套管钢腐蚀失重实验结果

2.3 不同 Cl^- 浓度条件下 4 种油套管钢腐蚀影响

图 3 是不同 Cl^- 浓度条件下 4 种钢材的腐蚀速率。由图可知：4 种油套管材料随着 Cl^- 浓度升高腐蚀速率逐渐增加。当 Cl^- 浓度大于 20000ppm 时，4 种油套管材料的腐蚀速率均超过限定值。在不同 Cl^- 浓度条件下，4 种钢材的腐蚀速率依次为：N80>3Cr>9Cr>13Cr。

2.4 流速对 4 种油套管钢腐蚀行为的影响

图 4 是不同流速下 4 种钢材的腐蚀速率。由图可知：在 0-7.5m/s 内，4 种钢材随流速的升高，其腐蚀速率也升高。9Cr 和 13Cr 的腐蚀速率远小于 3Cr 和 N80 钢。4 种钢材均在 7.5m/s 时腐蚀速率达到最大值。在不同的流速下，9Cr 和 13Cr 钢的腐蚀速率均小于油田腐蚀控制指标 0.076mm/a，N80 钢的腐蚀速率值均高于 0.076mm/a，3Cr 钢的腐蚀速率值在 0-6m/s 内的

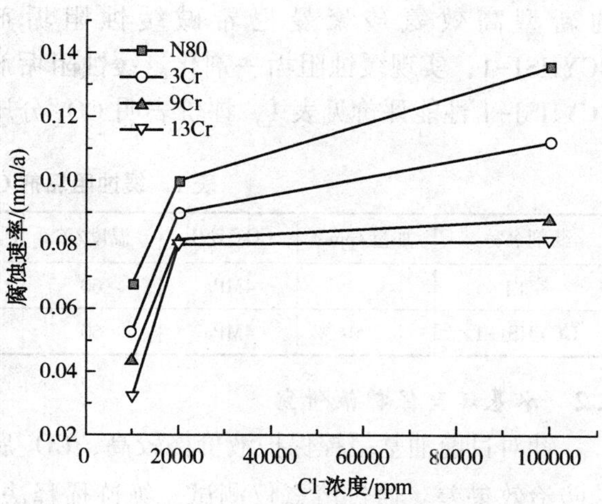

图 3　不同 Cl^- 浓度条件下 4 种钢材的腐蚀速率

腐蚀速率小于 0.076mm/a，但 3Cr 钢在 7.5m/s 时腐蚀速率大于 0.076mm/a。在不同流速下，四种钢材的腐蚀速率依次为：N80>3Cr>9Cr>13Cr。

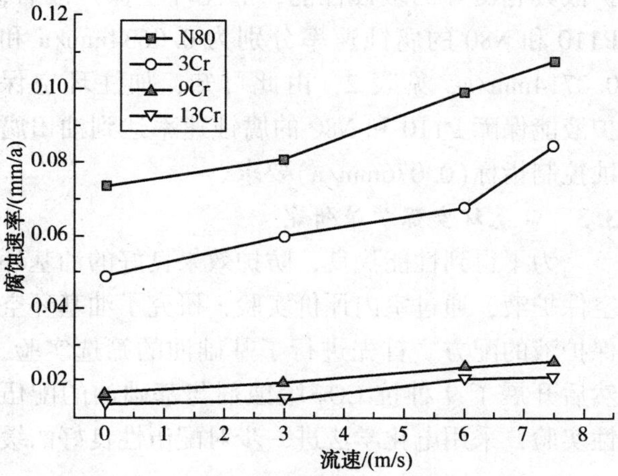

图 4　不同流速下 4 种钢材的腐蚀速率

3 新疆油田 CO_2 驱腐蚀防治技术研究

解决 CO_2 驱注采井腐蚀问题是 CO_2 驱规模应用中非常关键的一步，本文针对新疆油田 CO_2 驱注采井中不同工况下 CO_2 驱油过程中可能引起的腐蚀问题展开系统研究，研制 CO_2 驱注气井用环空保护液、缓蚀阻垢剂，建立了综合考虑材质、温度、CO_2 分压、流速、Cl^- 浓度的腐蚀数学模型，建立了以腐蚀速率控制和腐蚀寿命为指标的注采井油、套管选材界限确定方法和选材图版，形成新疆油田 CO_2 驱腐蚀防治工艺技术。

3.1 复合缓蚀阻垢剂研究

在传统单曼尼希碱基础上，改造分子结构，研制出既具有缓蚀功能（如芳环、咪唑啉环等），又具有阻垢功能（苯环、羧基、含 N、O 等元素）

的新型高效氨羧聚曼尼希碱缓蚀阻垢剂GCYHSJ-1，实现缓蚀阻垢一剂化。缓蚀阻垢剂GCYHSJ-1性能评价见表1，评价表明CO_2分压5MPa，缓蚀阻垢剂GCYHSJ-1加量200PPm最大腐蚀速率0.0253mm/a，缓蚀率>97%，阻垢率>95%，缓蚀阻垢性能优良。

表1　缓蚀阻垢剂GCYHSJ-1性能评价数据表

药剂名称	加量/ppm	CO_2分压	温度/℃	Cl^-浓度/ppm	材质	腐蚀速率/(mm/a)	缓蚀率/%	阻垢率/%
空白		4MPa	60	22000	N80	1.7143		
GCYHSJ-1	200	4MPa	60	22000	N80	0.0475	97.23	95.6

3.2　水基环空保护液研究

针对目前油基缓控保护液价格较高，CO_2腐蚀防治效果差，通过溶氧仪测试、绝迹稀释法、电化学腐蚀测试和水溶性评价，筛选出了性能良好的除氧剂CF-1、杀菌剂XW-2和缓蚀阻垢剂GCYHSJ-1，形成CO_2驱用低成本水基环空保护液SHKB-1，性能评价效果表明，该水基环空保护液具有良好的缓蚀性能，加注环空保护液后，P110和N80的腐蚀速率分别为0.0634mm/a和0.0714mm/a，见表2，由此可知，加注环空保护液能保障P110和N80的腐蚀速率达到油田腐蚀控制指标(0.076mm/a)要求。

3.3　油基环空保护液研究

为了得到性能优良，防护效果良好的油基环空保护液，通过室内评价实验，研究了油基环空保护液的配方。首先进行了基础油的筛选实验，然后开展了9种抗CO_2缓蚀剂与基础油的配伍性实验，采用电化学法进一步对配伍性良好的缓蚀剂进行筛选，得到缓蚀效果最好的缓蚀剂及其最佳注入浓度，最后采用室内试管挂片实验选定油基环空保护液的组成成分，形成了油基环空保护液配方，并开展了油基环空保护液性能评价见表3，性能评价效果表明，油基环空保护液OHKB-1闪点>155℃，倾点<-35℃，稠环芳烃为0.3%，符合安全、环保要求，N80钢油相腐蚀速率<0.0109mm/a，缓蚀率≥90%，缓蚀性能良好。

表2　水基环空保护液SHKB-1性能评价表
(CO_2分压20MPa、70℃)

材质	编号	失重/g	均匀腐蚀速率/(mm/a)	平均腐蚀速率/(mm/a)
P110	346	0.0118	0.0667	0.0634
	311	0.0105	0.0602	
N80	490	0.0131	0.0751	0.0714
	496	0.0118	0.0678	

表3　油基环空保护液OHKB-1性能评价表

样品名称	闪点/℃	倾点/℃	密度/(g/cm^3)	腐蚀速率/(mm/a)	缓蚀率/%	稠环芳烃/%
OHKB-1	>160	-37	0.82	0.0109	98.2	0.3

3.4　CO_2腐蚀规律数值模拟及油、套管选材界限研究

1) CO_2腐蚀预测数学模型的建立

基于最小二乘法，对实验数据进行多元非线性回归分析，并采用matlab软件建立了CO_2腐蚀注采井的不同材质腐蚀预测数学模型。该数学模型综合考虑了温度、CO_2分压及流速等影响因素，通过将模型曲线和腐蚀实验数据比较分析，注气井腐蚀数学模型预测准确性大于90%，采油井CO_2分压、温度和Cl^-含量腐蚀速率数学模型，准确性达95%，验证了数学计算模型的准确性和适用性，为后期CO_2驱注采井管柱的动态腐蚀评估、腐蚀寿命计算提供了依据。

2) 注采井油、套管选材界限标准的建立

油管、套管结构的完整性是油气井井筒结构完整性的重要指标之一。在井下腐蚀性环境下，要确保油管、套管结构的完整性，必须保证油、套管本体的完整性。要实现上述的目的，可采取通过油管、套管材质的选择来加以保证。腐蚀安全系数是油田腐蚀控制指标与材质腐蚀速率的比值。腐蚀安全系数值高于1，说明材质的抗腐蚀能力越好，管柱处于安全状态。腐蚀安全系数值低于1，说明材质的抗腐蚀性能越差，管柱处于在危险状态。利用腐蚀数学模型，以腐蚀安全系数为指标建立新疆油田CO_2驱注气井油套管选材图版和选材界限，以服役寿命为指标建立采出

井油套管选材图版和选材界限，有效指导了新疆油田 CO_2 驱注采井的合理选材，为油田开发方案的编制提供了重要的借鉴。

4　现场应用

新疆油田在 XX 区齐古组油藏开展 CO_2 辅助蒸汽驱先导试验，注气井管材采用 9Cr 抗腐蚀套管和 N80 复合镀隔热油管，生产井采用“防腐油管+加注缓蚀剂”方法防治管材腐蚀，采用 3Cr 平式油管，同时在井口采用加药泵加注缓蚀剂，研制的缓蚀阻垢剂现场应用 39 口井，10 口井采用加药泵连续滴加缓蚀剂，29 口井采取环空定期添加缓蚀剂，加药后腐蚀速率从空白 0.217mm/a 下降到 0.068mm/a，低于行业标准 0.076mm/a，加药前采出液总铁 0.47mm/L，加药后总铁含量 0.31mm/L，降低 33.3%，取得了较好的应用效果。研制的油基环空保护液在 X 井区 CO_2 驱先导试验区全面推广应用，注气井共计应用 14 口井，累计 313m^3，取样腐蚀速率测定 0.016mm/a，从现场应用效果看，注气井和生产井都没有发现管材腐蚀问题，注气生产正常。

5　结论

（1）弄清了 CO_2 辅助蒸汽驱工况影响注采管柱腐蚀的影响因素和影响规律，发现温度、二 CO_2 分压、氯离子是管柱腐蚀的主控因素，因此在设计工艺参数时及选择防护措施时应保证油套管材料在该因素的最佳工艺区间服役。

（2）研制 CO_2 驱用水基、油基环空保护液和新型高效氨羧聚曼尼希碱缓蚀阻垢剂 GCYHSJ-1，形成了新疆油田 CO_2 驱管材腐蚀防治工艺技术。

（3）建立了综合考虑材质、温度、CO_2 分压、流速、氯离子浓度的腐蚀数学模型，建立了以腐蚀速率控制和腐蚀寿命为指标的注采井油、套管选材界限确定方法和选材图版，形成 CO_2 驱管柱材质适用性评价技术。

参 考 文 献

[1] 吕红梅，时维才．利用 CO_2 提高油井采收率技术中腐蚀与防护技术［J］．腐蚀与防护，2018（39）243-246.

[2] 曹力元，钱卫明，宫平，关士洁，段瑜涛，何园，苏北油田二氧化碳驱油注气工艺应用实践及评价．新疆石油天然气．2022，18(02)．46-50.

[3] 傅海荣，韩重莲，韩洋．大庆油田二氧化碳驱腐蚀规律室内研究［J］．采油工程文集，2016，（3）56-59.

[4] 张德平．CO_2 驱采油技术研究与应用现状［J］．科技导报，2011(29)：74-75.

[5] 钟志英，罗天雨，邬国栋，张建远．张国红．新疆油田呼图壁储气库气井管柱腐蚀实验研究［J］．新疆石油天然气，2012.8(03)82-86.

管道不动火安全维抢修技术创新及深化研究实践

刘冬冬　梁爱国　朱秋波　张　磊

（中国石油新疆油田分公司）

摘　要　针对管道动火焊接维修作业存在的停产停输、施工周期长、安全风险高等问题，以及传统“带压堵漏”存在的可靠性差、有效期短、施工标准不统一的问题，研发“隔离腔式不动火抢修技术”，可在不停输、免焊接条件下对失效管段进行快速修复及强度升级。发明新型卡具及密封方法，将传统注剂挤压黏接式堵漏更新为高强度腔体隔离式密封，满足抢维修作业对安全高效、一次成功率及长效可靠的要求。应用管道缺陷有限元分析仿真系统，结合大量试验构建出了符合实际的理论力学模型，并以玻璃钢管道为例，深度评估分析了影响安全施工的主要因素，拟合出安全施工压力计算方法，形成专用计算软件，完善了工艺技术体系，促技术应用由应急抢修向管道完整性及全生命周期管理转型。近年来已投入工业化应用超千次，投入产出比达 1：6.8，有效避免了因泄漏造成的安全风险、环境污染及停产损失，取得了显著的安全环保和社会经济效益。

关键词　不动火；隔离腔；有限元；安全施工压力；计算软件

1　前言

用于输送油气的各类金属、非金属管道，由于腐蚀、老化、异常工况等原因，存在破损及泄漏风险，因此导致的环境污染、火灾爆炸事故也时有发生。以动火焊接为主的金属管道维修作业存在停产停输、施工周期长、安全风险高等缺点，而非金属管道的维修由于缺乏统一的技术标准，存在修复方法不兼容、时效性差等问题。同时，传统带压堵漏工艺采用注剂“黏接式”修补机理，施工时密封剂及注入压力必然会直接接触挤压泄漏部位，易造成压力失衡，导致成功率及可靠性不高，甚至存在堵漏失效二次泄漏的风险，且传统“夹具”仅作为包裹密封剂的辅助工具使用，承压等级、堵漏严密性及有效期难保障，致使其仅能作为短期应急措施。

本文以“无明火本质化安全、不停产高效维抢修”为目的，在深入分析传统带压堵漏弊端的基础上，创新密封机具及方法，研发“隔离腔式不动火抢修技术”，可在不停输、不动火条件下对破损管段进行快速修复及强度升级，并构建管道失效有限元分析模型，研发安全施工压力计算方法及监测检验平台，建立了完善的“产学研用”技术体系。

2　管道隔离腔式不动火抢修技术

2.1　新型密封卡具及腔体隔离式密封方法

发明新型密封卡具，其本体为双弧面结构，并采用一体化高强度加工工艺，独创设计条形、环形注胶槽，使卡具扣合后形成管状结构并使注胶槽内形成彼此连通的密封腔。如图 1 所示。

利用卡具将泄漏部位快速包裹，阻止管线内的流体继续泄漏。通过在注胶槽内注入密封剂，便可实现管线与卡具之间的密封，达到快速抢修管线的目的。由于端部创新设计的条形、环形注胶槽，使密封剂与注剂压力始终作用于槽内，并远离泄漏部位，密封方式更新升级为腔体“隔离式”密封。卡具本体不再作为密封剂容器使用，而是直接替代成为泄漏管段的新外壁，达到重塑集输通道的目的，是一种更安全、更严密、更长效的密封技术。

2.2　隔离腔式不动火抢修技术特点

鉴于本发明特有的密封结构形态和密封机理，克服了传统带压堵漏的弊端，突破了传统带压堵漏的技术瓶颈，将挤压“黏接式”堵漏更新为高强度腔体“隔离式”密封，实现了泄漏点局部堵漏向“整段式”密封、重塑集输通道转变，确保修复段的流态稳定、强度提升及长效密封。其主要特点有：

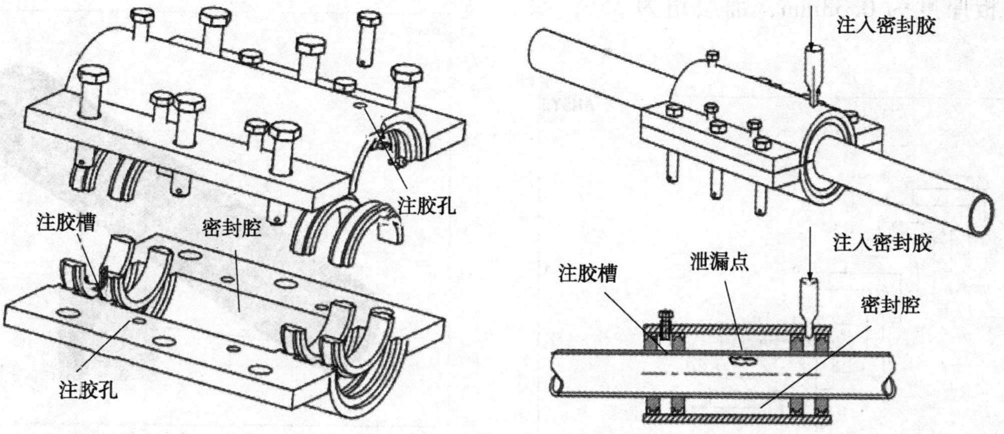

图 1　新型密封卡具结构示意图

（1）本方法中，密封剂仅通过卡具两端的环形密封槽与所维修管线接触，不与管线破损处及泄漏介质直接接触。不同于传统工艺密封剂需要注满整个密封卡具的内部，进而不会对管线破损部位造成二次伤害，同时避免密封注剂通过管线破损部位“内漏”。

（2）密封剂在注胶槽内保持压力恒定，且该压力始终高于管线运行压力，确保密封的可靠性及长效性。而传统工艺是用注胶压力平衡介质压力，施工过程中动态压力平衡难掌握。

（3）新型卡具设计强度远高于原管线规格，确保卡具使用寿命大于管线剩余寿命，并且可拆卸重复使用，充分满足各种复杂环境需求。而传统工艺往往为临时应急措施，无法拆卸及重复利用。

3 管道隔离腔式不动火抢修安全施工压力研究

利用 ANSYS 仿真系统，对失效管道进行有限元及应力分析，并结合大量试验对比建立出符合实际的理论力学模型，进而寻找切合实际的计算安全施工压力的经验公式，将大大地提高密封作业的成功率，将促进注剂式带压密封技术在工业现场得到更为广泛的应用。目前油气集输管道主要材质为金属、玻璃钢、复合材料等，其中玻璃钢管道本体的树脂基体属于脆性材料，当变形率达到 2%~3%时，材料就会产生永久性破坏，其维修、抢修难度更大，本文将以玻璃钢失效管道为例，对管道隔离腔式不动火快速抢修方法的主要影响因素及关键施工参数进行分析。

3.1　有限元分析模型建立及参数设定

3.1.1　管道几何模型及模型单元的确定

实验中，模拟玻璃钢失效管道不动火带压修复的过程，采用带有内衬的卡具对泄露部位进行密封作业。模型的受力区域主要分为三大部分，用阴影区域表示：管道受到环向胶槽的作用力以及一部分轴向胶槽的作用力；卡具内部与管道接触的内衬受到轴向胶槽的作用力；管道内壁受到内压的作用力，受力区域如图 2 中的阴影区域所示。

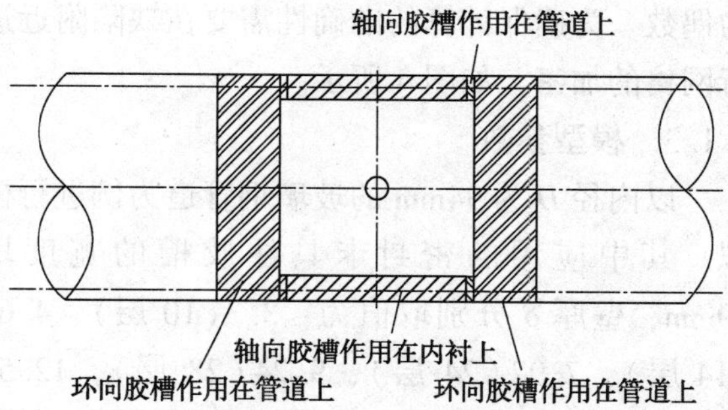

图 2　管道失效形式及受力区域示意图

对于复合材料来说，选取 SOLID186 实体单元进行模拟。对于其分层特性来说，SOLID186 单元最大层数可以达到 250 层，可以利用 SOLID186 分层实体单元来模拟玻璃钢管道本体，用 SOLID186 结构实体单元来模拟钢制卡具内衬。

3.1.2　材料模型及网格划分

玻璃钢属于分层各向异性材料，所以在其材料模型建立时需要同时考虑这两方面的性质。在各向异性中需要设置材料单层板的各个方向的泊松比，杨氏模量，剪切模量，拉伸失效强度，压缩失效强度和剪切强度。在分层性质设置时需要输入其铺层角，单层厚度以及铺层数，其中玻璃钢的单层板厚度为 0.33mm，铺层角为 55°，如图 3 所示。

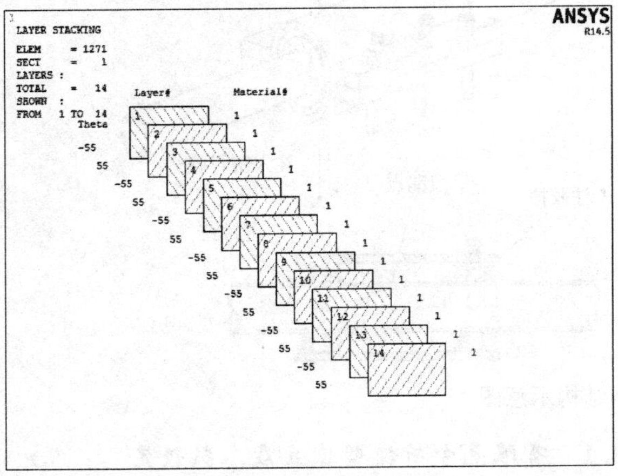

图 3　玻璃钢层单元示意图

由于采用 SOLID186 分层单元表示玻璃钢管道的层状结构，所以一般需要把网格画成六面体网格，则在网格划分时需要采用映射网格的划分方法，在利用映射网格划分时需要注意以下几点：①几何体需是四面体，五面体或六面体，对于面来说必须是三角形或者是四边形；②在体的对边上需要划分出相同的单元数；③对于几何体为四面体或者棱柱则需要在三角形面上的分割数为偶数。为确保计算的准确性需要在缺陷附近进行网格的加密，如图 4 所示。

3.1.3　模型参数

以内径 D 为 94mm 的玻璃钢管道为例进行模拟。其中应用的密封卡具注胶槽的宽度取 20mm，壁厚 δ 分别取值为：3.3(10 层)、4.62(14 层)，7.92(24 层)、9.24(28 层)、12.54(38 层)、14.52(44 层)mm；缺陷半径 r 分别取值为：2.5、5、7.5、10、12.5、15、20、25mm；注胶槽距管道失效点边缘的距离(槽边距) L 分别取值为：10、15、20、25、30、40mm。

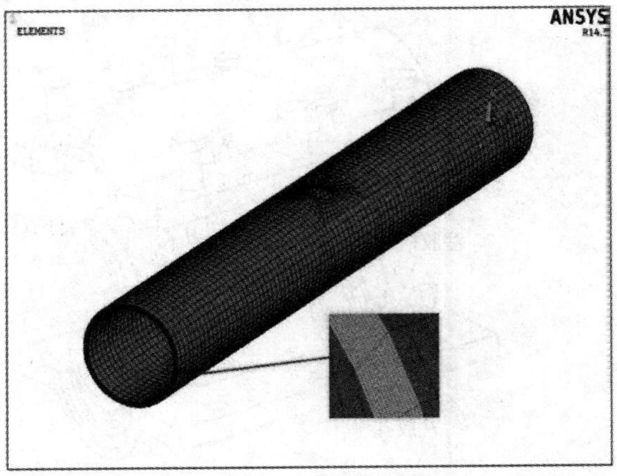

图 4　网格划分示意图

3.2　安全施工压力的有限元分析

3.2.1　管道运行状态下抢修作业的安全施工压力模拟

根据预设的模型参数可得 288 组计算结果，其中部分计算参数以壁厚 7.92mm 为例，如表 1 所示。

以壁厚 7.92mm，缺陷半径 12.5mm，槽边距 10mm，运行压力 1.6MPa 为例进行说明。如图 5 所示，在外压 14.9MPa 作用下，其蔡吴系数为 1.00343，大于 1，即材料发生破坏，且其首先发生破坏处位于缺陷附近；在外压 14.8MPa 作用下，其蔡吴系数为 0.997986，小于 1，此时未发生破坏，所以在此工况下玻璃钢失效管道隔离腔密封安全施工压力为 14.8MPa。

3.2.2　管道壁厚对安全施工压力的影响

根据模拟结果，绘制壁厚与安全施工压力之间的关系曲线。以施工时槽边距分别为 20、40mm 为例说明，如图 6 所示，可以看出在槽边距和缺陷半径一定的情况下，随着壁厚的增大，安全施工压力明显增大，且壁厚对管线的安全施工压力的影响很大。

表 1　内径 D=94mm、壁厚 δ=7.92mm 玻璃钢管道的安全施工压力

槽边距 L/mm	圆形缺陷半径 r/mm	安全施工压力 P/MPa
10	2.5、5、7.5、10、12.5、15、20、25	15.7、15.4、15.3、15.1、14.8、14.5、14.1、13.2
15	2.5、5、7.5、10、12.5、15、20、25	14.3、14.1、13.9、13.2、12.7、12.5、12.1、10.8
20	2.5、5、7.5、10、12.5、15、20、25	11.9、11.3、10.6、9.9、9.6、9.1、8.7、8.1
25	2.5、5、7.5、10、12.5、15、20、25	10.5、9.9、9.3、8.6、8.1、7.9、7.6、7.4
30	2.5、5、7.5、10、12.5、15、20、25	8.9、8.6、8.4、8.1、7.7、7.4、7.2、7.1
40	2.5、5、7.5、10、12.5、15、20、25	8.5、8.0、7.7、7.5、7.2、7.1、6.9、7

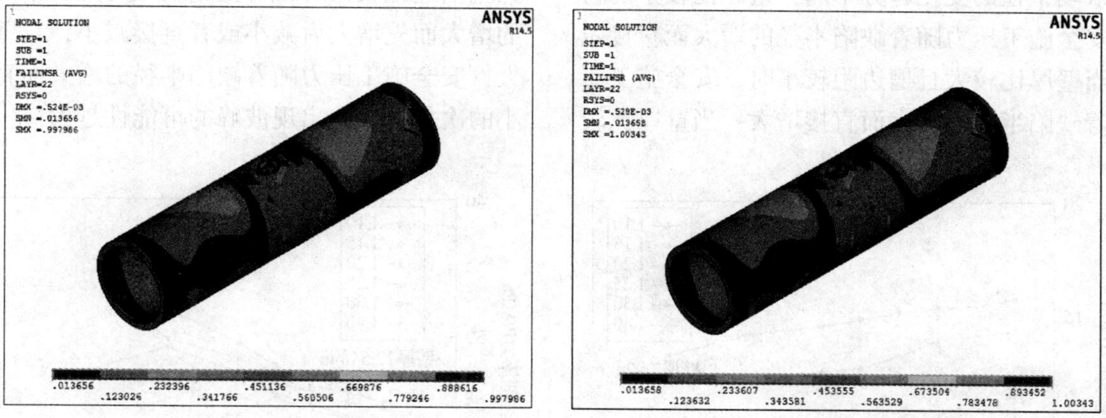

(a)外压为14.8MPa时(失效前)　　(b)外压为14.9MPa时(失效后)

图5　失效前后蔡吴系数分布图

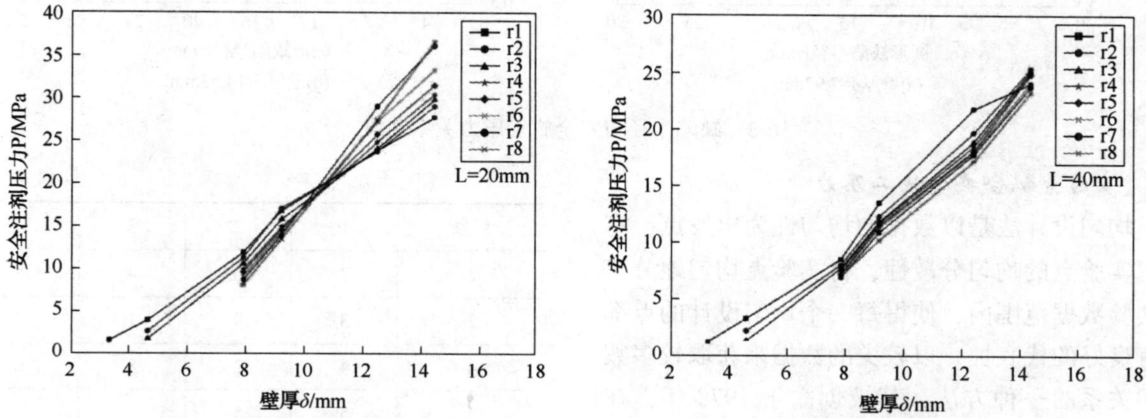

(a)槽边距L=20mm　　(b)槽边距L=40mm

图6　壁厚与安全施工压力关系曲线

3.2.3　槽边距对安全施工压力的影响

绘制胶槽距与安全施工压力之间的关系曲线，以缺陷半径为10、20mm为例说明，如图7所示，在壁厚和缺陷半径一定的情况下，其安全施工压力是随着槽边距的增大而减小。

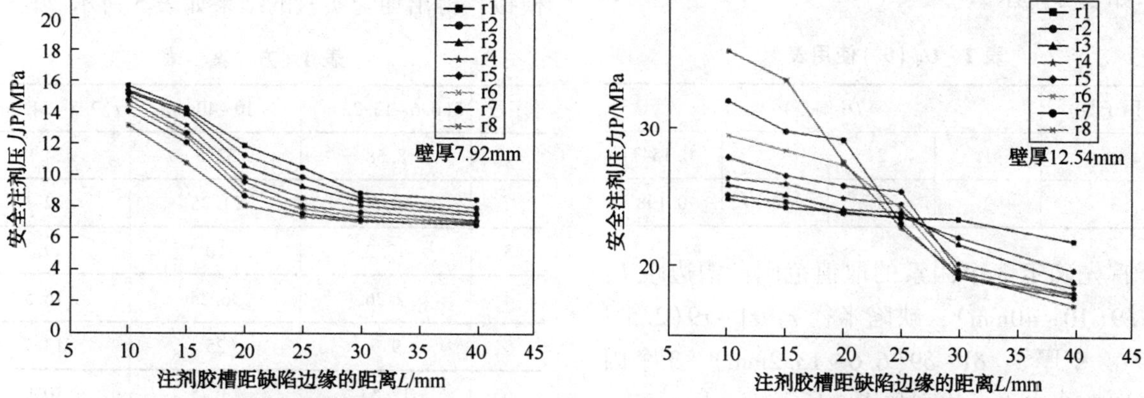

(a)缺陷半径r=10mm　　(b)缺陷半径r=20mm

图7　槽边距与安全施工压力关系曲线

3.2.4　缺陷半径对安全施工压力的影响

绘制缺陷半径与安全施工压力之间的关系曲线，以管道壁厚分别为7.92、14.52mm为例说明，如图8所示，在不同壁厚下其安全施工压力随着缺陷半径的变化趋势不同：壁厚比较小的时候，安全施工压力随着缺陷半径的增大而直接减小；当壁厚比较大且槽边距较小时，安全施工压力随着缺陷半径的增大而直接增大；当壁厚比较大且槽边距较大时，安全施工压力随着缺陷半径的增大而先增大后减小或者直接减小；且壁厚越大，安全施工压力随着缺陷半径的增大而直接减小的次数越少，出现波峰的可能性越大。

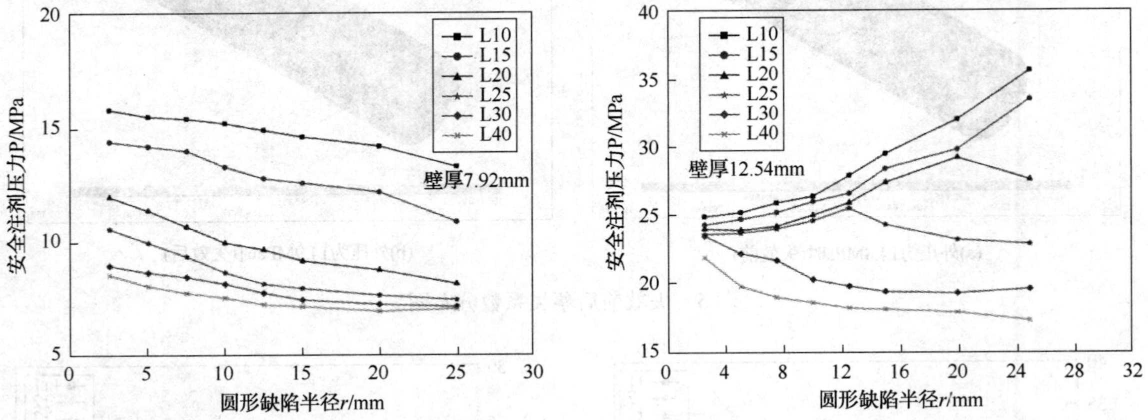

(a)壁厚δ=7.92mm　　(b)壁厚δ=14.52mm

图8　缺陷半径与安全施工压力关系曲线

3.3　多因素拟合安全施工压力

均匀设计法是以数据的均匀性为出发点，它考虑实验点的均匀分散性，将实验点均匀地分布在实验数据范围内，使得每一个均匀设计的点都具有良好的代表性，以较少的数据来获取较多数据间关系的一种方法，其被创立于1978年，在利用均匀设计进行设计时需要根据因素的数量查均匀设计表，根据均匀设计表进行方案的确定。

本文中以壁厚 δ，槽边距 L，缺陷大小 r 三个因素为分析自变量，安全施工压力 P 为因变量，研究三个自变量对安全施工压力的影响，可采用9水平的 $U_9^*(9^4)$ 表格进行均匀设计表格安排，如表2所示。

表2　$U_9^*(9^4)$ 使用表

S(因子数)	D(偏差)			
2	1	2		0.1547
3	2	3	4	0.198

首先确定3个因素的取值范围：槽边距 L：$L1\sim L9$(10～40mm)，缺陷半径 r：$r1\sim r9$(2.5～24.9)，壁厚 δ：$\delta1\sim\delta9$(6.6～13.2mm)，3个因素各取9个水平，排列如表3所示。

表3　水平取值表

列号	1	2	3	4
1	1	3	7	9
2	2	6	4	8
3	3	9	1	7
4	4	2	8	6
5	5	5	5	5
6	6	8	4	2
7	7	1	9	3
8	8	4	6	2
9	9	7	3	1

按照之前模拟步骤，依据方案表(表4)进行模拟，得出均匀实验的结果如表5所示。

表4　方　案　表

序号	δ(6.6～13.2mm)	L(10～40mm)	r(2.5～24.9mm)
1	8.58	32.5	24.9
2	10.56	21.25	22.1
3	13.2	10	19.3
4	7.26	36.25	16.5
5	9.9	25	13.7
6	12.54	13.75	10.9
7	6.6	40	8.1
8	9.24	28.75	5.3
9	11.22	17.5	2.5

表5　结　果　表

序号	δ/mm	L/mm	r/mm	模拟结果/MPa	拟合结果/MPa	误差/%
1	8.58	32.5	24.9	8.1	7.4	8.6
2	10.56	21.25	22.1	18.3	19.1	4.4
3	13.2	10	19.3	34.2	34.6	1.2
4	7.26	36.25	16.5	6.1	5.5	9.8
5	9.9	25	13.7	15.7	15.4	1.9
6	12.54	13.75	10.9	25.8	27.3	5.8
7	6.6	40	8.1	5.9	5.2	11.9
8	9.24	28.75	5.3	13.1	13.8	5.3
9	11.22	17.5	2.5	21.6	21.1	2.3

通过结果发现：壁厚 δ，槽边距 L 和缺陷半径 r 三个因素共同影响安全施工压力 P，通过对模拟的数据进行拟合可以得到安全施工压力 P 的计算模型：

$$P=0.417805+2.094624\delta-0.16222L-11.358r+5.670376\delta^{-2.314}L^{9.29553}+9.237152\delta^{0.082653}r^{1.011466}-0.00313L^{1.275006}r^{1.347422}+4.78\times10^{-5}\delta^{-1.74987}L^{3.115319}r^{1.588667}$$

3.4　安全施工压力计算软件

结合计算机工具对不同情况下的安全施工压力进行软件编制，可以达到提高隔离腔式不动火抢修作业效率、应急抢修效率、施工作业成功率的目的。由于应急抢修作业的目的是避免或减少事故的发生或损失，同时要保证较高的成功率，因此软件的设计思路以简单、用户操作方便为原则，如图9所示。

通过输入管道规格(管径/壁厚)、内压、缺陷半径的数值，点击安全施工压力计算按钮，可计算出该情况下的安全施工压力。例如：管型168/13mm的金属管道，内压6.4MPa，圆孔缺陷半径6mm，安全施工压力计算结果为25.12MPa。

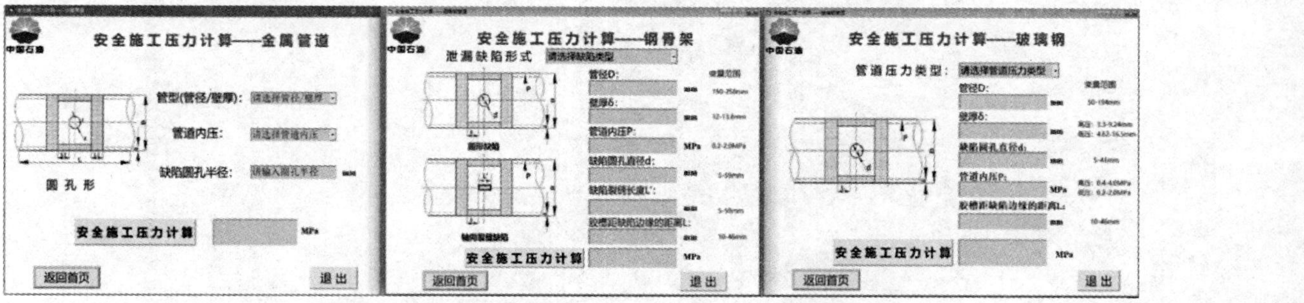

图9　安全施工压力计算界面示意图

4　现场应用情况

截至目前，该技术已授权发明专利11项，并在石油石化油气集输、处理领域进行广泛的推广应用。通过技术实施，自2016年至今，替代油气站库内动火作业196次、减少油气水管线焊接维修667次、减少原油停产损失2.442万吨、减少蒸汽泄漏损失25.17万吨、减少注汽井修井作业井次839井次、减少原油泄漏产生的含油污泥2.565万吨，合计节约运行成本1.8亿元，投入产出比达1：6.8，有效避免了因泄漏造成的安全风险、环境污染及停产损失，取得了显著的经济社会效益。该工艺引领不动火维抢修向更安全、更专业进步，促技术由单一应急维抢修向全要素产业化转型，并逐步发展为管道完整性及全生命周期管理的一种实用维护技术。

5　结论

(1) 针对油气集输管道，以本质化安全为理念，研发隔离腔式不动火抢修技术，实现不停输、不动火条件下对失效管道的快速密封、修复及强度升级。

(2) 采用有限元分析法，结合试验数据，建立出符合实际的理论力学模型，对失效管道的材质、缺陷形式等进行系统的力学分析，模拟评估分析安全施工的关键影响因素。

(3) 应用均匀设计法，将管道壁厚、槽边距及缺陷大小等多因素，拟合出安全施工压力的计算模型，并形成软件，有效提高作业效率、应急抢修效率及施工成功率。

(4) 经过近年来千余次现场应急维抢修作业，充分验证了技术经济可行性，取得了显著的安全环保和社会经济效益。

参 考 文 献

[1] 梁爱国，蒋华义，等．油气管道维抢修密封卡具的安全检测与应用[J]．中国安全生产科学技术，2019(1)：129-132.

[2] 梁爱国，齐傲江，等．钢骨架塑料复合管带压开孔的有限元模拟[J]．油气储运，2020(1)：99-101.

长输管道顶管穿越大型引水设施施工技术创新应用

郭 鑫 杨建新 蔡德宇 张 宁 韩 涛 于少鹏 左忠江 赵盛刚

（国家管网集团北方管道有限责任公司）

摘 要 锦州-郑州成品油管道穿越南水北调工程地质条件比较复杂，地下水位高，顶管位于砂层和黏土层结合且含无规律姜石，南水北调集团公司要求，为确保输水箱涵稳固，穿越点周边严禁降水。最初设计为沉井方案存在诸多不确定风险，经详细分析地勘资料数据，论证技术方案，综合工期、施工、投资风险因素，决定采用地下连续墙成竖井和机械顶管方式。本文对比沉井施工优缺点，对锦郑管道南水北调穿越工程地下连续墙施工和顶管施工技术进行详细阐述，并对施工中质量安全问题以及相关风险应对要点进行分析与研究，编制施工方案并严格落实，过程中对现场问题及施工工艺进行多次优化，确保按期完成，为长输管道穿越大型引水设施采用地连墙施工方式的技术推广提供实践经验。

关键词 南水北调；沉井施工；地下连续墙；顶管穿越；

锦州-郑州成品油管道工程干线雄安新区段管线迁改工程建设区域横跨保定市，在徐水区境内与南水北调天津干渠交叉。南水北调是我国目前规模最大的引水工程之一，穿越南水北调也是锦郑管道的必经路由，穿越南水北调处的地质为砂层、黏土层(含姜石)。南水北调工程对监控沉降有着严格的要求，要求暗渠箱涵的沉降不能超过10mm。同时，对于管径大于500mm的管道，必须采用顶管施工的方式进行施工，面临诸多的难点挑战，在施工前多次分析和研究施工方式和穿越地层，经现场不断的分析和研究，施工中不断改进，最终顺利的完成了穿越工程，各项监测数据完全符合南水北调管理要求。

1 顶管竖井方式对比

长输管道盾构顶管穿越工程作业竖井主要分为以下几种类型：(1)钢筋混凝土沉井：适用在稳定且地下水位低的黏土地层；(2)钢板桩工作井：适用于较浅的地层，通常井深度15m以内，在道路穿越施工中普遍采用；(3)高压旋喷桩工作井：适用于黏性土、砾石层等地质环境，施工效率高、施工成本低、止水效果优良，但局限性较大，对于一些特殊地质条件如淤泥、软土等不太适用，施工质量控制难度大，施工过程中的质量控制较为困难，容易出现桩体不均匀、断裂等问题(4)地下连续墙：适用于多种地基条件，可以在软弱的冲击地层、密实的砂砾层、各种软岩等几乎所有的地质条件下建造。墙体硬度、刚度较大，能承受较大的重力，耐久性长，防渗性能好，无需降水。

1.1 钢筋混凝土沉井施工的优缺点

优点：沉井的整体性强，抗变形能力强，可根据地质情况适当加大深度，同时能承受较大的垂直荷载和水平荷载。在沉井内开挖取土时可作为挡土墙。沉井在正常地质条件下施工时，计划周期性比较好，适用于粉砂、黏土稳定地层施工。

缺点：施工周期长，在开挖下沉施工时，地层不均衡、开挖不均匀、不平衡等极有可能造成沉井倾斜现象。沉井的封底对于南水北调项目水下作业施工困难，若未能施工成形易发生井底漏水甚至造成井底封底失败，增加二次封底，施工风险高。

1.2 钢板桩工作井施工的优缺点

优点：

(1) 钢板桩井施工具有较高的速度和效率，能够缩短施工周期；

(2) 钢板桩井施工能够适应不同的地质条件和施工环境，具有较强的灵活性和可调整性；

(3) 钢板桩井施工产生的噪音和尘土较少，对周边环境的影响较小，具有较好的环保性能；

(4) 钢板桩井施工的材料成本和人工成本相对较低，能够降低工程的整体成本，提高经济效益。

缺点：

(1) 钢板桩咬口要求高，打桩咬口不紧密易造成倾倒；

(2) 浅层的支护效果较好，但较深的地层支护安全风险大，且无止水效果；

(3) 在地下水位高的地区需采取隔水或降水措施；悬臂抗弯能力较弱，开挖后变形较大；

(4) 适用范围比较有限，不能适用于某些地质条件不良、地下水位较高的地区，容易导致渗漏隐患。

1.3 高压旋喷桩工作井的优缺点

优点：

(1) 适用于黏性土、砾石层等多地质环境；

(2) 施工效率高、施工成本低、止水效果好。

缺点：

(1) 局限性较大，对于特殊地质条件如淤泥、软土等不适用；

(2) 施工质量控制难度大，容易出现桩体不均匀、断桩等问题。

1.4 地下连续墙顶管施工的优缺点

优点：

(1) 墙体的刚度大，可以承受高土压力；

(2) 防渗性能好，可以降低基坑降水的费用，对周边的建筑物和管道影响小；

(3) 地质适用范围广，从软弱的冲击地层到中硬的的地层、密实的砂砾层，各种软岩和硬岩都适合；

(4) 成品的质量可靠，安全风险相对小。

缺点：

(1) 操作井深，钢筋笼吊装风险高，施工难度大；

(2) 墙体接缝处施工难度大，易造成相邻墙段不能对齐，出现漏水；

(3) 连续墙成槽难度大，易产生成槽失败。

2 南水北调工程竖井选择地连墙工艺

本工程始发井位于输水干渠北侧，井中心距离干渠中心 127m，接收井位于干渠南侧，井中心距离干渠中心 83m，周围为耕地。顶管穿越地层为粉质黏土层和砂层，地下水位较高但不允许降水。工程勘测深度范围为 45m，工程施工地层主要可分为 9 大层 15 亚层：

① 粉质黏土：黄褐色，可塑为主，土质不均，部分夹粉土薄层，含铁质氧化物，厚度一般为 0.60~2.60m。

① -1 粉土：黄色，稍密-中密，湿，土贡较均匀，表部为耕植土，厚度一般为 2.80~4.80m。

② 粉土：灰黄色，稍密-中密，湿，土质较均匀，该层厚度一般为 1.00~3.00m。

② -1 细砂：黄色，中密为主，湿，砂质较均匀，局部地段含大量黏粒，主要矿物成分为石英和长石，级配一般。该层呈透镜体状分布，厚度 0.90~1.00m。

③ 粉质黏土：黄褐色，可塑，土质不均，接近粉土、局部相变为粉土，偶见姜石，厚度一般为 1.60~3.60m。

④ 细砂：黄色，中密为主，湿，砂质较均匀，局部地段含大量黏粒，主要矿物成分为石英和长石，级配一般，厚度一般为 3.60~9.60m。

④ -1 粉质黏土：黄褐色、灰黄色，可塑~硬塑，土质不均，部分地段夹粉土，局部分布，厚度 0.50~2.10m。

⑤ 粉质黏土：黄褐色、灰黄色，可塑为主，土质不均，部分地段夹粉土，厚度 0.60~7.60m。

⑥ 细砂：灰黄色，密实，湿，砂质较均匀，主要矿物成分为石英和长石，级配一般，厚度 5.5~12.50m。

⑥ -1 粉质黏土：黄褐色，可塑，土质不均匀，部分地段为粉土，偶见姜石，厚度 0.80~4.80m。

⑦ 粉质黏土：黄褐色，可塑~硬塑，土质不均匀，含姜石，厚度变化较大，厚度 3.80~8.00m。

⑦ -1 细砂：灰黄色，密实，湿，砂质不均匀，颗粒大小变化较大，部分为中粗砂或粉砂，主要矿物成分为石英和长石，级配一般。局部分布，厚度 1.20~1.60m。

⑧ 细砂：灰黄色，密实，湿，砂质不均匀，颗粒大小变化较大，部分地段为中粗砂或粉砂，主要矿物成分为石英和长石，级配一般，厚度变化较大，厚度 0.70~5.70m。

⑧ -1 粉质黏土：黄褐色，硬塑，土质不均匀，部分地段变为粉土，含姜石，有虫孔。该层仅 J04 孔和 J08 孔揭露并揭穿，厚度 0.40~1.00m。

⑨ 粉质黏土：黄褐色，硬塑，稍有光泽，含姜石，有虫孔。该层未揭穿，最大揭露厚

度 2.00m。

北侧始发井、南侧接收井地质纵断面如图 1、图2 所示。

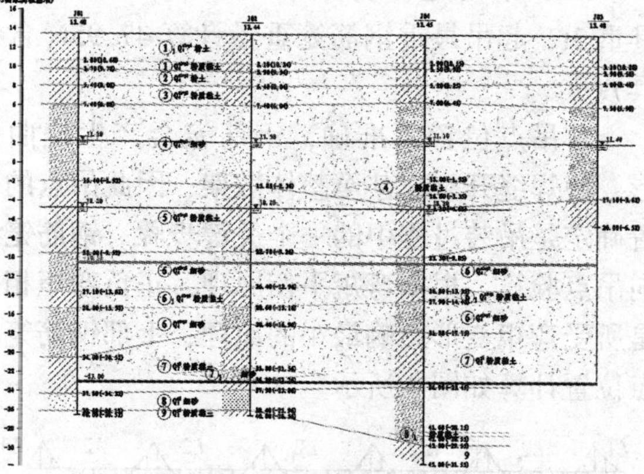

图 1　北侧始发井地质纵断面图

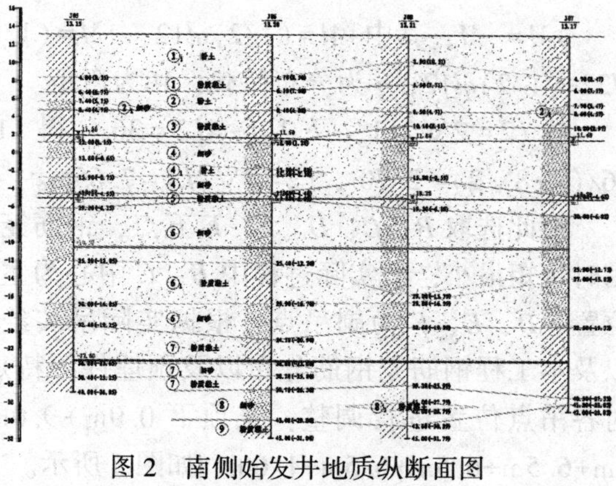

图 2　南侧始发井地质纵断面图

顶管穿越地层为砂层和粉质黏土层，地层地质不够均匀稳定，对大深度沉井易发生倾斜。南水北调集团公司禁止采取降水措施，而作业场区地下水文地质主要为浅部第四系孔隙潜水及深部承压水，沉井施工失败几率大，为确保质量安全和工期，选择地连墙工艺做竖井。

3　地连墙竖井实施

3.1　连续墙施工工艺

施工流程：基坑开挖——导墙混凝土浇筑——连续墙槽段开挖——泥浆护壁——基槽清理——制作钢筋笼——钢筋笼吊装——槽段之间接头处理——接头防水预防——循环以上的施工步骤——施工下段墙槽。

3.1.1　导墙的运用

导墙是控制地下连续墙各项指标的基准，它起着支护槽口土体，承受地面荷载和稳定泥浆液面的作用。为了保证钢筋笼下放位置与设计一致，导墙施工前进行了多次推演，最终确定了“锯齿形”导墙，导墙净空尺寸 1000mm，导墙深度为地下 1.4m，厚度 250mm，采用 C25 商品砼。导墙形式如图 3 所示。

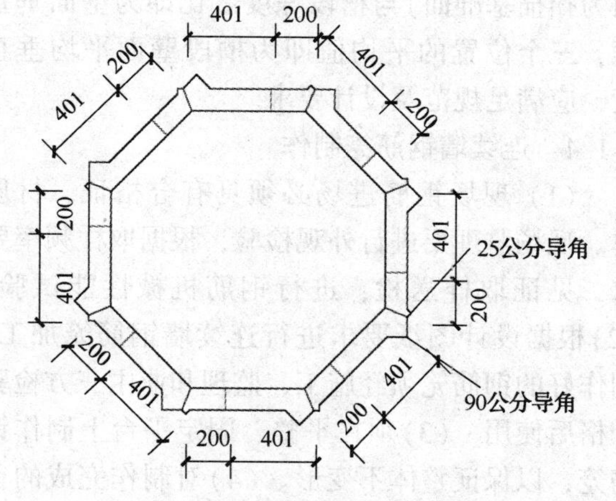

图 3　导墙形式图(锯齿形)

3.1.2　泥浆的循环成槽

当地下连续墙成槽时，槽内的泥浆起到护壁和切土润滑的作用，泥浆能使成槽时槽壁更加稳定并有效地防止槽壁出现坍塌，保证混凝土浇筑质量，其质量是直接影响连续墙底部与基岩连接的质量以及影响槽段间连接缝质量，同时泥浆在槽壁侧面形成一种有效的保护膜，更好发挥泥浆在这个工艺环节上的作用。在清底换浆全过程中，控制好吸浆量和补浆量的平衡，泥浆不能溢出槽外，也不能低于导墙顶面以下 30cm。

单幅槽段开挖到设计标高后，清除槽底淤泥和沉渣，置换泥浆。置换结束 1 小时后，检验槽底 500mm 高度以内的泥浆比重不得大于 1.15，沉渣厚度不得大于 100mm。成槽以后，清理槽底余土及沉渣，再用刷壁器清除已浇墙段砼接头处的凝胶物，在插放 H 型钢接头和钢筋笼之前进行二次清孔。

3.1.3　连续墙形成前成槽施工

（1）本项目成槽深度较深位于地下 36 米，结合地质状况，成槽机位于导墙外侧就位后，挖槽设备选择 SG-50 液压抓斗，根据现场布置先挖好第一孔后，跳开一段距离再挖第二孔，先挖单孔，后挖隔墙。抓斗出入导墙口时要轻放慢提，防止泥浆掀起波浪，影响导墙下土层的稳定。抓斗入槽、出槽应慢速、平稳，在成槽初始阶段，抓斗要保持垂直，并与导墙平行，遇到偏差根据成槽机仪表及实测的垂直度情况及时纠偏，以使槽壁的轨迹达到最佳。挖槽时加强观测，保证墙槽位置、墙槽深度、槽宽度和墙槽的垂直度都要符合设计要求。(2)超声波测壁仪器在槽段内左中右三个位置上分别扫描槽壁壁面，扫描记录中壁面最底部凸出量或凹进量(以导墙面为扫描基准面)与槽段深度之比即为壁面垂直度，三个位置的平均值即为槽段壁面平均垂直度，应满足规范及设计要求。

3.1.4 连续墙钢筋笼制作

(1)现场钢筋进场必须具有合格证、材质单。现场监理要进行外观检验，根据取样频率要求，见证取样送检，进行钢筋机械性能试验。(2)根据设计图纸要求进行连续墙钢筋笼加工，制作好的钢筋笼须经施工、监理和业主三方检验合格后使用。(3)须在平整、固定平台上制作钢筋笼，以保证整体不变形。(4)对制作完成的首幅钢筋笼加强质量检查，确保质量达标。

3.1.5 连续墙钢筋笼安装

(1)钢筋笼起吊控制。钢筋笼制作前计算出钢筋笼的重心点，以确定吊点位置，起吊时吊点重心与钢筋笼的重心在同一铅垂线上。吊放采用双机抬吊，空中回直，钢筋笼整幅起吊采用双机抬吊法，分别为一台300t履带吊和一台200t履带吊，抬吊合理选择主、副机吊点，减小起吊后钢筋笼变形，钢筋笼吊点处局部纵横满焊加强。

钢筋重量计算公式：

$$T=0.00617\times D\times D\times S$$

式中，T为钢筋总重量；D为钢筋直径；S为钢筋总长度。

计算最重笼幅为“V字形(首开)”幅宽6.006m，钢筋笼长度36m，重量44.95t，吊索具重3t，起吊最重钢筋笼重量计算47.95t(含索具)。

若吊点位置不准确，钢筋笼会产生挠曲变形，使焊缝开裂，甚至整体散架，因此吊点的位置确定是吊装过程中的一个关键步骤。钢筋笼纵向吊点验算：根据弯矩平衡原理，正负弯矩相等是所受弯矩变形影响最小的原理，上部钢筋笼吊点位置计算如图4所示。

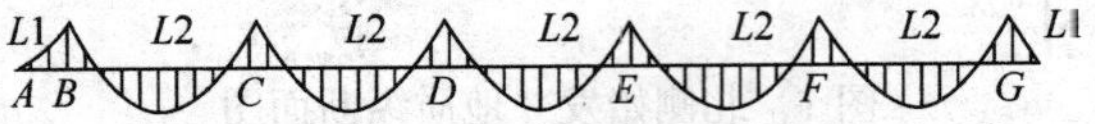

图4 纵向弯矩平衡原理示意图

$+M=-M$，其中$+M=(1/2)ql12$；$-M=(1/8)ql22-(1/2)ql12$；q为分布荷载，M为弯矩。

故$L2=2\sqrt{2}L1$，又$2L1+4L2=36.$；得$L1=36/(2+8\sqrt{2})=2.70.$，$L2=2\sqrt{2}L1=7.65$m。

因此选取B、C、D、E、F五点，钢筋笼起吊时弯矩最小，但实际过程中B、C中心为主吊位置，D、E、F为副吊点。根据实际吊装经验以及本工程钢筋笼钢筋分布以及预埋件等特点，对各吊点位置进行调整：笼顶下0.9m+9.0m+5m+6.5m+6.5m+6.5m+1.6m。如图5所示。

纵向吊点同平幅吊点设置：

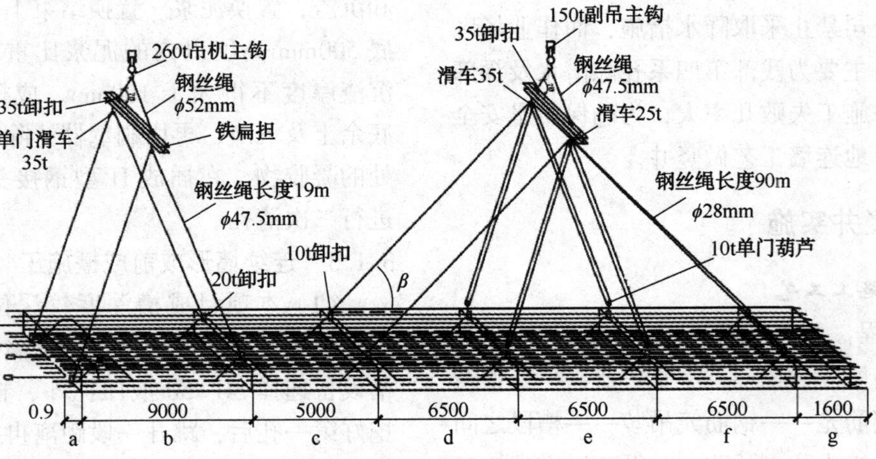

图5 吊点布置图

钢筋笼长度/m	钢筋笼宽度/m	双机抬吊方式	吊点位置
36	6	7点吊(双排)	36m=0.9m+9.0m+5m+6.5m+6.5m+6.5m+1.6m。

钢筋笼横向吊点验算：地连墙钢筋笼横向吊点验算，根据弯矩平衡原理，正负弯矩相等是所

受弯矩变形影响最小的原理，钢筋笼横向受力弯矩如图6所示。

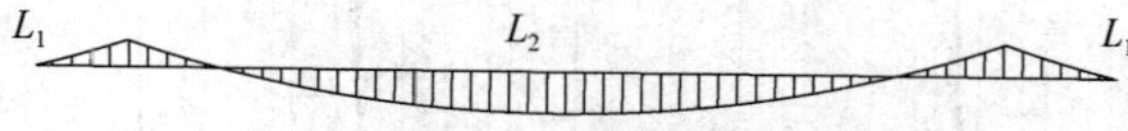

图6　横向弯矩平衡原理示意图

本工程连续墙钢筋笼中幅宽为6m，横向的吊点确定如下：

在B、C点起吊$+M=-M$

其中：$+M=1/2qL2$

$-M=1/12qL2-1/2qL1$

q—均布载荷

故：$L2=3.464L1$

又：$2L1+L2=6\text{m}$

$L1=6/5.464=1.10\text{m}$

$L2=3.464\times L1=3.81\text{m}$

根据实际情况钢筋笼沿宽度方向吊点布置为$L1=1.1\text{m}$，$L2=3.8\text{m}$。

主吊通过计算选取B、C二点为横向吊点位置，根据实际吊装经验以及本工程钢筋笼钢筋分布以及桁架筋布置等特点，在B、C间增加两个吊点，横向1.0m+1.3m+1.3m+1.3m+1.0m，调整后如图7所示。

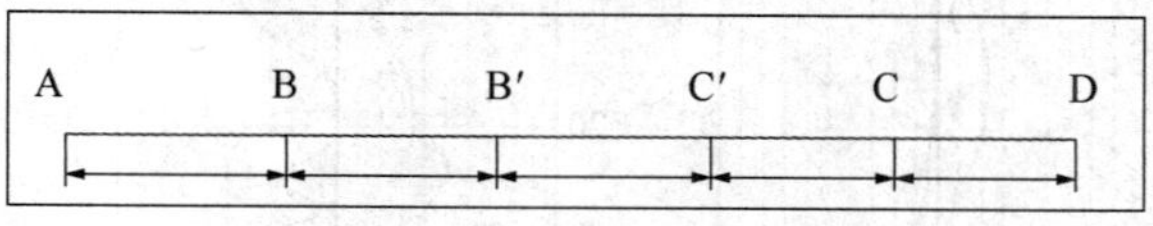

图7　桁架筋布置图

副吊钢筋笼横向重心进行调整。如图8所示。

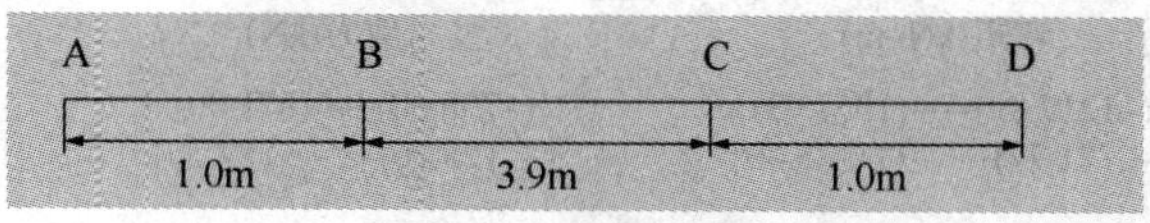

图8　桁架筋布置图

（2）钢筋笼安装。1）吊放钢筋笼必须垂直对准槽中心，吊放速度不超过0.3m/s，不得强行压入槽内，阻力大及时吊起经处理后重新吊放。2）当顶部吊环接近导墙顶面标高时，用型钢扁担将钢筋笼悬吊固定在导墙顶面上。铺设人工操作台，按照深度计算导管节数，逐根下导管，达到设计标高后，进行首灌砼灌注。首灌混凝土保证不少于填满导管的数量方量，并保持混凝土在导管内的高度。3）钢筋笼标高控制：在钢筋笼下放到位后，由于吊点位置与测点不完全一致，吊筋会拉长等因素，会影响钢筋笼的标高，应立即用水准仪测量钢筋笼的笼顶标高，根据实际情况进行调整，将笼顶标高调整至设计标高。

3.1.6　导管安装规范及其使用

（1）钢筋笼安装通过三方验收后，开始在导墙上安放浇筑平台。（2）使用吊车安放导管及对应型号的漏斗，每个连续墙槽段安装4套导管，导管接头要求密封牢固，不能出现漏水和漏浆现象，导管安装时应顺着钢筋笼预留的空间垂直向下放入槽底，预防导管有偏斜插入钢筋间隙中，导管应距离槽底尺寸为20~30cm左右。（3）为保证注浆连续性，对导管进行严密性试验。

3.1.7　地下连续墙槽混凝土浇筑

连续墙槽段内安装有4套导管施工，并配置4台搅拌车同时浇筑，为确保连续墙槽段内的混凝土高度在同一标高，两端的混凝土高差必须控制在200mm以内。

3.1.8　地下连续墙接缝处理

地下连续墙接缝在防水方面十分重要，施工时必须严格按施工方案执行，接缝处理不当时会出现渗漏。连续墙接缝部位采用防水材料与连续墙两端的钢板进行紧密的包裹。如图9、图10所示。

3.2　连续墙主要质量、风险、工艺技术的控制

3.2.1　连续墙的槽壁防止坍方采取的施工措施

（1）施工地下连续墙成槽时轻提慢放、严禁蛮抓。（2）履带式车辆地面路基浇筑了钢筋混凝土路面且铺设钢板，减少履带式车辆对路面压强，减小了对槽壁的压力。（3）定期检查槽壁泥浆的质量并及时对泥浆指标进行调整。（4）施工现场及时检查质量情况，当槽壁的泥浆损坏时要第一时间做好修补。（5）降雨天做好对墙槽的保护，在24h连续观测雨量超过50mm时候现场暂停成槽施工，并封盖好槽口，现场专人检查。

3.2.2　槽底沉渣有效控制措施

（1）注浆管施工过程中，注浆管下端≥成槽深度+0.5m。（2）槽底的沉淤使用导板抓斗反复清理，到无沉渣物为止。（3）对各个墙槽深度的泥浆比重、黏度定时测定，检测有不符合求规定的泥浆需重新清理底层。（4）要使槽内泥浆指标达到规范要求，泥浆置换过程连续进行。（5）清基工作完成并通验收合格后，将制作好的钢筋笼吊放完成才能下导管进行混凝土浇筑。

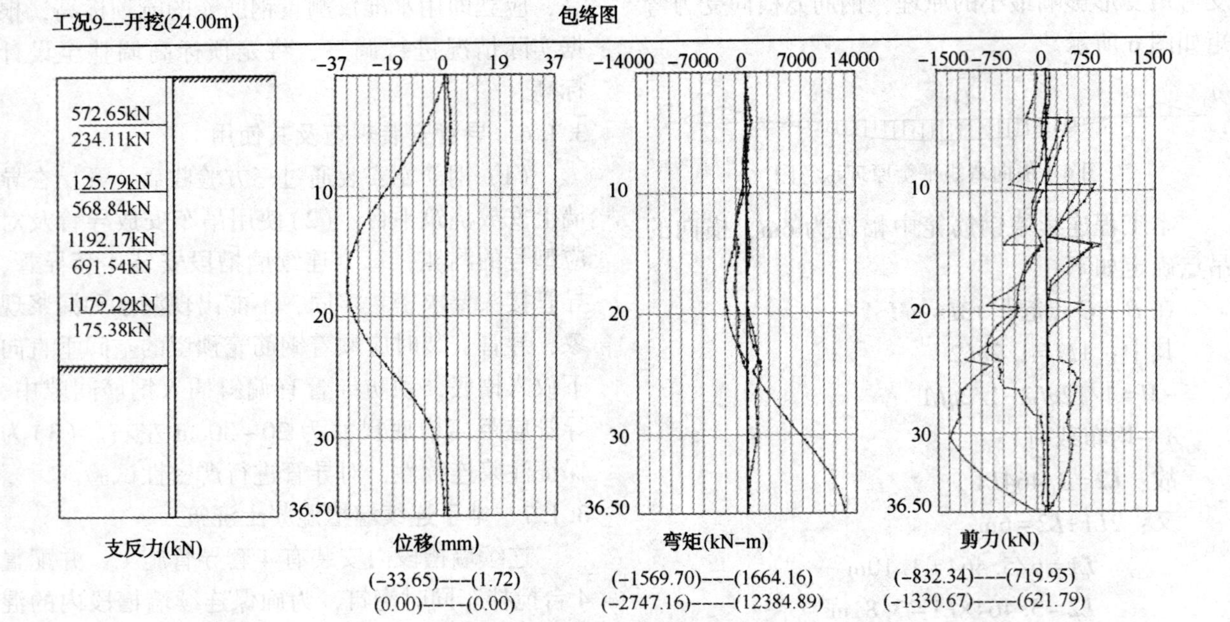

图 9　始发井结构计算-内力位移包络图

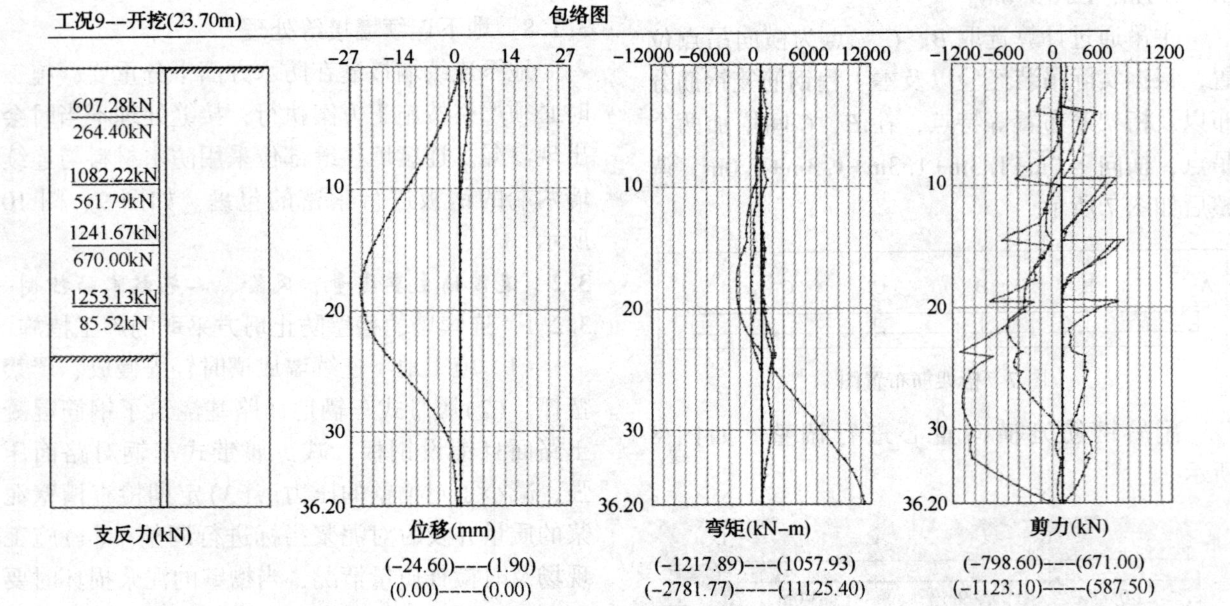

图 10　接收井结构计算-内力位移包络图

3.2.3　水下混凝土浇筑质量保证措施

（1）钢筋笼安装 H 型钢和铁皮溜槽使混凝土更好成型。（2）浇筑前清理干净连墙槽底的淤泥沉渣。（3）钢筋笼沉放就位后，应及时灌注混凝土，导管插入到离槽底 300~500mm，灌注混凝土前应在导管内设置球胆，以起到隔水作用。每车混凝土填写一次混凝土上升高度及导管埋设深度的记录，在浇注中导管插入混凝土深度应始终保持在 2~4m。（4）搅拌好的混凝土应在 1.5h 内浇筑完成。浇筑过程中不允许间断，异常停顿要定时抽动导管，使导管内的混凝土维持流动性，防止混凝土在导管内凝结。（5）导管保持良好严密性，导管提拔速度均匀，与混凝土出量匹配。

3.2.4　施工进度工期控制

（1）施工过程中，组织参建各方现场共同讨论，对冠梁、环梁等工艺进行优化，对能在地面上预制的工艺先预制好再整体进行吊装，对下一步施工节省了部分时间。

（2）经施工过程中的不断优化，最终施工周期 124 天，比最初计划提前 20 天。

3.2.5　施工环保控制

本工程在施工中重点关注对环境的保护，现场动工前首先对场地进行布置，四周设置硬隔离围挡，场地详细规划，对大型设备行走的区域浇筑混凝土地面，稳固了施工地层，且减少扬尘。在浇筑混凝土路面前，提前铺设土工布，便于路面拆除恢复原貌。在整个施工中，配置专用洒水车、雾炮机，防止现场的扬尘对周边环境的影响。如图11、图12所示。

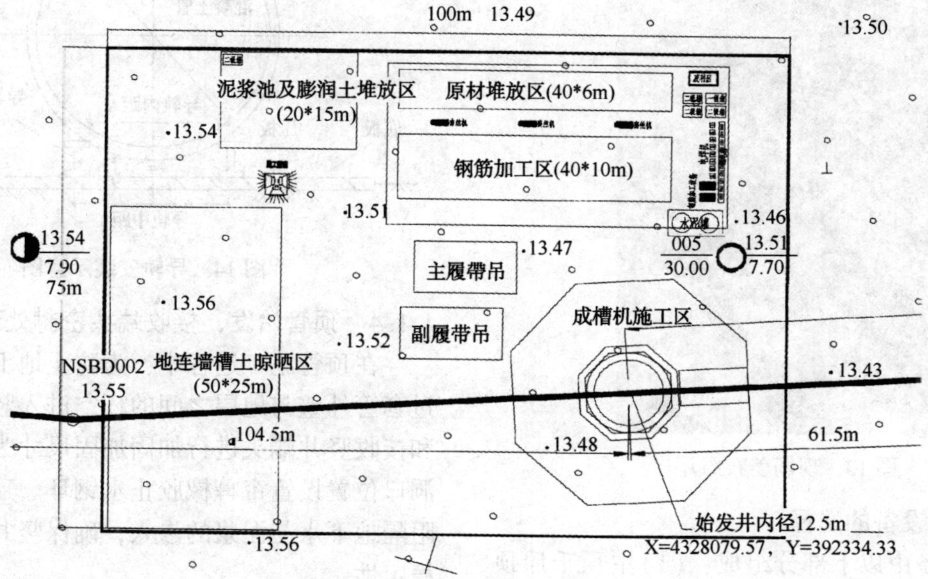

图11　始发井现场布置图

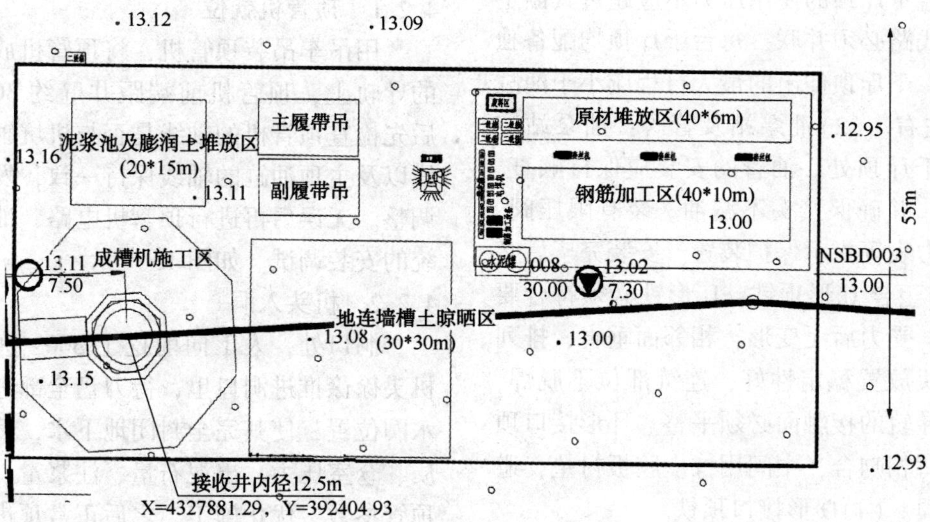

图12　接收井现场布置图

4　顶管实施

4.1　设备选择

在顶管施工中设备选择至关重要。首先顶管机的选择需要考虑土质条件、施工周期、顶进速度等因素，以确保施工效率和质量。其次导向探测设备需要具备高精度和高稳定性，以确保顶管的准确导向。第三，要确保设备的性能稳定、可靠，能够满足施工要求。

4.1.1　顶管机选择

在选择顶管机时，首先考虑了设计地质条件和施工检测要求。经过筹备，选择了泥水平衡顶管设备并编制了相应的施工方案。但在竖井开挖过程中，发现实际土质情况与地勘报告存在差异，出现了大量姜石，其强度达到15MP以上。为确保施工安全和准确应对地质条件，立即进行勘察，发现姜石的大小和分布并无规律性。经分析研判，及时调整施工方案，决定将泥水平衡顶管机改为岩石顶管钻机进行施工。在顶管材料选择上，采用了钢筋混凝土管，规格为DRCPIII1800×2000×180，混凝土强度等级为C50，抗渗等级为P10。如图13所示。

图13　现场姜石照片

4.1.2　主顶设备的选择

主顶设备由以下部分组成：(1)主顶千斤顶4只：这4只千斤顶应共同作用，规格一致，行程同步。每台千斤顶的使用压力不应超过其额定工作压力。线路必须并联，每台千斤顶均配备独立的控制阀。千斤顶伸出的最大行程应小于油缸行程10cm左右。(2)油泵站及管阀：油泵站应设置在主顶千斤顶处。油管的安装应保持顺直，以减少转角，并确保接头不漏油。装有限压阀、溢流阀和压力表等指示保护装置。安装完毕后必须试车。(3)组合U形顶铁：U形铁必须符合要求，刚度大，受力后无变形，相邻面垂直，排列不扭曲，单块放置稳定性好，连续部位不脱焊，不凸面，与导轨的接触面必须平整。环形接口顶铁应与砼管口相吻合，中间用橡皮胶板衬垫，避免管口处破损。(4)O形接口顶铁。

4.1.3　导轨安装

导轨选择装配坡度应与设计管道坡度相一致，精度允许偏差为：轴线3mm，顶面高程为0~+3mm，两轨间距为±2mm。导轨安装内距为995mm，这样确定的导轨顶面与管道流水面高程相同。枕铁的高程低于管外底高程10~20mm，间距均匀，其铺装纵坡应与管道纵坡一致；两根导轨应直顺、平行、等高，导轨安装牢固，其纵坡与管道设计坡度一致；导轨、高程及内距允许偏差为±2mm；中心线允许偏差为3mm，顶面高程允许偏差为0~+10mm。安装后导轨要牢固，不得在顶进施工中出现位移，施工中专人定时检查。如图14所示。

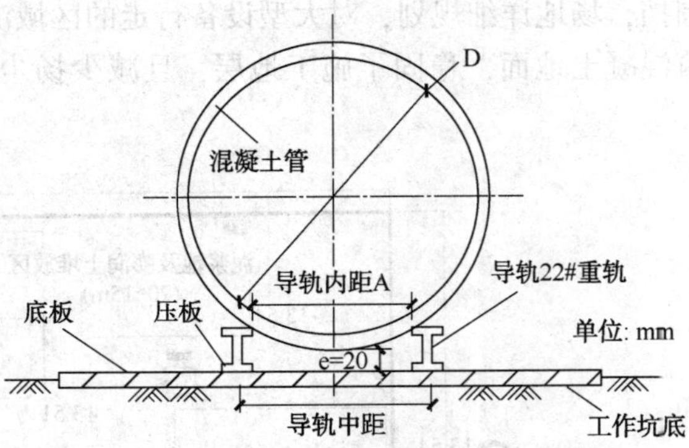

图14　导轨安装示意图

4.1.4　顶管始发、接收端头密封处理

在顶管施工过程中，为防止地下水和泥浆通过套管外壁与地层之间的环空进入竖井，对始发和接收竖井端头进行加固加固尺寸为10×7.5×5，洞口位置设置帘幕橡胶止水钢环。这样可以有效阻隔地下水与泥浆的渗入，确保竖井的密封忾和稳定性。

4.2　顶管施工中的质量安全控制措施

4.2.1　顶管机就位

用吊车吊装顶管机，将顶管机放入始发井内的导轨上，顶管机前端距井壁约300mm。就位后先检查顶管机的轴线是否与机坑轴线、导轨轴线以及主顶油缸的轴线保持一致，发现偏差立即调整。无误后再进行顶管机电路、油路、注浆系统的安装调试。如图15所示。

4.2.2　机头入洞

洞口处，人工向前挖土300~500mm，再将机头徐徐推进洞口里，待刀盘全部进洞，调整止水圈位置，使其完全封闭地下水，后确定地层地质、仓室压力、出泥石量、注浆量、顶进速度等顶管参数，优化施工，之后正常顶进。

开动顶管机刀盘，使用顶管机刀盘破碎洞口内的混凝土封门，刀盘过热时可适当开启进水阀门，冷却刀头。掘进机开始入土时，机头外露，只存在轨道对机头的摩擦力，机头易发生旋转，在固土区段入土前2m顶进时，顶进速度控制在5mm/min以下，以防机头整体旋转，并观测机头倾角和旋转变化，及时修正和调整。

4.2.3　管道顶进与纠偏

顶管掘进机徐徐推进洞口，切入原状土层后停止推移，观测2小时后，观察顶管掘进机土层压力表上的值，若此时值与计算值不符时，要以实际测定值为准，并要对原来计算的推进压力控制值和总推力值进行相应的调整。严格执行控制值：顶进时出土率控制值95%~98%，根据实际情况及时调整。泥水平衡顶管掘进机用顶进油缸的伸出长度来计量出土率。正常顶进条件下，顶进速度控制在10~12mm/min（14.4~17.28m/天）；在顶进过程中：

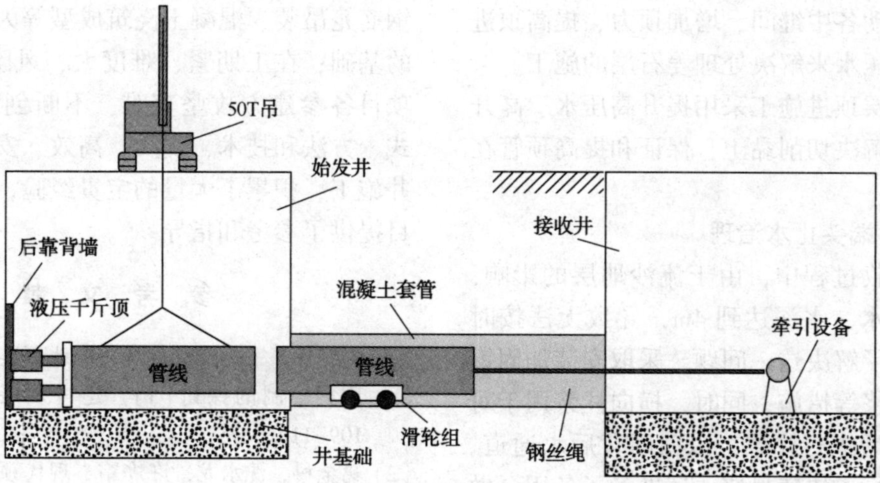

图15　管线牵引图

（1）在开始顶进和结束顶进及穿越南水北调箱涵时，整体顶进速度放缓；

（2）在一节管顶进过程中顶进速度应基本保持稳定。且在开始顶进时应均匀加速，避免突然加速过快；

（3）顶进速度必须满足注浆减摩及进排泥的需要，避免因过快而注浆不足，徒增顶进阻力，避免因过快而造成排泥管堵塞；

（4）顶进过程中应避免停顿。管道顶进过程中，顶管中心和高度由激光导向仪进行测量，其纠偏精度由激光导向仪发射到掘进机测量用的靶盘随时进行控制，确保偏差度不超过±3cm。管道每推进250~300mm时测一次中心轴线，尤其是在黏土层含姜石量大区域，如有超过顶管规范规定值的偏移趋势，立即进行纠偏，若偏移量超过10mm时，立刻停止顶进，查明原因有措施保证后再顶进，确保顶管轴线的质量。根据地面和构筑物沉降监测反馈信息及时调整土压力控制值、出土量与顶进速度。若出现沉降值超标，立即停止顶进，查明原因，采取相应措施后才能重新顶进。刚开始向井下管、装管时，用钢支架固定已顶入的管节，防止顶镐缩回过程中管节后退。

4.3　顶管穿越中应对意外困难

4.3.1　机头开仓

（1）顶管施工中受工程地质的影响，顶进过程中共开仓三次。第一次开仓，因为在顶进过程中遇到了分布不规律及粒径大小不一的姜石，机头无法满足顶进要求，开仓更换机头。第二次开仓，因为机头刀盘磨损严重，需要退出机头进行刀头更换处理。第三次开仓，因为顶进过程中出现了胶质黏泥，整个刀盘被泥饼堵塞，开仓进行高压冲洗。

（2）第一次和第二次开仓取反向顶力将机头从顶管洞口顶出，随后进行开仓处理。在第三次开仓前，进行了作业安全的评估。确定开仓地点后，业主、监理、设计、施工等单位对开仓点的地质稳定情况进行评估，并按要求对仓内进行测氧、测爆、测毒等危害物质进行评价，以判定危险程度。为确保开仓作业的连续性和快速性，提前做好充分的准备工作，包括准备开仓作业工具、确保洞内水电和通风畅通、准备气体检测仪器、由专人负责对进仓作业人员进行技术交底和安全交底等。在开仓前和进仓前，进行仓内气体检测，以确保作业人员的安全。

4.3.2　顶管顶进中同时克服三种地层变化影响

根据设计文件及地连墙开挖时遇到的地层情况，推断出顶管穿越过程中可能遇到的砂层、姜石和黏土地层。为了确保顶管施工的顺利进行，选择了岩石顶管钻机，并增大了机头开口率，以保证钻头能够同时适应不同地质情况，从而确保顶管施工的顺利进行。

(1) 顶进过程中首先遇到是砂层，观察记录好顶进的压力、推力等数据，结合顶管施工经验，减少高压水的量，增大注浆量，并提高顶进的速度将砂层快速顶过去。

(2) 在砂层过后就是姜石地层的处理，在遇到姜石后，启动各中继间、增加顶力、提高顶进速度和提升高压水来解决处理姜石层的施工。

(3) 黏土层顶进施工采用提升高压水、高开孔率的方法来解决切削黏土，保证和提高顶管在黏土层的施工。

4.3.3 接收井端头止水治理

在顶管接收过程中，由于流沙地层的影响，接收井出现涌水，水深达到4m，导致无法按时取出机头。为了解决这一问题，采取安装加固钢板环和高压注浆等措施，同时，横向注浆用于对端头加固区背后进行注浆，以截断背后水通道。此外，洞口进行了快速封堵。还准备了备用泵做好应急反压准备，并采取分段抽水和观察水量的方法。通过这些措施的协调运用，做好封堵工作，确保机头顺利取出，顺利完成了顶管施工。

5 结束语

本次锦郑管道穿越南水北调天津干渠采用地连墙和顶管施工，于2023年6月15日开工，10月19日顺利顶进接收完成，总工期历时124天，刷新深基坑穿越南水北调记录。大大缩短了施工工期，降低了安全管理风险，并成为长输管道顶管隧道穿越大型引水设施施工的一次成功示范。本次顶管穿越南水北调施工，穿越地层的选择、钢筋笼吊装、混凝土浇筑成型等为本次成功穿越的基础；在工期紧、难度大、风险高的情况下，项目各参建方攻坚克难，不断创新安全管理模式、方法和技术，优质、高效、安全地完成了竖井施工，积累了大量的宝贵经验，为后期类似项目提供了参考和指导。

参 考 文 献

[1] 付艳伟，王纪祥．针对大型地下连续墙施工技术与质量控制的探讨[J]．建材发展向，2013(13)：109-110.

[2] 葛金科，沈水龙，许烨霜．现代顶管施工技术及工程实例[D]．中国建筑工业出版社，2009.

[3] 贺昆海．顶管工程关键技术及其实施的风险分析与应用[D]．湖南大学，2012.

[4] 蒋茂强．试析石油天然气管道建设施工质量管理方案[J]．中国石油和化工标准与质量，2019：7-8.

[5] 李健．顶管施工法的技术特点分析[J]．筑路机械与施工机械化，2006(7).

老旧输油管道内衬修复技术应用及实施效果

杜　莎　赵启昌　王　璐　韩　羽　王　蕾　薛　琦　郑　冰　杨天雪　宋　睿

（中国石油华北油田公司）

摘　要　本文介绍了华北油田公司第四采油厂在一条存在输液量持续下降、腐蚀严重、保温效果差、运行能耗高、无更换路由等诸多问题的13.5km老旧输油管道上，应用PCE内衬修复技术对管道进行修复的施工案例，包括施工工序、技术原理、实施应用效果及经济效益评价。PCE内衬修复后的老旧管道与内衬成为一体，可根据需要调整内衬厚度，修复后管道承压能力提升25%，管线使用寿命延长10~15年，管道保温效果显著提高，可满足油田产量持续降低后的安全需求，该修复技术具有修复时间短、费用低、经济效益显著的特点。

关键词　内衬修复；PCE技术；输油管道；传热系数K；施工

老油田内部老旧输油管道初始设计的管径普遍偏大，由于油田开发进入中后期，产量持续下降，造成管道输量降至管道最小安全允许输量以下，需掺清水提高输量来确保管线的安全运行，运行能耗较高。

1　老旧管道概况及存在的主要问题

1.1　概况

WG输油线是一条于1993~1996年间分段更换建设已使用近30余年的油田站间老旧输油管道，如表1所示，管道总长21.54km，规格*DN*159×4.5，输送含水原油，无收发球装置。该管道使用年限久由于腐蚀严重、保温效果差、违法建筑占压、输液量持续下降等原因，2015年对占压严重有迁改路由的后半段约7.08km进行迁改更换，新管线规格为*DN*133×4，保温为40mm硬质聚胺脂泡沫塑料壳。但前半段的13.5km老旧管道由于城市快速建设发展，无迁改路由无法进行更换，该线已严重影响到油田的正常生产运行。

表1　WG管线基础概况

管线名称	输送介质	规格/mm	长度/km	保温层/mm	实际输量/(m^3/h)	输送压力/MPa	管材
WG线	含水原油	159×4.5 133×4	21.54	20玻璃棉被 40聚胺脂泡沫	30~36	1.6~2.1	20#钢

1.2　存在的问题

该管道修复前存在以下五个方面问题：

（1）未迁改更换的13.5km老旧管道腐蚀严重，平均每年出现3~4次腐蚀穿孔情况，且管道有相当部分处于城市区域内，安全环保形势严峻。

（2）未更换的老管道保温效果差，该管道原设计玻璃丝棉被保温，厚度只有10~20mm，通过实际运行数据反算得到该线的2月冬季总传热系数K值较大，为1.7941W/(m^2·℃)。

（3）由于旧管线原设计管径偏大，油田产液量持续下降已降至管道的最小安全允许输量以下，管道运行需掺清水提高输量来确保管线的安全运行，实际运行能耗高。用实际运行参数核算该线冬季Q_{min} 780m^3/d，而油田实际产液量仅为580~600m^3/d，不能满足安全输量的要求。

（4）长期输送含水原油，管道出站至800m左右的管段由于出站温度高，管道结垢严重，对出站处管道割开检查发现局部最厚处管内径已由150mm缩减至50mm。

（5）由于该线所处于地区经济发达、人口稠密，迁改新建管线目前已无路由，且该地区建设管道的土地赔偿费用较高。目前仅抢险操作坑土地赔偿费用约为2万元/次左右。

为解决该输油管道存在的上述诸多问题，经多技术方案认证，最终确定对运行年限长，且无法对其进行迁改更换的老旧WG输油管线上，应用PCE内衬修复技术进行维修再利用，充分发挥老旧管线的剩余价值。

2 管道PCE修复技术

2.1 PCE修复技术

管道PCE内衬修复技术就是在对旧管道清污清垢后，再在其管内分层涂加由加固层、过渡层、玻璃鳞片层共计三层不同材料的内涂层(如图1)，并与原管道本体结合成一个全新的管线。该项技术为专利技术。

加固层：采用加入高分子聚合物水泥砂浆材料，主要作用为增强管道的承压能力，并可根据要求缩减到所需要的内径。

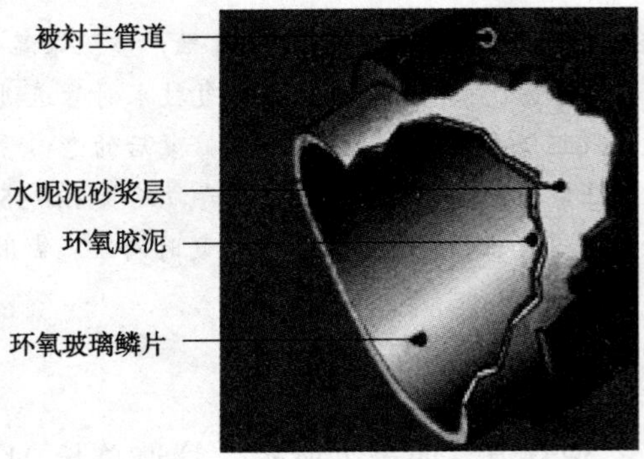

图1　管道PCE内衬涂层结构图

过渡层：为环氧树脂胶泥涂层，主要起承上启下的作用，保证主防腐层与加固层有良好的粘结，并有防腐功能。

玻璃鳞片层：由环氧树脂加玻璃鳞片配成，表面光滑、具有耐温300℃不变形、耐酸、碱和良好的物理机械性能及耐磨性，其粗糙度仅为0.01mm，远小于普通钢材的粗糙度，具有降低管道的摩阻作用。

各层的层间粘接强度高，一体化程度好，复合衬里材料与钢管的本体线膨胀系数接近，能充分与钢管形成一个全新的整体。

PCE内衬修复的主要技术指标：

(1) 管线内衬后可延长管线使用寿命10~15年。

(2) 内衬后管线输送介质温度可达110℃，耐腐蚀性强，可输送腐蚀性液体和气体。

(3) 修复后旧管线修复内衬厚度≥9.0mm。

(4) 适用范围：输油、输气、混输、污水、注水、伴热和油管等管线的新建和旧修复，管径$\Phi60 \sim \Phi377$mm。

(5) 修复后按油田地面建设防腐保温施工验收规范等相关标准进行施工。

2.2 施工工序和原理

2.2.1 管道PCE内衬修复施工修复工艺顺序

管道查找定位、操作坑开挖(管道断开)、管线分段清洗、涂敷加固层(根据要求多次+干化凝固)、涂敷过渡层(干化凝固)、涂敷玻璃鳞片层(干化凝固)、质量检查中间验收、全线联通、试压、操作坑回填、验收投产。

2.2.2 内衬层涂敷原理

在待修复的管段首端放入前后间隔一定距离的两个涂敷器，将涂敷所用的衬料灌入两个涂敷器之间，利用压缩空气作动力，使两个涂敷器的两端保持合理的压差，以一定的速度推动双涂敷器和衬料从首端推向尾端。涂敷器的皮碗受压变形使衬料均匀挤涂在管道内壁上，从而形成一个与管壁结合牢固的内衬层。涂敷示意图如图2所示。

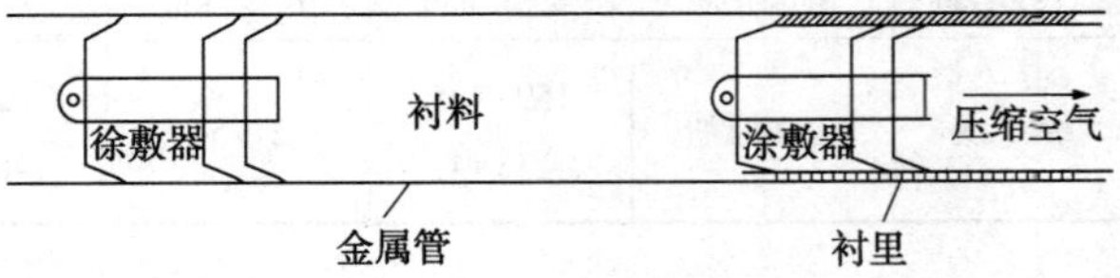

图2　管道PCE内衬涂敷示意图

3 WG输油管道修复过程

自9月20日至12月25日，历时96天，完成总长13.5km清管及8.895km的管道内衬修复。

3.1 操作坑地点的选择

根据管道弯头分布位置、最佳修复长度(500~600m)、方便车辆进出并能摆放施工机具等条件初步将管道分成20段，选定21个操作坑，并与地方政府协商工农问题，随后根据办商结果对21个操作坑数量及位置进行调整，最终将管道分成19段，确定20个施工地点，具体操作坑距离及位置图如表2、图3所示。

表 2 WG 管线操作坑开挖统计表

操作坑	距离/m	操作坑	距离/m	操作坑	距离/m
1—2	610	8—9	500	15—16	800
2—3	490	9—10	600	16—17	600
3—4	900	10—11	700	17—18	700
4—5	800	11—12	900	18—19	700
5—6	500	12—13	600	19—20	600
6—7	700	13—14	900		
7—8	900	14—15	600		

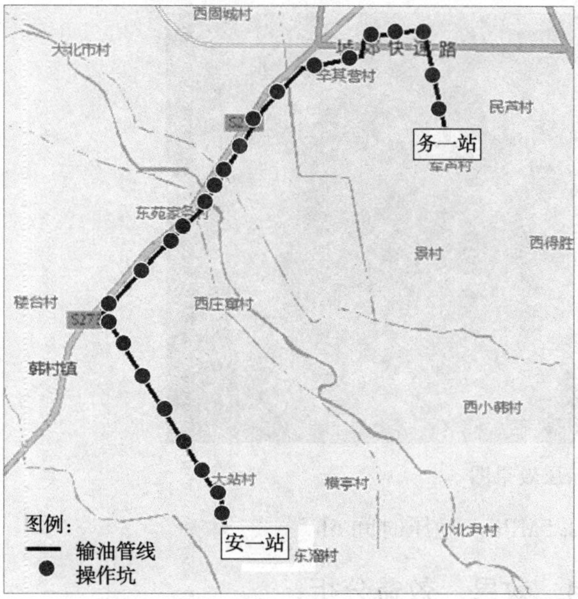

图 3 WG 管线操作坑开挖位置图

3.2 管道 PCE 修复全过程

第一步，管线停输、扫线。由建设单位按全线 1.5 倍管容用热水进行替油扫线。

第二步，分段开展管道的清污清垢工作，达到施工标准后再开展内衬涂层修复；分段进行内涂层，最后完成全线联通、试压由施工单位完成。

第三步，管道预热、投产由建设单位完成。

3.2.1 管线清污清垢

先用通过能力强的 PIG 软体泡沫球进行第一次通扫，检验其通过能力、清除管内残留污油污水等，再采用硬钢丝刷清除管内本体附着的残留物，最后再用无酸碱性的专用清洗剂对管线进行清洗。

对于出站结垢较严重 800m 管段，使用专用的高压清洗设备进行物理清垢。清垢现场见图 4。

清洗后的旧管线要求达到钢材本体 Sa 级即可，无需达到 Sa2 级，因为涂层的水泥砂浆中加上一些助剂可以和钢管表面少量的残留物融为一体，不影响涂层与管道本体粘接强度。

清污清垢过程中采取地上铺设塑料布，收集管道清出的污油水及垢碎屑，然后用罐车运送污染物的方式进行集中处理。13.5km 的管线共清出垢碎屑 $10m^3$ 左右，油泥污水约 $30m^3$ 左右。

图 4 管道清垢现场图

3.2.2 内衬涂层修复过程

(1) 涂敷加固层

① 安装发收球筒、样品管、涂敷器等。

② 配制 PCE-1 高强度聚合物水泥砂浆。

③ 泵料入管。

④ 以压风机为动力源，开始挤涂。挤涂过程中，注意压力表的变化，使压力稳定在一定范围之内，确保涂敷器运行平衡适中，每次涂敷厚度

为1.5~2mm，每一遍涂敷结束后，固化24小时。

⑤ 固化后，继续第二遍涂敷，共涂敷6~7遍至设计厚度12~13.5mm。

⑥ 质量检查：卸下样品，检查涂层质量。

⑦ 拆卸发球筒和接收筒清洗。

（2）涂敷过渡层

① 准备(同上)。

② 配制PCE-2环氧胶泥过渡层材料。

③ 泵料入管。

④ 压风挤涂。挤涂固化过程同上，涂敷厚度300~400μm。

⑤ 质量检查：卸下样品，检查涂敷质量。

（3）涂敷玻璃鳞片层

① 准备(同上)。

② 配制PCE-3环氧玻璃鳞片增强树脂。

③ 泵料入管。

④ 压风挤涂。挤涂固化过程同上，一遍涂敷厚度150~250μm，共涂敷两遍。

⑤ 质量检查：卸下样品，检查涂敷质量。如图5所示。

图5　管道完成涂层效果图

WG管道修复后的管内涂层的平均厚度为达到13.5mm，内径由原来的150mm缩减成123mm，与已更换的后半段管线内径保持一致。

3.2.3　施工过程的质量控制

针对施工过程中可能会出现两个问题：

（1）管道内涂层由于重力作用，有可能会形成底部厚度大于顶部厚度的情况，可根据施工当天的天气温度、调整固化剂比例、涂敷机具缝隙大小、压风机排量等措施来减少上下厚度的差异。

（2）进料段厚度会大于后面出口段情况，采用以下两方法进行控制

① 有条件的分别从两端进行涂料。

② 末端增加延长管段，保证末端涂敷时有一定压力，达到涂敷厚度。

（3）针对冬季施工中环境温度降低，固化时采用压风机吹热风协助固化后再检测，达到要求后再涂敷下一遍。全线完成涂敷工程结束后，养护固化7天后即可投入使用，30天后即可永久固化。

分段修复完成后最后进行管道全线连接，修复操作坑处用有PCE内衬钢质管线将全线连接起来。连头处按相关焊接标准拍片检查。试压力2.5MPa，稳压时间6h。

4　效果、效益分析

4.1　效果分析

历经96天完成全长13.5km管道PCE内衬修复、试压、预热后，管道顺利投产运行。修复后的管线经过一个冬季的运行，修复后管线运行压力由修复前的2.1MPa降至1.1MPa；其保温效果得到有效提高，冬季地温最低时期运行无需再掺水运行，末站温度由28℃升至35℃；最小安全输量由848m^3/d降至580^3/d，每日减少掺清水量150~200^3/d，大大降低了管线的运行费用。

通过统计该管道自更换、维修等不同时期管道的实际运行数据、管道所在地区不同季节管道埋深的地温数据等，按《输油管道工程设计规范》GB 50253—2014中苏霍夫公式变形得到总专热系数计算公式进行热力计算：

$$K=\frac{Gc}{\pi DL}\ln\frac{T_R-T_0}{T_Z-T_0} \tag{1}$$

式中，T_0为管道周围介质温度，℃；T_R为出站温度，℃；T_Z为进站温度，℃ L为管道计算长度，m；c为输油平均温度下原油的比热容，

J/(kg·℃)；K 为总传热系数，W/(m^2·℃)；D 为管道的外直径，m；G 为原油质量流量，kg/s。

计算得到该线不同时期及不同季节总传热系数K值，见表3：

表3　WG管道各个不同时期的实际运行数据反算的总传热系数 K

不同管道	2月K值
WG线(修复前半段旧管道)	1.7941
WG线(后半段新更换管道)	0.8505
WG线(修复前全线)	1.409~1.453
WG线(修复后全线)	1.168~1.218

通过上表可以看出：按冬季2月份WG线修复后的实际运行参数反算，在只修复了9km仍有3.5km未修复的情况下，WG管道全线综合总传热系数K值由修复前的1.409~1.453W/(m^2℃)，下降到1.168~1.218W/(m^2℃)；较未修复前有了较大幅度的下降，证明管道进行PCE内衬修复后，全线保温效果有了显著提升。

4.2　效益分析

(1) 管道PCE修复发生的总费用264.62万元。由以下四大部分组成

① 管道PCE修复176.00万元。

② 管道停输临时改拉油改造费用约3万元。

③ 20个施工操作坑，实际发生土地赔偿费用76.12万。

④ 管线修复期间新增加拉油运输费用40.5万元，扣除管线停输后的运行费用实际新增拉油运行费用31万元。

(2) 管线应用PCE技术修复后，该管道按每天平均可节约清水100m^3、污水处理、燃气费用等计算可节约运行费用43.08万元。

① 每天节天然气量625m^3/d，节天然气费用600元(按自产气成本0.96元/m^{3}计算)。

② 每天平均节约掺清水量100m^3/d，节清水水资源费用300元(按清水费3.0元/m^{3}计算)。

③ 每天可减少输水量100m^{3}的机泵的电费60.3元/天(电费0.67元/km.h)。

④ 减少100m^3/d污水处理运行费用220元/天(到终点站后的污水处理费用2.2/方)

1-4项合计每天可节省管道运行费用1180.3元。

(3) 投资收期

投资收回时间=264.62/43.08=6.14年。

5　结论

(1) 老旧管道通过PCE技术修复后可重新延长管道的使用寿命10~15年，提高老旧管线的承压能力25%以上，由于修复后的管线内衬是多层复合结构与管道本体已经成为一体，增加了管道的强度，可以有效减少在经济发达、人口稠密地区因腐蚀穿孔漏油的带来安全风险，其社会效益较经济效益更为显著。

(2) PCE修复技术对老旧输油管道具有修复时间短、投资省的特点，只用96天完成13km的清管作业和8.895km管道的修复，比建设新管道投资节省85%以上。

(3) 修复后的管道由于增加了内衬具有一定厚度，对于保温效果差的老旧管道有助于提升其(管道的)保温能力，降低热损失；修复后的管道内层衬里玻璃磷片层其绝对当量粗糙度 e 值比钢管低，可有效防止管线内壁因油井出超细泥砂等引起结垢。

(4) 修复后的管道由于新增内衬涂层为多层复合结构，可以根据实际需要调整内衬厚度，将较大内径管道改为小内径管道，达到缩径(缩减管线的内径)的目的，修复后管道的最小安全允许输量也随之下降，是一种解决老油田老旧输油管线安全经济运行的有效方法。

(5) 该修复技术也具有一定的应用局限性，以下三种情况不能按此种方法修复：一是清管器无法通过的弯头处；二是管道严重变形，无法通球的管段；三是穿跨越处有垂直管段的部分。上述部分只能采取局部更换管段的方法进行修复。

参考文献

[1] 黄维和，郑洪龙，王婷. 我国油气管道建设运行管理技术及发展展望[J]. 油气储运，2014，12(33)：1259-1262.

[2] 董学旺. PCL复合结构内衬管线修复技术[J]. 管道技术与设备，2000(第6期)：14-15.

[3] 武玉双，马永忠，李渊，等. 管线非开挖内衬修复技术在油田建设中的应用[J]. 油气田地面工程，2017(05)：72-74.

[4] 邵晓东. 油田在用管线内防腐修复技术的应用及经济性分析[J]. 腐蚀科学与防护技术，2008，5(20)：229-231.

[5] 马书定，王学善. 旧管道内修复挤压涂衬新工艺[J]. 石油化工腐蚀与防护，1997. 14(3)：48-50.

金属磁记忆检测技术及工程应用

宋沛航[1]　齐根成[2]　刘书军[2]　赵启昌[2]　刘玉芳[2]

(1. 河北华北石油特种设备检验检测有限公司；2. 中国石油华北油田公司)

摘　要　全新的金属磁记忆检测技术(MTM)在埋地钢质管道非开挖条件下实现管体腐蚀定量检测方面具有不可替代的优势。高灵敏传感器阵列的检测仪和应力诊断软件，通过对铁磁性材料的磁记忆效应来检测评判管体上缺陷的应力级别，提供了在不接触管道的条件下，检测和诊断钢质管道安全性的技术手段。MTM技术的优越性在于对无法实施内检测的埋地管道进行管体缺陷检测，通过该技术在华北油田某采油厂R输油管道上的成功应用，检测出多处管体外腐蚀点并开挖验证，结果证实该检测技术比绝大多数传统的腐蚀检测技术具有更强的经济效益和适应性。

关键词　应力集中；金属磁记忆；MTM；管体检测

1　MTM的技术原理

MTM(Magnetic Tomography Method)金属磁记忆检测技术是一种无需与被检测的管道进行直接接触，无需对管道施加任何激励信号，便能够在管道上方地面检测出管体金属损失，评估管道安全级别的创新检测方法。检测人员手持便携式检测仪沿管道路由行走，对管道因制造、建设、运营过程中形成的缺陷、腐蚀损伤而导致的应力集中进行磁扫描，采集铁磁性材料上磁场变化的数据曲线，经腐蚀应力诊断软件的数据处理系统确定出管体上各种类型的缺陷。因非接触管道或侵入管道内部，在整个检测的实施过程中无需中断管道的正常运行(图1，图2)。

图1

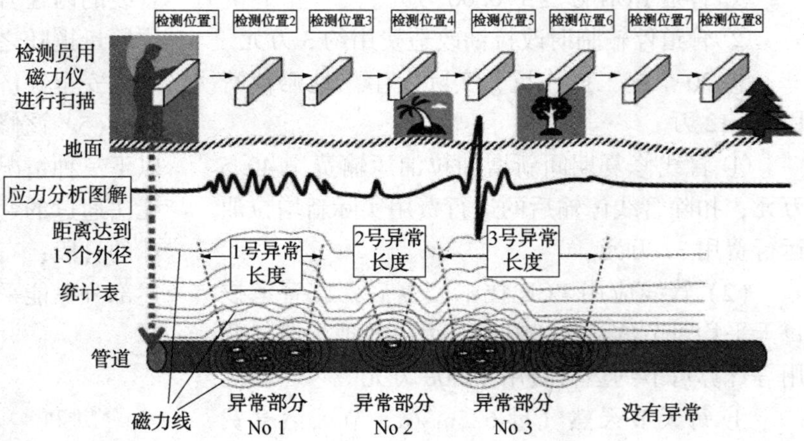

图2

MTM技术的检测原理是：地球是一个巨大的磁体，地表上到处都分布着可以探测和计量的磁力场。由于铁磁性材料的磁弹性作用，使得处在地磁场中的铁磁性材料制成的管道周围同时存在着与管体的应力分布相关联的磁场分布。由物理学的维拉里(Villari effect)效应可知，管体上存在的冶金、机械或介质腐蚀导致的缺陷，都会引起该区域内管体应力的变化，进而导致管道附近和周边区域内磁力场发生变化，从而引起管线上方的磁力剖面发生可以探测和测量的变化。这种现象被称之为磁力异常，它是通过高灵敏的磁力仪检测阵列在地面上方进行探测和记录。

此外，管道在运行压力负荷的作用下，铁磁性的工作板材无论何时发生应力集中还是塑性变形，都会导致相应区域内管材发生不可逆转的磁性变化。这些区域内的磁场都会被重新排列，其方向也被相应地改变了。管道上方的磁场不会因为管道负荷的消减而消失(称之为“磁记忆”效

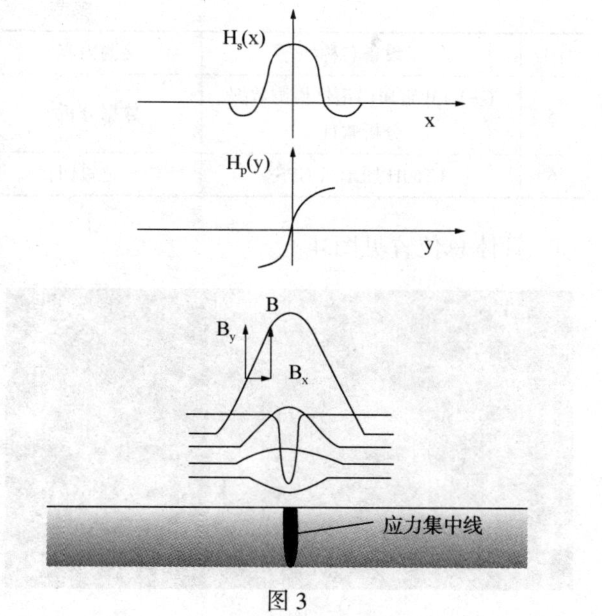

图 3

应），而该磁场的强度取决于管道内的最大工作负荷。更详尽的阐述是：由于应力的作用改变磁力线方向 180 度，在应力峰值点的上方，磁力场的切线(与管道轴向垂直)方向的磁力线为最大，则在与管道径向方向上磁力线强度会变为零。当由于腐蚀开裂、金属疲劳损伤以及高温塑性变形损伤等原因导致的应力，都能够由此追溯到这样的磁力改变区域。应用 MTM 检测系统，将检测数据上传到计算机，使用应力诊断数据处理软件进行分析。专用的应力诊断软件是由复杂的运算程序组成，通过对缺陷周边区域上的应力值的相应改变进行分析和计算，能够检测并定量地评估出所有冶金缺陷、腐蚀或各种形式的地壳运动引起的扭曲、下陷和应力变化造成的危害，评价出每个缺陷的危险等级，计算出管道管体所能承受的运行压力和管道的安全运行寿命。

随着金属磁记忆检测技术的开发和设备的逐步完善，现如今已经彻底地改变了之前无法内检的管道，在地面上不能进行全方位管体腐蚀损伤检测的现状。该检测技术可以在不施加任何信号、不接触管道、不影响正常输送的情况下，沿着已知的管线路由进行检测，即可获取由管体缺陷而形成的磁场畸变信号，并记录其位置的相对距离和 GPS 坐标等信息，可对管道内壁较为严重的金属蚀失进行检测，还可对涂层(无论完好还是有缺陷)下的金属结构状态进行判别。通过专业的检测评估软件对检测数据进行软件分析及计算，可得到管道管体磁力异常位置、异常严重等级、安全运行压力和安全运行期限。对于因管道内壁、外壁上的金属蚀失都能够进行检测。而所有这些探测工作均可以在不中断管道的运行条件下进行。比起传统的检测方法，这项技术具有更高的检测精度、更低的检测费用，还可以在管线上任意管段内进行检测。

2　MTM 检测的评价结果

MTM 技术是基于缺陷区域内局部应力的相应变化，根据磁-机械效应的机理来评价管道的危险等级，而不是仅仅针对管体上缺陷的几何尺寸进行评估。也就是，对管道的失效危险等级的评估既要基于管道的几何参数，又要取决于管道缺陷区域上局部机械应力的水平。

在不出现失效事故前提下确定管道的运行参数，是在考虑了管道运行期间的条件以及金属结构的变化模式等因素下进行的。针对管段上危险等级指数 F 的计算，是将缺陷的磁性异常的长度，大小以及在一定背景数值之上的磁力强度向量的分布形状等因素考虑在内计算得出的。F 指数的数值针对检测出的缺陷计算得出。在背景数值下，缺陷的 F 指数反映的是检测出的磁场强度数值超出的程度。计算公式为：

$$F=A\times e^{1-\frac{Q_\phi}{Q_{ah}}} \tag{1}$$

式中，A 为磁场变化上反映管道缺陷(完全针对)特征的校正系数。在验证过程之后确定；Q_{aH}，Q_ϕ为在“平静”背景区域上的磁异常区间内，沿管道轴向上磁场强度的密度的分布。这些数值是以区间内磁场强度曲线的段长度来确定的。

$$dQ=\sqrt{dHx^2+dHy^2+dHz^2} \tag{2}$$

式中，dHx，dHy，dHz 为磁场强度向量的各个维度上的变化数值；dQ 为每个测量值的密度增加值。

以管道上金属管体缺陷的危险等级指数(F)为基础，应用下列公式计算获得管道的安全运行压力数值：

对一级缺陷的管段：$F[0,\ 0.2]$

$$P_{safe}=0.9P_{operating}+0.05P_{operating}\times F \tag{3}$$

对二级缺陷的管段：$F[0.2,\ 0.55]$

$$P_{safe}=1.01P_{operating}+0.05P_{operating}\times F \tag{4}$$

对三级缺陷的管段：$F[0.55,\ 1]$

$$P_{safe}=1.06P_{operating}+(0.95P_{design}-1.06P_{operating})\times F \tag{5}$$

式中，$P_{operating}$为检测时段的管道操作压力；P_{design}为管道设计压力；P_{safe}为计算得出的管道安全运行压力

基于这些数据利用下面的公式，可以计算出管道不发生失效事故的运行期限。

$$T_{safe}=K_p \times K_F \times K_t \quad (6)$$

式中，K_P为考虑管道压力因素的系数。当管道运行是设计压力时$K_p=1$。

$$K_p=e^{1-\frac{p_{design}}{p_{operaring}}} \quad (7)$$

式中，$P_{operaring}$为检测期间的管道操作压力，单位：MPa；P_{design}为设计压力，单位：MPa；K_F为考虑了缺陷危害等级的系数。

$$K_F=-2Lg(\sqrt{1-F}) \quad (8)$$

式中，K_t为考虑管道运行期限因素的系数。

$$K_t=10\times\frac{T}{\Delta T} \quad (9)$$

式中，T为管道运行的标准年限，年；ΔT为管道的运行年限，年。

3 检测设备和管道的基本情况

该埋地管道为华北油田两座联合站之间的原油输送管线(简称R管线)，2006年6月投用，为保障原油外输的重要线路。管道的具体参数见表1。

表1

检测区段	管材	管径/mm	壁厚/mm	防腐保温层	设计压力/MPa	运行压力/MPa	投产年份
A管段	L245	ϕ273	7.1	3PE+聚氨酯保温层	6.4	2.2	2006
B管段	L245	ϕ273	7.1	3PE+聚氨酯保温层	6.4	3.4	2006
C管段	L245	ϕ273	7.1	3PE+聚氨酯保温层	6.4	2.1	2006

实施检测应用的设备见表2。

表2

序号	设备名称	检测内容
1	JX-MTM金属磁记忆检测仪	MTM金属磁记忆检测
2	VLOC3-Pro管线探测仪	管道路由探测
3	TSC-3M-12接触式磁记忆检测仪	管体应力检测
4	TT100超声波测厚仪	管体壁厚检测
5	G-MTM金属磁记忆检测数据分析软件	数据分析
6	LT60H厘米级GPS	GPS位置回找

续表

管体总位置见图4。

图4

4 检测的实施过程

2023年3月使用JX-MTM非接触式金属磁记忆检测仪，对R线分三段实施了管体腐蚀损伤的检测，其中A管段，检测长度1945m；B管段，检测长度3348m；C管段，检测长度19770m。

检测过程分为四个阶段：

1）管道路由定位及地面非接触式扫描仪进行的地面磁信号收集。

2）在完成对收集的数据进行初步分析之后，出具初步检测报告；

确定校验点的数量及位置。

3）校验点开挖，直接检查进行定量分析，对该段的管道检测结果进行校验。

4）依据校验结果对软件参数进行调整，并出具最终检测报告。

5 检测结果和验证

异常点的检测结果统计表如表3所示。

表3

检测区段	1级异常	2级异常	3级异常
A管段	0	2	4
B管段	0	2	10
C管段	0	8	29

经分析金属磁记忆结果显示，本次检测共发现金属磁记忆1级异常0处(1级异常管体应力集中情况为“强”)，；共发现金属磁记忆2级异

常12处(2级异常管体应力集中情况为“中”)；共发现金属磁记忆3级异常43处(3级异常管体应力集中情况为“弱”)。

部分开发验证情况如下：

1）1号异常点

1号异常点为磁记忆二级异常点，开挖后管道12点钟存在一支管，经支管路由探测寻至一座院落，确认为盗油支管(图5)。

图5

2）3号异常点

3号异常点为磁记忆二级异常点，开挖后管道防腐层破损，剥离防腐层后在管道12点钟方位存在一处外腐蚀，蚀坑深度越2.1mm，金属损失率为29.6%(图6)。

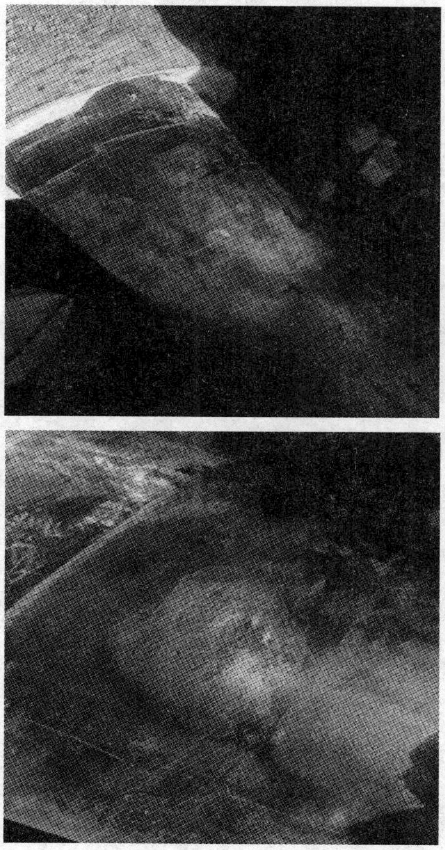

图6

3）19号异常点

19号异常点为磁记忆二级异常点，开挖后管道防腐层无破损，剥离防腐层除环焊缝处存在应力异常外，其他管体无应力异常，判定此处为环焊缝应力较大引起的异常点。经接触式磁记忆检测，环焊缝处最小磁场强度为773A/mm，最大磁场强度为1131A/mm，环焊缝应力水平最大部位是最小部位的1.46倍，未超过3倍，无需进行射线等无损检测，可继续使用(图7)。

图7

最终共计开挖10处异常点，经接触式磁记忆和超声波测厚，2处为盗油接头；1处外腐蚀点，腐蚀坑深2.1mm，管体损失比为29.6%；1处为管体划伤，划伤深度1.4mm，管体损失比为19.7%；2处与其他管道交叉，产生应力异常；1处环焊缝应力集中引起的应力异常；3处为误报点，磁记忆检测结果验证准确率为70%。

在MTM的最终检测评价报告中，检测报告对该管线给出的维修建议是：

1）此次检测无管道安全运行年限小于2年的异常点，A管段最小年限为2.24年，安全运行压力为2.25MPa；B管段最小年限为5.58年，安全运行压力为3.51MPa；C管段最小年限为3.04年，安全运行压力为2.17MPa。

2）重点关注2级异常点，上述异常位置有异常的磁场突变，或磁场分布曲线具有管体腐蚀的特征，会存在管体腐蚀、机械损伤、局部受力不均匀等情况。建议定期监测(间隔2年)埋地钢质管道磁场部分变化，可识别出存在高风险的管段区域。

6　结论

通过在华北油田R输油管线上的成功应用，检测出多处外腐蚀点，证明了金属磁记忆检测技术(MTM)的优越性，其在于：不但能够对无法实施内检测的管道进行管体缺陷检测，也可以对可内检的管道进行验证性的补充检测。MTM 方法具有实施便利、更高的检测精度、更低的检测费用等优点。非接触式的 MTM 检测技术不但可以检测出管体的腐蚀缺陷、管体的焊接缺陷，还可以计算出管道的安全运行压力，以及管道的剩余寿命，在埋地钢质管道非开挖条件下实现管体腐蚀定量检测方面具有不可替代的优势。R 输油管线的成功实施证明了 MTM 金属磁记忆检测技术比绝大多数传统的钢质腐蚀检测技术具有更强的适用性和检测能力。

参考文献

[1] 杜波夫. 金属磁记忆检测法全国首届金属磁记忆检测技术研讨会论文集. 北京，2001：112-118.

[2] Dubov，A. A study of metal properties using the method of magnetic memory. Metal，science and heat treatment，1997. Vol. 39，9-10.

[3] RD 102-008-2009. 非接触式管道状况的磁力诊断方法. 2009.

[4] ISO 24497. Non - destructive testing - metal magnetic memory-Part 1-3：Vocabulary. 2007.

D1219 电动液压带铜衬垫内对口器的研制

张　思　张　智　钱国意　王　勇　高尚稳

（大庆油田工程建设有限公司）

摘　要　气动内对口器组对效率高，普遍应用于长输管道手工焊、半自动焊、全自动焊等工艺，尤其是在地势平坦地段的内焊机全自动焊优势极为明显，国内铜衬垫单焊炬外焊自动焊工艺研究的也是采用带铜衬垫的气动内对口器，但在坡度较大地段时，但在弯头焊口处、15°～30°坡度地区，因气动对口器整体较长、通过性差、气刹刹不住。本文介绍了带铜衬垫液压内对口器的特点及国内外的研究应用现状，本文依托《大口径长输管道铜衬垫自动焊接工艺研究》科研项目，分别测试了气动内对口器与电动液压内对口器，针对等性能方面进行改造，最终形成适用于特殊地段的液压电动带铜衬垫的内对口器。

关键词　内对口器；铜衬垫自动焊；液压电动；爬坡能力

气动内对口器广泛应用于大口径长输管道施工，大口径长输管道手工焊、半自动焊和全自动焊，均是采用气动内对口器进行组对，当前国内最为主流的内焊机全自动焊接工艺，也是在气动内对コ器上集成了内焊系统进行焊接。内焊机全自动焊接工艺受地形因素影响严重，主要应用在地势平坦、地形坡度起伏较小的地段，而山区、丘陵等坡度较大地段，则采用外对口器组对+手工氩弧根焊的组合自动焊工艺。这种组合自动焊工艺，组对焊接效率很低，以在建的西三线中段 Φ1219mm 口径长输管道项目为例，该工程地势起伏较大，需要采用组合自动焊工艺焊接的焊口达到3000道口以上，而单机组每工作日只能完成2~4道焊口，极大增加了项目成本，严重影响企业效益。

在上述背景下，工程建设公司依托油田级科研项目《大口径长输管道铜衬垫自动焊工艺研究》自主研发了效率更高的大口径铜衬垫全自动外焊工艺，因此研制一种具备15°～30°爬坡能力的内对口器与之匹配，进行山区、丘陵模拟应用试验，以取代组合自动焊工艺，提高整体焊接效率和质量。

1　带铜衬垫内对口器技术现状

国外带衬垫内对口器开发技术比较成熟，生产公司较多，通过文献查阅可知，主要有美国的CRC—EVANS公司、DMI公司、MCDERMOTT公司、HORIZN公司、CCI公司、英国NOREAST公司、荷兰ALLSEAS公司，挪威STOLT公司，意大利SAIPEM公司、德国VIETZ公司、加拿大PROLINE公司等。其中CRC具有众多规格的带铜衬垫内对口器。

Model No.	Nominal Pipe Size		Length		Width		Height		Weight		Cube	
	inches	mm	inches	mm	inches	mm	inches	mm	lb	kg	ft³	m³
IPLC-DJ 16-18	16	406	105	2,667	17	432	19	483	700	318	19.6	0.56
IPLC-DJ 16-18	18	457	105	2,667	17	432	19	483	700	318	19.6	0.56
IPLC-DJ 20-22	20	508	94	2,388	21	533	23	584	750	340	26.3	0.74
IPLC-DJ 20-22	22	559	94	2,388	21	533	23	584	750	340	26.3	0.74
IPLC-DJ 24-26	24	610	98	2,489	25	635	27	686	950	431	38.3	1.08
IPLC-DJ 24-26	26	660	98	2,489	25	635	27	686	950	431	38.3	1.08
IPLC-DJ 28	28	711	98	2,489	29	737	31	787	1,600	726	51	1.44
IPLC-DJ 30-32	30	762	119	3,023	31	787	33	838	1,800	818	70.4	1.99
IPLC-DJ 30-32	32	813	119	3,023	31	787	33	838	1,800	818	70.4	1.99
IPLC-DJ 34-38	34	864	122	3,099	33	915	35	889	2,400	1,091	81.5	2.52
IPLC-DJ 34-38	36	914	122	3,099	33	915	35	889	2,400	1,091	81.5	2.52
IPLC-DJ 34-38	38	965	122	3,099	33	915	35	889	2,400	1,091	81.5	2.52
IPLC-DJ 40	40	1,016	128	3,251	41	1,041	43	1,092	3,200	1,455	130.6	3.70
IPLC-DJ 42	42	1,067	128	3,251	41	1,041	43	1,092	3,200	1,455	130.6	3.70
IPLC-DJ 46-48	46	1,167	128	3,251	47	1,194	49	1,245	3,500	1,588	170.6	4.83
IPLC-DJ 46-48	48	1,219	128	3,251	47	1,194	49	1,245	3,500	1,588	170.6	4.83

图1　CRC公司的带铜衬垫内对口器不同管径的尺寸参数

国内关于铜衬垫内对口器的研发较晚，但铜衬垫内对口器设备制造简单，一般只需在内对口器上加装铜靴就可以满足要求，设备改造容易。目前很多管道设备厂家也都开展了带铜衬管道气动内对口器的研制，并掌握了该项技术。

2　内对口器结构特点及工作原理

大口径长输管道铜衬垫自动焊工艺研究项目，在工艺试验阶段，分别对气动铜衬垫内对口器和电动液压铜衬垫内对口器进行了测试，总结了设备特点如下：

2.1　气动内对口器

D1219带铜衬垫气动内对口器由机械部分和气动控制部分两部分组成，整机采用卧式长构架形式，外形尺寸：4340mm，配套12m加长杆，重量 2180kg。

1）行走能力：双侧双马达气动驱动，动力由气动马达提供，通过加长杆连接外部气源，加长延杆固定在内对口器前部，不变于拆装，不能通过弯头。

2）制动机构：由气缸驱动，双侧轮毂式+两侧涨块制动。气缸活塞杆伸出时带动刹车片顶靠在钢管内壁，起到刹停作用，操作时受惯性影响较大，有坡度时更为明显。

3）对中与点动行程控制：气动驱动微调行走距离较大，行走速度约为 1m/s，不易实现微调，对中时需要人工多次反复调整，耗时较长，现场操作不便。

4）涨紧能力：外接气泵提供动力气源，通过充入压缩空气实现涨紧，气排阀向向左旋转涨靴收回，向右旋转前涨靴升起，实现铜衬间精准组圆、快速无间隙管口组对，操作较为容易。

5）远程操作能力：通过加长杆操纵盘连接内对口器各气排阀，管口组对时在管子外面进行操作。

图 2　气动内对口器加长杆及操作盘

图 3　点动行程控制阀

2.2　电动液压内对口器

D1219 带铜衬垫电动液压内对口器整体为钢制结构，采用电驱液压动力系统，供电采用充电锂电池组，用机械内部的液压站替代了原来的储气罐，进一步集成优化内对口器外形尺寸，去除气动元件、配件，整体设计长度 2850mm，采用无线遥控操作，不需携带提供动力气源的加长延杆，可顺利通过 6D 弯头。

1）行走能力：电动液压驱动。

对口器前行走轮起支撑作用，转动是由后驱动轮带动的。前行走机构左右各一个对称固定在后骨架靠近胀紧机构的部位，后行走机构由后骨架末端的驱动轮组成。驱动轮组件是通过缩液压缸连接，液压缸伸出时将驱动轮压紧在管道内壁上，形成设备运动所需的驱动摩擦力，其结构主要包含液压马达，液压缸，轮架，齿轮及轴套等零部件。

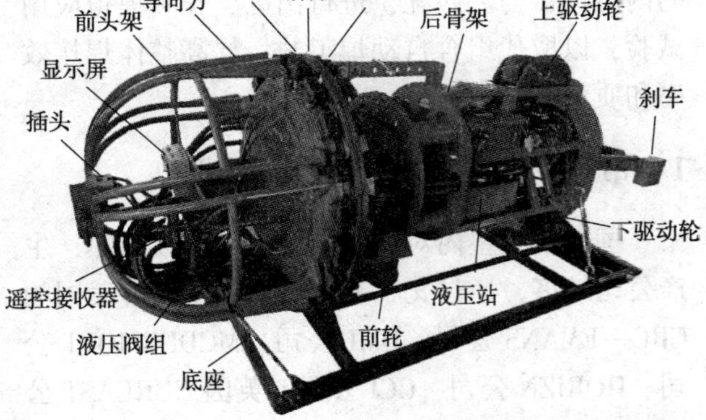

图 4　带铜衬垫液压内对口器

2）制动机构：液压制动。

刹车机构主要由刹车液压缸、缸体连接块、刹车臂及刹车片等组成。在刹车机构工作时，通过刹车液压缸活塞杆的伸出将布置在液压缸两侧的刹车片顶靠在管道的内壁上，靠刹车片与管壁形成的摩擦阻力使设备停在管道内的某一位置。由于设备停止驱动后，惯性会使其继续在管道中行走，刹车机构可有效防止设备从管口窜出，避免造成不必要的设备损坏和人员伤亡。

图5　刹车机构

3）对中与点动行程控制：遥控操作，点动行程50mm。

通过机构前端控制按钮或外部操控杆，进行对中调节，微调点动行程≤50m。

4）涨紧能力：液压动力涨紧，由设置在机构内部的液压站提供动力源，液压胀力远大于气动胀力，且涨紧力可调。

涨紧机构由前后涨紧部件组成，通过中间板两端止口使前后涨紧部件配合定位。涨紧结构设计为两排共40个胀爪，各排单独控制顶起回落。由设置在机构内部的液压站作为对口动力源，通过前后液压缸提供压力，带动活塞连杆机构使胀爪均匀顶靠在需要组对的两个管内壁上，完成管口同轴组对。

铜称垫组件是固定在前排胀爪上，前排胀爪顶起时铜衬也随之顶升，20块铜衬正好无缝拼接将钢管内壁焊缝周长全覆盖。施焊时铜衬托板上圆弧紧贴钢管内环缝将内环缝全封闭。

铜衬底座固定在胀爪下方，铜称垫用螺栓固定在铜衬连接板上，铜衬底座和铜衬连接板之间装有弹簧并用中心轴自下而上连接为一体。施焊时如图6所示，前爪顶起平行四边形铜衬覆盖钢管内壁一周，且铜衬上弧面形成的工作直径与钢管内壁直径等同。施焊完成后，前爪回落将铜衬组件强行拉回退出。爪顶起回落过程中铜衬的摆动是靠铜衬相互之间的挤压和弹簧的扭力实现。

图6　带铜衬垫液压内对口器铜衬点分布

5）远程操作能力：机构前端控制和外部操控杆控制两种操作方式。

机构前端控制就是在前头架设置一个操控盒，操控者可直接通过机头的按钮完成各部动作。外部操控杆控制就是当设备位于管内不便直接操作时，通过加长的操纵杆和设备连接在一起，并在操纵杆上设置一个操控盒，操作者通过操纵杆上的控制按钮完成各部动作。

3　电动液压内对口器优化改进

3.1　行走机构

1）行走机构采用锂电池组作为电源，通过电动液压马达驱动，实现前后行走、刹车，并设计行走和刹车联动控制，增加一台驱动马达，共使用三个带制动液压马达驱动轮，提高爬坡能力，确保机构运行安全，爬坡角度达到30°。

2）改用伞齿轮传动机构，利用伞齿变换传动轴线，通过齿与齿的啮合将液压马达的驱动力传递到的行走轮上，实现设备在管内的轴向运动，解决了链条传动的安全隐患，传送更平稳。

3）行走轮采用做模具挂胶的方式使其外圈与管壁接触部位为橡胶材质，不会划伤管内壁并且可保证足够的摩擦力，继而保证设备在管内的行走能力和爬坡能力，优化改进后设备行走速度0.5~1m/s。

3.2　刹车机构

刹车部分除液压马达驱动轮外，还加装液压涨紧块。马达与刹车设置为联动控制，无论在马达正转或反转时，通过电磁阀控制使刹车油缸活塞都处于回落状态(即刹车片缩回)；马达停止转动后，压力油推动刹车油缸活塞顶出

(即刹车片伸出)。通过优化改进，刹车距离约0.3m。

3.3 对中与点动行程控制

操作过程设计在机构前端控制和外部操控杆控制的基础上，增加手持无线遥控控制。遥控装置将各部阀件执行机构、按钮与遥控接收器同步共享，使操作人员利用遥控器更直观的进行管道同步对接动作。遥控系统只需一名工人手持遥控器即可进行操作，且具备点动功能，水平点动的最大行程15mm，爬坡时前进行程点动100mm，退程点动行程20~30mm。在内对口器上绘制组对辅助线，这样可以通过观察辅助线进行更加直观且简便的进行组对操作。

3.4 涨紧机构

1）采用液压系统作为对口器的机械传动动力单元，压力介质由空气变为液压油，提升了整套系统的系统压力，由气动的1MPa提升到液压的6~12MPa，并且可以根据管道壁厚的不同进行压力调节。组对时，液压系统可有效进行校正，从而降低管口的椭圆度和对接错边量，缩小组对误差，保证对口尺寸的一致性，减少焊接过程中因错边导致焊接缺陷。

2）铜称垫组件摒弃原先压缩弹簧挂钩式或者是碟簧楔块式改用扭簧新结构，结构简化后安装拆卸更方便且易损件较少，铜衬组件正中的一个扭簧既起铜衬浮动微调的作用又起铜衬组件自复位的作用。

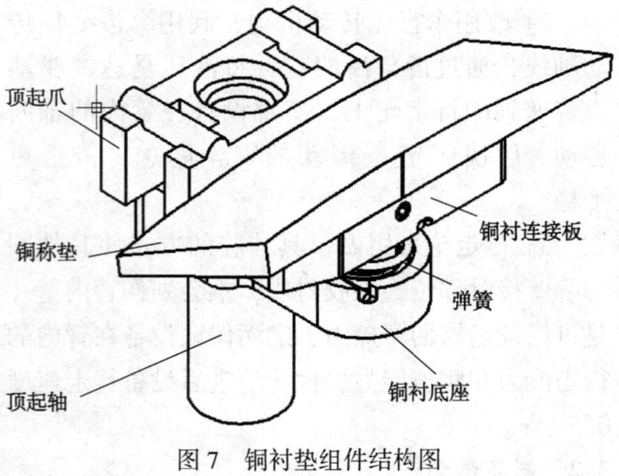

图7　铜衬垫组件结构图

3.5 操控系统

操控系统是前架手动控制配合遥控装置使用。操控者可直接通过机头的按钮完成各部动作。前端控制盒自带显示屏，可显示电流、电压、温度和电池电量等参数，电源总开关和上支撑开关就集成在前架的控制盒上。遥控装置，是将各部阀件执行机构、按钮与遥控接收器同步共享，使操作人员利用遥控器更直观的进行管道同步对接动作。遥控器上有一个磁性开关，使用时将磁片放置在磁感应槽内，不使用时取下磁片即可断电。

3.6 电池及电气控制组件

试验场地测试24V锂电池组可待机4天，焊接8~10道口需要充电，对口器供电系统改用48V充电锂电池组，增加续航能力，电池带有充电器，设备前架设有锂电池充电插头和电量显示屏，操作人员可选择在不执行动作的间隙利用前架插头充电，也可以下班后拆卸电池利用夜间休息时间利用电池自带的插头充。所有电磁阀件所需电源均为直流24V，但锂电池的输出是48V，需借助变压模块先将电池的48V转换为24V为电气控制部分提供电源。优化改进后，充电锂电池组，在低温环境工作(-20℃)，一次充电连续作业6小时，单次满电行程500m。

4 现场验证试验

4.1 铜衬垫材料筛选试验

在管道焊接过程中，作为根焊衬垫用的铜衬，其损耗在一定程度上增加了焊口的施工成本。为了保证根焊焊接质量达到焊接工艺要求，成型好，还要使铜衬具有一定的使用寿命，选择了三种衬垫材料进行焊接试验和统计分析，以确定最佳材料，尽可能降低工程造价。

试验结果表明，随着焊接电流的增大，衬垫的抗烧损能力急剧下降，经过大量的反复焊接试验，在相同的焊接参数条件下，选用锡青铜和铬锆铜材料的衬垫抗烧损能力比较强，优于其他材料，性价比相差不大，较适宜作为带铜衬垫内对口器的衬垫材料。

4.2 模拟焊接爬坡试验

在试验场地制作模拟15°和30°的爬坡平台，分别进行带铜衬垫内对口器爬坡试验和焊接试验。

通过大量试验统计数据及分析，总结焊接规律，得出带铜衬垫内对口器外焊的坡口参数和焊接工艺参数。

4.3 焊接工效对比分析

铜衬垫自动焊工艺与组合自动焊工艺焊接时间对比见表1。

图 8　15°模拟爬坡平台

图 9　30°模拟爬坡平台

图 10　铜衬垫内对口器爬坡试验

图 11　模拟爬坡焊接试验

表 1　铜衬垫自动焊工艺与组合自动焊工艺焊接时间对比

	铜衬垫自动焊		D1219mm	组合自动焊		D1219mm
	工序	时间/min	根焊热焊自动焊	工序	时间/min	根焊热焊氩弧焊
1	预热	5	中频预热	预热	10	火焰加热
2	组对	10	铜衬垫内对口器	组对	25	外对口器
3	根焊 热焊	5	可连续组对焊接 根焊热焊一次成型	根焊	60	不可连续组对焊接
4				热焊	55	不可流水焊接 需层间加热

续表

	铜衬垫自动焊		D1219mm	组合自动焊		D1219mm
5	填充 1/2	6	可流水焊接 层间加热时间较短	填充 1/2	25	不可流水焊接 层间加热时间较长
6	填充 3/4	8	可流水焊接 层间加热时间较短	填充 3/4	25	可流水焊接 层间加热时间较长
7	立填	4	可流水焊接 层间加热时间较短	立填	10	可流水焊接 层间加热时间较长
8	盖面	10	可流水焊接 层间加热时间较短	盖面	30	可流水焊接 层间加热时间较长
	累计	48		累计	240	

4.4 焊口力学性能及理化试验分析

为评价带铜衬垫的焊缝渗铜现象对焊缝金属力学性能的影响，对 D1219mm X80 管道的焊缝试件(试件加工及验收参照 GB/T 31032—2014 标准执行)行进行了拉伸、冲击、硬度和宏观金相试验。

1）拉伸试验

焊缝的抗拉情况：断在母材时，Rm ≥ 625MPa；断在焊缝或熔合区时，Rm ≥ 625MPa；断裂面完全焊透和熔合，而且断裂位置发生在母材处，断裂是由塑性变形引起的，焊缝的强度达到 GB/T 31032—2014 标准要求。

2）焊缝冲击试验

焊缝中心冲击平均值和熔合线冲击平均值分别为 189.5J 和 239.5J，符合 GB/T 229—2020 标准要求。说明采用带铜村垫焊接工艺的焊缝头具有一定的韧性，能够满足 X80 钢焊接性能的要求。

3）焊缝硬度试验

各测试点的最大硬度值为 266HV10(不超过标准要求的 300HV10)符合 GB/T 31032—2014 标准要求。

4）宏观金相

焊缝处无裂纹和未熔合缺陷，满足刻槽断面的要求，符合 GB/T 226—2015 标准要求。

4.5 渗铜分析

焊缝渗铜量测试结果表明，焊缝根部位置有部分 Cu 通过原子扩散溶解于焊缝中，导致与母材或焊缝内部相比，焊缝根焊层铜含量增加，仰焊接部位置铜含量最低，侧焊和平焊位置铜含量最高，所有位置的铜含量介于 0.09%~0.14%之间，均小于 0.50%的渗熔铜量。

5 结束语

D1219mm 带铜衬垫液压内对口器在电动液压系统、爬坡能力、通过性等方面均有重大突破。经焊接检验结果表明，该设备性能稳定、功能设计合理，突破了铜衬垫气动内对口器应月局限性的技术瓶颈，打破了长输管道内焊机全自动焊和组合自动焊的工艺垄断，作为组合自动焊的替代工艺适合在山区丘陵段管道工程中推广应用。

参考文献

[1] 杨天冰，王长江，刘然，等. 坡地新型内焊机及全自动焊接工艺[J]. 石油机械，2023，(3).

[2] 鹿峰华，周文波，姚海玉，等. X65 钢铜衬垫焊接工艺研究及应用[J]. 焊接技术，2015，(8).

[3] 汪宏辉，雷正龙，等. X70 钢管道采用铜衬垫根焊的焊接接头疲劳性能[J]. 焊接学报. 2015，(10).

[4] 梁君直，吴江桥，曾惠林，等. Φ1219mm 带铜衬垫管道气动内对口器的研制[J]. 油气储运. 2009，(7).

隧道外管道焊接推进施工方法

高尚稳　王　勇　付宏斌

（大庆油田工程建设有限公司）

摘　要　本文根据中俄东线（中段）辽河盾构隧道外管道焊接推进施工方法，在轨道安装、推管机安装、管道焊接、管道推进、运管小车安装等方面详细叙述其施工工艺，有效解决了现有盾构隧道内安装施工方法施工难度大、效率低、工期长等问题，为今后盾构隧道内管道安装施工提供技术指导和参考。

关键词　长输管道；盾构隧道；管道安装；隧道外焊接

1　前言

长输管道隧道内管道安装一般有两种施工方法，一是采用龙门架在隧道内直接焊接安装，二是在隧道竖井内组对焊接一根管道，然后检测、防腐合格后，通过另一侧竖井内采用大吨位卷扬机将此根管道拖入隧道内，然后进行下一根管道施工。这两种施工方法对隧道内大口径管道施工难大，速度慢，工期长。

中俄东线中段辽河盾构隧道内管道安装水平长度1820m，管径D1219，管道安装采用隧道外管道连续流水分段自动焊接，运用500T推管机分次分段将管道推进隧道内的施工方法，有效解决了隧道内管道安装施工速度慢、工期长的难题，同时在施工过程中，验证了本方法具有良好的安全性、可靠性、高效性。隧道外焊接推进施工方法开创了隧道内管道安装新模式，此施工方法在行业内处于领先地位，为今后隧道内管道安装具有推广借鉴意义（图1）。

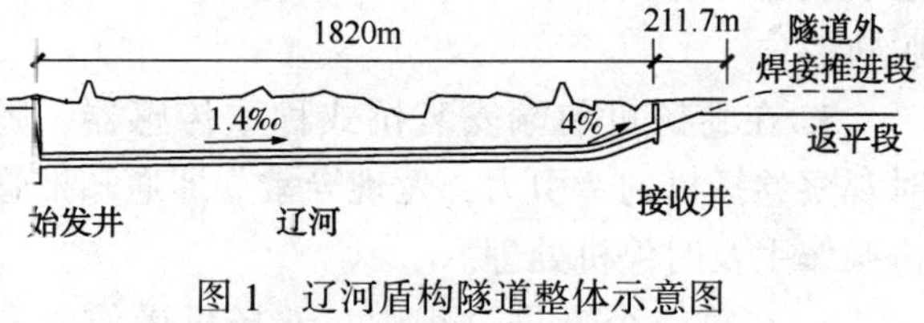

图1　辽河盾构隧道整体示意图

2　施工方法

在隧道外部开阔场地进行管段组对、焊接、检测等作业，合格后通过铺设轨道和运管小车，采用推管机（抱管机）将完成的管段推进隧道内，然后再进行下一段的焊接、推进施工，依此形成流水循环施工，直至隧道内管道全部安装完成。

防腐作业在推管机的前端，防止推管机滚轮损坏粘弹体防腐层（图2）。

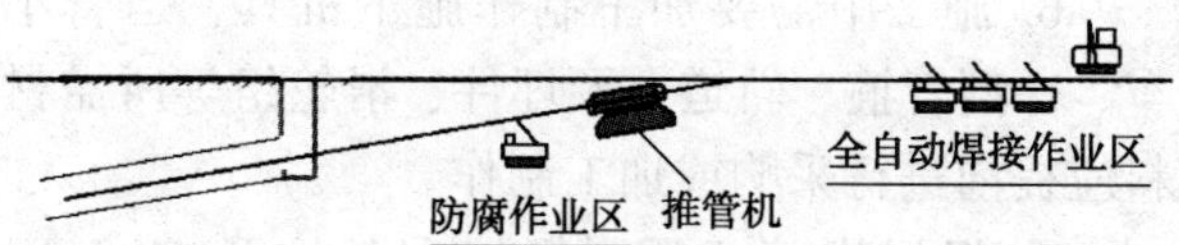

图2　管段推进作业示意图

3　施工流程

施工流程见图3。

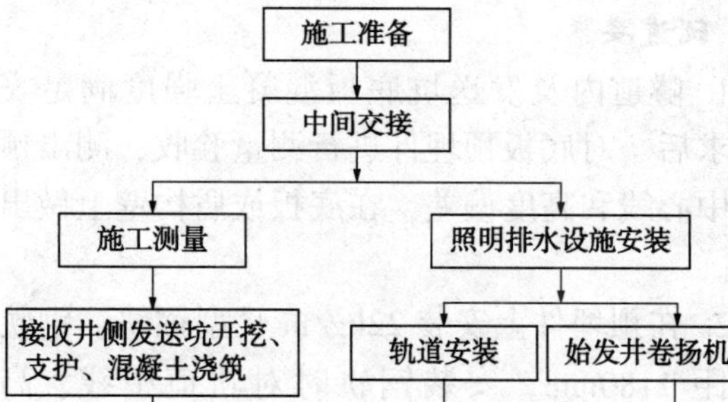

图3

4　施工要点

4.1　施工准备

施工前必须做好以下施工准备工作：

1. 编制适合本工程的施工方案，聘请专家进行专项评审，报送监理、业主审批。

2. 组织施工人员熟悉施工图纸、技术要求及相应验收标准规范，并向机组施工人员进行技术安全交底。

3. 施工特种作业人员应取得相应的资格证书后方可上岗，其中电焊工、防腐工均要经过针对该工程施工工艺进行的上岗考试，考试合格后方能上岗作业。

4. 对于施工中使用的测量设备、检验仪器应提前在有资质的机构进行校验，确保设备和仪器在校验有效期内使用。

5. 在施工前确保管材、焊材、防腐等材料到达施工现场，并及时收集整理材料的信息及质量证明文件，应做复试的材料提前进行复试合格。

6. 施工中需要加工制作施工机具、运管小车、U型管箍、轨道、预埋件、滑轮组等所需材料应提前进行采购或加工制作。

7. 根据堆管、预制场地和基坑开挖宽度，做好隧道外预制场地征地、平整及其进场道路畅通工作。

8. 隧道交接完毕后，做好隧道内通风、照明、电缆、通信、排水等工作。

4.2 轨道安装

1. 隧道内及发送坑底板混凝土强度满足安装要求后，对底板预埋件进行测量验收，测出预埋件中心线和高度偏差，在底板或盾构壁上做出标记。

2. 在预埋件上安装22kg/m轻型钢轨，钢轨中心距1180mm，安装钢轨时对轨道中线、高程、轨距进行测量，采用垫铁进行找平轨道，以便对钢轨进行精调正位。

3. 在预埋件处，将钢轨和预埋件焊接后固定于混凝土底板上，焊缝高度不小于10mm。

4. 确保轨道整体强度，在轨道下边缘每隔2m焊接一根$\Phi 20$的钢筋对轨道进行加固。

5. 安装轨道后，以人工牵引的方式取一台发送小车放置在轨道上试行走，对不合适的轨道再次进行调整和固定，直至小车在整个轨道上行走平稳后，方可进行推进。

4.3 推管机安装

1. 根据推管机设备开挖基础坑，基础坑边缘打入钢管摩擦桩，摩擦桩端头与地面齐平，管内灌满混凝土。

2. 基础用C35混凝土进行浇筑至地面平行，混凝土强度符合要求后，在其上面铺设10mm厚度的钢板，钢板与摩擦桩焊接牢固。

3. 在钢板上面安装推管机，推管机底座与钢板焊接。

4.4 管道焊接

1. 施工准备期间，事先由线路全自动焊接机组在预制场地进行“二接一”焊接预制，并按照工程技术要求进行X射线和AUT双百检测合格。

2. 在预制的第一根“二接一”前端焊接25吨卷扬机牵引拖拉头。

3. 将预制的第一根“二接一”前端送入推管机抱头内，然后依次按照焊口编号顺序对预制完成的“二接一”采用线路全自动焊接工艺对“二接一”管道进行流水组对焊接，第一次焊接长度应比发送坑长100m左右，以后每次焊接3~6根“二接一”预制管段。

4.5 管道推进

1. 无损检测合格后，连夜进行推进，推管机每次行程推管长度为3m，每晚推管长度为40~80m，第二天在发送坑内进行防腐、检漏、补伤。

2. 管道将要进入隧道内时，在管道前端上安装2个摄像头，摄像头分别对着第一台运管小车前端的两个车轮，推管机操作室内通过电脑能随时观察小车车轮情况，发生脱轨，及时停止推管机推进，处理后再进行管道推进。

3. 管道推进在晚上进行，推进时隧道内禁止有人，开始前3~4个行程，每一个行程都要检查小车车轮情况，是否有脱轨或轴承破损，出现问题及时修理。前3~4个行程没有问题，以后每几个行程检查一次。

4. 管道到达隧道长度一半时，前端采用25T卷扬机进行拖拽，给管道一个牵引力，防止管道脱轨。

5. 在卷扬机前端安装桥式称重传感器，随时观察卷扬机的牵引力，发现异常立即通知推管机操作手及时停机处理。

6. 在每一个推进过程中，卷扬机操作手和推管机操作手通过有线电话一直保持联系。

7. 推管机抱头返程时，卷扬机停机拖拽。

8. 焊接、推进每天形成循环过程，直至管道到达始发井，伸出隧道外一定长度，满足始发井管道施工。

4.6 运管小车安装

1. 小车安装位置位于推管机和发送坑混凝

土底板轨道之间。

2. 根据设计要求，计算好第一台运管小车距离管端的长度。推管开始后，推管长度满足要求时安装第一台运管小车，以后每隔20m安装1台运管小车，小车间距可适当调整，避免焊口在小车上。

3. 管道与小车之间采用绝缘橡胶板隔离。

4.7 防腐补口、补伤

1. 防腐补口喷砂除锈位置位于推管机前面，管口喷完砂后用塑料薄膜包裹，推管机推进管道前进，管口到达发送坑轨道后进行防腐补口。

2. 隧道内防腐采用粘弹体+聚丙烯胶带外护形式进行防腐。

3. 在管道进入隧道前进行电火花检漏，发现有漏点或管体防腐层破损，按照防腐工艺要求进行补伤处理。

4.8 始发井内管道安装

1. 按照连头工艺要求在始发井上面将两个65°弯头及中间短接进行焊接，焊接完毕后进行完成检测、补口工序。

2. 预制管段吊装时，在管段上下弯头处各安装1套防滑卡具，卡具与钢管之间铺垫10mm厚的橡胶板。预制管段用2台100吨吊车将管段缓慢竖直吊起，慢慢送入竖井中，避免管道碰撞井壁和梯子，破坏防腐层。

3. 到竖井底部时，2台吊车将预制管段上下弯头返平，将上面的弯头送进出洞口，下面的弯头与隧道内管道进行组对焊接。下面弯头应用土墩或其他软墩进行支护。

4.9 清管、测径、试压

按照设计要求，辽河盾构管道安装应进行单体试压，单体试压完成后与线路进行金口连头。

4.9.1 清管、测径

清管次数不少于2次，清管时应及时检查清管效果，应将管道内的水、泥土、杂物清理干净，污物重量小于0.3kg/10km为合格。

清管结束后，采用铝质测径板进行测径，测径板直径为试压段中最大壁厚钢管内径的92.5%，测径板无变形为合格。

试压扫水完毕后，再进行一次测径。

4.9.2 管道试压

强度试验压力为设计压力的1.5倍，稳压4小时，稳压过程中管道无变形、无泄漏，强度试验合格。

强度试压合格后，将试压管段最高点的压力缓慢降到设计压力，即严密性试验压力，待压力稳定后，开始24小时的严密性试验。严密性试验压降≤1%试验压力值、且≤0.1MPa，则严密性试验合格。

5 施工工艺优点

5.1 提高安全性

本施工方法比传统的竖井内管道安装施工安全性更高，竖井内长期存在施工交叉作业，作业空间受限，设备材料等吊装作业垂直距离大；在竖井外进行管道安装，施工空间不受限，几乎没有交叉作业，减少了潜在施工危险因素，提高施工安全性。

5.2 加快施工进度

相比于竖井内施工，焊接、检测、防腐不能同时进行，每日24小时施工，平均每日最多能完成2道焊口，推进24m左右。而采用本工艺，每天合理安排施工时间，使焊接、检测、推进形成流水循环作业，每天组对焊接3~6根“二接一”，平均每天推进60m，提高了施工效率，加快了施工进度和缩短施工工期。

5.3 提高施工质量

竖井内施工作业空间拥挤、空气湿度大、设备进场安装困难等原因，焊接、防腐作业施工质量难以控制；隧道外施工场地开阔平整，焊接采用线路全自动流水作业，防腐采用线路机械喷砂除锈防腐，可避免对施工质量产生不利因素，提高施工质量。

5.4 经济效益好

在开阔场地进行管道安装施工，设备一次进场，各工序流水作业，极大地缩短了安装工期，降低了施工成本。

6 结束语

辽河盾构隧道内管道安装采用隧道外焊接推进施工方法，施工工期提前了58天，为中俄东线中段按期投产提供了有力保障。本施工方法在国内首次运用，填补了国内空白，为今后在同等施工条件下运用本施工方法积累了宝贵的施工经验。

参考文献

[1] 曹会清，寇宝庆，冉洽闻，等. 小断面盾构隧道内大口径管道曲线敷设技术，油气储运，2021，(4).

[2] 中俄东线黑龙江穿越盾构隧道工程管道安装方案.

长输管道大口径冷弯管现场冷弯技术

彭新凯　姬　莉　张　凯　田彩刚

（中国石油天然气第一建设有限公司）

摘　要　本文总结了长输管道工程施工中的钢制管道冷弯管冷弯工艺，对其工艺原理、工艺流程及操作要点、质量要求进行了阐述。该项施工工艺具有施工质量好、供货周期短、施工效率高、成本低等优点，为类似工程积累经验。

关键词　长输管道；大口径冷弯管；冷弯；试弯

中国石油塔里木油田公司某外输天然气长输管道工程，主线路长度92km，管径813mm，材质X80钢管，壁厚11mm、12.5mm、16mm，管道外壁防腐为三层PE普通/加强级防腐。本工程中涉及到大量冷弯管（共194个），冷弯管是使用壁厚16mm直缝3PE防腐管通过冷弯机按确定的支点和受力点来施加弯矩弯制而成。冷弯管具有因地制宜、弯管角度灵活操作等显著特点，尤其是在山区、道路及沟渠穿越的管道施工中，由于受地形地貌的影响，冷弯管的需求更大。

1　冷弯机的工作原理

弯管机的基本原理是通过确定的合理支点和受力点并施加弯矩，使钢管发生塑形变形，从而实现钢管冷弯曲的目的。下模位于弯管机的前部，由液压缸将其悬挂在机架上呈浮动状态。利用吊管机将钢管从弯管机的前端引入下模，将内胎装入钢管并置于上模中心位置。内胎模块撑出顶住钢管内壁，从而使钢管在弯曲过程中避免变形过量。弯管时，操作水平油缸驱动斜块，使钢管外壁接触上模，上模固定在机架中部，起支撑点作用。夹具位于弯管机尾部，弯管时将钢管一端夹紧，使钢管在弯曲过程中不致窜动，同时又能适应钢管因轴线挠曲而发生的角度变化。在主油缸的作用下，下模上升使钢管横向受力，上模中心和夹具均为支座反力。当钢管下部管壁的拉伸应力达到钢材的屈服极限时，钢管产生塑性变形，沿上模曲线依次弯曲成型。

2　冷弯管冷弯前的准备

2.1　设备要求

（1）弯管机性能应满足弯管工艺参数要求，具有良好的工作状态，准确的数值显示和安全性。在正式弯管前，应调整主要参数，弯管机厂家应提供相关质量证明文件。

（2）使用轴心前，应卸去安全螺栓，避免损坏芯轴或造成人员伤亡。

（3）配合设备应满足弯管要求，具有良好的工作状态。

（4）弯管前，应对弯管机胎具和弯管内进行清理，防止杂物将防腐层划伤。

（5）所用的测量仪器应经法定计量部门校验合格，且应在有效期内使用。

2.2　原料管的验收

（1）使用外防腐三层结构聚乙烯（3PE）合格的直缝埋弧焊管做冷弯管，管材应符合GB 9711—2011、GB 23257—2009、SY/T 0315—2005和API Spec5L—2009的要求。

（2）用于做冷弯管的防腐管，应具有质量证明书。每根防腐管标识应完整、清晰、可辨识，端部管口表面应无裂纹、结疤、折叠、损伤划痕。

（3）防腐管的规格、防腐等级与弯管清单相符，防腐层表面应均匀、光滑，不应有起鳞、磨损、泥垢、油脂及其他影响弯管质量的有害物质，外防腐层无损伤。

3　冷弯管冷弯工艺流程

冷弯管冷弯工艺流程，见下图1。

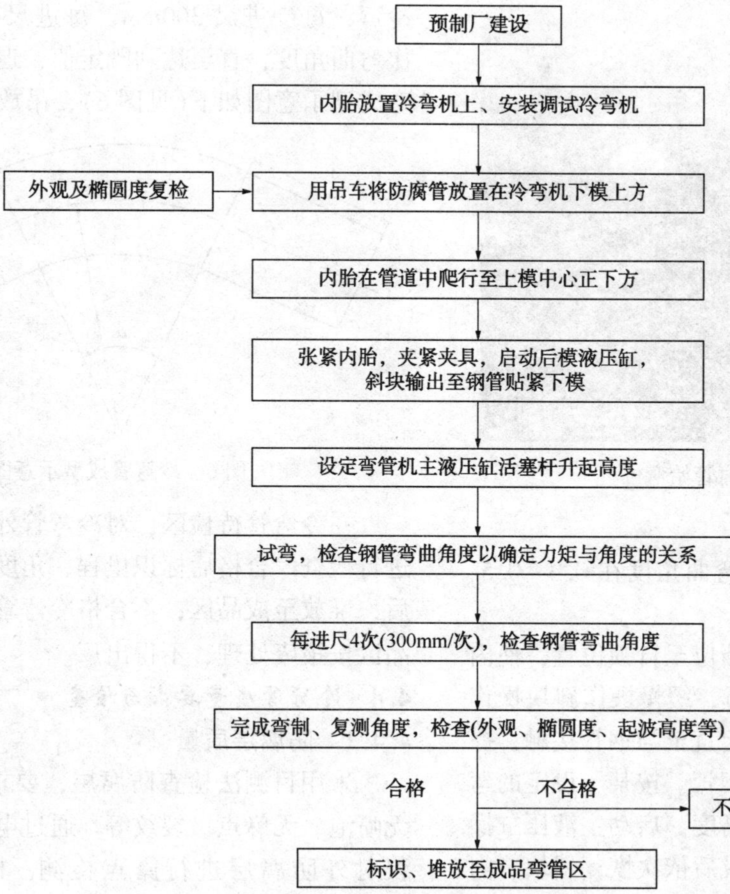

图 1　冷弯管冷弯工艺流程图

4　冷弯管现场冷弯

4.1　试弯准备

放置内胎并建立基准点：使用吊车将内胎(内胎圆周方向与管内壁接触部位，包裹约10mm 厚的硬质橡胶套，避免金属与金属直接接触而损伤管内壁)吊放至冷弯机下模上方，软管及其附件朝向冷弯机的牵引端，调整内胎至冷弯机上模中心正下方，在内胎测量杆位于下模末端位置做标记，此位置就是内胎与上模基准点；通过调节内胎液压装置，试张内胎使其外径比被冷弯弯管内径大 3~5mm，以使其过盈配合避免脱轨，确定内胎液压装置的档位并设置自锁。

放置钢管：先在防腐管上标记出 0 点钟位置及距管端 2 米的位置，将防腐管直焊缝的方位调整至 2~3 点钟位或 9~10 点钟位之间(见图 2)并高于弯管机托管模约 50mm 为宜(见图 3)，使用吊车将防腐管吊放在冷弯机下模上方(见图 4)，使弯管机前模距防腐管管端大于 2 米，以保证冷弯管的直管段不小于 2 米。放置内胎至冷弯机上模中心正下方，以确定始弯位置；以弯管机前模为起点，朝防腐管长端方向每 300mm 做标识。

图 2　将直焊缝位置调整 2~3 点钟位

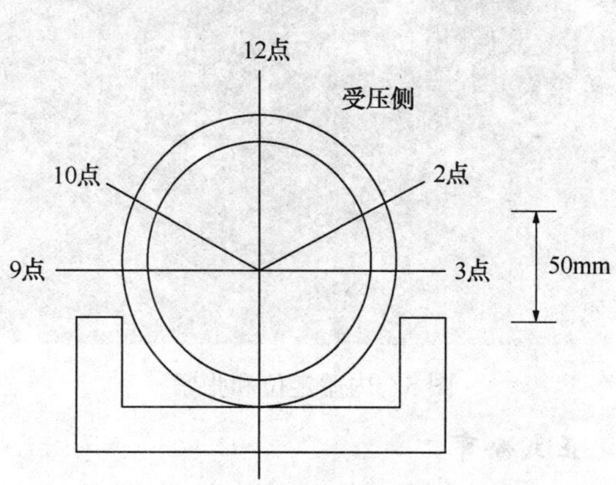

图 3　冷弯管直焊缝位置剖面图

图4　确定直逢防腐管始弯位置

4.2　冷弯管试弯

试弯目标：每步长的弯曲角度在0.4~0.5°之间。

启动内胎液压装置的档位至自锁位置，使内胎在防腐管内张紧(见图5)，缓慢操作斜块操作杆使前模带动夹具缓慢升起直至与钢管接触，操作夹具操作杆使夹具夹紧钢管。按某一设定的弯管机主液压缸活塞杆升起高度，启动主液压缸操作杆，开始试弯，弯曲完成后依次恢复斜块、内胎、夹具，直缝防腐管向前进尺300mm，重复上述操作……进尺4次后，测量弯管的角度，计算出每步长的弯曲角度，是否满足试弯目标。如不满足，估算出弯管机主液压缸的设定值与每步长的弯曲角度的关系，调整弯管机主液压缸活塞杆升起高度，继续进给、再次试弯，直至达到试弯目标，记录下弯管机主液压缸活塞杆升起高度与每步长的弯曲角度的数值。

图5　内胎定位和张紧

4.3　正式冷弯

按照试弯时确定的下弯管机主液压缸活塞杆升起高度与每步长的弯曲角度的数值，开始正式冷弯，每步进尺300mm，每进尺4步，测量一次弯曲角度，直至达到既定值，退出冷弯管，冷弯成型示意图如下(见图6)，吊放在待检区。

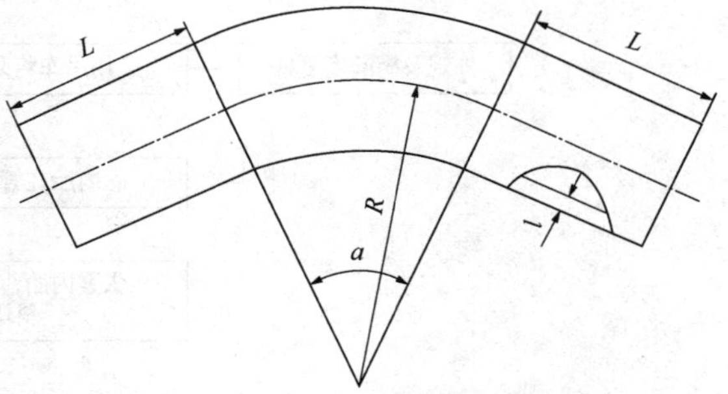

图6　冷弯管成型示意图

在冷弯管待检区，对冷弯管外观及各项参数进行检查。合格后标识里程、角度、冷弯管编号后，堆放至成品区；不合格冷弯管，进入不合格品区按报废处理，不得出厂。

4.4　冷弯管质量要求与检查

4.4.1　防腐层质量

采用目测法检查防腐层，要求表面应平滑、无喷泡、无麻点、裂纹等。通过电火花检测检漏仪对外防腐层进行露点检测，检测电压应为25KV，以无漏点为合格。在冷弯过程中造成的对防腐层的损伤，应按设计及规范标准进行修补。

4.4.2　椭圆度

采用内径千分尺测量，在弯曲部分的两端和中间测量三处，测量时沿弯管水平方向和垂直方向测量，同一截面上所测量的最大与最小数值之差即为该点的椭圆度。弯管弯曲段的椭圆度不应大于2%D，弯管端部直管段(特别是距管端100mm范围内)的椭圆度不应大于0.8%D。

4.4.3　弯管起波高度

冷弯管不应出现明显褶皱，弯管起波高度h不应大于1.3mm，两波峰间距f应大于150倍起波高度h(如图7所示)。采用钢板尺、塞尺，将钢板尺放在两个相邻的波峰上，钢板尺和两个波峰相接触，用塞尺测量出垂直钢板尺至波谷尺寸。

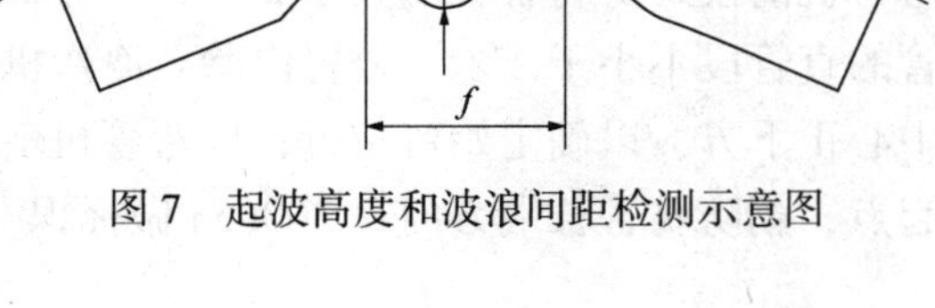

图7　起波高度和波浪间距检测示意图

4.4.4　弯曲角度测量

首先将角度测量仪放置在水平基准上，进行校准(水泡居于刻度线中间)；将角度测量仪分别置于钢管两端的校准点(即6点或12点)，使角度测量仪在钢管两端的放置方向及位置相同(距离管端500mm)，测量游臂位置指示的角度即所测端钢管的角度；分别测量钢管两端的角度(见图8)，钢管两端的角度之和即是钢管的弯制角度。说明：规范规定“冷弯管的弯曲角度允许偏差为±0.5°”。

图8　使用角度测量仪测量冷弯管角度

4.4.5　内壁渗透检测

冷弯管冷弯完成后，在满足上述几何尺寸要求的同时，对每种角度的冷弯管进行抽检。对冷弯管弯弯曲段进行内壁打磨处理，做360°全方位渗透检测(见图9)，尤其是直焊缝位置。

图9　对冷弯管内壁做渗透检测

4.4.6　弯管质量检查完成后，应及时填写弯管质量检查记录。

4.5　冷弯管的标识、贮存和拉运

4.5.1　冷弯管标识

应在距管端150mm处开始，按顺序在弯管两端内、外表面做标识(里程→冷弯管角度→冷弯管编号)，颜色应易于辨识。不应用冷、热字冲模印标识。

4.5.2　冷弯管贮存

成品弯管的存放应保证防止变形、破坏和腐蚀。冷弯管应堆放在支墩上，支墩用不损害钢管材质和防腐蚀的材料堆砌而成。严禁将冷弯管堆放在石头、砖瓦等硬物上。冷弯管应单层堆放，每根弯管支墩不少于3个，支墩的高度应保证弯管离地面200mm以上。

4.5.3　冷弯管拉运

冷弯管搬运时，吊装应有专人指挥，使用专用吊具，并应采取防护措施以防损伤防腐层及管口。运输前弯管应使用外套橡胶管或其他软质管套的钢丝绳或导链加以固定，单管长度方向捆绑不应少于两道，并加带橡胶的木质垫块、楔块等防滑。弯管应采用专用的运管车运输，拖车与驾驶室之间应有止推板。运管车应有运管专用架，支架与管子接触面应垫橡胶板，橡胶板厚度不应小于15mm，宽度100mm。

5　冷弯管冷弯过程中常见问题及对策

冷弯管冷弯过程中常见问题对策表见表1。

表1　冷弯管冷弯过程中常见问题对策表

序号	常见问题	对策
1	内胎的轴向位置、垂直度不准确	试弯过程中，重新设定内胎基准点，保证其中心位置处于上模中心正下方，弯曲过程中前三次弯曲，主液压缸升程不宜过大，等钢管产生弧度后，提高液压缸升程到设定参数，保证钢管在弯曲过程中平缓过渡，在弯管前，内胎处于自锁装置状态，撑住钢管内壁。
2	内胎张紧力度不足	弯制前对钢管内径和内胎外径进行测量，使内胎外径略大于钢管内径，内胎张紧时对钢管施加反作用力，弯制过程中，可抵消使钢管在水平方向的变形。

续表

序号	常见问题	对策
3	冷弯管平面度变形	冷弯管弯制前，在面向操作手一侧，用白色记号笔在钢管平行于下模边缘位置处画出一条水平线，长度与钢管进尺总长度一致，弯制过程中，操作手应随时观察白线位置，如果钢管发生滚动，及时用吊车调整钢管保持白线位置不变，保证冷弯管的平面度。
4	防腐层损伤	采取吊装带吊管，管墩上垫300mm的草垫子，弯制过程中发现胎具不合适时，采用打磨机对模具进行轻微打磨，并及时修补各模具衬里。

6　结束语

通过对本工程大口径长输管道冷弯管现场冷弯的探索、实践，现场共冷弯194根冷弯管，其中不合格冷弯管有3根，冷弯合格率为98.45%。针对现场冷弯管材的大口径、高强度的特性及冷弯机的加工能力，在前期试弯过程中，摸索出了冷弯过程中的关键点，合理安排了生产工艺流程，加强了冷弯过程中各个关键环节的有效控制，从而确保了冷弯管的冷弯质量、效率，保障了现场施工需求，节约了成本，为以后类似工程积累了经验、数据，具有借鉴及推广意义。

参　考　文　献

[1] Q/SY GJX145—2018. 油气管道工程冷弯管制作技术规范[S].

[2] 池强，等 . X70钢螺旋焊缝冷弯管的质量评价[J]. 理化检验：物理分册 . 95-198.

国外管道工程建设经验对我国的启示

贺国晏　王棠昱　蒋　喜　杨汗青

（中国石油工程建设有限公司西南分公司）

摘　要　随着世界各国对油气资源的需求日益提高，油气管网规模逐渐壮大，对油气长输管道工程的质量和建设速度提出了更高的要求，国内外建设技术不断创新、迅速发展，但现有技术仍有很多方面需要完善，基于对目前国内管道工程建设现状的调研，文章介绍了管道工程建设的主要技术，指出目前施工过程中存在的主要问题、通过与国内管道的技术对比重点介绍了国外管道施工建设中的优劣，涵盖普通地区和山地地区的环境条件，以期为提高我国管道工程建设的安全高效提供经验和启示。

关键词　油气管道；国外管道；工程建设；安全高效

管道是油气资源运输的重要方式之一，随着我国能源结构转型和油气资源供给需求建设的持续推进，国内的管道建设里程逐年增加。国家发改委在《中长期油气管网规划》发展目标中指出，到2025年全国油气管网规模将达到24万公里。随着油气管网规模的迅速发展，油气管道的工程建设安全问题也越来越受到广泛关注，

作为管道全生命周期中重要的一环，管道工程建设质量的优劣和管道所处环境条件是决定管道服役期间能否安全平稳运行及维护的关键之一，油气长输管道工程距离长，压力高，路由所经地形地貌复杂多样，管道建设过程中凸显的问题会严重影响管道的建设质量和进度，因此在管道工程建设期如何提高施工机具的作业质量和效率显得至关重要，本文结合近几年管道工程的建设实际和经验，从管道施工技术的关键环节出发，提出目前管道工程施工中存在的重要问题，并通过与国外管道建设施工技术的对比，总结不同施工建设方案的优劣，并依此对国内管道的施工建设提出一些意见和建议。

1　国内管道工程建设中存在的问题

1.1　管道的敷设及安装

管道的敷设及安装主要包括管沟开挖、管道敷设和连接等施工环节。在管沟开挖过程中常出现管沟宽度、坡度、平整度以及管道埋深不满足要求的情况，极有可能导致管沟不稳定垮塌等事故，从而导致管沟重复开挖返工，增加建设工期，降低施工效率；

在管道的敷设和连接过程中则容易出现管道未对正、坡口间隙不合格、站内工艺管线支墩、支撑不合格、螺纹连接不合格、仪表安装不正确等问题，进而导致管道连接处强度不够，限制管道承压能力，使其存在严重的安全隐患。

1.2　管道的焊接及无损检测

管道的焊接及无损检测是油气长输管道中的重要环节，焊缝的质量与管线工程的质量息息相关，焊缝缺陷在恶劣的外部环境和土体移动等附加载荷条件下，会不断演变成裂纹，从而危害管道安全。若不及时对这些管道进行检修，一旦发生事故，会产生不可估量的经济损失和环境破坏。

管道焊接常出现以下问题：(1)焊接次序安排不合理等原因使焊缝边的母材熔化后没有得到熔敷材料的补充、焊条与焊件之间的间隙较大等原因造成的咬边缺陷；(2)焊条质量差、焊条融合过快、焊机电源不稳定等原因造成的焊瘤缺陷；(3)焊接人员在焊接结束后、收弧时没有短暂停留导致的焊缝背面的凹型缺陷；(4)焊接填充材料不足和操作者的焊接技术等原因造成的未焊满缺陷；(5)焊深超过工件厚度导致的烧穿缺陷；(6)母材或填充材料表面氧化、焊条或焊件未烘干等原因造成的气孔缺陷；(7)焊层间清渣不彻底、焊条成分不合理等原因导致的焊缝缺陷。

管道无损检测过程中存在的问题主要与检测人员的素质有关，例如由于现场环境等客观原因及操作人员的专业素质导致的射线底片质量不合格问题，或者由于检测人员对规范中各种缺陷的评定了解不准确导致的错评或漏评问题，因此无

损检测对检测人员自身提出了较高的要求。

1.3 管道的下沟和回填

管道的下沟及回填过程中常见的质量问题如下：(1)由于管沟尺寸不足无法正常下沟，或下沟过程中管道发生磕碰、变形，破坏防腐层，甚至导致管道本体出现损伤，缩短管道的使用寿命；(2)管沟积水、雨后及渗水造成浮管；(3)回填过程中回填不及时，回填土粒径超标损害防腐层；(4)管沟中存在石块等杂物异物，损坏防腐层。

管道的下沟和回填是长输管道主体施工重要的最后一环，极易由于外部环境因素造成管道防腐层或钢管本体的损伤，导致管道易出现腐蚀凹陷等缺陷，在管道工程施工中应引起高度重视。

2 国外管道的应用及对比

通过对国外天然气管道的调研与资料收集，以欧洲联络管道和跨安纳托利亚天然气管道为例，从管沟开挖、管道焊接及无损检测和管道下沟及回填几方面对国内管道与国外管道的施工技术进行对比，并总结国内外的技术差异和优劣。

2.1 管道概况

欧洲天然气联络管道(European Gas Pipeline Link)共分为两条管道，两条均起于波罗的海，分别止于德国和捷克边境沿线的勃兰登堡州和萨克森州，年设计规模为 $550\times10^8 Nm^3/a$，管道设计压力 10.0MPa，管径 *DN*1400，壁厚 23mm，项目共包括管径 1422mm，长 485 和 329km 的天然气双管道系统、控制室、泵站、储罐以及压缩站，每隔 15~18km 设置线路截断阀室，第一条管道于 2019 年底运行，第二条管道于 2021 年 4 月运行。

跨安纳托利亚天然气管道(Trans-Anatolian gas pipeline)的目标是将阿塞拜疆生产的天然气横跨土耳其，运往欧洲，满足欧洲天然气需求，起于土耳其与格鲁吉亚边境，止于土耳其-希腊边境，年设计规模为 $310\times10^8 Nm^3/a$，管道设计压力 9.6MPa，线路长度约 1950km，管径 56 英寸和 48 英寸管道各 1800km 和 150km，管材 X70，项目还包括 2 个取油站、7 个压缩机站、4 个计量站、11 个清管站和 49 个截止阀站。目前已处于运行中。

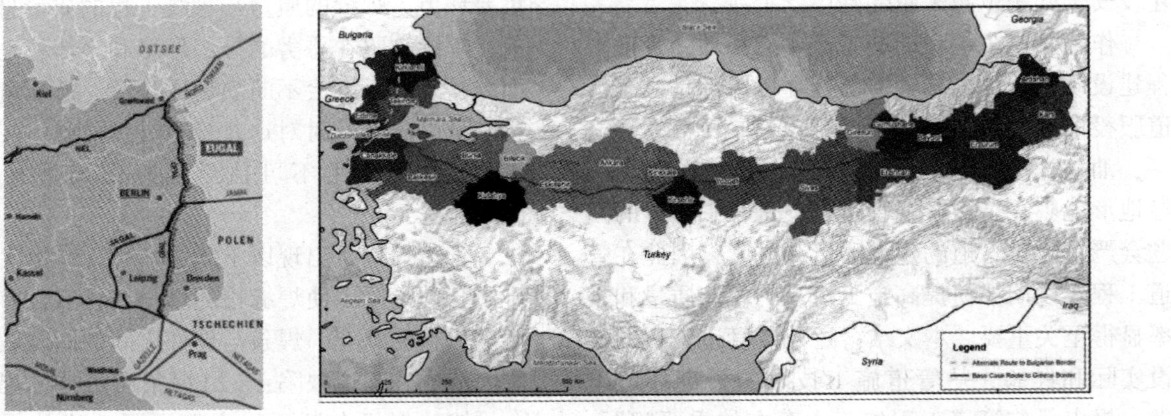

图 1 管道概况

2.2 管沟开挖

国内管沟开挖采用传统的挖掘机，配备通用形状的挖铲，管沟坡度、平整度、宽度在挖掘过程中难以保持统一，且施工速度慢，影响施工进度。国外管道施工机具为一体成型管沟开挖机，针对所需管沟尺寸对挖铲形式进行专业设计，通过特定挖铲实现所需尺寸管沟的批量开挖，从安全角度保证管沟开挖的稳定，减少管沟在开挖过程中由于两侧地质承载力不足导致的不稳定坍塌，从进度管理和成本的角度大大提高管沟开挖的速度及质量，缩短施工工期，降低成本。

在机具作业的同时，开挖的土壤也通过挖铲送到挖掘机内侧并通过挖掘机转移到管沟一侧，省略了国内传统机具开挖后还需转向放置土壤的工序，进一步提高管沟开挖的效率。该种开挖方式主要适用于普通地区及山地地区的土方段施工。

2.3 管道的焊接及无损检测

在管道的焊接方面，欧洲联络管道由于建设条件较好、工期充裕等外部因素，大口径长输管道以全自动焊方式为主，在山地陡坡地段仍可采用手工焊接的方式，未硬性要求建立全自动焊接技术体系。跨安纳托利亚天然气管道的焊接方式与欧洲联络管道基本一致。

图 2　管沟开挖

图 3　国外典型管沟开挖机具

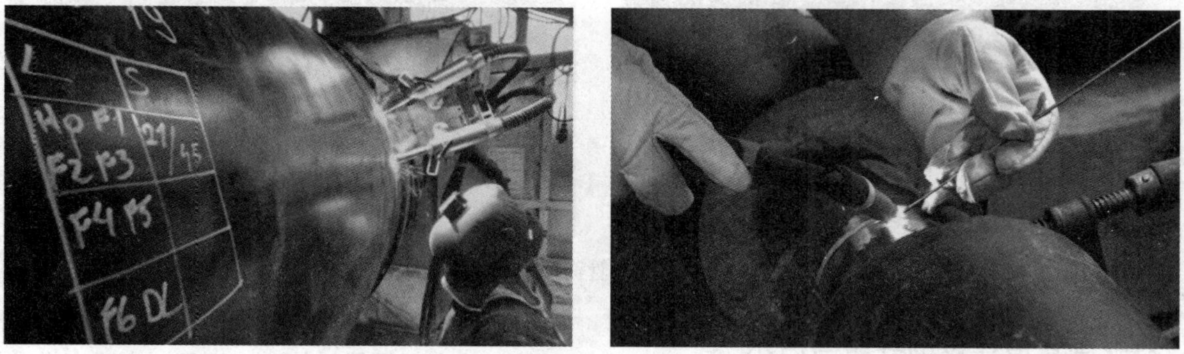

图 4　国外焊接技术

目前由于国内油气管网的建设不断推进，针对国内复杂的地形地貌不断拓宽焊接技术范围，国家管网正积极丰富革新系列化自动焊接技术体系，如已经成功全面应用内焊机小于 15°坡全自动焊、柔性内焊机 30°山区全自动焊，完成线路埋弧焊双连管全自动焊工程应用部署，开展铜衬垫全自动焊接技术试验等，相较国外长输管道在自动焊接技术上不断拓展提升。

国外管道在建设过程中对全自动焊的焊缝采用了自动超声波检测（AUT）代替过去常用的射线照相检测（RT），AUT 检测周期很短，生产效率很高，同时可以更好地控制焊接过程，降低焊接报废率。与国内管道工程中采用自动焊焊接的管道的无损检测方式一致。

2.4　管道下沟及回填

国内管道吊装常采用绑带吊装，常由于管道较重、绑带受力面较窄，导致承载时局部应力集中擦伤防腐层；跨安纳托利亚天然气管道对吊装机具进行专业设计，采用多串多滑轮的形式吊装，滑轮可在管壁受力滑移分散管道受力位置，保证吊装的稳定，同时也避免吊装过程中擦伤管道防腐层的问题。

国外细土回填机的工作方式同一体成型管沟开挖机土壤运输相似，利用履带在已开挖土堆上移动，并将已开挖土壤转移到机内，进行抖动研磨后回填到管沟中，主要针对一般地区粒径较大的土方段和山地地区石方段，对管道细土垫层的质量具有较好的控制效果，减少管沟回填过程中常见的防腐层损伤问题，管道覆土密实，有利于预防管道隆起屈曲，同时从成本的角度可直接就地取材，节约投资，缩短施工工期。

国内的管沟回填对于较大卵(砾)石地段，管沟应超挖 300mm。管道敷设前应先对管沟进行整平，清除孤石或石块，然后在沟底垫 300mm 厚的细土层，不论是将细土运输到施工现场还是就地取材都增加了施工程序和成本，降低了施工效率。

图 5　管道下沟

图 6　管沟回填

3　对我国管道建设的经验与启示

在对国外管道和国内管道工程建设过程中的管沟开挖、焊接及无损检测和管道下沟回填等方面对比和总结的基础上，结合实际工程需求，提出国内工程建设关于优化施工手段，提高施工效率的研究重点和启示。

3.1　专业高效的长输管道施工机具研究

随着我国长输管道建设规模的日益壮大，对管道工程建设的速度和质量提出了更高的要求，关键技术、设备及材料国产化高效化成为了新的需求，一方面有利于我国机械设备制造水平的大幅提升，同时也能推动相关行业的发展。国外管道建设施工过程中如一体成型管沟挖掘机、细土回填机、大型吊管机等施工机具，大幅度提升施工工程速度和质量，相较国内传统的施工机具，缩短施工程序，提高项目施工管理水平。

3.2　加长管预制和应用的技术研究

根据 GB/T 9711—2017《石油天然气工业 管线输送系统用钢管》的要求，标准中对对接管钢管的制造是允许的，如果同意供应对接钢管，可提供整批或任意比例合同订购量的由 2 个管段焊接而成，且长度≥15.0m(49.2ft)的对接钢管，同时制造对接钢管的钢管长度不应小于 1.5m(5.0ft)等其他技术要求。在 DEC-NGP-S-PL-003-2020-1《输气管道工程钢管通用技术规格书》未明确对对接钢管的技术要求，仅提出只要用于制造对接管的钢管在对接操作之前静水压试验合格，则对接管无需进行静水压试验。

目前国内 18m 加长管实施一般为单长 18m 加长管，无对接环焊缝。从国外资料调研来看，国外 18m 加长管普遍是一般采用工厂统一预制环焊缝后，将加长的钢管运送到施工现场，减少现场焊接环焊缝数量，提高施工效率和进度，建议研究加长对接焊钢管的可实施性和推广可能。

3.3 低碳环保新能源管道研究

目前欧洲管道正加快能源转型，向高效、绿色、低碳的清洁能源发展，氢气是目前最有潜力的能源之一，截至 2022 年 5 月，英国、美国、比利时、德国等国家均已启动天然气掺氢规划。通过天然气掺氢输送，有一举多得的效益，一是可以改变天然气的燃烧特性，增加燃烧值；二是可以利用天然气管道等基础设施，对现阶段氢气运输、氢能的广泛及规模运用开拓更多的可能性；三是可以大大降低二氧化碳的排放。

我国氢能发展起步较晚，在新能源管道的工程建设方面还需不断积攒经验，确定氢能发展路径和目标，建立安全准确的新能源管道输送的标准规范体系开展掺氢和纯氢管道试验项目，为未来的多元化能源供应提供宝贵经验。

4 结论

国内油气管网的规模迅速发展，其中工程建设是最关键的部分，决定了管道运行期的安全稳定，随着"西气东输"、"川气东送"等油气长输管道项目的建设，对工程建设的质量和速度提出了更高的要求。不断优化创新建设技术和设备，才能保质保量的完成管道建设，为国家的建设和发展夯下坚实的基础。

参 考 文 献

[1]《中长期油气管网规划》发布[J]. 天然气工业，2017，37(07)：114.

[2] 汤林. 油气田地面建设工程质量监督与质量控制常见质量问题及案例分析[M]. 北京：石油工业出版社，2011.

[3] 刘朋. 天然气管道焊接施工中常见问题及措施[J]. 冶金管理，2020，(03)：87+89.

[4] 刘旭. 天然气长输管道安装关键过程存在的问题及应对措施[J]. 化工管理，2023，(01)：132-134.

[5] 张小兵，刘超，王鲁鹏，等. 天然气长输管道工程常见的质量问题及控制措施[J]. 山东化工，2023，52(10)：200-202.

[6] 罗扬，齐建波，杨林，等. 浅析适应山区管道全自动焊的线路设计研究[J]. 天然气与石油，2023，41(01)：22-27.

[7] 卢泓方，吴晓南，Tom Iseley，等. 国外天然气管道检测技术现状及启示[J]. 天然气工业，2018，38(02)：103-111.

[8] 窦伟. 管道施工关键技术在"中俄"原油管道工程中的应用[D]. 东北石油大学，2020. DOI:10.26995/d.cnki.gdqsc.2020.000041.

[9] GB/T 9711—2017，石油天然气工业 管线输送系统用钢管[S].

[10] 刘洋，杨建中，张彦，等. 18m 加长管在西气东输四线天然气管道工程中的应用[J]. 焊管，2023，46(06)：41-45，55.

[11] 刘超广，马贵阳，孙东旭. 氢气管输技术研究进展[J]. 太阳能学报，2023，44(01)：451-458.

[12] 王震，李楠，潘继平. 油气与新能源融合发展的模式与路径[J/OL]. 天然气与石油：1-19[2023-12-12]. http://kns.cnki.net/kcms/detail/51.1183.TE.20231117.0933.002.html.

储氢载体-氨储运技术研究进展

解凯钧

（中国石油工程建设有限公司华北分公司）

摘　要　近年来，氨作为一种高效氢能载体备受人们关注。作为氢能载体，它具有能量密度高、储运成本低、安全性高以及实现无碳储能等优点，能够有效解决目前面临的高压氢能储运难题，对开辟特色氢能储运路线和实现“双碳”目标具有重要意义。基于氨比氢更易储运的天然优势，本文综述了近年来液氨管道输送工艺体系的发展现状。

关键词　氢；氨；氢能载体；液氨储运；输送工艺

1　前言

气候变化是当今人类面临的重大全球性挑战。2020年9月22日，习近平主席在第七十五届联合国大会上郑重宣布，中国将提高国家自主贡献力度，采取更加有力的政策和措施，二氧化碳排放力争在2030年前达到峰值，努力争取2060年前实现碳中和。在此背景下，太阳能、风能、水能、地热能等绿色可再生能源的地位日益凸显。在可再生能源时间与空间不稳定波动特性的制约下，氢能作为可再生能源的重要载体，其发展应用前景广阔。

目前，氢能产业链存在两大“痛点”：①氢体积能量密度低，高压储运过程（大于20MPa）导致的成本高、逸氢损失等难题；②氢易燃易爆特性及常用储氢材料易发生氢脆导致的储运设施本质安全问题。为此，国际社会高度关注一种高效、安全的氢能载体——氨。由于液氨的体积能量密度分别为液氢的1.7倍，相较于有机液体储氢、配位氢化物储氢、无机物储氢以及甲醇储氢，液氨储氢更

适用于大众和跨洋运输，同时也可利用较为成熟的输油、输气管道进行适应匹配。

综上所述，以氨为储氢载体的“氨-氢”技术路线（图1）将为氢能储运模式的创新发展注入新活力。

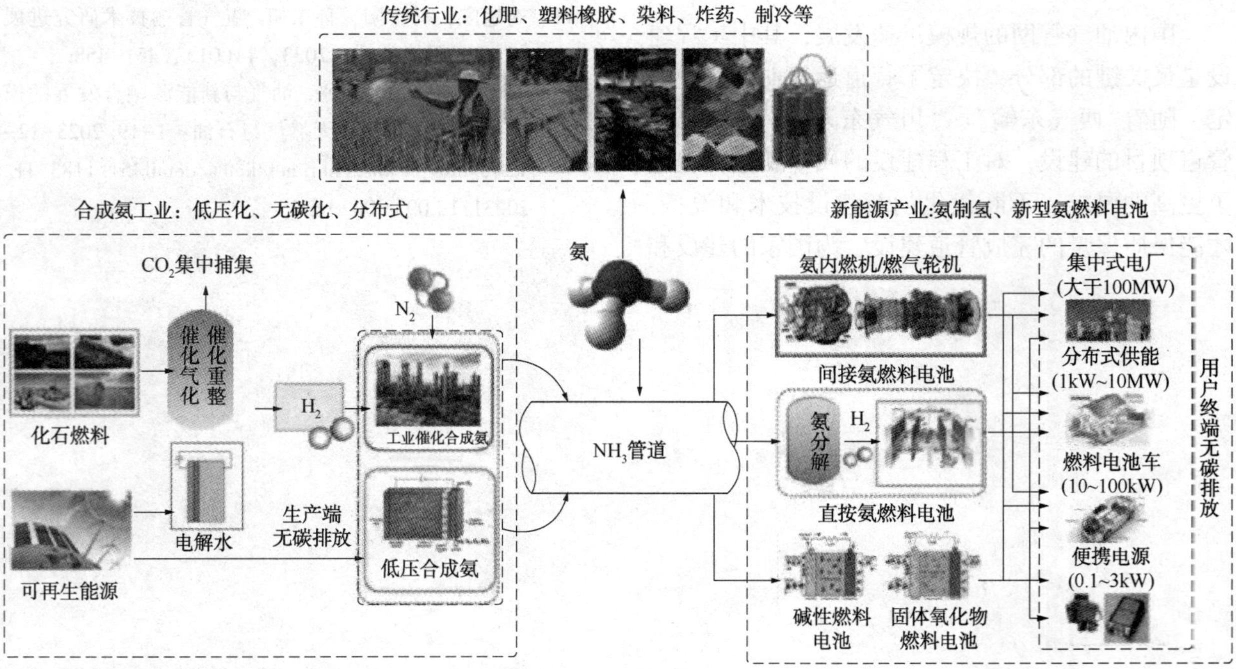

图1　“氨-氢”技术路线图

2　液氨管道发展现状

目前，世界上长输液氨管道主要分布在美国和俄罗斯。据统计，美国液氨管道总里程接近5000km，俄罗斯液氨管道总里程约2400km(表1)。迄今为止，美国拥有世界上覆盖范围最广且最长的液氨管道系统，其管径范围为150~250mm，采用低碳钢管材，将液氨分别输送至美国东部、西部及北部地区，用于服务当地农业和工业用户。俄罗斯拥有庞大的氨工业，其托利亚蒂—敖德萨输氨管道管径为350mm，用于连接俄罗斯大型氨生产基地与乌克兰黑海港口敖德萨，实现氨的出口贸易。此外，包括德国、英国、西班牙、波兰在内的多个欧盟国家建有几十条中短距离液氨管道，这些管道长度多在10km以下，主要用于港口、储罐及附近用户之间的液氨输送。

表1　国外代表性长输液氨管道统计表

名称	建设年份	国家	总长度/km	管径/mm	设计输量/(10^4t/a)
中美管道系统	1968	美国	1754	200/150	91.5
海湾中央管道系统	1971	美国	3057	250/200/150	200.0
坦帕湾管道系统	1978	美国	134	150	145.0
托利亚蒂-敖德萨管道系统	1983	俄罗斯	2424	350	25

中国液氨管道起步较晚且总里程较短，目前建有液氨管道共4条，其总长度不超过200km(表2)。河北省的秦皇岛长输液氨管道为中国建设最早也是最长的液氨管道，该管道采用20号无缝钢管埋地敷设，全长82.5km，管径80~125mm，设计压力3.92MPa，工作压力2.45MPa，设计年输量10.5×10^4t。现有液氨管道系统主要兴建于20世纪后期，用于大型合成氨企业向化肥、军工、制药等传统行业输送氨能。近年来，随着清洁、绿色“氨-氢”能源背景下的全球氨能产业的迅猛发展，液氨管道作为中间枢纽的重要作用日益凸显，预计将带来新一轮全球液氨管道建设和发展热潮。以下从工艺技术、安全技术、经济性分析等方面，对国内外液氨管道输送技术发展现状进行综述。

表2　国内代表性长输液氨管道统计表

名称	建设年份	总长度/km	管径/mm	设计输量/(10^4t/a)
秦皇岛液氨管道	1990	河北	80/100/125	10.5
金源化工液氨管道	200	河北	125	6.0
开阳化工液氨管道	2013	贵州	200	50.0
云天化液氨管道	2013	云南	255	28.5

2.1　工艺技术

液氨的管道输送工艺一般分为低温低压与常温中压两种，其中港口、储罐区及合成氨厂之间的短距离液氨管道及内部液氨流程工艺管道普遍采用低温低压输送工艺(图2a)，港口与氨厂之间以及两者到下游客户的长输液氨管道则普遍采用常温中压输送工艺(图2b)，少数长输液氨管道也采用常温高压输送工艺，如美国海湾中央液氨管道系统的最大操作压力接近10MPa。

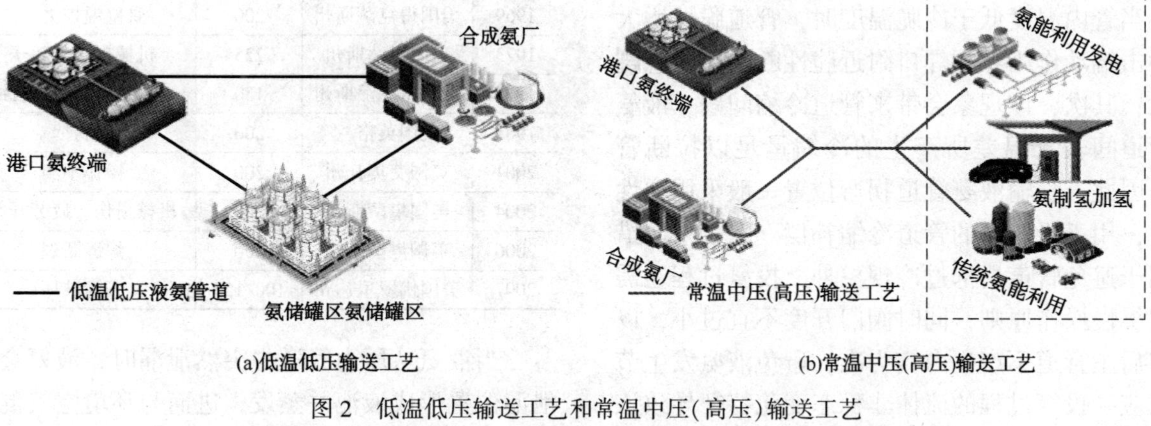

(a)低温低压输送工艺　　(b)常温中压(高压)输送工艺

图2　低温低压输送工艺和常温中压(高压)输送工艺

液氨管输工艺中的水力热力特性发展规律受其自身高体积膨胀性及温度敏感性引起的物性参数变化影响，管输压力必须时刻高于管输温度下的饱和蒸汽压，否则液氨气化产生的气阻现象会严重影响管输效率，因此，液氨管输过程中的水力热力计算尤为重要。国际氨制冷学会制定了行业权威性的氨制冷管道手册，该手册涵盖了氨制冷管道的设计、安装及建造，同时提供了详细的氨制冷管道水力与热力计算方法。Ileri 等基于达西-魏斯巴赫等式计算了液氨管输过程中的压能损失，用于氨制冷循环系统的经济性分析与优化。Gezerman 将该水力计算方程扩展到工业规模液氨转运过程中的管道系统工艺计算，同时基于傅里叶定律分析计算管壁热补偿。应洁等采用液化石油气（LiquefiedPetroleum Gas，LPG）管道摩阻公式进行长距离液氨管道水力计算。长输液氨管道通常采用埋地敷设方式，管输过程液氨的水力热力特性相互作用，同时受周围土壤环境影响，相较于上述平均参数计算方法，需要建立更复杂的水力与热力耦合计算模型。目前，OLGA、PIPEPHASE、SPS 等成熟工艺软件尚未嵌入液氨物性参数及管输计算模块，并且这些软件的工艺计算模型及数据库主要来源于油气管道，缺乏液氨管道实验数据验证，国内外尚无专门应用于液氨管输工艺的仿真计算软件及相关实验验证。

投产过程是液氨管道正式运营前的重要步骤，液氨管道投产前通常采用与油气管道类似的管道试压、站内试压、联动试车以及通球扫线等准备工作。同时，还需进行投产置换以保证管道内的空气含量处于氨的爆炸极限范围之外，考虑操作的简便性与可靠性，目前普遍采取氮气置换方案将输氨管道内的含氧量降至规定数值。管道投氨初期，由于管内压力相对应的饱和温度过低，“氨头”急剧蒸发易造成管道局部过冷现象。首先，该现象会导致管道物理和机械性能发生变化，当管内温度低于冷脆温度时，管道脆性增大及冲击蠕动作用导致焊口附近脆性断裂风险急剧增大；其次，该现象会带来管道冷缩问题，液氨与管道间较大温差所产生的冷缩量足以拉断管道，因此，长输液氨管道拐弯位置一般采用弹性敷设，用于投氨时的管道冷缩补偿。除了采取措施用于避免管道局部过冷现象外，投氨过程还需采取缓慢操作原则，同时阀门开度不宜过小，以阀门后主管道不产生白霜为准，避免液氨发生节流效应。投氨过程的流体非稳态变化特征导致该过程的完成时间及工况变化难以预测，相应的流体界面演化规律以及物理场分布和发展特征也有待进一步研究。

2.2　安全技术

2.2.1　泄露扩散安全性

氨是一种重要的化工原料，可用于制造氨水、硝酸、胺类、铵盐、纯碱、氮肥、制冷剂等，应用广泛。氨的最低自燃温度为 651℃，爆炸极限体积分数范围 16%~25%，最易引燃的体积分数为 17%，产生最大爆炸压力时的体积分数为 22.5%，显然，氨的泄漏存在一定的燃爆性。同时氨具有一定的毒害性，不同的氨泄漏量及泄漏时间对人体的毒害程度不同，轻则无明显作用或呼吸变慢，重则危及生命、致人死亡（表 3）。

表 3　国内代表性长输液氨管道统计表

质量浓度/（mg/m^3）	作用时间/min	危险程度
30	45	无明显刺激作用
70	30	呼吸变慢
140	30	恶心、头疼、眼睛及上呼吸道感到不适
175~350	28	鼻、眼睛刺激，呼吸及脉搏加速
553	30	刺激强烈
700	30	咳嗽
1750~3500	30	可危及生命
3500~7000	30	致死

液氨管道常常受到各种内外部因素影响，如储运设备不合格、超压、老化、腐蚀、操作不当、外部撞击等，导致管道破裂而发生氨泄漏扩散事故。直径超过 75mm 的液氨管道泄漏事故大多发生在美国，且以机械损伤、人为因素等外部干预为主（表 4）。

表 4　液氨管道泄漏事故统计表

年份	地点	管径/mm	泄漏原因
1969	美国得克萨斯州	200	管壁温控失效
1973	美国堪萨斯州	225	机械损伤、超压
1975	美国得克萨斯州	150	机械损伤、外腐蚀
1981	英国英格兰	200	外腐蚀
2001	美国艾奥瓦州	200	操作不当
2004	美国堪萨斯州	200	机械损伤、疲劳开裂
2006	美国堪萨斯州	200	焊缝断裂
2007	美国佛罗里达州	100/150	人为破坏

当液氨从压力管道中突然泄漏时，液氨会在泄漏位置形成液池并蒸发，进而与环境空气混合形成含氨气云团。虽然常温下氨气密度低于空气密度，但液氨泄漏形成的氨气云团因低温及介质密度大而呈现重气扩散特征。在外界环境作用

下。氨气云团贴近地面进行大范围扩散，威胁附近地区的大气、土壤、水源安全，易造成大面积人员伤亡与环境污染，且在处理不当的情况下，很可能发生火灾及中毒事故。氨气泄漏后，第一时间做出反应是生产运行安全管理的关键。一旦发生氨气泄漏事故，必须第一时间对周围人群发出警告，尤其要及时疏散处于下风向地区的人员；同时要设法控制泄漏源的泄漏率，如输氨管道泄漏时，应及时隔离管道泄漏部分，以降低空气中的氨气浓度。

当前中国尚缺乏长输液氨管道监测技术，建议借助油气长输管道 SCADA 监控系统实现液氨管道全程监控。通过制定经济合理、可操作性强及有针对性的安全策略，对液氨长输管道泄漏风险因素进行控制甚而消除，减少或避免泄漏事故，提升安全管理水平。

2.2.2　管道内腐蚀与防护

一般情况下，液氨管道通过严格控制水含量，基本不会发生内腐蚀。然而，当液氨管道混入空气、水等杂质后，管道会产生由内到外的裂痕，且存在未被发现而突然发生断裂失效的事故风险。液氨的腐蚀机理常伴随着裂纹的扩展，经过金属原子在裂纹尖端的快速阳极溶解，加之拉应力加速裂纹向纵深扩展，将构成一种典型的阳极型应力腐蚀开裂。当前，在液氨环境下钢材应力腐蚀原因尚不明确，需要探究钢材在液氨中发生应力腐蚀开裂的影响因素。

Lunde 等人基于实验结果绘制了 18℃ 氨氧水应力腐蚀开裂等温图，研究了液氨中的水氧浓度对钢材应力腐蚀的影响，结果表明：碳锰钢的应力腐蚀开裂敏感性随着氧含量增至一定程度后而增大，随着水含量增加而降低；当氧含量为 3~10mg/kg 且水含量低于 100mg/kg 时，碳锰钢在液氨中的应力腐蚀开裂敏感性最高。Deegan 和他的团队通过动态慢应变速率测试，得到在 25℃、202.65kPa 空气分压下的液氨管道腐蚀程度，其中水作为液氨应力腐蚀开裂抑制剂的有效极限质量分数为 0.08%。Nakai 课题组开展了低合金钢在含硝酸铵等强电解质液氨中的阳极极化恒载实验，结果表明：由于液氨中 CO_2 的存在，钢的腐蚀速率加快，钢表面形成腐蚀产物膜；氧气的加入显著加速了薄膜的形成，而水的加入或温度降低抑制了腐蚀产物膜的形成及试样的开裂。刘天佐等人针对液氨输送管道中的不锈钢三通腐蚀开裂问题开展研究，发现该三通腐蚀开裂的主要原因是未进行固溶处理，且运行环境中存在氯等腐蚀元素。梁旭和他的团队进一步提出在外加阳极极化的条件下，介质中若含有一定量氯元素会形成孔蚀核并促进孔蚀的增大，对液氨管道的安全运行造成较大安全的风险。

2.3　经济性分析

以一条年输量氢气为 150 万吨/年的氢管道作为参考，经换算，相当于输送液氨 970 万吨/年。液氨管道的经济流速一般为 2~3m/s，因此管径 600mm 的液氨管道可以满足上述需求，单位综合运输成本(含固定投资折旧、运行能耗成本及非能耗成本等)估算为每千千米 0.585 元/kgH_2。而大规模氢气管道还缺乏应用实践，经济流速尚有待探讨。GB 50177—2005《氢气站设计规范》对站内及厂间氢气管道的流速给出了规定，设计压力 3MPa 以上且最大流速不超过 10m/s，目前还没有针对氢气长输管道的设计规范，国内已建输氢管道大多参考该规范选择了较为保守的氢气流速。戴文松研究认为，该规范中的流速限定对小管径小输量工况适用，但在大管径规模化氢气输送场景下则偏保守，建议适当提高氢气的管内流速，有利于减小管径，降低建设投资。因此，针对 150×10^4t/a 氢气输量，本文通过水力模拟分析，选择了 7MPa 设计压力和 1000mm 管径方案，估算输氢管道单位运输成本为每千千米 3.25 元/kgH_2(见表 5)。

表 5　2000km 输氢管道和输氨管道技术经济性对比

项　目	氢气管道	液氨管道
管道人口流量/(t/d)	4286	27650
管径/mm	1016	610
设计压力/MPa	7	7
最小流速/(m/s)	13	2
最大流速/(m/s)	20	2
建设投资/10^8 元	550	98
单位投资(元/kW)	9250	1638
单位制备成本/(元/kgH_2)	—	5.20
单位输送成本/[元·(kW/h)]	6.50	1.17
单位输送成本/(元/kgH_2)	0.195	0.035
单位脱氢成本/(元/kgH_2)	—	9.75
合计单位成本/(元/kgH_2)	6.50	16.12
压损(线损)率/%	4.6	0.6

注：1. 氢气管道规模为 150 万吨/年；
2. 液氨管道规模为 970 万吨/年；
3. 年小时利用数，管道按 8400h。

从上述比较可知，单看管输环节，管道输氨成本远低于输氢；加上氨制备成本后，二者水平接近；再考虑受端脱氢成本，则输氨经济性上处于劣势。由于在一定规模下，仅管道成本随距离增加而近于线性增长，单位制氨和脱氢成本不受距离影响，因而管输距离越长，输氨更有利。

3　总结

随着世界各国碳中和目标的逐步推进，以氨载氢破解氢储运技术难题的“氨-氢”绿色能源产业进入高速发展阶段。然而，作为“氨-氢”能源路线的重要枢纽，我国目前液氨管道仍存在管道规模较小、管输工艺及安全技术有待突破、设计建设和运行管理标准相对空白等问题。根据目前存在问题，总结了液氨管道系统研究现状并提出以下建议：

（1）在液氨管输技术中，已在纯液氨物性、相特性、水力热力特性、投产工艺、输送工艺以及瞬态事故工况等方面具备一定的基础认知及实际运行经验积累，但含杂质液氨管输特性、各工艺非稳态相变特征及物理场分布规律尚不清楚，需建立、完善相应的技术研究体系。建议采用广泛的实验技术及借助仿真模拟等方法开展液氨管输工艺验证与探究。

（2）基于油气“全国一张网”能源战略，充分借鉴已成熟油气管网系统经验，同时考虑液氨与油气基础物性及管输工艺的差异性，进一步完善液氨管输工艺技术，指导长距离、大规模液氨管输系统建设运行；从管材、设备、安全、防腐等方面评估在役油气管道改输液氨的适用性，从而提高油气管网利用率，降低碳排放。

（3）液氨管道泄漏通常呈现贴近地面的液池蒸发及重气扩散特征，大范围氨气泄漏扩散易造成严重人员伤亡与环境污染，需要建立完善的泄漏监测体系；水幕防护对液氨管道泄漏扩散的抑制效果有待验证，需要结合实验及模拟方法优化水幕防护参数；不同液氨环境下的管道应力腐蚀开裂机理尚不明确，相应的内腐蚀防护措施有待完善。

（4）国内外尚未形成统一的长输液氨管道行业标准规范，存在涵盖范围小、核心问题笼统、安全体系不健全等问题，建议从工艺设计、管材设备、腐蚀防护、安全工程等方面对现行液氨管道建设与运行管理标准进行完善。

参 考 文 献

[1] JIANG L L，FU X Z. An ammonia-hydrogen energy roadmap for carbon neutrality：opportunity and challenges in China[J]. Engineering，2021，7(12)：1688-1691.

[2] 吴全. 沈钰新. 余磊. “双碳”背景下氢-氨储运技术与经济性浅析. 2022，24(5)：27-33，39.

[3] HALE C C，LICHTENBERG W H. U. S. anhydrous ammonia distribution system in transition[J]. Ammonia Plant Safety and Related Facilities，1988，28：76-90.

[4] BILIAIEV M M，AMELINA L V，KHARYTONOV M M. Numerical simulation of the atmosphere pollution after accident at the “Tolliaty-Odessa” ammonia pipe [M]//STEYN D G，BUILTJES P J H，TIMMERMANS R M A. Air pollution modeling and its application XXII. Dordrecht：Springer，2014：391-395.

[5] Fertilizers Europe. Guidance for inspection of and leak detection in liquid ammonia pipelines[M]. Brussels：Fertilizers Europe，2008：1-7.

[6] 陈文艳. 液氨长输管道泄漏风险分析及对策研究[D]. 北京：首都经济贸易大学，2011.

[7] 陈洪林. 雏议我国第一条长输液氨管道的设计[J]. 氮肥设计，1996，34(3)：37-40. 5

[8] Anon. Ammonia refrigeration piping handbook [M]. Arlington：International Institute of Ammonia Refrigeration，2004：1-8.

[9] ILERI A，KESIM S C. Optimum pipe sizes for cooling-systems[C]. Izmir：IV. National Testing Engineering Congress and Series，1999：529-543.

[10] GEZERMAN A O. Industrial scale ammonia pipeline transfer system and exergy analysis [J]. Kemija u Industriji，2021，70(11/12)：711-716.

[11] 应洁，门吉，孙亚超，王春海. 液氨长距离管道输送的设计实践[J]. 煤气与热力，2011，31(4)：6-7，10.

[12] 刘加洪. 液氨长输管道安全运行过程探讨[J]. 化肥设计，2018，6(1)：30-33.

[13] 陈鸿林. 对长输液氨管道设计的建议[J]. 化肥设计，2002，40(5)：22-24.

[14] 杨一凡. 氨制冷技术的应用现状及发展趋势[J]. 制冷学报，2007，28(4)：12-19.

[15] 滕霖，白金宝，刘斌. 用于危化品泄漏及防护的风洞试验平台的搭建[J]. 实验技术与管理，2021，38(11)：298-302.

[16] BECKER A T，RUSSELL A M，CHUMBLEY L S. Predicted growth of through-thickness stress corrosion cracks in anhydrous ammonia nurse tanks[J]. Advanced Materials Letters，2015，6(9)：783-789.

[17] 梁旭. 在用液氨管道保冷层下局部腐蚀现象研究[J]. 中国特种设备安全，2017，33(8)：72-77，80.

[18] LUNDE L，NYBORG R. Stress corrosion cracking of different steels in liquid and vaporous ammonia[J]. Corrosion，1987，43(11)：680-686.

[19] DEEGAN D C，WILDE B E. Stress corrosion cracking behavior of ASTM A517 grade F steel in liquid ammonia environments[J]. Corrosion，1973，29(8)：310-315.

[20] NAKAI Y，UESUGI Y，KURAHASHI H. Stress corrosion cracking of steel in liquid ammonia[J]. Tetsu-To-Hagane，1981，67(14)：2234-2241.

[21] 刘天佐. 液氨管道不锈钢三通开裂失效分析[J]. 中国科技纵横，2017(12)：72-74.

[22] 戴文松. 炼油企业氢气管道的流速选择兼谈国标 GB 50177—2005《氢气站设计规范》对氢气管道流速的要求[J]. 标准科学，2020(1)：65-69，86.

滩海管道与陆地管道穿越连续水域设计差异分析

李子茂[1]　付现桥[1]　卜明哲[1,2]　李　晔[1]　陈紫苑[1]

[1. 中国石油工程建设有限公司华北分公司；2. 中国石油大学(华东)材料科学与工程学院]

摘　要　陆地管道穿越连续水域与滩海管道在管道所处环境上有许多相似之处。但目前针对这两种设计条件下的设计方式、施工方式的差异，以及相互借鉴的可行性方面的研究还不够深入。本文分析了基于两种设计条件下的设计现状以及存在的问题，对比了设计方式的差异，并对滩海管道采用陆管水域穿越方式设计的可行性进行了探讨，可供设计人员参考。

关键词　滩海管道；陆管；穿越水域；可行性

1　前言

由于海底管道的设计条件相比于陆管较为苛刻，故海管的项目成本一般比陆管要高出很多。而滩海管道在设计条件上与陆管穿越连续水域有许多相似之处。滩海管道若被证明采取陆管穿越连续水域的方式进行设计可行，则将大大节省项目成本。本文分析了基于两种设计条件下的设计现状以及存在的问题，并详细介绍了两种设计方式下的壁厚计算、配重计算以及常用的施工方式，对比了其中的差异，分析了滩海管道采用陆管水域穿越方式设计的可行性及存在问题，给出了建议。

2　设计现状及存在问题

2.1　陆管连续水域穿越

目前，陆地油气管道穿越连续水域主要按照《油气输送管道穿越工程设计规范》(GB/T 50423—2013)进行设计。其中，针对穿越段钢管的壁厚选取有相应针对性的公式。

陆管配重形式主要分为混凝土马鞍配重块、现浇混凝土配重稳管、混凝土连续覆盖层稳管等。其中混凝土马鞍配重块和现浇混凝土配重稳管两种形式应用的较为普遍，混凝土连续覆盖层稳管形式由于存在许多弊端，如施工工序繁多且复杂，施工时间较长，并且需要专用的施工设备，应用较少。

陆地长输管道穿越河流施工按照敷设方式主要分为非开挖方式和开挖方式两种。开挖方式即采用沟埋的方式，即在河床上成沟、敷设、回填。非开挖方式主要有定向钻穿越和隧道穿越两种。

2.2　滩海管道

滩海管道的壁厚计算基本与一般段海底管道的壁厚计算方法相同，均基于环向应力准则进行计算，并需进行承压破裂校核、外压压溃校核以及扩展屈曲校核。

海底管道的配重一般有混凝土配重管和配重块两种形式。由于混凝土配重管能对整个管段起到必要的机械保护作用，是一种比较常用的配重方式。

滩海管道的施工方式一般有牵引法、铺管船法以及定向钻法三种形式。其中，牵引法和铺管船法是两种较常用的施工方式，定向钻法由于对施工要求较高，必须有极专业的施工队伍，现在国内应用还不广泛，实施案例较少。

3　滩海管道与陆管连续水域穿越设计差异

3.1　陆上连续水域穿越

3.1.1　壁厚计算

GB/T 50423《油气输送管道穿越工程设计规范》规定穿越段钢管的直径与壁厚之比应小于100，并应满足各种穿越条件下的管道径向稳定要求，壁厚应按下式计算。

$$\delta=\frac{PD}{2[\sigma]}$$

式中，δ 为钢管计算壁厚，mm；P 为输送介质设计内压力，MPa；D 为钢管外直径，mm；$[\sigma]$为输送钢管许用应力，MPa。

其许用应力应按下列公式计算：

$$[\sigma]=F\Phi t\sigma_s$$

式中，$[\sigma]$为输送油气钢管的许用应力，

MPa；σ_s为钢管的规定最低屈服强度，MPa；Φ为钢管焊缝系数，符合本规范3.2.1条要求标准的钢管，Φ取1.0；t为温度折减系数，当设计温度小于120℃时，t值取1.0；F为强度设计系数，按表1取值。

表1 强度设计系数

穿越管段类型	输气管道地区等级				输油管道
	一	二	三	四	
Ⅲ、Ⅳ级公路有套管或涵洞穿越	0.72	0.60	0.50	0.40	0.72
Ⅲ、Ⅳ级公路无套管穿越	0.60	0.50	0.50	0.40	
Ⅰ、Ⅱ级公路、高速公路、铁路有套管或涵洞穿越	0.60	0.60	0.50	0.40	0.60
山岭隧道穿越	0.60	0.50	0.50	0.40	
河流小型穿越	0.72	0.60	0.50	0.40	0.72
河流大、中型穿越	0.60	0.50	0.40	0.40	0.50

3.1.2 配重计算

陆地管道确定是否需要配重的根据是比较所受静水浮力与自身重力的大小，若浮力大于等于重力则不需要配重，反之则需要。陆管配重计算主要分为两部分，分别是抗浮验算和稳管措施设置。

当确定需要设置稳管措施后，我们需要通过每米管段所需要的压重、压重块的平均容积、含泥沙水的重度等数据来计算出压重块的间距。

每米管段压重通过下式计算：

$$W_1=K\cdot F_S-W,\ \mathrm{N/m}$$

式中，W_1为每米管段压重，N/m；K为稳定安全系数；W为单位长度管段的总重力，N/m；F_S为单位长度管段静水浮力，N/m；

压重块的平均容积V_C可通过查阅配重块规格表得到。

单个压重块在空气中的平均重：

$$W_C=V_C\cdot 2400\cdot g,\ \mathrm{N}$$

式中，W_C为单个压重块在空气中的平均重，N；V_C为压重块的平均容积，m^3；g为重力加速度，取$9.8m/s^2$；

压重块间距：

$$I=(W_C-\gamma\cdot V_C)/W_1,\ \mathrm{m}$$

3.1.3 施工方式

目前，长输管道穿越河流按照敷设方式主要分为非开挖方式和开挖方式两种。开挖方式即采用沟埋的方式，即在河床上成沟、敷设、回填。非开挖方式主要有定向钻穿越和隧道穿越两种。在选择开挖方式时，要综合考虑管道穿越河流的宽度、河水流速、流量等各种因素，此外，还要考虑河流形状、水文条件、工程地质条件等。

开挖穿越形成的管道埋深较浅，对管道的保护性不佳。且此种穿越方式适合于季节性河流施工，不宜实施在大型河流穿越工程。定向钻穿越对河床的破坏比较小，不影响船只通航，施工进度相对较快，成本较低，在满足条件时应优先考虑此种方式。在不满足定向钻穿越条件时，对于大中型河流可采取隧道穿越、盾构穿越、顶管穿越等方式。定向钻穿越也是我国近几年长输管道工程穿越河流应用最多的一种方式。

3.2 滩海管道

3.2.1 壁厚计算

滩海管道的壁厚计算一般依据《海底管道系统规范》(DNV-OS-F101-2013)环向应力准则进行：

$$\sigma_h=(p_i-p_e)\frac{D-t_1}{2t_1}\leqslant\eta(SMYS-f_{y,temp})$$

式中，σ_h为环向应力，MPa；p_i为设计压力，MPa；p_e为外部压力，MPa；D为管道直径，mm；SMYS为最小屈服强度，MPa；$f_{y,temp}$为由于温度影响而使屈服强度的降低值；η为使用系数；t_1为管道壁厚，mm；

根据公式计算出所需的最小壁厚后，再根据《海底管道系统规范》(DNV-OS-F101-2013)进行承压破裂校核、外压压溃校核以及扩展屈曲校核，选取最终壁厚。

3.2.2 配重计算

海底管道的稳定性受两个方向因素的制约，即水平稳定和垂直稳定。同时，两个方向的因素又互相影响。

(1) 水平横向稳定性分析

横向水平稳定性的判别式如下：

$$(W_{sub}-F_L)\times\mu\geqslant(F_D+F_m)\times S$$

式中，W_{sub}为管道单位长度水下管重，N/m；F_L为管道单位长度受到的流体升力，N/m；F_m为管道单位长度受到的流体拖拽力，N/m；F_D为管道单位长度受到的流体惯性力，N/m；S为横移稳定安全系数(DNV规范要求不小于1.1，不允许动准则)；M为管道和海底之间的摩擦系数。

当海底为粘性土时，如果没有实测数据，通常取$\mu=0.3$；

当海底为砂性土时，如果没有实测数据，通常取$\mu=0.5$。

(2) 海底管道垂向稳定性分析

对于埋设管道，需要校核管道在操作期中是否可能发生沉陷或上浮。校核埋设管道沉陷与下浮，使用以下公式：

对于下沉，只有当$\gamma_{se}\geq\gamma_p-R_v$才能满足要求；

对于上浮，只有当$\gamma_{se}\geq\gamma_p-R_v$才能满足要求；

$$\gamma_{se}=\gamma_s=G\cdot\gamma_W(1+W)/(1+G\cdot W)$$

$$R_v=2C/D_t$$

式中，γ_{se}为单位管体所受的浮力，N/m；γ_s为土壤的饱和容重，N/m^3；γ_w为水的容重，N/m^3；W为土壤含水量；G为土粒比重；R_v为管道单位体积沉浮时的土壤阻力，N/m^3；γ_p为管道的容重，N/m^3；C为土壤剪切强度；D_t为管道总外径，mm；

(3) 负浮力的计算与控制

当确定混凝土配重措施后，我们需要计算混凝土配重管在水下所受的负浮力和其所受水的浮力，确保负浮力大于浮力，以保证配重管能稳定的置于海床上。

混凝土配重管沉没在水下的重量(负浮力)按照下式计算：

$$W_{sub}=(W-2cw-B)/(L-2c)$$

式中，W_{sub}为混凝土配重管沉没在水下的重量，kg/m；W为混凝土配重管在空气中的重量，Kg；B为混凝土配重管在水中的浮力，kg；L为钢管长度，m；w为待涂敷钢管的单位重量，Kg/m；C为混凝土配重管两端预留长度，m；

混凝土配重管在水中的浮力B，按照下式计算：

$$B=\frac{\pi}{4}\times\rho\times\left(\frac{D}{1000}\right)^2\times(L-2c)$$

式中，D为混凝土外径，mm，取5个截面测量结果的平均值；ρ为被置换的海水密度，kg/m^3；

混凝土配重管所受负浮力是由基于计算机的负浮力控制系统来完成的。配重管质量的判据为单根配重管负浮力允许偏差±10%；每25根配重管平均负浮力允许偏差±5%；每班配重管平均负浮力允许偏差±1%。

3.2.3　施工方式

滩海管道的施工方式与陆地管道施工方式有所差异，一般有牵引法、铺管船法、定向钻法等。

牵引法要求施工区域水深较浅，海况条件良好，海床易挖沟。此种方式具有施工工序较为简单，施工成本较低的优点。牵引法要求在管道上绑扎浮筒，提供为管道提供浮力。根据管道牵引时位置的不同，牵引法可分为底托法、离底托法、浮拖法三种。

在离岸距离较远，牵引法、定向钻法难以施工，水深可以满足铺管船工作的水域，通常采用铺管船法施工。铺管船法需要的施工场地较小，铺管速度较其他两种方法快，安全性也比较高。

滩海定向钻穿越一般将定向钻穿越起点设置在岸边，穿越终点设置在海底。定向钻穿越能满足海底管道的埋深要求，不对海床造成破坏，不影响施工水域船只的通航。但此种方法目前应用还不广泛，国内业绩较少。

4　滩海管道采用陆管水域穿越方式设计可行性分析及存在问题

要分析滩海管道采用陆管水域穿越方式设计的可行性，一种方法是先采用陆管的设计方式对管道壁厚、配重层、施工进行设计，后采用海管校核方法对相关结果进行校核，根据校核结果是否满足决定是否可行。

4.1　采用陆管公式计算管道壁厚，海管标准校核

某滩海海底管道，管径864mm，采用API 5L PSL2 X60钢管，设计压力为14MPa，水深3m。采用陆管穿越段壁厚计算公式进行计算，则根据穿越段钢管的直径与壁厚之比应小于100：

$$\frac{D}{t}=\frac{864}{t}<100$$

得出

$$t>8.64\text{mm}$$

许用应力：

$$[\sigma]=F\Phi t\sigma_s=0.50\times1.0\times1.0\times413=206.5\text{MPa}$$

钢管计算壁厚：

$$\delta=\frac{PD}{2[\sigma]}=\frac{14\times864}{2\times206.5}=29.28\text{mm}$$

采用《海底管道系统规范》(DNV-OS-F101-

2013)进行承压破裂校核、外压压溃校核以及扩展屈曲校核，校核结果见表2。

表2　校核结果

承压破裂壁厚/mm	外压压溃壁厚/mm	扩展屈曲壁厚/mm
26.89	0.00	10.04

可以看出，采用陆管穿越壁厚计算公式得出的结果满足海管标准校核的要求。

4.2　采用陆管配重设计方式设计，海管标准校核

本工程海底管道 $D=864\text{mm}$，壁厚 $t=30.18\text{mm}$，管顶埋深为1.8m，安全系数按照大中型河流考虑取 $K=1.3$，则每米管段压重：

$$W_1=K\cdot F_S-W=2134.5\text{N/m}$$

压重块的平均容积 V_C 可通过查阅配重块规格表得 $V_C=1.15\text{m}^3$。

单个压重块在空气中的平均重：

$$W_C=V_C\cdot 2400\cdot g=1.15\cdot 2400\cdot 9.8=27048\text{N}$$

压重块间距：

$$I=(W_C-\gamma\cdot V_C)/W_1=6.86\text{m}$$

现将陆管配重块形式换算为海管常用的混凝土配重层的形式：

设混凝土配重层厚度为d，则

$$\pi\left(\frac{D}{2}+d\right)^2-\pi\left(\frac{D}{2}\right)^2=v$$

$$W_1=mg=\rho vg$$

$D=864\text{mm}$，$\rho=3040\text{kg/m}^3$，$g=9.8\text{m/s}^2$，得出 $d\approx 26\text{mm}$。

根据《海底管道稳定性设计》(DNVGL-RP-F109-2017)对配重层的厚度进行校核，在配重层厚度为26mm时，管道浸没重量 $W_s=1715\text{N/m}$，需要达到稳定管道所需的浸没重量为13024N/m。即采用陆管配重设计方式得到的结果不能满足海管稳定性的要求。

4.3　陆管施工方式应用在滩海管道的可行性

本工程海底管道长约81.5km，其中根据水深的不同分为三个区域。水深0~0.5m为近岸段，长约32km；水深0.5m~1.5m为过渡段，长约11.6km；水深1.5m~3m为离岸段，长约37.9km。

由于管道距离太长，采用定向钻或隧道方式施工难度太大，故此两种施工方式不适用于本项目。根据铺管船的作业能力以及本工程所处地域的气候特点，32km离岸段管道采用铺管船法进行施工，11.6km过渡段采用浮拖法施工。

由于管道所在区域冬季气温极低，可以低至零下30℃，在0~0.5m水深区域会形成冻土层，适合于开挖施工，故推荐近岸段32km管道在冬季进行施工，采取直接开挖方式。此种施工方式可在一定程度上缩短项目工期，节省项目成本。

按照管径864mm，钢材为API 5L PSL2 X60，壁厚30.18mm，水深3m，进行s-lay铺管分析。船上张紧器、滚轮、托管架滚轮坐标如表3所示。

表3　船上张紧器、滚轮、托管架滚轮坐标

位　置	X坐标/m	Y坐标/m
张紧器1	58.1	1.5
张紧器1	46.9	1.5
张紧器后船上滚轮1	37.0942	1.4831
张紧器后船上滚轮2	32.1843	1.3778
张紧器后船上滚轮3	24.9331	1.0454
张紧器后船上滚轮4	18.9935	0.6156
张紧器后船上滚轮5	10.3864	-0.2605
张紧器后船上滚轮6	1.8392	-0.6220
托管架上滚轮1	-5.6251	-1.0100
托管架上滚轮2	-14.4859	-1.3040
托管架上滚轮3	-23.3075	-1.7225
托管架上滚轮4	-30.8232	-2.1010

建模如图1所示。

应力分析结果如图2所示。

可以看出，应力百分比在托管架的末尾处出现了较大波动，并出现了最大值，约为70%，同时，船上张紧器处的应力百分比也较大，约为55%。但总体来看，管道应力百分比均在允许范围内，即管道所受的应力符合要求。则在上述条件下，采用s-lay铺管法施工可行。

5　结论

由以上分析可以看出，在某些海底管道工程上应用陆管穿越设计技术具有一定的可行性。由于海底管道所处运行环境较为特殊，发生安全问题之后维修难度很大，故海底管道相关标准通常来说要求较高，有些甚至达到了严苛的地步。虽然严苛的要求保证了海底管道的安全性，但也不可避免的增加了工程成本，造成了材料的浪费。

若在保证管道运行安全的前提下，在滩海区域的海底管道工程上采用陆管的设计方式，则不

图 1 S-lay 铺管分析建模

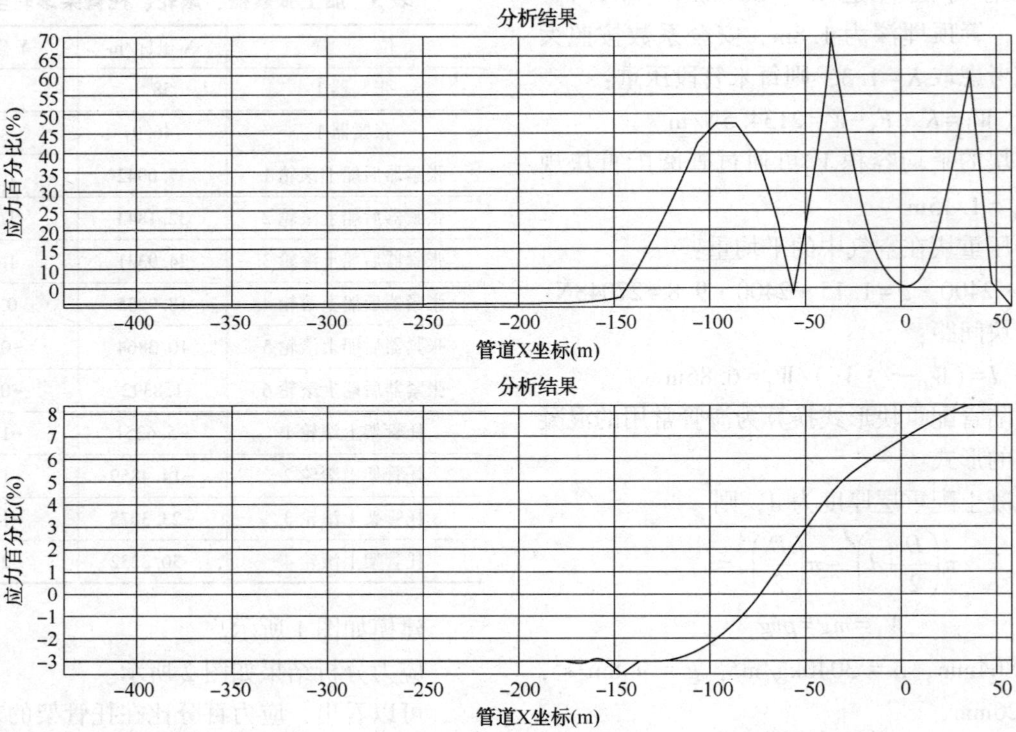

图 2 S-lay 铺管应力分析结果

仅可以降低施工难度，还可以在一定程度上节省项目投资，也是今后进行滩海区域海底管道设计的一种新思路。

但仍需注意的是，采用陆管方式设计得出的某些设计结果不满足海管标准的要求。在实际的设计过程中，需首先满足海底管道标准的要求，在此前提下，适当的采用部分陆管设计方式，以达到降低施工难度，节省成本的目的。

参 考 文 献

[1] 李巨川. 滩海油田海底管道海上施工技术[J]. 内江科技，2009，29(01)：91.

[2] 刘嵬辉，荣世伦，任亮，等. 滩海油气管道敷设方法[J]. 油气储运，2007(07)：33-36+62+2.

[3] SY/T 0305—2012，滩海管道系统技术规范[S].

[4] 刘春华，裴小非. 长输管道的河流穿越设计和施工[J]. 石油规划设计，2010，21(04)：32-35.

[5] 于洪伟. 长输管道的河流穿越设计和施工探析[J]. 全面腐蚀控制，2021，35(02)：42-43.

[6] 周剑琴，杨国晖，王巍. 油气管道大型河流定向钻与隧道穿越技术分析[J]. 石油工程建设，2021，47(01)：45-49.

[7] 王杉. 天然气长输管道河流穿越设计要点分析[J]. 化学工程与装备，2020(07)：41-42.

[8] 简思勇. 油气管道河流穿越工程设计探讨[J]. 石化技术，2019，26(07)：341-342.

[9] 桑运水，韩清国. 海底管道近岸浅水铺设的岸拖与海拖[J]. 石油工程建设，2006(02)：28-30+5-6.

[10] 邵怀海，刘锦昆，郭海涛，等. 滩海油田海底管道分段设计法的可行性探讨[J]. 石油工程建设，2006(05)：19-20+82.

[11] 艾尚茂，王玮. 海底管道工程设计与分析[M]. 哈尔滨：哈尔滨工程大学出版社，2018：57-71.
[12] SY/T 10037—2018，海底管道系统[S].
[13] 周良胜，左栋，何兆洋，等. 油气运输管道设计分析[J]. 科技展望，2014(22)：167.
[14] 青树勇，蔡峰峰. 陆上与海底油气长输管道壁厚确定及校核[J]. 管道技术与设备，2017(01)：58-60.
[15] 赵德雷. 油田开发中海底管道的设计研究[J]. 石油和化工设备，2016，19(06)：14-16.
[16] 楼岱莹，王海，王玉铮，等. 浅海管道敷设中的水平定向钻穿越[J]. 油气储运，2017，36(04)：455-460.
[17] 徐德会，冯刚，王辉. 浅海管道铺设中的二维静力分析[J]. 辽阳石油化工高等专科学校学报，2001(02)：35-37.
[18] 黄海滨，冯爱民，柳宇，等. 海洋石油管道登陆段施工技术[J]. 化学工程与装备，2020(09)：118-119.
[19] 王喜曼，曾天明. 水平定向钻穿越施工及风险管控路径研究[J]. 工程建设与设计，2021(11)：146-148.
[20] 崔鹏宇. 浅谈定向钻在穿越山川、河流、高速路施工中的关键技术[J]. 安装，2021(03)：29-30+36.

长输管道PST无间隙外根焊自动焊技术

许再胜　杜红元　李　超　刘井坤　宋　豪

（中石化中原油建工程有限公司）

摘　要　近年来随着长输管道工程大力推行全自动焊技术，一种新型高效的PST无间隙组对的外根焊自动焊技术得到开发和推广应用，较好解决现有自动焊技术中存在的内焊机适用范围窄、设备成本造价高和组合自动焊工艺工效低下、力学性能不稳定的不足，为今后长输管道各类地形条件下自动焊技术推广应用提供了参考和借鉴。

关键词　PST；无间隙组对；外根焊自动焊

当前长输管道自动焊主流的施工工艺具体为：一是在平原、浅丘陵地段，采用内焊机+双枪外焊下向焊填盖的全自动焊流水作业工艺；二是在山地等复杂地段，采用手工氩弧打底+单枪药芯焊丝上向焊的组合自动焊工艺。自动焊技术推广对长输管道焊接质量的提升给与了有效的保障，但在推广过程中也暴露了一些问题，急需施工企业破解。一是组合自动焊打底采用手工氩弧打底，同时为防止根焊道烧穿根焊层，在热焊中也采用了氩弧焊工艺，进一步降低了焊接效率，而填盖采用的是药芯焊丝上向焊工艺，焊接接头性能不稳定，焊接填充量较大，焊接效率不高。二是内焊机适用管径范围窄，设备投入较大，利用率低，尤其是非常规管道建设，内焊机更成为一次性投入设备。

上述问题也是当前管道企业施工工效不高、成本高居不下的主要原因，为此各管道施工企业也积极在探索新的解决方案，在保证焊接接头质量的前提下，开发新装备或新的焊接工艺，PST无间隙外根焊自动焊技术在此背景下成功开发。

1　工艺原理及焊接设备与材料

1.1　工艺原理

PST-Precise Short circuit Transfer（精确熔滴短路过渡），为熊谷公司开发的一种电弧控制方法，能够通过数字化平台精确控制焊接过程中的电流和电压波形，在管道全位置实现可控的熔深和易于控制的熔池，实现管道外根焊的单面焊双面成型。同时，结合长输管道全位置双枪实心脉冲下向填盖焊接工艺的现场应用经验，在完成PST外根焊焊接后，采用原焊接设备及焊接材料，通过调整焊接参数，可实现单台焊机从根焊到填盖的全过程作业（图1）。

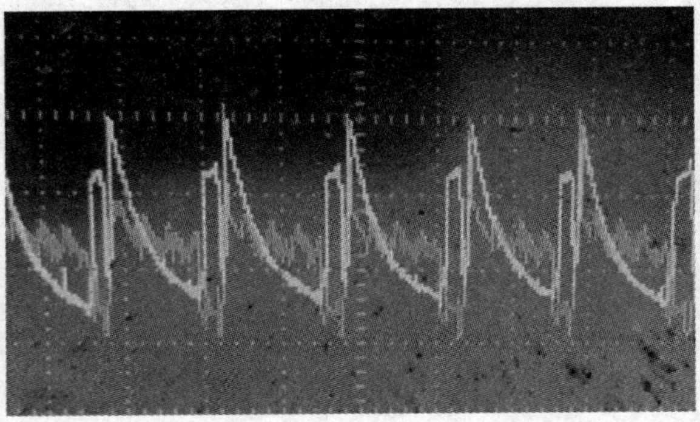

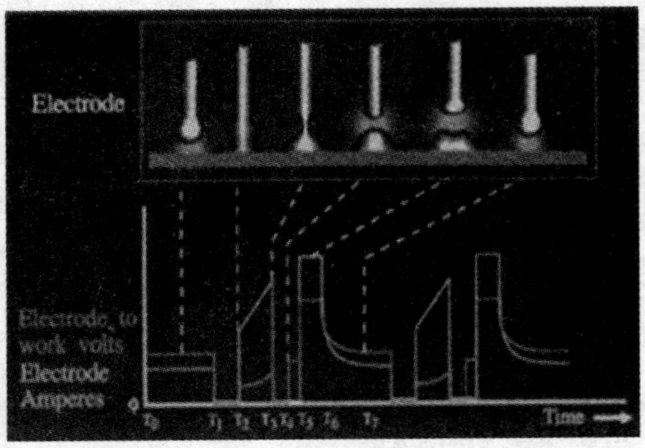

图1　A305焊机电源波形

1.2　焊接设备

采用熊谷DPS-500A全数字控制脉冲MIG/MAG焊机+A-305焊接机头，焊接电源具有以下功能及特点：

（1）可实现实心焊丝焊丝的精确短路过渡（PST）和实心焊丝脉冲焊接；

（2）采用高性能DSP进行熔滴过渡每一个过程的实时检测与控制；多段式电流上升率控

制，精确的熔滴缩颈检测及控制，保证溶滴能够平稳过渡，减少焊接飞溅；

（3）动态峰值能量调节，能够快速适应干伸长度的变化，增加焊接熔深和熔宽；

1.3 焊材

打底和填盖焊丝选用相同，均采用 1.0mm 实心焊丝，焊接保护气体采用同一种比例保护气（2∶8 的 CO_2和 Ar 混合气），利于现场采购及施工组织，避免出现错用及混用现象。

2 PST 工艺接头形式及外观成形

2.1 坡口型式

根据 PST 外根焊电弧的特点，目前采用无间隙 U 型窄坡口时，接头型式的尺寸控制规则为：

（1）上开口 W 的尺寸不应超过 9mm，上开口尺寸的调整通过 α 来进行控制。

（2）圆角 R 不小于 3.2mm，钝边厚度需控制在 1.2~1.4mm。

（3）下开口圆弧起点高度 4.5mm 左右，下开口宽度 5.5mm 左右。

（4）外根焊层厚在 4mm 左右，其余层厚 3mm 以内（图 2）。

2.2 外观成形控制

该工艺采用的单面焊双面成型，焊缝内表面的成型质量的控制就非常关键，也是 PST 工艺成败的核心所在。

（1）每隔 5°设置各区间焊接电流、电压等参数，达到精确控制各区间成型的要求；

（2）选择合适焊接速度，确保内表面成型规则、饱满，不内凹；

（3）精确控制根焊时各区间焊丝干伸长度，保证电弧穿透力和挺度，确保焊接过程中熔透而又不烧穿；

（4）根焊时通过设备自带跟踪功能进行焊接，减少焊接期间人为控制。

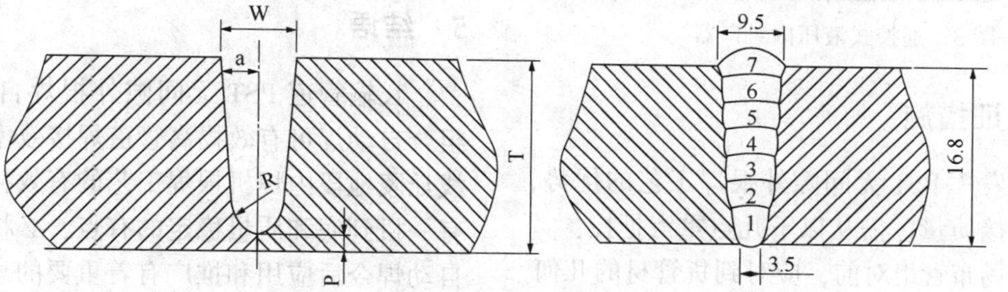

图 2　PST 坡口及接头形式

3 工艺特点分析

3.1 PST 无间隙外根焊自动焊工艺

（1）焊接设备及材料单一：采用同一台焊接设备、同比例的保护气体和同一规格焊丝实现了从根焊到填盖的全过程焊接，利于现场组织实施及质量管控，这也是长输管道自半自动焊、全自动焊技术发展以来，首次实现了单一设备从根焊到填盖的全过程焊接，为国内首创；

（2）施工时间可采用流水作业组织方式，也可采用本口焊的作业方式；当管道壁厚时，也可采用 PST 根焊+双枪外焊下向焊填盖的工艺进行组合，通过流水作业施工方式组织现场施工；

（3）焊材用量大为减少：由于采用了 U 型窄坡口焊接，能够有效减少焊缝金属填充量，较常规 V 型坡口减少 60%以上；

（4）焊缝质量稳定：根焊与填盖均采用同一焊材，保证焊缝各区域具有稳定、理想的力学性能；

（5）根焊采用实心丝脉冲下向气保护焊接技术，焊接速度达到 40~50cm/min，效率较高，相较于组合自动焊技术，焊接工效可提高 3~4 倍以上，综合效率预计提高 2~3 倍以上；

（6）采用无间隙组对形式，方便现场的管口组对，尤其山区地段大幅度降低组对难度；

（7）适用范围广：可适用于平原、山区、水网、丘陵等各类地形条件下的长输管道全自动焊作业。

3.2 工艺特殊要求

（1）对钢管几何尺寸质量要求较高：相比内焊机内焊工艺，PST 外根焊组对质量要求较高，对管材圆度和周长等几何尺寸质量要求较高。对口时错边量一般应控制在 1mm 以内，钢管的周长偏差不应大于 3mm；

（2）因内焊缝为单面焊双面成型，管内壁焊缝附近的母材将参与焊缝熔覆金属的成型，需要严格按照规程要求做好坡口附近的清理；

（3）对焊缝坡口的加工质量和精度要求高，必须严格控制坡口加工质量；

（4）组对建议使用可遥控式液压内对口器，一方面该对口器动力强可提供有效的组对质量保障并提升组对工效，另一方面在山区管道施工时，该类型对口器可顺利通过6D热煨弯头，可确保山区段施工连续性(图3)。

图3　遥控式液压内对口器

4　质量保证措施

为充分发挥PST无间隙外根焊工艺的优势，保证现场焊接质量，需从以下几点重点把控：

（1）现场布管组对前，应对到货管材的几何尺寸和相互之间匹配性进行测量，降低组对偏差；

（2）钢管内外表面坡口及两侧150mm范围内应清理干净，不应有起鳞、磨损、铁锈、渣垢、油脂、油漆和影响焊接质量的其他有害物质。坡口及两侧25mm范围内应采用机械法清理直至显现金属光泽；

（3）必须保障现场坡口加工质量，组装时间应避免坡口磕碰到硬物而造成坡口损伤，坡口加工和保护是该工艺能否有效实施的核心关键之一；

（4）根焊道全部完成后方可撤离对口器。若根部焊道存在承受敷设应力比正常情况高的情况，且有可能发生裂纹，宜在完成热焊道后撤离内对口器；

（5）采用流水作业时应加强机组磨合，提高机组整体效率；同时及时做好现场的AUT检测，确保能够及时发现问题，为自动焊施工提供保证。

5　结语

长输管道PST无间隙外根焊自动焊技术较组合自动焊可有效提高管道焊接效率，也是平原浅丘陵地段内焊机根焊工艺的有效补充，由于具有一机到底和质量稳定的有点，必将对长输管道自动焊今后应用和推广有着重要的意义。

喀斯特地貌沉管穿越河流施工技术

刘东宏

（中石化中原建设有限工程公司）

摘　要　广西液化天然气(LNG)输气管道工程红水河穿越采用了沉管施工技术，红水河河底及两岸地质为岩石，两岸为垂直岩壁，落差大，施工困难，穿越施工采用了水下爆破，漂管、管道横江、管道翻转、沉管等各项复杂施工措施，在河流穿越沉管施工中具有典型性和代表性。

关键词　沉管；水下爆破；漂管；横江

广西液化天然气(LNG)项目输气管道工程线路在来宾市境内穿越红水河，采用水下爆破开挖沉管方式穿越，管径 *DN*800，壁厚 17.5mm。管道穿越处水面宽度为 206m，穿越区河流主槽水位最深约 22m。主河槽水流速度 3.6m/s。管道穿越层地质为中等风化灰岩，岩质坚硬，为较硬岩~坚硬岩，属喀斯特地质结构。河流两岸为垂直岩壁，与河床落差 56m，穿越管道需根据地形增加多个弯头弯管，总叠加角度可达 133°。根据以上特点，本次沉管施工研究应用了多项复杂的施工技术，攻克了各项难关，为解决喀斯特地质条件下大流速漂管、沉管等技术提供了参考。

1　技术路线及方法

红水河穿越段为喀斯特地形地质、穿越地层为凝灰岩、裂隙发育、溶洞较多、定向钻穿越风险高成功率低，不能满足穿越施工要求，且珠江水利委员会禁止管道从江面跨越(如桁架、悬索等跨越方式)，经调研和专家会讨论决定采用沉管法穿越红水河。具体工艺流程如图 1 所示。

根据工况环境，进行方案设计与试验验证，从水下爆破、清砟成沟、水下成像、管道防护、漂管、横江、稳管、船舶水下地锚制作、管道翻转、沉管、管道变形防控等环节进行技术集成创新，通过浮力计算、在不同阶段为管道安装不同重量铸铁配重实现漂管、沉管配重。

2　水下成沟与验收技术

根据岩土工程特性、作业环境、设备对比选型及现有技术，采取水下成孔钻爆、清砟与沟底找平的方法较为经济、高效。具体工艺流程如图 2 所示。

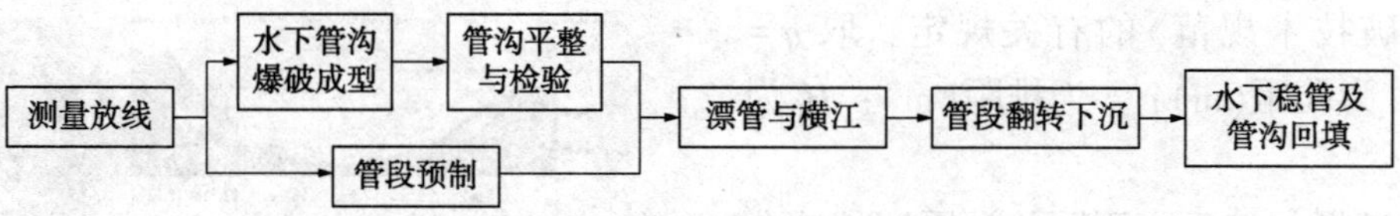

图 1　红水河穿越工艺流程

图 2　水下成沟工艺流程

2.1　定位布孔

钻爆船采用 DGPS 和水上作业电子信息控制系统实现水上定位，孔位与设计孔位偏差可控制在±20cm 精度。钻爆船抛设主锚缆及八字锚缆，主锚缆用以控制船体上、下移位，八字锚缆(或横锚缆)控制船体左、右移位，确保船舶稳定作业(图 3)。

2.2　钻爆清砟

水下爆破采用水下钻孔爆破方法。钻爆船水下钻孔爆破，抓斗船清砟；采用分断面、分带爆破的方式，梅花型布孔。使用非电导爆管起爆系统和微差爆破法施工，通过电力引爆方式进行。8#工业电雷管作起爆元件，非电导爆管雷管作导爆体，引爆主炸药。

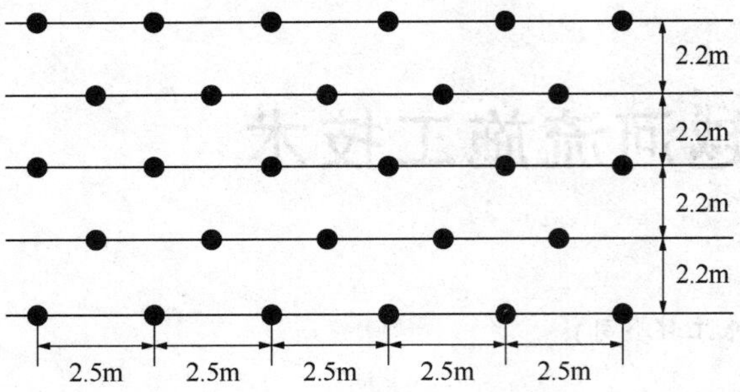

图3　钻孔平面布置图

采用潜孔冲击钻钻孔，全站仪跟踪钻机船钻孔定位，防止炮孔钻歪、钻斜，以保证钻爆船钻孔精度，从而避免漏炸、欠炸，降低复炸率。由于管沟开挖工作面窄、石层较厚，采用微差爆破法增加爆破临空面，使爆破后的岩石破碎比较均匀，有利于清砟作业，提高管沟开挖工作效率。

2.3　爆炸体加工及装药

采用乳化炸药制作药包，每条药包长度控制在2m以内。加工方法如下：用PVC(*DN*100)作药筒将炸药填入管内，安装2个导爆管雷管，两端用胶带密封，最后用绳子把导爆管与炮绳绑扎在一起。装药时将药包慢慢地放入套管内并拉紧炮绳，用竹竿将药包慢慢送入孔内。装好药后，检查药包的顶标高应在设计标高以下(偏差范围0～－20cm)，用细砟或沙回填以防药包浮出炮孔。

炮孔装药量计算公式为：

$$Q=q_0\times a\times b\times H_0$$

式中，Q 为炮孔装药量(kg)；q_0为炸药单耗，(kg/m^3)，结合本工程的地质情况，根据《水运工程爆破技术规范》的有关规定，取 $q=2.09$kg/m^3；a 为孔距(m)；b 为排距(m)；H_0为孔深(m)。

经过水下试爆纠偏后，不同孔深厚度的钻孔装药量见表1。

表1　炮孔装药量　(单位：kg)

钻孔深/m	1	1.5	2	2.5	3	备注
装药量/kg	4.5	6.75	9	11.25	13.5	
钻孔深/m	3.5	4	4.5	5	5.5	
装药量/kg	15.75	18	20.25	22.5	24.75	

2.4　起爆网路联接及起爆

采用防水的毫秒导爆管雷管和非电爆毫秒微差起爆网路，每个起爆体内装2发并联导爆管雷管，整个起爆网路采用簇联的方式联接。导爆管雷管由电雷管引爆，再引爆炸药。采用直流电起爆，电雷管的电流强度设定2.6A，微差爆破时间设定为60毫秒(通过现场试爆采集的数据。)

2.5　水下清砟找平施工

为了保证水下开挖的准确性，采用全站仪对清砟船进行定位测量，保证抓斗船开挖断面及落斗点位置准确，在清砟过程中由重潜员进行水下验收，从而避免漏挖、欠挖现象，降低复挖率，保证水下管沟清砟质量，解决了沟底爆破后不平整的问题。

2.6　管沟验收

管沟清砟成型后，使用超声波测深仪，测量管沟底高程，用钢制导管将级配砂料配泵送至管沟底部。砂砾石应高出20～30cm，重潜员在管沟底推动刮尺沿着管沟中心线前进，将高出部分刮平。管沟水下垫层整平完成后，用超声波测深仪和声呐系统进行管沟断面扫描复查沟底平整度，各项复查数据如图4、图5、图6所示。经专家组鉴定扫描数据达到设计及规范要求。

图4　沟底断面声呐成像图

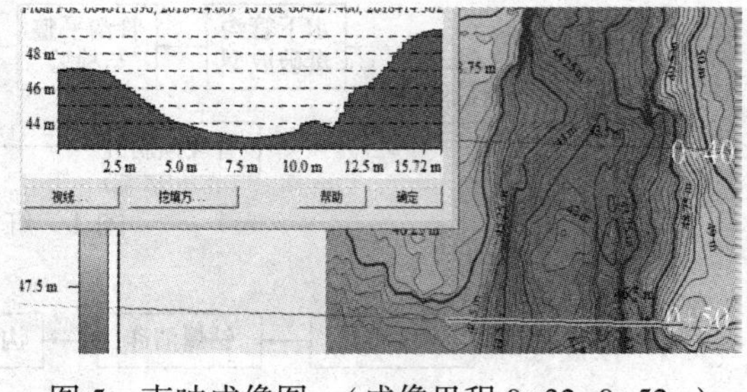

图5　声呐成像图，(成像里程0+32-0+52m)

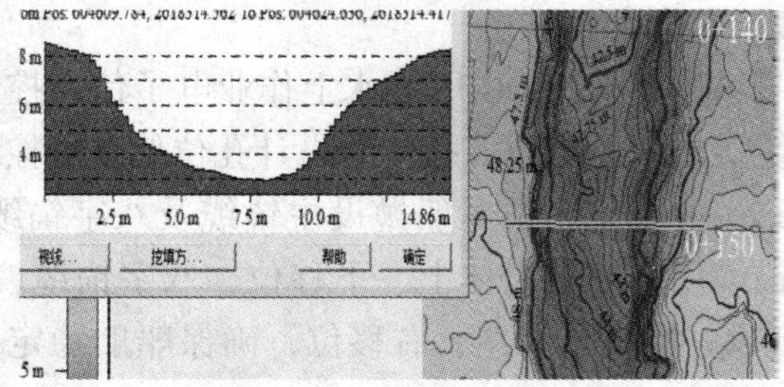

图6　声呐成像图，(成像里程0+138-0+158m)

3 管线防护与就位技术

因红水河水面与两岸落差达 30m，且两岸为垂直岩壁，预制管线无法就地拖管就位，需在红水河上游适当位置预制之后顺流漂管就位，为防止管道漂管过程中发生变形和防腐层受损，需对管道在漂管前进行应力计算和防护。

3.1 管道漂管浮力、牵引力计算

漂管时为确保管道的稳定性，采用半潜式漂管方法，即在管道上安装铸铁配重块，管道在水中漂管的浮力按下式计算：

每米管段的自重计算：

$$G=[(D/2)2\pi-(d/2)2\pi]\times 1m\times\rho_1\times 9.8N/kg=3341.40N \quad (1)$$

每米管段橡胶保护垫层（10mm 厚）的重量：

$$G_{胶}=367.40N$$

每米配重铸铁块的重量：

$$G_{铁}=2298.90N$$

每米管段完全沉入水中的的浮力计算：

$$F=(D/2)2\pi\times 1m\times\rho_2\times 9.8N/kg=5084.83N \quad (2)$$

式中，D 为管段外径，取 0.813m；d 为管段内径，取 0.778m；G 为管段自重；F 为管段浮力；ρ_1为铁的密度，取 7800kg/m^3；ρ_2为水的密度，取 1000kg/m^3

在漂管阶段，需要安装铸铁配重总量的三分之二，即安装 278 块。

管道在水中漂管时的牵引力按下式计算：

$$N=g\cdot(a\cdot G\cdot f+T) \quad (3)$$

式中，N 为漂管引力（N）；a 为引的引力系；T 为引量，kg。

3.2 管道弹性变量控制计算

根据管道力学特征，管段发生最大变形的位置位于直管段中部。直管段长 212m，根据《油气长输管道工程施工及验收规范》GB 50369—2014 “5.3.5 弹性敷设曲率半径不得小于钢管外径的 1000 倍”，则此次验算按照 1000D 曲率半径进行计算，即曲率半径为 813m。漂管时，通过对弦长的实时监测，以达到控制管段变形的要求。将 2 台 DGPS 基站固定在管道的 A、B 点位，可实时获取 A、B 两点坐标数据（如图 7 所示），使用工程电子图形控制系统实时显示 A、B 两点的距离，确保长度始终>210m，以防管道变形过大受损。

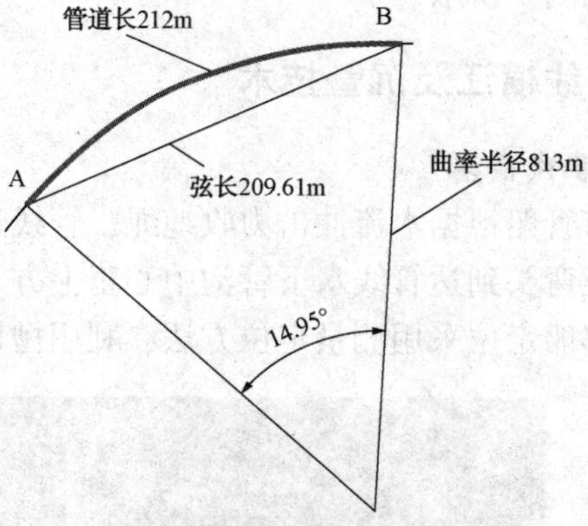

图 7 管道变形控制示意图

3.3 管道保护

管道预制并试压合格后，下水前在管道外壁包裹一层 10mm 厚的橡胶板对管道进行保护，对弯头处做加强斜钢撑。在河中央礁石与南岸岸边位置布置上轮胎，防止漂管过程中管线由于水的冲力直接撞击岩石。

3.4 拖管下水

管线通过挖掘机和漂管船配合把管线拖下水，首先根据《油气长输管道工程施工及验收规范》GB 50369—2014 的要求，每隔 24m 在管线上标记吊点符号。每个吊间隔 3m 并在地面做一个标记，用于控制管道每次平移的距离。挖掘机将管线吊起后同时向入水方向行走，如图 8 所示。

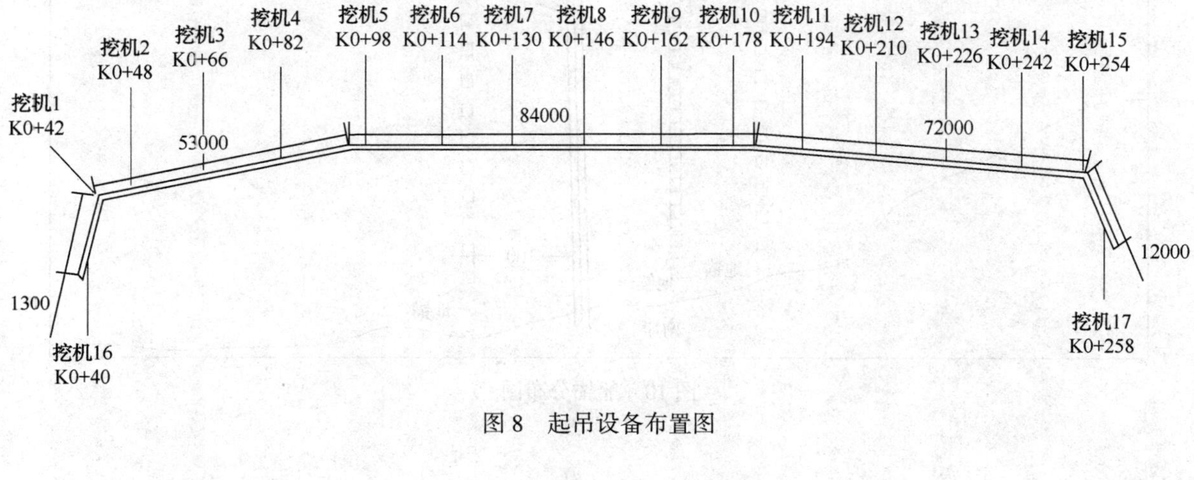

图 8 起吊设备布置图

3.5 漂管

漂管采用4艘漂管船配合完成，在过弯道时通过在沿岸设置绕缆桩，通过人力来控制漂管方向，另外在弯道两岸布置轮胎，防止漂管过程中管线直接撞击岩壁。在整个漂管过程中，由无人机全程监控，使每一阶段漂管实现顺利交接。

考虑到弯道的水流流速大，用船舶不好控制漂管时的方向，用绕缆桩通过人拉来控制方向，防止管线在通过弯道时遇到紊流导致管线撞击岩壁，如图9所示。

4 管线横江及沉管技术

4.1 管线横江

布管船根据水流冲击力收缆绳，管线逐渐横摆直至弯头到达管线水下管沟中心正上方。牵引船的移船定位采用测量定位方法、利用抛设的船锚(图10)和锚缆控制船位。抛设主锚缆及八字锚缆，主锚缆控制船体上、下移位，八字锚缆(或横锚缆)控制船体左、右移位。

布管船3靠近管线北端并吊着管线K0+258处并固定，然后岸上固定装置松开，布管船3向上游方向移动，所有牵引船同时收缆绳。

管线横江过程中，当水下直管段与北岸岸边呈45°时，牵引船停止收揽，布管船3停止向上游方向移动，布管船2靠近管线并固定在管线K0+254处，布管船1靠近管线并固定在管线K0+194，布管船4靠近管线并固定在管线K0+130处，布管船5靠近管线并固定在管线K0+98处，布管船6靠近管线并固定在管线K0+66处，如图11所示。

固定好后，布管船同时向上游移动，牵引船继续收揽，直至管道线到达水下沟槽轴线正上方。

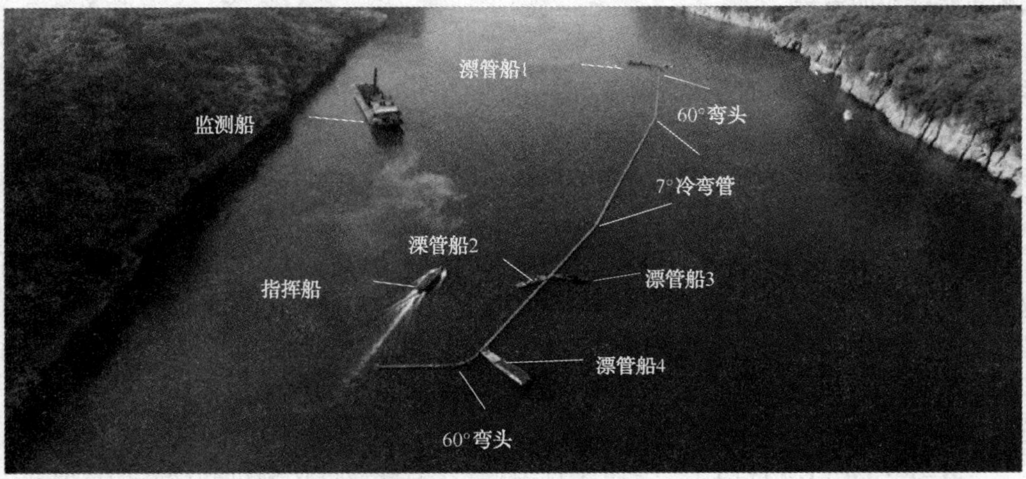

图9　漂管船舶分布图

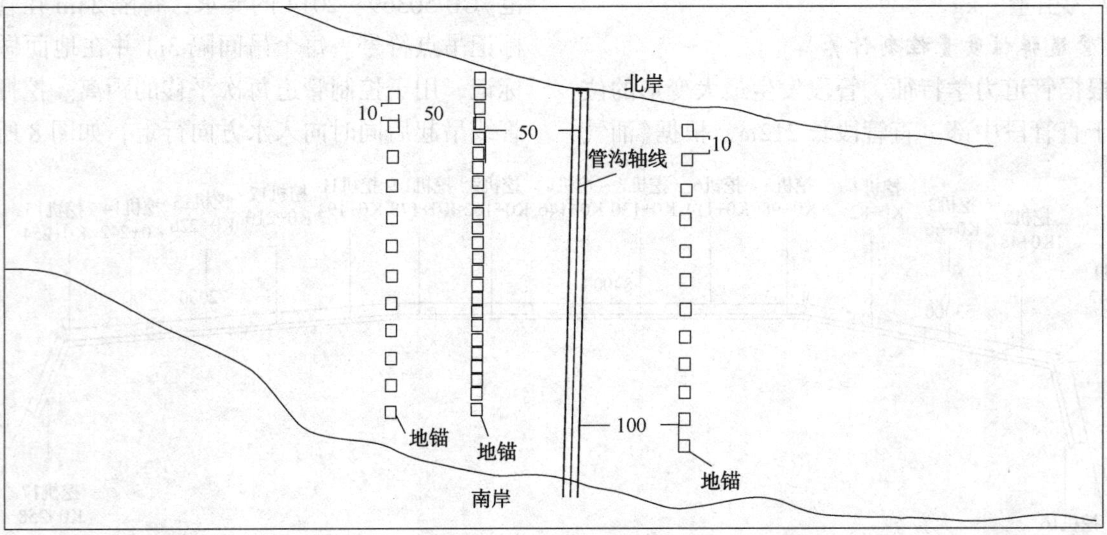

图10　船锚分布图

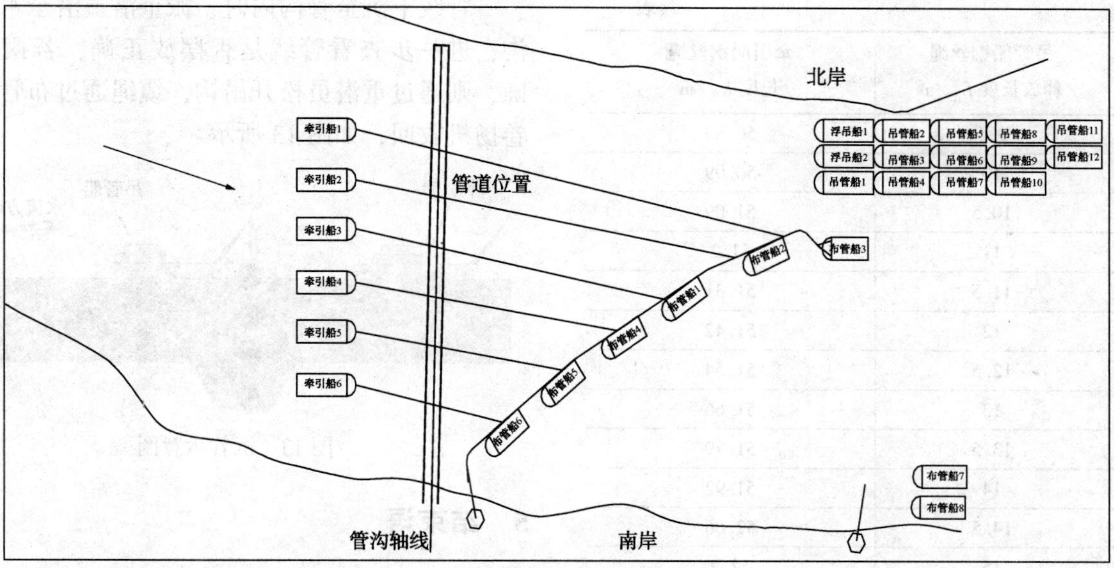

图 11　管道横江过程示意图

4.2　管道翻转与沉管

（1）沉管牵引力计算

沉管时牵引力计算：管道配重安装完毕后开始下沉，除受到浮力、下沉、水流切向力等作用力外，为防止管道产生偏向、侧移、回缩等大幅度位移，用船载卷扬机进行控制，依据下式进行牵引力计算。

$$\sum X=0$$
$$\sum Y=0$$
$$F\times\cos\alpha-f=0$$
$$F\times\sin\alpha+N-G=0 \qquad (4)$$

式中，$f=\mu\times N$；$\mu=0.1$；$\alpha=30°$。

管道沉管牵引受力如图 12 所示：

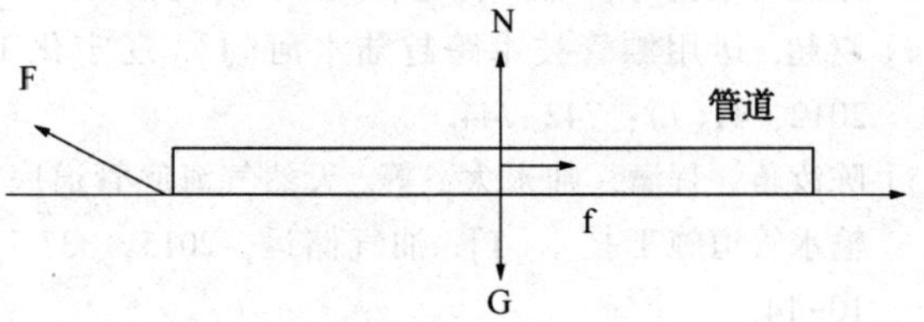

图 12　沉管受力分析图

（2）沉管

为确保弯管段准确落入水下管沟，沉管前管道铸铁配重块 418 组全部安装完毕，使管道在自重及配重块重力的作用下实现翻转，当弯头、直管段的平面投影在一条直线时即完成翻转，为克服水流冲击对管道的冲刷，翻转时上游船只根据指令收缆。管线下沉 0.5m 时停止，各吊点检查并调整，保证所有吊点都下沉 0.5m。牵引船检查管线是否在管沟轴线上。检查后保证所有吊点都下沉 0.5m 并且管线在管沟轴线上。检查无误后继续释放牵引绳（钢丝绳长度与牵引船钢丝绳长度对应关系见表 2），待管线下沉至距离设计槽底小于 0.5m 时，用全站仪及水下定位系统检查管线各吊点的平面位置是否与设计管沟轴线一致，再统一指挥下将管线沉至管沟基础上，各吊船将吊索放松至预紧状态，留在原位置待命。

表 2　吊管船钢丝绳长度与牵引船钢丝绳长度对应表

序号	吊管船钢丝绳释放长度 $L_{吊}$/m	牵引船钢丝绳长度 $L_{牵}$/m
1	0.5	50
2	1	50.01
3	1.5	50.02
4	2	50.04
5	2.5	50.06
6	3	50.09
7	3.5	50.12
8	4	50.16
9	4.5	50.2
10	5	50.25
11	5.5	50.3
12	6	50.36
13	6.5	50.42
14	7	50.49
15	7.5	50.56
16	8	50.64
17	8.5	50.72
18	9	50.8

续表

序号	吊管船钢丝绳释放长度 $L_{吊}$/m	牵引船钢丝绳长度 $L_{牵}$/m
19	9.5	50.89
20	10	50.99
21	10.5	51.09
22	11	51.2
23	11.5	51.31
24	12	51.42
25	12.5	51.54
26	13	51.66
27	13.5	51.79
28	14	51.92
29	14.5	52.06
30	15	52.2
31	15.5	52.35
32	16	52.5
33	16.5	52.65
34	17	52.81
35	17.5	52.97
36	18	53.14
37	18.5	53.31
38	19	53.49
39	19.5	53.67
40	20	53.85
41	20.5	54.04
42	21	54.23
43	21.5	54.43
44	22	54.63
45	22.5	54.83
46	23	55.04
47	23.5	55.25
48	24	55.46
49	24.5	55.68
50	25	55.9
51	25.5	56.13
52	26	56.36
53	26.5	56.59
54	27	56.82
55	27.5	57.06
56	28	57.31
57	28.5	57.55
58	29	57.8
59	29.5	58.05
60	30	58.31

注：红水河水深 30m，吊管船距离管道 20m，牵引船距离管道 50m。

管线下沉至管沟内时，派重潜员潜至水下管沟，进一步查看管线是否摆放正确，若摆放正确，则通过重潜员松开吊钩，缆绳通过布管船的卷扬机收回，如图 13 所示。

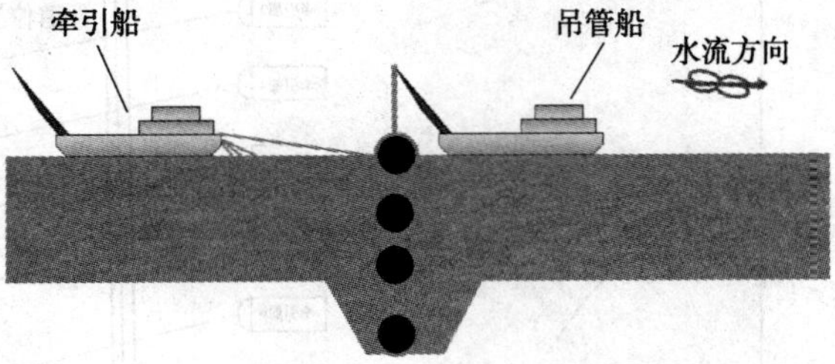

图 13　沉管示意图

5　结束语

综上所述，通过改进通过计算和试验优化了以往工艺，实现了喀斯特地质条件下水下管沟控制爆破，研究了大口径管段的翻转变形控制方法，避免了管段扭转变形，在水下成沟验收、管线防护就位、管线横江沉管等关键控制点进行了改进，实现沉管一次成功，在同类工程中极具代表性，具有较好参考价值。

参　考　文　献

[1] 王毓民. 大口径管道穿越河流方法研讨[J]. 天然气与石油，2000，18(3)：3-8.

[2] 李志勇，朱东志，赵海宴. 冀宁管道大汶河穿越大开挖施工技术[J]. 油气储运，2007，26(4)：35-37.

[3] 韩莉，王为民，郭春荣. 水网地区的水下挖沟与漂浮沉管工艺[J]. 油气储运，2009，8(4)：76-78.

[4] 赵超. 运用漂管技术跨越陆水河[J]. 辽宁化工，2012，41(7)：742-744.

[5] 陈汝蒋，程潇，帅永太，等. 天然气海底管道底穿输水管道施工技术[J]. 油气储运，2015，33(5)：10-14.

[6] 李强. 陆水河带水开挖漂管穿越施工技术的研究与应用[D]. 西安：西安石油大学，2014.

掺氢管道用 X52MS 钢级 Φ457×8.8mm 螺旋埋弧焊管的性能

孙　宏[1,2]　孙志刚[1,2]　李建一[1,2]　宗秋丽[1,2]　陈　楠[1,2]　张晨鹏[1,2]　周　晶[1]

(1. 华油钢管有限公司；2. 河北省高压管线螺旋焊管技术创新中心)

摘　要　氢会对碳钢等钢管造成氢脆等损伤，主要是降低钢的塑性和韧性，是钢制管道的预期使用寿命下降。为研制出掺氢管道用螺旋埋弧焊管，采用低应力成型工艺，开发出了用于某掺氢天然气管道工程用 X52MS 钢级 Φ457mm×8.8mm 螺旋埋弧焊管。结果表明：该产品进一步降低了 C、Mn、S 等合金含量，生产的 X52MS 钢级 Φ457mm×8.8mm 螺旋埋弧焊管完全满足技术规范要求，具有较高的断裂韧性，-10℃的 CTOD 试验结果大于 0.254mm。抗 HIC 性能优异，CSR、CLR 及 CTR 均为 0。该产品已经实现了批量供管。

关键词　X52MS；螺旋埋弧焊管；掺氢管道；断裂韧性；慢应变速率拉伸试验

氢能作为一种新兴清洁绿色能源，由于其近乎零碳排放的优点，近几年受到了的国内外的广泛关注。氢能对于保障国家能源安全、应对全球气侯变化的脱碳愿景具有重要意义。由于风、光等可再生能源的波动性导致其难以直接并网大规模利用，国家发改委明确将氢能纳入新型储能方式。管道运输是大输量的氢气运输的最佳方式，而应用现有的天然气管道进行天然气和氢气的混合输送则是国内外重要的研究方向之一。混氢天然气技术被认为是一种实现氢低成本输送的方法。乌海—银川焦炉煤气输气管道的掺氢(氢气)比例达 68%，采用了 API 5L L245NB 直缝埋弧焊钢管。宁夏银川宁东天然气掺氢管道示范平台，将现有天然气管道天然气中添加氢气的比例逐步提高到 24%。本文从化学成分、微观组织、强度、断裂韧性、抗氢致开裂(Hydrogen-Induced Cracking，HIC)性能等方面简要叙述了为某输气管道工程(掺氢比例 10%)开发的 X52MS 钢级 Φ457mm×8.8mm 螺旋埋弧焊管的主要技术特点。

1　输氢螺旋埋弧焊管的成分设计和显微组织

1.1　成分设计

钢中过高的 Mn，可降低钢的韧性，导致出现严重的带状组织，增加各向异性，恶化抗 HIC 性能。钢中的 S 和 Mn 容易形成偏析或夹杂物，虽然 MnS 夹杂物的 HIC 敏感性的看法并未统一，应尽可能降低其含量。硬质的氮碳化物和 Al，Si 氧化物也会加速钢中氢致裂纹的萌生。X52MS 钢级参考 API 5L 附录 H 酸性服役条件 PSL2 钢管的订购 H.4.1 化学成分的要求。并在此基础上进一步降低 C、Mn 及、P、S、CE_{pcm} 的含量上限。对 H.4.1 补充规定如下：$CE_{Pcm} \leqslant 0.17\%$，$C \leqslant 0.07\%$，$S \leqslant 0.0015\%$，$P \leqslant 0.010\%$。与同一钢厂的相同壁厚的 X52M 钢级相比，掺氢管道用 X52MS 钢级的 C、Mn、CE_{Pcm} 进一步降低，Si 和 Cr 含量则有显著提高，并添加了适量的 Ni 和 Cu，残留元素 P 和 S 的含量也显著降低。其中掺氢管道用 X52MS 钢的 C 比常规 X52M 低 0.036%，有利于降低 CE_{Pcm} 及减少珠光体的体积分数，掺氢管道用 X52MS 钢级（Φ457mm×8.8mm 螺旋埋弧焊管）与常规 X52M 钢级典型化学成分对比见表 1。

1.2　显微组织

掺氢管道用 X52MS 钢级卷板严格控制了非金属夹杂物的尺寸和形态、偏析和带状组织，夹杂物尺寸不超过 1.0 级，形态控制合理。管体非金属夹杂物、晶粒度、显微组织检验结果见表 2。未见明显的碳化物团和夹杂物聚集分布区。板材表面和壁厚中心组织基本均匀，壁厚中心的晶粒尺寸略大于表面，显微组织为 F+B+P，如图 1a)和 b)所示。而常规 X52M 钢级卷板表面和壁厚中心的显微组织则有显著差异，其表面以 B

为主，而壁厚中心则以 PF 为主，卷板表面的碳化物呈小颗粒弥散分布，见图 2a)，卷板壁厚中心除了 F 的晶粒尺寸更大以外，出现了明显的 P 组织，且有带状分布的趋势，见图 2b)。

表 1　掺氢管道用 X52MS 钢级与常规 X52M 钢级典型化学成分对比　　(wt%)

钢级	C	Si	Mn	P	S	Cr	Ni、Cu	Nb+Ti+V	CE_{Pcm}
掺氢管道用 X52MS	0.032	0.26	0.97	0.0036	0.0007	0.24	适量	0.077	0.11
常规 X52M	0.068	0.14	1.40	0.016	0.0024	0.022	—	0.059	0.15

表 2　卷板金相检验结果

非金属夹杂物(级)								带状组织(级)	晶粒度(级)
A		B		C		D			
薄	厚	薄	厚	薄	厚	薄	厚		
0.0	0.0	0.0	0.0	0.0	0.0	1.0	0.0	1.0	10.0

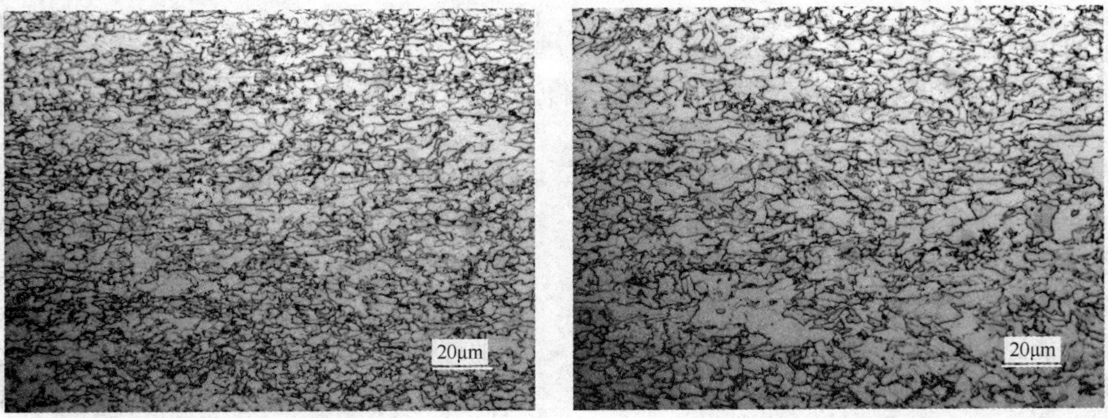

(a)卷板表面附近　　(b)卷板壁厚中心

图 1　掺氢管道用 X52MS 卷板金相照片

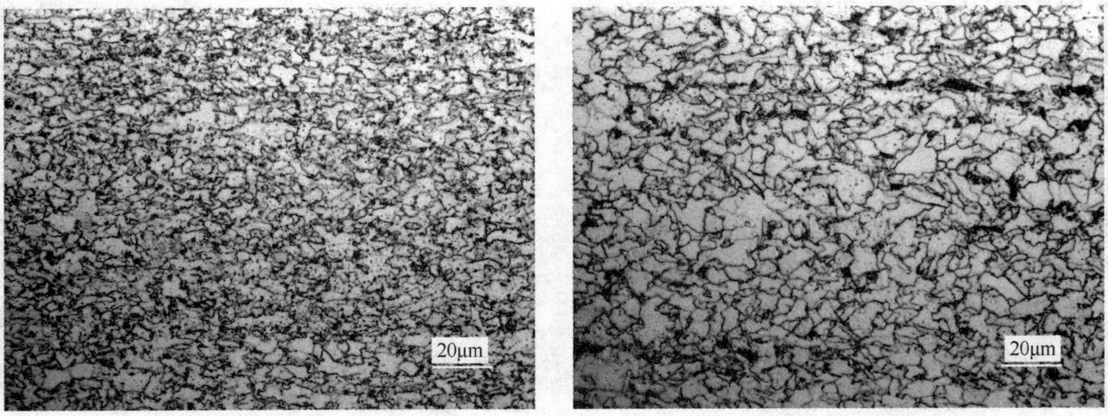

(a)卷板表面附近　　(b)卷板壁厚中心

图 2　常规 X52M 卷板金相照片

X52MS 钢级 Φ457×8.8mm 螺旋埋弧焊管外焊道的显微组织为先共析 F+IAF，先共析 F 为粗大的柱状晶形态，如图 3a)所示。内焊道的显微组织为 F+P，如图 3b)所示。显然，照相部位所示的内焊道受到了外焊道的热影响，IAF 基本消失，铁素体晶粒总体上为等轴晶形态。热影响区的显微组织为 B，如图 3c)所示。

2　输氢螺旋埋弧焊管的力学性能

2.1　拉伸性能

钢管管体横向焊接接头横向拉伸试验结果见表 3。管体横向及焊接接头均采用标距 50mm，宽度 38.1mm 的板状试样。

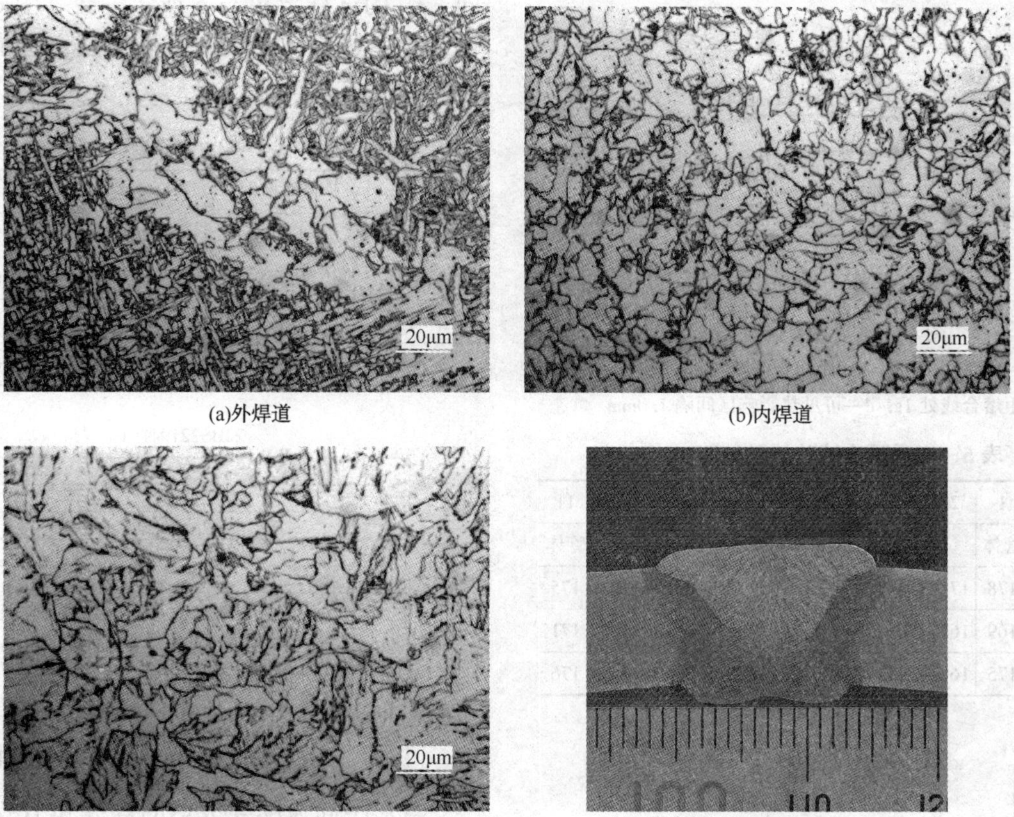

(a)外焊道　(b)内焊道　(c)热影响区　(d)低倍形貌

图 3　X52MS 钢级螺旋埋弧焊管焊接接头显微组织及低倍照片

表 3　拉伸试验结果

取样位置	$R_{t0.5}$/MPa	R_m/MPa	A_{50mm}/%	$R_{t0.5}$/R_m	断口位置
管体横向	470	555	43	0.85	—
焊接接头横向	—	585	—	—	热区

2.2　夏比冲击性能

夏比冲击试验采用 7.5mm×10mm×55mm、缺口深度 2mm 夏比 V 型缺口冲击试样。缺口位置包括，管体横向、焊缝及热影响区，冲击功不小于 100J，剪切面积均为 100%，具有较高的韧性水平。夏比冲击试验结果见表 4。

表 4　夏比冲击试验结果

缺口位置	温度/℃	夏比冲击功/J				剪切面积/%			
		1	2	3	平均	1	2	3	平均
管体横向	−10	284	301	298	294	100	100	100	100
焊缝	−10	182	170	174	175	100	100	100	100
HAZ	−10	281	276	277	278	100	100	100	100

2.3　维氏硬度

对于输氢管道钢管，通常对钢管的硬度上限有更严苛的要求，该项目钢管技术规范要求：管体≤230HV10，焊缝和热影响区≤240HV10，ASME B31.12：2019 对输氢管道钢管的焊接接头的硬度要求为不超过 235HV10。硬度测定位置图见图 4。维氏硬度试验方法为 ASTM E92。焊接接头的维氏硬度检验结果见表 5，焊接接头硬度分布见图 3，表 5 和图 5 的压痕位置编号规则为焊接接头横截面的每一行压痕位置均从最左侧的压痕按 1 至 11 进行编号。焊接接头的最大维氏硬度值（统计平均）为 195HV10，位于外焊道。对于焊缝区域，硬度从近外表面（平均值 195HV10）、壁厚中间（平均值 189HV10）至内表面（平均值 176HV10）依次降低，表 5 和图 3 表明，外焊道的硬度值显著大于其余区域。内焊道部位的硬度值显著低于外焊道部位的原因如前所述，是外焊道对内焊道的热影响所致，内焊道的显微组织也说明了这一点。对于维氏硬度指标而言，热影响区的硬度平均值（172HV10）略小于母材平均值（174HV10），但是可见热影响区的硬度值呈梯度变化，在靠近母材的细晶区存在一定程度的热影响区软化。另外，包括母材和热影响区的焊接接头区域与氢接触的内表面的硬度值波动很小，极差为 12HV10。

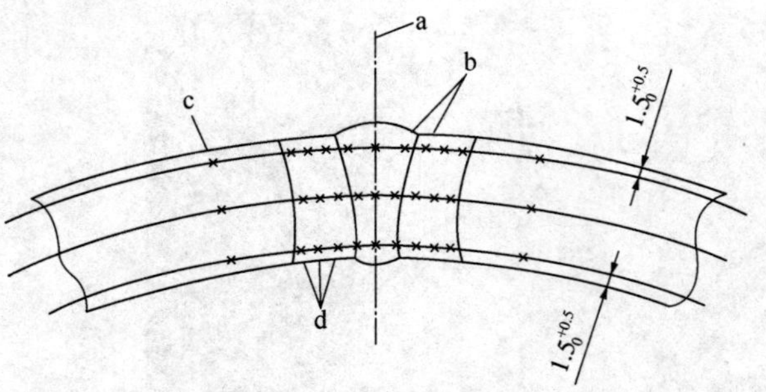

图4 硬度测定位置图

a—焊缝中心线；b—距熔合线 0.75mm 处；
c—距熔合线处 1t；d—可见热影响区间隔 1.0mm

表5 维氏硬度试验结果(HV10)

压痕位置	1	2	3	4	5	6	7	8	9	10	11
	管体	热区			焊缝			热区			管体
外表面	178	171	176	180	195	194	195	178	175	171	175
壁厚中心	169	163	170	173	189	190	189	172	171	168	171
内表面	175	168	174	177	180	173	175	173	173	169	176

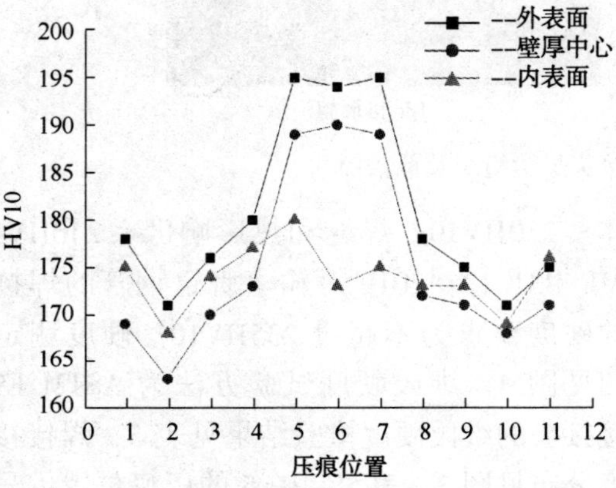

图5 焊接接头硬度分布

2.4 断裂韧性

裂纹尖端张开位移(Crack Tip Opening Displacement，CTOD)是指张开型裂纹的尖端在外力作用下所张开的距离，其大小反映了材料抵抗裂纹非稳定扩展的能力，为评价管线钢结构安全可靠性的判据之一。对于断裂韧性，钢管技术规范要求在-10℃下进行CTOD试验，试验结果应不低于0.254mm。CTOD试验取样位置为管体横向、焊缝及热影响区，试验方法为ISO 12135：2021，试样类型为三点弯曲试样(Single Edged Bending，SEB)。焊缝中心的CTOD值最低。CTOD试验结果见表6。将CTOD试验结果δ_0与夏比冲击试验结果进行拟合发现，δ_0与夏比冲击AKV值呈非线性的正相关关系。文献指出，材料夏比冲击韧性和断裂韧性(K_{IC})的试验条件不同。K_{IC}的试样要求与δ或J一致。图6为缺口位置在焊缝的CTOD试验(三点弯曲)的$F-V$曲线。

表6 CTOD试验结果(-10℃)

δ_0/mm	管体横向	焊缝中心	HAZ
最大值	1.800	1.307	1.372
最小值	0.959	0.280	0.600
平均值	1.297	0.559	0.971
标准差	0.187	0.210	0.193

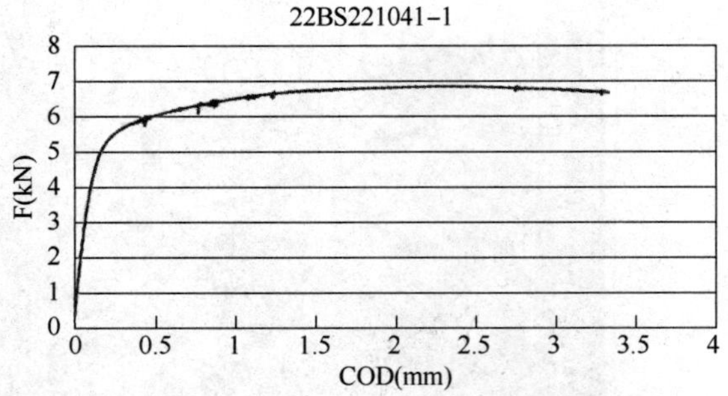

图6 三点弯曲试验的$F-V$曲线-焊缝中心

氢对不同强度等级钢的焊缝和HAZ的断裂韧性的影响不同。在13.8MPa的氢气中，A106B级焊缝和HAZ有较高的断裂韧性(分别为111和91MPa·m$^{1/2}$)高于母材(81MPa·m$^{1/2}$。相反，X80的焊缝和HAZ以及X42的HAZ的断裂韧性明显低于母材。在6.9MPa氢气中，X60的HAZ与母材的断裂韧性相同。

2.5 抗HIC性能

对管体横向(包括距焊缝90°和180°位置)及焊缝横向位置取样分别进行抗HIC性能试验。试验方法为NACE TM0284-2016，试样脱脂方法为丙酮，试验溶液采用A溶液，A溶液的试剂为用于除氧的氮气、硫化氢气体、氯化钠、冰乙酸和去离子水，试验持续时间为96h。CSR、CLR及CTR均为0，HIC性能检验结果见表6。

表6 HIC试验结果

取样位置	CLR/%	CTR/%	CSR/%
母材(距焊缝90°)	0	0	0
母材(距焊缝180°)	0	0	0
焊缝	0	0	0

2.6 氢环境慢应变速率拉伸试验性能

采用高压充氢方式，进行了氢环境慢应变速率拉伸试验。氢分压为0.63MPa，拉伸试样采用直径3mm光滑圆棒试样，拉伸试验的应变速率

为 $2\times10^{-6}s^{-1}$（GB/T 34542.2—2018《氢气储存输送系统 第 2 部分：金属材料与氢环境相容性试验方法》规定，光滑圆棒试样标距段的应变速率应不超过 $2\times10^{-5}s^{-1}$）。试验结果表明，氢环境与空气环境中的慢应变速率拉伸试验性能基本一致，母材和焊缝均如此。氢环境与空气环境中的慢应变速率拉伸试验性能结果见表 7。氢环境与空气环境中的慢拉伸应力-应变曲线见图 7。通常采用断面收缩率的损失计算氢脆系数（F_H）评定金属氢脆敏感性的影响。其中热影响区的 F_H 最大，为 4.98%。实验中也发现，不同试样的性能值分散性较大，典型试验结果见表 7。根据经验判断，当氢脆系数不超过 25%时，材料在服役环境中基本不会发生氢致失效。

表 7　氢环境与空气环境中的慢应变速率拉伸试验性能结果

取样位置	气体环境	$R_{t0.5}$/MPa	R_m/MPa	A/%	Z/%	F_H/%
母材	空气	481	558	23.8	81.2	—
	氢气	479	555	23.4	81.1	0.12
焊缝	空气	494	559	16.0	80.6	—
	氢气	501	563	15.8	79.3	1.61
热影响区	空气	486	568	15.1	80.3	—
	氢气	493	562	15.1	76.3	4.98

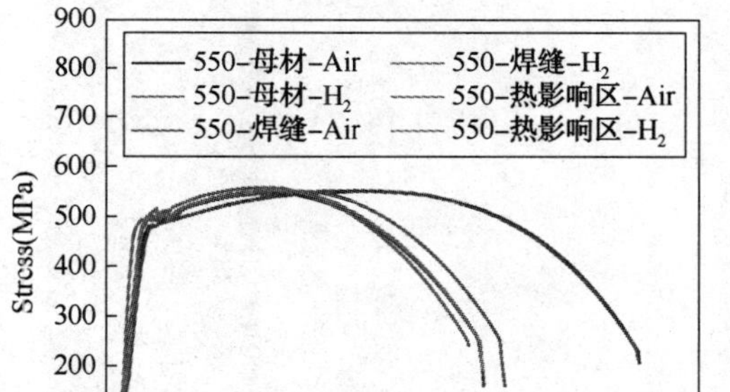

图 7　氢环境与空气环境中慢拉伸应力-应变曲线

3　螺旋焊管的残余应力

足够的三向应力是构件产生氢脆断裂必须具备三个基本条件之一。相比天然气管道，输氢管道的应力水平更应予以关注。张体明等针对 X80 钢螺旋焊管的研究表明，接头残余应力和组织不均匀性均会导致氢扩散的发生，其中残余应力的影响大于组织不均匀性的影响。有限元模拟计算发现，焊接残余应力梯度越大的区域氢富集程度越高，焊后热处理可以明显降低焊接接头处的残余应力，有效降低材料在氢环境下开裂的敏感性。

钢管残余应力与切口张开量（弹复量）成正比关系，径向错位量和轴向错位量对残余应力的计算结果影响很小，在进行残余应力计算时，可以只考虑切口张开量。按照 Saudi Aramco 公司的 Materials System Specification 01-SAMSS-035 给出的式（1）（同理论推导计算公式）计算残余应力。该管道工程技术规范规定，在螺旋缝埋弧焊管成型焊接后选取长度为 200mm 左右的管段按技术规范要求采用切环法进行了钢管残余应力检验，具体要求在距焊缝 100mm 处沿钢管纵向切开，然后测量管段周向张开量，最大切口张开量要求为 80mm。对所生产钢管的周向张开量统计分析发现，X52MS 钢级 $\Phi457$mm×8.8mm 螺旋埋弧焊管的平均切口张开量为-12.8mm，对应残余应力为-34.34MPa，即钢管的周向总体表现为压应力，有利于降低或消除焊管应力造成的氢脆敏感度。

$$\sigma_r=\frac{ETC}{12.566R^2} \tag{1}$$

式中，σ_r 为残余应力，MPa；E 为弹性模量，2.0×10^5MPa；T 为名义壁厚，mm；C 为沿轴向切开后环向增加量，mm；R 为钢管公称半径，mm。

4　结语

用于掺氢管道的 X52MS 钢级 $\Phi457$mm×8.8mm 螺旋埋弧焊管的主要性能特点如下：

1）钢中的 C、Mn、P、S、CE_{pcm} 含量进一步降低，C≤0.04%、Mn≤1.0%、P≤0.005%、S≤0.001%、CE_{Pcm}≤0.12%。管体的显微组织主要由块状铁素体和贝氏体组成，外焊道多边形铁素体，内焊道主要为等轴多边形铁素体和碳化物。

2）焊管的低温冲击韧性良好，且具有较高的断裂韧性，-10℃的 CTOD 试验结果（δ_0）大于 0.254mm。抗氢致开裂性能方面，CSR、CLR 及 CTR 均为 0。氢环境与空气环境中的慢拉伸性能基本一致，未见明显氢环境下性能劣化。

3）焊管的周向平均切口张开量为-12.8mm，对应残余应力为-34MPa，即钢管的周向总体表现为压应力，有利于降低焊管的氢脆敏感度。

参 考 文 献

[1] 鲁仰辉，赵建福. 氢进万家专题序(Ⅱ)-氢进万家，助力“双碳”目标实现，服务生态文明建设[J]. 力学与实践，2022，44(4)：753-754.

[2] 徐硕，余碧莹. 中国氢能技术发展现状与未来展望[J]. 北京理工大学学报(社会科学版)，2021，23(6)：1-12.

[3] 韩秀林，孙宏，李建一，等. 输氢管道钢管研究进展[J]. 钢管，2023，52(1)：1-7.

[4] 周承商，黄通文，刘煌，等. 混氢天然气输氢技术研究进展[J]. 中南大学学报(自然科学版)，2021，52(1)：31-43.

[5] 蒋庆梅，王琴，谢萍，等. 国内外氢气长输管道发展现状及分析[J]. 油气田地面工程，2019，38(12)：6-8，64.

[6] 刘宇，张立忠，高维新. 管线钢的历史沿革及未来展望[J]. 油气储运，2022，41(12)：8.

[7] 陈林，董绍华，李凤，等. 氢环境下压力容器及管道材料相容性研究进展[J]. 力学与实践，2022，44(3)：503-518.

[8] 胡亮，陈健，汪兵，等. 电化学充氢条件下夹杂物对管线钢氢致开裂敏感性的影响[J]. 机械工程材料，2015，39(9)：25-31.

[9] 李凤，董绍华，陈林，等. 掺氢天然气长距离管道输送安全关键技术与进展[J]. 力学与实践，2023，45(2)：230-244.

[10] 倪子涵，曹能，储双杰，等. X70M 管线钢焊接接头 CTOD 断裂韧性研究[J]. 宝钢技术，2016(6)：7.

[11] 许昌淦，余刚. 冲击韧性与断裂韧性间关系的探讨[J]. 航空学报，1990，11(4)：182-187.

[12] 臧启山，姚戈. 工程断裂力学简明教程[M]. 中国科学技术大学出版社，2014.

[13] Xu，K.，2012. Hydrogen embrittlement of carbon steels and their welds. In：Gangloff，R. P.，Somerday，B. P.（Eds.），Gaseous Hydrogen Embrittlement of Materials in Energy Technologies：the Problem，its Characterisation and Effects on Particular Alloy Classes. Woodhead Publishing，Cambridge，pp. 526-561.

[14] 张体明，赵卫民，蒋伟，等. X80 钢焊接残余应力耦合接头组织不均匀下氢扩散的数值模拟[J]. 金属学报，2019.

[15] 王荣. 失效机理分析与对策[M]. 北京：机械工业出版社，2020.

[16] 蒋文春，巩建鸣，唐建群，等. 焊接残余应力对氢扩散影响的有限元模拟[J]. 金属学报，2006(11)：1221-1226.

[17] 王诗鹏. 钢管残余应力分析计算[J]. 焊管，2012，35(5)：58-61.

基于深度学习的螺旋钢管焊缝缺陷分类算法研究

刘传水[1,2]　李汝江[1,2]　殷金平[1,2]　孙志刚[1,2]　江　渊[1,2]　崔明亮[1,2]

（1. 华油钢管有限公司；2. 河北省高压管线螺旋焊管技术创新中心）

摘　要　钢管广泛应用于石油、化工、天然气、页岩气等高危高压的场景，钢管焊缝缺陷是引起管道破坏的主要因素，钢管焊缝缺陷检测领域已经取得了突飞猛进的进展，但是还面临着一些局限和挑战。本文提出了一种基于深浅多特征融合的LSKNet焊缝缺陷分类方法。通过对时频域分别进行特征提取，采用深浅多特征融合思想构建LSKNet焊缝缺陷识别网络。通过研究解决了小样本情况下螺旋钢管焊缝缺陷分类精度较低的问题。有效提高焊缝缺陷识别模型分类准确率到94.79%。本文算法具有运行高效省时、检测高精稳定等特点，在处理钢管焊缝缺陷分类任务中具有良好表现。

关键词　螺旋钢管；缺陷分类；卷积神经网络；多特征融合

1　引言

随着国内外油气管道建设逐步成熟带来的是国内外管道工程事故频发，造成巨大的经济损失和环境污染，焊缝缺陷是引起管道事故的重要原因之一。钢管广泛应用于石油、化工、天然气、页岩气等高危高压的场景，钢管的需求量的不断增长带动越来越多的企业，甚至国家都开始重视钢管的质量和性能问题，钢管的缺陷检测和评价技术也成为科研工作者热衷的研究课题。X光检测能有效地检测出钢管焊缝的内在缺陷，但还是离不开人工的参与来确定钢管焊缝缺陷的类型和位置。人工目视检测和手动测量存在着检测精度低、效率低、主观性强等缺点，难以满足现代化、智能化生产的要求。随着深度学习技术的发展，基于深度学习的钢管焊缝缺陷分类识别方法逐渐成为研究热点。

2　深度学习原理

深度学习（Deep Learning）是机器学习的一种算法，其以神经网络为基础结构，并对数据进行表征学习。与传统的机器学习算法相比，深度学习算法具有更强的学习能力，即使增加训练数据量，仍可持续增加知识总量。这是由于深度学习算法能够从数据中提取更深层次的特征，随着神经网络层数的加深，深度学习模型可以学习到数据更高维度、更深层次的特征，从而提高性能。

卷积神经网络数据处理包括特征提取以及特征分类两大部分，图像首先从输入层输入，通过不断层叠的卷积层提取图像的深浅层特征信息，由于卷积过程中会产生大量参数，因此使用池化层降低数据维度从而减少数据量，激活层用来增强非线性特征提取能力，最后数据流向全连接层来将高维信息拉伸为一维向量并传给输出层来对提取的特征进行分类识别。CNN是一个前向传播神经网络，即网络具有唯一的数据输入层和输出层，网络内的数据经前一层运算后输出，然后向下传递给下一层进行运算，逐次运行从而提取图像特征，中间隐藏层可以设置多层，构成层次较深的网络结构，从而更好地提取图像的深层特征。

3　网络结构

本文通过将焊缝缺陷超声信号序列分类问题转化为图像视觉分类问题，充分发挥深度神经网络模型的自学习能力以及强大的特征提取能力，采用特征融合的方法，结合浅层特征，提出一种新的特征融合LSKNet钢管焊缝缺陷分类网络。网络结构如图1所示。使用手工提取的时频域数学统计特征和Gabor纹理特征作为浅层特征；另一部分使用添加RB-Block模块的VGG11网络获得钢管焊缝缺陷图像深层特征；将提取的多种特征进行级联连接作为钢管焊缝缺陷的总特征输入支持向量机中，进行多次迭代训练输出分类结果。

对于浅层特征的获得，使用概括能力极强的时频域数学统计分析来获得随机信号中的不变特性。由于 Gabor 滤波器在信号处理方面的优异性，同时采用 Gabor 滤波器来对时频图进行纹理特征提取。

深层特征提取的是经过改进后的 VGG11 网络第二个全连接层的 4096 维特征。VGG11 网络属于深度网络模型，具有 11 层网络结构，当输入数据量较少时，容易出现过拟合。因此本文采用 ResNet 网络结构的思想，不改变网络的深度从而将 VGGNet 网络宽度进行扩展。改进方法为在每一个 3x3 卷积层旁添加 1x1 卷积块和直连分支，这样就可以利用多分支模型和浅层模型各自的优势来进行焊缝缺陷深层特征的提取，最后通过实验微调得到焊缝缺陷深层特征。改进后的 RB-VGG 网络如图 2 所示。

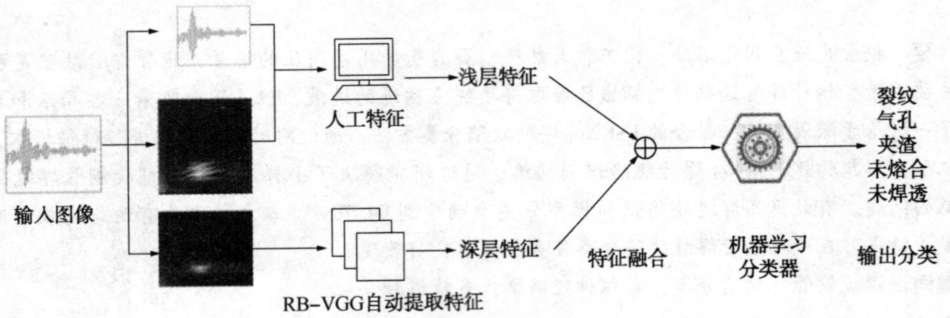

图 1　基于特征融合的 LSKNet 螺旋焊缝缺陷分类模型

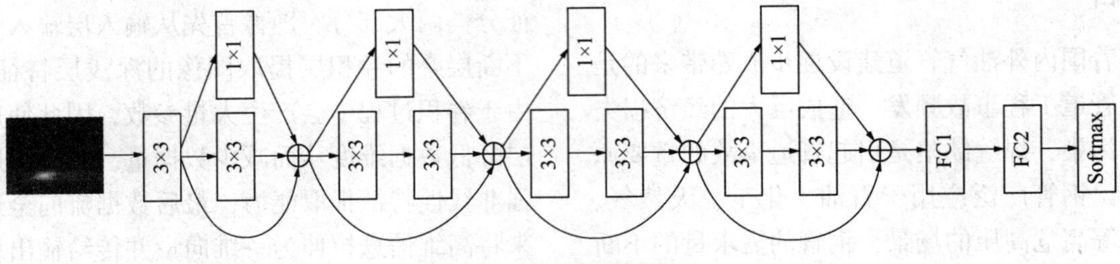

图 2　RB-VGG 网络模型

4　实验分析

4.1　实验流程

本文 LSKNet 特征融合焊缝缺陷分类算法执行过程分为数据预处理、模型训练和模型测试 3 个阶段。数据预处理过程是首先对输入的焊缝超声序列数据进行巴特沃斯滤波。然后对处理后的焊缝缺陷超声信号进行快速傅里叶变换。保存经 FFT 变换后的焊缝缺陷时频图样本集。接着对样本集中的每一幅图片进行随机旋转和添加高斯噪声等预处理操作。使用 random 随机函数对预处理后的数据集按训练集和测试集 4∶1 的比例进行随机分割。手工提取训练集和测试集的统计特征和 Gabor 特征。

第二阶段模型训练初始化网络模型参数，设置优化器、动态学习率、批次大小以及最大迭代次数。开始训练，将预处理后的时频图输入 RB-VGG 特征提取网络进行模型的训练，并通过反向传播更新参数。重复上一步，直到网络参数停止更新或者达到最大迭代次数为止。

得到训练好的网络模型。

第三阶段焊缝缺陷模型训练算法输入浅层特征和深层特征融合后的训练特征，输出 SVM 分类模型。将融合特征输入 SVM 分类器。得到训练好的分类器 SVM_ Model。钢管焊缝缺陷模型将浅层特征和深层特征融合后的训练特征进行测试，得到钢管焊缝缺陷分类混淆矩阵，绘制混淆矩阵并分析模型性能。

4.2　实验与结果

4.2.1　实验数据与评价指标

1）实验数据

本文构建了一个钢管焊缝缺陷时频数据集。数据集共有五个类别：裂纹、气孔、夹渣、未熔合和未焊透。训练集 7824 张，验证集 1408 张和测试集 782 张。

2）评价指标

本节仍采用第三章中所用的 Precision、Recall 和 Accuracy 指标综合分析本文模型的有效性。各个指标的具体定义如下：

$$Precision=TP/(TP+FP) \tag{1}$$

$$Recall=TP/(TP+FN) \tag{2}$$

$$Accuracy=(TP+TN)/(TP+FP+TN+FN) \tag{3}$$

上式中 FN 代表正样本被判定为负样本；FP 代表负样本被判定为正样本；TN 代表负样本被判定为负样本；TP 代表正样本被判定为正样本的四种情况。

4.2.2　实验环境与设计

软硬件环境采用搭载 I5－8300H CPU、8G Memory、NVIDIA GTX1050TI GPU 的硬件环境，以及搭载有 Windows10 系统、Deep Learning12.0 深度学习框架的 MATLAB 软件环境来进行代码的编写以及训练。为分析本文模型对焊缝缺陷数据集分类的影响并验证算法的有效性，采取本文网络与传统机器学习以及改进后的深度学习模型两方面来进行对比。在整个实验过程中，数据集的划分保持不变，由于对比实验中存在机器学习算法，因此控制所有算法训练时间均为一个小时。

4.2.3　实验结果分析

为了验证本文构造的分类模型的有效性，采用机器学习中经 PSO 优化的 SVM 与在焊缝缺陷方面的最新研究 CNN 网络以及目前先进的深度学习 VGG16 模型和 GoogleNet 模型在同一测试集和训练集上进行对比。通过 Average Precision、Average Recall、Accuracy 三个指标来对比不同分类模型在本文焊缝缺陷数据集下的性能。实验结果如表 1 所示。

表 1　各个模型在本文数据集上的准确率结果对比

模型	AP	AR	Accuracy
PSOSVM	0.467	0.564	0.571
CWTCNN	0.839	0.854	0.839
VGG16	0.698	0.720	0.696
GoogleNet	0.906	0.906	0.904
本文方法	0.943	0.965	0.947

从表 1 可以看出：本文特征融合方法在 AP、AR 和 Accuracy 三项指标上均展示出了较大优势；相比 CWTCNN 和 VGGNet，本文采用了高低层特征融合方法，提取了足够的特征用于焊缝缺陷分类；另一方面虽然使用了相对较浅的网络模型，但仍能够保持较高的分类准确率；由于加深了网络的层次，GoogleNet 在本文数据集上也得到了较好的分类准确率，但由于本文采用 ResNet Block 思想加宽了网络宽度，同时采用多特征融合的方法，所以相比于 GoogleNet，本文模型显示出了极高的分类准确率。同时 GoogleNet 在裂纹缺陷的分类精度上也优于本文模型，说明深层网络在本文数据集上也能有较好的表现，但由于网络层数加深，所以相比于本文模型，在迭代相同次数时，GoogleNet 神经网络模型所用时间为本文 2 倍。因此，对于本文焊缝缺陷数据集来说，本文方法能够在分类精度和运行速度上取得良好的效果。最后利用 T 分布随机近邻嵌入（T－Distribution Stochastic Neighbour Embedding，T－SNE）方法对融合后的特征可视化，结果如图所示。可以发现，经过本文模型提取特征后各类特征都有了一个较明显的分类边界，说明本文特征融合模型能够从焊缝缺陷数据集中学习到有效特征并进行焊缝缺陷分类。

本文针对焊缝缺陷分类模型深层语义信息的处理有限，不能区分某些缺陷；以及小数据集在深度模型上带来的梯度消失问题。结合 Gabor 特征提取技术、时频统计特征和卷积神经网络技术，提出一种基于深浅特征融合的 LSKNet 焊缝缺陷分类模型。基于 Gabor 滤波器和统计特征提取了 537 维特征作为浅层特征描述子，并基于改进的 VGGNet 卷积神经网络提取深层缺陷特征，经过级联融合，最终通过 SVM 实现焊缝缺陷分类。通过实验平台的搭建和气孔、夹渣、未焊透、裂纹和未熔合五类焊缝缺陷样本的制作，最终实现实验验证。实验表明：通过不断优化网络参数，本文模型能够对不锈钢焊缝五类缺陷实现准确率为 94.79%的高精度智能化检测，且有较高的运算速度，证明了本文方法在焊缝缺陷分类方面的有效性。

5　总结

本文详细介绍了采用数学统计方法和 Gabor 滤波器来提取超声数据浅层特征的方法以及使用添加了 RB-Block 模块的 VGG 网络进行深层特征的提取，最后通过级联融合操作将融合后的多种特征送入支持向量机中进行分类训练。并根据浅层和深层特征提取来分点对每部分特征提取的操作，在实验与结果部分，首先介绍了评价本章模型所用的各项指标。并在实验设计部分详细阐述了本章模型运行所使用的软硬件操作环境以及为了说明本文模型的有效性设置了与机器学习以及神经网络模型在相同数据集下的测试。在对比分析中可以看到本文模型分类准确率最终达到94.79%，在各项数据上相比其他算法存在较大优势，并且通过T-SNE特征可视化分析可以发现通过本文模型分类后，各类螺旋钢管焊缝缺陷数据有了一个明显的边界，说明本文深浅多特征融合方法在螺旋钢管焊缝缺陷数据分类上起到了良好的效果。实验最终表明本章模型综合考虑了焊缝缺陷图像深浅层视觉特征的算法能够有效提高焊缝缺陷分类准确率，为后续提高焊缝缺陷图像标注和焊缝缺陷图像分类提供了一个研究方向。

参 考 文 献

[1] 侯怀书，任慧霞. 金属管道对接焊缝超声检测缺陷类型识别研究[J]. 热加工工艺，2019，48(21)：143-146+152.

[2] 周奇才，刘星辰，赵炯，等. 旋转机械一维深度卷积神经网络故障诊断研究[J]. 振动与冲击，2018，37(23)：31-37.

[3] T. LU，F. Q. H. YU，C. H. XUE，et al. Identification，classification，and quantifi-cation of three physical mechanisms in oil-in-water emulsions using AlexNet with transfer learning[J]. Journal of Food Engineering，2020：1-28.

[4] Y. XUE，L. Y. WANG，Y. ZHANG，et al. Defect Detection of Apples Using GoogLeNet Deep Transfer Learning[J]. Transactions of the Chinese Society for Agricultural Machinery，2020，51(07)：30-35.

[5] 李宜汀，谢庆生，黄海松，等. 基于卷积神经网络快速区域标定的表面缺陷检测[J]. 计算机集成制造系统，2019，25(8)：1897-1907.

[6] 侯春萍，章衡光，张巍，等. 输电线路绝缘子自爆缺陷识别方法[J]. 电力系统及其自动化学报，2019，31(6)：1-6.

[7] 王森，伍星，张印辉，等. 基于深度学习的全卷积网络图像裂纹检测[J]. 计算机辅助设计与图形学学报，2018，30(5)：859-867.

[8] Y. Chen，H. W. Ma，G. M. Zhang. A support vector machine approach for classification of welding defects from ultrasonic signals[J]. Nondestructive Testing and Evaluation，2019，29(3)：243-254.

[9] 张龙飞，高炜欣，冯小星. 基于卷积神经网络X射线环焊缝缺陷检测[J]. 焊接，2022，No.585(03)：26-34.

[10] 陈勇. 基于视觉的焊缝外形尺寸与表面缺陷检测技术[D]. 武汉大学，2022. DOI：10.27379/d.cnki.gwhdu.2022.000152.

[11] 余泽禹，袁洪强，卫小龙，等. 基于深度学习的管道焊缝超声检测缺陷识别方法[J]. 科学技术与工程，2022，22(30)：13288-13292.

[12] 杨彬，亚森江・木沙，安波. 改进Mask RCNN的焊缝缺陷检测[J]. 机械设计与制造：1-6[2023-03-08]. DOI：10.19356/j.cnki.1001-3997.20230302.007.

[13] 王传钊，姜秀海，晁永生，等. 基于涡流脉冲热成像的焊缝表面多缺陷检测[J]. 红外技术，2023，45(01)：84-90.

[14] 姜柏涛，阎守国，张碧星. 奥氏体不锈钢焊缝中的声学仿真模型与全聚焦成像检测[J/OL]. 应用声学：1-11[2023-03-11].

[15] 李超，孙俊. 基于机器视觉方法的焊缝缺陷检测及分类算法[J]. 计算机工程与应用，2018，54(06)：264-270.

氢气站场放空系统紧急放空自燃特性研究

李万莉
（中石化石油工程设计有限公司）

摘　要　大力开发氢能是推动中国能源绿色低碳转型和实现“双碳”目标的重要战略途径之一，管道放空系统是输气站场安全设施的重要组成部分，放空气体膨胀波引起压力急剧变化，过大超压易造成管道破裂，且高压氢气在放空过程中，具备在没有点火源的情况下自燃和爆炸的条件，引发严重后果。本文针对高压氢气放空过程可能产生的自燃风险进行研究，采用Fluent建立对应的纯氢管道泄放模型，分析研究管内气体自燃过程中物理参数变化规律。

关键词　氢气；放空；自燃；管道；安全

氢能具有较高的单位质量能量密度、零碳排放量、转换效率优异等显著优点，大力开发氢能是推动中国能源绿色低碳转型和实现“双碳”目标的重要战略途径之一。氢能产业的大规模发展与其储运技术的突破密不可分，管道输送是实现大规模、远距离、低成本氢能转运的重要手段。

目前，天然气管道掺氢技术已被初步应用于工程实际，伴随掺氢比例进一步提高，现有站场设备及工艺是否能够适用于氢气输送，能否保证工程及用气安全是能源行业亟待解决的问题之一。管道放空系统是输气站场安全设施的重要组成部分，放空气体膨胀波引起压力的急剧变化，过大的超压易造成管道破裂，且高压氢气在放空过程中，可以在没有任何点火源的情况下出现自燃和爆炸现象，引发严重后果。

1　氢气

1.1　欠膨胀射流

管输高压氢气在泄放过程中，经限流孔板节流后在管道内形成高压欠膨胀射流，在高速流动中继续膨胀为超声速流动。气流流动过程中压力下降直至形成正激波，此时射流区域为超声速区。形成正激波的平面上马赫数为1，称为马赫盘。马赫盘下游气流转变为亚声速流。而环绕射流核心区的边界层内将形成复杂的压缩波，边界层区内的气流在马赫盘下游一段较远的距离内都保持超声速流动，典型的高压欠膨胀射流激波结构如图1所示，利用纹影系统拍摄的相应激波结构如图2所示。

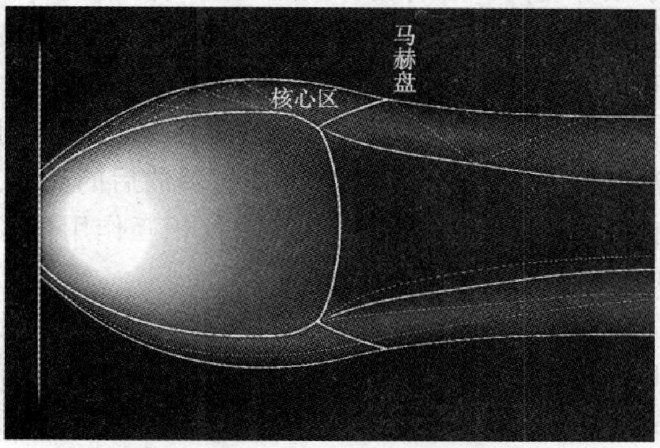

图1　高压欠膨胀射流激波结构

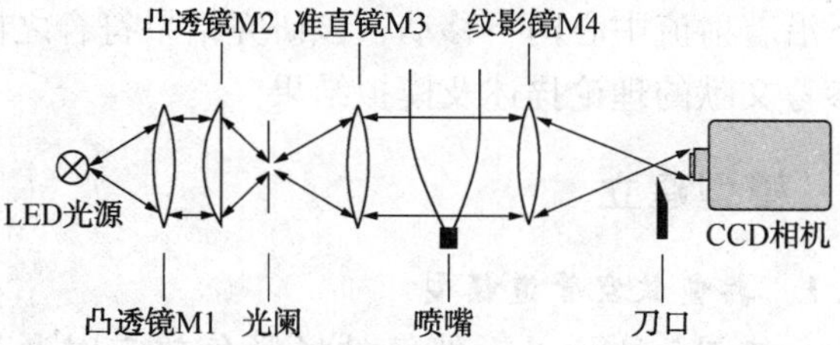

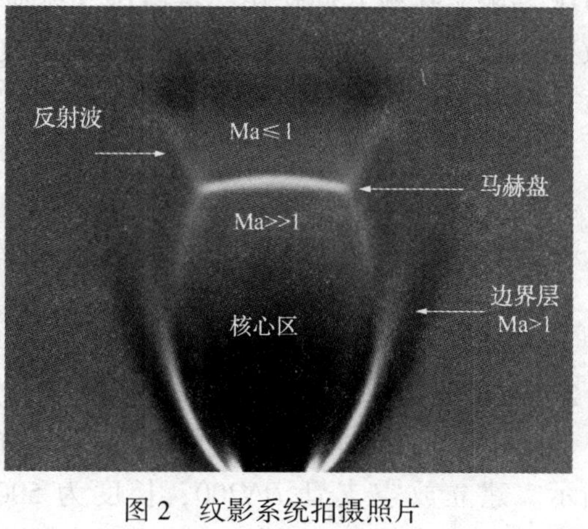

图2　纹影系统拍摄照片

1.2 氢气燃烧

氢气本身无色无味，氢气的泄漏和聚集不容易被人察觉。

氢气可以以各种形式燃烧，如闪火，喷射火焰，爆燃和爆轰等。而纯净的氢气火焰也没有颜色，且不产生烟雾，肉眼在日日光下很难观察到。此外相对于碳氢化合物的燃烧，氢气火焰不会产生很强的热辐射，人体更难感受到火焰的热量。因此氢气的燃烧不容易被人感知，容易直接接触火焰而严重灼伤。

高压氢气在放空过程中，可以在没有任何点火源的情况下出现自燃和爆炸现象。

Dryer 等通过实验的手段完成了高压氢气放空过程的观测采样，结果表明当氢气带压储存在承压容器内，经射流释放后的氢气与空气混和后，能够自发进行燃烧，其后果和特征受到激波和边界层的相互作用影响。

Bragin 等利用 CFD 软件完成了高压氢气射流泄放过程的模拟，经流动通道释放后的氢气，在壁面边界层开始自燃，与氧气相互作用生成 H_2O。

Kim 等为了进一步观测氢气在受限空间内的自燃现象，选择纹影系统与高速摄像结合的方式，通过连续拍摄记录了透明管道内氢气的射流及自燃过程，通过分析结果可知氢气的自燃现象最初发生在混合区前缘，并在冲击波的推动作用下沿着射流中心向下移动，该研究结果符合之前参考文献的理论描述及模拟结果。

2 模型建立

2.1 典型放空管道模型

如图 3 所示，天然气站场紧急放空时通过 BDV 和限流孔板共同作用，将高压气体泄放至放空管道，最终进入放空立管完成压力泄放，限流孔板为主要节流元件。

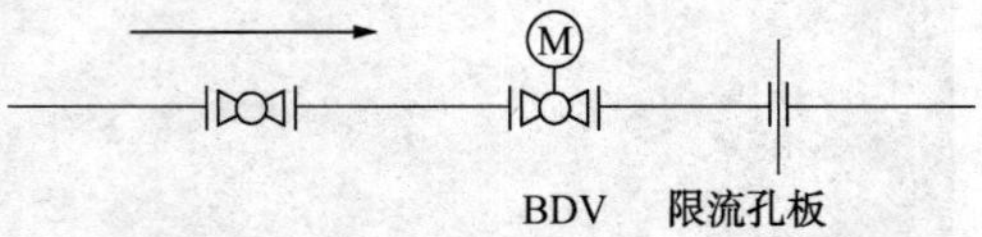

图 3　天然气站场放空系统设置方式

2.2 物理模型

结合实际工程完成管道模型的简化，如图 4 所示。建立放空支管 *DN*200，长度为 500mm，孔板开孔尺寸 15mm，厚度为 20mm，孔板后管道设置为长 60m,，公称直径为 *DN*350 的放空总管。初始条件设置也与工程实际一致，孔板内部与下游放空管被空气充满，放空管内空气的初始温度与压力设置和外界大气环境一致。

上游管内气体为氢气，初始压力设置为 8MPa。上游管道入口定义为压力入口，下游放空管出口设定为压力出口：1 个标准大气压，约 0.1MPa。

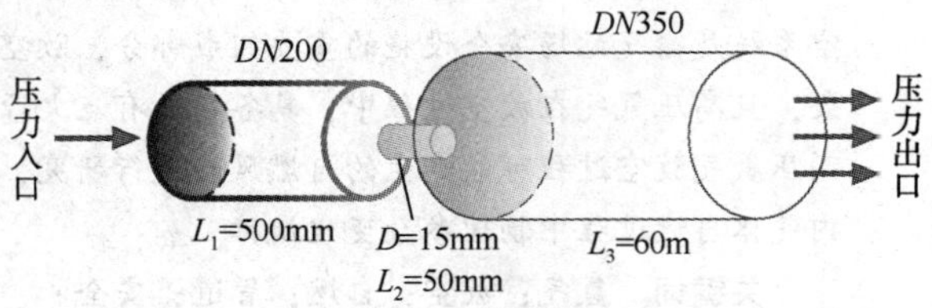

图 4　管道简化模型图

2.1 网格划分

对于含有壁面的几何模型，贴壁处的网格划分要使 y+的值在合适的范围内。采用结构化网格划分计算域，并在阀门通道和管轴进行网格加密。阀门通道壁面的第一层网格高度为 0.1mm，第一层网格的无量纲高度 y+约为 30，时间步长设置为 1×10^{-6}s，如图 5 所示。

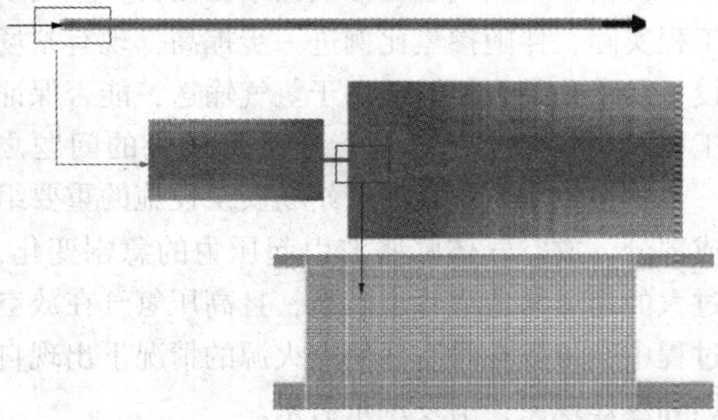

图 5　模型网格划分示意图及局部加密示意图

2.3 控制方程

非稳态的可压缩气体湍流流动，用非定常雷诺时均纳维—斯托克斯(RANS)方程进行描述：

$$\frac{\partial\rho}{\partial t}+\frac{\partial(\rho\bar{v}_i)}{\partial x_i}=0 \tag{1}$$

$$\frac{\partial(\rho\bar{v}_i)}{\partial t}+\frac{\partial(\rho\bar{v}_i\bar{v}_j)}{\partial x_j}=-\frac{\partial\bar{p}}{\partial x_i}+\mu\frac{\partial}{\partial x_j}\left(\frac{\partial\bar{v}_i}{\partial x_j}\right)+\frac{\partial\tau_{ij}}{\partial x_i}+\rho g_i \tag{2}$$

式中下标 i、j 表示坐标轴分量(i、j = 1、2)；ρ 表示混合气体密度，kg/m³；t 表示流动时间，s；μ 表示混合气体的动力黏度，Pa·s；$\bar{v}$ 表示混合气体的时均流速，m/s；τ_{ij} 表示雷诺应力，Pa；$\bar{p}$表示气体压强，Pa；g_i表示重力加速度在坐标轴i上的分量，m/s^2。

利用 Realizable $k-\varepsilon$ 双方程湍流模型对 RANS 方程组进行封闭：

$$\frac{\partial(\rho k)}{\partial t}+\frac{\partial(\rho k\bar{v}_i)}{\partial x_i}=\frac{\partial}{\partial x_i}\left[\left(\mu+\frac{\mu_t}{\sigma_k}\right)\frac{\partial k}{\partial x_i}\right]+G_k+G_b+\rho\varepsilon-Y_M \quad (3)$$

$$\frac{\partial(\rho\varepsilon)}{\partial t}+\frac{\partial(\rho\varepsilon\bar{v}_i)}{\partial x_i}=\frac{\partial}{\partial x_i}\left[\left(\mu+\frac{\mu_t}{\sigma_\varepsilon}\right)\frac{\partial\varepsilon}{\partial x_i}\right]+\rho C_1 S\varepsilon-\rho C_2\frac{\varepsilon^2}{k+\sqrt{v\varepsilon}}+C_{1\varepsilon}\frac{\varepsilon}{k}C_{3\varepsilon}G_b \quad (4)$$

其中 $C_1=\max\left[0.43,\ \frac{\eta}{\eta+5}\right]$，$\eta=S\frac{k}{\varepsilon}$，$S=\sqrt{2S_{ij}S_{ij}}$，$S_{ij}=\frac{1}{2}\left(\frac{\partial\bar{v}_i}{\partial x_j}+\frac{\partial\bar{v}_j}{\partial x_i}\right)$

式中，k表示湍动能，m^2/s^2；ε表示湍动能耗散率，m^2/s^3；μ_t表示涡黏系数；Y_M表示可压缩湍流中的膨胀对总耗散速率的贡献；G_k、G_b表示平均速度和浮力产生的湍流动能，m^2/s^2；$C_{1\varepsilon}$、C_2、$C_{3\varepsilon}$表示常数，分别取 1.44、1.90 和 0.09；σ_k、σ_ε表示湍流普朗特数，分别取 1.0 和 1.2。

选用单步反应的有限速率模型计算反应热，以保守估算爆轰、爆燃反应带来的风险。由涡耗散模型求解流场的燃烧反应速率，反应过程中物质j的生成速率(R_j)为：

$$R_j=v'_jM_{w,j}A\rho\frac{\varepsilon}{k}\min\left(\frac{Y_R}{v'_RM_{w,R}}\right) \quad (5)$$

$$R_j=v'_jM_{w,j}AB\rho\frac{\varepsilon}{k}\frac{\sum_P Y_P}{\sum_P^N v''_PM_{w,P}} \quad (6)$$

式中，v'_j表示反应物j的化学计量系数；$M_{w,j}$表示反应物j的分子量；A、B表示经验常数，分别取 4.0、0.5；Y_R表示某一反应物组分的质量分数；v'_R表示反应物组分的化学计量系数；$M_{w,R}$表示反应物组分的分子量；Y_P表示某一生成物组分的质量分数；v''_P表示生成物组分的化学计量系数；$M_{w,P}$表示生成物组分的分子量。

3 后果分析

3.1 管内射流特性研究

高压氢气节流放空后在管道有限空间内产生的激波云图模拟结果如图 6 所示。从展示的云图中可以观察到清晰、呈圆桶状的核心射流区域、包围在核心区外围的边界层以及明显的马赫盘。边界层的气流进入受限空间后，迅速与环境气体混合继续保持高速流动，向下游前进，该高速混合气流将会对马赫盘下游的氢气扩散产生重要影响。

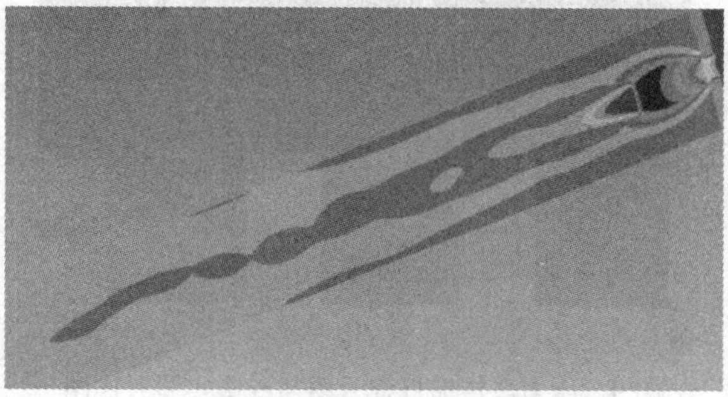

图 6　孔板节流后气云示意图

如图 7 所示，在孔板尺寸相同时，随着初始压力的增大，氢气沿射流轴向和径向的扩散距离都增大，马赫盘出现位置明显后移，直径增大，射流的整体浓度轮廓、云图分布十分相似。

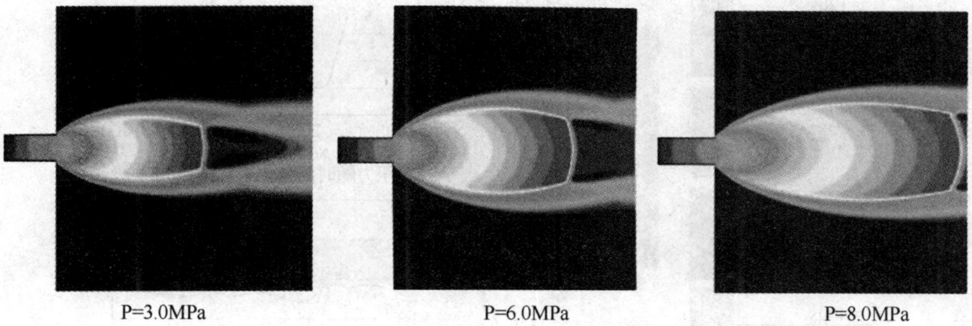

图 7　不同压力下射流中心线气流马赫数变化曲线

分别绘制初始压力为 3MPa、5MPa、6MPa、8MPa 时的马赫数变化曲线，如图 8 所示。

沿射流中心线的气流马赫数在马赫盘产生位置存在显著的突降，气流在此处从超声速突变为亚声速，气流在到达马赫盘之前的最高马赫数随压力比的增大而升高，马赫盘后一段距离内，边界层区内的超声速气流向射流核心区扩散，使得中心线速度小幅增加。

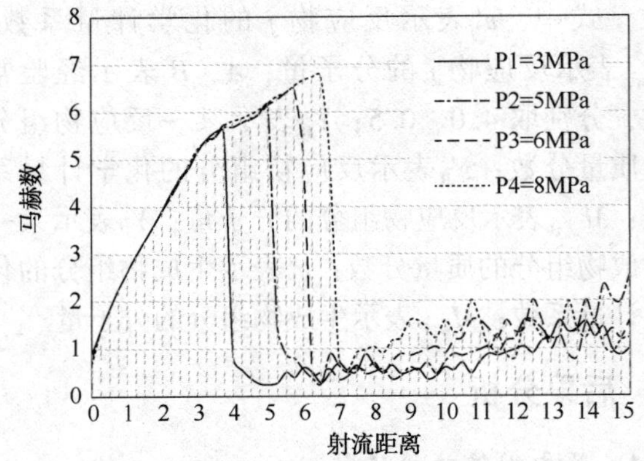

图8　不同压力下射流中心线气流马赫数变化曲线

3.2　管内自燃特性研究

通过对比高压氢气射流压力波的模拟结果与文献中提供的纹影实验结果，对比结果如图9所示。可知本次研究采用的数值模拟方法可以准确地计算气体在泄压过程中的温度、浓度和速度变化。

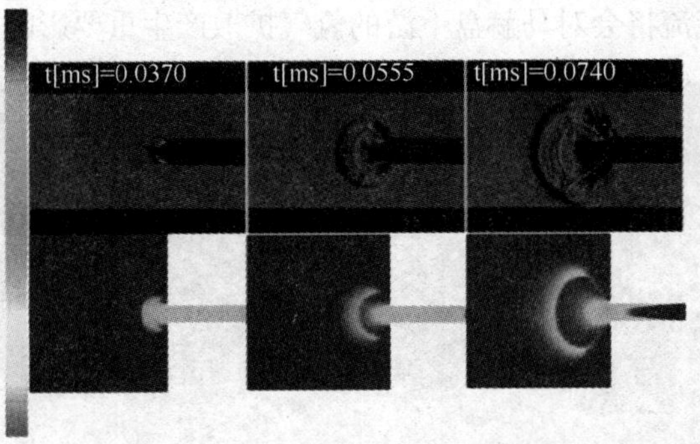

图9　压力波传播过程云图与纹影实验对比图

图10(a)给出了纯氢气管道放空时孔板通道内压力波的传播过程。

如图10(b)(c)所示，压力及马赫数变化曲线清晰体现了孔板内部轴线上氢气的变化趋势。氢气刚进入孔板时压力波面的速度最大，Ma>1达到超音速，而最大压强位于波面后方的轴线流核区，且关于轴线对称分布。随后压力波触碰阀壁并反弹，在轴线处形成了第二个压强极值区。如此反复，直至压力波从阀门通道传出，此时可以清晰地看到氢气进入放空管的膨胀波。孔板内的流场在经过足够长时间后得到充分发展，压力和速度均达到动态平衡，形成马赫环，这是由于气体在孔板通道内以正压力波的形式传播，当波面与阀壁碰撞后被反射产生斜压力波，正压力波与斜压力波不断叠加形成马赫环结构，轴线压力最终维持在1.8~2.0MPa范围内波动。

如图11所示云图规律可知，氢气自燃生成的产物水最先出现在孔板通道壁面，正处于射流压力波第一次碰撞阀壁反弹后与正压力波的叠加过程，叠加作用于空气导致空气压缩升温，经计算可得最高温度高达1200K，达到氢气自燃所需温度，引发管内自燃。

气体欠膨胀射流产生的壁面边界层与压力波共同作用，再次引发壁面升温，导致温升效率显著提高，这也是产物水最先出现在阀门壁面的主要原因。伴随压力波不断向前推进，不断加热气流前方空气，引发温升后与氢气燃烧，不断生成产物水。随着时间推移，产物水逐渐过渡至充满管道横断面。

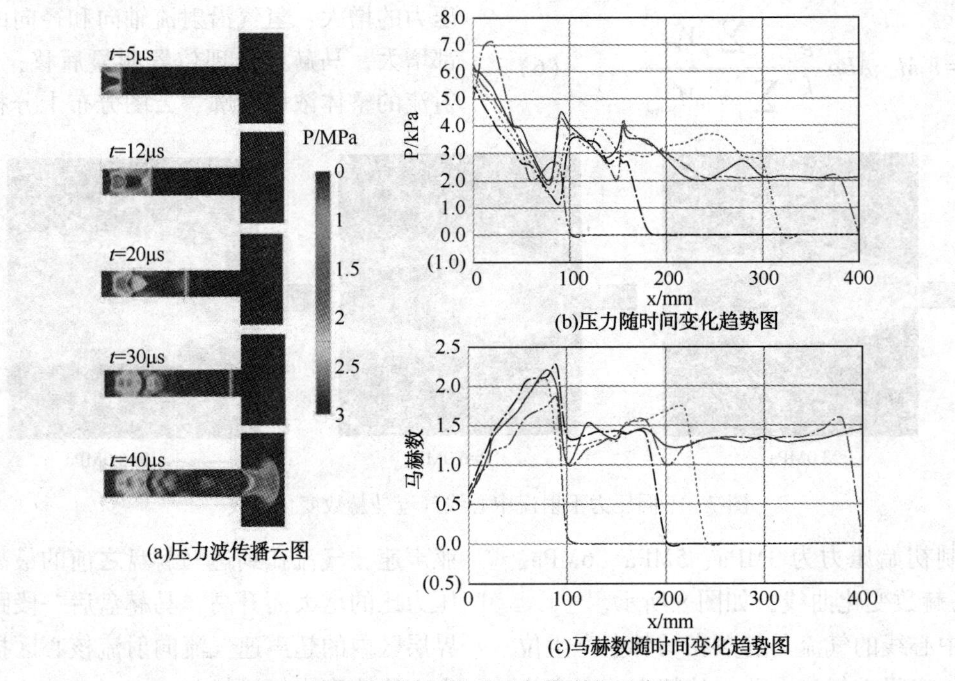

图10　孔板内部重要参数变化示意图

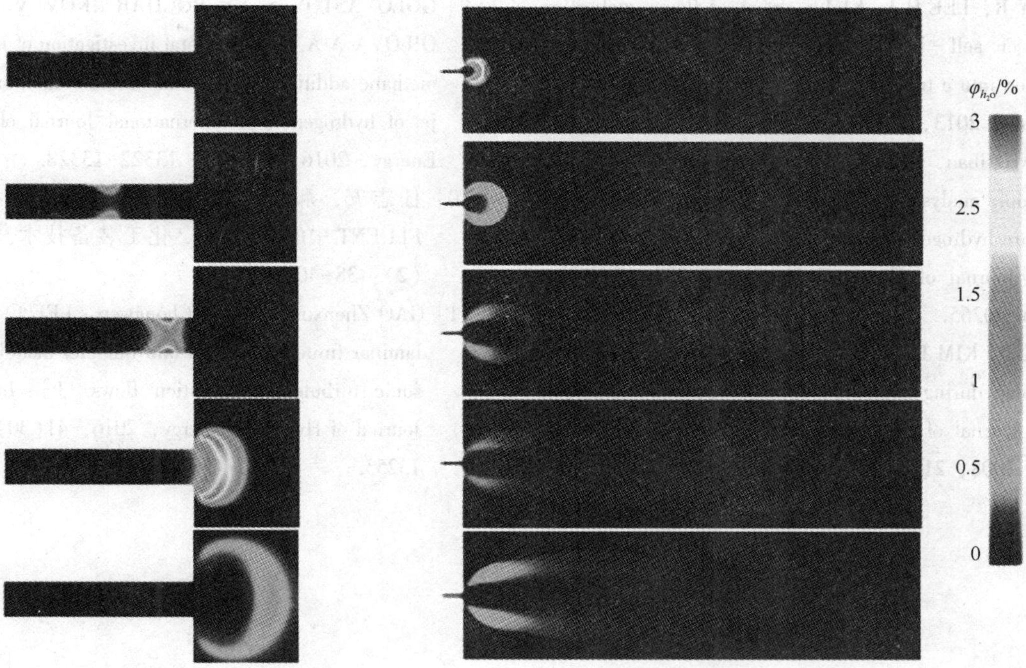

(a)孔板通道内水的体积分数　　(b)放空管道内水的体积分数

图 11　H_2O 随时间变化趋势图

4　结论

1）高压气体放空时，气体在阀门通道内以激波的形式传播并不断叠加形成马赫环结构，压缩空气引起温度升高。压力波在阀门通道和阀门出口以超声速传递，在氢气逆焦耳—汤姆逊效应的作用下，氢气在阀门通道内温度均达到自燃温度，出现爆燃现象，进入放空管后能量迅速衰减，压力波面的马赫数降至小于 1。随着压力波在放空管中的继续传播，由其压缩气体引起的温升值越来越低，当气体温度低于自燃点后，不再继续燃烧。因此，爆燃现象仅在阀门通道和刚进入放空管时存在。

2）同一管道长度下，初始释放压力较低时，氢气泄漏不会发生自燃现象，只有当初始释放压力超过某一临界值后，氢气泄漏后才会发生自燃。氢气射流的膨胀冷却作用会导致氢-空气混合区域温度低于其自燃温度，这是导致初始释放压力较低时氢气泄漏后不易发生自燃的主要原因。

3）氢气自燃生成的产物水最先出现在孔板通道壁面，正处于射流压力波第一次碰撞阀壁反弹后与正压力波的叠加过程，叠加作用于空气导致空气压缩升温，达到氢气自燃所需温度，引发管内自燃。

4）气体欠膨胀射流产生的壁面边界层与压力波共同作用，再次引发壁面升温，导致温升效率显著提高，这也是产物水最先出现在阀门壁面的主要原因。伴随压力波不断向前推进，不断加热气流前方空气，引发温升后与氢气燃烧，不断生成产物水。随着时间推移，产物水逐渐过渡至充满管道横断面。对比的激波与燃烧波可知此时燃烧波与激波并不重合，属于复合波形式。因此，阀门内氢气的自燃属于爆燃现象。

参　考　文　献

[1] 刘慧，张大为. 广东燃气轮机发电用气量及成本测算[J]. 当代石油石化，2018，26(11)：43-46.

[2] 赵晋云，周兴涛，刘冰，等. 国内外输气管道放空系统设计标准分析[J]. 油气储运，2013，32(3)：274-278.

[3] ASTBURY G R，HAWKSWORTH S J. Spontaneous ignition of hydrogen leaks：A review of postulated mechanisms[J]. International Journal of Hydrogen Energy，2007，32(13)：2178-2185.

[4] DRYER F L，CHAOS M，ZHAO Zhenwei，et al. Spontaneous ignition of pressurized releases of hydrogen and natural gas into air[J]. Combustion Science and Technology，2007，179(4)：663-694.

[5] BRAGIN M V，MOLKOV V V. Physics of spontaneous ignition of high-pressure hydrogen release and transition to jet fire[J]. International Journal of Hydrogen Energy，2011，36(3)：2589-2596.

[6] KIM Y R, LEE H J, KIM S, et al. A flow visualization study on self-ignition of high pressure hydrogen gas released into a tube[J]. Proceedings of the Combustion Institute, 2013, 34(2): 2057-2064.

[7] ZHANG Jibao, ZHANG Xin, HUANG Wenwei, et al. Isentropic analysis and numerical investigation on high-pressure hydrogen jets with real gas effects[J]. International Journal of Hydrogen Energy, 2020, 45(39): 20256-20265.

[8] MOGI T, KIM D, SHIINA H, et al. Self-ignition and explosion during discharge of high-pressure hydrogen [J]. Journal of Loss Prevention in the Process Industries, 2008, 21(2): 199-204.

[9] GOLOVASTOV S V, BOCHARNIKOV V M, SAMOILOVA A A. Experimental investigation of influence of methane additions on spontaneous self-ignition of pulsed jet of hydrogen[J]. International Journal of Hydrogen Energy, 2016, 41(30): 13322-13328.

[10] 任志安，郝点，谢红杰. 几种湍流模型及其在FLUENT中的应用[J]. 化工装备技术，2009，30(2)：38-40.

[11] GAO Zhenxun, JIANG Chongwen, LEE C H. On the laminar finite rate model and flamelet model for supersonic turbulent combustion flows [J]. International Journal of Hydrogen Energy, 2016, 41(30): 13238-13253.

二氧化碳输送管道及钢管研究现状

赵与越　陈小伟　李铁鹏　王　斌　王学仕

（渤海石油装备制造有限公司）

摘　要　CCUS是被国际公认的解决气候变暖、大规模减少碳排放、最终实现碳中和的最有效技术方案，而CO_2管道输送适合于大输量、长距离的定向输送。本文介绍了国内外二氧化碳输送用钢管的研究现状，二氧化碳管道国内外标准现状。提出密相/超临界相二氧化碳输送用钢管要具有优异的低温韧性和止裂韧性，同时具备良好的抗CO_2腐蚀性。

关键词　二氧化碳；钢管；腐蚀；止裂韧性

2019年中国CO_2排放量达到98亿吨，预计到2060年中国CO_2累计排放量将达到4000亿吨，中国已成为全世界CO_2排放量最多的国家。在第75届联合国大会上，中国提出"双碳"目标，力争2030年前达到峰值，努力争取2060年前实现碳中和。CCUS/CCS技术是被国际公认的解决气候变暖、大规模减少碳排放、最终实现碳中和的最有效技术方案。CCUS技术（碳捕集、利用与封存）是指将CO_2从工业过程、能源利用或大气中分离出来，直接加以利用或注入地层以实现CO_2永久减排的过程。CCUS/CCS按技术流程分为捕集、输送、利用与封存等环节。CO_2输送在CCUS/CCS技术中起到桥梁的作用，是碳捕集和碳利用与封存的关键环节。CO_2输送根据运输的方式不同，分为罐车运输、船舶运输和管道运输。罐车输送量小且费用高，适合小容量、中短距离的运输；船舶输送方式只适用于海洋和河流条件，局限性较大；管道输送适合长距离、大输量、流量稳定的定向输送。根据CO_2相态输送方式可分为：气态、液态和密相/超临界态。气态输送所占管道空间大，效率低；液态输送需要保持较低的运行温度，管道需要保温措施，同时容易受外界环境条件的影响发生相变；与气态和液态相比，密相/超临界态CO_2具有密度大，黏度小，导热系数小，比热和压缩系数小的特点，有利于大规模、长距离的管道输送。根据《中国碳捕集利用与封存技术发展路线图（2019版）》的规划，预计到2050年我国将建成陆海一体的二氧化碳管道网络，累计年输送能力将达到10亿吨，总里程20000km以上。详细发展路径见表1。

表1　二氧化碳输送发展路径

		2025年	2030年	2035年	2040年	2050年
目标		验证设计能力，形成制造建设能力	初步形成规模化输送能力和产业链	初步形成高效低成本的陆上管道	建成多个陆上管道网络	建成陆海一体的管道网络
技术规模	陆地管道	2条以上百万吨级	2000万t/a输送能力，总长2000km以上	1亿t/a输送能力，总长8000km以上	3亿t/a输送能力，总长12000km以上	10亿t/a输送能力，总长20000km以上
	海底管道	完成概念设计	浅海（水深小于50m）中试	浅海工业试验	浅海管道商业应用，中深海（水深50~200m）工业试验	
单管输送能力/（万t/a）	陆地管道	50	200	500	1000	2000
	海底管道	—	50	50	500	1000

1　国内外二氧化碳输送管道现状

1.1　国外二氧化碳输送管道现状

国外对 CO_2 输送管材及应用技术研究已有40~50年的时间，形成了成熟的 CO_2 管线断裂控制、选材方案及防腐保温等整套技术，建成了超过8000km的 CO_2 长输管道(其中海洋管道超过440km)，美国自上世纪70年代以来已经拥有超过6000km的 CO_2 管道，占已建管道总里程的75%以上。国外最长的二氧化碳长输管道为Cortez管道，该管道总长度为808km，管径尺寸762mm，管道输送压力18.6MPa，平均每年完成 1930×10^4t 二氧化碳输气量。国外压力最大的二氧化碳长输管道为Weyburn管道，该管道的气源地位于美国北达科他州大平原煤化工厂，该厂产生的 CO_2 气体通过Weyburn管道输送到位于328公里外加拿大的Weyburn油田，该管道美国部分的压力为18.6MPa、加拿大部分的压力为20.4MPa。挪威作为首次开拓该领域研究和管道建设的国家，Snohvit管道全长150km，处于海底深处330m，管道输送压力20MPa，平均每年完成 70×10^4t 二氧化碳输气量，用于将岸上LNG液化生产企业形成的二氧化碳通过海底管道反注回油田。管材采用屈服强度较高的X65或X70型低合金钢，大部分采用为超临界相 CO_2 输送。国外主要 CO_2 输送管道见表2。

表2　国外主要 CO_2 输送管道

项目名称	建设地点	输送能力/(百万 t/a)	输送距离/km	管径/mm	压力/MPa	材质	完工时间
Cortez	美国	19.3	808	762	18.6	X65	1984
Snohvit	挪威	0.7	150	—	20	—	2008
Canyon Reef Carriers	美国	5.2	225	400	14	—	1972
Sheep Mountain	美国	9.5	660	610	13.2	X70	1983
Bravo	美国	7.3	350	508	16.5	—	1984
Bati Raman	土耳其	1.1	90	—	17	—	1983
Weyburn	美国和加拿大	5	328	305~356	18.6(USA) 20.4(CAN)	X70	2000
Snphvit	美国	0.7	153	200	10	—	2006

1.2　国内二氧化碳输送管道现状

我国 CO_2 管道输送尚处于中试阶段，2023年7月正式投运的“齐鲁石化—胜利油田百万吨级项目”二氧化碳输送管道是目前年输送能力最大的二氧化碳输送管道项目。该项目线路全长114.5公里，该项目起点为齐鲁石化，终点为胜利油田，主干线80公里，支干线34.5公里，设计压力为12MPa、输送能力100万吨/年。干线管径 *DN*300，采用L360N钢级钢管，支线管径为 *DN*80~*DN*150，采用Q345D无缝管。大庆油田CCUS-EOR管道工程一期项目，年输送能力为100万吨，该项目起点为大庆石化，终点为大庆敖南油田，线路全长127公里，管线管径为 *DN*300，设计压力为15MPa，采用超临界密相输送，同时设置1座首站和8座阀室，该二氧化碳管道输送项目的输送压力为我国目前二氧化碳管端输送项目的最大压力。我国主要 CO_2 输送管道见表3。

表3　我国主要 CO_2 输送管道

项目名称	输送能力/(万 t/a)	输送距离/km	管径/mm	压力/MPa	材质	备注
中石油吉林油田 CO_2-EOR 研究与示范	60	35	—	—	—	已建
大庆油田 CO_2-EOR 示范项目	15	35	—	—	—	已建
中石化齐鲁石油化工 CCS 项目	35	75	—	—	—	已建
中石化胜利油田 CO2 捕集和驱油示范	4	80	—	—	—	已建
齐鲁石化—胜利油田 CCUS 项目	100	114.5	*DN*300/ *DN*80~*DN*150	12	L360N/Q345D	已建
大庆油田 CCUS-EOR 管道工程	100	127	*DN*300	15	—	待建
上海长兴岛热电公司二氧化碳管道工程	7.1	5	*DN*200	2	—	在建

2 二氧化碳管道标准现状

国外用于二氧化碳管道建设的标准主要有 DNVGL-RP-F104：2021 Design and Operation of Carbon Dioxide Pipelines（二氧化碳管道的设计和运行）和 ISO 27913：2016Carbon Dioxide Capture, Transportation and Geological Storage—Pipeline Transportation Systems（二氧化碳捕集、输送和地质封存——管道输送系统）。这两个标准分别从安全准则、设计前提、材料选择和运行等方面提出了相应要求，流体组分含量也有相应的建议值。其流体组分及含量见表 4。

表 4 不同标准的流体组分及含量

组分	DNVGL-RP-F104：2021（摩尔分数）		ISO 27913：2016（除标注外均为 ppmv）	
	工业捕集的 CO_2	用于 EOR 的 CO_2		
CO_2	与其他介质含量平衡	与其他介质含量平衡	>95mol%	
H_2O	0. 00005～0. 00010	0. 00005～0. 00010	腐蚀：20～630 水合物：<200	
H_2	无	无	<0. 75mol%	总含量<4%
N_2	无	无	<2mol%	
Ar	无	无	无	
CH_4	无	0. 5%～2%	无	
CO	0. 00040	无	<0. 2mol%	
O_2	<0. 00001	无	按照下游要求	
H_2S	<0. 00010	<0. 0100	<200	
SO_2	<0. 00010	无	健康与安全：<100 腐蚀：<50	
NO_x	<0. 00010	无		
胺类	<0. 00010	无	无	
乙二醇	无	无	无	
醛类	无	无	无	
C_2^+	无	无	<2. 5mol%	

DNVGL-RP-F104 建议应采用具有较低韧脆转变温度和足够的夏比 V 型缺口韧性材料，同时具有足够的 DWTT 剪切面积和足够的 DWTT 韧性。从抗二氧化碳腐蚀的角度，在无法形成自由水的情况下采用 C-Mn 钢，可以避免对管道的腐蚀，在无法控制含水的情况下，且管道较短，建议采用耐腐蚀合金或复合/内衬管线管。ISO 27913 要求在选择管材时要充分考虑防止低温脆断，选择具有足够抗低温止裂韧性的材料，并与 CO_2 的所有相态相兼容；如果管道材料与输送二氧化碳相态的组合超出了可用的全尺寸试验数据范围，则应进行全尺寸试验，以确定管道具有足够的抗韧性断裂能力；钢管材料应具有足够的低温启裂韧性和止裂韧性，管线管应应符合 ISO 3183 中规定的 DWTT 试验和夏比 V 型缺口冲击试验要求，并应在一定温度范围内进行测试，以确定韧脆转变温度曲线。

国内 CO_2 输送管道建设起步较晚，在缺少相关的技术研究和标准规范。目前已建的 CO_2 输送管道以短距离为主，二氧化碳相态以气态和液态为主，建设标准主要参考 GB 50350—2015《油气集输设计规范》、GB 50251—2015《输气管道工程设计规范》和 SH/T 3202—2018《CO_2 输送管道工程设计标准》，其中 SH/T 3202—2018 仅对输送工艺、线路、站场、管道及其附件的设计、辅助系统、焊接与检验、清管与试压、干燥等内容提出了简单的要求，对管材选择及材料止裂韧性方面没有相关的要求。由中国石油集团工程材料研究院有限公司等单位起草的 GB/T 42797—2023《二氧化碳捕集、输送和地质封存 管道输送系统》于 2023 年 9 月 1 日开始实施。该标准在流体组分含量方面规定多种杂质的含量限值，要求 CO_2 管道宜具有足够的抗脆性起裂及韧性裂纹扩展能力，为避免在管道运行过程中裂纹起裂和扩展，建议采用较低的设计系数和具有足够起裂韧性及止裂韧性的材料。

3 超临界/密相二氧化碳低温韧性及断裂控制

当 CO_2 输送管道在泄漏或放空时，输送管道内高压 CO_2 将在泄漏或放空孔口处形成强节流效应从而导致低温，密相/超临界相 CO_2 在泄放口或泄露口处温度能够降至-40℃～-60℃，甚至可达-78℃，并可能有干冰生成。温度的大幅下降，极易造成低温脆断，因此钢管需要具备良好的抗低温脆性断裂性能。相比于陆上天然气管道常规 5～-10℃的冲击韧性要求，CO_2 输送管道要求更高的低温韧性。

密相/超临界相 CO_2 的高压力在管道断裂过程中会产生减压波，在减压波传播的过程中由于超临界态 CO_2 特殊的物理性质，会使管道内的高压不会像常规液态或气态那样迅速降低，而是产生一个减压波压力平台，从而使管道内的压力维持一段时间，在这段压力维持的时间里，管道裂纹会快速的扩展，因此密相/超临界相 CO_2 管道需要远高于天然气管道的止裂韧性。国外 Cosham 等采用 Φ914mm × 25.4mm/Φ610mm × 12.7mm 两种规格的钢管进行断裂试验，试验压力为 14.83MPa/15.06MPa/15.02MPa；输送介质（90.9%CO_2+1%H_2+4%N_2+1.8%O_2+2.2%CH_4/93.7%CO_2+1.1%H_2+3.4%N_2+1.8%CH_4/90.3%CO_2+1.1%H_2+6.6%N_2+2%CH_4），输送相态为密相，试验结果为管道断裂速度最高为 125m/s，管道止裂韧性值为 328～342J。Barnett 等采用规格为 Φ610mm×19.1mm 的钢管进行断裂试验，试验压力为 15MPa，输送介质为 100%CO_2，输送相态为密相，试验结果为管道断裂速度保持在 100m/s 左右，管道止裂韧性值为 350J。国内大连理工大学的郭晓璐等基于最大应力起裂准则和 BTCM 法对不同钢级的管线钢，在不同安全系数下，研究了气相、密相和超临界相 CO_2 管道断裂过程中减压波速度和断裂速度的关系，结果表明超临界相 CO_2 的减压波速度最小，对管道的安全系数要求最高。西安石油大学的任科采用理论计算与数值模拟方法，分析了杂质、温度和压力对超临界 CO_2 管道减压波的影响，研究结果表明，含有杂质的减压波曲线位于纯 CO_2 减压波曲线的上方，同时在存在一个较宽的压力平台，使压力保持一定的时间，不利于管道的止裂；高初始温度和高初始压力的减压波曲线更为平滑，压力平台低且窄，压力能够很快的下降，有利于管道的止裂。中国石油集团工程材料研究院的李鹤等采用 BTC 模型研究了管径和设计系数对管道止裂韧性的影响，研究结果表明管道止裂韧性与管道外径和设计系数呈正相关，随着外径和设计系数的增加，管道所需的止裂韧性越大。外径和设计系数对管道止裂韧性的影响见图 1。

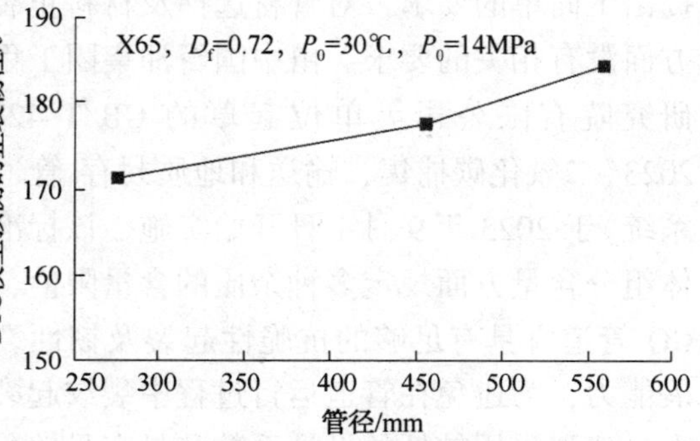

(a)管径对止裂韧性的影响　　(b)设计系数对止裂韧性的影响

图 1　外径和设计系数对管道止裂韧性的影响

埋弧钢管焊接时，在较大焊接热输入的影响下，焊缝形成粗大的铸态组织，其韧性与母材相比显著降低。而且，焊缝铸态组织的韧性对化学成分、试验温度十分敏感。同时，焊接热影响区是埋弧焊管最薄弱的区域，在焊接热循环作用下，控轧控冷条件下获得的细小显微组织显著恶化，低温韧性急剧恶化。母材合金元素含量越少，焊缝合金元素随之减少，低温韧性降低；随着温度降低，焊缝冲击韧性急剧降低；焊接热影响区晶粒细化的能力越弱，低温韧性越难控制。

2023 年 5 月 15 日，国家管网集团组织开展的国内首次二氧化碳管道全尺寸爆破试验，本次试验为我国掌握百万吨级二氧化碳输送管材研制、管道设计和建设技术提供了重要的数据支撑，图 2 为本次试验的爆破现场。本次爆破试验选用 X65 钢级、323.9 毫米管径管道，试验压力 12 兆帕，精准模拟了超临界二氧化碳管道运行工况。试验得出的管道止裂韧性等一系列重要参数，将用于超临界二氧化碳管道模拟模型验证，提升管道止裂韧性的计算精度。

图 2　爆破试验现场

4 管线钢 CO_2 腐蚀研究

虽然国内有着成熟的天然气管道输送技术，但 CO_2 管道与天然气管道有着很大的不同，由于技术性和经济性的原因，通过管道输送的 CO_2 中不可避免的含有氮气、氧气、硫化氢、水蒸气、烷烃等杂质，这些杂质都会对输送管道产生一定的腐蚀，影响管道的运行安全。自由水被认为是对 CO_2 管道产生腐蚀的主要因素，水蒸气由于冷凝形成自由水，自由水与 CO_2 形成碳酸根离子，从而对钢管内表面形成腐蚀。国外 CO_2 输送管道对输送介质中的 H_2O 含量提出了很高的要求，如美国 III 型管道 Weyhurn 管道的 H_2O 含量要求小于 0.002%；美国国家能源技术实验室（NETL）发布的《能源系统研究质量指南（QGESS）——CO_2 杂质设计参数》报告中对碳钢输送管道、CO_2-EOR 及盐水层封存的气质中的 H_2O 含量要求为 0.002%~0.065%，推荐值为 0.05%；挪威船级社 DNVGL-RP-F104 对 H_2O 含量要求为 0.005%~0.01%。

赵国仙等通过对 X52 钢的抗 CO_2 腐蚀研究表明，在温度为 76.9℃、CO_2 分压分别为 19Psi，流速为 1.2m/s，试验时间 31.4d 时，X52 钢的平均腐蚀速率为 0.6289mm/a，在金属表面出现轻微点腐蚀迹象。张雷等对 X65 钢在湿气环境下的抗 CO_2 腐蚀进行了研究，结果表面，在温度为 60℃，CO_2 分压为 0.4MPa，试验时间为 7 天时，X65 钢在湿气环境中的平均腐蚀速率为 0.44mm/a。催铭伟等对不同 CO_2 分压条件下，X70 钢抗 CO_2 腐蚀进行了研究，结果表面，在静态条件下的平均腐蚀速率为 0.015mm/a，动态条件下的平均腐蚀速率为 0.381~0.458mm/a。

胡丽华等通过对在相同的试验条件下，X65 管线钢和 3Cr 钢抗 CO_2 腐蚀的研究表明，X65 管线钢平均腐蚀速率要高于 3Cr 钢的平均腐蚀速率，能谱分析结果表明，$Cr(OH)_3$ 在饱和 CO_2 酸性溶液中稳定较好，并在基体表面形成致密的富 Cr 产物膜，对基体起到较好的保护作用。张忠铧等通过研究 Cr 对低合金钢的抗 CO_2 腐蚀性能及成膜特性得出的结论为含 Cr 钢的腐蚀产物膜三要是由非晶态的 $Cr(OH)_3$ 构成，$Cr(OH)_3$ 使得腐蚀产物膜具有阴离子选择性，降低了腐蚀产物膜与金属基体界面处阴离子溶度，使得阳极反应受到抑制，最终使得基体 Fe 的溶解速率降低。许立宁等研究了在相同的条件下 X70 钢和含有 2%Cr 低合金钢的力学性能和耐蚀性，研究结果表明在普通的管线钢中添加 2%的 Cr 后，抗 CO_2 的腐蚀能力增强，在基体表面形成一层富 Cr 的非晶态产物膜，这层膜对基体起到了很好的保护作用。

蒋秀等研究了富 CO_2 相和富水相对 X65 管道腐蚀的影响，研究表明 X65 钢在富 CO_2 相中的金属表面发生了局部腐蚀或小孔腐蚀，在富水相中的金属表面发生了严重的均匀腐蚀。且 X65 钢在富水相的腐蚀速率明显高于富 CO_2 相的腐蚀速率，这说明水含量是影响 X65 钢腐蚀的主要因素。

5 二氧化碳管道对管材的技术要求

5.1 材料及管型

二氧化碳长输管道材料主要包括碳钢、低合金钢、不锈钢、ASTM 系列钢，以及 API 5L、GB/9711 系列管线钢。从国外已建二氧化碳管道看，主要以 API 5L 系列 X65、X70 管线钢为主。由于管线钢显著的技术质量以及经济性优势，未来我国二氧化碳管道将主要以管线钢为主。

关于管型的选择，ISO 27913：2016《二氧化碳捕集，运输和地质埋存．管道输送系统》、DNVGL-RP-F104：2021《二氧化碳管道的设计与运行》、DNV-RP-J202《二氧化碳管道的设计与运行》等国外标准，以及国内 SH/T 3202—2018《CO_2 输送管道工程设计标准》，均未对管型做出明确限定。二氧化碳输送管道管型可以采用 HFW 管、无缝管、双面埋弧焊等制造工艺。钢管的选型主要受技术认识及偏好、规格、经济性等多重因素的影响。

5.2 理化性能及耐蚀性

根据管道输送压力以及含水、杂质的情况，确定钢管的理化性能及耐蚀性要求。

（1）合金成分

应严格控制 C、Mn、P、S 元素的含量，采用低 C、低 Mn 的成分设计，以确保材料的低温韧性及止裂韧性。对于具有一定耐腐蚀性要求的管材，可适当提高 Cr 的含量，以提高抗二氧化碳腐蚀能力。

（2）显微组织

非金属夹杂物 MnS、CaS 等的存在，会增大 CO_2 局部腐蚀倾向，易造成管壁的腐蚀穿孔。因此应控制非金属夹杂物的形态、数量，控制带状组织等级、降低组织偏析程度。晶粒度尽可能细，以获得更好的低温韧性及耐腐蚀性能。

(3) 低温韧性及止裂韧性

密相/超临界二氧化碳输送管道具有远高于天然气管道的止裂韧性需求，而且由于泄露口处存在温降，因此对材料的低温启裂韧性和止裂韧性均提出了较高的要求，需要材料具有足够的韧性水平。

(4) 耐腐蚀性能

对于含有一定游离水的CO_2输送，需要开展CO_2腐蚀试验，以确保管道能够达到设计服役寿命。

5.3 钢管几何尺寸及残余应力要求

CO_2的封存根据封存的位置可分为陆地封存和海洋封存，与陆地封存相比，海洋封存不仅封存量大，而且封存效果更加安全稳定。由于我国的CO_2排放地主要位于东部沿海地区，未来CO_2的封存将主要是以海洋封存为主。CO_2输送海底管道容易受到海底洋流、潮汐力及海水压力等多方面、多维度的影响，对钢管的不圆度、直度提出了很高的要求，同时高精度的钢管可以满足现场环焊焊接质量和焊接效率。钢管在成型和焊接过程中，不可避免的会形成残余应力，残余应力会导致钢管产生变形及应力腐蚀等。因此，需要提高钢管的几何尺寸精度和降低残余应力。

6 小结

随着我国"双碳"目标的提出及管道运输的优势，在未来20~30年内将是二氧化碳管道建设的高峰期。随着输送规模的增加，二氧化碳输送也将由以气态或液态输送为主转变为以密相/超临界相输送为主，因此对二氧化碳输送用的管材提出了更高的要求。围绕密相/超临界二氧化碳输送对管材低温韧性、止裂韧性及耐蚀性等带来的挑战，钢铁企业、制管企业及相关研究单位应加强研究攻关，开发出优质、高效、经济的管材产品及技术，为我国"双碳"目标的早日实现做出应有贡献。

参考文献

[1] 蔡博峰，李琦，张贤，等. 中国二氧化碳捕集与利用封存(CCUS)年度报告(2021)——中国CCUS路径研究[R]. 生态环境部环境规划院，2021：8.

[2] WILBERFORCE T，OLABI A G，SAYED E T，et al. Progress in carbon capture technologies[J]. Science of the Total Environment，2021，761：143203.

[3] 孙强. 高压CO_2集输与注入技术研究[D]. 中国石油大学(华东)，2012.

[4] 张双蕾，张继川，陈凤，等. CO_2管道输送技术研究[J]. 天然气与石油，2014，32(6)：17-20.

[5] 中国碳捕集利用与封存技术发展路线图(2019版)[R]. 科学技术部社会发展科技司、中国21世纪议程管理中心，2019，5.

[6] 丘惠娴. 海上二氧化碳长输管道成本分析[J]. 工艺与设备，2023，49(4)：70-73.

[7] Det Norske Veritas Germanischer Lloyd. Design and Operation of Carbon Dioxide Pipelines：DNVGLRP-F104[R]. Veritasveien，Norway：DNV，2017.

[8] ISO. Carbon dioxide capture，transportation and geological storage-Pipeline transportation systems：ISO27913：2016[S]. Switzerland：International Organization for Standardization，2016.

[9] GB/T 42797—2023. 二氧化碳捕集、输送和地质封存管道输送系统[S].

[10] COSHAM A，JONES D G，ARMSTRONG K，et al. Analysis of a dense phase carbon dioxide full-scale fracture propagation test in 24 inch diameter pipe[C]//Proceedings of 2016 11th International Pipeline Conference，September 26-30，2016，Calgary，Alberta，Canada. 2016.

[11] BARNETT J，COOPER R. An operator's perspective on fracture control in dense phase CO_2 pipelines[C]//Proceedings of 2016 11th International Pipeline Conference，September 26-30，2016，Calgary，Alberta，Canada. 2016.

[12] GUO Xiaolu，XU Shuangqing，CHEN Gaojun，et al. Fracture criterion and control plan on CO_2 pipelines theory analysis and full-bore rupture (FBR) experimental study[J]. Journal of Loss Prevention in the Process Industries，2021，69：104394.

[13] 任科. 超临界二氧化碳管道断裂理论和控制方法研究[D]. 西安石油大学，2018.

[14] 欧阳欣，李鹤，闫锋，等. 输送工艺参数对密相/超临界CO_2管道止裂韧性的影响[J]. 焊管，2023，46(6).

[15] 国内首次二氧化碳管道全尺寸爆破试验取得圆满成功，国家管网，2023-05-18. https://www.pipechina.com.cn/xwdt/jtw/5787.html

[16] ANHEDEN M，ANDERSSON A，BERNSTONE C，et al. CO_2 Quality Requirement for A System with CO_2 Capture，Transport and Storage[C]//GreenhouseGas

Control Technologies：Proceedings of the 7th International Conference on Greenhouse Gas. Volume Ⅱ. Oxford：Elsevier Science Ltd.，2005：2559-2564.

[17] National Energy Technology Laboratory. Quality Guidelines for Energy System Studies：CO_2 Impurity Design Parameters[R/OL].（2019-01-01）[2022-03-24]. http://www. netl. doe. gov/projects/files/QGESSCO2-ImpurityDesignParameters_010119.pdf.

[18] 赵国仙，陈长风，李建平，等. X52钢的CO_2腐蚀行为[J]. 腐蚀科学与防护技术，2001，13(4)：236—238.

[19] 张雷，丁工，刘志德，等. 温度对X65管线钢湿气CO_2腐蚀的影响[J]. 石油与天然气化工，2008，37(1)：48—51.

[20] 崔铭伟，封子艳，韩建红，等. 多相流动状态下CO_2分压对X70钢CO_2腐蚀的影响[J]. 石油化工高等学校学报，2015，28(2)：62—68.

[21] 胡丽华，张雷，许立宁，等. 3Cr低合金管线钢及焊接接头的CO_2腐蚀行为[J]. 北京科技大学学报，2010，32(3)：345-350.

[22] 张忠铧，郭金宝，蔡海燕，等. Cr对低合金钢的抗CO_2腐蚀性能及成膜特性的影响[C]. 中国钢铁年会论文集，北京：冶金工业出版社，2003：668-671.

[23] 许立宁，朱金阳，谢云，等. 含Cr管线钢的力学性能和耐蚀性能[J]. 北京科技大学学报，2014，36(2)：200-205.

[24] 蒋秀，宋晓良，张艳玲，等. CO_2输送工艺对X65管道腐蚀的影响[C]. CIPC 2013中国国际管道会议，2013：42-44.

[25] Hill C，Bugnion V，Follows M，et al. Evaluating carbon sequestra-tion efficiency in an ocean circulation model by adjoint sensitivityanalysis[J]. J. Geophys. Res.，2004，109：C11005.

二氧化碳长输管道干燥技术与装备

苗　升　郭春荣　赵尉钧　昝吉华　孙　威　韩国建

（中石化胜利油建工程有限公司）

摘　要　齐鲁石化-胜利油田百万吨级 CCUS 示范项目二氧化碳输送管道工程，作为国内首条“双百级”二氧化碳长输管道，已经投产成功。不同于常规油气输送管道，如果干燥不彻底，二氧化碳管道内聚集的水会与 CO_2 反应，形成酸性化合物，从而加速管道腐蚀，缩短管道使用寿命，甚至会造成堵塞、停输等严重事故，安全风险高。因此管道干燥要求高，难度大，目前国内未有成熟经验可以借鉴。结合工程实际特点，通过对各种干燥技术分析和干燥设备调研，综合成本、干燥介质来源、工期等因素，确定了干空气干燥施工工艺。实际施工中，通过改进施工设备，优化施工过程，完善数据分析，掌握了干燥规律，对于未来二氧化碳长输管道的干燥施工具有很强的借鉴意义。

关键词　CCUS；长输管道；二氧化碳；干燥；装备

为积极应对气候变化，2020 年 9 月 20 日，习近平总书记在第七十五届联合国大会一般性辩论上的讲话首次提出“3060”双碳战略目标。二氧化碳捕集、输送与封存利用（简称“CCUS”）被广泛认为是实现全球温控目标和我国碳中和愿景不可或缺的关键途径。

二氧化碳管道输送具有运量大、运输距离远、可连续性运输、运输成本相对较低、受外界影响小等优势，是目前国际陆上大规模 CCUS 项目最主要的运输形式。目前国内无长距离二氧化碳管道投用，也是 CCUS 产业链的短板。

中国石化高度重视，积极响应国家双碳和能源安全战略需求，践行央企担当，依托在 CCUS 和油气生产领域先进的技术和丰富的工程实践，2021 年 7 月 5 日宣布正式启动我国首个百万吨级 CCUS 示范项目建设—齐鲁石化-胜利油田 CCUS 项目，并与 2022 年 8 月正式开工。本工程管道全长 109km，其中干线 75km，设计压力 12MPa，管径 *DN*300，设计输送量 100 万吨/年，采用高压常温密相输送；管道沿线河流大中型穿越 7 处，小型 4 处，特殊地段穿越 3 处，高速公路穿越 4 处，等级公路穿越 31 次，铁路穿越 7 次。管道沿线新建站场 2 座、阀室 5 座，改造注入站 15 座。

针对国内首条百公里、百万吨“双百级”的二氧化碳长输管道，干燥没有成熟经验可循。本文通过对二氧化碳管道干燥的难点、重点进行了分析，融合分析各种干燥方法，经过现场实践，2023 年 6 月 7 日圆满完成整个工程的干燥任务。

1　二氧化碳管道特点和干燥难度分析

本工程主线管道材质为 L360Q 无缝钢管，壁厚 11mm/12.5mm（热煨弯管），介质为密相二氧化碳。

二氧化碳外输管道经过清水试压后，如果干燥不彻底，管内聚集的水会与 CO2 反应，形成酸性化合物，从而加速管道的腐蚀，甚至会造成堵塞、停输等严重事故。

BEPC 项目部前期对国内外二氧化碳管道情况进行了调研。国内暂无二氧化碳长输管道，主要针对国外相关标准、报告、工程实践经验进行了调研和分析。标准方面，DNV-RP-J202《二氧化碳管道的设计和运行》规定管道干燥的水露点为-40～-45℃；DNV-RP-F104 规定管道干燥的水露点为-40～-45℃。工程实践方面，北美地区 6 条 CO_2 管道工程项目，规定的管道干燥水露点有-30℃、-40℃、-45℃不等。同时，与国外知名公司进行了多轮技术咨询，最终确定了该项目的干燥指标为水露点-45℃。对于长输管道，干燥指标水露点达到-45℃工程案例较少，干燥时间不可控。此外，本工程共有定向钻 38 条，还有大量第三方管线和电缆穿越点，低点明水较难清除，增加了干燥的难度。

2　干燥施工技术分析与探讨

2.1　干燥方法分析

目前，国内外长输管道常用的干燥方法有流

动气体蒸发法、干燥剂法、真空干燥法，其中流动气体蒸发法包括干空气干燥法和氮气干燥法。

流动气体蒸发法的原理是流动的干燥气体与残留在管壁的水接触后使其蒸发，然后带出管道，达到干燥的目的，主要有干空气干燥法和氮气干燥法。

干空气干燥法是利用干燥空气吹扫管道，利用低露点空气对水分的吸附能力，达到对管道进行干燥的目的。理想状态下，管道内的水会被低露点的干燥空气吸附，并被后面的干燥空气吹出管道。干空气在管道中流动时，低露点的干空气很快吸附水汽至饱和，但随着空气在管道中的继续流动，压力逐渐下降，压力下降又会促使空气的吸水饱和浓度增加，于是空气流将继续吸水，直至最终从管道末端排出。该方法经济实用，时间较短，应用广泛。

氮气干燥法原理与空气干燥法类似，区别在于使用低水露点的氮气代替干空气。

干燥剂法一般采用甲醇、乙二醇或三甘醇作为干燥剂，干燥剂和水可以任意比例互溶，形成的溶液中水的蒸汽压大大降低，达到干燥的目的。残留在管道中的醇类干燥剂是水合物的抑制剂，能够抑制水合物的形成。实际工程案例中，一般采用氮气作为动力源，在两个清管器之间夹带一定体积的干燥剂，从而达到彻底干燥的目的，这种方法就是常用的两球法。在两球法的基础上，又发展了三球法，也称之为清管列车。与两球法相比，三球法能使残留在管内壁上的干燥剂的浓度更高，干燥剂损耗量更小。在应用过程中，由于乙二醇或三甘醇的价格高，所以一般选用甲醇作为干燥剂。但是，甲醇易燃、易爆，而且有剧毒，储存运输要求较高，容易对环境造成污染和发生安全事故。

真空干燥法的原理是通过抽真空，减小管内压力，水的沸点降低，然后蒸发。常用的做法是：用真空泵抽吸密闭管道内的气体，当压力降低到与环境温度对应的饱和水蒸气压时，液态水就会在常温下沸腾蒸发，水蒸气被真空泵抽出，达到干燥的目的。真空干燥法适合于小口径、短距离、明水少的管道干燥，空气可以任意排放，干燥成本较低，既适用于陆地管道，也适用于海底管道。

几种干燥方法从干燥成本、干燥时间、干燥效果、适用范围等方面的对比分析见表1。

表1　几种干燥方法的对比分析

比较项目	干空气干燥法	氮气干燥法	干燥剂法	真空干燥法
干燥成本	最低	昂贵	比较高	较低
干燥时间	最短	较短	较短	较短
干燥效果	很好	很好	较好	最好
适用范围	不受环境限制，受管径、长度影响	只适用于小范围的管道干燥	主要海底管道	适用于较大管径
应用情况	应用最多最广	受气源限制	因环保要求受到限制	海底管道、大口径管道应用较多

氮气干燥法的主要问题有：成本昂贵，且受气源限制。

干燥剂法存在的主要问题有：干燥剂为乙二醇或三甘醇，价格较高，后期处理成本高；醇类易燃，安全要求高；实际操作过程中，容易泄露至管道中，后期形成粉末，对仪表等设备产生影响。

真空干燥法的主要问题有：技术要求高，真空泵选择很重要；干燥时不能同时清管，不适合长距离管道，适合站场内干燥；干燥完毕后，水露点易出现反复。

综合考虑干燥成本、干燥时间、干燥效果，长输管道最适宜的方法是干空气干燥法，也是目前实际工程常用的方法。同时，考虑时间和效果，氮气干燥法作为备选。

2.2　干燥设备技术分析

（1）技术背景。干燥设备性能的重点和难点在于干燥机的性能，目前国内市场的常用干燥机出口露点在-40～-60℃之间，满足常规干燥露点-20℃没有问题。受制于干燥剂（分子筛、活性炭等）的性能，目前普通干燥机出口很难达到-70℃。因此，需要调研分析国内干燥机的型号和性能，选择满足需求的干燥机。如有必要，与厂家结合，对干燥机进行改进。

(2) 设备选型。本次施工拟选用杭州力诺LNZF-100T/22型干燥机。设备的主要技术参数见表2。

表2 干燥机主要技术参数

型　　号	LNZF-100T/22
处理气量	≤100Nm³/min
工作气体压力	0.8~2.5MPa
进口气体温度	≤110℃
环境温度	≤45℃
再生耗气量	≤12%
吸附剂	氧化铝和分子筛混床,使用寿命≥5年
工作循环时间	10min
含尘粒径	≤0.01μm
含油量	≤0.01ppm
出口气体温度	≤50℃
外接电源	380V/50Hz
成品气压力露点	≤-70℃

干燥机的设计充分考虑环境工况的变化、移动加固、耐压、防护等要求,所有单元、附件均置于集装箱式封闭外壳内,便于整体吊装、拉运,进出气口管径及数量根据现场需要可定制多个连接端,实现快速安装。干燥机重量约6.5t,尺寸5500mm×2000mm×2100mm,见图1。

图1 干燥机外观

(3) 设备工作原理。

压缩空气通过截止止回阀经油水分离器分离排水,经高温风冷冷却器降温,经自动排水器将冷凝水排出(利用环境风将压缩空气110℃降至65℃)进入风冷式干燥机(用制冷系统将65℃的压缩空气降温至20℃),经油水分离器将冷凝水排出,进入除油过滤器将油分含量控制在0.01ppm后进入吸附干燥机,随后经除尘过滤器、出口截止阀输出气源,出口露点-70℃。工作流程图见图2。

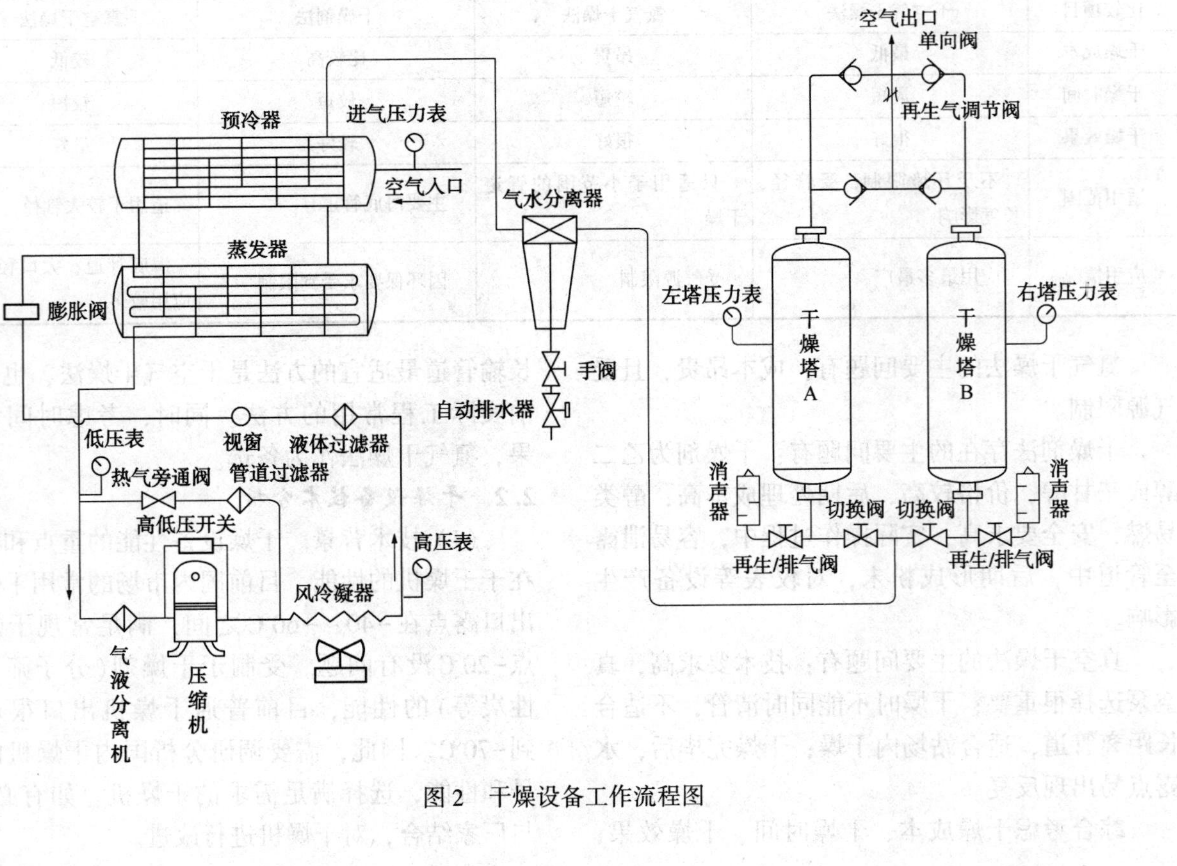

图2 干燥设备工作流程图

（4）吸附剂

目前，用作于压缩空气吸附剂有三种：硅胶、活性氧化铝、分子筛。硅胶由于遇液体水会破碎，因此现在使用较少；分子筛具有高成本易破碎，且在相对温度20%以下对水分吸附性能较好等特点，活性氧化铝具有吸附速度快，但在低水气分压下，吸附能力一般的特点。LNZF-100T/22无热再生干燥器系列采用氧化铝分子筛混合床结构，同时采用暴风雪式充填吸附剂，可杜绝“隧道效应”及吸附剂间相互磨擦，保证空气露点品质级延长吸附剂的使用寿命，在正常工况下使用寿命保证在5年以上。

（5）干燥机的特点

1）主体设备设计充分考虑此设备使用的场所及特点，压力变动、流量变化、进气温度等工况的变化因素，前置冷却器风机分两组设计，可单独启停运行。冷干机制冷系统设计为双制冷系统，可单独启停运行。

2）手动排污和自动排污双路汇合集中排放，提高排水效率，保护干燥剂。

3）风冷却器的设计：采用铜管翅片式风冷凝器，110℃降至65℃，换热面积200平方，风机选用2个直径600mm的轴流风机，侧面排风，提高设备效率。

4）风冷干燥机机的设计：65℃气体进入冷气机的蒸发器降温至30℃，考虑移动式每处的流量、温度、压力等工况变化，设计制冷系统分两组，在不同工况下确保制冷系统的正常工作。

5）油水分离过滤器：通过降速、碰撞、拦截分离除去大部分冷凝液态水。

6）活性炭除油器：经过油水分离过滤后的压缩空气，经活性炭深度吸附除油。

7）吸附干燥机：经冷却降温除水除油后，进入深层吸附，无热吸附干燥机AB塔自动切换，经吸附处理后常压露点达到-70℃。

8）除尘过滤器：吸附干燥、除油吸附时产生的微量粉尘，通过除尘过滤器将粉尘拦截，精度1μm。

9）吸附干燥机出口配置在线露点仪，可实时监测运行中的露点。

10）设备配置PLC可编程控制器，可显示露点、出口流量、工作状态。

2.3 试压及深度扫水

采取方案为：分段清管、试压、扫水及深度除水，以提高后续管道的干燥施工效率，确保按时保质保量达到干燥指标。采用高质量特制泡沫球，保证吸水除水性能。分段深度扫水后立刻焊接盲板进行封闭。

选择的高性能泡沫球指标：

表观密度：≥80kg/m^3，拉伸强度：≥100kPa，断裂伸长率：≥200%，75%压缩永久变形：≤8%，撕裂强度：≥2N/cm。

分段的依据：原则上分段距离20km左右，合理利用定向钻等断点，并充分考虑全程的高差。本工程定向钻最长约1.5km，那么定向钻前后肯定作为一段进行清管、试压、扫水及深度除水。首站高程78m，沿线最低高程2m，末站高程11m，分段必须考虑低点的位置。

泡沫清管器深度除水方案：

（1）每组泡沫球后面发送1枚高密度聚氨酯PIG清管器，防止泡沫球破裂。

（2）空压机作为动力源，通球数量按照2个/km进行考虑，以满足分段及整体深度扫水要求，拟计划进行200个泡沫球作业。

（3）最终技术指标，以连续两个泡沫球增重不大于(1.0*DN*/1000)kg，无游离水为合格。达到指标后，继续通球2组，见图3。

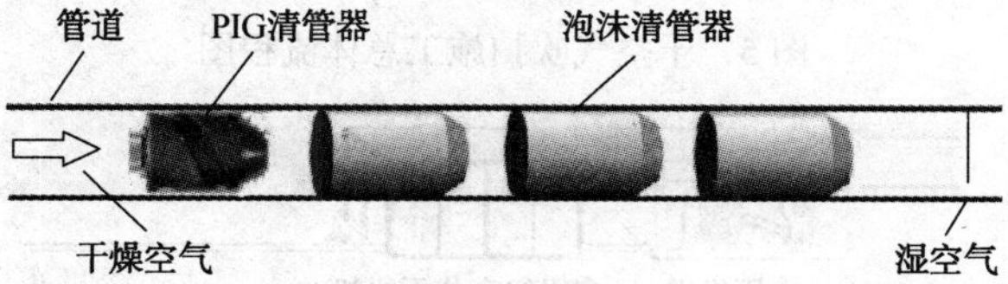

图3 泡沫清管器组合吹扫

2.4 干空气吹扫施工工艺

干空气吹扫干燥的原理是用干燥空气低压进入管道内进行吹扫，利用低露点空气对水分的吸附能力，达到对管道进行干燥的目的。理想状态下，管道内的水会被低露点的干燥空气吸附，并被后面的干燥空气吹出管道。干空气在管道中流动时，低露点的干空气很快会吸湿至饱和，但随着空气在管道中的继续流动，压力逐渐下降，压力下降又会促使空气的吸水饱和浓度增加，于是空气流将继续吸水，直至最终从管道末端排出。

本工程为加快干燥效率，吹扫压力定于0.6~0.8MPa。根据调研的结果和实际工程经验，对于75km的*DN*300管道，计划使用1台设备(流量100Nm^3/min，出口压力≤3MPa，出口水露点-70℃)，同时备用1台。

(1) 施工总体流程。管道深度扫水完成后，全部连头完成，管道整体进行干燥作业。采用干空气发送一组泡沫球。后续继续使用干空气进行吹扫，方式为“气推气”，如图4所示。如图5所示为干空气吹扫施工总体流程图。如图6所示为干空气吹扫设备连接流程图。

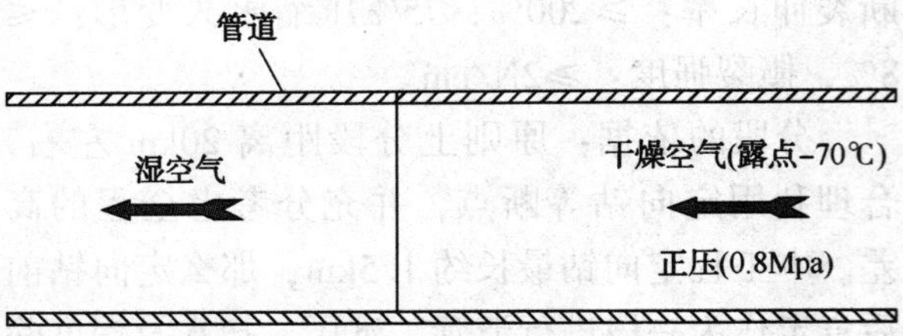

图4　气推气干燥示意图

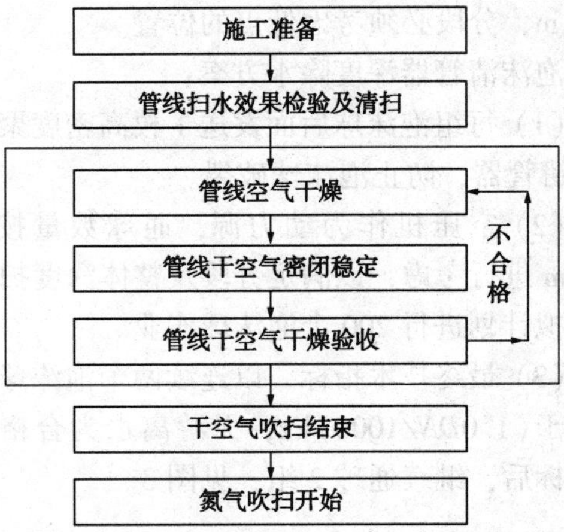

图5　干空气吹扫施工总体流程图

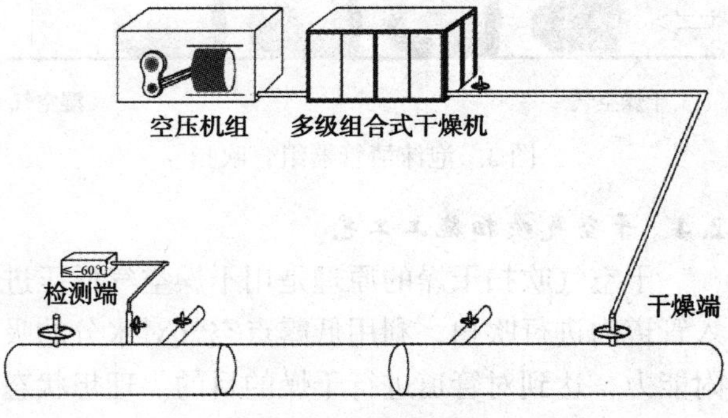

图6　干空气吹扫设备连接流程图

(2) 管线干燥施工采取首末站的收发球筒进行干燥作业，见图7。

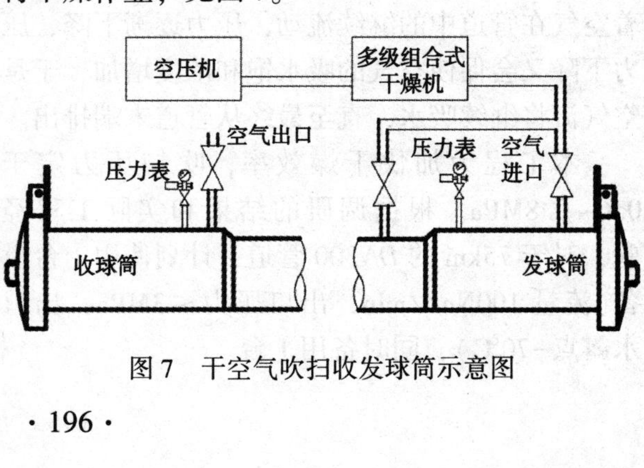

图7　干空气吹扫收发球筒示意图

(3) 使用组合式低露点干燥设备，进行连续吹扫干燥作业，密闭之前露点需达到不低于-45℃，达到要求后，应进行系统密闭试验4h，管道内水露点升高不超过3℃为合格，并保持管道密封。

2.5　氮气吹扫施工工艺

氮气吹扫作为备用方案，如果干空气吹扫短时间达不到效果，立即进行氮气吹扫。

氮气吹扫步骤与干空气吹扫基本相同。氮气注入系统，可以由液氮车、汽化器、氮气泵组成，也可以由氮气罐、氮气泵组成。为保证氮气的干燥度，计划使用液氮作为气源。其氮气吹扫流程图见图8。

通过氮气吹扫干燥，对管道内的水含量进一步降低，保证管道干燥效果。通过氮气干燥可同时完成管道整体置换作业。

密闭之前露点需达到不低于-45℃，达到要求后，应进行系统密闭试验4h，管道内水露点升高不超过3℃为合格，并保持管道密封。

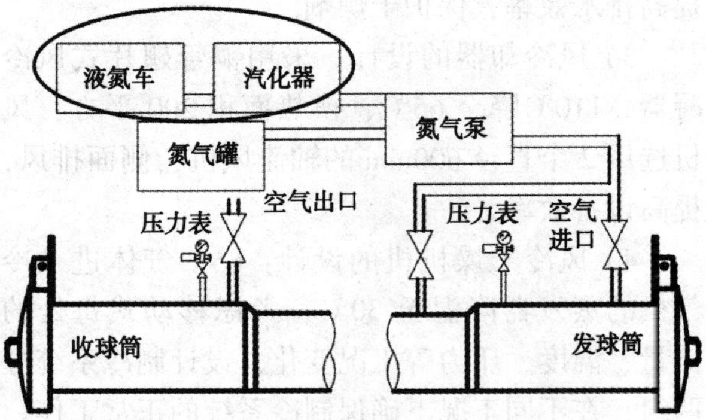

图8　氮气吹扫收发球筒安装示意图

3　现场干燥过程及经验总结

作为中石化重点项目，本工程综合考虑成本和干燥时间，决定现场执行的干燥工艺为干空气吹扫，采取“气推气”方式，见2.4节介绍。

干燥相关的设备见表3。

表3　干燥相关设备列表

设备名称	规格型号	排量	排气压力	数量
空气压缩机	XAHS836	23.3m³/min	1.2MPa	1
空气压缩机	XAHS836	23.3m³/min	1.2MPa	1
空气压缩机	D00430-MHP825	30m³/min	1.2MPa	1
吸附干燥机	表2	表2	表2	1
临时分水器	自制	自制	自制	1

设备能力：空压机总排量约4600Nm^3/h，干燥机处理量约6000Nm^3/h。

临时分水器安装在空压机与干燥机之间，按照原理来说属于两相分离器，作用是将空压机出来的气体进行初步两相分离，分离出来的水从排污口排出，降低干燥机进口气体的含水量，提高干燥效果，见图9。

图9　临时分水器

对于干空气流量是否满足要求，可以通过以下的水膜计算方法进行确认。通过计算，使用3台空压机完全满足施工要求，同时也没有超过干燥机的处理量。

水膜质量计算如下：

标准状态下，30℃时饱和空气含水量为30.38g/m^3，0℃为4.847g/m^3，-15℃为1.605g/m^3，由于管道经过了水压试验，虽然经过了泡沫球的吸收但管壁还是比较湿，管壁附着有水膜，考虑到干燥过程中气体压力、温度均不高等一些工程实际工况，对干燥过程做如下简化假设：1）气体沿管道稳定流动，管道内压力分布按单相气体管路计算；2）气体按理想气体来处理；3）水蒸发引起的温降可忽略；4）管壁液膜的厚度均匀一致，取0.06mm。

管壁液态水脱除过程：管壁液膜的蒸发速率（即管壁液态水脱除速率）按下式计算

干燥前管内残留水量计算

$$m_0=\pi DL\delta\rho \tag{1}$$

式中，m_0为干燥前管内残留水量，kg；π为3.14159；D为管道内直径，m；L为干燥管道长度，m；δ为管道内表面水膜厚度0.06mm；ρ为水的密度，取1000kg/m^3。

干空气的干燥能力计算

$$H=H_S-H_0(H_i) \tag{2}$$

式中，H为干空气干燥能力，g/m^3；H_S为温度为10℃时饱和空气的含水量9.390g/m^3；H_0为露点为-40℃干空气的含水量0.1757g/m^3；H_i为露点为-70℃干空气的含水量0.0051g/m^3

现场照片见图10～图12。

图10　现场设备布置

图11　干燥机撬装设备近景照片

图12　干空气注入端工艺管线连接

3.1　实际干燥过程中的措施和关键参数

（1）干线管容5600m^3。现场空压机3台同时工作，排气量达到 4600Nm^3/h，开始进气压力约 0.8MPa，气体流速约 2～3m/s，末站(最远检测点)压力约 0.3MPa。干燥时间约 12 天。

(2) 线路分段试压后，严格执行深度扫水工作。达到深度扫水指标(连续两个泡沫球增重不大于(1.5DN/1000=0.45kg))后，继续通两组泡沫球，完成后盲板及时封闭。

(3) 干燥设备使用前，进行了一个月的设备改进和保养。主要工作：更换高性能干燥吸附剂，清洗换热器，充加制冷剂，增加临时分水器。

(4) 阀室和站场的干燥，采取顿放措施，提升干燥速度。

(5) 实际干燥过程中，几个放空点周围居民较多，由于工农关系影响，个别放空点无法实现放空，一定程度影响了干燥速度。

3.2 干燥数据分析

75km 干线管道，走向见图 13。干燥 12 天后各个检测点的水露点都达到指标。检测点设置 7 个，分别位于首站清管区、末站和 5 座阀室。

图 13　干线走向图

各个检测点水露点和时间的变化曲线见图 14。

不同颜色的曲线代表不同阀室(检测点)的水露点随时间的变化。黑色为首站清管区测量点，位于干燥机进口附近，不做分析。

通过分析各个检测点的数据，水露点变化有两个明显的台阶：-20℃附近和-50℃附近。

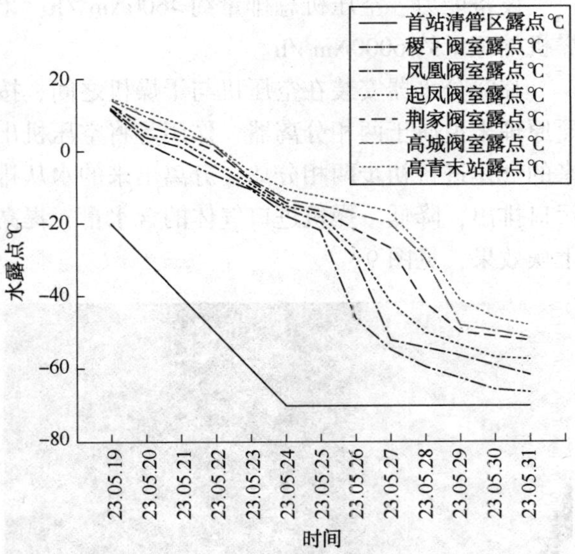

图 14　水露点和时间的变化曲线

干燥指标到-20℃阶段，干燥速率较慢，时间较长。分析认为，这个阶段主要消除游离水。-20℃～-50℃之间，干燥速率提升很快。分析认为，-20℃以后，游离水基本消除完毕。-50℃以后，干燥速率下降明显，主要消除水膜，难度较大。实践证明，使用-70℃的干空气干燥工艺，干燥指标较难达到-60℃以下。

4　结论

二氧化碳长输管道的干燥施工，通过前期调研和现场实践，得出以下结论：

(1) 干空气干燥工艺重点步骤：a. 分段试压后的深度扫水。b. 全线贯通后的整体通球扫水。c. 水膜计算，确定干空气排量。d. 管道最前端注入干空气。e. 通过调整阀室和末站的放空，控制干空气流速。

(2) 从施工成本、干燥介质来源、综合功效来看，干空气吹扫干燥方法最佳。

(3) 在一定程度上，增加空气的流速可以缩短干燥所需的时间，但是水的快速蒸发会使得吸热量增加，从而降低了管道中的温度，减缓了水的蒸发速度。所以，干燥气体流速宜 2～3m/s。

(4) 分段试压阶段的深度扫水至关重要。分段试压之后的深度扫水，能够尽可能的清除定向钻等低点的游离水，保障后续干燥的质量，缩短干燥时间。深度扫水达到指标后，继续通球至少 2 组。

(5) 管径、干燥气排量和干燥时间的关系。采用气推气的干燥方式，排量 4000Nm^3/h 以上，小口径管道（≤*DN*600）气流扰动小，干燥时间较短。

（6）水露点“台阶”。通过本工程数据分析，干燥开始至水露点-20℃，干燥时间较长。水露点-50℃以下，干燥时间较长。

（7）干燥设备使用前，需进行保养和改进，保证干燥机性能。

参 考 文 献

[1] 习近平. 在第七十五届联合国大会一般性辩论上的讲话[C]. 纽约：第七十五届联合国大会，2020.

[2] 常景龙，苏红春，张黎霞，等. 新建天然气管道的除水与干燥技术[J]. 油气储运，2001，20(12)：5-14.

[3] 宋小琴，朱珊珊. 龙忠输气管道应用复合干燥法的可行性[J]. 油气储运，2004. 23(6)：35-37.

[4] 王静，王希国，刘安昌. 几种常用的天然气管道干燥方法的比较[J]. 广东化工，2011，38(04)：46-48.

[5] 陆海东. 探索天然气管道干燥技术的研究[J]. 化工管理，2015(09)：68.

[6] 赵宁，陈保东. 天然气管道干燥技术综述[J]. 管道技术与设备，2010(02)：10-12.

海底管道施工技术与装备

倪京华　隆　龙　姬广帅　刘　勇

（中石化胜利油建工程有限公司）

摘　要　随着国内外海洋油气资源的不断开发和利用，作为主要海上油气资源输送渠道的海底管道建设项目越来越多，对海底管道的施工方法和施工技术要求也越来越高，对铺管的船舶装备性能也提出了更高的要求，施工方法的选择需要从技术、经济、工期等因素综合考虑评价，确定最适宜的方案。本文主要阐述海底管道铺设的关键技术和方法，包括“S”型铺管船法铺管技术、海底管道焊接技术、立管安装技术、海上水平口连接技术、海管登陆施工技术、后挖沟施工技术、海-陆定向钻施工技术等。旨在为海底管道施工提供技术支持和指导，为相关领域的研究和实践提供参考和借鉴。通过对海底管道施工技术的深入研究和探讨，有助于提高海底管道施工的效率和质量，保障海底管道的安全和稳定运行，为海洋资源的开发和利用提供有力支持。

关键词　海底管道；铺管；立管安装；海管登陆；海-陆定向钻

1　前言

本文主要以黄泽山-鱼山海底管道工程和新奥舟山液化天然气（LNG）接收及加注站连接管道项目为例，以胜利902铺管船、胜利901铺管船为主要施工船舶，围绕海底管道铺设施工相关的关键技术，对海底管道铺设施工方法和技术进行分析和研究。

2　海底管道铺设施工工艺流程

开工前做好人、材、机的准备，完成方案的编审批以及开工手续的办理，然后进行海底管道路由区域的预调查及清障工作，主要目的为调查铺管区域海底地形地貌，清理影响海管铺设的障碍物等。对预挖沟段采用海上挖沟船舶进行管沟开挖，达到海管铺设要求。从一端开始海管铺设，通常近岸铺管采用岸拖法（近几年陆-海定向钻登陆施工方法逐步增多），岸拖完成后铺管即沿管线路由进行海底管道铺设。海上水平口连接即两段海管之间的连头施工，对于水深较浅（≤10m）区域可采取将管线提升出水面焊接方式连接，对于水深较深（>10m）区域则需要水下法兰方式连接。后挖沟施工通常采用专用挖沟机在已铺设的管道底部水里喷射成沟，管线在自重作用下落入管沟方式，后挖沟船组在海管铺设出一定长度后进场，跟随在铺管船后进行挖沟作业。立管安装一般为登陆点立管安装或者海上平台端立管安装，通常采用浮吊工程船进行施工，安装分为提升出水面焊接方式和水下法兰连接两种方式。管沟回填包括碎石回填、块石回填、机械回填，通常采用定位播出舷边抛填或者导管抛填方式回填。最后进行海底管道整体测径、清管、试压，合格后进行交工验收（图1）。

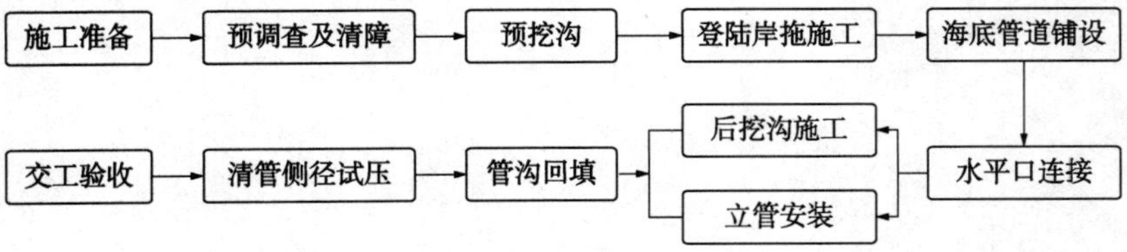

图1　海底管道铺设施工工艺流程图

3　“S”型铺管船铺管施工技术

采用铺管船进行海底管道铺设，以胜利902铺管船为例进行海管铺设施工方法介绍。

（1）首先铺管船抛锚就位于管线起始铺设位置，铺管船作业线轴线与管线路由轨迹重合，船尾托管架朝向铺管起始点。铺管起始点的选择根据项目具体特点及地理环境、水深等条件确定，若以岸边为起点，则采用岸拖方式进行海管起始铺设，若选择非近岸的路由上的点为起始铺设点，则需要抛射起始锚为海管铺设提供铺管张力(图2)。

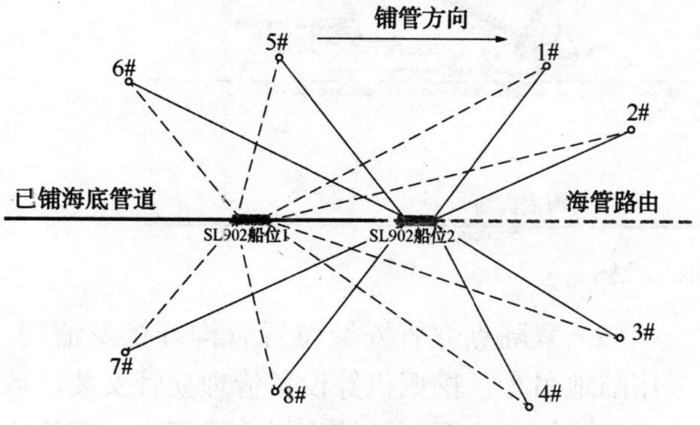

图2　铺管典型布锚图

(2) 铺管所用管子由运输驳船运至铺管船，铺管船上设有储管场地，胜利902铺管船储管场地能力2000t，在海管铺设过程中运输驳船根据海管铺设速度供管，保证海管铺设连续。

(3) 单根管子从铺管船作业线内进行连接，作业线内设置8个工位，各工位工作完成以后，铺管船按设定的航线向前移动单根管线(12m)的距离。船的移位在导航系统的监控下，依靠船的8台锚机收放锚绳来完成，铺管船每前进400~500m，需要重新布一次锚，布锚时通过抛锚拖轮，将8个锚重新定位，使铺管船沿着管线设计路由移动(图3、图4)。

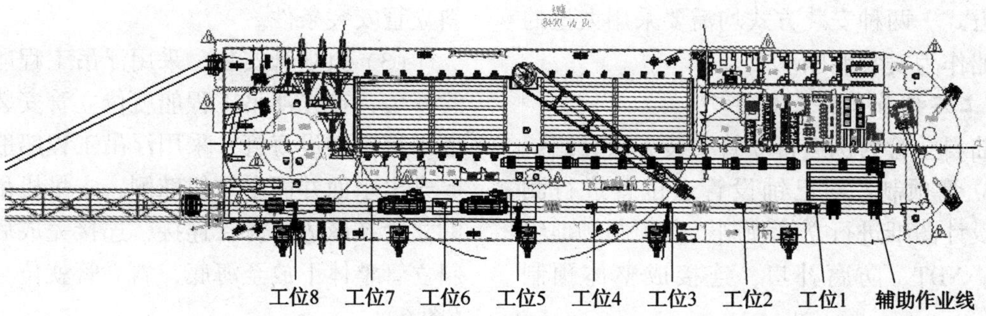

图3　铺管船作业平面布置图

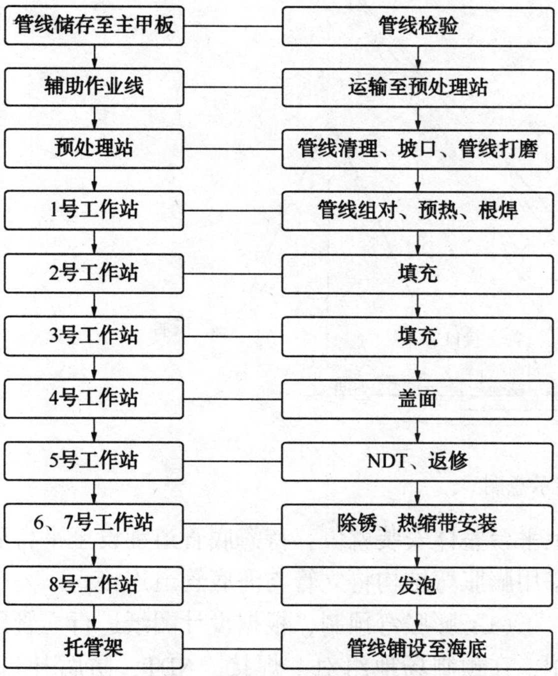

图4　铺管船作业线工位功能图

(4) 通过铺管作业线上的张紧器、托管架来控制海管铺设应力，采用OFFPIPE软件校核计算得出不同水深管道铺设的张力值和托管架角度，在海管铺设过程中根据铺设水深的不同调整张紧器的张力和托管架的角度，确保海管应力在允许范围内(图5)。

(5) 铺管到底终点后进行弃管作业，安装弃管封头，通过船上的A/R绞车在弃管过程中，使管线始终保持恒定的张力，管线端部落至海底泥面后，解脱A/R绞车缆，设置浮漂，完成海管铺设。

(6) 在海管铺设过程中如遇恶劣气象或其他特殊情况需进行弃管处理时，铺管船进行临时弃管作业，撤离施工现场，待恶劣气象过去具备铺管条件后，再重新就位收管进行铺管施工。

4 海底管道焊接

海底管道焊接不同于陆上管道焊接，流水作业焊接、NDT检测、防腐补口合格后即入水下海，这就要求焊接高效、焊接质量稳定，采用全自动焊是海上铺管焊接的最佳选择。全自动焊具有焊接质量稳定、焊接效率高、环境适应性强、降低人的劳动强度等优点，目前海上常用的全自动焊有SERIMAX全自动焊、熊谷双枪全自动焊，该两种自动焊工艺在铺管焊接中应用已非常成熟，焊接一次合格率均达到98.5%以上。

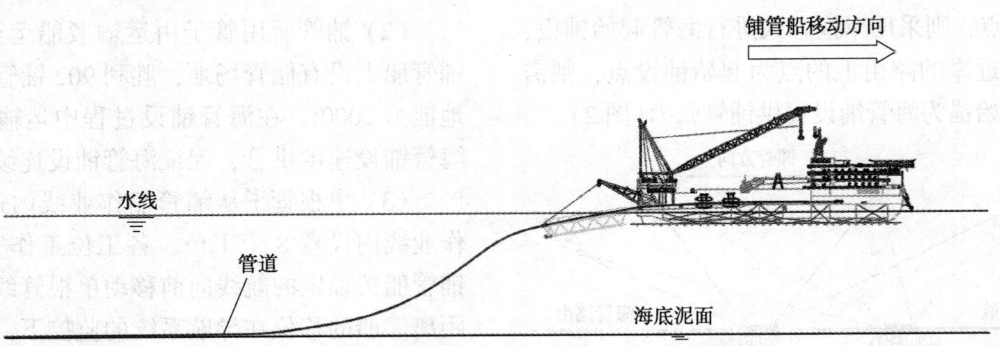

图5　铺管立面示意图

5 立管安装技术

根据项目特点，结合海洋环境、水深等条件立管安装可分为水面上焊接吊装安装方式和水下法兰连接方式，两种安装方式均需要采用大型的浮吊工程船作为安装船舶。

5.1 水面上焊接吊装安装立管

以登陆斜立管为例进行立管安装方法介绍：

(1) 立管预制，对已铺设管道位置进行测量，结合设计图纸进行立管预制，在预制场地组对、焊接、NDT、防腐补口，连接成整体预制构件。

(2) 登陆点立管安装位置管沟开挖及清理，采用陆地吊车、挖掘机等设备清理立管安装区域的扭王字块、块石，开挖出斜立管管沟，有管槽要求的按照设计文件进行管槽预制和安装，达到斜立管安装条件。

(3) 斜立管安装，采用浮吊工程船进行斜立管安装，首先浮吊工程船就位立管安装位置，侧舷平行已铺设海管，采用浮吊工程船舷吊将海管起升出水面并固定与船舷侧，主吊机吊起预制好的立管在舷边与海管连接，连接完成后将海管与斜立管整体下放至海底，斜立管就位与海堤斜坡(图6)。

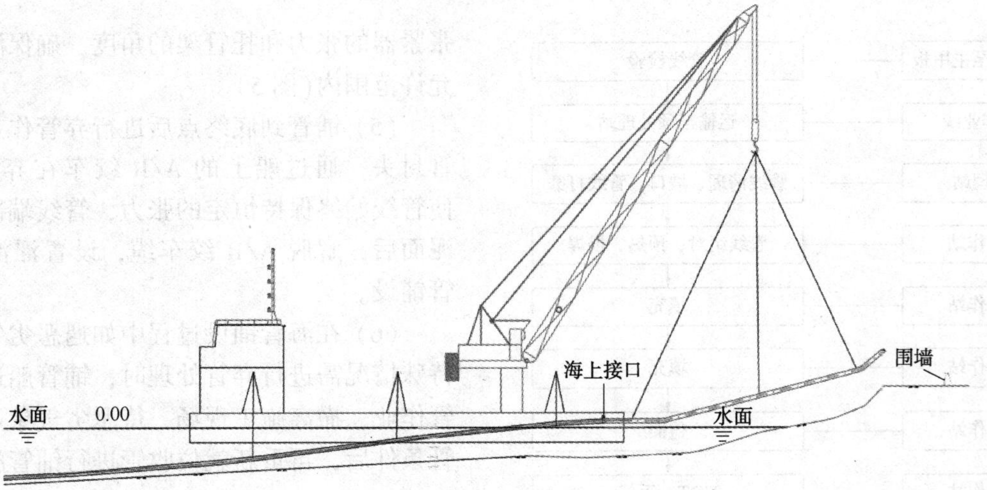

图6　立管安装示意图

(4) 管线起吊下放应力控制，采用OFFPIPE软件进行海底管道吊装应力校核计算，施工中按照起吊/下放步骤逐步将管线提升和下放，统一指挥，协调同步，确保管道应力在允许范围内。

(5) 管沟回填及地貌恢复，陆上及滩涂段采用挖掘机按设计要求对管沟进行回填，海上部分采用驳船抛填，恢复地貌。

5.2 水下法兰连接

采取水下法兰连接的立管一般立管结构随海上平台整体安装就位，待海底管道铺设至平台后采用膨胀弯结构将立管与海底管道连接。

(1) 膨胀弯预制，根据设计图纸进行立管预制，在预制场地组对、焊接、NDT、防腐补口，连接成整体预制构件。根据膨胀弯结构及安装环境条件，将每组膨胀弯预制成3部分构件，剩余2道焊口作为海上测量后组装调整余量

(2) 工程船就位，采用浮吊工程船进行海上膨胀弯安装支持船，配备重潜装备、减压舱等设

备，船舶抛锚就位与膨胀弯安装位置，工程船吊机侧靠近膨胀弯安装区域。

(3) 膨胀弯测量，管线安装过程中，管线实际路由与设计路由有偏差，因此膨胀弯安装之前，对管头位置及立管法兰位置进行测量。测量工作先有一名潜水员完成，然后由另一名潜水员对角度和长度等数据进行复测。现场工程师根据测量结果确定膨胀弯尺寸(图7)。

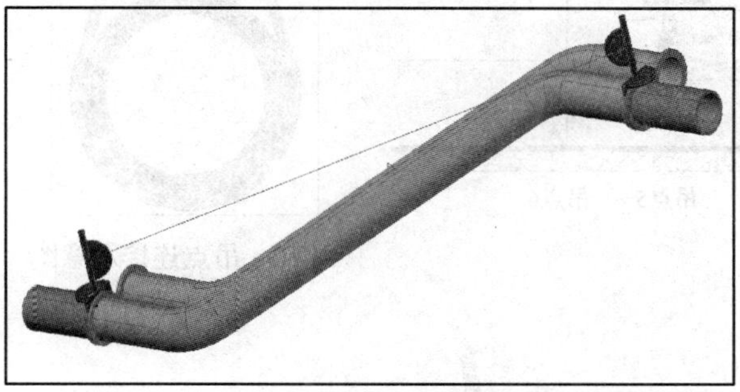

图7　膨胀弯测量示意图

(4) 膨胀弯预制组装，在工程船甲板上根据测量尺寸进行膨胀弯组装，组装完成后进行复测，预制完成后的构件尺寸必须与水下测量数据吻合，保证膨胀弯安装精度。

(5) 膨胀弯安装，安装前将所有必须的工具、螺栓预安装在法兰上。工程船吊机吊起膨胀弯，将膨胀弯吊入水中直至安装位置。潜水员潜至管线管头位置，指挥吊车及绞车调整膨胀弯位置直到膨胀弯法兰靠近管线法兰。通过预紧加长螺丝使法兰平行靠近，潜水员将法兰垫圈放入法兰垫圈槽内，穿套所有螺栓，采用液压扳手对螺栓进行把紧(图8)。

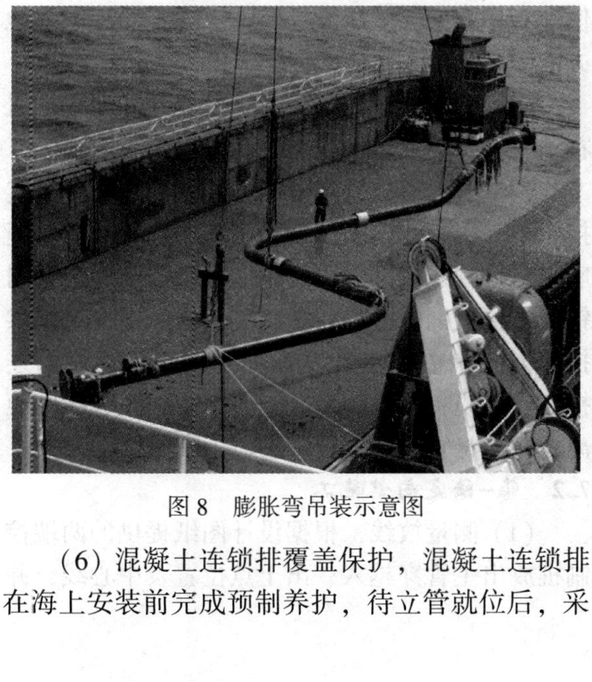

图8　膨胀弯吊装示意图

(6) 混凝土连锁排覆盖保护，混凝土连锁排在海上安装前完成预制养护，待立管就位后，采用工程船吊机将连锁排逐块覆盖至膨胀弯及与膨胀弯连接的海管上。

6　海上水平口连接

海管铺设中不可避免的会出现海上接头点，对该接头点的连接通常有两种方案，一种为水下法兰连接方式，其连接方法与立管膨胀弯的安装方法类似，此处不再赘述；另一种为水面上连接的方式，即将两段待连接的管端提升至水面以上进行连接，然后再整体下放至海底泥面，采用该连接方式时水深一般不超10m，管线的起吊和下放应力应经过校核计算满足要求。以胜利902工程船水平口连接为例进行介绍：

(1) 对接口位置管线在位状态进行调查，采用多波束、潜水探摸等措施对已铺设的管线进行调查，调查待连接两管段的相对距离、相对方位、搭接长度，管道入泥状况等，根据调查结果确定具体的连接方案。

(2) 铺管船就位，工程船就位于管线接口位置，收放锚缆调整船位，使工程船侧舷(舷吊侧)慢慢贴近管线，接口位置处于工程船中部。

(3) 吊点设置，潜水员按照预定位置下水设置吊点，吊带从管线底部穿过通过卸扣与舷吊钢缆连接(图9、图10)。

(4) 管线起吊，首先起吊一端管线，三台舷吊同时缓慢起吊，保持同步，同时吊至设计高度，调整各舷吊缆绳使管线端部保持水平，然后按同样步骤起吊另一端管线。管线起吊步骤需根据计算校核，确保管线起吊过程不会出现变形屈曲(图11)。

(5) 海上接口，用缆绳及船上收缆机将管道固定在舷侧，在接口处搭设临时作业平台，使用气割切除两管端的弃管头，划线切割余量并修出坡口及磨光，使用对口装置进行管口组对，管口、焊接、NDT、补口，合格后拆除临时作业平台和管道固定尼龙缆。

(6) 管线下放，六个吊点缓慢将管道下放，同时铺管船背离管线方向横移，将管线平稳地弹性敷设于海底。管线下放步骤应经校核计算，确保管线起吊过程不会出现变形屈曲。

(7) 水下检查，管道放入海底后，采用多波束、潜水探摸等措施进行检查，检查管道在海底的形态，每10m进行一个测量点，管道下放后实际的弯曲半径及偏移量。

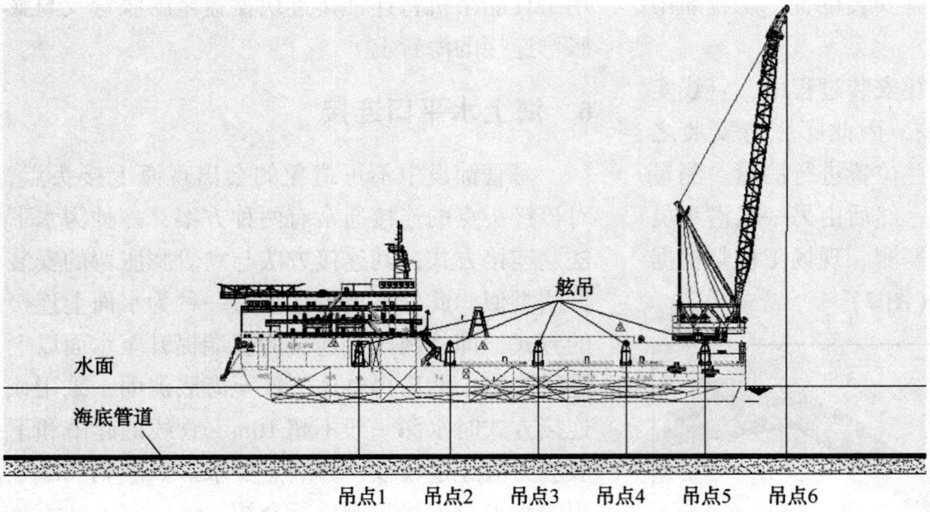

图9　吊点布设示意图

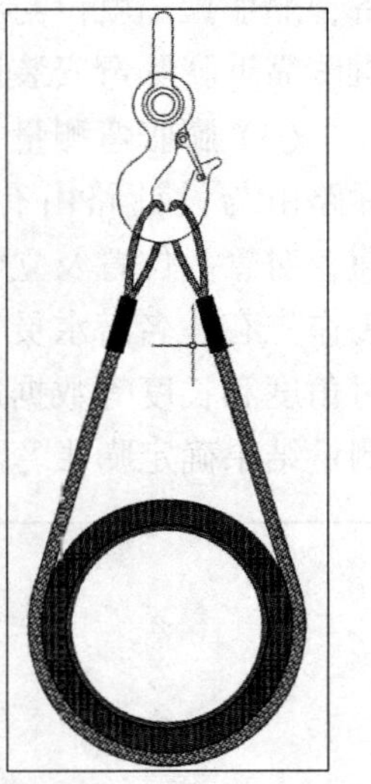

图10　吊点连接示意图

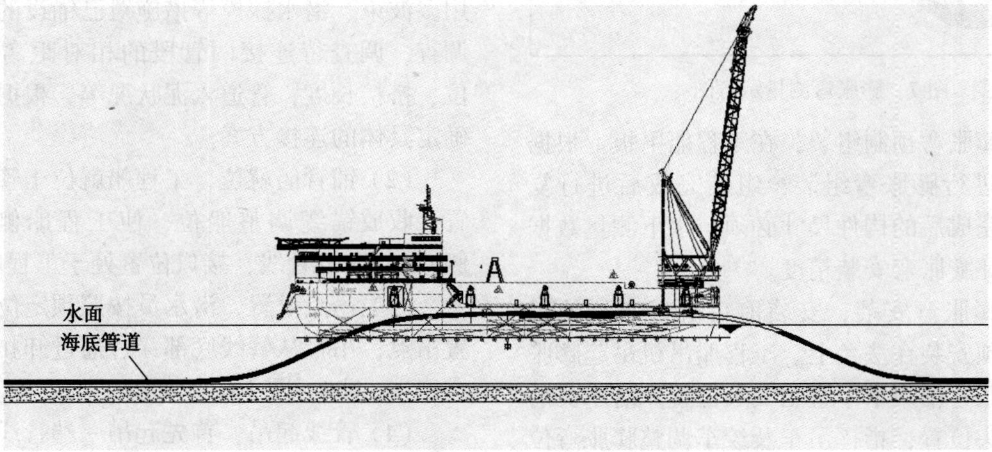

图11　管线另起吊示意图

7　海管登陆施工技术

海底管道登陆点近岸水深较浅，铺管船无法就位至岸边，通常采用岸拖法施工，即铺管船就位至离岸一定距离，陆地设置牵引绞车，在铺管船与牵引绞车间布设牵引钢缆，管道从铺管船上连接，牵引绞车拖拽管线登陆。近几年陆-海定向钻登陆方式逐步增多，即采用定向钻的方式进行登陆段管线施工，入土点设置在登陆点陆地，出土点设置在海上，管道可以在陆地预制后海上回拖，也可以在海上组对连接管线陆地回拖。采用该方式登陆可避免对已建登陆点堤坝的影响，减少近岸段管沟开挖回填工作量。

7.1　岸拖登陆施工

（1）岸拖牵引点布设，在海底管道路由延长线上选择地基稳定区域作为岸拖牵引场地，对牵引场地进行平整，在场地内布设岸拖牵引设备，根据岸拖牵引力选择牵引绞车。

（2）铺管船就位，铺管船就位于近岸设定位置(满足铺管船吃水需求)，调整铺管船位置，使铺管作业线与管线设计路由重合，船尾向陆地方向。

（3）牵引缆布设，采用辅助船及陆地挖掘机在铺管船与陆地牵引设备之间布设牵引钢缆。

（4）管线岸拖，铺管船作业线内进行管线连接，第一根管线前端安装牵引头，当管线连接至船尾时，管线端部牵引头采用分动器与岸拖牵引锚缆连接，铺管船静止不动。岸拖牵引设备提供拖拉力向岸边拖拽管线，每完成一根管线的连接，收锚缆将管段向船尾方向拖拉一根管线的距离，直至将管线牵引至岸边(图12)。

7.2　海-陆定向钻施工

（1）测量放线，根据设计图纸提供的两端控制桩放出主管穿越入、出土点位置及中心线，并

图 12　管线岸拖示意图

在入、出土点场地的穿越中心线上每隔 20m 设加密桩。穿越中心线放线定桩后，放出主管道预制作业带边界线，穿越管道预制与穿越中心线同轴摆放。

（2）入土点布设，在入土点位置布设定向钻钻机、泥浆池、储浆池、回收池、钻杆钻具区等。

（3）导向钻孔，启动定向钻机从入土点向出土点进行导向钻孔。

（4）出土点布设及打捞钻头，出土点选择胜利 901 工程船作为支持船舶，船甲板上布设定向钻机、钻杆、操作室、泥浆罐、泥浆泵等设备，当钻头到达出土点后，潜水员配合胜利 901 将钻头打捞出水，并引至胜利 901 船甲板，与定向钻钻机连接。

（5）扩孔洗孔，按设定的管径进行扩孔、洗孔。

（6）管道回拖，回拖段管道在陆地完成预制，管道轴线与定向钻轴线同轴，从陆地向海上回拖管线。可以采取从海上向陆地回拖管线，管线从铺管船上进行组对连接，随连接随回拖管线，直至管线回拖至陆地入土点。

（7）海-陆定向钻登陆与岸拖登陆优缺点对比分析(表 1)

表 1

分析内容	海-陆定向钻登陆	岸拖登陆
对已建堤坝影响	基本无影响	沿堤坝铺设，管线挖沟需要破坏部分堤坝，管道铺设后恢复
对地质条件敏感性	敏感性大，岩石地质施工工期长，软弱地址存在塌孔风险	敏感性小，仅需开挖表层达到管线埋深即可
后期维护	基本不需要维护	对潮涧段管线埋深需定期检查埋设覆盖情况，如有裸漏需进行填埋
施工工期	定向钻钻孔、扩孔时间较长	工期较短，长度在 1km 以内的岸拖一般可在 5 天内完成

8　后挖沟施工技术

海底管道后挖沟一般采用工程船拖到挖沟机沿管线挖沟，挖沟原理为水利喷射管道底部海床成沟，管线在自重的作用下落入管沟内，一遍挖沟下沉的深度应经过校核计算，防止过深的管沟导致管道应力过的大产生破坏。

（1）挖沟船抛锚就位至海管挖沟起点(图 13)。

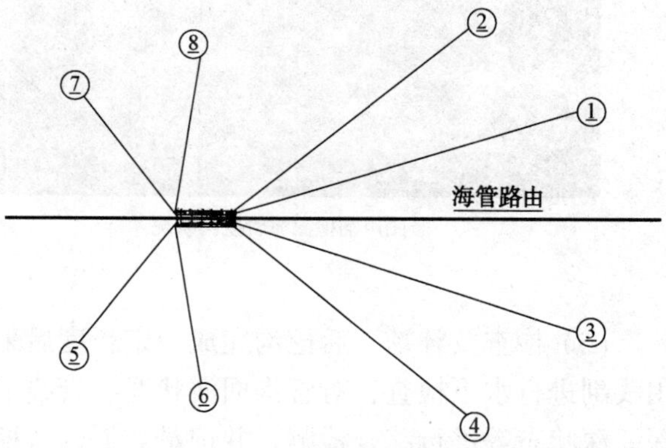

图 13　挖沟船典型布锚图

（2）寻管定位，挖沟船吊机起吊挖沟机，放入管道路由区域水面以下，启动彩色声纳扫描系统，根据系统反馈信息确定海管位置，根据前后剖面声纳、旁扫声纳和前后 TSS 的监视图像，指挥 8 口边锚的收放进行移船，直至挖沟机处于管道上方。

（3）调整挖沟机位置，使海管处于挖沟机两个导向柱之间，然后将挖沟机下放到海床面，声纳检测海管是否置于导向柱之内，完成挖沟机定位作业。

（4）挖沟施工，启动挖沟机逐步将液压系统压力调节至工作压力，船舶的前进速度和挖沟机的工作压力要根据挖沟监控效果确定，声纳设备在挖沟作业过程中实时监控挖沟深度及管道状态。根据后挖沟沟型情况，及时调整船舶行进速度，保证挖沟深度按预定深度运行。后挖沟实施过程中，由声纳观测人员全程跟踪检查，包括沟形沟深、管线状态、导向轮状态等内容，同时联机电脑会自动记录声纳监测信息。定位人员定时对测量数据进行记录(图 14、图 15)。

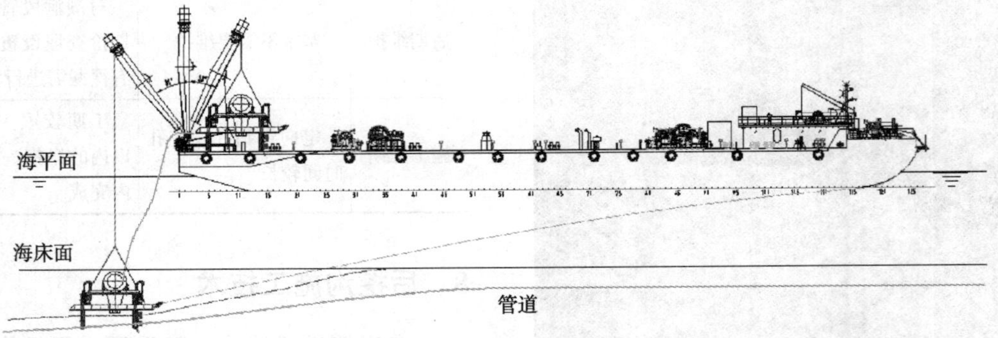

图 14　挖沟示意图

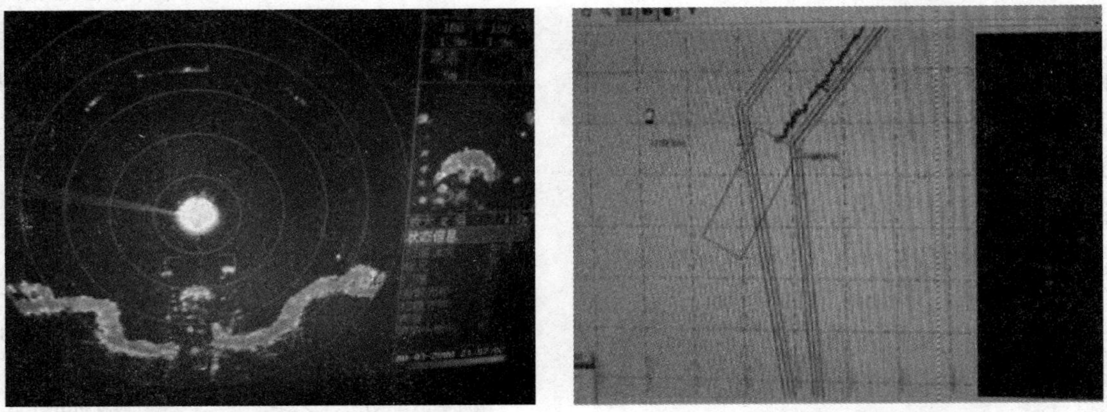

彩图声纳检测海管挖沟状况　　GPS定位显示器记录挖沟位置

图 15　管沟成型监控

(5) 检查及补挖，后挖沟完成一定长度后采用浅剖进行水下检查，对管沟回淤状况、管线下深埋深状态等进行综合检测，并记录数据。若挖沟深度未达到拟定深度按照相同的方式再次挖沟，直至达到预定深度要求。

9　海底管道施工装备

(1) 胜利 902 铺管船

胜利 902 铺管船，型长 118.8m，型宽 30.4m，型深 8.4m，作业吃水 5m，托管架长度 52m，配备 75t 张紧器 2 台，35t 管子吊 1 台，400t 主吊机 1 台。能够铺设水深为 5~100m、最大管径为 60″ 的海底管道，作业区域为无限航区，可铺设海底管道和海上结构物吊装等海洋工程作业(表 2)。

胜利 902 铺管船特点：

● 船底两侧设计有减摇鳍，纵向使用 10t 三角锚，横向使用 15t 三角锚，锚绳直径 Ø68mm，可以支持在浪高不超过 2.0m 海洋环境下进行铺管作业，在浪高 3.0m 海洋环境下弃管后自持，在流速 8 节以下带管不偏移。

表 2　胜利 902 铺管船主要参数

船舶参数							
船籍港	东营	船舶入级	CCS★CSA	型长	118.8m	型宽	30.4m
型深	8.4m	设计吃水	5m	最大吃水	5.8m	燃油	1455.2m^3
淡水	1495m^3	总重量	15400t	设计排水量	16300t	定员	198 人
主甲板面积	1000m^2	主甲板承载力		10t/m^2			
锚泊定位设备							
定位绞车	10 台	拉力	100t	锚绳	Φ68mm		
容绳量	1700m	大抓力锚	4×15t+6×10t				

续表

动力设备							
主发电机	4×1500kW	应急发电机	1×300kW				
导航通讯设备							
GPS	1套	电罗经	1套	组合电台	1套	甚高频	3套
WHF无线电话			2套	对空超短波电台			1套
铺管设备							
张紧器	2×75t	AR绞车	1×150t	DAVIT吊	5×60t	主吊机	1×400t
铺吊机	1×35t	托管架	桁架式，长度52m，6个支点		铺管作业线		1×8工位
铺管能力							
作业水深	5~100m	铺设管径	6~60°		储管能力		2000t

• 可铺设单节点海底管线，也可以铺设双节点海底管线。

• 右舷配备5台60t舷吊，可以支持浅水区域管段海上连接作业，以及管线舷边起吊和下放等施工操作。

• 船体为流线型设计，拖航阻力小，转场方便。

（2）胜利901铺管船

胜利901铺管船，型长91m，型宽28m，型深5.6m，作业吃水2m，托管架长度30m，配备50t张紧器2台，60t管子吊1台。适用水深0~40m，最大铺管直径60″，可进行海底管线“铺管船法”施工（表3）。

表3 胜利901铺管船主要参数

船舶参数					
型长	91m	型宽	28m	型深	5.6m
工作吃水	2m	燃油	257.2m^3	淡水	351.2m^3
总重	4591t	净重	1377t	定员	125人
锚泊定位设备					
定位绞车	8台	拉力	40t	锚绳	Φ50mm
容绳量	1000m	大抓力锚	8×8t		
动力设备					
主发电机	3×600kW	应急发电机	1×600kW	铺管外径	4~60°
铺管设备					
张紧器	2×50t	铺管作业线	1×7工位	吊机	1×60t
A/R绞车	1×50t	吊机	1×32t	吊机	1×16t

胜利901铺管船特点：

• 吃水浅，吃水深度仅为2.0m，适用于海洋滩涂及海岸浅水区作业。

• 船体结构为可座底结构，滩涂海域施工搁浅时可自行起浮。

• 船体左舷配备2×50t+2×60t舷吊，可以支持浅水区域管段海上连接作业，以及管线舷边起吊和下放等施工操作。

10 结束语

本文对海底管道施工技术进行了介绍，对关键技术和方法进行了详细的阐述，目前国内外海管铺设技术已日趋成熟，但也存在着一些问题，需要进一步研究和改进。在未来的研究中，我们将继续深入研究探讨海底管道施工技术和方法的相关问题，以期为该领域的发展和应用提供更加准确和可靠的理论支持和实践指导，为推动海底管道施工技术的发展做出一定的贡献。

螺旋埋弧焊管机组成型器自动化控制系统

冯　瑶　王　军　于　宾　张　成　朱宗留　沈　周

（渤海装备江苏钢管分公司）

摘　要　为有效解决螺旋埋弧焊管机组换道调型过程劳动强度大、效率低、材耗高的问题，基于螺旋焊管机组的成型原理、人工调型方式与现场实际经验，并结合经多年努力完善总结出的换道调型参数包，研究设计出了适用于我公司螺旋埋弧焊管机组成型器的自动化控制系统，应用后，不仅减少了我公司螺旋埋弧焊管机组在换道调型过程中对成型工的依赖，减轻了成型工的劳动强度，而且摆脱了人为因素对产品质量的不利影响，降低了调型材耗，与此同时生产效率也得到了显著提高。

关键词　螺旋埋弧焊管机组；成型器；自动化控制系统；自动化控制原理；位置检测机构

目前，我国螺旋埋弧焊管的制造能力从数量上已能满足国内经济建设的需要，并且有很大富裕，但是在质量上还不能完全满足日益提高的技术标准要求，螺旋埋弧焊管企业要加大对产品质量保障手段的投入，尤其是对自动控制系统的研发应加大力度。因为螺旋埋弧焊管产品质量很大程度上还依赖于操作者的人工调整控制与判断，操作者的技能、认知水平、责任心、甚至情绪都会对生产效率、生产质量产生很大的影响，加之，高素质技能型人才培养周期长、人们就业理念的变化以及用工成本的增加，使很多螺旋焊管生产企业将实现关键设备自动化作为现阶段的研发和改进方向。

成型器作为螺旋埋弧焊管生产线的核心设备，其技术先进性在提升螺旋埋弧焊管换道效率、产品质量与降低劳动强度、产品材耗方面均会带来增益效果。然而螺旋焊管成型器设备自20世纪80年代初发展至今，在装备技术、成型技术等方面已具有相当实力，谈及现阶段有关该设备的技术先进性主要体现在它的自动化调型控制水平，因此实现成型器设备的自动化调型，并保证调型精度是目前螺旋焊管成型控制技术先进性的重要体现。

1　成型器自动化调型控制技术研究基础

我公司螺旋埋弧焊管生产线所使用的成型器为三辊弯板成型，其结构如图1所示，1号成型辊组与3号成型辊组分别设置在1号成型辊组辊座与3号成型辊组辊座上，2号成型辊组安装于内压杆上；外控辊组装置由4号～6号成型辊组、外控辊组立柱和外控辊组底座组成。该结构示意图采用Solidwork软件绘制，1号～6号成型辊组与被卷制钢管的位置关系均根据现场实际尺寸绘制，且被完全定义与约束，因此仅需通过改变被卷制钢管的直径大小，便可得到所需的全部成型换道参数，φ1220螺旋埋弧焊管放样换道参数如图2所示，根据图2所示参数完成螺旋缝埋弧焊钢管换道参数表的编制工作，指导成型工顺利完成换道调型工作，经实践证明其参数放样准确性与全面性均高于公式计算值，准确的调型参数指导是实现成型器自动化调型控制的重要条件。

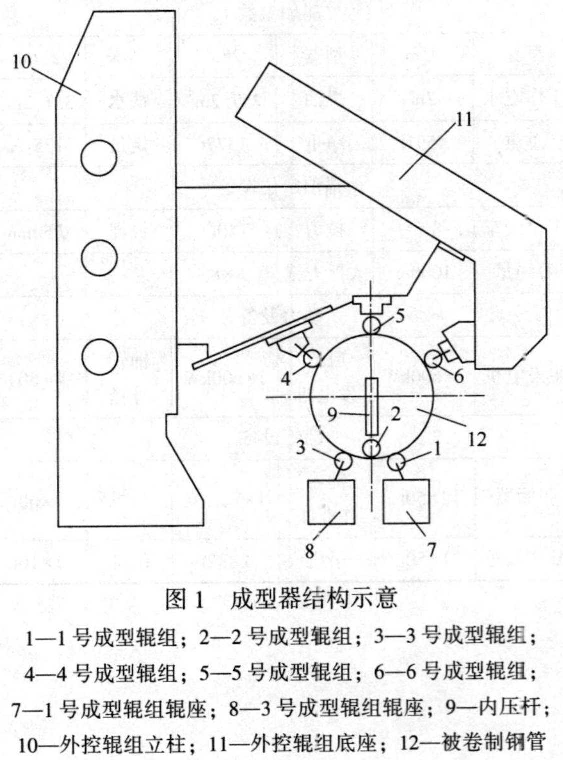

图1　成型器结构示意

1—1号成型辊组；2—2号成型辊组；3—3号成型辊组；4—4号成型辊组；5—5号成型辊组；6—6号成型辊组；7—1号成型辊组辊座；8—3号成型辊组辊座；9—内压杆；10—外控辊组立柱；11—外控辊组底座；12—被卷制钢管

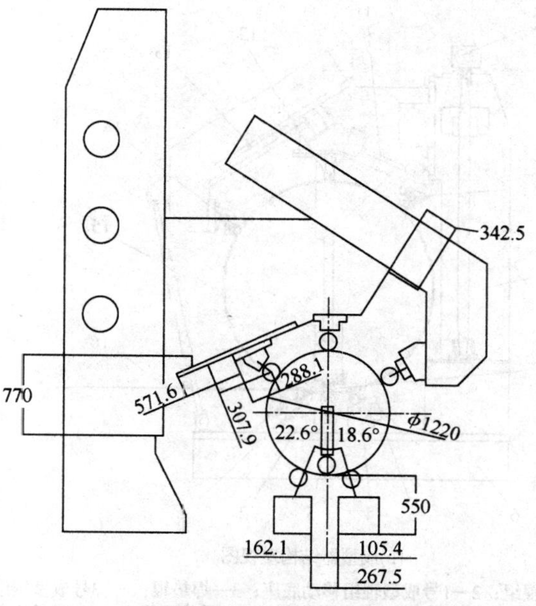

图2　φ1220螺旋埋弧焊管换道参数示意

2　成型器人工调型方式与自动化调型方式对比

2.1　成型器人工调型方式

螺旋焊管成型器主要用来将递送机送过来的钢带卷制成钢管，钢带轴线和钢管轴线间有一个调节范围40°~80°的角度，这个角度是螺旋焊管调型的基本参数，称之为成型角，其几何关系如图3所示，在变换钢管规格时，首先根据螺旋焊管成型原理计算出成型角度α、内外辊角度、螺距、1号和3号成型辊组辊座位置及开档距离，随后根据Solidwork软件放样结果，得出完整的换道参数表后，再由成型工逐一进行调整。

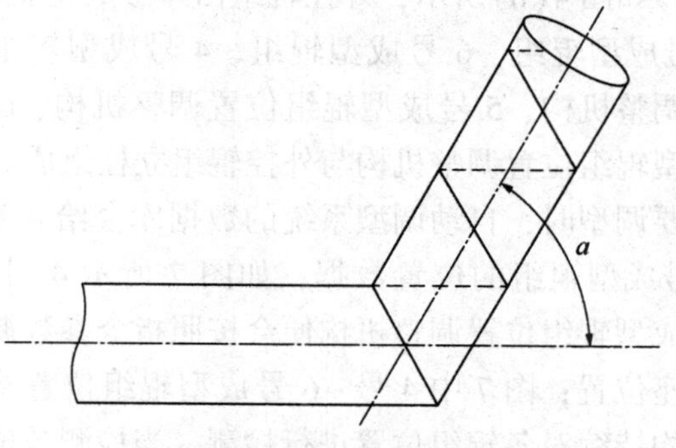

图3　螺旋焊管成型几何关系

成型器的人工调整方式，在变换焊管规格时，上述工作都是人工计算、人工操作和人工测量，虽然有些调整是电机驱动，但是还要人工去计算和测量位移，可见该方式不仅劳动强度大、调型时间长，而且在调型初期的废品率也较高。

2.2　成型器自动化调型方式

为有效解决人工调型方式存在的问题，成型器的自动化调型技术已越来越普遍，自动化调型技术将每个规格的钢管都进行了数字建模，用所有参数值构建了涵盖了全部规格数据库，在需变换钢管规格时，在电脑上选择钢管规格和原料规格，各调整机构自动进行调整；各个测量机构进行测量，当测量数值和数据库理论数值一致时，调整机构停止动作，由于机械设备不可避免的间隙和机构弹性问题的存在，有时候还需要根据实际情况对设备进行微调，才能生产符合要求的钢管。这些微调参数将用来修正数据库的参数，待生产稳定后将修正后的参数一建存储于数据库中，待下次生产同样的规格时，可以直接调用数据，不再需要进行微调。

基于成型器自动化调型技术的原理，我公司对1号~6号成型辊组进行了自动化改造，在各成型辊组辊位电动调整的基础上增加了数据测量元器件，并进行了数字化闭环控制。我公司成型器结构如图4所示，具体实施方式如下。

2.2.1　1号成型辊组自动调整方式

如图4(b)所示，1号成型辊组通过1号成型辊组移动底座安装在成型器底座上，在需要调型时，自动调型系统的数据库会给1号成型辊组的位置数据，1号成型辊组移动底座便在图5中1号成型辊组移动底座驱动机构的作用下按照指令参数调整辊座位置，当图5中1号成型辊组移动底座位置检测机构的检测数值与数据库位置数据一致时，自动调型系统会发出指令，1号成型辊组移动底座停止动作，到达指定位置，随后成型工根据换道参数表通过1号成型辊组包角调整机构与1号成型辊组摆角调整机构手动调整1号成型辊组的包角与摆角并锁定。

2.2.2　2#成型辊组自动调整方式

如图4(a)所示，2号成型辊组安装在内压杆上，内压杆通过横梁稳定座安装在横梁立柱上，横梁立柱固定于成型器底座上。需要调型时，自动调型系统的数据库会给出2号成型辊组的位置数据，2号成型辊组位置调整机构便会按照指令参数调整辊座位置，2号成型辊组位置检测机构持续进行检测，当检测数值和数据库位置数据一致时，自动调型系统会发出指令，2号成

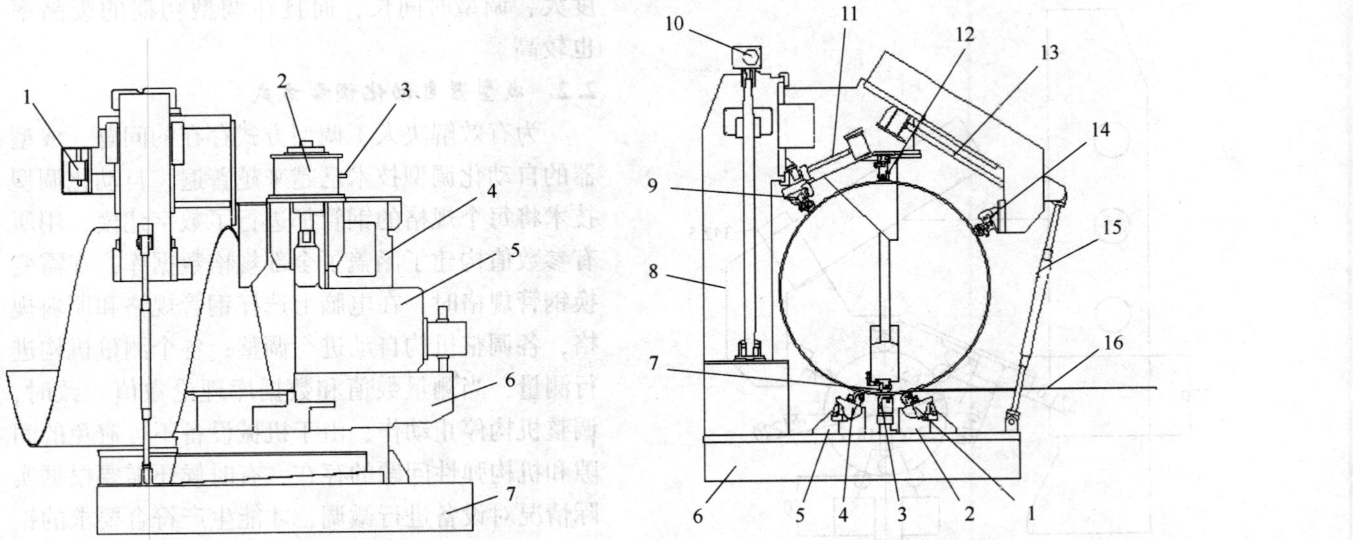

(a)成型器结构主视图

1—外控辊组沿钢管轴线位置调整机构；
2—2号成型辊组位置调整机构；
3—2号成型辊组位置检测机构；4—横梁立柱；
5—横梁稳定座；6—内压杆；7—成型器底座

(b)成型器结构左视图

1—1号成型辊组；2—1号成型辊组移动底座；3—焊垫辊；4—3号成型辊组；
5—3号成型辊组移动底座；6—成型器底座；7—2号成型辊组；8—外控立柱；
9—4号成型辊组；10—5号成型辊组位置调整机构；
11—4号成型辊组位置调整机构；12—5号成型辊组；
13—6号成型辊组位置调整机构；14—6号成型辊组；
15—拉紧机构；16—被卷制钢带

图4　成型器结构示意

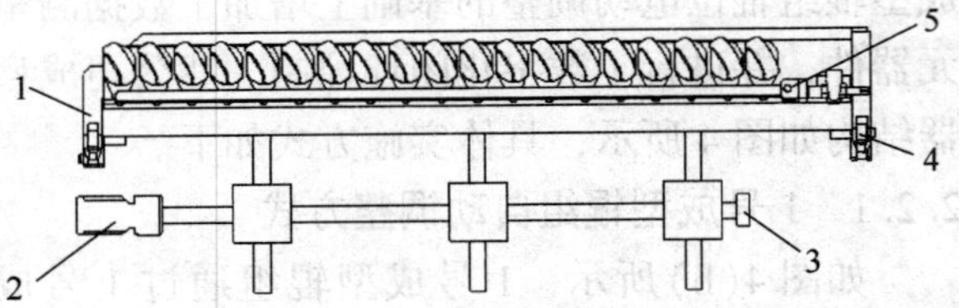

图5　1号成型辊组结构示意

1,4—1号成型辊组包角调整机构；
2—1号成型辊组移动底座驱动机构；
3—1号成型辊组移动底座位置检测机构；
5—1号成型辊组摆角调整机构

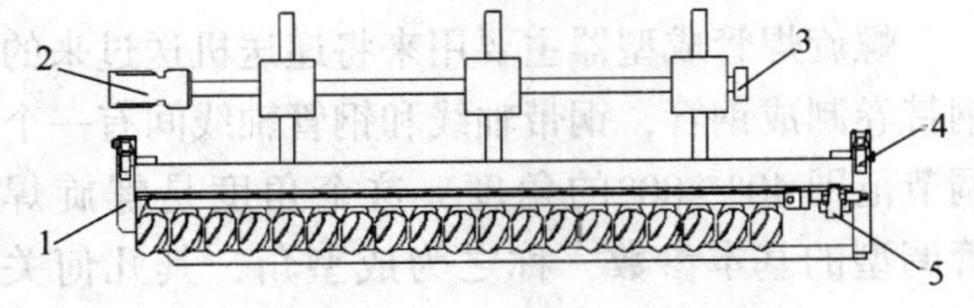

图6　3号成型辊组结构示意

1,4—3号成型辊组包角调整机构；
2—3号成型辊组移动底座驱动机构；
3—3号成型辊组移动底座位置检测机构；
5—3号成型辊组摆角调整机构

型辊组位置调整机构停止动作，到达指定位置，随后成型工根据换道参数表手动调整号2号成型辊组摆角并锁定，其摆角调整机构与1号成型辊组摆角调整机构相同。

2.2.3　3#成型辊组自动调整方式

在需要调型时，自动调型系统的数据库会给3号成型辊组的位置数据，3号成型辊组移动底座便在图6中3号成型辊组移动底座驱动机构的作用下按照指令参数调整辊座位置，当图6中3号成型辊组移动底座位置检测机构的检测数值与数据库位置数据一致时，自动调型系统会发出指令，3号成型辊组移动底座停止动作，到达指定位置，随后成型工根据换道参数表通过3号成型辊组包角调整机构与3号成型辊组摆角调整机构手动调整3号成型辊组的包角与摆角并锁定。

2.2.4　4号、5号、6号成型辊组自动调整方式

如图4(b)所示，外控辊组由4号成型辊组、5号成型辊组、6号成型辊组、4号成型辊组位置调整机构、5号成型辊组位置调整机构、6号成型辊组位置调整机构与外控辊组立柱组成。在需要调型时，自动调型系统的数据库会给4号~6号成型辊组的位置数据，如图7所示4号~6号成型辊组位置调整机构便会按照指令参数调整辊座位置；图7中4号~6号成型辊组位置检测机构持续对各辊组位置进行检测，当检测数值和数据库位置数据一致时，自动调型系统会发出指令，4号~6号成型辊组位置调整机构停止动作，到达指定位置，与此同时，图4(a)所示的外控辊组沿钢管轴线位置调整机构也已按参数指令完成动作，到达指定位置，由于合缝钢管位置会随

着钢带宽度和成型角度的变化而变化，所以外控辊组沿钢管轴线位置也要跟随变化，这样才能保证外控辊组避开螺旋焊缝抱住钢管，图 4(a)中外控辊组沿钢管轴线位置检测机构，通过位移传感器实时检测外控辊组位置。随后成型工根据换道参数表手动调整 4 号~6 号成型辊组摆角并锁定(其摆角调整机构与 1 号成型辊组摆角调整机构相同)；最后成型工还需将图 4(b)所示的拉紧机构安装到到位，该拉紧机构由一套正反丝扣的丝杠副组成，一端安装在 6 号成型辊组机架上，一端安装在成型机底座上，用来将调整好的外控辊组和成型底座拉紧和固定，防止 4 号~6 号成型辊组不稳定。

2.2.5 成型器自动化控制程序

成型器自动化控制程序如下图 8 所示，在需要调型时，仅需输入原料、成品参数，根据换道调型参数包建立的自动调型系统数据库输出最优成型参数，此时 1 号~6 号成型辊组位置与外控辊组位置便会按参数指令进行调整，当各个辊位检测机构的检测数值与指令参数一致时，自动调型系统会发出停止指令，各辊位调整机构停止动作。此时，若钢管产品仍未达到为佳状态，可人工调整每个被控辊的位置，待产品达到最佳状态后保存本次调型数据到历史数据库，看似简单的操作，却涵盖了各规格螺旋焊管的成型秘诀。

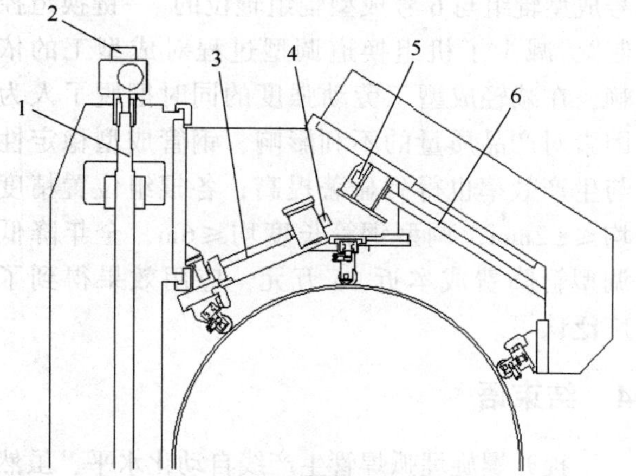

图7 4 号 5 号 6 号成型辊组结构示意

1—5 号成型辊组位置调整机构；2—5 号成型辊组位置检测机构；3—4 号成型辊组位置调整机构；4—4 号成型辊组位置检测机构；5—6 号成型辊组位置检测机构；6—6 号成型辊组位置调整机构

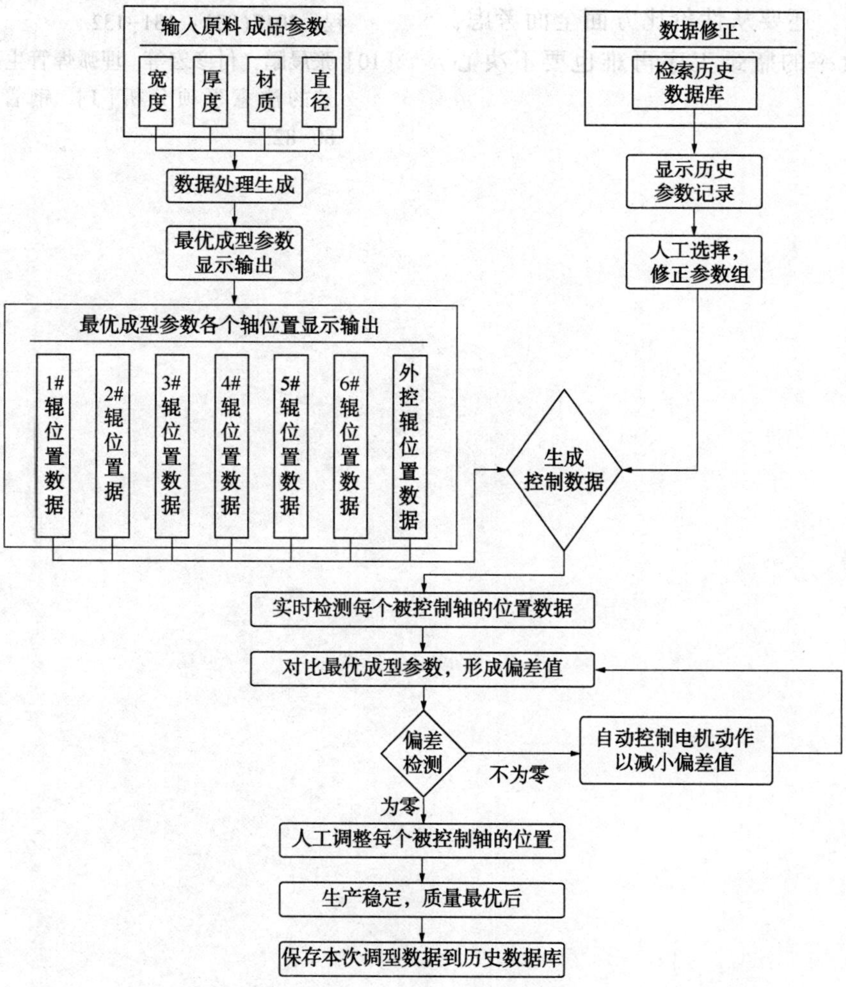

图 8 成型器自动化控制程序

3 成型器自动化调型的应用

目前，我公司螺旋埋弧焊管生产线根据积累的换道工艺参数包实现了成型器1号成型辊组、2号成型辊组、3号成型辊组、4号成型辊组、5号成型辊组与6号成型辊组辊位的“一键换道控制”，减少了机组换道调型过程对成型工的依赖，在减轻成型工劳动强度的同时摆脱了人为因素对产品质量的不利影响，钢管成型稳定性与生产效率也得到显著提高；各辊组位置精度均≤±2mm，调型钢管长度均≤6m，全年降低调型管降费成本近16万元，应用效果得到了广泛认可。

4 结束语

提升螺旋埋弧焊管生产线自动化水平，虽然是当前发展阶段的正确选择，但是不建议在生产线处处搞自动化，不能为了自动化而自动化，有些工序和设备实现自动化在现阶段可能仍非常困难，如果实现可能要花费非常高的代价，效果也未必理想。所以，还要从性价比方面全面考虑，但制约质量和效率的瓶颈工序再难也要下决心实施。

参考文献

[1] 王晓香. 以焊管装备技术进步推动焊管产业可持续发展[J]. 钢管，2012，41(05)：1-5.

[2] 王旭. 我国焊管制造企业提质转型路径思考[J]. 钢管，2022，51(01)：1-6.

[3] 付天乐. 浅析材料成型及控制技术与自动化技术[J]. 冶金与材料，2022，42(02)：48-56.

[4] 李霄，熊庆人等，基于参数化的螺旋焊管成型模型建立及成型过程仿真[J]. 热加工工艺，2010(05)：120-122.

[5] 白忠泉. 螺旋焊管的成型技术[J]. 焊管，2004. 05(03)：48-56.

[6] 姚长友，韩学等. 螺旋埋弧焊管成型调整数学模型研究[J]. 焊管，2019，42(11)：35-40.

[7] 姜军生，赵风雷. 基于Solidwork的焊管成型辊三维参数化造型系统开发[J]. 焊管，2006，29(6)：37-39.

[8] 周书亮，谷传龙等. 螺旋焊管生产线钢管输送辊道自动控制系统设计与应用[J]. 焊管，2021，44(11)：45-49.

[9] 刘洋. 螺旋焊管成型控制技术分析[J]. 中国设备工程，2017(08)：131-132.

[10] 张晨鹏，付彦宏等. 埋弧焊管生产线规划和升级改造的注意事项分析[J]. 钢管，2015，44(03)：80-82.

超临界 CO_2 输送管道腐蚀控制技术

王　斌[1]　商永滨[1]　白红升[1]　肖述琴[2,3]

(1. 长庆工程设计有限公司；2. 中国石油长庆油田分公司油气工艺研究院；3. 低渗透油气田勘探开发国家工程实验室)

摘　要　结合超临界 CO_2 腐蚀行为分析，认为涂层是防止超临界 CO_2 输送管道腐蚀的最优方法。通过对涂层性能、模拟工况评价，三种涂层的常规性能均符合 SY/T 6530—2019 标准要求，模拟超临界 CO_2 工况下三种涂层无起泡、开裂、脱落、附着力降低等情况，均能满足现场工况使用要求。

关键词　内减阻涂层；液体环氧内涂层；结环氧粉末内涂层；超临界 CO_2

超临界 CO_2 具有低黏度、高扩散性和高压缩性，在水中的溶解度远高于低压条件下。超临界 CO_2 输送管道的腐蚀问题和油气输送及开采过程的 CO_2 腐蚀问题是不同的，表现为温度、压力、杂质种类和含量等因素对腐蚀机制的影响不同。目前国内外关于超临界 CO_2 条件下钢的腐蚀行为，主要研究了不同条件下的腐蚀速率、腐蚀产物膜的结构、形貌及组成以及电化学行为等。S. Nesic 等人研究了 X65 管线钢在 50℃、压力分别为 4、6 和 8MPa 时在溶解有 H_2O 的超临界 CO_2 中(“富 CO_2”)以及溶解有超临界 CO_2 的 H_2O 中(“富 H_2O”)暴露 24h 后的腐蚀行为，发现在这两种条件下，腐蚀速率的变化没有明显依赖于 CO_2 的分压。在“富 CO_2”条件下，X65 钢的腐蚀速率仅约为 0.4mm/a，而在“富 H_2O”，条件下，X65 钢的腐蚀速率却可以达到约 20mm/a。Schmitt 等研究了超临界 CO_2 条件下碳钢和耐蚀合金的腐蚀行为及缓蚀剂的缓蚀效果，在超临界 CO_2 环境，碳钢和耐蚀合金均存在严重腐蚀，被研究的三种缓蚀剂对于碳钢的超临界 CO_2 腐蚀控制效果不佳。研究表明乙二醇(MEG)也可以用来控制 CCS 中超临界 CO_2 的腐蚀。当有水相存在时，它主要是用来防止被压缩的 CO_2 溶于水形成水合物。

在超临界 CO_2 的腐蚀控制技术方面，目前较普遍的观点认为，在超临界 CO_2 进入输送管道之前，对 CO_2 进行脱水处理，避免自由水相的形成可以从根源上控制超临界 CO_2 腐蚀。

然而彻底干燥大规模 CO_2 物料的可能性很小，一旦形成自由水相，就可能发生超临界 CO_2 腐蚀。

1　涂层类型

目前油气管道常用的腐蚀控制技术主要有采用耐蚀材料、内壁涂层或衬里、加注缓蚀剂。有机涂层是目前石油管道内防腐使用最广泛的一种材料，是由有机树脂经固化作用而形成，具有良好的黏结力、抗渗透性、耐磨性、耐压性、耐热性、耐化学稳定性和耐腐蚀性等。有机涂层的防腐蚀性能是通过涂层对腐蚀性组分的屏蔽，防止其与金属表面的接触(屏蔽机理)，或对金属表面发生的腐蚀反应进行干扰破坏(电化学保护机理)来实现防止金属发生腐蚀的目的。

目前我国的大口径天然气管道普遍采用了内涂减阻涂料，具有两个目的：一是保护管体使之免受输送介质的磨损、腐蚀，二是起到减阻，提高输送效率的作用。因此，针对超临界 CO_2 输送管道的腐蚀问题，主要考虑使用防腐涂层。

(1) 内减阻涂层：目前广泛使用的内减阻涂层均属于环氧树脂类的双组份常温固化型涂料，具有附着力好、减阻效果好等特点。内减阻涂层技术在工业发达国家的应用已经有很长时间，国外在涂料的生产、施工以及涂敷验收标准等方面已经相当成熟。国内自西气东输天然气管道工程开始，也陆续在天然气干线管道项目中采用了内减阻涂层技术。

(2) 液体环氧内涂层：液体环氧树脂涂料是一种以环氧树脂为主要成膜物质的化学反应固化型液体涂料，通常包括树脂和固化剂两种组分，采用高压无气喷涂或有气喷涂在管道内壁固化成型，广泛应用于油田地面集输管道内防腐。

(3) 熔结环氧粉末内涂层：熔结环氧粉末涂

料是一种以环氧树脂为基料、以空气为载体进行输送和分散的热固性粉末涂料，将其施涂于经预热的钢铁制品表面，熔化、流平、固化形成一道均匀的涂层。在输送天然气、原油、成品油、水、海水、污水等管道防腐领域大量使用。

2 试验方法

2.1 涂层常规性能评价

依据相关标准分别对管道内减阻涂层、管道液体环氧内涂层、管道熔结环氧粉末内涂层进行外观、附着力、硬度、耐弯曲、耐冲击等性能检测及评价，涂层检测方法及性能指标如表1所示。

表1 涂层常规性能检测项目及方法

项目	指标	试验方法
外观	平整均匀、光滑，无气泡、橘皮和流淌等缺陷	目测
弯曲	弯曲直径13mm及更大时，目视检查，样板涂层应无脱落	ASTM D622
附着力	除切口处外其他位置不得有任何剥离	SY/T 6530—2019
硬度	≥94	SY/T 6530—2019
耐磨性	≥0.91L/μm	ASTM D968

2.2 涂层模拟工况适用性评价

采用美国Cortest10L高温高压反应釜，模拟超临界CO_2工况条件，对三种类型涂层进行模拟工况适用性评价试验，试验参数如表2所示。试验后观察涂层是否存在起泡、开裂、脱落、附着力降低等情况，评估涂层能否满足超临界CO_2工况的使用要求。

表2 涂层模拟工况适用性评价试验参数

气相				液相	温度/℃	实验周期/d
H_2O/%	CO_2压力/MPa	H_2S浓度/(mg/m^3)	O_2/%			
0.074	10	50	0.2	H_2O	40	7

3 试验结果

3.1 涂层常规性能

涂层常规性能检测结果如表3所示，结果表明，三种涂层的外观、弯曲性能、附着力、硬度、耐磨性等均符合SY/T 6530—2019标准要求。

3.2 涂层模拟工况适用性

采用表2的实验条件对3种防腐涂层进行模拟工况适用性评价，评价结果如表4及图4～图6所示。

表3 涂层常规性能检测结果

项　目	管道内减阻涂层	管道液体环氧内涂层	管道熔结环氧粉末内涂层
外观	平整均匀、光滑，无气泡、橘皮和流淌等缺陷	平整均匀、光滑，无气泡、橘皮和流淌等缺陷	平整均匀、光滑，无气泡、橘皮和流淌等缺陷
弯曲	无剥落	无剥落	无剥落
附着力	无剥离	无剥离	无剥离
硬度	122	124	145
耐磨性	1.35	1.32	2.3

表4 涂层模拟工况适用性评价结果

涂层类型	实验前	实验后
管道内减阻涂层	涂层呈红色，平整、光滑、有光泽，无气泡、橘皮和流淌等宏观缺陷	无起泡、开裂、脱落、附着力降低等情况
管道液体环氧内涂层	涂层呈绿色，平整、光滑、有光泽，无气泡、橘皮和流淌等宏观缺陷	无起泡、开裂、脱落、附着力降低等情况
管道熔结环氧粉末内涂层	涂层呈棕色，平整、光滑、有光泽，无气泡、橘皮和流淌等宏观缺陷	无起泡、开裂、脱落、附着力降低等情况

图 1 管道内减阻涂层

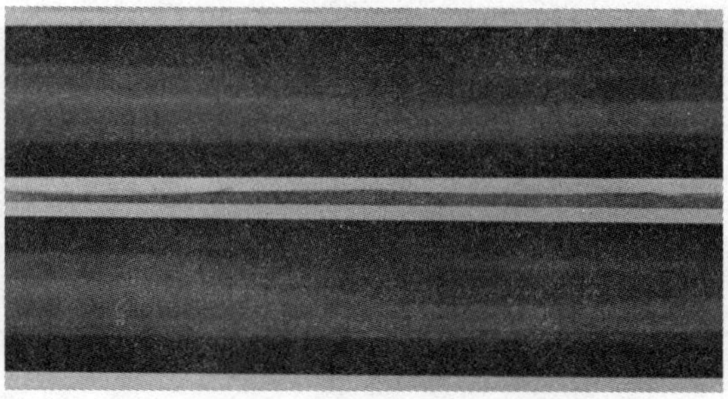

图 2 管道液体环氧内涂层

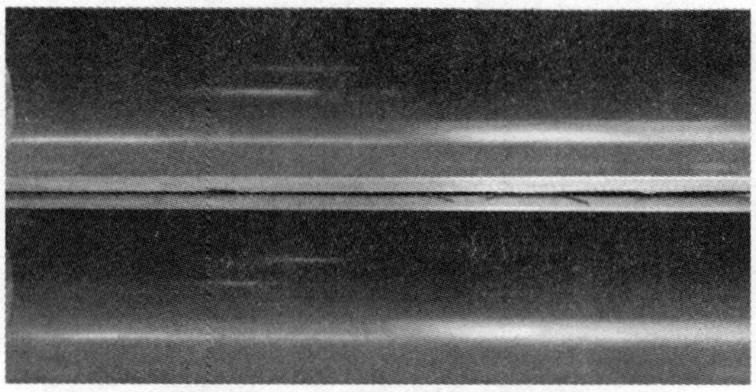

图 3 管道熔结环氧粉末内涂层

图 4 管道内减阻涂层试验后外观

图 5 管道液体环氧内涂层试验后外观

图 6 管道熔结环氧粉末内涂层试验后外观

4 结论

（1）天然气长输管道常用的内减阻涂层及油田地面管道内防腐常用的液体环氧内涂层、结环氧粉末内涂层等三种涂层的常规性能均符合 SY/T 6530—2019 标准要求。

（2）模拟超临界 CO_2 工况适用性评价试验后，三种涂层均无起泡、开裂、脱落、附着力降低等情况，能够满足现场工况使用要求。

参 考 文 献

[1] 张清，李全安，文九巴，等. CO_2 分压对油管钢腐蚀产物膜的影响[J]. 石油机械，2004(04)：13-14+36.

[2] 刘丽双. 超临界二氧化碳管道腐蚀特性研究[J]. 化学工程师，2023，37(05)：85-88.

[3] 严永博，邓洪达，肖雯雯，等. 超临界 CO_2 输送管材防腐技术研究进展[J]. 腐蚀科学与防护技术，2019，31(04)：436-442.

[4] 蒋秀，屈定荣，刘小辉. 超临界 CO_2 管道输送与安全[J]. 油气储运，2013，32(08)：809-813.

[5] 孙冲，王勇，孙建波，等. 含杂质超临界 CO_2 输送管线腐蚀的研究进展[J]. 中国腐蚀与防护学报，2015，35(05)：379-385.

[6] 张磊. 超临界 CO_2 条件下温度对 5 种典型钢腐蚀行为的影响[J]. 油气储运，2020，39(09)：1031-1036.

[7] 张玉成，屈少鹏，庞晓露，等. 超临界 CO_2 条件下钢的腐蚀行为研究进展[J]. 腐蚀与防护，2011，32(11)：854-858.

[8] 王献昉，陈长风，白真权，等. CO_2 腐蚀速率半经验预测模型研究[J]. 腐蚀与防护，2009，30(02)：90-94.

[9] 贺三，罗斯琪，赵浩童，等. 碳钢在 CO_2 环境中无机垢下腐蚀研究进展[J]. 表面技术，2023，52(02)：148-157.

第二篇　投产与运行篇

浅谈长输管道外防腐技术的应用及存在问题

张本革[1] 张小燕[2] 吴天斌[3]

（1. 国家管网集团工程技术创新有限公司；2. 中国石油天然气管道工程有限公司；
3. 中国科学院化学研究所胶体、界面与化学热力学）

摘 要 简要介绍了我国长输油气管道防腐技术的发展简史，总结了各类防腐层性能的优缺点。结合长输管道防腐技术应用情况，对目前应用最广的3PE防腐层和热煨弯管防腐层，分析了其存在的问题，提出了长输管道外防腐技术的研究方向。

关键词 长输管道；防腐；热煨弯管；机械化补口；3PE

1 前言

长输管道作为输送国家能源的主要通道，在我国已发展了100多年，管道的外防腐层技术也随着管道事业的发展而不断发展进步，管道防腐涂层在防止管道外腐蚀、保证管道安全运行和延长管道使用寿命起到了至关重要的作用。最早大规模应用于管道的防腐层材料是煤焦油瓷漆，20世纪30年代煤焦油瓷漆被评为性能最优的涂料。此后在长达数十年内，煤焦油瓷漆在管道防腐层中始终处于首位，到1996年，其涂敷量才降到第二位。20世纪40年代后，随着石油化工工业的发展，许多新型的防腐材料开始应用于管道防腐，如石油沥青、双层聚乙烯、胶粘带、单层熔结环氧粉末（FBE）、双层熔结环氧粉末（DPS）、三层聚乙烯（3PE）等，目前国内使用最多的管道防腐层是三层聚乙烯防腐涂层。

2 长输管道防腐技术概况

我国长输油气管道防腐技术主要是从国外引进，并结合我国管道事业发展条件、工程应用经验进行了相应的改进，使各类防腐技术在当时年代更好的适应我国管道建设的需要。我国长输管道使用的防腐材料主要包括石油沥青、煤焦油瓷漆、聚烯烃类胶黏带、熔结环氧粉末、三层聚乙烯等。

石油沥青防腐层所用材料为沥青、玻璃布和聚乙烯工业膜，防腐涂层具有良好的粘结性，不渗水性和绝缘性，能够耐多种腐蚀介质侵蚀，原料充足、成本低。但是石油沥青耐温性能较差，低温易碎裂，高温易流淌，易受微生物侵蚀，易老化。同时，石油沥青涂料为现场加热施工，加热过程中释放浓烟、燃烧颗粒物等，严重污染环境。

煤焦油瓷漆防腐层主要材料包括合成底漆、煤焦油瓷漆、内缠带和外缠带。合成底漆的成膜物为氯化橡胶，内缠带为玻璃纤维毡，外缠带是用煤焦油瓷漆充分浸渍的厚型玻璃纤维毡。与石油沥青防腐层相比，煤焦油瓷漆吸水率低，粘结性能好，抗植物根茎穿透，耐细菌，绝缘性能好，使用温度为-25~80℃，使用寿命可达60年以上。但是其低温时发脆，热稳定性较差，特别是施工时产生的烟气对环境和人体健康都有影响。

环氧煤沥青的防腐性能优于石油沥青，具有一次成膜，涂层致密，耐盐碱、海水、潮湿，与金属粘结性好，抗微生物侵蚀等。环氧煤沥青涂料是由环氧树脂、煤焦油沥青、固化剂、填料等组成的双组分固化涂料。我国自20世纪70年代开始应用，使用温度为-20~100℃。性能介于煤焦油瓷漆、熔结环氧粉末和聚乙烯之间，在我国石油及供水工程中应用较广泛。由于环保要求，近年来的应用受到一定程度的抑制。

聚烯烃胶粘带应用在管道外的防腐通常大聚乙烯胶粘带和聚丙烯胶粘带，主要优点是绝缘电阻高、抗杂散电流性能好、施工方便。聚丙烯胶粘带的基材为改性聚丙烯编织纤维布，采用丁基橡胶改性沥青做防腐胶层，除上述优点外，还具有一定的抗冲击、耐老化、耐拉伸、耐紫外线辐射等特性。聚烯烃类胶粘带缺点是抗土壤应力能力差，主要适用于管道修复和管件防腐。

熔结环氧粉末涂层分为单层结构和双层结

构，主要适用在美洲地区。熔结环氧粉末涂层采用静电喷涂技术，将环氧粉末喷射到预热钢管表面，复用环氧粉末的热固性交联分子结构特点和与钢的某种程度的化学键结合特性，使环氧粉末熔结固化反应后形成坚硬而致密的防腐层。双层环氧粉末涂层是由两种不同性能的环氧粉末涂层在喷涂过程中一次成膜熔结完成，其底涂层由普通环氧粉末熔结而成，主要起防腐作用；面涂层由改性环氧粉末熔结而成，主要起提高机械性能作用，因此，双层环氧粉末涂层具有良好的抗冲击和耐磨的机械性能。熔结环氧粉末防腐层与钢管附着力很强，抗腐蚀性能优越，机械性能好。缺点是吸水率较高，耐冲击能力有限，对除锈质量要求较高，成本较贵。

3PE 防腐层是 20 世纪 80 年代率先由德国研制和推出，将熔结环氧粉末的防腐性能与聚乙烯的抗机械划伤保护性能结合在一起，使其性能更加完善，被称为“完美涂层”，结构由以下三层组成：底层为熔结环氧，中间层为胶粘剂，面层为挤塑聚乙烯，防腐层总厚度 1.8～4.5mm。三层聚乙烯防腐层的优点是绝缘电阻值很高，粘接力强，耐冲击、耐磨损等机械性能良好，耐植物根茎穿透，化学稳定性好。因而适用于各种敷设及施工条件恶劣环境中的管道。但是这种防腐层的价格高，它对钢管表面处理、涂敷工艺要求很高，防腐层的补口较困难，需要严格控制施工工艺来确保其质量，同时，3PE 防腐层对阴极保护电流有屏蔽作用，防腐层受损部位宜造成管道腐蚀(比如防腐层起泡部位)。

3　长输管道现有防腐层的发展和存在问题

我国西北管道指挥部与港商合资从荷兰引进的 3PE 涂敷作业线，于 1996 年在宝鸡亚东防腐公司建成投产，从涩宁兰管道建设开始，几乎所有长输管道外防腐采用该防腐技术，比如西气东输一线、西气东输二线、中俄天然气管道、中缅油气管道、西气东输三线、西气东输四线、广东省管网、江西省管网、山东省管网等，迄今已超过 30000km 埋地钢管外防腐采用 3PE 防腐涂层。

3PE 防腐层随着工程实用，技术水平也在不断调整提高。3PE 防腐层结构中环氧涂层(底层)厚度进行了调整，由底层≥120μm，调整为管径 *DN*500 以下的底层≥120μm，*DN*500 以上的底层≥170μm。由于长输管道使用的钢等级不断提高，目前使用最高的为 X80 级钢，对 3PE 防腐层底层固化温度也有了新的要求，环氧涂层的固化温度调整为常温固化(固化温度高于 200℃，通常为 220～240℃)和低温固化(固化温度低于 200℃)。同时，为了适应长输管道输送介质温度要求，提高了 PE 层的适用温度范围，常温型适应温度由 50℃提高到 60℃，高温型适用温度由 70℃提高到 80℃。

虽然 3PE 防腐层性能方面有所提高，但在抗外力损伤方面仍然有待提高，比如定向钻穿越段存在划伤的风险，如图 1 所示；管道吊装和山区石方段敷设时存在磕碰损伤，如图 2 所示。

图 1　定向钻穿越 3PE 防腐层划伤

图 2　3PE 管道吊装时防腐层损伤

长输管道的热煨弯管由于其结构的特殊性，目前国内无法实现预制 3PE 防腐层，工程中多采用双层熔结环氧粉末涂层(DPS)。DPS 虽然防腐性能很强，相对于 FBE 提高了抗机械损坏的能力，但与3PE相比，绝缘性和抗械损坏性仍有差距。DPS热煨弯管在运输和吊装过程中宜受磕碰损坏防腐层。

与3PE防腐管相匹配的防腐层补口技术为聚乙烯热收缩带补口技术，早期聚乙烯热收缩带补口施工均采用人工火焰加热收缩的施工方式，对于口径较大的管道容易产生加热不均匀、收缩不理想、粘结力不够等问题，补口质量受操作人员影响较大。中俄天然气管道建设时，研发出了机械化补口装置，采用红外或中频加热装置，解决了加热不均匀和加热温度不够的问题。但是，由于机械化补口装置体积较大，吊装设备较重，对于长输管线的沟下连头焊接、山体隧道内、山区陡坡地段、连续水网地段，机械化补口设备无法实施作业，无法实现机械化补口，如图3所示。

图3　长输管道3PE防腐层机械化补口

4　长输管道防腐技术的研究方向

长输管道建设事业的飞速发展，带动着管道防腐技术的相应发展，经过从工程建设实践中不断总结经验，发现了管道防腐技术存在的一些问题，如上文所述的3PE抗机械损伤、防腐层补口、热煨弯管防腐技术等。为了解决这些问题，相关研究单位、企业单位进行了大量的研究，取得了部分研究成果，为管道防腐技术的发展提供了大量数据和发展思路，主要研究方向如下。

管道定向钻穿越时，由于回拖力很大、穿越孔壁可能存在硬质岩石，损坏管道外防腐层(主要为3PE)，为了保护防腐层，已经研发出了强度大、抗划伤性能好的玻璃钢防护层，在定向钻穿越段起到了很好的保护作用。同时，为了降低成本，也有研究人员提出改性目前使用的玻璃钢防护层，将其直接用作管道防腐层，兼具有防腐性能和抗机械损伤性能，可用于定向钻穿越和山区石方段，目前该技术仍在研究过程中，如图4、图5所示。

图4　定向钻穿越段玻璃钢防护层

图5　山区石方段玻璃钢防腐层试验段

管道防腐层补口是管道整体防腐质量的薄弱部位，控制和提高防腐层补口的质量即可保证管线的整体防腐性能。机械化补口技术整体上提高了防腐层补口质量，但是由于施工设备体积较大，目前管沟下和山体隧道内无法实现机械化补口。防腐层补口机具的研发单位正在研究小型机械化补口机具，以满足管道工程建设的实际需要。

热煨弯管外防腐技术也是防腐界重点关注对象，为了提高热煨弯管外防腐层性能，相对于DPS防腐层而言，新的防腐技术有聚乙烯复合带防腐层、火焰喷涂三层聚丙烯涂层。聚乙烯复合带防腐层，其结构为熔结环氧粉末底层+热缠绕聚乙烯收缩带，提高了防腐层的抗机械损伤能力，在近几年的长输管道建设中已有应用案例，比如黔西南州应急管道工程、相国寺储气库配套管道工程等。火焰喷涂三层聚丙烯涂层虽然已经研发成功，便由于成本偏高等原因，还处于工程试验阶段，如图6、图7所示。

图6　热煨弯管道聚乙烯复合带防腐层

图7　热煨弯管道火焰喷涂3PP防腐层

5　结语

虽然我国管道防腐还存在不少问题和困难，但是通过有关方面的共同努力和管道防腐新材料、新工艺、新技术的不断研发和应用，我国的管道防腐技术会日臻完善。目前为解决长输管道工程实际存在的防腐难题，主要应研究以下内容：

1）提高管道外防腐层抗机械损伤性能，以适应石方地段对防腐层机械性能要求高的施工环境条件；

2）优化防腐层机械化补口设备，以满足施工空间狭小的工况条件；

3）提高热煨弯管道外防腐层性能，从新材料、新工艺方面进行相关研究。

参 考 文 献

[1] 张亮. 油气储运管道防腐技术的现状与应用研究[J]. 科学与财富，2019，11(12)：289.

[2] 张玉志，等. 国内外管道外防腐层应用现状与发展趋势[J]. 油气储运，2011，30(11)：845-847.

[3] 胡士信，廖宇平，王冰怀. 管道防腐层设计手册[M]. 北京：化学工业出版社，2007.

[4] 韩文礼，林竹. 埋地管道防腐蚀技术的现状与展望[J]. 焊管，2008，31(3)：9-13.

[5] GB/T 23257—2017. 埋地钢质管道聚乙烯防腐层[S].

[6] 朱琳，白树彬，等. 热收缩带机械化补口技术在长输油气管道建设上的应用[J]. 腐蚀与防护，2016，37(11)：929-931.

[7] 彭真，蒋宏业，敬业娟. 热煨弯管单层FBE外缠聚乙烯复合带防腐技术[J]. 天然气工业，2016，36(2)：98-101.

[8] 窦宏强，等. 油气长输管道热煨弯管防腐层现状及展望. 石油与天然气化工，2020，49(1)：77-81.

气田异径管刺漏失效分析研究

方　艳　岳良武　林　竹　常泽亮　柯庆军

（中国石油塔里木油田公司）

摘　要　针对某西部气田生产井液位调节阀入口管线异径管处发生刺漏失效现象，基于管道材料标准、运行服役工况条件和失效特征，系统开展了失效管材宏观及微观形貌观测、无损检测、化学成分、金相组织、力学性能以及腐蚀产物成分分析等系列实验，明确了刺漏失效的原因。测试结果显示，该管段的化学成分、力学性能和金相组织均符合标准要求，主要的刺漏失效原因是 H_2S 环境下的应力腐蚀开裂。

关键词　异径管；刺漏；硫化氢；应力腐蚀开裂

近年来随着国民经济的不断发展，国家对能源，尤其对天然气的需求日益增加。为了保证能够安全、平稳、优质、足量地给管线供气，必须使气井安全平稳运行。我国西部地区的长庆、新疆、四川等油气主产区的油气井数量逐年上升，由于井口温度、压力高，介质腐蚀性强，井口管线失效刺漏的情况时有发生，将导致单井关井，降低设备使用寿命，造成一系列失效事故，影响气井安全平稳运行，给气田的安全生产带来严重隐患。因此，防止气田集气站管线刺漏对气田的安全平稳运行、稳产增产及地面测试系统的正常运行至关重要。针对常见的油气管道运行管理工作而言，应该及时排除可能存在的刺漏情况，进而加以系统分析，制定出合理的处理措施，以便达到相关的安全、稳定性要求。鉴于此，深入探究与分析输气管线的刺漏处理有效措施显得尤为必要，具有重要的研究意义和实践价值。

因此，本文基于该变径管道的材料标准、运行服役工况条件和失效特征等，开展了宏观及微观形貌观测、无损检测、化学成分、金相组织、力学性能及能谱、X射线衍射物相分析等系列实验，对刺漏失效原因进行综合分析，表明开裂刺漏的主要原因是 H_2S 环境下的应力腐蚀开裂。最后，提出了相应的预防建议措施以确保管网安全稳定运行。

1　失效案例分析

某西部气田生产井于 2014 年 1 月投产，2022 年 1 月，巡检发现计量橇内液位调节阀入口管线处发生刺漏，刺漏点位于计量橇液位调节阀入口管线异径管部位，近 1 点钟方向，呈针孔状，刺漏点现场位置如图 1 所示。

图 1　现场刺漏点位置

该生产井日产气 40.66 万方，产液 56.24 吨，管线运行温度 45~47℃，运行压力 8.5MPa，气相中 H_2S 分压为 0.03~0.04MPa，CO_2 分压为 0.30~0.58MPa，总矿化度 115000mg/L，原位 pH 值最高为 5.2，变径管材质为 L245N。

失效管段长度约 50cm，宏观形貌如图 2 所示。管段外壁涂覆铁红色涂层，管段有三个环向焊缝，焊缝宽约 11mm，管体缩颈部位外壁涂层局部区域有脱落但无明显腐蚀痕迹，未发现刺漏点位置。

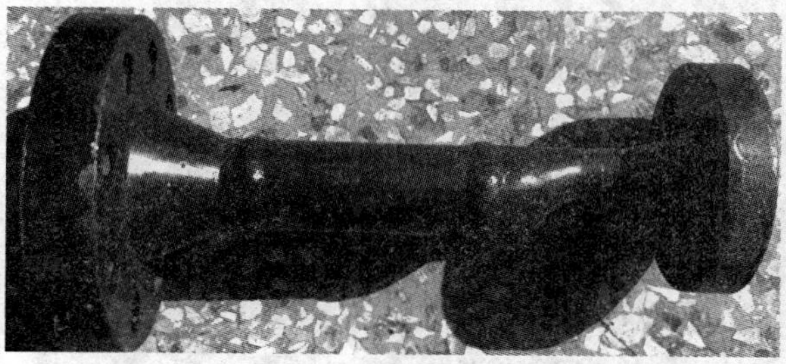

图 2　失效管段宏观形貌

2　气田异径管刺漏分析实验方法

2.1　无损检测

采用超声波探伤、X 射线探伤等方法，参照 GB/T 11345—2013《焊缝无损检测 超声检测 技术、检测等级和评定》及 GB/T 3323.1—2019《焊缝无损检测 射线检测 第 1 部分：X 和伽玛射线的胶片技术》，检测缩颈部位及焊接部位，查找确定缩颈部位的刺漏位置以及其他可能存在的金属缺陷，如裂纹、未焊透、气孔、夹杂等，评定管节及焊缝质量。

2.2　金相检测

参照 GB/T 13298—2015《金属显微组织检验方法》，选取母材区和焊缝区分别截取金相分析试样，用水砂纸逐级打磨到 2000#进行抛光，采用 4%硝酸酒精溶液进行刻蚀，用去离子水清洗干净后用酒精吹干，采用激光共聚焦显微镜观察分析金相组织。

2.3　腐蚀产物

用丙酮清洁刺漏区附近管材内壁腐蚀产物，干燥后研磨得到粉末样品，采用 X 射线衍射分析仪进行 X 射线衍射(XRD)图谱分析，根据衍射峰的强弱确定腐蚀产物的组成。

2.4　材质力学性能

参照 GB/T 4340.1—2009《金属材料维氏硬度试验第 1 部分：试验方法》，采用显微硬度计分别测试刺漏区、母材区、焊缝热影响区和熔合区的洛氏硬度，采用电子式万能试验机测试母材的拉伸性能。

3　气田异径管刺漏分析结果

3.1　刺漏部位无损检测

采用超声波检测对焊缝单面双侧进行 100%扫查，发现焊缝部位只有 1 处缺陷，检测结果见表 1，缺陷位置如图 3 所示。

表 1　焊缝超声波检测结果

缺陷序号	缺陷深度/mm	缺陷长度/mm	缺陷当量/dB
1	4.5	3	12

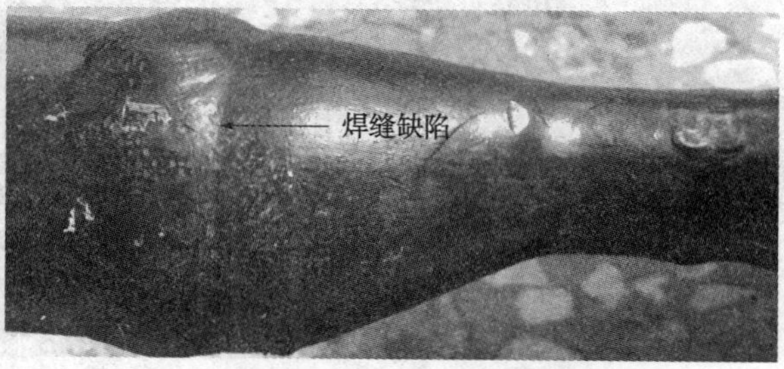

图 3　焊缝超声波检测缺陷位置

对刺漏部位进行 100%X 射线检测发现，缩颈部位存在长约 18.6mm 轴向阴影线，初步判断内部裂纹的可能性较大，缺陷位置及检测结果如图 4 所示。

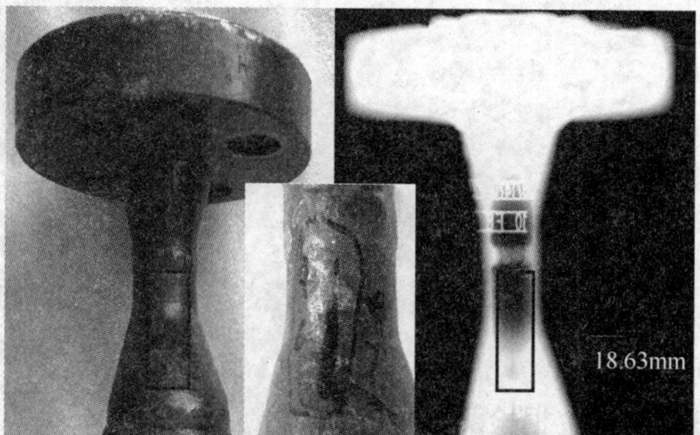

图 4　刺漏部位 X 射线检测结果及刺漏位置

3.2　金相检测分析结果

3.2.1　材质分析

从失效管段完好部位和刺漏部位分别取样，采用等离子体发射光谱仪和碳硫分析仪，对管材成分进行分析，测试结果见表 2。管段母材区和刺漏区的基材元素成分均符合 GB/T 9711—2017《石油天然气工业 管线输送系统用钢管》中对

L245N 的要求。

母材区和焊缝区的金相显微组织如图 5 和图 6 所示，基材显微组织为铁素体+珠光体组织结构，其中白色为铁素体组织，黑色为珠光体组织；焊缝热影响区和熔合区均出现粗大的针状魏氏组织铁素体。

表 2 管材成分分析结果

元素名称	C	Si	S	P	Mn	Nb	Ti	V
标准要求值	≤0.24	≤0.40	≤0.015	≤0.025	≤1.20	≤0.01	≤0.04	≤0.05
母材区实测值	0.20	0.27	<0.01	<0.01	0.58	<0.01	<0.01	<0.01
刺漏区实测值	0.21	0.28	<0.01	<0.01	0.58	<0.01	<0.01	<0.01

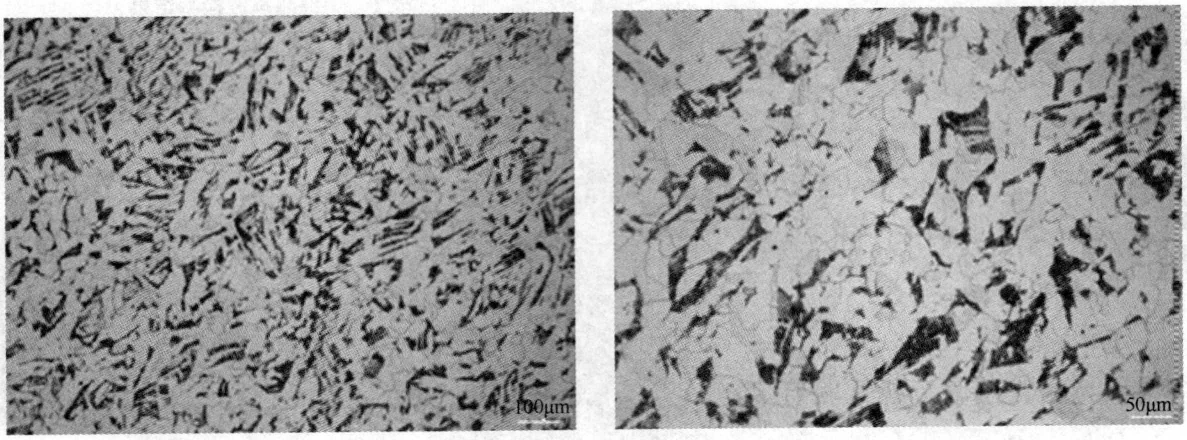

图 5 母材区金相显微组织

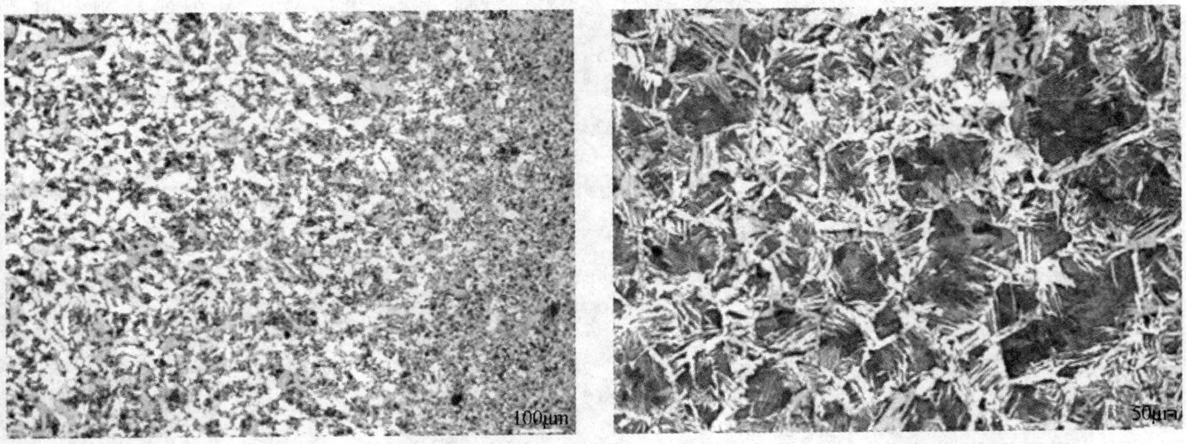

图 6 焊缝区金相显微组织

3.2.2 金相检测结果

用金相体式显微镜测试试样 2 和试样 6 截面的裂纹贯穿深度，测试结果如图 7 所示，两端裂纹贯穿深度分别为 7.3mm 和 13.59mm。

金相刻蚀后的裂纹形貌如图 8 所示，裂纹穿过晶界，裂纹扩展类型为穿晶断裂，裂纹内部两边壁吻合，无明显腐蚀迹象，表明为脆性断裂。

3.3 管段内壁腐蚀产物分析

3.3.1 刺漏部位腐蚀形貌及特征分析

将刺漏区切割开进行观察，如图 9 所示，内壁可见厚约 1mm～2mm 灰褐色腐蚀产物层，腐蚀产物质地较疏松。由于管材外表面涂覆有防腐涂层，内壁表面有腐蚀产物覆盖，均未发现明显刺漏位置。

对刺漏区域内壁进行除锈处理，有一条轴向裂纹，裂纹长约 29mm，裂纹从管径 35mm 处一直延伸到缩颈部位管径 52mm 处，其中 35mm 均匀管径端裂纹长度约 19mm，变径端裂纹长度约 10mm。裂纹区域周边没有其他刺漏点，裂纹区域均匀腐蚀相对轻微，存在若干小点蚀坑。

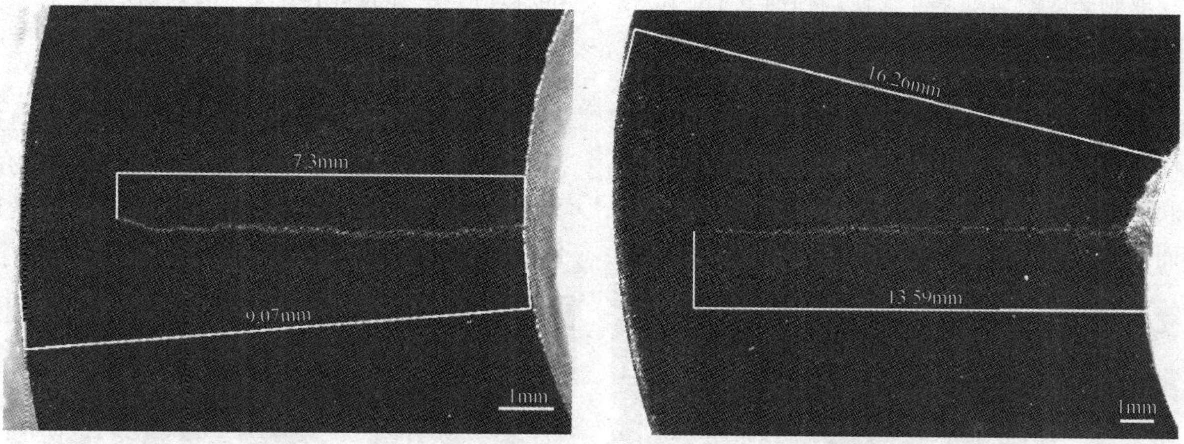

图 7　裂纹两端贯穿基体深度

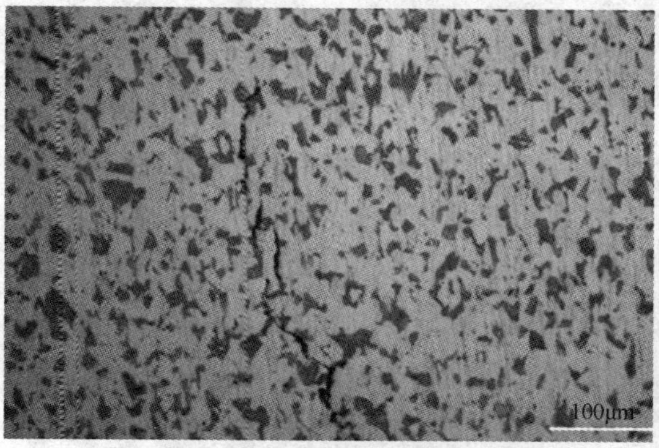

图 8　金相刻蚀后裂纹形貌

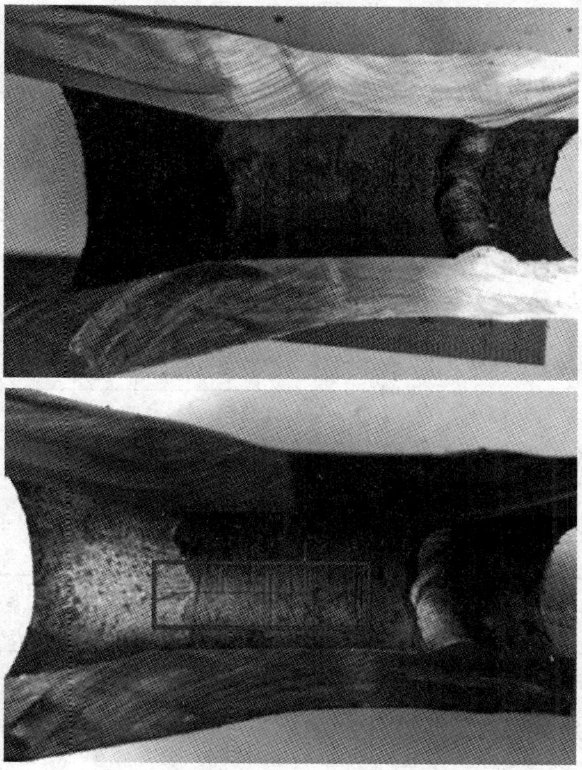

图 9　失效管段刺漏区切割后内外壁宏观形貌

根据内壁裂纹位置，对该区域进行环向切割，切割后各试样形貌如图 10 所示。切割后试样 4 从裂纹处断开，说明在此处裂纹贯穿管体内外壁。

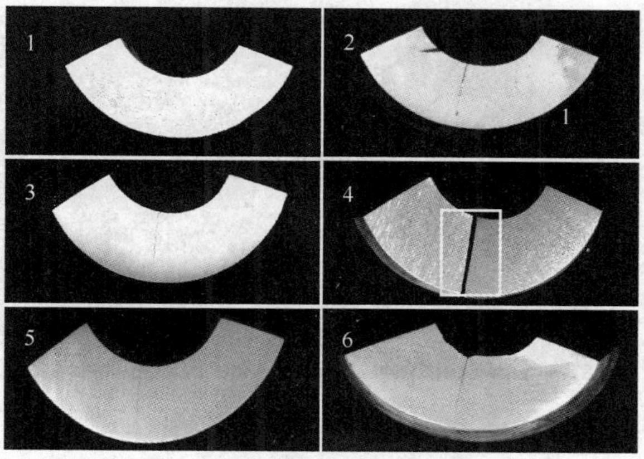

图 10　刺漏部位切割后宏观形貌

3.3.2　内壁腐蚀产物分析

管内壁腐蚀产物 XRD 谱图如图 11 所示，管段内壁主要附着物为 FeS、Fe_2O_3、FeO 和 FeO(OH)，分别是 H_2S、CO_2和氧的腐蚀产物，由附着物 Fe_2O_3可推断是刺漏后断口暴露在空气中所致。

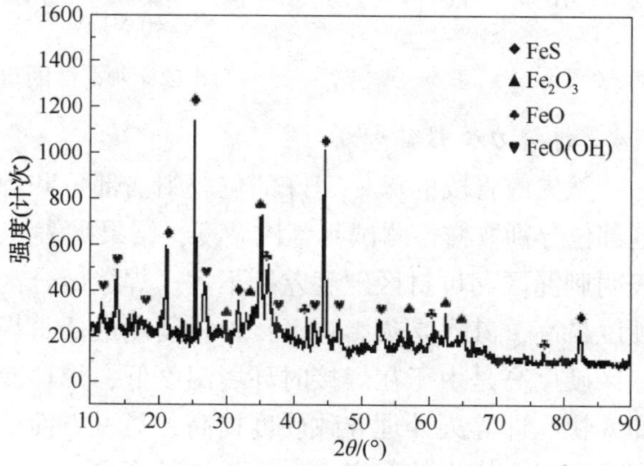

图 11　管材内壁腐蚀产物 XRD 谱图

取刺漏区断口处基体，使用扫描电子显微镜(SEM)和X射线能谱仪(EDS)进行外观特征、微观形态、化学元素组成和化合物构成等理化特征分析，SEM形貌和EDS谱图如图12所示，刺漏区断口处为明显的局部腐蚀形貌，腐蚀坑连成片状；微观形貌可见台阶和河流花样，河流花样短而弯曲，支流少，解理面小，且周围有撕裂棱准解理形貌，同时韧窝少，所以，该处断裂形态介于解理断裂和韧窝断裂之间，表现典型的准解理断裂形貌。

另外，除Fe、C、S、O外，腐蚀产物中还检测出Cl、Al、P和Ca等元素，即腐蚀产物主要为基体的腐蚀产物以及少量砂垢，与XRD检测结果一致。

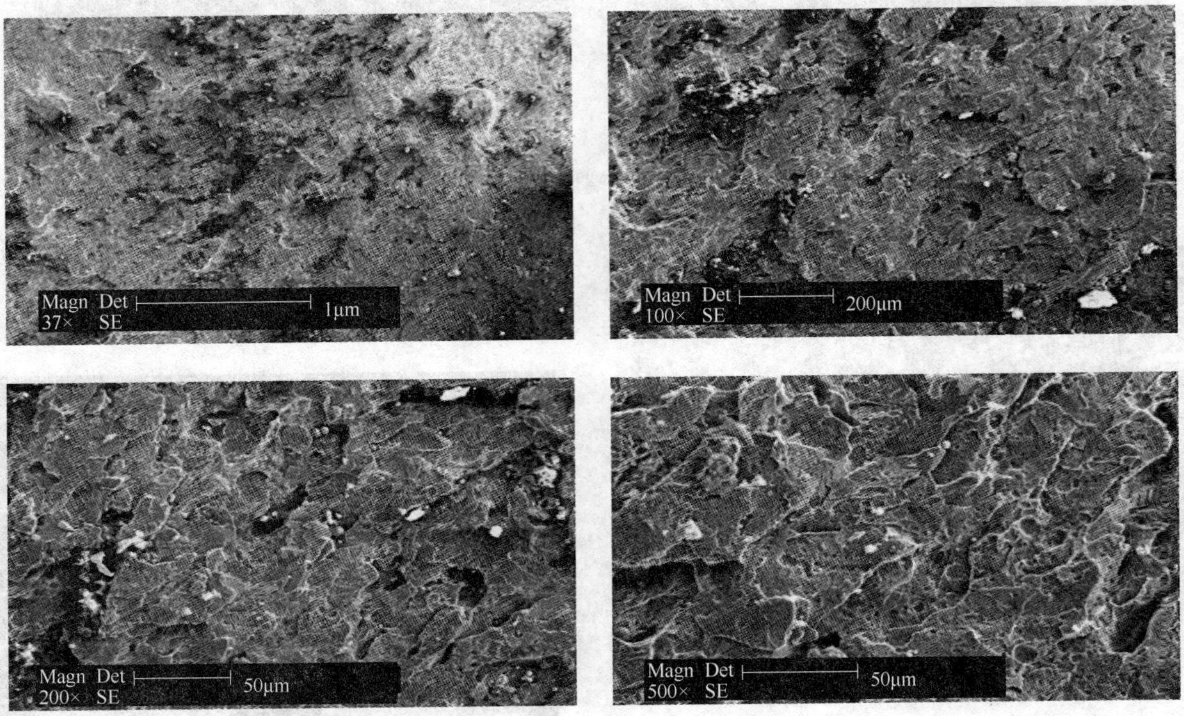

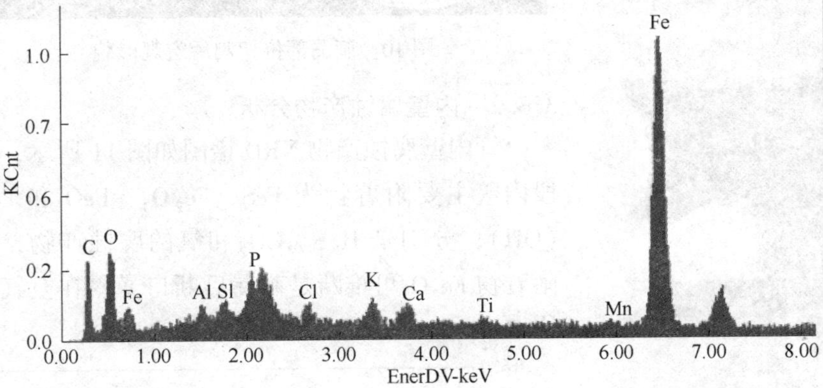

Element	Wt%	At%
CK	25.07	51.48
SK	11.24	17.32
AlK	01.52	01.39
OK	01.28	01.12
PK	02.79	02.22
ClK	01.01	00.70
KK	01.47	00.92
CaK	01.29	00.80
TiK	00.63	00.32
MnK	00.95	00.45
FeK	52.75	23.29

图12　刺漏区断口处SEM形貌和EDS谱图

3.4　材料力学性能分析

从失效管段的母材完好部位、刺漏部位和焊缝部位分别取样，测试其维氏硬度，结果见表3，表明刺漏区和母材区硬度差别不大。焊缝熔合区硬度最高、其次是热影响区，母材硬度最低。焊缝区硬度高是由于在焊接时环境温度低，焊口冷却太快，即淬火处理导致硬度提高；另一方面热应力和组织应力的存在也会产生这种现象。

表3　失效管段管材、焊缝及母材维氏硬度测试结果

取样部位	测试结果(HV5)				平均值(取整)	洛氏硬度(HRB)
母材区	126	129	132	124	128	73.6
刺漏区	134	132	134	136	134	76
焊缝熔合区	162	168	161	160	163	84.8
焊缝热影响区	155	153	151	153	153	82.2

管段基材的慢应变速率拉伸曲线如图 13 所示，慢应变速率拉伸测试结果见表 4。因此，管段基材的屈服强度、抗拉强度和延伸率等力学性能指均符合标准要求。

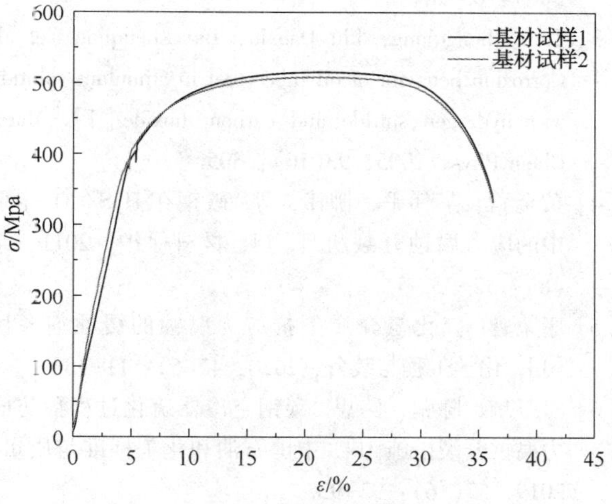

图 13　试样慢应变速率拉伸应变曲线

表 4　管材慢应变速率拉伸测试结果

性能指标		屈服强度/MPa	抗拉强度/MPa	延伸率/%
标准要求		245~440	≥415	≥22
实测值	管段基材-1	371	495	35.0
	管段基材-2	365	496	35.0

慢应变速率拉伸试验试样断口的扫描电镜微观形貌如图 14 所示，试样断口微观形态呈蜂窝状，断裂面有大量韧窝，表现出典型的韧性断裂特征，拉伸试验断口均为韧性断裂。

4　失效机理分析

从送检样品的宏观分析和无损检测结果可知，该异径管母材有一条长约 29cm 的纵向裂纹，裂纹区域均匀腐蚀相对轻微，周边没有其他超标缺陷，内壁有少量黑色沉积物，整体壁厚未见显著减薄。裂纹打开后宏观检查发现，刺漏区断口处为明显的局部腐蚀形貌，腐蚀坑连成片状；断面微观形貌和裂纹金相均表明以穿晶断裂为主，断裂形态介于解理断裂和韧窝断裂之间，表现典型的准解理形貌，且腐蚀产物成分主要为 Fe、C、S 和 O，具有应力腐蚀开裂的特征。

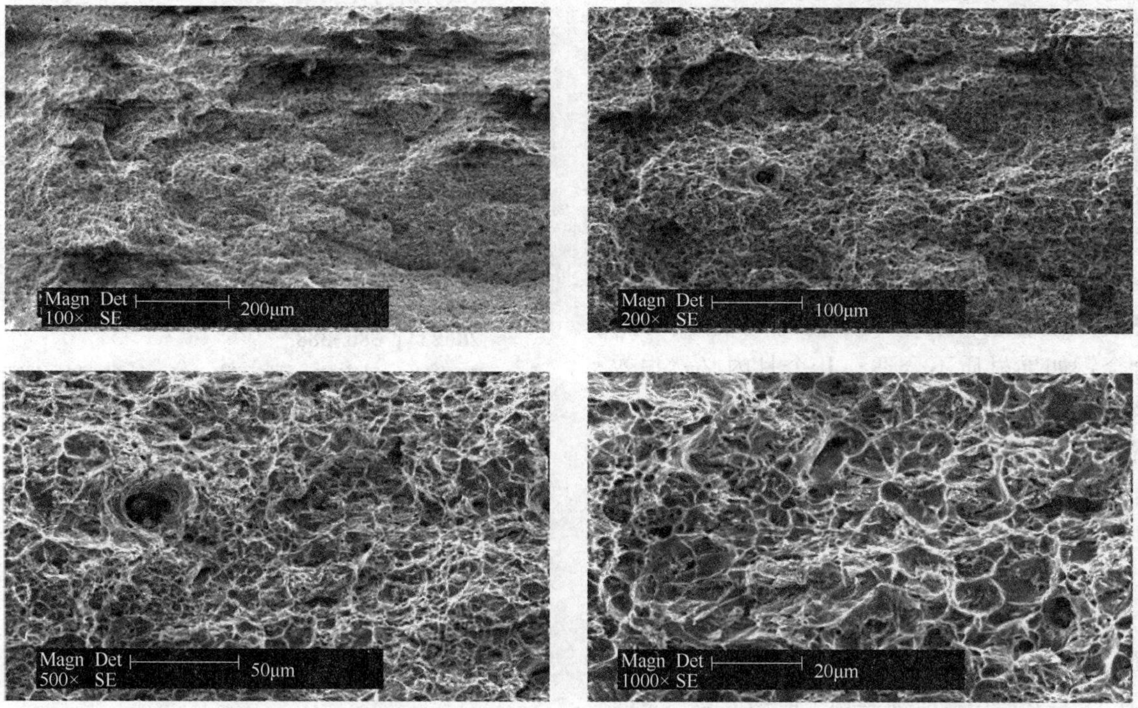

图 14　基材慢拉伸断口 SEM 形貌

H_2S 环境下的应力腐蚀开裂是在水和 H_2S 共存的情况下，与局部腐蚀的阳极过程、残留的或施加的拉应力相关的一种金属开裂，产生应力腐蚀开裂一般需同时具备三个条件，即特定的腐蚀介质、合金成分以及足够大的拉应力。该变径管输送气相介质中 H_2S 分压为 0.03~0.04MPa，CO_2分压为 0.30~0.58MPa，采出水的原位 pH 值最高为 5.2，处于硫化物应力开裂 SSC2 区，属于高含 H_2S 和 CO_2的腐蚀环境；其次，该变径管材质为低合金钢，其化学成分和力学性能均符合 GB/T 9711—2017 的规定，金相组织未见异常，按照 GB/T 20972.2—2008《石油天然气工业油气开采中用于含硫化氢环境的材料 第2部分：抗开裂碳钢、低合金和铸铁》的规定，其可在SSC3区及以下环境使用而无需考虑SSC和氢致开裂(HIC)，但在高含H_2S和CO_2的腐蚀环境中将发生严重腐蚀，由于CO_2和H_2S的分压比小于20，所以腐蚀主要受H_2S控制，与腐蚀产物的EDS和XRD分析结果一致，其中涉及到的反应式包括式(1)~式(4)。

阳极反应：

$$Fe \longrightarrow Fe^{2+} + 2e^- \quad (1)$$

H_2S溶于水后发生水解，即

$$H_2S \longrightarrow HS^- + H^+ \quad (2)$$

$$HS^- \longrightarrow S^{2-} + H^+ \quad (3)$$

最终获得的腐蚀产物的反应为

$$Fe^{2+} + S^{2-} \longrightarrow FeS \quad (4)$$

虽然应力腐蚀开裂不是低合金钢在H_2S环境中的主要开裂机理，但在发生局部腐蚀和高应力的综合作用下仍可能发生。该变径管的受力主要包括两方面：一是管内输送压力引起的服役应力；二是管道连接可能引起的附加载荷。由于变径管形状突变，存在应力集中，而开裂发生的1点钟位置，正好是管道连接引起附加拉伸载荷的最大值附近，满足应力腐蚀开裂的条件。

除上述三个条件外，从服役时间也可间接判断开裂原因。通常发生SSC的时间较短，此类低合金钢如果材质不合适，几个月内必然失效，但该变径管服役8年才出现刺漏，因此间接证明开裂刺漏主要是H_2S环境下的应力腐蚀开裂所致。

5 结论及建议

(1) 异径管母材的化学成分和力学性能均符合GB/T 9711—2017的规定，金相组织未见明显异常。

(2) 异径管内壁腐蚀产物主要为FeS、Fe_2O_3、FeO和FeO(OH)，分别是H_2S、CO_2和氧的腐蚀产物。

(3) 开裂刺漏的主要原因是H_2S环境下的应力腐蚀开裂。

(4) 建议定期对此类管件进行检测，尤其是对于输送高腐蚀性介质且存在应力集中的部位加强检测，且检测手段应可发现裂纹型缺陷。

参考文献

[1] 尹志鹏，单华，王海男，等. 气田集气站管线刺漏原因分析及改进方法[J]. 管道技术与设备，2015，(06)：31-33.

[2] 徐军，李世勇，陈世波. 川南页岩气地面流程测试管线刺漏原因及机理分析[J]. 钻采工艺，2021，44(06)：83-87.

[3] Ren Chengqiang，Liu Daoxin，Bai Zhenquan，et al. Corrosion behavior of oil tube steel in stimulant solution with hydrogen sulfide and carbon dioxide[J]. Mater Chem Phys，2005，93(10)：305.

[4] 黄金营，吴伟平，柳伟，等. 碳钢在H_2S/CO_2体系中的应力腐蚀开裂机理[J]. 材料保护，2011，44(8)：32-33.

[5] 康荣鑫. 硫化氢介质下抗应力腐蚀的缓蚀剂探讨[J]. 化学工程与装备，2020，42(6)：11-13.

[6] 焦玉瑞，陈鹏，路思. 碳钢空冷器硫化过程预防应力腐蚀开裂措施[J]. 中国石油和化工标准与质量，2019，57(16)：92-93.

[7] 李明，李秉军，何永志，等. 某埋地碳钢管道腐蚀失效分析[J]. 焊管，2021，44(8)：30-35.

[8] 霍蛟飞，范峥，刘钊. 某油气管道刺漏着火原因分析[J]. 材料保护，2018，51(6)：134-137.

[9] 王绍霞. 氨合成塔底部副线管道异径管失效原因分析[J]. 价值工程，2015，28(4)：131-132.

[10] 胡永碧，谷坛. 高含硫气田腐蚀特征及腐蚀控制技术[J]. 天然气工业，2012，32(12)：92-96.

[11] 刘丽，吴辉，任呈强，等. L360钢在含H_2S/CO_2溶液中的腐蚀失效形式研究[J]. 材料导报，2014，28(23)：386-388.

[12] 宋成立，付安庆，林冠发，等. 某油田地面管线腐蚀穿孔分析与治理[J]. 焊管，2016，39(2)：56-58.

[13] 刘文广. H_2S应力腐蚀开裂和氢致开裂的评定[J]. 石油与天然气化工，2011，40(5)：468-469.

[14] 鲜宁，姜放，施岱艳，等. H_2S环境下碳钢连续油管的SSC行为研究[J]. 腐蚀与防护，2012，33(s2)：142-146.

[15] 丁同银. 炼厂湿硫化氢环境碳钢和低合金钢设备的腐蚀和防护[J]. 广东化工，2013，43(13)：103.

[16] 姜万军. 加氢处理装置湿硫化氢环境管道选材探讨[J]. 山东化工，2019，48(4)：118-119，135.

[17] 唐雁. 石油化工设备的腐蚀与质量防护[J]. 化工设计通讯，2019，45(2)：107.

[18] 董志强，夏勇，张建勋. 某在役天然气湿气输送管道腐蚀穿孔失效原因分析[J]. 石油管材与仪器，2019，5(6)：75-78.

[19] 徐学旭，刘智勇，李建宽，等. 20钢和16Mn钢天然气管道失效分析[J]腐蚀科学与防护技术，2018，30(2)：195-201.

西部某油田进站汇管法兰螺栓断裂失效分析

王　鹏　岳良武　常泽亮

中国石油塔里木油田公司

摘　要　西部某油田2座集气站进生产汇管法兰发生螺栓断裂事件，通过宏观形貌观察，几何尺寸测量，无损检测，理化性能检测，扫描电镜及能谱分析等对其失效原因进行了分析。结果表明：螺栓断裂属于应力腐蚀开裂，裂纹起源于下法兰螺母受力面位置螺纹根部应力集中处。螺栓的硬度大、冲击韧性低增大了螺栓发生应力腐蚀开裂的敏感性，螺栓与下法兰盘孔之间缝隙存在积水为应力腐蚀开裂提供了介质条件。

关键词　法兰螺栓，应力腐蚀开裂，应力集中，开裂敏感性，缝隙腐蚀

1　引言

西部某油田2座集气站均发生螺栓断裂事件，2021年5月1#集气站站内进生产汇管法兰2颗螺栓断裂，2022年4月2#集气站检修时发现站内生产汇管法兰有3颗螺栓断裂，随即该生产单位将同批次共计112根螺栓进行了更换。前期调研显示断裂螺栓于2007年建设安装，与配套法兰均被包裹在保温棉加石膏板保温壳内，螺母材质30CrMo、螺柱材质35CrMo，规格为M33×210mm，制造标准为GB/T 9125.2—2020《钢制管法兰连接用紧固件第2部分：Class系列》。

2　失效原因分析

2.1　宏观形貌

取螺栓样品6根，分别标记为1#~6#样品，如图1a所示。其中1#、2#螺栓为断裂的进站生产汇管法兰螺栓，其余4根螺栓为未发断裂的同批次螺栓。螺栓垂直安装，表面均呈锈黄色，6根螺栓下部(下法兰盘孔内)外表面均腐蚀严重，表面出现开裂、锈层脱落的情况(图1b)。1号螺栓断口锈蚀、磨损严重，断口已严重损伤(图1c)，2号螺栓断口较平齐，整体呈脆性断裂特征，断面垂直于螺栓轴向，断口未见明显颈缩，裂纹起源于螺柱外壁，呈多源起裂特征(图1d)。

图1　样品宏观照片

(a)整体宏观(b)表面腐蚀形貌(c)1#螺栓断口(d)2#螺栓断口

选取样品6根，分别标记为1#~6#样品，如图3a所示。其中1#、2#螺栓为断裂的YT1-9井及YT101井进生产汇管法兰螺栓，其余4根螺栓为未发断裂的同批次螺栓。螺栓垂直安装，表面均呈锈黄色，6根螺栓下部(下法兰盘孔内)外表面均腐蚀严重，表面出现开裂、锈层脱落的情况(图3b)。1号螺栓断口锈蚀、磨损严重，断口已严重损伤(图3c)，2号螺栓断口较平齐，整体呈脆性断裂特征，断面垂直于螺栓轴向，断口未见明显颈缩，裂纹起源于螺柱外壁，呈多源起裂特征(图3d)。

2.2 几何尺寸测量

表1为送检螺栓几何尺寸测量结果，从表1可知，螺栓的尺寸符合GB/T 9125.2—2020标准的要求。

表1　送检螺栓尺寸测量结果(mm)

试样编号	螺柱		螺母		
	规格	外径	对边宽度	对角宽度	厚度
1#	M33	32.86	49.30	56.53	27.88
2#	M33	32.56	49.56	56.60	27.69
3#	M33	32.77	49.84	56.70	27.70
4#	M33	32.87	49.61	56.74	27.70
5#	M33	32.75	49.35	56.54	27.66
6#	M33	32.97	49.24	56.42	27.80
GB/T9125.2-2020要求	M33	32.00~33.00	49.00~50.00	≥55.37	27.40~28.70

2.3 无损检测

为进一步确定失效螺栓是否存在其它表面裂纹，依据NB/T 47013.4—2015《承压设备无损检测第4部分：磁粉检测》标准，利用荧光磁粉分别对1#~6#螺栓外壁进行无损检测，如图2所示。结果表明，1#~6#螺栓均未见其它缺陷。

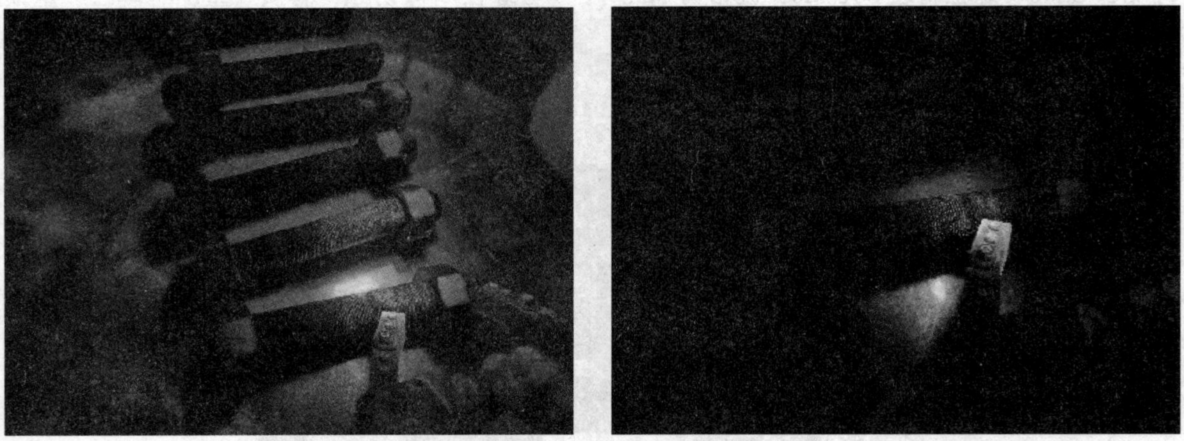

图2　磁粉检测照片

2.4 理化性能

为明确螺栓材料性能，分别在断裂的1#、2#螺栓及未断裂的3#~6#螺栓取样进行性能测试，并将结果与标准GB/T 9125.2—2020《钢制管法兰连接用紧固件 第2部分：Class系列》要求进行对比分析。考虑螺栓及试样尺寸要求，分别在1#、2#及3#螺栓取化学成分、硬度、拉伸性能及金相分析试样，在4#、5#、6#螺栓取冲击试样进行性能测试分析。

2.4.1 化学成分分析

分别在1#~3#螺柱及螺母上取化学成分分析试样，依据GB/T 4336—2016标准，采用ARL4460直读光谱仪进行试验，结果见2。从表2可知，1#~3#螺柱材质为35CrMo，2#、3#螺母材质为30CrMo，化学成分符合GB/T 3077—2015《合金结构钢》标准要求；1#螺母材质为45号钢，化学成分满足GB/T 699—2015《优质碳素结构钢》标准要求。

表 2 化学成分分析结果(Wt. $\times10^{-2}$)

元素 \ 编号	1#螺柱	2#螺柱	3#螺柱	1#螺母	2#螺母	3#螺母	GB/T 3077—2015 要求	GB/T 699—2015 要求
碳(C)	0.34	0.33	0.33	0.44	0.32	0.34	0.32~0.40	0.42~0.50
硅(Si)	0.21	0.21	0.21	0.26	0.22	0.22	0.17~0.37	0.17~0.37
锰(Mn)	0.52	0.51	0.52	0.69	0.56	0.56	0.40~0.70	0.50~0.80
磷(P)	0.011	0.011	0.011	0.015	0.012	0.013	≤0.02	≤0.035
硫(S)	0.0073	0.0079	0.0071	0.016	0.013	0.014	≤0.02	≤0.035
铬(Cr)	0.91	0.93	0.92	0.029	0.92	0.99	0.80~1.10	≤0.25
钼(Mo)	0.16	0.15	0.16	0.0011	0.18	0.18	0.15~0.25	
镍(Ni)	0.0090	0.0087	0.0088	0.012	0.0089	0.0092	≤0.30	≤0.30
铌(Nb)	<0.0008	<0.0008	<0.0008	<0.0008	<0.0008	<0.0008	—	—
钒(V)	0.0030	0.0029	0.0030	0.0024	0.0036	0.0033	—	—
钛(Ti)	0.0022	0.0021	0.0021	0.0038	0.0021	0.0021	—	—
铜(Cu)	0.010	0.0097	0.0099	0.025	0.0086	0.0083	≤0.25	≤0.25
硼(B)	<0.0001	0.0001	0.0001	0.0002	0.0002	0.0003	—	—
铝(Al)	<0.001	<0.001	<0.001	0.011	<0.001	<0.001	—	—

2.4.2 力学性能试验

(1) 拉伸性能试验

分别从1#~3#螺柱取纵向拉伸试样，依据GB/T 228.1—2010标准进行室温拉伸试验，试验结果见表3。由表3可知，3件螺柱拉伸强度、屈服强度满足GB/T 9125.2—2020对35CrMoA钢的要求，2#、3#螺柱断后伸长率不满足GB/T 9125.2—2020的要求。

表 3 室温拉伸试验结果

试样		抗拉强度/MPa	屈服强度(0.2%offset)/MPa	断后伸长率/%
编号	直径×标距/mm			
1#	6.238×25	1373	1173	15.0
2#	6.234×25	1372	1183	13.0
3#	12.423×50	1214	1100	13.0
GB/T 9125.2—2020 要求	≥805	≥685	≥14	

(2) 冲击性能试验

分别从4#~6#螺柱取纵向冲击试样(10×10×55mm)，依据GB/T 229—2020标准，应用PIT752D-2(300J)型冲击试验机对试样进行夏比冲击试验，试验结果见表4。由表4可知，6#螺柱冲击性能满足GB/T 3077—2015标准要求，4#、5#螺柱冲击性能低于GB/T 3077—2015标准要求。

表 4 冲击试验结果

编号 \ 项目	试样规格/mm	缺口形状	温度/℃	冲击吸收能量/J
4#纵向	10×10×55	V型	20	16
5#纵向	10×10×55	V型	20	29
6#纵向	10×10×55	V型	20	79
GB/T 3077—2015 要求	10×10×55	V型	20	≥63

(3) 硬度试验

分别在1#~3#螺柱及螺母上取硬度试样，依据GB/T 231.1—2018《金属材料 布氏硬度试验 第1部分：试验方法》标准，采用BH3000布氏硬度计进行布氏硬度(HBW2.5)测试，测量结果见表5。从表5可见，1#~3#螺柱、2#、3#螺母的硬度均不符合标准 GB/T 9125.2—2020 的规定。

表5　布氏硬度测试结果(HBW)

试验位置	1#螺柱	2#螺柱	3#螺柱	1#螺母	2#螺母	3#螺母
位置1	438	438	363	254	336	345
位置2	438	463	372	249	328	328
位置3	438	450	372	254	328	336
GB/T 9125.2—2020 规定	234~285HBW			234~321HBW		

2.4.4　金相分析

(1) 螺柱金相分析

分别从1#~3#螺柱上取金相分析试样，依据 GB/T 13298—2015《金属显微组织检验方法》、GB/T 6394—2002《金属平均晶粒度测定方法》和 GB/T 10561—2005《钢中非金属夹杂物含量的测定方法》，采用 OLS4100 激光共聚焦显微镜对试样的显微组织、晶粒度和非金属夹杂物等进行检测分析，结果见表6。从表6可知，1#、2#螺柱金相组织为S回(回火索氏体)+F(铁素体)，3#螺柱为S回(回火索氏体)，1#螺柱晶粒度8.5级，2#、3#螺柱晶粒度8.0级，3件螺柱非金属夹杂物均为A1.0，B0.5，D0.5。

表6　金相检验结果

试样编号	非金属夹杂物	组织	晶粒度
1#	A1.0，B0.5，D0.5	$S_{回}$+F(图3、图4)	8.5
2#	A1.0，B0.5，D0.5	S回+少量F(图5、图6)	8.0
3#	A1.0，B0.5，D0.5	$S_{回}$(图7、图8)	8.0

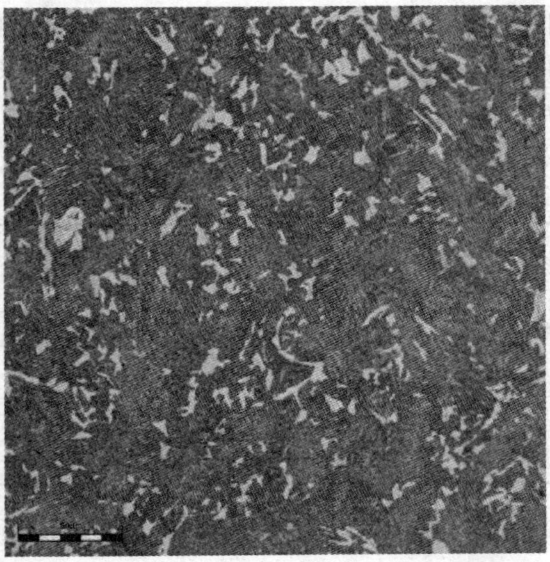

图3　1#螺柱边部金相组织

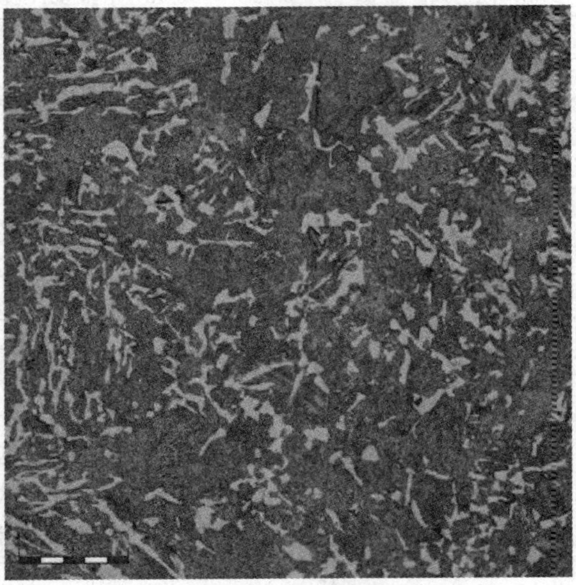

图4　1#螺柱芯部金相组织

图5　2#螺柱边部金相组织

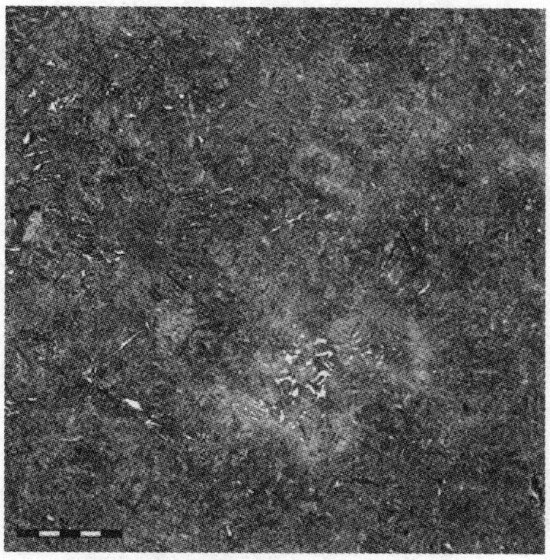

图 6　2#螺柱芯部金相组织

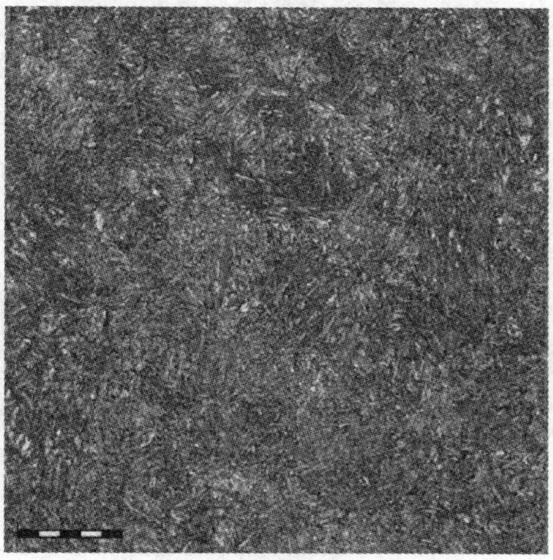

图 7　3#螺柱边部金相组织

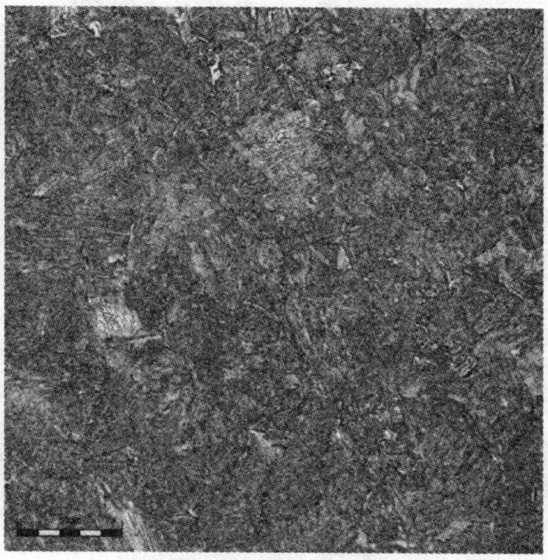

图 8　3#螺柱芯部金相组织

（2）断口金相分析

在 1#和 2#螺栓断口处取纵向金相试样，依据 GB/T 13298—2015《金属显微组织检验方法》、GB/T 6394—2002《金属平均晶粒度测定方法》和 GB/T 10561—2005《钢中非金属夹杂物含量的测定方法》，采用 OLS4100 激光共聚焦显微镜对试样的显微组织、晶粒度、非金属夹杂物和裂纹等进行检测分析，结果见表 7。从表 7 可知，1#和 2#螺栓断口附近金相组织、非金属夹杂物、晶粒度与螺柱其它位置基本一致。1#螺栓断口未发现裂纹，2#螺栓断口第一根螺纹底部存在裂纹，呈沿晶开裂状，裂纹尖端可见分支特征，周围组织未见异常，裂纹内存在大量灰色物质。

表 7　金相检验结果

试样编号	非金属夹杂物	组织	晶粒度	裂纹分析
1#断口	A1.0，B1.0，D0.5	$S_{回}$+F(图 9)	7.5	未发现明显裂纹
2#断口	A1.0，B0.5，D0.5	S 回(图 10)	8.0	沿晶裂纹，裂纹内部存在大量灰色物质(图 11)

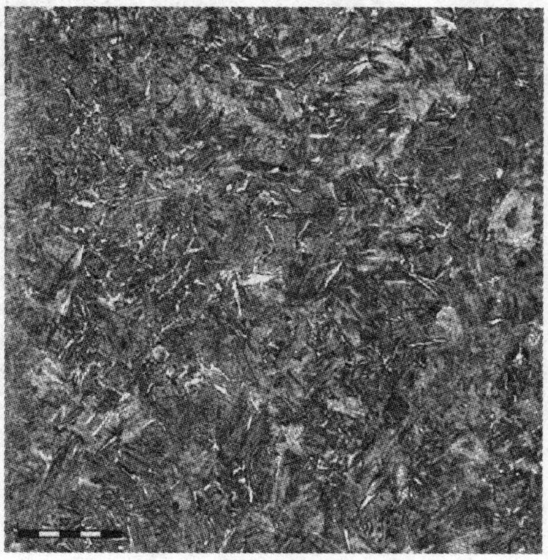

图 9　1#断口金相组织

图 10　2#断口金相组织

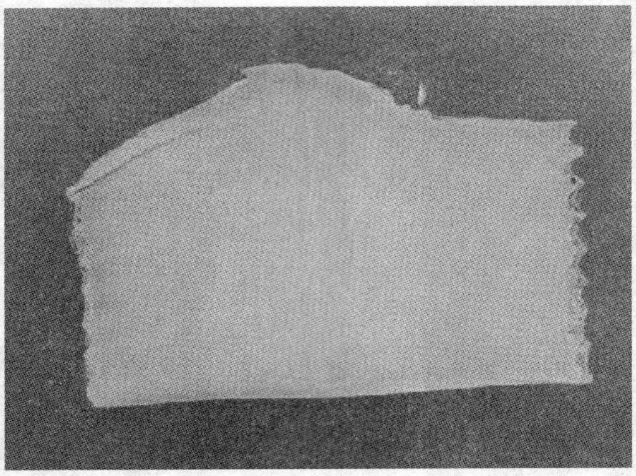

(a)宏观

(b)裂纹根部　　(c)裂纹中部　　(d)裂纹尖端

图 11　2#断口裂纹金相

2.5　扫描电镜及能谱分析

取 1#、2#螺栓断口试样，利用扫描电子显微镜(SEM)及 X 射线能谱分析仪(EDS)对断口形貌及微区成分进行分析。高倍观察发现，断口微观形貌呈团簇、鳞片状，未见明显韧窝形貌，如图 12 所示。EDS 成分分析(见图 13)结果(见表 8)显示，断口表面成分主要含 Fe、O 元素及少量 C、Cl、Si 等元素。

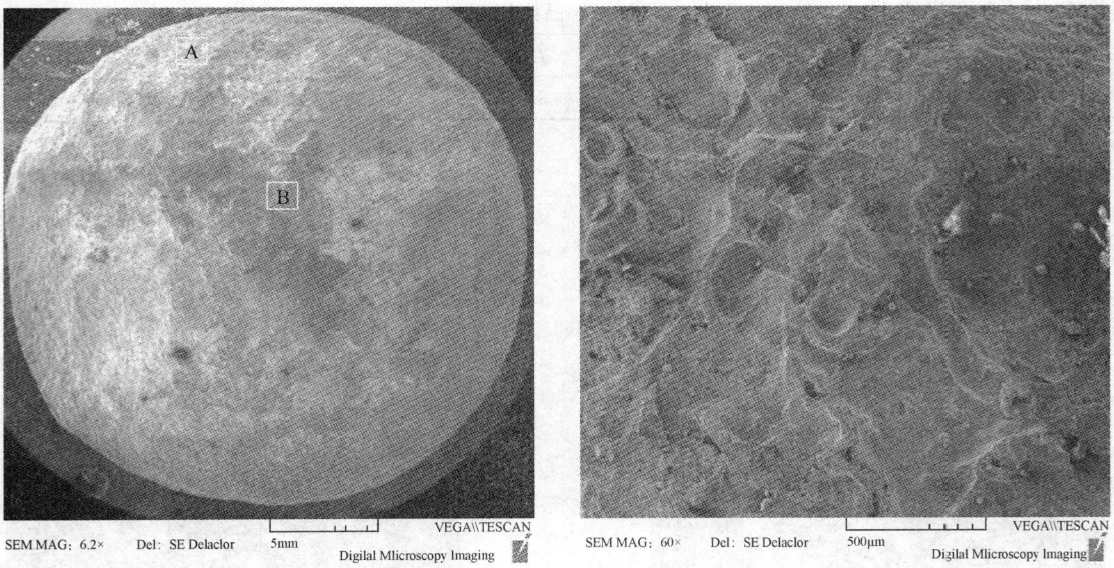

(a)　　(b)

图 12　断口不同区域的 SEM 照片

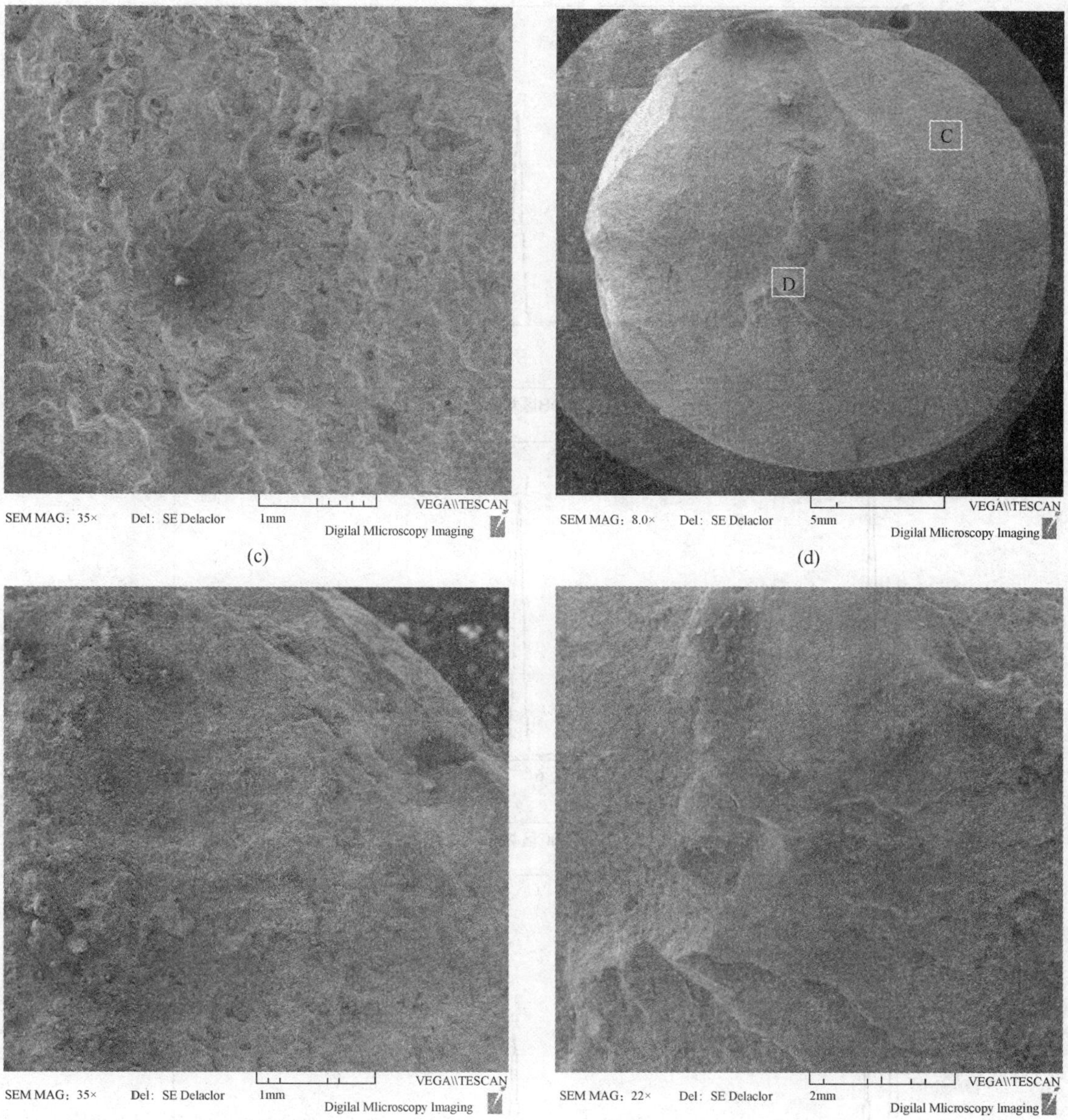

图 12　断口不同区域的 SEM 照片

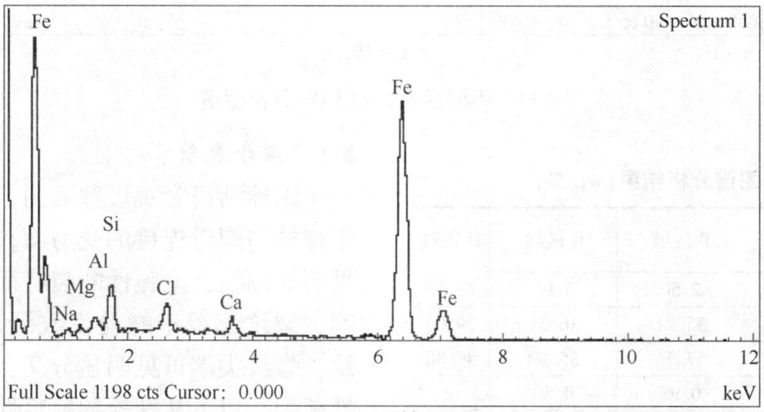

(a)A区域

图 13　不同区域断口 EDS 分析图谱

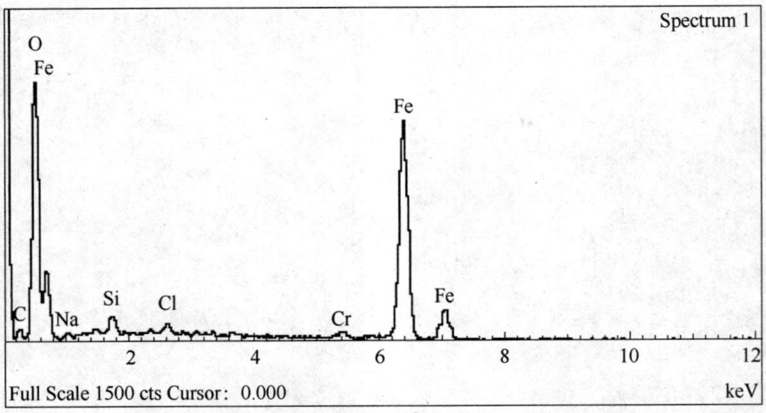

(b)B区域

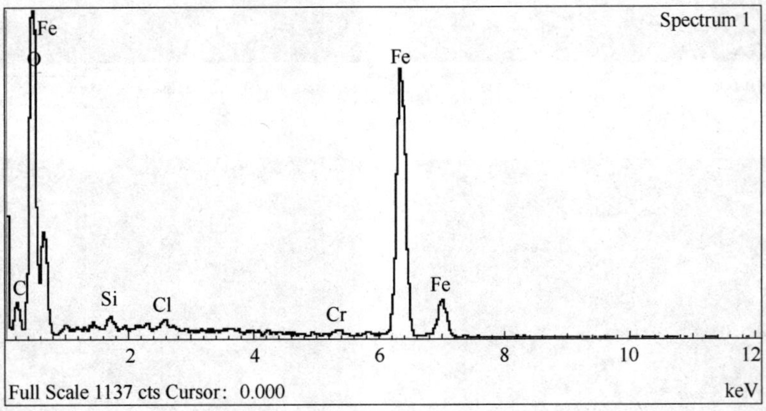

(c)C区域

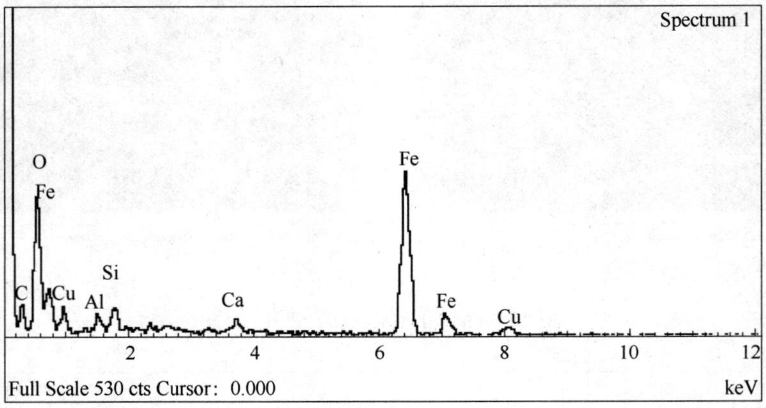

(c)d区域

图 13　不同区域断口 EDS 分析图谱

表 8　EDS 图谱分析结果(wt. %)

元素＼编号	A 区域	B 区域	C 区域	D 区域
碳(C)	—	2. 50	5. 93	12. 18
氧(O)	37. 06	35. 21	36. 51	29. 06
铁(Fe)	53. 67	57. 76	55. 60	48. 80
氯(Cl)	1. 88	0. 93	0. 56	—
钠(Na)	1. 02	1. 28	—	—
硅(Si)	3. 10	1. 51	0. 82	2. 18
钙(Ca)	1. 37	—	—	1. 25
铬(Cr)	—	0. 80	0. 58	—

2. 6　综合分析

螺栓断口宏观形貌表明，失效螺栓断裂点位于螺柱与螺母连接的受力面。断口较为平整，未见明显颈缩，呈脆性断裂特征，裂纹金相结果表明，裂纹起源于螺栓螺纹牙底，主要为沿晶裂纹，裂纹尖端可见明显分叉，螺栓断裂属典型脆性断裂。以下从螺栓的材料性能、安装受力、运行工况三方面分析螺栓发生断裂的原因。

首先，从螺栓材料性能方面进行分析。螺栓理化性能分析结果表明，1#~3#螺柱、2#、3#螺母材质均为35CrMoA，1#螺母材质为45号钢，化学成分符合GB/T 3077—2015及GB/T 699—2015标准要求。螺柱抗拉强度、屈服强度符合GB/T 9125.2—2020对35CrMoA钢的要求，1#、2#螺柱金相组织为回火索氏体+铁素体，3#螺柱金相组织为回火索氏体，晶粒度均在8.0级以上，非金属夹杂物均为A1.0，B0.5，D0.5。根据GB/T 9125.2—2020《钢制管法兰连接用紧固件 第2部分：Class系列》标准，35CrMoA材料的螺栓应采用调质热处理工艺，金相组织应为分布均匀的回火索氏体，发生断裂的1#、2#螺柱金相组织中含有铁素体，有关资料表明，材料基体组织铁素体的出现，会显著降低材料的强度。此外，2#、3#螺柱的断后伸长率、1#~3#螺柱的布氏硬度、4#~5#螺柱的冲击性能均不符合GB/T 9125.2—2020要求，尤其是1#、2#螺柱的硬度远大于标准要求，导致材料的冲击韧性较差，抗裂纹扩展性能低。

其次，从螺栓的安装受力方面进行分析。该批螺栓自2007年投产安装后从未拆卸过，因时间较长无法获取当初的紧固方式。根据GB/T 17186.1—2015《管法兰连接计算方法 第1部分：基于强度和刚度的计算方法》，操作状态下所需的最小螺栓载荷的计算公式见式(1)：

$$W_{m1}=H+H_p=0.785G^2P+(2b\times3.14GmP) \quad (1)$$

式中，H为操作状态下，以垫片反力作用直径为界的面积上的最大许用工作压力所产生的端部静压力，N；H_p为垫片或连接表面上维持足以保持紧密连接的压缩载荷，N；G为垫片压紧力作用位置处的直径，mm；P为操作内压力，MPa；b为垫片有效密封宽度或连接接触面密封宽度，mm；m为垫片系数。

该型号法兰垫片为环形钢垫片，外径161.93mm，宽度11.11mm，根据GB/T 17186.1—2015标准，垫片有效密封宽度b为5.55mm，垫片压紧力作用位置处的直径G为161.93mm，垫片系数m为5.5，现场最大操作压力为12.5MPa，代入式(1)计算得到操作压力下螺栓最小载荷为645665N。

该螺栓型号M33×240mm，螺柱截面积为855mm²，考虑螺栓连接处螺柱外表面已经严重腐蚀，厚度按3mm计算，则螺柱有效承载面积为572mm²，单个法兰螺栓共计8根，计算得到单根螺柱的承载力约为141MPa，远低于螺柱的抗拉强度。

力学计算表明，操作压力不是造成螺柱断裂失效的主要原因。

最后，从螺栓的运行工况方面进行分析。通过现场调研可知，该汇管附近无振动源，进气流量较平稳，只是在每年停产检修需要进行流程切换时，可能会造成法兰处的晃动，可初步排除因振动疲劳导致的螺栓断裂。另外，从螺栓的现场安装位置来看，螺栓垂直安装，断裂处均位于螺栓下部腐蚀最严重处，受力状态相似的螺栓上部连接螺母处未发生断裂，因此判断螺栓的断裂与其外表面发生腐蚀有直接关系。螺柱外表面腐蚀严重处位于下法兰盘孔内，法兰外表面为硅酸盐棉+铝皮保温，由于螺柱与下法兰孔之间存在空隙且未采取密封措施，导致雨水等腐蚀性介质进入后在此处聚集，另外，大气中的盐分、固体颗粒等杂质也易在此处沉积，增加了介质的腐蚀性。根据现场资料，汇管处运行温度30-50℃，另外保温层内采用电加热方式，因此保温层内螺栓孔处相对高温湿润的环境进一步加剧了腐蚀的发生。断口表面能谱分析表明，腐蚀产物主要含Fe、O元素及少量C、Cl、Si等元素，也表明该处有杂质的沉积。研究表明，低合金高强度钢在雨水、氯化物水溶液等环境中有较强的应力腐蚀开裂敏感性。发生断裂的螺栓强度较高，硬度明显偏大，冲击性能明显偏低，抗应力腐蚀开裂性能较差，在轴向拉应力及法兰盘孔缝隙内腐蚀介质的作用下，螺柱发生应力腐蚀开裂导致断裂。

综合以上分析可知，螺柱与下法兰盘孔存在间隙且未采取密封措施，导致孔内积水，大气中杂质在此沉积，腐蚀性增强，受垂向拉应力的作用，螺柱在下法兰螺母受力面位置萌生应力腐蚀裂纹。加之螺栓材质硬度高，冲击韧性差，抗裂纹扩展能力低，萌生后的应力腐蚀裂纹后期发生扩展，导致螺栓断裂。

3 结论

（1）1#~3#螺柱材质为35CrMo，2#、3#螺母材质为30CrMo，化学成分符合GB/T 3077—2015标准要求；1#螺母材质为45号钢，与设计要求的30CrMo螺母材质不符。

（2）1#、2#螺柱金相组织为回火索氏体+铁素体，1#螺柱晶粒度8.5级，2#螺柱晶粒度8.0级，3#螺柱金相组织为回火索氏体，晶粒度8.0

级，非金属夹杂物均为 A1.0，B0.5，D0.5；2#、3#螺柱的断后伸长率偏小，1#~3#螺柱的布氏硬度偏大，4#、5#螺柱的冲击性能偏低，均不符合 GB/T 9125.2—2020 要求。

（3）螺栓断裂属于应力腐蚀开裂，裂纹起源于下法兰螺母受力面位置螺纹根部应力集中处。螺栓的硬度大、冲击韧性低增大了螺栓发生应力腐蚀开裂的敏感性，螺栓与下法兰盘孔之间缝隙存在积水为应力腐蚀开裂提供了介质条件。

参考文献

[1] 杨金艳，凌晨，吴澎等．高强度螺栓断裂原因分析[J]．热加工工艺，2019，48(20)：173-176.

[2] 刘建平．35CrMo 高强螺栓脆性断裂原因分析[J]．金属世界，2022(06)：49-53.

[3] 杨春林，何俊，宫彦双等．35CrMoV 钢螺栓断裂原因分析[J]．化工装备技术，2023，44(03)：33-36.

[4] 朱姣，钟振前，于学亮等．螺栓断裂原因分析[J]．物理测试，2022，40(02)：57-63.

[5] 李静．法兰连接螺栓断裂失效分析及对策[J]．化工设备与管道，2023，60(01)：6-9.

[6] 贾璐菲，曾祥建，毛泽宁．螺栓断裂失效分析[J]．金属加工(热加工)，2019(10)：12-14.

[7] 薛义．某压缩机螺栓连接断裂失效分析[D]．华东理工大学，2015.

[8] 刘志就．往复式压缩机连杆螺栓断裂原因分析[J]．设备管理与维修，2017(04)：95-97.

[9] 李维平．压缩机缸体支撑螺栓失效分析[J]．炼油与化工，2008(01)：39-41+61.

[10] 张渊．在役螺栓球网架结构 M39 高强度螺栓的疲劳分析与试验验证[D]．太原理工大学，2015.

[11] 杨林．活塞压缩机缸体连接螺栓断裂故障处理[J]．压缩机技术，2018(04)：50-53.

管道放空回收技术应用研究综述

高仕玉　贾彦杰　李　霞　周代军　李　振　古　丽　舒浩纹　冯兰婷

（国家管网集团西南管道公司）

摘　要　天然气在能源结构中比例持续升高，甲烷排放及其环境影响日益受到各方关注，甲烷减排及放空回收可以获得良好的环境、社会、经济效应。介绍了天然气工业甲烷放空来源，总结了管道行业天然气减排措施，分析了不同的放空回收手段，得出在线回注是切合管道行业实际的回收方案的结论。调研了国内外管道企业、服务商、设备制造商技术现状，总结了天然气回收关键指标，指出目前国内天然气回收实施存在效率提升、撬装化、经济敏感分析等瓶颈技术，认为放空回收潜力规模巨大，是未来管道企业的必然选择。研究表明回收经济性受多因素影响，移动回收技术在国内应用还需要深入做经济性和适应性研究，同时需要政府、管道企业、装备企业等多方努力共同推动。

关键词　管道天然气；放空回收；移动式压缩回收车；在线回注；经济敏感分析

进入二十一世纪以来，天然气行业快速发展，天然气消费量在一次能源消费中的比重已达25%左右。在碳中和的全球愿景驱动下，天然气作为能源结构转型过程中重要的过渡能源，将持续保持增长态势，预计到2040年有望超过石油短暂成为第一大能源。然而，在天然气生产、处理、输配的全过程中，因工艺操作、维修、设备故障及缺陷等多方面原因，会导致各种计划性和非计划性放空，使得大量天然气被排放到大气中。天然气主要成分甲烷是一种强温室气体，其在100年尺度范围内的增温潜势约为二氧化碳的28倍。若不能有效控制天然气放空量，不但会造成大量的能源浪费，还将削弱天然气带来的气候效益。鉴于此，国家发改委发布的《天然气发展“十三五”规划》明确提出天然气生产企业要加强油田伴生气回收利用，管道企业要研究移动压缩机回收管道计划性维检修放空气，减小放空量，避免浪费。在“双碳”目标提出后，天然气行业甲烷减排需求更为迫切。

本文通过调研国内外天然气计划性放空回收利用现状，总结国内外现有回收技术利弊，从技术层面、经济层面分析管道气回收项目关键制约因素，结合管道企业运行情况，提出管道天然气计划性放空实施建议，为放空回收技术进一步研发和推广应用提供决策参考。

1　管道天然气放空回收技术概述

放空天然气的回收按照回收和转运方式分为在线回注和非管输储运。在线回注指的利用压缩机等设备提高气体压力迫使待回收气体进入在用输气管道，或者将高压放空气体导入到压力较低的管道的回收方式。目前较为成熟的在线回注方案主要利用压缩机进行增压回注管线，国内外也有采取喷射器引流增压回收的应用。在线回注方案无需再次考虑回收后天然气的运输和二次利用问题，最切合管道放空实际特点的，技术成熟，经济性佳，是目前国内外管道气回收最广泛采用的技术方案。

非管输储运指的是利用压缩（CNG）、液化（LNG）、吸附（ANG）、水合物（NGH）、地下储气（UNGS）、近临界流体等方法进行存储、运输及再利用。其中，CNG回收方式技术、设备成熟，成本较低，在车用燃料和油气田边缘气体回收领域应用较多，相较其他非管输储运方式，有较强的适应性。CNG回收方式将管道放空气增压到20~25Mpa，再通过管束车运输，单车运气量可达4000~8000Nm^3，适用于站场放空量较小的工况使用，不适用于管道气大规模放空和短时间内完成回收的时间要求。

2　国外研究现状

国际上相关国家和组织开展了一系列天然气减排或回收相关政策及技术研究，取得了一些积极成效。美国环境保护总署（EPA）在1993年发起了“天然气之星”项目，旨在为美国油气行业提供一个实施甲烷减排技术研究和措施的框架，实现油气高效利用和环境保护。世界银行 2002 年发起“全球减少燃气燃烧合作伙伴关系”组织(GGFR)，致力于开展回收技术研究，传播成功案例，促进油田伴生天然气的回收使用。

与此同时，许多企业也在管道天然气放空回收方面投入了较大的研发成本，在移动式放空回收装置的制造和应用方面已较为成熟。加拿大 TC 能源公司自上世纪 70 年代就开始了较为系统的甲烷排放管理与气候变化应对策略，系统性的研发和采用了减少天然气泄漏和回收放空天然气的方案。目前拥有 8 套往复式和离心式移动式压缩回收装置，最大功率达 3MW，压比 5∶1，流量达到 $210\times10^4Nm^3/d$，平均每年开展近 30 次管线回收作业，避免 610 万元的经济损失。同时应用超音速射流器回收干气密封泄放气体，单台燃驱压缩机组每年减少 1600 吨二氧化碳当量温室气体排放。俄气 2009 年启动管线放空移动回收项目，2010 年在 Ust-Buzuluksk 管线上 12km 的 DN1200 管段，进行了先导测试，经过 93.83 小时的回收，管存压力从 4.37MPa 降至 1MPa，燃料消耗 $6604Nm^3$，回收天然气 $57.367\times10^4Nm^3$，价值 3.56 万欧元，减少放空罚款 1.5 万欧元。荷兰 Gasunie 设立了“减少碳足迹”项目，2006~2009 年，开展 18 次回收作业，完成约 750 万标方天然气回收，价值 180 万欧元，加上回收天然气的奖励，共获得收益 405 万欧元，远高于投资 150 万欧元，效益可观。

奥地利压缩机制造企业 LMF 公司，针对管道放空设计了 4 型的车载移动式回收装置，功率范围为 100~700kW，具备全自动独立运行能力，采用两级压缩切换专利技术，兼具大流量和高压比特性，余压低至 0.1~0.7MPa，最大压比为 12∶1。欧洲开放网格公司自 2010 年开始先后共购入 LMF 公司的 2 台移动回收车，2010 年至 2016 年共开展了 65 次放空回注作业，回收天然气总计 3400 万标方，避免了 78 万吨当量二氧化碳的排放。意大利 CII Guatelli 公司作为油气服务提供商，采购了 2 台奥地利 LMF 公司产移动回收车，2013~2015 年为意大利 SNAM、法国 GRTgaz、奥地利 TAG 等公司共进行了 25 次回收服务，回收天然气 1153 万标方，减少了 16 万吨当量二氧化碳排放。此外，德国鲁尔天然气、哈萨克斯坦 Intergas Central Asia 天然气，乌克兰 Ukrtransgaz、德国 Fangmann 等公司也采购了 LFM 移动回收车用于放空气回收。

3　国内研究现状

建国以来我国的天然气工业主要集中在川渝地区，随着上世纪 90 年底末陕京管道和本世纪初期西气东输等长输管道工程的陆续建成投产，国内天然气工业和管道运输才进入快速发展期。国内天然气回收相关研究和应用主要集中在油气田边缘气体、火炬气回收利用；管道行业放空回收的相关研究和实际应用起步较晚，案例较少，相关研究较多的停留在方案设计层面。管道企业中仅西气东输管道公司较为系统地完成了站场、管道天然气回收研究和应用。

2012 年，西南油气田输气管理处李晶等人以威青线改线工程为背景，分析了输气管道放空模式、特点和现状，提出回收时间、安全性、工艺流程、移动性能、经济性等技术要求，综合对比了常见的放空回收方法，得出了加压回收是切合管道实际的结论，提出了基于移动式撬装压缩机组的输气管道放空天然气回收实施方案。同年，西安工业大学王洪喜等人以西气东输管道 2003~2008 年期间的放空现状为背景，提出了站场放空回收的基本工艺流程(图 1)，回收系统通过节流装置与放空管线连接，将节流后的天然气增压后重新注入输气管道或者分输管道，并论证了技术和经济可行性，建议在设计阶段就考虑放空回收工艺，从根本上解决放空量大的问题。西南石油大学蒲丽珠等人在对国内外管道放空设置方式调研分析的基础上，也建议对于常规可控的放空工况，在设计时就考虑设置配套的回收工艺。2015 年，CPE 西南分公司李瑜等人根据站场和阀室各自的放空特点，分别提出了固定式和移动式压缩装置对放空气进行回收的方案，并通过算例从理论上分析了回收方案的经济性，在实际应用时还需进一步论证。

西气东输管道公司在管道放空气回收方面开展了专门的研究，涉及回收工艺、技术决策模型、商务模式、设备选型等多个方面，研制的基于往复式压缩机组的移动回收装置在现场测试中的回收率达到 43%，实现了国内首次长输管道放空气回收。此外，对于干气密封系统的放空气回收，西气东输公司也采用了相似的工艺和装置。耿欢等人介绍了国内首个干气密封放空气回收整体解决方案，通过一套基于变频电驱往复压缩机的增压回注装置，对干气密封放空气进行4级增压后注入管道压缩机入口，回收工艺流程如图2所示。该装置于2016年在西气东输二线某压气站投运，取得了良好的经济效益和环保效益。

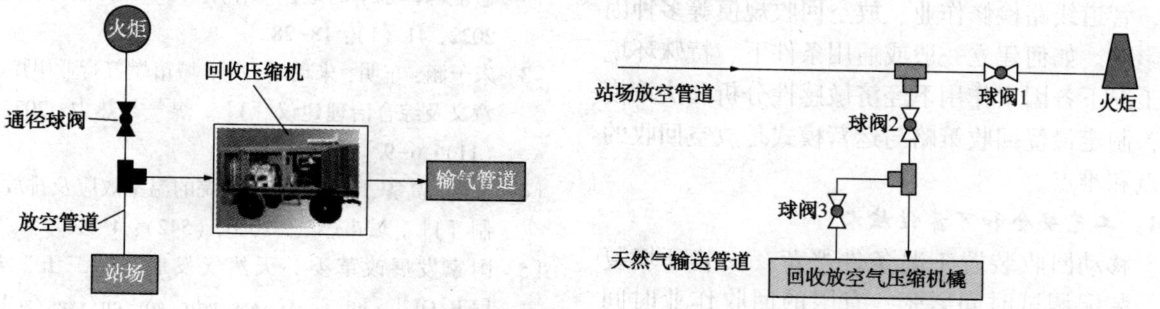

图1　站场放空回收装置示意图和工艺流程图

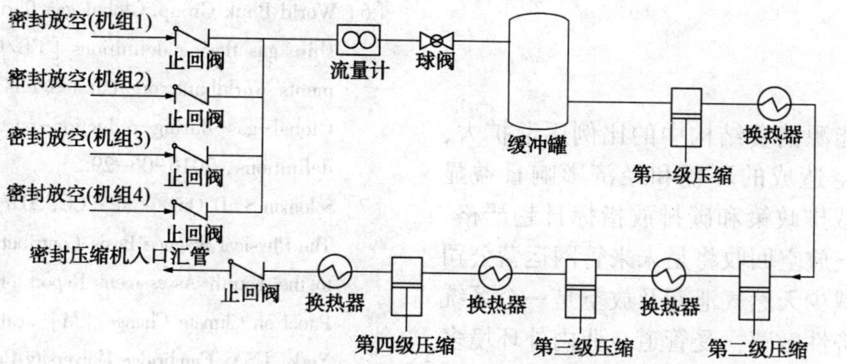

图2　干气密封放空天然气回收系统工艺流程图

4　放空回收关键瓶颈技术分析

天然气移动回收技术在国外已经应用近40年，有大量的移动压缩回收装置，在放空回收的决策模型、运营模式、经济评价等已经形成体系化。国内管道天然气回收起步晚，应用少，且管道地理分布、运营模式等存在较大差异，相关环保监管政策尚不明晰，移动压缩回收装置大规模应用还存在一定的技术瓶颈，还需要在工况适应性上做大量研究；在回收规模运营模式、政策导向不确定的情况下回收装置经济性存在较多不确定因素。

4.1　回收综合效率提升技术

管道天然气回收需要在有限的作业时间内达到较高的回收率，一是要提高设备流量缩短作业时间，二是要提高压比达到较高的回收率。但是由于压缩机的特性，设计流量和压比具有一定互斥性，不能同时提高。回收率由最高压比确定，回收压比的提高，通常通过提高压缩级速、设备功率等技术手段实现，势必导致设备回收流量、移动性能降低，回收作业时间增加，增加投资成本。如何使回收设备在回收期间尽量保持较大的回收流量，同时保证在回收后期具有较大的压比是国内外回收设备制造商研究的重点。多机并联，大小机型组合，离心与往复式设备配合，管线压缩机与移动压缩机组合使用等技术均有研究价值。国外管道公司回收实测回收率达90～95%，流量大8.75x10^4 Nm^3/h，在国内天然气实测回收率在43%左右，仍有提升空间。

4.2　回收装置撬装化技术

管道回收地点的不确定性要求回收装置必须具备移动转场、快速安装、自动化运行能力的同时满足回收性能指标要求；管道、阀室及站场地理条件复杂要求回收装置具有较强的适应性；外部后勤支持缺乏要求回收装置下具备较高的自持能力。国外已经实现往复式压缩机组和燃驱离心式压缩机组一体化车载成撬，经过大面积的推广应用，撬装化技术的经济性和可靠性已经得到验证。国内目前已经有成型的车载往复式回收车，装机功率较小；回收能力更大的的燃驱离心式回收车目前仍是空白，无相关研发厂家。

4.3　经济敏感分析和决策模型研究

放空回收设备一次投资成本大，闲置时间

长，回收市场规模不确定性大，回收经济性受国内长输管道和站场特点、设备投资及性能、放空条件、可回收时间、特殊工艺要求、下游保供需求、管道线路检修作业、放空回收规模等多种因素影响。如何建立一般或通用条件下、特殊环境和工况下各因素作用下经济敏感性分析和决策模型，制定最优回收策略与运营模式是放空回收的重点和难点。

4.4 工艺安全和可靠性技术

移动回收装置工况条件严苛、安装环境复杂、装配调试时间紧张，有限的回收作业时间内，设备的可靠性、安全性和稳定性是回收目标实现的保障。

5 结语

天然气在能源消费结构中的比例逐渐扩大，管道天然气放空造成的环境和经济影响日益显著，温室气体减排政策和碳排放指标日趋严格，放空管道天然气放空回收将是未来管网运营公司的必然选择。减少天然气泄漏及放空是一个系统工程，回收经济性敏感，受管道企业内外环境多因素影响，需要在国家政策层面顶层设计引导，工程技术层面积极研究，油气运营管理企业加强放空管理，提高回收水平，实现环境效益和经济效益多赢。

移动车载压缩机在欧美管道运营企业放空回收中的大面积应用并取得了良好的经济、环境和社会效益，表明移动回注方案切实可行。国外广泛采用的移动往复式回收车在国内管道行业推广应用仍需做大量经济性研究与适应性改造。对于国内输气主干管道回收时间窗口受限的情况，大功率大流量、多机并联、车载离心压缩机等技术路线是未来的回收研究和发展方向。

随着国家管网公司的成立，一张横跨东西，纵贯南北，覆盖全国，联通海外，互联互通，统一调度的全国性油气管网即将形成，全国范围内的管道天然气放空回收潜力巨大，建议在国家层面尽快出台天然气回收鼓励政策，管道运营公司、装备企业在回收经济效益评价、回收运营模式、回收设备关键技术等方面开展研究，多方努力，推动天然气管输行业的清洁发展。

参 考 文 献

[1] BP 世界能源统计年鉴(2021)[EB/OL]. https://www.bp.com/zh_cn/china/home/ news/reports/statistical- review-2021. html, 2021-07-08.

[2] 马新华，张国生，唐红君，等．天然气在构建清洁低碳能源体系中的地位与作用［J］．石油科技论坛，2022，41（1）：18-28.

[3] 朱子涵，车明，朱瑞娟，等．城市燃气行业甲烷减排意义及综合治理建议［J］．煤气与热力，2021，41（11）：6-9.

[4] 汪维，高霁，秦虎，等．甲烷的温室效应及排放．控制［J］．城市燃气，2020，(542)：4-9.

[5] 国家发展改革委．天然气发展“十三五”规划［EB/OL］. https://www.ndrc.gov.cn/xxgk/zcfb/tz/201701/t20170119_ 962876.html，2016-12-24.

[6] World Bank Group. Global gas flaring reduction partnership-gas flaring definitions [EB/OL]. http://documents.worldbank.org/curated/en/755071467695306362/Global-gas-flaring-reduction-partnership-gas-flaring-definitions, 2016-06-29.

[7] Solomon S, D. Qin, et al. IPCC, 2007: Climate Change 2007: The Physical Science Basis. Contribution of Working Group I to the Fourth Assessment Report of the Intergovernmental Panel on Climate Change [M]. United Kingdom and New York, USA: Cambridge University Press, 2007: 32-33.

[8] Hladun A R, Wong F & Dunn S A. The Performance of Portable Evacuation Compressors in Gas Transmission Service [C]. ASME 1981 International Gas Turbine Conference and ProductsShow. Texas, USA, 1981.

[9] Botros K K, Geerligs J, Imran H, et al. Development of a Supersonic Ejector for Capturing Very Low-Pressure Vent Gases and Re-Injection Into a High-Pressure Gas Stream [C]. 2006 International Pipeline Conference. Alberta, Canada, 2006.

[10] Ishkov A, Akopova G & Evans M. Understanding methane emissions sources and viable mitigation measures in the natural gas transmission systems: Russian and U.S. experience [C]. International Gas Union Research Conference. Seoul, Republic of Korea, 2011.

[11] Ishkov A, Akopova G & Evans M. Studies of greenhouse gas emissions at Gazprom: Accounting, Control and the best available technologies for emissions reduction [C]. The 25th World Gas Conference. Kuala Lumpur, Malaysia, 2012.

[12] Rotink M, Dijk van G. Recompression of natural gas; saving the environment and money [C]. The 24th Word Gas Conference. Buenos Aires, Argentina, 2009.

[13] Hadick C. Mobile Compressor-responsible use of primary energies, avoidance of climate harming methane emissions [C]. The 11th Pipeline Technology Conference. Berlin,

Germany, 2016.

[14] 李晶，杨建明，贾勇，等．输气管道放空天然气回收方案探讨［J］．四川环境，2012，31（S1）：73-75.

[15] 蒲丽珠，陈利琼，杨文川．天然气管道放空设置方式探讨［J］．天然气与石油，2014，32（01）：50-52+10.

[16] 李瑜，姚林，李海润，等．长输天然气管道放空气回收利用［J］．管道技术与设备，2015，（05）：55-57.

[17] 耿欢，周书仲，任永磊．干气密封放空天然气回收系统设计［J］．油气储运，2018，37（05）：591-596.

西南山区某管道凹陷服役适用性评价及修复实践

余东亮[1] 李开鸿[1] 杨锋平[2] 王垒超[1] 张 皓[2]

（1. 国家管网集团西南管道有限责任公司；2. 中国石油集团石油管工程技术研究院）

摘 要 山区管道凹陷极易产生，需要开展评价并制定合适的处置措施。通过分析标准规范，确定凹陷尺寸判定规则并梳理内检测、开挖及评价顺序。针对山区某管道内检测发现的4处深度超过6%管径的凹陷，在开挖验证的基础上开展基于深度和基于应变的评价，并进行对比分析。结合国外管道凹陷处置典型案例、各相关标准中凹陷处置方法以及管道运行实际情况，合理制定修复方案，确保管道满足服役要求。

关键词 管道；凹陷；评价；修复；套筒

西南山区地质环境复杂，施工条件不佳，崩塌、水毁等地质灾害频发，管道在建设、运行过程中，极易产生管体凹陷。山区管道凹陷的成因主要有三种：一是建设期机械碰撞、管沟底部岩石或回填时存在石头挤压，二是河床冲刷（以水石流为代表）导致露管伴随危岩体崩塌砸伤或冲击，三是管道沉降伴随管底岩石挤压（尤其是液体管道运行初期，凹陷存在增长态势）。凹陷对管道主要带来三方面安全隐患：一是由凹陷导致的管道塑性变形超过极限而形成泄漏；二是凹陷导致管体应力集中，在管道内压波动情况下，导致疲劳寿命缩短，出现延后失效；三是凹陷导致管道内截面缩小，使管道清管器、测径装置、内检测装置无法顺利通行。当凹陷耦合划伤、裂纹（如挖掘机碰伤管体形成凹陷情况），或凹陷与环焊缝相关时，凹陷处将极大降低管道承压能力，严重情况下将导致管体爆裂。

对检测出的凹陷进行评价和合理处置是管道完整性管理的重要环节。文献［1~3］对凹陷检测、评价研究现状进行了回顾和总结，同时提及了凹陷的修复手段。李庆云基于Oyane韧性断裂准则，研究了凹陷的损伤程度，该工作有利于定量评估凹陷对承载能力的影响，从而对修复需要补偿的承载能力给出参考。李根采用有限元方法，计算了不同理想尺寸凹陷的应力应变情况，以凹陷处应力是否达到管材屈服强度判定管道是否需要维修，进而可以推测维修需要补偿的承载能力。崔凯燕、雷铮强、王同德等基于管道内检测或智能测径，研究了凹陷的检测方法、检测精度以及基于内检测的应变计算或维修决策，从而提高非开挖检测的凹陷完整性管理准确度。朱丽霞通过有限元方法，详细研究了X80管材凹陷部位应力应变随凹陷深度的关系，指出凹陷中心和距离中心一定距离的边缘是凹陷的危险部位，这与实际凹陷失效现象吻合。上述研究对工程实际中的凹陷处理提供了良好建议。

西南某管道变形检测发现4处深度超过6% D（D：管道外径）的凹陷，其中2处与螺旋焊缝相关，2处不相关。管道规格Φ813×9.5mm，管材等级X70，MOP≤7.5MPa。根据上述研究基础，结合国外凹陷失效及修复案例以及工程考虑因素，对凹陷进行合理评价和选择合适处置方法，确保管道运行安全，具有重要意义。

1 凹陷评价准则概述

1.1 凹陷定义及深度选择

凹陷的定义不同，导致凹陷深度的判定方法出现差异，从而直接影响测量的时机和对凹陷危害性的判定。SY/T 6996—2014《钢质油气管道凹陷评价方法》定义凹陷是因外力撞击或挤压造成管道表面曲率明显变化的局部弹塑性变形，即凹陷变形包含弹性和塑性两部分，因而可以用内检测报告给出的凹陷尺寸开展服役适用性评价。ASME B31.4—2019《Pipeline Transportation Systems for Liquids and Slurries》与ASME B31.8-2018《Gas Transmission and Distribution Piping Systems》则定义凹陷为圆形截面的永久变形，即凹陷是塑性变形，并不包含弹性部分。

见表1和图1分别是该管道4处凹陷回弹前后的深度数据对比和现场外观形貌。开挖结果显示，4处凹陷均位于管道底部（4~8点位置），去除石头前属于管底约束性凹陷，去除石头后属于管底非约束性凹陷。4处凹陷回弹后深度为报告深度的58.7%~76.3%，平均为69.1%，显示去除约束后均有较大幅度回弹。该数据与相关文献［1，10］所述70%吻合。

表1　凹陷深度检测数据

编号	与焊缝相关性	内检测报告深度（%D）	回弹后深度（%D）	回弹后深度/报告深度
1	与螺旋焊缝相关	8.93	6.81	76.3%
2	不相关	8.60	5.83	67.8%
3	不相关	6.90	4.05	58.7%
4	与螺旋焊缝相关	8.05	5.92	73.5%

(a)1号凹陷

(b)2号凹陷

(c)3号凹陷

(d)4号凹陷

图1　凹陷开挖照片

损伤力学认为，弹性可逆且不会造成材料的损伤。在工程应用中，管道缺陷的处置方法的选择需要考虑多方因素，包括评价结果、投资概算、工况要求、高后果区分布情况、地质环境情况、施工条件及处置时间等，其核心是确保能恢复原始或达到给定的服役水平，确保管道运行安全。常规情况下，可以根据内检测数据作为初步筛选依据，对不符合标准要求的凹陷进行开挖验证，以回弹后的形状（即永久变形）尺寸进行安全评定。

1.2　凹陷性质区分

凹陷主要分为平滑凹陷与弯折凹陷。当凹陷处曲率小于5倍管道壁厚t时，属于弯折凹陷，弯折凹陷不论深度多少，均应维修。通过测量4处凹陷的三维尺寸，并计算其曲率半径R，由此判定凹陷是否属于弯折凹陷，计算结果见表2。结果表明，4处凹陷R/t均大于5t，为平滑凹陷，需要进一步评价后确定是否修复。

表2　凹陷曲率半径计算结果

序号	深度（mm）	轴向长度（mm）	环向宽度（mm）	曲率半径R	R/t
1	55.40	220	450	136.91	14.41
2	47.40	1150	550	821.43	86.47
3	32.96	950	600	1381.77	145.45
4	48.14	400	440	439.52	46.27

1.3 评价方法及结果

凹陷主要有两种评价方法，基于深度评价和基于应变评价。在基于深度评价方面，国内外主要法规和技术规范规定值见表3。由表3可知，油管道凹陷的允许量小于气管道，究其原因，主要是油管道压力波动频繁，疲劳问题更为突出，在相同服役周期内，凹陷更容易泄漏。管顶凹陷的允许量小于管底凹陷，一般情况，管顶凹陷由建设期机械碰撞造成，埋地后属于非约束性凹陷，内压波动情况下可以“呼吸”，从而疲劳寿命更短。对于普通平滑凹陷，多数标准将深度允许值定为6%D，与焊缝相关凹陷的深度允许值为2%D。

表3　相关标准对凹陷的深度规定表

序号	标准	普通凹陷	焊缝相关凹陷
1	SY/T 6996-2014	6%D以上修复	2%D以上修复
2	ASME B31.8-2018	6%D以上修复	2%D以上修复 (焊缝韧性且无超标缺陷放宽至4%D)
3	ASME B31.4-2019	6%D以上修复	执行API 1160
4	API 579-2016	7%D以上修复	—
5	CSA Z662-2015	6%D以上修复	2%D以上修复
6	API 1160-2013	管顶大于6%D立即处理；管顶大于2%D或管底大于6%D或管底应力集中凹陷，1年内处理。	2%D以上1年内处理。
7	49 CFR part 192	管顶大于6%D凹陷1年内修复， 大于6%D但应变允许情况下，监控使用； 管底大于6%D凹陷可监控使用。	2%D以上1年内修复；2%D以上， 但应变允许情况下，监控使用；
8	49CFR part195	管顶大于6%D凹陷立即修复，大于3%D凹陷60天内修复， 大于2%D凹陷180天内修复；管底大于6%D凹陷修复。	2%D以上凹陷180天内修复

基于应变评价方法，其实质是根据第二强度理论，金属材料的等效应变达到一定值就会发生破坏。对于管线钢材料，保守的临界拉伸失效应变为12%，考虑到要求长周期服役，相关标准取12%的一半6%作为凹陷应变评估的临界值，认为若凹陷处内外表面最大等效应变值不超过6%，则凹陷不会发生破坏，可以继续服役。对于含焊缝的凹陷，相关标准将临界应变值设为4%。一般而言，基于应变评价比基于深度评价宽松，这对于穿跨越等暂时无法维修、但深度值又超过标准规定值的凹陷的适用性评价特别有意义，一定程度上可以缓解管道运行单位对凹陷维修的紧迫性。随着持续的研究，基于应变的评价计算公式逐步得到完善，ASME B31.8在2018版本对应变评估的计算公式进行了修订。

为了综合对比，按照SY/T 6996—2014、ASME B31.8—2018两个标准分别对上述4处凹陷进行应变计算并与深度进行对比。结果（表4）显示，不论基于深度还是基于应变评价，1#凹陷均需要修复。2#、3#凹陷按回弹后深度评估及应变评估，均不需要修复，若按回弹前深度则需要修复。4#凹陷基于应变评价无需修复，基于深度评价需要修复。

表4　凹陷应变计算

序号	与焊缝相关性	深度（mm）	深度比（%D）		应变	
			回弹前	回弹后	SY/T 6996—2014	ASME B31.8—2018
1	相关	55.40	8.93	6.81	7.55%	8.71%
2	不相关	47.40	8.60	5.83	1.29%	1.49%
3	不相关	32.96	6.90	4.05	1.04%	1.20%
4	相关	48.14	8.05	5.92	2.85%	3.30%

1.4 凹陷修方法

GB 32167—2015、SY/T 6996—2014 以及 GB/T 36701—2018 等标准均给出了管道凹陷的常规修复方法。其中，复合材料和环氧套筒的修复原理主要是分担管道载荷，降低凹陷处的应力，从而避免凹陷发生泄漏。但是，应分担凹陷处多少载荷，从而使凹陷处的应力降低至临界低值，保证凹陷不泄漏，目前没有规定。该载荷值与凹陷深度、服役压力、凹陷曲率半径等参数密切相关，同时又影响复合材料修复层数厚度或环氧套筒的套筒厚度长度。因此在实操层面，复合材料和环氧套筒修复存在技术盲点，需要现场技术人员或补强服务商凭经验确定修复的关键参数。此外，现有研究对修复用环氧树脂的耐久性无明确定论，复合材料和环氧套筒修复的永久性不易保证，易受施工工艺、施工人员责任心、材料性能、环境等诸多因素影响。B 型套筒的修复原理为完全承担凹陷处管道载荷，考虑即使凹陷泄漏了，内部介质也不会泄漏至环境中去。因此该方法只要工艺执行到位，属于永久性修复。与复合材料、环氧套筒相比，B 型套筒的重要特点是需要与管体进行焊接，属于动火维修。

2 国外凹陷泄漏及修复案例

美国国家运输安全委员会发布事故简报显示，Colonial 管道公司某成品油管道，规格为 Φ813×7.14mm，管材为 X52 钢级双面埋弧直缝焊管，运行压力为 4.53MPa 至 4.70MPa。管道于 1964 年投产，2015 年 9 月某 1.7%D 的普通凹陷发生泄漏，凹陷边缘由外向内形成穿透性裂纹，如图 2 所示。记录显示，该凹陷 1994 年开挖时没发现裂纹，当时没做处理。Colonial 管道公司采用 B 型套筒应急抢修，后切割换管。

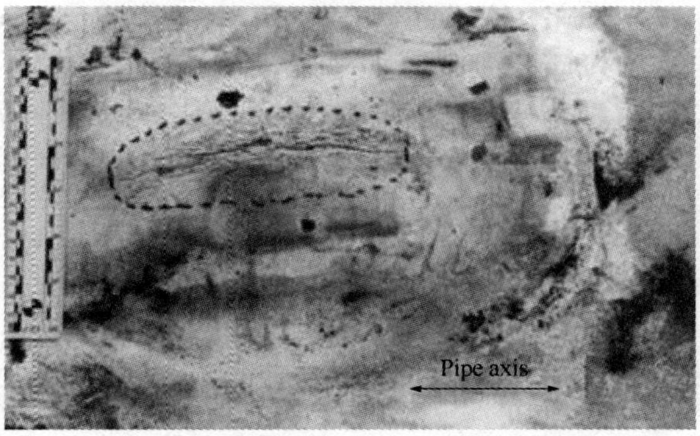

(a)外表面

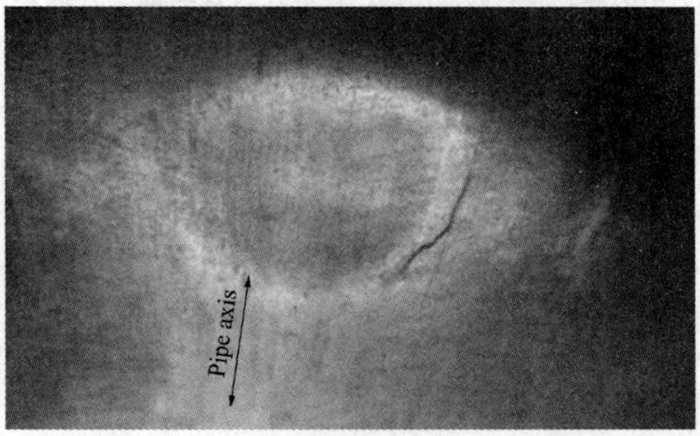

(b)内表面

图 2 Colonial 管道公司某成品油管道泄漏凹陷照片

失效分析发现，虽然凹陷深度小于 2%D，但由于形状特殊，凹陷局部尖锐导致局部应力集中，该应力集中处在内压循环波动载荷下，发生疲劳泄漏。由此可知，现有标准规定的凹陷安全深度并不是凹陷永久服役的充分条件，还应关注凹陷局部变形特征。该泄漏事件后，Colonial 管道公司又重新分析内检测数据，对形状可能造成较大应力集中的凹陷，分 2 批开挖了 39 处凹陷深度小于 2%D 的浅凹陷，其中第 1 批开挖 9 处，发现 3 处凹陷含有裂纹，除 1 处不具备换管条件外，其余 2 处采取换管修复，剩余开挖的 7 处均采用 B 型套筒修复。第 2 批开挖 30 处浅凹陷，均未发现裂纹，并对 29 处凹陷采取 B 型套筒加固，1 处由于开挖后未发现凹陷，未做修复。由此可以看出，Colonial 管道公司对于存疑凹陷，即使深度小于 2%D，一旦开挖，随即加装 B 型套筒，避免管道安全隐患继续留存。

3 凹陷修复措施

综合国内外凹陷评价修复技术标准及国外案例，考虑到 4 处凹陷外形测量仅采用了常规方法，未进行激光 3D 扫描，而且凹陷的曲率半径计算假设为整个凹陷上的均匀曲率变化，而实际可能存在凹陷某个局部曲率有剧烈变化，从而出现 Colonial 管道公司泄漏事故的可能性。结合周边高后果区分布情况、地质环境情况以及运行维护的相关要求，4 处凹陷中，1 处采用换管方式永久修复，3 处采用 B 型套筒修复。

4 结论

（1）4 处凹陷回弹前后测量值显示，非约束凹陷与约束凹陷深度的比值平均为 69.1%。采用回弹后的深度值评定凹陷，1#凹陷需要修复；2#、3#凹陷不需要修复；4#凹陷基于深度评价需要修复，而基于应变评价无需修复。

（2）采用复合材料或环氧套筒修复凹陷时，现有标准未明确修复分担的载荷，从而无法根据该载荷值详细设计修复厚度、长度等参数。

（3）国外浅凹陷失效案例及修复方法显示：即使凹陷深度小于标准要求修复值，但由于凹陷可能因为存在局部尖锐而发生疲劳泄漏；含裂纹凹陷采用换管手段，普通凹陷采用 B 型套筒修复。

（4）参考多方因素，最终确定 1 处换管，3 处B 型套筒修复。

参考文献

[1] 杨琼，帅健，左尚志．管道凹陷研究现状［J］．油气储运，2009，28（6）：10-14.

[2] 李明菲，周利剑，任重，等．在役长输油气管道管体凹陷检测评价研究进展［A］，见：CIPC2013 中国国际管道会议论文集［C］，廊坊，2013 年 9 月：194-200.

[3] 姜晓红，洪险峰，郑景娜，等．油气管道凹陷的评价与管理［J］．长江大学学报（自科版），2014，11（14）：118-121.

[4] 李庆云，吴秀菊．基于 Oyane 韧性断裂准则的凹陷管道损伤程度研究［J］．机械强度，2018，40（5）：1243-1247.

[5] 李根，李相蓉．凹陷缺陷对输气管道强度的影响［J］．焊管，2015，38（10）：53-56.

[6] 崔凯燕，王晓霖，杨文，等．基于内检测评价的管道安全维修决策［J］．中国安全科学学报，2019，29（2）：172-177.

[7] 雷铮强，陈健，王富祥，等．基于内检测数据的管道凹陷应变计算［J］．油气储运，2016，35（12）：1275-1280.

[8] 王同德，王玉雷，洪险峰，等．智能测径技术的现场应用［J］．2016，29（1）：80-82，85.

[9] 朱丽霞，武刚，李丽锋，等．X80 管线钢在管道凹陷状态下的应变演变特征［J］．天然气工业，2019，39（7）：113-119.

[10] 国家能源局．钢质油气管道凹陷评价方法：SY/T 6996—2014［S］．北京：石油工业出版社，2015.3.

[11] ASME. Gas Transmission and Distribution Piping Systems：ASME B 31.8—2012［S］．New York：ASME publisher，2012.

[12] National Transportation Safety Board. Colonial Pipeline Company Petroleum Product Leak［R］．Centreville，Virginia，2015.

含泡沫天然气集气管道运行特性研究

张应建 刘 刚[1] 赵 芹[1] 席 欢[1] 高书光[1] 王 勇[2]

(1. 中石油煤层气有限责任公司；2. 西安石油大学石油工程学院)

摘 要 泡沫排水采气导致井口产生大量稳定泡沫，使集气管线中产生气体-泡沫多相流动，管线携液、压力波动加剧，威胁管网安全运行。对此，开展了井口泡沫形成机理研究，明确了井口消泡后仍产生大量泡沫的原因。结合现场数据，借助多相流动环道实验系统，开展了空气-泡沫多相流动模拟实验，测定了不同气液条件下的空气-泡沫流型及压降规律，为分析含泡沫天然气集气管道运行特性提供依据。

关键词 泡沫；多相流；成因；流型；压降

泡沫排水采气具有携液效果好、施工方便、成本低等优点，在国内外气田生产中被广泛采用。然而，受限于井口消泡时间短、气液产量波动、地层水性质变化等因素，生产过程中，泡排产生的大量稳定泡沫往往难以在井口分离器中消除殆尽。少量泡沫不可避免地携液进入天然气单井及集气管线，致使集气管线中携液增多、积液加重、压力波动剧烈、输送效率降低。

泡沫是气体分散于表面活性液体中形成的多孔膜多相分散体系，是典型的热力学不稳定体系。气体管线中混入泡沫后，将形成气-泡沫两相、甚至气-泡沫-液三相复杂流动。针对该复杂流动体系，结合不同管道形式，国内外学者相继开展了多样流动特性研究。针对水平管路，阎晓雨研究了不同气液比下的气-液-泡沫多相流动。结果表明，随着气液比升高，多相流体呈现出泡沫-液分层流、气-泡沫段塞流、气-泡沫波动流以及气-泡沫分层流 4 种流型特征。Colombo 等通过实验揭示了液相中添加表面活性剂对降低气体管道积液的效果。Ferretto 等针对泡沫-液-气分层流，建立了一种基于视觉观察的含气率测定方法，实现对不透明的泡沫层厚度的检测。对于倾斜管路，Dall´Acqua、Zhang、Yin 等通过实验观测发现，液相中含表面活性剂，可有效抑制气液两相流中段塞流的形成。

关于气体-泡沫流动规律更多研究集中于垂直管路中。张杰研究了垂直管路气-泡沫-水的三相流型规律，划分了塞状气泡流、泡沫段塞流、泡沫搅动流以及泡沫环状流等流型特征。Amani 等基于井筒泡沫流实验，建立了基于压力数据的流型判别方法，提出了基于韦伯数的井筒泡沫流型图图版。并与泡沫静态特性结合，研究了固体颗粒和盐对泡沫流动特性的影响。张宇豪等测试了不同倾斜角和气液流速、泡排剂浓度下的压降规律，并基于漂移流理论建立了泡沫排水采气井筒的压降预测模型。

通过以上研究可知，气体-泡沫多相流动规律与常规气液两相流中气泡流动规律截然不同。目前研究多集中于井筒中泡沫流动规律，对以水平和倾斜为主的集气管道运行指导性不强。同时，作为流动特性的两大组成部分，现有研究缺乏将泡沫流流型和压降规律统一考量，二者间的内在联系不够明确。

对此，本文以某泡排致密气井场集气管线中气-泡沫多相流动为背景，开展井口泡沫成因分析，分析集气管线携带泡沫的原因。在此基础上，基于管道输气量开展泡沫流环道模拟实验，得到不同气液流量下的流型规律和压降规律，为含泡沫的天然气集气管道运行和设计提供理论借鉴。

1 泡沫成因分析

1.1 采出水性质检测

泡沫形成与液相矿化度和表面张力等因素有关。因此对泡排井口分离器排出的液体矿化度和表面张力开展测试。矿化度检测结果如表 1 所示。

表 1　排出液矿化度检测结果

分析项目		c（1/zBz±）（mg/L）	ρ/（mmol/L）
阳离子	Ca^{2+}	10918.020	272.951
	Mg^{2+}	746.360	31.098
	Fe^{3+}	0.085	0.002
	Fe^{2+}	1.016	0.018
	$Na^{+}+K^{+}$	29593.700	1286.683
	Sr^{2+}	2319.580	26.662
	Ba^{2+}	374.040	2.730
	合计	43952.801	1620.143
阴离子	Cl	120110.000	3383.380
	CO_3^{2-}	0	0
	HCO_3^{-}	794.830	13.030
	S^{2-}	0	0
	SO_4^{2-}	53.420	0.556
	合计	120958.250	3396.967
总矿化度/（mg/L）			
水型		氯化钙	
pH		4	

基于上述矿化度检测结果制备实验模拟水样。分别检测排出液和添加不同浓度泡排剂（0.1%~3.0%）的实验水样表面张力，结果如表2所示

表 2　表面张力检测结果

组别	纯水	制备水样	0.1%	0.5%	1%	3%	井口分离器排出液
表面张力（mN/m）	71.845	72.031	33.617	33.758	33.741	33.995	32.402

由表2可知，现场消泡后排出的水样中，仍含有表面活性物质，使液相表面张力处于较低水平，为再次发泡奠定了基础。

1.2　*泡沫稳定性分析*

泡沫稳定性是评价泡沫存活时间的重要性质，与环境温度、压力、泡排剂溶液浓度、pH值以及矿化度等因素有关。为进一步剖析再次发泡原因，以发泡体积、析液半衰期、析液质量等为指标，通过正交实验研究上述因素对泡沫稳定性的影响。结果如图1a）–e）所示。

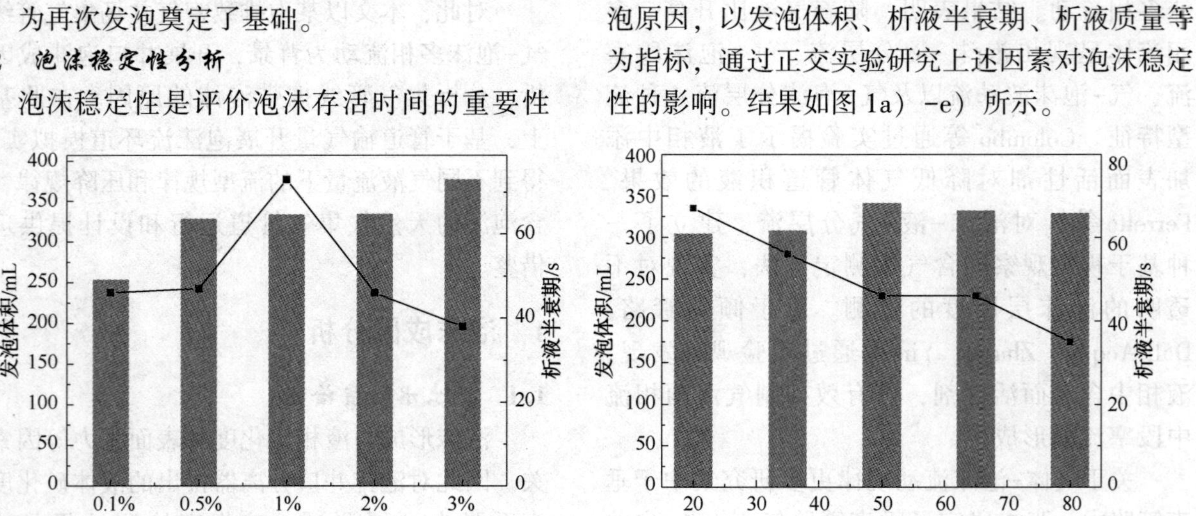

(a)泡排剂浓度的影响　　(b)温度的影响

图 1　不同因素对泡沫稳定性影响

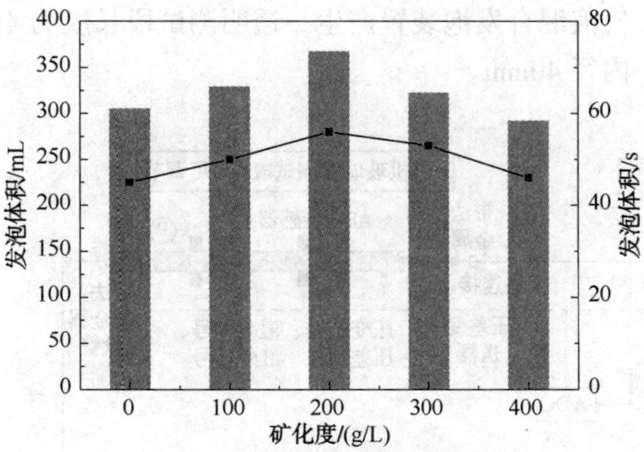

(c)液体矿化度的影响

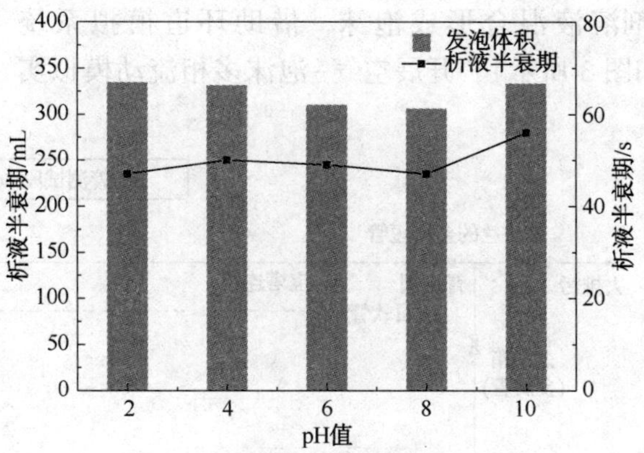

(d)液体pH值的影响

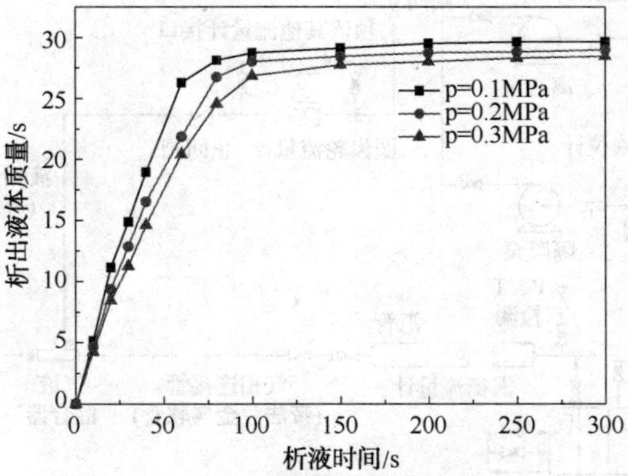

(e)压力的影响

图 1 不同因素对泡沫稳定性影响（续图）

通过以上稳定性实验可以看出：

（1）各因素对泡沫稳定的影响可归纳为：起泡剂浓度>矿化度>温度>PH 值。当体系压力升高后，析液速率变慢，泡沫稳定性增强；

（2）在起泡剂浓度为 1%、温度为 20℃、矿化度为 200g/L、pH 为 10 条件下时泡沫稳定性最强。

考虑到现场消泡过程，以上述最稳定条件为基础，加入不同浓度消泡剂开展化学消泡实验，结果如图 2 所示。由该结果可以看出，加入消泡剂后，泡沫稳定性急剧恶化。消泡剂浓度越大消泡时间越短，消泡效果较好。但需要一定消泡时间，如消泡剂浓度为 1%时，至少需要 20 分钟可将泡沫消除完。

1.3 泡沫成因总结

综合以上实验结果，井口分离器化学消泡后仍产生泡沫的原因可归结为以下原因：

（1）井口分离器中化学消泡不充分，引发气液分离不完全，致使后续集输过程中再次产生泡沫；

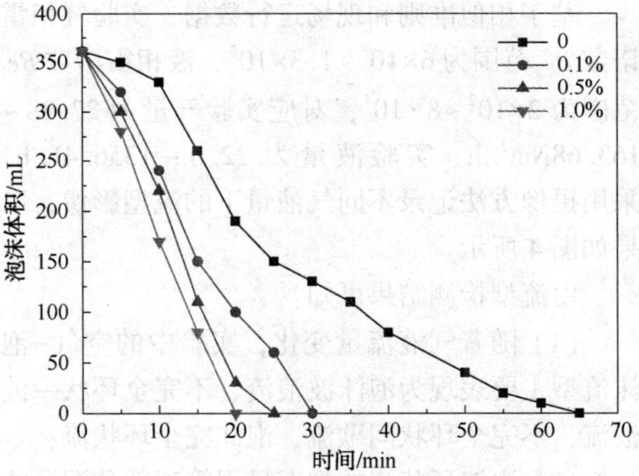

图 2 化学消泡实验结果

（2）现场消泡后水样中仍含有表面活性物质，降低液相表面张力，为气体携液后起泡奠定基础；

（3）高压、低温条件下，泡沫稳定性增强，为消泡后产生稳定泡沫提供外部条件。

2 空气—泡沫流动流型规律研究

选取稳定性最高的泡排剂浓度（1%）和模

拟水样制备起泡剂溶液。以空气作为气相，与起泡剂溶液混合形成泡沫，借助环道模拟系统（如图3所示），开展空气-泡沫多相流动模拟实验。该环道模拟系统中，泡沫由气液通过旋流式气液混合发泡装置产生。透明测试段长度为4m、内径40mm。

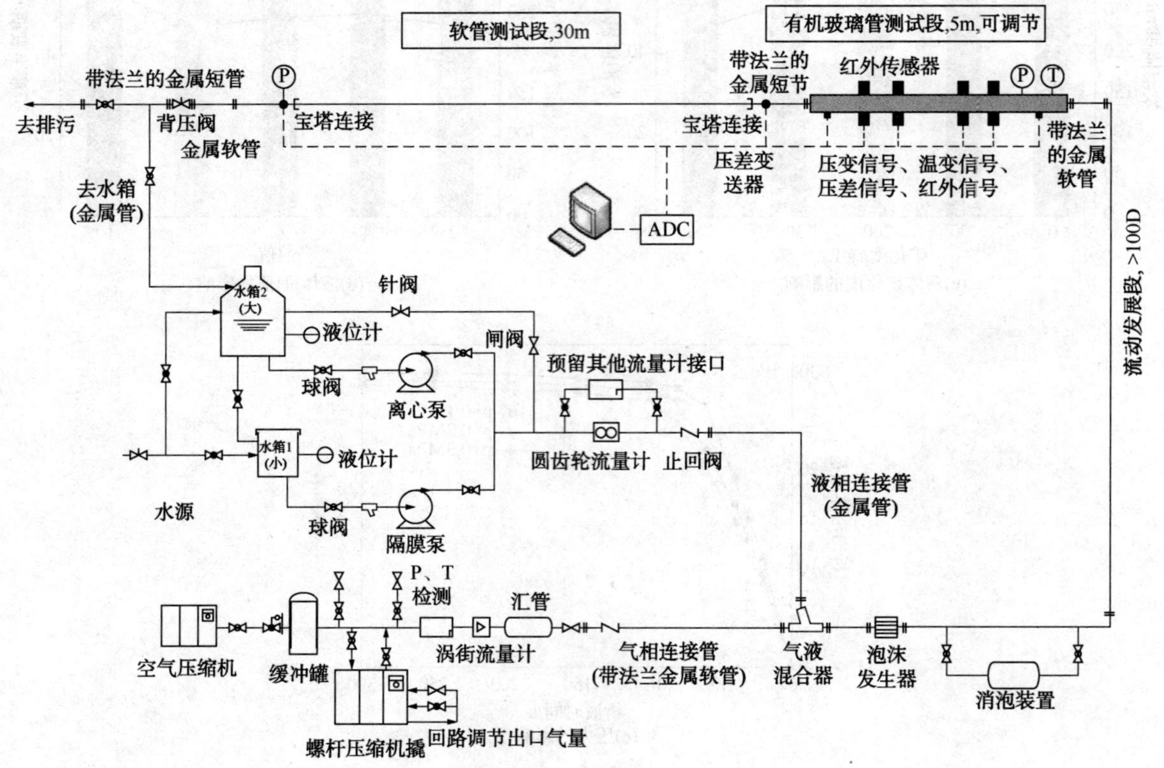

图3　空气-泡沫多相流动模拟系统

基于相似准则和现场运行数据，实验气相雷诺数Re_g范围为$6\times10^3\sim1.3\times10^5$，液相雷诺数$Re_l$范围为$2\times10^2\sim8\times10^3$，对应实验气量为27.28~163.68Nm³/h、实验液量为22.6~1356.4L/h。采用摄像方法记录不同气液量下的流型影像，结果如图4所示。

由流型检测结果可知：

(1) 随着气液流量变化，实验中的空气-泡沫流型主要表现为泡沫波浪流、不完全环状—波浪流、不完全环状间歇流、泡沫完全环状流；

(2) 泡沫环状流的型态呈现管顶部分润湿的泡沫不完全环状流（包含不完全环状-波浪流、不完全环状-间歇流）和管壁被完全润湿的泡沫完全环状流；

(3) 低气量时，随液量增加，流型从泡沫波浪流，经不完全环状-波浪流逐渐转变为泡沫完全环状流；

(4) 中气量时，随液量升高，流型从不完全环状-波浪流或不完全环状-间歇流发展至泡沫完全环状流。且该转变液量随气量升高而降低。说明现场条件下，即便是高气液比，也易使集输管线内形成泡沫完全环状流；

(5) 当气量或液量增大至某一值时，最终流型均发展为泡沫完全环状流。

3　空气—泡沫流动压降规律研究

根据环道系统中透明测试段前后压差表测量不同气液条件下的摩阻压降，并与流型规律结合，可得不同气液流量下的空气-泡沫流动压降规律。

3.1　不同气量下压降变化行为

实验气量Q_g分别约为16Nm³/h、27Nm³/h、50Nm³/h、80Nm³/h、100Nm³/h、135Nm³/h、167Nm³/h时，不同气液比下测试段压降如图5所示。为便于与流型结合，曲线图中均已标明相应工况点对应的流型。

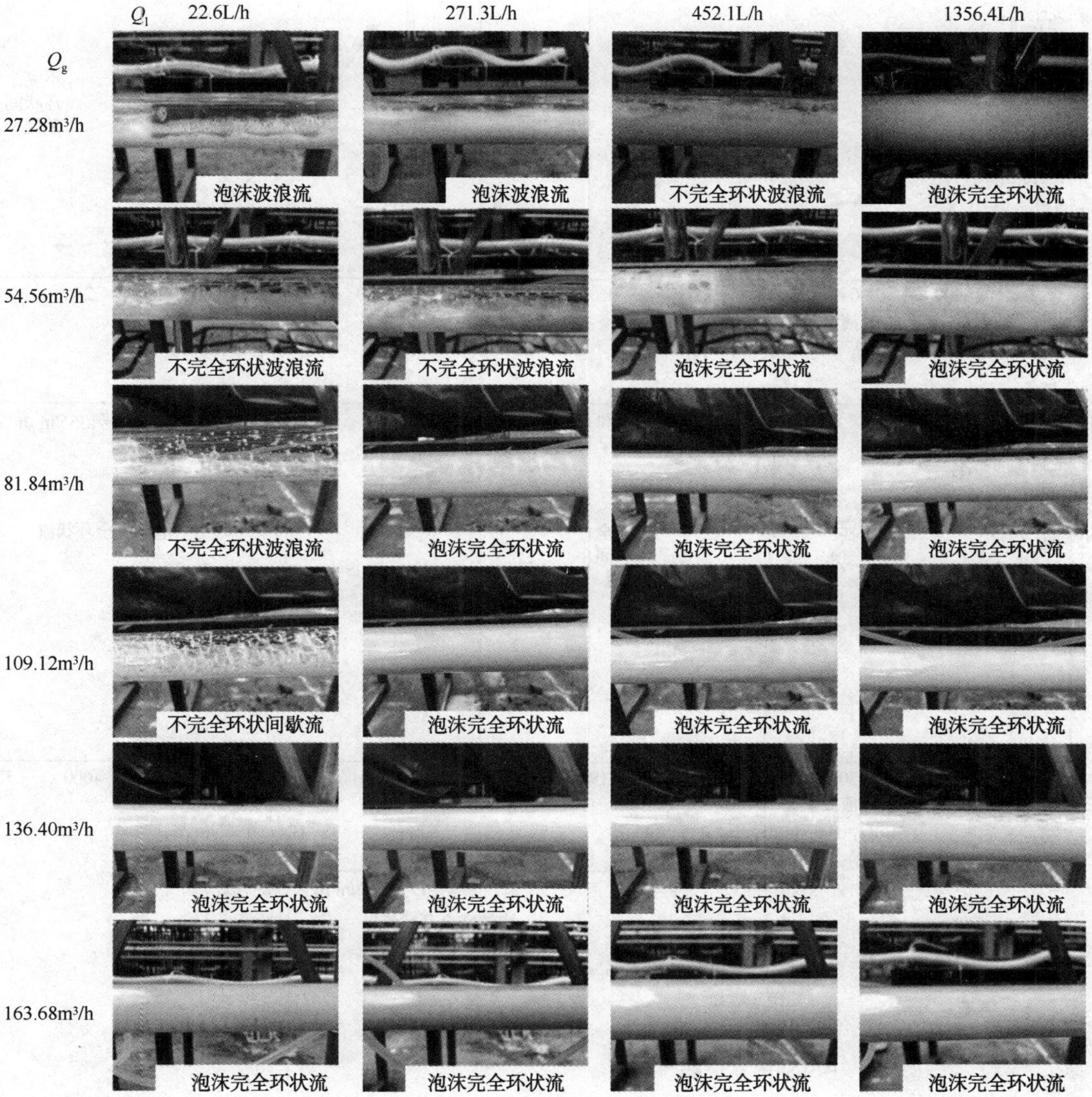

图 4　空气-泡沫流型图

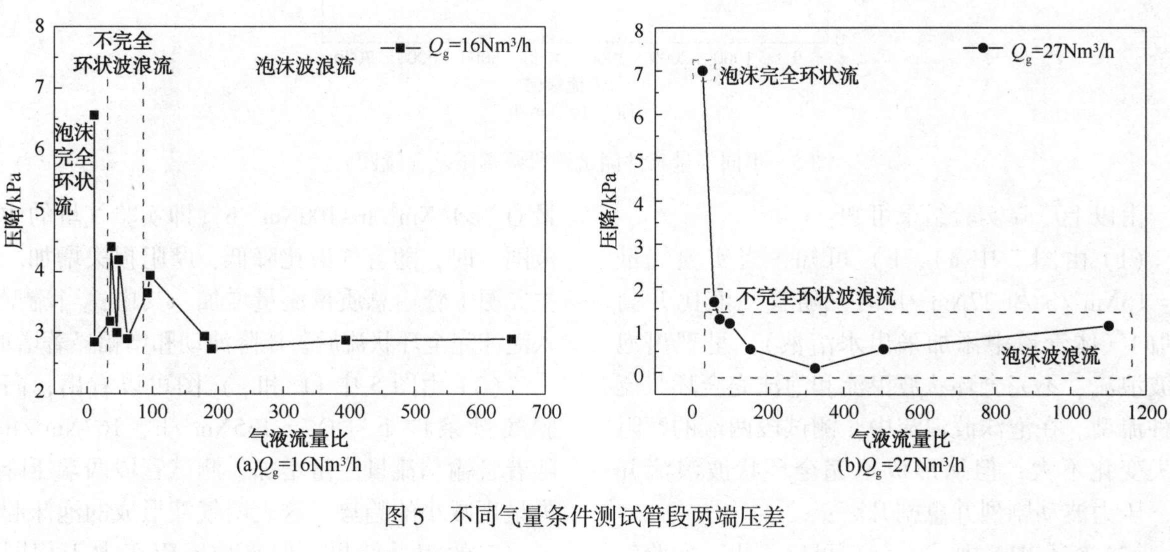

(a)Q_g=16Nm³/h　(b)Q_g=27Nm³/h

图 5　不同气量条件测试管段两端压差

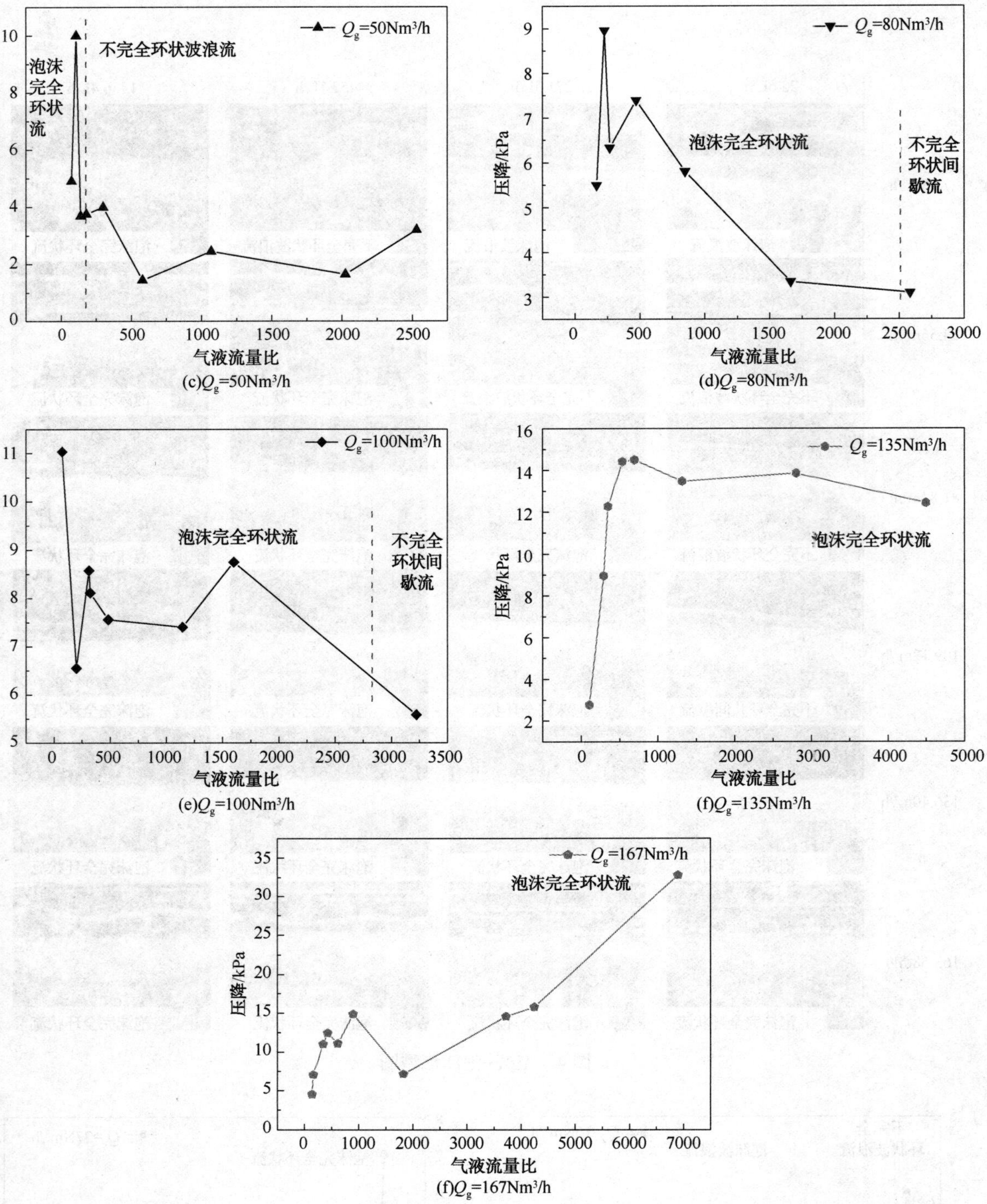

图5　不同气量条件测试管段两端压差（续图）

由以上压降实验结果可知：

（1）由图5中a）、b）可知，当实验气量Q_g=16Nm³/h和27Nm³/h时，随着气液比升高（即向气体管道中添加采出水溶液），呈现出泡沫波浪流、不完全环状波浪流和泡沫完全环状流三种流型。在泡沫波浪流中，测试段两端的摩阻损失变化不大；但从形成不完全环状波浪流开始，压力波动剧烈并急剧升高；

（2）综合图5中a）～e）可以看出，实验气量Q_g在16Nm³/h～100Nm³/h（即实验气量的中低范围）时，随着气液比降低，摩阻损失增加。这主要源于管输总质量流量增加。其中，当流型进入泡沫完全环状流后，压降波动和增幅显著增加；

（3）由图5中f）和g）图可以看出，高实验气量条件下（Q_g = 135Nm³/h、167Nm³/h），随着管输总流量流量增加，测试管段两端压降损失呈现减小的趋势，这表明气液形成的泡沫起到了一定的润滑效果。但平均摩阻仍大于相同液量、低气量条件下的压力损失。

3.2 不同液量下压降变化行为

不同液量条件下测试段两端压降随气液流量比的变化如图6所示。

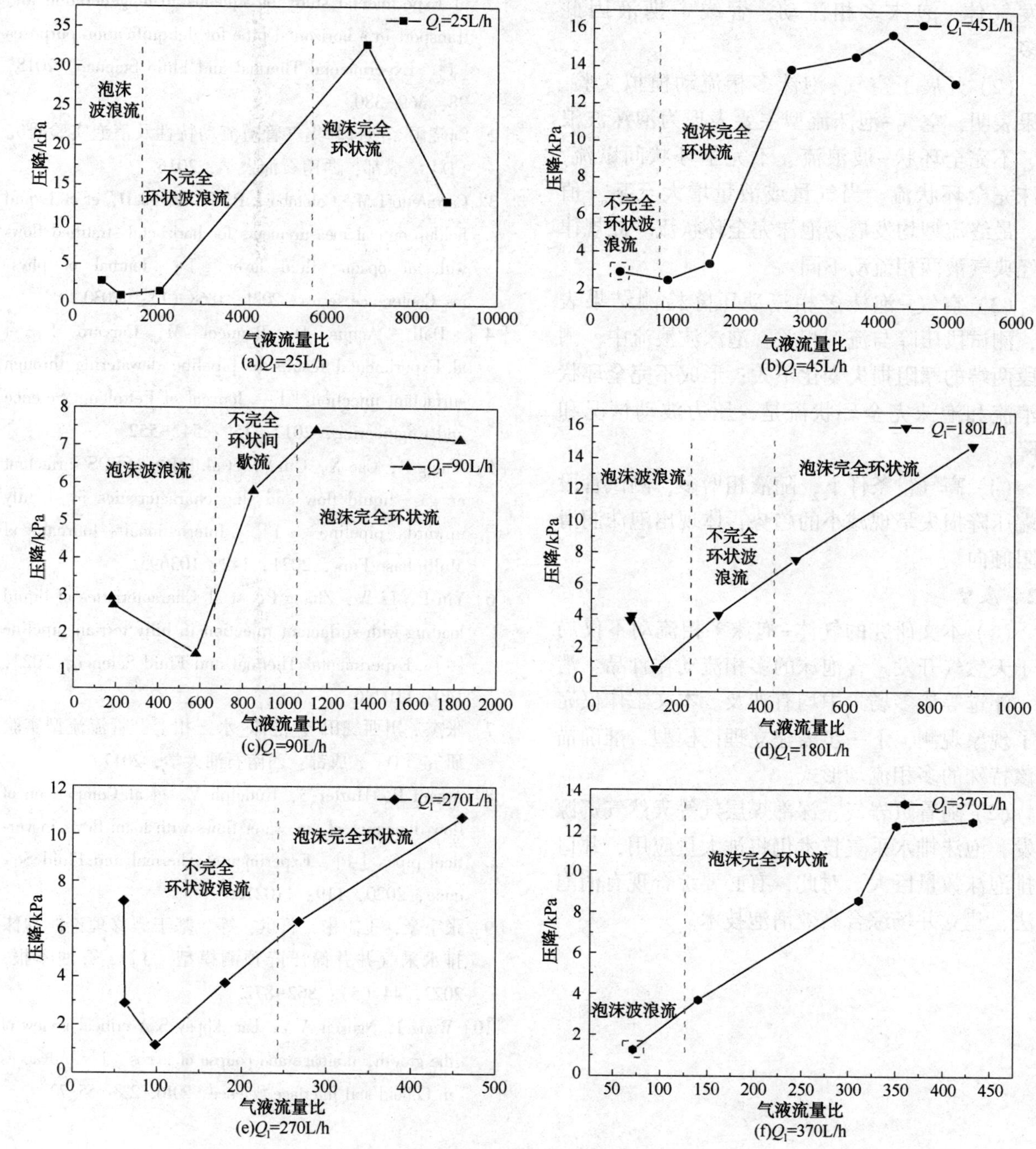

图6 不同液量条件测试管段两端压差

通过图6可得：

(1) $Q_l \leq 90L/h$（即表观液速 $V_{sl} \leq 0.02m/s$，如图6中a)、b)、c）所示)，随气液比升高，测试管段压降先降低，后升高。压降达到最大值后，变化程度减小，甚至出现随输气量增加压降小幅降低的趋势。

(2) $Q_l > 90L/h$（即表观液速 $V_{sl} > 0.02m/s$，如图6中d)、e)、f）所示)，随气液比升高，测试管段压降逐渐升高。

4 结论与展望

4.1 结论

本文以某致密气泡排井场集气管线中出现气体-泡沫多相流动为背景，对集气管线出现大量稳定泡沫的原因、空气-泡沫流型规律以及压降规律开展研究，得到以下结论：

（1）气井井口分离器中化学消泡时间不足、采出水表面张力低、高压和低温条件以及集气管线中的气体扰动导致集气管线中产生大量泡沫，引发气体-泡沫多相流动，管线中携液因此增多。

（2）开展了空气-泡沫多相流动模拟实验。结果表明，空气-泡沫流型主要表现为泡沫波浪流、不完全环状-波浪流、不完全环状间歇流、泡沫完全环状流。当气量或液量增大至某一值时，最终流型均发展为泡沫完全环状流。此规律与经典气液两相流动不同。

（3）空气-泡沫多相流动压降检测结果表明，测试段压降与流型相关：泡沫波浪流中，测试段两端的摩阻损失变化不大；形成不完全环状波浪流和泡沫完全环状流是，压力波动情况和压降。

（4）高气量条件下，随液相增多，测试管段两端压降损失呈现减小的趋势，体现出泡沫润滑减阻倾向。

4.2 展望

（1）本文研究的气体-泡沫多相流动不仅局限于天然气开发。含泡沫的多相流动在食品、消防、浮选等诸多场景中均有涉及。本文工作仅完成了现象观测，下一步需建立理论模型，准确描述该特殊的多相流动形式。

（2）随着页岩气、深部煤层气等天然气资源开发，泡沫排水采气技术仍将被大量应用，井口返排泡沫数量巨大。对此，有必要综合现有消泡方法，建立井场综合高效消泡技术。

参考文献

[1] Colombo L P M, Carraretto I M, Di Lullo A G, et al. Experimental study of aqueous foam generation and transport in a horizontal pipe for deliquification purposes [J]. Experimental Thermal and Fluid Science, 2018, 98: 369-380.

[2] 阎晓雨. 泡排井集气管道流动特性及消泡实验研究 [D]. 成都：西南石油大学，2016.

[3] Carraretto I M, Colombo L P M, Fasani D, et al. Liquid holdup optical measurements for horizontal stratified flows with an opaque fluid layer [J]. Journal of physics. Conference series, 2021, 1868 (1): 12030.

[4] Dall´Acqua D, Benucci M, Corvaro F, et al. Experimental results of pipeline dewatering through surfactant injection [J]. Journal of Petroleum Science and Engineering, 2017, 159: 542-552.

[5] Zhang P, Cao X, Qin S, et al. Effect of SDS surfactant on gas-liquid flow and slug characteristics in slightly upward pipeline [J]. International Journal of Multiphase Flow, 2021, 142: 103695.

[6] Yin P, Li W, Zhang P, et al. Characteristics of liquid loading with surfactant injection in hilly terrian pipeline [J]. Experimental Thermal and Fluid Science, 2023, 140: 110746.

[7] 张杰. 川西气田气_泡沫_水三相上升管流流型实验研究 [D]. 成都：西南石油大学，2017.

[8] Amani P, Hurter S, Rudolph V, et al. Comparison of flow dynamics of air-water flows with foam flows in vertical pipes [J]. Experimental Thermal and Fluid Science, 2020, 119: 110216.

[9] 张宇豪，王志彬，蒋琪，等. 基于漂移理论的泡沫排水采气井井筒压降预测模型 [J]. 石油学报，2023，44（5）：862-872.

[10] Wang J, Nguyen A V, Farrokhpay S. A critical review of the growth, drainage and collpse of foams [J]. Advances in Colloid and Interface Science, 2016, 228: 55-70.

稠油现场管道腐蚀与防护

谢　强　李　建　丁万成　向　涛　吴秀全　杨　阳　韩　涛　吴　军

（中国石油新疆油田重油开发公司）

摘　要　随着新疆油气资源的开发和利用，油气采输过程中的埋地管线建设日益增多。目前有些管线已不同程度地出现了问题或已进入中后期使用阶段，其损坏率逐年增大，埋地管线出现泄漏和断裂破坏的事故正在逐渐增多，结合现场埋地管线的损伤机理与诊断技术研究、油气管线的破坏机理、安全对策及防灾对策研究为依托对腐蚀管线的破坏机理和失效压力进行研究，为管道腐蚀、维护、维修提供一定的理论依据。

关键词　埋地管线；腐蚀缺陷；破坏机理；对策和措施

1　前言

随着稠油净化污水回用注汽锅炉技术的广泛普及，稠油污水具有含有机物浓度高、矿化度高、氯离子含量高、腐蚀性强等特点，回用污水经水处理系统处理过程中，回用水中的离子以及温度、pH 值、溶解氧等因素都会造成造成供水埋地管线腐蚀、破损，根据管道完整性的需求研究，以采取必要的提升地面处理的措施，来防止和减少锅炉供水系统管网腐蚀，也造成管网吸震能力差连接部位破损，因此迫切需要对管网防护进行研究。

2　管线腐蚀机理研究

2.1　管线腐蚀机理研究

油田采油和注水容器及管道、外排污水池、罐、管道等均受到含硫污水的严重腐蚀。由于污水中含有大量的 H_2S、NH_3、HCN、CO_2，同时又含有大量的 Cl^-、SO_4^{2-} 等有害离子和大量细菌，温度高达 70~80℃，有的还含有酚类腐蚀介质，所以，如不采取的效防腐措施，这些设备的腐蚀会相当严重，易造成碳钢厚度减薄、局部穿孔、起泡、开裂、焊缝应力腐蚀开裂等现象，很快造成设备报废。

2.2　腐蚀原因分析

不同原油及不同生产工艺决定了污水中的腐蚀介质不一样，因此腐蚀原因和机理有一些差异，但总的来说有以下几点：（1）含硫污水中的 H_2S、NH_3、HCN 等腐蚀介质，由于电化学反应生成 H_2S 而引起的腐蚀；（2）氢原子渗透引起的氢脆腐蚀；（3）污水中含有大量的 NH_3、CN^-、Cl^-，它们与 H_2S 反应生成的 NH_4HS、（NH_4）2S，是腐蚀性较强的物质；（4）酚类腐蚀介质能破坏涂层，使腐蚀加剧。

3　稠油管线现场系统的腐蚀评价

3.1　现场腐蚀调查

按照 SY/T 0087.2—2020《钢质管道及储罐腐蚀评价标准 第 2 部分：埋地钢质管道内腐蚀直接评价》进行，也可按土壤电阻率的评价方法进行。土壤电阻率是土壤岩性、干湿度和含盐量等参数的综合反映，是判断土壤腐蚀性的主要依据。土壤腐蚀性与土壤电阻率见表 1。

表 1　土壤腐蚀性与土壤电阻率

电阻率/Ω·m	<20	20~50	>50
腐蚀性	强腐蚀	中等强腐蚀	弱腐蚀

公司分别于 2019 年、2020 年、2021 年，对六区、九区进行了现场调查，共调查了单井线和污水线 77 条，并进行现场测试。调查结果如下：

（1）由土壤电阻率分布情况知道，强腐蚀性土壤区域面积所占比率较大约为 90%，埋地管线 75%都有腐蚀发生，重腐蚀以上等级发生率有 19.6%，最大腐蚀速度为 2.25mm/a。

（2）大部份管线所处土壤电阻率<20Ω·m，呈强腐蚀性。部份管线投产于 1996 年以后，运行时间短，腐蚀较轻。九 8 区、九 9 区大部份地区所处土壤电阻率较高，管线腐蚀较小。

（3）管线防腐绝缘层遭到不同程度的破坏；六区、九区的管线防腐绝缘层大部份脱落；早期投产的607站单井管线，防腐层大面积脱落，管线表面呈密集型坑蚀，最大腐蚀达2.0mm。

（4）腐蚀主要发生在单井管线上，集油管线腐蚀相对较少，这与管线运行温度有关，单井管线运行温度高（通常为250℃以上），高、低温交替，加上土壤中各种腐蚀因素的影响，使管线易遭受腐蚀。

3.2　化学分析与腐蚀测试

按照SY/T 0087.2—2020《钢质管道及储罐腐蚀评价标准 第2部分：埋地钢质管道内腐蚀直接评价》的要求，分析土壤的主要理化指标：含水量（%）、CL^-、SO_4^{2-}、pH值、SRB（硫酸盐还原菌）含量、TGB（腐生菌）含量。表3为理化分析指标。

表2　理化分析指标

分析指标	含水量/%			$[CL^-]+[SO_4^{2-}]$				pH值	
	<10%	10%~90%	>90%	<0.05%	0.05%~0.2%	0.2%~1.2%	>1.2%	<7	>7
腐蚀性	弱	强	弱	低	中	高	极高	渐强	渐弱

经理化分析后，结果如下：

（1）部分发生严重腐蚀的管线周围土壤含水率高于20%；含水率低于6%少部分出现。

（2）六区为0.09%~1.45%；而九区土壤的$[CL^-]+[SO_4^{2-}]$最高达1.4%~2.55%。

（3）六区、九区一致的特点是受硫酸盐还原菌的影响较小，但受腐生菌的影响较大。

4　影响稠油管网系统的腐蚀因素及腐蚀机理研究

金属腐蚀是个电化学过程。如把金属材料浸入水溶液中，因不同部位电极电位不同，形成阴极区和阳极区，在局部电池作用下便发生腐蚀。如图1所示。

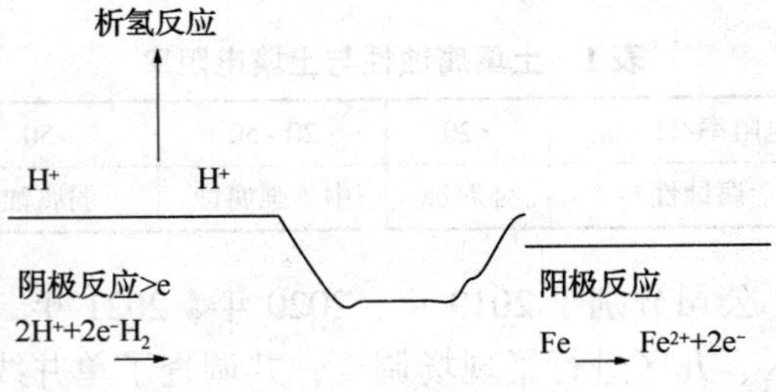

图1　金属电化学腐蚀

稠油管线的腐蚀存在内、外腐蚀，但主要以单井管线、单井伴热管线及埋地管线的外腐蚀为主。稠油开采进入中、高含水期后，集油支、干线就表现出内、外腐蚀，腐蚀机理及表现不同。因为稠油管网管线多为埋地管线，沿线土壤的腐蚀性及管线防腐保温质量较差、老化破损等均导致管线外腐蚀严重。

4.1　土壤腐蚀性

影响土壤腐蚀性的因素很多，针对新疆油田公司稠油区的特点，现就土壤电阻率、pH值、土壤含水量等做一机理研究。

（1）土壤电阻率是表征土壤导电能力的一项技术指标。是腐蚀速度的主要控制因素。土壤电阻率低，腐蚀速度就越快，腐蚀程度也越严重。通过对现场调查，验证了这一规律，重油危险腐蚀的发生率有17.6%在强腐蚀区，如图2所示。

图2　土壤腐蚀

（2）土壤pH值可判断土壤的酸碱度。土壤中，氢离子的活度和总含量会影响埋地管线的电极电位，从而影响阳极极化。通过前面对土壤的理化分析，六、九区土壤的pH值在7.85~10.21，重油的在7.12~8.55，通常认为，这种低碱性土壤对管线的腐蚀有一定的扼制作用，经现场测试，也证明了这一点。

（3）土壤含水量对腐蚀的影响很大，随着土壤含水量的增加腐蚀速率增加，增加到很高时，氧的扩散渗透受到阻碍，腐蚀减轻；另一方面，随着含水量增加，土壤电阻率减小，氧浓差电池的作用也增加，从而加剧了局部管线上的腐蚀。新疆地区四季温差变化很大，土壤中含水量随着季节的变化而改变，这种变化对管线的危害更大。因当含水量减小时，土壤中的盐份及其它有害物质会聚集在钢管表面，而当含水量又增大时，这些盐份又会溶解，在局部形成大浓度电解液加速腐蚀。重油发生严重腐蚀的管线周围土壤含水量高于20%。

为了验证土壤含水量对钢铁在土壤的电极电位影响很大。新疆新时代公司曾做了室内试验，选定现场土样，测定碳钢试片在不同含水土壤条件下的自腐蚀电位（表3）。利用金属的自腐蚀电位，来预测管线的腐蚀趋势。

表3　碳钢在不同含水土壤条件下的自腐蚀电位

条件 指标	条件1	条件2	条件3	条件4	条件5	条件6	条件7
含水率/%	3.9	7.2	10	15	20	30	40
$\varphi_{自}$/mv	-540	-600	-660	-720	-720	-700	-700

可以看出，随着土壤含水率的增加，金属的自腐蚀电位升高，金属的腐蚀趋势增强；当土壤含水率大于20%后，金属的自腐蚀电位下降。这是因为含水量增高，使得氧气的扩散困难，腐蚀产物阻碍了阳极反应所致。

4.2　保温层破损

保温层进水会造成保温材料中可溶盐溶解，使管线周围局部电解质浓度增大，促进了氧浓差腐蚀电池的形成，使局部腐蚀速度大大加快。因水进入保温层内无法自行排除。注汽开采时，管线表面温度高达250℃以上，水形成高温、高压水蒸汽，会对管线表面涂层产生剥离作用，使部份涂层破坏，加剧管线的腐蚀。根据现场调查情况看，新疆油田公司稠油生产所使用的保温材料有五种之多，其中微孔硅酸钙所包覆的管线的腐蚀最严重，说明这种材料不适合用于稠油埋地管线保温。

4.3　特殊开采工艺的影响

稠油采用吞吐方式开采，加快了稠油单井管线的腐蚀速度。管线表面经常处于高、低温交替，产生的热、冷应力较大，造成涂层的负荷较大，容易龟裂、脱落，保护能力下降。温度对腐蚀速度有很大影响，研究表明，温度每升高20℃，腐蚀速度就加快一倍。从稠油生产实际情况看，单井管线和伴热管线的外腐蚀发生率高。

5　稠油管网腐蚀的防护措施研究及应用

在稠油管网系统中，由于不同环境引起金属腐蚀的原因不同，而且影响因素也非常复杂，当有阳极、阴极、电解质和外部连接线就会发生腐蚀，除去四项中的任何一项，腐蚀就会停止，这就是减缓腐蚀的机理。稠油管网系统的内腐蚀主要由储存和输送介质各方面特性决定，而外腐蚀主要由土壤、工艺设计等外部因素引起。所以，稠油管网系统的防护措施是在现场调查的基础上，针对其腐蚀机理采取相应、有效、经济的保护方法。

5.1　阴极保护

阴极保护技术是一项通过对金属进行外加阴极极化来减少或防止腐蚀的技术方法。一般有两种形式，即牺牲阳极法和外加电流法。

其工作原理如图3所示。

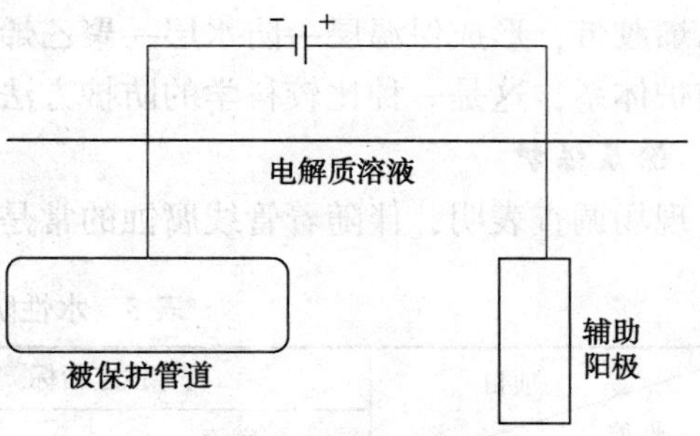

图3　阴极保护原理

牺牲阳极阴极保护法是用一根导线连接到一条管道即电位更负的金属上，同时在两者之间存在土壤或含水电解质，这样，就有一股直流电电流从阳极通过土壤流到管子，然后再离开管子，沿着导线返回阳极。当电流流进管子时，它抑制了从管子排出的腐蚀电流，管子变成了阴极，因而实现了保护，如图4所示。若牺牲阳极常与涂层保护方式结合相使用后，效果会更好。涂层做得越好，牺牲阳极保护效果越好，保护所需电流就越小。

这是一项有效而又经济的腐蚀控制方法。用此方法后，管道、储罐、处理设备等都可延长它们的有效使用期，具有设备投入少、施工方便，不需要经常维护、检修和管理方便等特点。

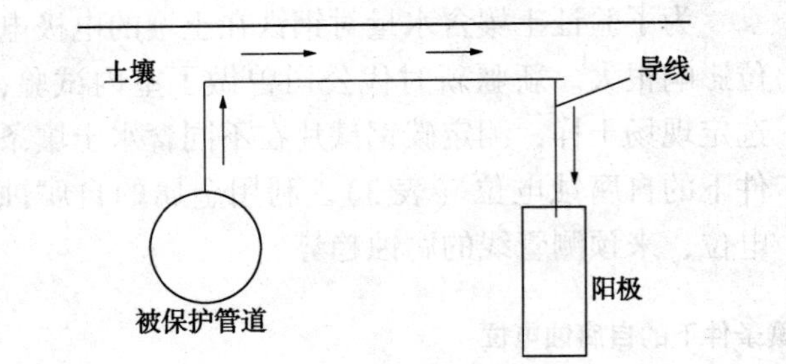

图 4　牺牲阳极阴极保护原理

5.2　合理设计

埋地管道的防腐是一个系统性、综合性问题。要求设计的每个环节都应给予足够重视，在满足生产工艺及强度要求的同时，必须考虑在特定的工况条件及腐蚀环境中的管材的耐蚀性及结构的合理性，尽可能避免腐蚀因素。应针对特定的工况条件及腐蚀环境来筛选防腐绝缘材料，保温材料及保护结构。

调查发现，大部份单井管线的腐蚀是由于保温层吸水导致。因此，选择正确的保温材料非常重要，过去常用的微孔硅酸钙保温材料吸水率极高，不易采纳。现在稠油管网管线上已普遍采用复合硅酸盐保温材料，在防水层的表面，再缠以聚乙烯胶带，形成保温层—防水层—聚乙烯胶带的防护体系，这是一种比较科学的防护方法。

5.3　涂层保护

现场调查表明，伴随着管线腐蚀的常是该管线的表面涂层已脱落，说明这种涂层不适合该管线的工况和工作环境。用于稠油管网中的涂层保护有多种，见表 4。

表 4　几种涂层性能对比

性能	煤焦油瓷漆	冷缠胶带	环氧类	聚氨酯类
电绝缘强度	中	优	良	良
耐水性	中	优	良	优
阴极剥离	差	差	优	优
黏结性能	中	中	优	优
耐老化	中	中	良	优
抗穿透	差	中	优	优
抗土壤应力	差	差	优	优
耐温/℃	80	70	100	70

从表 4 中可看出，环氧类和聚氨酯类的防腐涂层在碱性土壤条件下的防护最好。

5.4　选择有效的耐高温防腐涂料

现场中使用的几种耐用高温涂料有些具有较好的耐高温性能，但在高、低温条件下运行效果差，大多数管线表面涂层已脱落或龟裂。因此，根据稠油生产的特点，必须选择有效的耐高温防腐涂料，才能缓解稠油管网单井管线的腐蚀。新疆新时代公司经过长期的研究，成功研制出了一种水性耐高温防腐涂料，经实验测试，其耐温变性能，基本满足稠油生产要求，见表 5。

表 5　水性防腐涂料综合性能测试结果表

性能＼项目		预定指标		测试结果		执行标准
		底漆	面漆	底漆	面漆	
外观		粗质、平整	平整	粗质、平整	平整	GB 1729—79
黏度（涂-4 杯），s		20~45	15~35	45	25	GB 1723—79
细度/μm		粗质	50~90	粗质	75~85	GB 1724—79
干燥时间	表干/h	30~50min	50min	30~50min	30~50min	GB 1728—79（89）
	实干/h	24~48	24~48	24	24	
附着力/级		1	1	1	1	GB 1720—79（89）
柔韧性/mm		3	3	1	1	GB/T 1731—93
冲击性能/cm		50	50	50	50	GB/T 1732—93
耐热性	350℃/h	>8	>8	>16	>16	GB/T 1735—79（89）
耐温变性*（350℃室温）		3 个循环	3 个循环	3 个循环	3 个循环	自定
耐化学性能	10%H_2SO_4/h	72	72	72	72	GB 1763—79（89）
	10%NaOH/h	72	72	148	148	
	3%NaCl/h	72	72	172	148	

从表中的测试结果可以看出，开发出的耐高温水性防腐涂料已经达到了预期要求。该涂料已

在新疆油田公司进行了现场试验，试验结果表明：用水性防腐涂料防腐过的稠油管线，运行半年后，管体保护得较好，管线表面没有腐蚀现象发生，起到了较好的防腐效果。

测试结果，如图5所示。

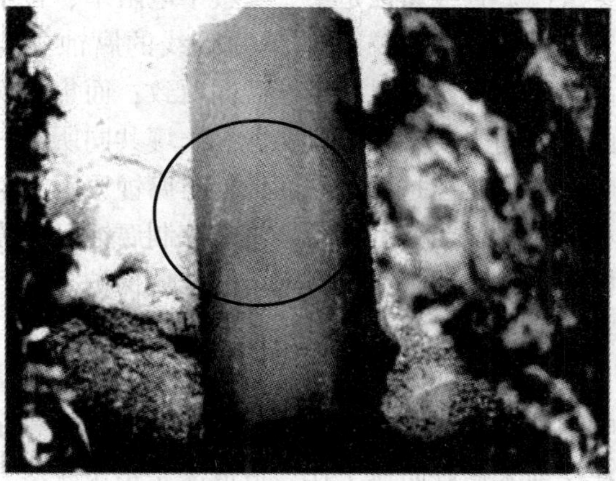

图5　用水性防腐涂料防腐过的稠油管线

6　稠油管线修复的措施及应用

6.1　管道修复技术方法及适用性比较

国内外油气管道目前采用的维护维修技术发展是不均衡的，采取的方法可归纳为以下几类。

（1）夹具注环氧：为英国TRANSCO专利技术，夹具内部填充环氧树脂剂。

（2）夹具

适合于石油、天然气管道的临时抢修，由于造价较高，主要是针对管道发生了泄漏，针对天然气管道抢修时必须考虑将管道内的气压降到管道设计压力的1/3以下，可以考虑：①管道机械损伤，出现凹坑，在确认没有裂纹产生的情况下使用；②管道单点腐蚀严重，超过管道壁厚2/3以上；③管道的临时维修和抢修。

主要应用于腐蚀管道中，适合于单点金属损失，包括机械损伤和腐蚀损伤。

（3）打补丁

按照补片修理的要求，输油管道可以应用该方法，适合于小面积多点腐蚀的维修，维修时需降低压力为设计压力的1/3，对于天然气管道必须停气泄压进行，由于天然气管道气体中酸性气体的存在，在焊接热影响区内容易产生氢脆。

（4）打套袖

主要用于输油管道的维修，适合于大面积腐蚀，需要降压至管道设计压力的1/3后焊接。对于天然气管道必须停气泄压后进行，管道中存在酸性物质和焊接热影响区，有产生氢脆的潜在危险。

（5）炭纤维、PE涂层修复对于炭纤维涂层和CLOCK SPRING方法，碳纤维片材修复补强钢质管道结构是20世纪90年代发展起来的一种结构修复补强技术，该项技术在国际上深受重视，已广泛应用于化工厂、民用建筑、桥梁等特种结构，成为钢质管道结构修复补强的发展新趋势。

通过对几种管道维修技术的性能对比，炭纤维增强复合材料具有轻质高强、抗腐蚀、耐久性好、施工简便、不影响结构的外观等优异特性，因此，较之于传统的焊接补疤方法具有明显的优越性（克服了焊接补疤过程中会产生焊穿和产生氢脆的危险）。随着复合材料补强技术的不断应用，这一技术已逐渐趋于成熟。

6.2　管道内修复技术的应用

目前，国内采用的内修复方法主要包括塑膜管内衬修复技术、玻璃钢内衬修复技术、聚合物水泥砂浆涂敷内衬修复技术等。内修复方法一般适用于低压天然气管道、煤气管道、自来水管道或污水管道等民用设施管道的修复。而针对高、中压油气管道，则多采用外修复法。

（1）塑膜管内衬修复技术应用

穿插衬塑修复管道技术是在不开挖请况下，指将具有形状记忆特性的热缩性聚合物材料制成特定形状的管材，该技术对环境有利，费用可节约管线重建费用40%以上，可靠性高，其使用寿命长达50年以上。

（2）玻璃钢内衬修复技术应用

预成型软管内衬玻璃钢技术是以防护膜、无

纺布、浸渍树脂组成的复合软管，用水牙或压缩空气压力将其翻转内衬在待修复管内，经加温固化，与旧管内壁紧密粘接在一起，属管中管修复，防腐、防渗漏整体效果好。

(3) 聚合物水泥砂浆涂敷内衬修复技术应用

聚合物水泥砂浆涂敷内衬修复技术是用风送挤涂法（即管道内挤涂）将聚合物水泥砂浆—环氧胶泥—环氧钢鳞片复合涂层涂敷于无油、无垢清洁的钢管内壁，形成厚约 4~6mm 的复合衬层，三层之间粘结强度高，结构一体化程度好，具有防腐、防渗透、改善表面状态、降低摩阻和扩大使用范围的特点，能提高耐酸、耐碱等各种介质的腐蚀能力。

外修复方法可细分为管体缺陷补强修复和管道防腐层修复。管体缺陷补强方法一般采用补焊、打补丁、半圆套管、整圆套管、环氧填充套筒修复以及复合材料修复等多种方式。其中换管法、打补丁、金属卡具法等在国内的管道修复中已被广泛采用，但在修复工程中，还需考虑管道所处的地理位置环境、管道原有涂层类型、管道运行条件、重新涂敷方法、涂层的适用条件、涂层材料成本以及管体表面预处理条件、重敷周期/回填时间、应用装置的复杂性、新老涂层材料的化学兼容性等因素。

7　结论与认识

经过对稠油现场管网系统腐蚀因素的调查和防护方法的研究和评价，得出以下结论。

(1) 因各种区块土壤性质不同，造成对管线的腐蚀影响因素不同。

(2) 管线腐蚀是由于土壤中电阻率、含水量等多种因素所致。稠油单井管线的腐蚀主要是高、低温特殊工况和土壤共同所致；而集油管线的腐蚀则主要是氧浓差腐蚀和土壤共同所致。

(3) 腐蚀是可控制的，针对腐蚀原因，采取相应措施，能够有效、经济地控制腐蚀。牺牲阳极阴极保护法，用于计量站的区域保护是可行和有效的。

(4) 加强施工管理。施工质量的好坏直接影响到管线的使用寿命，调查中发现有些管线在刷涂层前未做好防锈工作，造成涂层很快脱落。

(5) 加强稠油防腐技术的研究，总结原有防腐方法，找出不适用原因，在原有腐蚀控制方式的基础上，采用新的方式进行以后的防腐工作。

参 考 文 献

[1] 沙风生．埋地金属管道腐蚀防护分析及建议［J］．前面腐蚀控制，2018（08）：32-08.

[2] 于敏，邵守斌．埋地金属管道腐蚀防护技术［J］．油气田地面工程，2021，41（3）：79-80.

[3] 余健星，雷威．埋地输油管道腐蚀风险分析方法研究［J］．油气储运，2001，20（2）：5-12.

[4] 陈明，王婷．油气储运工程中地面管道施工管理［J］．中国石油和化工标准与质量，2021，41（4）：79-80.

高压柱塞泵便携式静水池溢流预警装置的研制

覃　勇　周　鹤　姜英男　朱炳剑　孙宏林

（中国石油新疆油田公司）

摘　要　油田注水泵是注水补充地层能量的主要设备，而注水泵常见的填料刺漏致水窜入泵轴润滑油箱，导致乳化油变质事故频频发生；团队结合降本增效、绿色低碳、数字赋能的发展目标，通过 TRIZ、LoRa 技术设计一种便携式静水池溢流智能预警装置，解决了油田注水泵填料因刺漏导致变速箱润滑油乳化，减轻了员工的劳动强度，成功填补了油田注水高压泵静水池溢漏无自动预警的技术空白。

关键词　柱塞泵；填料刺漏；TRIZ；LoRa 技术；数字赋能

1　研制背景

油田应用的高压柱塞泵，是注入水换地层油系统环节增注的关键设备，广泛应用于油田注水泵站和采油现场，在日常管理当中，须做好维护保养工作，及时发现问题并及时解决问题，延长设备的使用寿命。近年来，却因填料函漏失无法提前预警问题，频频出现设备故障，对此，管理层希望更新换代设备，来解决此类问题，但由于投资偏高，目前无法满足目标值。因此，我们另辟蹊径采用研制域外静水池预警装置来解决此问题，防止和降低注水泵填料函刺漏事故的发生。

1.1　目前生产现状

员工正常巡检周期为 1 次/2h，巡检不及时时，会发生刺漏故障时，液体进入泵轴会导致机油变质，因注水泵刺漏时压力、温度无明显变化，故中控室监屏人员无法通过视频或 DCS 与 SCADA 系统监测到溢漏情况的发生。若进入泵内的液体杂质含量过高，且未及时处理，将使动力端十字头及滑道磨损，产生 B 级安全生产事故。2021 年，因该类型故障造成高压柱塞泵停机 60 余次。表 1 统计了 2021 年 9～12 月陆梁油田注水高压柱塞泵故障情况，图 1 反映了该时间段柱塞泵零件损坏数目对比以及润滑油乳化情况。

表 1　2021 年 9～12 月陆梁油田注水高压柱塞泵故障情况统计

项目	9 月	10 月	11 月	12 月	合计
水封环/个	0	0	1	0	1
柱塞/个	0	1	0	0	1
油封压盖/个	0	1	0	1	2
动力端十字头/个	1	2	0	1	4
填料压盖/个	2	3	3	4	12
润滑油/L	942	980	998	1040	3960

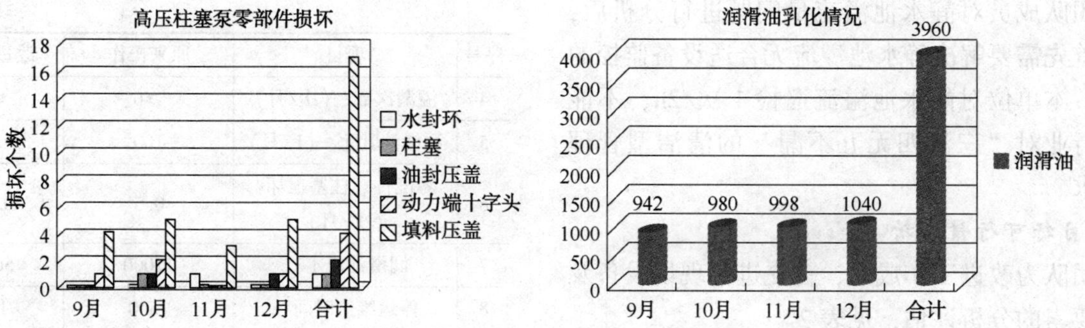

图 1　2021 年 9～12 月陆梁油田高压柱塞泵故障柱状图

柱塞泵静水池的溢流会造成泵房大面积污染，为防止柱塞泵溢流过大，操作员工经常将泵内柱塞盘根的松紧度进行适当调整，图 2 反映了盘根松紧对现场溢流的影响。松紧盘根和清理溢流后现场的环境卫生，不仅增加员工劳动强度，还易产生机械伤害等安全隐患，是各油田目前亟需解决的难题。

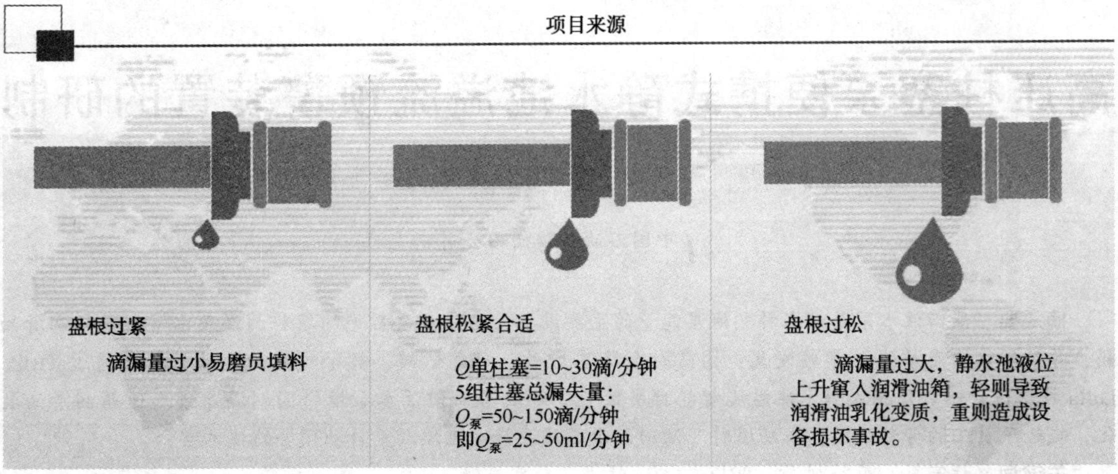

图 2　盘根松紧对现场溢流的影响

经调查，同行业也存在类似问题，为了将此类问题更好地解决，团队将问题进行图 3 所示的分析。

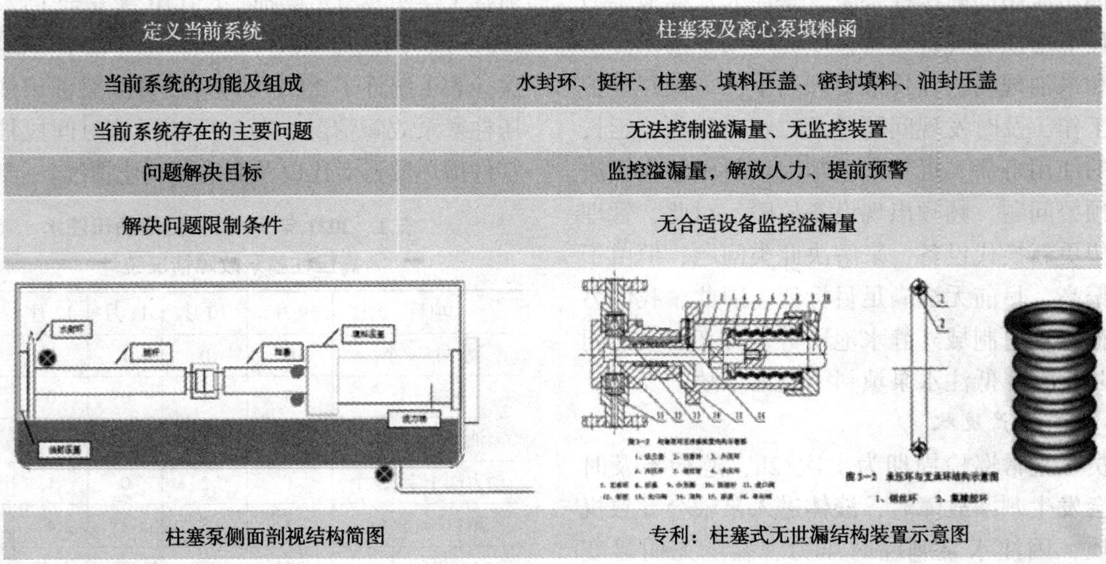

图 3　高压柱塞泵溢流问题分析

团队成员对静水池溢流量问题进行分析后，认为首先需要解决静水池溢流无合适设备监控的问题。本单位对静水池溢流巡检 1 次/2h，不能满足行业对“三清四无五不漏”的清洁型管理的要求。

1.2　目标可行性分析

团队为改进工作成效，首先进行现场设备及相关要素的分析评估，见表 2。

表 2　评估分析表

序号	项目	原来操作	改进方向
1	操作人员	2~3 人	1~2 人
2	清洁生产/（L/h）	有污染溢漏量≥30	无污染≤10
3	更换变质机油/（次/月）	≥5	≤1
4	溢漏次数/（次/月）	≥6	≤1
5	润滑油乳化/（L/月）	100	10
6	零配件、柱塞损坏/（次/月）	0.5	0.01
7	润滑油成本/L	12000	5000
8	停运维修时间/h	1500	100
9	中控室接收时间/min	120	2
10	柱塞泵溢漏预警装置	无预警装置	无线预警装置

通过桌面推演，对目标值是否合理进行综合评估，针对发现传统的工作模式，不能及时发现柱塞泵溢流，也无法实现高压柱塞泵溢流自动化

预警问题。团队认为利用 TRIZ、LoRa 技术，对目标装置进行功能实现可行，因此建立预警装置的功能结构见图 4。

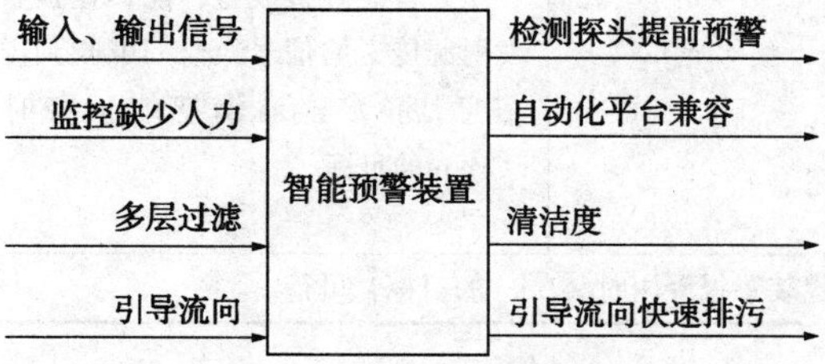

图 4　预警装置功能结构

为了保障减少投资，团队成员充分考虑了，从输入到输出的各个操作，并为每个输入流建立功能链，合并重复的部分，得到产品功能流程图（图 5）。

展开现场液位报警模拟试验和压力报警模拟试验，得到高压柱塞泵智能预警装置的原始模型，见表 3。

通过以上分析可知，使用检测探头监控静水池溢漏情况，通过导流管发射信号源；智能液监控屏接收信息及时、准确；中控室在接受到报警信号后，及时有效的进行处置，完全有把握实现制作出够满足功能的预警装置。

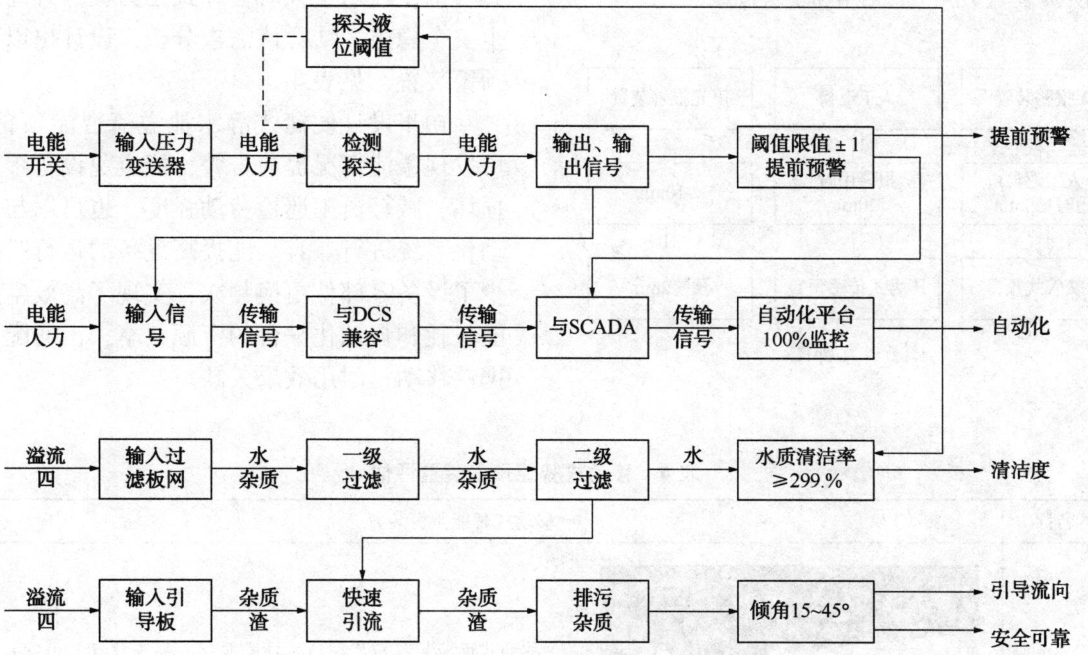

图 5　产品功能流程图

表 3　目标可行性论证实验

项目	试验结果	
干簧管/＊液位报警	干簧管液位仪报警模拟试验 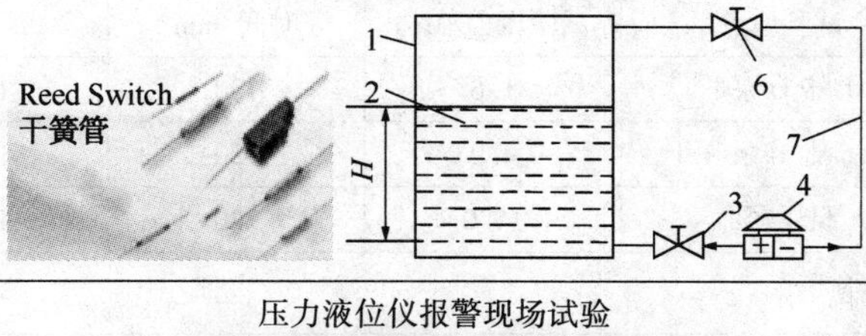	通过模拟试验，干簧管报警装置用时 60s 实现报警。因此该技术在高压柱塞泵液位报警有一定效果。
压力液位报警	压力液位仪报警现场试验 	经过现场试验，压力液位报警装置用时 30s 实现报警。因此，该装置在静水池液位溢漏有一定的预警效果。

续表

项目	试验结果	
智能预警装置	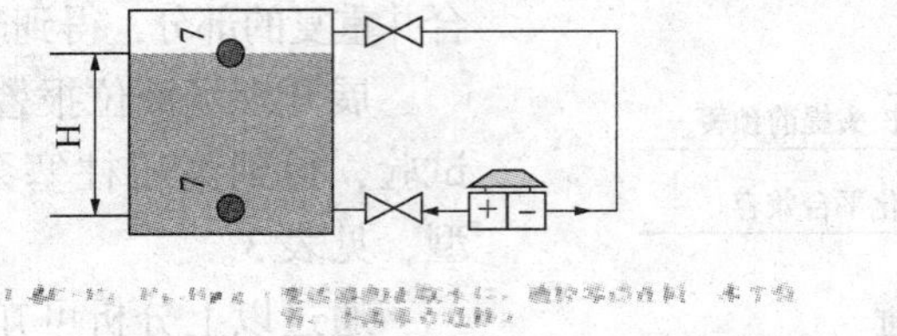	压力智能预警装置，能迅速接收到发射源传送的信号，监控屏收到溢漏信息，静水池溢漏智能预警时间≤1min的目标。
结构	便携式静水池溢漏智能预警装置报警用时≤2min 的目标，可行。	

2　进行漏失量再次推演验证评判

预警装置九屏图，如图 6 所示。

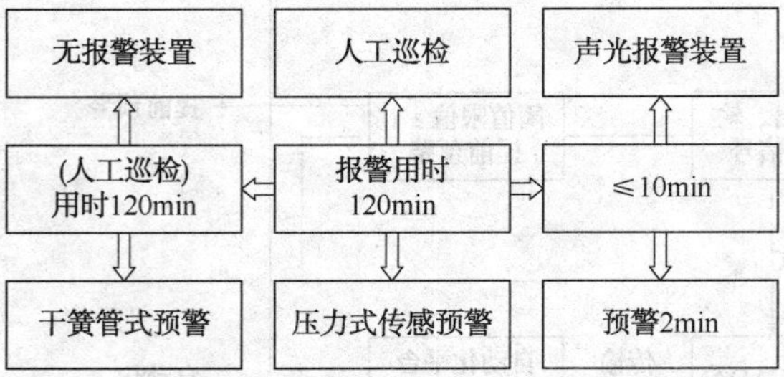

图 6　九屏图

由图 6 可知主要问题为：员工通过巡检方式发现溢漏时间不及时；静水池容积较小需要改善其容量；注水量大时会导致压力突然升高，易产生安全隐患。结合该需求分析，设计出以下优化预警装置，见表 4。

初步设计便捷式静水池溢流智能预警装置，可发现溢流情况提前告警，能避免设备零部件的损坏，减轻员工巡检劳动强度，也可以与单位自动化系统进行兼容。能提高设备的运行时率、减少了设备零部件更换频次，实现了高效生产、节能减耗和自动化平台的资源共享，但通配性、便携性移动、耐用效果欠缺。

表 4　移动式智能预警装置评估

方案名称	移动式智能预警装置					
图示	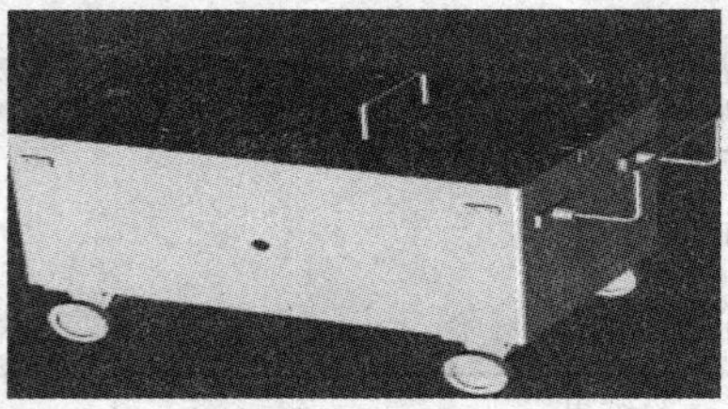			移动式预警装置安装在高压柱塞泵房，易于移动，可安置运行两台泵之间，满足生产需要。		
漏失量	现场实验结果					
	试验时间	试验地点	试验压力/Mpa	时间/min	流量/L	溢量/L
	4 月 8 日	陆 1#泵	1.6	120	1500	50
	4 月 9 日	陆 2#泵	4.0	120	1400	42
	4 月 10 日	陆 2#泵	15.0	120	1300	40
经济性	材料制作成本：2000 元/个。					
可行性	安装拆卸只需 1~2 人，易于更换位置易安装拆卸。					
安全性	加工难度小，受外力无变形，安全系数高。					

为了获得溢流预警装置集成主箱体的最优设计参数，结合现场实际，采用正交试验设计法对参数进行再次优选。通过二次核算并结合现场实际情况，最终确定集集成箱体积对应质量 90kg，过滤体积对应质量 25kg，引导管高度 25cm，支撑架高度 130cm。过滤体积对应质量 25kg，引导管高度 25cm，支撑架高度 130cm，经过现场安装试验，满足要求（图 7）。

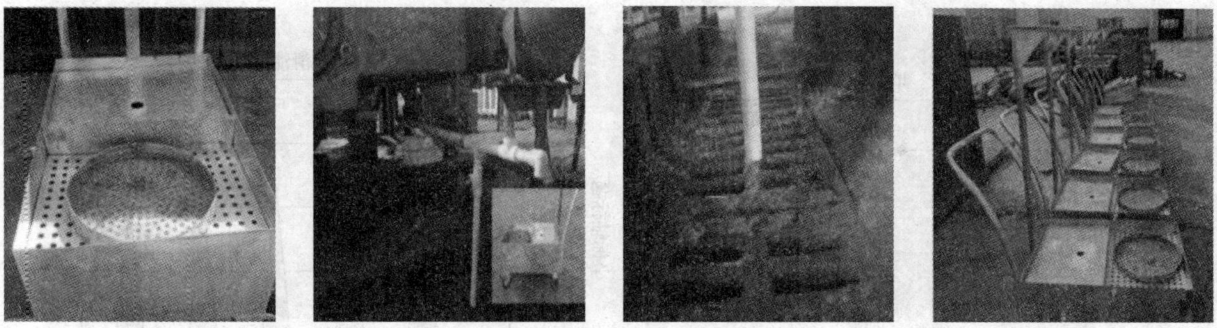

图 7　箱体的现场制作安装

3　后期效果评价

3.1　现场实际效果评价

对便捷式溢漏报警装置应用后的时间效果进行统计（表 5），并与实施前进行效果对比（图 8）。

表 5　溢漏预警装置时间统计

	活动前	目标值	活动后
报警时间	120min	1min	20s

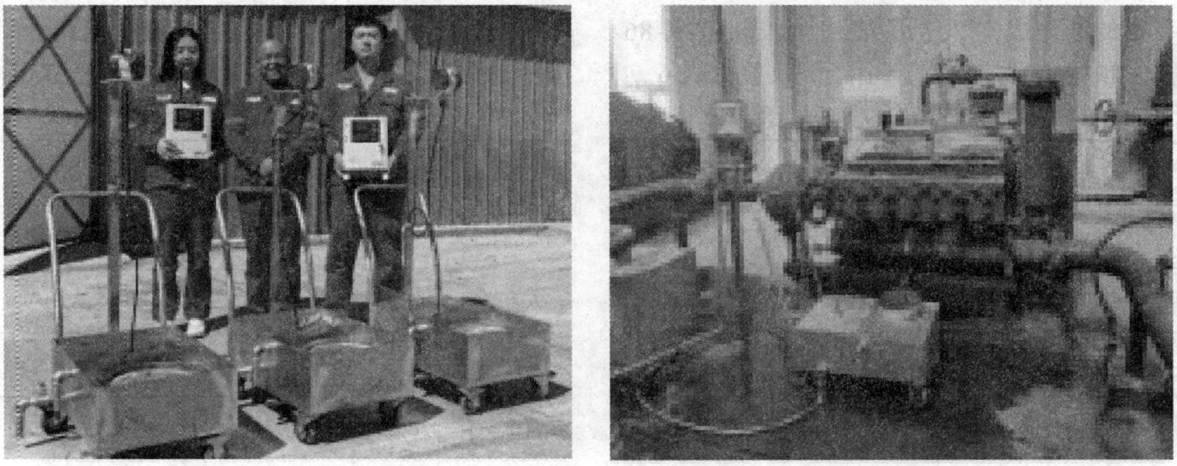

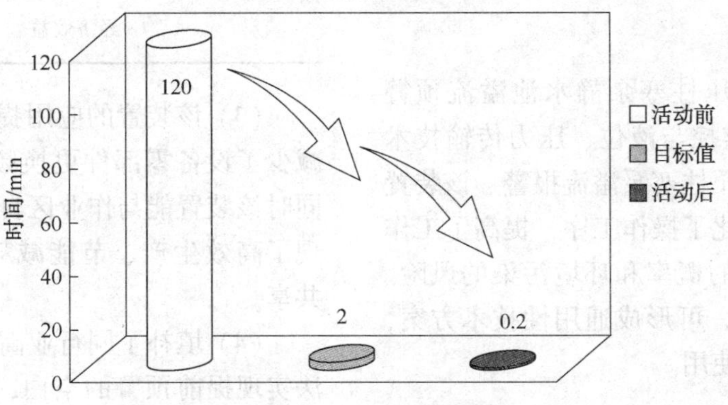

图 8　目标实施前后效果对比

“便携式静水池溢预警装置”应用后，大大缩短了溢漏预警时间，由原来 120min 缩短至 2min，实现 12s 报警。减少了巡检次数，提高员工的工作效率。同时高压柱塞泵零部件损坏明显减少（例如填料压盖的更换数目），润滑油的乳化量逐月降低（图 9）。

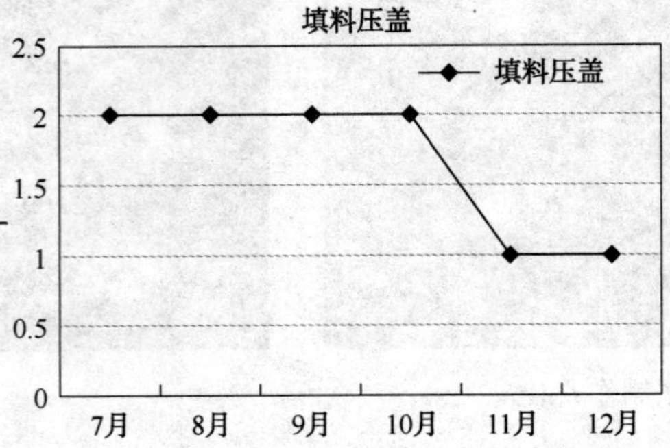

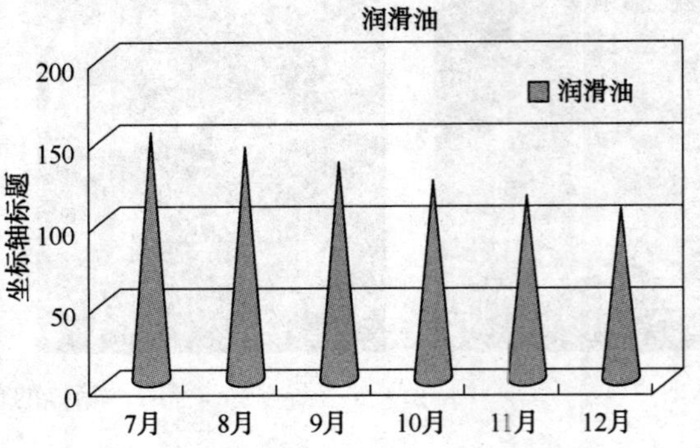

图9　填料压盖更换数目与润滑油乳化量统计

3.2　经济效益

智能预警装置应用7个月后，若每月需加注的新润滑油量按100L计算，对于27台注水泵，人工清洗保养费用3.78万元，减去9台装置的制作成本2.7万元，合计节约29.86万元。预警装置应用后产生经济效益见表6。

表6　预警装置应用后产生经济效益

项目	元/L	L/月	台	月	元
乳化润滑油	15.13	100	27	7	285957
人工清理	—	200	27	7	37800
清洗剂	10	1	27	7	1890
制作成本	3000	—	9	—	27000
经济效益					298647

3.3　社会效益

团队研制的“高压柱塞泵静水池溢流预警装置”，将无线智能监控与液位、压力传输技术相结合，能提前对高压柱塞泵溢流报警。该装置缩短了操作时间、简化了操作工序，提高了工作效率，减少机械伤害的概率和环境污染的风险。通过技术的改进提升，可形成通用性技术方案，在全国各大油田推广使用。

4　总结

（1）该项技术对企业高质量发展起到推进作用，高压注水泵静水池体积过小经常发生刺漏事故，现场实现自动报警从无到有，过去现场耗费人力、物力的现象得到改善，在该领域中独有，满足油田高压注水泵设备未来的需求。

（2）预警装置应用12个月后，若按乳化润滑油每月需加注新的润滑化100L计算，27台注水泵可节约49.02万元，人工清洗和清净费用3.78万元，减去制作成本3000元/台，制作共计9台2.7万元，为单位创造经济价值约54万元，预警装置应用后产生经济效益，见表7。

表7　预警装置应用后产生经济效益

项目	元/L	L/月	台	月	万元
乳化润滑油	15.13	100	27	12	49.0212
人工清理	—	200	27	12	64800
清洗剂	10	1	27	12	0.324
制作成本	3000	—	9	—	2.7000
合计	—	—	—	—	55.8252
经济效益					54万元

（3）该装置的应用提高了设备的运行时率、减少了设备零部件更换频次，实现了高效生产，同时该装置能与作业区自动化系统进行兼容，实现了高效生产、节能减耗和自动化平台的资源共享。

（4）填补了同行业高压柱塞泵静水池溢流无法实现提前预警的空白，提高了设备运行时率，提质增效，为作业区全年原油生产任务打下夯实的基础。

5　佐证材料说明

附件1：预警装置CAD绘制图纸

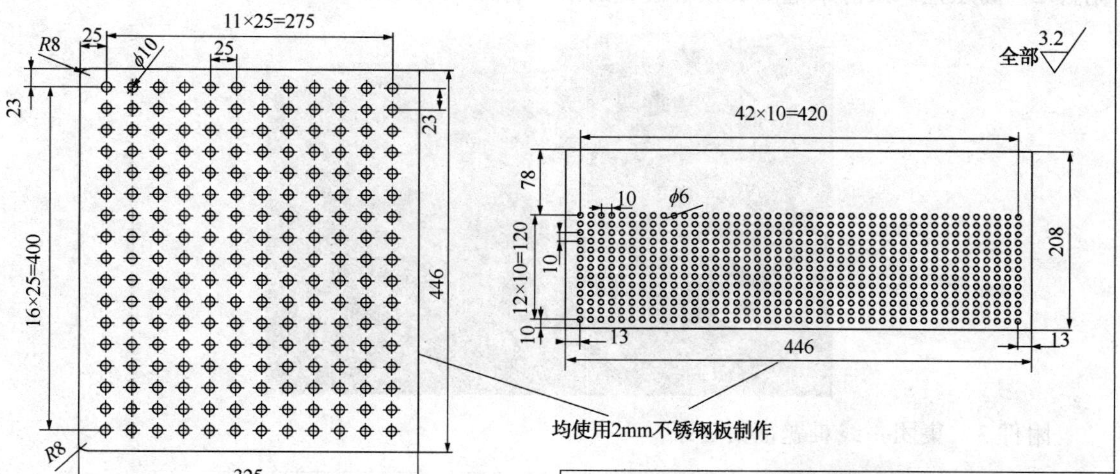

技术要求：
1.未注尺寸公差按照GB/ T1804-m执行
2.尖角倒钝，图中未注倒角为1×45°
3.清除毛刺和尖角

陆梁石南采油站					
设计		名称	不锈钢水箱孔板	共　张	
制图				第　张	
审核		比例		材料	304不锈钢
审批		数量		图号	
单位				日期	

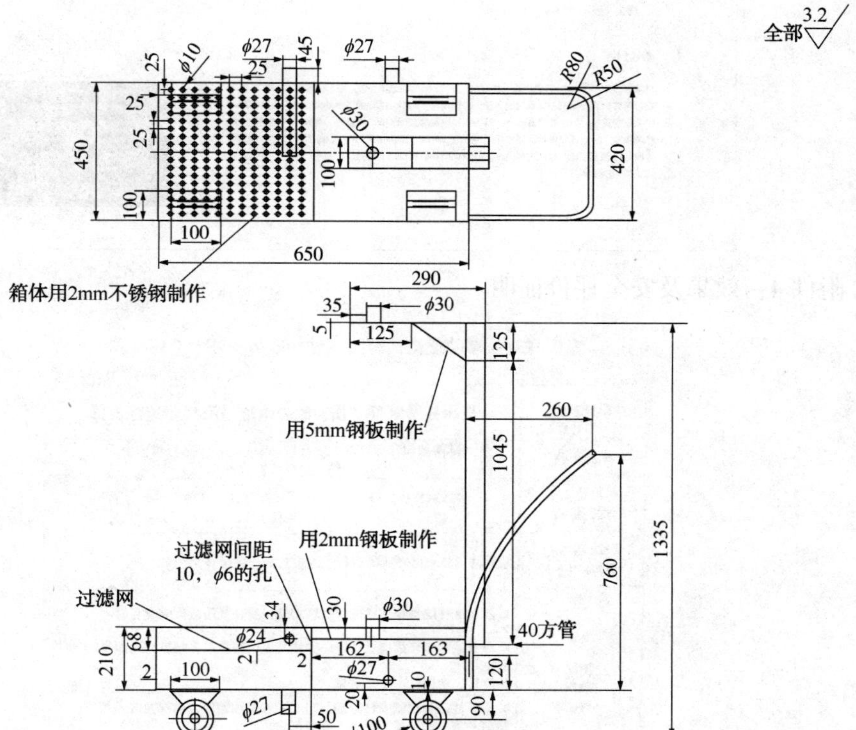

技术要求：
1.未标注倒角均为1×45°
2.焊接完成后清理焊造，打唐光滑
2.成品表面应光洁无毛刺，飞迪

标记	处数	分区	更新文件部	签字	年、月、日	不锈钢水箱		304不锈钢
设计		标准化				阶段标记	重量	比例
制图		数量						1：1
审核						共　张　第　张		
审批								

附件 2：高压柱塞泵静水池漏失预警装置的出厂名牌

附件 3：集团一线难题征集目录

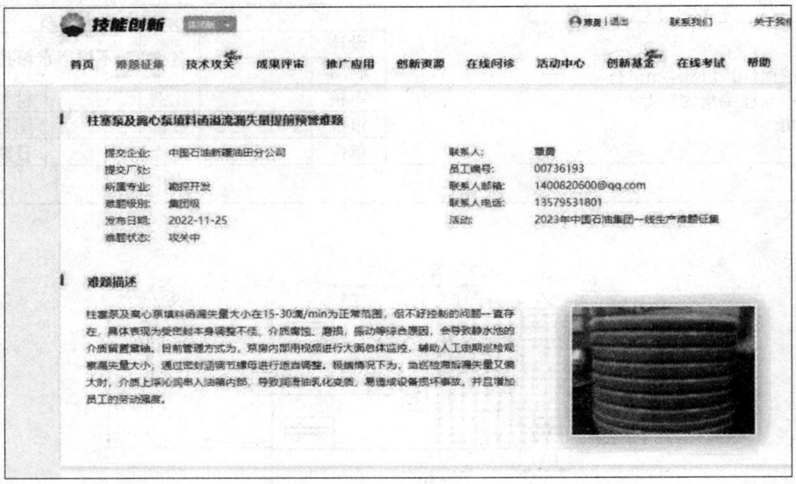

附件 4：效果及安全评价证明

高压柱塞泵移动便捷式智能预警装置效果及安全评价表

编号，XJLUL/QHSE-CZK-2022-030

项目名称	高压柱塞泵移动便捷式静水池溢流智能预警装置
实施单位	陆梁油田作业区陆梁运行维护中心　石南运行维护中心 玛东运行维护中心
本单位安全性能过程	质量安全环保办公室、生产运行办公室（新能源办公室） 验证
2022 年 6 月-2023 年 6 月	陆梁油田作业区对实验进行全方位的安全使用评估
使用效果评估	1. 静水池智能预警装置进行安装实验，验证使用效果安全可靠。
	2. 对智能预警装置接进行现场测量验证，测量数据精准、电源电压供电稳定； 便捷性、实用性、安全可靠。
	3. 高压柱塞泵溢流安装检测，与 SCADA 监控兼容，监屏及时预警验，传输信号稳定验证使用效果、安全可靠。
	4. 实现 20 秒之内报警，验证使用效果安全可靠。
可否推广	建议推广到油田适用于油田集输站库注水高压柱塞泵注水系统安装。
本单位意见	签字：情况属实 [illegible] 盖章： 时间：2023.5.29
质量安全环保办公室（监督中心）意见	签字：符合安全要求 [illegible] 盖章： 时间：2023.5.29

保存时间：3 年

附件 5：创新成果应用推广证明

星语小组活动成果推广应用证明

成果名称	高压柱塞泵便捷式溢流智能预警装置的研制	
应用单位	新疆油田公司陆梁油田作业区	
现场推广情况	2022 年 6 月-2023 年 6 月	
污水回注是油田主要注水来源之一。当注水（污水回注）压力高时，会生刺漏现象造成水沿泵轴窜入曲轴箱，机油乳化导致泵体零配件损坏。水量大时会喷溅到电机上烧坏电机，增加成本费用。星语创新团队研制智能预警装置有效解决过去不能实现自动化监控的空白，实现了预警装置与 SCADA 平台共享，消除环境污染。特此证明。		
生产运行办公室（新能源办公室）意见	综合管理办公室意见（班组长 技师创新工作室）	质量安全环保办公室（监督中心）意见
情况属实 2023年5月30日	情况属实 2023年5月30日	属实 2023年5月30日

保存时间：3 年

附件 6：推广应用证明

星语小组成果应用推广证明

成 果 名 称	高压柱塞泵便捷式溢流智能预警装置的研制
应 用 单 位	新疆油田分公司
应用成果时间	2022 年 6 月至 2023 年 6 月
推广应用	
推广现场实际应用情况 2022 年 6 月陆梁油田作业区高压注水泵全面推广应用。 现场应用预警及时，监控精准，减少巡检点次数。 陆梁运行维护中心　石南运行维护中心　玛东运行维护中心	
应用单位技术部门意见 情况属实 2023年5月30日	应用单位财务部门意见： 情况属实 2023年5月30日

保存时间：3 年

附件 7：经济价值证明

成果应用经济效益证明

成果名称	高压柱塞泵便捷式溢流智能预警装置的研制	
应用单位	新疆油田分公司陆梁油田作业区陆梁运行维护中心	
应用成果时间	2022 年 6 月至 2023 年 6 月	
经济效益	53.13 万元	
节约停机产油量费用	加工成本	净效益（万元/年）

活动前用时（min）	节约用时（min）	活动后用时（min）	注水泵（台）	L/月	元/L	活动月	经济效益（万元）
120	0.20	119.80	27	100	15.13	12	49.02
人工成本	元/月	注水泵（台）	合计（元）	清净费用（元/月）	注水泵（台）	12	合计（元）
1	200	27	64800	10	27	12	3240
产生的经济效益							55.83

元/台	台	活动成本（万元）	经济效益（万元）
3000	9	2.70	53.13

经济效益有关说明及计算依据：

智能预警装置应用 12 个月后，节约润滑油费用 49.02 万元，节约人工及清洗费用 68040 元，合计节约 55.83 万元。

活动效益=（节约润滑油费用+节约人工及清洗费用）-活动成本=55.83-2.7=53.13 万元。

应用单位技术部门意见： 情况属实 2023年6月30日	应用单位经营管理部门意见： 情况属实 2023年6月30日

附件 8：实物图片

预警桶实验图片

现场制作改进图片

CCUS 地面管道腐蚀监测与防护

徐梦雅　赵明辉　吴　凡　路坤桥　胡　昊

（中国石油新疆油田公司）

摘　要　基于某油田管道完整性管理方式，以 CCUS 工艺系统为主要研究对象，调研该油田 CCUS 先导实验区管道运行情况，结合 CO_2驱注采环节腐蚀情况，研究其腐蚀机理及腐蚀主要影响因素，初步明确各环节管道和设备主要腐蚀部位及对应的失效模式，确定适合 CO_2驱金属管道腐蚀情况监测技术，建立 CCUS 地面管道腐蚀防护方法，为维修维护提供依据，从而保障 CCUS 工艺系统的本质安全。

关键词　二氧化碳驱管道；腐蚀监测；本质安全

CCUS 是指碳的捕获（Carbon Capture）、利用（Utilization）和封存（Storage），CCUS 技术是通过把生产过程中排放的二氧化碳进行提纯，继而投入到新的生产过程中，实现循环再利用，是应对全球气候变化的最具潜力的前沿减排关键技术之一。

目前，随着 CCUS 技术的不断进步与发展，国内外实践经验证明，利用 CO_2驱油技术提高油田采收率的过程中，CO_2遇水形成的碳酸对管柱及管道管网的腐蚀问题如影随形，无处不在，低碳钢腐蚀速率有时高达 7mm/a，在厌氧条件下腐蚀速率可高达 20mm/a，将发生全面及局部腐蚀，并造成井喷、泄漏等事故，这对 CCUS 技术的发展带来严峻的考验。管道系统的完整性管理贯穿于全生命周期，完整性管理的第一步就是识别影响完整性的潜在因素。对含 CO_2气田集输管网系统，腐蚀问题是影响管道完整性的主要因素之一。

基于管道完整性管理方式，以 CCUS 工艺系统为主要研究对象，结合 CO_2驱注采环节腐蚀情况，根据其腐蚀机理，建立 CCUS 地面管道腐蚀监测与防护技术，保障 CCUS 工艺系统的本质安全。

1　CCUS 地面管道系统 CO_2驱腐蚀失效机理与失效模式

1.1　腐蚀机理

由于 CO_2溶于水后对金属材料具有腐蚀性，由此引起的材料破坏统称为 CO_2腐蚀，是造成所有油气田生产中碳钢和低合金钢材料腐蚀（图 1）失效的主要原因之一。

图 1　某井因 CO_2所致的油管腐蚀

依据 CO_2腐蚀的基本破坏形态，将其分为均匀腐蚀和局部腐蚀两大类。其中均匀腐蚀为电化学腐蚀，符合一般的电化学腐蚀特点；局部腐蚀是不同覆盖度的区域之间形成具有很强自催化特性的腐蚀电偶或闭塞电池。

CO_2 腐蚀基本特征及机理，见图 2。CO_2 腐蚀主要影响因素见表 1。

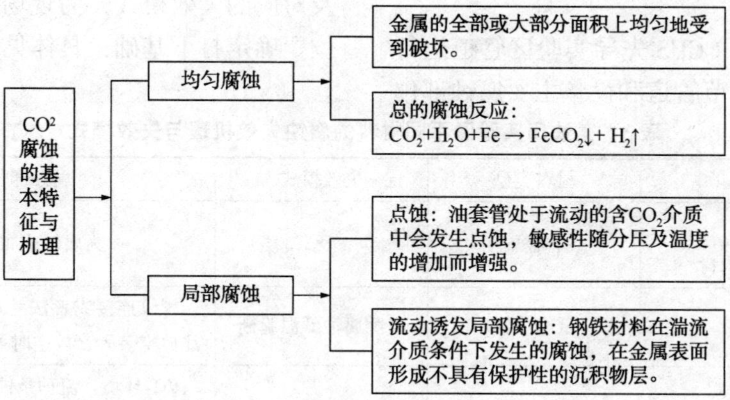

图 2　CO_2腐蚀基本特征及机理

表 1　CO_2腐蚀主要影响因素

序号	腐蚀影响因素	描述
1	环境因素	温度：以 60℃、110℃和 150℃作为分界点；分压：当温度一定时，CO_2气体的分压愈大，材料的腐蚀就愈快，pH 值：碱性条件下，腐蚀速率随着 pH 值增大而减小；介质成份：Cl^-、Ca^{2+}、Mg^{2-}、H_2S、O_2等。
2	材料因素	成份：合金元素，组织。
3	力学-化学因素	多项流体冲刷作用，加速传质过程。
4	原油	含水率：以 30%、40%作为分界点；原油特性：在饱和 CO_2 的溶液中，原油的存在可能对 CO_2 的腐蚀产生有益的影响。

1.2　国内研究进展

针对油气生产中的CO_2腐蚀，国内外学者积极开展实验进行研究（表 2），利用失重法、电化学实验、高压动态电化学测试等方法研究不同工艺中的CO_2腐蚀机理。

表 2　国内外 CO_2腐蚀代表性研究

研究方法	研究项目	仪器设备	工况条件	结论
矢重法、电化学实验法	吉林油田集输管道抗 CO_2 腐蚀机理	高温高压釜、电化学综合测试仪、电子显微镜、电子天平、分析天平、能谱分析仪、恒电位仪、腐蚀电解池、电热恒温水浴箱、电子天平、分析天平	管材：20#、X45、X60、316L、304 压力/MPa：6~10 流速/（m^3/d）：50000、150000、200000	不锈钢材料（316L、304）是集输管道的首选材料
动态失重测试、高压动态电化学测试、傅里叶红外光谱测试、金属表面润湿性测试、超景深三维显微镜测试、扫描电镜测试	高压 CO_2 环境下的腐蚀情况	电子分析天平、高压反应釜、电化学工作站、隔离变压器、傅立叶红外光谱仪、接触角测量仪、超景深三维显微镜、场发射扫描电镜	管材：20# 压力/MPa：0.1、0.5、1.5、2.5 温度/℃：20、40、60、80 时间/h：12、24、36、48	不同 CO_2压强、温度、时间、原油含量条件下 20#钢的腐蚀状况和微观形貌有明显的不同。
自行设计的试验系统	超临界 CO_2 环境腐蚀	超高压 CO_2反应釜、温度控制系统、水泵、真空泵、扫描电镜、能谱仪、X 射线衍射	管材：低合金钢 T22、铁马式体钢 P92、奥氏体钢 Super304H 温度/℃：550、600 压力/MPa：15 时间/h：200、600、1000	随着温度的升高，氧化速率逐渐增大，明确 Cr 含量达 17% ~ 19%的奥氏体钢抗腐蚀性能较好。

1.3 失效模式

通过调研某油田 CCUS 先导实验区管道运行情况，初步明确各环节管道和设备主要腐蚀部位及对应的失效模式，为现场监测技术选取和监测位置确定打下基础，具体见表 3，表 4。

表 3　某油田实验区不同材料的腐蚀失效机理与失效模式

管道材质	材料类型	失效模式	腐蚀部位/腐蚀形态
玻璃钢 碳钢+高分子聚合物内衬	非金属	无	无腐蚀或腐蚀低至可忽略。
Q345E 无缝钢管	低合金钢	缝隙腐蚀低温脆断	螺纹连接或者法兰连接的间隙部位，重点关注放空装置，放空时可能导致低温。
20#无缝钢管	碳钢	局部腐蚀、均匀腐蚀	CO_2环境，流动条件，管壁均匀腐蚀减薄； CO_2环境，段塞流或低流动条件下，管壁点腐蚀。

表 4　不同系统的腐蚀机理与失效模式

系统描述	失效模式	腐蚀部位/腐蚀形态
多相流湿气（气管道）	均匀腐蚀	CO_2环境，流动条件，均匀腐蚀减薄。
	局部腐蚀	CO_2环境，段塞流或低流动条件下，点腐蚀。
		H_2S/CO_2环境，段塞流或流动条件下，点腐蚀。
	冲刷腐蚀（高速流体）	弯头，三通，容器进出口管嘴。
	冲刷腐蚀（含砂）	弯头，三通，容器进出口管嘴。
湿气	均匀腐蚀	CO_2环境，流动条件，点腐蚀。
	局部腐蚀	CO_2环境，段塞流或低流动条件下，点腐蚀。
		H_2S/CO_2环境，段塞流或流动条件下，点腐蚀。
	冲刷腐蚀	弯头，三通，容器进出口管嘴。
干气	冲刷腐蚀	弯头，三通，容器进出口管嘴。
	其他潜在的非腐蚀性失效模式，如果气体含水，风险同湿气。	

2 腐蚀监测技术优选

腐蚀监测的目的是为了发现腐蚀问题，监测腐蚀变化规律，寻找腐蚀数据与生产过程工况参数之间的关系，提供可供事后分析管道异常情况的记录，帮助查找腐蚀原因。同时，可以判断防腐蚀措施的效果，改进腐蚀控制技术，预测管道的使用寿命，为维修维护提供依据。现场常用的腐蚀监测技术有挂片法、超声波定点测厚法、电阻探针。

2.1 挂片法

将挂片放在工艺环境中，一定时间后，挂片因腐蚀而直接失重或在表面沉积有腐蚀产物，清除污染物和腐蚀产物，测量在一定暴露时间内发生的重量损失，计算得到腐蚀速率（图 3）。

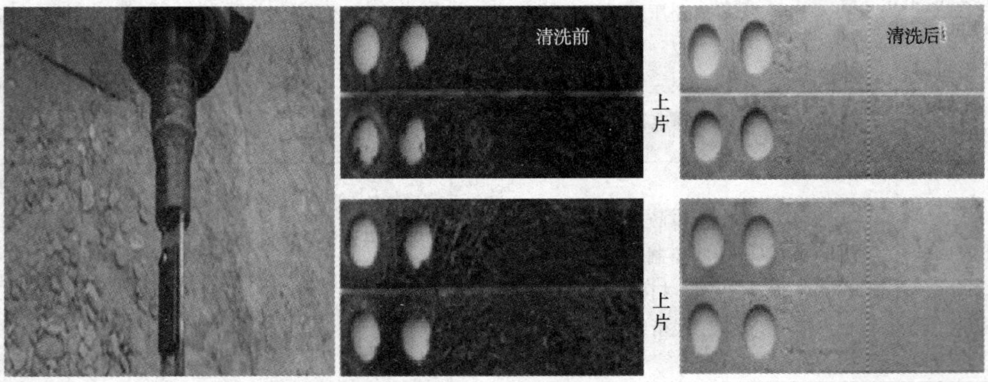

图 3　挂片法测腐蚀速率

2.2 超声波定点测厚法

当探头发射的超声波脉冲通过被测物体到达材料分界面时，脉冲被反射回探头，通过测量超声波在材料中传播的时间来确定被测材料的厚度，再通过与初始壁厚的对比，其差值就是壁厚的腐蚀损失程度（图4）。

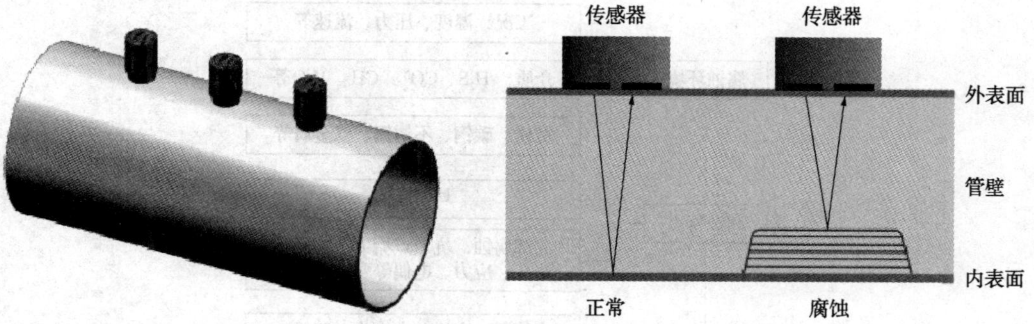

图4　超声波测厚法示意图

2.3 电阻探针

也称为电子挂片，用于监测某一暴露于所研究环境下的敏感元件的电阻值。当敏感元件遭受腐蚀时，其横截面积随之减少，所测电阻值就会增大，因此通过监测探针的电阻变化来确定设备的腐蚀情况（图5）。

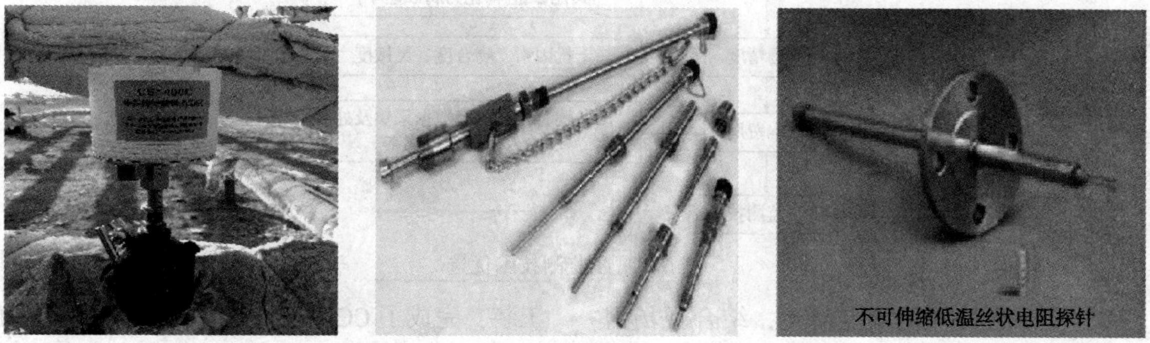

图5　电化学探针

腐蚀监测技术优缺点对比情况，见表5。

表5　腐蚀监测技术优缺点对比

监测方法	优点	缺点
挂片法	1. 可用于所有的腐蚀环境 2. 可进行平行试验，同时试验几种材料 3. 可定量地测量腐蚀速度 4. 可识别腐蚀形貌，判断腐蚀类型 5. 可观察和分析腐蚀沉积物 6. 可评估抑制剂（缓蚀剂）性能等	1. 不适用于测定瞬时腐蚀速率 2. 单独使用挂片不能判断腐蚀波动发生的时间，不能根据波动的峰值和时间段，记录重量损失显著增加的时间。
超声波定点测厚法	1. 反复连续进行测量，获得腐蚀-时间曲线 2. 非侵入式，不损伤管线 3. 操作和维护方便 4. 灵敏度较高	1. 属于某一点的局部测量 2. 测量精度受仪器灵敏度的限制
电阻探针	1. 不受腐蚀介质的限制 2. 可以连续进行测量和记录 3. 获得腐蚀-时间曲线。 4. 灵敏度较高，可测量微米级厚度变化	1. 局部腐蚀测量误差大，结果偏高 2. 试样的截面积很小，加工难度大 3. 不能用于腐蚀产物是导电性的环境

综合考虑腐蚀环境特点、安装及操作、结果解释、监测精度和成本费用后优选腐蚀监测技

术，根据油田集输管道内腐蚀环境和腐蚀类型特点的不同应选择不同的监测技术，不同监测技术安装及操作、结果读取的难易程度不同，选取易于安装操作及结果解释的监测技术，监测技术精度和成本费用也是选择监测技术需要考虑的重要方面（图6）。

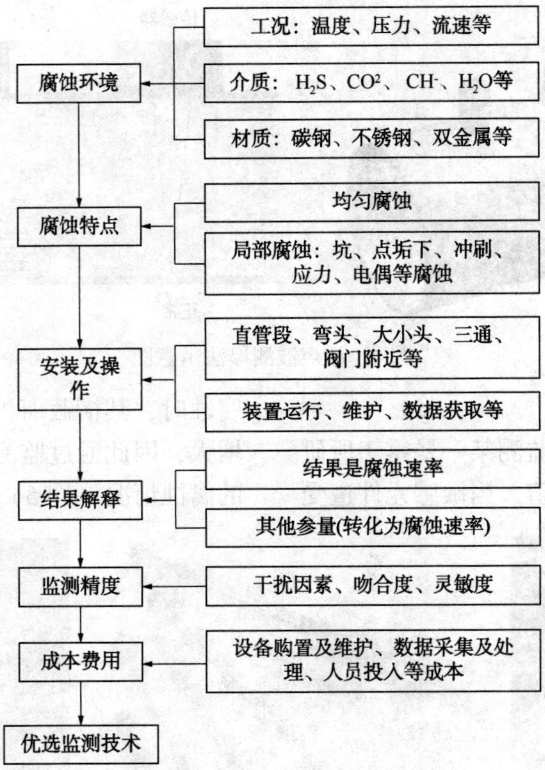

图6　腐蚀监测技术优选

基于监检测技术优缺点对比，结合现场需求，以组合搭配监检测技术思路设计了腐蚀监测工装，完成了CCUS工艺CO_2驱地面集输管道腐蚀监测方案（图7）。

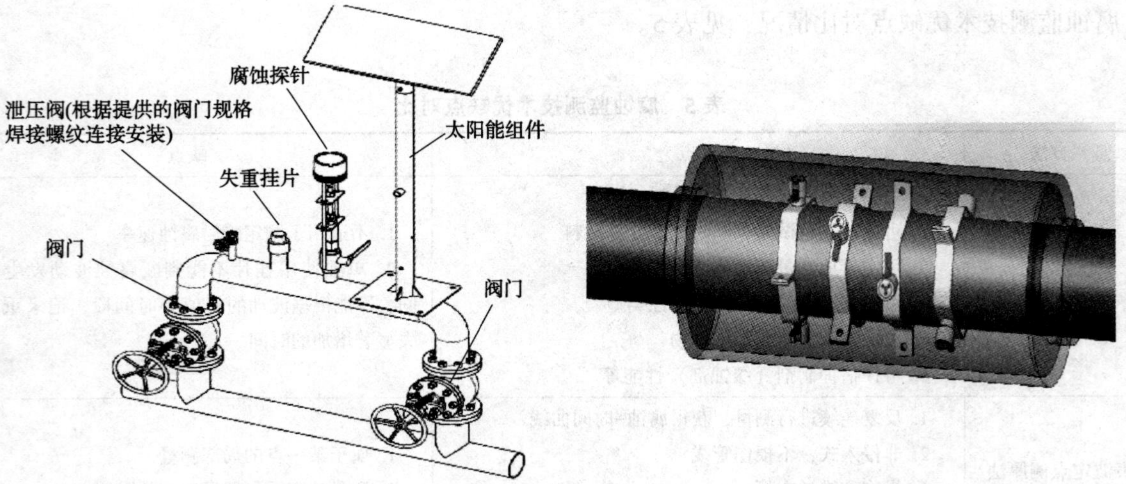

挂片、探针安装示意图　　阵列超声示意图

图7　腐蚀监测技术优选结果示意图

3　形成CCUS地面集输系统腐蚀防护技术

根据CCUS地面集输系统腐蚀特点，在设计和施工阶段，考虑合适的防护措施，在运行阶段，根据运行过程中监、检测结果对腐蚀控制框架进行优化和完善，进一步确保管网系统的完整性。

腐蚀控制措施分类图，如图8所示。

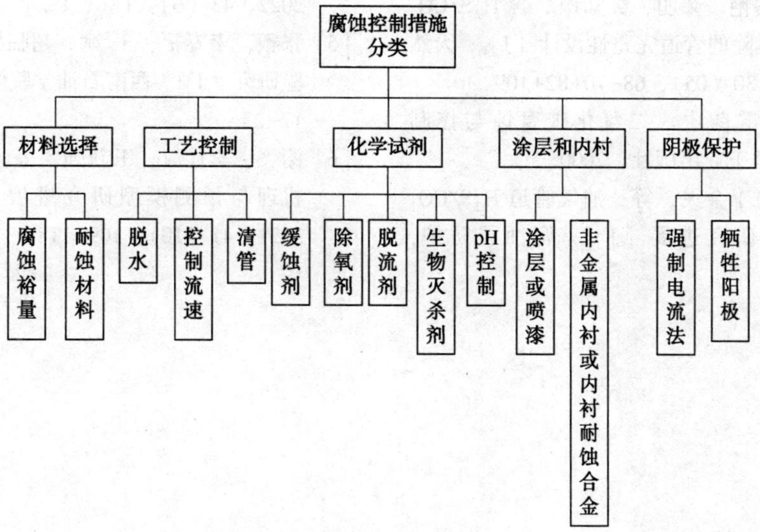

图 8　腐蚀控制措施分类

各阶段管道腐蚀防控措施优缺点对比，见表 6。

表 6　各阶段管道腐蚀防控措施优缺点对比

时间点	腐蚀类型	防控措施	优点	缺点	结论及建议
建设期	内腐蚀	选用耐腐蚀材料	抗腐蚀	成本高	从设计源头进行优化选择
		内涂层	抗腐蚀	成本高，有溶胀失效风险	
		非金属管道	耐化学腐蚀，不结垢，抗震性强，使用寿命长，综合造价低，安装快捷	成本高、高温情况下容易变形、无法检测、接头处易发生腐蚀	腐蚀严重的管道替换非金属管道
		耐腐蚀材料制管	抗腐蚀	成本高	适用新建管道
	外腐蚀	金属防腐蚀层	抗腐蚀	成本高	
		埋地改架空敷设	检测方便、及时发现失效	成本高、改造时间长，易被第三方破坏	适用新建管道
		电法保护阴极保护（外加电流、牺牲阳极）	外加电流：保护距离长，土壤电阻率影响小； 牺牲阳极：不需要电源和维护管理，不会造成绝缘层附着力	外加电流：维护费高，对临近金属构筑物有干扰； 牺牲阳极：保护范围不大，有效时间较短，受土壤电阻率的限制	适用新建管道
运行期	内腐蚀	加缓蚀剂、杀菌剂、除垢剂等	缓蚀效果良好	成本高	酌情使用
	内、外腐蚀	开展完整性检测，及时维修维护	检测覆盖面广，灵活度高，维修针对性强	技术人员与专业设备要求高	建议全面开展，重点管道全覆盖

4　结论和认识

1）经现场试验应用，挂片、超声波定点测厚和电阻探针组合搭配监检测技术能够满足 CCUS 工艺 CO_2 驱地面集输管道腐蚀监测需要，为获得现场腐蚀数据提供基础；

2）建立 CCUS 工艺 CO_2 驱地面集输管道全生命周期的腐蚀防护体系，能够从源头控制腐蚀速率，保障管道使用寿命和本质安全。

参　考　文　献

[1] 曹功泽，刘宁，刘凯丽，淳于朝君，张冰岩，杨景辉，张素梅，穆蒙 . CCUS 腐蚀控制技术对策［J］. 大庆石油地质与开发，10. 19597/J. ISSN. 1000-3754. 202307013.

[2] 鲜宁，姜放，施岱艳，荣明，吴知谦．含 H_2S/CO_2 气田中基于腐蚀风险的管道完整性设计［J］．天然气与石油，2012，30（05），68-70+82+109
[3] 张学元，邸超，雷良才．二氧化碳腐蚀与控制［M］．北京：化学工业出版社，2000.
[4] 李彦鹏，朱世东，李金灵，等．油气管道 H_2S/CO_2 腐蚀与防护技术研究进展［J］．腐蚀与防护，2022，43（6）：1-6，12.
[5] 张颖，李春福，王斌．超临界 CO_2 对刚才的腐蚀试验研究［J］．西南石油学院学报．2006，28（2）：17-23.
[6] 谢飞，李佳航，王新强，等．天然气管道 CO_2 腐蚀机理与预测模型研究进展［J］．天然气工业，2021，41（10）：109-118.

油气田集输双金属复合管道检测评价探索实践

吴　凡　赵明辉　路坤桥　许泽伟　胡　昊　程智年　徐梦雅　张　茹　哈丽旦木·托呼提买提

（中国石油新疆油田公司实验检测研究院）

摘　要　双金属复合管是解决高腐蚀性油气田地面集输管线腐蚀问题的一种相对安全的办法，但目前国内应用过程中存在管道失效及检测难等问题。通过开展双金属复合管的检测应用，使用PCM、磁记忆检测、磁饱和-脉冲涡流检测等检测方法，验证各检测方法的适用性，取得了一定的认识，为双金属复合管的现场检测管理提供技术支撑，有一定的推广价值。

关键词　双金属复合管；检测；腐蚀失效；开挖验证

西部油气田站外管道大部分埋地敷设，处于较复杂的土壤环境中，管道外壁易出现腐蚀，且管道输送介质也多为腐蚀性介质，随着介质的输送冲刷，管道内壁常出现金属损失，据统计，因腐蚀造成的管道失效占比达到85%以上，内腐蚀失效高于外腐蚀失效，腐蚀成为油气田管道失效的首要原因。双金属复合管结构应管道防腐需求而出现，其外部管道是普通的碳钢管，起到承受管道系统工作压力的作用，内衬管道是耐蚀合金管（不锈钢管材为主），起到耐蚀防腐的作用，是解决高腐蚀性油气田地面集输管线腐蚀问题的一种相对安全和经济的办法。

尽管双金属复合管应用于油气集输管线有良好的防腐效果，但复合管道失效也有发生，这与复合管复合过程工艺、焊接工艺、介质输送工况等情况息息相关。因为双金属复合管道发生过多起失效事件，2017年颁布的《中国石油天然气股份有限公司油气田管道和站场完整性管理规定》要求必须重视其完整性管理。

1　概述

1.1　双金属复合管道分类

双金属复合管分类方式多种，根据复合管的双金属界面结合形式特点划分，可分为机械结合和冶金结合复合管两种。

机械结合机理是根据内外管材的弹性塑性特性不同进行复合，主要形式为冷加工扩径或缩径，通过内外管的变形促使内管的外管接触外管的内壁以达到过盈配合，形成紧密的机械结合。其优点是生产工艺以较简单、成型率高、价较便宜，但存在以下不足：（1）管间机械结合强度低，容易发生界面分离脱落的现象；（2）高温使用条件下，因碳钢和不锈钢膨胀系数的不同，易产生鼓包。

冶金结合机理是在高温条件下使两种管材实现管材金属晶间结合，实现冶金结合，分为熔融结合和扩散结合。其优点为结合度好、有较好的界面结合度，缺点主要是生产成本高、工艺复杂。

1.2　双金属复合管道使用情况

双金属复合管虽然在价格上比常规碳钢高，但其性能优良，综合了强度高、耐腐蚀性好、耐磨性优诸多的特性，以其较高的性价比得到油气田企业的欢迎，尤其较多的应用在高含H_2S、CO_2等腐蚀性气体的油气田集输管道上。

从20世纪90年代开始，国际上在油气输送领域应用双金属复合钢管，基管材料主要为X52和X65，耐腐蚀合金层主要为316L和镍基合金825，规格为114~998mm，主要用于含H_2S/CO_2和Cl^-苛刻腐蚀环境。在国内，2005年油田开始采用国产中小口径（60~168mm）衬里复合钢管（20G/316L）用于高含CO_2和Cl^-油气集输，并有良好的防腐效果。2011年，国产316L内衬复合钢管开始应用于海洋油气集输管道，先后在多个海上油气田应用超过100km，材料为X65/316L，规格168~219mm。，双金属复合钢管在国内油气田的使用里程超过 2000km，在中石油、中石化和中海油等油气公司都有应用，而且以 316L 衬里复合钢管应用最多，占到双金属复合管应用量的 80%以上。

1.3 双金属复合管道常见失效形式及原因

机械复合工艺因具有生产工艺简单、生产成本较低等特点，应用较为广泛，近年来相应的制造、焊接等配套技术的完善，使得机械复合管材得到了更为广泛应用。随着双金属复合管的推广应用，根据其失效统计情况分析，失效类型主要是环降缝开裂和腐蚀，目前国内双金属复合管的主要失效形式有以下五种：

（1）应力腐蚀开裂：双金属复合管内覆衬层在腐蚀性环境中因应力作用产生裂纹扩展而发生失效，应力度蚀开裂是双金属复合营腐的问题中破坏性最大的一种形式；

（2）环焊缝刺漏：机械复合双金属管最常见的失效形式。一般是先在内表面的焊缝及其热影响区处形成腐蚀坑，然后腐蚀坑扩大加深，最后腐蚀至刺漏或穿孔；

（3）内衬层塌陷：机械复合双金属管另一种常见的失效形式，这是机械复合工艺自身带来的问题——机械结合强度不足，在使用过程中易出现内衬塌陷的问题。内衬塌陷的出现降低了管输能力；

（4）内衬层缺陷裂缝：一些双金属复合管经离心浇铸形成管坯，随后进行热挤压成型，热挤压工艺的不合理会造成后镍基衬层裂缝甚至脱落现象；

（5）衬管腐蚀：指衬管管出现小的腐蚀缺口之后，输送介质与基管接触，形成电偶腐蚀，加快基管的穿孔。输送介质通过衬管刺漏进入基管和衬管之间，又会对衬管造成向内的压力，加快衬管的鼓包、塌陷。

造成失效的原因多种，主要体现在制造工艺、焊接工艺以及服役环境等因素中。比如不合理的热挤压工艺以及较大的衬层截面壁厚差会造成管衬层裂缝缺、不当的封焊操作会致使封焊焊穿衬管、在服役过程中，当双金属复合管有缺陷时，电偶腐蚀会加快双金属复合管的失效过程。

1.4 双金属复合管道检测难点

对双金属复合管道的检测评价存在诸多困难，焊缝开裂或腐蚀的检测主要利用传统的超声波、射线、相控阵等无损检测手段，需要大量开挖埋地管道形成作业空间，开挖工作量大，不适用于在役管线的排查检测工作；由于双金属复合管内衬塌陷严重、许多集输管线并无收发球筒，对通球及通径检测提出更高要求，无法开展内检测；非开挖的检测技术有很多，但是对双金属复合管道的检测还存在各自的适用性问题，有待进一步验证。主要难点：

（1）对于内衬层塌陷，衬管塌陷导致通道通球作业与内村层检测很难进行，无法主动掌管道内部情况。投球检测技术手段在集输管道检测中存在困难，许多集输管线并无收发球桶、塌陷严重的管道对通球及通径检测提出更高要求；

（2）对于金属复合管道环焊缝腐蚀、开裂及衬里层腐蚀的检测，面临技术挑战和困难。

如目前应用较广泛也较成熟的管道漏磁检测器（MFL），因为奥氏体不锈钢为非铁磁性材料，该技术能否用于不锈钢的腐蚀缺陷检测还有待于进一步研究；超声内检测器因为耦合问题，不能应用于输气管线；爬行机器人视频内检测技术，只能检测内表面缺陷，而且必须停输。

2 现场检测实践情况

2.1 检测方案制定

西部某油气田集输管道采用“L415+316L”的双金属复合管，运输介质为携带酸性地层水及凝析油的湿气天然气，CO_2分压高，管线运行压力高，采用注采合一设计方式，存在内衬塌陷、腐蚀、焊缝失效等风险。由于双金属复合管的结构特殊性，目前尚无成熟有效的检测方法，难以掌握其本体情况。为全面掌握双金属管道情况，开展了双金属复合管道检测试验。

双金属复合管服役至今未发生失效情况，但目前已发现其内衬塌陷问题，输量减少风险、内衬开裂风险也会随之而来。常规钢制管道检测评价方法主要包括基于内检测的评价、压力试验、外腐蚀直接评价法（ECDA）、内腐蚀直接评价法（ICDA）等，对双金属复合管检测存在一定适用性和局限性。比选以下检测方法，具体见表 1。

表1　管道检测方式比选

方法	检测技术	适用性	局限性
基于内检测的评价	清管通径与变形检测	适用于不存在内衬塌陷的双金属复合管检测。	若存在内衬塌陷，卡堵风险高。
	管道机器人内检测	可用于管线建设施工阶段、入场检验阶段、在役管线内部状况局部抽查。	检测距离不超过500m； 机器人存在无法通过弯角情况； 对在役管线需停输、开口检测； 内层塌陷处，机器人无法通过。
	漏磁内检测	一定内衬厚度下，可检测双金属复合管法兰、环焊缝等管道特征与碳钢管壁缺陷。	检测精度受内衬厚度影响；无法检测不锈钢内衬上管缺陷；内衬塌陷制约了检测器的进入，存在卡堵风险。
	超声内检测	适用输送液体的管线。	不适用于输气管道，存在耦合问题，精度不够。
	涡流内检测	可用于检测材料表面缺陷。	检测结果易受材料、焊缝形貌及表面状况干扰，精度不够。
外腐蚀检测评价	外防腐层检测	识别管道外防腐层破损情况。	对双金属复合管检测效果有限，无法识别内腐蚀。
内腐蚀检测评价	磁应力检测	无需开挖埋地管线，辅助其它接触式检测仪器，可实现双金属复合管缺陷检测。	仅能反映碳钢基层，对内衬层无效；管线基础磁信号、地磁等外部磁场影响缺陷判定；对已泄漏或渗漏点分析识别难度较大。
	弱磁检测	可检测到环焊缝。	误差大，不能检测到基管和衬管的缺陷情况。
	ICDA	通过开挖验证，采用射线、超声和相控阵等组合方式可对管道焊缝进行检测。	无法对管体内腐蚀及基管与衬管复合情况进行有效检测。
	内窥镜检测	探头放入管道实施检测，可检测管道内衬情况，检测过程实时录像记录，查看管道内部实际情况。	只能通过管线开口处下入管线内部，且检测距离通常仅有几十米到一百米，无法实现对埋地管线的全覆盖检测。

针对管道埋设及工况条件，制定以下检测流程，如图1所示。

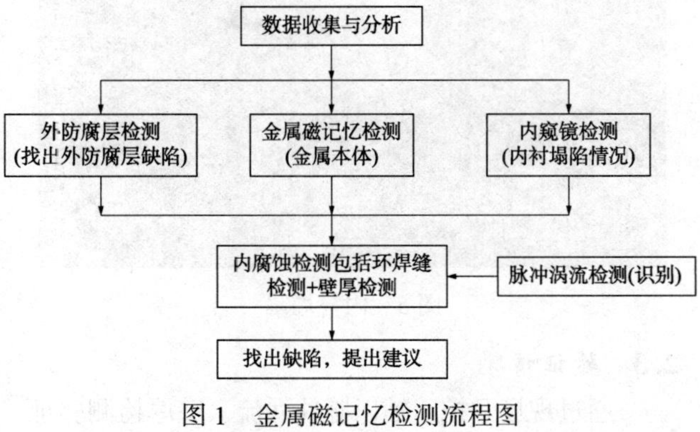

图1　金属磁记忆检测流程图

（1）对防腐层及管道本体缺陷进行检测。主要包含以下是三种方法：

外防腐层检测：通过多频管中电流法（Pipeline Current Mapper，PCM），根据电流衰减和分布特点对双金属管道整体防腐层情况及破损情况进行判断；

金属磁记忆检测：磁记忆检测技术利用磁记忆效应，当铁磁材料存在缺陷或受到外力时，会形成应力集中区域，由于应力集中区域具有高磁导率特性，易被地磁场磁化，故会形成剩磁场，通过拾取剩余磁场，识别应力集中区域，可以实现对双金属管道本体缺陷的检测；

内窥镜检测：最为直观、准确的检测双金属复合管内衬管运行情况，可有效检出内衬管塌陷、腐蚀、开裂等情况。

（2）对检出的缺陷开展验证及量化检测。主要通过开挖后的无损检测手段进行，包括超声、射线、脉冲涡流等检测手段，确认缺陷位置及大小，为后续的管道隐患治理提供数据支持。

2.2　检测情况

（1）外防腐层检测

地下管线定位、测深以及防腐层状况使用 PDM 管道电流测绘仪检测。发射信号采用 150W 大功率发射机，加载 128Hz 超低频信号，接收时采用峰值法（图 2）和零值法（图 3）。

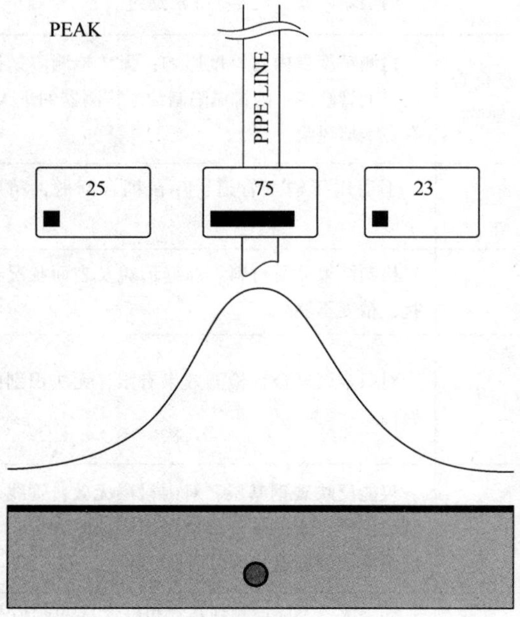

图 2　峰值法定位示意图

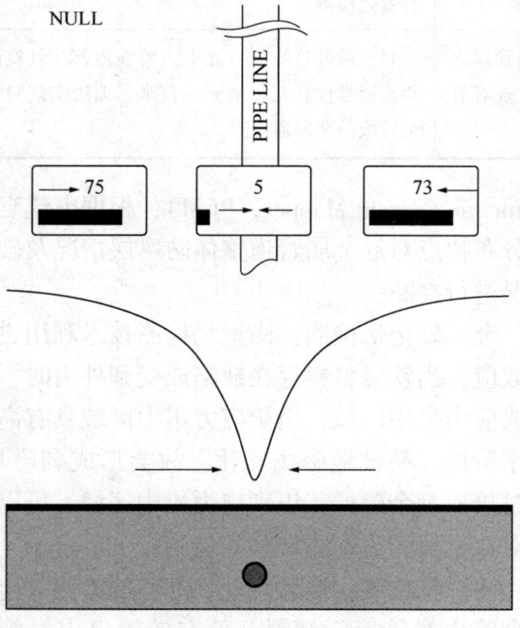

图 3　零值法定位示意图

采用交流电流梯度法（ACVG）在地面检测管道全线防腐层，找出防腐层缺陷点 3 处。

（2）应力集中检测（本体缺陷检测）

现场使用 JX-MTM 金属磁记忆检测仪（量程±10 万 nT）对双金属管道进行检测。检测过程：检测人员按照操作规程使用非接触式金属磁记忆检测仪在待检管道上扫描行走检测，通过收集管体上的磁场变化，可定位应力集中区，管体内外腐蚀、裂纹、变形等缺陷造成的应力集中能够被检出。共识别出 89 个，其中：1 级点 18 个，2 级点 36 个，3 级点 35 个。

（3）内窥镜检测

在双金属复合管停输检修期开展了内窥镜检测，通过管线打开、设备调试检测等检测过程，共发现内衬塌陷（图 4）共计 14 处，均为埋地管段，2 条管线焊缝余高（图 5）过大。

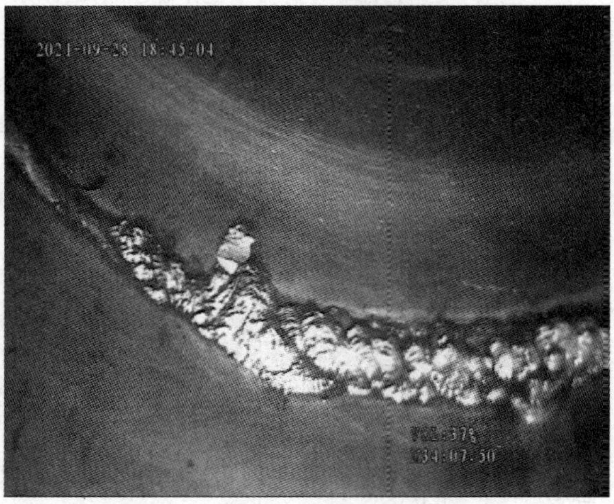

图 4　焊缝余高过大

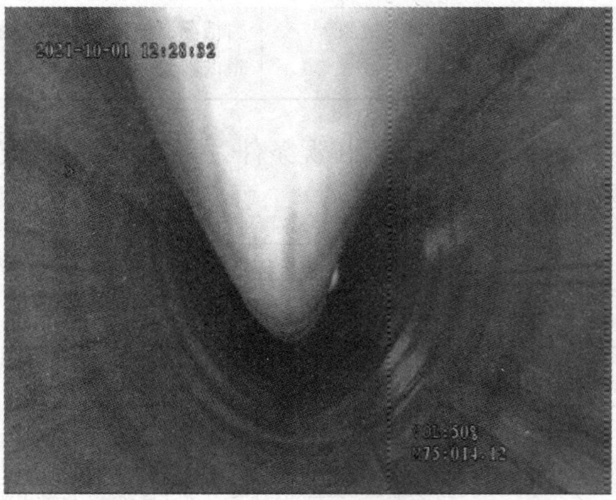

图 5　内衬塌陷

2.3　验证情况

通过现场开挖，辅以脉冲涡流、壁厚检测验证等工作，此次检测管道整体情况良好，存在的缺陷点主要表现为轻微的机械损伤、管线焊缝处外防腐层漏点形成的外腐蚀，具体开挖情况见表 2。

表 2　开挖验证情况

探坑编号	图片	开挖情况
K01 探坑		轻微的机械损伤、内衬塌陷。
K02 探坑		轻微的机械损伤。
K03 探坑		外防腐层漏点。

针对异常等级较高管段开挖 7 处，开挖后经过去除防腐开展了 5 处超声导波检测、74 米 B 扫检测以及 3 处磁饱和-脉冲涡流检测工作，缺陷情况和危险程度基本与非接触检测结果吻合。

3　结论

目前针对双金属复合管的检测难度较大，此次开展的双金属复合管检测，结合了内外腐蚀检测手段，为双金属复合管运行期的检测管理提供了一些可行的检测方法。

通过此次的检测实践，有以下几点认识：

(1) 针对集输双金属复合管道本体缺陷，金属磁记忆检测是一种可行的检测手段，但其易受干扰，缺陷检出率不高。

本次对双金属管道全管线进行了金属磁记忆在线检测，发现了双金属管线存在的管线应力集中点与管体潜在缺陷，使用超声测厚及磁饱和-脉冲涡流等无损检测手段进行开挖验证，缺陷等级和危险程度基本吻合，磁异常缺陷段检出率达到 78%。针对管道内检测无法开展的埋地双金属复合管道，金属磁记忆检测可以提供一套经济有效的检测方法，有一定的推广价值。

(2) 优化检测方法，基于防腐层和应力检测，外加磁饱和-脉冲涡流、超声、内窥镜相结合的检测策略，有利于掌握双金属复合管的完整性情况。

磁饱和-脉冲涡流、内窥镜等检测技术与传统的内外检测技术相互配合，可以有效提高检测效率及准确度。重点缺陷位置进行开挖检测，开挖后使用超声测厚、B 扫等无损检测手段，复核缺陷管段情况，可取得了良好的应用效果。

参 考 文 献

[1] 张宝庆 . 双金属复合管的制造技术浅析 [J] . 机电工程技术，2009，38 (03)：106-108.

[2] 曾德智，杜清松，谷坛等 . 双金属复合管防腐技术研究进展 [J] . 油气田地面工程，2008，27 (12)：64-65.

[3] 周声结，郭崇晓，张燕飞 . 双金属复合管在海洋石油天然气工程中的应用 [J] . 中国石油和化工标准与质量，2011，31 (11)：115-116.

[4] 王纯，毕宗岳，张万鹏，杨耀斌，韩此晨．国内外双金属复合管研究现状［J］．焊管，2015，38（12）：7-12.
[5] 王永飞，赵升吨，张晨阳．双金属复合管成形工艺研究现状及发展［J］．锻压装备与制造技术，2015，50（03）：84-89.
[6] 徐秀清，白真权，尹成先．双金属复合管在海洋石油管道中的应用［C］//中国石油集团石油管工程技术研究院，美国石油学会，中国石油学会石油管材专业委员会，中国石油天然气集团公司石油管工程重点实验室．油气井管柱与管材国际会议（2014）论文集．［出版者不详］，2014：8.
[7] 李发根，杨家茂，冯泉等．在役双金属复合管道失效机制及控制措施分析［J］．焊管，2019，42（09）：64-68.
[8] 丁晗，李先明，安超，等．L245/316L 双金属复合管的失效分析［J］．腐蚀与防护，2018，39（2）：157-161，166.
[9] 梁国萍，王斌，王敏瑞等．内衬 316L 双金属复合管环焊焊缝失效原因分析［J］．焊管，2017，40（09）：34-38.
[10] 蔡亮．国外油气站场管道试压试验标准剖析［J］．天然气与石油，2014，32（3）：15-18.
[11] 廖柯熹，何腾蛟，李明红，何国玺．埋地油气管道应力集中磁力外检测技术［J］．中国测试，2019，45（12）：25-30+55.
[12] 刘轩，韩伟．非接触式磁力检测技术［J］．中国石油和化工标准与质量，2017，37（02）：120-121.
[13] Dubov A A. Diagnostics of mental items and equipment by means of mental magnetic memory［A］. Proceeding of the ChSNST 7th Conference on NDT and International Research Symposium［C］. Shantou，China：ChSNST，1999. 181-187.

新疆油田稠油火驱 TP90H 注气管柱腐蚀失效分析

向　红　郑朝新　刘　利　陈　勇　阙军仁

（中国石油新疆油田公司）

摘　要

针对已运行 10 年的新疆油田火驱先导试验区 TP90H 注气管柱目前适应性不明确的问题，对某典型注气井 TP90H 管柱的化学成分、金相组织、腐蚀产物进行分析。结果表明，外壁腐蚀产物主要为 Fe_3O_4，内壁腐蚀产物主要由 Fe_2O_3 和 $FeCr_2O_4$ 组成，油管腐蚀的原因主要为电化学腐蚀；TP90H 材质的注气管柱适用于新疆油田稠油火驱工况，但是依然存在腐蚀失效的风险，建议加强腐蚀监测，保证注气井的正常运行。

关键词　稠油开发；火驱；TP90H 油管；高温氧化；腐蚀失效

1　引言

火驱技术是大幅度提高老区采收率的有效手段之一，具有适用范围广泛、成本低、节能环保、最终采收率高等特点。稠油火驱是一种重要的采油工艺，它通过向点燃的油层注入高压空气来推动稠油向井口移动，从而提高采油效率。然而，随着井内注气管柱服役时间的延长，管柱腐蚀失效逐渐引起人们的关注，腐蚀问题的出现不仅会降低注采井的产量，导致停注停产修井，还可能引发安全隐患，因此对稠油火驱注气井管柱的腐蚀失效进行深入分析变得尤为重要。

2009 年 12 月，新疆油田在红山嘴油田红浅 1 井区八道湾组油藏开辟了火驱先导试验区，生产 10 年，阶段提高采出程度 35.8%，取得了较好的开发效果。2022 年，先导试验区逐步结束火驱，注气井停止注气，准备上返齐古组生产，上返修井提出的管柱都发生了不同程度的腐蚀，为评价注气管柱的适应性，选择一口典型井管柱进行检测。典型井于 2011 年 12 月 15 日注气点火，2022 年 2 月 25 日结束注气，历时 10 年该井采用 φ73mm 的油管，壁厚 5.51mm，钢级 TP90-3Cr，送检的管柱是点火器上方第一根油管。

2　理化检验及结果

2.1　化学成分分析

在油管上采集金属粉末，参照 ASTM A751—2008《钢产品化学分析的实验方法》，对金属中 C、P、S 等元素含量进行检测，油管样品化学成分分析结果见表 1。从表 1 中的化学成分分析可知，除 Cr 元素外，其余各元素的含量满足 Q/TGGB14—2009 的要求。

表 1　油管样品化学成分

项目	C	Si	Mn	P	S	Cr	Mo	Ni	Fe
测试油管/wt%	0.18	0.15	0.55	0.011	0.003	3.27	0.480	0.042	余量
Q/TGGB 14—2009/wt%	≤0.35	≤0.40	≤1.50	≤0.025	≤0.025	0.40~1.50	0.10~0.50	≤0.25	余量

2.2　金相组织分析

在油管上沿轴向和径向各切取金相试样 1 件，参照标准 GB/T 13298—2015《金属显微组织检验方法》、CB/T 10561—2005《钢中非金属夹杂物含量的测定标准评级图显微检验法》和 CB/T 6394—2017《金属平均晶粒度测定方法》对天线纵向截面进行金相组织分析、钢中非金属夹杂物检测和评级、晶粒度评级，金相组织如图 1所示，为回火马氏体组织，晶粒度为 8.5 级，晶粒度大于 7 级，非金属夹杂物评级照片如图 2 所示，B 类夹杂物（氧化铝类夹杂）为 1 级，D 类夹杂物（球状氧化物夹杂）为 0.5 级，均小于 2 级。

2.3　宏观形貌分析

油管宏观形貌及尺寸如图 3 所示，油管样品外径为 71.10mm，其四周壁厚不均匀，壁厚最大值为 3.10mm，最小值为 1.34mm，外径及壁厚均小于 API SPEC 5CT（外径 73.02mm，壁厚 5.51mm）中规定的值。

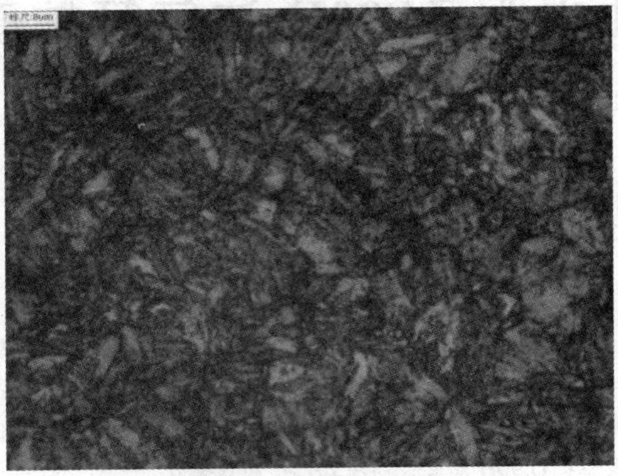

图 1　金相组织照片（500 倍）

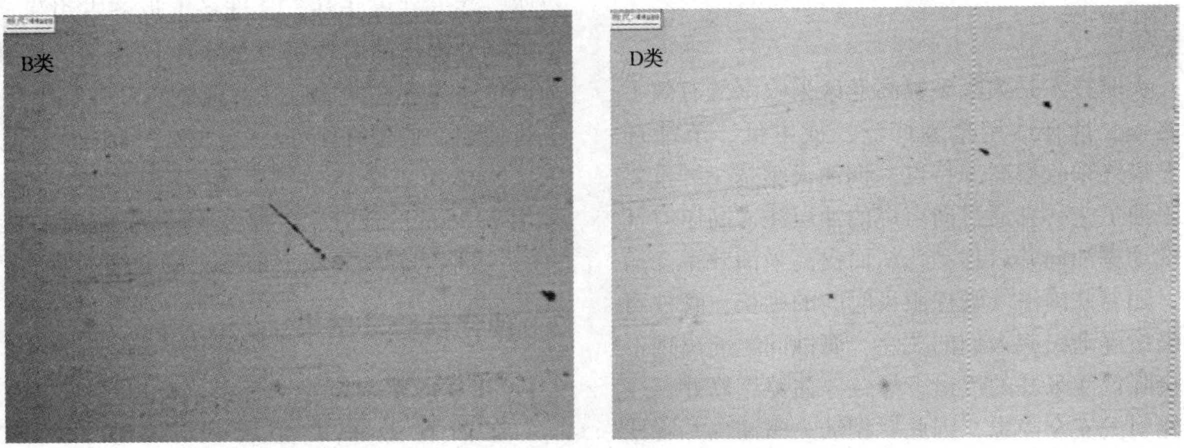

图 2　油管样品 B 类及 D 类夹杂物评级照片（100 倍）

图 3　油管样品横截面宏观形貌及几何尺寸

油管外表面宏观形貌如图 4 所示，油管沿纵向厚度不均匀，其一端壁厚较薄，一端壁厚相对较厚。较薄的一端存在少量穿孔的蚀坑，蚀坑最大直径为 13mm；较薄的一端还存在少量裂纹，裂纹最大长度为 210mm。

2.4　腐蚀坑深度分析

油管样品环向 4 个位置的管试样的截面如图 5所示。可知环向 4 个位置的管壁剩余厚度较为均匀，没有明显的大蚀坑。

油管样品环向 4 个位置的管试样外表面激光共聚焦测试的点蚀深度如图 6 所示，外表面最大蚀坑深度分别为 600μm、400μm、1200μm、760μm。

2.5　腐蚀产物分析

油管样品内、外壁腐蚀产物粉末的扫描电镜结果如图 7 所示，可知油管内、外壁的腐蚀产物经研磨后的粉末均为不规则的几何体。

(a)油管样品整体形貌

(b)油管样品表面蚀孔

(c)油管样品表面裂纹

图 4　油管样品外表面宏观形貌

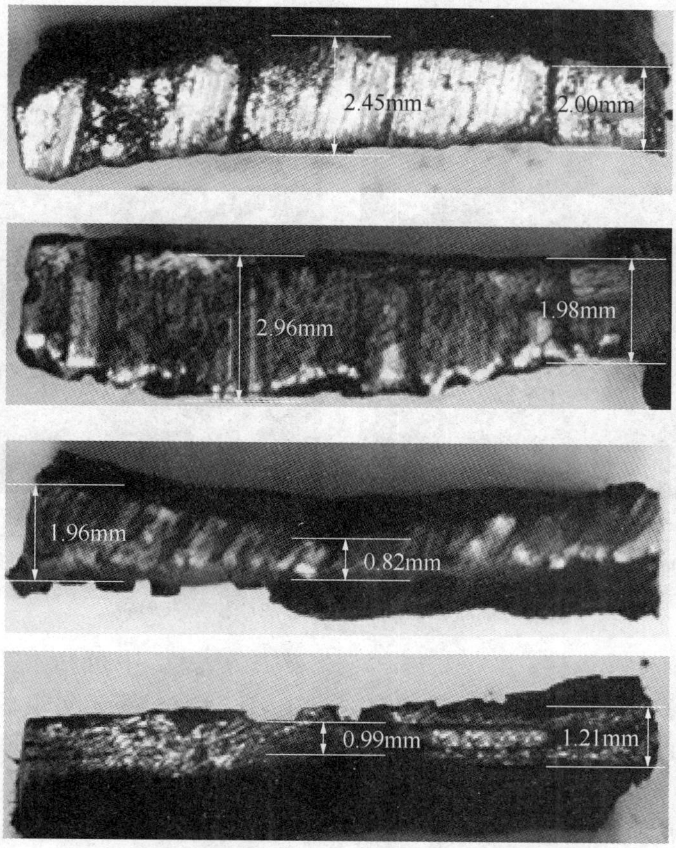

图 5　油管样品环向 4 个位置管试样截面图

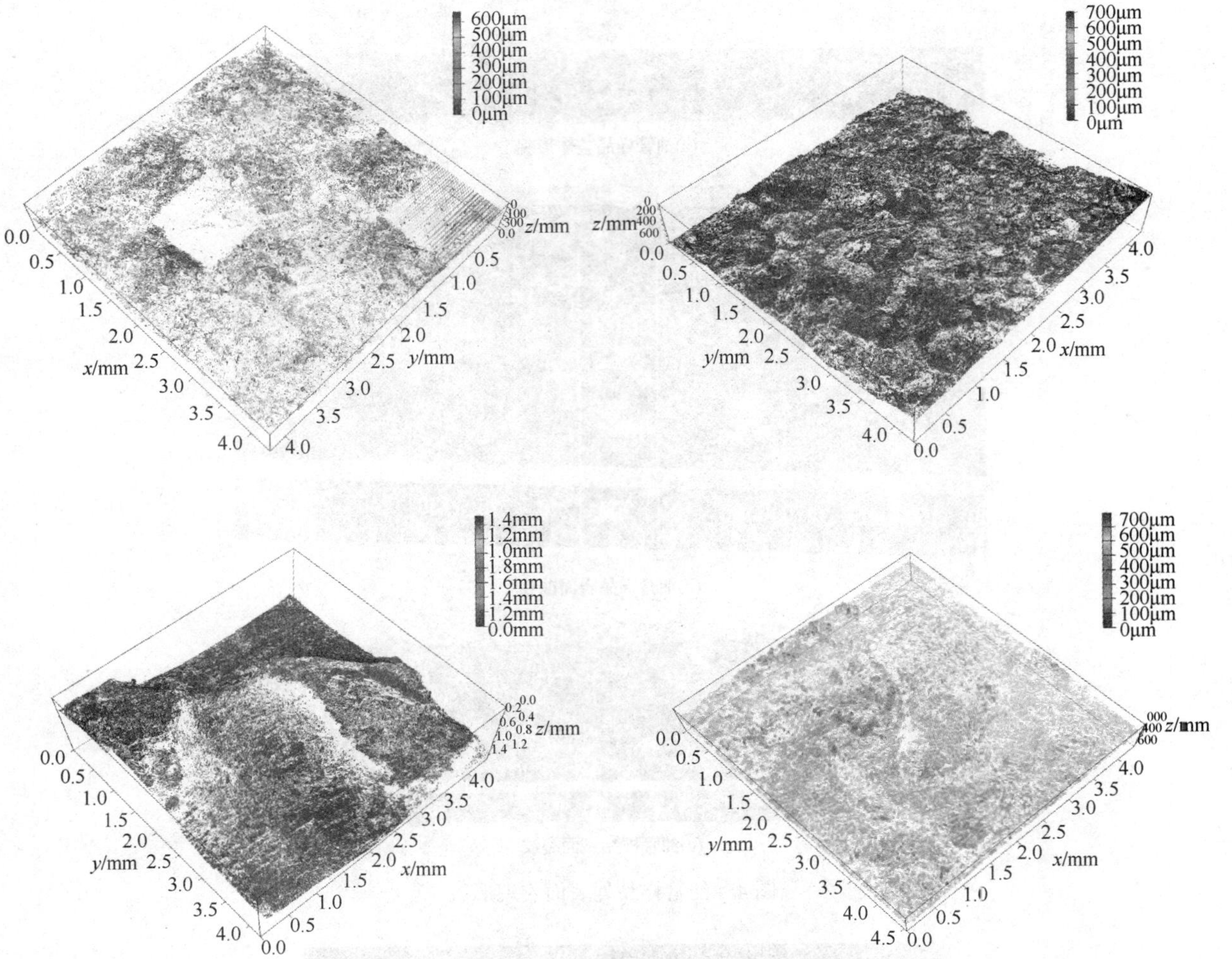

图 6　激光共聚焦测试外表面环向 4 个位置最大蚀坑深度

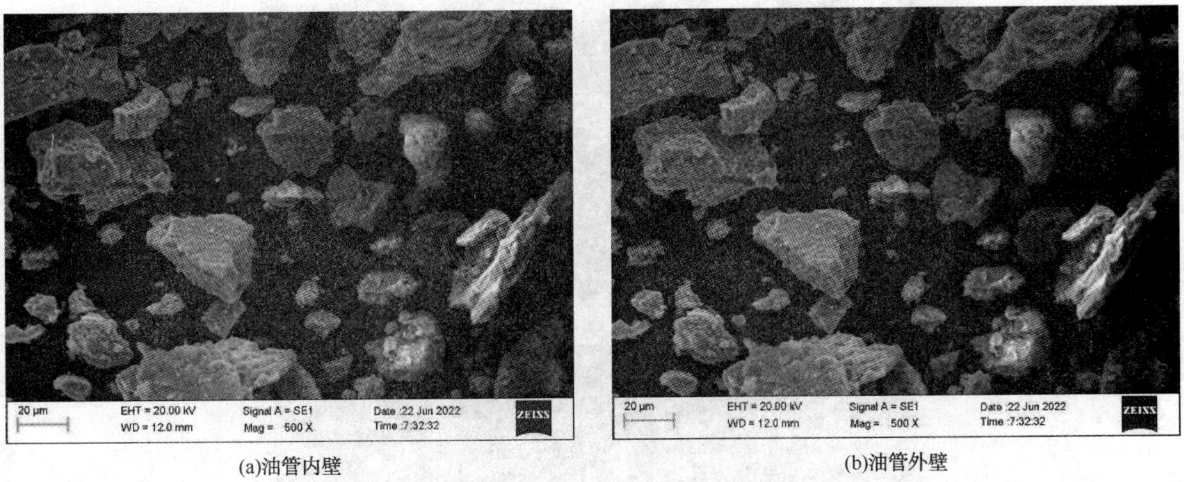

(a)油管内壁　(b)油管外壁

图 7　油管样品内、外壁腐蚀产物粉末形貌

（1）内壁腐蚀产物分析

油管样品内壁腐蚀产物面能谱扫描结果如图 8 所示，从图 8 中可知，Fe、O、Cr、S 分布高度重合，初步判断腐蚀产物为 Fe 的氧化物、Fe 的硫化物、Cr 的氧化物或 Cr。

油管样品内壁腐蚀产物点能谱测试结果见表 2。从表 2 中可知，其腐蚀产物主要由 Fe、Cr、O、C、S 等元素组成，且大部分腐蚀产物中均出现了 Cr 元素的富集，结合图 7 可进一步确定，油管样品内壁腐蚀产物主要为 Fe_2O_3 和 $FeCr_2O_4$。

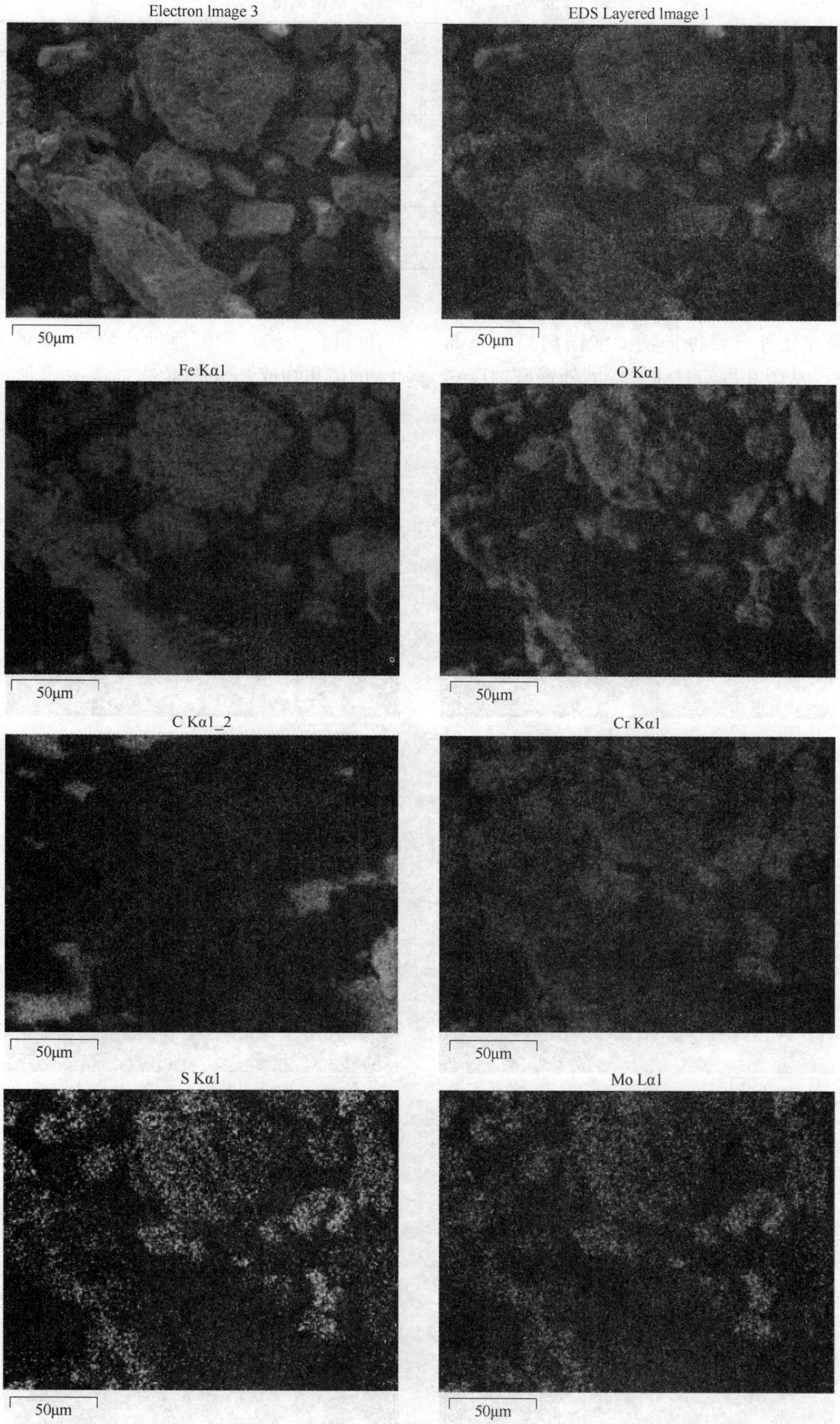

图 8　油管样品内壁腐蚀产物粉末的面能谱扫描位置及测试结果

表 2　油管样品内壁腐蚀产物点能谱测试结果

元素	质量百分比/wt%				
C	6.65	8.6	6.59	5.67	12.12
O	24.37	23.5	8.81	10.15	36.59
Cr	4.06	6.17	3.8	13.59	1.28
Fe	62.75	60.06	79.05	67.85	48.09
Mn	0.45	—	0.55	—	0.47
S	1.25	1.01	—	1.49	1.14
Si	—	0.43	0.18	0.43	0.18

(2) 外壁腐蚀产物分析

油管样品外壁腐蚀产物面能谱扫描结果如图 9所示，从图 9 可知，油管样品外壁腐蚀产物中 Fe、O、S 分布高度重合，Cr、O、S 分布亦高度重合，初步判断腐蚀产物为 Fe 的氧化物、Fe 的硫化物或 Cr 的氧化物。

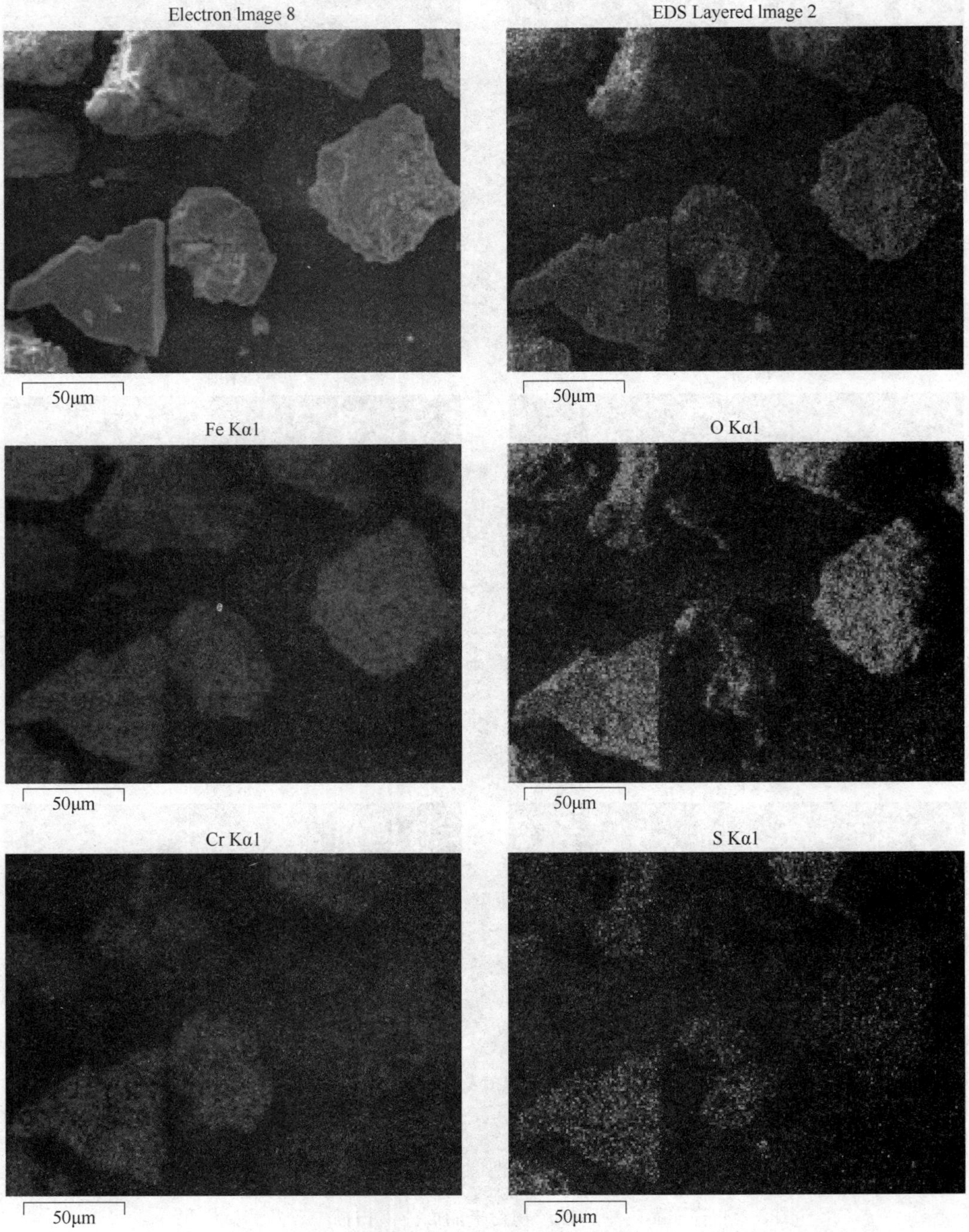

图 9　油管样品外壁腐蚀产物粉末的面能谱扫描位置及测试结果

表3为油管样品内壁腐蚀产物点能谱测试结果。其腐蚀产物主要由Fe、Cr、O、C、S等元素组成，且大部分腐蚀产物中均出现了Cr元素的富集，结合图9的分析结果可知，油管样品外壁腐蚀产物主要为Fe_3O_4、$FeCr_2O_4$。

表3 油管样品外壁腐蚀产物点能谱测试结果

元素	质量百分比/wt%					
C	9.09	12.13	11.03	8.07	6.68	9.91
O	27.57	25.63	25.57	21.43	29.13	28.93
Cr	2.8	10.88	0.8	13.48	11.3	4.68
Fe	59.68	47.58	61.62	53.33	48.22	54.04
Mn	0.09	0.26	0.28	0.04	0.53	0.31
S	0.33	2.3	—	—	2.77	0.70
Si	0.03	0.42	—	0.39	0.69	0.46

2.6 物相分析

油管样品内壁腐蚀产物的XRD衍射图谱如图10所示，采用Jade6.5软件进行分析，可知其内壁腐蚀产物主要为Fe_2O_3和$FeCr_2O_4$。

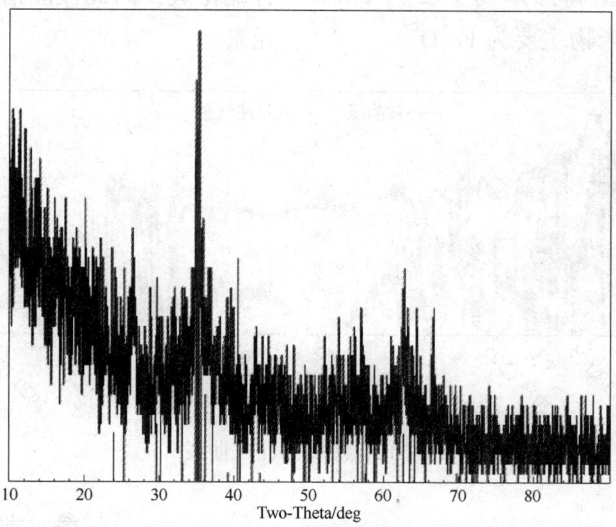

图10 油管样品内壁腐蚀产物XRD衍射图谱

油管样品外壁腐蚀产物的XRD衍射图谱如图11所示。采用Jade6.5软件进行分析，可知其外壁腐蚀产物主要为Fe_3O_4。

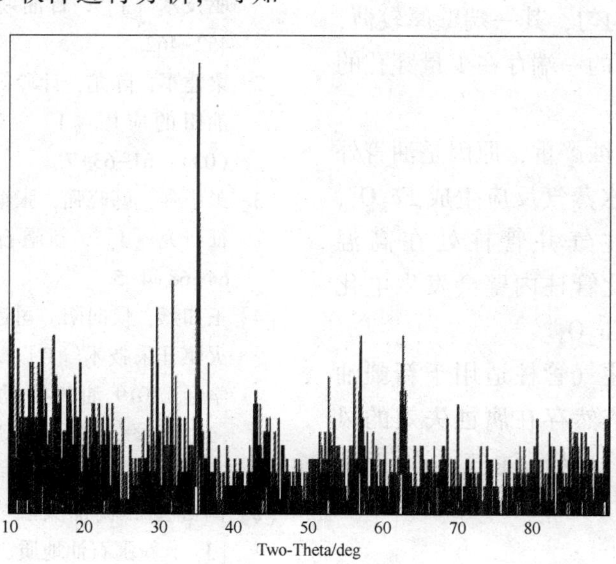

图11 油管样品外壁腐蚀产物的XRD衍射图谱

3　腐蚀原因分析

根据相关标准对该已服役10年典型井TP90H注气管柱进行检测分析结果表明，管柱的化学成分除Cr元素高于相关标准外，其余元素均满足要求；金相组织也符合标准规定，说明抽油杆材质对腐蚀失效不存在诱导或促进作用，不是导致腐蚀失效的原因。

通过宏观形貌可知注气管柱内外壁均受到了腐蚀，最大剩余壁厚为3.10mm，最小剩余壁厚为1.34mm；由扫描电镜检测结果可知，腐蚀产物膜主要由Fe、Cr、O、C、S等元素组成，且大部分腐蚀产物中均出现了Cr元素的富集，结合XRD衍射图谱可知内壁腐蚀产物主要为Fe_2O_3和$FeCr_2O_4$，外壁腐蚀产物主要为Fe_3O_4

在火驱生产的前期，火线离注气井井筒近，火线温度能达到500℃以上，油管外壁的Fe元素在高温下与水蒸气反应生成Fe_3O_4，注气管内壁油层段的注气井管柱处在高温CO_2/O_2含水环境中，因此管柱内壁会发生电化学腐蚀，生成Fe_2O_3、$FeCr_2O_4$：

$$4Cr+3O_2+6H_2O \longrightarrow 4Cr(OH)_3 \quad (1)$$

$$2Cr(OH)_3 \longrightarrow Cr_2O_3+3H_2O \quad (2)$$

$$4Cr(OH)_3+3O_2 \longrightarrow 4CrO_3+6H_2O \quad (3)$$

$$Fe(OH)_2+Cr_2O_3 \longrightarrow FeCr_2O_4+H_2O \quad (4)$$

通过前期注空气数据，如图12所示，注气压力波动幅度大，前后压差能达到5MPa，注气压力的波动会导致地层流体回流，地层流体中含有硫化氢，因此在能谱测试中检测出了少量的硫元素。

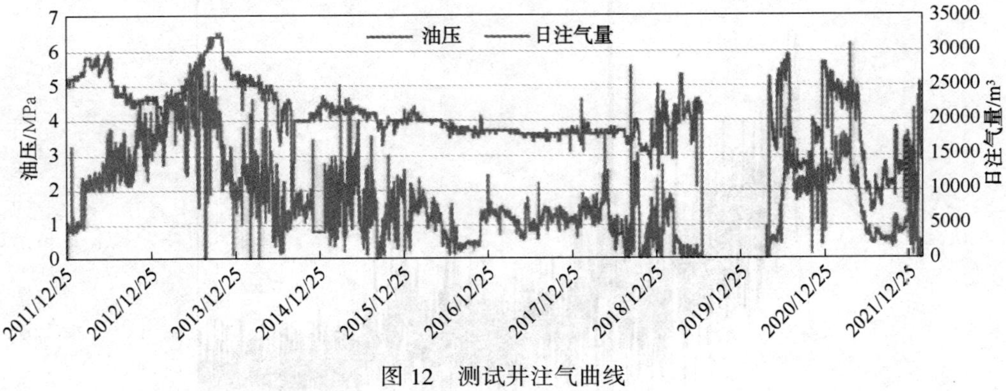

图12　测试井注气曲线

4　结论

（1）TP90H注气管柱服役10年后，最大值剩余壁厚为3.10mm，最小值剩余壁厚仅为1.34mm，沿纵向厚度不均匀，其一端壁厚较薄，一端壁厚相对较厚，较薄的一端存在少量穿孔的蚀坑和裂纹。

（2）油管内外壁均腐蚀严重，原因是油管外壁的Fe元素在高温下与水蒸气反应生成Fe_3O_4，注气管内壁油层段的注气井管柱处在高温CO_2/O_2含水环境中，因此管柱内壁会发生电化学腐蚀，生成Fe_2O_3、$FeCr_2O_4$。

（3）TP90H材质的注气管柱适用于新疆油田稠油火驱工况，但是依然存在腐蚀失效的风险，建议加强腐蚀监测，保证注气井的正常运行。

参考文献

[1] 关文龙，席长丰，陈亚平，张霞，木合塔尔，梁金中，黄继红，吴键．稠油油藏注蒸汽开发后期转火驱技术［J］．石油勘探与开发，2011，38（04）：452-462.

[2] 梁建军，陈龙，计玲等．火驱注气燃烧工艺在新疆油田的应用［J］．新疆石油天然气，2014，10（03）：61-63+7.

[3] 彭小强，韩晓强，张继周等．稠油油藏火驱驱油特征研究［J］．新疆石油天然气，2016，12（04）：64-68+4-5.

[4] 王如燕，侯向阳，司远征等．浅层稠油老区油藏转火驱开采技术［C］//西安石油大学，陕西省石油学会．2019油气田勘探与开发国际会议论文集．2019油气田勘探与开发国际会议论文集，2019：997-1007.

[5] 闫红星．稠油火驱实验原油色谱指纹特征对比［J］．新疆石油地质，2021，42（05）：592-597.

[6] 关文龙，宫宇宁，唐君实等．多层油藏火驱开发模

式探讨［J］．特种油气藏，2020，27（06）：60-66.
［7］彭小强，韩晓强，张继周等．稠油油藏水平井火驱技术风险与对策探讨［J］．特种油气藏，2017，24（06）：129-133.
［8］石善志，董宝军，曾德智等．CO_2辅助蒸汽驱对四种钢的腐蚀性能影响模拟［J］．西南石油大学学报（自然科学版），2018，40（04）：162-168.
［9］陈莉娟，潘竟军，陈龙等．注蒸汽后期稠油油藏火驱配套工艺矿场试验与认识［J］．石油钻采工艺，2014，36（04）：93-96.
［10］冯耀荣，付安庆，王建东等．复杂工况油套管柱失效控制与完整性技术研究进展及展望［J］．天然气工业，2020，40（02）：106-114.

G 油田埋地钢质管道腐蚀穿孔成因及对策分析

张田田　王可佳　赵启昌　路淼森　李自远　姚佳杉

（中国石油华北油田公司）

摘　要　针对 G 油田埋地钢质管道腐蚀穿孔严重问题，开展了失效现状、腐蚀因素、腐蚀机理分析，探讨了 CO_2、S^{2-}、细菌等腐蚀介质，含水、温度、流速等外部影响因素，以及管道材质、焊接质量对管道内腐蚀的影响，针对性提出了化学防腐治理措施。通过现场两口油井井筒加药，实现了对应的两条集油管线腐蚀穿孔次数由 1~3 次/月降至 0~1 次/月，且加药期间油井未因腐蚀、结垢问题进行检泵作业。

关键词　埋地管道；腐蚀穿孔；成因分析；防治对策

G 油田位于冀中坳陷饶阳凹陷，属多层系立体开发油田，腐蚀性强（0.35~3.5mm/a）、地层水矿化度较高（8000~12000mg/L），为华北油田中等腐蚀程度的典型代表。随着油田开发时间延长，原油综合含水不断上升，为稳定产量，采取的 CO_2 吞吐等增产措施加剧了采出液组分发生变化，腐蚀介质日趋复杂，地面管线发生腐蚀泄漏的风险逐渐加大，且随着新《环境保护法》《安全生产法》的实施，对管道隐患治理提出了更高要求。因此开展管道腐蚀防护技术研究与应用对油田持续稳产，实现提质增效具有重大意义。

1　腐蚀现状分析

为掌握 G 油田管道腐蚀情况，对 2019 年 1 月至 2022 年 12 月期间管道失效次数进行了统计分析。数据表明该统计期间 G 油田埋地钢质管道共失效 290 次，其中管道腐蚀穿孔次数为 288 次，占比在 98%，是管道失效的主要原因。按管线类别，集输管线失效次数为 239 次（占比 82.5%），注水管线失效次数为 51 次（占比 17.5%）。按腐蚀方位，98%穿孔腐蚀主要集中在管体底部（6 点钟方向），2%为其它部位（如焊缝连接处、管线弯头等）；按腐蚀形貌，以孔蚀、坑蚀、垢下腐蚀为主；按失效管线所处地理位置，G 油田失效率管线主要集中于集油线首端（G44-2 计、G44-3 计、G30-5 计集油汇管）于末端的 G 站，已导致 G29 站-G 站的集油线呈现出穿孔率升高的趋势，仅 2022 年该管线已腐蚀穿孔 5 次。

2　失效原因分析

2.1　介质影响

为进一步明确管线内腐蚀主要影响因素，参照 SY/T 5523—2016《油气田水分析方法》，采用标准溶液滴定法对油井采出液进行水质全分析，结果见表 1。数据显示，G 油田采出水矿化度高（8000~12000mg/L），含有腐蚀性介质 CO_2（≤459.4mg/L）、S^{2-}（≤24.9mg/L）及少量 SRB（≤250 个/mL）、TGB（≤600 个/mL）等细菌，对碳钢腐蚀速率有影响。

表 1　G 油田部分油井采出水水质分析结果

取样点	矿化度 mg/L	CO_2 mg/L	总铁/(mg/L)	Fe^{2+}/(mg/L)	S^{2-}/(mg/L)	水型	pH	SRB 个/mL	TGB 个/mL	IB 个/mL
G30-5 计	11669.83	8.33	0.5	0.2	0.1	碳酸氢钠	7	6	2.5	0
G44-38 线	8230.72	2.10	2.29	2	0.15	氯化钙	6.5	0	0.6	0
G 阳站	10676.00	5.21	1.15	0.75	0.6	碳酸氢钠	7.0	6.0	60	0
G44-21 线	11019.84	17.02	9.26	6.95	0	碳酸氢钠	6	0	0	0
G44-21 井	12473.98	17.34	19.3	14.6	0	碳酸氢钠	6	0	0	0
G44-20 线	11121.28	0	1.31	0.95	0.05	碳酸氢钠	6.5	6	600	0

续表

取样点	矿化度 mg/L	CO_2 mg/L	总铁/(mg/L)	Fe^{2+}/(mg/L)	S^{2-}/(mg/L)	水型	pH	SRB 个/mL	TGB 个/mL	IB 个/mL
G28-1	11751.50	8.05	1.31	1.1	0	碳酸氢钠	5.5	0	0.6	0
G44-47X	11113.90	8.74	7.62	6.8	0	碳酸氢钠	6	0	0	0
G44-47X（2020.3）	11156.00	459.4	/	9.66	11	碳酸氢钠	6.5	0	0	6
G44 线（2020.3）	9131	129.3	/	7.48	24.9	碳酸氢钠	6.5	250	0	250
G29 线（2020.3）	8818	138.3	/	3.9	14.8	碳酸氢钠	7	6	0	0

2.1.1　CO_2腐蚀

当管道中存在游离水时，CO_2溶入水生成H_2CO_3，发生电化学腐蚀。H_2CO_3常常造成坑点腐蚀、片状腐蚀等局部腐蚀，在相同 pH 值下，对低碳钢的腐蚀速率可达 3~6mm/a。其腐蚀产物碳酸盐（$FeCO_3$、$CaCO_3$）结垢产物膜在钢铁金属表面不同区域的覆盖程度不同，这种差异形成了自催化作用很强的腐蚀电偶，极易造成H_2CO_3局部腐蚀。G 油田采出液中除 G44-20 线CO_2含量为零外，其它采出液中CO_2含量范围在 2.10~459.4mg/L。2020 年 3 月的检测数据显示，G44-47X 井与 G44 集油线、G29 集油线采出液中CO_2含量 G 达 129.3~459.4mg/L，且存在一定含量的S^{2-}。结合 G44-47X 油井串联集油管线失效时间（图 1）、失效位置与该井进行CO_2吞吐的时间，可判定，该集油管线腐蚀主控因素为CO_2腐蚀。与该集油管线情况相似的是 G44-21 串联集油管线，两口油井均采取了CO_2吞吐措施，不同之处在于 G44-21 串联集油管线为自 2018 年 6 月投产后不足一年时间便出现了腐蚀穿孔。通过现场调研，与该管线同时投产的另两条管线也出现了相同的问题由此推断，该管线失效与管道材质相关。

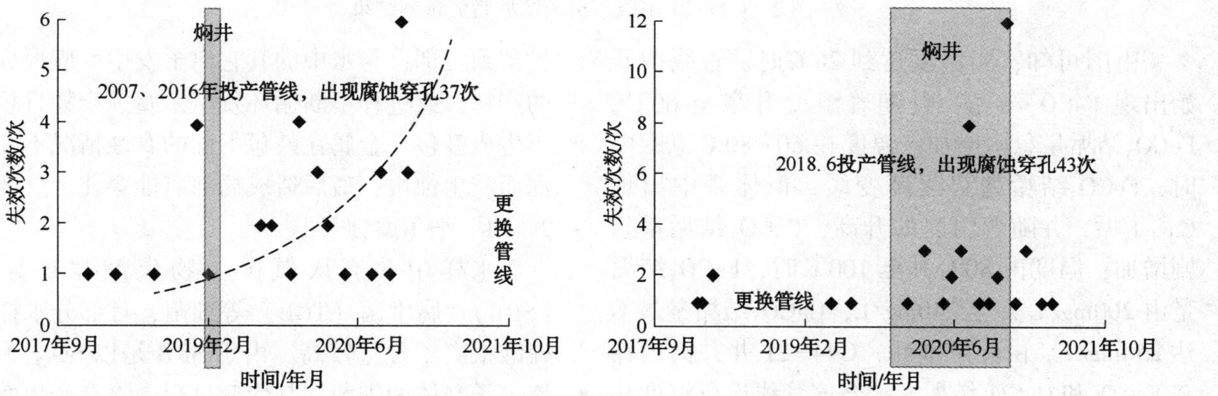

图 1　G44-47X（左）、G44-21（右）管线失效次数时间曲线

2.1.2　水介质电化学腐蚀

油井采出液水型结果表明，G44-38X 串联集油管线内采出水为氯化钙水型，其它取样点（G30-5 计、G 阳站、G44 站、G29 站集输线等）水样均为碳酸氢钠水型。

依据前期研究成果及专利碳酸氢钠水型油井腐蚀的快速判断及一种缓蚀剂（ZL200910237125.5），当Ca^{2+}/HCO_3^-的摩尔比在 0~1 之间，若Ca^{2+}/HCO_3^-的摩尔比小于 0.6，集输管线内腐蚀与结垢并存，并且局部腐蚀严重，随着Ca^{2+}/HCO_3^-的摩尔比的增加，管线内结垢越来越轻；而 G30-5 计、G 阳站、G44 站、G29 站管线内水样的Ca^{2+}/HCO_3^-的摩尔比分别为 0.05、0.08、0.09 和 0.09，说明上述管线内腐蚀、结垢并存。

针对 G44-38X 串联集油管线水样为氯化钙水型，依据前期研究成果，当Cl^-/HCO_3^-摩尔比大于 10 时，Cl^-引起的穿孔腐蚀占主要因素，腐蚀速率呈指数式快速升高，而 G44-38X 串联集油管线水样中Cl^-/HCO_3^-摩尔比为 88.3（>10），说明存在较严重的腐蚀。

碳酸氢钠和氯化钙等不同水型水样混合输运，容易引起碳酸钙结垢，溶液中因腐蚀产生总铁，亚铁离子与碳酸根在一定条件下形成碳酸亚铁垢物，引发垢下腐蚀。

2.1.3 结垢腐蚀

根据水质分析数据，利用 Oil ScaleChem 软件得到结垢趋势预测结果，以 G44-21 串线集油线水样为例，如图 2 所示。

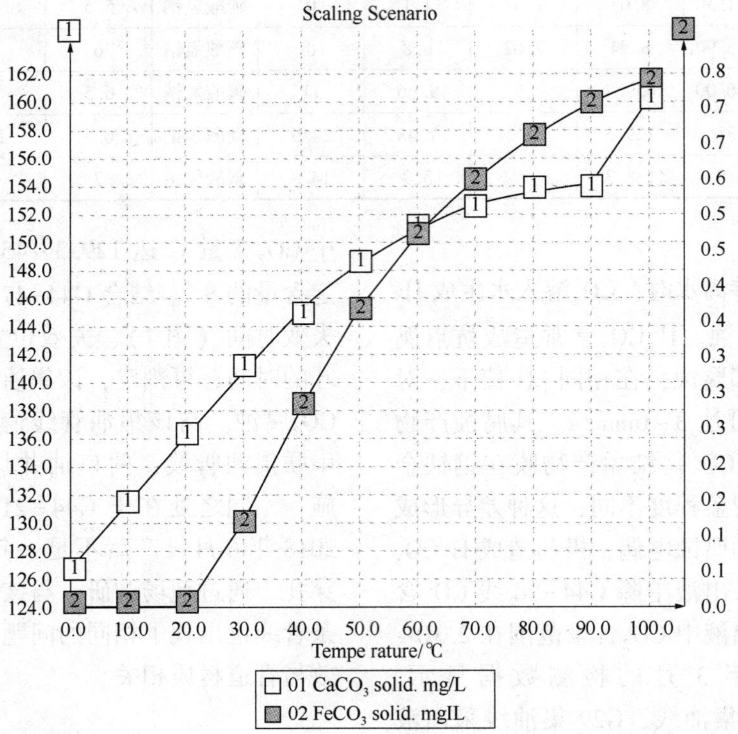

图 2 G44-21 串线采出液结垢趋势预测结果

由图可知，当温度达到 20℃时，管线内开始出现 $FeCO_3$ 结垢，且随着温度升高至 60℃，$FeCO_3$结垢量急剧增加；温度在 60~80℃范围内时，$FeCO_3$结垢趋势逐渐变缓，但体系中出现 $CaCO_3$垢，并随着温度的升高，$CaCO_3$结垢量急剧增加；温度由 80℃升至 100℃时，$FeCO_3$结垢量由 200mg/L 升至 240mg/L，$CaCO_3$结垢量最 G 达 250mg/L。由此可推断，G44-21 井井筒内存在 $FeCO_3$和 $CaCO_3$结垢。结合该管线运行温度在 45℃左右，可判定，G44-21 串线集输管线内存在 $FeCO_3$垢物，是由于管线腐蚀导致系统内存在大量总铁、Fe^{2+}离子，与 HCO_{3-}作用形成 $FeCO_3$，可判定为腐蚀引起结垢，腐蚀结垢现象并存。

通过上述结垢趋势分析可知，附着在集输管线、井筒杆、管等金属表面的结垢物主要成分为 $FeCO_3$和 $CaCO_3$，正是因为 $FeCO_3$和 $CaCO_3$不易溶解于水会产生沉积物。由于 $FeCO_3$和 $CaCO_3$析出的同时新增了一定数量的氢离子，致使油水井金属的腐蚀情况更加严重。当金属上产生腐蚀物后，腐蚀点是正极，它的四周是负极，这种小阳极大阴极的结构特点造成了浓差电池，进一步增加了腐蚀的深度。由于腐蚀释放出的 Fe^{2-}很容易扩散到外部，与水中的其它离子发生反应形成新的产物，此过程不断循环发生，腐蚀产物日积月累生成鼓包。金属在鼓包下面的腐蚀情况不断加深而产生蚀坑，最后造成局部腐蚀穿孔。

2.1.4 细菌腐蚀

水样中含有厌氧微生物硫酸盐还原菌(SRB)、腐生菌（TGB）等细菌，且部分水样中硫酸根离子含量较高。由于 SRB 是以 SO_{42-}为最终电子受体的细菌，其代谢过程中将会产生腐蚀性极强的 H_2S，H_2S 在水中释放出来的 H^+是强去极化剂，易在阴极夺取电子，间接加剧阳极的溶解，使金属管线遭受腐蚀。SRB 在 30~50℃温度范围内、4<pH<8 条件下生长良好。管线底部的碳酸盐沉积物会为硫酸盐还原菌营造出适宜生长的贫氧环境，加快其生成。SRB 除了自身的腐蚀破坏性，常常诱发管道的应力腐蚀开裂(SCC)、缝隙腐蚀、疲劳裂纹尖端脆化和垢下腐蚀，造成管道堵塞和泄漏事故。

2.2 环境因素

2.2.1 含水影响

根据文献调研结果，管道腐蚀速率与介质含水率成正相关，含水率越大，腐蚀速率越大。低含水原油未破乳之前在管道内以 W/O（油包水）乳状液形式存在，原油与管道金属表面直接接触，对管线腐蚀微弱；而原油含水率超过 40%之后乳化液形态发生转变，随着含水升高，逐步转化为 O/W（水包油）乳状液，大量游离水与金属表面直接接触，电导率增大，对管线内壁电化学腐蚀加剧。现场发现，腐蚀穿孔主要体现在含水率为 80%以上的管线，所占比例达到 85%，含水率越高，腐蚀倾向越明显。

2.2.2　温度影响

温度一方面影响材料的热膨胀，原油集输温度一般在 20～50℃之间，常温施工的防腐涂层与金属管道的热膨胀系数有差异，两者对温度的响应不同，可造成涂层脱落，在涂层脱落处形成局部腐蚀环境，进而导致管道内壁腐蚀穿孔；此外，受季节交替，冻土层热胀冷缩，对埋地管道挤压或释放，产生应力腐蚀，破坏管道机械强度。另一方面温度影响腐蚀速率，室内实验发现，碳钢腐蚀速率与介质温度成正相关，温度越高，腐蚀速率越大，所考察温度范围 25～45℃正处于管道腐蚀敏感区（图 3）。G 油田集油管线运行温度一般在 30～50℃之间（现场部分管线加注冷输剂），该区块内原油凝固点在 34～35℃，即存在部分集油管线运行温度较原油凝点高 10℃以上，进而加剧管线腐蚀穿孔。

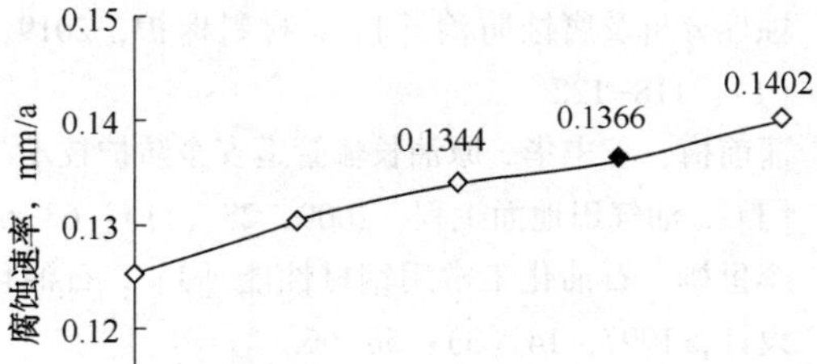

图 3　20#腐蚀速率随温度的变化曲线
（0.23m/s，1MPa，11277.4mg/L）

一般来讲，出站处附近管段发生腐蚀穿孔机会较大，靠近管道末端破漏次数相对较少，位于中间管段破漏次数在首末站之间。这主要因为出站处附近管道温度处。

2.2.3　流速影响

管道原油流速对腐蚀影响主要表现为积液腐蚀、冲刷腐蚀以及流态变化引起的应力腐蚀。室内实验发现，管道腐蚀速率与介质流速成正相关，流速越大，腐蚀速率越大（图 4）。

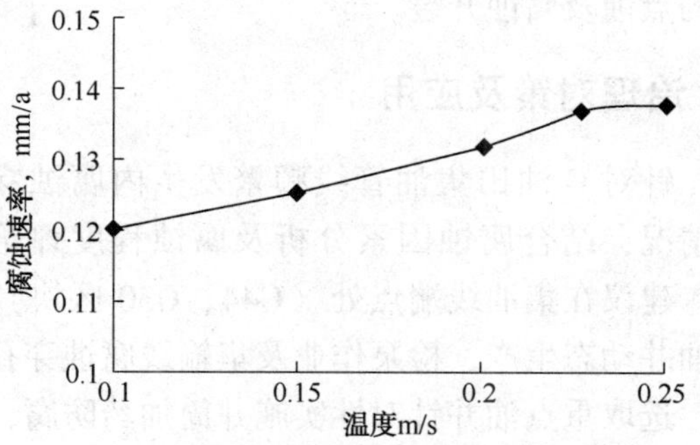

图 4　20#钢腐蚀速率随流速变化曲线
（40℃，1MPa，11277.4mg/L）

具体表现为：在 0.1～0.225m/s 的流速范围内，20#钢的腐蚀速率随流速的增而呈现快速上升的趋势。当流速升至 0.25m/s 时，腐蚀速率上升幅度变小。在考察的流速范围内，腐蚀速率随流速增大急速逐渐上升。

腐蚀速率随流速增大的原因是：流速在 0.1～0.25m/s 范围内时，在金属表面所形成的腐蚀产物膜非常地疏松，在流体的作用下容易脱落，使金属基体重新暴露在腐蚀介质中，流速的增大必然会影响到金属表面腐蚀产物膜的生成。同时，随之流体流速的增大，将会加速离子传质，HCO_{3^-}、H^+等去极化剂将会更加快速的扩散到金属表面，使阴极去极化增强。与此同时，腐蚀过程中产生的 Fe^{2+} 离子会迅速离开金属表面，也是腐蚀速率增大的原因之一。

2.3　管道材质影响

2.3.1　微量元素含量

金属管道中的 Cr、Ni、Cu 等微量元素有利于防腐，其含量与管材的抗蚀能力成正比，含量越高，管道抗蚀能力越强。针对 G44-21 集油管线投产不到 1 年时间就出现腐蚀穿孔的情况，结合管线采购质量把控，推断可能是由于管线材质中含有的有利防腐的微量元素虽能够满足质量要求（达到采购标准），但低于甚至远低于上限所致。

2.3.2　焊接质量

G 油田管线失效位置有两处发生在焊缝处，分析认为焊接时，焊口焊缝金属与热影响区金属由于高温熔化造成焊缝切面上金属成分和显微结构变化，引起焊缝与热影响区金属产生电位差，形成电化学腐蚀，在管壁上产生微裂纹及残余应力，降低了管道强度、塑性及耐蚀性能。当焊丝熔化不完全，多孔和夹渣等缺陷更容易引起该部位的点蚀及腐蚀开裂。

3 治理对策及应用

针对G油田集油管线频繁发生内腐蚀穿孔的情况，结合腐蚀因素分析及腐蚀程度评价结果，建议在集油线端点处（G44、G30区块）结合油井动态生产、检泵作业及集输线腐蚀穿孔情况，选取重点油井针对性实施井筒加药防腐，从源头起到延缓集输系统腐蚀的目的。

结合现场实际情况，优选进行过CO_2吞吐的G44-47X、G44-21两口油井，腐蚀穿孔率急剧上升的集油管线开展化学加药防腐。现场应用后，两条集油管线腐蚀穿孔率由1~3次/月降至0~1次/月，油井未因腐蚀、结垢进行检泵作业，说明化学防腐技术在G油田具有的应用效果，建议进一步扩大应用规模，进一步降低管线失效率。

4 结论

（1）管线底部、焊缝连接处、弯头是G油田管线发生腐蚀穿孔的部位，其中集油管线底部为腐蚀穿孔最为频发位置；

（2）管道腐蚀是多因素共同作用的结果，水中各项敏感离子（S^{2-}等）、细菌、碳酸盐垢，以及CO_2等腐蚀介质是造成腐蚀的主要因素，温度、流态、管道材质等外部因素起到加剧腐蚀的作用；

（3）针对性采取油井化学加药防腐的方式能够从源头延缓腐蚀现象的发生，在避免油井杆、管发生腐蚀的同时，能够起到延缓集输系统腐蚀穿孔的作用。

参考文献

[1] 胡建国，罗慧娟，张志浩，等．长庆油田某输油管道腐蚀失效分析［J］．腐蚀与防护，2018，39（12）：962-965，970.

[2] 赵元寿，罗晓莉，方雷，等．绥靖油田地面集输管道腐蚀检测技术研究与应用［J］．油气田地面工程，2018，37（9）：82-86.

[3] 路民旭，白真权，赵新伟，等．油气采集储运中的腐蚀现状及典型案例［J］．腐蚀与防护，2002，22（3）：105-116.

[4] 川江，蒋宏，张丽，等．某油田低压集输管线腐蚀穿孔失效分析［J］．腐蚀与防护，2014，35（1）：99-106.

[5] 杜清珍，杨梅红，裴玉昌，等．油井产出液$NaHCO_3$型水质腐蚀结垢方法快速定性判定及治理技术应用［J］．腐蚀与防护，2012，33（7）：255-257.

[6] 袁军涛，朱丽娟，宋恩鹏，等．西部油田地面集输管线腐蚀穿孔及防治措施［J］．油气田地面工程，2016，35（1）：86-88.

[7] 丁一刚，王慧龙，郭兴蓬，等．金属在液固两相流中的冲刷腐蚀［J］．材料保护，2001，34（11）：6-8.

[8] 罗检，张勇，钟庆东，等．晶粒度对一些常用金属耐腐蚀性能的影响［J］．腐蚀与防护，2012，33（4）：349-351.

[9] 张江江，张志宏，羊东明，等．油气田地面集输碳钢管线内腐蚀检测技术应用［J］．材料导报，2012，26（20）：118-123.

[10] 宋成立，张凯旋，王鹏，等．油田碳钢管道材质耐蚀性分析及腐蚀防治［J］．材料保护，2019，52（1）：118-122.

[11] 蒲前梅，王志华．原油长输管道安全防护技术浅析［J］．油气田地面工程，2009，28（11）：63-65.

[12] 李世柳．石油化工常用钢材性能［J］．石油化工设计，1997，14（3）：58-66.

基于风险的检测技术在增压集气站的应用

杨　艺　白国红　覃海燕　骆　涛　贺焕婷　李春雨

（中国石油青海油田公司）

摘　要　通过基于风险的检测技术（RBI）对天然气增压集气站进行了风险评价，分析存在外部减薄、内部减薄、机械损伤、环境开裂4中损伤模式，采用挪威船级社Synergi Plant RBI Onshore5.4.1软件对工艺管道和压力设备的失效可能性和失效后果进行了定量计算，确定各设备的风险等级。评价结果表明10%的设备占据了站场90%的风险，中高风险设备均为管道，集中分布于加热炉区、自用气区和计量区。根据失效模式和风险等级，确定检验策略和检测比例，制定了优化检测计划，现场检测结果与RBI风险评价结果高度符合，达到了风险和成本双优化的目的。

关键词　RBI；风险评价；失效；检测

天然气增压集气站是天然气矿场集输系统的要害部位，具备分离、增压、计量、放空等多项功能。随着天然气中硫化氢、二氧化碳、水等含量的升高，设备和工艺管道因腐蚀泄露导致火灾爆炸的风险不断增大。为保障天然气站场安全稳定的运行，开展站内工艺管道基于风险的检测（RBI）工作是十分必要的。

RBI是二十世纪末欧美地区发展起来的将风险评价技术与石化企业承压设备检测相结合的一种检验技术。通常一个装置或站场中10%～20%的高风险设备项占据了整个装置或站场总风险的80%～90%。通过RBI分析，可以识别这些高风险，从而制定有效的检验策略，达到风险和成本的优化。早在2002年，美国石油工程师协会先后颁布标准API BRD 581与API RP 580，规范该技术在企业中的应用。本世纪初，我国引进该项技术，国家能源局先后颁布了SY/T 6653《基于风险的检查（RBI）推荐作法》和SY/T 6714《油气管道基于风险的检测方法》。合肥通用机械研究院率先运用RBI定量技术对石化装置进行评价检测。本文以天然气增压集气站为评估对象，运行RBI技术进行评价，弥补定检检验范围过广，检验重点不突出，没有锁定实际隐患的缺点，取得了较好的实际应用效果。

1　天然气增压集气站及RBI工作范围

青海油田某增压集气站于2013年9月建成投产，经过2018年扩建低压天然气集输系统，天然气处理能力为$60\times10^4m^3/d$，原油集输能力$5\times10^4t/a$。具有中、低压天然气集输系统，由加热炉区、节流阀组区、分离器区、增压区、外输计量区、低压气处理区、自用气区、放空分离区等组成，处理后的天然气经管道外输，原油由罐车拉运。该站RBI评估包含站场所有区域的主要承压设备，共计11台容器、101条管道，基本涵盖了站场可能出现的大部分损伤模式。

2　RBI评价方法概述

RBI技术是一种追求系统安全性与经济性统一的方法。首先收集评价对象基础资料，不确定数据通过现场测量补充，根据物流介质，划分腐蚀回路，识别设备腐蚀机理及失效模式，从而确定失效可能性及失效后果，由两者乘积得到风险值，根据风险大小制定检测计划和维修策略，流程如图1所示。

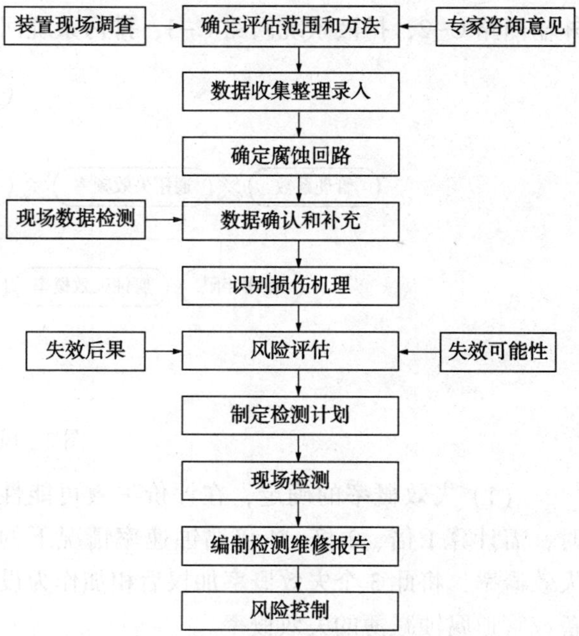

图1　RBI评价流程图

本次站场风险评价采用挪威船级社 Synergi Plant RBI Onshore5.4.1 软件，软件具有工业界有关风险和可靠性的数据库包括不同类型设备、不同泄漏尺寸的历史失效频率，如压力容器、压力管道、法兰等。同时有大量供失效后果计算用的化学品物性数据库，可用于设备的风险计算。

3 RBI 风险评价

3.1 建立 RBI 数据库

RBI 评价前要收集大量站场基础数据，数据的完整性和准确性直接影响评价结果。收集的数据资料包括：设计资料、工艺流程图（PFD）、管道与仪表流程图（PID）、各区管道走向图、管道材料、设备一览表及设备工艺数据表、保温和涂漆状况记录、介质组成及化学分析数据表、工艺操作资料、流程物料平衡数据、装置面积及现场人员密度、停产损失费用、装置更换费用等。通过资料核对，现场数据补测，改正其不正确部分，整合成 RBI 分析的专用数据库。包括站场压力容器基础数据、压力管道基础数据、介质参数、安全阀数据和财务数据。

3.2 腐蚀回路划分

按照输送介质、设备材质相同，操作温度、压力波动范围一致，即认为失效机理相同为原则，划分腐蚀回路，同一个腐蚀回路的失效可能性是相同或相近。根据该原则对增压集气站进行腐蚀回路划分。分为气相分离回路 C-1，天然气外输回路 C-2，排液系统回路 C-3，排污系统回路 C-4，放空系统回路 C-5。

3.3 损伤机理分析

根据基础数据、现场工艺流程分析，结合“水质分析报告”，依据 GB/T 30579—2014《承压设备损伤模式识别》预估站场内设备可能发生外部减薄、内部减薄、机械损伤、环境开裂 4 种损伤模式。

（1）外部减薄，主要包括大气腐蚀（无保温层）、保温层下腐蚀、土壤腐蚀。该站所在地区为典型的高原干旱寒冷气候，干旱、寒冷、缺氧、雨少风多，大气腐蚀性弱，层下腐蚀弱。由于地下水位很低，土壤干燥，土壤腐蚀性弱。

（2）内部减薄，主要包括冲蚀、垢下腐蚀。冲蚀易发生在流体方向发生变化的位置，如：弯头、三通、异径管、节流阀下游等。垢下腐蚀易发生的部位为流速较低的管道及设备底部。

（3）机械损伤，主要包括振动疲劳，易发生在与振动源相连的管道和设备，如泵、压缩机相连但固定不牢的设备焊缝、支撑失效的管道或焊缝和变形引起的应力集中部位。

（4）环境开裂，主要包括应力腐蚀开裂、焊后延迟开裂、制造裂纹缺陷、变形以及应力集中开裂。

3.4 失效可能性与失效后果的计算

参考标准 GB/T 26610—2014《承压设备系统基于风险的检验实施导则》计算失效可能性。用极限状态分析与可靠性指数法求得，具体流程详见图 2。

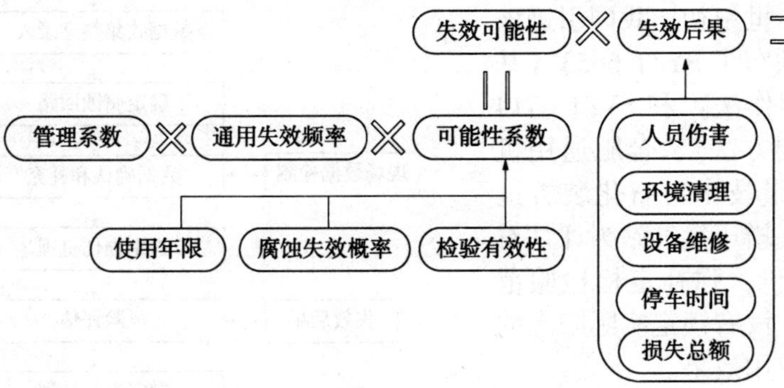

图 2 风险计算流程图

（1）失效概率的确定，在评价失效可能性时，需计算 1 倍、2 倍、4 倍腐蚀速率情况下的失效概率，将此 3 个失效概率加权后相加作为设备或管道腐蚀减薄的失效概率。

（2）检验有效性，根据大量站场现场检验试验和以往检测经验来确定不同检测手段的有效性。

（3）可能性系数，由评价软件综合腐蚀速率、检验有效性、使用年限等因素得出。

（4）失效可能性，由管理系数和可能性系数对通用失效率进行修正得到。软件将对识别出的每一种损伤模式的失效可能性进行计算。

失效后果主要由易燃易爆有毒介质泄漏引起火灾爆炸，造成的人员伤亡，环境清理、设备维修、停车时间4个方面的影响决定，将这些损失折算为人民币计算。

3.5 风险排序

运用5×5矩阵图的形式，如图3所示，纵向为失效可能性，如表1所示，划分1、2、3、4、5五个等级，1、2级表示设备潜在损伤不严重，5级表示设备存在严重损伤，为高风险设备，需立即采取有效手段进行检测。横向为失效后果，如表2所示，按失效后财产总损失、影响面积、潜在生命损失划分为A、B、C、D、E五个等级。A到E后果逐步加重，在四种评估结果中选取最大值作为该设备的失效后果等级。

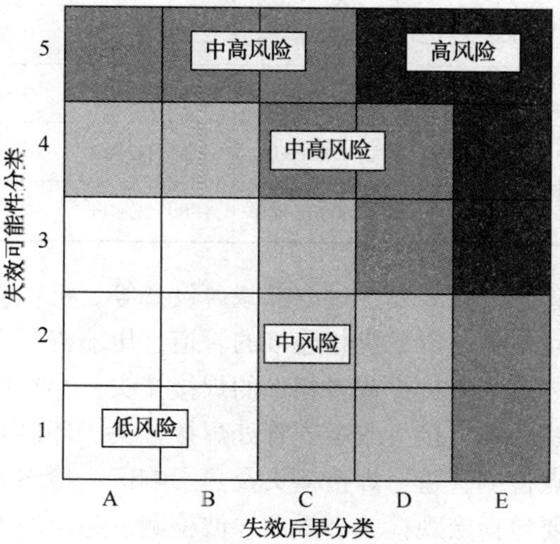

图3 风险矩阵图

表1 可能性等级（种类）的划分

可能性等级	可能性系数
1	Df≤2
2	2<Df≤20
3	20<Df≤100
4	100<Df≤1000
5	Df>1000

表2 后果等级的划分

后果种类	影响面积/m^2	潜在生命损失	总风险/RMB
A	0~9.29	0~0.01	≤700K
B	9.29~92.9	0.01~0.10	>700K~7M
C	92.9~929.03	0.10~1.0	>7M~70M
D	929.03~9290.3	1.0~10.0	>70M~700M
E	>9290.3	>10.0	>700M

3.6 风险评估结果

本次对该增压集气站的101条管道，11台压力容器进行RBI定量风险评价。结果显示为0项高风险设备，13项中高风险设备，13项中等风险的设备；86项低风险设备。当前阶段的总体风险分布和占比如图4所示。中高风险主要集中在加热炉燃气管线、中压计量分离器进出口管线、自用气分离器进口管线、自用气分离器至加热炉管线、低压生产分离器进口管线和低压计量分离器排液管线，呈现出后果等级不高，但损伤等级高的趋势，详见表3。中等风险主要集中在压力容器，中低压系统计量、生产分离器、自用分离器，与压缩机相连管线等，呈现出后果等级高，损失等级低的趋势。

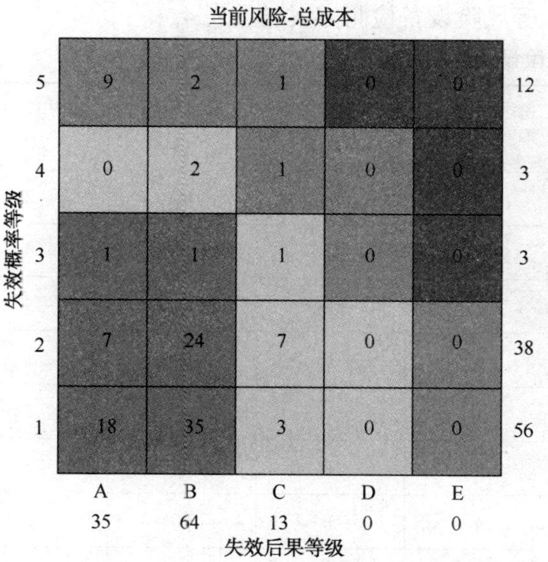

风险等级	总计	百分比
1. LOW	86	77%
2. MEDIUMI	13	12%
3. MEDIUM HIGH	13	12%
4. HIGH	0	0%
未计算	0	0%
总计	112	100%

图4 油气集输站当前总体风险矩阵图

表 3 设备风险等级

设备名称	当前可能性系数	当前损伤等级	当前后果等级	当前风险-设备损伤面积/（m^2/年）	当前风险-潜在死亡人数/（人/年）	当前风险-业务影响/（元/年）	当前风险等级
低压生产分离器进口管线	1.1084E+03	5	C	3.1052E+00	5.2565E-03	2.9647E+04	中高
后进分离器至加热炉-0 管线	8.9928E+02	4	C	3.2409E+00	5.7606E-03	2.9946E+04	中高
中压计量分离器进口管线	1.2749E+03	5	B	2.1119E+00	3.8984E-03	1.9586E+04	中高
中压计量分离器出口管线	1.2902E+03	5	B	1.1691E+00	2.1508E-03	1.2983E+04	中高
自用气分离器进口管线	1.2308E+03	5	A	1.2320E-01	2.0429E-04	2.9972E+03	中高
自用气分离器至加热炉（0~6）	1.2663E+03	5	A	9.7230E-02	1.5665E-04	2.8804E+03	中高
加热炉-6 燃料气管线	1.5701E+03	5	A	1.2056E-01	1.9424E-04	3.5716E+03	中高
加热炉-5 燃料气管线	1.3134E+03	5	A	1.0085E-01	1.6247E-04	2.9876E+03	中高
加热炉-4 燃料气管线 1.3015E+03	5	A	9.9933E-02	1.6100E-04	2.9605E+03	中高	
加热炉-3 燃料气管线	1.1574E+03	5	A	8.8868E-02	1.4317E-04	2.6327E+03	中高
加热炉-2 燃料气管线	1.6236E+03	5	A	1.2467E-01	2.0085E-04	3.6933E+03	中高
加热炉-1 燃料气管线	1.6802E+03	5	A	1.2902E-01	2.0786E-04	3.8221E+03	中高
低压计量分离器排液管线	1.1703E+03	5	A	0.0000E+00	0.0000E+00	1.8955E+03	中高

4 检测方案的制定

根据 RBI 评价，针对 4 种失效模式采取相应的检验策略，外部减薄重点检测操作温度较高的设备，土壤干湿交替部位的管线、防腐层破损管线、曾经外部减薄失效的设备等。内部减薄重点检测孔板阀、节流阀下游的设备，流向改变的位置，如弯头、三通、变径，原料气管线底部和水线部位，介质腐蚀性较强设备，如排液管线、排污管线，曾经发生过内部减薄设备等。机械损伤重点检测与压缩机相连接的管道，压缩机进出口第一道焊接接头或者相近的焊接接头，存在振动管线的焊接接头或者支管处焊接接头。环境开裂重点检测管道、焊接接头及热影响区。检测方式主要包括宏观检验、低频导波检测、超声波测厚和超声 C 扫描、超声相控阵检测、磁粉检测、射线检测。检测比例由风险等级确定，中高与中等风险设备检测方案详见表 4。

表 4 中高与中等风险设备检测方案

管段名称	RBI 评价结果	磁粉检测/处	超声相控阵/处	低频导波/处	测厚/点	超声 C 扫描/处
低压生产分离器进口管线	中高	2	2	1	60	2
低压计量分离器至压缩机管线	中	8	8	2	60	4
后进分离器至加热炉-0 管线	中高	2	2	1	60	4
中压计量分离器进口管线	中高	4	4	1	60	2
中压生产分离器进口管线	中	4	4	1	60	2
中压计量分离器出口管线	中高	4	4	1	60	2
中压生产分离器出口管线	中	4	4	1	60	2
加热炉-0 出口管线	中	8	8	2	60	4

续表

管段名称	RBI 评价结果	磁粉检测/处	超声相控阵/处	低频导波/处	测厚/点	超声 C 扫描/处
发球筒至外输管线	中	2	2	1	60	2
旁通管线	中	2	2	0	60	0
自用气分离器进口管线	中高	2	2	1	60	0
自用气分离器至加热炉（0~6）	中高	2	2	1	60	0
加热炉-6 燃料气管线	中高	2	0	0	60	2
加热炉-5 燃料气管线	中高	2	0	0	60	2
加热炉-4 燃料气管线	中高	2	0	0	60	2
加热炉-3 燃料气管线	中高	2	0	0	60	2
加热炉-2 燃料气管线	中高	2	0	0	60	2
加热炉-1 燃料气管线	中高	2	0	0	60	2
低压计量分离器排液管线	中高	2	2	0	60	1
中压立式计量分离器	中	3	3	6	80	2
低压卧式生产分离器	中	3	3	6	100	2
低压立式计量分离器	中	3	3	6	80	2
中压卧式生产分离器	中	3	3	6	100	2
自用气分离器	中	3	3	6	60	2
低压气分离器	中	3	3	6	100	2
后进气分离器	中	2	0	2	40	2

5 现场检验

按照检测计划对现场工艺、排液、排污、放空管线共计 101 条，压力容器 11 台，进行了现场检测，未发现外部减薄。31 条管线内部减薄率在（20，40%]，主要集中在加热炉燃气管道、低压系统分离器区管线、中压分离器区管线；3 条管线内部减薄率在（40，60%]，分别是后进分离器至加热炉-0 管线、自用气分离器进口管线和压缩机放空管线，其余 60 条管线内部减薄率在［0，20%］之间。对站内 89 条焊缝进行超声相控阵检测，抽选了 47 条进行了射线检测，参照 TSG D7005—2018《压力管道定期检验规则—工业管道》第 3.2.6 条的要求对 89 条焊缝超声相控阵和射线检测结果进行安全状况等级评定，11 条焊缝由于缺陷超标安全状况等级评定为 4 级，须维修后方可使用，主要集中在低压计量分离器至压缩机管线、后进分离器至加热炉-0 管线、中压生产分离器进口管线、自用气分离器进口管线。检测结果与 RBI 风险评价结果符合度较高。

6 结语

文本运行 RBI 定量风险评价方法对某增压集气站压力容器及管道进行了评价，依据场站内管道及压力容器 RBI 定量分析评价结果，按照风险低、中、中高、高四个级别确定静设备的检测方法以及相应的检测数量。通过宏观检测、管道壁厚检测、低频导波检测、超声 C 扫描检测、焊缝超声相控阵检测、焊缝射线检测等检测手段，对站场设备进行检测，检测结果与 RBI 风险评价结果高度符合，达到了风险控制与成本优化双赢的效果。

参 考 文 献

[1] 杜炘洁，郭霄雄，齐昌超．基于风险的场站管道不停输检测技术及其应用［J］．油气田地面工程．2018，37，(03)：19-21.

[2] American Petroleum Institute：Risk-based Inspection Base Resource Document API 581［S］．First Edition，2000.

[3] American Petroleum Institute：Risk based Inspection［S］．API580，First Edition，2002.

[4] 陈学东，杨铁成，艾志斌．基于风险的检测（RBI）在实践中若干问题讨论［J］．压力容器．2005，22，(07)：36-43.

[5] 张鹏，蒋健，颜东洲．基于风险检测技术在某海上油气田装置腐蚀风险预测的应用［J］．腐蚀与防护．2013，34，(04)：346-347.

[6] 李洪．D气田天然气集气系统完整性评价研究［D］．中国优秀硕士学位论文全文数据库．2015.

[7] GB/T 30579—2014 承压设备损伤模式识别［S］．

[8] 施林圆，郑洁，李晶．四川输气站场风险评价研究［J］．天然气工业．2004，24，(11)：135-139.

[9] 马良军，RBI技术在制氢机组应用研究［D］．中国优秀硕士学位论文全文数据库．2009.

[10] 林海萍 杨磊杰 宋文明等，基于风险的检验（RBI）技术在天然气净化装置的应用［J］．石油化工设备技术．2018，39，(2)：60-66.

[11] TSG D7005—2018 压力管道定期检验规则—工业管道［S］．

"双碳"目标下油田伴生气回收利用技术

崔艳丽 谭金华 谷永钢 吴韬健 刘 斌 石利新 杨 超 刘钇池

（中国石油华北油田公司）

摘 要 针对油田生产过程中油井套管气和储油罐挥发气影响油井正常生产和造成环境污染的情况，创新发明了防冻堵定压放气阀和定时定压的储油罐挥发气回收装置，充分回收了油井套管气和大罐挥发气。防冻堵定压放气阀利用油井产出液自身的热量为放气阀伴热，解决了套管气在回收过程中因气锁、节流、冻堵等影响生产的难题，使用后井口回压与套压明显下降，并提高了油井产量，将收集的套管气用于井口燃气加温装置，节约了为集油管线伴热的用电。采用定时定压的混输型储油罐抽气装置，解决了以往回收装置因橡胶气囊易老化和螺杆压缩机进入液体造成设备损坏及闪爆的技术难题，充分回收了大罐挥发气，消除了安全环保风险。同时利用天然气发电装置将回收的天然气用于站内外生产用电。伴生气的回收与利用，既保证了井站的正常生产，又提高了油井产量，降低了环境污染，实现了绿色低碳生产。

关键词 绿色低碳；伴生气；套管气；防冻堵定压放气阀；挥发气

在油气生产过程中，溶解在原油中的伴生气主要由两部分组成，一部分是聚积在油套环形空间的套管气，另一部分是在集中处理站储油罐挥发的大罐挥发气，两部分气体排放到大气中，产生大量的温室气体导致温室效应，且排放时会产生刺耳的噪音，不仅造成了能源的浪费，还严重污染了周围环境。因此合理回收油田伴生气，既是油田安全环保生产的需要，也积极响应了《中共中央、国务院关于完整准确全面贯彻新发展理念做好碳达峰碳中和工作的意见》及《"十四五"节能减排综合工作方案》提出的大力推动节能减排，深入打好污染防治攻坚战，加快建立健全绿色低碳循环发展经济体系，推进经济社会发展全面绿色转型，助力习近平总书记提出的"碳达峰、碳中和"的国家战略的要求。在全球倡导发展绿色低碳环保经济，应对气候变化的今天，石油企业充分利用石油伴生气，降低环境污染，实现节能减排，创建绿色低碳的生活环境，提高经济效益就显得尤为重要

1 油田伴生气的回收

1.1 油井套管气的回收

1.1.1 套管气对油井生产的影响

在石油开采过程中，原油在地层压力的作用下涌入井底，依靠井底压力沿井筒经抽油机或螺杆泵生产出来，当压力降低到泡点压力时，溶解在原油中的天然气逐渐逸出，积聚在油管和套管的环形空间中，形成套管气，该压力称为套压。当套压较高时，使动液面下降，不仅影响油井产量，严重时影响抽油泵的正常生产。套压越高，动液面越低，泵的沉没度越小，泵效越低，油井产量越低，同时套压越高，溶解在原油中的伴生气越不易逸出，造成产出液的气油比增高，产量会越来越低，严重时造成抽油泵气锁。反之，套压越低，动液面越高，泵的沉没度越大，气油比越小，泵效越高，油井产量越高。但是，套压降低到一定程度后，气体不再逸出，产出液的气油比相对稳定，产量稳定下来就不再升高。抽油机井油水界面及压力示意图见图1。

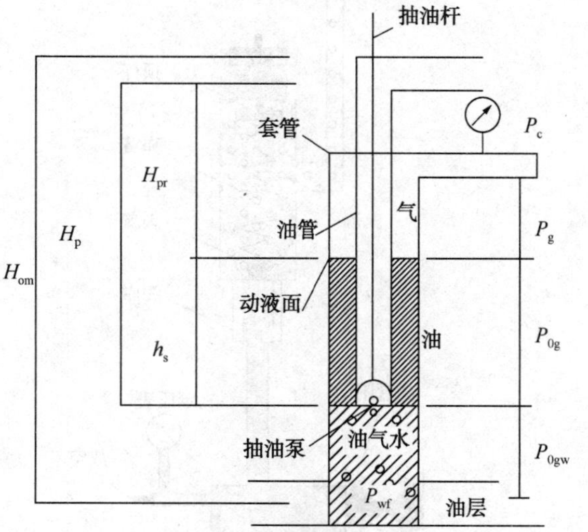

图1 抽油机井油水界面及压力示意图

当油井在保持某一套压下稳定生产时，抽油机井井底流压保持不变。由于在一定时间内，地层压力保持不变，所以油井生产压差也不变，油井井底产量也基本不变。当气体进入油套环形空间后，空间上部就会形成一定压力的气柱，气量增加，气柱伸长，若动液面不到泵口，则泵口处

的压力不变，泵效不受影响；当气柱高度等于泵挂深度时，气体进入泵腔，造成“气锁”，影响机采井产量。因此，需及时回收套管气，防止“气锁”影响产量。

1.1.2　油井套管气回收技术

由于套管气的存在直接影响着油井产量，直接排放又污染环境，充分回收油井伴生气就至关重要。目前普遍采用的是安装定压放气阀回收油井套管气。由于套管气的存在直接影响着油井产量，直接排放又污染环境，充分回收油井伴生气就至关重要。目前普遍采用的是安装定压放气阀回收油井套管气。

采用定压放气阀对套管气进行回收，需设定好放气压力即气体回收压力，当生产压力与回压平衡时，油井可正常生产，当套压高于回压时，定压放气阀打开，套管气与油井产出液一起进入集输系统。根据油井气油比和油井生产情况，选用不同的收气装置，以适应不同井况。

1）普通的定压放气收气阀。当套压大于弹簧设定压力或油压时，阀瓣开启，套管气进入集油管线。这种回收工艺适用于套压大于回压的油井，可回收较大气量的套管气。但无法满足小气量的套压气体回收。同时冬季运行存在阀瓣冻堵、套管气无法回收的问题。普通定压放气阀示意图见图2。

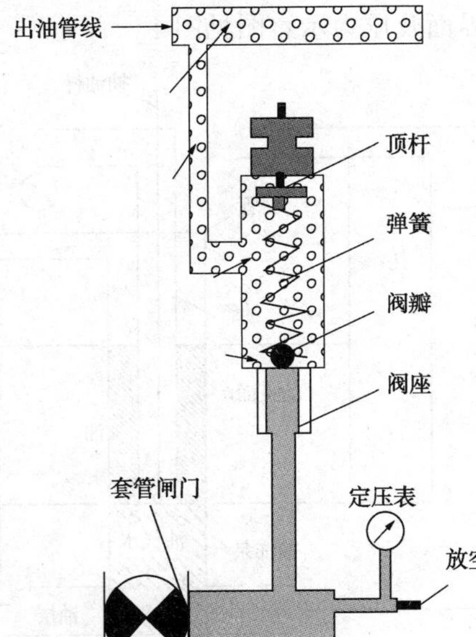

图2　普通定压放气阀示意图

2）悬抽式套管气回收装置。利用抽油机游梁上下往复运动，带动活塞上行（下行靠配重块下压），从套管中抽吸伴生气，再通过活塞加压排至集油管线，混输至站场。该装置结构简单、密闭循环、安全可靠、寿命较长；根据气量大小，参数可调，可实现间抽；对丛式井可实现多口井并联回收。悬抽式套管气回收流程示意图见图3。

图3　悬抽式套管气回收流程示意图

3）防冻堵定压放气阀。定压放气阀在气体回收过程中常常形成节流，压力的突然变化，气体吸热而发生冻堵现象，因而达不到正常放气、定压的目的，影响产油量，此情况在冬季尤为严重。为解决上述问题，发明了防冻堵定压放气阀，采用防冻堵套管气回收装置，在原来的定玉放气阀基础上，将单流阀本体焊接在集油管线的膨大段上，增加保温套管，利用油井产出的高温液体为放气阀提供热量，有效地防止了阀体与阀座被石蜡堵死的现象，从而达到防冻堵的目的。该设备在华北油田的冀中油田和二连油田的687口油井使用，温度适用范围在-40~60℃，满足了定压放气阀防冻堵、防盗的要求，在使用过程中安装方便、维护简单，避免油管液体冻堵、倒流或油井气锁，提高了采油效率，消除了环境污染和资源的浪费，而且保障了冬季安全正常运行。防冻堵定压放气阀结构示意图见图4。

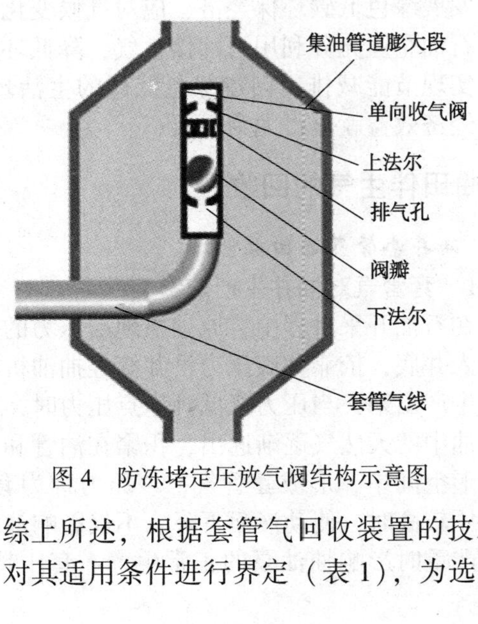

图4　防冻堵定压放气阀结构示意图

综上所述，根据套管气回收装置的技术特点，对其适用条件进行界定（表1），为选用收气装置提供参考。

表 1　套管气回收装置适用条件

回收方式	技术特点	适用条件	备注
普通定压放气阀	套管压力高于设定压力时，自动向集油线排气，实现气体的定压排放。	满足套压>回压+定压条件的油井可安装。	常规技术，普遍应用
悬油式套管气回收	通过抽油机的上下行运动，使活塞动作，从而将套管内气体排放至集油管线内，实现低套压套管气有效回收	套压低于回压的油井	充分利用抽油机动力为套管气增压
防冻式收气阀	收气阀浸在原油中，利用产出液进行保温。	满足套压>回压+定压条件的油井即可安装。	主要解决收气阀防冻问题

1.1.3　油井套管气回收现场应用

华北油田在某 29-13X 井实施套管气回收工艺，套管气回收后，伴生气溶于原油，降低了原油黏度，改善了集输条件，降低了水力摩阻，回压下降。井口回压和套压均明显下降，分别下降 0.51MPa 和 0.49MPa。平均日产液由 8.9t 上升到 10.4t，日产油由 4.4t 上升到 5.5t，生产 115d，累计增油 126t。

华北油田目前在用井口套管气回收油井 2300 口，安装定压放气阀的油井有 1779 口，平均日收气约 $20\times10^4m^3$，效益显著。

1.2　储油罐挥发气的回收

1.2.1　储油罐挥发气的损耗形式

一般情况下，在油田储油罐的生产过程中，油气挥发的过程主要分为三个阶段，进油、储油和发油阶段。虽然每一个阶段中都有油气的排放，但排放的量有一定的区别，通常情况下，把储油阶段的油气挥发称为“小呼吸”，把收发油阶段的油气挥发统称为“大呼吸”。因此，储油罐挥发气的损耗有三种形式，分别是油罐自然通风损耗、“小呼吸”损耗和“大呼吸”损耗，损耗数量最大的是“大、小呼吸”损耗，约占损耗的 98.3%。

1.2.2　储罐挥发气的回收技术

储罐挥发气回收技术是通过大罐抽气装置将原油储罐中挥发出的天然气和气态轻烃进行收集、增压，管输至气处理流程或用于燃料，以达到节约能源、防止空气污染、实现原油密闭储运的目的。大罐气回收装置示意图见图 5。

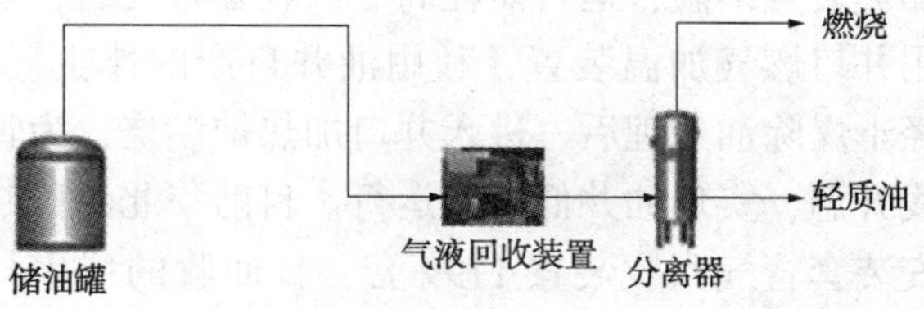

图 5　大罐气回收装置示意图

传统的储油罐抽气装置由前液分离器、压缩机、缓冲皮囊及控制系统组成，在使用过程中发现压缩机对气质、气量要求较为苛刻；皮囊易老化，使用周期较短，装置仅适用于气量在 $500m^3/d$ 以上的储油罐；存在储罐顶抽瘪、压缩机缸内积液、压缩机频繁启停等现象，安全生产风险大。传统大罐气回收装置示意图见图 6。为保证收气装置运行平稳，新研究的混输型储油罐抽气装置由行星式传动机构、活塞气液装置及控制系统组成，取消了缓冲皮囊，适用于气量在 $50m^3/d$ 以上的储油罐。

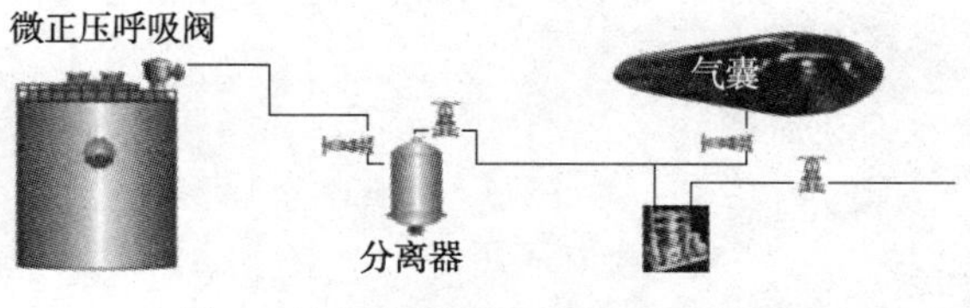

图 6　传统大罐气回收装置示意图

混输型储油罐抽气装置的关键技术为活塞气液回收技术和压力控制装置与储油罐抽气装置连锁自动运行技术。其特有的行星式传动机构及活塞气液泵结构，可进行油气混输，解决了过去应用螺杆压缩机进入液体造成的设备损坏及闪爆的技术难题。由差压变送器、可编程控制器、人机界面及变频器组成检测控制系统，抽气过程设定后无需人工操作，全自动运行。该装置与其他同类型装置对比，增加了补气流程，避免储油罐负压；增加了氧传感器报警，防止空气进入装置系统；增加了泄压阀，防止超压设备过载的风险；增加了硫化氢报警、可燃气体报警、冷却循环系统，同时优化控制系统显示界面，装置更加完善。

1.2.3　储油罐挥发气回收现场应用

华北油田某联合站安装使用储油罐抽气装置

后，运行平稳，当罐顶伴生气压力达到 0.8kPa 时装置自动启动，低于 0.2kPa 时装置自动停止，日均回收伴生气量 100m。安装使用储油罐抽气装置 3 后，当罐顶伴生气压力达到 0.4kPa 时装置自动启动，低于 0.1kPa 时装置自动停止，日均回收伴生

2　伴生气的综合利用及效果

2.1　井口燃气利用

过去为满足油井正常生产，一般采用井口电加热装置维温，运行能耗高。回收套管气后，采用井口燃气加温装置，利用油井自产的伴生气，经干燥除油处理后，进入井口加热炉燃烧，为管线升温，实现油井低成本运行。目前华北油田共安装套管气回收装置 1799 套，日回收的伴生气量增加 $1.2\times10^4m^3$，井口回压都控制在 1.5MPa 以内。289 口油井应用了井口燃气装置，管线平均升温 15℃；保证了油井正常生产，提高了油井产量。

2.2　天然气发电

实施储罐挥发气回收技术，回收的油田伴生气进入天然气应用系统，经干燥后一部分用于站内加热炉燃烧，一部分用于天然气发电，发出的电继续用于油井及站内的生产用电。目前华北油田共安装天然气发电装置 106 套年回收伴生气量增加 $4012\times10^4m^3$，年发电量约 1.53×10^4kWh，累计折合节约标煤 11.2×10^4t。

3　结论

油田伴生气的回收利用，减少了集输过程的油气损耗，安装防冻堵定压放气阀，合理控制油井套管压力，有效降低了井口回压，使用后井口回压平均降 0.3MPa，稳定在 1.5MPa 以内，回收的伴生气量增加 $1.2\times10^4m^3/d$；同时由于防冻堵定压放气阀采用的是油井产液自身的热量，无需增加外援热能，因此，可广泛应用于所有油井。套管气和储油罐挥发气回收利用技术在华北油田的成功应用，年回收伴生气量增加 $4012\times10^4m^3$，降低了环境污染，实现了节能减排，助力了“双碳”目标下的绿色低碳矿山建设。

基于绿色低碳的高温采出液资源利用技术

石利新　盛　楠　崔艳丽　谭金华　谷永钢　卢细来　刘玉芳　张天宁　司晓峰　李冰玉

（中国石油华北油田公司）

摘　要　高温采出液因其液量大，温度较高，具有丰富且可再生的余热资源。本文充分利用高温采出液资源优势，在油田单井集输工艺、站场热力供应、生活供暖等方面进行应用探讨，取得了良好效果。同时对示范区建设、高温采出液站场综合利用、热力发电方面提出设想。实践表明，高温采出液的余热利用在绿色低碳方面可进行大量应用，促进油田节能减排，绿色健康发展。

关键词　高温采出液；余热；低碳；燃油替代

石油企业既是化石能源生产者，也是能源消费者。油田站场生产用热、生活采暖取热往往采用加热炉直接供热，虽然近些年已将加热炉燃油供热方式改为燃烧天然气取热，但依然消耗天然气资源，产生大量二氧化碳。“双碳”目标背景下，加强清洁能源替代，实现油田站场减排、脱碳成为油田企业必须解决的问题。

华北油田位于京津冀，紧邻雄安新区，一直以“绿色发展、节能减排”为使命，根据油田公司清洁能源替代“十四五”规划指导思想，第一采油厂立足实际，发挥潜山油藏高温产液资源优势，积极推进低碳油田建设充分利用油田丰富的地热、余热资源和开发中积累的地质资料和开采经验，加快地热余热资源开发利用步伐，满足社区供暖和生产用热需求，实现节能减排、提质增效、绿色发展目标。

1　高温采出液资源潜力

高温采出液是指油田开发后期特高含水期温度较高的高含水油，属于地热资源，是贮存在地球内部的可再生热能。在我国各油田高温采出液资源丰富，分布广泛，开发利用高温采出液资源进行设备设施伴热、社区供暖等直接利用可代替常规能源燃烧，减少二氧化碳、二氧化硫、氮氧化物、粉尘等污染物的排放，有助于能源结构调整，应对气候变化，助推油田能源转型发展，为油田供热中燃油替代提供可靠方案，降低生产能耗，实现油田绿色低碳发展。

华北油田第一采油厂共有任丘潜山、雁翎潜山、鄚3潜山、南马庄潜山、高阳潜山、长洋淀等六个潜山油藏，如图1所示，储层物性好、地层能量充足。潜山油藏地层温度在110~144℃之间，单井日产液能力100m^{3}左右，平均井口温度80℃，根据表1可知华北油田第一采油厂潜山地热流体储存量达105.7×10^{8}m^3，地热资源量44.9×10^{18}J，余热资源丰富。

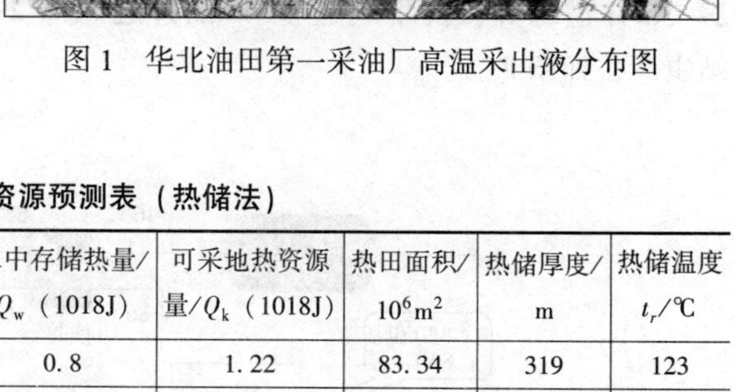

图1　华北油田第一采油厂高温采出液分布图

表1　第一采油厂潜山地热资源预测表（热储法）

区块		地热流体储存量/V总（108m^3）	地热资源量Q（1018J）	岩石中存储热量/Q_r（1018J）	水中存储热量/Q_w（1018J）	可采地热资源量/Q_k（1018J）	热田面积/10^{6}m^2	热储厚度/m	热储温度t_r/℃
任丘潜山	任丘雾迷山	17.91	8.15	7.35	0.8	1.22	83.34	319	123
	任北潜山	2.11	0.96	0.87	0.09	0.14	29.08	117	124
	合计	20.02	9.11	8.22	0.89	1.36	112.42		
雁翎潜山		18.25	7.72	6.96	0.76	1.16	97.79	310	118

续表

区块	地热流体储存量/V总（108m^3）	地热资源量Q（1018J）	岩石中存储热量/Q_r（1018J）	水中存储热量/Q_w（1018J）	可采地热资源量/Q_k（1018J）	热田面积/10^6m^2	热储厚度/m	热储温度t_r/℃
高阳潜山	56.22	23.77	21.44	2.33	3.56	296.29		
鄚州潜山	1.93	1.01	0.91	0.1	0.15	9.17	330	144
南马庄潜山	5.94	1.63	1.47	0.16	0.24	80.8	120	80
长洋淀潜山	3.29	1.68	1.52	0.17	0.25	24.06	193	141
总计	105.65	44.92	40.52	4.41	6.72	620.53		

2 高温采出液资源利用

2.1 单井集油工艺优化

随着华北油田开发进入后期，冀中高含水油井逐渐增多，单井集油方式发生转变，传统的三管伴热集油工艺系统热负荷高，余热利用效率低，注采成本高，集油方式逐渐转为双管掺水集油、环状掺水集油、井口加热、单管内掺电热丝加热及单管常温集油。借鉴岔河集、别古庄、深南等油田实施单管集油、掺水集油工艺改造的成功经验，根据原油物性、产液量、含水率、井口回压等条件，进行集输系统简化优化。根据油井具体分布情况，充分利用现有管线、减少新建管线投资，集油管线通过简-并-串集油方式，利用高产液井带动低产液井、高含水油井带动低含水油井、井口温度较高井带动井口温度较低井，提高串接井组整体液量、含水率和温度，降低集油过程中沿程摩阻。同时，对高液量、高含水所串接首端井可增加保温油管以减少井筒举升过程中的热能损失，充分利用地层热能进一步提高集油温度，使高温产出液井区域周围所辖油井全部实现单管不加热集油，减少单井集油系统热负荷。以高阳潜山油藏为例，高 17 井（500m^3/d，井口温度 95℃）高温产出液，采用端点掺水集油工艺，将高 17 井高温产出液输送到高 29-34 井与高 29-36 井边缘井，携带周边 10 口油井进入高 29 站生产，如图 2 高，站内加热炉停烧燃油，年节约燃油 650t。

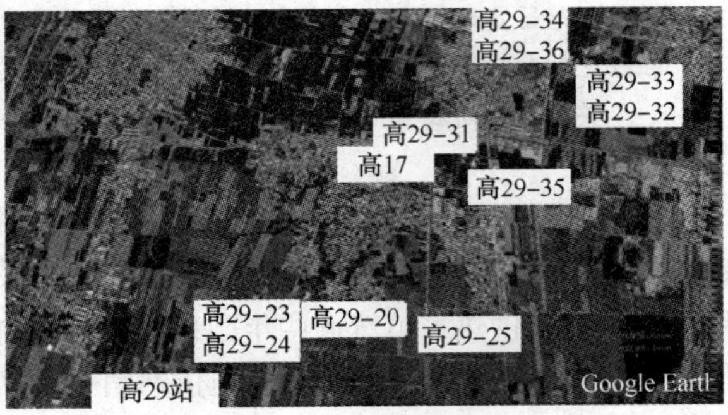

图 2 高 17 井高温产出液携周边低温井集油工艺

2.2 站场供热燃油替代

2.2.1 站内换热

加热炉作为油田生产热力系统最为重要的能耗设备，站场内 80% 以上的热负荷由加热炉提供，传统加热炉以燃烧原油或伴生气作为主要燃料，消耗化石能源的同时排放了大量硫化物及氮氧化物，对周围环境造成严重污染。通过对高温产出液的合理利用，以高温产出液的热量替代站内加热炉供热，将高温产出液井输送至站场内，利用换热器对站内需要维温设备直接进行换热，保证站场设备正常运行。马 23 井日产液为 350m^3/d，井口温度 86℃，将马 23 井高温产出液管输至马一站，通过站内换热器为站内换热，如图 3 所示。实现了马二站 2 台加热炉停烧燃油，年节约燃油 850t。

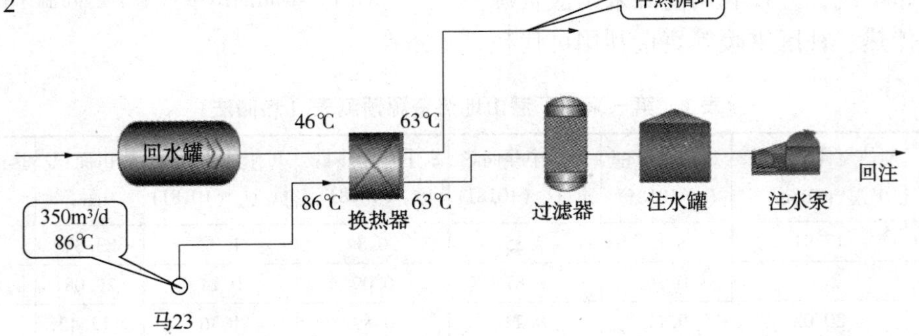

图 3 马 23 井高温产出液进马一站工艺流程示意图

2.2.2 区域调用

同口油田周边无高温采出液和伴生气资源，采用加热炉燃油的方式供热，雁翎潜山油藏高温采出液资源丰富，如表2所示，雁翎油田高温产出液井日产液合计 2700m³，井口温度平均110℃，从雁一联到同二站新建2条地热管线，跨区域将雁翎油田富余高温产出液 1680m³/d 调至同口油田，保证了同口油田站内外热力需求，如图4所示。实现4台加热炉停烧燃油，年节约燃油 2400t。

表2 雁翎高温产出液井

序号	井号	日产液/m³	井口温度/℃
1	雁 25	530.4	117
2	雁 28	871.2	115
3	雁 29	259.2	102
4	雁 1	530.4	108
5	雁 2	508.8	86
合计	5 口	2700	110

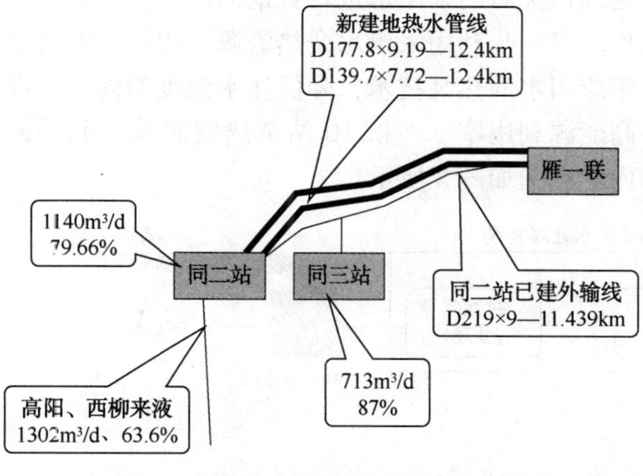

图4 高温产出液跨区域调运示意图

目前潜山油藏高温产出液余热利用已涵盖2座联合站，6座转油站，覆盖率达70%以上。共停运12台燃油加热炉，年节约燃油5700吨，减少碳排放1.7万吨，确保油田绿色低碳发展。

2.3 生活供暖

北方冬季寒冷，集中供暖可有效保障居民正常生活，热电厂或热源厂是北方供暖的能源提供者，主要使用燃煤、天然气、燃油等能源进行发电或加热水。使用高温采出液作为热源可作为清洁能源替代，极大节约化石燃料燃烧，实现节能减排，绿色发展。以第一采油厂的地热井使用为例，一口地热井用于冬季供暖与综合开发，平均每年可节约用煤 3000t，减排二氧化碳 6000m³，减排二氧化硫 37t，减少灰渣量 943t。为提升高温采出液热源节能效果，在房屋建筑供暖节能施工中需要充分结合当地地热井的实际出水量、出水温度、房屋建筑的规划设计情况，选择与之相适的地热供热站、供热范围以及供热方案。常用供暖方式有两种，一种是直接供暖，另一种是间接供暖，每种供暖方式都有其独特的优缺点和应用条件，在选择地热热源供暖方式时，需要结合房屋建筑的实际情况，加强经济技术对比分析，选择最佳、最有效的地热供暖方式，以降低房屋建筑地热供暖成本。但需要考虑的是地热水普遍具有腐蚀性，而且地热井的回灌也有一定的要求，在供暖满足要求的基础上，大多选择间接式供暖方式，以便更好地安装节能设备，提升房屋建筑地热供暖节能效果。

华北油田第一采油厂与地热开发分公司合作，利用任17站高温产出液资源为石油新城供暖，如图5所示，采用间接供暖方式，通过换热器为社区水线加热，换热后的高温采出液去往任一联进行处理。同时利用高温产出液还可为同口、雁翎、任南等作业区生活采暖供热，如图6所示。

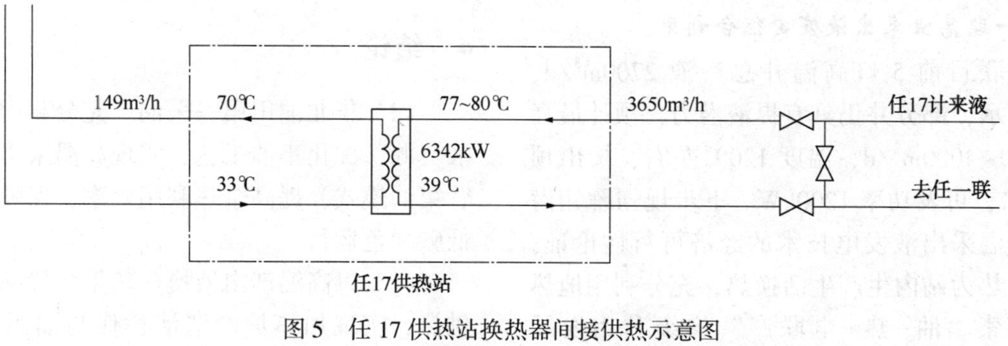

图5 任17供热站换热器间接供热示意图

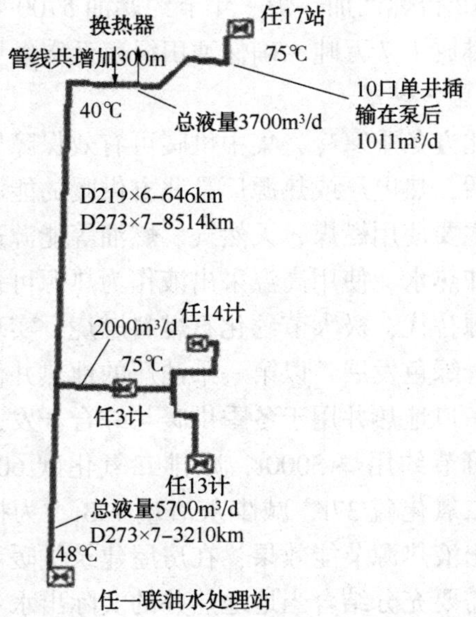

图6　任17供热站为其它站场供热图

3　高温采出液资源利用设想

3.1　建设高阳油田低碳示范区

综合分析构造特征、试油与生产情况，如图7所示，高阳地区高3潜山面积较大，构造埋藏浅，地层温度较高，高阳地区地热利用井以开发高3潜山地热为主。在高阳转油站附近新钻地热井2口，其中生产井1口，回注井1口。高阳转油站年耗80万 m^3 外购燃气预计全部实现用地热能源替代，同时部分热能可用于附近周边生产和生活区域供暖，年减少碳排放1730t。

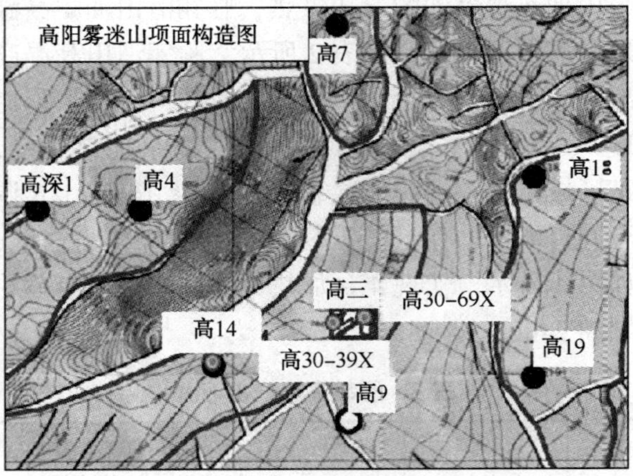

图7　高阳雾迷山顶面构造图

3.2　西柳油田余热资源综合利用

根据采油一厂西部原油流向调整规划，西柳10站完善采出水处理工艺，采用撬装采出水处理设备，高温采出液对站内集输管线进行供热，实现加热炉燃油替代，同时进行采出液处理，对处理达标后的采出水进行就地回注，实现清水替代。进一步利用采出水余热资源，规划在西柳油田应用水源热泵技术，降低注水温度的同时，提高能源利用率。西柳10站余热资源综合利用站内示意图如图8所示。

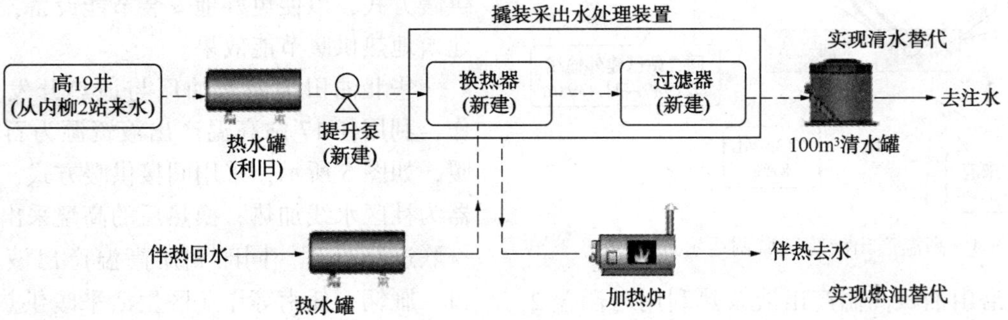

图8　西柳10站余热资源综合利用站内示意图

3.3　雁一联高温采出液发电综合利用

雁一联目前5口高温井总产液2700m³/d，如表2所示，部分井仍具有提液潜力，预计最高可达3500~4000m³/d，温度120℃左右，按出预热器55℃，可发功率1200kW。下步规划雁翎潜山油田高温采出液发电技术的经济可行性论证，发电后余热为站内生产生活换热，充分利用地热资源，探索“油－热－电联产”梯级利用发展模式。

4　结论

（1）华北油田第一采油厂充分利用高温采出液资源，优化集油工艺，实现高温采出液掺输单管集油模式，提高余热利用效率，保障单井集输低碳绿色运行。

（2）以高温产出液换热热量替代站内加热炉供热，实现加热炉的清洁替代与油田站场无烟化，保障油田生产节能降耗、绿色发展，为华北油田“双碳”目标提供可靠参考。

（3）高温采出液热资源可做为高清洁度的可再生资源，为社区和油田站场生活供暖，既节约了常规能源，又减少了环境污染，为整个社会的环保、可持续发展提供科学依据。

（4）高温采出液资源分布广泛，含量丰富，可以在热力、发电等多方面进行应用，为“双碳”目标下老油田高含油水井、特高含水油井采出液的规模利用提供了借鉴模式，为老油田区域性利用清洁的地层热能提供了新思路、新方法。

参 考 文 献

[1] 常小虎，陈祺锚，徐梦瑶等．油气田余热的低碳化综合利用［J］．石油炼制与化工，2023，54（09）：119-124.

[2] 朱治国．大王庄油田地热资源可持续利用研究［J］．油气田地面工程，2023，42（08）：50-57.

[3] 李武平，崔艳丽，李渊等．基于绿色低碳的伴生气回收与利用技术［J］．石油石化节能，2023，13（04）：23-28.

[4] 薛李强，苗彦平，冶维青等．高含水油井采出液余热的规模利用［J］．油气田地面工程，2022，41（05）：79-85.

[5] 胡瑞，蒋旭，刘景宇等．SAGD 高温采出液计量工艺及配套设备研究［J］．油气田地面工程，2016，35（08）：115-117.

[6] 吕冰．海上油气田余热回收利用探究与实践［J］．化工设计通讯，2016，42（01）：30-31.

[7] 戚涛，张志勇．天然气发电机烟气余热利用技术在油气田场站的应用［J］．节能，2006（10）：52-54.

沙漠环境长距离大起伏集输管道在线清管技术应用研究

王 恒 张志宏 高秋英

（中国石化西北油田分公司）

摘 要 沙漠环境集输管道高程起伏大、输送距离长、腐蚀风险高、输送气量大、气液比高的特点，输送过程中会存在积液段塞流、水合物冻堵、沉积物腐蚀等风险，影响管道安全输送，开展在线清管工艺应用研究保护管道安全高效生产。采用OLGA软件建立沙漠环境集输管网在线清管模型，对在线清管过程存在的风险进行分析、使用模型模拟在线清管工艺参数、并开展现场应用。计算结果表明阀组2至联合站集输管线累积液量最高达到了2232m³；阀组2集输管道清管器运行速度为1.4~2m/s，且清管过程未发生卡堵；阀组1到联合站管道累积液量最高达到了1406m³，阀组1到联合站2条管线清管器平均运行速度分别为1.2m/s、2.3m/s，清管过程未发生卡堵。现场清管作业实施后，管道压降最大降低2MPa，清出总积液1850m³，管道输送效率整体提升8%，累计增输气量2459万m³，清管模拟参数与现场清管参数吻合度达85%，并形成了“信息在线及时共享+专家远程实时指导+各节点协同响应”的方法，有效保障了沙漠环境集输管道清管作业。

关键词 沙漠环境；长距离；大起伏；大气量；高气液比；油气混输

1 前言

沙漠环境管道集输具有的特点为：高程起伏大、输送距离长、腐蚀风险高、输送气量大、气液比高。具体为：

（1）高程起伏大

集输管道位于塔克拉玛干沙漠区域，管道频繁横穿沙丘，其高程起伏变化大（10~50m），如图1所示。条带内管道起伏变化小；冬夏、昼夜温差变化大，冬夏可达100℃，昼夜可达30~40℃。

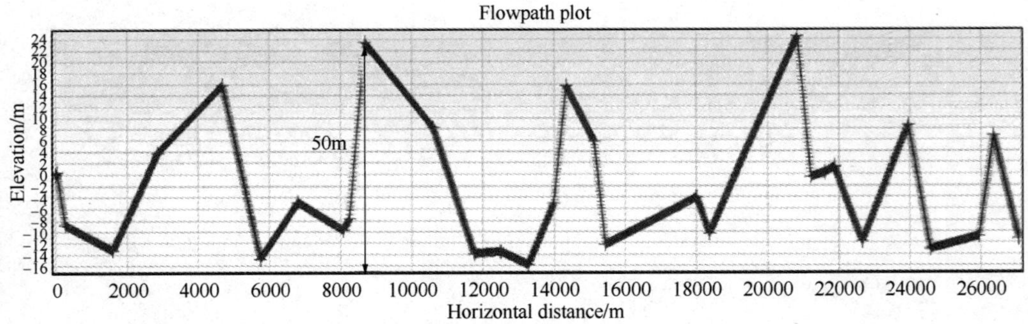

图1 沙漠环境集输管道高程图

（2）输送距离长

集输管道图如图2所示。已建油气混输管道6条/285.1km，管径DN250-DN400，设计压力9.5MPa、6.3MPa二种，阀组1附近单井产的油气通过管道1和管道4输至联合站（134km）。阀组2附近的油气通过管道5输送至联合站（81.4km）。

（3）腐蚀风险高

沙漠环境油气水物性如表1所示。原油属于含蜡轻质原油，密度0.76~0.78g/cm³、蜡含量2.4%~3.5%；天然气高含H_2S与CO_2，H_2S含量1281~17642mg/m³、CO_2含量3.77%~8%；平均矿化度66267mg/L，Cl^-平均42983mg/L。H_2S、CO_2等腐蚀介质含量高，尤其是阀组5，腐蚀介质含量更高，腐蚀风险更大；Cl^-含量处于腐蚀活性最强的范围；是以 H_2S 为主控的 H_2S、CO_2 共存的腐蚀环境。

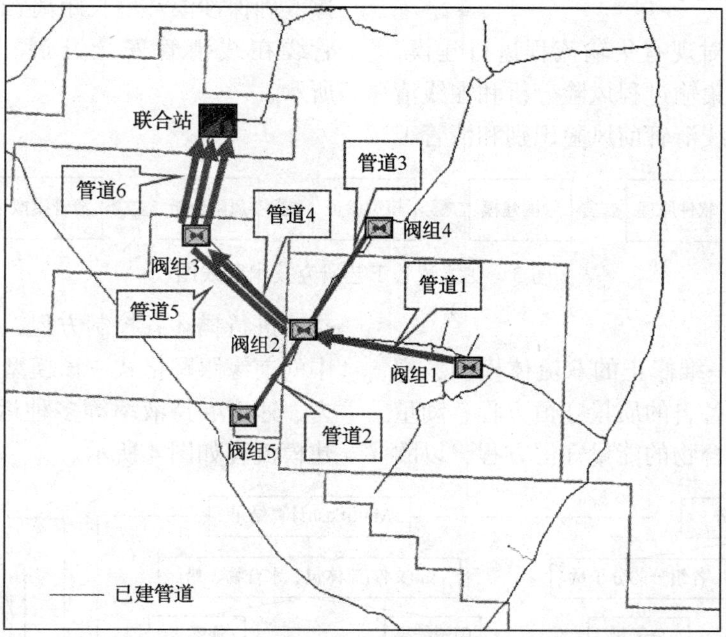

图2　沙漠环境集输管网图

表1　沙漠环境介质物性表

阀组	原油				天然气			地层水			
	密度/(g/cm^3)	运动粘/(mm^2/s)	凝固点/℃	蜡含量/%	相对密度	CO_2/%	H_2S/(mg/m^3)	密度/(g/cm^3)	pH	Cl^-/(mg/L)	总矿化度/(mg/L)
阀组 4	0.78	1.71	−13	3.5	0.7	4	17642.89	1.04	6.43	28950	42339.4
阀组 5	0.78	1.93	−6	3.3	0.78	8	13775.34	1.03	6.68	76563	122521.6
阀组 1	0.76	1.25	−14	2.4	0.65	3.77	1281.75	1.35	6.44	34928	60984.9

(4) 输送气量大、气液比高

沙漠环境管道输量和气液比如表2所示。阀组1至联合站集输管线日输气量67.5万 m^3，液量154.7t，气液比4363；阀组2至联合站集输管线日输气量192万 m^3，液量1228.8t，气液比1562。大气量、高气液比工况下输送易形成段塞流，对下游设备造成强冲击。

表2　沙漠环境管道输量和气液比

管道名称	输气量/(万 m^3/d)	输液量/(t/d)	气液比
阀组 1 至阀组 2 联络管线 DN250	67.5	154.7	4363
阀组 2 至联合站分输管线 DN250	67.5	154.7	4363
阀组 2 至联合站联络管线 DN400	192	1228.8	1562
阀组 3 至联合站集输管线 DN400	96	621	1562
阀组 4 至阀组 2 油气集输管线 DN350	129.6	1035.8	1252
阀组 5 至阀组 2 油气集输管线 DN400	62.4	193	3233

针对沙漠环境集输管道高程起伏大、输送距离长、腐蚀风险高、输送量大、气液比高的特点，管道设计借鉴国内油田防护经验，选择抗硫碳钢+定期在线清管+缓蚀剂为主的集输管道防护方案。普光、元坝、塔里木油田等采取油气分输模式，在线清管工艺成熟，沙漠环境为油气混输方式，在线清管工艺尚无借鉴经验，在线清管风险和工艺参数不明确。因此需开展在线清管工艺研究。

2　在线清管工艺研究

采用OLGA软件对现有集输流程进行建模，开展模型分析验证，集输过程风险分析和在线清管工艺模拟，开展在线清管前风险识别和清管工艺参数模拟，为现场开展在线清管技术做理论支撑。确保沙漠环境长距离、大起伏、大输量混输管线在线清管安全开展。技术路线图如图3所示。

图3　在线清管工艺研究技术路线图

2.1　软件原理

OLGA软件基于一维修正的双流体模型，遵循气相、液相、液滴各自的质量守恒方程、动量守恒方程以及三者混合物的能量守恒方程，以欧拉法进行描述各控制方程，同时辅以拉格朗日法中的前缘跟踪格式。该模型可以用于模拟管内压力、速度、持液率等多种运行参数的变化规律。建模流程如图4所示。

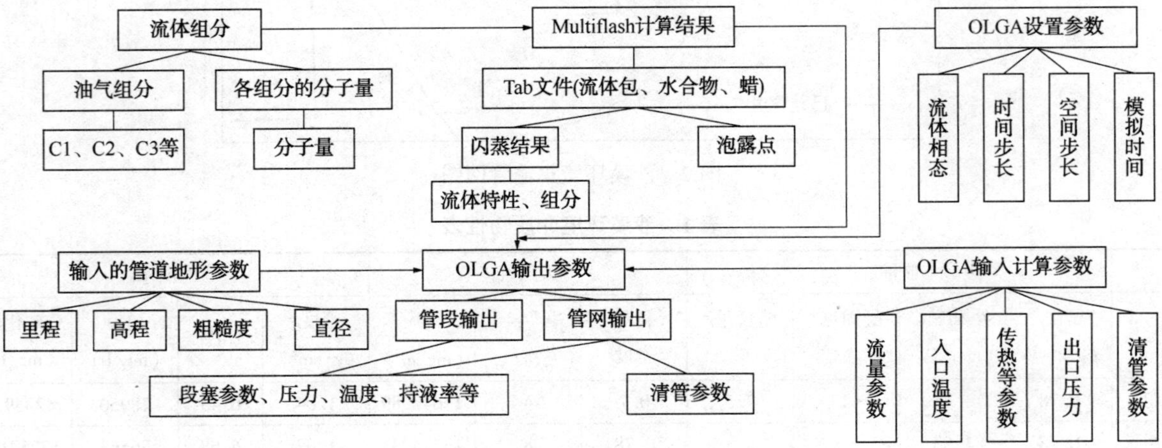

图4　OLGA软件建模流程

2.2　管网建模

利用multiflash软件对所输流体组分进行物性计算并将原油和气体的流体包进行闪蒸得到摩尔质量，算出质量分数，再用现场输量计算出原油和原料气各自的质量流量，最后用Tools里的blend将原油和原料气的流体包进行结合得到最终的流体包。通过对阀组2和阀组1生产井油气物性和生产输量等参数进行计算分析，得到阀组2的油气物性和运行参数如表3所示。通过OLGA根据现场管网结构建立计算模型如图5所示。

2.3　模型验证

为了验证建立的管道仿真模型的可靠性，采用“温度正算”的原则验证所建OLGA基础模型的准确性，以管道的入口温度作为边界条件，模拟得到管道的出口温度，并将模拟结果与现场生产的实际数据进行对比。采用OLGA软件模拟的管道沿线的温度。结果为温度和压力误差不超过5%，符合计算要求（<10%）。模拟结果误差值如图6所示。模拟具体数值如表4所示。

表3　阀组2和阀组1油气物性　　%

条带	甲烷/%	乙烷/%	丙烷/%	异丁烷/%	正丁烷/%	新戊烷/%	异戊烷/%	正戊烷/%	已烷及以上/%	氧气/%	氮气/%	二氧化碳/%	氦气/%	氢气/%
阀组2	82.16	4.93	2.06	0.70	0.98	0.01	0.42	0.43	0.15	0.21	2.47	5.47	0.03	0.00
阀组1	90.62	3.5	1.1	0.35	0.44	0.01	0.22	0.23	0.12	0.19	1.69	1.46	0.03	0

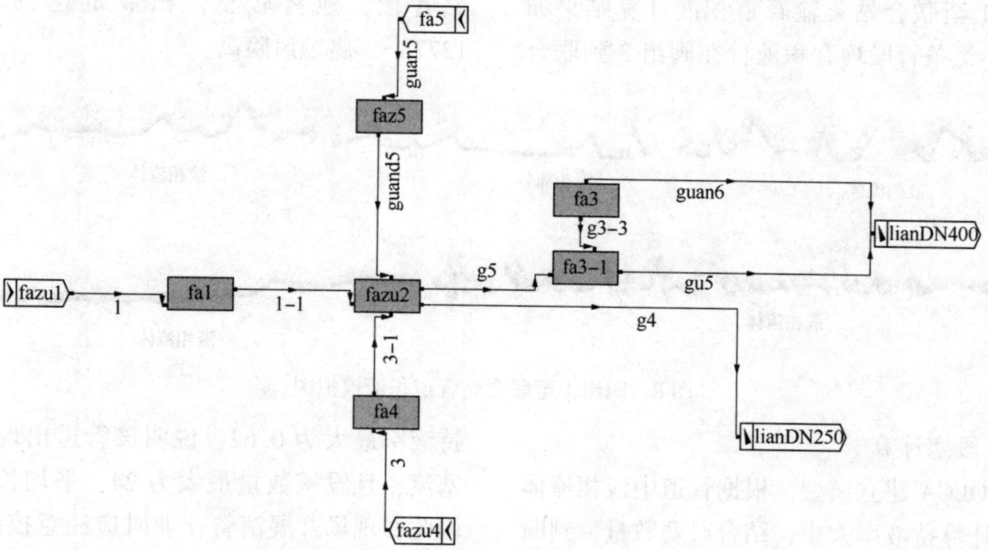

图 5　管网集输模型拓扑结构

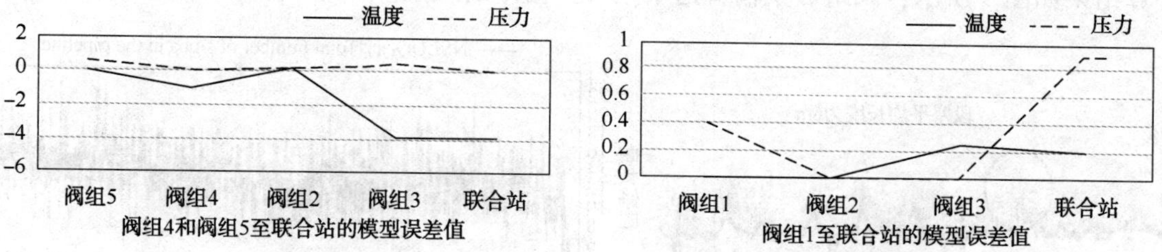

图 6　阀组 2 和阀组 1 集输管线温度和压力模拟误差图

表 4　模拟和实际温度和压力数值表

节点	阀组 5	阀组 4	阀组 2	阀组 3	联合站	阀组 1	阀组 2	阀组 3	联合站
现场压力/MPa	8.08	7.82	6.84	4.15	2.81	5.14	3.18	1.67	0.9
模拟压力/MPa	8.03	7.81	6.81	4.17	2.81	5.12	3.14	1.67	0.9
误差/%	0.62	−1	0.4	0.4	0	0.39	−1.2	0	0
现场温度/℃	20.7	27	41	27.9	22.4	26.8	17	12	5
模拟温度/℃	20.7	27	42.3	26.8	21.5	26.8	17	11.8	5
误差/%	0	0	3.1	−3.9	−4	0	0	−1.6	0

2.4　风险分析

集输管道风险分析计算分为积液计算、段塞计算、水合物计算。

(1) 积液计算

通过 OLGA 建立模型，根据输送介质物性参数来计算管道沿线积液积垢位置和积液量，明确腐蚀易发位置。蓝色代表管道，棕色代表管段中的液相流体，阀组 2 集输管道至联合站积液计算结果如图 7 所示，每条管段均有积液，且低洼处积液较多。单条管道积液量最大为 2232m³（阀组 3 到联合站），积液沉垢腐蚀风险高。

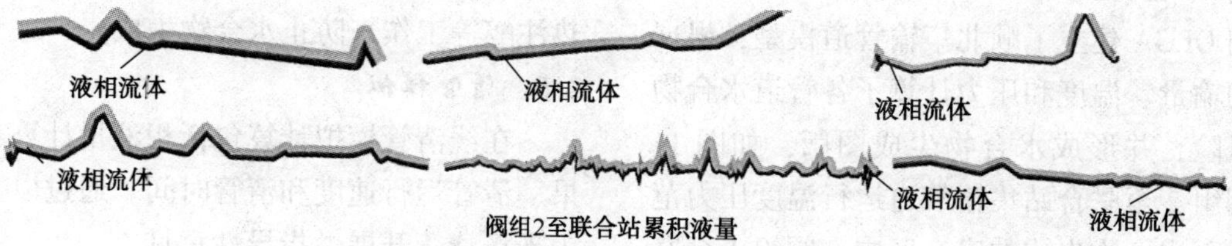

图 7　阀组 2 管道积液模拟图

阀组 1 至联合站集输管道积液计算结果如图 8所示。每条管段均有积液，在阀组 3 到联合站管段，地势较低，积液量达到最大，为 1277m^3，腐蚀风险高。

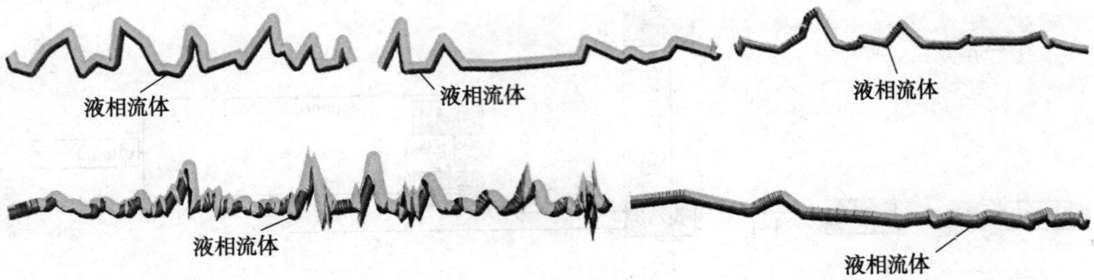

图 8　阀组 1 至联合站管道积液模拟图

（2）段塞计算

通过 OLGA 建立模型，根据管道中液相流体的占比来计算持液率大小，结合段塞数量，判断段塞流生成情况。

计算结果如图 9 所示，阀组 2 集输管道单条持液率最大为 0. 62，说明该管道出现了少量段塞流，且段塞数量最大为 24，平均长度为 6m，因此在现场开展清管作业时应注意控制段塞流，防止瞬时来液过大对下游设备造成强冲击，造成溢罐的风险。

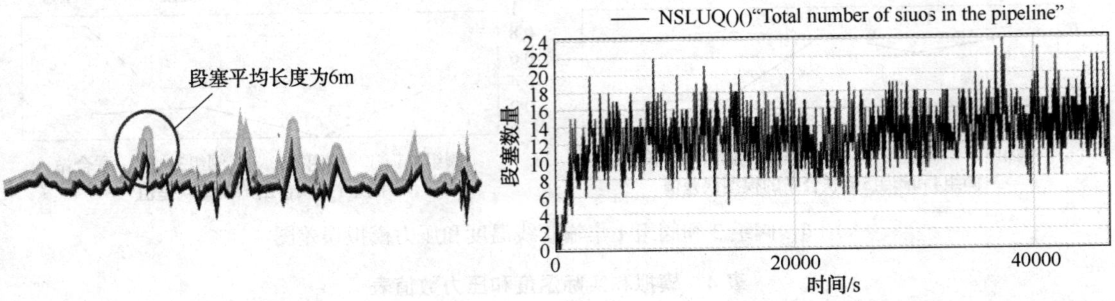

图 9　阀组 2 段塞计算模拟图

计算结果如图 10 所示。阀组 1 至联合站管道持液率在 0－1 之间波动，说明这 2 条管道出现了大量段塞流，且段塞数量最大为 710，平均长度最大为 120m，会在管道出口处引起相当严重的压力及液体流量波动，现场开展清管作业时应配置完善的接液能力来防止段塞流对下游设备的瞬时冲击。

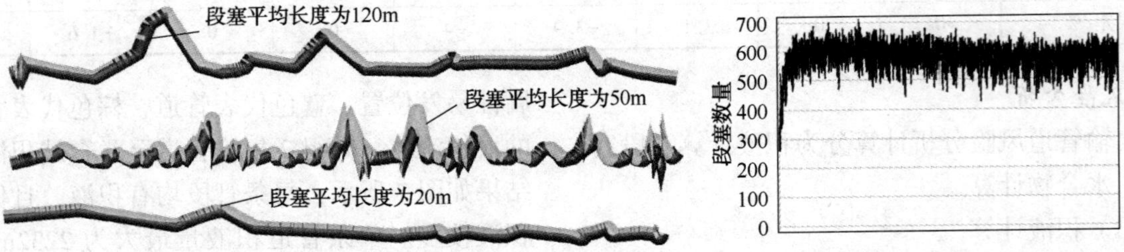

图 10　阀组 1 段塞计算模拟图

（3）水合物生成计算

使用 OLGA 建立了顺北集输管道模型，根据各节点的输量、温度和压力计算了各管道水合物生成的风险，并形成水合物生成图版，如图 11 所示。阀组 2 至联合站集输管道运行温度压力范围均落在无水合物生成的安全区内，阀组 1 至联合站部分管道生产运行参数曲线与水合物生成曲线重合，说明有水合物生成风险，现场应做好加热注醇等工作来防止水合物生成。

2.5　清管模拟

在线清管模拟计算包括积液量计算、清管效果、清管运行速度和清管时间。通过以上计算来为现场清管开展做指导性意见。

（1）清除计算

在 OLGA 中添加 Pig 组件，进行总体设置与清管球属性设置。在加入清管器后，随着清管器在管线中推进，将会有大量液体聚集在清管器前部，清管器将会带出大量液体。计算模拟图流程图如图 12 所示。

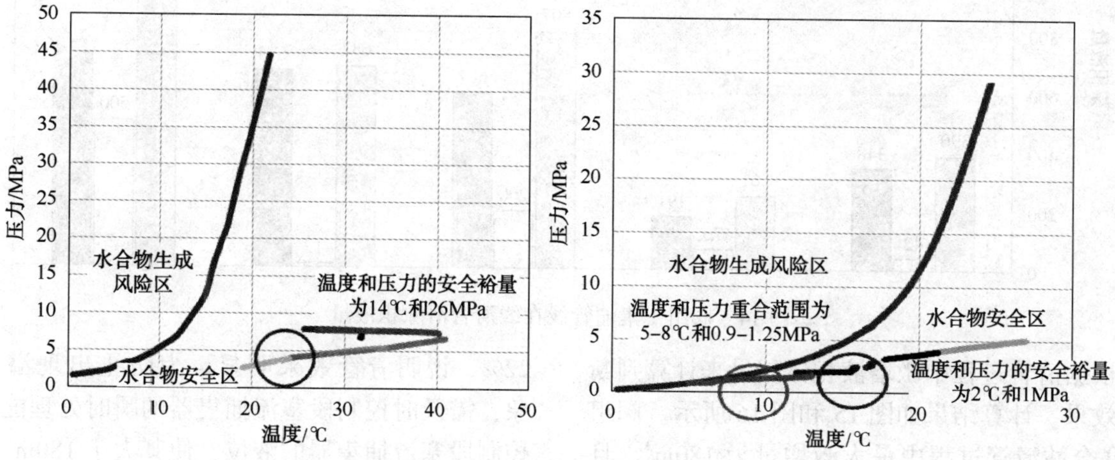

图 11　水合物计算模拟图

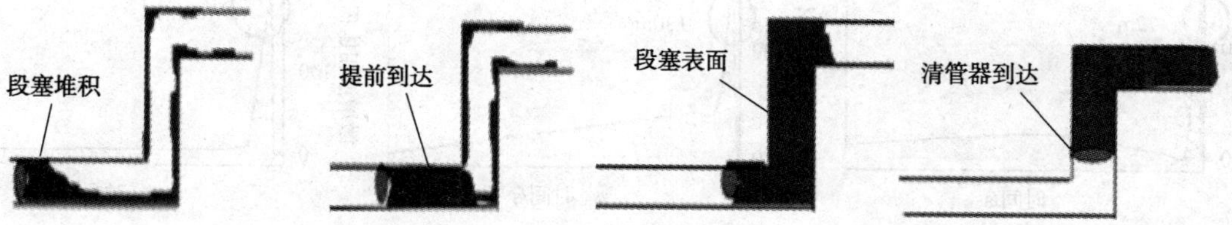

图 12　在线清管模拟图

（2）清管效果

根据各节点清管前后累积液量判断清管器的清管效果。计算结果如图 13 和图 14 所示。阀组 2 到联合站清除积液量分别为 285～1352m³，最大清除液量在阀组 3 到联合站，清管效果明显。阀组 1 到联合站清除积液量分别为 202～727m³，最大清除液量在阀组 3 到联合站，清管效果明显。

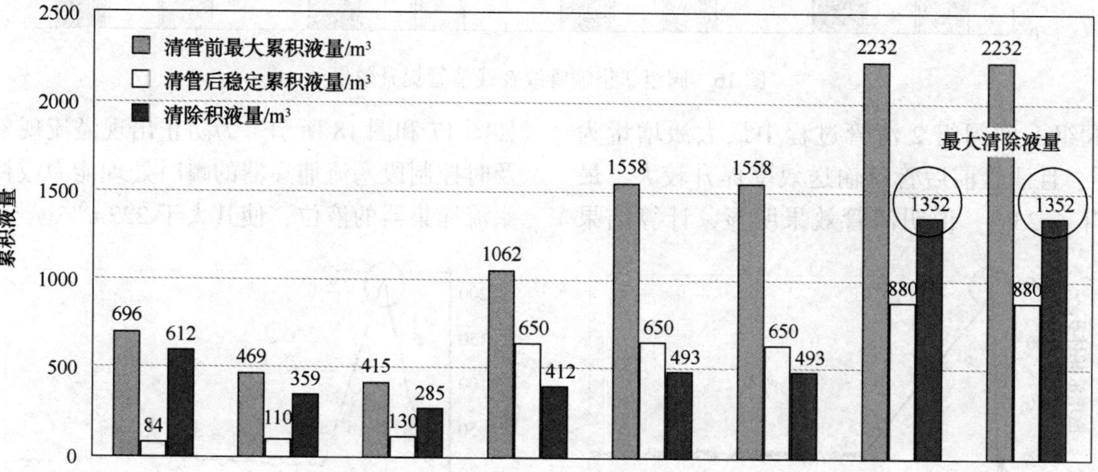

图 13　阀组 2 集输管线在线清管清除积液量

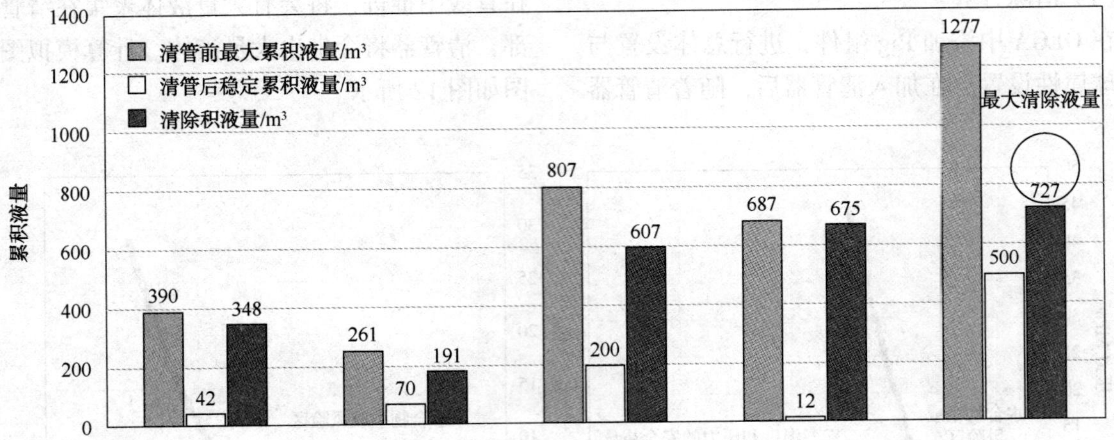

图 14　阀组 1 集输管线在线清管清除积液量

根据清管过程中激增液相体积量来计算判断清管效果。计算结果如图 15 和图 16 所示。阀组 2 到联合站清管过程中最大激增量为 180m³，且清管前后管道输送效率提升较大，最小提升了 22%，说明清管效果明显。为防止出现溢流现象，需及时控制段塞流捕集器的瞬时处理能力或控制段塞流捕集器的液位，使其大于 180m³。

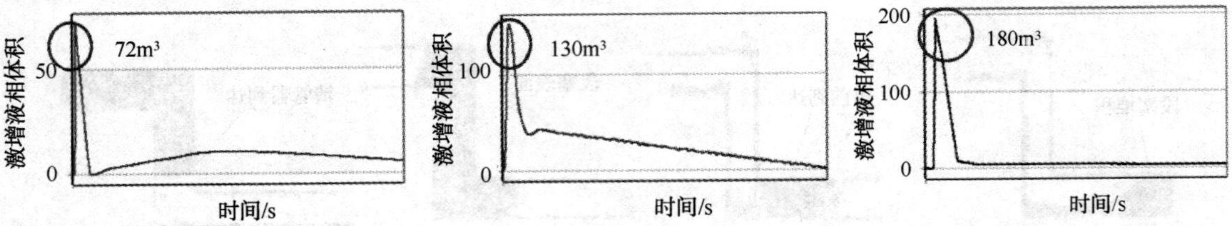

图 15　阀组 2 集输管线在线清管液相激增体积

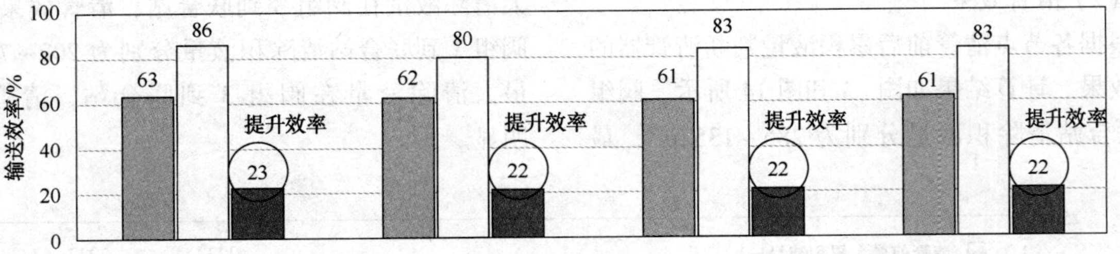

图 16　阀组 2 集输管线在线清管提升效果

阀组 1 到阀组 2 清管过程中最大激增量为 222m³，且清管前后管道输送效率提升较大，最小提升了 23%，说明清管效果明显，计算结果如图 17 和图 18 所示。为防止出现溢流现象，需及时控制段塞流捕集器的瞬时处理能力或控制段塞流捕集器的液位，使其大于 222m³。

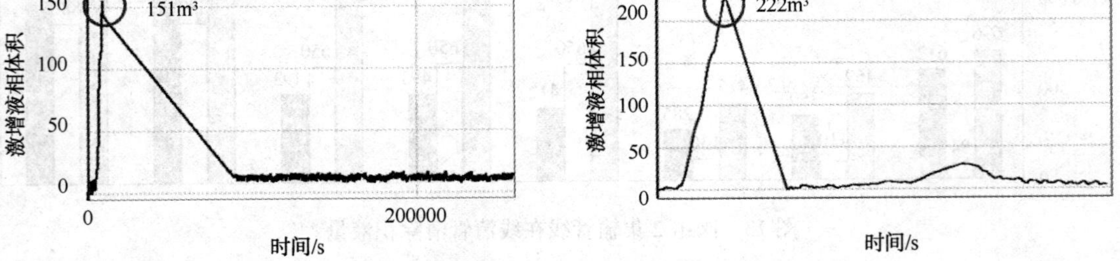

图 17　阀组 1 集输管线在线清管液相激增体积

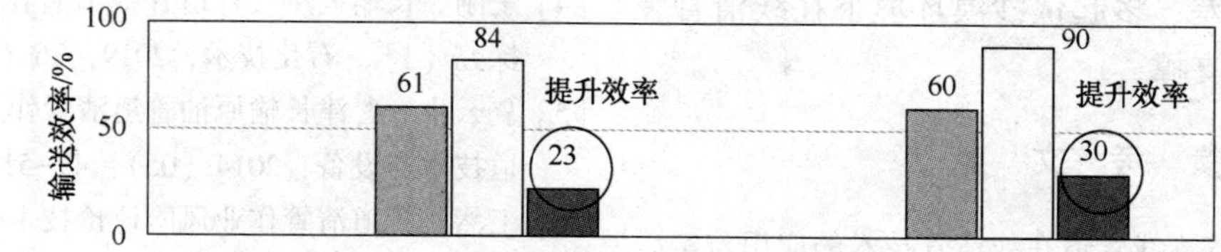

图 18　阀组 1 集输管线在线清管提升效果

3　在线清管现场应用

沙漠环境开展了 8 条管道 979.5km 在线清管现场作业，清管器选用泡沫清管器和皮碗清管器，清管器过盈量为 3%～4.5%，清管速度 0.89～4.8m/s，清管背压 0.5～1MPa，累计清出积液量 1850m^3，管道压力下降 0.3～2MPa，清管方案参数与现场清管参数吻合度达 85%。清管后输送效率提升 8%，累计节约气量 2459 万 m^3。在线清管应用后有效提高了管道输送效率，减缓了管道腐蚀，为沙漠环境管道安全输送提供保障（图 19）。

阀组1至阀组2DN250管线清管监测数据表

日期	时间			各节点压力/MPa			节点压差/MPa		
	时	分	累计/min	阀组1	中间阀室	阀组2	阀组1至中间阀室压差	中间阀室至阀组2压差	阀组1
		30	30				0	0	
		40	40	1.50	0.62	0.58	0.88	0.04	发球
		50	50	1.50	0.64	0.58	0.86	0.06	20:46球过2公里
	21	0	60	0.97	0.70	0.61	0.27	0.09	分离液位40cm
		10	70	1.05	0.76	0.64	0.29	0.12	21:06通过十公里监测点
		20	80	1.12	0.85	0.70	0.27	0.15	
		30	90	1.20	0.93	0.73	0.27	0.2	
		40	100	1.25	0.98	0.67	0.27	0.31	
		50	110	1.10	0.99	0.57	0.11	0.42	
	22	0	120	1.08	0.96	0.53	0.12	0.43	22:00过中间阀室
		10	130	1.13	0.95	0.50	0.18	0.45	
		20	140	1.13	0.94	0.48	0.19	0.46	
		30	150	1.11	0.94	0.47	0.17	0.47	
		40	160	1.00	0.92	0.47	0.08	0.45	
		50	170	0.90	0.86	0.46	0.04	0.4	22:40清管器通过 顺北6X井高坡顶点SHBBX见液
	23	0	180	0.81	0.79	0.43	0.02	0.36	分离液位41cm
		10	190	0.73	0.72	0.42	0.01	0.3	
		20	200	0.68	0.66	0.31	0.02	0.35	
		30	210	0.63	0.63	0.30	0	0.33	
		40	220	0.66	0.59	0.55	0.07	0.04	
		50	230				0	0	

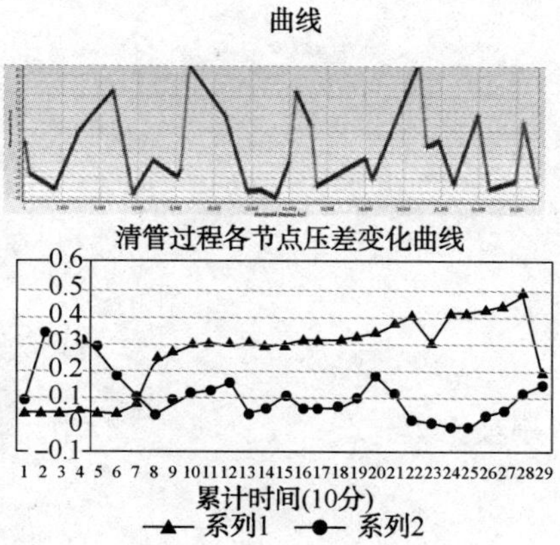

图 19　清管现场数据图

在清管过程中针对沙漠地势起伏大、输送距离长、通讯不畅等复杂条件，部门统筹引领，创新应用了“信息在线及时共享+专家远程实时指导+各节点协同响应”的方法，通过实施统计分析清管各节点压差的变化，根据管道高程及压差时调整阀门及气源变化，有效解决沙漠环境地势起伏大、通讯不畅的作业困难，不仅提高了在线清管作业效率、积累了沙漠环境通讯不畅的清管经验，形成了多专业、多岗位一体化协同作业的在线清管团队。

4　结论

（1）阀组 2 到联合站和阀组 1 到联合站单条管道积液量最大为 2232m^3 和 1277m^3，管段积液腐蚀风险高；

（2）阀组 2 到联合站和阀组 1 到联合站单条管道持液率最大分别为 0.62 和 1，出现了大量段塞流，会在管道出口处引起严重的压力及流量波动；

（3）阀组 1 至联合站集输管道部分段与水合物生成曲线部分重合，有水合物生成风险，其余管线无水合物风险，在气温低时需进行水合物防止；

（4）阀组 2 到联合站和阀组 1 至联合站清除积液量分别为 1352m^3 和 727m^3，加入清管器后，管道内的段塞流得以清除，为防止出现溢流现象，需及时控制段塞流的捕集器的瞬时处理能力或控制段塞流捕集器的液位，清管前后管道输送效率提升较大，最小提升了 22%，清管效果明显，清管器运行速度符合 SY/T 5922 规定的清管器运行速度不宜超过 5m/s，且清管过程未发生卡堵，说明管网在线清管技术上可行；

（5）在线清管实施后，管道输送效率提升 8%，有效降低了管道输送压力 0.6～2MPa，累计节约气量 2459 万 m^3，具有良好的经济效益。

（6）创新形成了“信息在线及时共享+专家远程实时指导+各节点协同响应”的方法，有效解决沙漠环境地势起伏大、通讯不畅的作业难题，为打造高落差、多起伏沙漠环境下在线清管作业标杆提供了支撑。

参 考 文 献

[1] 潘文良．天然气支线管道在线清管技术的应用与实践［J］．华电技术，2017，39（05）：64-65+79.

[2] 毛娅，冉斯．长输天然气管道在线清管作业运行速度控制［J］．石化技术，2017，24（03）：218.

[3] 谢发军．天然气长输管线清管作业方法探讨［J］．中国石油和化工标准与质量，2014，34（08）：66-67.

[4] 王刚．长输天然气管道在线清管作业运行速度控制探究［J］．石化技术，2019，26（12）：82+100.

[5] 夏云生．曹津长输原油管道清管作业实践［J］．管道技术与设备，2014（05）：49-51.

[6] 王然．管道清管作业风险评价技术研究［J］．化工安全与环境，2022，35（24）：8-11+16.

[7] 董学航，陈熙．混输海管变工况研究与清管影响因素［J］．化工管理，2022（12）：161-164.

[8] 左江伟，田一波，李汉成，郑锐，许红明，徐思莹，杨子航．基于 OLGA 的含蜡热油管道析蜡模拟与清管优化［J］．辽宁化工，2022，51（07）：954-958.

湿式集束海缆维修接头盒的研究与试验

陈丰波　金　秋　薄　昭　王万旭　鲁　凯　吴轩昂

（中海石油（中国）有限公司天津分公司）

摘　要　随着我国海洋石油事业发展，边际油田的开发已被广泛关注。相关技术的创新与研发对边际油田的经济开发有推动作用。集束海缆供电方案作为边际油田开发的技术突破口，可有效降低工程投资，实现对边际油田的经济开发。本文对集束海底电缆系统的核心部件湿式集束海缆维修接头盒进行了详细的设计与介绍。并且将湿式集束海缆维修接头盒进行了试验验证，证明其切实可靠。湿式集束海缆维修接头盒的成功研制是集束海底电缆供电方案的应用基础，有效推动了渤海边际油田的经济开发。

关键词　维修接头盒；湿式集束海缆；供电方案；边际油田；研究与试验

渤海油田作为国内重要原油生产基地之一，自2010年以来已连续10年稳产3000万吨并计划上产4000万吨。随着渤海整装油田不断减少，碎片化、储量小、经济效益差的边际油田成为开发重点和难点。这类由于储量规模小，在现有常规技术和经济条件下难以经济有效开采的油气藏通称为“边际油田”，目前已探明的低品位储量达4.1亿吨。为有效推动边际油田的开发，必须加强关键技术的创新与研发。

目前边际油田的开发常采用常规依托方案进行开发，即新建1座无人值守平台、1条海底管道和1条常规单束海缆，实现新建平台依托已建平台的开发方案。团队经过研发，创新性的提出了采用集束海缆供电方案。集束海缆供电方案为新建1座无人值守平台、1条海底管道和1条集束海缆，实现新建平台依托已建平台的开发方案。该方案可优化新建平台规模，降低开发项目工程投资，有效的推动了边际油田的经济开发。

1　系统研究

集束海缆供电方案作为我国边际油田开发的突破口，在我国油田开发中有广泛的应用前景。集束海缆供电方案的核心是新建一条集束海底电缆，与常规的海缆供电方案不同，集束海缆为含有多束三芯的缆芯，每一束3芯缆芯可分别为采油井的电潜泵供电。集束海缆供电方案可最大限度利用已建平台的能力，从而有效减少了新建平台的规模，降低了新开发项目的工程投资，实现了边际油田的经济开发。

集束海缆供电方案即采用静态集束海缆与两个固定平台连接，两端分别进入接线箱，完成电力和通讯连接。适用于渤海边际油田开发的集束海底电缆系统包括平台锚固、J管中心限位装置、弯曲限制器、海缆本体、接头盒（如有需要）、牵引头等组成，如图1所示。静态集束海缆通常采用聚丙烯绳缠绕方式作为外被层，铠装为单层。如果为硬质海床地质或200m以深运行环境，建议采用双层异向绞合铠装结构。可以看出湿式集束海缆维修接头盒对整个系统安全运行的重要保障。

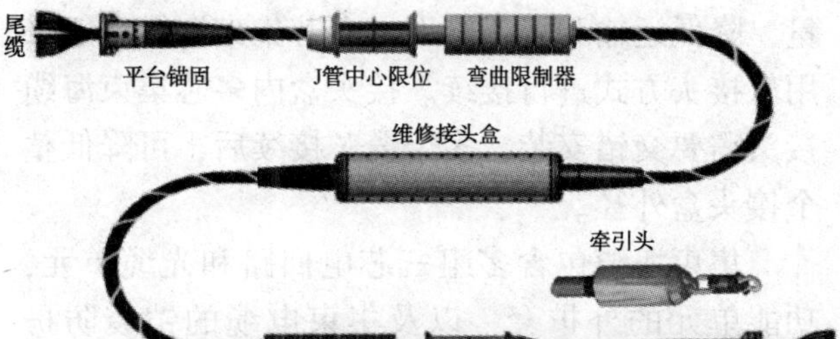

图1　集束海底电缆系统

根据无人值守平台对接的井口数量，集束海缆截面内设计多于井口数量的电缆回路，最多达到13回路，如此多数量的电缆回路集成在一个电缆截面内，导致电缆外径急剧增大，在拉力作用下，铠装承担轴向载荷比例随着缆芯数量增多而降低。电缆在施工过程中，各个缆芯无可避免的承受较大拉力和弯矩作用。

集束海缆由于工厂大长度生产接续和锚害维修接续，需要对各个缆芯逐一电气和通讯功能恢复，再利用接头盒进行机械和防水保护。相比于常规三芯海缆，集束海缆接续无论在操作空间难度还是缆芯机械防护都存在巨大挑战。因此研制一种多芯束光电复合集束海底电缆维修接头盒实现集束海底电缆的连接对集束海缆供电系统至关重要。

2 结构设计

结合三芯电缆接头盒和集束海缆多回路的特点，本文提出并研制了一种多芯束光电复合集束海底电缆维修接头盒。多芯束光电复合集束海底电缆维修接头盒包括锚固、固定撬、导向固定杆、电缆软接头、防护壳体，以及接头盒两端限弯装置，如图 2 所示。

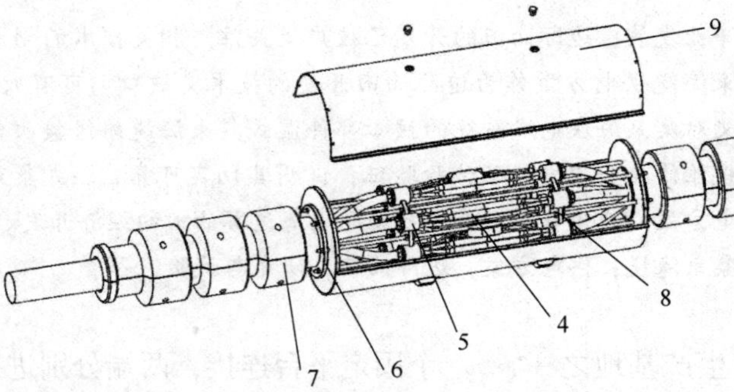

图 2 集束海缆接头盒整体组装图

固定撬设计于接头盒内，其作用一方面可锁紧各缆芯，减缓接头在运输和施工过程中承受的拉应力。另一方面对多个缆芯进行空间分布优化，避免接续过程中交叉干扰。

接头盒内固定撬和端头锚固，通过连接杆进行串联固定。固定撬可通过导杆自由移动和固定，为接头提供松弛状态。

为降低接头盒制造成本，降低外壳尺寸、重量，降低运输和施工难度，多芯集束海缆一般采用软接头方式进行接续。接头盒内多芯集束海缆接头需要交错安装，多个缆芯接续后，可降低整个接头盒外径。

集束海缆包含多组三芯电回路和光缆单元，功能单元的外护套，以及集束电缆的铠装防护层，组成功能单元数量达到 20 个以上，如图 3 所示。多芯集束海缆在承受轴向拉力和弯矩时，其缆芯单元承受截面负载达到 40%以上。

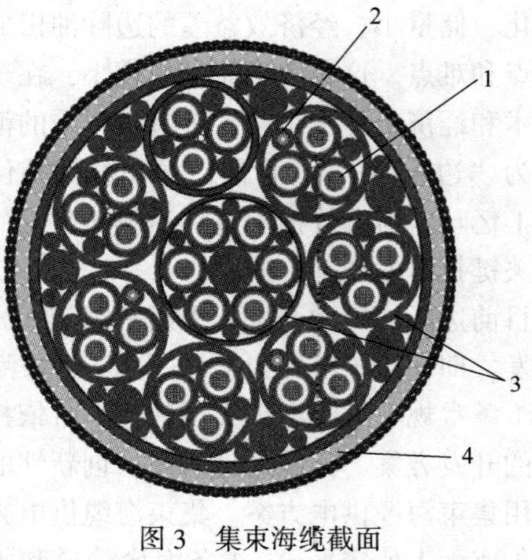

图 3 集束海缆截面

通过多芯束光电复合集束海底电缆维修接头盒将可有效实现集束海缆之间的连接。连接前需将集束海缆两端进行安装前处理，各端头缆芯尾缆（三芯电回路和光缆单单元）拉出一段距离做好续接准备。将铠装层钢丝进行清理，以备进行锚固安装。

在完成连接前处理后将各个缆端套入锚固，采用锥形板或钢丝紧固胶进行固定。各个锚固上固定面板，面板上预留连接杆固定端口。将集束缆中各个缆芯进行扩开，套入固定撬，然后将各缆芯穿过固定撬。缆芯与固定撬通道通过紧压填料函进行固定，紧压填料函，预紧后，可实现缆芯与固定撬的紧密锁定。两根集束缆对应的电缆缆芯采用软接头方式进行对接，光缆采用光纤接续盘进行连接。固定撬通过锥形锁紧机构与导杆进行锁定。移动固定撬使得接续后的软接头处于松弛状态，然后采用锁紧机构进行固定撬与连接杆的固定，进而集束海缆在运输和施工过程中产生的缆芯轴向拉伸力在固定撬位置终止。如图 4 所示。

各个缆芯接续后，并且固定撬锁定后，采用哈弗式防护罩进行整体防护，保障接头盒在海床运行时，提供机械防护，不受异物侵扰。防护套采用螺栓进行组装固定。

集束海缆组装完毕后，两端安装弯曲限制器

或弯曲加强件进行限弯防护，保障集束缆和接头盒在运输和施工过程中过弯保护，并提供抗坠物冲击能力。

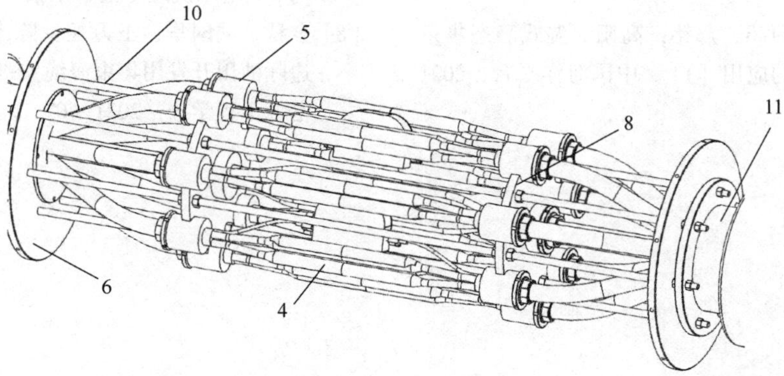

图 4　集束海缆接头盒功能单元分布

3　试验论证

为验证湿式集束海缆维修接头盒可实现对多芯集束海缆连接，按照如图 5 所示的型式试验回路进行安装试验。型式试验回路主要包括两个终端、集束海缆、穿芯变和接头装置。在没有安装接头装置盒的情况下，该系统可正常使用。若接头盒安装后集束海缆依然可正常使用则该接头盒安全可靠。

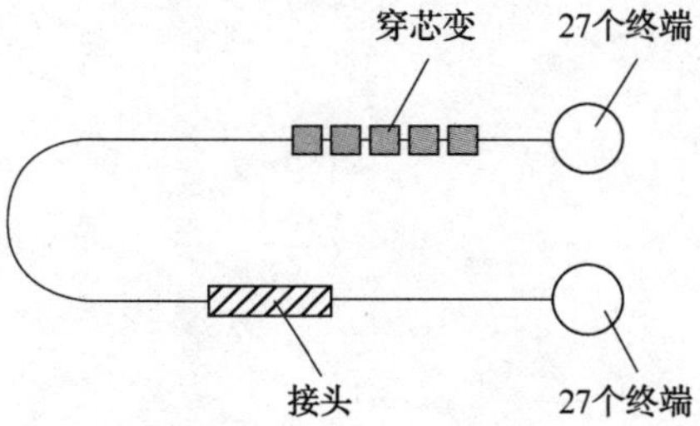

图 5　集束海缆用接头盒试验原理图

接头盒安装时首先对缆芯端部进行处理，打磨绝缘层和屏蔽层，对导体层每层铜丝进行逐层分离和焊接，恢复导体屏蔽后，采用注塑方式恢复绝缘层，然后恢复绝缘屏蔽，随后进行金属屏蔽和分相护套恢复。采用接头壳体进行铠装层和护套恢复，保证施工过程中的机械载荷传递。接头盒安装现场如图 6 所示。

在按照上述型式试验回路搭建完毕后对维修接头盒通电试验和性能测试，结果表明：柔性海缆接头盒的透水试验、张力试验及张力试验后的光纤通断试验、热循环试验及热循环后的局部放电试验、冲击电压试验及随后的工频电压试验、老化试验等各项主要指标完全达到了设计与使用要求，安全可靠。

图 6　集束海缆用接头盒试验现场图

4　结束语

本文创新性的设计了湿式集束海缆维修接头盒，并详细介绍了接头盒各部分组成情况及功能。最后通过现场试验验证了该湿式集束海缆维修接头盒设计合理，可以实现对集束海缆的安全连接。湿式集束海缆维修接头盒结构紧凑，操作方便，安全可靠，是集束海缆供电方案正常运行的关键技术。湿式集束海缆维修接头盒的成功研制实现了边际油田开发的技术突破与积累。

参　考　文　献

[1] 周守为．海上油田高效开发技术探索与实践［J］．中国工程科学，2009（10）．

[2] 刘辰星，郭瑞，聂亭亭．海上边际油田开发融资模式的思考［J］．油气田地面工程，2022（03）．

[3] 尚洁，李少芳，陈强，姜云飞，王冰月．渤海边际储量勘探开发经济评价体系及计算模型建立［J］．中国海洋平台，2022（02）．

[4] 王亮，杨强，宋峥嵘，陈欣，平洋．海上边际油田开发装备发展现状及趋势研究［J］．石油和化工设

备，2022（08）.
[5] 海洋石油工程设计指南［M］. 北京：石油工业出版社. 2007.
[6] 金秋，戴国华，薄昭，郝铭，高阳. 湿式静态集束海缆在渤海油田的应用［J］. 中国海洋平台，2021（06）.
[7] 戴国华，王万旭，陈丰波，金秋，高阳，王海涛. 环境因素对集束海缆瓶颈段温升及载流量的影响［J］. 哈尔滨理工大学学报，2022（04）.
[8] 金秋，戴国华，王万旭，陈丰波，高阳，王海涛. 边际油田开发用集束海缆关键技术问题探究［J］. 电气工程学报，2021（01）.

纳米陶瓷复合材料防腐修复技术研究与应用

王　鹏　薛小军　曲海涛　宋元新

（中国石化胜利油田分公司）

摘　要　油田集输管道内防腐的质量直接影响了管线的使用寿命及安全运行，目前常规的油田集输管道内防腐技术存在防腐时效短、工艺复杂、不耐高温、综合成本高等缺点。纳米陶瓷防腐修复技术形成的致密涂层可以有效的解决油田集输管道面临的防腐问题，可以最大限度延长钢质管道使用寿命，消除管道运行中的的安全和环保隐患，适合在油田区域推广使用。本文从油田集输管道使用现状和亟需解决的问题出发，对纳米陶瓷防腐修复技术的技术原理和性能指标进行了研究，现场应用表明，该技术具有优异的防腐蚀、耐磨性能，能有效的解决管线内防腐寿命短等问题，可为油田集输管道安全平稳生产、高效经济运行提供技术支撑，具有良好的推广应用前景。

关键词　纳米陶瓷；管线内防腐；现场应用

1　前言

胜利油田经过多年开发，油区管道数量不断增加，管道里程日益增长。据统计，胜利油田目前已建成各类油、气、水集输管道 8000 余条，总长超过 100000km，运行时间超过十年的达 50%，管道腐蚀逐年加剧。据统计，油田集输管道平均每 10km2.5 处隐患，各类管道年泄漏次数约为 3.3 万次，泄漏位置大多数发生在焊口、弯头部位，因此提高焊口、弯头防腐质量是管道长寿命的关键问题，集输管线整体防腐和修复对油田降本增效、安全环保具有重要的意义。

油田集输管道输送介质具有复杂性，各类管道的内壁腐蚀远远超过外壁腐蚀，因此大部分管道采用了内防腐工艺。但受制于防腐材料性能和施工工艺的局限，使内防管道达不到设计寿命。随着城市建设的加快，油田处于城区绿化带、水体等敏感区域的老旧管线逐年增多，通过更换新管线解决管线穿孔腐蚀问题的方式，面临着开挖恢复及青苗赔偿用高，部分区域穿越风险难度大，施工周期长，成本高等问题。目前常用的集输道内修复技术存在着一次连续修复距离短，开挖点多，修复材料不耐温，连续弯头通过性差等缺点，难以达到管线修复治理延寿目的。因此，选用性能优越的材料采取非开挖的方式对旧管线进行长距离一次性修复，是提高管线使用寿命和安全环保运行的有力保障。

2　集输管道内防修复技术现状

目前常见的集输管道内防修复技术主要有以下几种：

（1）内涂覆涂料防腐技术。该技术广泛的应用于油气集输管道内防腐，其主要原理是在腐蚀介质与管道内壁之间形成隔离层，减缓集输管道内壁腐蚀。内涂覆涂料防腐技术能有效的减缓内腐蚀，能节约大量管材和维护费用，减少管线清垢次数，提高了集输管道的输送效率。目前内涂覆涂料防腐技术主要有：H87 涂层技术、水泥砂浆与玻璃钢内衬技术、环氧粉末技术等。

（2）热喷涂玻璃釉防腐技术。传统的搪瓷防腐技术施工成本高、防腐性能差，极易变形破损，无法适应集输管道输送的需要。热喷涂玻璃釉含有的玻璃体成分具有很好的浸润效果，在高温环境下，非金属与金属界面发生化学反应，增加了防腐层的亲和能力，大大提高了涂层的耐热、耐温能力，有效的改善了防腐效果。

（3）HDPE 管道修复技术。该技术利用 HDPE 材料具有形状记忆的特点，在衬管插入待修管道之前，将衬管的尺寸暂时缩小，衬管穿入管道后，用加热或加压方法将使 HDPE 衬管恢复到原来的尺寸，可有效减少 HDPE 衬管在管道中运移时的磨损。衬管直径略大于管道内径，形状恢复后的 HDPE 衬管胀贴在管道内壁上，形成性能优良的衬里。该技术适用于长距离输送管道，最高使用温度为 85℃，施工时弯头、阀门处全部断开进行特殊处理，施工成本为新上管线的 50%~60%。

3　纳米陶瓷复合材料防腐修复技术简介

3.1　纳米陶瓷材料

传统的陶瓷材料脆性大，韧性和强度较低，应用领域受限。纳米陶瓷材料是一种新兴的高科技材料，其粒尺寸、晶界宽度、第二相分布、气孔尺寸、缺陷尺寸都是在纳米级的水平上。纳米陶瓷复合材料通过有效的分散、复合使异质纳米颗粒均匀弥散地保留于陶瓷基质结构中，有效改善了陶瓷材料的韧性、耐磨性和高温力学性能。研究表明当陶瓷材料成为纳米材料后，材料的力学性能得到很大改善，主要表现为（1）断裂强度提高；（2）断裂韧性提高；（3）耐高温性能提高。

3.2　技术原理

纳米陶瓷复合材料是由纳米陶瓷无机成分和高分子有机成分组成的复合材料，采取非开挖方式对旧管线清洗后在内壁现场制作一个由纳米陶瓷加固层和纳米陶瓷防腐层组成的内衬管，该内衬管具有加强管道强度、防腐和防结垢的功能。其显著特点有：（1）附着力高，纳米陶瓷复合材料制作的内衬管和钢管内壁有很强的粘接力；（2）自身强度高，保证了内衬管不脱落使用寿命长，可对管线形成长效的防护作用；（3）使用寿命长，纳米陶瓷复合材料内衬管厚度 2~4mm，克服了涂层厚度薄、易脱落、使用寿命短的缺点。经检测管道内衬 2mm 的纳米陶瓷复合材料后，其抗压强度相当于增加 1mm 的钢管厚度，抗渗透性能是玻璃钢管道的 4 倍以上。

3.3　纳米陶瓷复合材料性能指标

纳米陶瓷具有耐压、耐磨、抗冲击、抗拉伸等优异的特点，在使用后，固化时间短，施工期短，施工时间不受季节限制，施工完成后无需养护即可立即投入使用。其具体性能参数如表 1 所示。

表 1　纳米陶瓷复合材料性能参数

项目	TP01 型（内衬）
巴氏硬度	>80
耐冲击强度/（kJ/m^2）	>90
拉伸强度/MPa	>100
拉伸断裂伸长率/%	>3%
弯曲强度/MPa	>120
黏接强度/MPa	>5
抗压强度/MPa	>190
导热系数/（W/m·k）	<0.12
阻燃性/级	V-0
介电强度/（KV/mm）	>20
表面电阻率/Ω	$>1.0\times10^{15}$Ω
耐温性能/℃	低温：-70，湿热：80-120
耐腐蚀/抗渗透	耐酸碱盐（H_2S、CO_2 等腐蚀性介质）

纳米陶瓷复合材料防腐技术主要技术特点有：能有效解决管道弯头、焊口防腐修复困难问题；修复后，提高管线服役生命周期达 20 年以上；有效解决油田占压、穿越管线防腐修复问题；可通过标准弯头，一次性可施工 2000m 以上，整体防腐无薄弱点；解决高温管线（运行温度 150℃）的防腐修复问题；解决功能性管线（CCUS、页岩油、化学驱、地热等）防腐修复问题；常温固化，施工方便快捷；可用于新管线防腐和旧管线修复，旧管线修复后可达到原设计压力。

4　纳米陶瓷复合材料防腐修复技术推广应用

4.1　技术研究推广路线

本文主要是开展常温环境下在役集输管线内壁涂敷修复技术的推广应用，该技术旨在消除腐蚀泄漏隐患，恢复管线性能，延长管线寿命。该技术研究推广包括研究适合胜利油田在用油气管线内壁涂覆纳米陶瓷复合材料、适应不同输送介质管线内壁涂覆纳米陶瓷材料性能参数优化研究、现场施工工艺优化研究，自动化机具设备研制、材料耐候性、耐高温、耐磨性和防结垢指标评价等主要研究内容。其技术研究推广路线如图 1所示。

4.2　技术推广关键点

推广适合胜利油田现场管道修复加强的高性能纳米陶瓷系列材料，需满足三个关键点：

（1）适合胜利油田油气管道的纳米陶瓷复合

系列材料的筛选研究确定（耐高温性、耐磨性能、防结垢等性能指标）；

（2）常温条件下，固化防腐工艺，在管道内壁涂敷厚度均匀的纳米陶瓷复合材料防腐层；

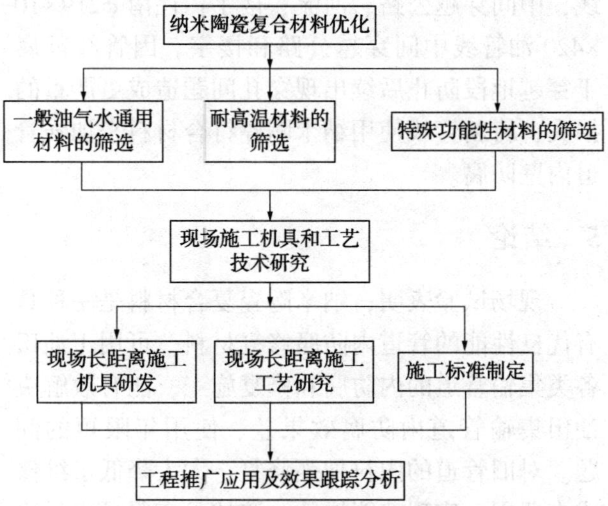

图 1　技术研究推广路线

（3）研制满足现场应用的机具设备，提升弯头、三通等特殊管段的通过性，保证防腐修复质量。

纳米陶瓷复合材料防腐修复技术主要选择油田敏感区域老旧高风险管线，包括占压、穿越管线旧管线，以及特殊功能管线，如地热、化学驱、CO_2 驱、高含硫化氢管线等。

4.3　施工作业流程

在进行纳米陶瓷复合材料内衬修复技术施工前，首先应对管道进行除油、除垢清洗，一般采用 PIG 清洗技术、旋流喷砂技术或其它环保清洗技术相结合的方式对管道进行清洗，清洗后的管道需达到内衬涂覆施工要求。然后根据待修复管线要求配制纳米陶瓷复合材料，对管线进行涂覆内衬、固化、直至达到设计厚度，固化时间可根据管道型号、长度、天气情况进行调整。具体施工流程如图 2 所示。

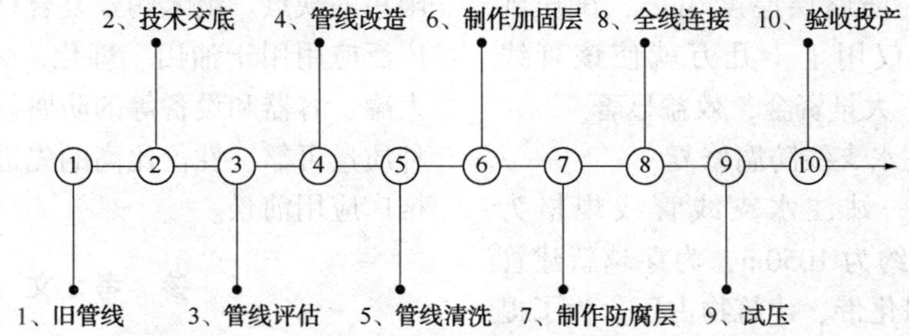

图 2　施工作业流程图

（1）管线评估：根据管线基础数据和运行维修情况，对待修复管线进行评估和初步设计，管线需满足承压 0.6Mpa 的基本条件。

（2）管线清洗：管线清洗采用 PIG 清洗技术、旋流喷砂技术、专用表面溶垢除油剂清除管道内壁的油、垢和锈，要求达到 Sa2.0 级标准，即表面无可见的油脂、污垢，氧化皮、铁锈等附着物基本清除，保证材料和管道具有足够的附着力。清洗过程全部在清洗设备和管道的密闭系统内完成，清洗残留物不落地全部回收，清洗材料、清洗过程环保无污染。

（3）纳米陶瓷防腐层制作：纳米陶瓷内衬管的制作包括材料配置、泵料入管、材料和管体结合以及内衬管固化，配制纳米陶瓷复合材料，以空压机做动力，施工压力 0.4Mpa，采用专有机具在管道内壁制作防腐层，每次厚度 1mm，固化 24h 制作第 2 次，3 次制作直到防腐层设计厚度 3mm。

（4）管线试压：固化养护 72h 后，试压 2.5Mpa。

（5）质量检查：防腐层厚度上下左右均匀一致，与设计厚度差别不超过 ±0.5mm；修复前、后使用管道用专用内窥仪或红外潜望镜仪检查除垢、除锈情况以及涂敷的连续性和平整性；采用涂层测厚仪对管线整体防腐层厚度进行检测；防腐层制作过程中可制作样管，用来检验其厚度和完整性。

4.4　现场应用及效果评价

（1）胜利油田某采油厂注水管线防腐修复

某采油厂某管理区 φ114×9mm 注水管线，设计压力 16Mpa，运行压力 13Mpa。自 2013 年投产使用以来，近年来每公里每年穿孔多达 15 次，地面占压严重，存在维修工作量大、难度大和安全环保隐患。

通过对管线进行清洗，然后采用纳米陶瓷复合材料在管线内现场制作 3mm 防腐层构造进行修复，修复后管道试压 16Mpa，运行压力 13Mpa，至今运行正常，没有发生穿孔泄漏情况，减少了维修成本和工作量，保证了安全生产，消除了环保隐患。

（2）胜利油田某管区集油管线防腐修复

该管线为 $\varphi273\times11$mm 油水混输管线，其含水量为95%，介质腐蚀性强，管线采用 3PE 外防、赛克 54 内防，小车补口工艺，2022 年初建成投产，9 月份就发生穿孔，对多个焊口处进行维修，由于该管线穿越河流，周围有绿化带和居民小区，存在重大的安全和环保风险，于 10 月份停产。如果不修复利用，就造成很大的浪费，由于管线距离长有弯头，其它修复技术不能满足需求，采用纳米陶瓷防腐修复技术，先对管线进行清洗，清除原赛克 54 防腐材料和油、垢、锈等污物达到 Sa 2.0 级标准，采用纳米陶瓷复合材料对其防腐修复，防腐层厚度 3mm，试压到设计压力 2.5Mpa，仅用了十几万就使该管线“起死回生”，节约了大量资金，效益显著。

（3）某管理区注水支线防腐修复

某管理区采油一站注水支线管线规格为 $\varphi114\times9$mm，总长度约为 1050m，为穿越新建管线，地上有公路、绿化带、建筑物占压，为了提高管线长寿命，采用纳米陶瓷复合材料进行内防腐，一次性施工 1050m，有效解决了管线焊口、直管段整体防腐问题，为管线服役生命周期延长提供了保障，确保安全环保生产、降低维修成本。

（4）胜利油田某断块油田集输管线防腐内衬

某断块油田高效施工井场是 2022 年新建设的新井场，为了加快使用，将采用高效作业施工，加速井场建设。新井场内有三根主管线使用纳米陶瓷复合材料，往西穿越两根管线，分别是 $\varphi219\times10\times430$m 油管线、$\varphi168\times13\times430$m 水管线，中间穿越公路、河流、楼宇；往南 $\varphi219\times10\times420$ 油管线中间穿越公路和楼宇。因管线都属于穿越地段防止后续出现穿孔问题造成更严重的损失，将新管线使用纳米陶瓷符合材料来加强管道内壁防腐。

5　结论

现场试验表明，纳米陶瓷复合材料是一种具有优良性能的管道内防腐修复材料，可用于油田各类集输管道的内防腐和修复施工，能有效解决油田集输管道内防腐效果差、使用年限短的问题。对旧管道的内衬加强修复，大大降低了维修成本费用，实现节能增效。该技术克服了内衬修复技术成本高、易窜层、不易二次维修、使用年限短的缺点。纳米陶瓷复合材料防腐修复技术可广泛应用用于油田、炼化、燃气等行业的管道、大罐、容器和设备等的防腐修复加固施工，是一种质量可靠、性价比高的先进技术，具有良好的推广应用前景。

参 考 文 献

[1] 周佳旭．油田管道结垢的成因及除防垢技术［J］．化工管理，2017（20）：185-186.

[2] 彭冲，李亚洲，欧阳诗昆，等．柔性陶瓷复合涂层在油田集输管线防垢中的应用研究［J］．广东化工，2020（15）：3-5.

[3] 李专，肖鹏，熊翔．连续纤维增强陶瓷基复合材料的研究进展［J］．粉末冶金材料科学与工程，2007（1）：7-9.

油气管道新型防腐防护涂层的抗划伤性能研究

陈　阵[1]　刘　刚[2]　祖　越[2]　周永涛[2]　颜　刚[2]　霍军明[2]　张云超[2]　刘久发[2]　梅　安[2]

（1. 北京安科科技集团有限公司；2. 国家管网集团北京管道有限公司）

摘　要　埋地油气管道完整性的研究是能源输运安全领域的一个重要分支。涂层和阴极保护作为两大保护埋地管网的屏障，一直以来都有大量的研究。考虑到在运输安装过程中管道可能受到的的机械性损伤，涂层抗外力损伤的性能评价变得格外重要。本文参照SY/T标准，实验测试了一种新型抗外力涂料的粘接性能、划伤性能，并且基于有限元模拟，高效、直观的对比了该新型涂层材料及现有3PE防腐层的硌压及划伤破损情况。综合来看，该涂层表现出较高的抗外力损伤能力，基本具备保障管道完整性的能力。该涂层技术的持续创新和服役评价的完善，将进一步推动涂层将朝着更加可靠、经济和环保的方向发展，以适应不断发展的应用场景和市场环境的需求。

关键词　外力损伤；管道涂层；无溶剂环氧玻璃钢；腐蚀及腐蚀防护；管道完整性

1　背景介绍

在现代化石能源，尤其是石油天然气的应用，在现代社会中占据着重要的地位，是现代社会不可或缺的组成部分。作为性价比最高、最安全的运输石油、天然气的方式，管道的存在满足了我们日常必需的能源需求。例如，自2000年启动西气东输工程建设以来，我国已建成西气东输、北气南下、缅气东进、海气登陆的四大天然气进口供应格局和“三横三纵”的国内天然气管网架构。截至2020年年底，国内长输天然气管道总里程为1.1×10^4 km、城市燃气管网为7.0×10^4 km，支撑了我国天然气消费量达到3.28×10^{11} Nm^3。因此，对于我国来说，能源输运安全属于重中之重。埋地管网长期完整性更是对人民生命与财产有着极高的经济意义。

管线钢在潮湿土壤或空气中容易腐蚀。为了延缓这一过程，采用了多种涂层技术，包括有机、合成和金属涂层，以及它们的复合形式。这些涂层在钢管和腐蚀环境之间形成了物理及电化学障碍，有效延长了钢结构的使用寿命。然而，某些涂层，如铬涂层，被视为对人类和环境有害。而环氧涂层则因其卓越的附着力、机械性质、抗腐蚀性、热稳定性及耐久性而广受欢迎。鉴于此，发展既经济又环保的新材料，已成为现代社会的发展趋势。

因此，涂层的完整性对于保证管道结构完整性的作用不容忽视。在管道的安装、施工以及运行过程中，涂层的性能评估是一个关键的研究领域。目前，已有众多关于涂层的研发、应用及其在实际运用中的性能表现的研究，这些研究遍布全球。特别是在管道运输过程中易受损害的特殊路段，如山区管段和定向钻穿越部分，防腐层经常因为外界因素如石块冲击、摩擦、擦划或挤压作用而遭受损害。在施工、运输和起吊等操作过程中，这类损伤对现行的三层聚乙烯（3PE）防腐层而言几乎无法避免。本研究致力于探究一种新型环氧基涂层（暂称“新型抗力涂层”）的力学特性，并提出采用有限元分析方法来构建力学损伤模型，旨在为油气管道防护领域提供创新的解决方案。

2　新型抗力涂层抗外力损伤性能

2.1　粘接强度测试

粘接强度测试根据SY/T 6854—2012《埋地钢质管道液体环氧外防腐层技术标准》进行，采用AT-A型涂层附着力拉拔测试仪，分别对新型抗力涂层与金属基体和PE基体的粘接强度进行了测试，具体结果见表1。

表 1　新型抗力涂层粘接强度检测结果

基体材料	试样编号	涂层厚度/um	粘接强度/MPa	平均值/MPa
金属	1	583	35.39	38.46
	2	591	35.75	
	3	554	43.15	
	4	598	36.87	
	5	578	39.82	
	6	568	44.37	
	7	552	34.65	
	8	566	35.33	
	9	591	37.02	
	10	598	45.63	
	11	553	33.28	
	12	593	40.25	
PE	1	582	13.99	15.38
	2	588	13.44	
	3	567	13.78	
	4	586	15.46	
	5	577	13.21	
	6	594	13.43	
	7	558	17.24	
	8	555	17.68	
	9	589	17.96	
	10	583	16.89	
	11	592	14.01	
	12	597	17.44	

从表 1 粘接强度检测数据可以看出，新型抗力涂层对金属基体的粘接平均强度>30MPa，达到了达到 38.46MPa，远高于《SY/T 5918——2017 埋地钢质管道外防腐层保温层修复技术规范》中无溶剂环氧类材料对金属基体粘接强度≥10MPa 的指标要求；同时新型抗力涂层对 PE 基体的粘接强度>10MPa，远高于《SY/T 7368—2017 穿越管道防腐层技术规范》中环氧玻璃钢防护层对 3PE 防腐层的粘结强度应不低于 3.5MPa 的要求。

2.2 耐划伤性能测试

参照《SY/T 4113—2007 防腐涂层的耐划伤试验方法》，采用自主研发的涂层耐划伤性能测试装置，如图 1 所示。对新型抗力涂层和 3PE 涂层（厚度 3mm）的耐划伤性能进行了测试。其中使用图 1（b）中所示的划伤头对覆盖了不同材料的钢制试件进行划伤，通过不同配重下划痕深度的不同可以直观反映出材料抗划伤性能。测试后试样如图 2 和图 3 所示，具体划痕深度结果见表 2。

对于新型抗力涂层材料来说，从图 2 中可以看出可以承受 50kg 载荷造成的伤害，基层钢制试件未见裸露，证明了其对钢制基材的保护性。而从图 3 中可以看出，常见 3PE 防腐层在载荷条件从 10kg 增加到 50kg 的过程中，划伤头造成的损伤逐步增加。当载荷增加到 50kg 时，涂层已经被划穿，基层钢制试件已经裸露，可以证明其对于基材的保护性弱于新型抗力涂层材料。

从表 2 耐划伤性能检测数据可以看出，在 50kg 载荷条件下，单刃合金划伤头（旋转挫）在新型抗力涂层表面划痕深度均<300μm，且平均划痕深度仅为 261μm。而根据《SY/T 5918—2017 埋地钢质管道外防腐层保温层修复技术规范》与《SY/T 7368—2017 穿越管道防腐层技术

规范》等标准中对环氧玻璃钢防护层耐划伤性能要求为 50kg 载荷条件下划痕深度为≤500μm，远远超过了标准中的要求，证明了其材料力学性能的卓越性。

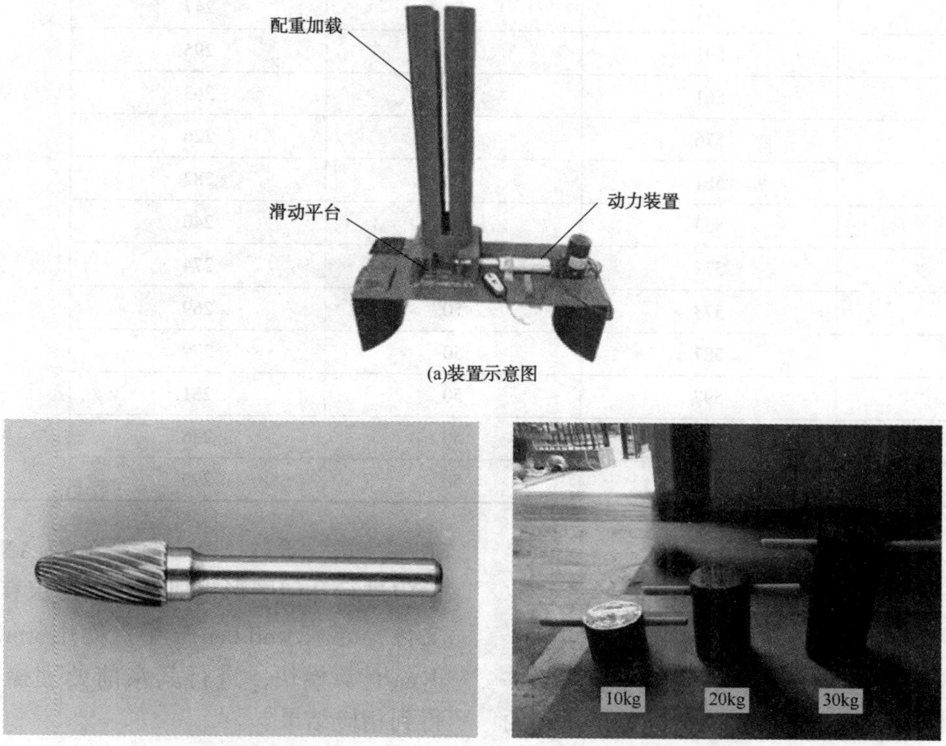

(a)装置示意图

(b)单刃合金划伤头

(c)配重

图 1　涂层耐划伤性能测试装置

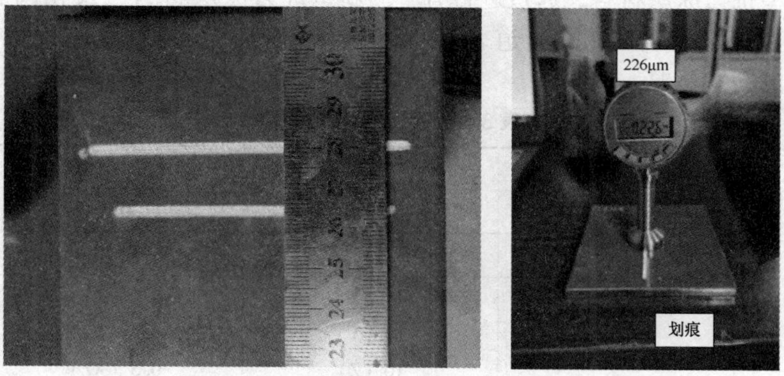

图 2　新型抗力涂层耐划伤测试后

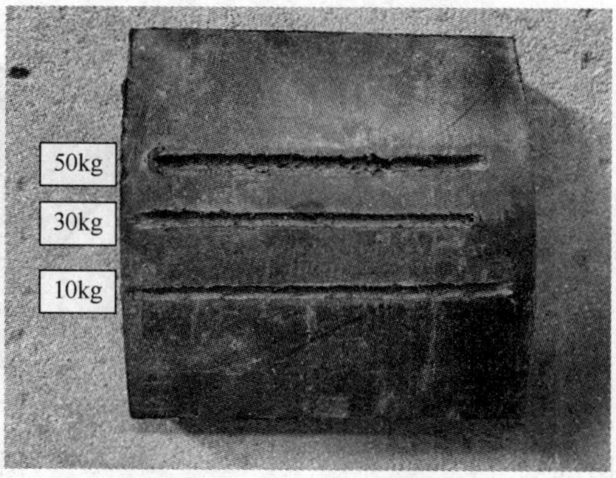

图 3　3PE 防腐层耐划伤测试后

表2　新型抗力涂层材料耐划伤性能数据

试样编号	涂层厚度/um	载荷重量/kg	划痕深度/um	平均值/um
1	591	50	247	261.33
2	591	50	295	
3	561	50	263	
4	576	50	226	
5	581	50	282	
6	563	50	240	
7	571	50	274	
8	573	50	269	
9	587	50	279	
10	597	50	231	
11	573	50	236	
12	578	50	293	

3　抗力损伤模拟计算-Dyna有限元仿真

随着计算机科学的发展，各类工业分析软件为管道防护材料抗外力损伤性能研究提供了新的思路和手段。基于有限元分析所开发出的软件，如AYSYS等都可以进行数值模拟分析计算。对于本文中提到的新型抗力涂层材料，通过进行有限元模拟的方式可以直观表现出其在管道表面，遇到硌压及划伤时的动态情况。

首先，通过APDL命令流在ANSYS经典界面中进行几何图形生成，将图形保存为iges格式文件，导入workbench中。使用workbench中的dyna计算模块，进行其余前处理操作，并计算得到相应结果。

3.1　材料属性

相关材料，包括结构钢、聚乙烯（3PE）、新型抗力涂层材料、及花岗岩有关数据如表3所示。

表3　实验所需材料属性

材料	密度/（kg/m^3）	杨氏模量/GPa	泊松比	拉伸屈服极限/MPa
结构钢	7850	200	0.3	250
聚乙烯（3PE）	950	1.1	0.42	25
新型抗力涂层材料	2000	45（X） 10（Y） 10（Z）	0.3（XY） 0.4（YZ） 0.3（XZ）	1100 35 35
花岗岩	3000	34	0.23	50

3.2　撞击仿真

（1）有限元模型

建立管道以及石子的三维模型，管径1016mm壁厚10mm，外面包覆3mm的3PE防腐层或者1.5mm的新型抗力涂层材料。具体网格划分如图4所示，局部网格图如图5所示，其相关约束条件如图6所示。小球在管道正上方0.1m的位置，以20m/s的速度竖直撞击管道。管道两条对称直边约束所有自由度。

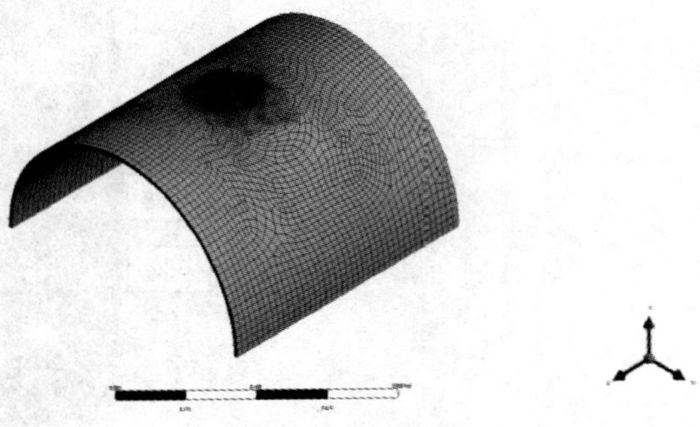

图4　整体网格图

图5 局部网格图

（2）计算结果

由于保护层材料不同，石子撞击后表现出不同的相应情况。

① 3PE 防腐层情况

当小球在管道正上方 0.1m 的位置，以 20m/s 的速度竖直撞击管道 3PE 防腐层后，其全局等效应力云图如图 7 所示。其局部等效应力云图如图 8 所示，而其相对应的防腐层碰撞前后时刻等效应力云图如图 9 所示，等效应力曲线如图 10 所示。

图6 约束条件示意图

图7 3PE 防腐层全局等效应力云图

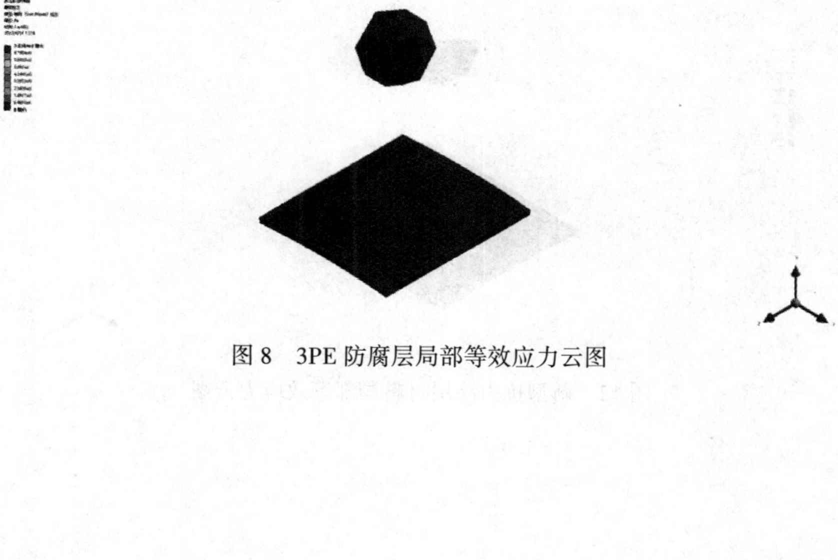

图8 3PE 防腐层局部等效应力云图

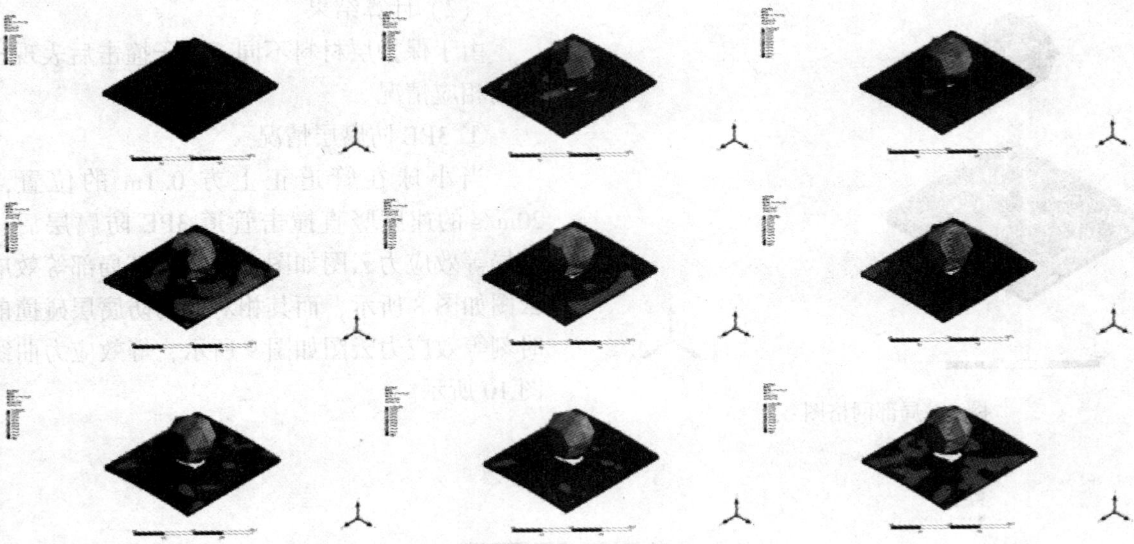

图 9　3PE 防腐层碰撞前后时刻等效应力云图

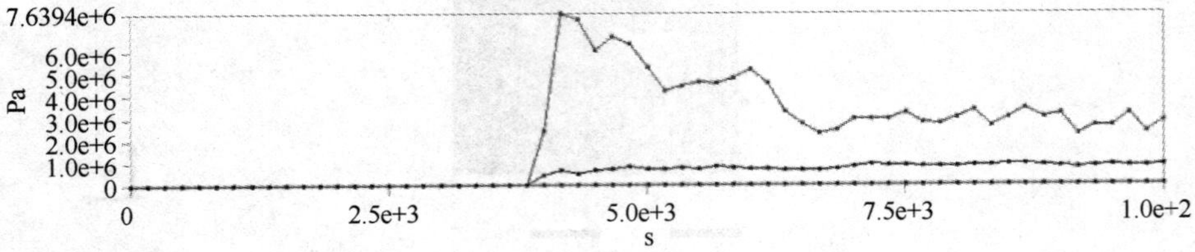

图 10　3PE 防腐层等效应力曲线

从图 7 至图 10 中可以看出，在碰撞时聚乙烯防腐材料不能承受外界的冲击，在局部发生了破损，失去了对内部管道的保护作用。

② 新型抗力涂层材料情况

图 11　新型抗力涂层材料全局等效应力云图

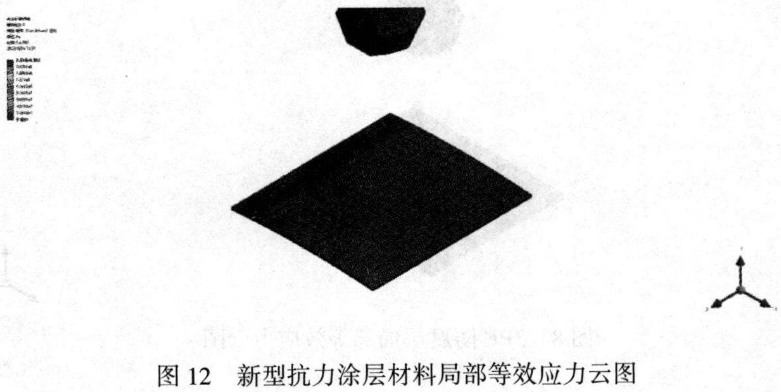

图 12　新型抗力涂层材料局部等效应力云图

图 13　新型抗力涂层材料碰撞前后时刻等效应力云图

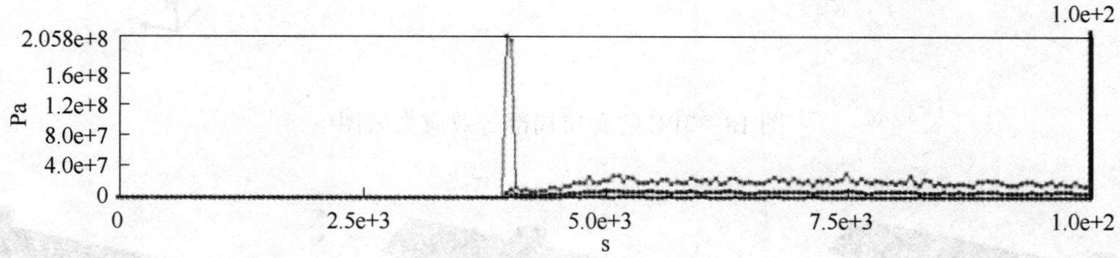

图 14　新型抗力涂层材料等效应力曲线

在相同条件下，对新型抗力涂层材料进行仿真分析，由图 11 至图 14 可以看到，新型抗力涂层材料未出现破坏并将石子弹开。由此可以看出，在遇到硬物撞击管道时，新型抗力涂层材料可以有效避免管道受到损伤，满足防护管道的需求。

3.3　划伤仿真

（1）有限元模型

模型几何尺寸与第二节撞击仿真中保持相同。具体网格划分如图 15 所示，局部网格图如图 16 所示。锥形实体在管道正上方 1mm 位置，施加远端位移，强制向下位移 3mm，后沿管道方向滑动。管道底端固定约束。

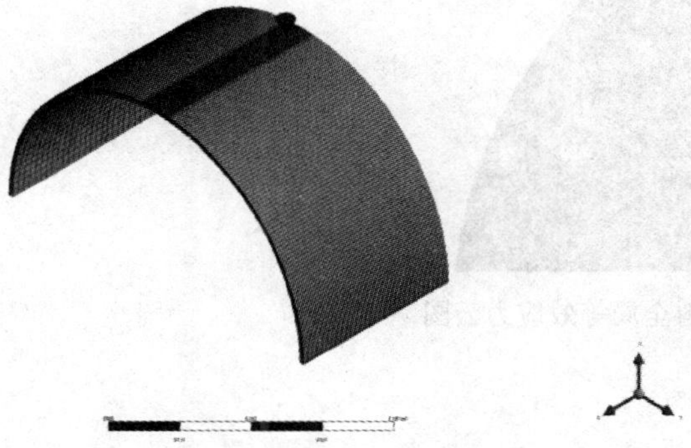

图 15　整体网格图

图 16　局部网格图

（2）计算结果

由于保护层材料不同，石子划伤后表现出不同的相应情况。

① 3PE 防腐层情况

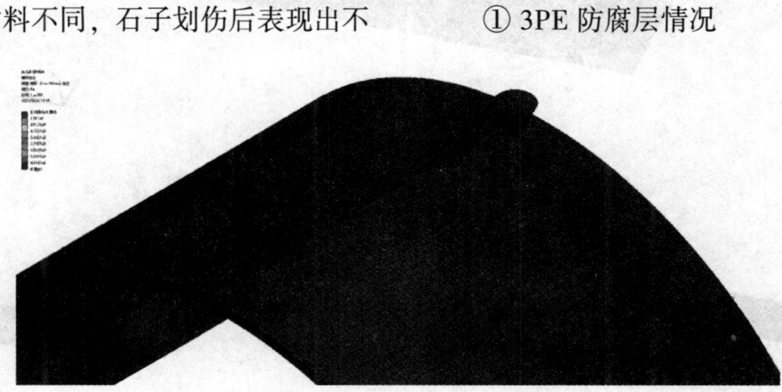

图 17　3PE 防腐层全局等效应力云图

图 18　3PE 防腐层局部等效应力云图

图 19　3PE 防腐层划伤前后时刻等效应力云图

从图 17 至图 19 中可以看出，聚乙烯 3PE 防腐材料被尖锐石子划出明显痕迹。在碰撞时聚乙烯防腐材料不能承受外界的划伤，在局部发生了划穿，失去了对管道的保护作用。

② 新型抗力涂层材料情况

图 20　新型抗力涂层材料全局等效应力云图

图 21　新型抗力涂层材料局部等效应力云图

图 22　新型抗力涂层材料划伤前后时刻等效应力云图

在相同条件下，对新型抗力涂层材料进行仿真分析，由图 20 至图 22 可以看到，在新型抗力涂层材料与尖锐石子碰撞瞬间，石子整体结构遭到破坏。远端位移条件失效。由此可以看出，在遇到硬物划伤管道时，新型抗力涂层材料可以有效避免管道受到损伤，满足防护管道的需求。

4 小结及展望

外部防腐涂层是一种行之有效的防腐手段，主要用于防护管道金属材料不受环境因素如土壤和水分腐蚀的影响。随着管道工程的不断深入，对管道外涂层的抗破坏力要求亦逐渐提高，尤其是在我国管道工程频繁遭遇的特殊地段，如山区管道和定向钻穿越管段，传统的三层聚乙烯（3PE）外防腐涂层已难以满足更高的保护需求。本文基于现行的测试数据，提出的新型抗破坏力涂层，能够满足 SY/T 6854—2012 及 SY/T 4113—2007 标准中关于抗力学损伤性能的要求。通过对直径为 1016mm 管道的有限元模拟分析，进一步验证了该涂层在实际应用中的卓越力学性能。然而，该新型抗破坏力材料仍需进行更精细的测试与分析，以全面评估和定量化其抗力学性能，优化其适用性，为未来的大规模应用奠定坚实基础。展望未来，伴随着工业 4.0 时代的到来和智能制造技术的发展，管道涂层材料预期将向着智能化和环保化方向演进。与此同时，新能源和新材料科技的进步也将为管道外防护涂层带来更广泛的应用前景和新挑战。为适应这些新兴需求，涂层技术需持续进行创新与改良，以顺应市场环境的动态变化。

参 考 文 献

[1] D. Furchtgott-Roth. Pipelines are safest for transportation of oil and gas, Manhattan Institute for Policy Research2013.

[2] B. D. B. Tiu, R. C. Advincula. Polymeric corrosion inhibitors for the oil and gas industry: Design principles and mechanism. Reactive and Functional Polymers, 95 (2015) 25-45.

[3] 李鹭光，中国天然气工业发展回顾与前景展望 . Natural Gas Industry 41 (8) (2021) .

[4] 刘合，梁坤，张国生，李志欣，丁麟，苏健，朱世佳，葛苏，刘婧瑶 . 碳达峰，碳中和约束下我国天然气发展策略研究，中国工程科学 23 (6) (2021) 33-42.

[5] J. Dai, Y. Ni, D. Dong, S. Qin, G. Zhu, S. Huang, C. Yu, D. Gong, F. Hong, Y. Zhang. 2021-2025 is a period of great development of China's natural gas industry: Suggestions on the exploration and development of natural gas during the 14th five-year plan in China, Journal of Natural Gas Geoscience 6 (4) (2021) 183-197.

[6] M. Latino, F. Varela, Y. Tan, M. Forsyth. The effect of ageing on cathodic protection shielding by fusion bonded epoxy coatings. Progress in Organic Coatings 134 (2019) 58-65.

[7] I. Y. Suleiman, A. V. S, C. Obayi, K. Mu' azu. Surface characterisation, corrosion and mechanical properties of polyester-polyester/snail shell powder coatings of steel pipeline for naval applications. The International Journal of Advanced Manufacturing Technology 101 (2019) 1-7.

[8] O. Dagdag, R. Hsissou, A. El Harfi, A. Berisha, Z. Safi, C. Verma, E. Ebenso, M. E. Touhami, M. El Gouri. Fabrication of polymer based epoxy resin as effective anti-corrosive coating for steel: Computational modeling reinforced experimental studies, Surfaces and Interfaces 18 (2020) 100454.

纤维复合材料补强技术在陕京管道中的应用

宋莹莹[1]　雷宏峰[2]　梅　安[2]　祖　越[2]　颜　刚[2]　刘久发[2]　周永涛[2]

（1. 北京安科科技集团有限公司；2. 国家管网集团北京管道有限公司）

摘　要　本文介绍了碳纤维复合材料补强技术。以陕京一线某处管道表面凹陷缺陷为工程案例，阐述了碳纤维复合材料管道修复技术在管道缺陷维修中的优势特性。引入了有限元数值模拟辅助设计方法，对含缺陷管道进行维修补强方案设计。碳纤维复合材料补强技术具有带压运行修复和免焊、不动火的优点，极大的降低了管道维修的风险性。

关键词　碳纤维复合材料；维修补强；管道；有限元

1　背景介绍

陕京一线于1997年9月建成投产，管径为660mm，设计压力6.3MPa，长度847km，设计输量为$13\times10^8m^3/a$；沿途逐渐增设了榆林、府谷、应县、灵丘4座压气站，最大输气量为$36\times10^8m^3/a$。

陕京管道系统作为北方地区供气的主力，陕京管道系统承担着北方六省市的保供任务。陕京管道系统投产以来共向北京和管道沿线地区输送天然气超过$4000\times10^8m^3$，所输天然气量占华北地区天然气消费量的50%，其中北京市超过95%的天然气由陕京管道输送，大大提升了地区发展的社会效益、经济效益和生态环保效益。随着我国经济的快速发展，地区能源需求增长迅速。陕京天然气管道对保障首都及华北地区能源供应有十分重要的意义。

根据陕京一线管道的内检测、外检测结果，管道存在大量的由于腐蚀、疲劳和机械损伤等方式造成管道缺陷，降低管道最大安全操作压力和可靠性。如何保证陕京一线管道的完整性并使其安全运行是油气工业面临的一个重大课题。

国内外的实践证明，对管道进行检测、评估、维修补强是保证管道完整性的一个有效的作业链条。检测是利用内检测或外检测技术检测防腐层和管体的缺陷和损伤；评估是利用弹塑性力学、断裂力学和损伤力学的模型、方法和软件评价含缺陷管道的剩余强度，并结合缺陷长大动力学规律，预测含缺陷管道的剩余寿命；补强是利用各种方法管道缺陷进行修复和补强，使其恢复管道的安全运行压力。关于管道的补强维修技术国内外已经进行了大量的研究。本文着重介绍碳纤维复合材料维修补强技术在管道维修方面的应用。

大量统计数据表明，第三方损害及防腐层破损引起的腐蚀缺陷是威胁在役管道安全运行的主要风险因素。目前，针对机械损伤或腐蚀缺陷而尚未泄漏的管道，主要的修复技术包括：焊接、换管、夹具、纤维复合材料修复等。

采用焊接方法对输气管道修复具有很大的危险性。由焊接引起的管道安全事故屡见不鲜。换管的经济成本和社会成本都非常高，在交通流量较大或人口稠密地区受到严重制约。

夹具修复方法的原理是使用金属夹具包覆在缺陷管道外，恢复管道承压能力。特点是能够在不破坏原有管道的情况下进行增强。但夹具方法操作复杂，在一定条件下用于处理泄漏的管道具有明显的优势，而对于没有泄漏的管道，其造价高、操作复杂、难以施工的弱点十分明显。

纤维复合材料修复补强技术作为一种高效快捷的新型修复技术，已经在油气管道维护和大修中得到应用。其优点是免焊不动火，极大地降低了操作的风险性，并且在尚未有泄漏的补强中，可以带压修复，保障管道运行的不间断。碳纤维材料具有优异的拉伸强度和弹性模量，是应用与管道补强的理想纤维材料。

2　管道纤维复合材料补强原理

管道被施以内压时，管道发生径向膨胀并且管壁中产生环向拉伸应力。在管壁减薄区域（如腐蚀坑），由内压引起的径向凸起与环向应力、应变比正常壁厚区域要严重。当径向凸起达到一定程度时，该缺陷处将发生破裂失效和泄漏。复合材料修复技术利用增强纤维和基体树脂在管道外形成复合材料补强层，分担管道承受的载荷，限制管道缺陷处由内压引起的径向膨胀和环向拉伸应力，从而达到对缺陷补强的目的，恢复管道的正常承压能力。

碳纤维复合材料管道修复补强技术由高强度碳纤维、填平材料以及高性能粘结剂三个部分组成。在缺陷修复时，首先利用填平材料对缺陷进行填平处理，然后在管道外缠绕碳纤维与粘结剂所组成的碳纤维复合材料。碳纤维复合材料固化后具有极高的抗拉强度和弹性模量，它将通过具有抗压能力的填平树脂限制缺陷处的径向膨胀变形，降低缺陷处的拉伸应力，实现对管道缺陷的补强修复。

近年来，为解决碳纤维复合材料补强潜在的电偶腐蚀问题，广泛采用绝缘垫层的技术解决方案。该绝缘垫层隔绝了碳纤维与钢管的直接接触，最大限度的消除了电偶腐蚀的可能性。

3 复合材料补强设计方法

在管道安装以及维修强度设计中，所运用最多的强度准则是环向应力准则。在《输气管道工程设计规范》（GB 50251—2003）主要以环向应力作为强度校核的标准。比如对于一级地区，管道的强度设计系数为0.72，即管壁的环向应力不应超过管材屈服强度的72%。在纤维复合材料补强设计中，也采用环向强度设计方法。在利用碳纤维复合材料对含缺陷管道进行维修补强时，环向强度设计要求是管道维修补强处剩余壁厚与碳纤维复合材料的混合承压能力达到两倍的最大允许操作压力。最大许可操作压力对应于管材环向拉伸应力达到屈服强度的72%。该设计原理表达如式（1）所示：

$$P_{burst}=P_{rest}+P_{wrap}+2P_{MAOP}=2\times72\%P_{SMYS} \quad (1)$$

其中，P_{burst}为静水压试验爆破压力，MPa；P_{MACP}为最大许可操作压力，MPa；P_{SMYS}为管材中环向应力达到屈服强度所对应的内压，MPa；P_{rest}为腐蚀区域剩余壁厚所对应的极限内压，MPa；P_{wrap}为补强材料所对应的极限内压，MPa）。缺陷处虽然有壁厚减薄，但由于周围金属具有加强作用。缺陷处剩余壁厚的承压能力按照公式（2）计算。

$$P_{rest}=k_{corr}\left(\frac{2\sigma_{ult}t}{D}\right)_{pipe} \quad (2)$$

其中t为壁厚，mm；D为外径，mm；σ_{ult}为管材的抗拉极限，MPa；k_{corr}是缺陷的强度降低系数。其计算方法参见B31G标准以及Kiefner所发表的文章按公式（3）计算。

$$k_{corr}=\frac{\left(1-\frac{d}{t_p}\right)}{\left(1-\frac{d}{M\cdot t_p}\right)} \quad (3)$$

其中：$M=\sqrt{1+\frac{0.8L_{defect}^2}{D_p\cdot t_p}}$，$d$为腐蚀缺陷深度，mm；$t_p$为管道壁厚，mm；$L_{defect}$为腐蚀缺陷轴向长度，mm；$D_p$为管道外径，mm。

按照环向应力设计准则，有如下关系如公式（4）。

$$P_{burst}=k_{corr}\left(\frac{2\sigma_{ult}t}{D}\right)_{pipe}+\left(\frac{2\sigma_{cf}t}{D}\right)_{wrap} \quad (4)$$

σ_{cf}为补强材料的抗拉极限，MPa。

由上述公式（1~4）可计算得到碳纤维的厚度公式（5）为：

$$t_{wrap}=\frac{D_p}{2\sigma_{cf}}\cdot\frac{1}{\frac{1}{X}-\frac{1}{2\cdot\sigma_{cf}}} \quad (5)$$

其中：$X=2\times0.72\times\frac{2\sigma_y t_p}{D_p}-k_{corr}\frac{2\sigma_{cf}\cdot t_p}{D_p}$，$\sigma_y$为管材的屈服强度，MPa。

在上述公式中，为计算方便起见，补强材料的抗拉强度和厚度取碳纤维材料的抗拉强度和单层理论厚度。

在确定碳纤维材料的单层厚度后，即可确定碳纤维补强的环向缠绕层数。在管道承受较大轴向拉伸载荷的区域可适当考虑进行轴向铺设碳纤维复合材料进行轴向加固。

4 陕京一线管道现场补强应用

陕京一线管道的外径为660mm，管道正常壁厚为7.14mm、8.74mm、10.3mm、12.7mm。在管道表面最上侧存在机械损伤凹陷，凹陷深15mm，凹陷外沿直径约200mm；对缺陷处管道壁厚测量发现，管道凹陷处管壁有减薄，减薄大约2mm。经分析认定凹陷坑是道路施工时外力冲击造成。

首先使用填平树脂对凹陷进行填平修复处

理，然后缠绕高强度碳纤维复合材料（图1）。

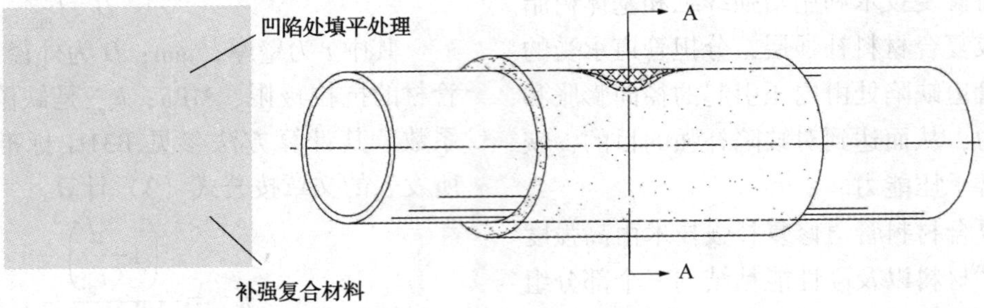

图1　碳纤维复合材料补强方案示意图

补强方案确立后，使用有限元分析软件对该方案进行验证计算。

首先对无缺陷管道承受内压时管壁应力分布进行计算。计算依据为环向应力计算公式（6）：

$$\sigma_{\mathrm{h}}=\frac{PD}{2\delta} \tag{1}$$

式中，σ_{h} 为环向应力，MPa；P 为内压，MPa；D 为平均外径，m；δ 为壁厚，m。

在管道完好无损情况下，承受6.4MPa的内压时。建立有限元模型对该方案进行分析。在有限元模型中，对凹陷进行模拟计算。为便于建立模型，仅取管道的八分之一建立模型，见图2。

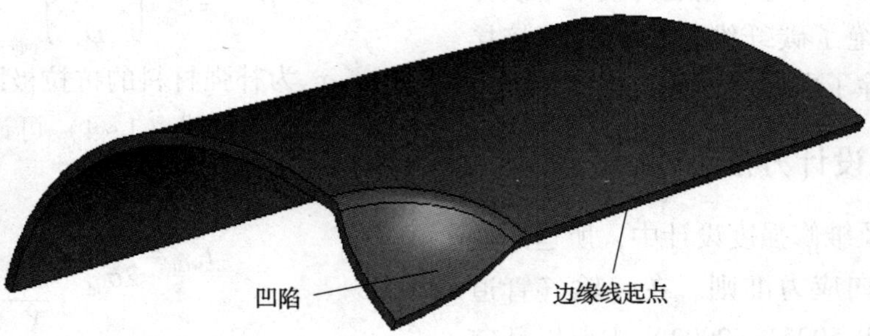

图2　管道凹陷的有限元模型

在有限元模型中，钢材的弹性模量取207×10³MPa，泊松比为0.3，屈服强度为414MPa。管道内的设计压力为6.4MPa。碳纤维复合材料补强层数为10层。根据上述条件计算得到未补强管道中的环向应力与补强后管道中的环向应力分布云图见图3。

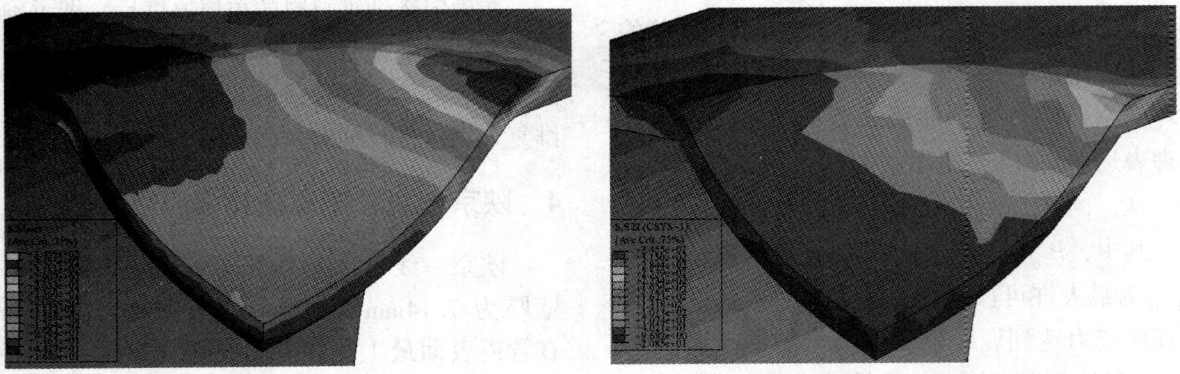

(a)未补强管道环向应力分布　　(b)补强后管道环向应力分布

图3　带有凹陷管道在施加内压后的环向应力分布云图

采用碳纤维复合材料补强技术后，管道中环向应力有明显的降低，管道变形尚处于弹性变形范围。管道经过补强后，管壁的应力集中将大大缓解，管道将处于安全应力范围内。上述含缺陷管道进行修复补强后管道正常运行，效果良好。

5 小结

碳纤维复合材料修复补强技术相对于其他类型的修复技术，具有更高的安全性、可靠性及适应性。对于管道凹坑类型的机械损伤有较好的修复能力。为今后类似问题的解决提供了参考。

有限元数值模拟方法可以作为复合材料补强设计的辅助工具。

参 考 文 献

[1] Chris Alexander, Bob Francini. STATE OF THE ART ASSESSMENT OF COMPOSITE SYSTEMS USET TO REPAIR TRANSMISSION PIPELINE. PROCEEDING OF ICP 2006, 6th International Pipeline Conference, September 25-29, Calgary, Alberta, Canada.

[2] 路民旭，陈迎锋等．管道维修补强技术及其发展趋势．油气储运，2005 Vol. 24 No. z1 P. 129-132.

[3] 王修云，郑岩等．碳纤维复合材料焊缝补强技术研究．油气储运，2005 Vol. 24 No. z1 P. 133-137.

[4] Stephens, D. R. and Kilinski, T. J. Field validation of Composite Repair of Gas Transmission Pipelines. Final Report to the Gas Research Institute, Chicago, Illinois, GRI-98/0032, April 1998.

[5] GB 50251—2003,《输气管道工程设计规范》.

垦利 3-2 至东营终端复杂原油管线超声波检测中的挑战和实践

魏　海[1]　王　鑫[2]　杨益涛[2]　李来航[2]

（1. 中海石油（中国）有限公司天津分公司；2. 中海油（天津）管道工程技术有限公司）

摘　要　本文以中海油在渤海湾的 KL3-2CEP 平台至东营终端的一条 16 吋原油外输管线为例，介绍了高温长输原油管道超声内检测工程中面临的技术挑战。与其他大型海上开发项目一样，执行管道在线内检测项目也存在许多技术难点和工程挑战，本文讨论了这些内容。

关键词　海底管道；超声波；管道内检测

中海油拥有垦利 3-2 油田 100%股权。油田位于渤海南部，平均水深约 20m。主要生产设施包括 7 个新的海上平台，陆上原油加工终端 1 个，海上管道 8 条，总长约 127km；四条海底电缆，总长约 52km。本次检测的 16 吋外输管道总长约 58km，包括 44km 的海底部分和 14km 的陆地部分（图 1）。

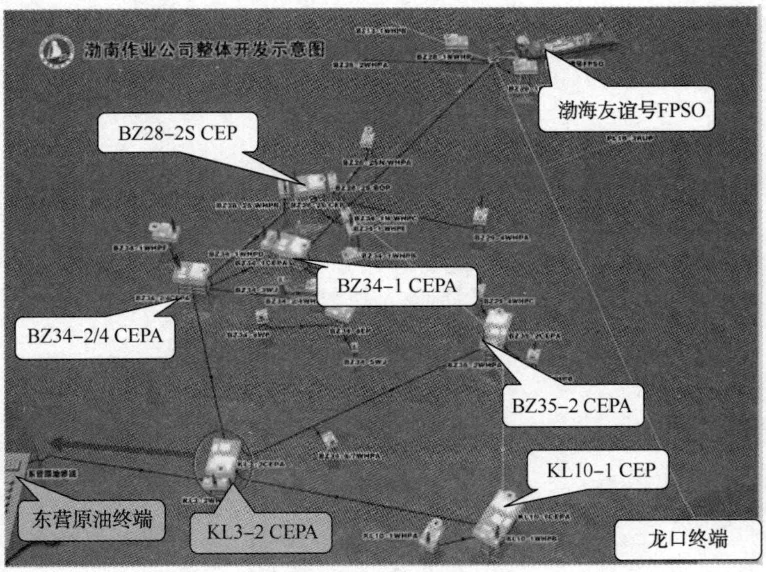

图 1　垦利 3-2 油田区域图

1　16 吋原油管线在线检测面临的挑战

对本次内检测项目来讲，首先面临的一个挑战是项目工期紧迫和投产日期固定，所以海上平台对检测窗口的日期是固定的。在陆地管道的内检测场景下，各方面的受限制因素比较少，作业空间足够，检测窗口协调容易；海上管道检测，受制约因素较多，面临工况、空间、天气等诸多因素的限制，检测窗口一般较为固定，一旦日期确认，需要各方严格按照时间要求完成资源调配。

1.1　挑战 1–大量的膨胀弯和背靠背弯头

本次作业的管道，陆上部分有 142 个膨胀弯，117 个垂直膨胀弯补偿器（几字形状）和 25 个水平膨胀弯 补偿器（π 字形状）。此外，π 字水平形状补偿器中没有直管段，一些几字垂直形状补偿器的背靠背弯头之间有一个短节，即在 14km 的陆管部分集中了大量的背靠背弯头和短节弯头（图 2）。这对检测器的耐磨性提出了很高的要求。此外，由于检测器和传感器在弯头段容易偏离中心线，数据质量在弯曲区域也会下降，需要对检测器进行居中和支撑的技术改造。

图 2　陆管段弯头示意图

1.2　挑战 2–高温原油介质

由于输送原油介质，管线发球端温度必须保持在 75℃以上，以避免输送过程中原油凝固，这就要求检测器的外部皮碗、电子设备和数据采集系统的耐温能力适应高温的环境，保持在 75℃以上环境中正常工作的能力。出于应急考虑，在收球端提前准备高温高压大排量的原油泵橇，以应对清管和检测过程中发生卡堵事故时可应急处理。

1.3　挑战 3–海底管段球法兰结构

球法兰又称回转法兰，是浅水管道维修中最常用的法兰。该类型法兰有助于两个配合法兰之间螺栓孔的对准。本条管线在海上平台附近安装有一个球法兰。法兰的最大调节角度为 10°，这是一个可能会导致检测器卡堵的风险点。行业中发生过多次由于旋转角度的问题造成检测器在球法兰处卡堵。为了保证安全通过球法兰连接处，在进行管线检测之前，中海油安排对超声检测器进行了模拟运行和现场环路测试（图 3）。

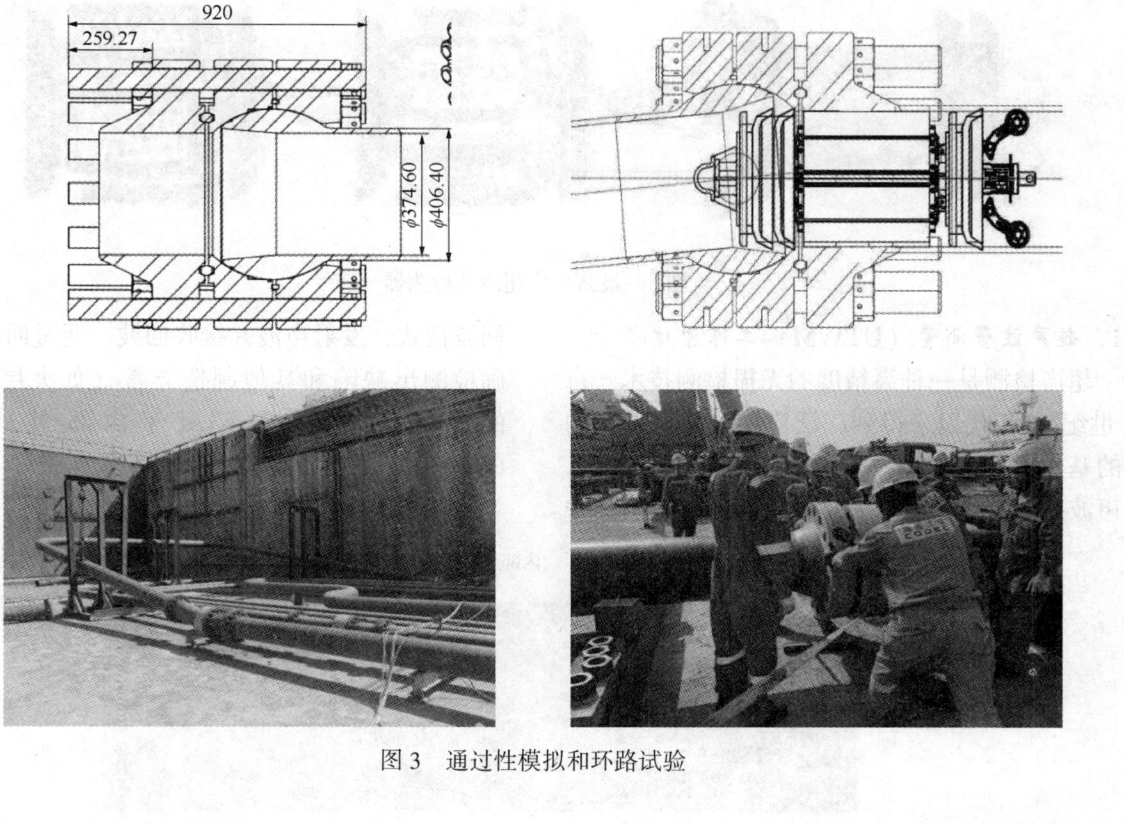

图 3　通过性模拟和环路试验

1.4 挑战 4-高通过性要求

常规超声波检测工具通过能力为 345mm，海上调试阶段的管线测径报告显示管道的小内径为 335mm，疑似为焊缝余高或者焊瘤导致。为了将内检测风险降到最低，对检测器的机械结构进行了改进，提升通过性，保护好检测探头。以下是收到的测径盘的照片（图 4）。

图 4　测径结果

2　挑战与解决方案 –超声波内检测器(UTWM)

对于海底管道系统来说，维修成本极大，在线检测（ILI）的准确性至关重要。基于 16 吋原油外输管线的战略地位，选择一种经过验证、高度准确和可靠的检测技术对于成功进行完整性评估至关重要。本条管线决定采用最新一代的超声波方式（UTWM）完成基线检测。

图 5　最新一代超声波检测器

2.1 超声波壁测量（UTWM）工作原理

超声检测是一种高精度的无损检测技术，自 20 世纪 80 年代以来得到广泛应用。超声壁厚测量的基本原理是通过诱导超声压缩波进入管壁。超声波换能器与管壁成 90°角。换能器使用脉冲回波模式，发射声波并接收回波，通过回波可准确检测出缺陷和其他制造异常（如夹层缺陷）的位置，并区分缺陷处于内部/外部管壁（图 6）。

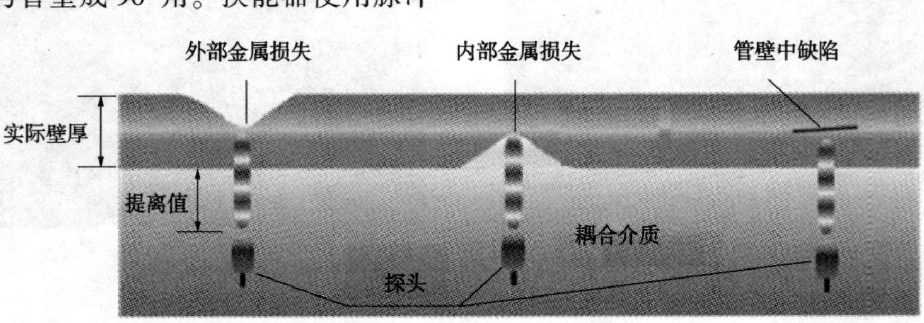

图 6　超声波检测技术原理

2.2 超声波检测（UTWM）技术的优势

使用超声波技术进行基线检测，可以在管道生命周期的调试阶段获取管线的第一手资料，掌握管道的精确壁厚和管线特征数据，为未来在线检测或完整性工程评估增加价值。通过超声波检测可以更精确地识别和分类管线上的缺陷信号，如壁中的分层或与工厂制造相关的制造缺陷。

使用超声波技术的基线腐蚀检测将提供最准确的金属损失和缺陷尺寸数据。在比较基线数据和未来的检测数据时，准确的异常分类和缺陷尺寸体现了超声波的优势。所有后续的管线完整性评估工作，如工程评价和腐蚀增长率的应用方面都将更加准确。这种更高的精度水平对于海底管线尤其重要，因为常规的无损探伤验证方法在海管的应用成本过高。在评估缺陷时，更高的准确性也减少了评估的风险，允许管道运营厂家将维护预算分配到正确的完整性风险级别，会节省大量维护成本。

与漏磁工具相比，超声波技术的两个优点是其金属损失深度精度和管壁厚度的测量精度更高。相对于漏磁检测技术，超声脉冲回波法能够直接地测量金属损失而不是反演或计算的数值，从而提高了测量精度。然而，应该指出的是，超声波检测器对管线清洁度有更高的要求。某些情况下，漏磁检测器可能更宽容污垢，碎片，粗糙的内部管道表面和内壁杂质。选择正确的合理的技术需要各方在检测前进行详细的沟通和讨论，以便采取最优的检测手段。超声检测器和漏磁检测器缺陷尺寸规格的比较如表1所示。

表1 UTWM和MFL检测的缺陷尺寸精度对比

UTWM测量精度规格				
	普通金属损失	点蚀	轴向沟槽	环向沟槽
深度探测率@90%	0.3mm/（0.01in）	0.5mm/（0.02in）	0.3mm/（0.01in）	0.3mm/（0.01in）
深度精度@80%置信度	±0.2mm/（.008in）	0.3mm/（0.01in）	±0.2mm/（.008in）	±0.2mm/（.008in）
宽度精度@80%置信度	±4mm/（0.16in）	4mm/（0.16in）	±4mm/（0.16in）	±4mm/（0.16in）
长度精度@80%置信度	±3mm/（0.12in）	±3mm/（0.12in）	±3mm/（0.12in）	±3mm/（0.12in）
MFL测量精度规格				
	普通金属损失	点蚀	轴向沟槽	环向沟槽
深度探测率@90%	0.8mm/（0.03in）	1.0mm/（0.04in）	0.8mm/（0.03in）	0.8mm/（0.03in）
深度精度@80%置信度	0.8mm/（0.03in）	0.8mm/（0.03in）	1.0mm/（0.04in）	0.8mm/（0.03in）
宽度精度@80%置信度	±10mm/（0.4in）	±10mm/（0.4in）	±10mm/（0.4in）	±12.7mm/（0.5in）
长度精度@80%置信度	±10mm/（0.4in）	±10mm/（0.4in）	±12.7mm/（0.5in）	±10mm/（0.4in）

漏磁检测工具通常是根据假设的壁厚获得相对腐蚀深度；超声检测具则是测量实际壁厚，减少了漏磁检测工具假设壁厚时经常出现的误差。超声检测器的精确测量壁厚的能力非常重要，因为这些精度数值对腐蚀特征的失效压力计算有直接影响。典型的漏磁检测工具不是为测量壁厚而设计的，相反，壁厚是从API管道规格、管道施工数据和/或磁场估计变化中推断出来的。由于管线所有权转移、管道数据保存不完整或未记录的管道改道/修复等，管道数据经常出现不准确或不可用，因此漏磁检测只能提供相对的壁厚评估数值。

对于陆上管线来说，降低腐蚀完整性风险的成本可能不会很高，但是对于海底管线来，修复和风险成本可能是巨大的。因此，对检测结果准确性的信心在海底管道检测方面尤为重要，选择最准确的、精度最高的超声波检测技术通常是唯一合乎逻辑的方案。

2.3 改进的超声壁测量工具

正如在前文中所讨论的技术难点，常规的超声波检测工具检测本条管线将面临诸多的技术挑战。通过使用最新一代、针对本项目改进的超声波检测工具进行了环路试验，金属损失检测和现场开挖验证都证明了检测器稳定性和报告准确性，设备耐温耐压能力及通过性等方面完全满足本次检测的特殊要求，能够解决本条检测面临的技术挑战；其中的一些改进措施，除了进行结构的调整之外，还采用了最新的超声波传感器产品（图7）。按照API1163的要求，在环路测试中进行了工程测试和数据分析，结果表明最新式探头的灵敏度提高，信号噪音减少。这些改进措施是保证成功进行海底管线基线检测的重要组成部分。同样的最新式传感器产品和改进措施也会用于中海油类似的管线在线检测工具上，提供更准确的缺陷尺寸结果，提升管线完整性评估水平。

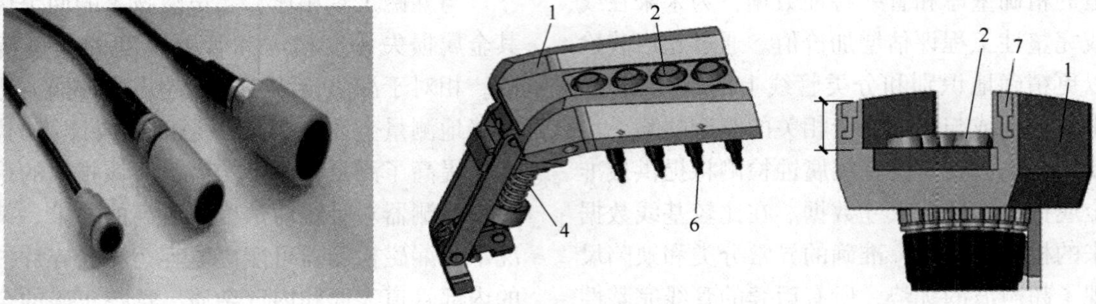

图 7 最新一代超声传感探头和探头排布

3 总结

垦利 3-2 油田 16 吋外输管线超声波在线检测项目在技术方面具有很多严重的挑战性。在进行海底管道检测时，凭借全新一代超声波设备改进措施和性能测试，可以完全应对本次管线检测上的技术难点；此外，通过使用改进的超声波在线检测工具，中海油能够使用参与其中，和承包商一起提升工具设计、修改和现场执行中的分析和调度工作，帮助作业公司够显著降低管道检测成本，最大限度地降低管线卡堵的风险，提升了数据的完整性和可靠性，为同类型的管线检测提供了参考依据，本次检测是一次非常成功的复杂管道超声波检测实践项目。

参 考 文 献

[1] SY/T 6597—2018. 油气管道内检测技术规范［S］. 北京：石油工业出版社，2018.

[2] SY/T 6186—2020. 石油天然气管道安全规程［S］. 北京：石油工业出版社，2020.

[3] SY/T 10037—2018. 海底管道系统［S］. 北京：石油工业出版社，2018.

[4] In-line Inspection of Pipelines NACE 35100-2017.

[5] POF Specifications and requirements for in-line inspection of pipelines 2021.

高含硫气田集输管道分布式光纤声波法泄漏监测技术研究与应用

黄雪松　张　丽

（中石化中原油田分公司石油工程技术研究院）

摘　要　鉴于高含硫气田具有易燃易爆和巨毒性，故针对集输管道的微小泄漏，建立可靠高效的泄漏监测系统是保障气田矿场安全稳定运行的关键环节，对减小泄漏事故造成的人员伤亡和经济损失意义重大。本文基于分布式光纤声波传感技术，设计了一种新的天然气管道泄漏监测系统。该系统利用与集输管道同沟铺设的通信光纤作为传感光缆，通过对传感光纤链路的整理及连通，同时采用位置标定融合 GPS 地图，标定管线各节点位置；建立深度学习模型对第三方振动和泄漏样本进行训练，提高泄漏监测符合率。现场验证测和试结果表明：研发的分布式光纤声波泄漏监测系统对泄露点可实现快速准确地定位，虚警率 ≤5%，泄漏事件响应时间 ≤1s，定位精度±5m。该技术目前已成功应用于国内某高含硫气田部分集输管道，保障了集输管道的安全运行。

关键词　集输管道；泄漏监测；泄漏预警；分布式光纤声波

随着高含硫气田集输系统运行时间的增加，管道老化明显，使得集输系统易因自然或人为破坏等因素导致天然气泄漏，严重威胁人民的生命财产安全，给高含硫气田的安全平稳运行造成了极大的挑战。尤其对于较为隐匿的逸散式泄漏和微小泄漏，对其准确预警和定位的难度更大。目前红外对射式可燃气体探测器故障率较高，达到 90.9%，不能完全确保对隧道内集输管道实时监测，及时提供生产预警。点式监测技术受限于传感器布设数量的限制，难以全面覆盖整个集输管网。阀室 ESD 紧急切断系统主要用于突发泄漏事故的控制与处置，不易发现管道可能存在的微小泄漏，同时无法对已经发生的泄漏进行定位。光纤传感技术以其优良的抗电磁干扰能力、绝缘性、灵敏度和可靠性被广泛用于管道泄漏检测。目前基于 OTDR 技术的分布式光纤传感器已经较为成熟，在输油管道检测方面也进行了初步应用。但由于该监测系统存在检测灵敏度低、检测距离短及性价比低等缺点并未得到推广。声波传感技术在泄漏检测方面的应用国内起步较晚，技术发展稍显不足。针对周围环境噪音的干扰给漏点探测和定位带来很大难度，特别是对在天然气管道上发生比例较大的小泄漏监测问题，还没有很好的解决方案。综上所述，现有泄漏监测技术和方法存在问题有：管道的监测覆盖率和监测技术的可靠性不足，特别是对于微小泄漏，很难实现监测预警和泄漏位置的实时定位。深化高含硫集输管道泄漏监测与定位技术研究，对于提升高含硫气田集输系统安全水平，优化泄漏风险控制及安全保障方案，促进高含硫气田的长期安全稳定运行具有重要意义。

本文基于分布式光纤声波传感技术，设计了一种高灵敏度的天然气管道泄漏监测系统。并基于深度学习模型对泄漏样本进行训练以提高系统可靠性，降低误报率。

1　分布式光纤声波监测系统

1.1　OTDR 原理

OTDR 是利用光纤中的后向散射瑞利信号来进行探测的，由于光纤本身材料的不均匀性，使得光脉冲在光纤中传播时会发生瑞利散射。瑞利散射在整个空间中都有功率分布，从而提供了与光纤长度有关的衰减细节。由光发射模块重复发射出一定宽度光脉冲，并注入待测光纤，在光注入端监测光纤链路中各点产生的后向瑞利散射光以及在断点或者端面处产生的后向菲涅尔反射信号光，光电探测器将光信号转换为电信号，电信号放大后经 AD 转换器转换为数字信号，该信号再经过数字滤波、累加平均等处理后在屏幕上显示出来，就可以得到光纤链路上后向散射瑞利光信号强度沿时间轴的分布曲线，最后把时间轴上的时间标度转换成相应的光纤长度就得到了一条测试曲线。

1.2　定位原理

选用集输管道现有伴随通信光纤作为分布式光纤振动传感系统的感应部件，同时作为信号传感光缆。即通信光缆既可以感应泄漏产生的声波信号又可以把声波信号传输到分布式光纤声波传感器主机。

集输管道发生天然气泄漏时，土壤发生扰动，扰动作用于通信光缆，形成光信号输送进光纤。当系统软件探测器接收到的光信号的相位时，光信号的传输模式就会发生变化。光纤中光的正常传输状态及受扰动下的传播方式如图 1 所示。当天然气发生泄漏时，高压气体会冲击管道周围的土壤，产生声波信号，通过计算光信号在光纤中的传播时间间接识别出天然气泄漏的位置。当光纤折射率为 n，从光脉冲注入光纤到接收到事件位置反射回来的瑞利信号之间的时间为 t，那么事件所在位置到光纤始端的距离 L 可以表示为：

ct　　(1)

其中，c 表示在真空中的传播速度。

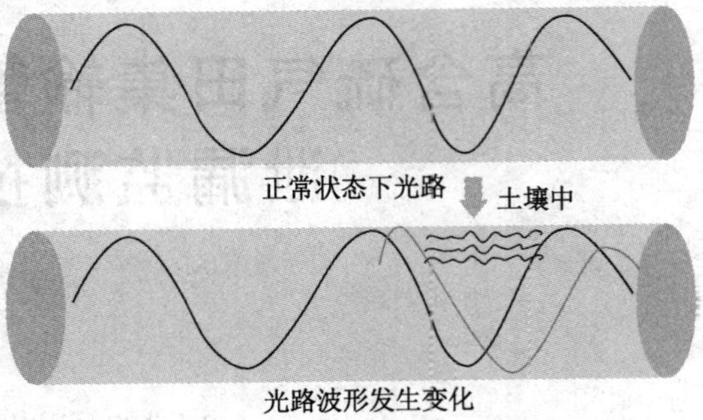

图 1　正常状态光路波形与干扰下光路波形的偏移比较

1.3　天然气管道泄漏监测系统设计

基于上述原理，本文设计的天然气管道泄漏监测系统示意图如 2 所示。当管道发生泄漏时，泄漏孔处天然气湍流可产生低频和高频声音信号，并由通信光纤感知并传输到分布式光纤振动传感器主机。系统根据测得的管道各处的声音信息，综合判断管道是否发生泄漏，如发生泄漏，将在中控室发出警告，并在管道走向图上提供漏点位置。同时，若有人员或机械侵入、滑坡以及坍塌等均会在埋地天然气集输管道上方产生振动信号，这些振动信号也将传递到传感光缆，传感光缆通过对这些振动信号的识别，实现对集输管道泄漏事故的预警。

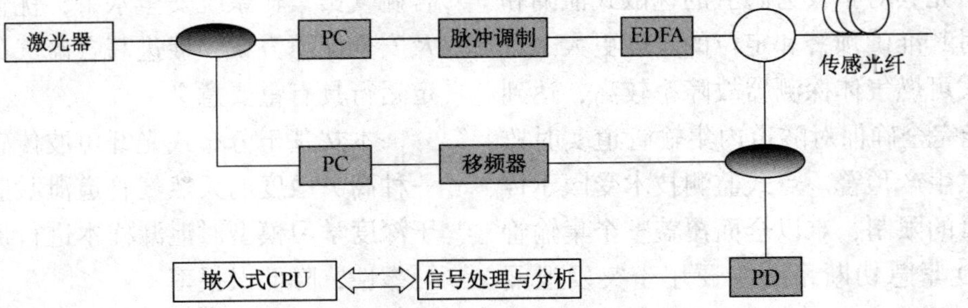

图 2　分布式光纤泄漏监测系统组成框图

2　分布式光纤泄漏监测系统泄漏信号识别学习

由于现场工况复杂，除了泄漏导致声波变化外，还可能存在第三方破坏、地质灾害滑坡等引起声波干扰信号，导致监测系统发出虚警。本文对其它常见干扰环境样本采集，采用基于 CNN 的分布式光纤声波泄漏信号处理软件对采集到的几种样本数据进行训练，降低虚警率，提高泄漏警报准确率。

2.1　卷积神经网络

卷积神经网络（CNN）通过结构重组和减少权值将特征抽取功能融合进多层感知器，省略识别前复杂的图像特征抽取过程。具有良好的并行处理能力和自学习能力，可用于处理环境信息复杂情况下的问题，具有较高的分辨率等优点。

车辆经过、落石、人工挖掘和天然气泄漏的样本建立管道事件数据集，使用深度学习开源框架 Tensorflow 和 Python 语言实现适用于天然气集输管道分布式光纤泄漏监测识别的 CNN 结构（图 3）：样本数据输入后，经第一轮 32 个内核尺寸为 1×5 的卷积层和 32 个内核尺寸为 1×2 的池化层、第二轮 64 个内核尺寸为 1×5 的卷积层和 64 个内核尺寸为 1×2 的池化层、第三轮 96 个内核尺寸为 1×5 的卷积层和 96 个内核尺寸为 1×2 的池化层进行 3 轮卷积层和池化层的特征提取后，再经 1000 通道的第一个全连接层和 5 通道的第二个全连接层完成信号分类，最后采用 ReLU 激活函数，在输出层显示信号分类结果。各网络层参数数量如表 1 所示。

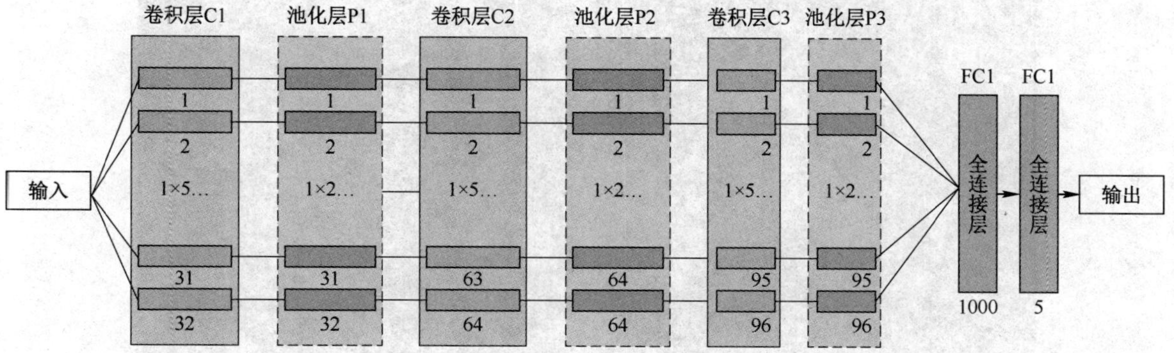

图 3 处理分布式光纤传感信号的 CNN 结构图

表 1 CNN 参数量计算结果

网络层名称	参数量
C1	（1×5+1）×32=192
C2	（1+5）×64=384
C3	（1+5）×96=576
FC1	64×96×1000=614400
FC2	1000×1000=1000000
全部参数量	约 160 万

卷积层：以卷积层 C1 为例进行说明。C1 的卷积核个数为 M，大小设为 m，每个卷积核需进行 k 次卷积。设输入的一条训练数据为 $X_i=(x_1, x_2 \cdots x_L)$，$X_i$ 属于 raw_train，第 j 个卷积核初始化后的权值矩阵为 $W_j=[W_{j1}, W_{j2} \cdots W_{jm}]$，偏置向量为 $Bias_j$，从第一个数据点开始，每次对 X_i 中 n 个数据进行卷积，再通过线性修正单元（Rectified Linear Unit，简称为 ReLU），得到非线性激活后的结果 $Conv_{jk}$：

$$Convj=ReLU\left([x_i, x_{i+1},] [W_{j1}, W_{j2}W_{jn}]+Biasj\right) \tag{2}$$

其中 i、j、k、L、M 分别表示第 i 个数据点、第 j 个卷积核、第 k 次卷积、输入数据的大小和卷积核的大小。式（3）中采用的 ReLU 激活函数表示为：

$$\mathrm{ReLU}=\max(x, 0) \tag{3}$$

依此类推，下一次卷积时起始点移动步长 S_{conv} 个数据点。每条数据 X_i 经过 M 个卷积核，每个核 k 次卷积后，得到卷积层 C1 的输出为 $Conv_1=[Conv_1, Conv_2 \cdots Conv_j \cdots Conv_M]$，其中

$$Conv_j\ [Conv_{j1}, Conv_{j2}L\ Conv_{jk}] \tag{4}$$

池化层：以池化层 P1 为例进行说明。P1 中各个核与卷积层 C1 的卷积核一一对应，核个数也为 M，大小设为 P，每个核需进行 P 次池化。池化选用最大池化方式，该池化层输入为 $Conv_1$，第 j 个核对 $Conv_1$ 中的第 j 个向量 $Conv_j$ 进行池化，从第一个数据点开始，设移动步长为 S_{pool} 个数据点，过程如式 5 所示：

$$Pool_j=[\max(Conv_{j1} \cdots conv_{jp}) \cdots \max(Conv_{j(1+Spool)} \cdots Conv_{j(1+Spool+p)})] \tag{5}$$

依此类推，所有核池化完毕，最终池化层 P1 输出为 $Pool_1=[Pool_1, Pool_2 \cdots Pool_j \cdots Pool_M]$。类似再经过卷积层 C2-池化层 P2-卷积层 C3-池化层 P3 后，得到一个二维数组，将其转换为一维数组，输入由全连接层 FC1、全连接层 FC2 组成的全连接网络得到分类输出。

2.2 深度学习模型训练

选取某气田某区块 404 集气站至 402 集气站之间全长 12.6km 的集输管道对干扰环境样本进行采集。由于现场原有的通信光缆在每个集气站和阀室中留有 FC/PC 接头，故采用光接口适用于 FC/SC/ST 等类型的红光笔检测通信光缆的通断情况、波长分别为 1310nm 和 1550nm 的光时域反射仪用来测量光纤衰减、接头损耗、光缆的损耗分布，根据测试结果，通过光纤跳线将集气站和阀室中断开的通信光缆依次接通成一条完整的光纤链路，作为传感光缆用于分布式光纤声波泄漏预警系统。

为更直观实现泄漏定位预警，在通信光缆铺设路径上，沿途触发振动信号，每间隔 10m 记录一次分布式光纤振动传感器探测到的位置信息

和相应的 GPS 经纬度坐标信息，并将两组位置信息一一对应起来，完成通信光缆位置标定。最终生成集输管道泄漏预警监控区域的监控地图，如图 4 所示。

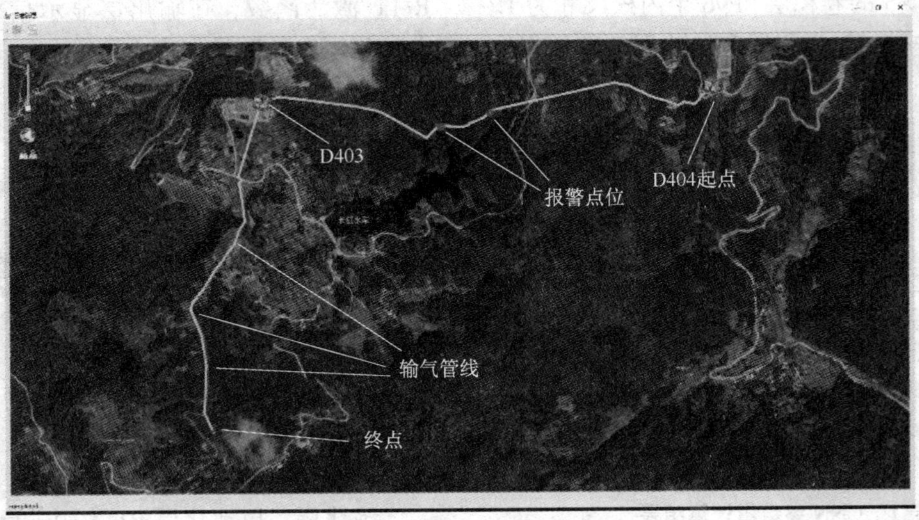

图 4　集输管道监控地图

在光纤链路整理工作的基础上，将分布式光纤泄漏监测系统安装在 404 集气站机房，如图 6 所示。安装高硫气体泄漏监控系统客户端软件，并调试至可以监测到正常的原始信号、扰动信号和频谱信号。

采用基于 CNN 的分布式光纤声波泄漏信号处理软件对采集到的大量样本数据进行网络训练，以此对构建的 CNN 网络继续努力更新和调优，具体步骤为：首先根据式 6 计算交叉熵损失函数 L，估计标签真实值、标签预测值之间的距离：

$$L=-\frac{1}{n}\left[y\ln a+(1-y)\ln(1-a)\right] \tag{6}$$

其中 y、n、a 分别表示样本预测值、样本的总数、标签真实值。然后依据损失函数 L 计算更新梯度，对网络权值进行更新，采用 Adam 算法进行优化，步骤如下：

$$g_t=\nabla_\theta L_t(\theta_{t-1}) \tag{7}$$

$$m_t=\mu * m_{t-1}+(1-\mu) * g_t \tag{8}$$

$$n_t=v * n_{t-1} * (1-v) * g_t^2 \tag{9}$$

上式中，g_t 为计算的目标函数梯度；m_t、n_t 分别是梯度的一阶、二阶矩估计，μ、$v\in[0,1)$，分别为梯度一阶、二阶矩的指数衰减率。

设第 t 次迭代时 $mt==mt-1/(1-\mu t)$，$nt==nt-1/(1-vt)$，则 CNN 网络参数按式（10）进行更新：

$$\theta_t=\theta_{t-1}-\alpha * \frac{\hat{m}_t}{\sqrt{\hat{n}_t}+\varepsilon} \tag{10}$$

式中，α 为学习率，ε 为非常小的数，防止分母为零。在模型迭代过程中，如果网络的损失函数结果变化小于设置阈值或者达到最大迭代次数则停止迭代，并保存模型作为训练好的基于 CNN 的油气管道安全事件检测识别模型。

本次系统网络训练当迭代次数达到 6019 次时，损失值减小到 0.0524，认为训练达到目的，完成模型训练。

2.3　卷积网络模型验证

把深度学习模型训练的参数配置到信号处理服务器中，在光缆标记 10000m、15000m、20050m 处设置 1mm 泄漏孔径模拟泄漏点，再次进行泄漏信号测试，同时在模拟产生车辆经过、模拟落石、人工挖掘等干扰信号，验证泄漏监测系统的告警情况，如表 2 所示。

表 2　10000m 处进行多次测量位置信息（部分）

振动点位置/m	测量次数	测量位置/m	定位误差/m
10000	1	9996	4
	2	10005	5
	3	10002	2

续表

振动点位置/m	测量次数	测量位置/m	定位误差/m
10000	4	10004	4
	5	9997	3
	6	9996	4
	7	10001	1
	8	9999	1
	9	9995	5
	10	10001	1
15000	1	15005	5
	2	15001	1
	3	14996	4
	4	14997	3
	5	15003	3
	6	14999	1
	7	15003	3
	8	15002	2
	9	14998	2
	10	150004	4
20050	1	20052	2
	2	20045	5
	3	20053	3
	4	20051	1
	5	20055	5
	6	20045	5
	7	20047	3
	8	20050	0
	9	20041	1
	10	20044	4

验证实验结果表明，通过基于深度学习的人工智能分类技术，分布式光纤声波泄漏预警系统可以对泄漏孔径 1mm 的泄漏信号从常见的干扰信号中识别出泄漏信号，且定位精度±5m；同时传感器基本可以在 1s 内进行多次刷新，可见振动事件响应时间小于 1s；另外泄漏监测系统在进行振动信号探测时，整条光纤链路上的的多个振动点都能被同时探测到，没有漏报现象；重复进行 100 次泄漏测试，预警系统正确识别出了 97 次，虚警率≤5%。

3 现场应用

将分布式光纤声波泄漏预警系统纳入集气站场智能化管理并继续留用现场，目前已正常运行近 10 个月。期间，系统对车辆经过告警 1328 次，落石告警 11 次，人工挖掘告警 7 次，泄漏告警 0 次，与现场实际工况相符。部分告警情况如图 5 所示。

图 5 分布式光纤泄漏预警系统现场运行告警日志（部分）

4 结论

本文基于声波传感技术，设计了一种高灵敏度的天然气管道泄漏监测系统，同时基于深度学习模型对泄漏样本进行训练以提高系统可靠性，并最终进行了现场验证。结论如下：

（1）采用集输管道伴行通信光纤通过跳线连接，作为声波信号的采集装置和传感光纤，与GPS经纬度坐标信息一一对应，研发了具有高精准度定位和可视化的泄漏预警系统。

（2）通过对分布式光纤传感信号的CNN网络模型训练，本文设计的分布式光纤声波泄漏监测系统可监测1mm泄漏孔径的高含硫天然气管道微小泄漏，天然气泄漏事件的响应时间≤1s，并可对天然气泄漏位置进行可视化准确定位和告警，定位精度≤±5m，泄漏风险识别率≥95%。

（3）本文开发设计的分布式光纤传感安全监测系统已成功应用于某高含硫气田集输管线，能够实时在线监测高含硫湿气集输管道运行情况，可第一时间判断泄漏位置。结论认为该系统可为高含硫气田安全生产和环境保护提供有力保障。

参 考 文 献

[1] 刘洪飞，韩阳，冯新，陈博智，刘洋．埋地管道微小泄漏与保温层破坏分布式光纤监测试验［J］．油气储运，2018，37（10）：1114-1120.

[2] 鄢标，张广晶，高强，肖坤．普光气田高含硫腐蚀缺陷输气管道安全评价［J］．油气储运，2019，38（1）：45-50.

[3] 纪健，李玉星，纪杰，张建军，耿晓茹．基于光纤传感的管道泄漏检测技术对比［J］．油气储运，2018，37（4）：368-377.

[4] 庄须叶，黄涛，邓勇刚，王浚璞，姚军．光纤传感技术在油田开发中的应用进展［J］．西南石油大学学报（自然科学版），2012，34（02）：161-172.

[5] 纪健，李玉星，纪杰，敬华飞．声波传感技术在多相流管道泄漏检测中的应用［J］．油气储运，2018，37（5）：493-500.

[6] 方高升，孙文惠．基于相位敏感型光时域反射技术的光纤声传感系统［J］．山东工业技术，2018（15）：139.

[7] 蔡海文，叶青，王照勇，卢斌，曹玉龙．分布式光纤声波传感技术研究进展［J］．应用科学学报，2018，36（1）：41-58.

[8] 沙洲，杨洋，封皓，曾周末．赵永彬．基于Φ-OTDR技术的城市地下供水管网主干线泄漏检测与定位［J］．中国仪器仪表，2016（11）：72-76.

[9] 庞拂飞，刘奂奂，王廷云．相位敏感光时域反射光纤传感技术的研究综述［J］．南京信息工程大学学报（自然科学版），2017，9（2）：130-136.

[10] 何存富，郑兴强，骆建伟，杭利军，吴斌．消偏型Sagnac光纤管道泄漏检测系统及其稳定性研究［J］．中国激光，2012，39（2），148-152.

[11] 沈隆翔，封皓，沙洲，曾周末．基于下变频和IQ解调的外差型相位敏感光时域反射技术的模式识别［J］．光学学报，2017，37（8）：88-97.

[12] 甘露．光纤干涉环的研究与应用［D］，北京交通大学，2015.

[13] 张星．光纤光栅振动传感技术研究［D］．西安石油大学，2019.

[14] 蒋鹏．基于瑞利散射的分布式光纤振动传感技术研究［D］．国防科学技术大学，2012.

[15] 吴静红，叶少敏，张继清，赵青，张文轩．基于光纤光栅监测技术的京雄高铁大断面隧道结构健康监测研究［J/OL］．激光与光电子学进展：1-11［2020-0626］．http：//kns. cnki. net/kcms/detail/31. 1690. TN. 20200611. 0858. 002. html.

[16] 刘梦龙．分布式光纤传感技术在地铁隧道振动监测中的应用［J］．交通科技，2016（3）：106-109.

[17] Barnoski M K，Jensen S M. Fiber waveguides：a novel technique for investigating attenuation characteristics［J］．Applied Optics，1976，15（9）：2112-2115.

[18] 耿永华，陆赟芸，张子文．光纤预警系统在油气管道监测中的应用［J］．化工管理，2013（14）：150.

[19] 于海良．供水管道漏损所引起的振动特性研究［D］．哈尔滨工业大学，2017.

[20] 潘峥．化工过程管道泄漏检测与诊断方法研究［D］．浙江工业大学，2020.

[21] 付磊．一维卷积神经网络在天然气管道泄漏孔径识别中的应用研究［D］．燕山大学，2020.

谈管道光纤预警在管道保护中的应用

齐利峰　牛耀章　牛利军　赵东峰

（中国石化中原油田分公司）

摘　要　本文详细介绍光纤预警系统的原理、结构、功能及实践应用情况，对光纤预警系统的推广应用具有一定的借鉴意义。光纤预警系统主要利用自身的光通信模块设备来运行的，也可附加在已在运行的通信设备和光纤上运行，长距离连续实时监测油气管道沿线的土地振动情况，来判别有可能对油气管道造成危害的事件(例如：重车碾压、动土挖掘、定向钻顶管施工、爆破、打孔盗油等危害管道行为)在对破坏管道前进行预警、定位，保护管道安全。管道检测事先预警系统的实现，对保证油气管道安全性具有重要意义，基于OTDR的管道光纤预警保护系统能够在进行人防的基础上，通过技术手段来实现24小时管道安全监控，大大提高油气管道的保护效果。

关键词　OTDR(光时域反射仪)；光纤预警技术；报警；光纤

目前国内对长输油气管道的维护主要以人工定期巡查为主，大多在油气管道遭到破坏后才能发现，不能第一时间对油气管道安全起到事先预警作用。无法做到实时连续、无盲区监测管道安全状态、全时域监控管理和快速应急处置响应。为保障长输管道的安全生产运行，需要安排工作人员对长输管道进行日常线路巡查，以便发现长输管道附近有施工时及时进行处理。由于长输管道距离较长，工作人员无法进行24小时全程监控。导致巡线时无法及时发现，且其中很多施工属于野蛮施工，即“事前无报备”，导致可能出现光缆及管道被破坏的情况出现。如“11·22”中石化青岛东黄管道爆炸事故就造成62人死亡、136人受伤，直接经济损失7.5亿元的严重后果。

如何利用技术手段及时发现、准确定位和高效制止第三方危害事件，避免油气管道遭受破坏，对长输油气管道运营和管理具有十分重要的意义。由于管道泄漏或爆炸所造成的损失不可估量，目前的技术多数是在管道被破坏后的泄漏检测技术，而光纤预警系统所使用的是一种全新的事前预警技术，可对光缆和管道进行监测和保护，对保障管道运行安全具有不可替代的作用。通过光纤预警系统的运用，使用管道附近既有通信光缆中的1芯作为探测光缆，实时感应管线周围的振动信号，对人员行走、车辆行驶、人工挖掘、机械挖掘等典型事件进行有效区分和定位，并能实现多点多事件同时报警，有效提高报警的准确性，以达到长输管道保护的目的。

1　长输管道的风险

长输管道运输具有安全、便捷、经济、运输量大的优点。由于天然气管道沿线的地形地貌复杂，气候条件多样，而天然气本身具有易燃、易爆、有毒或有腐蚀性的特性，管道输送压力高。埋地天然气管道在施工及运营阶段承受的建筑荷载、超载车辆、地震、泥石流、山体滑坡、机械挖掘撞击等复杂荷载，将严重影响管道的正常输气。输气管道的突然失效和泄漏，从而引起火灾、爆炸、环境污染以及人员财产损失等严重后果。

目前长输管道保护主要采取常规的人工巡检措施、桩牌加密、管道保护宣传与视频监控等措施，效率较低，存在着一定的局限性，无法实现管道全路段不间断实时监控保护，管道所经过地区经济相对发达、人口稠密，沿线建设活动频繁，存在着大量高速、市政公路、水渠、鱼塘清淤活动、工厂等建设施工行为，管道外部环境恶劣，威胁管道安全的因素繁多。一是管道被非法占压问题屡禁不止，影响管道的正常巡检和维抢修。二是管道沿线建设施工活动频繁，严重威胁管道运行安全。三是管道沿线人口密集、高后果区较多，一旦发生管道事故，后果不堪设想。

2　光纤预警在油气管道中的应用

光纤预警系统如同神经元植入人体，能够通

过光纤感知第三方施工造成的土壤振动，并将振动信号传递回系统进行分析，发出预警信号，达到规避风险目的。光纤预警系统应用到长输管道的保护中，将实现对管道周边破坏性事件全天候实时监测、定位与预警，进一步提升管道安全管理的事前防范能力，有效提升长输管道风险管控能力。

2.1 光纤预警系统的特征

2.1.1 全光纤和耐腐蚀性强

探测器及其所有的全部传输部件都是无源光学器件，并且不会对外部产生任何辐射，其本身又具有防雷电和防辐射的特点。该产品可以在潮湿环境下正常工作，同时也可以在野外和水下进行长期作业。

2.1.2 隐蔽性强和不受温度影响

该设备通常会采用隐蔽埋地方式进行安装，不易被人发现，避免了遭受到外界人为的破坏和入侵。该系统采用最先进的特殊温度调节技术，所以具有极强的抗干扰能力，不会受到温度的影响。

2.1.3 安装方式灵活、低电耗

其安装方式十分灵活，可以采用多种安装方法，无论是紧贴管道敷设，还是隐藏敷设，都适用于该产品的安装，也可以根据单位的需求进行安装，整套系统都不需要电源的连接，只有监测断需要进行电供应，在很大程度上降低了能耗。

2.1.4 误报率低

该系统能够有效的建立起一个自动识别模型，并且采用最先进高效的算法，这就能够有效的避免掉一些噪声的干扰，在输气管道中，可以准确的判断出故障发生点，然后及时的对其进行处理。

2.2 发展光纤预警系统的必要性

2.2.1 与人防物防相结合，减控管道运行成本

目前，大部分国内油气管道还停留在人工巡护的基础上，无法充分识别管道隐患，预控管道风险，并且耗费大量人力、物力。通过发展光纤预警系统能将管道人防、物防、技防有机结合，节约开支达到事半功倍的效果。

2.2.2 应用于管道特殊地形，人工巡护无法覆盖区域

部分管道沿线主要以丘陵山地为主，沟壑纵横，山区冲沟坡陡、沟深、跨度大，人员巡护防线高，难度大。此类地区可采用光纤预警系统实时监控。

2.2.3 自动化监控系统存在缺陷

部分管道自动化监控系统存在系统稳定性差、灵敏度低、容易误报漏报、无法准确定位故障点、信息化程度低等问题。管道光纤预警系统可以全面解决上述不足问题。

2.2.4 光通信技术的发展和光纤感应系统的面世

光纤具备造价低廉、耐腐蚀、长距离敷设无需现场供电等优点。光纤作为长输管道主要通讯及数据传输载体，广泛应用于新建油气管道中，为光纤预警系统发展提供了便利条件。

2.2.5 第三方施工预控

随着我国经济发展，城镇化建设，出现大量工程规划与已敷设管道交叉或安全距离不足等隐患，光纤预警系统能第一时间发现第三方施工活动，为管道安全生产打下良好基础。

2.3 光纤预警系统在输气管线中的应用

2.3.1 管道第三方破坏的危害性

在天然气运输管道日常运行中，管道的第三方损坏是引发事故的重要风险因素之一。据美国运输部管道事故统计，40%的管道事故源于第三方损坏；来自欧洲天然气管道故障数据库的信息表明，50%的天然气管道事故是由外部干扰引起的；我国因第三方施工损坏造成石油天然气管道的事故比例也达到了50%以上。并且随着经济发展，地面工程建设活动也越来越频繁，因这些施工引起的管道事故和次生灾害呈上升趋势。所以在对于第三方施工的管控是越来越重要，而光纤预警系统就是一项很重要的技防措施。

2.3.2 管道振动光纤预警技术创新点

作为一种新兴的管道在线安全监测技术，管道光纤预警系统利用土壤振动信号分析和识别技术来警告威胁管道安全的第三方损害事件。对比传统报警技术具有以下特点：

(1) 光纤预警技术的加入加强了管道巡护力度，能更加及时的发现管道上方第三方施工情况，有效降低管道损坏的可能性，并解放大量巡线劳动力；

(2) 光纤预警系统根据震动频率的不同可以分为人工挖掘和机械挖掘，根据震动的时长来辨别报警的预警级别；

(3) 通过模型数据库识别分析，能确定破坏事件的类别与特征；

（4）可定位在40km长的管道内，定位精度小于150m，能满足管线长距离、分布广的监测需求，并且定位精确，测量精度高。

3 光纤预警系统的技术概述

3.1 常见油气管道安全预警技术

目前，应用于油气管道安全预警领域的常见技术主要有：

（1）分布式光纤预警技术

（2）管道声波预警技术

（3）光纤光栅管道滑坡预警技术

（4）地震检波器预警技术

其中，分布式光纤预警技术具有抗干扰、耐久性好、准分布式传感、尺度小、灵敏度和精度高、适用于易燃易爆场所等诸多优点，基于分布式光纤传感器的管道预警技术研究已成为国内外的主要趋势。

3.2 常见的分布式光纤预警技术

光纤预警技术主要是在应力的作用下，光纤的反射波会出现波动问题，利用该波动实现传感的基本功能。在受到应力的影响以后，首先光纤的反射波会出现波动，处理器的光谱也会出现一定的波动，通过分析波动的基本信息，然后就可以发出预警的基本功能，在收到预警系统以后，可以对各种类型的光纤传感器进行处理，最终形成应力光缆，将这种应力光缆沿着长输管道敷设，就可以了解整条管道运行过程中的应力信息，最终达到管道保护的基本功能。

常见的分布式光纤预警技术有：

（1）基于Sagnac效应光纤陀螺仪原理的预警技术

（2）基于Mach-Zehnder光纤干涉仪原理的预警技术

（3）基于OTDR(Optical Time Domain Reflectometer)的预警技术

（4）基于光纤Bragg光栅的预警技术

其中OTDR光纤预警技术占用光缆芯数少，定位精度高，设备费用相对较低，技术相对更先进，目前上海波汇通信科技公司的管道光纤预警系统采用该技术方法，也是目前油气管道使用较多的系统，本文将重点研究基于OTDR的管道光纤预警技术。

3.3 基于OTDR的管道光纤预警系统

基于OTDR技术的管道光纤预警技术，是指基于相位敏感光时域反射计的分布式振动传感系统的预警技术，其只需利用长输油气管道同沟敷设光缆中的一根通信光纤作为分布式振动传感器，向光纤中发射脉冲激光，激光向前传输同时会产生后向的散射和反射，对反射的光信号进行采集和分析，实时采集管道沿线预警范围内的土壤振动信号，通过信号识别分析类型并根据综合分析判断是否为威胁管道或光缆安全的事件。OTDR光纤预警系统原理如图1所示。

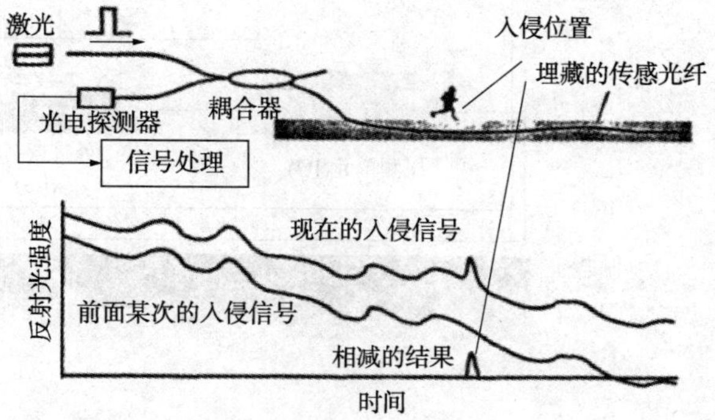

图1　OTDR光纤预警系统原理

3.4 基于OTDR的管道光纤预警系统组成

基于OTDR技术管道光纤预警系统主要有以下设备构成(图2)：

（1）伴行光缆：敷设在油气管道沿线，既作为探测光缆，同时也作为数据传输链路。

（2）探测单元(IU)：即分布式光纤智能侦测主机，用于激光脉冲发射和采集、实时感应周围压力、振动等情况，将收集到的信息传输给处理服务器进行分析。

（3）处理服务器(PS)：分析和处理来自探测单元的数据信号，完成基本的信号处理工作。

（4）控制单元(CU)：用于参数配置的软件控制，相当于工程师级用户界面。

（5）综合监控平台：由MaxView服务器及数据库服务器构成，作为直接操作界面为用户提供服务。

基于OTDR的管道光纤预警系统可以提供标准的通信接口和协议，通过SCADA系统通信网络将预警系统信息传输调控中心集中显示和报警，同时可以与GIS系统数据共享，实现报警联动和管道安全区域等级划分。

3.5 管道光纤预警系统原理

管道光纤预警基于光时域反射的相干相位解调技术，直接利用与管道同沟敷设的通信光缆作为传感器，对管道沿线周边振动信号进行监测。当管道附近发生威胁事件时，外界振动导致光在光纤中传输时的相位发生改变，通过测量光波相位变化即可获得管道附近的振动信号。通过独特的识别算法，可对振动信号进行定性分析，及时发现管道安全威胁事件并对事件进行跟踪定位。光纤预警系统原理图，如图3所示。

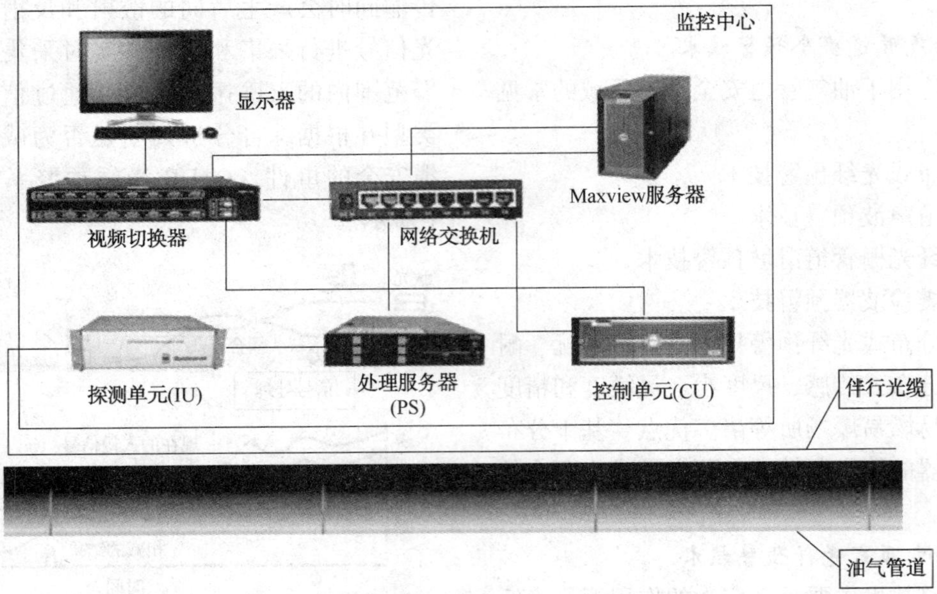

图2　光纤预警系统组成

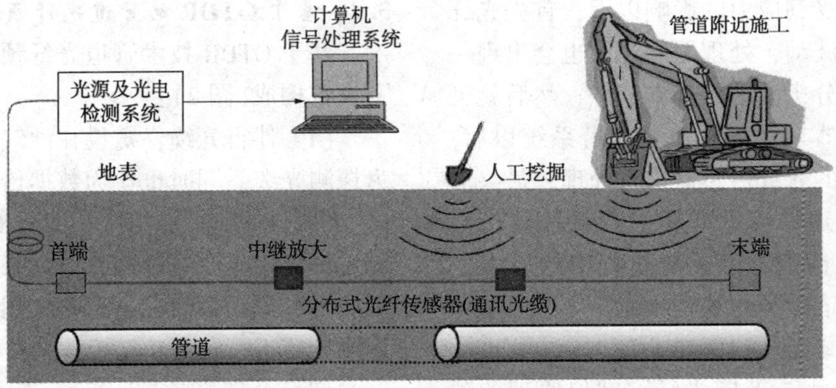

图3　光纤预警系统原理图

3.6 管道光纤预警系统功能

(1) 第三方施工威胁信号识别、定位和预警。可对多种典型事件进行模式识别，包括人工挖掘、机械挖掘、打孔钻探、车辆行驶等。并能精确定位事件位置，对事件进行报警(图4)，便于管道线路管理人员及时响应(图5)，防止管道第三方施工破坏。

(2) 光缆断裂定位及报警。与管道同沟敷设的光缆，可能因沉降、地质灾害或施工破坏等，在地表无明显变形的情况下人工是很难判断光缆断裂位置的，通过光纤预警系统可以快速定位光缆断点位置，实现对光缆的保护。

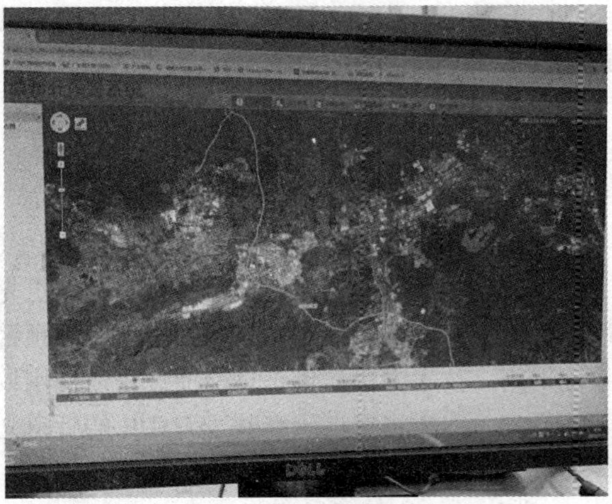

图4　系统报警照片

图5　现场核实照片

3.7　管道光纤预警系统运行中发现的问题

(1) 预警信息接收处置程序不够快速

目前管道振动光纤预警系统必须通过监控人员24小时监控报警信息，如果出现了报警信息，再由监控人员将报警信息通知管道保护人员，最后再由管道保护人员到报警现场进行报警信息确认，这个过程比较耗费时间。

(2) 数据库采集不全和光纤埋深差异导致误报

在试运行期间，也发生过误报案例。一是由于系统采集的信号不全，系统误将耕田机识别为了挖掘机，从而产生误报。二是由于某地光缆敷设比较浅，人工挖掘的信号较强，系统将人工挖掘误报为机械挖掘的情况。三是由于下雨天流水冲刷，误报为人工挖掘或机械挖掘的情况。四是由于光纤损耗的问题，出现过误报断纤的情况。由此可以看出，损坏事件的数据库不够完善，系统前端建设失误也会造成极大的影响。

3.8　光纤预警系统完善建议

针对管道光纤预警系统在运行时发现的问题，需在以下几个方面进行改进和完善：

(1) 继续优化系统配置，进一步提高系统的定位精度，进一步降低系统的漏报率与误报率。

(2) 继续完善第三方损坏事件数据库，提高事件类别识别率。

4　结束语

管道光纤预警系统结构简单、运行可靠、监视距离长、耐化学腐蚀、抗电磁干扰、对管道全线覆盖，实时监控管道沿线周边环境的状况，提前预警并精确定位，有着不可替代的技术防范优势，通过光纤预警系统，识别震动类型，归类管理，通过采集到的信号，识别属于周期性、持续性、加强型危害等类别。对于常见的具有较大危害的挖掘机挖断管道，可以提前预警，通过监测到的信号特征，在刨土时及时识别并发出警报，及时制止。对于泥石流、山体滑坡等地质灾害，可以根据监测到的信号特征加以区别，及时响应和发出警报并做出相应的防护。

管道光纤预警系统改变了过去在管道防护管理方面的被动处境，对管道运转情况真正做到了如指掌，并能对所发生的故障进行及时处理。还可以有效避免管道第三方事件、打孔盗油、自然灾害、等管道事故的发生，也可以及早发现地下的微小隐患，从而避免更大损失的出现，是管道完整性、安全性的重要组成部分，在长输油气管道领域有广泛的应用前景。

参　考　文　献

[1] 靳天煜．振动光纤预警技术在输气管道及站场上的应用[J]．电子世界，2019(10)：137-138.

[2] 齐佩东．北京天然气管道运用光纤预警提升高后果区风险管控能力[N]．中国石油报，2019-9-17(03).

[3] 刘树君．光纤预警系统的定位识别技术研究[D]．哈尔滨工业大学，2018.

[4] 闫龙臻．光纤预警系统在长输管道中的发展与应用[J]．中国石油和化工标准与质量，2016(11)：68-69.

[5] 王放．光纤预警系统中振动信号受复杂地表环境的影响研究[J]，2015.

[6] 刘二利，宋磊，王齐．光纤预警在长输管道保护中的应用[J]．石油规划设计，2013(04)：44-46.

[7] 周琰，靳世久，张昀超，等．分布式光纤管道泄漏检测和定位技术，2006.

油气田地面集输系统完整性管理实施新路径探索

焦亚龙 章 浩

（中国石化中原油田分公司）

摘 要 本文以油气田地面集输系统完整性管理为方向，介绍了中原油田在地面集输系统完整性管理的主要做法。从简化优化引领、数字信息支撑两个方面，持续推进油气田地面集输系统完整性管理水平提升。通过“串、撤、并、分、简、智”的手段，简化优化地面集输系统，有效降低了管道负荷过低、以及老旧地面系统随着运行年限的加长带来的运行风险。通过数字信息技术的应用，逐步推进智能化管线实施，进而促进地面集输系统智能化，从而实现油气田地面集输系统的全面感知，提升地面集输系统的完整性管理水平。

关键词 地面集输系统；完整性管理；智能管线

近年来，随着国家对油气田管网及城市地下管网的安全问题空前重视。，中原油田紧盯“如何有效提升油气田地面集输系统安全管理水平”这一关键问题，积极探索油气田集输系统完整性管理新模式，提出以“简化优化引领+数字信息支撑”实现油气田地面集输系统完整性与智能油气田发展融合互促新模式。

1 简化优化引领，重塑老油田地面集输系统完整性框架模型

以“地面工艺优化+信息化融合提升+数字化建设引领”为主线，以“串、撤、并、分、简、智”为手段，以原有地面系统骨架为基础，通过系统整体优化构建以及四新技术应用，实现“工艺效率、组织效能”双提升，大幅度降低老旧地面系统随着运行年限的加长带来的运行风险。

1.1 工艺优化简化——消减工艺运行风险

以中转站为中心，结合四新技术应用，推广应用非金属管材、节能及撬装化设备、新供能技术等，开展区域地面工艺优化简化+单井信息化提升，促进地面管理水平本质提升，实现降本减耗提效。实施了单井管线串联、撤销计量（集气）站、管网优化合并、分级分压注水及等工艺优化简化工程，从而优化地面集输系统负荷，大大降低了地面集输系统负荷过低带来的生产运行风险。实现井口加热炉撤销82%、计量站加热炉撤销80%，计量站撤并、简化优化85%、集输干支线串联并线优化，更换20%。

1.2 信息化融合——消减设备运行风险

以中转站为中心站，辐射周边油气水井、计量站、集输站及采油区，在工艺优化简化的同时信息化提升进行协同设计。对中转站、污水站、注水站，开展工艺优化简化、信息化提升、生产组织模式协同设计。实现油气水井、站场温度、压力、电参、设备启停状态、流量等数据的实施采集远传，逐步实现抽油机远程调参、气井远程开关井、注水井远程配水、自动调节功能，集输管道敏感区域视频全覆盖，集输站场三相分离器、脱水器、储罐闭环控制，设备远程调节、启停及联锁保护。场站标准化建设模板如图1所示。

1.3 生产组织模式定型——消减生产组织风险

在工艺优化和信息化的基础上，以组织效能大幅度为前提，组织模式与信息化水平进行匹配设计。结合油田实际，确立油田的“纵向到底、横向到边、上下贯通、工作协同”生产指挥系统架构。支撑油田级生产监控指挥系统，对上融合勘探开发业务协同平台（EPBP）、三大计划、安全信息管理、直接作业环节等相关数据。对下建立厂+专业化班组指挥模式。

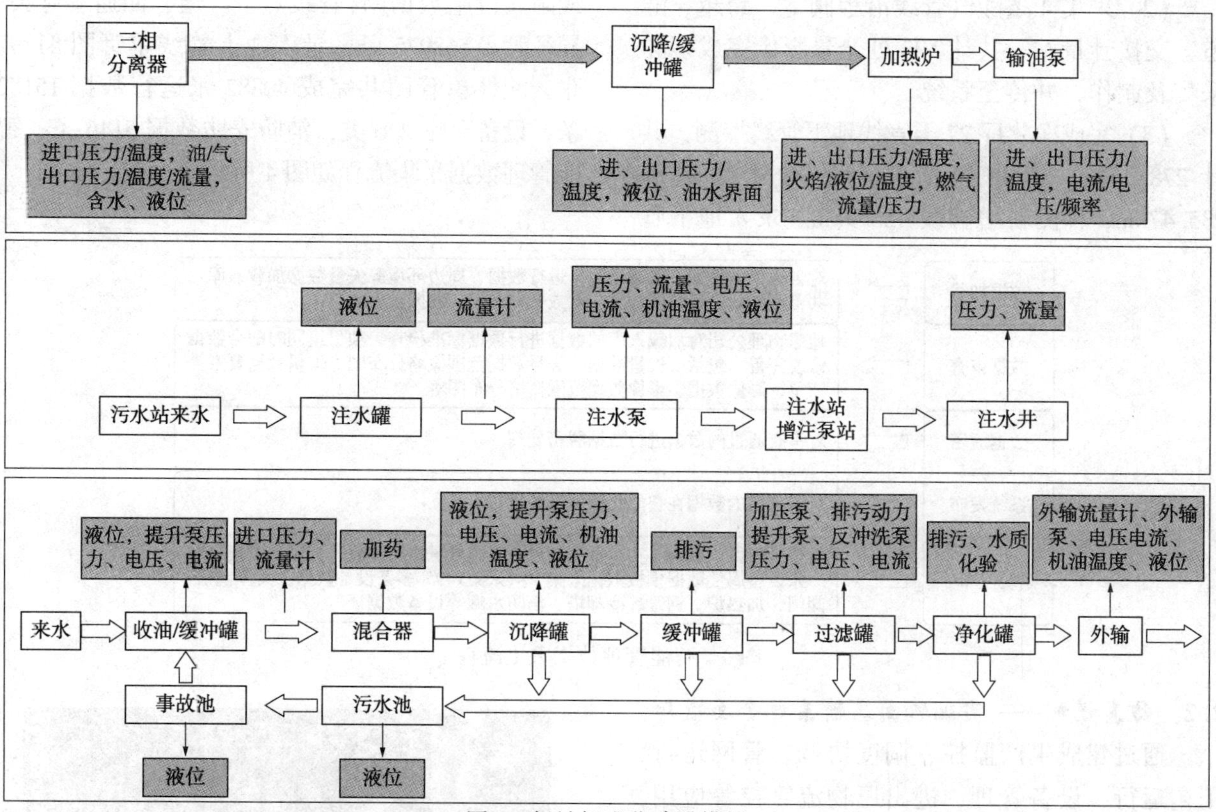

图1 场站标准化建设模板

厂指挥中心建立分区指挥功能区，实行集中管控、分区运行。同时建立以调度为中心的生产运行体系，实现重点施环节过程跟踪、调度指令网上流转、生产实时监控、生产运行管理等功能，全面掌握生产情况，快捷调取实时、动态信息。应急方面，基于 GIS 地图部署应急救援方案、实现一键接警，一键通知应急人员，提升了救援响应效率。

2 数字信息支撑，构建老油田地面集输系统完整性智能模块

开展普光气田智能管线建设，建设具有全生命周期的数字化管理、完整性管理、运行管理、应急响应管理、隐患管理、综合分析与展示六大功能的智能化管线管理系统。包括净化厂厂区管线、4 条酸气管线、4 条返输燃料气管线、4 条净化气输送管线及相关场站。智能气田看窗如图 2 所示，智能气田功能架构如图 3 所示。

2.1 数据采集——夯实地面集输系统智能基础

（1）完成 64.5km 酸气集输管线，72.3km 净化气输送管线的中线和附属设施的测量、两侧 50m 地形图补测，探测管线点 340 个，开挖验证 40 处。同时完成入户调查 5346 户、政府 75 处、隐患点 20 处、医院 96 处、公安 30 处等数据的收集。

图2 智能气田看窗

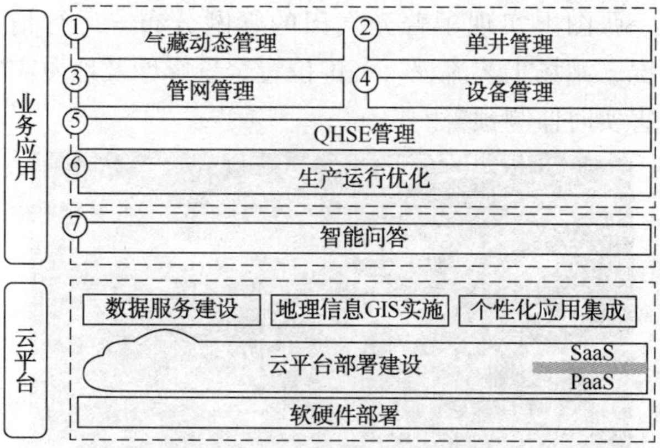

图3 智能气田功能架构

(2) 采集4条酸气管线沿程阀室、跨越、隧道、交接计量站，共计103处全景影像完成现场采集及制作，并传至系统。

(3) 完成净化厂27类管线地下管线探测，共计278.26km，其中包括复查原有管线数据235.47km，探测新增管线42.79km。录入地下管线附属设施数据(含管线点、三通、四通、弯头、异径管等)68975条，录入地上管线单管图41397张，配件单管图共完成40882张运行数据15182条，设备台帐236类，消防安防数据5146条。智能管理数据采集流程如图4所示。

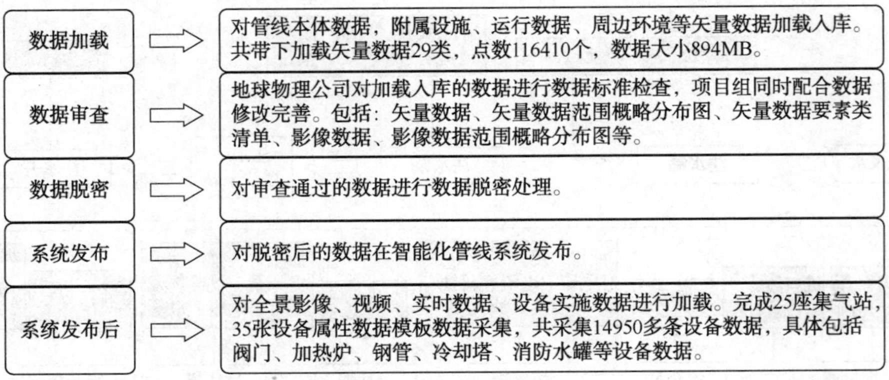

图4　智能管理数据采集流程

2.2　仿真模拟——实现地面集输系统全面感知

通过建成生产监控、调度协调、管网运行、工艺运行、设备管理、进出厂物流管控等应用，实现了生产实时监控、调度在线协同、管网模拟优化、净化工艺运行优化、设备全生命周期管理，支撑气体高效稳定运行。

2.2.1　开展三维功能整合与本地化部署

(1) 将智能化管线管理系统及厂区智能化管线管理系统三维场景、模型进行整合，实现从井、站、集输管道、集气总站、净化厂的全流程三维全景展示(图5，图6)。已建25座站场、37处跨越隧道三维模型，其中包括新扩建2座站场模型，改建8座站场模型，并将62个模型已全部加载到正式系统。

(2) 整合采气厂与采气厂三维模型，集成地质灾害监测预警、化验分析等数据，在地理信息一张图上实现了普光气田的管网分布、运行情况、站场工艺流程、关键位置全景影像及地质灾害实时监测预警。

图5　集气场站三维

图6　净化厂三维

2.2.2　仿真模拟提升系统效率

通过建立地面集输管线逻辑拓扑模型(图7)，结合集气站、管段工艺运行参数，进行集输系统仿真模拟(图8)，针对不同管网工况进行参数预测、优选管网运行方案。实现了管线水合物生成预测、管线持液率分析，提升集输系统运行效率。

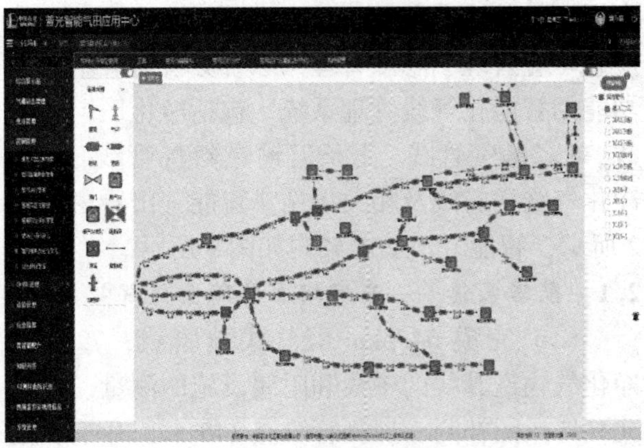

图7　逻辑拓扑模型

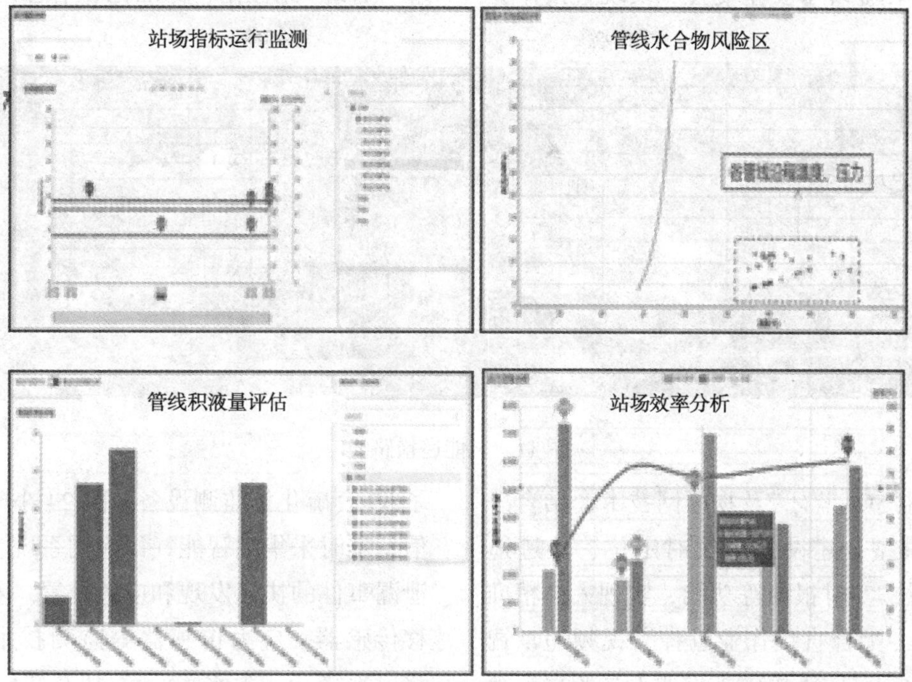

图 8 功能仿真模拟

2.2.3 完善设备全生命周期管理体系

以设备全生命周期管理为目标，建立设备前期管理(计划、采购)、设备资产、设备运行、设备维护、设备检维修、备件等管理模块，实现设备在线状态监测(图 9)、运行分析、故障预警，辅助设备故障诊断预测。通过建立“净化-公用”全流程能效优化模型(图 10)，采用净化装置系统-单元-设备三级能效评价方法，生成一体化能效优化排产方案，辅助装置优化生产，实现同工况下单耗下降 2%~3%。

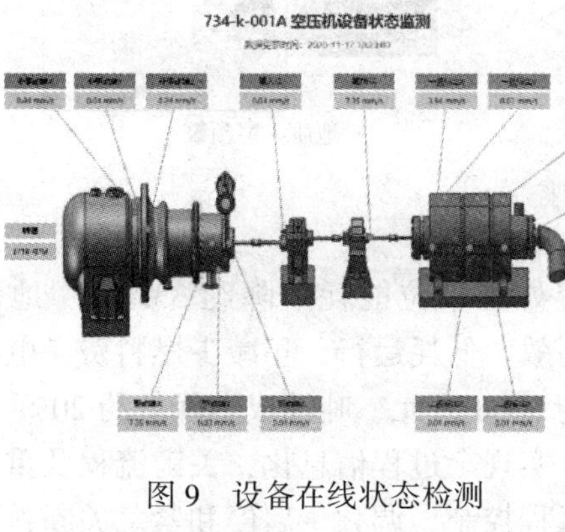

图 9 设备在线状态检测

2.2.4 推进智能巡检落地

利用 5G 智能终端，建设巡检计划、现场巡检、巡检监控、巡检监管、巡检报警、巡检分析、巡检问题、巡检绩效等功能，实现巡检数据自动采集、内外操数据对比、问题及时上报，提升巡检效率。在 301 集气站部署 5G+智能巡检机器人，对温度、压力、液位、流量等生产参数进行现场采集、对比、异常实时报警，完成大量周期性、危险性、高强度的巡检工作，实现巡检“机器代人”(图 11)。

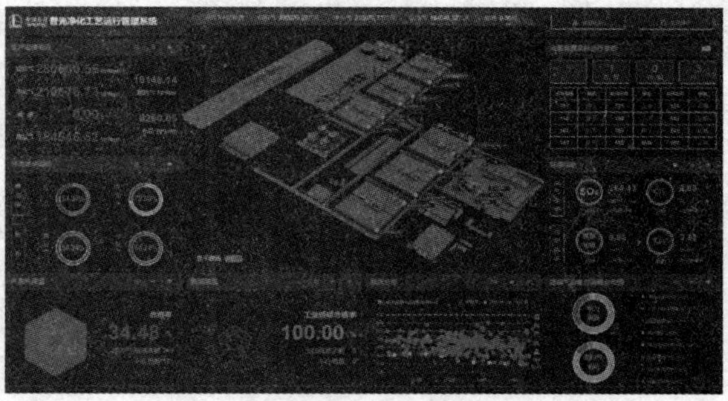

图 10 能效优化模型

2.3 功能开发——实现地面集输系统全景管控

(1) 基于 5G 技术、北斗定位、物联网、人工智能技术，建立高含硫酸性气田安全管控类应用，实现涉硫作业现场安全环保风险全方位识别、承包商全生命周期管控、施工违章视频智能识别、硫化氢泄漏预警、地质灾害预警能力，直接作业环节管控率达到 100%。

(2) 利用物联网技术，基于“防爆 PAD+人员身份卡+现场位置点”进行现场作业票办理，对施工风险、措施、资质现场确认，签发作业票证，规范直接作业环节票证办理过程，降低作业风险，使直接作业环节安全受控，实现直接作业环节管理“流程化、标准化、信息化”。

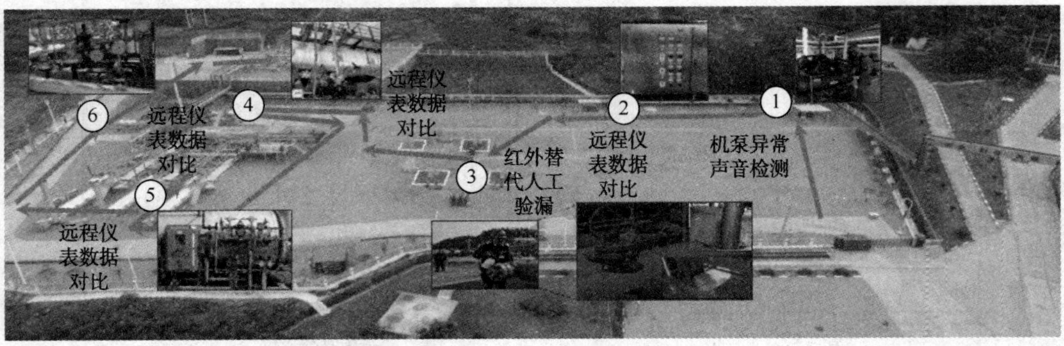

图 11　智能巡检路线

(3) 采用“5G+蓝牙”及物联网技术，结合净化厂区三维模型，建设人员实时定位、轨迹追踪、电子围栏、实时报警等功能，实现人员精准定位(3~5m)，配合直接作业管控、视频违章智能识别等功能，有效管控施工作业人员脱离岗等违章行为，同时在应急救援情况下，有效辅助人员快速疏散和伤员搜救工作。

(4) 强化异常监测发现能力。采用“4G+光伏”硫化氢泄漏监测技术，在管道高后果区安装了 39 套硫化氢监测设备。将 24 小时监测及报警信息实时采集到智能气田应用系统，实现硫化氢泄漏事件的快速发现和应急处置。利用北斗、位移传感器、应力传感器等监测技术，安装了位移、裂缝计、含水率、静力水准仪等监测设备 43 套，安装管线应力监测装置 16 套，结合地理信息 GIS，实现地灾 24 小时在线监测及分级预警。

地面集输系统全景管控如图 12 所示。

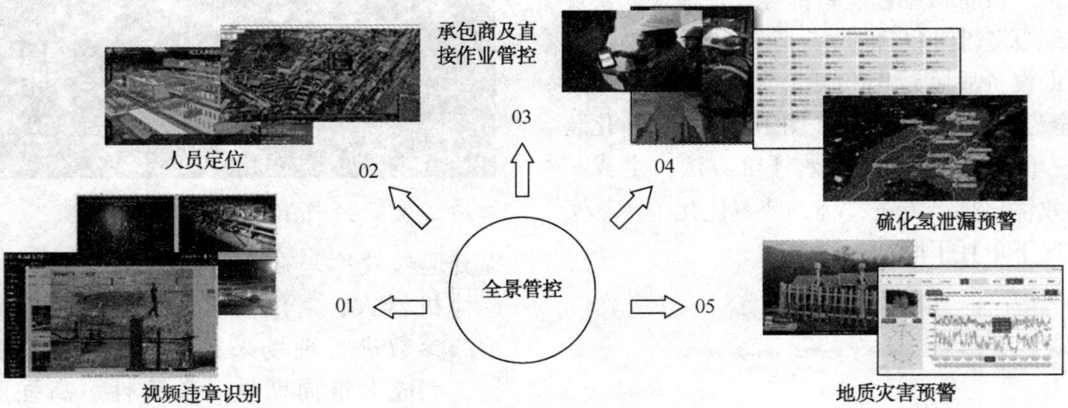

图 12　地面集输系统全景管控

3　取得效果

3.1　地面集输系统效率显著提升

(1) 推进地面系统瘦身健体，撤销计量、增注站点 101 个，合并集输干线 6 条，优化集配气站 20 座，减少 14 座，集配气站压缩率 55%，站场、管线负荷率大幅度提高。

(2) 针对联合站负荷率低、能耗高的问题，2020 年实施了柳屯油库原油集中稳定改造，改造后东濮老区 6 座联合站降级为中转站。建成后原油稳定处理单位能耗下降约 33.0%、地面系统实现高效、低耗运行，年减少燃料费、电费及维护费约 5000 万元、吨油成本降低约 20%。

(3) 实现全过程信息化，关键流程及重要机泵实现远程控制、调频、启停和紧急关断；信息化水平大幅提升，生产参数采集率 100%、关键工艺联锁控制率 100%。

3.2　生产组织运行效率显著提升

(1) 完成采油厂组织方式与生产运行模式变革，管理效能大幅提升；逐步固化定型

"采油厂→站"直管班站模式，人均利润等指标大幅上升。

（2）通过信息化采油区全业务优化调整、推行大岗位设置、明确岗位管理要素等措施，确定管理区各班组岗位。采油管理区由"管理区+服务项目部"一体化运行模式转变为"内操+外操"的高效运行模式，岗位设置由"17+12"优化为"9+3"。

3.3 智能气田建设初见成效

智能气田建设过程中围绕基础设施、数据、平台、应用四个方面开展建设工作，建成了硬件及数据资源共享中心，实现了各类应用系统的集中集成，应用覆盖了气田各类业务。已经建成完善的光传输网络、厂/站自控系统、安全监测报警与自动关断系统、视频监控系统、紧急疏散广播系统、5G专网、计算/存储资源。

5 结语

随着国内主要油气田管道服役年限的逐渐加长，油气田地面集输系统的完整性面临的形势愈发严峻。将油气田地面集输系统的完整性与智能油气田的发展相融合，一定程度上缓解了地面集输系统老化带来的风险。但是随着云技术的成熟和大数据挖掘技术的发展，油气田地面集输系统的完整性管理会向更精细化、智能化的方向发展。而地面集输系统得风险评估、管道腐蚀趋势性分析、完整性管理体系的评价等技术都将迎来突破，成为未来油气田地面集输系统完整性管理水平提升的主要领域。

高含硫天然气管道漏磁内检测技术研究与应用

李耀明

（中石化管道技术服务有限公司）

摘 要 高含硫天然气泄露会造成严重的人民生命财产损失、引起社会恐慌，管道受含硫天然气介质特性的影响，管壁易产生裂纹、点蚀和减薄等危害，严重威胁管道的安全运行，定期对管道进行内检测是保障管道安全运行的有效手段。但常规漏磁内检测技术和设备易受高含硫腐蚀环境影响，导致检测失败。本文结合普光气田内检测项目实践，总结了高含硫天然气管道漏磁内检测工艺流程，为今后实施高含硫介质管道内检测提供借鉴。

关键词 高含硫；漏磁内检测；工艺流程

1 引言

中石化普光气田是国内最大海相整装气田，其天然气中硫化氢体积含量为12%~17%。普光气田每年生产天然气约$80\times10^8m^3$，气体在输送过程易造成管道腐蚀、泄漏，天然气中的硫化氢将对管道沿线的生物产生严重危害。

漏磁内检测是目前国内外在不停输情况下，对在役埋地钢质管道本体金属腐蚀实现精准检测最有效的技术手段。普光气田每年均对高含硫天然气集输管道进行漏磁内检测，密切监控管道腐蚀进展，随时掌握管道集输工况，确保高含硫天然气输送安全。

漏磁内检测技术是通过测量被磁化的铁磁材料工件表面泄漏的磁场强度来判定缺陷的大小。其工序复杂，只有严格控制每个工序质量，才能保证漏磁内检测的成功实施，实现信号采集完整、数据分析科学、特征评判全面和缺陷定位准确。

2 高含硫漏磁内检测技术

2.1 工艺流程

漏磁内检测工艺流程图，如图1所示。

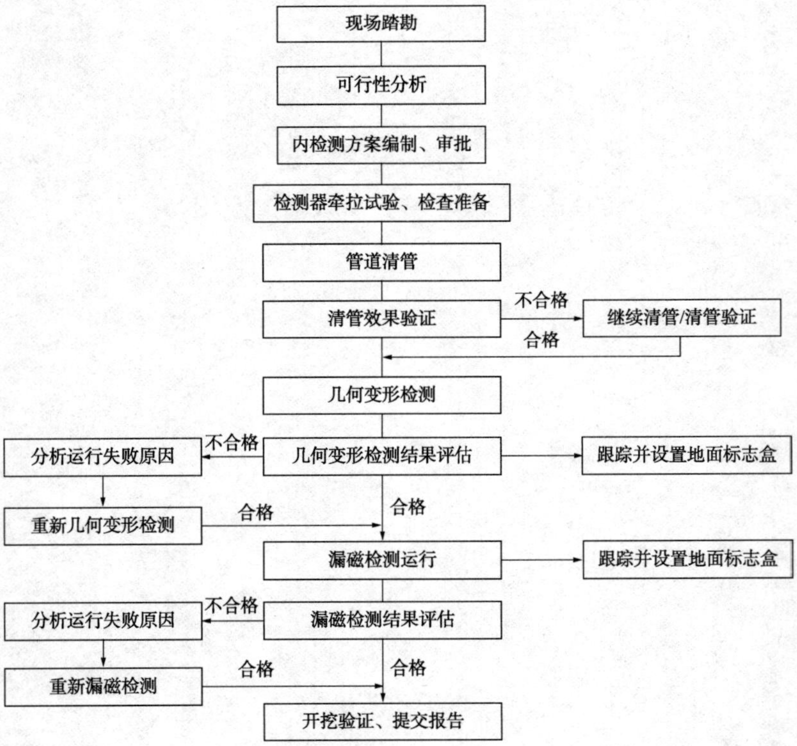

图1 漏磁内检测工艺流程图

2.2 控制要点

2.2.1 前期准备

1）现场勘查

对待检测管道的路由轨迹、埋深、高程差、穿跨越情况、地质情况、沿线阀室及场站布置、收发球场站布置及工艺流程等进行现场调查，收集收发球筒、管道及弯头、三通及阀门等附属构件规格参数、输送介质参数、日最大输送量、输送介质流速、管道运行压力参数、中控系统情况、历年清管状况及检验检测情况，为开展后续检测可行性评估提供依据。

2）可行性分析

根据现场勘查收集的数据，对待检测管道运行情况、管道的清洁程度、管道本体变形情况等进行初步的综合评估，初步确定清管设备型号的选择和投放顺序；同时，结合清管器和几何、漏磁内检测器的性能，核算需要的输送压力、输送流量及速度，进一步明确检测工况要求，最后综合评估本次检测的可行性。

3）清管器选择

针对酸性介质管道，清管器主要包括测径皮碗清管器、机械直板清管器、磁力钢刷清管器、重型磁力钢刷清管器等，根据管道的允许通过状况和清洁程度，选择不同类型的清管器。

4）漏磁内检测器牵拉试验

根据标准要求，在开展漏磁内检测之前，要对漏磁内检测设备进行校准试验，即牵拉试验。建立与待检测管道同等管径及壁厚规格的模拟试验场，并在试验管道上加工多种缺陷，通过牵拉动力，牵引漏磁内检测运行，检测管道缺陷信息，并与加工的缺陷进行比对，确认漏磁内检测设备的检测精度。管道内、外表面缺陷示意图如图2，图3所示。

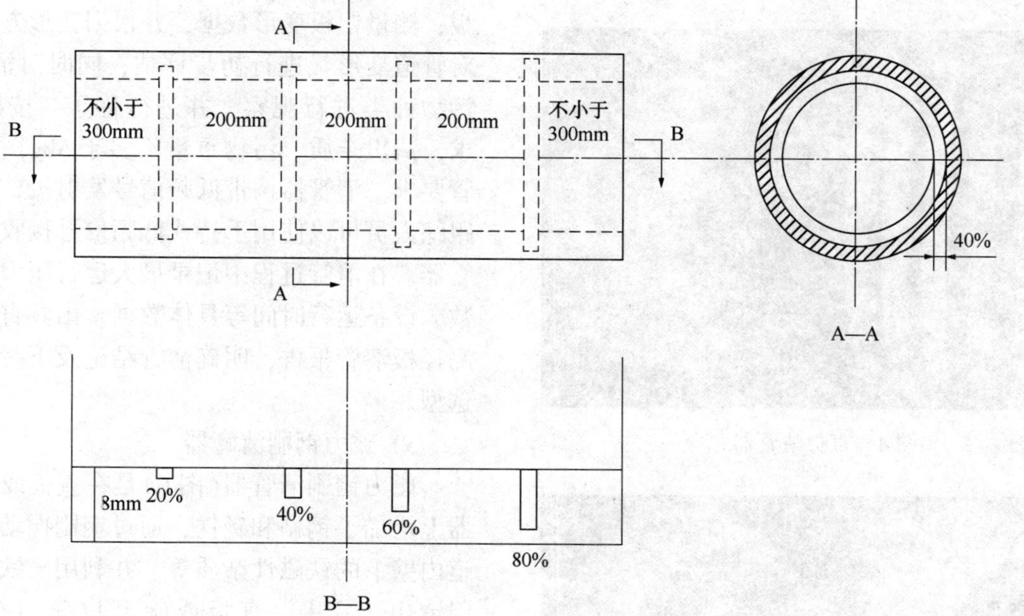

图2 管道内表面缺陷示意图

2.2.2 管道清管

1）氮气置换

管道输送的高含硫天然气是易燃易爆的剧毒气体，在开启发、收球筒前，需要创造安全操作环境，通常采用氮气进行置换，使用氮气车、换热器，通过发、收球筒注氮口注入氮气，通过压力表观测压力达到0.2MPa后停止注入，通过放空口排出球筒内气体；重复上述操作2次，最后使用可燃气体检测仪在放空口进行检测，满足开启盲板要求后停止氮气置换工作。

需要注意的是，为避免发、收球筒内残存的易燃易爆物质燃烧，在氮气置换完成、开启盲板时，第一时间向球筒内喷淋水，确保操作安全。

2）直板或碗型测径板清管

根据泡沫清管结构，确定直板或皮碗形式的选择，其中直板清管器(图4)由钢质骨架、导向皮碗、密封皮碗和隔离皮碗组成，可双向运行，密封性能好，是所有类型清管器中清污效果最好的。碗型清管器(图5)由钢制骨架、碗型皮碗和隔离皮碗组成，只能单向运行，密封性能好，是

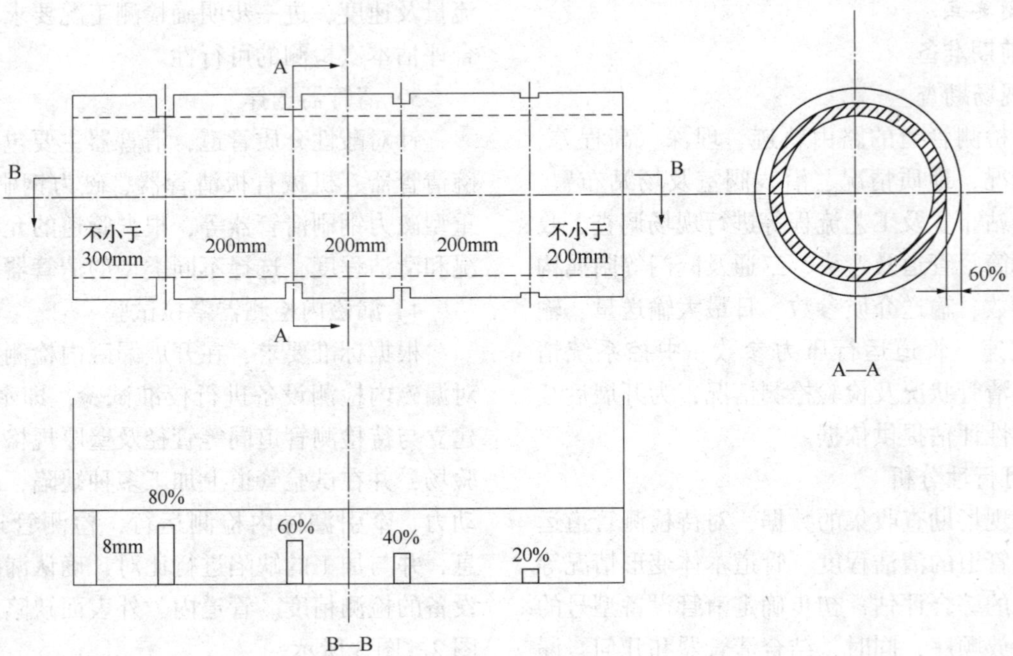

图 3　管道外表面缺陷示意图

所有类型清管器中通过性最好的。

图 4　直板清管器

图 5　碗型清管器

直板或碗型皮碗过盈量约为 104%，测井铝板直径为管道内径的 90%~95%。通过直板或碗型皮碗进一步清出管道内部杂质和污物，通过检测测径铝板的变形情况、磨损情况，拆除变形铝板，测量铝板变形数据，并根据变形方位和数据对管道变形量进行初步评估，同时对清出杂质、污物种类进行观察，并进行称重，按照标准要求，清出杂质、污物重量不多于 5kg，即满足清管要求。清管器携带低频信号发射机，管道沿线跟踪人员可以使用手持式低频信号接收机监听清管器。在清管过程中记录最大运行压力、输量参数、设备运行时间等具体数据。出具直板或碗型测径板清管报告，明确清管结论及下一步清管器选型。

3）磁力钢刷清管器

磁力钢刷清管器(图 6)是在直板或碗型清管器上增加了钢刷和磁铁，通过钢刷搅动吸附在管道内壁上的铁磁性杂质等、并利用磁铁将杂质吸附清出，其中，直板或碗型皮碗过盈量约为 104%，钢刷盈量约为 103%。磁力钢刷清管器具体操作步骤与直板或碗型测径板清管相同，另需要注意的事项如下：

(1) 根据管道管径参数，确定磁铁数量和磁场强度，确保对铁磁性杂质和污物的吸附能力。

(2) 对清出的铁磁性杂质、污物的构成进行初步分析，检查是否存在较大尺寸铁磁性物质，若存在，需要重新运行磁力钢刷清管器。

(3) 磁力钢刷清管器清管合格标准为清出杂质、污物主要为铁磁性粉尘，重量不超过 5kg。

(4) 出具磁力钢刷清管报告，明确清管结论及下一步清管器选型。

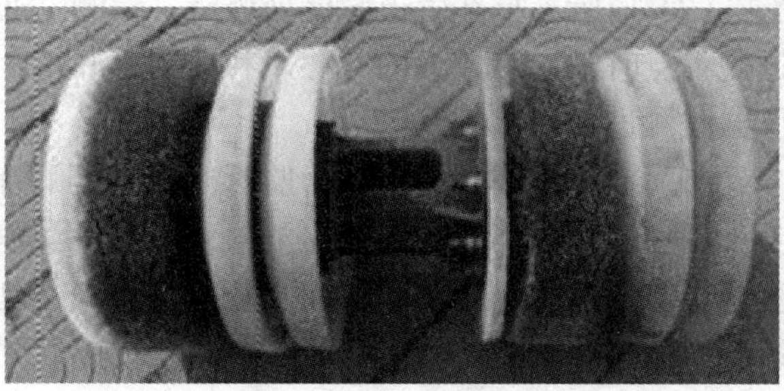

图 6　磁力钢刷清管器

4）重型磁力清管器

重型磁力清管器(图 7)提高了磁场强度、增加了钢刷数量及强度，大大提升了清管能力。当连续使用磁力钢刷清管器运行 3 次以上，清出杂质、污物重量基本相同时，考虑使用重型磁力清管器。

图 7　重型磁力清管器

重型磁力清管器清管合格标准为清出杂质、污物主要为铁磁性粉尘，重量不超过 5kg，达标后，出局重型磁力清管报告。

2.2.3　管道沿线设标

1）管道路由检测

根据管道三桩标识，采用埋地管道检测仪(以下简称 DM)，每公里选择 1 个点，对待检测管道的路由进行抽点检测，确定管道的具体位置及埋深，并做好标记。

2）标记盒设置

标记盒具备信号激发和接受功能，当几何、漏磁内检测器通过标记盒附近时，会激发标记盒信号，标记盒便会记录一次数据，用于后期检测数据分析。标记盒应该布置在穿跨越、阀室及高程变化等特征位置，其他区域每公里布设 1 个标记盒。

3）标记盒坐标测绘

在每个标记盒位置进行地面测绘，根据甲方的要求，选用对应的坐标系记录标记盒大地坐标，支持后期数据分析。

2.2.4　管道几何变形检测

1）几何变形检测内容

几何变形检测器(图 8)可检测到管道凹陷变形、椭圆度变形、造成管道内径变化的管道附件、管节长度、阀门、弯头、弯管、三通、环焊缝、螺旋焊缝等重要部件，并对其进行精确测量以及里程位置确定，有效排除由于管道变形导致的管道安全事故。

图 8　几何变形检测器

2）几何变形检测器现场调试

设备现场调试主要内容如下：

(1) 检测几何变形检测设备电子线路连接稳固、线路无破损；

(2) 逐个检查检测探头及机械臂的动作和复位情况；

(3) 逐个检测里程轮旋转正常、机械臂活动及复位正常；

(4) 打开数据外传端口的密封件，启动电源开关，外显工作指示灯工作正常，连接电脑软件；

(5) 设置几何变形检测的初始参数，同时逐个动作检测探头和里程轮，观察软件是否有信号波动；

(6) 将初始参数归零，拔出电脑连接线，观测外显工作指示灯正常，用密封件密封端口，设备现场调试完成。

3）管道输量核算

几何变形检测理想的运行速度区间为 1～3m/s，在次区间运行，能够最大程度的保证数据采集的完整性、有效性和准确性。输量核算时，检测器运行速度暂计 2m/s，计算公式为：

$$Q=240000\times F\times P\times V$$

式中 Q——输气流量，m^3/d；

V——清管器运行平均速度，km/h；

F——管道内径横截面积，m^2；

P——清管器后平均压力，MPa。

4）设备安装、发球

检测设备装球的及发球的流程安装清管器装球、发球流程操作。但驱动检测器发出球筒的启动压力增加为 0.2~0.3MPa。发球期间，派专人监视管道入土点标记盒指示灯状态，当检测器通过是，指示灯闪烁报警；通知跟踪人员注意跟踪检测器运行位置。

5）设备跟踪

（1）通球期间根据管道运行情况，提前计算检测设备理论到达各监听点的时间，监听点人员根据预计达到时间，提前到位监听。

（2）监听人员在管道管壁处监听，检测器通过监听点时，会有较大的摩擦声和震动，并结合仪器监测进行双重判定。

（3）检测设备到达每一个监听点后，向下游监听点、运行协调组和作业组汇报，计算平均速度及当时的压力，并注明时间及地点，直到检测设备到达收球端为止。

（4）跟踪预定分为三组，采取交叉跟踪的方式，全线监听点设置原则上相邻两个点之间不超过 3km。

（5）每组人员均持有低频信号接收机，首先通过经验丰富的监听人员，能够敏锐的判断清管器、检测器通过的声效；再借用信号接收机同步对清管器、检测器的通过信号进行捕捉判断。

跟踪过程及原理图如图 9 所示。

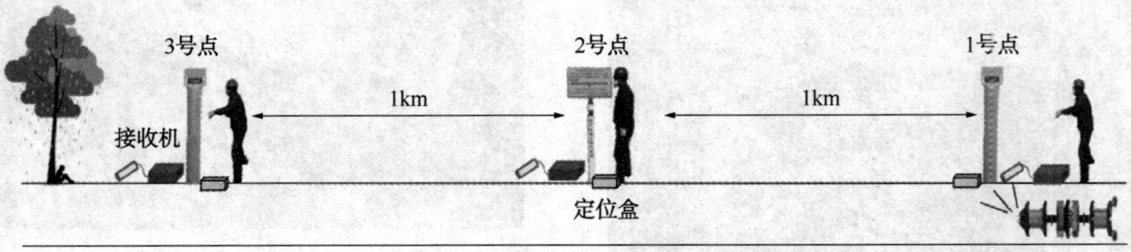

图 9 跟踪过程及原理图

6）设备收球、清洗

几何变形检测器收球收球操作流程与清管器收球流程相同，重点区别区别在于：

（1）检查几何变形检测器工作状态指示灯是否显示正常。

（2）检查几何变形检测器数据采集探头有无损坏。

（3）检查几何变形检测器里程轮有无损坏，动作是否正常。

7）数据下载

（1）对几何检测器表面脏污进行初步清理，打开数据传输端口，连接电脑软件，下载检测数据，根据数据量大小初步判断数据的完整性。

（2）将检测数据传输给数据分析中心，进一步判断数据的完整性、有效性。

8）几何现场现场报告

编制现场几何检测报告，明确检测是否成功，是否具备开展漏磁内检测作业的条件。

2.2.5 漏磁内检测

漏磁内检测技术是应用漏磁检测原理，以管道输送介质做为行进动力在管道中行走，对管道进行在线无损检测。完成管道缺陷、管壁变化、管壁材质变化、缺陷内外分辨、管道特征（管箍、补疤、弯头、焊缝、三通等）识别的检测，可提供缺陷面积、程度、方位、位置等全面信息，为管道运行、维护、安全评价提供科学依据。

1）设备优化

漏磁内检测器（图 11）通常由驱动节、检测节、电池仓、里程轮等组成，大口径管道内检测器直径大，单节检测器可以同时容纳检测、供电等单元，大大缩短检测器总体长度。针对小口径管道，受管道内径、检测里程、检测数据量及管道壁厚的制约，对检测器直径、磁轭的体积、存储量、供电时间、检测器长度的限制更为严苛，特别是检测节和电池仓体积小型化是检测器改造的重点和难点。结合管道运行参数及介质环境，本次设备优化设计的注意内容如下：

（1）优化结构布置：选择优质磁性材料、增加磁轭体积、采用集成数据芯片及调整功能分区、优化检测节功能布置等方案，对整体结构形式进行设计优化。

（2）抗酸性能设计：以不锈钢制作结构主体、采用聚氨酯浇筑检测探头、选用抗酸橡胶作为驱动皮碗，整体设备通过耐硫化氢腐蚀试验，使智能漏磁检测设备满足在高含硫强腐蚀介质中安全稳定运行的要求。

设备优化设计示意图如图10所示。

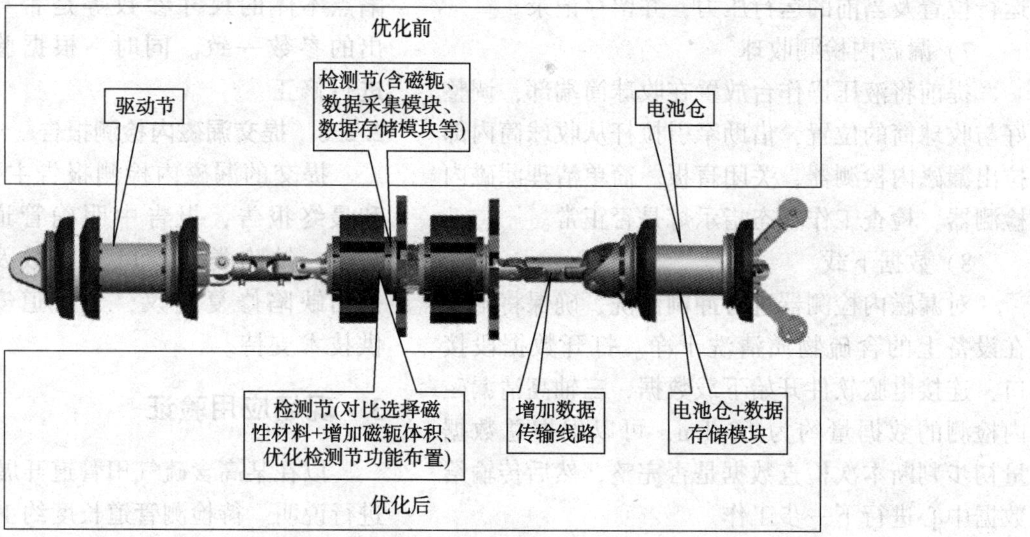

图10　设备优化设计示意图

图11　漏磁内检测

（3）通过能力设计：调研管道弯头、三通等参数信，建立数据模型、计算内检测器结构参数，确定允许通过尺寸；并明确单节内检测器连接形式、驱动和支撑皮碗结构样式。检测器模拟通过能力示意图如图12所示。

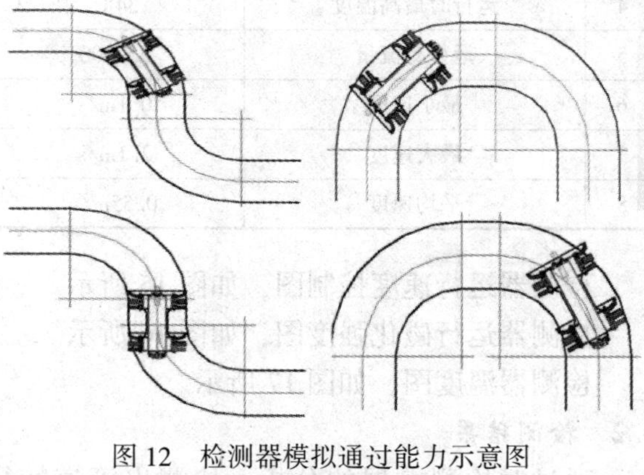

图12　检测器模拟通过能力示意图

设备整体升级优化后，通过牵拉试验验证设备的性能。

2）速度控制技术

普光气田管道多敷设在山区地段，管道高程多变、气体介质压缩比较大，智能漏磁内检测设备速度不可控，本次根据管道地势高程变化，模拟建立了漏磁检测设备运行过程的速度数据模型，反向推算漏磁内检测设备在不同高程差变化地段匀速下行所需的动态驱动压差，在现场管道下游采用反向调节控制，实现检测器运行速度的有效控制。

3）漏磁内检测现场调试

检测检测探头、里程轮等功能部件是否灵活动作，是否有动作信号传输；通过现场调试软件，对所有动作信号进行逐一检测，检测完成后清空调试数据，并设置检测零点，确认工作状态指示灯显示正常后，完成调试工作。

4）标记盒设置

标记盒自身电源能够维持7天，若开展漏磁内检测作业时间超过标记盒的用电周期，需要重新布设标记盒，具体布设流程同“2.2.3 管道沿线设标”。

5）漏磁内检测器装球、发球

漏磁内检测器装球和发球时，需要借助内径稍大于漏磁内检测器、小于发球筒内径的发球笼装球，主要是通过发球笼束缚漏磁内检测器万向节的径向移动。使用液压操作台将漏磁内检测器放入发球筒，并将漏磁内检测器前端驱动节的驱动皮碗推入发球筒变径段的小口径段，形成密封条件。

6）漏磁内检测跟踪

漏磁内检测器运行过程中，每5km设置1

处跟踪点。同时，在穿跨越、阀室及高程变化位置需要加密设置跟踪点。采用3组跟踪人员循环交叉跟踪的方式进行，时时汇报漏磁内检测器的运行位置及当前的运行压力，并留存记录。

7）漏磁内检测收球

提前将液压操作台放置在收球筒端部，调整好与收球筒的位置，借助牵引拉杆从收球筒内部拉出漏磁内检测器，关闭盲板。简单清理漏磁内检测器，检查工作状态指示灯是否正常。

8）数据下载

对漏磁内检测器进行冲刷清洗，确保将附着在设备上的含硫物质清洗干净。打开数据段接口，连接电脑软件开始下载数据，三轴高清漏磁内检测的数据量约为1G/km，可以根据总数据量初步判断本次检查数据是否完整，然后传输给数据中心进行下一步工作。

2.2.6　数据分析

在专业数据分析平台(图13)上建立项目，按照标准要求及甲方需求设定筛查阈值，对导入的海量漏磁内检测数据进行初步筛查，经过后续的精度、研判，最终通过人工校对，确定管道本体附件、缺陷点、超变形等特征数据，明确缺陷参数及里程问题(图14)。

图13　数据分析平台示意图

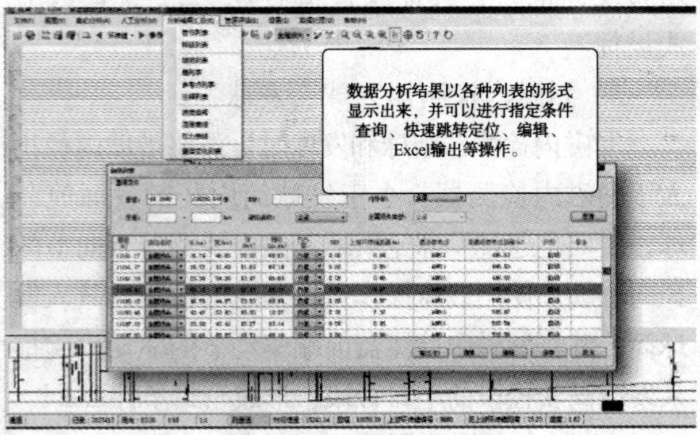

图14　缺陷列表示意图

2.2.7　开挖验证

按照标准要求，对检测管道的缺陷点进行开挖验证，主要查验缺陷点的里程位置、缺陷点本体的尺寸参数等是否与漏磁内检测得出的参数一致。同时，根据验证的实测数据进行修正。

2.2.8　提交漏磁内检测报告

提交的漏磁内检测报告主要包括初步报告和最终报告，报告中明确管道全线的缺陷点清单、缺陷类型、尺寸参数及里程坐标，并提出缺陷修复建议，为管道安全平稳运行提供技术支持。

3　现场应用验证

以在某高含硫气田管道开展漏磁内检测为例进行说明。待检测管道长度约1900m，管道规格为Φ323.9×14.2，管道材质为L360无缝钢管，管道运行压力8.8MPa，运行温度为48.3℃，日输送气量为$40\times10^4m^3$，日输送液量为$21m^3$。此段管线海拔高程在341~452m之间，地貌属丘陵及丘陵间冲沟河流谷地地貌。

3.1　检测器运行参数

检测器运行参数见表1。

表1

序号	名称	参数
1	运行时长	56min
2	运行时最大压力	8.89MPa
3	运行时最低温度	26.6℃
4	运行时最高温度	34℃
5	运行时流量	550000
6	最小速度	0.1m/s
7	最大速度	2.1m/s
8	平均速度	0.55m/s

检测器运行速度控制图，如图15所示。

检测器运行磁化强度图，如图16所示。

检测器温度图，如图17所示。

3.2　检测结果

通过对检测数据的分析，检测出管道特征817处，其中金属损失180处，焊缝异常0处，几何变形17处。检测成果统计，见表2~表5。

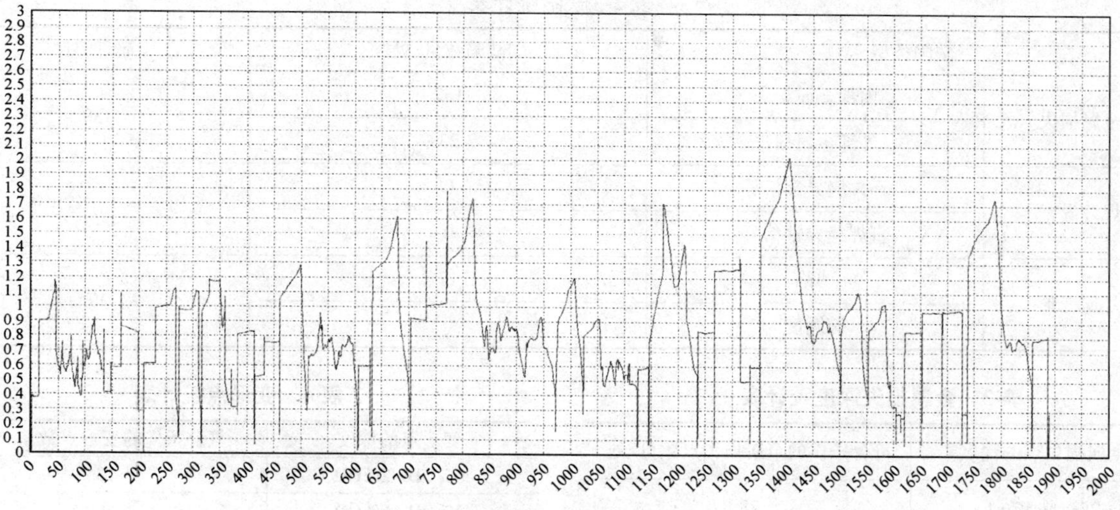

图 15　速度控制图

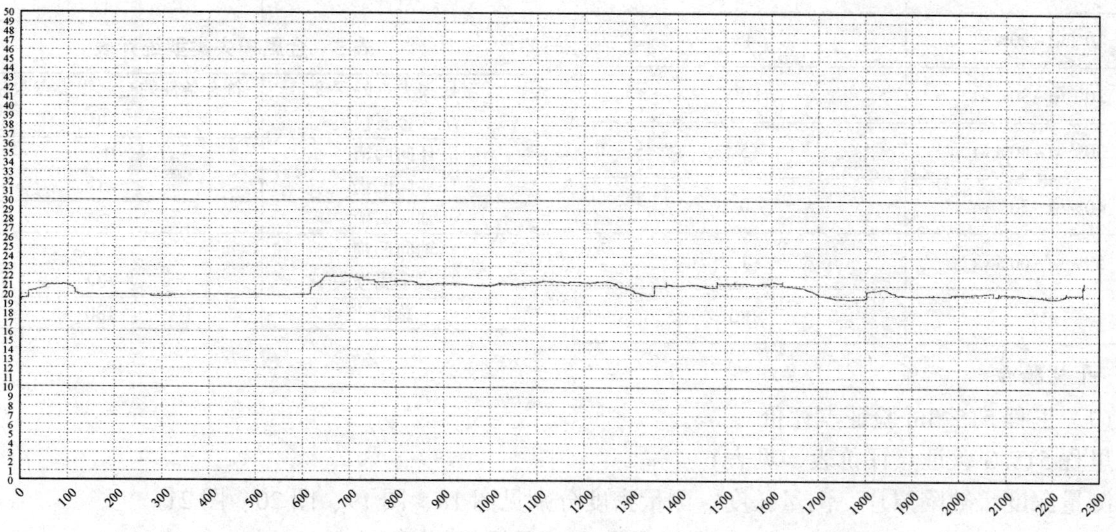

图 16　磁化强度图

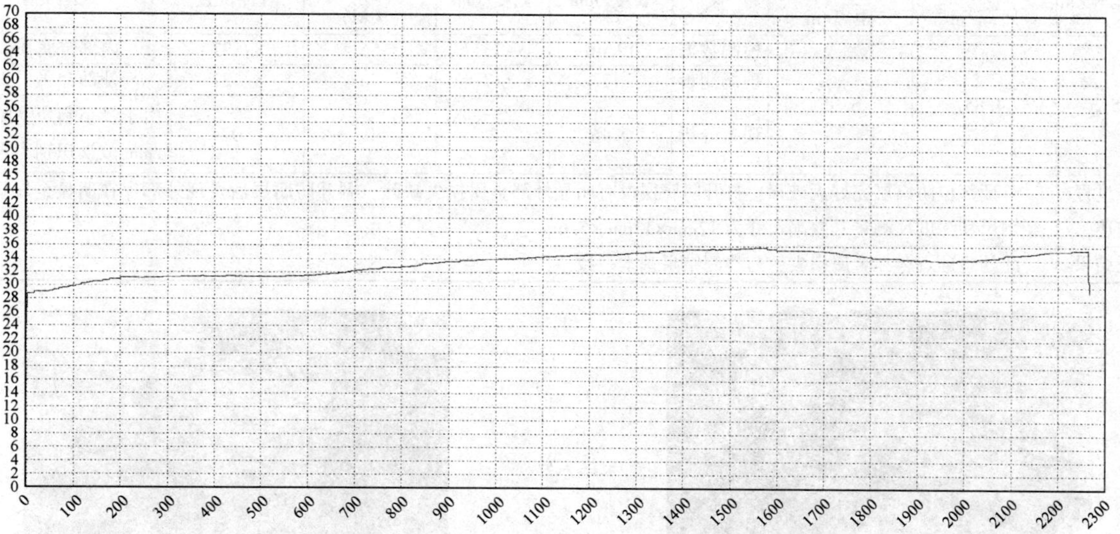

图 17　检测器温度图

表 2　缺陷统计表

缺陷类型		缺陷数量/处	总计/处
金属损失	内部金属损失	157	180
	外部金属损失	23	
焊缝异常	环焊缝异常信号	0	0
	直焊缝异常信号	0	
几何变形	凹陷	17	17
	椭圆度	0	

表 3　金属损失深度统计表

金属损失点的深度	符合条件的金属损失点数量/处
2%wt~5%wt	28
5%wt~10%wt	65
10%wt~20%wt	43
20%wt~30%wt	38
30%wt~40%wt	5
40%wt~50%wt	0
50%wt~60%wt	1
总计	180

表 4　变形点统计表

变形点的深度	符合条件的变形点数量/处
0%OD~2%OD	13
2%OD~6%OD	4
6%OD 以上	0
总计	17

表 5　金属损失类型统计表

金属损失点的深度	符合条件的金属损失点数量/处
坑状金属损失	30
环向凹槽	12
环向凹沟	1
轴向凹槽	5
轴向凹沟	0
一般金属损失	132
总计	180

3.3　开挖验证

(1) 里程 515.3m 验证点评价

里程 515.3 验证点评价表，见表 6。

测量深度，缺陷照片，测量长度。测量密度分别见图 18、图 19、图 20、图 21。

表 6　里程 515.3 验证点评价表

绝对里程/m	上游环焊缝距离/m	下游环焊缝距离/m		长度/mm	宽度/mm	峰值深度/(%wt)	时钟位置	缺陷类型
515.3	4.85	6.95	检测数据	12.46	15	56	8：27	内部金属损失
			现场测量	12	17	56	8：27	外部金属损失
			误差分析	0.46	2	0	0	由于最小剩余壁厚不足 1mm 故误识别为内缺陷
验证过程描述	验证部位防腐层完好无破损；打开防腐层没有明显外部金属损失缺陷，剥开防腐层后发现外部存在明显金属损失，经钢尺和深度尺测量其缺陷尺寸为 12mm×17mm×5.6mm。							
验证结果	此处验证点存在金属损失，与检测结果基本一致。							

图 18　测量深度

图 19　缺陷照片

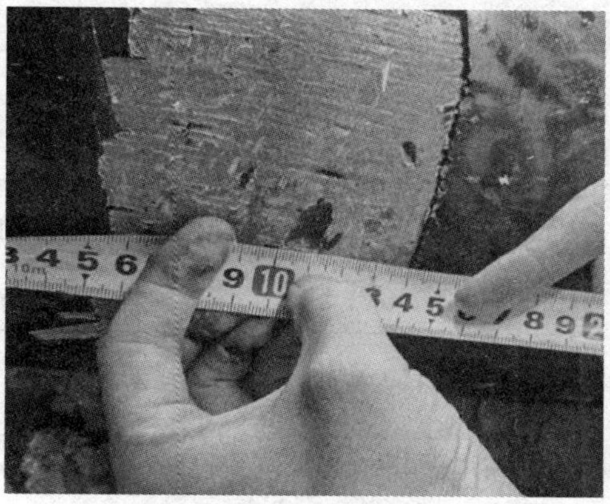

图 20　测量长度

图 21　测量宽度

（2）里程 657.04m 验证点评价

里程 657.04m 验证点评价见图 7。

表 7　里程 657.04m 验证点评价

绝对里程/m	上游环焊缝距离/m	下游环焊缝距离/m		长度/mm	宽度/mm	峰值深度/（%OD）	时钟位置	缺陷类型
657.04	7.44	4.26	检测数据	167.87	75.74	2.04	6：14	凹陷
			现场测量	160	70	1.8	6：14	凹陷
			误差分析	7.87	5.74	0.24	0	凹陷
验证过程描述	验证部位开挖后，管道底部存在大石头，从下方顶住管道。现场拆除下方石头后防腐层有轻微破裂，经测量变形点变形深度为 6.4mm。							
验证结果	此处存在变形，深度为 1.8%OD，与检测结果基本一致。							

图 22　测量长

图 23　测量宽

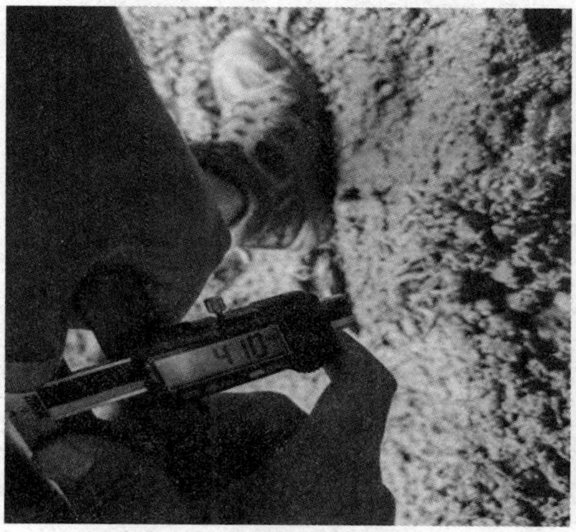

图 24　测量深

图 25　变形点照片

(3) 里程 1350. 93m 验证点评价

里程 1350. 93m 验证点评价见表 8。

表 8　里程 1350. 93m 验证点评价

绝对里程/m	上游环焊缝距离/m	下游环焊缝距离/m		长度/mm	宽度/mm	峰值深度/(%wt)	时钟位置	缺陷类型
1350. 93	4. 23	3. 57	检测数据	214	205	/	12：00	未知物
			现场测量	210	210	/	12：00	补板
			误差分析	4	5	/	0	
验证过程描述	验证部位为建管时排气孔位置，外有补疤，数据测量补疤位置尺寸 214mm×205mm 现场测量尺寸 210mm×210mm，与检测数据吻合，钟点位置一致。							
验证结果	现场为补板，与检测结果基本一致。							

图 26　测量长度

图 27　测量宽度

图 28　缺陷照片

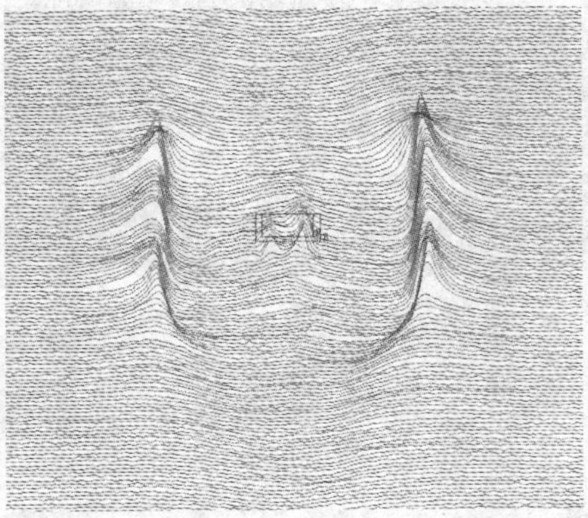

图 29　缺陷数据图片

(4) 里程 1735. 51m 验证点评价

里程 1735. 51m 验证点评价见表 9。

表 9　里程 1735. 51m 验证点评价

绝对里程/m	上游环焊缝距离/m	下游环焊缝距离/m		长度/mm	宽度/mm	峰值深度/(%OD)	时钟位置	缺陷类型
1735. 51	7. 06	4. 73	检测数据	10. 12	8. 33	38. 68	2：57	内部金属损失
			现场测量	10	9	34	2：57	内部金属损失
			误差分析	0. 12	0. 67	4. 68	0	
验证过程描述	验证部位为内缺陷与检测数据吻合，钟点位置一致。							
验证结果	存在内缺陷，与检测结果基本一致。							

图 30　施工照片

图 31　测量深度

3.4　检测结论

本次小口径漏磁内检测技术成功应用，检测数据采集 100%，且数据完成、有效；设备顺利通过能力 1.5D 弯头，共开挖验证 5 处，其中 4 处为缺陷特征点，1 处为环焊缝特征点，现场验证与检测结果基本一致。本次检测发现一次腐蚀严重特征点，剩余壁厚仅 1mm，再次证明了检测技术的可靠性，为管道使用单位提前发现了重要安全隐患，避免了事故的发生。

4　结语

高含硫集输管道内检测作业过程与长输管道内检测相比存在许多差异和难点，为了确保作业安全，保证检测质量，应从项目调研、施工方案设计、设备材料准备、埋标设点、清管、现场检测、数据分析、开挖验证等环节入手，抓住各环节技术控制要点，做好项目管控，从而不断提高内检测工作水平。

普光气田集输管道清管周期优化

赵 果

（中国石化中原油田普光分公司）

摘 要 普光气田集输管道为提高系统效率与减缓腐蚀，在管道内壁需定期进行清管和批处理涂膜作业。频繁地进行清管和批处理作业将影响气田的产气量，同时还增加现场操作人员的劳动强度和生产成本，然而长时间运行的湿气管道，会造成缓蚀剂涂膜破坏，腐蚀速率增加、管道输送效率降低，影响集输管网的安全高效运行。通过对油溶性缓蚀剂的失效规律进行分析，并结合气田腐蚀数据，延长了管道清管和批处理作业周期5天，在有效控制管道内腐蚀速率的前提下，降低了清管作业费用，减小管线停运时间，带来了显著的经济效益，并保障了集输系统的平稳运行。

关键词 普光气田；集输管道；清管；缓蚀剂；腐蚀

1 引言

普光气田集输管线为气液混输的湿气管道，在湿气集输过程中，随着运行压力和温度的下降，天然气的水露点也不断上升，从而析出冷凝水，同时，随着气田不断开发，地层边底水将陆续采出，导致集输管线中产生液相，特别是类似于普光气田的复杂山地集输管道，液体将聚积在管线的低点。长时间的连续运行会导致管道内腐蚀产物、固体沉积物不断增多，缓蚀剂涂膜逐渐失效，腐蚀速率显著增加。集输系统防腐工艺采用抗硫管材+缓蚀剂+防腐涂层+阴极保护+腐蚀监测+智能清管的联合技术。缓蚀剂预膜及批处理工艺，指投产前进行缓蚀剂预涂膜，投产后进行定期批处理，在集输管道内形成保护膜，实现集输系统腐蚀处于受控状态，目前气田集输管道批处理缓蚀剂为油溶性缓蚀剂，清管与批处理周期为30天。

2 油溶性缓蚀剂失效规律

2.1 油溶性缓蚀剂涂覆、流动过程分析

油溶性缓蚀剂作用机理(图1)是：靠化学键的表面极性吸附，使缓蚀剂的有效成份依次均匀的吸附在管道内壁的金属表面上，从而形成一层完整致密的化学保护膜。当缓蚀剂与柴油混合物涂覆在管壁表面后，缓蚀剂的有效成分与金属材料发生化学吸附，位于涂膜的底层，而缓蚀剂主体成分与柴油混合物位于涂膜的中上部分。

由于涂覆缓蚀剂膜通常控制在微米量级，而

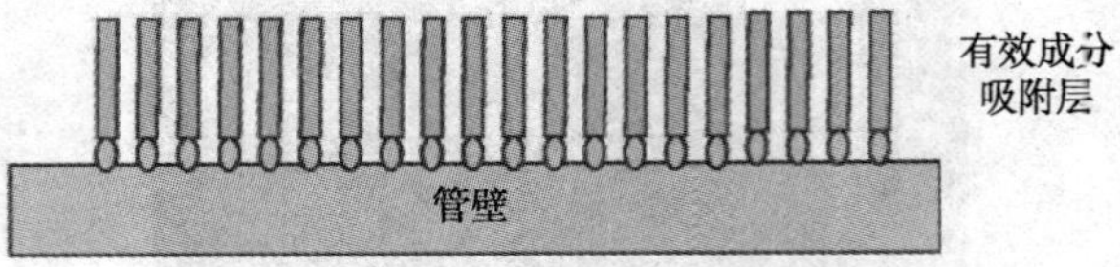

图1 缓蚀剂有效成分作用机理示意图

且油溶性涂膜的粘度较大(远大于气相)，所以一般情况下认为油溶性缓蚀剂在管底积聚液的流动处于层流子层区。

缓蚀剂管道有部速度分布示意图如图2所示。

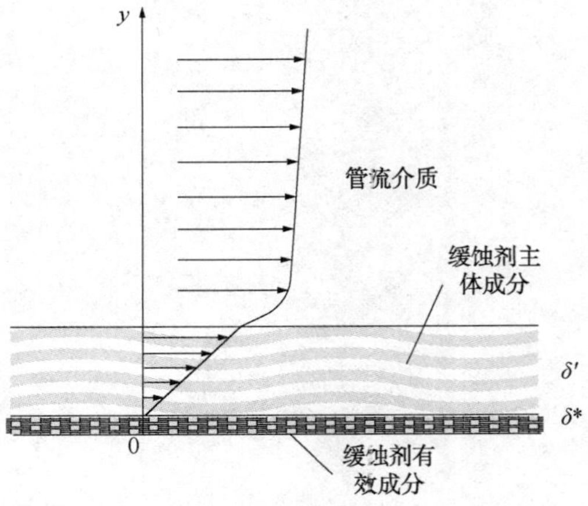

图2 缓蚀剂管道底部速度分布示意图

缓蚀剂涂膜后流动时，远离管道起点位置处可以得到前方来流补充，厚度减小较缓慢，近似用式(1)表示：

$$\delta(x,\ t)=\begin{cases}\dfrac{x}{t}\cdot\dfrac{\mu}{\tau_w}, & x<\delta'\cdot\dfrac{\tau_w}{\mu}\cdot t\\ \delta', & x\geqslant\delta'\cdot\dfrac{\tau_w}{\mu}\cdot t\end{cases}\tag{1}$$

不易流动部分流动过程分析，这类较稳定的缓蚀剂涂膜，我们认为它的失效主要源于涂层与主流介质间的分子浓差扩散可以写成：

$$u(y,\ t)=c_0\cdot\sum_{n=1}^{\infty}C_n\exp(-\beta_n^2a^2t)\cos(\beta_ny) \tag{2}$$

综合以上两式，油溶性缓蚀剂涂膜流动方程简化为：

$$\delta(t)=\frac{a_1}{t}\cdot+a_2\exp(-bt),\quad x<\delta'\cdot\frac{\tau_w}{\mu}\cdot t \tag{3}$$

式中 a_1 表示与挂片几何尺寸、缓蚀剂动力粘度、壁面剪切应力参数相关的系数；a_2 缓蚀剂不可流动层厚度相关的系数；b 表示与分子扩散系数有关的参数。a_1 随剪切应力 τ 增大而减小，a_2 是不易流动部分初始厚度 C_0 的倍数，随剪切力 τ 增大减小，随吸附能力增大而增大。

2.2 油溶性缓蚀剂失效测试实验

参照 SY/T 5273—2000《油田采出水用缓蚀剂性能评价方法》打磨以及清洗挂片，使用注射器往称重后的而金属挂片表面添加 0.12～0.13mL（即初始厚度约 100μm）的缓蚀剂，精确至 μm，将挂片置入气流流速为 5～7m/s 的管道，隔不同时间取出测试厚度，记录数据。管道内挂片放置图，如图 3 所示。

图 3 管道内挂片放置图

利用公式对实验数据进行拟合，得出缓蚀剂涂膜失效速度随时间变小，涂覆结束的 20h 内缓蚀剂涂膜急剧减小至 10μm 左右，之后缓蚀剂涂膜厚度变化平缓（图 4）。

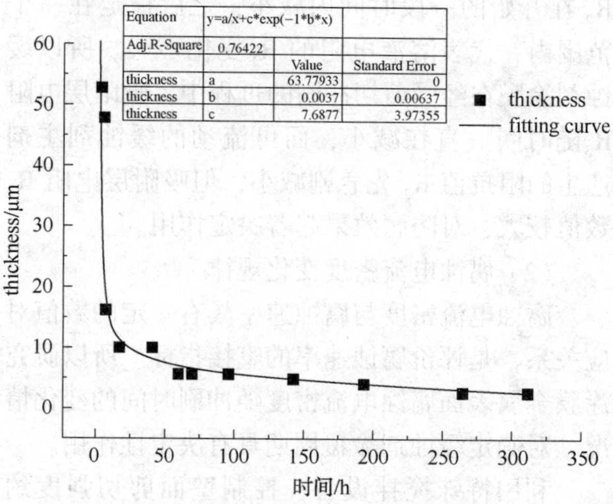

图 4 缓蚀剂涂膜厚度随时间变化规律

2.3 油溶性缓蚀剂电化学失效规律

（1）腐蚀电化学阻抗变化规律

将涂有油溶性缓蚀剂的腐蚀电极安装在特殊的支架上（图 5），置入容器内，利用搅拌器产生强制扰动，对金属电极表面进行剪切。通过 Fluent 软件可以计算得到金属表面所经受的剪切应力。实验中控制约 350r/min 转速，可以对金属表面产生 3～5Pa 剪切应力。

图 5 强制剪切容器内电极置放图

利用等效电路对不同浓度下的阻抗谱图进行拟合得出如下电化学阻抗随时间变化趋势图（图 6）。

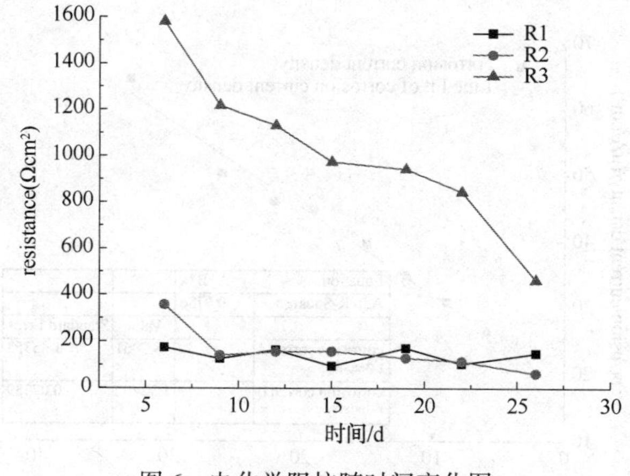

图 6 电化学阻抗随时间变化图

图中，R_1：溶液电阻，R_2：缓蚀剂涂膜电阻，R_3：缓蚀剂涂膜与金属界面的双电层电荷转移电阻

根据图 6 可以看出，代表缓蚀剂涂膜与金属界面的双电层电荷转移电阻的 R_3 随着实验天数的增加，一直在减小；代表缓蚀剂涂膜的电阻的

R_2 在开始的一段时间内减小，之后稳定在一个范围内；代表溶液电阻的 R_1 变化不大。所以缓蚀剂涂膜在经受剪切冲刷的过程中，吸附层电阻 R_3 随时间一直在减小，而可流动的缓蚀剂主剂产生的阻抗值 R_2 先急剧减小，但吸附层电阻 R_3 数值较大，对防腐效果起着决定作用。

（2）腐蚀电流密度变化规律

腐蚀电流密度与腐蚀速率具有一定的数值对应关系，是评价腐蚀速率的直接指标。所以研究涂膜金属表面腐蚀电流密度随冲刷时间的变化情况，对确定缓蚀剂涂覆周期具有决定性作用。

利用特殊搅拌设备，控制壁面剪切强度约 $5Pa$，冲刷介质为现场采出液，电极安装在特殊构件中，隔不同时间取出电极，置入相同的腐蚀环境（$pH=4$，水溶性缓蚀剂 600*ppm*）利用 2273 电化学工作站，施加扫描电压，获得 E-*log*I 曲线，并读取腐蚀电流密度数值，最终获得腐蚀电流密度随冲刷时间的变化规律。

腐蚀电流密度代表了金属失电子数，与腐蚀速率直接相关，根据管道内壁金属腐蚀特点，得出二者关系如下。

$$I_{corr} = 85.2388x\mu A/cm^2 \quad (4)$$

式中，x 为金属腐蚀速率

实验中，控制与现场近似的溶液环境，对涂覆有缓蚀剂涂膜的金属进行冲刷实验，间隔一定的天数，取出金属电极，在相同的溶液环境中进行电化学特性测试，并拟合相应的腐蚀电流密度数据。

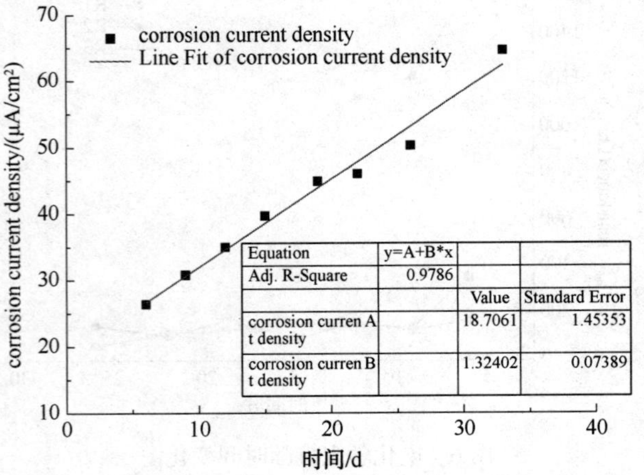

图 7　涂膜电极表面腐蚀电流密度随时间的变化曲线

腐蚀电流密度（腐蚀速率）随冲刷时间的延长，呈线性规律增长（图 7）。这与缓蚀剂涂膜厚度的变化规律存在差别，也不同于常见裸露金属电极表面腐蚀变化规律。拟合公式中的系数 k 与冲刷剪切强度、缓蚀剂与金属表面吸附特性、冲刷介质性质等因素有关。

$$I = kt + I_0 \quad (5)$$

式中，I_0 为初始时刻腐蚀电流密度

3　管道清管周期计算方法

对于现场腐蚀环境、剪切应力与实验室环境存在很大差异，所以借助现场的腐蚀监测数据，结合实验室内测试的腐蚀变化规律，对现场进行合理的预测是一种较为可行的方法。通过涂膜的电极表面腐蚀电流密度随冲刷时间的变化规律。可以得出，涂膜金属管壁腐蚀速率随时间的变化规律为：

$$x = k't + x_0 \quad (6)$$

式中，x 为腐蚀速率，*mm/a*；x_0 为初始时刻腐蚀速率，*mm/a*；k 为系数 *mm/(a.d)*，反应腐蚀电流密度随时间增加的速率。

现场管道内挂片腐蚀速率为一个清管周期内的平均腐蚀速率，对于一个涂覆周期为 *T* 的管道，其平均腐蚀速率可以表达为：

$$\bar{x} = \frac{\int_0^T x\mathrm{d}t}{T} = \frac{\int_0^T (k't + x_0)\mathrm{d}t}{T} = x_0 + \frac{1}{2}k' \cdot T^2 \quad (7)$$

可以看出，挂片所测试的平均腐蚀速率与涂覆作业周期的平方呈线性关系，与管道涂覆作业完成的初始时刻腐蚀速率 x_0 有关。

根据现场腐蚀挂片数据，可以确定管道在目前情况下的平均腐蚀速率，根据现场允许的最大平均腐蚀速率 $\bar{x}_{lim}$ 可以计算管道的允许最大清管周期。

$$T_{\lim} = T \cdot \sqrt{\frac{\bar{x}_{\lim} - x_0}{\bar{x} - x_0}} \quad (8)$$

根据气田腐蚀数据显示，普光气田管线腐蚀速率均值通常维持在 0.02~0.03*mm/a*。经计算普光管线在目前清管周期下的平均腐蚀速率值 0.035*mm/a*。出现的最小腐蚀速率为 0.0027*mm/a*，近似认为是管道初始时刻腐蚀速率，从安全角度考虑，除以 1.3 的安全系数，得出最长清管周期为：

$$T_{\lim} = 34.615 \approx 35(d)$$

4　结论

通过对普光气田集输管道批处理用油溶性缓

蚀剂涂膜失效规律进行理论分析、模型建立和实验研究。得出，缓蚀剂涂膜失效速度随时间变小，初始时刻缓蚀剂涂膜急剧减小，而后期减小缓慢，但涂膜金属表面腐蚀电流密度（腐蚀速率）随冲刷时间的变化呈线性关系。通过实验研究与数值模拟，研究各因素对油溶性缓蚀剂涂膜失效速率的影响，并根据研究结果和现场数据综合分析，估算出了最长清管周期，结果为45天，乘以1.3的安全系数，清管周期优化为35天，比原来的30天延长了5天，每年可减少1.5次清管批处理作业。

参考文献

[1] 龚金海，刘德绪，高继峰，盖洁超．普光气田集输系统综合防腐技术[J]．油气田地面工程，2014，33(3)：62-63.

[2] 杨发平，王贵波．普光气田地面集输系统腐蚀监测与控制体系[J]．天然气工业，2012，32(1)：94-94.

[3] 黄雪松，安思彤，陈长风．普光气田集输管材腐蚀评价及缓蚀剂加药工艺优化[J]．天然气工业，2011，31(9)：120-123.

[4] 苏国丰，刘二喜，朱明喜．普光气田集输系统设备和管道腐蚀原因分析与防护[J]．石油化工设备技术，2014，35(1)：45-48.

埋地钢质管道交流干扰防护技术标准在阴极保护中的应用与研究

娄　政　张伟峰　卫　姣　冯玉民　刘　洋　张胜利

（中国石化中原油田分公司）

摘　要　随着我国近几年经济的飞速发展，管道与交流输电线路、交流/直流电气化铁路、变电站等其它电气设施交叉、接近或共用公共走廊的现象越来越普遍，杂散电流干扰管道的情况越来越多，杂散电流干扰对埋地管道造成的危害也越来越大，对企业和民生造成的危害是不可估量的，及时发现存在杂散电流干扰的管道，通过有效的治理措施，对该段干扰的管道进行治理使其达到管道保护标准，才能及时消除隐患确保管道安全平稳运行。本文选取陕西省咸宝复线（咸阳－宝鸡）为研究对象，此段管道全长138km，沿途设输气场站2座、线路截断阀室7座，管道采用外加强制电流方法进行阴极保护。通过对埋地钢制输气管道交流杂散电流进行检测、分析和评估，探析《埋地钢质管道交流干扰防护技术标准》在输气管道阴极保护中的应用与研究。

关键词　埋地钢制管道；杂散电流；电流检测；阴极保护

1　背景概况

天然气管道与高铁、高压输电线路等近距离并行时，会产生电磁感应耦合，此时电流在传导线、回流线流动，周围产生交变磁场，在磁场作用下管线中的电荷交替地流向管线的两端，所产生的杂散电流强度与干扰电流的大小及并行长度成正比，与管线和电流之间的间距成反比。目前，国内外对于交流干扰的防护措施主要为“堵、排、测”，即对干扰源进行控制、对被干扰结构进行防护排流和加强干扰严重区域的监测。因此排流位置的选取、地床形式及与管道距离等参数的设计对于杂散电流的排流显得至关重要。本文选取陕西省咸宝复线输气管道与铁路、高铁存在平行及交叉区域的9根测试桩，对其交流杂散电流进行检测，通过数据分析，得出对应检测结果。

2　标准内容提要

针对交流腐蚀的安全评价主要是依据GB/T 50698—2011《埋地钢质管道交流干扰防护技术标准》3.0.5规定：当管道上的交流干扰电压不高于4V时，可不采取交流干扰防护措施；高于4V时，应采用交流电流密度进行评估，交流电流密度计算见公式（1）。

$$J_{AC}=\frac{8V}{\pi\rho d}$$

式中，J_{AC}为评估的交流电流密度，A/m^2；V为交流干扰电压有效值的平均值，V；ρ为土壤电阻率，Ω·m；d为破损点直径，m。

注：1ρ值应取交流干扰电压测试时，测试点出与管道埋深相同的土壤电阻率实测值；

2d值按发生交流腐蚀最严重考虑，取0.0113。

交流干扰程度如表1所示。

表1　交流干扰程度判断

交流干扰程度	弱	中	强
交流电流密度/（A/m^2）	<30	30~100	>100

引用于GB/T 40377—2021《金属和合金的腐蚀交流腐蚀的测定防护准则》。

标准给出可接受的交流干扰水平如下：

（1）第一步，管道平均交流电压应降低到15V以下。

（2）第二步，为了实现有效的交流腐蚀缓解，既要符合ISO 15589—1中的阴极保护电位要求，又要同时满足如下条件中的一项：

① 平均交流电流密度低于$30A/m^2$；

② 在平均直流电流密度低于 1A/m² 或极化电位 EIR-free 正于-1.15V(CSE)，且极化电位 EIR-free 负于-0.90V(CSE)时，平均交流电流密度可大于或等于 30A/m² 且小于 100A/m²。

考虑到本次检测的管道输送介质为天然气，附近存在电气化铁路及高压线等，若管线腐蚀穿孔发生天然气泄露将产生严重后果，因此针对管线腐蚀安全的评价限值，选择交流电流密度 30A/m²。综上所述，管道腐蚀评价指标：交流干扰电流密度低于 30A/m²；人身安全评价指标：交流干扰电压低于 15V。

3 评价指标

3.1 交流干扰程度评价指标

电气化铁路及高压输电系统对管线的电磁影响主要分为常态运行时对管线和附近人员的持续影响，及故障时的瞬时影响。其对管线造成的交流危害主要有两种，一种是管道对地电压升高，附近有施工、检测或维修人员触碰到管线裸露位置发生触电，给人员生命安全带来威胁。另一种是由于电磁耦合造成管道对地产生交流电压，管道内部产生交流杂散电流，管道沿线存在或大或小的破损点，电流由破损点流入附近土壤时将发生腐蚀。为了保证人身安全和管道阴极防护在有效范围内，管道交流电压应小于 15V。

3.2 阴极保护有效性判定准则

由 GB/T 21448—2017《埋地钢制管道阴极保护技术规范》可知，无 IR 降阴极保护电位 *EIR*free 应满足式 $E1 \leqslant EIR\text{free} \leqslant EP$ 的要求。阴极保护电位宜满足表 2 的要求。

表 2　金属材料在土壤及水中的自然电位、最小保护电位和限制临界电位

金属	环境条件	自然电位 *ECOR*/V	最小保护电位 *Ep*/V	限制临界电位/V
碳钢、低合金钢	一般土壤和水环境	-0.65~-0.40	-0.85	E_1^a
	40℃<T<60℃土壤和水环境	—	E_p^b	E_1^a
	T>60℃的土壤和水环境	-0.80~-0.50	-0.95	E_1^a
	$T<40$℃，$100\Omega\cdot m<\rho<1000\Omega\cdot m$ 含氧的土壤和水环境	-0.50~-0.30	-0.75	E_1^a
	$T<40$℃，$\rho>1000\Omega\cdot m$ 含氧的土壤和水环境	-0.40~-0.20	-0.65	E_1^a
	存在硫酸盐还原菌(SRB)腐蚀风险缺氧土壤和水环境	-0.80~-0.65	-0.95	E_1^a

注：所有电位相对于铜/饱和硫酸铜参比电极(CSE)

3.2.1 E1 限制临界电位

管道防腐层的限制临界电位 E1 不应比-1.20V(CSE)更负，并应防止防腐层出现阴极剥离、起泡、管体氢脆现象。

3.2.2 100mV 阴极电位负向偏移准则

当表 2 的阴极保护准则无法达到时，可采用阴极电位负向偏移至少 100mV 的准则。但此准则不适用于温度大于 40℃的环境、含硫酸盐还原菌的土壤、存在干扰电流、平衡电流和大地电流的情形、存在外部应力腐蚀风险的情形以及管道连接处或由多种金属组成的部件。

3.3 直流干扰程度评价指标

由 AS 2832.1《Cathodic protection of metals Part 1：Pipes and cables》可知，涂层性能良好的结构或已证实对杂散电流的响应为快速极化和去极化的构筑物，应遵循以下准则：

(1) 电位正于保护准则的时间不应超过测试时间的 5%；

(2) 电位正于保护准则+50mV(对黑色金属结构电位为-800mV)的时间不应超过测试时间的 2%；

(3) 电位应正于保护准则+100mV(对黑色金属结构电位为-750mV)的时间不应超过测间的 1%；

(4) 电位正于保护准则+850mV(对黑色金属结构电位为 0mV)的时间不应超过测试时间的 0.2%。

由 GB 19285—2014《埋地钢质管道腐蚀防护工程检验》可知，管道遭受直流干扰影响时，管地电位波动值(最大或者最小电位与无干扰时电位差值)大于 200mV，应采取杂散电流排流保护或其他防护措施(表 3)。

表 3　杂散电流干扰腐蚀危害程度与管地位波动值关系表

杂散电流干扰腐蚀危害程度	弱	中	强
管地电位波动值/mV	<50	50~350	>350

4　标准的实施

4.1　电位检测

首先采用万用表测量管地电位、交流电压，对管道电位进行初步判断，确认干扰情况，测量方法见图 1。

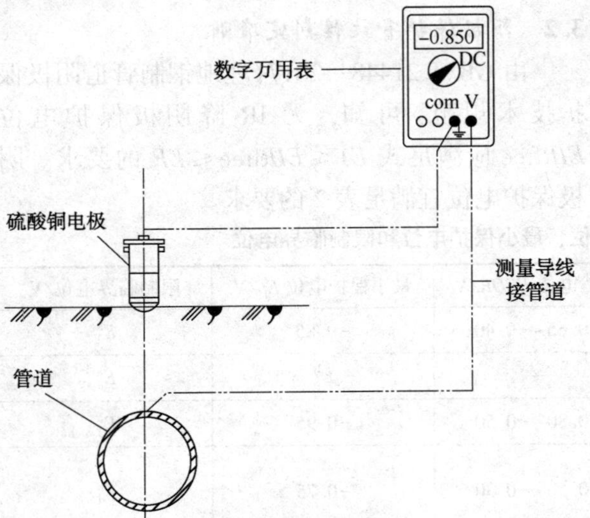

图 1　电位测量方法

采用 uDL2 对测试桩进行 24 小时电位监测，检查片面积为 1cm²，采集管道通电电位、试片断电电位、交流电压等数据。咸宝复线(557—639)测试桩分布见图 2。

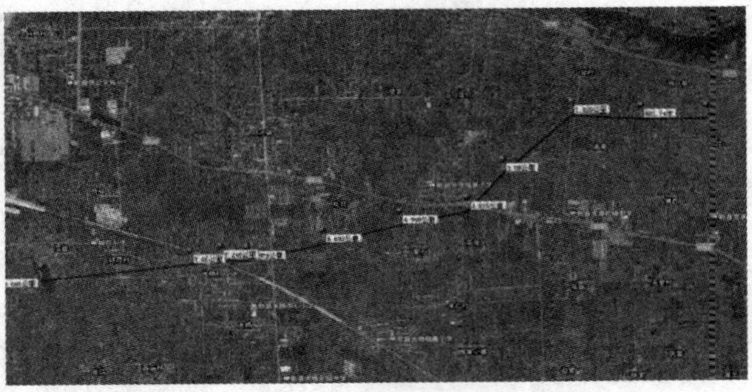

图 2　咸宝复线(557—639)测试桩分布

万用表普测部分测试桩交流电压超过 4V，但峰值不高，现场勘测中，交流电压偏高的位置，多与高压线存在并行及交叉情况，可以确定交流干扰源主要为高压输电线路，初步判断交流干扰强度不高。具体数据需要通过 uDL2 检测。

注：uDL2 是一款高精度、双通道数据记录仪，可以与阴极保护试片(探头)配合使用。

4.2　检测设备

检测试备见表 4。

表 4　检测设备

序号	设备名称	型号规格	数量	备注
1	万用表	Fluke15B+	2 台	测量电位
2	接地电阻测试仪	ZC-8	2 台	测量土壤电阻率和接地电阻
3	数据记录仪	uDL2	10 台	测量 24 小时电位数据
4	便携式参比电极	硫酸铜	8 只	/
5	试片	1cm²	10 套	测试断电电位
6	PCM	/	1 套	探测

4.3　电位分析

通过 uDL2 采集 24 小时电位数据，对管道受干扰成程度进行分析。

63 号测试桩，与交流高压线并行，距离约 600m。通过 uDL2 数据整理，直流断电电位正于-0.85V 时间占比为 31.1%，大于 5%，阴保不达标。

交流电压均值为 1.12V，峰值达到 3.12V，实地测量土壤电阻为 3.9Ω。交流电流密度均值为 5.16A/m²，峰值为 14.361A/m²，均小于 30A/m²。

交流电压峰值不超过 4V，且交流电流密度在合理范围内(小于 30A/m²)，故不需要做排流措施(图 3)。

571 号测试桩，与交流高压线并行，距离约 600m。通过 uDL2 数据整理，直流断电电位正于-0.85V时间占比为 98.6%，小于 5%，阴保达标。

交流电压均值为 1.05V，峰值达到 1.92V，实地测量土壤电阻为 6.6Ω。交流电流密度均值为 2.86A/m²，峰值为 5.22A/m²，均小于 30A/m²。

交流电压峰值不超过 4V 阴保达标，且交流电流密度在合理范围内(小于 30A/m²)，故不需要做排流措施(图 4)。

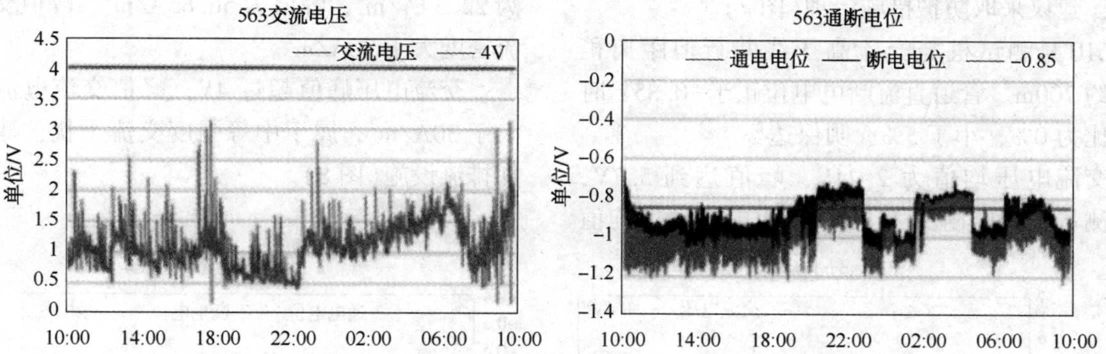

图 3　563 号桩电位分析

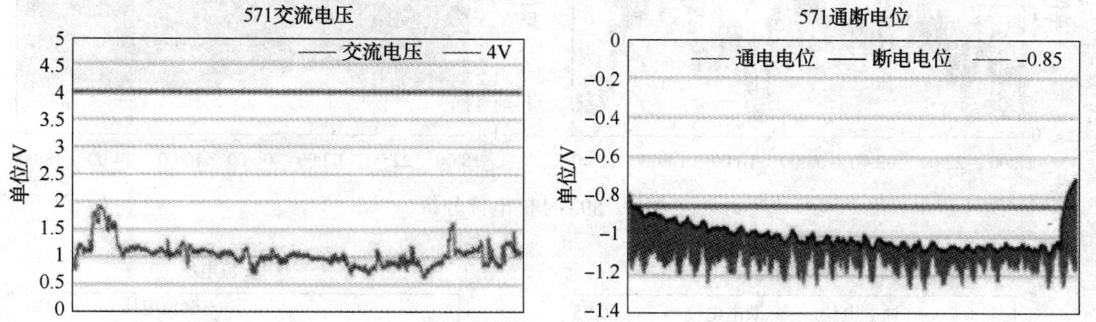

图 4　571 号桩电位分析

581 号测试桩，与交流高压线并行，距离约 200m。通过 uDL2 数据整理，直流断电电位正于-0. 85V 时间占比为 90. 38%，大于 5%，阴保不达标。

交流电压均值为 1. 13V，峰值达到 3. 51V，实地测量土壤电阻为 3. 5Ω。交流电流密度均值为 5. 8A/m^2，峰值为 18A/m^2，均小于 30A/m^2。

交流电压峰值不超过 4V，且流电流密度在合理范围内(小于 30A/m^2)，故不需要做排流措施(图 5)。

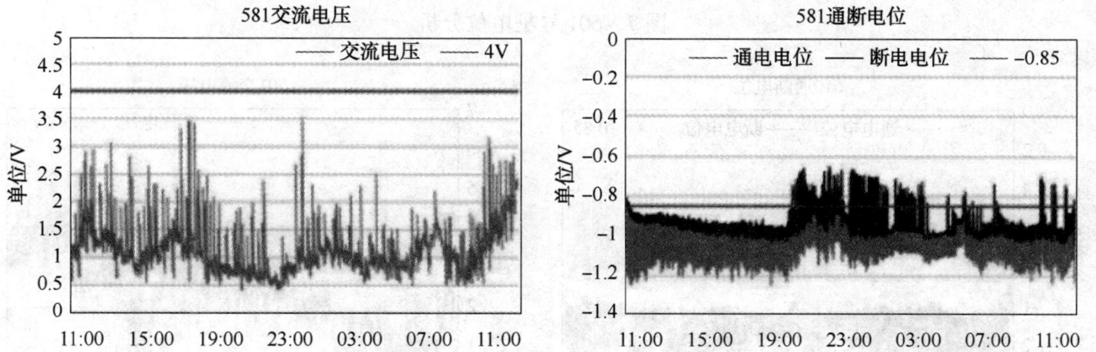

图 5　581 号桩电位分析

593 号测试桩，与交流高压线并行，距离约 300m。通过 uDL2 数据整理，直流断电电位正于-0. 85V 时间占比为 86%，大于 5%，阴保不达标。

交流电压均值为 2. 6V，峰值达到 5. 57V，实地测量土壤电阻为 5. 4Ω。交流电流密度均值为 8. 64A/m^2，峰值为 18. 52A/m^2，均小于 30A/m^2。

虽然交流电压峰值超过 4V，但交流电流密度在合理范围内，不需要做排流措施(图 6)。

601 号测试桩经现场踏线勘察该点位管道与交流高压线并行，距离约 400m，通过 uDL2 设备 24 小时监测数据可看到该点位直流断电电位正于-0. 85V 时间占比达到 91. 61%，大于 5%，阴极保护不达标。

交流电压均值为 2. 81V，峰值为 5. 82V，经现场测量土壤电阻为 2. 9Ω，交流电流密度均值为 17. 39A/m^2，峰值 36. 03A/m^2，属于中度交流干扰，建议采取防护措施治理(图7)。

610号测试桩与交流高压线并行但距离稍远，约700m。管道直流断电电位正于-0.85V时间占比为0%，小于5%，阴保达标。

交流电压均值为2.24V，峰值达到5.7V，实地测量土壤电阻为1.8Ω。交流电流密度均值为22.34A/m^2，峰值为56.85A/m^2，峰值交流电流密度大于30A/m^2。

交流电压峰值超过4V，峰值交流电流密度大于30A/m^2，属于中等强度交流干扰，建议增加排流设施(图8)。

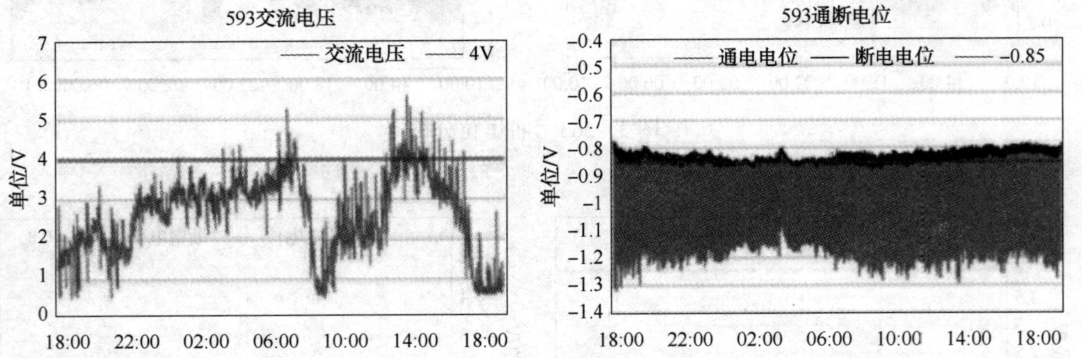

图6 593号桩电位分析

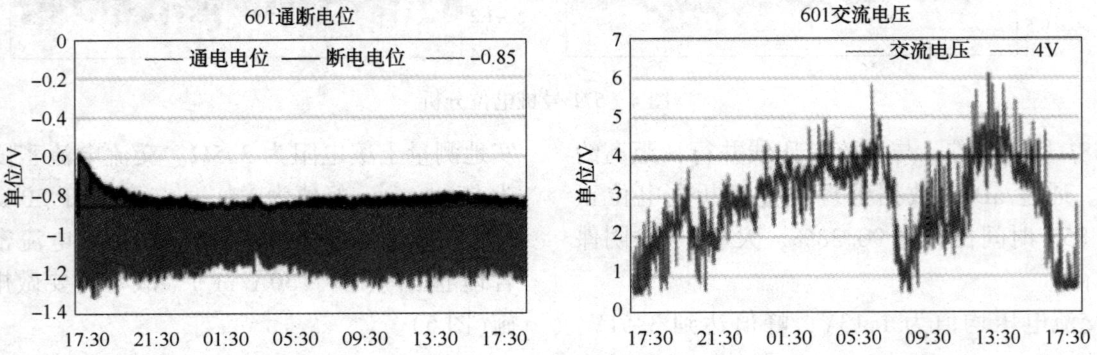

图7 601号桩电位分析

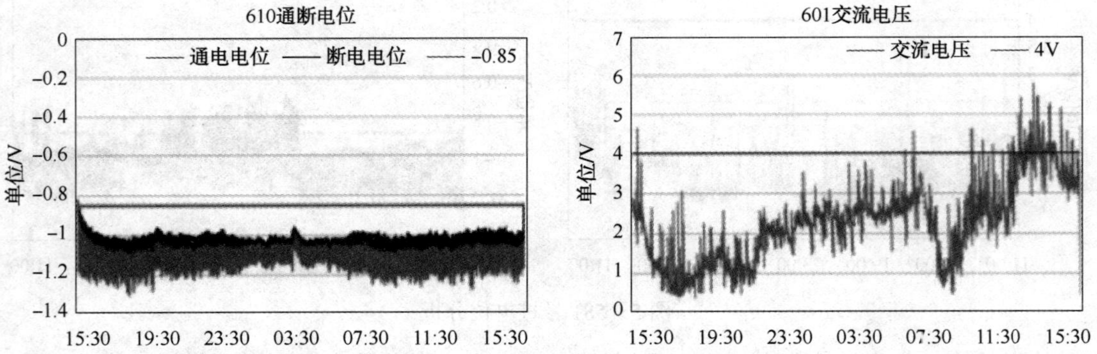

图8 610号桩电位分析

619号测试桩附近多交流条高压线与管道并行，垂直距离约5m，现场万用表空气中测量交流电压3V左右，通过uDL2设备24小时监测数据显示管道直流断电电位正于-0.85V时间占比为0%，小于5%，阴保达标。

交流电压均值为1.98V，峰值达到5.6V，实地测量土壤电阻为1.7Ω。交流电流密度均值为20.91A/m^2，峰值为59.13A/m^2，峰值交流电流密度大于30A/m^2。

交流电压峰值超过4V，峰值交流电流密度大于30A/m^2，属于中等强度交流干扰，建议增加排流设施(图9)。

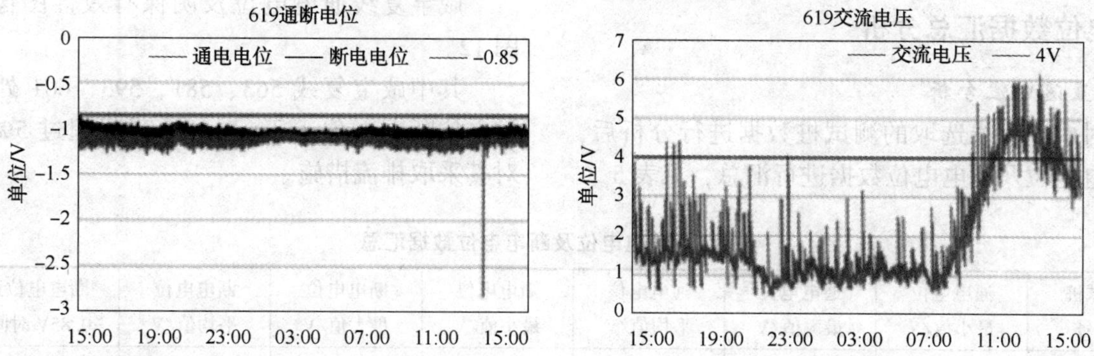

图 9　619 号桩电位分析

627 号测试桩位于高铁线路附近，距离约 150m，通过 uDL2 设备 24 小时监测数据显示管道直流断电电位正于-0.85V 时间占比为 0%，小于 5%，阴保达标。

交流电压均值为 1.28V，峰值达到 4.99V，实地测量土壤电阻为 2.9Ω。交流电流密度均值为 7.92A/m²，峰值为 30.89A/m²，峰值交流电流密度大于 30A/m²。

交流电压峰值超过 4V，峰值交流电流密度大于 30A/m²，属于中等强度交流干扰，建议增加排流设施(图 10)。

633 号测试桩位于高铁和高压线路附近，距离约 100 米，通过 uDL2 设备 24 小时监测数据显示管道直流断电电位正于-0.85V 时间占比为 0%，小于 5%，阴保达标。

交流电压均值为 1.57V，峰值达到 5.26V，实地测量土壤电阻为 1.7Ω。交流电流密度均值为 16.58A/m²，峰值为 55.54A/m²，峰值交流电流密度大于 30A/m²。

交流电压峰值超过 4V，峰值交流电流密度大于 30A/m²，属于中等强度交流干扰，建议增加排流设施(图 11)。

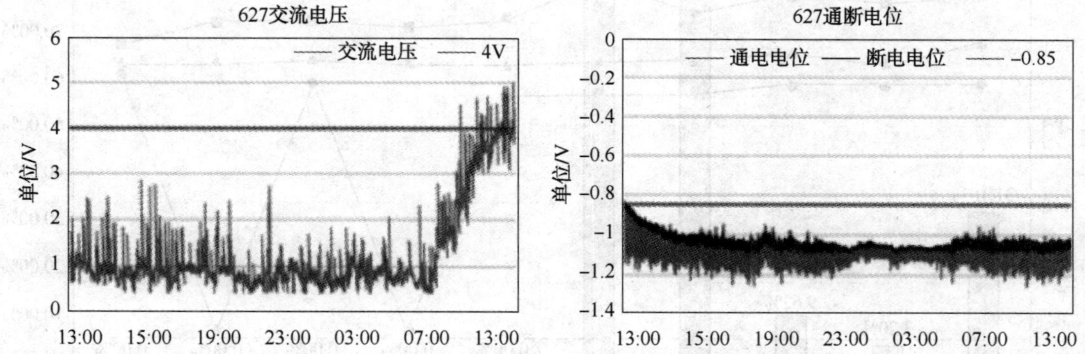

图 10　627 号桩电位分析

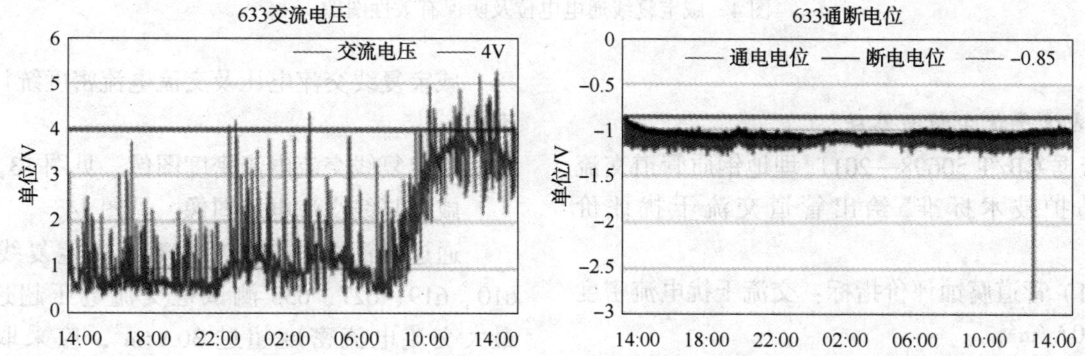

图 11　633 号桩电位分析

5 电位数据汇总分析

5.1 直流电位分析

对咸宝复线选取的测试桩数据进行分析后，将通电电位及断电电位数据进行汇总，见表5。

咸宝复线通电电位及阴保有效性图像，见图12。

其中咸宝复线563、581、593、601处测试桩电位断电电位正于-0.85V时间超过5%，应对其采取排流措施。

表5 通电电位及断电电位数据汇总

测试桩编号	通电电位最小值/V	通电电位最大值/V	通电电位平均值/V	断电电位最小值/V	断电电位最大值/V	断电电位平均值/V	断电电位正于-0.85V时间占比
563	-1.23	-0.66	-0.97	-1.06	-0.66	-0.9	31.10%
571	-1.26	-0.71	-1.11	-1.08	-0.71	-1	3.20%
581	-1.24	-0.65	-1.03	-1.04	-0.65	-0.94	9.62%
593	-1.31	-0.77	-1.08	-0.87	-0.77	-0.83	86.00%
601	-1.31	-0.57	-1.1	-0.89	-0.58	-0.81	91.61%
610	-1.3	-0.82	-1.12	-1.08	-0.82	-1.02	0.00%
619	-2.81	-0.87	-1.11	-1.1	-0.87	-1.02	0.00%
627	-1.25	-0.83	-1.09	-1.09	-0.83	-1.04	0.00%
633	-2.82	-0.84	-1.1	-1.1	-0.85	-1.03	0.00%

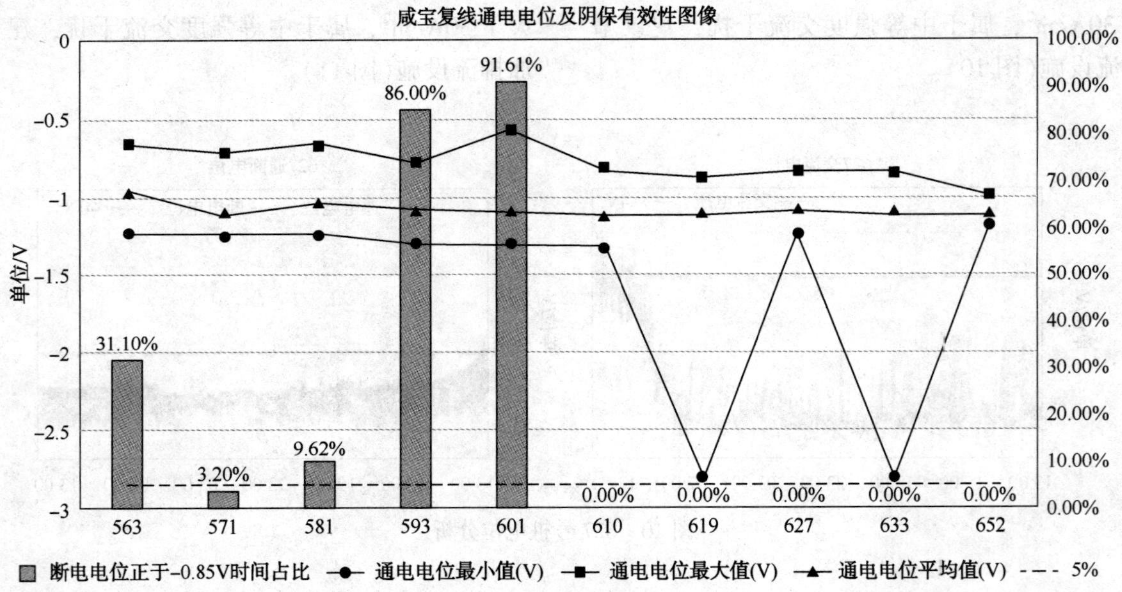

图4 咸宝复线通电电位及阴保有效性图像

5.2 交流干扰分析与总结

依据GB/T 50698—2011《埋地钢质管道交流干扰防护技术标准》给出管道交流干扰评价指标：

(1) 管道腐蚀评价指标：交流干扰电流密度低于30A/m²；

(2) 人身安全评价指标：交流干扰电压低于15V。

咸宝复线交流电压及交流电流密度统计，见表6。

咸宝复线交流电流密度图像，见图13。

咸宝复线交流电压图像，见图14。

通过对汇总数据分析发现，咸宝复线601、610、619、627、633测试桩交流电压超过4V，最大交流电流密度超过30A/m²，应采取排流措施。

表6　咸宝复线交流电压及交流电流密度统计

测试桩编号	交流干扰最大值/V	交流干扰平均值/V	交流干扰最小值/V	土壤电阻/Ω	土壤电阻率/(Ω·m)	交流电流密度/(A/m^2)(最大值)	交流电流密度/(A/m^2)(平均值)	交流电流密度/(A/m^2)(最小值)
563	3.12	1.12	0.42	3.9	48.984	14.36	5.16	1.93
571	1.92	1.05	0.63	6.6	82.896	5.22	2.86	1.71
581	3.51	1.13	0.42	3.5	43.96	18.00	5.80	2.15
593	5.57	2.6	0.54	5.4	67.824	18.52	8.64	1.80
610	5.7	2.81	0.53	2.9	36.424	36.03	17.39	3.28
619	5.6	1.98	0.5	1.7	21.352	59.13	20.91	5.28
627	4.99	1.28	0.45	2.9	36.424	30.89	7.92	2.79
633	5.26	1.57	0.4	1.7	21.352	55.54	16.58	4.22

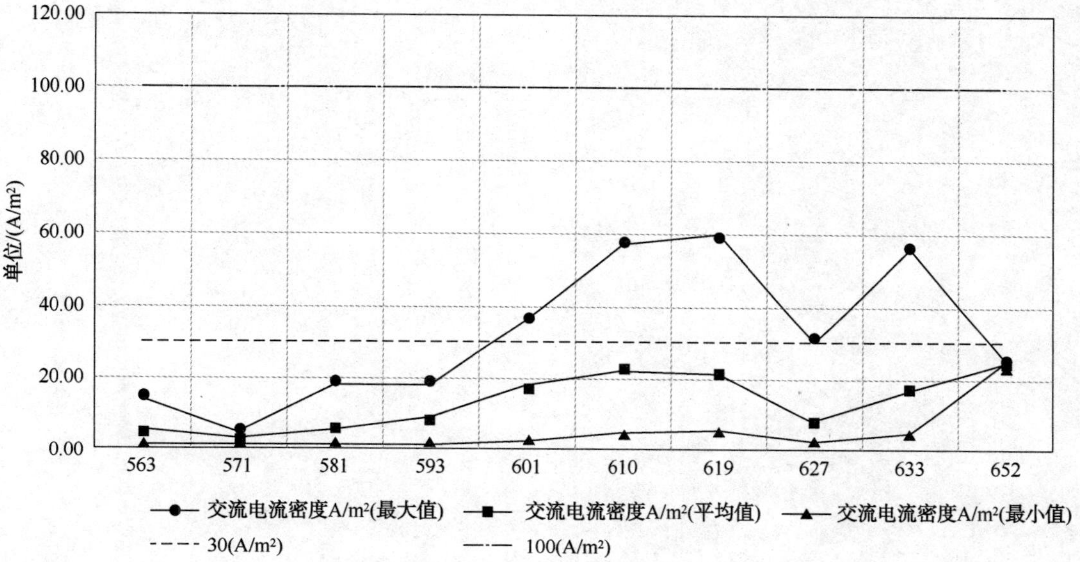

图13　咸宝复线交流电流密度图像

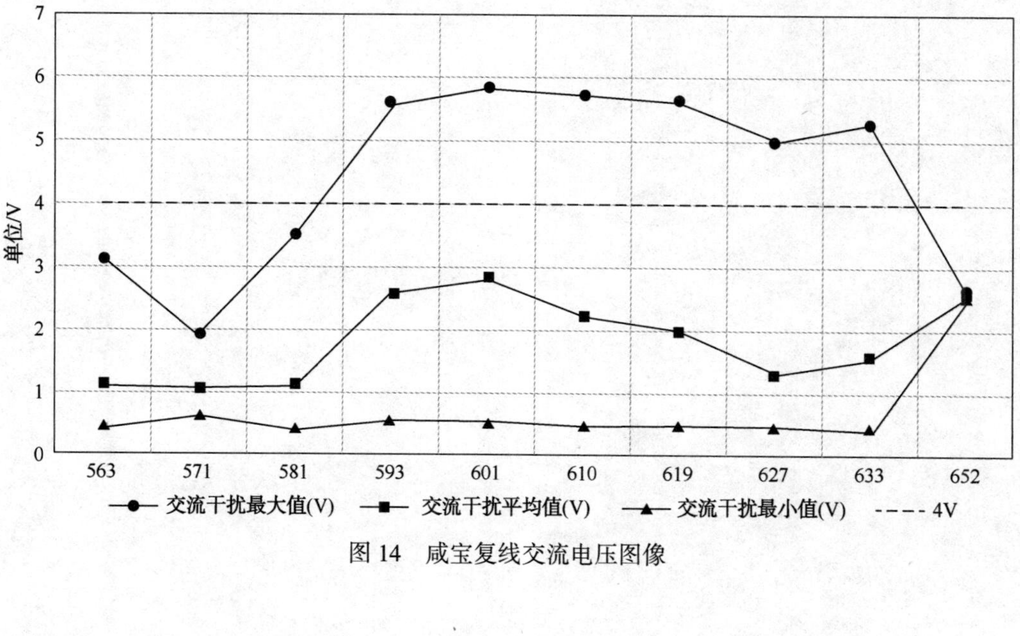

图14　咸宝复线交流电压图像

参 考 文 献

[1] 王海峰．埋地钢制管道腐蚀机理分析及应对措施[C]．//第八届石化装置工程风险分析技术应用研讨及经验交流会论文集．2013：236-239.
[2] 杨旭晖．高压输电线对埋地钢制管道影响及保护措施[J]．中文科技期刊数据库(全文版)工程技术，2021(11)：0066-0068.
[3] 闫茂成，石薇，王彬彬．埋地阴极保护管线的交流干扰腐蚀[J]．装备环境工程，2021，18(4)：1-8.
[4] 曹威．长输管道交流腐蚀防护技术现状综述[J]．石油和化工设备，2019，22(9)：99-101.
[5] 康甜甜，刘波，王树立，刘朝阳，姜英豪，周昊，杨燕．埋地管道交流腐蚀与阴极保护研究进展[N]．常州大学学报：自然科学版，2016，28(1)：67-72.
[6] 黄建芳，王建华，刘强．交流杂散电流对埋地钢质管道腐蚀危害实验[N]．后勤工程学院学报，2014，30(1)：47-51.

二氧化碳驱油封存项目二氧化碳减排量核算方法研究

刘 杰

（中国石油化工股份有限公司胜利油田分公司）

摘 要 二氧化碳驱油封存项目（CO_2-EOR）是CCUS在石油石化行业的生动实践，是实现"双碳目标"的托底技术手段。但目前二氧化碳环境监测体系不健全，国内外也无互认的减排量核算标准，CO_2-EOR项目的封存量无法准确核算，项目的经济效益、社会效益和生态效益无法充分体现。

本文针对二氧化碳减排量核算标准的空白，研究了核算边界与排放源识别的方法，提出了地下、地上泄漏排放量监测与核算方法，形成了二氧化碳减排量标准，提出了二氧化碳减排量核算的工作建议。

关键词 CO_2-EOR；CCUS；环境监测；碳减排量核算

1 研究背景及意义

二氧化碳捕集、利用与封存（Carbon Dioxide Capture，Utilization and Storage，CCUS）是指将二氧化碳从工业过程、能源利用或大气中分离出来，直接加以利用或注入地层以实现二氧化碳永久减排的过程，如图1所示。

图1 CCUS主要类型示意图

CCUS是实现中国"双碳目标"必不可少的技术手段。同时CCUS也是我国化石能源低碳利用的唯一技术选择和保持电力系统灵活性的主要技术手段。因此，在"双碳"目标下，大力发展CCUS技术不仅是未来减少二氧化碳排放、保障能源安全的战略选择，而且是构建生态文明、实现绿色低碳可持续发展的重要手段。

二氧化碳强化石油开采技术（CO_2-EOR）是CCUS中少数可以在石油行业中具体应用且有着成熟商业性实践的技术（见图2）。它是指将二氧化碳注入油藏，利用其与原油的物理化学作用，使原油的性质和油藏发生变化，实现增产石油并封存二氧化碳的工业工程。二氧化碳驱油封存项目基于CO_2-EOR开发，项目可平均提高采出地质储量的13%。根据生态环境部发布的《中国二氧化碳捕集利用与封存（CCUS）年度报告（2021）》，二氧化碳强化石油开采技术封存潜力约51亿吨二氧化碳。二氧化碳驱油封存实现了石油增产和二氧化碳减排双赢，是化石能源大规模低碳利用的新兴技术，也是油田企业绿色低碳转型与实现“碳中和”的重要途径。

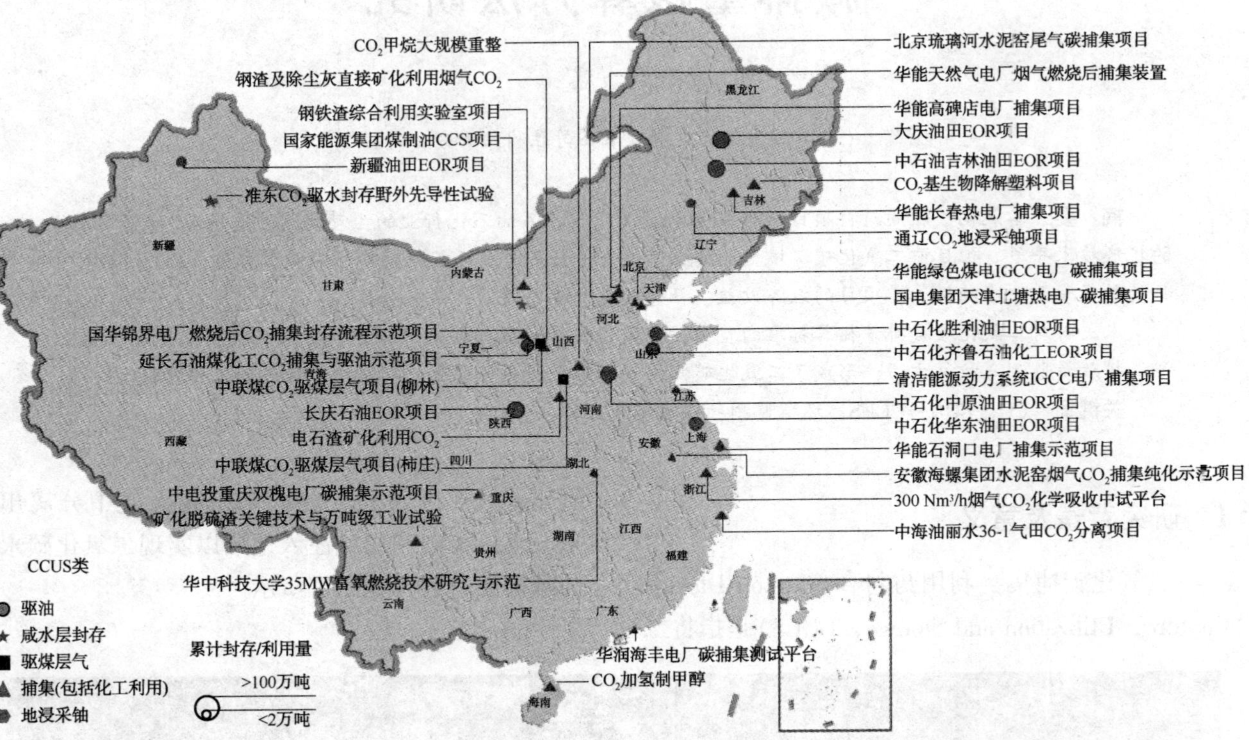

图2　国内CCUS项目分布图

对二氧化碳驱油封存项目的减排量进行量化、核算和验证，是检验减排效果、固化形成碳资产、开展碳市场交易的基础。确定二氧化碳驱油封存项目核算边界、获取完整的二氧化碳环境监测数据，形成覆盖所有二氧化碳排放源的计算方法，准确核算二氧化碳减排量对于形成固化形成可量化、核算和验证的碳资产，彰显二氧化碳驱油封存项目的经济、社会效益，支撑我国二氧化碳驱油封存项目可持续高质量发展具有重要意义。

2　国内外研究现状及进展及存在问题

目前国内外二氧化碳环境监测体系及二氧化碳减排量核算方法不能完全满足二氧化碳驱油封存项目减排量核算需求，具体表现在以下两方面：

（1）二氧化碳环境监测体系不足以支撑二氧化碳减排量核算

国外、国内环境监测目的均不指向二氧化碳泄漏量核算。在技术层面上，国外CCUS项目环境监测主要目的是掌握二氧化碳在地层中的移动。Sleipner（挪威），Weybum（加拿大）和InSalah（阿尔及利亚）三个项目的年注入规模都超过了100万吨，是非常典型的工业规模水平CCUS项目。其中，Sleipner是全球第一个大规模二氧化碳地质封存项目，Weyburm是当前二氧化碳地质封存项目中注入规模最大的，年注入量为300万吨二氧化碳。但Sleipner和Weyburn项目的3D-4D地震成像技术应用较为成功，而inSalah项目的合成孔径雷达干涉测量技术取得了很好的结果，三个项目均未对环境监测给予足够的重视，导致后期环境问题逐渐凸显。在法律层面上，国外法律法规未对二氧化碳驱油封存项目环境监测做强制要求。美国联邦法规中第40部分环境保护提到了二氧化碳地质封存规则（RR规则）和地下注入二氧化碳规则（UU规则）。RR规则适用于二氧化碳地质封存项目，要求报告项目接收的二氧化碳量、地表泄漏排放的二氧化碳量等 7 项数据；UU 规则适用于二氧化碳驱油封存项目，仅要求报告接收的二氧化碳量，不对地表泄漏排放的二氧化碳量等数据做监测要求。此外，美国《清洁空气阀法》《安全饮用水法 SDWA》等法律法规同样使用了 RR 规则和(UU 规则)。

国内 CCUS 项目环境监测是以环境影响、安全评价、泄漏预警、二氧化碳气体逃逸路径及危害为目的的背景值监测，泄漏量核算方法不健全。中国神华煤制油深部咸水层二氧化碳地质封存示范工程与延长石油二氧化碳驱油封存项目，对地表二氧化碳通量开展了监测，但是大气、地下水等现有监测仅实现二氧化碳浓度监测，对泄漏的二氧化碳质量无核算手段。

(2) 现行二氧化碳减排量核算方法不完全适合二氧化碳驱油封存项目

国际标准、国内标准核算边界确定方法不适用于二氧化碳驱油封存项目，部分排放源暂无核算方法。

国际标准化组织(ISO)于 2006 年发布 ISO 14064—1《组织层次上对温室气体排放和清除的量化和报告的规范及指南。此外，一些行业性组织也发布了若干针对行业的核算标准、方法与工具，国外核算标准普遍缺乏二氧化碳运输和驱油环节二氧化碳排放量核算，且并未针对每一项排放源给出具体的核算方法。

2015 年 11 月，中国正式发布了第一批企业温室气体核算国家标准，包括 GB/T 32150《工业企业温室气体排放核算和报告通则》与 GB/T 32151. 1—10 发电、钢铁、化工等 10 个行业的温室气体排放核算与报告要求。虽然我国已经在多行业建立并实施温室气体排放核算方法，但方法不涉及二氧化碳运输和驱油环节，不能有效支撑二氧化碳驱油封存项目二氧化碳排放量核算。

目前无论是国际标准还是国内标准、核算指南，对常见的二氧化碳排放源的排放量核算均给出了明确的核算公式，但二氧化碳驱油封存项目特有的二氧化碳泄漏、外输至核算边界外等二氧化碳驱油环节二氧化碳排放量均未明确核算方法。

3 主要研究内容及创新点

3.1 主要研究内容

基于齐鲁石化—胜利油田百万吨级 CCUS 示范工程，通过文献和现场调研、科研攻关、现场实验，形成了核算边界确定、二氧化碳环境监测、减排量核算三项关键技术，建立了二氧化碳减排量监测核算技术体系，实现了二氧化碳驱油封存项目二氧化碳减排量的精确核算。

3.2 创新点

(1) 提出了二氧化碳驱油封存项目核算边界确定方法，明确了排放源类型；

(2) 建立了二氧化碳三层次(空中、地面、地下)、三介质(气体、液体、固体)的环境监测体系，实现了二氧化碳泄漏的有效监测，填补了国内技术空白；

(3) 创新提出了二氧化碳泄漏量核算方法，实现了从二氧化碳浓度监测到泄漏量核算的飞跃；

(4) 创新提出了基于二氧化碳驱油封存项目的有组织放空排放、地上泄漏排放、地下泄漏排放、外输边界外排放 4 类排放源的排放量核算方法，形成了二氧化碳减排量核算技术体系，实现了二氧化碳驱油封存项目排放源全覆盖核算。

本文首先介绍了确定核算边界与识别排放源的方法，接着分别详细阐述了地下、地上两部分排放量监测与核算方法，提出了二氧化碳减排量方法，最后对做好二氧化碳驱油封存项目二氧化碳减排量核算提出了工作建议。

4 二氧化碳减排量核算方法

4.1 确定核算边界与识别排放源

4.1.1 确定核算边界

在项目运行中，二氧化碳排放来源于项目所涉及的油藏区块、地面生产系统和辅助生产系统，以这三部分作为核算边界。

油藏区块包括二氧化碳注入地层及发生运移、溶解、矿化所在地层。

地面生产系统包括举升系统、注入系统、集输系统、其他系统等。涉及二氧化碳注汽站、注入井、受效油井、分气增压站、采出液处理站、伴生气回注站、回注井及采出液外输。

辅助生产系统包括为项目直接服务的工程车辆等。

根据示范项目生产工艺流程，划定了核算边界，如图 4-1 所示。

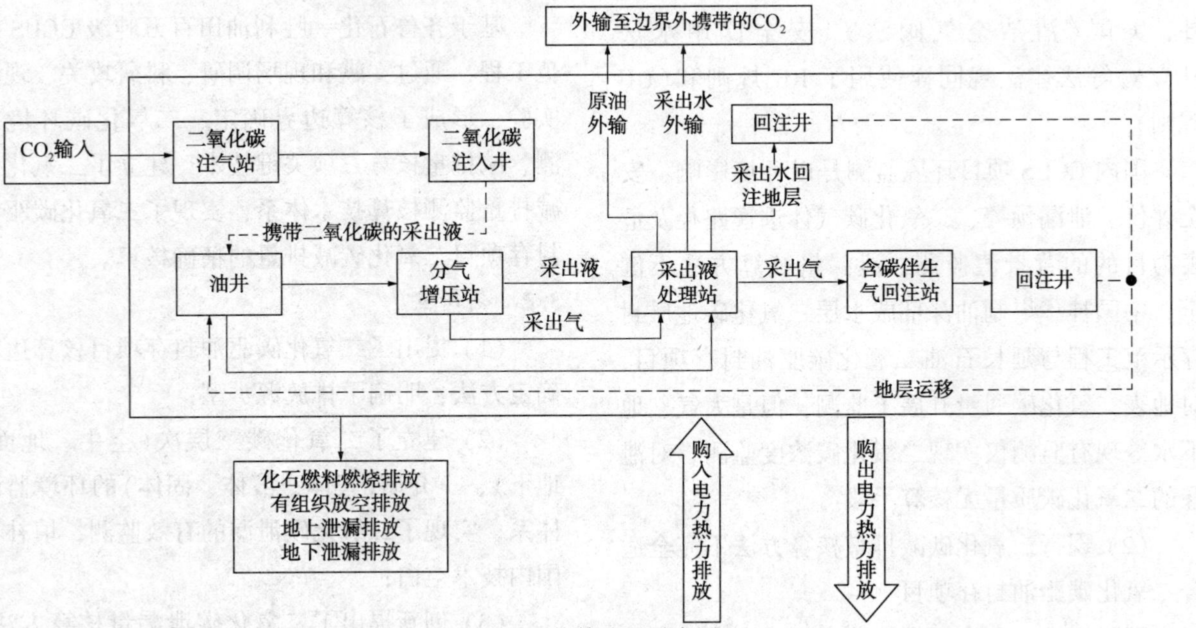

图 4-1　核算边界示意图

4.1.2　识别基准线情景

基准线情景是指用来提供参照的，在不实施项目的情景下可能发生的假定情景。具体来说，基准线情景就是项目发生新建、改建、扩建前的二氧化碳排放量和注入量的底数。由于这部分底数与项目是否发生新建、改建、扩建无关，故在计算二氧化碳减排量时需要扣减这部分底数。

4.1.3　识别排放源

在确定核算边界、识别基准线情景之后，需要识别出核算边界内所有二氧化碳排放源，通过合适的方法核算二氧化碳排放量。

二氧化碳驱油封存项目的排放源包括化石燃料燃烧，有组织放空，地上泄漏，地下泄漏排放，输入/输出的电力、热力产生的二氧化碳排放，外输至核算边界外携带二氧化碳排放。二氧化碳排放源及举例如表 4-1 所示。

表 4-1　二氧化碳驱油封存项目的排放源

泄漏位置分类	二氧化碳排放源	排放源举例
地下部分	地下泄漏排放源	井筒外壁、断层、盖层
地上部分	化石燃料燃烧排放源	固定锅炉、撬装式锅炉、加热炉、发电机、工程车辆等
	有组织放空排放源	二氧化碳注入泵、二氧化碳储罐、注气管道、注入井井口、油井井口、分气增压站、采出液处理站等部位的固定放空口，以及其他临时放空口。
	地上泄漏排放源	油井井口、注入井井口、阀门、法兰、注入泵、取样口、地面集输管线、储罐泄漏，以及未被定义为有组织放空的其他压力设备泄漏排放。
	输入/输出电力、热力产生的二氧化碳排放源	输入部分：电动机系统、制热设备、制冷设备、交流电焊机、照明设备等 输出部分：化石燃料燃烧发电入网部分；光伏、风能、地热、余热等发电入网部分； 地热、余热等热能外输部分
	外输至核算边界外携带二氧化碳排放源	采出气、采出水、原油等介质中携带二氧化碳输送至核算边界外的部分

4.2　地下部分泄漏排放量监测与核算

二氧化碳驱油封存项目地下部分泄漏为注入的二氧化碳沿着井筒外壁、断层、盖层泄漏到地面产生的排放。为核算地下泄漏排放量，同时实现二氧化碳泄漏预警，基于示范工程，编制了大气、地表土壤、浅层地下水与浅层土壤气二氧化碳监测方案，布点了12处CPEC310闭路涡度测量系统，全天候监测大气二氧化碳；开展地表土壤气人工监测，布点10口地下水监测井，获取地表土壤、浅层土壤和地下水二氧化碳浓度。2022年2月至今，累计开展6轮次共计2000余批次监测，空气中二氧化碳浓度(426~515)×10^{-6}，土壤表面二氧化碳通量(0.057~3.61)g/m^2·h，监测结果与示范项目投运前的背景值相比，无异常。

4.2.1 大气二氧化碳监测

根据示范工程工艺和地理环境，布点了12处CPEC310闭路涡度测量系统，覆盖注气井及注气站共(每点为直径3km圆形区域)。系统通过在线监测二氧化碳浓度、风速、风向，计算出二氧化碳通量。如图4所示。

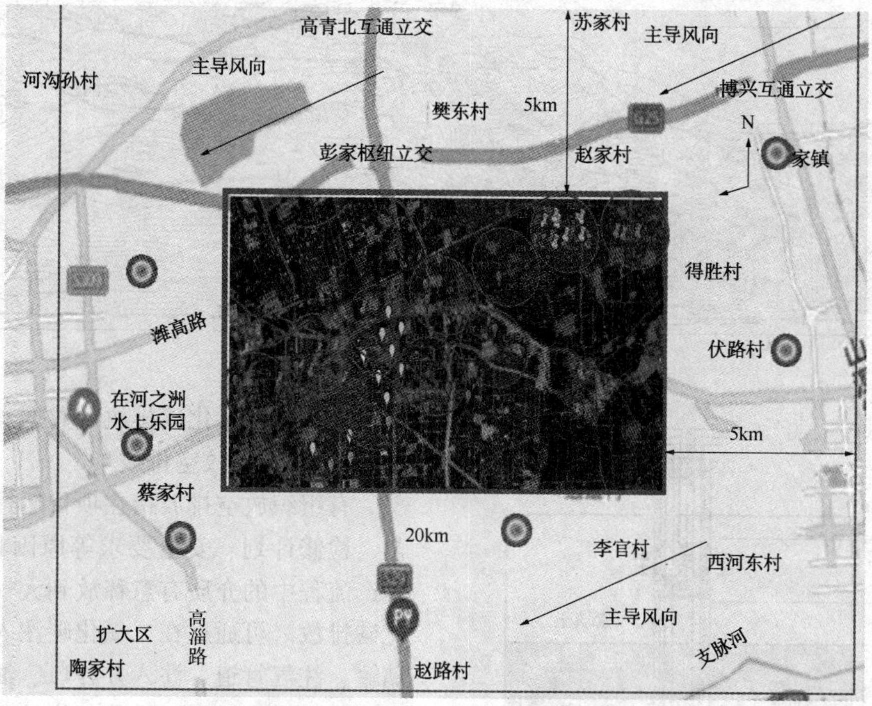

图4 示范项目大气二氧化碳监测布点

同时，利用风速仪二氧化碳便携式监测仪进行人工监测，与在线监测数据对比验证。人工监测点位615个，每月抽测10%，年度完成全覆盖。

4.2.2 地表土壤气监测

采用EGM-5土壤呼吸测量仪开展地表土壤气二氧化碳浓度和通量人工监测，监测点位包括76口注入井、166口采出井、180口长停井。在项目建设期，所有点位全覆盖监测1次；在项目运营期，每月抽测10%，年度完成全覆盖。

在注气区域以1km×1km正方形网格布点，每个网格测试150点位；在注汽区域周边以4km×4km正方形网格布点，每个网格测试40点位。如图5所示。

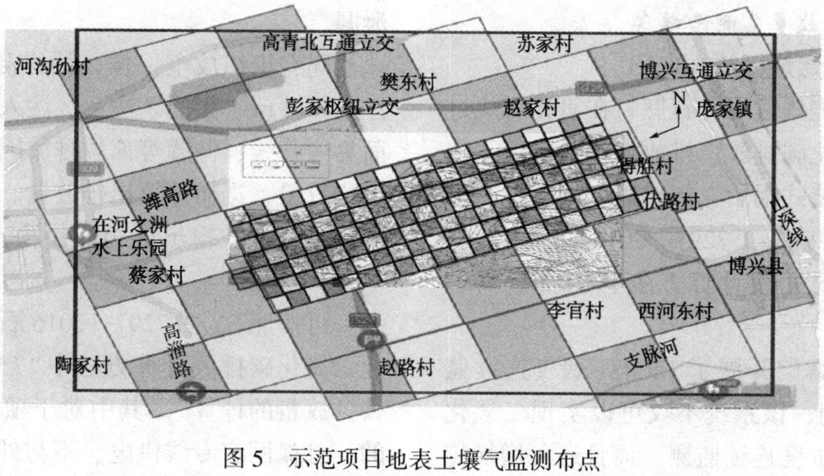

图5 示范项目地表土壤气监测布点

4.2.3　浅层地下水和浅层土壤气

根据示范项目地址特征，在断层、通天断层上方处布设地下水监测井，井深30米。井内下入地下流体保真取样仪，每月1次取样地下水，测试pH、总矿化度、HCO_3^-、CO_3^-等参数，计算浅层地下水度监测；土壤取样实现二氧化碳浓度。如图6、图7所示。

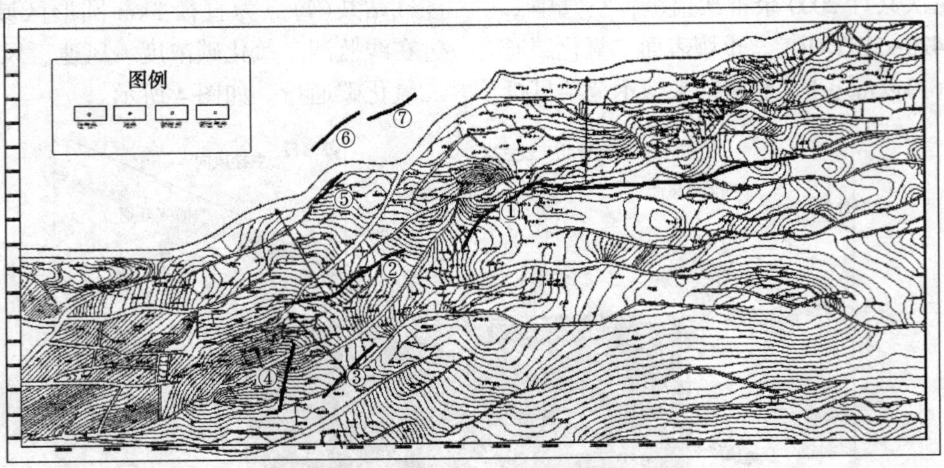

图6　示范项目断层分布图

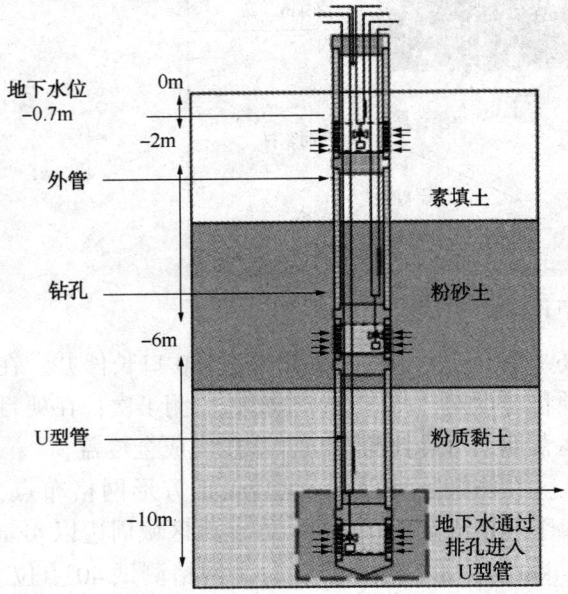

图7　地下流体保真取样仪原理图

4.3　地上部分排放量监测与核算

4.3.1　化石燃料燃烧排放

化石燃料燃烧排放指化石燃料在氧化燃烧过程中产生的二氧化碳排放。排放点位包括但不限于固定锅炉、撬装式锅炉、加热炉、发电机、工程车辆等。可按照SY/T 7297—2016石油天然气开采企业二氧化碳排放计算方法中“6.2燃料燃烧排放”计算。

少数火电厂烟囱开展了CEMS（烟气连续监测系统）试点监测，该系统不仅可以实现二氧化硫等各类污染物浓度连续监测，而且还可增加传感器，实现二氧化碳排放量数据实测。

4.3.2　有组织放空排放

有组织放空排放指在项目运行中，因生产工艺、检修计划、安全要求等原因将设备、设施、生产流程中的介质有意释放到大气中引起的二氧化碳排放。可通过在二氧化碳注入泵、二氧化碳储罐、注气管道、注入井井口、油井井口、分气增压站、采出液处理站等部位的固定放空口安装流量计，在线读出二氧化碳排放量数据；不具备条件的，可在所有点位中抽样测试出排放因子，统计出放空点位数量及每年放空次数，进而计算出排放量。

4.3.3　地上泄漏排放

地上泄漏排放指由于地上设备/组件泄漏引起的介质无组织排放到大气中引起的二氧化碳，包括未被定义为有组织放空的其他压力设备泄漏。

同有组织放空一样，抽样测试出油井井口、注入井井口、阀门、法兰、注入泵、取样口、地面集输管线、储罐等部位排放因子，统计出排放点位数量，进而计算出排放量。

4.3.4　输入/输出电力、热力产生的二氧化碳排放

可按照SY/T 7297—2016石油天然气开采企业二氧化碳排放计算方法中“7能源间接二氧化碳排放量的计算”。其中对于项目使用孤网电力的，且孤网有专线供电、不与外部电网连接，电

力排放因子优先使用供电单位提供的数值。

4.3.5 外输至核算边界外携带二氧化碳产生的排放

外输至核算边界外携带二氧化碳产生的排放指项目将采出气、采出水、原油等介质外输至核算边界外引起介质携带二氧化碳离开核算边界外产生的二氧化碳排放。

可通过在外输管线上安装在线监测仪表，计量采出气、采出水、原油的累积质量流量、二氧化碳质量分数，二者相乘得出二氧化碳排放量。

4.4 二氧化碳减排量核算

4.4.1 二氧化碳排放总量

二氧化碳排放总量为化石燃料燃烧排放，有组织放空排放，地上泄漏排放，地下泄漏排放，输入/输出电力和热力产生的二氧化碳排放及外输至核算边界外携带二氧化碳排放量之和。项目排放量和基准线情景排放量均按式(1)计算。

$$E = E_{燃料} + E_{放空} + E_{地上} + E_{地下} + E_{输入电} + E_{输入热} - E_{输出电} - E_{输出热} + E_{外输} \quad (1)$$

式中，E 为二氧化碳排放总量，单位为吨(t)；$E_{燃料}$ 为化石燃料燃烧二氧化碳排放量，单位为吨(t)；$E_{放空}$ 为有组织放空二氧化碳排放量，单位为吨(t)；$E_{地上}$ 为地上泄漏二氧化碳排放量，单位为吨(t)；$E_{地下}$ 为地下泄漏二氧化碳排放量，单位为吨(t)；$E_{输入电}$ 为输入的电力产生的二氧化碳排放量，单位为吨(t)；$E_{输入热}$ 为输入的热力产生的二氧化碳排放量，单位为吨(t)；$E_{输出电}$ 为输出的电力产生的二氧化碳排放量，单位为吨(t)；$E_{输出热}$ 为输出的热力产生的二氧化碳排放量，单位为吨(t)；$E_{外输}$ 为外输至核算边界外二氧化碳排放量，单位为吨(t)。

4.4.2 二氧化碳减排量

二氧化碳驱油封存项目具备二氧化碳排放和二氧化碳注入功能，其中二氧化碳注入作为负碳技术，应视为减排措施。项目二氧化碳减排量为相对于基准线情景的注入量减去排放量，按公式(2)计算。

$$R = (I_{项目} - I_{基准}) - (E_{项目} - E_{基准}) \quad (2)$$

式中，R 为项目二氧化碳减排量，单位为吨(t)；$I_{项目}$ 为项目二氧化碳注入总量，单位为吨(t)；$I_{基准}$ 为基准线情景二氧化碳注入总量，单位为吨(t)；$E_{项目}$ 为项目二氧化碳排放总量，单位为吨(t)；$E_{基准}$ 为基准线情景二氧化碳排放总量，单位为吨(t)。

4.5 本章小结

基于二氧化碳驱油封存项目工艺流程，创新提出了二氧化碳驱油封存项目核算边界确定方法，建立了二氧化碳三层次、三介质的环境监测体系，形成了二氧化碳泄漏量核算方法，最终建立了覆盖二氧化碳驱油封存项目全流程、全部节点的二氧化碳减排量核算体系，实现了二氧化碳驱油封存项目二氧化碳减排量的量化、核算和验证，对于我国二氧化碳驱油封存项目可持续高质量发展具有重要意义。

（1）二氧化碳驱油封存项目核算边界确定、基准线情景识别和排放源识别的方法。举例说明了6类排放源，为排放量核算奠定了基础。

（2）地下部分二氧化碳泄漏排放监测与核算方法。胜利油田示范区内持续开展二氧化碳环境监测预警，积累了经验形成了监测方案，构建了三层次(空中、地面、地下)、三介质(气体、液体、固体)的环境监测体系，为二氧化碳泄漏预警提供了有力技术和数据支撑。

（3）地上部分二氧化碳排放监测与核算的方法。对于有组织放空、地上泄漏应抽样测试，形成适合二氧化碳驱油封存项目的排放因子；对于项目可能出现外输原油等介质的情况，给出了相应的监测与核算方法。

（4）二氧化碳减排量的计算方法。方法考虑了基准线情景，最终建立了二氧化碳减排量监测与核算技术体系。

5 总结

5.1 成果总结

基于齐鲁石化—胜利油田百万吨级 CCUS 示范工程工作实践，围绕核算边界确定、排放源识别、各类排放量核算、二氧化碳环境监测预警、减排量核算等关键核心问题，攻关了二氧化碳减排量核算系列关键技术，形成了三层次(空中、地面、地下)、三介质(气体、液体、固体)的环境监测体系，最终建立了二氧化碳减排量核算技术体系，实现了二氧化碳驱油封存项目二氧化碳减排量的精确核算。项目研究成果健全了我国碳排放统计监测体系、碳达峰碳中和标准体系，可帮助油田企业固化形成 CCER 等碳资产，降低企业碳排放履约成本；也可为第三方核查机构核查项目业主二氧化碳减排量提供依据，促进项目规范运行。

5.2　下一步工作建议

（1）完善碳计量标准体系。目前我国碳计量标准体系还不健全，实测法处于初步发展阶段，应用场景较为单一，计算法因多数排放因子需要项目实测形成，数据质量难以保证，不同项目之间可比性差。建议尽快制定国家或行业核算标准或核算指南，实现减排量统一核算对比。

（2）为提高核算准确度，需要严把数据质量关，建议企业完善内部控制制度，建立健全数据监测、记录、检测、监督体系，为核算人员提供尽可能详细的数据基础。

（3）加快扶持一批“双碳”专业相关咨询机构，培育一批“双碳”技术人员，进一步提升“双碳”智囊团的数量和质量，为国家“双碳”目标的实现提供智力保障。

参 考 文 献

[1] 李阳，赵清民，薛兆杰．“双碳目标”下 CCUS 技术及产业化发展路径[J/OL]．石油钻采工艺．https：//kns. cnki. net/kcms/detail/13. 1072. TE. 20220225. 1758. 002. html

[2] 王萍萍，赵永椿，张军营，熊卓．双碳目标下燃煤电厂碳计量方法研究进展[J]．洁净煤技术，2022，28(10)：170-183.

[3] 陈健华，孙亮，陈亮，林翎，刘玫，鲍威，郭慧婷．国内外企业温室气体排放核算标准的比较分析[J]．气候变化研究进展，2016，12(06)：545-553.

[4] 崔成．清洁发展机制中项目基准线确定方法[J]．万方数据，2002，(9)：27-31.

[5] 朱海玲，马玉清．情节发展机制项目基准线方案选择及比较[J]．环境污染与防治，2004，26(3)：204-206，211.

[6] 中华人民共和国国家质量监督检验检疫总局、中国国家标准化管理委员会．工业企业温室气体排放核算和报告通则：GB/T 32150-2015[S]．2015.

[7] 中华人民共和国国家质量监督检验检疫总局、中国国家标准化管理委员会．温室气体排放核算与报告要求第 10 部分：化工生产企业：GB/T 32151. 10-2015[S]．2015.

[8] 石油天然气开采企业二氧化碳排放计算方法：SY/T 7297-2016[S]．2016.

[9] 中华人民共和国国家质量监督检验检疫总局、中国国家标准化管理委员会．基于项目的温室气体减排量评估技术规范通用要求：GB/T 33760 - 2017[S]．2017.

[10] 杨雷，杨秀．碳排放管理标准体系的构建研究[J]．气候变化研究进展，2018，14(3)：281-286.

[11] 刘学之，孙鑫，朱乾坤等．中国二氧化碳排放量相关计量方法研究综述[J]．生态经济，2017，23(11)：21-27.

[12] 中华人民共和国国家发展和改革委员会．《中国石油天然气生产企业温室气体排放核算方法与报告指南(试行)》[EB/OL](2014-12-3)[2023-10-10]．https：//www. ndrc. gov. cn/xxgk/zcfb/tz/201502/t20150209_ 963759. html？ code=&state=123.

长输管道系统调节阀 PID 控制技术及参数工程整定方法研究

邵　奇[1,2]　梁永图[1]　田中山[3]

（1. 中国石油大学(北京)；2. 国家石油天然气管网集团有限公司华南分公司；
3. 国家石油天然气管网集团有限公司）

摘　要　应用自动化技术能够有效减少因调度人员反应不及时操作不准确等人为因素导致的管道运行风险。目前，我国长输管道系统只有部分调节阀应用了 PID 控制器进行自动控制且控制效果不佳，大部分调节阀依然采用手动控制的方式，即通过人工调节阀门开度进而实现对管道运行压力的控制，这与当前智慧管网的发展要求和发展方向不相匹配。针对这一问题，分别从管道 PID 控制技术的应用、调节阀 PID 控制器的工作原理和调节阀 PID 控制器参数整定方法进行研究分析，在此基础上引入模糊 PID 控制器并尝试应用于长输管道调节阀进行压力调节，通过 MATLAB 软件 Simulink 环境下对模糊 PID 控制和常规 PID 控制效果进行模拟分析。结果表明：模糊 PID 控制对抑制长输管道系统压力波动更具优越性。由此提出将先进智能控制方法与 PID 控制技术相结合进行参数整定，特别是将智能 PID 调节技术应用于复杂山区液体管道的运行中，作为控制严重水击事故发生的辅助调节手段，可作为今后一个重要研究方向，为长输管道系统的运行控制提供参考和借鉴。

关键词　长输管道；调节阀；智能控制；参数整定；模糊 PID

随着我国长输管道规模的不断发展壮大及智慧管网建设理念的不断演进更新，管道新技术的研发与应用迫在眉睫，我国管道企业和科研院所虽已在油气储运领域基本掌握了多项核心技术，但在管网精准调控和仿真优化运行等方面依然存在技术壁垒，需要进一步进行科研攻关。目前国内外长距离输送油气管道的发展正步入智能化建设时代，对长输管道的控制功能和控制水平提出了更高的要求。规模较大的管道运输企业通过调控中心对在役管道进行集中自动控制。在对突发异常事故事件进行应急处置时要求中控调度在最短的时间内做出最精准的判断；在此基础上尽可能使压力波动最小，从而确保管网系统安全、高效运行。当前我国管道运行控制模式已经从站控到中控并向管网联控发展，但依然存在部分管道企业的控制逻辑相对落后的问题，不能满足管道安全运行的需要。调度员往往根据个人经验手动设定变频泵转速和调节阀开度，通过人工干预的方式来进行压力调节，而不是采用自动控制手段按调节逻辑进行控制。究其原因：一是缺乏既懂工艺又懂自控的复合型人才，调度员往往选择相对熟悉的人工手动调节方式，但对于 PID 控制原理及应用无所适从；自控专业人员虽然熟悉运行控制系统，但对管道工艺运行缺乏应急处置经验。二是管道投产前 PID 控制器参数设定相对粗糙，管道投产后未及时有效进行参数整定，以致投用 PID 时调节阀的调节时间长、执行机构动作相对频繁，加之参数整定不合理将会导致控制效果非常不理想，影响设备的可靠性和管道运行的安全性。这些问题将制约智能管道乃至智慧管网的建设与发展，因此有效的管道控制系统是长输管道安全高效运行的重要保障，可以规避人为风险，减少主观误判，实现本质安全，且对缩短应急处置时间、控制企业抢险成本、提高长输管道的智能化水平具有十分重要的意义。

1　管道 PID 控制技术应用

管道实现智能调控是发展智慧管网的重要基础之一，而被广泛应用于长输管道系统的 PID 控制技术可以有效保证管道压力发生波动后尽快趋于新稳态。然而目前我国长输管道系统的调节阀只有部分应用 PID 控制器进行自动控制且控制效果不佳，大部分依然采用手动控制的调节方式，即通过人工调节阀门开度进而实现对运行压力的控制。这种反应式调节方式基于调度经验，控制效果因人而异，既增加劳动强度又容易出现超调震荡，与当前智慧管网的发展要求和发展方向不相匹配，因此开展阀门 PID 控制技术在管道领域应用的相关研究势在必行。

2 调节阀 PID 控制器的工作原理

根据控制器的输入偏差修正控制量的闭环过程即反馈，反馈是自动控制理论的核心思想，反馈控制分为正反馈和负反馈。其中，修正的控制量使得偏差减少即负反馈，修正的控制量使得偏差增大即正反馈。正因为 PID 控制器是以设定的期望值 SV(Setpoint Variable)与经过模数(A/D)转换后的被调量的实测值 PV(Process Variable)二者不断进行比较形成的控制偏差作为输入信号，由控制器处理经数模(D/A)转换形成的信号传递给执行元件，人们最终期待的理想控制结果是实测值接近设定值甚至等于设定值，使得偏差不断减小甚至趋近于 0，所以 PID 控制实际上是一种负反馈控制。

PID 控制律即偏差信号经比例、积分、微分运算后其线性组合可以构成连续型 PID 控制器的输出信号，如式(1)所示。

$$u(t) = K_P\left[e(t) + \frac{1}{T_I}\int_0^t e(t)\,\mathrm{d}t + T_D\frac{\mathrm{d}e(t)}{\mathrm{d}t}\right] \tag{1}$$

式中，t 为时间变量，$u(t)$ 是 PID 控制器的输出信号，T_I 是积分时间常数，T_D 是微分时间常数，K_P 为比例增益或称比例系数，$e(t)$ 为 PID 控制器的输入偏差信号，用以纠偏控制系统的输出，使其具有输出跟随给定变化以及抑制干扰的性质。$\mathrm{d}t$ 为时间微元，$\mathrm{d}e(t)$ 为输入偏差信号微元，$\frac{\mathrm{d}e(t)}{\mathrm{d}t}$ 表示输入偏差变化率。对(1)式的两边进行拉氏变换后可得：

$$U(s) = \left(K_P + K_I\frac{1}{s} + K_D\cdot s\right)\cdot E(s) \tag{2}$$

整理得到闭环系统 PID 控制器的传递函数(Transfer Function)：

$$G(s) = \frac{U(s)}{E(s)} = K_P + \frac{K_I}{s} + K_D\cdot s \tag{3}$$

式中，K_P、K_I 和 K_D 分别为 PID 控制器的比例、积分、微分系数，复变量 s 为拉普拉斯算子(Laplace Operator)，而 $U(s)$ 为输出信号 $u(t)$ 的拉普拉斯变换，而 $E(s)$ 为输入偏差信号 $e(t)$ 的拉普拉斯变换，$G(s)$ 表示传递函数。

为便于表示，本文将偏差用 $e(t)=\Delta$ 进行代替，采样周期为 ΔT，若每秒进行一次数据采集，则 $\Delta T=1\mathrm{s}$，此时将积分项 I 进行离散，$I=\frac{1}{T_I}(\Delta_0+\Delta_1+\Delta_2+\cdots+\Delta_n)|_{t=n}$，于是(1)式离散后得出以差分方程形式表示的第 n 次输出信号 u_n，如式(4)所示。

$$u_n = K_P\left[\Delta_n + \frac{1}{T_i}\sum_{i=0}^{n}\Delta_i + T_D(\Delta_n - \Delta_{n-1})\right] \tag{2.4}$$

式中，Δ_i 为偏差信号的第 i 次采样值。因该式反映出任意采样时刻的输出信号与执行机构控制的阀门的位置关系，式(4)表示位置式 PID 算式。

由式(2.4)可得出本次采样时刻输出信号与前次采样时刻输出信号的变化，如式(5)所示。

$$\Delta u_n = u_n - u_{n-1} = K_P[(\Delta_n - \Delta_{n-1}) + \frac{1}{T_i}\Delta_n + T_D(\Delta_n - 2\Delta_{n-1} + \Delta_{n-2})] \tag{2.5}$$

因该式反映出前后采样时刻的输出信号变化关系，式(5)表示增量式 PID 算式。增量式 PID 算式和位置式 PID 算式着眼点不同各有优势，工程上根据控制系统的实际需求进行选择。

PID 算式中三个常数决定了各项对控制系统的影响力。比例控制是最基本的控制作用，而积分控制和微分控制可起到增强比例控制作用。其中，微分控制对测量信号的要求较高，若采样时信号被干扰，微分由于对噪声过于敏感会产生很多意想不到的控制动作，引发不可预计的严重后果。因此为避免不必要的麻烦，工业上慎用微分控制，尤其对于长输管道系统而言，因其属于大时滞系统具有延迟滞后的特性，通常不用微分进行控制。在工程实践中，比例-积分(PI)控制则是最常见的控制组合。

图 1 为调节阀 PID 控制系统结构图。在长输管道系统中，当对调节阀进行 PID 控制时，控制器的输入偏差信号为设定压力值与实际实时测量得到压力值的偏差，经 PID 控制器运算后，将输出的阀位控制信号作用在阀门配套的执行机构上，即给执行机构发布阀门开度设置量的控制指令，通过执行机构控制阀杆的位移，进而改变阀体的流通截面积，达到调节阀门开度的目的，实现对长输管道系统进出站及其他被控点压力的平稳控制。

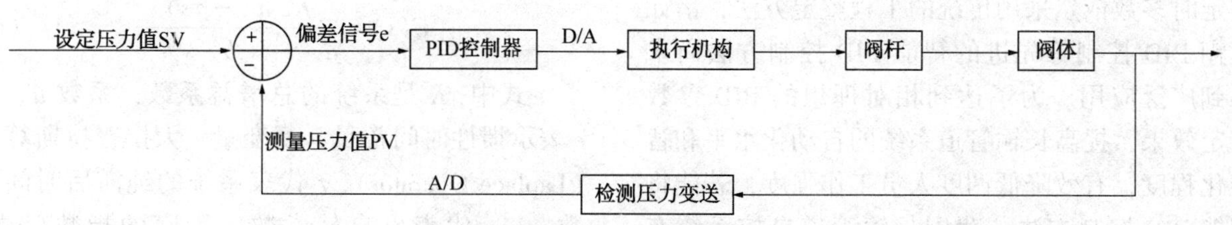

图 1 调节阀 PID 控制系统结构图

3 调节阀 PID 控制器参数整定方法

PID 控制器参数整定即在控制系统中采用恰当方法对 K_P、T_I、T_D 三个关联参数进行动态调整以确定最优的 PID 控制参数，即用连续果断的控制动作使得系统响应达到稳定时所耗费的时间最短，同时使得超调量最小。传统的控制理论中控制器参数整定的方法通常有两种：一是理论计算整定法，包括时域分析法、频率频域特性分析法、根轨迹法等，属于经典控制方法；二是工程整定法，包括经验试凑法、动态特性参数法、稳定边界法或临界比例度法、响应曲线法、衰减振荡法等，属于人工离线的整定方法，给 PID 的参数选择提供了一定的参考。传统控制理论制定控制算法和控制策略基于被控系统严密的数学推理并需建立精确的系统数学模型，通过实验法或机理法建立的模型越精确，得到的控制效果越理想。然而工程实践中受多方面复杂因素的影响，缺乏有效的针对不稳定系统的建模手段，很难将所研究问题通过数学推理抽象出非常精准的数学模型，通过在线调整 PID 参数从而使其能够满足实时控制的要求，智能 PID 控制方法应运而生得到诸多学者的关注。

智能 PID 控制是将人工智能技术或其他先进算法和传统的 PID 控制器相结合组成多种形式的智能 PID 控制器，同时具备上述二者的基本特性，具有自组织、自适应、自学习的功能。常见的有专家智能自整定 PID 控制器、模糊 PID 控制、神经网络 PID 控制等，另外还有不少新兴智能算法也在探索和 PID 控制器的结合，如基于蚁群算法的 PID 控制、基于遗传算法的 PID 控制等。由于操作人员以及专家的经验难以非常精准描述，控制过程中各种信号量和评价指标不易被量化表示，模糊 PID 控制显示出了无可比拟的优势。模糊 PID 控制(Fuzzy PID Control)基于语言型控制规则，融合了 PID 控制和模糊控制的优点，是一种根据业界行业相关专家和学者对问题处理方法的认知和对问题解决途径的理解并结合现场操作人员控制经验模拟人的思维方式而整合的知识库对受控对象进行智能控制的方法，当输入量发生变化时调整控制量的输出。模糊 PID 控制在设计时无需对被控对象建立极为精准的数学模型，只要制定的模糊规则合理即可。模糊 PID 控制以其设计简单便于应用的特点使得机理与策略更容易被人们理解和接受，具有较好的鲁棒性和稳定性，在长输管道系统应用前景十分广阔。

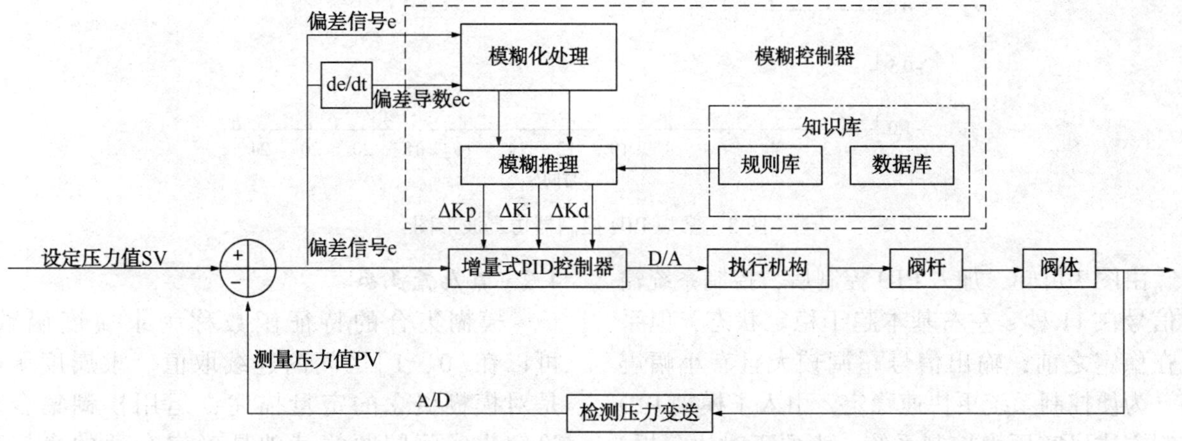

图 2 调节阀模糊 PID 控制系统结构图

图 2 为调节阀模糊 PID 控制系统结构图。在长输管道系统中，目前对调节阀 PID 进行参数

整定时多数依然采用传统的工程整定方法，诸如模糊 PID 控制等先进的智能 PID 控制方法尚未得到广泛应用。为了达到相对理想的 PID 参数整定效果，提高长输管道系统的自动化水平和智能化程度，有效降低调度人员工作强度，若能将智能 PID 控制方法与我国长输管道自控系统有效融合，在保证管道安全可靠的前提下将显著提高管道运行效率和经济效益。

4 算例验证

为了进一步验证智能控制算法的有效性和优越性，笔者将模糊 PID 控制器与常规 PID 控制器引入长输管道调节阀压力控制系统，建立控制系统数学模型，通过 MATLAB/Simulink 环境进行仿真，对比分析受到压力扰动后调节阀响应的控制效果。

4.1 控制系统数学模型

如图 2 所示，调节阀压力控制系统主要由控制器、电液/电动执行机构、阀杆、阀体、压力变送器等组成。在该控制系统中，压力控制的传输模型可以近似看作一个二阶惯性纯滞后环节，其传递函数可表示为：

$$G(s)=\frac{K\exp(-\tau s)}{a\cdot s^{2}+b\cdot s+c} \tag{6}$$

式中，K 是系统的总增益系数，系数 a、b、c 表示惯性时间常量，复变量 s 为拉普拉斯算子(Laplace Operator)，τ 代表系统的纯滞后时间常数，exp 代表以自然常数 e 为底的指数函数，$G(s)$ 表示传递函数。通过 MATLAB 系统辨识工具箱(System Identification Toolbox)获取被控对象的传递函数并根据实际运行工况及相关参考文献，可取传递函数为：

$$G(s)=\frac{20e^{-2s}}{2s^{2}+5s+1} \tag{7}$$

由此，在未加入 PID 控制器仿真模型中，先设定好系统的阶跃信号和延时环节等参数，为后续仿真加入优化的压力系统做前期准备。为了增强调节阀压力控制系统的性能，在模型中加入常规 PID 控制。加入 PID 控制后，设置阶跃信号输入值为 2，根据 PID 中比例、积分、微分环节的调节规律，调整各个参数，经 MATLAB/Simulink 仿真，得到加入常规 PID 的调节阀压力控制系统阶跃响应波形图，如图 3 所示。

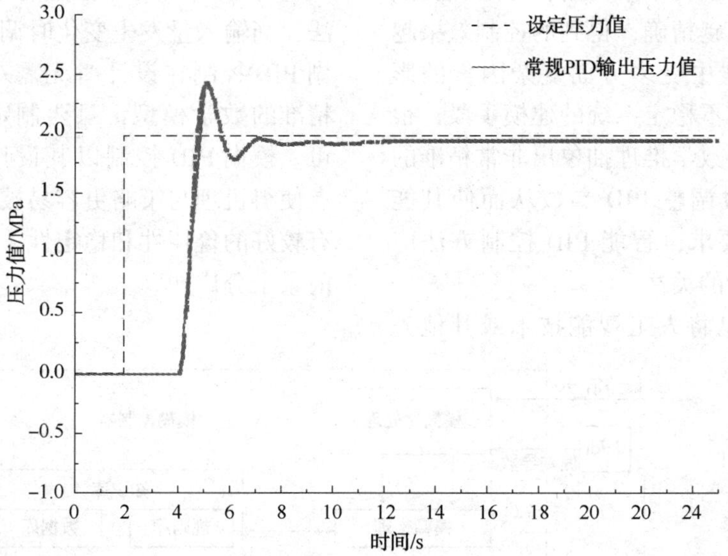

图 3 常规 PID 控制器仿真波形图

由图 3 可知，加入 PID 控制后，控制系统输出信号在 11 秒 s 左右基本趋于稳定状态，但系统在稳定之前，输出信号超调较大且有小幅震荡，为使控制系统更快速稳定，引入了模糊 PID 控制方式研究压力控制系统。为便于对比分析，加入模糊控制模块构建模糊 PID 控制器仿真模型。

4.2 隶属度函数

模糊集合的特征函数称为隶属度函数，可以在[0，1]区间内连续取值。隶属度函数是对模糊概念的定量描述，运用模糊集合理论解决实际问题的基础是确定合适的隶属度函数，通常根据经验或统计进行确定，也可由专家等权威人士给出。调节阀压力控制系统是一个两输入、两输出的系统，其输入为偏差模糊量E和偏差变化率模糊量EC，输出为参数ΔK_p、ΔK_i。设置偏差模糊量E的论域为[-3，3]，偏差变化率模糊量EC的论域为[-3，3]，输出参数的论域为[-3，3]，各变量均选用抗干扰三角形隶属度函数（trimf型）。

4.3 模糊控制规则

模糊控制规则是对人的思维分析决策过程采用定性的模糊语言进行描述的方式，作为所设计模糊控制器的重要组成元素，制定模糊控制规则是实现模糊控制的关键环节。结合中控调度的运行控制操作经验并融入行业专家知识库建立了调节阀压力调节的模糊控制规则。

将偏差E和偏差变化量EC以及控制量划分为3个模糊子集{负(N)，零(Z)，正(P)}，模糊控制规则如表1和表2所示。

表1　ΔK_p 模糊规则表

E	EC		
	N	Z	P
N	N	N	N
Z	N	P	P
P	P	P	P

表2　ΔK_i 模糊规则表

E	EC		
	N	Z	P
N	Z	Z	Z
Z	P	P	P
P	Z	Z	Z

4.4 模糊PID控制器仿真

根据隶属度函数及模糊控制规则，结合模糊PID控制的基本原理使用MATLAB/Simulink仿真，得到模糊PID控制系统的阶跃响应波形图，如图4所示。

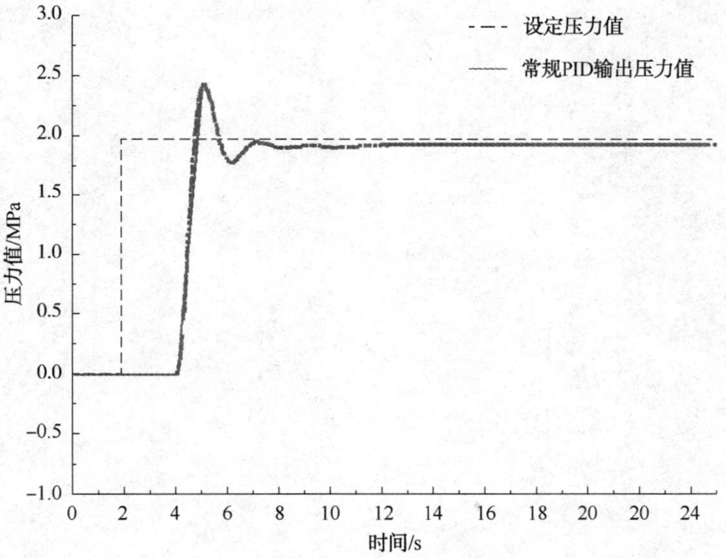

图4　模糊PID控制器仿真波形图

与图3相比，系统控制性能得到了很大改善。仿真结果表明：模糊PID控制较常规PID控制缩短了过渡时间，加快了响应速度，降低了超调量，提高了抗干扰能力。

5 结束语

对于长输管道调节阀压力调节系统，控制精度直接影响到系统经济性，在保证安全平稳的前提下，应尽可能提高响应速度，降低波动频率，缩短过渡时间。通过以上研究可知，PID调节控制技术在长输管道上应用较早，但目前学者对管道系统的PID参数整定研究相对较少且采用的整定方法有限。

本文对调节阀PID控制系统进行了较深层次研究，在建立传递函数模型的基础上引入了模糊控制理论，并对长输管道调节阀模糊PID控制器应用数学计算软件MATLAB进行了仿真模拟，仿真结果表明将模糊控制理论应用到长输管道调节阀的压力调节中具有十分优异的表现，为今后长输管道压力调节控制的系统优化和工程实践提供了理论指导和可靠依据。

笔者认为若能将更多的智能算法应用到PID参数整定中将有效减少超调和震荡，特别是将专家智能自整定PID控制、神经网络PID控制、模糊 PID 控制等智能调节技术应用于复杂山区液体管道的运行控制，作为控制严重水击事故发生的辅助调节手段，从而更好的保证管道的安全运行，可作为今后研究的重要方向。

参 考 文 献

[1] 邵奇，闫亚敏，黄晓茵，等．国内外成品油管道调度研究进展[J]．油气储运，2018，37(05)：481-485.

[2] 宫敬，徐波，张微波．中俄东线智能化工艺运行基础与实现的思考[J]．油气储运，2020，39(02)：130-139.

[3] 田中山，戴福俊，帅健，等．成品管道的运行与管理[M]．北京：中国石化出版社，2019：122-125.

[4] 任亮，温凯，宫敬，等．基于 SPS 的水击超前保护方案分析与优化[J]．油气田地面工程，2018，37(04)：32-35.

[5] 邵奇．我国山区油气管道安全风险现状浅析[J]．中国储运，2023(02)：101-102.

[6] 刘晓玉．过程控制及其 MATLAB 实现[M]．第 3 版．北京：电子工业出版社，2021：83-92.

[7] 白志刚．自动调节系统解析与 PID 整定[M]．北京：化学工业出版社，2022：63-65.

[8] 张庆思，王克成，李福云．电动执行机构传递函数的研究[J]．自动化仪表，2007(04)：67-69.

[9] 张美满，包雄关．基于模糊 PID 控制器的海上风电机系统仿真模拟[J]．船舶工程，2020，42(03)：105-108+115.

[10] 张森，李静．基于模糊 PID 控制器的水温控制系统仿真[J]．工业控制计算机，2019，32(07)：32-33+38.

[11] 陈明新，唐铃凤，胡建．基于模糊 PID 控制的泵流量控制系统研究[J]．新乡学院学报，2014，31(04)：36-40.

管道评价技术应用分析

李智勇

（中国石油大港油田公司）

摘　要　随着油气工业的发展，油气管道运输业迅速兴起，管道越来越长，管径越来越大，因管道腐蚀造成的管道破裂、爆炸、起火等事故也屡屡发生，这类事故往往造成巨大的经济损失、人身伤亡和环境破坏。为防不测，近几年研究开发了许多检测、预防、分析、诊断等方法和技术，对降低事故发生频率起了很大的作用。

面对地面生产管道逐年老化，安全风险逐年增多的严峻形势，为实现保安全、控投资、降成本、增效益、提水平的目标，开展预防为主、防患于未然、将资金投入到最需要的关键点、使有限的资金发挥出最大效用的管道管理工作。

为了探索管道适用的检测技术、评价方法，初步形成检测评价体系；推动完整性管理工作的开展，降低管道失效率，提升安全水平，在第三采油厂开展管道检测评价技术研究与应用。

关键词　管道；腐蚀；检测；评价；研究

1　绪论

1.1　研究目的及意义

油田地面管道腐蚀是石油工业的一个重要研究领域，它涉及油田集油、掺水、注水等管网。各个油田均采取了相应的防腐措施，但对于第三采油厂而言，由于其污水矿化度高、温度高、腐蚀性气体含量高等，生产设施腐蚀严重，地面管道失效频繁。这些问题，均威胁到正常的生产与开发，成为困扰油田发展的瓶颈。

自从2019年以来，第三采油厂通过研究确定了以“风险管理”为核心，构建“技防、物防、人防”综合防控体系，多措并举，强化风险管控，治理效果显著，4年来管网失效率大幅下降。但是，第三采油厂失效率仍然高于公司平均水平，存在明显的内外腐蚀现象。因此，进一步研究有效的管道评价技术，不仅可以为降低地面管网的腐蚀提供依据，还可以在经济上节省很大的更换成本。

所以，本文针对第三采油厂在研究管道腐蚀原因的基础上，进一步研究管道检测评价等技术，得出有效的治理管道失效的技术，将管道失效治理由“防”转“治”，提高了技术水平。本文的研究，不仅可以为地面管道的评价技术提供一种方法，同时对于地面管网的腐蚀治理具有重要的理论和参考价值。

1.2　研究现状

第三采油厂地处河北省沧县旧州镇，构造位置处于黄骅凹陷南部。开发管理风化店油田、王官屯油田等9个油田。脱气原油具有高凝、高粘、高含蜡的特点。

第三采油厂区域跨度大、人口密集、河道纵横，高速国道省道交错，高危区域多；穿跨越道路、河流管道多，主要支干线沿道路耕地铺设，生产井被农田包围，管道失效后果严重；部分生产区域多处跨越县级行政区，地方关系复杂，易造成环保事件升级。随着地方经济的发展，村庄厂房等逐渐向周边扩充，部分油气管道、高压注水管道已位于高后果区域，与高速、国道、省道，穿越公路、跨越河渠，部分与地方民（厂）房距离近。大部分管道沿田间道路铺设，与农田纵横交错。管道失效经常造成耕地污染，尤其是集油与掺水管道介质含原油成分高，油品扩散至土壤和水体，造成土壤和水质污染，同时轻质烃类挥发至大气，造成大气污染并产生安全隐患。

1.3　研究内容

1.3.1　研究内容

本文从油田管道腐蚀的成因出发，针对适合第三采油厂的内腐蚀和外腐蚀进行研究，并重点探讨适合第三采油厂管道检测评价技术研究，对其现场应用进行综合评价。

1.3.2　完成的主要内容

针对第三采油厂管网存在的腐蚀问题，结合实际的研究条件，完成了以下主要内容：

(1) 调研了第三采油厂管道腐蚀现状。分析了其中的重点和难点，为接下来的研究工作做好准备；

(2) 分析了第三采油厂地面管道的腐蚀原因，找出了影响腐蚀的主要因素；

(3) 筛选了不同功能的检测技术，开展了检测技术的研究与实验；

(4) 综合评价了管道内防腐技术及应用情况。

2　管道腐蚀原因

2.1　管道现状

地面集油工艺以双管伴热为主。金属管道占比 79.4%，非金属管道占比 20.6%。集输管道占比 39.4%，掺水管道占比 26.5%，注水管道占比 26.9%，供水管道占比 7.2%。投产 10 年以内占比 41%，投产 10 年-20 年占比 48%，投产 20 年以上占比 11%，管道老龄化问题突出。

2.2　管道失效问题严重

2.2.1　按投产年限失效统计分析

从各系统情况来看，10-15 年管道失效率偏高。

① 集输管道随投产年限失效统计规律，如图 1 所示。

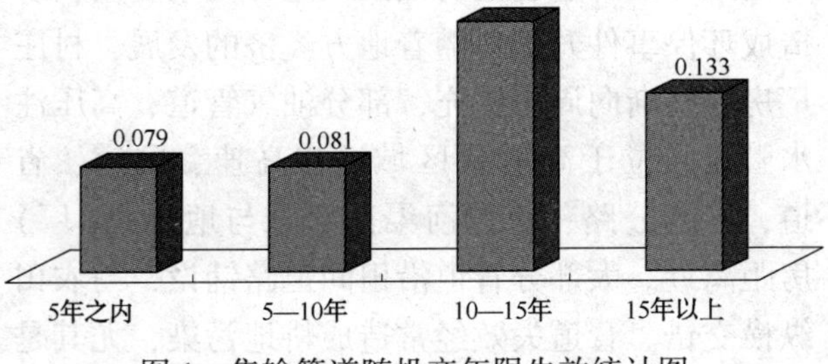

图 1　集输管道随投产年限失效统计图

② 掺水管道随投产年限失效统计规律，如图 2 所示。

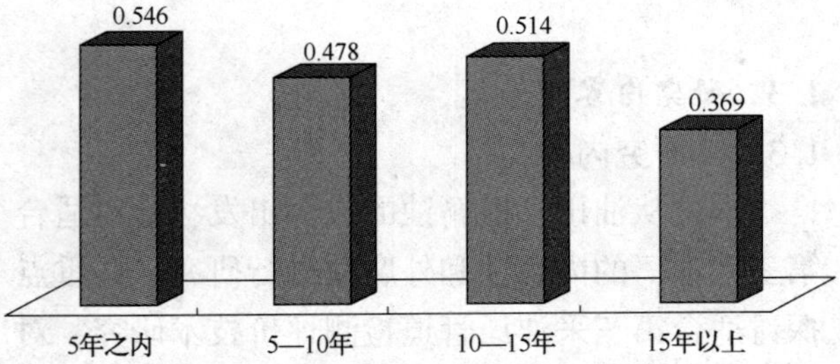

图 2　掺水管道随投产年限失效统计图

③ 注水管道随投产年限失效统计规律，如图 3 所示。

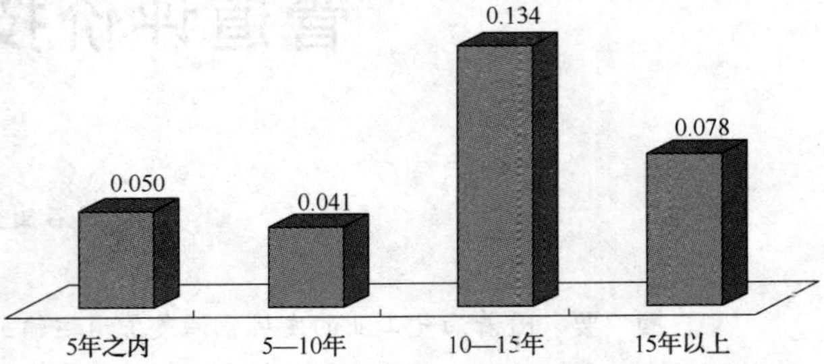

图 3　注水管道随投产年限失效统计图

2.2.2　按管道材质失效统计规律

在各类管道中非金属管道的失效率远低于金属管道，具有耐腐蚀的先天优势。

按管道材质失效统计表，见表 1。

表 1　按管道材质失效统计表

管道类型	金属管道失效率 次/(km·年)	非金属管道失效率 次/(km·年)
集输管道	0.125	0.029
掺水管道	0.526	0.077
供水管道	0.242	0.040
合计	0.264	0.050

2.2.3　按管道输送介质失效统计规律

管道随输送介质温度升高，失效率升高。掺水管道>集输管道>供注水管道。掺水管道失效是完整性管理工作的顽疾，占总失效次数的 58%。管道失效率与输送介质温度的关系，见表 2。

表 2-2　管道失效率与输送介质温度的关系

管道类别	介质平均温度/℃	失效率
供注水管道	42	0.11
集输管道	50	0.131
掺水管道	60	0.469
合计		0.213

2.3　管道失效原因分析

2.3.1　管道外腐蚀原因

由管道外腐蚀导致的管道失效占比 63%，其主要原因如下：

(1) 外界敷设环境腐蚀性强

经检测第三采油厂范围内土壤电阻率 8.62Ω·m，土壤腐蚀性强。第三采油厂土壤电阻率情况表，见表 3。

（2）外防腐工艺问题

2013年之前钢质管道使用的外防腐多为沥青防腐，沥青防腐在地势低洼土壤含水较高、植被茂盛地区不适用，同时加之早些管道施工埋深不足、施工不规范等影响，外防腐层破损引发的管道失效问题较多。

表3 第三采油厂土壤电阻率情况表

作业区	区域	土壤电阻率/(Ω·m)	土壤腐蚀性
土壤电阻率划分土壤腐蚀性等级： >50，弱；20~50，中；<20，强			
一区	自六站	4.71	强
	枣22站	6.91	强
二区	家五站	8.79	强
	枣11站	4.58	强
三区	家一站	4.40	强
	官一联	16.01	强
	官8站	3.14	强
四区	新官一站	10.80	强
	官西二站	13.19	强
	女一转	10.99	强
五区	王15站	8.85	强
	王14站	9.29	强
六区	小六站	9.42	强
	官28站	5.15	强
	段七站	13.00	强
平均		8.62	强

2.3.2 管道内腐蚀原因

由管道内腐蚀导致的管道失效占比37%，其主要原因如下：

（1）地层产液腐蚀性强

因产液矿化度高（19000~31000mg/L、Cl^-含量10000~19000mg/L）、腐蚀性气体含量高（CO_2含量22~75mg/L、H_2S含量在50~90mg/m^3），介质的腐蚀性强、易结垢，造成钢质管道、储罐等腐蚀严重，监测腐蚀率在0.1~0.7mm/a之间。各系统采出水腐蚀速率，见图4。

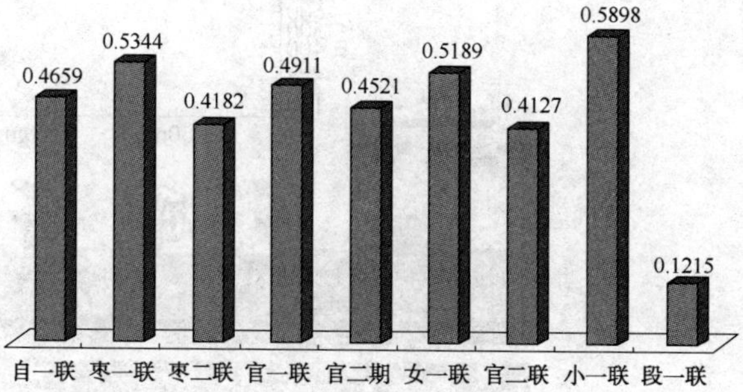

图4 各系统采出水腐蚀速率

（2）输送介质影响

最新研究发现温度对于第三采油厂内腐蚀贡献量最大，这也与掺水管道失效问题最严重相吻和。

不同因素贡献程度情况表，见表4。

表4 不同因素贡献程度情况表

主控因素	温度	SRB	H_2S	CO_2	Cl^-
腐蚀贡献量平均值	53.63%	12.93%	9.62%	9.05%	5.15%
腐蚀贡献量极限范围	48.52%~57.90%	10.20%~16.48%	7.04%~12.63%	6.91%~10.48%	4.15%~5.83%

3 管道完整性检测技术研究与应用

为了探索不同类型管道检测技术的适用性，提升安全水平，在风险分析的基础上，结合油田在用管道的管径、介质、铺设环境等实际，在风险分析的基础上，经过研究对比，筛选了功能不同的多频管中电流PCM、超声导波MsS检测技术，开展了检测研究与实验。

3.1 多频管中电流检测技术（PCM）

检测内容：外涂层质量快速评价及破损精确定位。

检测设备：PCM检测仪，计算软件。

检测原理：通过检测埋地管道上的激励电流信号衰减率，判断防腐层好坏的方法。特定频率的电流在沿埋地管道传送过程中的衰减变化与管道防腐层的绝缘电阻率有关，管道外防腐层完好时，电流呈指数规律衰减，防腐层缺陷时，电流就会加速衰减。

检测方法应用：PCM接收机显示与记录的是电流的分贝数，经对数转换后得到以分贝(db)值。

漏电电流越大，分贝值越大；通过特定频率检测得到的衰减系数，结合管道的规格、管材与管内外介质电磁特性等实际情况，解算防腐层绝缘电阻、视电容率。

采用PCM技术检测集输、掺水、供注水干支线共120条共145km管道，共检测疑似破损点1640处，对检测DB值大于35的管道，选取了827处管道防腐层破损点，进行了开挖验证，符合率100%。

多频管中电流检测技术（PCM）（图5）的认识：

通过对120条管道827个风险点的开挖验证，PCM检测技术对管道破损点的检测与定位准确率较高，单独使用该技术即可实现对埋地金属管道路由、埋深的确定、防腐层评价、破损点定位。

该项技术不能确定管道本体的腐蚀状况，需要进行开挖之后，才能了解管道腐蚀状况及确定下步的维修工作量。另外，架空管道无法检测、套管环空管道无法检测。

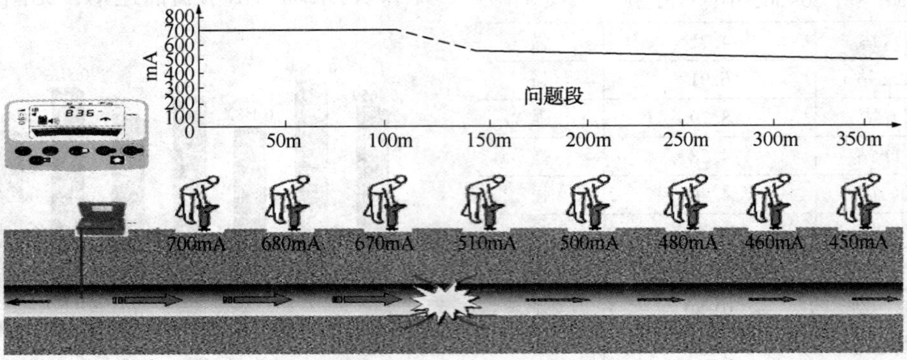

图5　多频管中电流检测技术（PCM）

3.2　超声导波检测技术（MsS）

检测内容：架空管段壁厚检测。

检测设备：超声导波检测仪

检测原理：通过检测管道缺陷位置反射的超声导波信号判断管道剩余壁厚的方法。激发能沿管道传播的超声波，当传播中的导波脉冲遇到焊点或缺陷处，一部分会被反射，根据检测信号的差异分析判断管道腐蚀状况。

适用于站场管道、穿跨越管道。与传统超声波相比优点：从一个检测点即可对一段距离进行扫查；可进行水下检测；检测覆盖率高。

超声导波（MsS）检测技术（图6）适合于检测架空管段剩余壁厚。共完成49条6km管道跨河段检测，共检测148个点，对其中的130个点进行了验证。由于第三采油厂所有检测的管道均有较严重程度的腐蚀，所以，验证处都基本都发现腐蚀问题，但是，检测后有部分未发现腐蚀的点发生了失效问题，说明该技术不能预见全部失效问题。

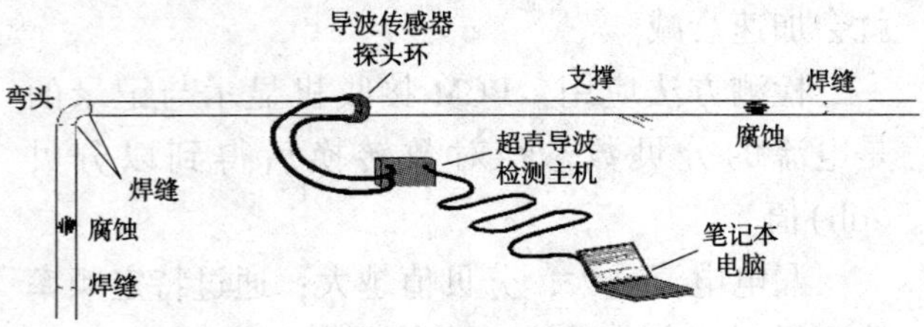

图6　超声导波检测技术

通过跨河管道检测及验证得出：

（1）超声导波技术只能检测出占管道横截面积3%以上的腐蚀或裂纹等缺陷，不能测量管道真实剩余壁厚或最小壁厚；

（2）通过实验证实，管道采用的防腐、保温类型的不同，输送介质的不同，服役时间的不同，对该技术的有效检测距离有明显的影响，一般来说，新管道每点检测距离大于旧管道、无防腐层的管道每点检测距离大于有防腐层的管道；

（3）检测结果的准确性与检测点布置密度有关、误差较大。

4　管道完整性防护技术研究与应用

由于现有的内防腐涂料的耐温、粘接力不够理想，开展了高腐蚀油田防腐蚀涂料性能调查分析，管道内防腐技术筛选、评价，经过大量试验、分析、对比，筛选出环氧粉末、不锈钢内衬等技术均为能够较好适应第三采油厂的防腐技术。

4.1　熔结环氧粉末内防腐技术

热固性重防腐环氧粉末涂料又称熔融结合环

氧粉末涂料，简称熔结环氧粉末，是一种以空气为载体进行输送和分散的固体涂料，将其施涂于经预热的钢铁制品表面，熔化、流平、固化形成一道均匀的涂层，简称 FBE。熔结环氧粉末的每个颗粒都均匀地包含所有组成成分，使涂敷的操作过程以及形成的涂层都具有连续稳定的均匀性。熔结环氧粉末涂装过程无三废污染，是一种环保型涂料。

环氧粉末涂料的特点如下：

① 环氧粉末涂料的附着力强，特别是对金属；

② 环氧粉末涂料的漆膜机械性能好，硬度高，耐划伤，耐腐蚀；

③ 环氧粉末涂料熔融粘度低，流平性好，涂膜基本无针孔和缩孔等缺陷；

④ 环氧粉末涂料花色品种多，可配制无光、有光、花纹、锤纹等；

⑤ 环氧粉末涂料一次涂装其涂膜厚度可达 50～300μm，对于未涂覆的粉末，可再回收利用；

⑥ 环氧粉末涂料的涂装设备要求高、投资大，需要复杂而精密的设备。

第三采油厂已有 180km 的管道采用了熔结环氧粉末内防腐技术，应用效果较好。

4.2 不锈钢内防腐技术

针对采油三厂原油物性较差，油井采用掺水伴热生产，管网输送介质温度高、腐蚀性强，钢质管线耐腐蚀性较差，管网失效现象十分严重的问题，在介质难以改变的情况下，采油三厂经过长期的探索、试验，最终，筛选出内衬 304L 不锈钢类管道具有较好的经济适应性。在第三采油厂有 57km 的管道采用了玻璃钢内衬不锈钢管材，应用效果良好。

5 结论

本文通过对油田管道腐蚀原因进行充分的调研分析后，针对第三采油厂的特点，通过室内实验与理论研究，开展了检测技术试验及现场的应用，主要获得了以下结论和认识：

（1）通过腐蚀机理研究，确定了温度是管道内腐蚀主控因素。

（2）开展了管道完整性检测技术研究与应用，对多频管中电流、超声导波技术进行了研究试验；对比管道检测技术的优劣，掌握了各种检测技术的适应性。

（3）开展了防腐蚀涂料性能调查分析，管道内防腐技术筛选、评价，经过分析对比环氧粉末、不锈钢内衬等技术，均为能够较好适应第三采油厂的防腐技术。

综上所述，本文在管道腐蚀研究在第三采油厂的应用上开辟了新的思路，为第三采油厂的管道腐蚀治理提供了有效支持。研究了管道安全隐患检测技术，为管道维修改造提供了科学依据，同时筛选了适应第三采油厂管道的防腐技术。

致谢

在论文编写过程中得到了大港油田第三采油厂领导、专家的大力支持，在此表示感谢。论文编写过程中，参考并引用了文献，在此向相关科研工作者表示诚挚的谢意。

参 考 文 献

[1] 万仁溥．采油工程手册(上册)．石油工业出版社，2000.8

[2] 伶曼丽．油田化学[M]．东营：石油大学出版社，1996，96～113.

天然气管道增压站燃机低排放控制技术

李星星

（国家管网西部管道公司生产运行部）

摘　要　针对燃气轮机低排放改造，对燃烧室改造后的开机、加载、预混燃烧、停机等模式控制进行了国产化试验，结合一、二级燃烧区域，对燃烧过程建立一级燃烧、贫贫燃烧、二级燃烧、预混转换等7种控制模式，确定了精准的边界条件。控制试验表明：7种控制模式实现低排放燃烧过程的精确控制，验证了燃烧温度核心参数的计算准确度，掌握区域燃料分离阀能量控制的核心算法。本研究可为我国燃机和航改燃机使用天然气燃料低排放改造提供现场精准的控制技术方法。

关键词　燃气轮机；预混燃烧；实际应用；模式控制；燃烧室

氮氧化物对环境的污染已经成为了全球性问题，治理措施主要就是改进燃烧过程和尾气脱氮。在双燃料机组中采用的二级结构的DLN燃烧室，在使用液体燃料时，使用注水，或者蒸汽回注的方法降低燃烧温度，提高工质流量，在保证出力的情况下，有效的降低尾气中NOx的排放量。

天然气管道增压站燃气轮机使用天然气为燃料，预混燃烧是最主流的低排放技术，但实际应用中预混燃烧复杂且难以控制，本文主要讲述燃压机组中预混燃烧低排放控制技术工业应用。

低排放燃烧室实现国产化，结构和材料成熟，但低排放燃烧室如何使用，如何启动和加载中实现工业控制，具体有哪些运行工况，需要做哪些应对和保护，自主工业控制方面存在盲区。低排放燃烧工况复杂多变，不能够精准、全面的分析各阶段工况，以及工况间的关系，极易造成燃机机械损伤，该文结合实际工业改造，有很高的工程应用指导价值。

1　燃烧室的结构

燃气轮机在国内天然气管道增压站大量使用，多数机组建设时间较早，投产初期燃烧室设计采用扩散燃烧，不是低排放燃烧。随着环境保护法律法规出台，陆续更换为低排放燃烧的机型，降低NOx排放量。

在非低排放燃烧室基础上，通过更换燃烧室（图1）、燃烧喷嘴和燃料管线，对控制逻辑算法程序进行升级，小投入实现低排放燃烧型机组改造。燃烧室分为两级结构：一级独立的燃料喷嘴、点火器和火焰探测器。二级燃烧区有燃烧喷嘴、火焰探测器，没有点火器。两级燃烧室以文丘里喷嘴相连通。

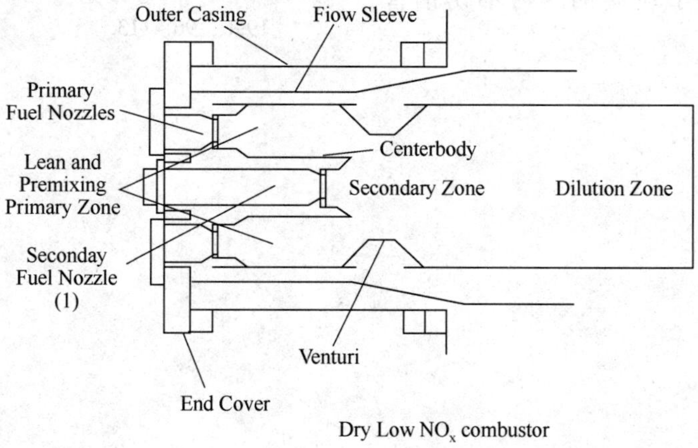

图1　燃烧室结构原理

改造二级结构的燃烧室，燃料调节系统需要重新设计(图 2)，GCV 调节阀用于燃机的转速功率调节。GSV 分离法用于一级喷嘴和二级喷嘴燃料量的分配。通过调节 GSV 实现扩散燃烧和预混燃烧的切换。同时在扩散燃烧的情况下，也可以分配一二级燃烧室中的燃烧负荷。

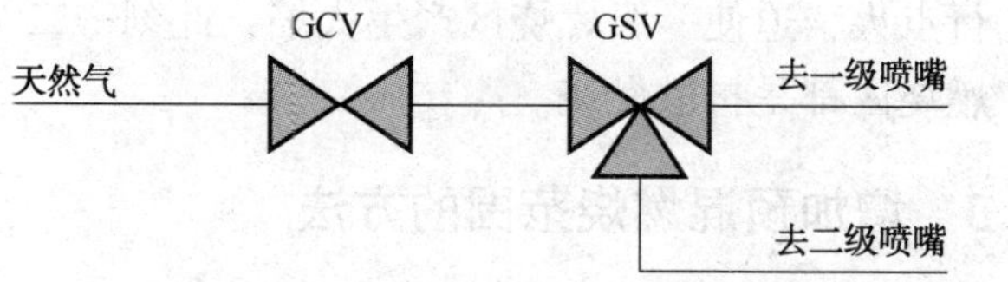

图 2 燃料管线

2 燃烧过程

预混燃烧的二级燃烧室，根据实际运行所有可能工况，划分为七种燃烧模式：一级燃烧模式；贫贫燃烧模式；二级燃烧模式；预混转换模式；预混燃烧稳态模式；延伸贫贫模式(排放不达标，不允许长期运行)；一级燃烧恢复模式。

燃烧过程如图 3 所示，这七种燃烧模式，是根据 GSV 开度和一二级燃烧室燃烧方式来划分，燃烧过程如下：

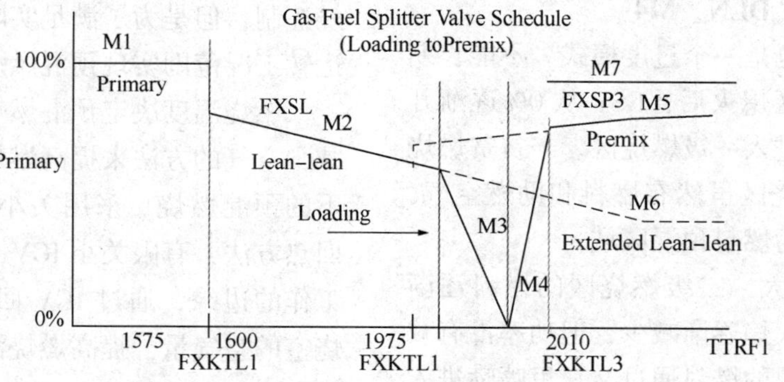

图 3 燃烧模式

2.1 一级燃烧(DLN_ M1)

燃机启动和低负荷时，由于燃烧温度和燃烧压力低，无法维持稳定的预混燃烧，需要采用一级燃烧模式。此时，GSV 分离阀开度为 100%，所有燃料都进入一级喷嘴，二级喷嘴不投燃料。DLN_ M1 模式，在一级燃烧区为扩散燃烧，点火到 20%负荷(图 4)。

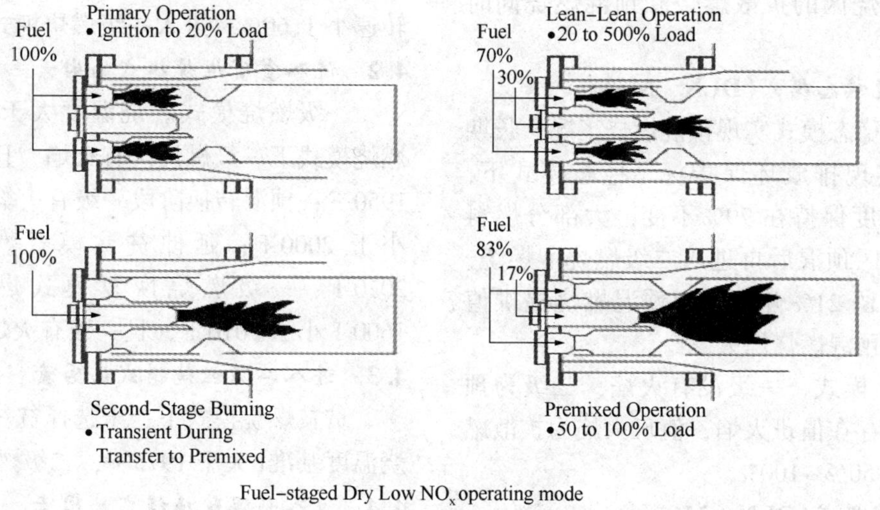

图 4 燃烧过程模式

2.2 贫贫燃烧(DLN_ M2)

燃机在 20%~50%负荷期间，一级燃烧区不能提供足够的负荷，强行增加负荷会烧毁燃烧室，需要点燃二级燃烧区，由一级燃烧区和二级燃烧区同时燃烧提供负荷。进入贫贫燃烧模式，GSV 分离阀从 100%阶跃到 95%，以保证二级燃烧区瞬间产生火焰。然后随着负荷的增加，燃烧温度不断增加，分离阀逐渐开大。

DLN_ M2 模式，一级燃烧区和二级燃烧区同时有火焰，处于扩散燃烧阶段。

2.3　二级燃烧模式(DLN_ M3)

二级燃烧模式是扩散燃烧转预混燃烧的过度模式，不能长期停留运转，超过60s需要紧急停机。随着负荷的增加，燃烧温度不断升高，NOx排放增加，同时温度的升高也为预混的稳定燃烧提供了可能性。将GSV阀门逐渐关小到0，将所有燃料全部转移到二级燃烧区，一级燃烧区的燃料关闭供应。

DLN_ M3模式，一级燃烧区熄火退出工作，所有火焰和功率转移到二级燃烧区，二级燃烧区为扩散燃烧。

2.4　预混转换模式(DLN_ M4)

预混转换模式也是一个过度模式，不能长期停留，待一级燃烧区熄火后，GSV从0%逐渐开大，此刻燃料再次进入一级燃烧区。与贫贫燃烧不同，此刻一级燃烧区虽然有燃料和助燃空气，但是没有火焰，作为燃料预混区域。

随着GSV的开大，二级燃烧区的燃料逐渐减少，扩散燃烧的火焰逐渐减少，但功率没有减少。一级燃烧区预混的燃料通过文丘里喷嘴进入二级燃烧区，形成预混燃烧。

将一级燃烧区的燃料调节阀开大，二级燃烧区的燃料调节阀关小，促使大部分燃料从一级喷嘴进入，只保留小部分燃料从二级喷嘴进入，作为值班火焰。一级燃烧区为预混区，不会有火焰产生，二级燃烧区的扩散燃烧和预混燃烧同时存在。

2.5　预混燃烧稳态模式(DLN_ M5)

预混燃烧稳态模式实现预混燃烧工况，长期稳定工作，实现排放环保指标。稳态模式下，GSV分离阀开度保持在79%不变，大部分燃料进入一级燃烧区预混后再进入二级燃烧区燃烧，二级燃烧区保留21%开度，为预混燃烧提供值班火焰，防止预混燃烧熄火。

DLN_ M5模式，一级没有火焰，二级为预混燃烧，同时存在值班火焰，值班火焰为扩散燃烧，负荷维持50%～100%。

2.6　延伸贫贫模式(DLN_ M6)

延伸贫贫模式下，一级燃烧区和二级燃烧区同时为扩散燃烧。可以提供机组全负荷。但排放量高，不允许长期运行。贫贫模式与传统燃烧相同，工况稳定，在用户要求稳定输出保障时，可以进入此模式。在预混燃烧模式(DLN_ M5)，一级燃烧区如果产生火焰，需要进入延伸贫贫燃烧模式。此时需要减少负荷，重新进入贫贫模式，然后到预混的转换。

2.7　一级燃烧恢复模式(DLN_ M7)

一级燃烧恢复模式，是从预混燃烧转入扩散烧的瞬态模式，需要跳变到一级燃烧或贫贫燃烧模式。此模式的作用是在一级燃烧区用点火器进行点火，迫使一级燃烧区产生火焰，此刻一二级燃烧区都是扩散燃烧。

3　增加预混燃烧范围的方法

燃机只有在50%负荷以上才能进行预混燃烧控制，但是为了满足实际运行工况要求，增大运转工况范围实现预混燃烧。

燃烧温度决定预混燃烧能否稳定工作，通过减少空气的方法来提高燃烧温度，实现较低负荷下的预混燃烧。采用关小燃机可调IGV和IBH回热方法，有限关小IGV，达到压气机可以稳定工作的边缘，通过IGV回热的方式减少进入燃烧室的空气量，提高燃烧温度。

4　燃烧模式切换的控制因素

4.1　进入一级燃烧模式的因素

任何工况下，燃烧温度小于1600℉，一级燃烧区有火焰；断路器脱网(dL52GX1＝0)；转速101.5，加速度3%；有紧急停机命令；燃机转速小于60%；进入一级燃烧模式。

4.2　进入贫贫燃烧模式的因素

一级燃烧模式燃烧温度大于1600℉；二级燃烧模式下一级燃烧区有火焰，且燃烧温度小于1950℉；预混转换阶段一级有火焰且燃烧你温度小于2000℉；延伸贫贫模式燃烧温度小于2010℉；一级燃烧恢复模式燃烧温度大于1600℉小于2010℉，且一级有火焰。

4.3　进入二级燃烧模式的因素

贫贫燃烧模式下，未选择贫贫延伸模式，燃烧温度基准(大于1975℉，二级燃烧区有火焰。

4.4　进入预混转换模式的因素

二级燃烧模式下，二级有火焰，一级火焰消失，DLN分流阀小于3%开度，燃烧温度大于1975℉，进入预混转换模式。

4.5　进入预混模式的因素

预混转换模式燃烧温度大于2000℉，分离阀开度已经到达79%。

4.6 进入延伸贫贫模式的因素

贫贫燃烧模式燃烧温度大于 2010℉且选择贫贫延伸；一级有火焰且选择了贫贫延伸；预混转换和稳态一级有火焰；一级燃烧恢复模式下燃烧温度大于 2010℉，一级燃烧区有火焰。

4.7 进入一级燃烧恢复模式的因素

在运行工况下，一级火焰消失，二级有火焰；预混稳态下手动选择贫贫延伸，分散度高，燃烧故障。

5 燃烧温度的计算

燃烧温度是低排放控制的一个重要参数，作为燃烧模式的切换和控制依据，控制 GSV 分离阀关键参数，在贫贫燃烧模式下，GSV 开度是燃烧温度的函数。大气温度、大气湿度、空气流量、燃料流量、压气机压比、涡轮压比影响燃烧温度，燃烧温度是以上因素的函数。可以根据以上测量变量，实时计算燃烧温度。

在实际工程应用中需要对公式进行简化，减少计算时间，提高参数来源的可靠性。

6 结论

提出增压站燃气轮机低排放改造的方法，得到了燃烧过程控制的边界条件，验证了预混燃烧的区域稳定性，为后续进一步提升燃机低排放工况运行负荷范围提供了研究方向，重点对低排放燃烧过程控制算法进行了研究和试验：

（1）在低排放燃烧控制中，最核心的控制参数是燃烧温度，准确性和实时性至关重要。

（2）低排放燃烧工况和燃烧过程多变，控制模式切换不精准都会造成不可逆的后果。

（3）燃料分离阀的精度、线性度、响应时间至关重要，100%开度对应燃烧区域要特别关注。

参考文献

[1] 姚秀平. 燃气轮机及其联合循环发电[M]. 中国电力出版社，2004.

[2] 中国华电集团公司. 大型燃气-蒸汽联合循环发电技术丛书控制系统分册[M]. 中国电力出版社，2009.

第三篇 信息化、数智化类

浅谈地面工程项目管理系统开发与应用

高振华　孙　俊

（中石化江苏油建工程有限公司）

摘　要　中石化石油工程建设公司开发并使用地面工程管理系统，通过该系统的应用，将提高工作效率，加强项目干系人的沟通，保障项目管理业务的开展，消除信息孤岛现象，促进企业文化累积。此外，该系统还将促进管理的规范化、透明化和痕迹化，通过系统流程控制确保管理体系文件的有效执行，同时通过信息筛选和数据浓缩为高层管理者提供决策支持信息。

关键词　项目管理架构；项目管理系统应用；精细化管理

近年来，国内工程公司积极实施“走出去”战略，加速市场和管理国际化。随着工程项目规模扩大、管理复杂以及跨国跨区域趋势，传统项目管理方法无法满足新需求。中石化石油工程建设有限公司为应对大型、复杂EPC项目的挑战，开发了一个集成化的项目管理信息系统SICP，覆盖EPC项目管理全生命周期和全业务范围。该系统已基本完成开发阶段，并在公司项目管理工作中得到有效应用。本文将总结该系统开发与应用实践的经验。

1　项目管理集成系统的必要性

随着项目管理技术的不断提升

和经验的积累，传统的项目管理手段已难以满足需求。项目管理系统的必要性日益凸显，其可以提高信息处理效率和复杂度，同时满足知识积累和复用需求。本文将重点介绍项目管理集成系统的必要性。

首先，项目管理精细化导致项目信息数据量快速增长，需要设计更合理的数据库关系和计算模型来实现快速高效的信息处理。

其次，随着项目管理水平的提升，关注点转向多个要素的协同管理以及过程之间的协同运作。这使得项目管理面更广，要求更严格，难度更大，需要一个具备高效数据处理能力、应对复杂信息关系并实现业务和数据协同管理的集成系统以确保项目顺利实施。

最后，传统的项目知识经验主要依赖纸质媒介积累，不便检索查阅且难以重复应用。集成化的覆盖项目管理全过程和全业务范围的管理系统则可在处理工作的同时积累项目知识。系统自动调用已有知识供选择使用，提高了知识的检索、查阅和利用效率。

综上所述，覆盖项目管理全过程和全业务范围的管理系统必须通过系统完成工作处理并积累项目知识，自动调用已有知识，提高知识检索、查阅和利用效率。集成化的管理系统可以提高信息处理效率和复杂度，满足知识积累和复用需求，提升项目管理的效率和效果。

2　系统概述

根据PMBOK®的权威定义，项目管理系统是收集、整合和传播项目管理过程中各类成果的一系列工具和技术。地面工程管理系统是由中石化石油工程建设有限公司与专业项目管理软件供应商合作打造的集成化工程项目管理系统，旨在为公司的大型项目管理提供支持，并具备工作流和信息流处理功能。该系统为公司各个职能部门提供业务管理的信息支持，并为企业知识沉淀提供平台。通过实现知识经验的长期积累，地面工程管理系统有助于提升项目管理的效率和效果。

2.1　系统架构设计

地面工程管理系统采用三层业务架构模式（图1），分别为项目层、公司各部门级和决策层。项目层为项目管理团队提供工作平台，优化工作流程，减少员工重复工作内容。公司各部门级实现项目和项目集的信息收集、分析和管控。决策层为公司领导和项目经理提供实时数据支持，推动公司发展和进步。通过这种设计，地面工程管理系统为项目部管理团队、公司各部门和公司领导决策者提供了全面、高效的支持，实现对项目的全方位管理。

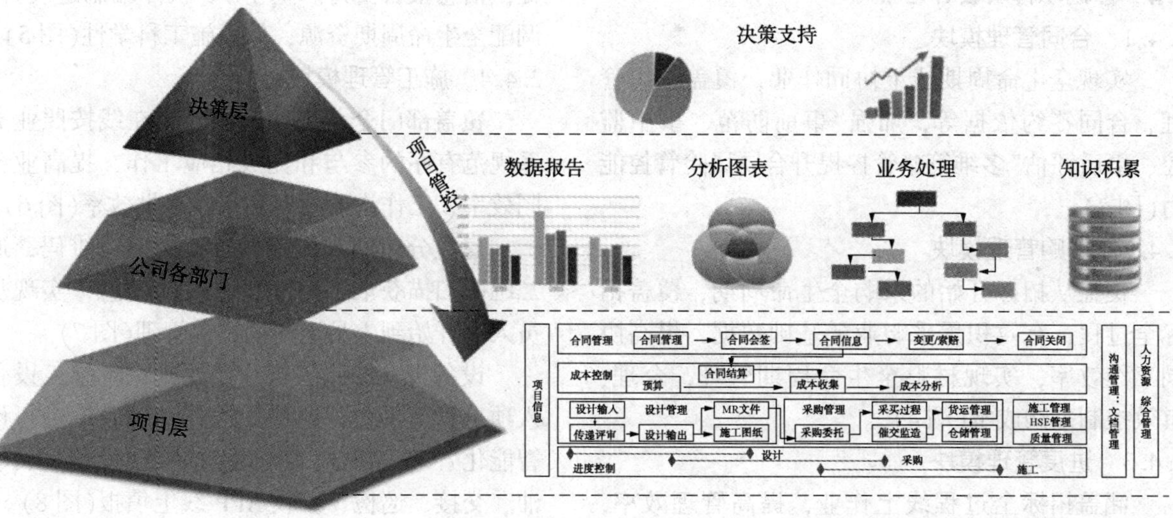

图 1　系统业务架构

2.2　系统编码体系

编码体系是实现项目管理标准化、流程化和规范化的重要基础，也是推动信息化的必然要求。在规划之初，确立了统一的编码方案作为基础。

以二级单位简称为基础编制 6-10 位项目编码，并向下扩展至公司编码，生成个业务的独立编码，清晰表达项目各业务之间的逻辑关系，提高信息的可读性和易用性，实现项目管理的标准化和规范化。

包括项目编码、人员编码、WBS 编码、文档编码以及物资编码。这些编码的统一方案为项目管理提供了标准化的基础，使得项目团队能够更加高效地进行信息处理和沟通，进而提高了项目管理的整体效率和效果。

2.3　系统业务逻辑

工程项目管理是全生命周期的管理手段，需要管理各种资源。地面工程管理系统作为其重要工具，设计理念是将各管理要素和模块进行有机地整合，实现业务和数据的协同工作，打破传统管理模式。系统注重各模块间的关联性，能实现和反映管理业务的整体性和集成性，满足工程项目管理的各种需求，提高管理效率、降低成本，为项目管理团队提供更好的决策支持。该系统可视化展示模块关系和影响，方便用户直观了解运行机制和管理流程。

系统业务逻辑见图 2。

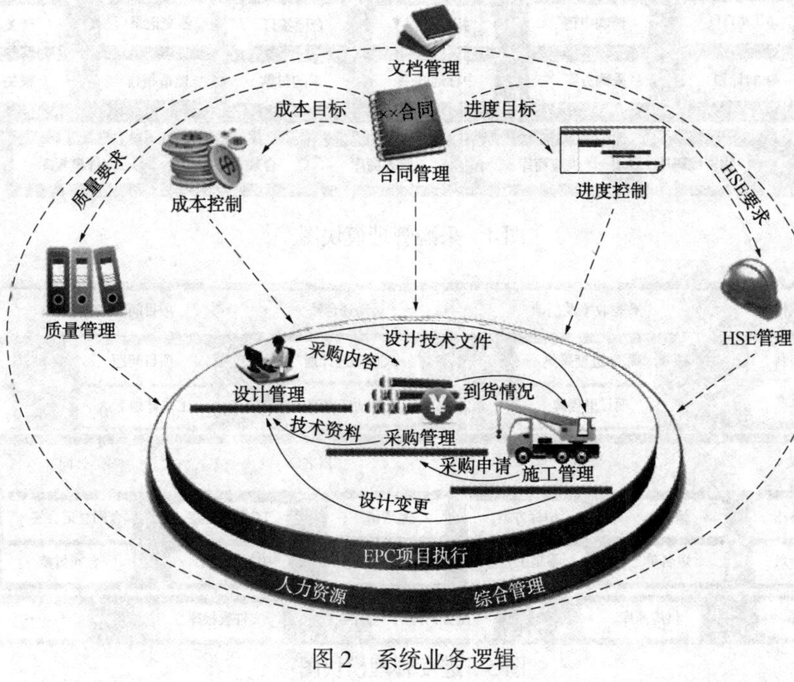

图 2　系统业务逻辑

2.4 系统各模块设计框架

2.4.1 合同管理模块

实现全生命周期线上协同作业，覆盖组织管理、合同签约依据等，加强“事前防范、事中监控、事后评估”多维策略管控提升合同风险管控能力(图3)。

2.4.2 采购管理模块

覆盖从招标开始的采购全生命周期，覆盖招标全过程，有效积累采购业务基础数据，提高协同工作效率，实现材料全生命周期管理，合理、有效控制采购成本(图4)。

2.4.3 进度管理模块

涵盖招标全过程线上作业，提高管理效率，提供信息报告支持。基于P6软件编制进度计划，调配全生命周期资源，保证施工科学性(图5)。

2.4.4 施工管理模块

覆盖部门全范围管理职能，在线按照业务关系规范有序的参与和完成相应工作，提高业务协同效率、工作沟通效率和在线审批效率(图6)。

建立分包商人员库，自动生成二维码，通过二维码扫描获取当前施工人员的信息，实现从人员入场开始到人员退场全过程管理(图7)。

设备机具按照一机一档原则，将施工设备导入项目管理平台，通过使用移动app端进行设备智能化管理，扫描二维码扫描实现设备运转、加油、交接、巡检、验收APP线上填报(图8)。

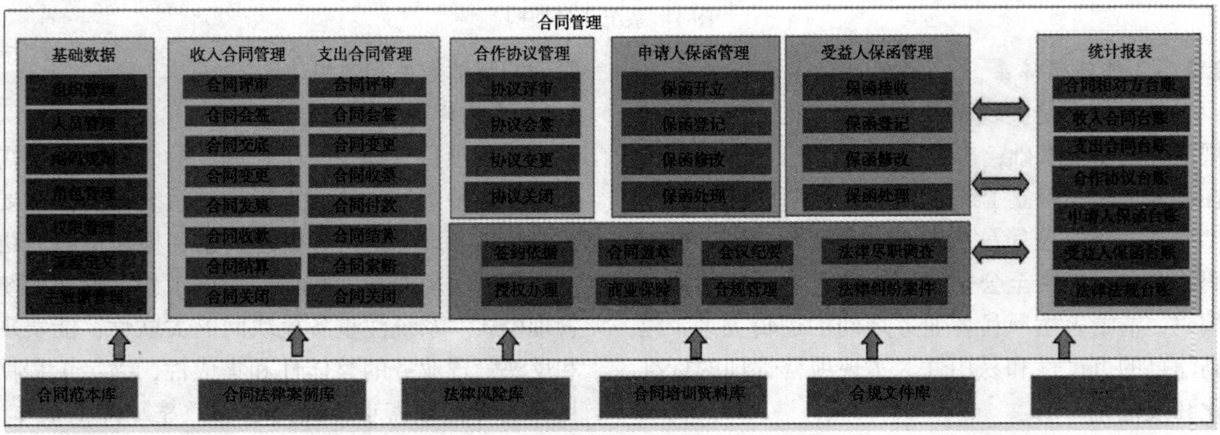

图3　合同管理模块图

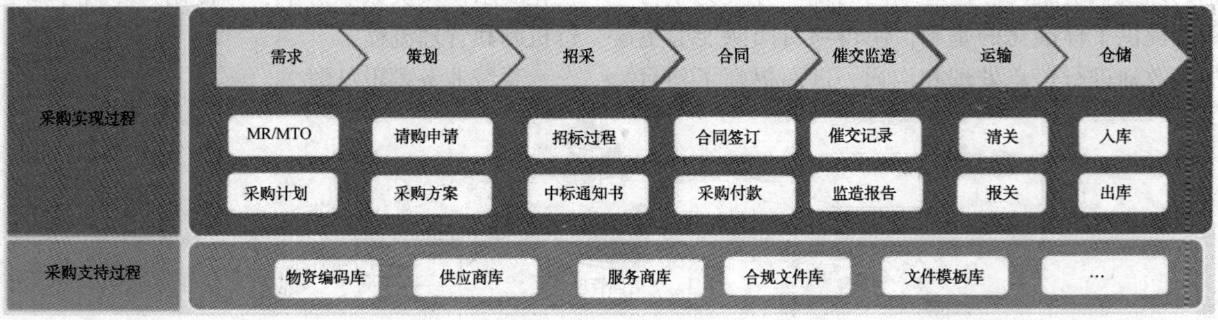

图4　采购管理模块图

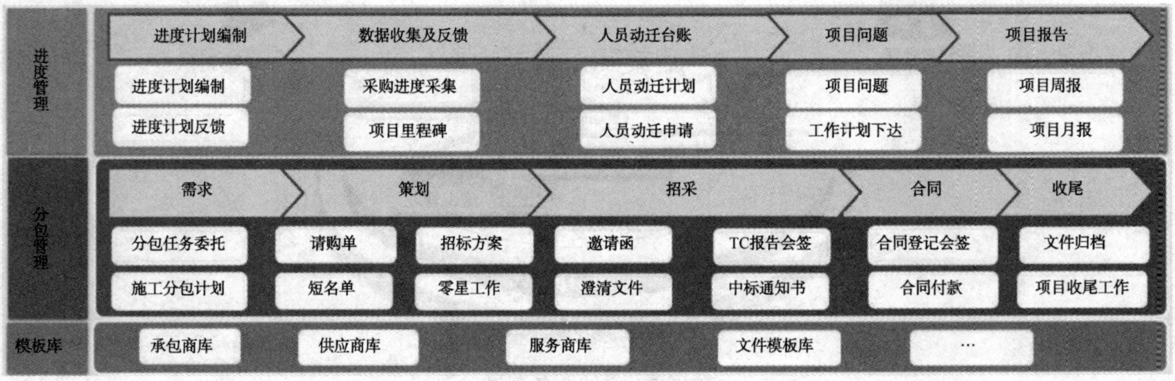

图5　进度管理模块图

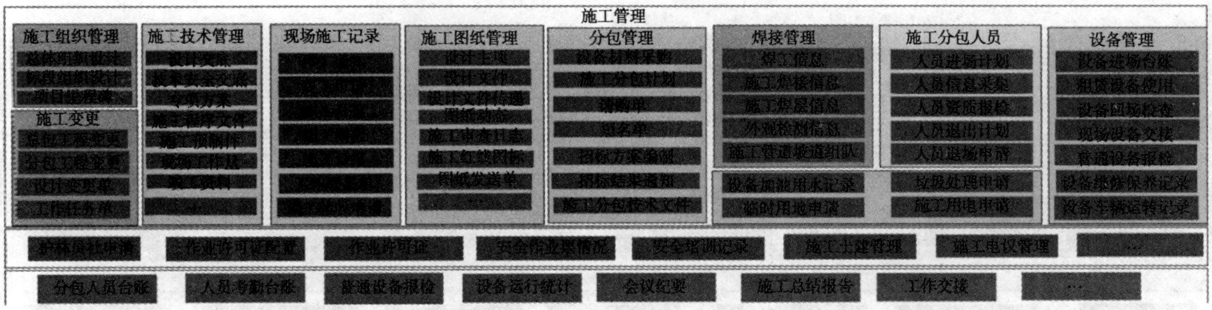

图6　施工管理模块图

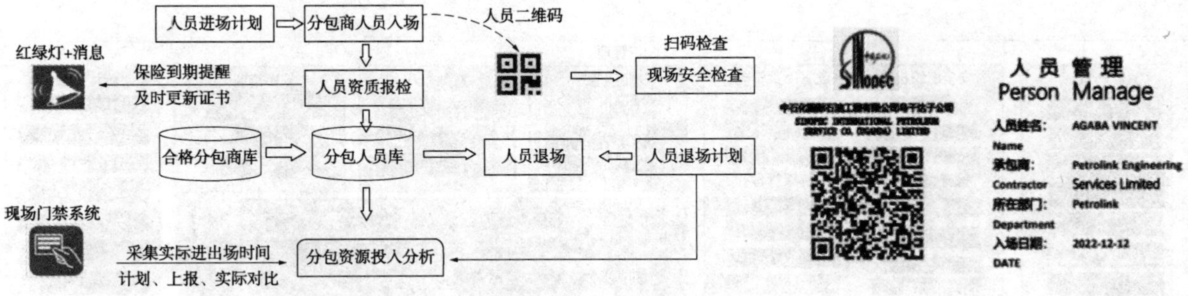

图7　人员管理图

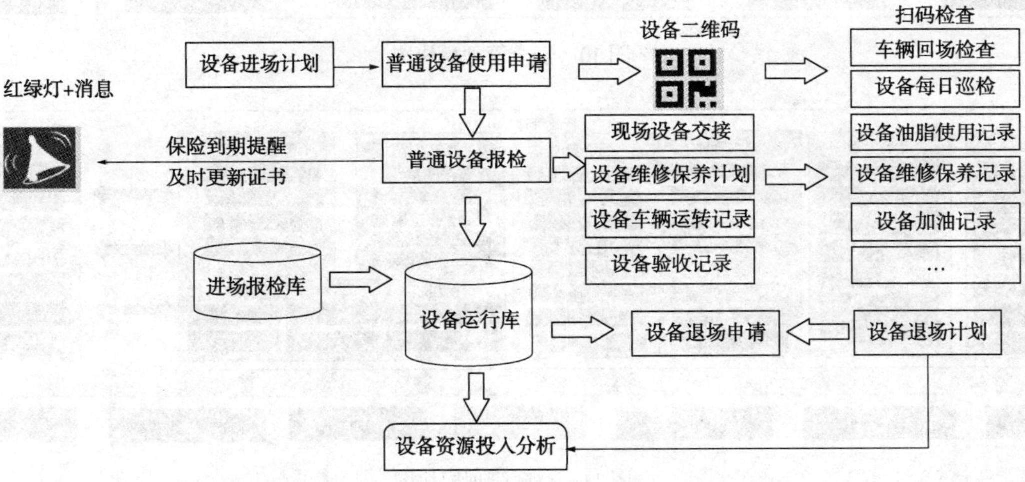

图8　设备管理图

2.4.5　质量管理模块

包含多个子模块，覆盖部门全范围管理职能，优化完善管理体制。通过在线监督和检查，

2.4.6　安全管理模块

涵盖多个要素，以体系管理和安全标准化为基础，实时反映分公司安全现状。通过日常监督

2.4.7　行政管理模块

包含多个子模块，覆盖部门全范围管理职能，优化管理体制，实现项目全过程跟踪、控制和管

2.4.8　移动 app

构建专属移动办公平台，包含消息通知、公

实时查阅项目质量记录和问题等，实现质量在线报验、整改跟踪和不合格项状态跟踪，形成闭环管理(图9)。

和定期检查，确保 HSE 管理工作的有效实施(图10)。

理。建立人力资源库，实现人才高效管理。实现成本核算自动化、对账全面化、智能化、应用范围全球化(图11)。

司动态、通讯录和业务流程发起及审批等功能，提升用户工作效能和便利性(图12)。

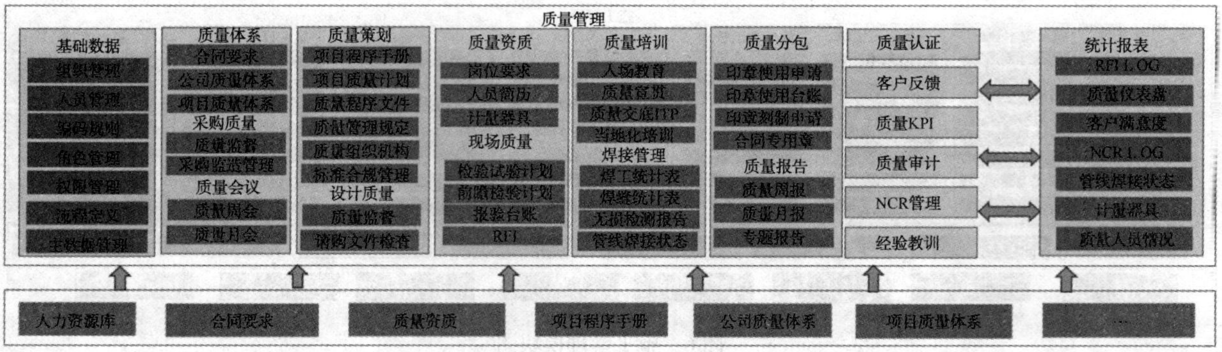

图 9　质量管理模块图

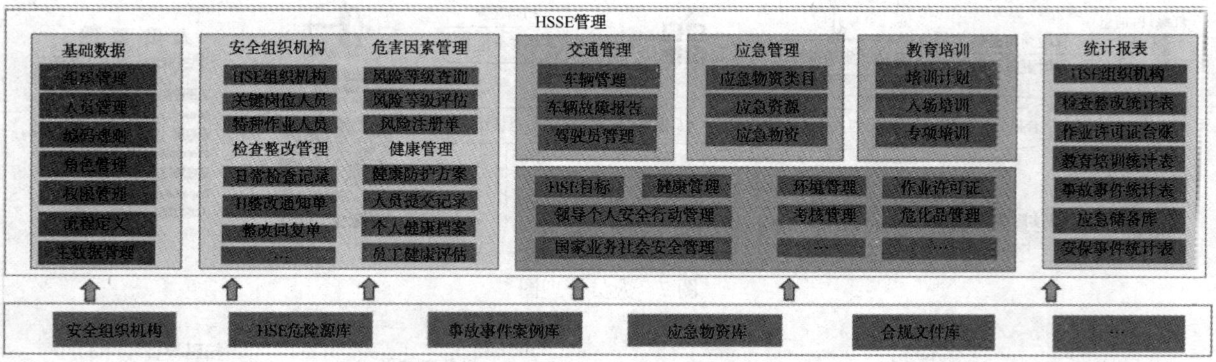

图 10　安全管理模块图

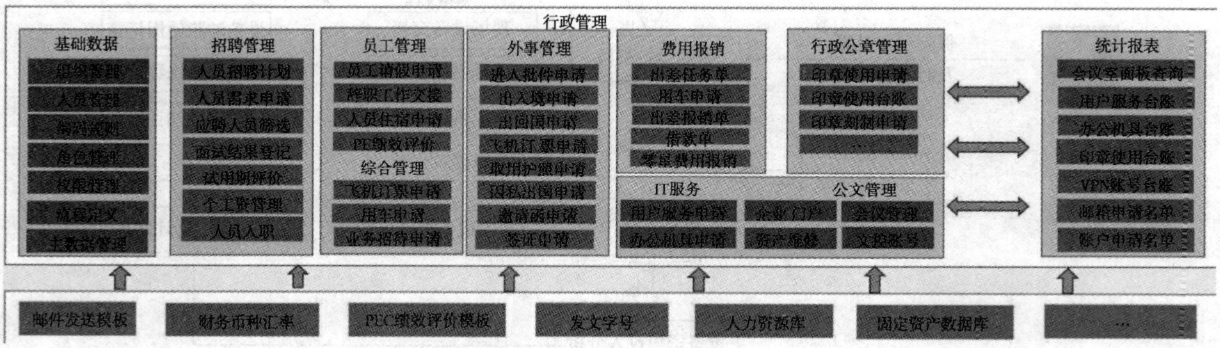

图 11　行政管理模块图

2.4.9　领导驾驶舱

通过软件系统的数据分析和可视化工具，用户能够快速获取和分析大量数据，从而更好地理解业务状况，做出更明智的决策；减轻用户的工作内容，帮助用户完成一些重复性的任务，提高工作效率的同时，增加员工满意度(图 13)。

2.5　系统特点

地面工程管理系统覆盖了工程项目管理的全过程和全范围，其功能涵盖了沟通管理、合同管理、采购管理、质量管理、HSE 管理、施工管理、进度控制、设计管理、文档管理、行政管理、试运行管理和竣工管理等多个方面。该系统以施工管理为主线，以项目成本、进度、质量、安全为项目管理主线，辅助以合同、沟通、行政等项目管理模块，辅助项目经理对项目进行更好的进行管理。同时，该系统实现了标准化管理、规范化管理，通过统一的业务职能要求和业务流程等，促进公司进行标准化管理，为企业文化沉淀打下基础。此外，地面工程管理系统充分考虑了不同管理层次的需求，定位为以项目管理为主的项目部内部使用的项目管理系统，并可在使用过程中逐步向上级汇总，形成公司级项目管理系统，并可以根据项目管理要求的升版进行不同程度的优化迭代。数据来源主要是通过工作流处理获得，各级管理人员在完成既有工作的同时获得

图 12　移动 app

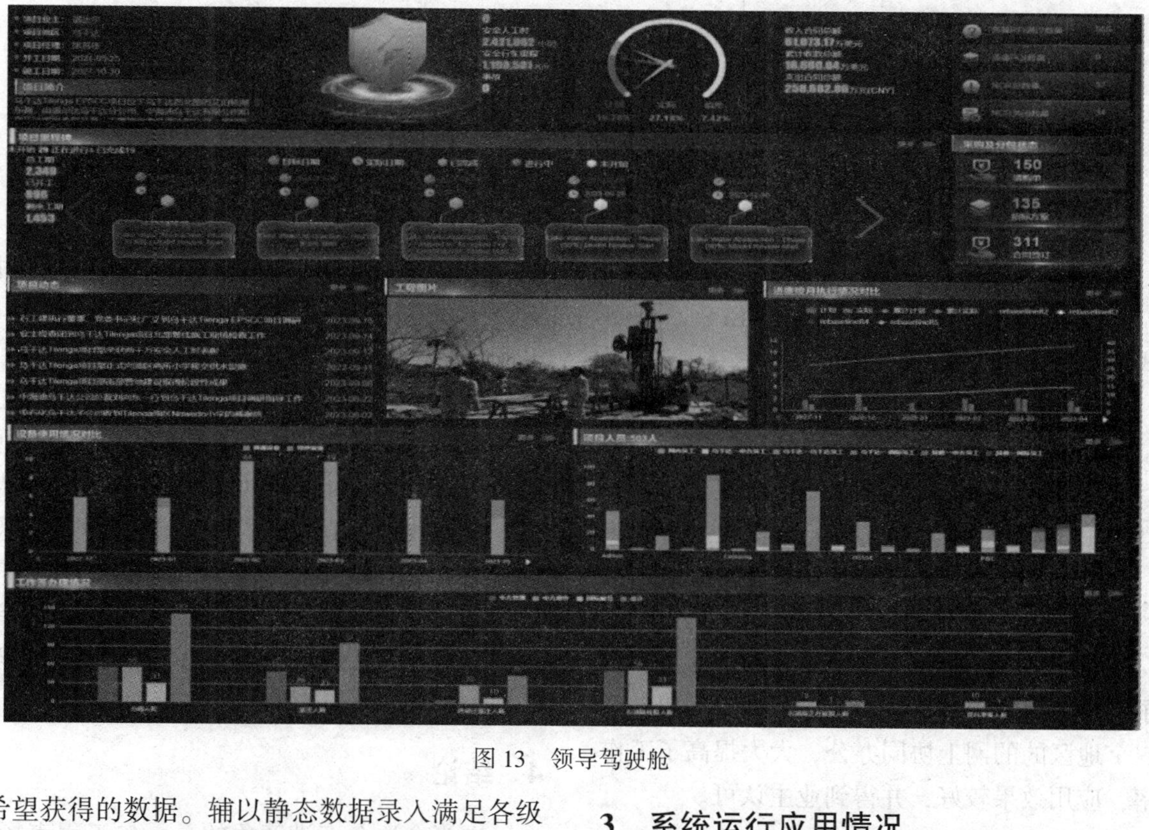

图 13　领导驾驶舱

其希望获得的数据。辅以静态数据录入满足各级管理部门对有关报表数据需求。通过对项目级数据的不同视角的组织和提炼，形成不同管理层次所需要的分析图表。这样，各级管理人员能够根据自身需求获取相应的数据和分析结果，从而更好地进行决策和管理。

3　系统运行应用情况

3.1　系统部署

为满足中石化网络安全管理规定，系统部署存在相应的对策

1. 系统部署于石化智云，登录与主机维护均采用堡垒机形式跳转登录，系统运行均于内网

环境应用，外网用户可通过中国石化 VPN 登录系统使用。

2. 系统集成统一身份账号，集成员工 IDM 系统账号，进行统一身份认证后，生成系统账号。再由地面工程管理系统对登录权限进行统一管理分配。

3. 移动端外网开放，集成汇总于石化办公中，做到外网登录手机 App，脱离电脑使用系统。

系统服务器布置图，见图 14。

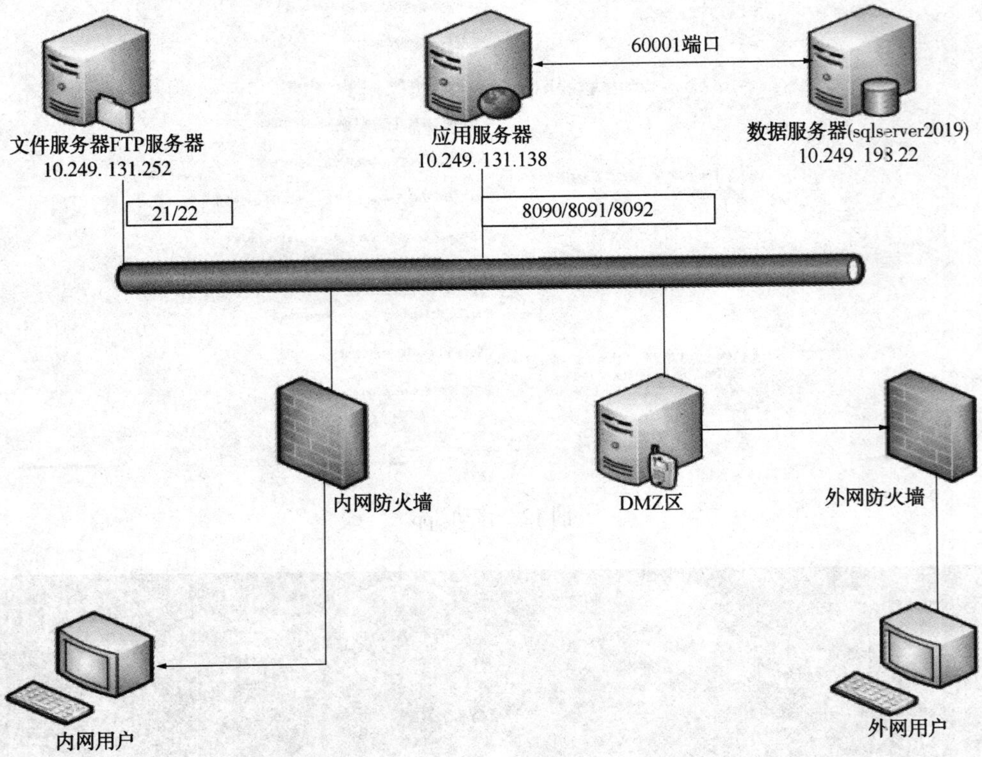

图 14　系统服务器布置图

3.2　系统运行情况

2022 年 6 月份在乌干达 Tilenga EPSCC 项目正式上线：

目前已上线：13 个功能模块、675 个功能菜单、524 项业务流程、286 个报表；

业务处理：累计处理 1. 8 万份业务单，业务处理为 1. 38 万人次；

消息数量：系统为用户发送待办、办结消息 11. 38 万条。

现今，乌干达项目部已经项目全员使用，实现了乌干达项目现场、坎帕拉、迪拜、扬州、东营 5 个地区的的网上协同办公，大大提高了工作效率，应用效果较好，并得到业主认可。

3.3　系统运行结论

项目管理系统在乌干达项目中的应用案例其能显著提高工程项目的管理效率和准确性，特别是在项目现场管理方面。借助该系统，公司能更好地掌握项目核心运营动态，包括资源、进度、材料、装备、质量以及合同收支情况等。该系统的应用取得了显著成效，表明其在工程项目中具有广泛的应用前景和推广价值。从项目管控、提升和规范化的角度来看，项目管理系统对项目的具体价值主要体现在知识沉淀与复用、提升管理团队素质、提升项目精细化管理水平、提供便捷的数据查询与统计分析功能、优化文件存档与检索、提高效率与节约成本以及推动管理创新等方面。为了更好地发挥项目管理系统的作用和价值，需要进一步加强宣传和教育，提高施工单位对项目管理的认识和应用能力，推动项目管理系统在施工单位项目中的广泛应用。

4　结论

在当今这个充满竞争的总承包工程市场中，随着项目规模日益增大、项目管理愈发复杂以及项目实施地点较多，联合办公变得频繁。充分利用项目管理系统，为项目充能，拉低项目管理难度，高效沟通，增加工作效率。

通过项目管理系统的开发与应用，公司将能

够获得诸多价值。作为一种先进的项目管理信息系统，能够帮助工程公司更好地管理项目、优化工作流程和提高效率。同时，还能够提供跨区域实时处理能力，使得项目管理团队能够更好地协同合作，无论他们身处何地，都能随时随地处理项目工作。

通过使用项目管理系统，工程公司将能够提高项目管理水平、降低成本、增强竞争力并更好地满足客户需求。此外，项目管理系统还将为公司提供可观的经济效益和社会效益，从而帮助公司在激烈的市场竞争中脱颖而出，并取得更加辉煌的业绩。

参考文献

[1] 王丹，郝力《数字化示范工程：引领城市建设》[J]. 数字图书馆论坛，2007(6期)20-24.

[2] 李雪莹.《价值工程在弄海园小区工程成本控制中的应用研究》[C].，东北林业大学，2009.

[3] 崔争.《水利工程项目管理云平台的研究与应用》[C]. 华北水利水电大学，2019.

[4] 王琎.《信息化技术在总承包项目管理中的应用》[J]. 石油化工建设，2015(1期)：16-19.

[5] 段疆.《工程项目管理信息系统的建立与应用》[J]. 中铁电气化局电气化公司，20151-4.

[6] 上海普华，《项目管理软件介绍》[J]. 上海普华科技发展股份有限公司.

[7] 陈富仲，肖斌. 建筑企业信息管理系统的开发与应用[J]. 施工技术，1999，28(11).

[8] 赵辉，王雪青. 集成化的工程项目管理信息系统构建[N]. 北京理工大学学报(社会科学版)，2008，12. 10(6)67-69.

[9] 周宇光. 项目管理信息化框架和模型研究[J]. 施工技术，2012，41(4)

油气管道安全风险标准时效监控技术创新与应用

文海力　钟庆阳

（中石化江汉石油工程设计有限公司）

摘　要　近年来，在国家大力发展数字经济，推动企业高质量发展的大环境下，传统油气管道建设项目对标准时效性靠人工查新的短板愈发明显。本文针对项目全生命周期的标准时效监控较为落后之现状，结合数字化技术开发了一套油气管道建设项目标准时效监控系统，为保障企业质量安全水平开拓了新思路。

关键词　油气管道；标准时效；监测预警

1　引言

2021 年 12 月 12 日，国务院发布《"十四五"数字经济发展规划》（国发〔2021〕29 号），给"数字经济"做了如下定义："数字经济是继农业经济、工业经济之后的主要经济形态，是以数据资源为关键要素，以现代信息网络为主要载体，以信息通信技术融合应用、全要素数字化转型为重要推动力，促进公平与效率更加统一的新经济形态。"当下数字经济发展速度之快、辐射范围之广、影响程度之深前所未有，正推动生产方式、生活方式和治理方式深刻变革，成为重组要素资源、重塑经济结构、改变竞争格局的关键力量。

2023 年 8 月 31 日，国家市场监督管理总局发布《企业标准化促进办法》（总局令第 83 号），提出用企业执行标准的自我声明公开和监督制度代替备案管理制度。其中第十五条要求："企业应当在提供产品或者服务前，完成执行标准信息的自我声明公开。企业执行标准发生变化时，应当及时对自我声明公开的内容进行更新。"

标准是油气管道建设的技术支撑，建设项目执行现行有效的标准是企业高质量发展的基础之一。在国家管网积极推进数字化转型发展的同时，若是没有一套贴近实际，又行之有效的油气管道建设项目标准时效监控系统，而主要靠人工收集和处理海量的标准信息数据，无疑是难以完成的任务。

2　建设工程标准信息动态管理现状

我国现阶段建设工程标准管理和实施方式，大部分仍停留在印发、转发或发布标准制修订计划、征求意见、公告、标准文本等基础层面上。

在油气管道建设项目的标准规范执行过程中，普遍面临着以下"五大难题"：

（1）标准信息情报渠道分散，不集中、不及时、不可靠；

（2）标准查新手段传统，周期长、成本高、效率低；

（3）建设项目执行周期长，多次反复排查，风险高；

（4）建设项目标准清单更新难，无预警，未公告，易造成安全隐患；

（5）标准体系重复建设，管理水平参差不齐。

3　油气管道建设工程标准信息数字化解决方案

油气管道工程标准管理数字化系统的建立，关键是构建行之有效的数字化流程，将情报分类收集、标准清单建立、标准时效预警、标准监督反馈等环节，作为独立的对象进行研究突破，将信息技术创新与管理创新有机结合起来，理清脉络，分阶段有条理的实施，脚踏实地，稳中求进，才能一步一个脚印地完成标准信息数字化系统建设。

我们聚焦油气管道建设项目标准时效安全监控技术的研究与开发，为建设项目标准规范的执行、质量安全监管以及生产效率的提升，提供了标准时效安全保证。通过对油气管道建设项目标准清单的收集、标准简报的订阅、标准体系的建立，以及标准清单时效信息的应用和共享，结合大数据技术，进行了大幅改进和创新，取得了由量变到质变的突出成果。

3.1　主要创新点

本解决方案以“红绿灯+健康码”作为数据载体，是项目全生命周期标准时效监控工具，能对项目执行的标准清单进行有效性跟踪和预警，为建设项目标准信息数字化带来了三个重要的转变，从管理层面实现了“静态管理”向“动态管理”的转变，从执行层面实现了“标准清单”向“数字清单”的转变，从监管层面实现了“检索查新”向“扫码查新”的转变。

主要创新点有两个方面：

（1）在国家标准个人健康信息码的基础上，构建了标准时效信息“红绿灯+健康码”模式的升版迭代变化模型，实现了标准动态数据可视化展示；

（2）建立了标准条目的关联算法和标准清单的推荐算法，提升了项目全生命周期的标准动态感知能力，实现了由“人找标准”向“标准找人”的转变。

3.2　标准变化动态跟踪

通过对油气管道工程建设项目的标准清单进行在线动态管理，系统性解决标准执行过程中面临的几个痛点：

（1）企业通过订阅与油气管道相关的在线标准信息简报（图1），解决了标准信息情报搜集工作重复，数据处理“不集中、不及时、不可靠”的问题；

（2）通过建立输油和输气管道建设项目等两套标准体系（图1），实行标准动态在线自动更新，解决了专业人员易使用过期作废标准的历史顽疾；

（3）通过开发“标准时效码”数字化技术（图2），解决了传统标准信息时效靠人工查新，无动态感知能力的问题。

（4）通过新建项目的执行标准在线清单（图3），解决了传统标准查新“周期长、成本高、效率低”以及清单无法自动更新，不能共享等问题。同时可用于跟踪已建项目的标准变化情况，为项目安全改造的立项提供科学依据。

（5）通过建立国家管网企业标准的规范性引用文件清单（图3），扫码查看国家管网 DEC 标准发布后规范性引用文件的变化情况，为标准的实施和升版提供动态信息服务。

图1　标准信息简报和油气管道建设项目标准体系

图2　红绿灯+健康码模式的标准时效码

图3 新建管道项目标准清单和国家管网 DEC 标准的规范性引用文件

3.3 “标准时效码”监测预警

标准时效监测完成了可研、勘察、设计、采购、施工、检测、验收、运维和检修等标准规范十多种应用场景的实践研究，开发了 API 标准数据接口，可以为各类生产系统提供数据服务。

(1) 采用建立标准时效码，通过标注项目交付日期的方式，实现了建设项目建设期和运维期执行标准全生命周期的自动监测和预警。

(2) 建立“专业标准体系自动完善”功能，应用大数据技术，当新建项目引用了首次发布的标准之后，专业标准体系会自动升级，彻底改变了传统专业标准体系靠人工维护的模式，极大提高了专业标准体系的管理效率。

3.4 两个“清零”、一个“预警”

零作废，“油气管道建设项目执行标准清单”会自动依据标准动态信息，为项目提供最新的动态标准信息，实现项目交付前零作废。

零报告，在油气管道建设改造项目交付时，将改造完成后的“标准清单正面”的作废标准项清除，并形成历史记录，一旦标准再次发生变化，会在“标准清单反面”进行预警，实现项目交付后零报告。

一个预警，提高油气管道建设项目标准时效安全预警能力。贯彻落实中国石化集团公司对设计单位设计质量终身负责制度：“企业应在合同中明确，当标准规范发生变化时，设计单位有责任及时告知使用单位相应的风险和应对建议”，避免因未及时发现标准过期作废导致的生产装置运行安全事故(图4)

图4 1990年建成的某企业柴油加氢站因标准作废发生的安全事故

4 结束语

油气管道工程安全风险标准时效监控系统的应用为“项目设计质量终身负责制”度身定制，在当标准规范发生变化时，管道建设项目的执行标准清单会自动更新预警，使勘察单位、设计单位、施工单位、监理单位、检测单位、分包单位、供货单位等七方协同反应，及时为建设单位和使用单位规避因标准过期作废造成的质量安全风险。

本系统在2020年获得国家工业和信息化部全国工业 APP 和信息消费大赛的信息消费应用创新奖(图5)，在2023年为中石化石油工程建设有限公司所属单位及分包单位部署试运行，首次实现了建设工程项目全生命周期标准时效数字化的自动监测和预警，对提高项目运行效率，提升质量安全水平，树立企业诚信形象，发挥了积极的促进作用。

图5　全国工业 APP 和信息消费大赛信息消费应用创新奖

参 考 文 献

[1] 国务院．“十四五”数字经济发展规划(国发〔2021〕29号)

[2] 国家市场监督管理总局．企业标准化促进办法(市场监管总局令第83号)

[3] 中国石化．中国石油化工集团有限公司 HSE 管理体系手册(中国石化 HSE 办〔2021〕16号)

智能工地技术与装备在管网建设中的应用研究

张建伟[1]　叶可仲[1]　韩云涛[2]　梁　迪[2]

（1. 国家石油天然气管网集团有限公司工程部；
2. 廊坊中油龙慧科技有限公司北京信息分公司）

摘　要　本文主要阐述了油气管道智能工地技术与装备的解决方案和应用。智能工地技术与装备整体解决方案，旨在解决管网工程建设过程中的人员、设备、物资、质量、安全等方面存在的问题，实现工程现场“人、机、料、法、环”的全面动态感知，结合大数据建立全过程监控与数据采集系统，实时采集和分析施工过程各方面数据，及时发现问题并解决，实现施工现场可视化、过程管控数字化、管理决策智能化的新型管理模式，保障工程质量和安全，提升现场管理水平。

关键词　智能工地技术与装备；智能工地一体机；数据采集；智能识别；边缘计算

1　引言

智能工地技术与装备，是指将物联网、大数据、移动互联网、AI算法等先进信息技术与工程建设活动深度融合，实现施工过程的信息采集、数据共享、协同管理和智能决策。智能工地技术与装备的发展经历了三个阶段：第一阶段以工厂化生产为主，强调信息共享；第二阶段以机械化生产为主，强调人机协作；第三阶段以信息化管理为主，强调现场监控。

管道工程建设是一项涉及众多领域、工序繁琐的工程。在管理的过程中需要相关企业信息系统能长时间采集建设过程中的各类信息，利用物联网、大数据、人工智能、边缘计算等技术判断油气管道在建设过程中可能出现的问题，并能初步判断问题的根源，得出解决方案。在当前油气工程建设智能化管理的背景下，传统的管道施工管理方式已无法满足现代化油气工程建设的发展要求。为了适应油气工程发展的步伐，油气管道建设的智能工地技术与装备的应用显得尤为重要。

通过智能工地技术与装备的应用，可以实现施工过程的全面数字化，将管道本体、焊接数据、设备设施、管理人员以及储备物资数据进行智能采集和处理，以此来满足管网建设的数据基础。同时，通过数据分析和预测，可以提前发现和解决潜在问题，对管道施工的不安全状态进行预警预测，有效降低工程成本和风险。此外，智能工地技术与装备还可以实现资源优化配置和环境保护，推动工程建设行业的可持续发展。

2　现状分析

分析近些年国内管网工程建设中出现的问题，主要集中在以下几方面：

1）现场施工时存在不合规操作、违章作业；

2）现场环境监测不够全面、及时；

3）野外施工环境恶劣、地形复杂、施工难度大；

4）机组线性流动施工，人员复杂，现场施工安全管理难度大；

5）施工过程涉及多个工种协同作业，各工种之间协调配合难度大；

6）现场网络信号较差，数据采集困难、数据不全，关键设备无法数据传递。

基于以上问题，迫切需要通过智慧化先进的管理手段和工具，加强施工现场监督管理、降低事故发生频率、杜绝各种违规操作和不文明施工，提高工程建设质量和安全管理水平。

3　智能工地整体解决方案

3.1　建设思路

智能工地整体解决方案围绕油气储运工程建设现场，以“人机料法环”全要素数字化管理为基础，通过技术和数字赋能施工全过程管理，实现施工现场可视化、过程管控数字化、管理决策智能化的现场管理模式，提高项目建设管理效果，有力保障工程建设质量（图1）。

施工现场可视化

- 视频监控
- 环境监测
- 机组定位
- 人员、车辆定位
- 关键区域门禁管理

过程管控数字化

- 基于工况感知的焊缝质量排查
- 工序管理标准化
- 竣工资料电子化
- 无人机飞控管理

管理决策智能化

- 决策支持分析
- 可视化大屏展示项目综合动态
- 焊口、设备、站场三维模型展示

图1　建设思路

3.2　解决方案

智能工地整体建设方案结合物联网、云计算、边缘计算、人工智能、边缘计算等新技术应用于工程现场施工，为安全、高效、高质量施工提供信息化保障。

智慧工地整体架构分为5层(图2)，包括数据层、感知层、传输层、平台应用层、服务提供层。

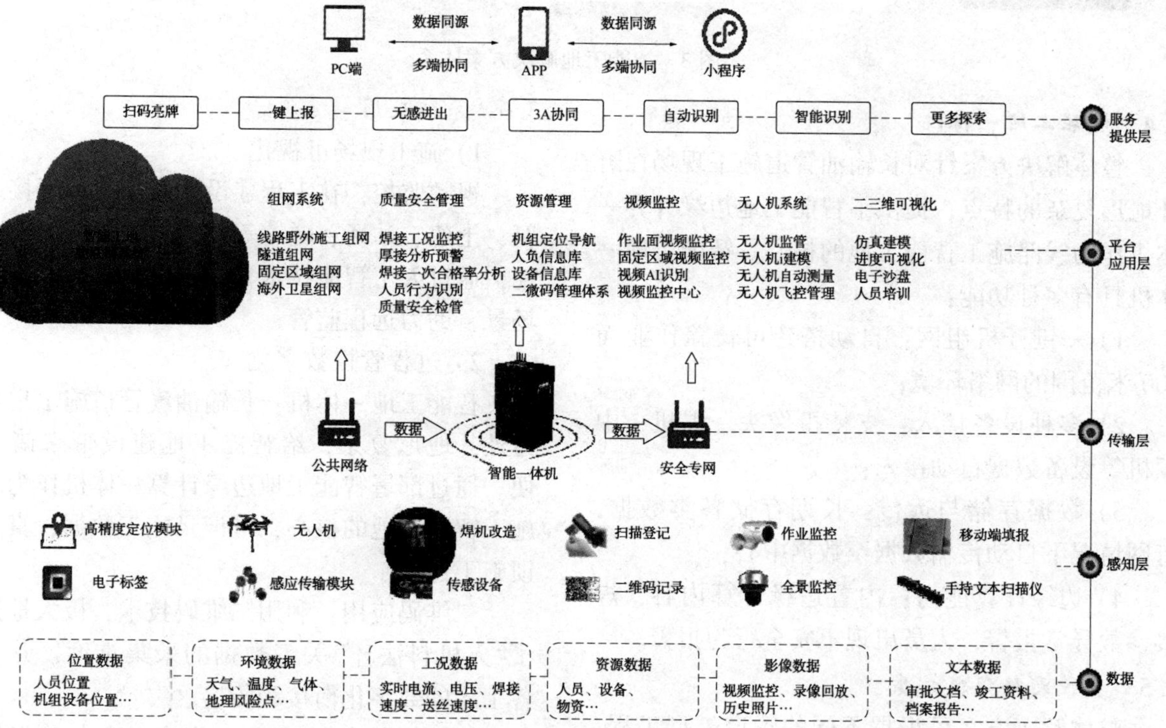

图2　智能工地系统架构

数据层：涵盖现场各类数据，主要包括位置数据、环境数据、工况数据、资源数据、影像数据和文本数据，构成了整体方案的的数据来源。

感知层：由各类无线感知设备收集数据信息。在管道施工过程中，无线数据传输设备自动感知获取现场施工现场的各类信息。

传输层：通过现场部署智能工地一体机，实现施工现场无线网络搭建，将感知设备获取的数据进行采集和存储，为平台上层应用提供数据传输支撑。

平台应用层：在智能工地一体机上传的各类数据基础之上，实现系统功能应用。

服务提供层：可通过PC、APP、小程序形式给业务用户提供应用和协同。

3.3　方案适用体系

智能工地解决方案能够适配线路、隧道、LNG、储库工程等多维度工程，可根据不同工程类型、不同场景提供个性化、定制化的模块化方案(图3)。

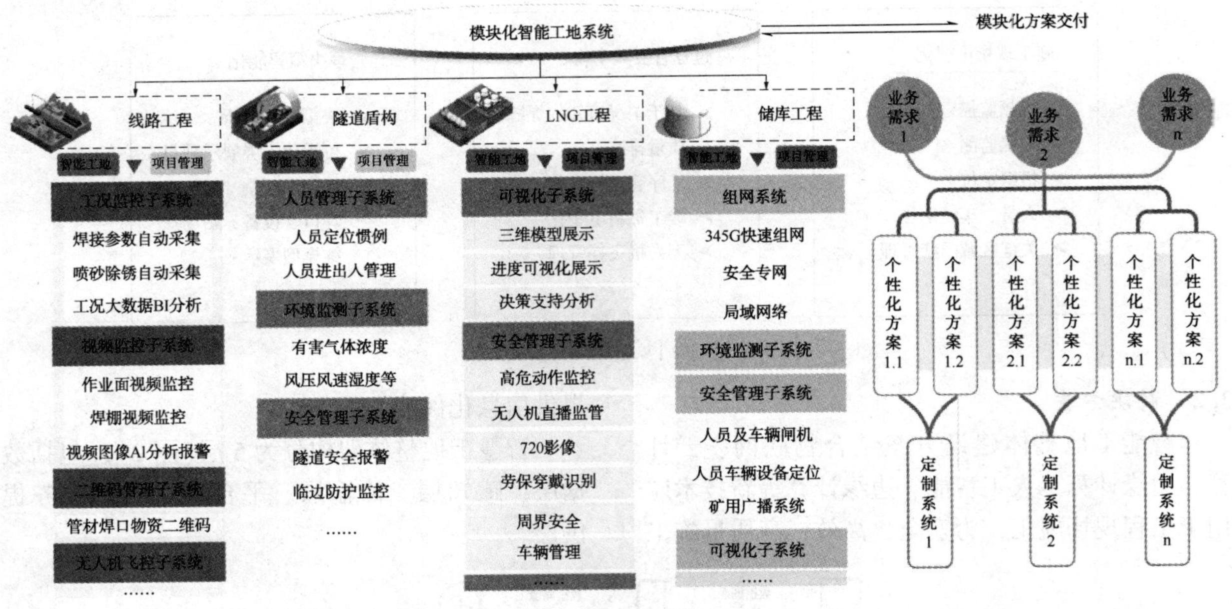

图 3　智能工地解决方案体系

3.4　智能工地一体机

整体解决方案针对长输油管道施工现场在野外地形复杂的特点，提供了智能工地边缘计算一体机作为线路施工智能工地的核心。智能工地一体机具有多种功能：

1）一键开机组网：自动搭建可覆盖作业面200米范围的网络环境；

2）多种设备接入：支持摄像头、焊机、中频机等设备数据自动接入；

3）数据存储与远传：长期存储各类数据，有网情况下自动传输数据至数据中心；

4）边缘计算能力：内置边缘计算内容，焊接参数异常报警，人员出现不安全行为报警。

3.5　多种网络组建方案

整体解决方案可根据不同的管道类型工程，提供不同方式的网络组建方案，满足多样化的野外工程施工组网要求。主要包括如下几类：

1）隧道工程组网：无线宽带自组网系统，灵活拓展，施工方便；

2）地下储库组网：立体多维网络“5G+3G+局域网”；

3）线路工程野外组网：随机组快速迁移，部署灵活，施工方便；

4）固定区域网络：站场阀室建设期组网，无线宽带与5G；

5）海外工程组网：针对无网弱网国家，卫星通信网络。

3.6　系统应用

1）施工现场可视化

视频监控：在工程建设项目中实现焊接、防腐、土建、站场、隧道等关键施工场景的视频监控，通过人工智能技术自动识别出现场风险隐患场景，助力远程监管。

2）过程管控数字化

智能工地一体机：长输油气管道施工现场在野外，地形复杂，给智能工地建设带来诸多不便。通过部署智能工地边缘计算一体机作为线路施工智能工地的核心，可记录施工数据，真实反馈施工过程。

二维码应用：利用二维码技术，极大地简化了“人机料法环”关键数据的采集难度，并实现各工序的数字化衔接和传递。

焊接工况实时采集：通过改造自动焊接设备，增加传感器和无线传输模块，实现电压、电流、送丝速度、喷砂压力等工况参数自动采集，对设备开机状态、超限报警、热输入值报警、数据完整性、进度真实性进行管控，辅助提升焊接质量管理。

无人机应用：通过无人机倾斜影像，获取现场实时视频影像数据和空间地理信息数据，通过智能工地平台的测量功能，对管沟模型进行分析，实现焊口定位、中线测量、土方估算、埋深校核等功能。

3）管理决策智能化

可视化大屏展示项目综合动态：整合各工程

项目实体数据和业务管理数据，以可视化的方式展示，并结合大数据技术开展数据挖掘分析，进行风险预警、质量预判，输出项目分析报告，实现项目健康评估。

项目管理可视化：将线路、站场工程等三维模型进行轻量化处理，并与实体数据、业务资料、管理信息、现场视频等进行关联和挂接，实现工程概况、施工部署、进度模拟、属性信息的三维立体化综合展示。

施工风险预警：实时进行项目健康动态评估，通过对所采集的各项数据进行分析，第一时间反馈工程现场工期问题、安全问题、质量问题和资源问题等。

4 应用价值

通过智能工地整体解决方案的应用，能够为工程建设管理带来众多应用价值。

4.1 全过程质量把控

加强人员资质管理和核验，实现物码一致、多方验收；关联上下工序，全过程视频监控；实现焊接工况实时采集，进行质量预判；智能识别、分析质量不合格项；线上质量检查检验，搭建质量安全案例库，提升质量安全水平。

4.2 促进岗位工作效率提升

实现管理要求更快到达工地现场；第一时间接收和定位现场状况；构建数字工程提升决策效率，通过自动化功能让日常操作更快捷；缩短消息传递周期，提升沟通效率；通过电子化记录和报表让数据更快更准确；提供多样化的数据采集手段，减少采集工作量。

4.3 多环节成本降低

统一平台、实现业务协同，降低沟通成本；实现数字化管理、远程监控节约时间成本；降低返工违规事故成本；实现风险智能识别，降低安全事故；采用智能化手段辅助提升管道工程实体质量。

5 探索创新

5.1 进度报表自动生成

进度报表由现场数据采集自动抓取汇总而成，可按照时间和层级分别推送。

5.2 AI 标准作业检查

从源头识别风险，根据作业情景制定场景化规范标准，实现作业过程全程实时监控，多种方式实时采集现场数据，通过 AI 智能识别，及时发现并提示异常风险、预警不良行为；降低管控成本，提高现场安全水平，减免事故发生。

5.3 焊接质量分析与智能预判

分析缺陷形成时与之关联的焊接过程数据，识别对应焊接工况、环境参数、人员设备、材料等数据的特征，通过数据特征表述缺陷特征，提前预判焊接质量。

5.4 防腐智能化检查

防腐补口作业前检查，现场通过移动端开展补口前质量控制点检查，监管座席可远程核对控制点检查结果是否合格。

5.5 智能 RT 辅助评片

通过专家标注，采用机器学习算法搭建模型，过程中多次专家验证，优化图像算法重复迭代，最终实现缺陷定性识别，经过图像特征识别，辅助开展电子化底片判读。

5.6 全面推进数字孪生建设及场景化应用

实时感知物理管网的建设动态，包括施工机具运行参数、工作人员行为状态、管道本体及周边环境监测以及材料/设备物资储备和应用情况，并基于业务特征算法模型，进行资源优化部署、风险预警预测和智能评判决策。

5.7 知识智能应用

基于设计交底、施工工法、风险措施、规章制度等信息，构建业务知识图谱，通过知识码和精准推送等方式传递知识，实现知识易查易找，知识主动找人，向上辅助决策、向下指导施工，持续提升关键岗位人员能力。

5.8 数字工人

数字工人是施工现场数字化的核心，研究施工人员可穿戴设备、智能终端等标准化配置与管理制度，实现数据的自动采集，实时监控施工活动并为工人提供远程作业支持、任务提醒、安全预警、指令下发等。

5.9 管网建设一张图管理

建成管网“一张图”可视化展示平台，实现管网分布可视化、工程进度与成果展示、现场施工监控、项目健康评估、风险预测预警等，最终实现“管道一张网、建管协同一张图、空间管控一平台”的综合目标。

6 结束语

综上所述，通过智能工地技术与装备整体方

案的应用，赋能施工全过程管理，创新性地采用了以智能工地边缘计算一体机为核心的装备和技术，实现数据自动采集、业务线上协同、现场实时监控、风险自动预警，全面提升人员工作效率、降低工程管理成本、提高工程建设质量，为智慧管网建设保驾护航。

%1. 19

参考文献

[1] 杨赫，牟晓亮．深圳 LNG 外输管道工程智能监控的建立与探索[J]．科技和产业，2021，(04)：221-228.

[2] 蔡永军，蒋红艳，王继方，王潇潇，李莉，陈国群，张海峰．智慧管道总体架构设计及关键技术[J]．油气储运，2019，(02)：8-16.

基于大数据的油气站场雷电监测预警系统的设计与应用

吴　刚　艾力群　李承相　杨陈国　金　山　师海斌

（国家管网集团西南管道有限责任公司）

摘　要　本文针对油气站场的雷电安全需求，通过分析雷电对油气站场的威胁，阐述了雷电预警系统在预防事故、降低损失和保障安全生产方面的积极作用，设计并应用了一种基于大数据的油气站场雷电监测预警系统。该系统利用先进的数据采集技术，实时监测站场环境，并通过大数据分析，对可能发生的雷电活动进行预测和预警。本文详细介绍了系统的设计原理、实现方法和实际应用效果，为提高油气站场的安全生产和运营提供了有效的技术支持。

关键词　油气站场；大数据；雷电预警系统

随着现代工业的快速发展，石油和天然气已成为全球经济的重要支柱。油气站场属于易燃易爆场所，面临着雷击等自然灾害的威胁。雷击不仅能直接引起火灾和爆炸，也对油气设备和作业人员造成严重损害。随着数字化场站的建设，油气站场逐步采用了精密电子产品实现智能化管道、智慧管网。已有防雷措施仍无法完全避免雷击火灾或雷击故障事件。相关设备承受过电压能力低，雷电的高电压及电磁脉冲侵入设备，会发生电磁效应、热效应对系统和设备造成干扰和永久性破坏，导致油气站场运营中断、油气管道停输等事故。因此，在油气管网应用雷电预警系统必要性极为迫切。

1　现状研究

1.1　雷击事件

如表1.1，国内外研究表明，雷击起火是油气站场火灾的第一危害因素。多年来，为预防减少雷击灾害，石油石化行业遵循最高的防雷标准，践行最严格的雷电防御准则。以《某大型浮顶储罐安全设计、施工、运行管理规定（2011）754号》为例，共106项细则中与雷电防御相关的多达19项，但高防雷标准下，事故依然多发。

1.2　雷击危害风险分析

大型油库收发油、LNG接收站装卸等贸易计量交接以及油气站场管线打开、盲板抽堵、动火等特殊作业过程中，易在局部空间形成爆炸性混合物。突遇雷电直击时，形成点火源，引爆爆炸性气体混合物，导致闪爆事故发生。相比较陆上油气储运场所，油轮、LNG船舶处于空旷空间，并且缺乏防雷设施保护，雷击后果格外严重，装发油、LNG装卸作业过程是最危险的环节。

如表1.2所示，油气站场雷电事故多数由过大的雷电流释放不完全，传导窜入电气系统造成危害。主动防御雷击的关键是在雷暴临近油气站场时，及时关停必要的电气系统或者采用不间断电源供电，可以阻断雷击路径；或关停相关设备以备极端状况下自控系统的及时恢复；或将联锁自保改为手动以免将雷电流脉冲误识别为装置故障导致停车。若供电线路受雷击发生跳闸时，对SCADA系统的跳闸时间和线路与闪电定位系统中的雷击信息进行匹配，能够将雷电引发的跳闸故障点锁定在几百米的范围内，从而大规模减少故障排查时间。雷击火灾主动防御的关键在于对雷电全过程的有效探测和量化预警。

表1.1　雷击事件危害

示例	事件描述	雷击事件比例
中国	石油天然气行业标准SY/T 6556—2003《大型地面常压储罐防火和灭火》研究20世纪下半叶107起大型地面储罐火灾，其中65起为雷击引起。	61%

续表

示例	事件描述	雷击事件比例
国际石油公司	国际上16家石油公司成立LASTFIRE项目组，共计研究62起大型浮顶储罐(40m以上)火灾，其中52起为雷击引起。	83.8%
欧洲	瑞典SP研究所对20世纪下半叶480起油库火灾的调查，1/3为雷击引起。	33%

表1.2　雷击危害风险管控

危害	典型事件	管控措施	雷电预警
资产损失	大型油库、LNG接收站、油气站场火灾	收发油气及装卸油气作业期间，雷电预警时间窗管理	临近预警、短时预报、雷击瞬时定位
人身伤害	特殊作业人员或巡检巡线人员伤亡	雷电来临前及时停止高空及户外野外作业	临近预警、短时预报
生产事故	计量系统失灵，严重影响油气站场贸易计量交接	雷电来临前及时关停计量系统；	临近预警、电气主动防雷
	油气站场供电网雷击断电	雷击事故点的精准定位，减少故障处理时间	电网故障定位
	自动监控设备(压力检测计、可燃气体报警器、液位计等)失灵、电子电路板损坏，严重影响油气站场安全监测	切断雷电窜入线路，改由UPS供电；或关闭冗余灾备设备	电气主动防雷
效益损失	油轮滞港、无效停工	油轮装卸油环节的雷电预警时间窗管理	临近预警 短时预报
	LNG船滞港、LNG接收站无效停工	LNG船靠岸、装卸环节的雷电预警时间窗管理	临近预警 短时预报
	长输管道压气站停机、管网不平衡	压气站启停带来输量损失，或雷电预警时间窗管理	临近预警 短时预报

1.3 雷击预防消减可行性

当前，油气站场雷电量化预警和精准探测手段的缺失，导致主动防御雷击计划多由现场运维人员根据经验来决定启停窗口，方法手段单一，导致现场面临两难处境：

(a) 大型油库、LNG接收站等，在没有实质性雷电的状况下频繁停工，会造成较大的效益损失。西南山区雷电高发地区数据表明，若依据人工经验的判断，将导致80%以上无效停工。

(b) 大型油库、LNG接收站等运维人员，在风险未知的状况下未采取有效防范措施，导致较大的安全运营风险。西南山区雷电高发地区数据表明，超过20%的雷击风险期内未有效执行预防、消减与控制措施。

(c) 根据不完全统计，西南山区雷电高发地区的长输管道大型压气站，每年因雷电原因造成的停机次数每站可达十次，而其中大部分可明确判定为无效停机，影响“全国一张网”油气资源平衡。

(d) 雷电的精准预警一次可带来西南山区雷电高发地区长输天然气管道每天数百万标方的增输。

国家危险化学品安全生产相关规划中要求推广危险化学品库区雷电预警、管道泄漏监测和定位、气体微泄漏检测、多光谱气体泄漏监测等先进工艺技术和装备。《石油库安全管理规定》明确地属多雷区或强船作业雷区的二级以上石油库应建立本地雷电预警与远程雷电预警相结合的综合雷电预警系统。

2 雷电预警系统

2.1 雷电预警技术的演进历程

如表3所示，雷电预警系统经历了四个发展阶段，当前是比较成熟的雷电预警4.0版本，利用海量的雷电大数据+机械学习的模型，建立临近预警模型，提高了精确度。

表 3　雷电预警技术的演进历程

雷电预警技术的演进历程					
雷电预警 1.0	雷电预警 2.0		雷电预警 3.0		雷电预警 4.0
30/30 法则	大气电场仪	单站雷电探测仪	闪电定位网	气象雷达	雷电大数据+机械学习
30 秒：闪电与雷电间隔小于 30 秒时，进入预警状态 30 分：最后一道闪电过后 30 分钟，预警解除	利用大气电场推测雷电发生几率如强度>4.7，12kV/m 进入分级预警状态	利用电磁波测向，电场测量和光学测量判断雷电的发生和运移	实时测量雷击落点，以落点距离作为分级预警标准	利用雷达回波强度预测雷电，利用雷电图运移判断雷电趋势	利用海量的雷电大数据（闪电定位/大气电场/气象雷达/气象要素数据），通过机械学习方法建立短时预警/临近预警模型
优点：国际通行的实践准则	优点：以量化标准执行雷电预警	优点：单站安装，同时测量雷电和电场，以量化规则执行雷电预警	优点：以量化标准执行雷电预警，量化规则便于调整	优点：观测范围大，利于趋势判断，可执行预报大于 2 小时	优点：预测精度大幅提升，充分体现雷电属地特征，模型性能随着数据积累不断优化
缺点：操作性极差	缺点：电场仪标定难，预警规则难于应付复杂多变的雷电	缺点：雷电定位精度太低，预警时间偏短	缺点：预警规则难于应付复杂多变的雷电，历史数据无法用于提高精准率	缺点：雷达回波与雷电之间不是必然联系，预警不精确，现场人员看不懂云图	缺点："黑匣子"模型，需辅以规则化和可视化信息，方能更好地服务于业务决策
				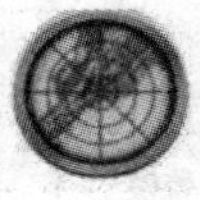	

2.2　雷电预警系统的设计

雷电预警系统如图 1 所示，通常由传感器网络、数据处理单元和预警显示等单元组成。传感器网络负责采集油气管网周边大气电场等数据，数据处理单元对采集的数据进行处理和分析，判断可能发生的雷电活动时间和地点，通过预警显示单元向油气站场发出预警信息。其主要功能是通过对大气电场和气象数据的实时监测，预测可能发生的雷电活动，并向用户提供临近预警、雷击瞬时定位、雷电趋势预报等预警信息。如前表 1.2，油气站场雷击危害主动防御的关键是对雷电全过程的有效探测和量化预警：

（a）在雷电可能临近时，油气站场停止危险作业或推迟未开始的危险作业，比如户外高空、管道打开及野外管道巡检作业；

（b）在雷电可能临近时，油气站场及时关停油气贸易计量交接系统；不允许关停的设备可切断雷电窜入线路，或改由 UPS 供电，或关闭冗余热备设备；

（c）雷电经过油气站场时，油气站场密切注意落雷点的数据信息，便于及时应急处置救援；

（d）雷电远离本场时，油气站场可以组织恢复作业，同时开展应急巡检等；

（e）油库装发油、LNG 装卸气等作业环节实施雷电预警时间窗管理。

2.3　雷电预警系统的决策响应流程

响应程序对雷电防护体系至关重要，关系到油气站场运维与应急人员的协调和应急物资的调动，是关联雷电预警信息与现场油气生产活动的关键环节。如图 2 所示，企业基于"风险-收益曲线"的决策优化目标指标，根据油气作业需求，以决策优化为核心的雷电应急预案设计，提前制定响应工作清单与处置卡，结合风险识别清单、实时告警，实现精确的时间窗口管理，减少停止作业次数和持续时间，提高油气站场工作效率，保障油气站场安全。

2.4　雷电预警的优势

普通气象预报在预警技术与灾害防范等方面研发投入与设计不足，预警信息的针对性、准确性、及时性有待改善，难以满足企业用户需求。雷电监测预警具有优势如表 4 所示。

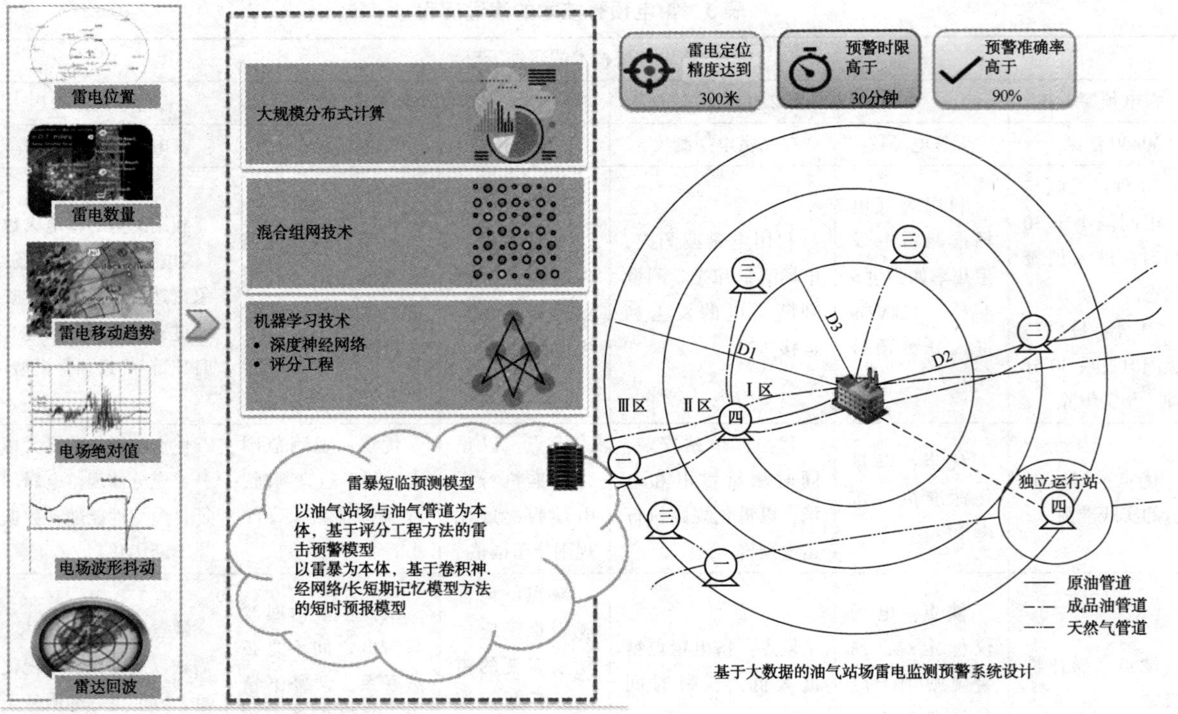

图 1　雷电预警系统整体架构

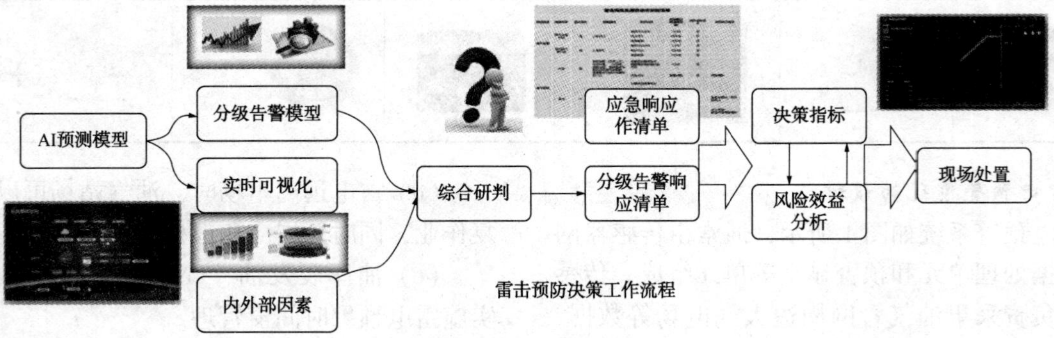

图 2　雷击预防决策工作流程

表 4　雷电预警的优势

差异性分析	气象预报	雷电监测预警
定位不同	面向广大社会公众服务	面向高危行业的专属安全信息服务
区域范围	大范围地域的雷电预报，针对诸如县市省乃至全国等大级别区域	定制化、精细化、千米级别
时间范围	6~24h 的预报，难以满足一个具体行业用户在雷电预警的准确性和时间性上的要求	根据现场对于雷电预警的时间窗口要求，提供各类分级预警模型、预测模型，如 0~90 分钟临近预警、2 小时以上短时预报和强雷暴预测模型等
应用范围	对具体用户的雷电防护不具有针对性和指导性，仅能起到辅助参考作用	针对油气站场生产中对雷电高度敏感的作业环节展开，开发不同的应用场景，建立不同的雷电预警分级模型，配套专门的防御预案和应急处置卡，采用决策优化方法对风险和效率平衡

3　实践应用

结合“全国一张网”油气运营特点，雷电监测预警系统按照长输油气管道、油气站场的地理坐标，按照雷电可能发生的半径范围、时间强度等维度，提供不同级别的雷电预警进而启动不同的防雷击预案。

3.1 分级告警

系统构建了以蓝色预警级、黄色预警级、红色预警级、击中救援级为核心的雷电“三级四色”告警模式。现场根据告警信息有序地执行应急预案，安排停复工作业，更好地保障长输油气管网运营安全与效率。

(a) 蓝色预警。该预警表示雷电可能会在1小时内经临本场。随着时间的推进和雷暴过程的演化，蓝色预警有可能会升级为红色或者黄色告警，也可能会摘除。

(b) 黄色预警。该预警表示中低雷暴将在半小时内经临本场。在雷电监测预警系统的界面上，通过查看30/60/90公里内的雷电分布和雷暴走势，黄色预警表现为一个或少量几个小型雷暴云。

(c) 红色预警。该预警表示高雷暴过程将在半小时内经临本场。在雷电监测预警系统的界面上，通过查看30/60/90公里内的雷电分布和雷暴走势，红色预警往往是一大片或者数量非常多的雷暴云团，可以直观的掌握红色预警与黄色预警的不同。黄色与红色的响应动作的成本和代价是不一样的。根据西南山地油气管网运营的历史数据记录，强雷暴与中低雷暴的比例不均衡，强雷暴占比不足10%，而发生雷击油气站场数量超过80%以上。基于此，对红色预警—强雷暴情况下的响应动作与黄色预警—中低雷暴下的响应动作予以区分，从而在保证安全的前提出下，提高生产效率。

(d) 雷电击中告警。当雷击发生在油气站场时，实时(2~5秒)发布告警，并提示雷击落点和强度。击中告警对应的动作多为应急类、防护类和救援类。比如，关注雷击点附近的视频监控画面确认有无闪爆和燃点，查看储罐消防光纤光栅有无报警、电网电压有无波动、压缩机组等有无停机，密切关注生产参数有无变化，消防战斗员紧急进入事发区域等。击中告警的主要任务是在最短的时间内向控制室和现场人员发现事故、锁定事故点，为紧急救援赢得黄金时间。

3.2 应用场景

雷电监测预警应用场景包括追踪雷电侵限本场的全过程，定制实时监测、临近预警、故障定位等应用场景，如图3所示。

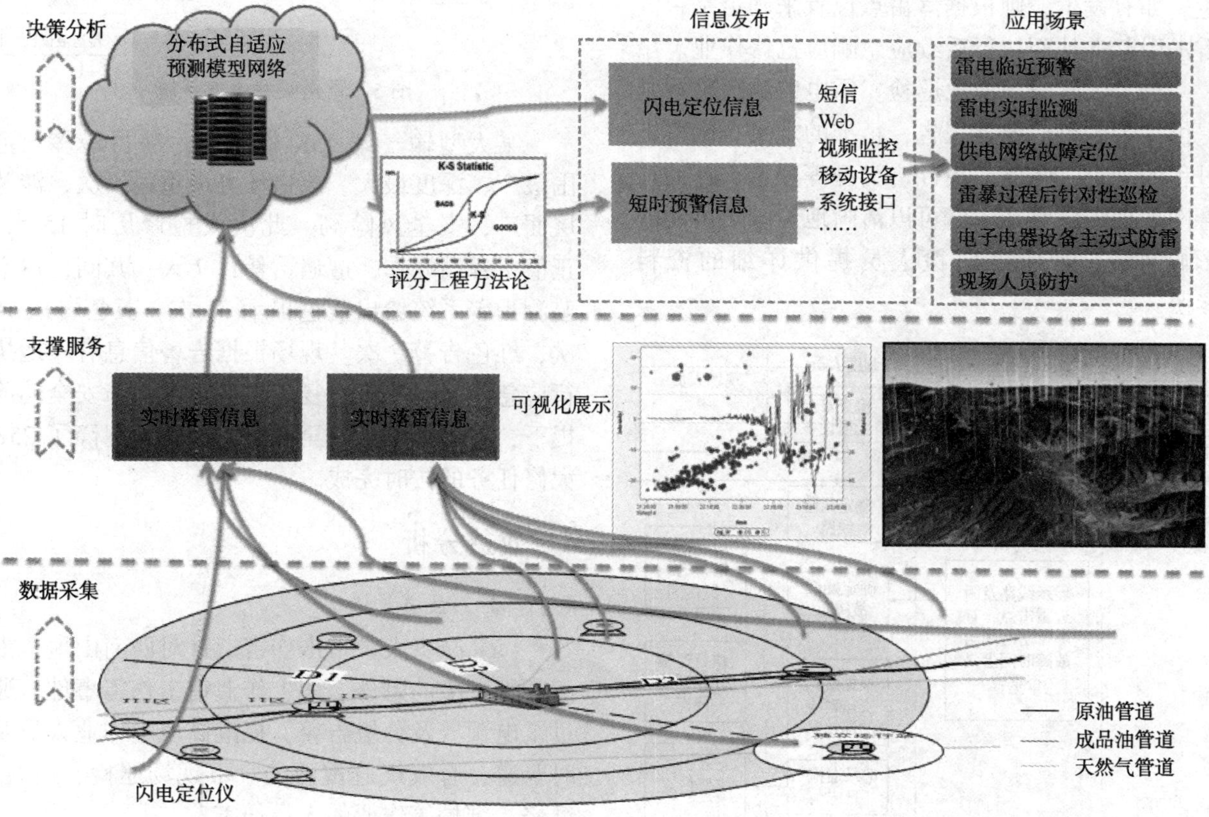

图3　雷电监测的应用场景

(a) 精准作业窗口管控。提前1小时向雷电敏感的作业人员和设备管理单位发送预警信息，利用各种通信方式将预警信息下发至值守人员，采取相关的应急预案来避免雷击造成的人身伤害和电子设备故障。由值守人员进行电力中断、电源切换或负荷调整，进而避免雷击电力线窜入等造成的电子设备损失。为油气站场高风险作业、特殊维检修作业、关键设备运行的停止提供时间指导；在雷暴侵入供电线路之前发出侵限预警，为油气站场抗晃电应急预案的准备和执行提供宝贵的时间窗口；在雷电发生之前主动电力供应模式，有效地防止电气设备的损失。

(b) 供电网络故障定位。向应急抢修人员提供历史雷电数据查询功能，专用于雷击引起的事故定位，与GIS图层相结合，直观的对雷击事件和资产网络相叠加，利用雷击定位快速判定故障原因，找到供故障点位置，缩短故障恢复时间。

(c) 实时雷电定位。如图4所示，实时监测雷电的发生情况，在一个雷击发生后几秒内即可通知对应的控制室值班人员或者直接将信息发送系统。值班人员在雷击发生后的极短时间内就能得知雷击发生的精确位置，并检查有无故障发生。如有发生，则根据落雷点位置来确定是否因雷击引起，从而执行后续应急响应抢修作业。

(d) 油气设施应急巡检。雷电监测预警系统提供完善的事后统计报告，精准的定义每次雷击过程的落点、强度、极性、类型等信息，与油气管网地理图层叠加后，可以清晰地勾画出可能的影响区域，为应急巡检人员提供详细的资料参照。

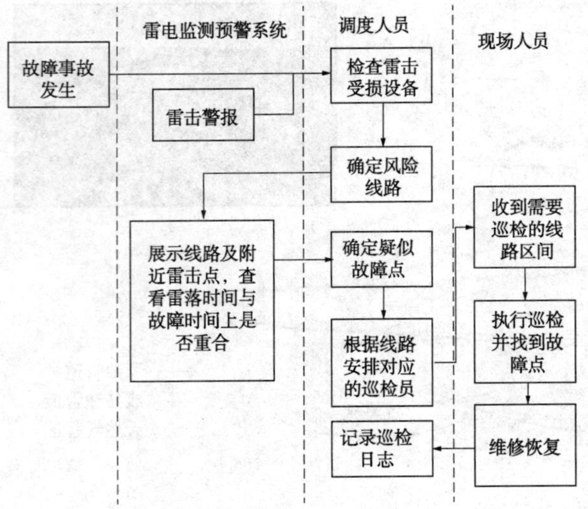

图4　实时雷电定位

3.3　实践

如图5所示，根据雷电预警系统的信息，在雷暴到来时，某油气站场值班员根据雷雨天气操作指南做出相应措施，将两台上位机监控电脑关闭一台，拔除电源插头和与交换机连接的网线。下位机PLC中，两个互为冗余热备的CPU模块其中一个关闭，拔除通信模块与交换机相连的网线以及两个CPU间热冗余的高速光缆，对备用的变频器和软启动器断电，隔绝动力电源之外，站控室对这压力、流量计、压差和轴温等现场变送器仪表等断电，将雷电暴露作业小时数降到0，消除了雷电活动期间高风险作业的安全隐患，大幅减少雷雨天气下的非必要停工，取得了可观的经济效益。

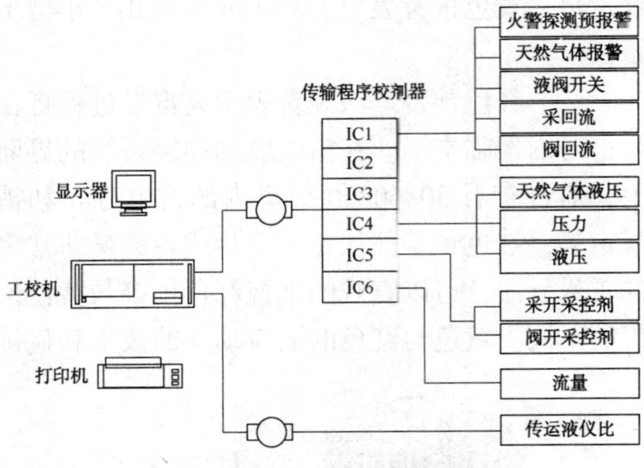

图5　雷击关联电气系统

某大型输气站25K检修中，项目最多、范围最广、深度最大、改造任务最重的一次，涉及层面广，安全风险高。此次大检修历时15天，正值雷暴高峰季，遭遇雷暴日7天。其间，雷电监测预警系统给出蓝色提示35次，黄色警戒18次，红色告警7次。现场根据告警信息有序地执行应急预案，安排停复工作业，在保障安全的前提下，将停工代价降至最低，圆满地保障了25K大修任务的按时完成。

4　效益分析

4.1　安全效益

(a) 减少人员雷击伤害。针对西南山地、沿海频繁发生的野外、海上作业雷击伤害事件，通过雷电预警及分级告警，提醒高风险作业人员及时躲避，有效规避雷雨天气下现场巡检、巡线、维修、维护等作业的人员伤害。

(b) 减少雷击火灾、雷击故障发生概率。针对特殊高风险作业过程中的雷击火灾隐患，在油库、LNG 接收站、储气库、大型增压站等雷电高风险作业区域引入雷电实时监测和分级告警，实施雷电主动防御，与现有的被动防雷体系构成交叉防护，实现雷暴天气下作业的量化时间窗管理，最大程度减少雷击火灾爆炸发生概率，为高风险作业增加一道安全保障。

（c）提高应急响应的处置效率：通过雷电的实时监测预警，在雷电来临之前，采取关键的信息辅助决策，使突发雷击火灾、雷击故障事故变为可预知的事件，为应急救援活动的展开提供黄金时间窗口，实现了区域应急联动、穿透式管理目标。

4.2 经济效益

（a）减少无效停工。在长输油气管道、油气站场作业中引入雷电预警信息，可以在确保安全的前提下，大幅减少因雷电造成的无效停工，获得可观的经济效益。

（b）减少雷击导致的停电时间。针对输电线路和配电网的雷击跳闸问题，雷电监测定位系统可帮助电气工程师第一时间判断故障类型并找到故障点，大幅减少停电时间。

（c）改善雷击晃电的治理。以供电网络为目标防护区域，建立雷电侵袭预警模型，在雷电侵袭电网之前，向相关值班岗位发出雷电侵袭告警，提醒值守人员加强戒备，预演抗晃电预案，做好晃电来临的准备工作。这种方法解决了雷击闪络失压的突发性问题，使得雷击晃电在一定程度上变成了可预知的事件，进而极大地改善值班应急人员的注意力窗口难题，提高抗晃电预案的执行能力。

（d）减少电子系统损害。在雷暴将临时，执行电子电气设施的主动防御，可有效降低弱电设备的雷击概率。

（e）保险索赔依据。一旦发生雷击事故，借助雷电监测定位系统提供的详细数据，能够清晰地分析事故原因，为油气管网资产保险索赔提供数据依据。

5 总结

随着应用场景的持续开发，雷电预警系统在油气站场的检测预警作用更加高效精准，不仅可以预防事故的发生、降低损失，更有助于保障安全。无论是国家安全管理办法，还是石油行业的安全作业规范，均对雷暴天气下的危化品储运作业提出了要求和指引，雷电监测预警系统的设计和应用，满足了企业实现 HSE 合规要求。

参考文献

[1] 段发瑞，效云霞，高峰．浅谈输油输气管道雷电防护的重要性[J]．河南科技，2014(8)：2.

[2] 孙伟心．浅谈雷电预警系统在石油化工企业的应用[J]．安全．健康和环境，2020，20(6)：6.

[3] 朱辛华，郭媛，何宽，等．雷电监测预警系统分析及应用研究[J]．中国设备工程，2023(6)：157-159.

[4] 潘建设．雷电预警装置在油库区的应用[J]．中国设备工程，2023(13)：211-213.

[5] 刘赛，刘卓翰．雷电监测预警系统分析及应用[J]．吉林农业，2019(12)：1.

西南山地管网调控实时安全预警系统研究与应用

闵文茜[1]　艾力群[1]　师海斌[1]　李承相[1]　门立国[1]　张　鹏[2]

（1. 国家管网集团西南管道公司；2. 国家管网集团油气调控中心）

摘　要　针对西南山地天然气管网80%以上位于西南山区，沿线山高谷深、地形地貌复杂，地震地灾、水工水保等问题突出，社会依托资源少，安全环保难度大、风险高，需要可持续的投入关注。连续多发的天然气管网安全事故引起了人们对调度控制实时安全预警的重视，随之提出了天然气管网智能调控安全运行预警的需求，调控中心从初期的系统监控和数据采集发展为实时安全预警系统，在天然气管网遭到外部入侵、损坏引发泄漏燃爆之前进行报警和定位，实现山区管道及安全生产风险管控强度有效提升。本系统基于西南山地天然气管网自身业务特点，提出了实时安全预警系统的可行方案，给出了基本原理和主要特征，设计了功能框架和体系结构。该系统在数字孪生的基础上，加强管道对各类风险隐患的感知预警能力，通过提高管道核心控制系统的自动化操作水平，利用并行和分布式计算技术，从多个侧面对西南山地天然气管网实施“分诊”，自动跟踪和确定实时安全级别，快速找出各类安全隐患，然后通过“会诊”，实时给出综合安全预警报告，展示给调度员，创新实施集中监视、集中巡检、集中维修的远程运维智能新模式。基于标准化技术，设计了系统的实时性指标，可方便地实现与不同调度控制中心现有系统的集成。通过该系统的研发和实施，探索实现全智能化运营，可以大幅度提高天然气管网实时安全预警能力，带动管道运营管理水平与运行综合效益的全面提升。

关键词　天然气管网；调度控制；安全预警实时性；并行计算

管道输送介质易燃易爆，途经人员密集场所高后果区一旦发生泄漏处置不当不及时，极易造成周边人员伤亡，产生恶劣社会影响。尤其是2016年湖北省恩施市“7・20”中石化川气东送天然气管道燃烧爆炸及两次中缅滚到晴隆燃烧爆炸事件，更为西南山地天然气管网的安全运行敲响了警钟。国家发展改革委等五部门下发了《关于贯彻落实国务院安委会工作要求全面推行油气输送管道完整性管理的通知》（发改能源〔2016〕2197号），要求加快建立完善管道保护体系，加强管段本体和周边安全风险评价，定期检测监测，严控外来侵害，及时消除安全风险隐患。

随着国家管网集团成立，并国网、建新网、融省网，我国天然气管网运行布局基本形成，逐步由“公司一张网”向“全国一张网”转变，迈进了互联互通、大管网运行的新时代，提出了“1+6+1”一体化调控模式。同时，不断攀升的天然气需求、储气库建设相对薄弱与管网调峰能力不足，导致“气荒”局面和天然气管网高负荷率在短期内无法得到有效解决，我国天然气管网的安全运行面临严峻考验，冬季保供责任异常繁重。

如图1所示，如何从中汲取教训，准确掌握恶劣天气、地质灾害及雨情水情的预测预报，全面组织排查西南山地天然气管网途经容易发生滑坡、塌陷、泥石流、洪水严重侵蚀等地质灾害地段的风险和隐患，采取地质灾害识别评价、科学有效防护等综合措施，超前采取安全防范措施，及时降低风险、消除隐患，最大限度地减少避免地质灾害对天然气管网运行的破坏，保障天然气管网运行的安全性，防止管道燃爆失效事故的发生是一个非常迫切的研究课题。

1　管道控制系统现状

当前，调度控制中心功能从“经验型”调度提高到“分析型”或“研究型”调度，如图2所示，已经提供了关键机泵在线故障诊断安全分析、能耗在线监测等高级应用，少数调度控制中心还开发了全管网在线模拟仿真安全分析应用，具备了部分安全预警功能，尚未提出和形成天然气管网安全预警技术体系的整体框架，安全预警的深度和广度还十分有限。至少存在以下几个问题：

a）在实际运行调度中，调度员仍然需要对大量数据进行人工分析和处理，特别在异常或故障失效情况下，大量报警信息涌入调度控制中心，调度员被大量数据“淹没”，很难决策，错失第一时间处理事故的良机。

b）管网压力稳定操控和管网物理\商务平衡分析、维检修作业影响与运行工况调整等繁重的研究任务主要通过离线分析完成，由于西南山地天然气管网规模庞大、存在联锁失效问题，预先设定的运行方式和事故预想集不可能完备，因此，在某些特殊运行方式下，或者异常故障模式下，可能存在严重的安全性隐患。

c）区域性大规模复杂天然气管网形成了环套环，安全性需求较多，传统设计模式下的SCADA风险感知、计算能力有限，无法对区域性大规模复杂天然气管网的安全性实施全面而综合的实时预警。

d）随着以“管线为主、结合区域”的方式划分调度台逐步转变为区域调度台，在事故逐步恶化过程中，调度运行人员面对不断出现的陌生运行方式，由于无法胜任繁重的分析和研究任务，各种“分析型”和“研究型”应用软件形同虚设。

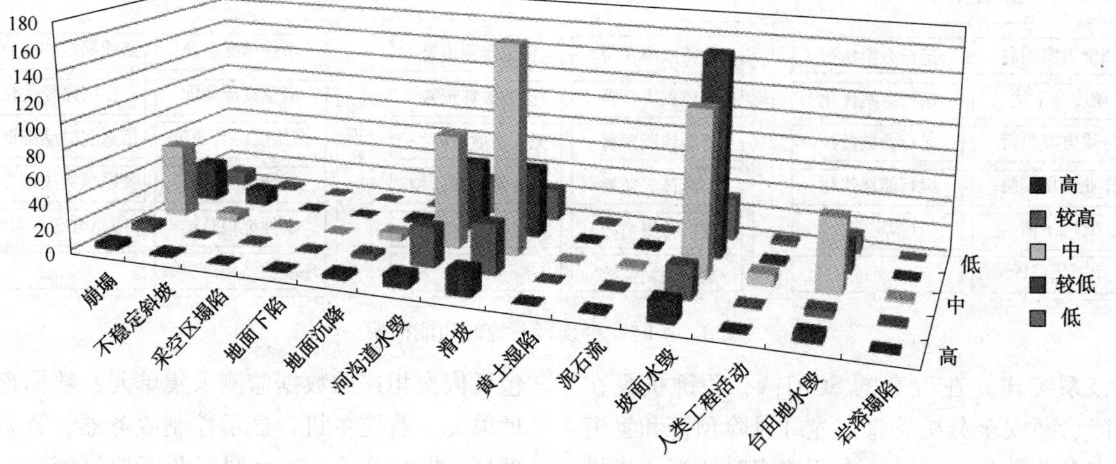

图 1　西南山地天然气管网风险矩阵

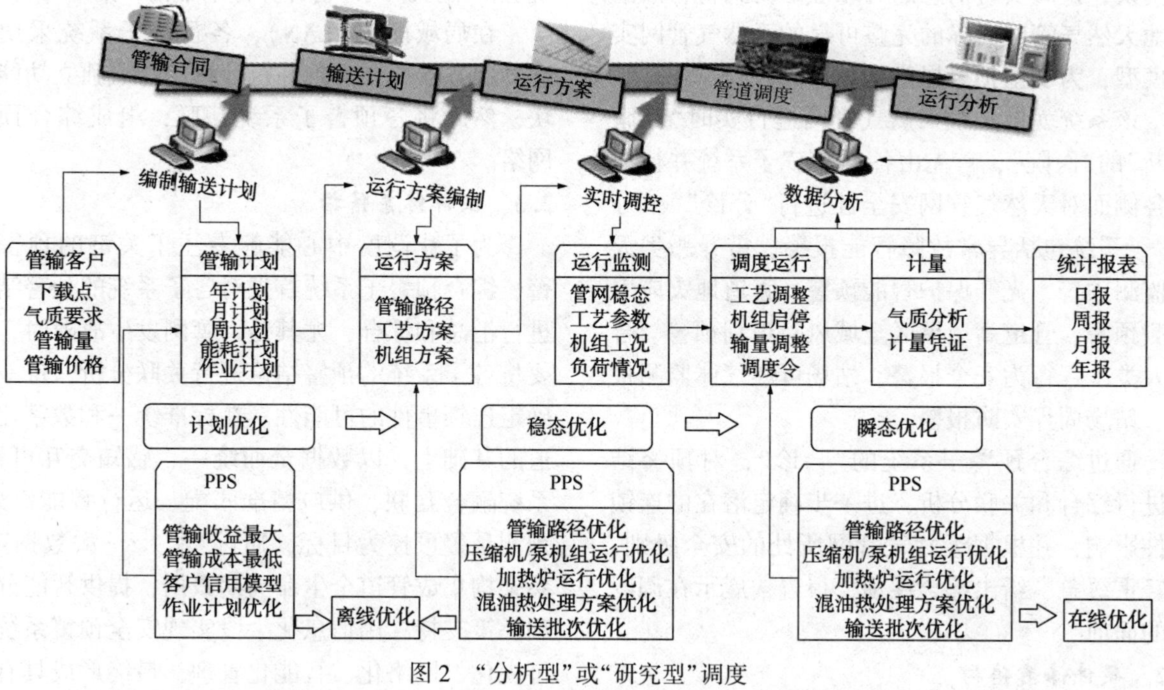

图 2　“分析型”或“研究型”调度

连续多发的天然气管网燃爆事故后，人们普遍认为西南山地天然气管网需要一个更加智能的实时安全预警系统，随时跟踪、分析评价天然气管网的运行状态，一旦遇到紧急事件或安全隐患立即分级分类报警，以便调度及抢修人员把事故处理在萌芽之中，避免后续的连锁故障发生，这需要对现有的调度控制中心功能进行实质性的变革，将“分析型”进一步发展为“预警型”为主的调度新模式。

2　总体框架

本文提出了西南山地天然气管网实时安全预警系统的可行方案，在天然气管网数字孪生的基础上，通过“分诊”，从各个侧面自动跟踪和确定天然气管网的安全级别；通过“会诊”，对安全隐患进行综合性的预警。目标是将安全和灾变问题解决在孕育阶段，进而防止管网燃爆事故的发生。

2.1　功能框架

实时安全预警系统的功能框架如图3所示，可以看出这是一个高度自动化和智能化的系统，涉及全天候全域多维度天然气管输风险采集，包括雷暴恶劣天气、管道地灾、管道高后果区全域风险、管道本体腐蚀泄漏监测、人类工程活动侵害、可燃气体泄漏、暴力恐怖侵害等的风险预警等。

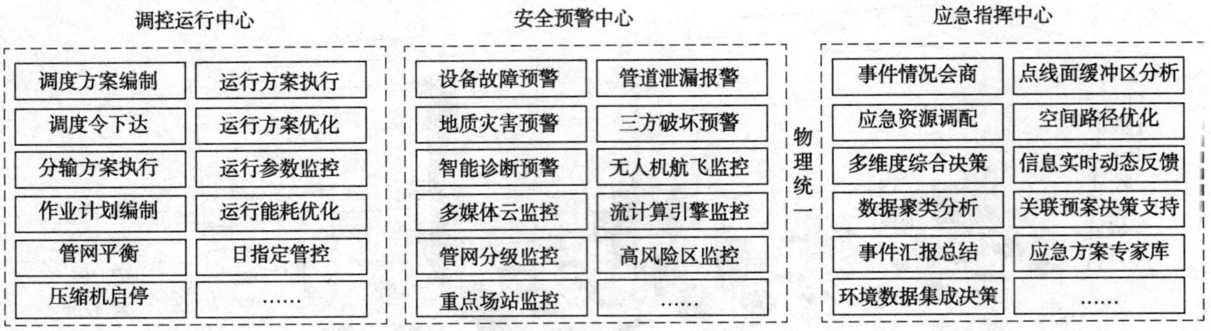

图3　实时安全预警系统的功能框架

该系统建立在现有的SCADA、关键机泵在线故障诊断安全分析、管道光纤风险预警和管道地灾安全预警基础上，从中获取实时数据，通过实时智能报警系统，快速识别和排除实时数据中的错误，提高实时信息的可靠性，得到符合西南山地天然气管网实际的完整可靠的天然气管网实时模型，为安全预警提供基础保障。

该系统就像是对天然气管网进行实时“健康诊断”的“医院”，首先由各“科室”子系统并行地从各侧面对天然气管网安全性进行“分诊”。“分诊”子系统包括异常故障智能报警、雷暴恶劣天气监测预警、光纤保护智能预警、管道地灾应力监测预警、管道高后果区全域风险识别预警、智能人类工程行为安全报警、站场可燃气体监测报警、站场周界安防报警。

通过综合预警子系统的“会诊”，对预警结果进行综合和关联分析，进一步确定潜在的连锁事件影响，并根据天然气管网所处的安全级别，分轻重缓急，给出综合性预警报告，展示在调度员的面前。

2.2　硬件体系结构

显而易见，本系统需集中实时获取多方面天然气管输风险点数据分析决策，以便于获得更科学、更及时的天然气管网运行调度和风险预警，包括依次相连的数据监测采集单元、数据存储处理单元、监控主机、显示控制服务器、智慧显示平台、报警单元。对大型复杂天然气管网，这是一个海量计算系统。为了保证预警的实时性，系统宜采用分布式并行计算体系结构，如图4所示。

在局域网内（LAN），各预警子系统采用独立的服务器单元实现并行计算，构成独立功能模块，然后将各预警子系统互联，组成综合预警网络。

2.3　软件体系结构

为了让调度中心能够专注于关键的预警报警，综合预警子系统首先对各子系统的预警结论进行汇总和综合，尤其是当管网发生故障时，需要将各子系统的预警结论进行关联分析，进一步确定连锁事件的可能性。在标准统一和数字化管道的基础上，以数据全面统一、感知交互可视、系统融合互联、供应精准匹配、运行智能高效、预测预警可控为目标，通过“端+云+大数据”体系架构集成管道全生命周期数据，提供智能分析和决策支持，用信息化手段实现安全预警系统的可视化、网络化、智能化管理，最终形成具有全方位感知、综合性预判、一体化管控、自适应优化的能力，且气流、数据流、信息流互联互通的安全高效运行，如图5所示。

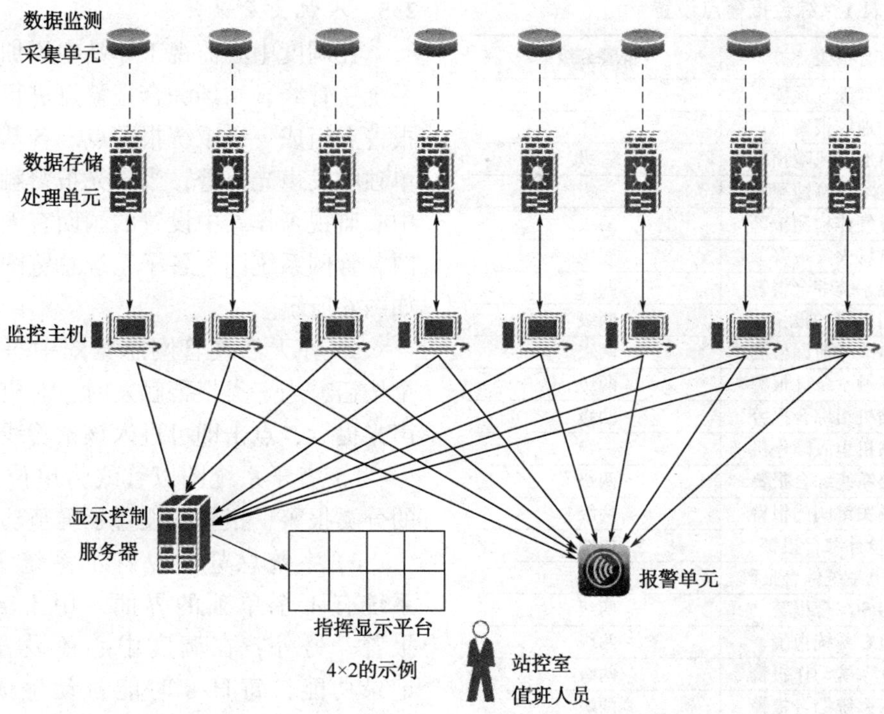

图4　天然气管网实时安全预系统硬件体系结构

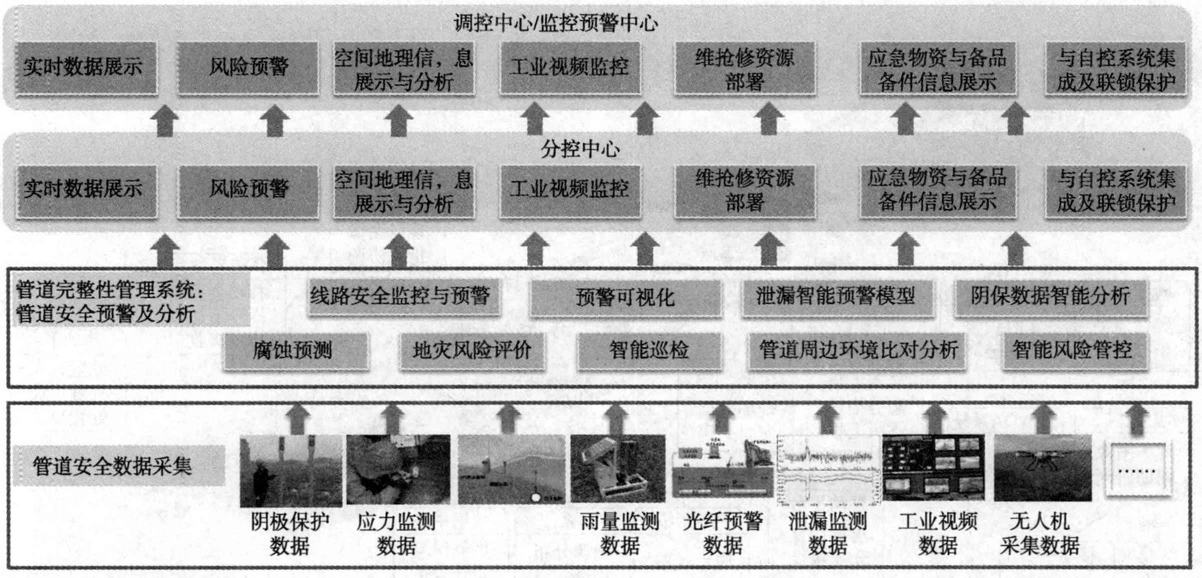

图5　系统软件架构

2.4　报警数据划分原则

频繁出现的低级别报警对于调度而言意义不大，调度控制中心大量的报警信息采用分级分类设置。分级分类的总体原则是当故障发生时，立即给出发生故障的设备设施组合和故障引起的异常报警，接着是可能产生的连锁故障报警，最后才是潜在的安全预警。

分预警的优先级别进行报警，每个上一级综合报警由基础报警即下一级报警触发。基础报警的选取要具有代表性，比如可燃气体及火焰检测报警包括任意可燃气体探测器浓度高报、高高报，压缩机厂房任意火焰探测器报警；ESD触发条件报警包括任意ESD按钮按下、控制中心ESD命令。

安全风险预警系统将报警分类，即恶劣天气预警、地震报警、管道地灾风险预警、管道本体腐蚀预警、火气消防系统报警、周界安防报警、管道泄漏报警、站场关键设备设施报警等。每个一级系统报警下设置不同级别报警，以便监视终端能进一步确定报警类别及区域，分类见表1：

表1　综合报警点设置

序号	综合报警分类	报警分级
1	恶劣天气预警	四级
2	地震报警	一级
3	管道地灾风险预警	三级
4	管道本体腐蚀预警	三级
5	可燃气体检测报警	两级
6	站场火灾报警	三级
7	周界系统综合报警	两级
8	阴极保护报警	两级
9	管道线路泄漏检测	两级
10	ESD 触发条件报警	两级
11	压缩机组综合报警	两级
12	压缩机组故障停机	一级
13	加热系统综合报警	两级
14	站场关键阀门报警	两级
15	流量计综合报警	两级
16	变配电系统综合报警	两级
17	UPS 综合报警	两级
18	PLC 系统报警	两级
19	ESD 系统动作报警	两级
20	通信系统综合报警	两级
21	阀室系统报警	两级
22	线路截断阀关断报警	一级

2.5　人机交互设计

在调度中心监视工作站中添加数据点，对各系统、管线、站场综合报警点进行采集，在综合报警点组成一级系统报警点。各基础报警点分别单独触发声光报警，当声光报警触发时，在调度中心监视工作站中设置的画面有天然气管网总览图、管网系统图、各子系统总览图，其具体功能如图6所示。

a）在天然气管网总览图中每条管线对应1个按钮，当一类报警触发时，对应的按钮会发出声光提示，点击即可进入该条管线系统图。

b）各子系统图以管线为单位，显示该管线的分类报警，报警均设置了屏蔽功能。

c）系统总览图以各子系统为单位，每个系统有1个单独的界面，用于屏蔽同一系统报警。另外，在调度中心还设置了报警统计记录功能，每日8时能自动生成报警统计记录表，也可手动生成报警记录表，用于报警记录的导出和查看。

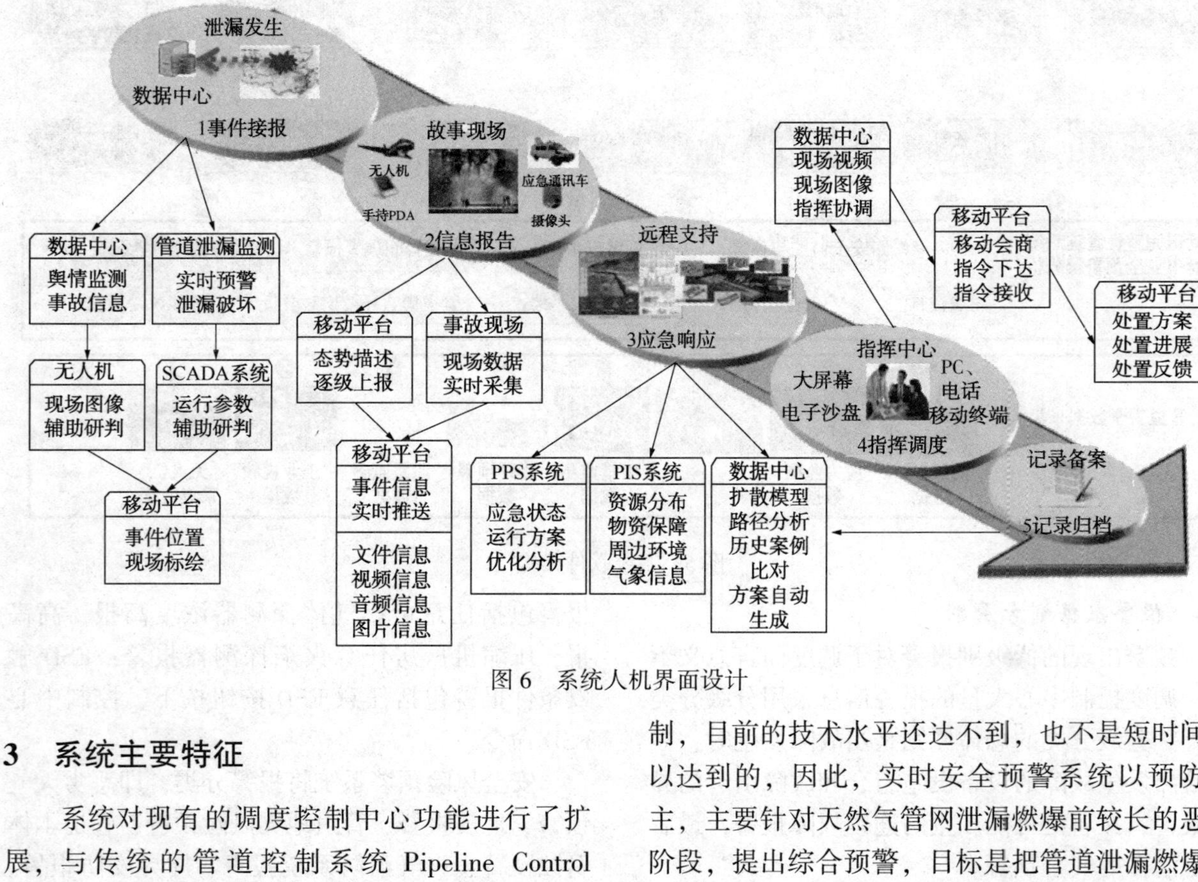

图6　系统人机界面设计

3　系统主要特征

系统对现有的调度控制中心功能进行了扩展，与传统的管道控制系统 Pipeline Control System 相比，该系统有以下几个主要特征。

a）预警性：天然气管网泄漏燃爆的暂态过程十分短暂，要对暂态稳定进行全局性实时控制，目前的技术水平还达不到，也不是短时间可以达到的，因此，实时安全预警系统以预防为主，主要针对天然气管网泄漏燃爆前较长的恶化阶段，提出综合预警，目标是把管道泄漏燃爆问题解决在孕育阶段。通过采用全面的天然气管网安全状态识别技术，实时、自动地找出天然气管网的各类安全隐患，并给出消除隐患的控制措施，是一套“预警型”系统。

b）高度自动化：传统 PCS 自动化程度有限，而该系统利用计算机海量计算的优势，代替调度员过滤轻微事故，自动发现严重事故和安全隐患，是一套高度自动化的系统。

c）智能性：自动提取表征系统状态的特征信息，对天然气管网运行的安全性进行定量描述，例如地灾监测模块包括河道流速、河道下降、管道压力、管道应变、地表位移监测、抗滑桩位移、抗滑桩倾斜、隧道裂缝、降雨量监测、土襄水分、土壤压力、地面倾斜、地表微震；雷暴恶劣天气监测模块包括风力、降雨量、雷云分布；天然气泄漏模块泄漏定位、泄漏量等。上述参数稳定裕度和稳定极限值等，继而对各子系统的“分诊”结果进行综合和关联，智能地发现潜在的连锁事件。

d）海量计算的实时性：为了实时跟踪天然气管网的安全级别，需要进行的计算是海量的。

提高实时性的主要措施有各预警子系统分布在不同服务器上并行计算；子系统内大粒度的计算任务也分布到系统内的各服务器上并行计算；改进算法和优化程序，在保证精度前提下提高速度。

e）实用性：现有调度控制中心报告给调度员的事故信号是大量的和表象的，调度员被数据“淹没”。本系统预警报告内容是综合的“全、精、少、深”。从各侧面“分诊”各类安全隐患，保证预警报告的“全”面性；通过综合预警子系统的“会诊”，保证报告内容“少”而“精”；直接指出潜在的安全隐患，给出安全裕度和控制预案，反映了西南山地天然气管网“深”层次机理。针对天然气管网泄漏燃爆前的长过程，实时跟踪，大大降低事故预想集的规模和复杂性，避免了联锁事件问题。

f）可靠性：实时安全预警系统对西南山地天然气管网模型的依赖性更高，模型可靠性是预警结论可信性的重要前提。在建模方面，一些低精度的简化模型只能用于保守的事故筛选，最终结论需要基于实测参数的详细模型。在实时信息方面，除了加强硬件设施外，如何从软件角度，利用数字孪生技术重建子系统，也是该系统研发的一个挑战。

g）可扩展性：采用了开放分布式和跨平台的体系结构、基于 Windows 操作系统的高性能 PC、高可靠性的 UNIX 服务器，从而获得高性价比。各子系统相对独立，未来增加硬件或扩展预警功能都十分方便。已有的图库模，可直接被该系统使用，避免了二次维护。

4 结语

本文在汲取西南山地管网泄漏燃爆事故教训的基础上，提出了调度控制中心功能发展为实时安全预警系统的方向，实时精准地控制现场感知数据，具有全面可靠的标准化控制逻辑和稳定精准自动化控制手段，智能地进行调度批次及运行方案决策、全局分析诊断与优化调整和深度融合数字流程管理体系等，能够实现“资源市场自匹配，调度运行自优化”，以便大幅度提高天然气管网的实时安全预警能力。本文给出了其基本原理和主要特征，设计了其功能框架和体系结构。目前，该系统的研发已经成熟。

基于测控走廊的无人机巡检系统在山地油气长输管道巡检中的应用

马 文[1] 王 任[2] 王 炜[1]

（1. 中国电子科技集团公司第五十四研究所；2. 国家管网集团西南管道有限责任公司）

摘 要 山地油气长输管道所处大部分区域山高林密、人迹罕至、交通不便，传统的人员巡检方法工作量大、巡检效率低，特别是在高海拔大落差的山区和跨越大江大河等地形环境，以及在发生自然灾害期间开展巡查，存在人员"到不了、看不到、记不全、难追溯"的不足，难做到实时性、有效性和全覆盖。尤其是新冠肺炎疫情的爆发，受交通管制、人员管控等防控措施的影响，使油气管道安全生产面临巨大挑战。设计了一种基于测控走廊的无人机巡检系统，开展了无人机在复杂地貌环境进行远距离大范围巡检的关键技术研究，采用基于深度学习的小目标识别技术，通过对无人机实时回传的视频影像进行处理，实现对异常特情的判断与识别，该方法可充分发挥无人机在复杂地貌环境的巡检优势，提升管道管理信息化水平。该设计已应用于中缅油气管道云南省油气管道某管段、贵州省天然气管道某管段巡检作业。

关键词 无人机；测控走廊；小目标检测

山地油气长输管道所处大部分区域山高林密、人迹罕至、交通不便，传统的管道巡检方法由巡检人员沿管道巡视，检查管道本体及其地表环境，工作量大、巡检效率低。特别是在高海拔大落差的山区和跨越大江大河等，以及发生冰灾、水灾、地震、滑坡和夜晚期间开展巡查，存在"到不了、看不到、记不全、难追溯"的不足，难做到实时性、有效性和全覆盖。尤其是2020年以来，随着新冠疫情的爆发，管道沿线村镇陆续实施"封村断路、设卡布控、交通管制"等防疫措施，为管道巡护工作带来极大不便，巡线员无法正常巡检，给管道日常巡检造成极大地困难及不便，使管道隐患无法及时发现，因此油气管道安全生产面临巨大挑战。

无人机具有跨越复杂地形、超远距离监视、快速实时作业的能力，结合云计算、视频图像识别等新技术的智能无人机应用在灾害监测和评估方面具有独特优势，能够实现对违建占压、第三方施工、自然灾害等异常特情实时告警，是人工巡检方式的有效补充，因此也越来越广泛地应用于油气管道巡检工作中。

1 国内外应用现状

国外无人机油气管道巡检应用起步较早。2010年，英国陆上石油天然气组织研发了首例功能齐全的无人机检查系统 flare stacks，可以实时有效地监测管道的重点位置和管道及其附近详情，提高了管道的维护管理效率，2012年，英国石油公司(BP)开发了石油管道无人机巡检系统，对美国阿拉斯加管道和加拿大阿兰斯管道定期使用无人机进行巡护，防止第三方破坏、观察地面活动和泄漏检测等。

近几年，我国在无人机油气管道巡检应用也越来越广泛。2011年中石油兰成渝成品油管道首次进行无人机管道巡检应用，补充了传统人工巡线方式，开启了无人机油气管道巡检技术运用的良好开端，中石油新疆果子沟地段管道、黑龙江加格达奇管道和潍坊至东营天然气管道也进行了无人机管道巡检应用，均取得了良好的效果。但是在无人机油气管道巡检应用过程中还存在以下不足：

1.1 无人机超视距、远距离作业能力存在不足。目前大多数无人机巡检采用目视距离操作，无人机作业仍然过分依赖人工，存在作业距离近的问题，无法实现巡检区域的全程覆盖，没有充分发挥无人机的技术优势。

1.2 对异常特情的识别率存在不足。在实际应用中，受载荷分辨率低、地形起伏较大致使拍摄距离远等多种因素影响，会造成目标像素低，会出现对异常特情漏检的问题，因此识别率存在不足。

1.3　数据分析的时效性存在不足。目前部分无人机巡检数据采用数据回放、人工判读的方式进行异常特情的判断与分析，从飞行到上交数据再进行回放判读中间过程长，因此用户获取数据的时效性存在不足。

1.4　数据管理信息化能力存在不足。人工判读过程对人员经验、技术水平、工作状态等严重依赖，因此数据管理的信息化能力存在不足。

本文设计的无人机巡检系统，通过测控走廊将无人机飞行过程中采集的实时数据和监测画面回传给地面数据中心，数据中心对实时数据进行统一的采集、分析、处理和态势分析，实现对油气管道及周边异常特情的判断与识别，从而实现无人机超视距、远距离巡检作业，满足巡检数据的识别率、时效性、信息化的要求。

2　技术分析

2.1　无人机超视距测控技术研究

无人机系统的一般由以下三部分组成：无人机平台、任务载荷、测控和数据传输系统。其中测控和数据传输系统是无人机系统中的关键组成部分之一，它承担着无人机与地面控制站之间各种信息的交互，包括用于地面控制站对飞行器以及机上设备控制的上行链路和用于传输无人机获得的图像和遥测信息的下行链路，组成如图1所示。

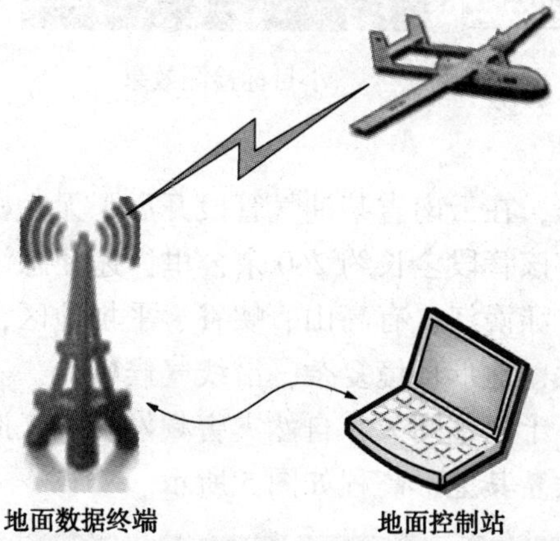

图1　测控和数据传输系统示意图

当无人机超出地面控制站的无线电覆盖范围之后，就需要采用中继的方式来实现无人机与地面控制站之间的通信，中继方式按照中继设备所处的位置可以分为地面中继和空中中继两种方式。地面中继是将设备安放在地面的制高点上；空中中继则采用无人机中继转发或者卫星中继转发，两种中继方式对比而言，空中中继的成本较高。

测控走廊是指沿管道布设地面测控基站，通过宽带连接地面组网而形成的无人机测控网络，一般由测控基站、宽带网络和数据中心组成，测控基站是指挂载在塔杆上的地面数据终端，通过宽带网络与数据中心连接，主要负责空-地间上下行链路通信，数据中心负责无人机飞行航线规划、任务规划，接收、存储、分析和处理无人机飞行数据。在管道全区间内组成对无人机无缝测控和数据传输的无线电通道，测控走廊可根据作业范围扩展，保证无人机超视距、远距离飞行作业。组成如图2所示。

图2　测控走廊组成示意图

2.2　低像素小目标识别技术

目标检测是图像分析与理解、目标识别等任务的基础。而视频目标检测与识别更是视频智能监控分析的基础和核心功能。在实际作业过程中，受载荷分辨率低、地形起伏较大致使拍摄距离远等多种因素影响，常常面临目标分辨力不高的问题，即低像素小目标检测问题，由于小目标物体在原始待检测图像中存在：分辨率较低、携带信息较少、边缘模糊等特点，从而导致低像素小尺寸目标其特征表达能力不足，在检测过程当中容易出现漏检现象。

基于深度学习的低像素小目标识别技术，是模仿人脑的机制来分析学习解释数据，通过融合神经网络底层特征形成更加抽象的深层特征，来自主学习数据分布的特征。

针对无人机在油气管道巡检中面临的小目标检测难题，无人机巡检系统构建了无人机精准感知框架，如图3所示。包括控制层、感知层和场景决策层，通过深度学习、场景决策和载荷自主控制，系统优化小目标检测能力，实现较好的小目标检测效果。

建立了小目标专题数据集，研发了复杂环境下的小目标检测算法，如图4所示。提高了小目标检测的准确率。

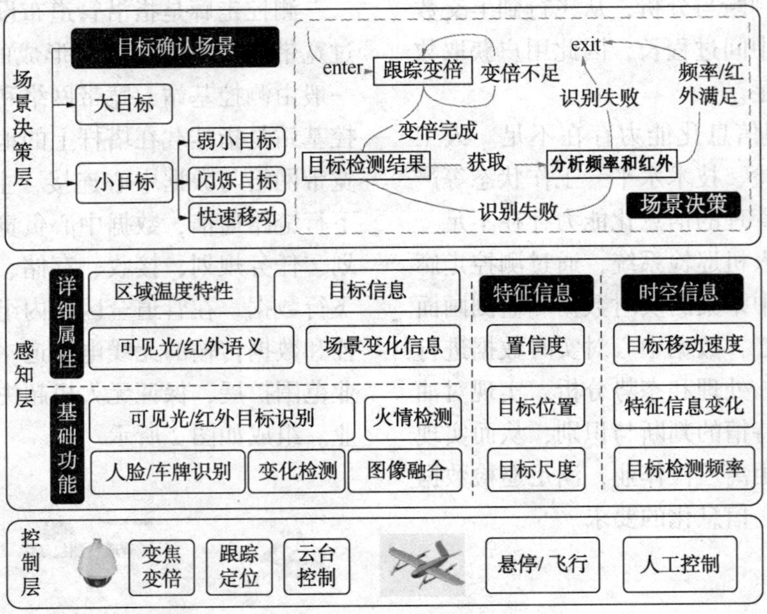

图3　无人机感知框架

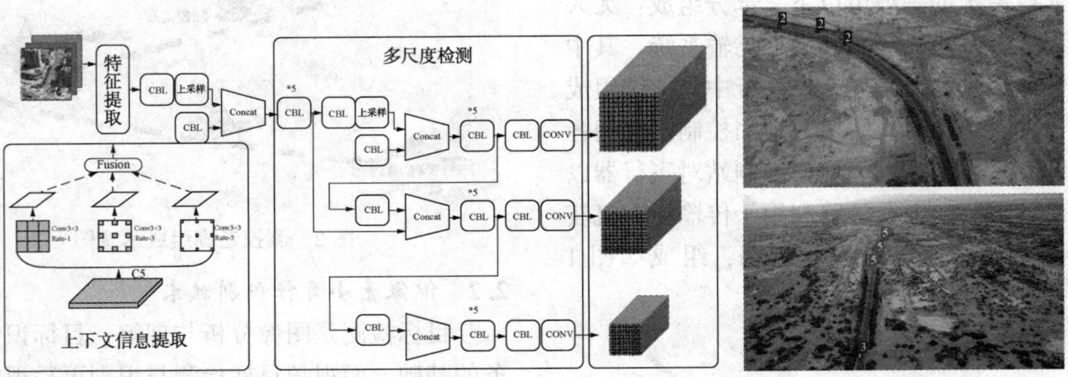

小目标检测算法　　小目标检测效果

图4　小目标检测算法

3　系统实现

3.1　项目背景

我单位常年与国家管网集团西南管道有限责任公司及其下属分公司合作，共同开展中缅油气管道无人机巡检业务。2018年以来与德宏分公司合作，在云南省某油气管段开展了无人机巡检业务。该管段全长约260余公里，途径怒江、澜沧江、漾濞江，有高山、峡谷、平坝地区，海拔落差大，地形环境复杂，沿线气候多变，一山分四季、十里不同天，自然灾害频发、人工巡检难度很大。其地形高程如图5所示。

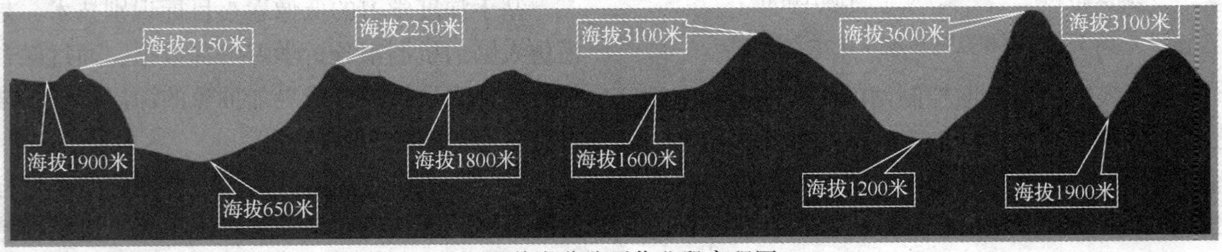

图5　德宏分公司作业段高程图

2019 年以来与贵阳分公司合作，在贵州某天然气管道改线段开展了无人机巡检业务。管道线路全长约 80 余公里，全段位于山区，地质条件复杂，地形多为冲沟、陡坡，起伏大。穿越高陡冲沟 27 处，其中大型高陡边坡 4 处，平均坡度在 60°以上，最大坡度超过 75 度，两侧"V"字型的山谷成为了山地管道的典型代表。穿越公路 34 次，其中等级公路 3 次；穿越河流 2 处，约 10 公里管段穿越二级水源地，管道沿线海拔在 605 米—1800 米之间，相对高差约 1100 米，最高落差 1700 余米，该管段地形之复杂、人工巡检难度之高难以想象。其地形高程如图 6 所示。

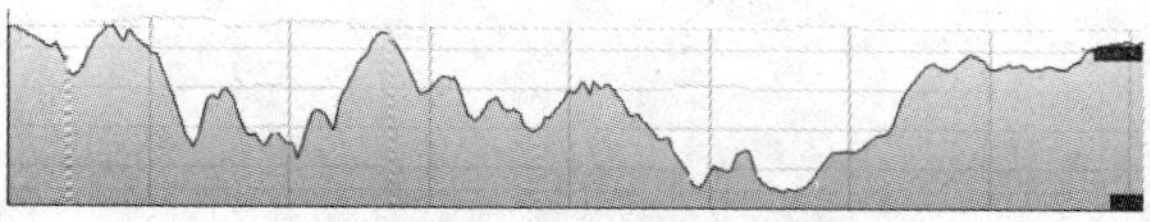

图 6　贵阳分公司作业段高程图

3.2　项目实施

应用无人机巡检系统，沿管道搭建无人机专用测控走廊，使用复合翼无人机搭载可见光+红外载荷或可见光+红外激光气体检测载荷，对作业管段油气管道，进行常态化无人机巡检作业，数据中心对无人机视频数据实时接收、实时处理。因管道线路呈蜿蜒分布，故预先规划好的无人机飞行航线采用曲线航点规划飞行航线，无人机尽量采取仿地等高飞行方式进行作业。图 7 所示为部分航路仿地等高飞行剖面图，图中蓝色部分为地形高程，橙色部分为仿地等高飞行航线。

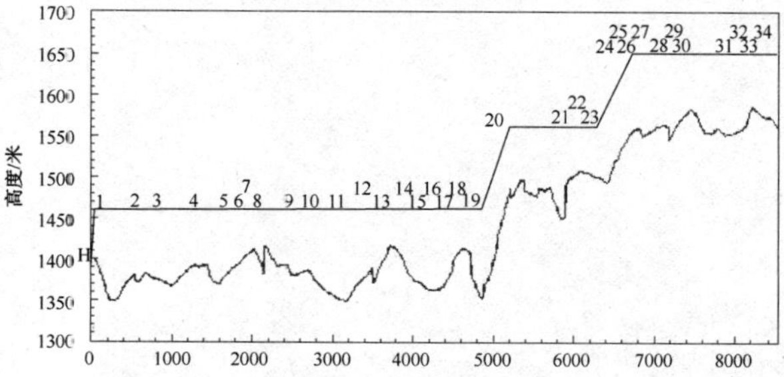

图 7　仿地等高飞行剖面图

飞行过程中使用测控走廊进行地面中继接力控制，在国内首次实现单架次覆盖作业全管段（单程 260 公里）的超视距、远距离飞行作业；首次实现远距离无人机作业全程实时控制、视频数据全程实时回传；数据中心使用基于深度学习的小目标识别方法，对视频图像进行实时处理，实现了对管道及周边异常特情进行实时分析与识别，如图 8 所示。

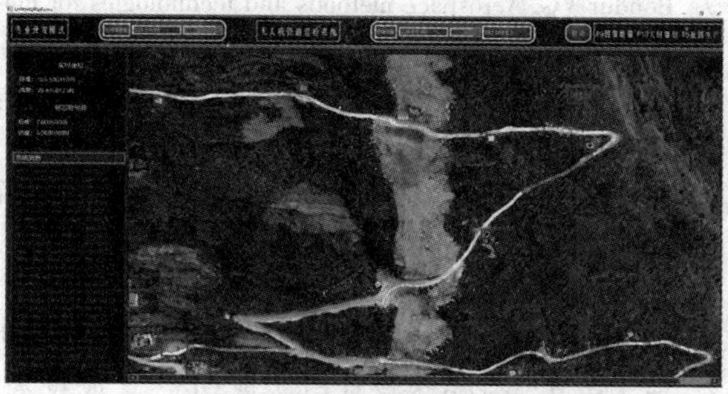

图 8　小目标识别截图

4　结语

经过实地应用，充分验证了无人机巡检系统在油气管道距离长、所处区域地形、地貌复杂、气候环境多变条件下应用的可行性、实用性和先进性。该系统搭建的无人机专用测控走廊，具有覆盖范围广、数据实时传输、安全可靠的特点，弥补了当前复杂地域无人机巡检无法全程覆盖的不足，可充分发挥无人机的技术优势；数据中心具有实时分析、存储、回放、搜索追溯功能，因此获取信息快、数据更完整，弥补了当前无人机巡检数据时效性的不足；小目标识别技术弥补了当前无人机巡检数据识别率的不足，提升了信息化管理水平；使用无人机远距离巡检作业，降低了高山、峡谷、河流沙漠、社情复杂地区以及疫情发生地等危险区域人工巡检作业难度，提升了作业安全性。该系统为复杂地形条件下油气长输管道的远距离大范围、常态化安全巡检，提供了可靠的技术解决方案。

参　考　文　献

[1] 卢建明．长输天然气管道特殊地段无人机智能巡检技术研究[J]．中国新通信，2018，11，20：43.

[2] 钟武军．基于 3S 技术的无人机油气管道巡检研究与应用[J]．信息系统工程，2020，12，20：37.

[3] 黄斌，郑鹏，江晓光，等．无人机遥感在油气管道巡检中的应用初探[J]．科技风，2017，6：15.

[4] 武海彬．无人机系统在油气管道巡检中的应用研究[J]．中国石油和化工标准与质量，2014，34(9)：105-106.

[5] 刘松林，朱永丰，张哲等．基于卷积神经网络的无人机油气管线巡检监察系统[J]．计算机系统应用，2018，27(12)：40-46.

[6] 喻言家，雍岐卫．无人机油气管道巡线系统发展现状及建议［J］．天然气与石油，2017，35（2）：22-23.

[7] Bondur VG. Aerospace methods and technologies for monitoring oil and gas areas and facilities [J]. Izvestiya Atmospheric and Oceanic Physics, 2011, 47(9): 1007-1018.

[8] 段云跃，谢德俊．无人机巡检技术在长输管道高后果区管理中的探索与应用[J]．石油库与加油站，2020，2：4.

[9] 陈星辉，赛景波，李新梦，等．基于无人机航拍的油气管道监管系统设计与实现[J]．集成技术，2019，7，53.

[10] 王毓龙，周阳升，李从云．美军无人机数据链发展研究[J]．飞航导弹，2013(4)：73-76

[11] LI Gui-hua. Status and Trend of Foreign Military Data Link for Unmanned Aerial ehicles[J]. Telecommunication Engineering, 2014, 54(6): 851-856

[12] 余昀．无人机数据链协议研究[J]．船舶电子工程，2008，171(9)：50-54

[13] 王俊，周树道，程龙等．无人机数据链关键技术与发展趋势[J]．飞航导弹，2011(3)：62-65

[14] Hinton G E, Osindero S, The Y W. A fast learning algorithm for deep belief nets[J]. Neural computation, 2006, 18(7):)1527-1554.

海底管道变形测量传感采集系统设计与实现

段瑞彬[1]　丁银山[2]　牛虎理[1]　王克宽[1]　王来臻[1]　何亚章[1]

[1. 中国石油集团工程技术研究有限公司；2. 中国石油集团海洋工程(青岛)有限公司]

摘　要　针对复杂海域较大变形海底管道精准测量需求，设计了海底管道变形测量传感采集系统；利用 HMI 和分布式远程 IO 进行模块化的测量传感与数据采集，通过近传感端执行边缘计算的创新设计，实现了传感采集精度、数据处理效率以及系统工作可靠性的"三提高"；采用 Modbus 协议并建立星型拓扑的通信网络，实现了系统中传感数据到应用数据的有序流动，获得了数据传输效率和数据传输可靠性的"双保证"；有效解决"大流速"、"零可见"等恶劣海况下大变形海底管道的自动精准测量难题，实现了变形管道表面三维坐标数据的准确获取；现场测试表明，系统具有测量精度高、响应速度快、工作稳定可靠等优点，满足测量工程作业要求；目前已应用于某海底管道变形修复项目，现场测量结果准确有效，成功指导了结构关卡的设计和安装，保障了项目的顺利实施。

关键词　变形测量；传感采集；三维坐标；HMI；分布式远程 IO；Modbus

舟山海域某海底输油管道变形缺陷修复整治项目需要对较大变形管道表面进行精准测量与空间描绘，以指导结构管卡的设计和安装。该海域潮流流速快并且水下能见度极差，日均有效潜水作业时间不足 3h。针对现场恶劣海况以及测量精度要求，设计了基于三维机械打点方式的测量工装进行海底管道变形的自动精准测量，实现了全天候 24h 连续水下作业。

海底管道变形测量工装主要由工装框架、测量结构、驱动系统和传感采集系统等构成，本文针对其中的传感采集系统进行了详细介绍；该系统以人机界面(Human Machine Interface，HMI)为核心，利用分布式远程 IO 和现场传感器进行模块化的测量传感与数据采集，采用 Modbus 作为系统通信协议，并通过星型拓扑结构的通信网络完成测量数据的可靠传输，实现了针对较大变形海底管道表面三维坐标数据的准确获取，具有测量精度高、测量响应速度快、系统工作稳定可靠等优点，满足了项目的实际工程需求。

1　测量原理

将测量探头与管道表面接触位置等效为三维空间中的点，测量过程中该点将形成特定的测量运动轨迹；通过合理的测量路径规划，并对其测量轨迹进行三维空间坐标的取样与计算，可以得到测量管道表面的三维坐标数据；进一步，利用测量数据可建立变形管段的精确三维数字化模型。以测量工装初始状态下测量探头等效点的位置为原点 O，建立空间直角坐标系，其原点位置及 x、y、z 三轴的方向如图 1 所示。

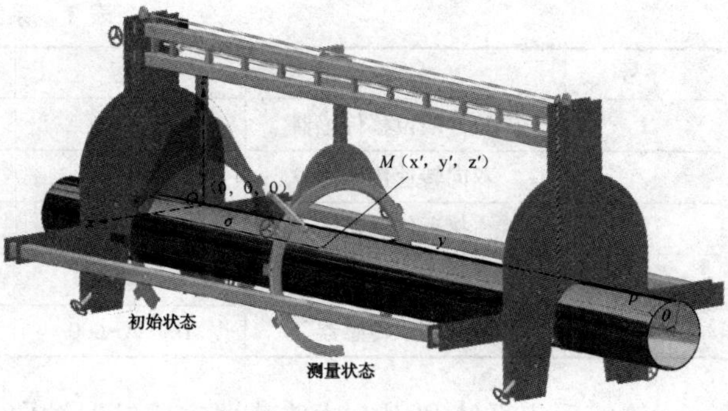

图 1　测量工装及测量坐标系示意

测量作业时测量探头在伸缩气缸带动下沿管道径向做往复运动，当探头接触管道表面时，其相对原点 O 的径向位移为 ρ；测量探头和齿圈在旋转电机的驱动下沿管周方向旋转，其相对原点 O 的旋转角度为 θ；测量探头和测量结构在平移电机的驱动下沿管道轴向平移，其相对原点 O 的轴向位移为 σ。测量探头等效点 $M(x', y', z')$ 的三维坐标计算方法如式(1)所示。

$$\begin{cases} x' = (r + \rho) \times \sin\theta \\ y' = \sigma \\ z' = (r + \rho) \times \cos\theta - r \end{cases} \tag{1}$$

式(1)中 r 为管道半径，σ、ρ、θ 分别为 M 相对 O 的轴向位移、径向位移和旋转角度。

2　系统设计与硬件选型

海底管道变形测量传感采集系统主要由测量传感、采集处理和数据管理三大功能模块组成，其系统架构如图2所示。

2.1　测量传感

测量传感模块包含5种传感器，见表1列出了各传感器的型号、接口、传感精度等信息。

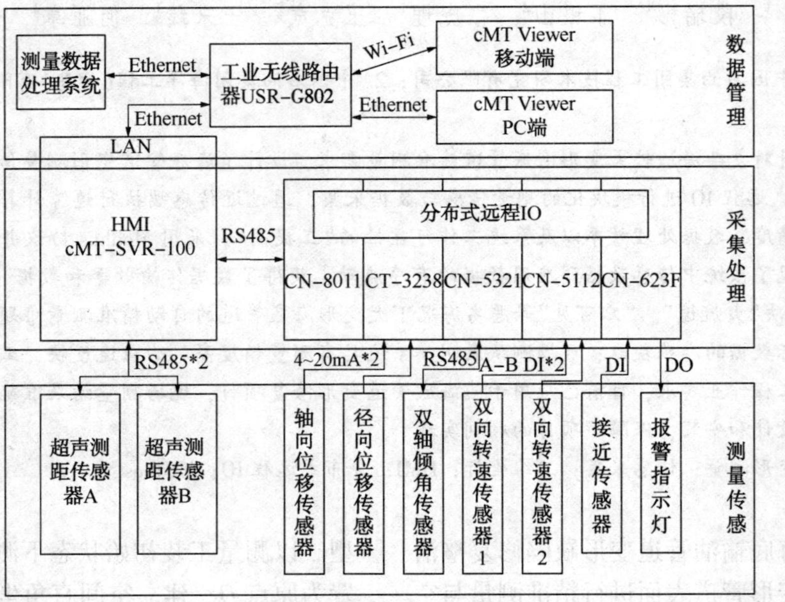

图2　传感采集系统架构框图

表1　系统传感器一览

序号	名称	型号	接口	传感精度	备注
1	磁致伸缩位移传感器	GS12MS	4~20mA	±0.005%F.S.	轴向位移、径向位移
2	双向转速传感器	W18LD	A/B脉冲	±1pulse	旋转角度
3	接近传感器	E2E-X10MC1	DI	10mm±10%	机械归零检测
4	双轴倾角传感器	BWL 327S	RS-485	±0.1°	水平倾角、垂直倾角
5	超声测距传感器	UM-A-600	RS-485	±0.15mm	径向位移测量校验

传感采集系统利用上述传感器完成针对轴向位移、径向位移、旋转角度等测量项的可靠传感与精确采集，测量工装中各传感器布置如图3所示。

1）磁致伸缩位移传感器。磁致伸缩位移传感器原理上基于铁磁性材料的磁致伸缩效应，具有传感精度高、响应速度快、抗干扰性强等优点；按照测量工装设计，当轴向位移量程和径向位移量程分别为6500mm和600mm时，传感器的重复测量精度分别为±0.325mm和±0.03mm，满足项目±1mm的测量精度要求。

2）双向转速传感器。双向转速传感器内置新型磁敏元件和信号放大电路，通过齿轮运动检测，输出A/B两路具有相差的稳幅方波信号，可准确表征齿轮转速及旋转方向；实际应用中两个传感器分别安装于两台旋转电机的驱动齿轮处

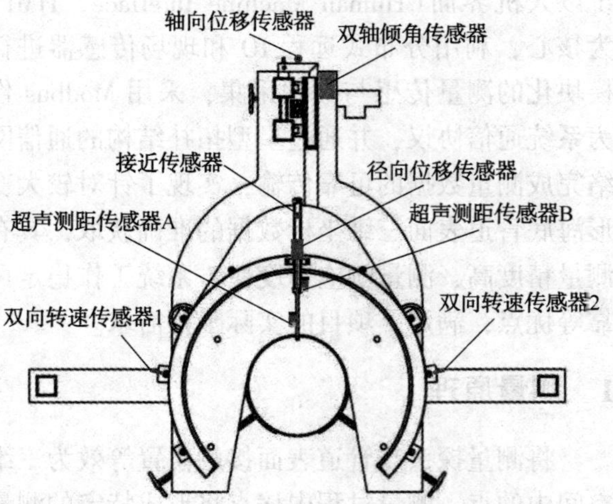

图3　测量工装传感器布置示意

（图3），通过脉冲计数，并结合齿圈参数，可以计算得出测量探头的旋转角度。

3）接近传感器。接近传感器利用电涡流效

应进行金属介质的非接触检测，具有灵敏度高、简单可靠等优点；该传感器装设于测量工装旋转结构的初始位置处，用以实现旋转复位检测。

4）双轴倾角传感器。双轴倾角传感器把静态重力场变化转换为倾角变化，并通过数字接口直接输出水平倾角和垂直倾角的测量值，其最大定位误差<14mm，满足测量工装精确就位要求。

5）超声测距传感器。超声测距传感器可实现浑浊海水介质中±0.15mm 的测量精度，系统利用该传感器的测量结果完成径向位移测量校验。

2.2　采集处理

采集处理模块由 HMI 和分布式远程 IO 组成，其中远程 IO 连接各型传感器，HMI 则通过数据总线直接读取远程 IO 的传感采集值；该设计实现了 HMI 和远程 IO 的“主从配合”与“分工协作”，有效提高了多类型传感的采集效率以及系统工作的可靠性。

1）分布式远程 IO。分布式远程 IO 采用单元模块化设计，由网络适配器单元和多个扩展 IO 单元组成，两种形式的单元模块通过内部总线连接，其中网络适配器单元通过 RS-485 总线与 HMI 通信，扩展 IO 单元通过功能选配实现与不同接口类型传感器的连接。分布式远程 IO 具有边缘计算能力，可完成积分变换、数字滤波等复杂数据处理任务，当传感数量或传感类型较多时，可显著降低系统主控运算资源的开销。见表 2 列出了分布式远程 IO 各单元模块的基本参数。

表 2　分布式远程 IO 单元模块

序号	功能	型号	接口	参数	备注
1	Modbus RTU 网络适配	CN-8011	RS-485	通信速率：9600bps，N，8，1	HMI 通信
2	8 通道模拟量输入	CT-3238	4~20mA	分辨率：15bit；采样速率：3.5ms/通道	位移传感器 * 2
3	Modbus 串口通信	CT-5321	RS-485	工作模式：Modbus RTU 主站；轮询周期：1s；通信速率：9600bps，N，8，1	双轴倾角传感器
4	2 通道编码器输入	CT-5112	A/B 脉冲	输入电压：24Vdc；输入频率：<1.5MHz；滤波时间：0.5us	双向转速传感器 * 2
5	8 通道数字量输入/输出	CT-623F	DI/DO	输入：ON(max.14Vdc)，OFF(min.19Vdc)；输出：额定电流 0.5A，输出延时 max150us	DI：接近传感器；DO：报警指示灯

2）HMI。HMI 选用 WEINVIEW 的 cMT-SVR-100，其运算能力强、通讯接口丰富、数据存储空间大，相较 PLC 等传统控制器具有三大优势：一是支持宏指令编程，内建丰富完善的函数库，简化了复杂数学运算的实现过程；二是提供上百种通信驱动，支持多数控制器、远程 IO 的通信连接与数据交互；三是支持跨平台的远程访问与管理，可以通过建立以太网连接并运行 cMT Viewer 软件实现 PC 端或移动端的实时监控与远程操作。

HMI 作为传感采集系统的中心节点，建立了星形拓扑结构的数据通信网络，并通过 RS-485 总线或工业以太网与各功能模块连接，实现了系统中传感数据到应用数据的有序流动，在确保系统数据传输可靠性的前提下提高了信息交互效率。

2.3　数据管理

数据管理模块主要进行系统测量数据的实时展示与管理应用，模块中各单元均为 TCP/IP 协议设备，其全部接入由工业无线路由器建立的现场局域网中；该局域网支持无线连接(WLAN)，允许移动设备和便携计算机的接入与访问，有效提升了系统管理及数据应用的灵活性和便捷性。

数据管理模块中工业无线路由器型号为 USR-G802，其具备 1 个 WAN 接口和 4 个 LAN 接口，支持 2.4GHz 频段 Wi-Fi，并具有故障自修复功能，可确保现场通信网络的稳定性；实际应用中 HMI 和测量数据处理系统分别通过千兆网线(六类)与无线路由的 LAN 口连接，HMI 数据展示与管理界面的 PC 端和移动端则分别采用有线及 Wi-Fi 方式接入现场局域网。

3　软件设计

海底管道变形测量传感采集系统软件设计围绕 HMI 开展，其主要工作分为通信接口设计、系统程序设计和系统界面开发三部分。

3.1 通信接口设计

Modbus 协议是应用于现场控制器上最广泛的一种通用协议，具有易用、可靠、开源和免费等优点。本设计选用 Modbus 协议作为系统数据传输的通信协议，在保证数据传输可靠性的前提下实现了通信过程的简化及数据传输效率的提升。

Modbus 是 OSI 模型第 7 层上的应用层报文传输协议，其提供了一种基于串行总线或 TCP/IP 网络的设备间 C/S 通信机制，根据数据链路层协议的不同，主要分为 Modbus-RTU 和 Modbus-TCP 两种类型。作为系统通信中枢，HMI 与分布式远程 IO、超声测距传感器通过 RS-485 总线连接，其通信报文类型为 Modbus-RTU；HMI 与测量数据处理系统通过 TCP/IP 网络连接，其通信报文类型为 Modbus-TCP。

见表 3 列出了 HMI 与各连接设备的 Modbus 通信参数。Modbus-RTU 通信中 HMI 作为主站(Master)，其通过对从站(Slave)相关寄存器的实时读取实现针对各测量传感原始数据的可靠获取；Modbus-TCP 通信中 HMI 和测量数据处理系统分别作为服务端(Server)和客户端(Client)，服务端将当前测量的三维坐标数据实时更新至保持寄存器并允许客户端访问与读取。

表 3　HMI Modbus 通信设备及参数

序号	连接设备	HMI 端口	报文类型	主从设置	地址	功能码	寄存器数
1	分布式远程 IO	COM2	Modbus-RTU	HMI：Master 远程 IO：Slave	01	01/02/ 04/06/16	14
2	超声测距传感器 A	COM3	Modbus-RTU	HMI：Master 传感 A：Slave	01	03	2
3	超声测距传感器 B	COM3	Modbus-RTU	HMI：Master 传感 B：Slave	02	03	2
4	测量数据处理系统	Port：502	Modbus-TCP	HMI：Server DPS：Client	01	03	13

3.2 系统程序设计

传感采集系统程序由 HMI 执行，其编程环境为 EasyBuilder 宏指令编辑器；系统程序采用模块化设计，主要由 Modbus-RTU 通信、旋转角度计算、径向位移测量校验、三维测量坐标计算等功能模块组成，系统的主要工作流程如图 4 所示。

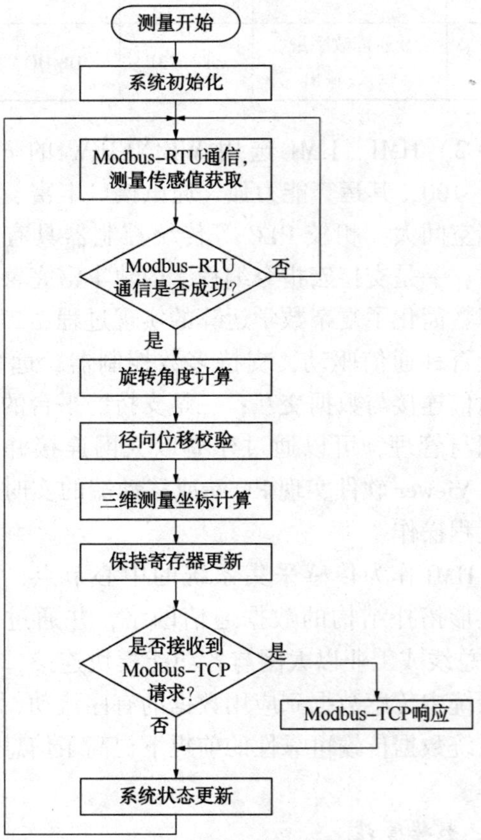

图 4　系统工作流程图

旋转角度计算首先需要判断测量探头所处的角度区间及其旋转方向，并根据角度区间选择对应的双向转速传感器，然后基于该传感器的脉冲计数值计算出旋转角度，最后通过旋转结构的复位检测消除旋转角度的多圈累计误差，旋转角度计算流程如图 5 所示。

径向位移测量校验主要完成位移传感和超声测距两种不同测量方式下测量结果的对比与处理，从而确保径向位移测量值的有效性。管道表面三维测量坐标的计算基于轴向位移、径向位移和旋转角度三个关键测量项的测量处理结果，并根据式(1)完成求解与运算。

3.3 系统界面开发

传感采集系统用户界面运行于 HMI，并支

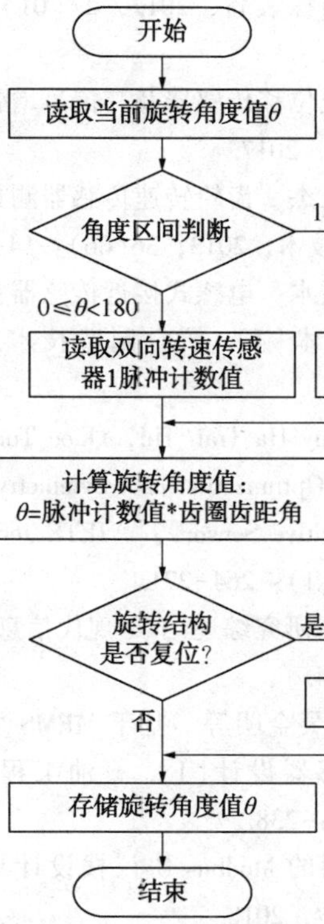

图 5　旋转角度计算子程序流程图

持通过 cMT Viewer(PC 端或移动端)进行远程访问与管理，具备测量展示、数据导出和参数设置等功能，测量展示主界面如图 6 所示。

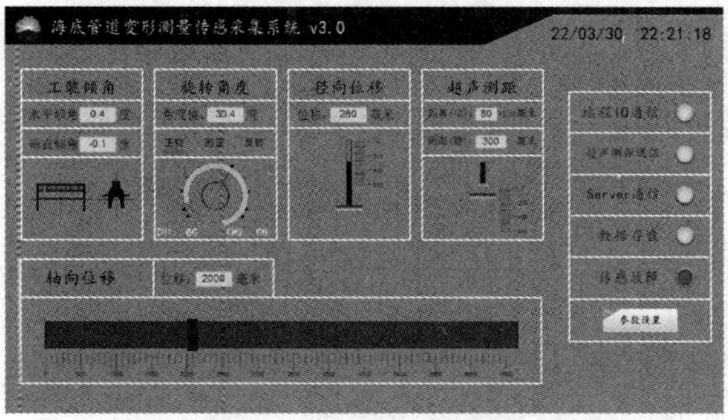

图 6　测量展示主界面

测量展示主界面实时显示轴向位移、径向位移、旋转角度等各测量项的当前测量值，并给出相应的动画模拟，同时完成针对系统各关键状态的指示；该界面简洁、直观、信息全面，可有效提升人机交互以及系统管理的效率。

4　测试与应用

4.1　系统测试

完成传感采集系统设计与开发后，首先开展系统测试试验，验证系统功能及指标，并根据测试结果进行系统优化，以确保项目实践中测量作业的顺利实施。

1) 耐压测试。对各传感器、线缆等水下部分进行耐压测试，测试压力 1MPa，测试时间 8h，确保系统可稳定工作于 50m 水深工况(最大设计工作深度，水压 0.5MPa)。

2) 功能测试。进行系统联调与功能验证，确保系统传感采集、数据处理、测量展示等各项设计功能的实现。

3) 精度测试。利用标准管道(Φ762mm)进行模拟测量作业，测试轴向位移、径向位移和旋转角度等测量项的精度指标，确保系统整体测量精度优于±1mm。

4) 现场测试。基于实际海况，进行水下测试，测试水深由 5m 逐渐增加至作业深度，验证系统在实际工况下的应用效果，为项目实践奠定基础。测量工装及传感采集系统现场测试如图 7 所示。

图 7　测量工装及传感采集系统现场测试

4.2　工程应用

依托测量工装，传感采集系统应用于某海底管道变形修复项目；累计测量作业 48h，测量变形管段长度 6m，输出三维测量坐标 10800 组，利用测量数据建立的变形管段三维数字化模型如图 8 所示；基于测量数据设计加工的结构管卡实现了水下一次安装成功，表明传感采集系统测量结果准确有效，为本项目提供了关键支撑。

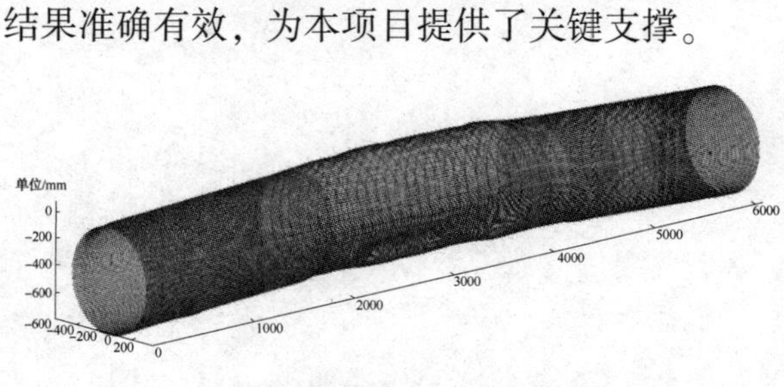

图 8　某海底管道变形管段三维模型

5　结束语

针对复杂海域较大变形海底管道精准测量需

求，设计了海底管道变形测量传感采集系统：

1）利用 HMI 和分布式远程 IO 进行模块化的测量传感与数据采集，通过近传感端执行边缘计算的设计，有效提高了多类型传感的采集效率以及系统工作的可靠性；

2）采用 Modbus 协议并建立星型拓扑的通信网络，实现了系统中传感数据到应用数据的有序流动，在保证数据传输可靠性的前提下提高了数据传输效率；

3）测试表明，系统具有测量精度高、响应速度快、工作稳定可靠等优点，满足项目实际工程需求；

4）已应用于某海底管道变形修复项目，实现了针对较大变形海底管道表面三维坐标数据的准确获取，保障了项目的顺利实施。

参 考 文 献

[1] 王立领，曹国民，丁银山等．基于管卡修复方案下的海底管道变形精准测量技术施工应用[J]．石油工程建设，2023，49(01)：8-12.

[2] 崔琬婷，丁银山，段瑞彬等．册镇海底管道变形缺陷修复技术研究[J]．石油工程建设，2022，48(06)：70-73.

[3] 余俊宁．浙江中控集散控制系统与图尔克远程分布式 I/O 及电动机控制系统在制药项目中的应用[J]．科技创新与应用，2022，12(18)：182-185.

[4] 孙旭民．矢量闭合差在空间直角坐标系和站心坐标系下的转换[J]．物探装备，2017，27(01)：48-49，52.

[5] 周前．磁致伸缩直线位移传感器及其信号增强方法[D]．华中科技大学，2017.

[6] 郑哲，刘纪苟，张仁杰．齿轮转速传感器测量模型研究[J]．电子测量技术，2013，36(06)：14-19.

[7] 常凯，李胜军，李振水．电感式接近传感器在飞机上的应用及关键技术[J]．航空制造技术，2015(20)：76-79.

[8] Dac Hai Nguyen，Thuy Ha Tran Thi，Quoc Tuan Vu，etal. Study on Design Optimization of a Symmetry Two-Axis Tilt Angle Capacitive Sensor[J]. IETE Journal of Research，2023，69(1)：264-271.

[9] 范毓林．无线局域网研究综述[J]．现代信息科技，2019，3(09)：60-64.

[10] 段瑞彬，易斐宁，吴金明等．基于 MEMS 加速度计的焊枪姿态传感器设计[J]．石油工程建设，2021，47(S2)：234-238.

[11] 王佩．面向物联网的 Modbus 协议栈设计与应用[D]．成都理工大学，2018.

[12] Martins Tiago，Oliveira Sergio Vidal Garcia. Enhanced Modbus/TCP Security Protocol：Authentication and Authorization Functions Supported [J]. Sensors，2022，22(20)：1-20.

[13] 周元，李求飞，李明明．变电站外排雨水智慧控制装置的设计与开发[J]．化工自动化及仪表，2022，49(04)：506-511.

[14] 夏仁杰．水下连接器温度压力测试方法研究及测试系统设计[D]．哈尔滨工程大学，2018.

天然气长输管道工程建设现场智能安全识别系统搭建与应用

薛纪新　柳志伟　张　晨　邵　岩　段小坤

（中石化皖能天然气有限公司）

摘　要　在数字化、智能化大发展背景下，为有效解决天然气长输管道工程建设期间“点多、线长、面广”细化管理困难，提出将智能化与工程建设需求结合思路，依托X天然气长输管道项目，搭建适用于长输管道施工现场的智能安全行为识别系统，采用人工智能技术和大数据分析对施工现场视频监控的视频流进行算法分析、研判和处理，并对违规行为记录统计指导现场施工管理，应用效果良好，对提升现场管理力度，减少管理人员投入，保障生命安全、财产安全有重要意义，对类似管道项目建设具有一定借鉴意义。

关键词　站场阀室；线路施工；人工智能；智能化；数字化；大数据

随着天然气长输管道的快速发展，我国的管道施工技术得到长足的进步与成熟，形成了一整套适用于长输管道行业、企业标准规范与施工作业规程。但由于天然气长输管道工程建设“点多、线长、面广”，管理人员配置有限，现场施工人员流动频繁，组成、资质、安全意识参差不齐，在多方严抓、严管、严罚措施下，现场习惯性不安全行为、低老坏的情况屡见不鲜。

人工智能（Artificial Intelligence），英文缩写为AI。它是研究、开发用于模拟、延伸和扩展人的智能的理论、方法、技术及应用系统的一门新的技术科学。人工智能是新一轮科技革命和产业变革的重要驱动力量。2022年7月28日，2022全球数字经济大会“人工智能驱动未来产业论坛”在京召开，中国信息通信研究院联合深度学习技术及应用国家工程研究中心发布了《深度学习平台发展报告(2022)》。该报告认为，伴随技术、产业、政策等各方环境成熟，人工智能已经跨过技术理论积累和工具平台构建的发力储备期，开始步入以规模应用与价值释放为目标的产业赋能黄金十年，见图1。

为解决天然气长输管道工程建设现场管理困难，提出化人为管控为智能化管控，依托X天

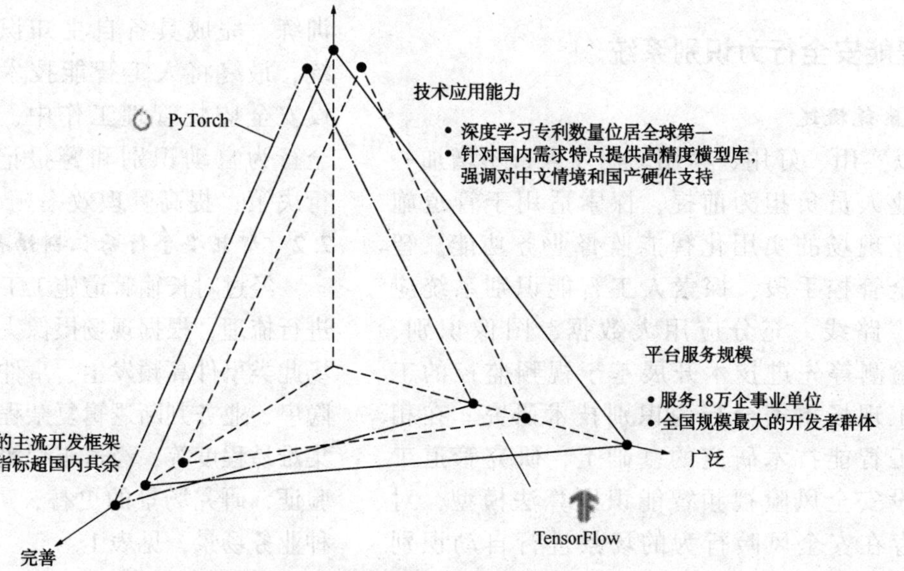

图1　深度学习框架和赋能平台评价维度

然气长输管道项目，搭建适用于长输管道施工现场的智能安全行为识别系统并投用，以达到提升现场管理力度，减少管理人员投入的目的，满足行业发展要求，对保障生命安全、财产安全有重要意义。

1　项目概况与需求分析

X天然气管道工程地处安徽省，是省重点工程和中石化集团公司重点项目，线路全长185.3km，建设站场4座、RUT阀室7座，途径多个市县区。长输管道“点多、线长、面广”的特点，施工跨度大，施工点分散，建设规模和数量增长迅速，现场安全生行为监管亟待加强，施工机具、机械、设备作业占比较高，管理难度较大。

近年AI识别技术在国内得到大量应用，人物、物品、场景等相关识别技术已经趋于稳定，诸如APP的人脸识别，城市道路超速识别等。《深度学习平台发展报告(2022)》认为，伴随技术、产业、政策等各方环境成熟，人工智能已经跨过技术理论积累和工具平台构建的发力储备期，开始步入以规模应用与价值释放为目标的产业赋能黄金十年。随着人工智能的规模化落地，基于深度学习框架上下延伸、构建智能生态平台成为国内外科技巨头的共同选择。

为了实现天然气长输管道工程建设项目智能安全行为识别，搭建具备能够监控人员、车辆进出场和识别施工现场违规行为的成熟体系，严格监管施工行为规范。此次研制从智能识别子系统、人员进出场管理子系统、移动终端同步数据三个方面出发，实现对施工现场的数字化、智能化、远程化、统一化的安全监控，并支持信号上传调控中心、移动终端实施监控等功能，见图2。

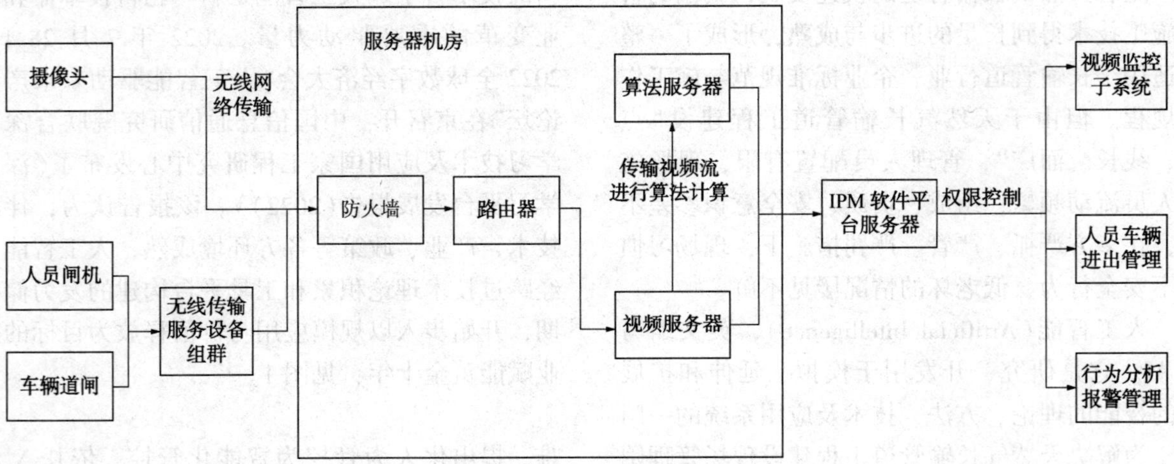

图2　系统研制规划图

2　智能安全行为识别系统

2.1　系统概述

以实用、好用、易用为出发点，不增加一线作业人员负担为前提，探索适用于管道施工作业现场的实用化智能监督业务功能、智能安全管控手段，探索人工智能识别系统应用推广路线，充分应用大数据、图像识别、目标检测等先进技术开展基于视频监控的工程施工现场不安全行为识别技术研究。在相关人工智能技术研究的基础上，研究管道工程建设安全风险视频智能识别算法模型，对现场存在安全风险行为的场景进行自动识别训练，完成具备自主知识产权的智能识别系统，最终将人工智能技术应用于管道工程建设安全监督管理工作中，实现施工现场不安全行为自动识别和警报记录，辅助管理者进行决策，提高管理效率。

2.2　智能安全行为识别场景

经过对长输管道施工工程业务安全隐患场景进行梳理，根据现场摄像头内可监控识别到、现场此类事件高频发生、事件涉及高危险行为安全隐患、业务判断逻辑复杂程度、正负样本素材收集难易程度等，经过工程实际多方面研究与实际验证，研究场景的更替，最终确定了3大类14种业务场景，见表1。

表1　智能识别场景清单

序号	质量监督隐患内容		
	算法类别	算法场景	描述
1	安全着装识别	未按规定正确佩戴安全帽	画面内未按规定正确佩戴安全帽。
2		未按规定正确穿戴反光衣	画面内穿戴反光衣不会报警为未正确穿戴工服（或在固定画面内识别全部人员未穿反光衣）。
3		未按规定正确穿戴工服	未按规定正确穿戴工服（包含未穿戴整套工服、或穿的半袖、短裤）。
4		未按规定正确佩戴安全带	人员在高处作业，且画面内未按规定正确佩戴安全带。
5	人员行为识别	吊物下或机械周边停留	画面内在吊装作业时人员在吊管机、挖掘机、起重机吊臂、吊物下停留、穿行或休息的。
6		铲斗载人	画面内挖掘机铲斗载人或乘坐挖掘机铲斗。
7		现场吸烟	画面内在现场吸烟的。
8		施工现场摔倒	画面内人员摔倒的或倒地的。
9		施工现场人员聚集	画面内施工现场人员超过三人以上聚集，且相互之间人员间隔不超过1M的。
10		施工时打电话	画面内打电话的。
11		警戒区域闯入	在画面内有人翻阅防护墙；画面内划定电子围栏，人员进入到电子围栏内即报警。
12		离岗识别	机械操作在吊装作业时吊物静置悬空时，操作人员长时间离开控制室的；画面内的监控区域、监控室、监控大厅等需要人员值班的区域长时间无人员。
13	环境风险识别	烟雾识别	画面内有浓重烟雾。
14		明火识别	画面内有明亮火焰的。

2.3　人工智能识别技术

对比TensorFlow、PaddlePaddle、PyTorch等市面主流人工智能深度学习框架的优点，结合业务识别需求，最终选定适合天然气长输管道建设安全监管业务智能识别需求的框架。最终选定了pytorch深度学习框架，其主要有三大特点：简洁、速度和易用。其在设计上追求最少的封装，尽量使用现有的代码，无需重复编写已有的代码，pytorch的简洁使开发者能够更清楚代码的每一步逻辑。同时，pytorch在代码运行速度上也要优于很多其他框架，在设计的过程中遵循面向对象的思想，使得框架的各个算法接口调用起来很方便，见表2。

表2　智能识别场景清单

框架	安装成本	代码理解程度	API丰富程度	模型丰富程度	文档完整程度	训练预测过程
TensorFlow	良好	良好	优秀	优秀	优秀	优秀
PyTorch	优秀	优秀	良好	优秀	优秀	优秀
Caffe	良好	优秀	良好	良好	良好	优秀
PaddlePaddle	优秀	优秀	优秀	良好	优秀	良好
Keras	良好	良好	良好	优秀	良好	良好

图像识别技术采用目标检测、语义分割、传统图像处理技术及人体骨骼关键点检测相结合。

（a）目标检测主要采用深度学习目标检测算法实现，采用了yolo系列算法目标检测yolo系列算法是一种端到端的神经网络算法模型，输入图片，输出预测出物体的类别和坐标，YOLO算法将对象检测重新定义为一个回归问题。

（b）语义分割是把图像中每一像素赋予一个类别标签，用不同的颜色进行标识。用于需要对目标精确定位的场景，相对于目标检测只能给出框住目标的一个目标框，语义分割给出的结果是像素级别的，部分算法就使用了这一技术对目标进行精确定位，如钢管定位。

（c）传统图像处理技术是区别于深度学习的图像处理方法，常用于基于深度学习目标检测的图片前处理及后处理过程。

（d）人体骨骼关键点检测主要检测人体的一些关键点，如关节，五官等，通过关键点描述人体骨骼信息，由于人体具有相当的柔性，会出现各种姿态和形状，人体任何一个部位的微小变化都会产生一种新的姿态，同时其关键点的可见性受穿着、姿态、视角等影响非常大。而人体骨骼关键点检测主要有两个方向，一种是自上而下，一种是自下而上，其中自上而下的人体骨骼关键点定位算法主要包含两个部分，人体检测和单人人体关键点检测，即首先通过目标检测算法将每一个人检测出来，然后在检测框的基础上针对单个人做人体骨骼关键点检测，从而对人的行为识别、人物跟踪、步态识别等进行监测，见图3。

图3　人工智能识别测试效果

2.4　智能识别摄像头设施配置方案

针对天然气长输管道建设现场根据现场作业类别、区域、工期进行分类梳理，主要可以分为站场工程、阀室工程、焊接作业、定向钻施工、顶管施工、防腐作业、下沟作业。针对各个施工工序、现场环境不同、管理需求不同进行硬件配置。

2.4.1　站场设备部署方案（3个固定机位+2个移动机位）

（a）站场门口配置1台固定机位360度可旋转摄像头1，记录进出场人员和车辆情况。

（b）生产用房配置1台固定机位摄像头2，保障生产用房建设规范，高度不低于5米。

（c）作业区域配置1台固定机位摄像头3，采集作业区施工全貌，高度不低于5米。

（d）站场内配置1台移动机位360度旋转摄像头4监督整个站场施工安全、施工规范、施工环境等，高度不低于1.5米。

（e）预制区配置1台移动机位摄像头5，监控工艺预制区和土建预制区，高度不低于1.5米。

2.4.2　阀室设备部署方案（1个固定机位+1个移动机位）

（a）阀室门口配置1台固定机位360度旋转摄像头1，监控进出场人员和设备情况，且可通过360水平旋转用于监督整个站场施工安全、施工规范、施工环境等，高度不低于1.5米。

（b）作业区域配置1台移动机位摄像头2实时监控施工情况，高度不低于1.5米。

2.4.3　线路焊接设备部署方案（2个移动机位+1个固定机位/焊棚）

（a）焊棚内棚顶均配置1台固定机位摄像头，采集焊棚内全貌，作业时全程开启，保证能记录整个过程。

（b）施工作业机组前后两端配备2台移动机位360度旋转摄像头1、2。重点关注大型施工设备，且能采集施工现场全貌，高度不低于1.5米。

2.4.4　定向钻设备部署方案（2个固定机位+1个移动机位）

（a）场地门口配备1台固定机位360度旋转摄像头1，重点监控进出场人员和设备情况，且能采集入土点施工现场全貌，高度不低于1.5米。

（b）钻机配置1台固定机位摄像头2，采集钻机入土点作业区域全貌，高度不低于5米。

（c）泥浆池和泥浆罐区域配置1台移动机位摄像头3，采集泥浆池区域全貌，高度不低于1.5米。

2.4.5　顶管设备部署方案（2个固定机位+1个移动机位）

（a）场地门口配备1台固定机位360度旋转

摄像头 1，重点监控进出场人员和设备情况，且能采集始发井施工现场全貌，高度不低于 1.5 米。

（b）始发井作业区配置 1 台固定机位摄像头 2，采集始发井作业区域全貌，高度不低于 5 米。

（c）泥浆池和泥浆罐区域配置 1 台移动机位摄像头 3，采集泥浆池区域全貌，高度不低于 1.5 米。

2.4.6　防腐设备部署方案（1 个移动机位）

场地配备 1 台移动机位 360 度旋转摄像头。摄像头能采集施工现场全貌，高度不低于 1.5 米。

2.4.7　下沟设备部署方案（2 个移动机位）

场地配备 2 台移动机位 360 度旋转摄像头 1、2。摄像头能采集施工现场全貌，高度不低于 1.5 米，见图 4。

图 4　站场及线路智能识别场景示意图

2.5　人员车辆进出场管理

经过对施工现场实地检查，以实用、好用、易月为出发点，不增加一线作业人员负担为前提，结合施工现场进出口宽度限制、电力及网络搭建不便等因素，决定采用人员闸机双通道一进一出、车辆道闸单通道进出共用的方案，搭配现场临电及 4G 无线网络传输机制搭建人员车辆进出场管理硬件设备。现场安装两个人员闸机，一个车辆道闸及传输数据的 4G 无线传输设备组群。

2.6　移动端同步数据

智能安全行为识别移动端研制分为智能识别模块、人员车辆进出场管理模块及视频监控在线查看模块。功能完全按照 PC 端功能一比一复现并将界面根据 APP 竖屏特点进行优化处理，数据全部同步展示。

3　应用效果分析

X 天然气管道工程建设完整智能安全行为识别系统，秉承谨慎、务实、公平、公开的原则，分别采用了中石化系统内供货服务商和系统外集成服务商产品，克服项目工程施工难点，已于 2023 年 9 月 26 日正式投产使用，见图 5，图 6，图 7。

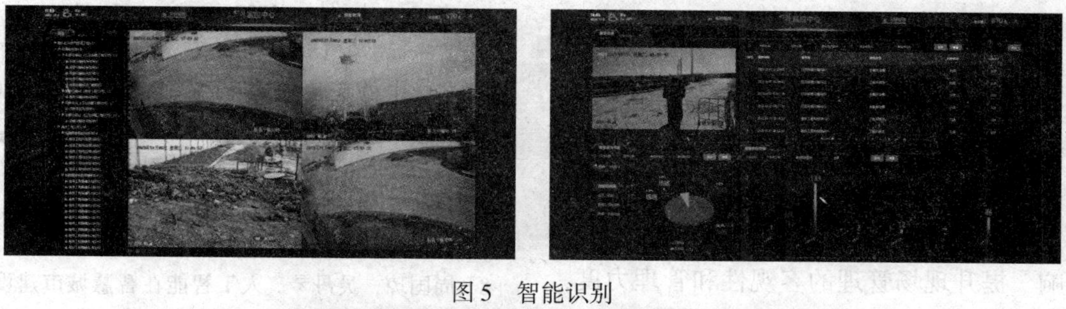

图 5　智能识别

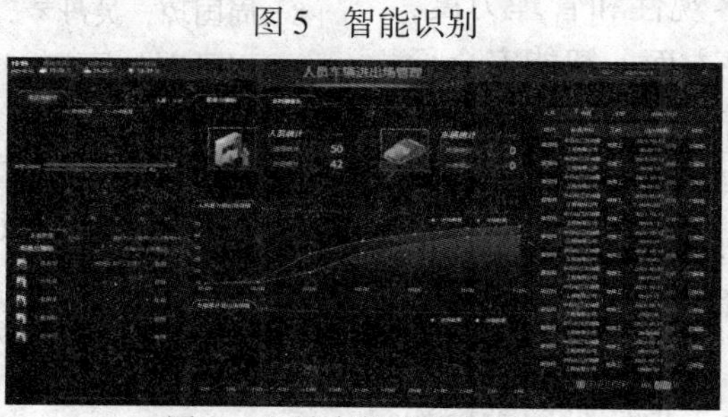

图 6　人员车辆进出场管理

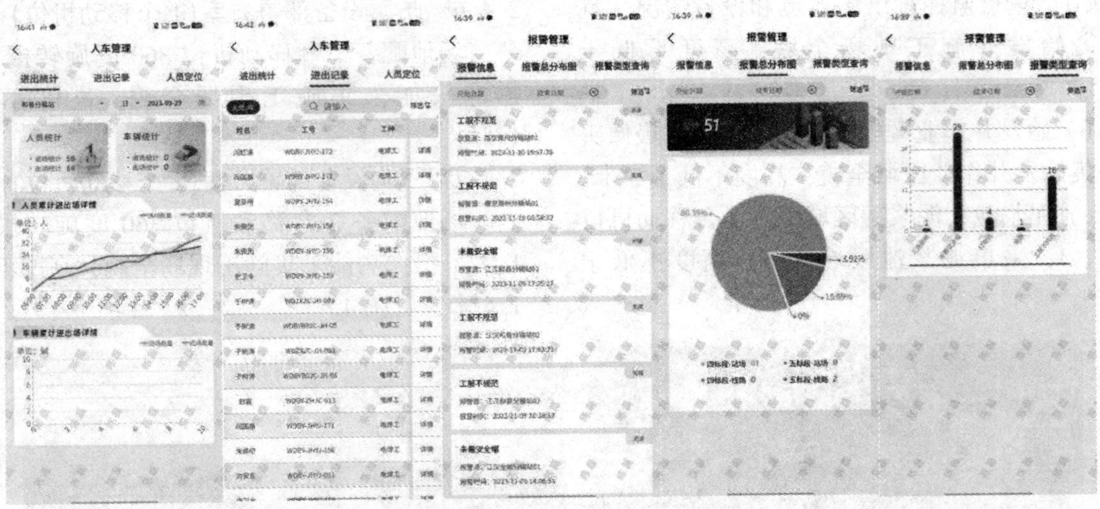

图7　移动端

2023年9月26日正式投入使用至今，智能安全行为识别系统稳定运行，智能识别和人员车辆进出场管理功能满足日常需求，运行情况良好。当前已将43个摄像头视频流接入算法服务器进行分析处理，根据站场、阀室、线路等不同场景配置合适算法，如线路焊接焊棚内不添加“未佩戴安全帽”算法识别、非高空作业不添加“未佩戴安全带”等，当前累计配置208路算法。人员车辆管理累计记录5779次人员和车辆进出情况，相关报警51次，其中接近90%为“未按规定正确佩戴安全帽”和“未按规定正确穿戴工服”。根据对现有数据分析，恶劣天气仍正常运行，实现了预期目标。

4　结语

本文通过开展X天然气长输管道智能安全行为识别系统需求论证、硬件评估、功能研发和测试部署等工作，成功实现了X天然气长输管道智能安全行为识别系统的搭建与应用，并取得预期目标。一方面通过计算机精密计算替代人工，提升现场管理力度。将原依托人脑进行的识别与判定优化为科学与工程计算，同时减少人为因素影响，提升现场管理的客观性和管理力度，是时代发展的必然选项。另一方面，智能安全行为识别记录现场出现的违规行为，对于现场总体管理可进行一个反馈，助力识别与判定施工现场的不“稳定”人员和风险行为，作为针对性管理措施的制定依据，助力现场管理，从而降低施工现场事件、事故发生的概率。通过搭建天然气长输管道智能安全行为识别系统，形成纵向管控和横向协同融合的矩阵模式，加快推动公司从传统管理模式向现代化、数字化、智能化跨越，具有一定借鉴意义。

参考文献

[1] 罗志刚，钱同惠，王嘉前等．人工智能在智慧城市建设中的应用浅谈——以武汉市为例[J]．智能建筑与智慧城市，2021，(01)：50-52.

[2] 丁伟伟．人工智能技术在智慧城市建设中的应用[J]．信息记录材料，2020，21(04)：230-231.

[3] 王忠军．浅谈人工智能在智慧城市建设中的应用和意义[J]．城市建设理论研究（电子版），2019，(18)：191.

[4] 杨连平，孙玉波，张红良等．基于编解码残差的人体关键点匹配网络[J]．计算机科学，2020，47(06)：114-120.

[5] 王晓娟，王永生．人工智能：赋能千行百业驱动未来[J]．中关村，2022，(08)：43-45.

[6] 陈志远，黄少滨，韩丽丽．现代模态逻辑在计算机科学中的应用研究[J]．计算机科学，2013，40(S1)：70-76.

[7] 黄洁，潘潘，费鸿等．人工智能技术在商业银行支付结算领域的应用[J]．金融纵横，2022，(10)：81-85.

[8] 周国琼，吴丹琴．人工智能在智慧城市建设中的应用研究与展望[J]．广西城镇建设，2023，(02)：61-65.

[9] 姚琦．基于场景理解田间导航技术的研究[D]．安徽农业大学，2020.

[10] 杨连平，孙玉波，张红良等．基于编解码残差的人体关键点匹配网络[J]．计算机科学，2020，47(06)：114-120.

基于大数据的管道管理应用研究与探索

陆 兴 于 淼 兰明菊

（中国石油新疆油田公司）

摘 要 随着国家中国石油集团公司对油气管道精细化管理要求的不断提高，各类标准与规范也相继出台，对管道管理提出了更高的要求。本文通过对大数据分析模型进行研究，得出大数据分析将是管道企业未来发展的重要趋势之一，构建管道建设运营一体化的管理平台，实现管道业务全生命周期管理，为油田管道业务数字化转型管理创新贡献数字化手段与工具，有效提高管道运行本质安全，降低生产安全风险，助力油田生产高质量发展。

关键词 管道管理；大数据；数据分析；建设运营一体化

大数据是人们获得新的认知、创造新的价值的源泉，也是改变市场关系的重要方法。其核心就是预测，实现从随机样本向全体数据转变，从精确性向混杂性转变，从因果关系向相关关系转变。

当前管道系统大数据的来源分为外部数据资源与内部数据资源，外部数据资源包括外部培训资料、会展研讨信息、项目信息、专业数据库系统、科技文献资料、商业管理数据、外部交流数据、互联网资源等。内部数据资源包括实时管道运维数据、企业经营管理数据、内部情报支撑数据、企业内部提升数据等。数据的形式有结构化数据和非结构化数据，以往数据分析限于针对结构化数据，然而统计结果表明，在管道大数据来临时代，非结构化数据大量增加，且分析手段必然要通过大数据分析理论来实现，因此未来大数据分析将是管道行业发展的重要趋势之一。

1 管道数据管理面临的问题

随着完整性管理技术的不断推广，油气长输管道企业在完整性管理应用系统开发方面开展了大量工作，一定程度上提高了企业安全生产管理效率，但同时也存在不少问题。管道大数据主要来源于管道历史数据恢复、建设期数据及运行期数据，数据种类繁多，数量庞大，数据质量难以保证。具体问题如下：

（1）数据冗余严重，共享度低，维护难度大。各软件间的数据维护缺少协调，数据之间未建立共享机制，导致同一类数据重复采集、存储，不断冗余，且不一致。

（2）缺乏统一的数据审核机制，数据质量难以保证。各系统中的数据缺少统一的审核机制，导致不同系统中的数据质量参差不齐。

（3）数据利用率低。作为完整性管理过程中的一项重要资产，未能充分发挥数据的价值。虽然建立了各种专业化的系统，搜集和整理了各种专业数据，但在采集输入后，仅限于查询，较少参与决策和高级计算。

（4）软件应用效果不理想。由于各软件间缺乏有机整合，未能充分发挥系统的效用，造成各软件独立分割，集成效用低下，用户使用不方便等问题。

为解决上述问题，可对管道完整性数据实施集中存储和维护，建立统一的审核机制，确保数据的准确性和完整性。同时建设统一管理平台，提供业务数据填报、查询、统计、维护、审核等一系列功能，专业系统可通过该平台实现与其他专业系统的数据交换和共享。

2 研究思路

围绕管道管理数字化转型创新要求，以《Q/SY 01015 油气田地面建设工程信息数字化交付规范》、《地面工程空间数据采集提交技术规范》、《Q/SY 01039. 2—2020 油气田管道和站场完整性管理规范第 2 部分：管道数据》为规范指引和数据标准，基于某油田云平台资源和技术架构体系，建立统一的管道一体化管理数据库，并采用云原生技术，微服务技术体系，构建业务管理、数据查询、统计分析和一张图功能，实现管道工程建设运营一体化管理，服务于业务管理部门、油田作业区及基层人员（图 1）。下文重点介绍油气行业管道管理一体化运营平台的设计与实现、成果及应用效果。

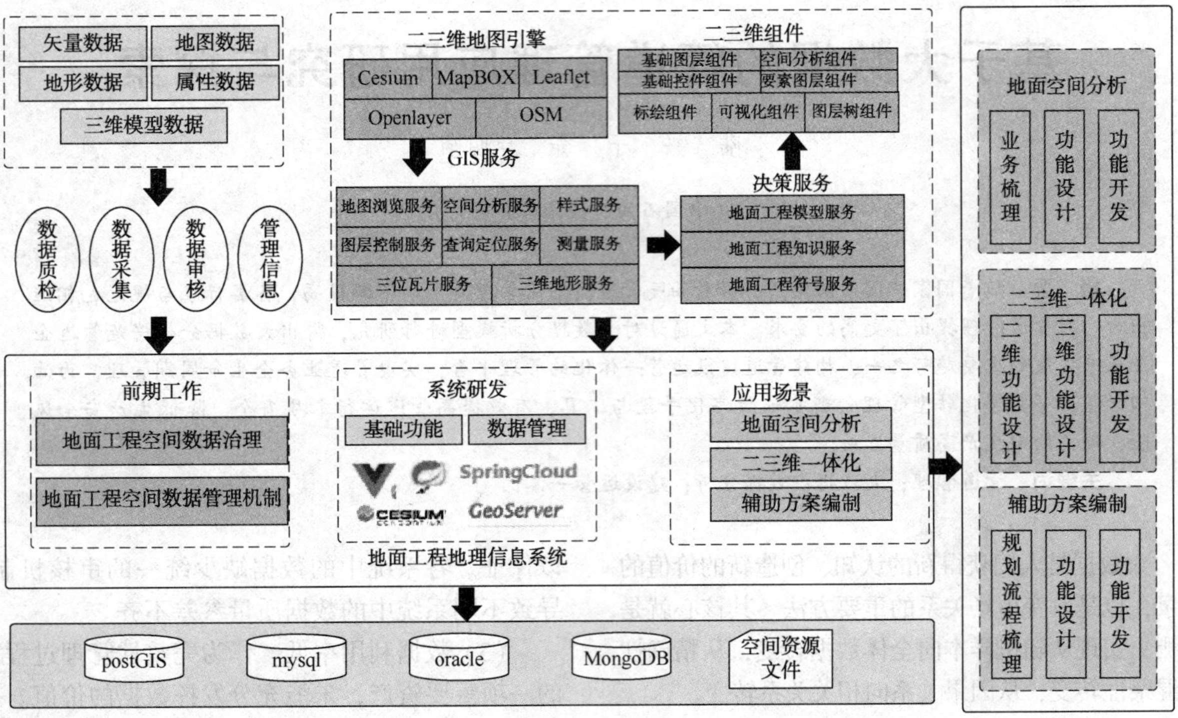

图 1　研究思路

3　数据体系建设

3.1　统一数据标准

管道完整性数据模型是实现数据集中存储维护的前提，通过对不同数据源的抽取、转换、对齐后，按照模型要求录入管道数据库中，结合EPDM2.0模型要求，建立管道建设运营一体化数据标准规范，利用PostgreSQL数据库软件进行建库，实现管道数据统一向数据中台汇聚管理，并通过数据中台的共享服务对外提供数据服务，实现数据一次采集，共享使用(图 2)。

3.2　数据建设内容

(1) 空间数据：基于中国石油地理信息系统(A4)的数据标准，结合数字化移交平台，将油田公司建设期的电子地图、高清影像、管道(站库)等空间实体数据延伸到运营期，形成空间数据库，并通过业务管理过程数据采集功能实现对管道附属设施、周边人居的动态更新，为管道运营一体化平台提供空间数据服务(图 3)。

(2) 实时数据：结合油田生产现场管道业务管理要求，梳理管道实时数据标准，包括管道运行数据、腐蚀监测数、人员定位、巡护轨迹等。

(3) 管道业务数据：围绕基层管道管理和管道保护工作的工作质量标准、任务调度、管道巡

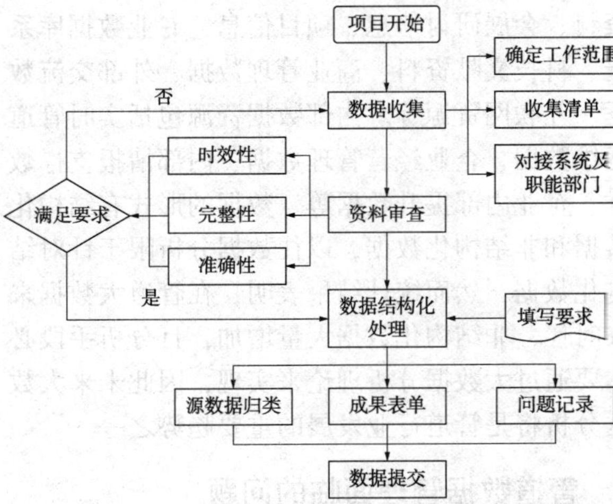

图 2　数据标准化流程

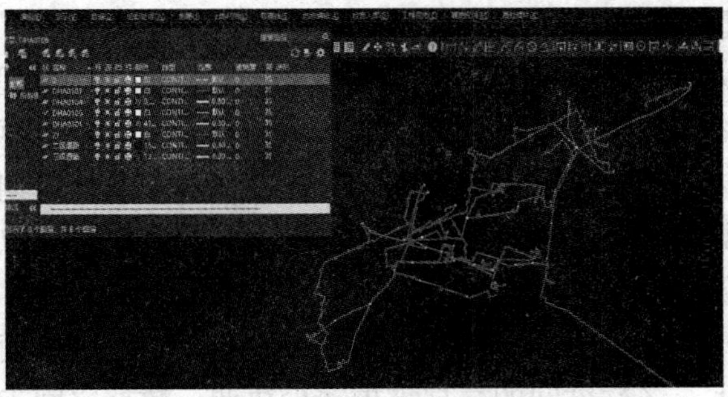

图 3　空间数据采集入库

检、第三方施工、问题隐患处置、阀室井维护保养、清管作业、阴极保护等共计17类数据。

4　管道一体化管理平台建设

4.1　业务管理功能

（1）计划管理：引入工作流引擎，扩展任务自动下达、岗位工作自动分解、自动汇总审核与统计分析查询等功能，将单人线下填写并上报模式优化为多岗位协同管理，有效提高工作计划编制效率。同时通过自动接入的完整性工作计划，结合人工补充和导入的月度计划信息，实现周期性任务自动更新(图4)。

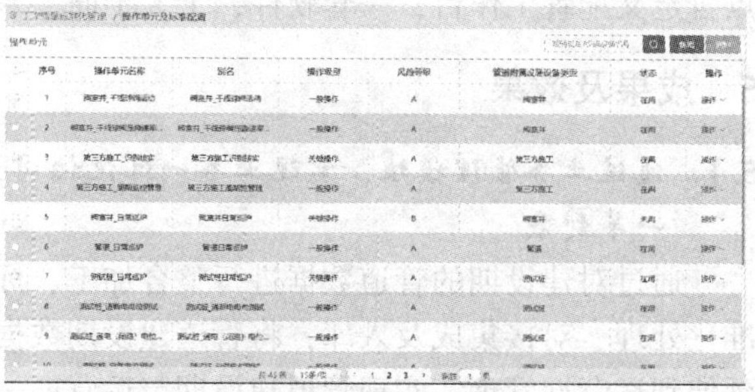

图4　计划管理

（2）任务调度：正式月度计划发布后，其中的任务型计划系统将自动生成工单，并自动下发到对应管护工和责任人，同时支持临时任务的创建和下发，工单信息自动与实体对象相关联。管理人员可通过工作质量标准配置实现对管护工的操作规范、数据采集要求进行规范化，并通过任务监控实现对任务执行过程的动态跟踪(图5)。

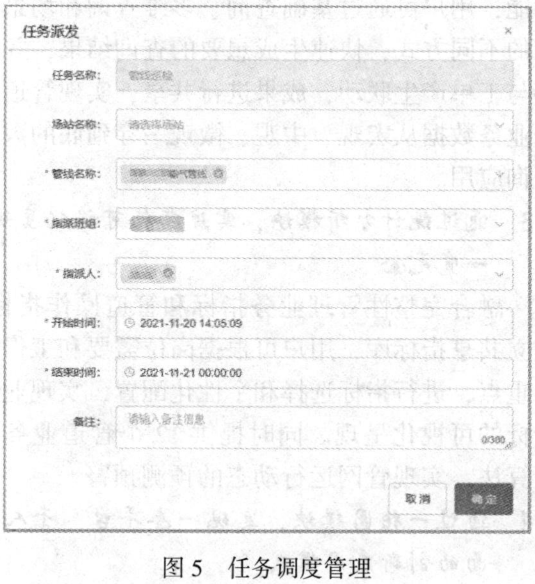

图5　任务调度管理

（3）完整性管理：集成集团公司完整性管理共建共享模块的管道风险评价、管道检测评价、管道维修维护模块，并完成阴极保护管理、高后果区识别和地灾敏感点识别管理任务的自动接收与分解，实现基层人员数据采集后的结果推送完整性管理模块。

（4）巡护管理：通过地理信息技术和移动App技术，实时掌握巡检人员的位置并对巡线工发现的事件进行采集，通过巡检轨迹监控、统计报表及绩效考核，实现对巡线人员的远程管理，并以规范和量化的工作质量标准，有效指导基层单位管道保护基础工作，最大限度地减少基层岗位工作量，促进和推动基层生产单位质量和效益的提升。

（5）清管作业：集成管输效率分析成果，实现对低效运行管道清管提醒，自动生成清管任务，收发球负责人按照工作质量标准分别完成收发球操作，记录收发球过程数据并进行结果反馈，提交管道技术管理人员进行清管过程分析。

（6）阀室(井)维护管理：系统自动下发阀室阀井维护测试工单后，管道保护人员收到系统自动提醒，针对旁路阀门活动、干线阀门活动、干线球阀全行程活动、干线球阀压降速率设置检查、关断动作及性能测试等工作重点和要求的不同执行任务，同时接入生产动态数据，可通过手持终端查看阀室动态运行数据。

（7）阴极保护管理：阴极保护是防止管道在电解质中发生腐蚀的电化学保护技术，主要分为牺牲阳极阴极保护和强制电流阴极保护，牺牲阳极阴极保护输出电流较小，只适用于保护电流在1A以下、土壤电阻率小于100Ω·m的埋地管道；强制电流阴极保护输出电流可调，有效保护范围大，保护装置寿命长，是油田管线和长输干线电化学保护的主要选择，管道的阴极保护系统还能有效弥补防腐层存在的缺陷。

系统按照阴保工作计划自动下发任务工单，管护工通过管道巡护任务，同步完成通电电位、断电电位等共计9类阴保管理数据的采集，并实现向完整性共建共享管理模块和管道管理平台阴极保护管理模块的数据推送，实现数据一次采集，重复利用。

（8）地面集输报表：通过引入流程引擎，实现管道业务相关的地面工程月报/地面集输周报任务自主驱动、定期下发与数据自动获取，并通过生产管理岗人员进行数据的补充完善与审核，系统自动汇总生成周报/月报，有效提高数据利用率，减少数据重复录入工作量与错报、漏报情况。

(9) 第三方迁改管理：提供管道第三方迁改全过程管理功能，包括迁改事项申请、迁改方案审批、迁改过程监控、管道信息变更管理、停气连头数据集成等功能。

(10) 管道停运管理：提供停运管道台账管理功能，支持按照单位、管线名称、管道名称、日期、申请人等为条件，对管道停运数据的查服务，支持通过关键字的快速检索，查询结果以列表形式展示，支持结果的导出功能。

4.2 数据查询功能

(1) 基础查询：基于管道建设期数字化移交数据成果，结合完整性管理数据，从详、人、财、物、事、表、策、警8个维度实现管道、站场实体对象数据关联，在一张图中间件的基础上，扩展形成管道与站场详情数据可视化中间件。

(2) 多维查询：利用全文检索技术构建数据动态查询功能，实现对搜索关键字的精准匹配，并提供用户对查询对象、查询维度、结果呈现方式等多种查询要素的自定义设置，满足公司领导、业务部门以及基层班组的多层次数据应用需求，实现数据可见即可查，数据获取便捷化、智能化。

(3) 场景查询：通过梳理日常工作中常用的管道巡护执行情况、完整性管理滚动计划、低效运行管道、下一年度开展检测评价的管道、地灾敏感点识别、当年管道高后果区识别情况、阴极保护等场景，提供一键式出结果的场景查询功能，同时支持将查询结果与工单关联，一键生成工单并下发。

4.3 统计分析功能

(1) 共享指标库：按照管道完整性管理要求，结合数据体系建立的管道数据标准，利用现有指标成果，构建集生产销售、技术管理、设备状态、完整性管理等为一体的管道业务共享指标库。

(2) 分析工具：结合实际需求，引入水容积、管存、管道流速等管道采输算法，为管道生产运行提供辅助决策支撑。提供管输效率分析、管道水容积计算、管存计算、管道流速计算、清管计算、过盈量计算、起终点压力、管道输气量等分析工具。

4.4 看板展示功能

(1) 地图中间件：利用中石油地理信息平台(A4)空间数据服务，结合数据体系建设中的空间数据成果，构建一张图中间件，提供二三位浸游、数据查询、数据图层和工具箱等地图应用组件，实现一张图中间件的共建共享。

(2) 工作台配置：按照油田公司、二级单位等各级业务管理实际需求，建设指标/功能注册、指标/功能检索、指标/功能选择、指标/功能预览查看等功能，实现用户根据岗位属性和管理重点自定义配置工作台，一套软件，千人千面。

5 成果及效果

5.1 通过业务管理模块，实现业务一体化协同，一竿到底

通过对建设期的管道数据进行整合加工、标准化处理、对接集成及入库，将管道建设期数据延伸到运营期管理，实现管道建设期与运营期一体化协同管理，同时，围绕管道运营期业务实际需求，提供管道巡护、阴极保护、清管作业、问题处理等管道功能，实现从油田公司到基层作业单位的一竿子到底的管道业务管理。

5.2 通过数据查询模块，实现让数据多跑路，一穿到底

基于管道建设运营一体化数据库，以井、管道、站场、净化厂、阀室为对象，构建数据查询功能，用户可通过基础查询、多维查询和场景查询的不同方式，快速生成想要的查询结果，并能够与工单产生联动，成果进行共享，实现管道站场业务数据从宏观、中观、微观一穿到底的数据查询应用。

5.3 通过统计分析模块，实现指标可视化呈现，一览无余

融合完整性管理业务指标和管道操作指标，建立共享指标库，用户可根据岗位需要和工作关注重点，进行指标选择和个性化配置，实现业务指标的可视化呈现。同时提供12个管道业务分析算法，实现管网运行动态的预测预警。

5.4 通过一张图模块，实现一套平台、千人千面的创新应用模式

基于业务管理、数据查询、统计分析等功能模块及数据体建设成果，建立工作台配置功能，可实现对首页、功能、报表、查询功能、分析算法等的配置，为不同层级用户提供个性化工作界

面，满足不同岗位应用与管理需求。

6 结论及建议

通过开展管道业务数据体系建设，搭建管道建设运营一体化应用平台，实现管道建设期设计数据、施工伴随式采集数据、物资数据与竣工交付数据与运营期的生产数据、实时数据、管道保护数据和完整性管理数据的建管一体化管理与应用，提升大数据的应用价值，降低管理成本，提高使用效率。

基于大数据分析的管道完整性管理是目前国际管道公司实施的先进管理模式，实现管道本质安全是目前的一项紧迫任务。针对未来的管道大数据分析，提出如下建议：一是应尽快建立管道系统数据库，并整理恢复管道从规划设计、建造施工到生产运营的基础数据，为管道精细化管理奠定基础；二是利用管道惯性测绘数据和精确参考点，确定管道的精确位置，力争使其定位精度达到亚米级别，同时做好相关数据的保密工作。

参 考 文 献

[1] 周利剑，贾韶辉．管道完整性管理信息化研究进展与发展方向[J]．油气储运，2014，33(6)：571-576.

[2] 关中原，高辉，贾秋菊．油气管道安全管理及相关技术现状[J]．油气储运，2015，34(5)：457-463.

[3] 董绍华，安宇．基于大数据的管道系统数据分析模型及应用[J]．油气储运，2015，34(10)：1027-1032.

[4] 刘强，许德昌．移动巡检大数据在智慧管道管理中的研究与应用[J]．化工管理．2018(23)：255-256.

[5] 王维斌．长输油气管道大数据管理架构及应用[J]．油气储运．2015，34(03)：229-232.

[6] 周利剑，李振宇．管道完整性数据技术发展现状与展望[J]．油气储运．2016，35(07)：691-697.

[7] 李志国．埋地管道阴极保护的施工与管理探讨[J]．全面腐蚀控制．2023，37(04)：89-92.

[8] 郭磊，许芳霞，周利剑，等．管道完整性系统数据集成与应用[J]．油气储运，2014，(6)：593-598.

[9] 么惠全，毛建，吴志平，等．西气东输管道完整性管理实践及效能分析[J]．天然气工业，2013，(12)：124-130.

[10] 董春娟．油气管道大数据应用浅析[J]．石油和化工设备，2018，(21)：57-59.

基于大数据的输油管线内腐蚀预测

张江江　乔志杰　郭玉洁　许艳艳　李　芳

（1. 中国石油化工集团公司碳酸盐岩缝洞型油藏提高采收率重点实验室；
2. 中国石油化工股份有限公司西北油田分公司）

摘　要　针对西北油田近年来积累了大量的管线腐蚀相关数据，借鉴大数据分析理念，从腐蚀影响因素入手，通过对腐蚀数据和腐蚀因素的关联性分析，建立了一套基于大数据思路的输油管线腐蚀穿孔预警模型。该模型可对单井集油管线、集油干线进行腐蚀穿孔风险预警，以便及时采取防腐措施，最终确保油田的平稳高效的生产。

关键词　集油管线；内腐蚀穿孔；预警；大数据

1　引言

油气管道在运行过程中腐蚀，引发穿孔泄漏，不但会严重污染环境并破坏生态，还会带来巨大的经济损失，如何快速、精准判断管道腐蚀状态，并及时对失效部位进行修复是管道日常管理的一项重点工作。

西北油田近年来积累了大量的管道腐蚀相关数据，并散落在各个业务系统或文档中。大数据是近几年比较火热的概念，大数据是信息化时代，数据量及数据内容呈几何倍数增长，无法在一定时间内用常规软件工具对其内容进行抓取、管理和处理，首先在互联网行业基于行业特性，提出的对于数据的存储、管理、价值提取、展示应用等一系列工具和分析理念的集合。大数据概念提出来以后，在不同的行业、机构都有不同程度的发展和延伸。

目前油气开发生产领域许多大数据解决方案更关注 IT 能力的提升，即数据采集、存储、获取速度及便利性的提升，而在利用大数据理念直接提高油气开发业务能力较少。大数据的许多分析思想能够为管线腐蚀穿孔分析提供有价值的方法，特别是在腐蚀整体趋势展示、腐蚀影响因素关联性分析、管线腐蚀风险预警等方面提供具有更加完善的处理方式，本文借鉴大数据分析思想，利用目前在其他领域应用的较为成熟的生存分析 COX 回归模型，建立了一套油田内部集输管线腐蚀风险预警流程，为大数据思想在油气开发领域业务价值提升进行尝试。

2　管线腐蚀风险预警技术路线

传统的管线内腐蚀风险分析方法是采用室内实验、挂片监测等物理手段和腐蚀机理模型模拟软件等仿真手段对管线腐蚀状态进行研究。生存分析（Survival Analysis）是结合数学理论知识，对某一或多个非负随机变量（生存时间和寿命）进行统计分析和推断研究的生存分析方法，已经应用在医学、生物及工程技术等众多领域。生存分析就是凭借试验或者调查得到的数据，对生物和人的生存时间或产品的使用寿命进行分析和推断。

生存分析研究的对象是不完全的时间事件数据。这些数据在实验或观察结束之前，研究对象身上并未出现我们感兴趣的事件或者希望得到的结果，即观察的数据是截尾的。例如：

（1）定时截尾：从一个总体中随机抽出 n 个对象进行寿命观察，每个对象观察到预先给定的时间 T 为止。在此时间之前寿命尚未终止的对象寿命数量为不可知的。

（2）定数截尾：从总体中随机抽出 n 个对象进行寿命观察，试验进行到第 r 个寿终出现时终止，余下试验对象的寿命数据为未知的。

这些数据可能是通过特定实验获得，也可能是实际调查获得，但共同点是都具有不完全数据的特点。具有不完全数据更符合管道内腐蚀风险分析场景中的实际情况，本文结合大数据处理思想，将多样、多源的数据进行融合，研究所需多源数据库并获取相关数据，建立管线腐蚀分析数据集，形成一套油田内部集输管线腐蚀风险预警流程，见图 1。

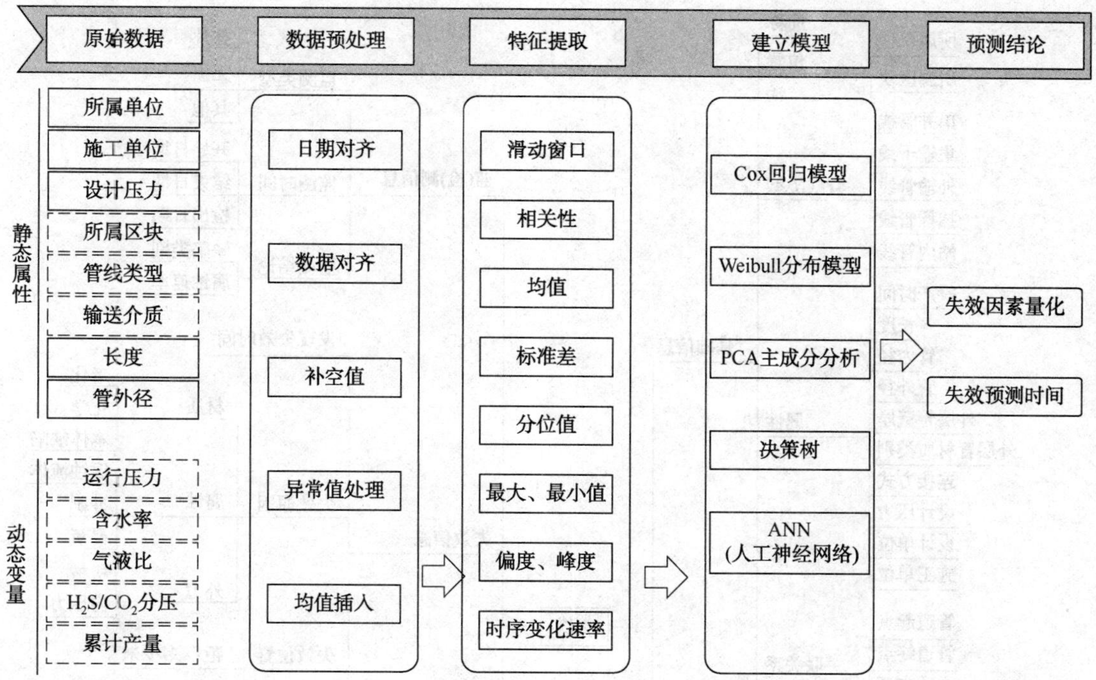

图 1

3 数据现状分析

西北油田管道腐蚀相关数据主要有管线基础数据，包括腐蚀管柱或管线所在的井筒及地面的基本信息，井号、井类型、管线名称、管线长度、管线位置、管柱或管线的尺寸、材质、投入使用时间等基础信息；管线失效记录数据，包括记录腐蚀刺漏记录信息，失效的时间、失效位置、失效类型、失效的补救措施、失效前生产信息等；管线日常监测及检测数据，包括挂片监测、磁力检测等数据；管线动态数据，包括输送介质的温度、压力、流速、流态、流体组分、密度、含水率、硫化氢和二氧化碳分压等数据。

根据对管线腐蚀分析的需求，梳理分析各项数据来源、数据类型、精度和数据结构间的相互关系；将数据面向分析应用、按主题域进行组织和管理，建立主题域和它们间的关系；在数据中心新建腐蚀主题的多维数据模型，建立对应的物理表结构，用以存储对应专业的历史及新增数据，见图 2。

●缺失值处理

■对于动态序列数据中的数据缺失，采用插值等技术进行补值

■对于静态属性数据缺失，根据数据特点采用 KNN 等技术进行补值，或者直接设置属性为“未知”

●异常值处理

■使用箱线图判定等技术进行异常值的检测

■对于动态序列中的异常值，进行滤除

■对于静态值中的异常值，给予特别关注(可能是高危管线)但不做明确处理

●数据聚合

■将动态序列处理为静态值，使“每条管线对应一个序列”转化为“每条管线对应有限多个静态值”，如：均值、标准差、变异系数、峰度、峭度等

●数据合并

■将静态值和来自动态序列的静态值进行合并并与管线进行关联，使每条管线对应一条记录

●时间对齐

■将各条管线的投产日期进行对齐，从而能够研究管线的寿命(death＝腐蚀失效)问题

■计算管线生存时间，即投产日期和失效日期之间的时间间隔，单位转换为天；其中未发生过失效的管线，截止日期设置成模型运行的日期。

4 剩余寿命预估

4.1 失效管线寿命分布计算

针对所有失效管线，绘制寿命分布直方图，含义是：服役 N 年后失效的管线数量，以及该数量占全部管线的比例(图 3)。

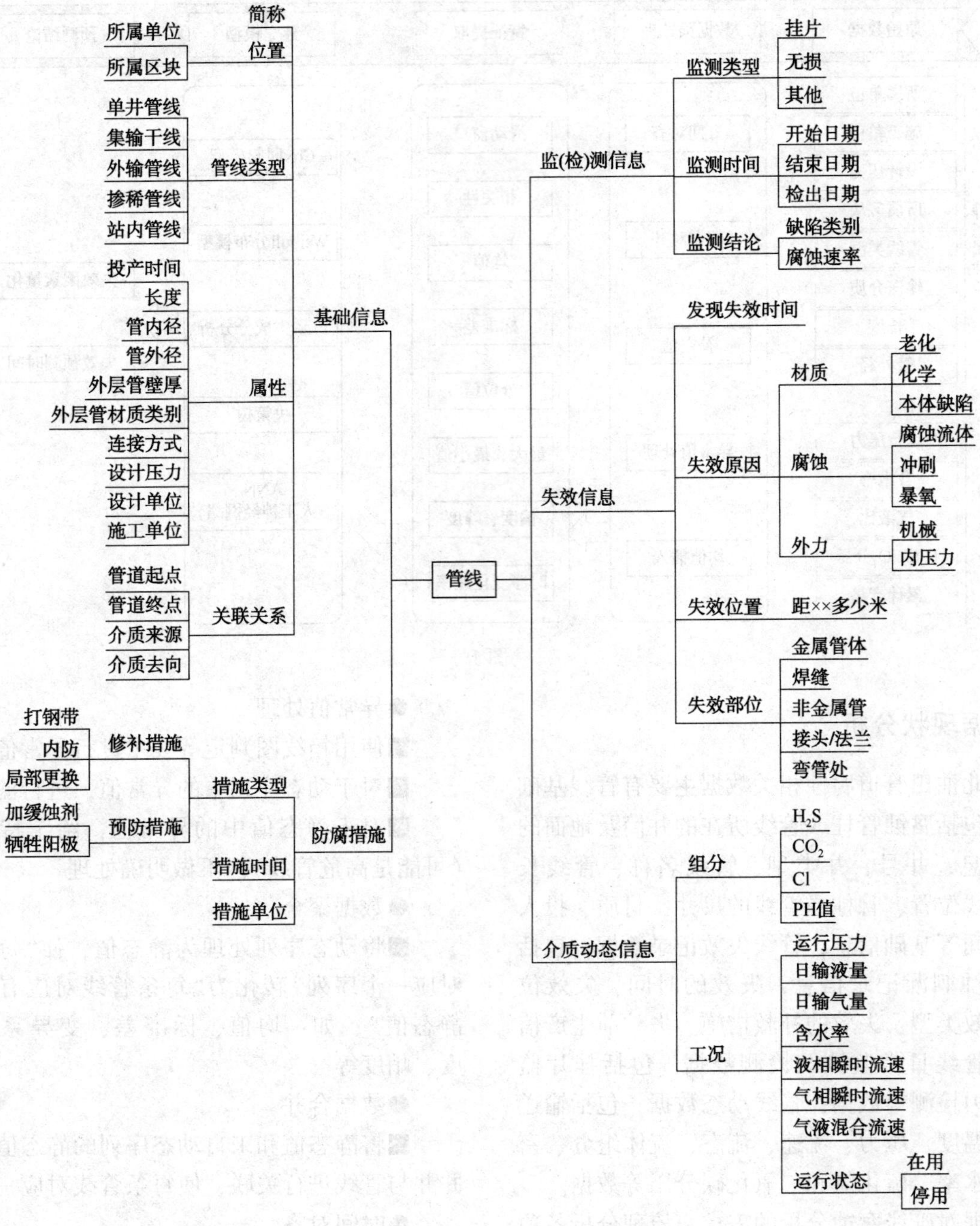

图 2

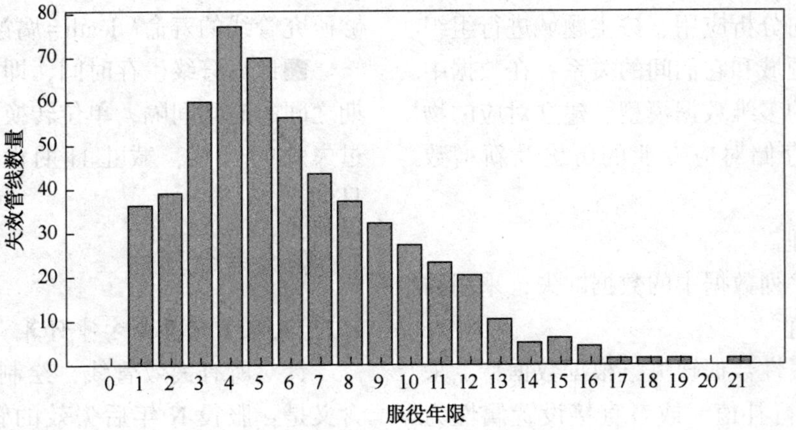

图 3　失效管线寿命分布直方图(数量)

将该寿命分布直方图做平滑处理，得到失效密度曲线(图4)。

再将失效密度曲线做积分处理，得到寿命分布曲线(图5)。

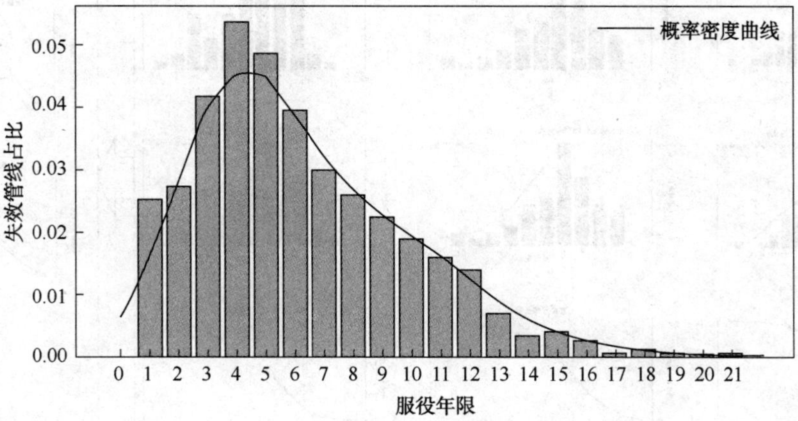

图4　失效管线寿命分布直方图(占比)

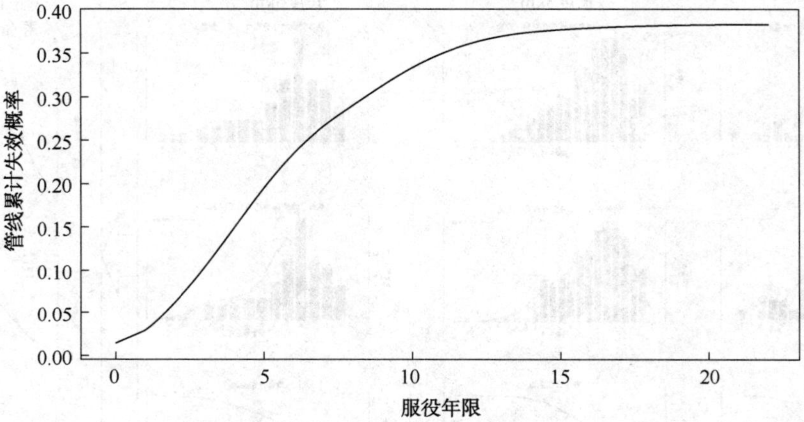

图5　寿命分布曲线

以上计算的是全量样本的寿命分布曲线。为了分析各个维度下样本的差异性，需按照长度、设计压力、所属单位、地面区块等维度分组，分别统计寿命分布曲线(如图6a、b所示以所属单位和长度两个维度为例)。

4.2　失效风险比较

以“所属单位”维度为例，分组统计得到的一组寿命分布曲线(图7)。

图中的曲线越靠上，则该类样本的失效风险越高；该图可以定性地分析某一因素的不同取值对失效风险的影响，适用于离散类别型变量的评估。

对于连续数值型变量(如长度、设计压力等)，常常需要做定量化评估；因此，需要引入生存分析中的比例风险回归(Cox回归)模型，做回归参数拟合。

4.3　Cox回归拟合

Cox回归模型的核心思想是，通过每个样本的生存结局和生存时间，分析众多因素对样本失效期的影响。计算公式为：

$$h(t,\ X_i)=h_0(t)\times exp(\beta X_i) \tag{1}$$

公式中的 $h_0(t)$ 代表样本的基准风险函数，通过样本的失效密度曲线和寿命分布曲线计算而得；参数 β 表达影响因素 X_i 对样本失效过程的影响：

(1) 当 X_i 增加1个单位时，失效风险变为原来的 e^{β} 倍；

(2) $\beta>0$，代表失效风险随着 X_i 增加而增加；$\beta<0$ 反之；

(3) β 的绝对值越大，表明该因素对失效风险的影响程度越大。

在统计学中，涉及参数拟合问题，常用检验 q 值描述拟合结果的显著性水平(即可信度)：q 越小可信度越高。通常规定 q 大于0.05表明拟合结果不可信。

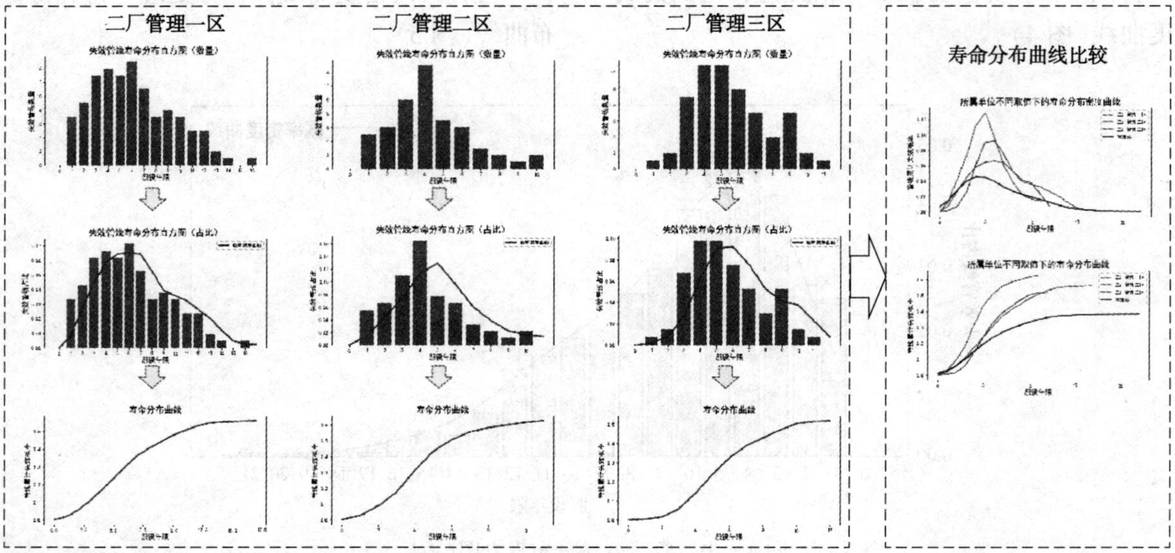
二厂管理一区
二厂管理二区
二厂管理三区
寿命分布曲线比较

(a)

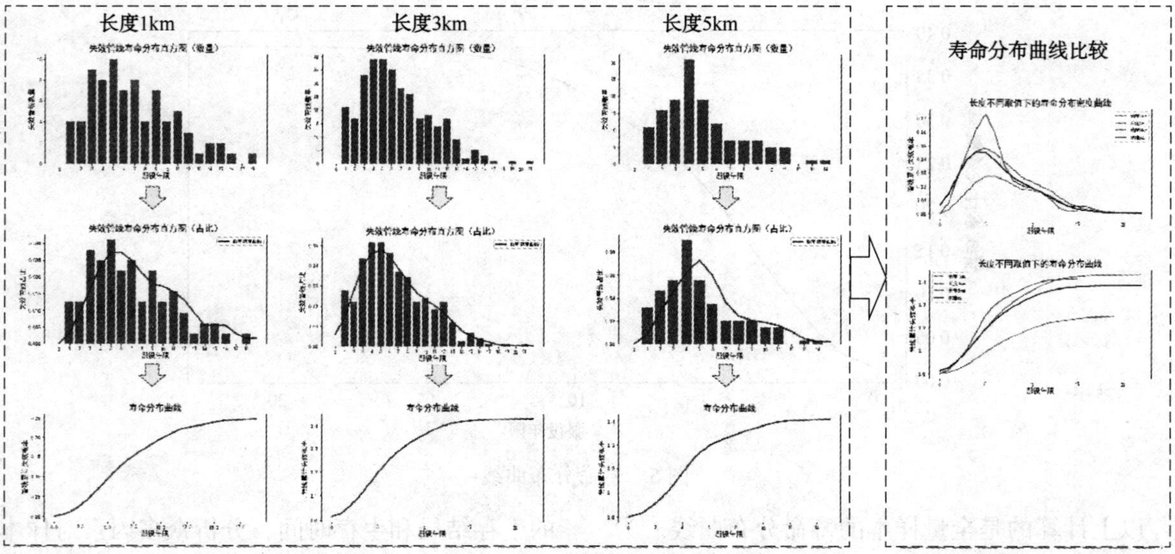
长度1km
长度3km
长度5km
寿命分布曲线比较

(b)

图 6

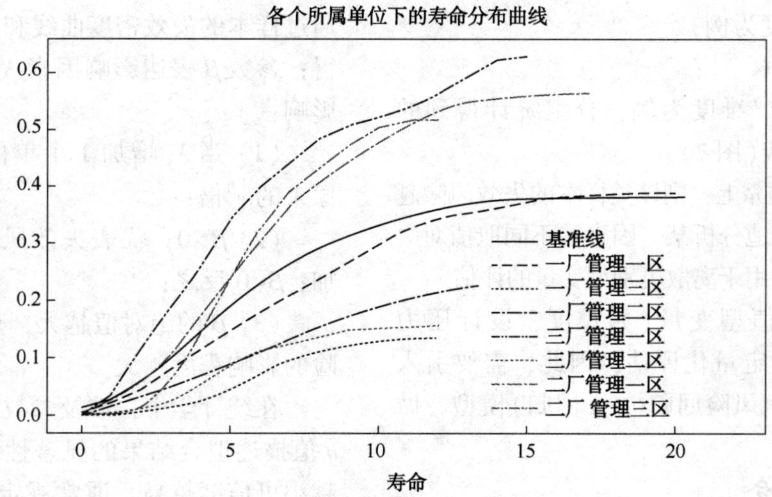
各个所属单位下的寿命分布曲线
累计失效样本占比
0.0
0.1
0.2
0.3
0.4
0.5
0.6
0
5
10
15
20
寿命
基准线
一厂管理一区
一厂管理三区
一厂管理二区
三厂管理一区
三厂管理二区
二厂管理一区
二厂管理三区

图 7

在本案例中，将全部样本按照长度和设计压力两个维度做 Cox 回归拟合分析，结果如表 1 所示。

表 1

影响因素	β	$exp(\beta)$	q
长度/km	0.06	1.06	0.05
设计压力/MPa	-0.07	0.93	0.03

长度每增加 1km，失效风险增加为原来的 1.06 倍(检验 q 值 = 0.05，表示结果较可信)。设计压力每增加 1MPa，失效风险降低为原来的 0.93 倍(检验 q 值 < 0.05，表示结果高可信)。

4.4 剩余寿命预估

根据管道的总体寿命分布和已运行时间计算剩余寿命的统计分布(图 8)。

$$R_{RUL}(t)=P(T>t+t_s\mid T>t_s)=\frac{P(T>t+t_s)}{P(T>t_s)}=\frac{R_T(t+t_s)}{R_T(t_s)} \tag{2}$$

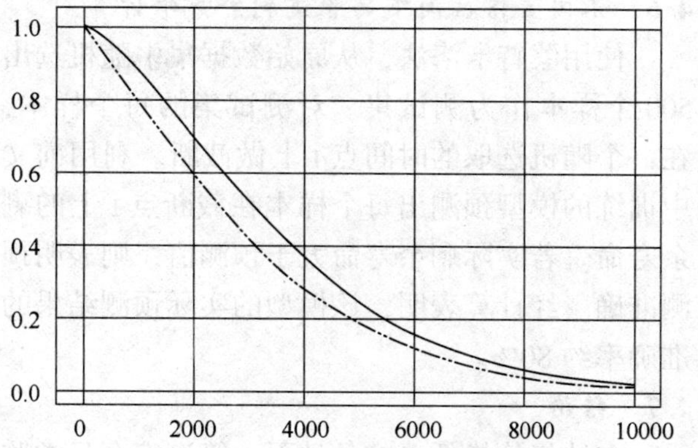

图 8

4.5 置信区间选定

选定置信水平 p，在剩余寿命的分布函数上选择生存率 p(即失效概率为 1-p)对应的剩余寿命 tp。剩余寿命 tp 意味着：有较大的概率/把握(p)，管道在继续工作 tp 时间不会发生腐蚀失效但并不意味着 tp 时间之后管道就会发生失效 p 代表做出判断的把握程度，故一般取较大数值(0.9 或 0.95) tp 一般比管道实际的剩余剩余寿命小很多，故其绝对数值的参考意义相对小，但 tp 值与管道的腐蚀失效风险之间存在统计相关关系，tp 值越小的管道通常腐蚀风险越高，因此 tp 的相对大小更具有参考意义(图 9)。

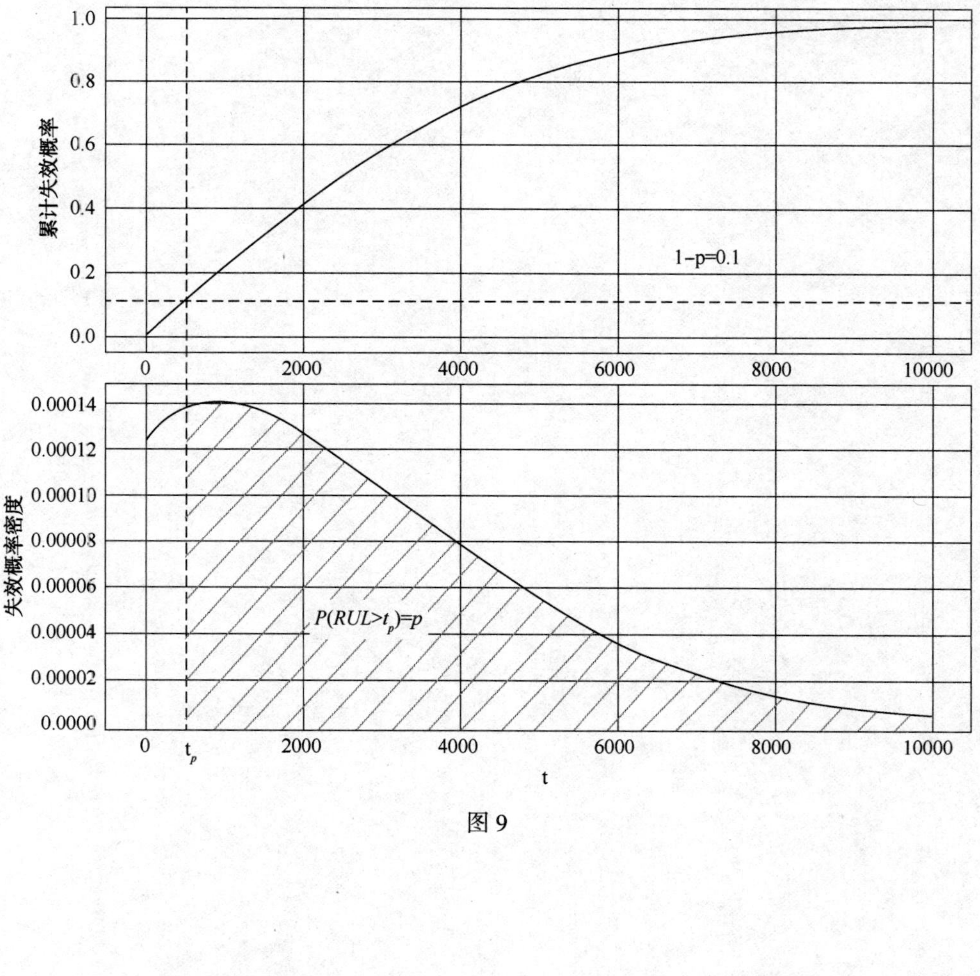

图 9

4.6　不同置信区间下的管道剩余寿命计算

使用蒙特卡洛法，从原始数据集中随机选出500个样本作为测试集。对测试集的每个样本，在一个随机选取的时间点t上做截断。利用前文中训练的模型预测出每个样本在截断点t上的剩余寿命。若实际剩余寿命大于预测值，则表明预测准确。经计算表明，该模型的实际预测结果的准确率约80%。

4.7　结论

在油气价格低迷的条件下，管道安全日常监测与管道腐蚀穿孔的补救作业等高成本对研究出了更高的要求，大数据分析为油田管理人员在面对监测数据稀缺或数据精度不足时提供了另外一种思路。本文按照管道内腐蚀分析的数据现状及分析流程，利用大数据理念搭建数据流转场景，将数据分析模型与传统的物理分析模型结论互相印证，提高分析结论的准确性。随着油田信息化水平的不断提升，各类实时数据采集频率越来越高，采样类别越来越丰富，利用大数据理念将这些数据进行处理和挖掘，融入到目前的数分析闭环中，这将是我们今后进一步研究的方向。

参考文献

[1] 基思. 霍尔德韦著. 油气大数据分析利用[M]，石油工业出版社 2017，6：120-125.

[2] 陈文，俞顺章，等，Cox 回归模型与对数线性回归模型在生存分析中应用的比较.

[3] 崔斌，臧国军，赵锐，等，油气集输管道内腐蚀及内防腐技术，《石油化工设计》，2007.

[4] 陈兵，樊玉光，周三平，等，基于信息融合的油气管道内腐蚀评价方法，《石油机械》，2006.

[5] Gui J，Li H. Penalized Cox regression analysis in the high dimensional and low-sample size settings w ith applications to microarray gene expression data，Bioinformatics，2005：3001-3008.

[6] Van HC，Bruinsma T，Van't Veer LJ，et al. Cross-validated Cox regression on microarray gene expression data，Statistics in M edicine，2006，25：3201-3216.

[7] 彭飞，王伟. 生存分析[M]北京：人民大学出版社，2004.

[8] 李强，张震. 生存分析中时间变量的选择[J]中国人口科学，2009. 6：88-91.

原油超声空化场可视化研究

王冰冰[1]　王德华[2]

（1. 北京特种工程设计研究院；
2. 国家管网集团西气东输公司郑州输气分公司）

摘　要　超声降粘是管道输油降粘的一种有效方式。由于原油本身不具透光性，在超声空化降粘研究时存在一定的局限性。为了明确超声波作用于原油时空化场的分布，以及声能在原油中的衰减情况。本文通过量热法得到的实验数据进行MATLAB编程，使结果可视化，分别对不同超声功率不同方向的空化强度及衰减情况进行研究。结果表明：随传播距离的增加，空化强度减小；超声波受容器壁的影响产生驻波，增加局部甚至整体的空化强度。

关键词　超声波；空化；原油；衰减；可视化

超声波降粘是一种安全、高效且无污染的降粘方式，降粘机理主要是空化作用、热作用和机械作用，其中空化作用占主导。超声波在液体中传播时，由于压力的变化而引起介质中气泡的产生、成长、脉动和破裂等一系列变化，这种现象就是空化。由于空化是一个复杂的物理和化学综合作用的过程，因此引入了描述空化激烈程度的物理量，即空化强度。为了探究超声波在液体中产生的空化强度，许多专家学者对其进行研究。刘丽艳等采用铝箔腐蚀法研究了超声清洗槽中不同位置的空化强度，越靠近清洗槽中央位置空化强度越大。Sáez V 等通过量热法对液体温度的升高进行测量，在最接近换能器表面处温度最高，然后随距离增大而衰减，但在 d＝2.5～3cm 处出现小幅度升高。Chen 等采用 TA 荧光法研究了悬浮液 SiO_2 颗粒的空化效果，该方法具有很高的精确度和灵敏度。空化强度的描述可以通过不同的途径实现，基于实验器材限制及试验可行性探索，最终确定通过量热法描述原油超声空化场的空化强度。

1　实验仪器与方法

1.1　仪器

本实验采用 JY92－ⅡDN 超声波细胞粉碎机进行实验研究，其频率为 20kHz，功率 0～900W 范围内可调，采用 JK808 多路温度测试仪进行温度监测。实验所用油样为委内瑞拉原油。

1.2　实验方法

1.2.1　实验步骤

本文采用超声频率 20kHz，功率 100W、200W、300W、400W 和 500W 进行实验研究，其中 500ml 烧杯中盛有原油体积为 200ml，超声波换能器浸入液体 2cm，热电偶沿水平和竖直方向移动，得到相应位置温度。通过超声波细胞粉碎机设定时间，计算机对热电偶测得的相应温度进行实时监测，实验装置如图 1 所示。

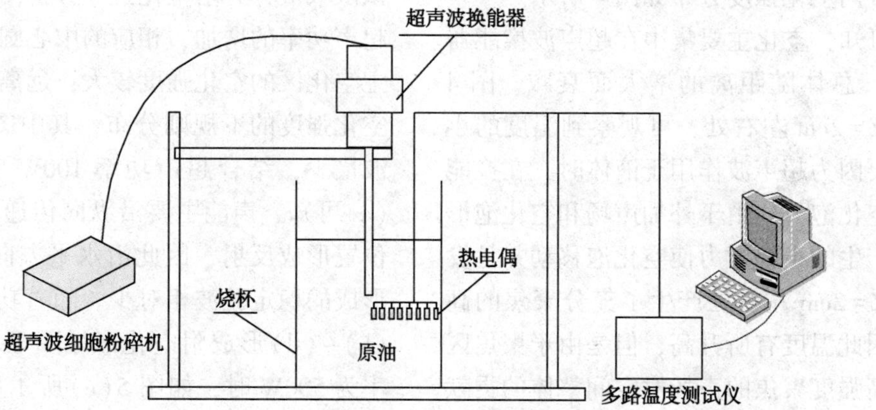

图 1　量热法测量空化强度的实验装置

1.2.2　监测点位置的选取

温度测试仪可测八通道实验温度，为提高内部流体域温度监测的准确性和可靠性，监测点位置选取时尽可能间隔距离小，由于烧杯近似为圆柱体，成轴对称分布，选取半侧剖面为研究对象。因此通过计算得到最佳分布监测点位置，如图2所示。横向监测点为八个，T型热电偶均匀分布，间隔为0.5cm；超声波换能器浸入深度2cm时，纵向监测点上下间隔为0.5cm，监测点位置分布情况见图2(b)。

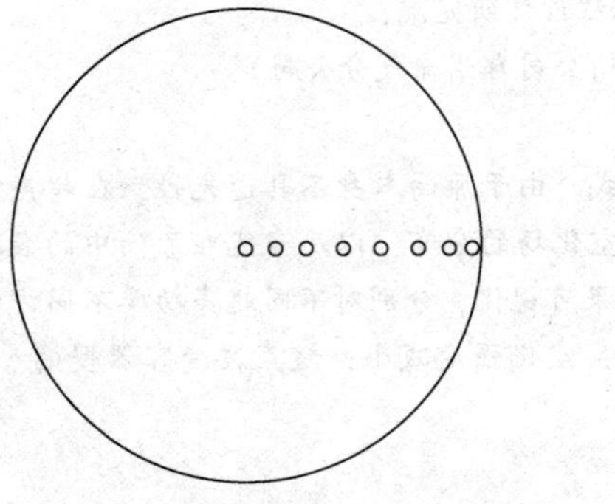

(a)横剖面

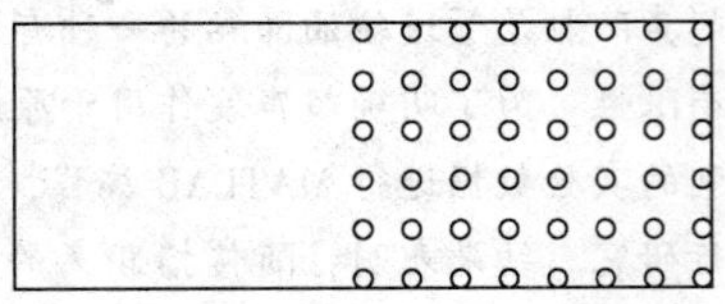

(b)纵剖面

图2　监测点位置分布图

1.2.3　热电偶响应

本实验选用灵敏度高的T型热电偶进行测温，在超声波作用下液体温度升高，将热电偶置于换能器下方0.5cm处，对不同超声功率进行600s(间隔1s)数据的实时监测，预处理温度曲线如图3所示。由不同超声功率的热电偶响应曲线可知，超声处理时间在150s左右时，委内瑞拉原油达到平衡温度，该处理时间时的温度与初始温度(20℃)之间的差值可表示为该位置的空化强度。

2　超声空化场可视化研究

2.1　超声空化场的可视化

2.1.1　空化场竖直方向分布

为了直观观察超声波作用液体时空化场的分布情况，通过MATLAB编程将实验数据二维可视化，竖直方向空化强度分布如图4所示。

由图4可知，空化主要集中在超声波换能器中轴线附近，总体随距离的增大而衰减。图4(a)~(c)在Z=2cm左右处，可观察到温度的小幅升高，主要因为超声波作用于液体时，在换能下方产生空化泡群，由于外加声场和空化泡形成的压力场产生的声辐射力使空化泡移动并且发生聚集，在Z=2cm左右处产生了充分聚焦的高强度声场，因此温度有所升高，但是由于聚焦区域小，所以高强度聚焦的声场对空间整体的贡献值并不大。随超声功率的增大，外加声场能量增加，受辐射力的影响空化泡主要聚集在换能器底部附近，因此图4(d)(c)在最靠近换能器表面处温度最高。由于实验在烧杯内进行，受到器壁影响，在图4(a)Z=0~0.5cm处可明显观察到温度的升高，造成这种现象的原因是超声波在烧杯底部发生了反射，形成驻波，驻波增大了局部的空化强度。

2.1.2　空化场水平方向分布

取竖直方向2cm处横截面为研究对象，通过MATLAB软件将实验数据进行可视化处理如图5所示。

由图5可知，以换能器中轴线为中心，不同超声功率水平方向空化强度随距离增大而递减。中心处空化较强的圆形区域为主空化区，超声波作用于液体时引起烧杯侧壁反射或者共振形成驻波，因此远离主空化区位置也产生了空化作用，该区域被称为附空化区。分析图5可以看出，随超声功率的增加，相应的中心圆形面积增大，即主空化区的空化强度较大；远离换能器中心呈现空化强度的不规则分布。其中图5(a)产生的驻波最少，结合超声功率100W时纵向分布图4(a)可知，声能主要沿纵向传递并在反应器底部位置形成反射，因此沿水平方向传播的能量低，形成的稳定驻波相对少。随着功率的增加，图5(b)~(d)形成附空化区域明显增加，在超声功率为500W时，如图5(e)所示高强度的超声能量沿水平方向的传播又出现了一定程度的减小，由此可见，驻波是由超声波的能量大小和传播方向同时决定。另外，不同超声功率的附空化区温度变化值在0~5℃之间，与中心位置主空化区温度变化差值较大，主要是因为实验所用油样粘度较大为4284mPa·s，声能在液体中传播时受到的摩擦力较大，衰减严重，因而造成温度变化的差值较大。

2.2 空化强度的衰减

通过MATLAB软件将超声功率100W和300W时的实验结果三维可视化，如图6所示。

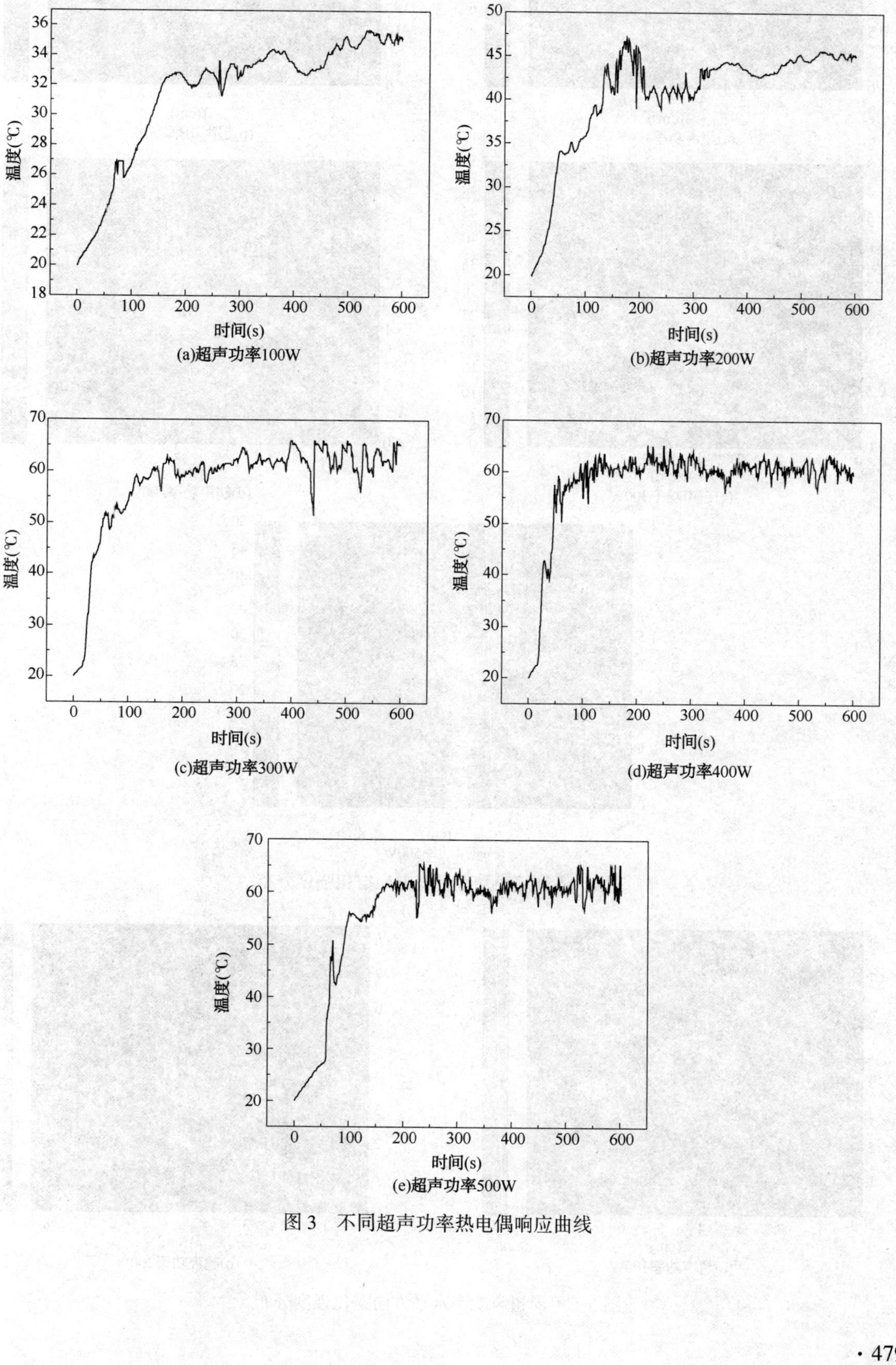

图3 不同超声功率热电偶响应曲线

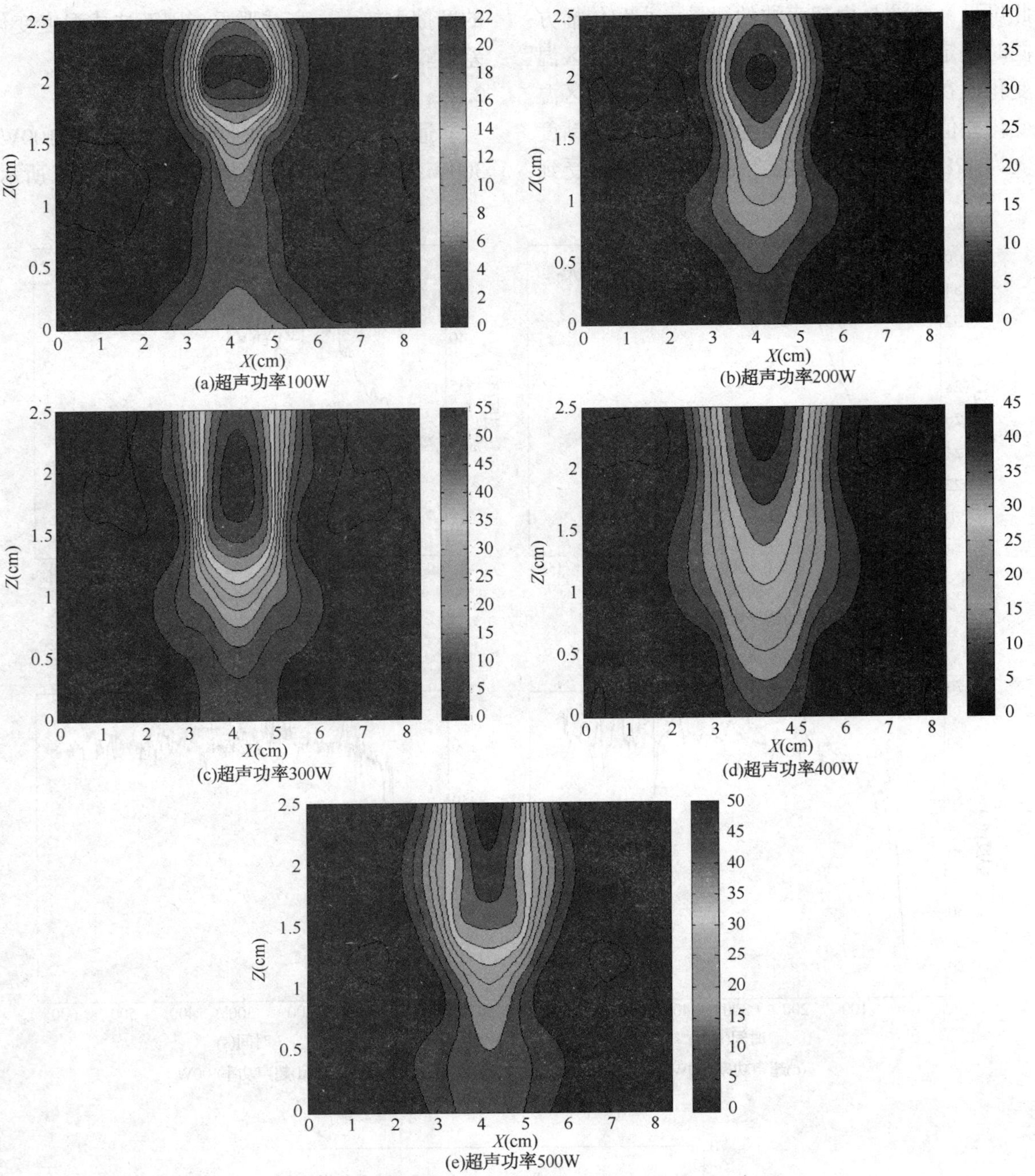

图4　不同超声功率竖直方向空化强度分布

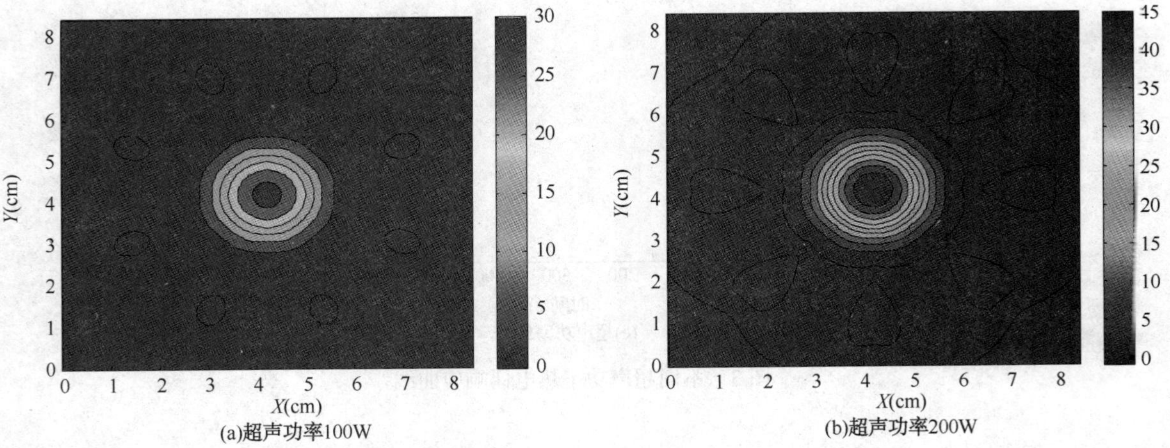

图5　不同超声功率水平方向空化强度分布

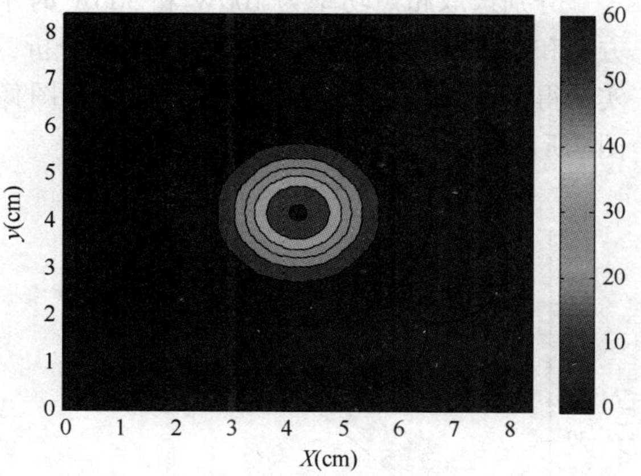

(c)超声功率300W

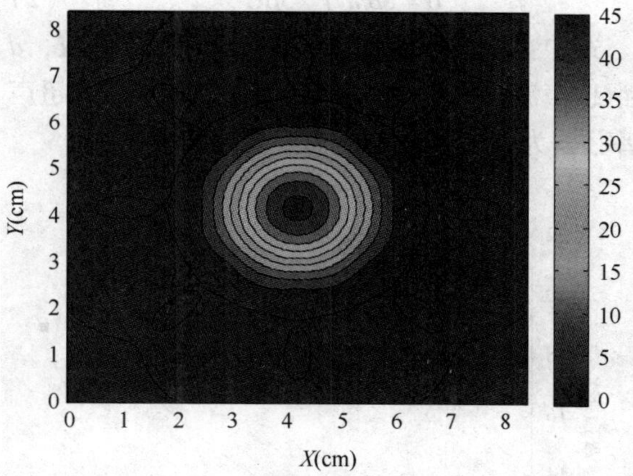

(d)超声功率400W

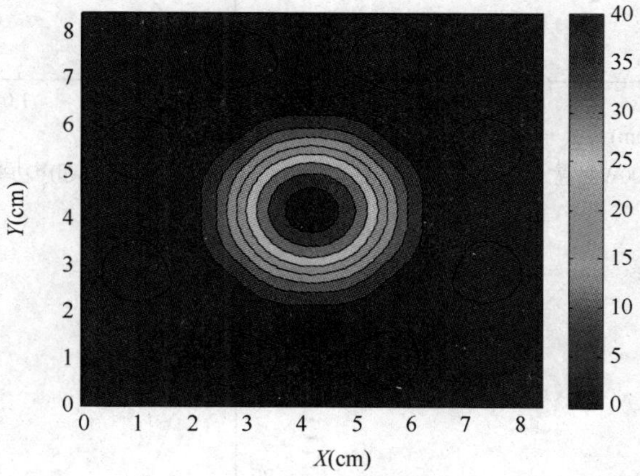

(e)超声功率500W

图5　不同超声功率水平方向空化强度分布(续)

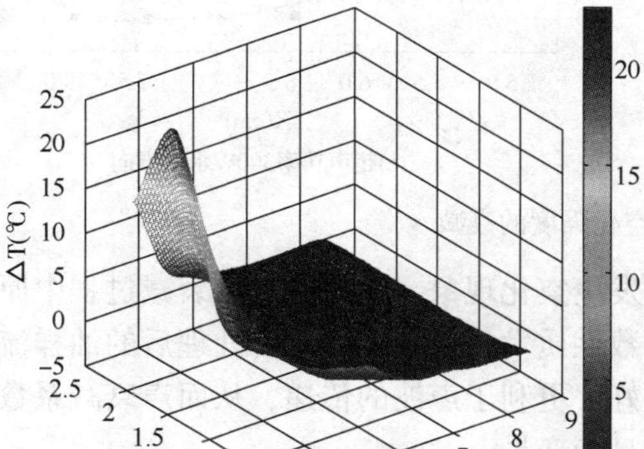

(a)超声功率100W

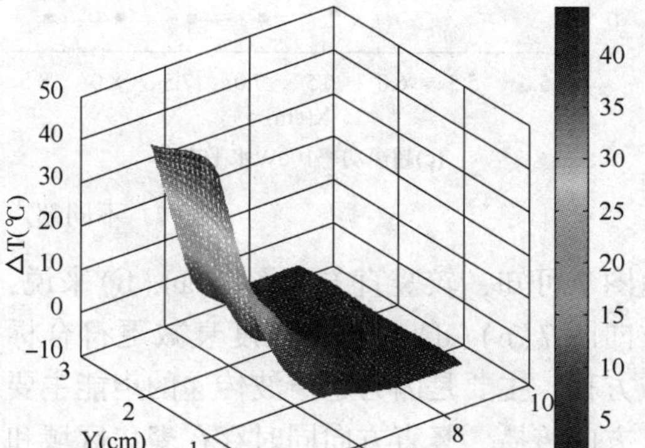

(b)超声功率300W

图6　不同超声功率空化强度三维可视化分布

根据三维可视化结果可以非常直观的发现，同一超声功率时，竖直方向的温差呈梯度式下降，而水平方向的温差在与超声波换能器达到一定距离时骤然下降，即其对应的空化强度衰减明显；不同超声功率，功率变大时，竖直方向温差变化更缓慢，且水平方向温差较大，即空化强度变大。

基于实验结果及文献资料可知，超声波在液体中传播时，随距离的增加超声波强度呈衰减的趋势。通常将声能转变成热能的过程称作衰减。造成衰减的原因主要有粘滞力、热传导等，其中液体介质的粘性是衰减的最主要的原因。

标准衰减方程：

$$I = I_0 \exp(-2\alpha d) \tag{1}$$

$$\alpha = 8\mu\pi^2 f^2 / 3\rho C^2 \qquad (2)$$

式中：I 为声场强度，α 为声衰减系数，d 为距超声波探头距离，μ 为液体粘度，f 为超声频率，ρ 为液体密度，C 为液体的声速。

分别选取超声功率为 100W 和 300W 时水平方向和竖直方向的温差进行空化强度的分析，对实验得到的数据进行非线性拟合，拟合图像如图 7所示。

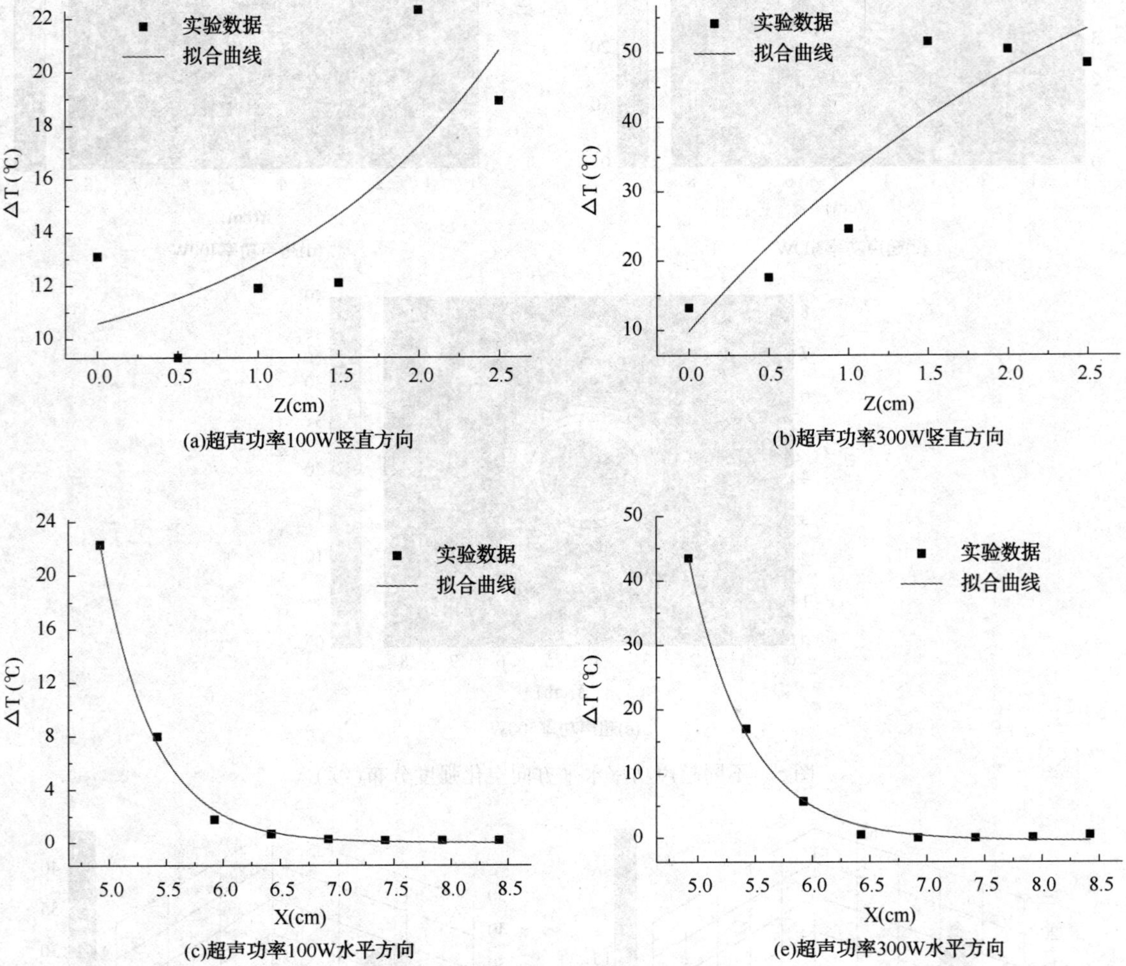

(a)超声功率100W竖直方向　(b)超声功率300W竖直方向

(c)超声功率100W水平方向　(e)超声功率300W水平方向

图 7　不同超声功率空化强度的衰减

由图 7 可知，较竖直方向图 7(a)(b)来说，水平方向图 7(c)(d)的空化强度衰减更符合标准衰减方程，主要是因为超声波传递的声能主要沿竖直方向传播，竖直方向同时存在聚焦区域和强度较高的稳定驻波，因此能量在竖直方向上传播时与标准衰减方程存在较大偏差。水平方向虽然也存在驻波，但是沿半径方向声衰减严重，反射的驻波能量非常小，因此对空化强度衰减造成的影响微乎其微。同时，根据标准衰减方程可知，对于一定超声频率的固定液体，其声衰减系数是个常数，通过计算得到在声频率为 20kHz 时，实验所用油样的声衰减系数 $\alpha = 16.768$，对比实验拟合数据发现，实验所得声衰减系数小了一个数量级并且该值为非定常数。主要原因是不同功率产生的空化强度不同，实际液体中更容易发生空化现象，空化造成声衰减过程中原油的参数性质发生变化，经超声处理后的油样流动性更好，更利于声波的传递，从而声衰减系数变小并且为变量。

3　结论

本文通过量热法测得实验数据，通过 MATLAB 软件将空化强度进行可视化，得到结论如下：

1）不同超声功率竖直方向，近换能器表面处温度高，空化强度大。总体随距离增加空化强度衰减，同时在 $Z = 2$cm 左右存在聚焦区，并且在器壁底部有高能量的反射驻波形成。

2）不同超声功率水平方向，空化主要发生在主空化区，空化强度沿中心随半径增加而递减。

3）水平方向的空化衰减符合标准衰减方程。

参考文献

[1] 刘健军. 原油超声波防蜡降粘技术的研究[D]. 哈尔滨工业大学，2007.

[2] 山巴依尔. 超声波对原油性质的影响[J]. 辽宁化工，2013(7)：779-782.

[3] 徐德龙，邓京军，李超，等. 超重油降粘中超声波作用的研究[J]. 声学技术，2014(6)：517-521.

[4] 王方. 超声波降低原油粘度的室内实验研究[D]. 中国石油大学，2010.

[5] TAHERI S J，SHEKARIFARD A，NADERI H. The experimental investigation of effect of microwave and ultrasonic waves on the key characteristics of heavy crude oil[J]. Journal of Analytical & Applied Pyrolysis，2017.

[6] ASHOKKUMAR M. The characterization of acoustic cavitation bubbles-An overview[J]. Ultrasonics Sonochemistry，2011，18(4)：864-72.

[7] MEROUANI S，HAMDAOUI O，REZGUI Y，et al. Sensitivity of free radicals production in acoustically driven bubble to the ultrasonic frequency and nature of dissolved gases[J]. Ultrasonics Sonochemistry，2015，22：41-50.

[8] 陈伟中. 声空化物理[M]. 北京：科学出版社，2014. 8：190-198.

[9] 刘丽艳，闻精精，杨洋，等. 基于MATLAB的超声空化场表征与三维可视化[J]. 天津大学学报(自然科学与工程技术版)，2013(12)：1133-1138.

[10] Sáez V，Frías-Ferrer A，Iniesta J，et al. Chacterization of a 20 kHz sonoreactor. Part I：analysis of mechanical effects by classical and numerical methods [J]. Ultrasonics Sonochemistry，2005，12(1-2)：59-65.

[11] Chen H，Wang J，Chen D. Cavitation damages on solid surfaces in suspensions containing spherical and irregularmicroparticles[J]. Wear，2009，266(1)：345-348.

[12] 董红星，杨晓光，汤金勇，等. 热探针法测量超声场强度分布[J]. 哈尔滨工程大学学报，2012，33(7)：911-915.

[13] 陈红，李晓静，万明习，等. 高强度聚焦超声场中空化泡群的结构及其形成过程[J]. 声学学报，2006，31(6)：532-535.

[14] 蒙海英. 基于MATLAB的超声波声场模拟及可视化研究[D]. 大连理工大学，2008.

[15] Shi C，Yang W，Chen J，et al. Application and mechanism of ultrasonic static mixer in heavy oil viscosity reduction [J]. Ultrasonics Sonochemistry，2017，37：648-653.

[16] 张全兴. 超声波非均匀介质传播衰减特性研究[D]. 沈阳工业大学，2015.

[17] Muthupandian Ashokkumar. The characterization of acoustic cavitation bubbles-An overview[J]. Ultrasonics-Sonochemistry，2010，18(4).

[18] Salehzadeh M，Akherati A，Ameli F，et al. Experimental study of ultrasonic radiation on growth kinetic of asphaltene aggregation and deposition[J]. Canadian Journal of Chemical Engineering，2016，94(11)：2202-2209.

[19] Jaber Taheri - Shakib，Ali Shekarifard，Hassan Naderi，The experimental investigation of effect of microwave and ultrasonic waves on the key characteristics of heavy crude oil [J]. Journal of Analytical and Applied Pyrolysis，2017.

智能化技术在工厂预制化中的应用

梅　刚

（中石化石油工程设计有限公司）

摘　要　运用智能化技术手段对预制装备进行智能化改造，能进一步提升"五化"中的"工厂预制化"的水平。通过采用管道工厂预制智能管理系统和焊接智能系统，能很大程度地提升工厂撬块制造能力。利用管理软件智能排产，能实现设计与施工数据的流通。引入自动化生产线实现自动下料，实现加工数据智能采集和全过程监控。通过这些对预制厂硬件设施的智能化改造，采用智能化技术和引进智能化装备，能大幅度减少人工以及现场施工的投入，最大化的提升现场施工效率，降低现场安全管控成本，提升工厂的整体智能化水平，打造安全、环保、高效的智能化预制工厂。

关键词　智能化；工厂预制化；智能化技术；智能化装备；智能管理系统

1　引言

随着国家智能制造、中国制造 2025 等战略的相继出台，表明国家开始积极行动起来，把握新一轮工业发展机遇实现企业的数字化转型。智能化预制工厂作为工业智能化发展的重要实践模式，已经引发行业的广泛关注。

中石化石油工程建设有限公司"2021 年五化提升方案"指出：提升智能工地建设水平，扎实推进工厂化预制。集成应用工厂化预制信息综合管理系统，实现材料控制、下料及预制、组装及检验等工序的统筹管理，实现质量在线管控和进度可视化管理。在《2021 年国内上游地面工程"五化"重点工作指导意见》中又提出：提升工厂化预制能力和水平，加强工厂化预制流水线技术及装备优化配置研究；提升预制工厂的加工设计能力，结合预制工厂加工能力对模块拆分、结构、吊装、运输等设计进行复核和确认；配置二次设计软件，实现工程进度可视化管理。

智能化预制工厂是在数字化工厂的基础上，利用"互联网+技术"加强信息管理服务，提高生产过程可控性、减少生产线人工干预，以及合理计划排程。同时，集智能手段和智能系统等新兴技术于一体，构建高效、节能、绿色、环保、舒适的人性化制造工厂。

2　国内外智能化工厂预制技术的发展趋势

在工业 4.0、工业互联网、物联网、云计算等热潮下，全球化工业革命开始提上日程，工业转型开始进入实质阶段，国外众多企业开展智能工厂建设。国外制造加工厂家在智能工厂化预制方面有许多成功经验和专业化的技术装备，智能工厂化预制相关的设计、建造技术已经较为成熟完善，许多生产生活设施模块建造项目等都是采取了智能工厂化预制。国外工程公司在相关工程项目上的设计施工建造技术已经较为成熟完善，如俄罗斯的亚马尔 LNG 项目、澳大利亚的 Gorgon 项目、埃克森美孚烯烃设施模块建造项目等都是采取了跨国性世界范围的工厂化模块预制和运输，模块尺寸和重量都不断突破，重量达到数千吨。目前欧洲智能工厂化预制领域的发展在世界处于领先水平，智能工厂化预制技术可提高建造质量和缩短建造工期，因此智能工厂化预制成为各国各行业推动发展的趋势。

国内，中海油在天津建设了海洋工程智能制造基地，重点发展油气生产平台上部模块、FPSO 模块、LNG 模块等产品的智能制造，打造海洋工程产品总装核心能力，基地建成后将实现企业数字化转型与创新的典范案例，并成为国内首个海洋油气装备智能制造基地。将信息化和工业化紧密融合，打造覆盖软硬件的一体化智能制造模式，最终推进海工装备制造向智能化、高水平跨越。

在国外智能工厂化预制发展的趋势下，国内各领域智能工厂化预制也在逐步完善，国内大型炼油化工装置建设中，智能工厂化预制技术已得到初步推广应用。对于油气田地面建设领域的联合站、天然气处理工程及中小型油气集输场站，智能工厂化预制建造技术还有一定的局限性，主要应用于少量非标容器和撬装设备制造等方面，未全面广泛的应用该技术，更多的仍是采用传统的现场预制、安装作业，效率低、安全管控难度大。

3 工厂预制化中的智能化技术

为提高撬块加工设计和管道预制焊接的效率，需要采用相应的智能化技术手段，如设计建造数字化技术、焊接数据智能采集技术、智能工厂生产管理技术等，也是打造智能化预制工厂的必由路径。

3.1 设计建造数字化技术

设计和建造数字化技术包括加工设计数字化技术和可视化装配技术。

1. 加工设计数字化技术：

运用三维加设软件，以三维模型为载体，通过数据接口在不同软件中实现多专业模型共享，打通设计到施工、施工到设计的数据流转，可实现项目实施过程的数据智联互通、建造过程智能化、项目竣工移交数字化的目标，见图1。

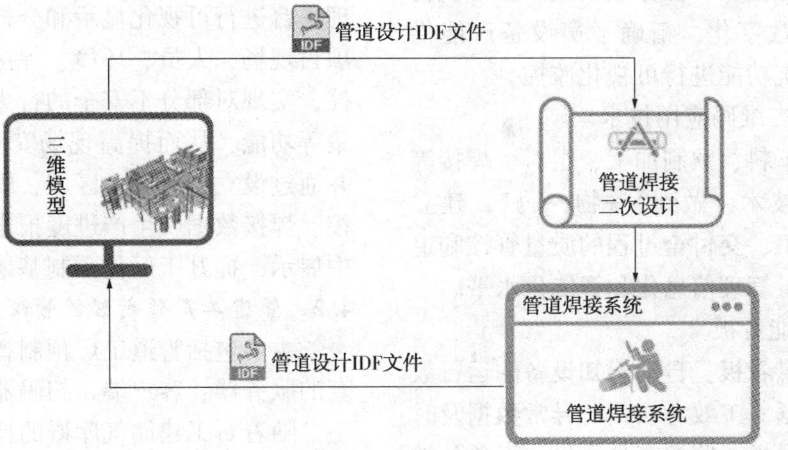

图1 加设软件二次加工设计图

2. 可视化装配技术：

利用计算机集成技术和网络技术将产品装配制造过程中所需的各类信息(零部件属性、制造工艺、装配工艺、仿真动画、技术状态、质量控制要求、工装和工具等资源配套清单)进行集成并转换为可视化形式，传递到操作者手中，实现网络化的信息交流与共享。

3.2 焊接数据智能采集技术

基于物联网和智能感知技术，实现对焊工、焊机、管道以及半/全自动焊机的焊接电流、电压、焊接速度、预热/层间温度的实时采集，实现实时告警、质量控制、预测维护等功能；并与石工建焊接管理系统通讯融合，实现数据实时上报，见图2。

图2 焊接数据采集图

• 全自动焊机数据采集系统；

通过全自动焊机 PLC 控制系统数据接口获取点位数据，进行焊接数据的采集、解析和上报，包括固定式和移动式工艺管道作业线。

• 半自动焊数据采集系统；

包括手工焊、气体保护焊、埋弧焊等类型焊机；采集数据范围：电流、电压、预热温度等。

3.3 智能工厂生产管理技术

1. 管道预制管理系统

基于数字化生产管理方案研究，能够智能排产，实现加工设计模块、任务包模块、生产执行模块、报告模块数字化，精确平衡设备产能供需，并对相关系统功能进行可视化监控。

2. 管道预制二维码应用技术

在工艺管道下料、预制加工、组对、焊接等阶段应用二维码技术，做到“一物一码”，建立健全从采购、施工、交付全过程的质量管控和追溯机制，提高质量管理信息化和智能化水平。

3. 可视化智能看板

设备监控信息看板：自动感知设备的运行数据、人员交互数据、工效考核；对异常数据及时提醒。生产质量看板：监控产品质量，汇总各类质量信息，以提高效率、降低成本，实现精益化生产。生产进度看板：直观展示当前生产任务、目标差距，实时跟进，按计划进行。生产数据统一看板：对生产线的实时数据展示，方便对车间现场统一协调、管理，对突发情况及时决策，见图 3。

图 3　智能工厂展示中心图

4. 安全生产智能管控平台

以 QHSE 管理体系为基础，聚合门禁、视频监控、环境监测、人员定位、设备管理等业务核心数据，采用“互联网+”、“物联网+”和智能识别技术，实现风险预警提醒、安全监管、大屏展示、智能管控。

4 工厂预制化中的智能化装备

4.1 智能工地系统

主要包括人员车辆出入口控制管理(智能门禁)、厂区视频监控系统、焊接数据采集系统、环境监测系统、智慧工地管理系统及形象展示。

其主要作用是利用摄像头、出入通道设备、智能终端采集人员、设备等施工现场的视频、音频、图像以及实时监测数据信息，上传至工地管理平台进行可视化显示和分析，从而对工程施工项目现场、人员、环境、焊接参数等进行实时监控，实现对部分不安全的行为预警、焊接参数采集等功能，从而提高现场安全、质量管理水平。并通过设立形象展示区域，配置展示大屏，将监控、焊接数据、生产进度报表等各类数据进行集中展示，提升工厂化预制基地信息化管理水平。

4.2 管道工厂预制智能管理系统

主要包括管道工厂预制智能管理软件及其配套的服务器、客户端、扫码器等。

随着石工建储气库群的持续推进和华北脱乙烷项目的建设，可以预计到撬块制造的数量会大大增加。大批量撬块同时制造，对技术管理、材料管理和生产进度控制提出了更高的要求。常规完全依靠人工管理已经不能满足要求，需要引入管道工厂预制智能管理系统。该管理系统能够实现设计数据导入、材料出入库管理、根据材料到货情况自动生成工作包、生产进度计划和报表管理、无损检测委托、过程资料生成等预制全过程的信息化管理，减轻人工工作量，减少人工操作易产生的错漏问题。

4.3 管道预制自动焊机及全自动切割作业线和自动喷涂生产线

全自动焊接机不仅能减少用工成本，还能提高焊接效率和焊缝内外在质量，扩大容器制造的机械化施工范围。全自动等离子切割线，配备了纵向、横向物流系统，能实现工艺管线下料、组对、焊接的全自动化，减少了吊装作业，确保施工的本质安全。而静电喷涂自动生产作业线，可改善原来手工涂刷的厚度不匀，提升撬块内管段预制的防腐质量和施工效率。

5 结论

采用智能化技术和智能化装备能提高工厂的

预制化能力，通过对现有施工场所和制造设备配置进行升级改造，逐步淘汰更换一批故障率高、人工密集的设备，减少人工以及现场施工的投入，最大化地提升现场施工效率，降低现场安全管控成本，能提升工厂的整体智能化水平。满足“五化”要求的智能化预制工厂，有利于保证工程的质量和工期，有利于进一步开发市场，提高公司在同行业中的竞争力，为承揽油田地面工程、油田“五化”工作市场提供更大支持。

参 考 文 献

[1] 杨守全. 管道预制工厂化现状及发展趋势[J]. 石油化工建设，2007，29(1)：13-16.
[2] 刘井坤，李永辉，张伟. 管道预制工厂化在沙特拉比格炼油厂中的应用[J]. 石油化工建设，2010，(2)：28-32.
[3] 刘学春，郭永励，韩小娟. 浅谈工厂化预制在油田地面建设的应用[J]. 化工管理，2014，(14)：100.
[4] 赵勇. PDSOFT 3DPiping《管道预制设计系统》——在管道预制安装过程中的应用[J]. 石油化工建设，2007，29(1)：24-27.

施工资源优化仿真技术研究与应用

袁志彬

（中石化胜利油田分公司）

摘　要　施工项目的资源优化配置是整个施工项目组织和管理的核心，对项目进度控制、质量与安全管理、经济效益起着决定性作用，资源配置是否合理关系到施工项目实施的效率和成败。传统的施工管理模式，人的主观依赖性高，缺少虚拟化、可视化的环境和方法对施工过程仿真模拟，为保工期抢进度，存在大量的交叉及高空作业，资源配置不均衡，无法客观、全面、精确的评估资源配置的合理性。因此，如何采用先进信息技术，将施工过程中可能出现的核心问题前置论证，结合先进的精益建造理论方法，整合全参与方与全要素，对工程项目进行模拟仿真，根据进度进行资源优化配置，实现先虚拟建造，再实体建造，解决设计~施工一致性差、变更多、进度超期等问题，从而保障施工质量和安全。

关键词　资源优化配置；生产要素；数值仿真；施工过程模拟；一体化建造

1　国内外现状、发展趋势

随着数字时代的来临，沟通及表达不断升级，数字孪生技术得到快速发展，凭借其“模拟验证、虚拟推演、科学诊断、推理预测”优势在大型文体活动、军事演习、城市建设、轨道交通等多个领域进行应用实践，它能够提供一个虚拟的环境，提前仿真预演，效果良好。

建设期过程仿真是以虚拟施工技术为核心的一种新兴技术。施工过程中，通过仿真模拟分析四级计划关键路径施工作业的合理性、科学性，评估关键路径所需的人员、机具、原材料及资金方面的资源配置，优先保障关键路径施工资源；随后对非关键路径施工作业进行仿真模拟，采用资源平滑技术，对进度模型中的活动进行调整，使项目资源需求不超过预定限制，优化施工资源配置。

2　施工资源优化配置

大型施工项目存在施工专业多、组成复杂，交叉作业多、工序衔接紧，对材料到货时间要求高。传统的进度计划编制往往依靠工程人员的经验进行，而资源优化配置管理往往陷入了只为短期节省资金投入而忽视进度延误带来的长远影响的误区，抑或为了抢进度，盲目的投入大量的人力物力。在这一过程中会不断发现问题，不断的调整进度计划，不断的盲目“上人(设备)”或“撤人(设备)”。在没有规划的增加减少资源过程中，导致工程延期或项目费用的超支。

2.1　施工过程中的资源

施工资源生产要素包括人、机、料、法、环，通过对施工生产过程中的五类资源进行合理的配置，使项目的经济效率指标最大化，以经济效率指标为目标的施工项目资源优化配置。其中：劳动人员是指从事劳动的人，包括从事体力劳动和脑力劳动的工人、技术人员和管理人员；施工机具主要指劳动工具，如机器、设备、仪表、工具等；材料包括施工生产所需的各种原材料、构配件和能源等物资；施工方法是指施工生产过程中的各种人流、物流和信息流，包括施工工序的技术和组织关系、各工序的人员配备、施工生产过程中各种进度、成本和质量；施工环境是指施工现场的各种空间平面分布，包括施工现场的地理位置、工人和设备进行施工所需的劳动空间、施工现场的平面布置等(图1)。

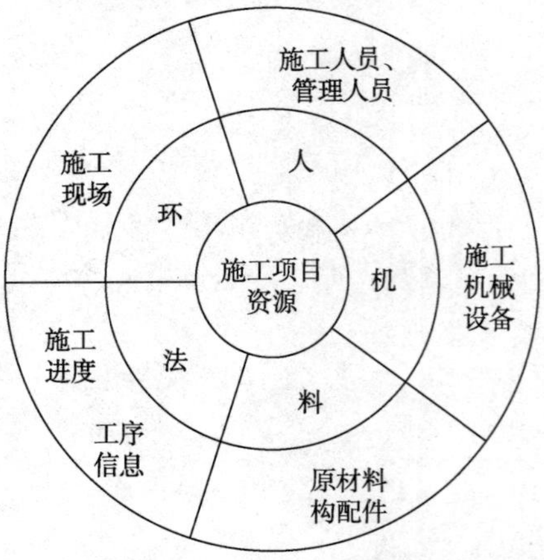

图1　施工生产过程中的资源

2.2　施工资源优化管理

施工项目的五类资源在施工生产过程中可以相互替代，但不能完全取代其它任何一类资源。这种替代既表现在每类资源的内部可以相互替代，也表现为各类不同的资源之间的相互替代。例如同一施工过程可以采用不同类型的施工机械，这是资产力资源内部的替代；用施工机械代替部分工人的手工操作，这是施工机具资源和人力资源之间的替代。施工资源优化管理通过关键链的方式进行计算与布置，基于关键链的资源缓冲的设置主要采取的方式是通过预警的方式对管理人员进行警示以确保工程的正常进行，而项目缓冲和汇入缓冲则采取实际缓冲的形式插入进度计划中(图2)。

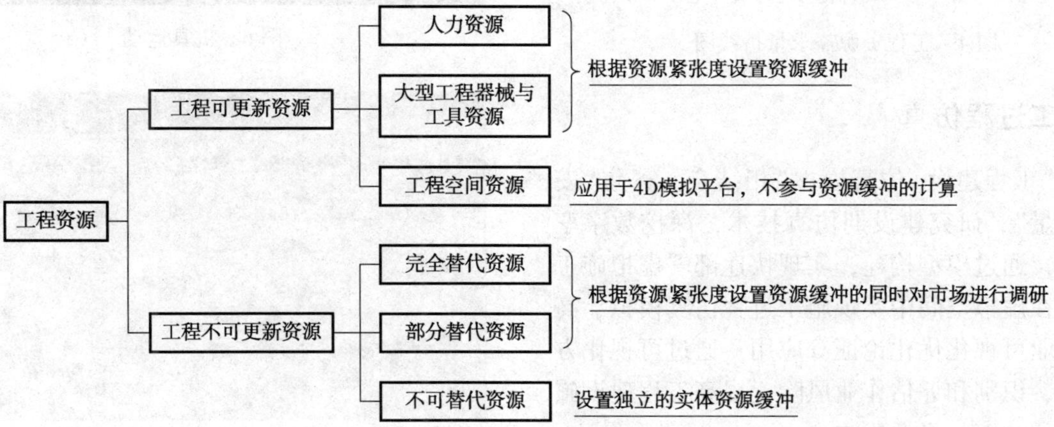

图2　工程资源处理方式

2.3　施工资源数学模型建立

施工项目资源优化配置问题可理解为在一个施工项目中包含J个工序，由于施工工艺和施工组织的要求，工序间存在紧前、紧后的逻辑关系。实践中常把工序的实施模式分为三类：赶工模式、正常模式和延误模式。赶工模式与正常模式相比，工序的持续时间较短，但其他资源的投入较大；延误模式和正常模式相比，工序的其他资源投入相对较少，但工序的持续时间较长(图3)。

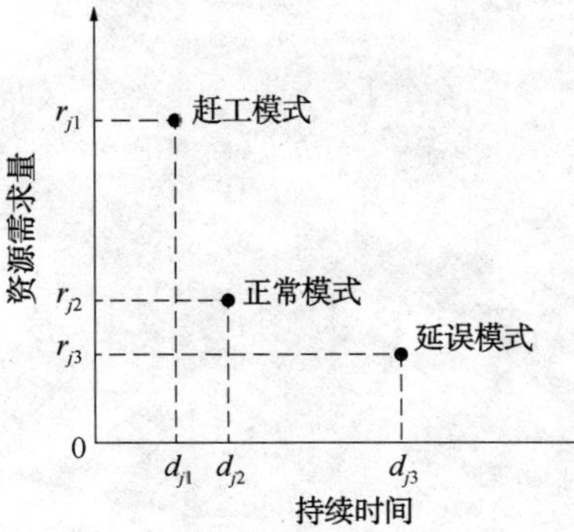

图3　工序三种实施模式

模型建立的基本条件如下：

(1) 假设项目采用工程量清单计价合同和按进度支付模式，承包商以各工序采用正常实施模式的方式进行报价；

(2) 假设间接成本的支出是时间的线性函数；

(3) 假设工序间的逻辑关系为零时距结束一开始关系，工序开始后不允许中断；

(4) 假设直接成本的支出发生在工序开始时，支付在每个支付周期的期末发生；

(5) 假设工序匀速进行，即在工序的持续时间内对资源的需求是一个常量；

(6) 假设工序的开始时间和持续时间均为离散整数。

2.4　施工资源优化方法

根据项目进度计划合理的对现有资源进行优化配置。首先，计划评审提出对资源进行优化的源头；其次，计划评审是对需进行资源优化的工序进行选择的工具；最后，计划评审是对资源优化后的效果进行评价的方法。在时差的范围内适当延长非关键工作的工期，或者将非关键的开始时间在时差范围内延后到资源需求的低谷期内进行，是一个比较好的资源优化方法。在优化资源配置前，采用计划评审技术来计算总时差、自由时差等时间参数，并确定关键工作及关键线路，从而找到需要进行优化资源配置的工序(图4)。

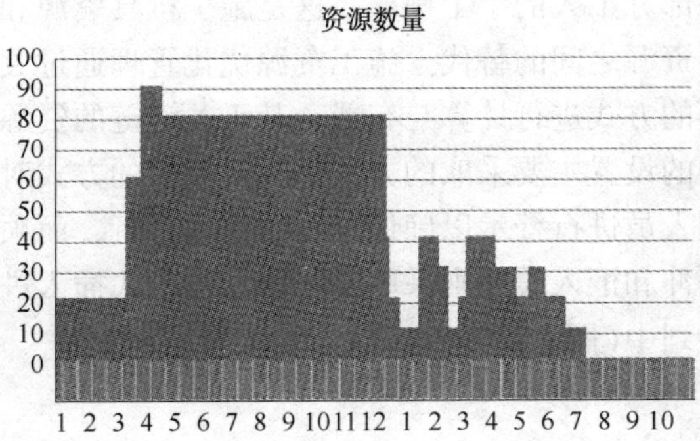

图4　工程资源需求量折线图

图6　机具运动

图7　施工人员

3　施工过程仿真

将“工程建设+仿真模拟”相结合，聚焦“安全、质量”，研究建设期仿真技术，深挖数字孪生价值，通过模型构建，实现快速部署虚拟施工场景，在虚拟空间中实现施工过程仿真模拟、高风险作业可视化优化论证等应用，通过可视化方式排查、识别和评估作业风险，提高工程建设施工质量和效率，降低成本。

3.1　作业人员、关键机具等施工要素模型构建

构建施工过程中关键作业人员、机具类别，赋予单价定额、工作量定额，应用三维软件直接建模、仪器设备测量方式建模等建模，实现施工关键要素模型构建，构建施工素材库，包括人员作业模型库、大型关键机具模型库(图5)。

图5　机具三维模型

通过对大型关键机具算法研究，赋予边界条件，可驱动机械臂多关节的旋转控制等机具运行轨迹设定，驱动不同工种人员典型作业肢体动作生成、动作切换和行为约束(图6)。

基于工程项目已产生的多格式三维模型，研究工程三维模型处理及与施工关键要素模型融合技术(图7)。

3.2　三维可视化施工场地快速部署

以标准化工地建设规范为依据，通过参数化三维建模技术，构建施工生产设施、辅助设施及生活办公设施标准化系列模型，形成标准化工地模型库，为施工场地快速部署奠定模型基础。施工生产设施包括原材料堆场、加工场、砂石堆场、生产和搅拌设施、设备仓库、混凝池、水电线路等；辅助设施包括临时道路、临时给排水、围墙、大门、场地绿化、标牌、配电设施、消防设施、场内监控系统等；生活办公设施包括办公室、会议室、卫生间、停车场、宿舍、食堂等(图8)。

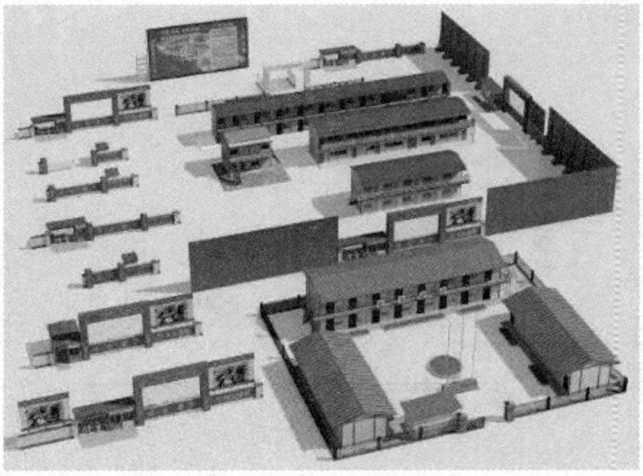

图8　标准化工地

基于实际工程施工场地特点及部署原则，开发内置约束条件的智能算法，充分利用工程资料与模型库，在统一的三维虚拟环境中快速部署施

工场地，动态纠正场地不合理部署情况，实现施工场地快速部署、精确展示及检查优化，推进标准化工地建设。做到图形三维可视化，要素齐全，基于模型快速部署，约束条件精准计算(图9)。

图9　快速部署

3.3　施工过程仿真模拟

进行仿真模型的WBS拆解与Project/P6等计划管理软件的快速集成技术研究，建立仿真模型与进度计划任务项的便捷匹配方案，开展基于三维模型(3D)+施工计划的4D排程，优化临时设施，大型机具设备的空间位置及进出场顺序，建立数据库，提升资源利用率，降低资源消耗(图10)。

通过调整仿真精度，对不同的分部分项工程进行详略得当的施工仿真，对重难点专项施工方案，精细建模，提高工作效率，消除返工误工，提前排除危险源。针对典型关键施工工艺，通过冲突碰撞检查等仿真模拟反馈，降低安装出错率，制定更加完善的施工方案，节约工程时间及经济成本(图11)。

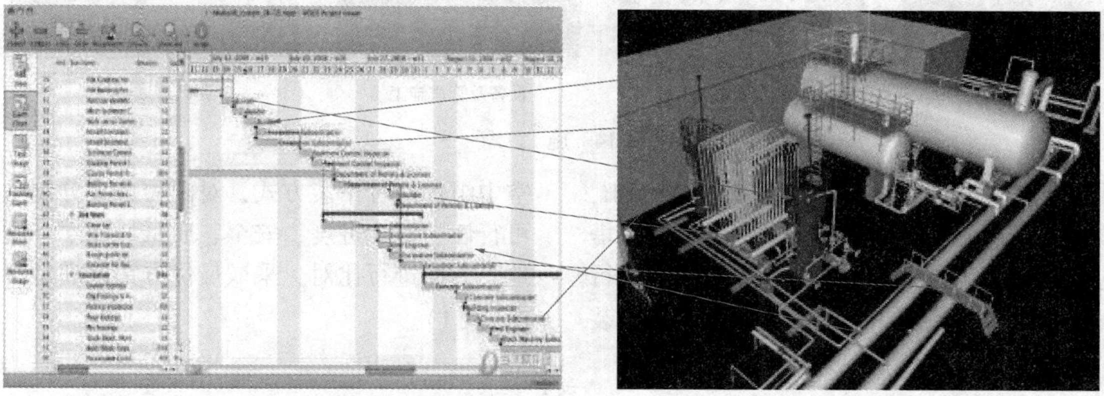

图10　模型与进度计划关联关系

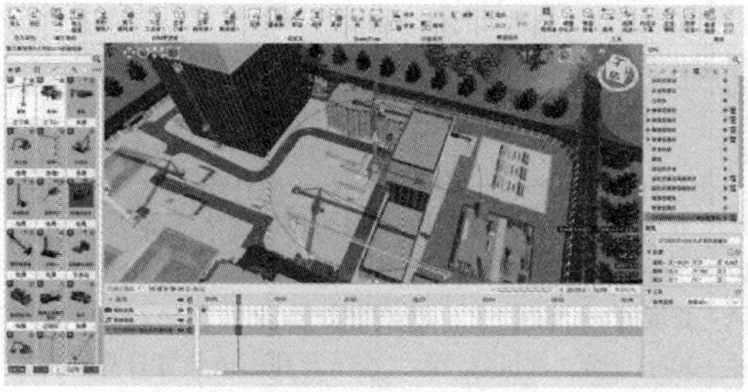

图11　施工仿真过程

依托测试项目，通过仿真模拟分析四级计划关键路径施工作业的合理性、科学性，评估关键路径所需的人员、机具、原材料及资金方面的资源配置，优先保障关键路径施工资源；随后对非关键路径施工作业进行仿真模拟，采用资源平滑技术，对进度模型中的活动进行调整，使项目资源需求不超过预定限制，优化施工资源配置(图12)。

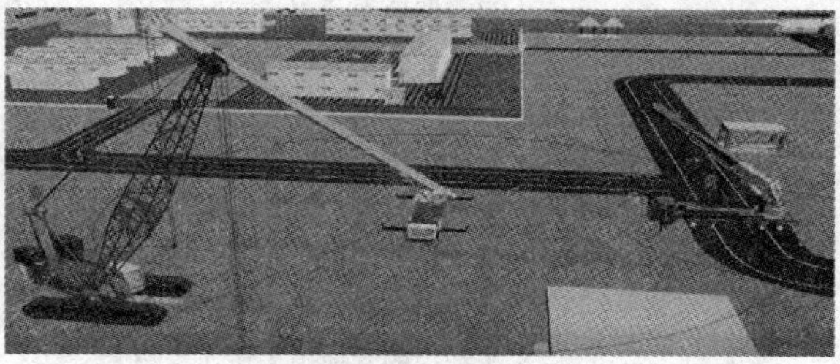

图12　施工资源优化

基于吊装工艺设计，起重机吊装工艺计算书，吊装平面、立面布置图等关键要素，研究基于算法驱动的吊机过程仿真技术，对复杂吊装作业进行虚拟施工仿真，从先进可行、安全可靠、经济适用、因地制宜等方面进行吊装施工方案可行性论证技术研究(图13)。

图 13　吊装方案

4　工程案例

4.1　顺北五号联合站

根据施工推演优化施工组织设计。按照“先整体再局部，先地下后地上，先设备后管线(管道、电仪线路)”的基本施工原则组织施工，加大预制深度减少现场作业，同时通过合理组织实现平行施工及交叉作业(图 14)。

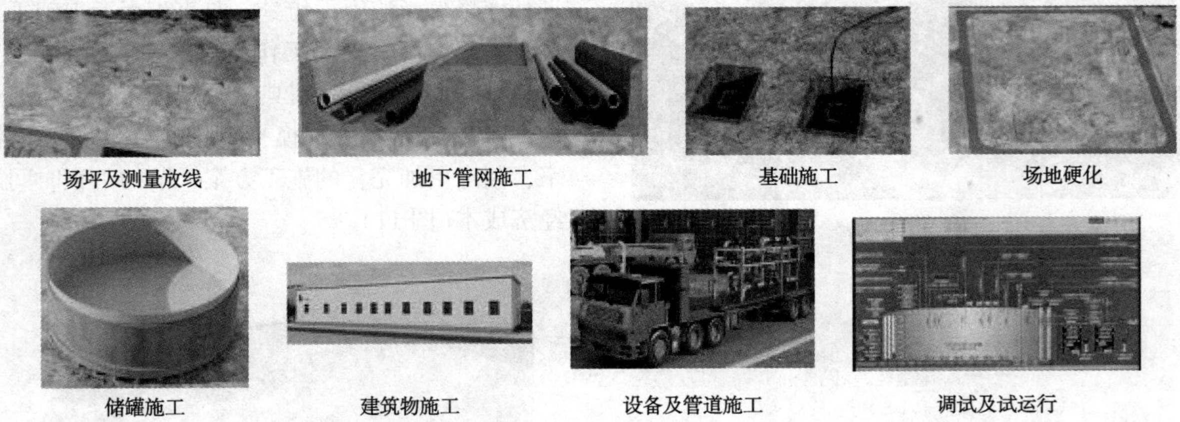

图 14　施工工序

凝液回收塔长约 53.432m，容器净重 114t，施工复杂。利用施工仿真技术，针对凝液回收塔吊装过程进行施工模拟分析验证吊装方案的可行性、可操作性。现场可采用整体吊装和分体吊装空中组焊两种吊装方式，对两种方案分别从技术可行性、施工进度、安全、质量、成本、施工场地等方面进行比对，采取最优方案以满足现场要求(表 1)。

表 1

序号	方案名称	整体吊装	分体吊装
1	技术可行性	现场位置作业半径大，整体吊装筒体强度、变形较大。	现场位置作业半径小，分段吊装筒体强度、防止变形影响较小，技术可行性较强。
2	施工进度	前期地面预制施工时间长，后期安装一次就位，安装周期短。	前期地面施工周期短，整体有效施工时间短。
3	施工安全	吊装作业为一级(质量 100t 上或长度 60m 及以上)，高处作业为Ⅳ级(高度大于 30m)。施工人员在地面上施工，整体一次吊装；安全风险较低，视野开阔，但作业半径大，对改作业半径内的其他施工作业影响大。	第一次吊装作业为二级(二级为以质量大于等于 40t、小于等于 100t)。第二次吊装作业为一级(质量 100t 以上或长度 60m 及以上)。以上高处作业为Ⅳ级(高度大于 30m)。分 2 次吊装，第二次吊装利用该装置自身操作平台进行组焊。
4	施工质量	塔器的安装水平度、垂直度控制容易。	高处组对焊接难度大，特别是有风天气，安装垂直度控制难度大。
5	施工场地影响	施工预制场地大，作业面大，可能影响其他单元施工。	施工预制场地小，作业面小，对就近施工作业影响小。
6	施工成本费用	选用 1 台 650t 履带吊作为主吊车，1 台 300t 履带吊作为溜尾吊车，费用约 55 万。	第一次选用 1 台 400t 汽车吊作为主吊车，1 台 100t 汽车吊作为溜尾吊车；第二次选用 1 台 300t 汽车吊，费用约 8 万。

利用已建BIM模型，对施工机具进行建模，开展整体吊装施工推演，模拟了吊车位置，凝液回收塔设备摆放位置等不同方案，确认吊装施工空间是否足够(图15)。

图15　吊装推演

4.2　胜利油田东营原油库迁建工程

胜利油田东营原油库迁建工程新建10万方储油罐6座、2万方储油罐4座，占地面积504亩，施工过程采用施工仿真技术，优化施工资源配置。桩基施工采用锤击法进行预应力混凝土管桩施工，配置6个桩基施工机组，50台锤击式打桩设备，从中心向四周扩散，沿扇面向旋转施工方式；罐基础施工模拟混凝土运输及浇筑施工流程，优化施工工序；罐底板采用埋弧焊、二保焊进行焊接，采用先短后长，由里向外对称焊接，隔道分段退焊；罐壁采用50t履带吊沿顺时针排版，4台立焊机、8台横焊机焊接，一个焊接机组负责两台罐流水施工；浮船搭设临时胎架，组焊浮顶底板、桁架、隔板、顶板，安装排水装置、盘梯、顶部平台、量油管、密封装置等附件；采用模块化施工，模拟施工装置区施工，减少交叉作业、高空作业，提高施工效率(图16)。

图16　大罐施工推演

5　结束语

施工项目资源配置主要涉及人力资源、施工材料、施工机械设备以及项目信息管理等方面，如何在有限的资源投入下尽可能缩短工期或尽可能降低高峰期资源投入是资源管理的重点。通过施工过程仿真模拟有助于提高施工效率，优化施工资源配置，缩短建设工期，保障施工过程安全、降低成本，提高智能化管理水平，具有良好的经济效益。有助于加快公司智能化发展，促进业务面的扩展提升，提升公司在建设期数字孪生体应用的技术实力，具有十分显著的社会效益。

参考文献

[1] 刘晓逸，苗凤敏. BIM5D　技术在施工项目管理中应用研究[J]. 价值工程，2019，38(3)：148-150.

[2] 王立峰. BIM5D技术在建筑工程造价动态管理中应用概述[J]. 百科论坛电子杂志，2019(5)：143-144.

[3] 张苏婷，陆永强，陈若天，等. 基于BIM5D技术的建筑工程造价动态管理分析[J]. 中国房地产业，2019(12)：245-246.

数字化预制工厂的建设及应用

李　明

（中石化胜利油田分公司）

摘　要　在现有机械化、自动化生产作业线的基础上，通过设备迭代升级、产线智能化提升、企业管理信息化，从而实现精益智能预制工厂，打造数字化加工，智能制造新模式。

关键词　数字化；信息化；智能化

1　工艺设计数字化

以工艺管道 PCF/IDF 三维数据为载体，通过数据接口实现模型共享，打通设计、施工数据流转、数据智联互通，一数到底，实现焊缝三维模型的数字化交付（图 1）。

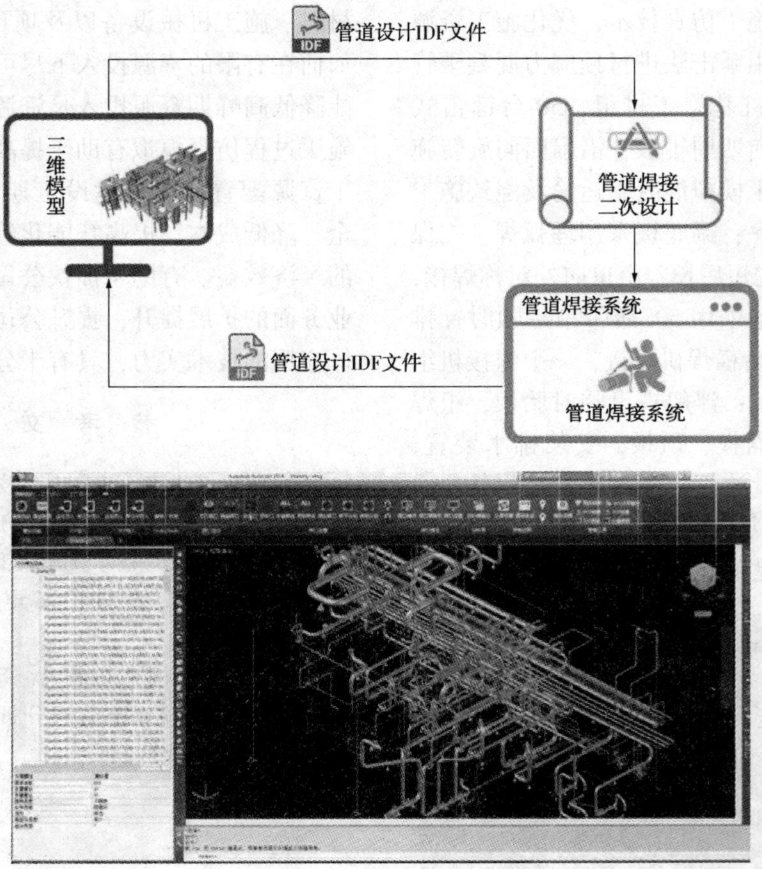

图 1

设计单位基于三维模型生成 PCF/IDF 数据，施工单位对数据进行解析，获得焊缝和原材料数据库进行模型重现三维加工设计，焊口自动编号，生成预制安装图，指导现场可视化施工，实现所见即所得。通过工艺设计数字化，加工设计的准确率达 100%，效率提升 87%。

2　装备配置智能化

应用五轴数控切割、坡口一体化集成装置+MES 执行系统，实现工艺管道自动排版、集中下料、定长切割；应用全自动焊接作业线，实现工艺管道全自动焊接。

2.1 MES执行系统

装备配置数控化，生产线已实现智能化、自动化的系统控制。FastPBC数控切管系统、滚盘式五轴数控火焰等离子切割机、AUTO KS-A中央式烟尘净化设备、MIM603-A管道横向物流系统、AUTO CWML6300-B悬臂式焊接机、AUTO PEWM630-C分离式压臂式管道自动焊接机、AUTO CPDM630-B卡盘式管道驱动机、AUTO DDW800-B双头双驱焊接工位等设备通过传感器和执行系统传输工艺代码，实现整条生产线的自动化控制和设施与移动操作端互联(图2)。

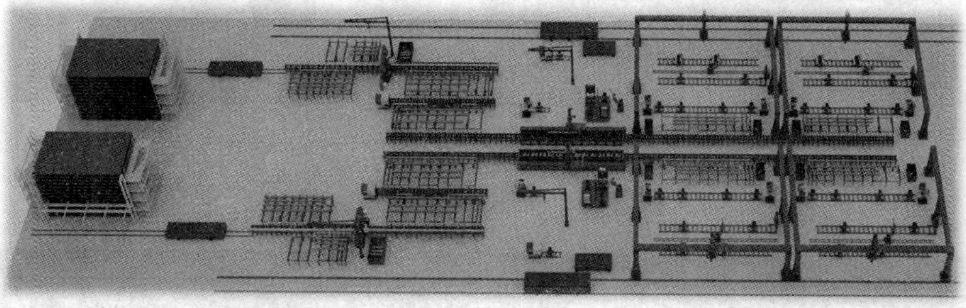

图2

2.2 智能化下料

采用国际领先的高效切断与坡口一体机，根据管材数控切割工艺和国际焊接标准，将管子切割的NC编程代码转换为数控切割机控制语言，驱动伺服运动，准确控制切割割具的运动，实现一次下料自动完成两个坡口，实现自动上料、定长切断与开坡口，以及出料、下料等功能，能够完成U型、V型、双V型、X型、内镗等精密坡口形式的智能化一键高效加工(图3)。

(a)

(b)

图3

2.3 高效多工艺自动焊接中心

引进了高效多工艺自动焊接中心，每个焊接系统上实现氩弧焊、H-TIG热丝氩弧焊自动打底，MAG/SAW/热丝TIG焊填充盖面的多工艺覆盖。实现极性和焊枪的快速切换，将单套设备的预制效率提升到150~300DI，适用于普通碳钢以及对线能量输入严格的不锈钢、合金钢和双相钢等所有材质，真正解决了普工替代高技能焊工，降低成本和提高自动焊覆盖率的目的(图4)。

3 生产管理可视化

建设可视化大数据管理平台，实现人、机、料、法、环之间的信息互联、互通，涵盖数据采集、生产计划、过程管控、预制工艺、质量追溯、交付管理等功能(图5)。

3.1 设备监控信息看板

自动感知设备的运行数据、人员交互数据、工效考核；对异常数据及时提醒(图6)。

(a)　　(b)

图 4

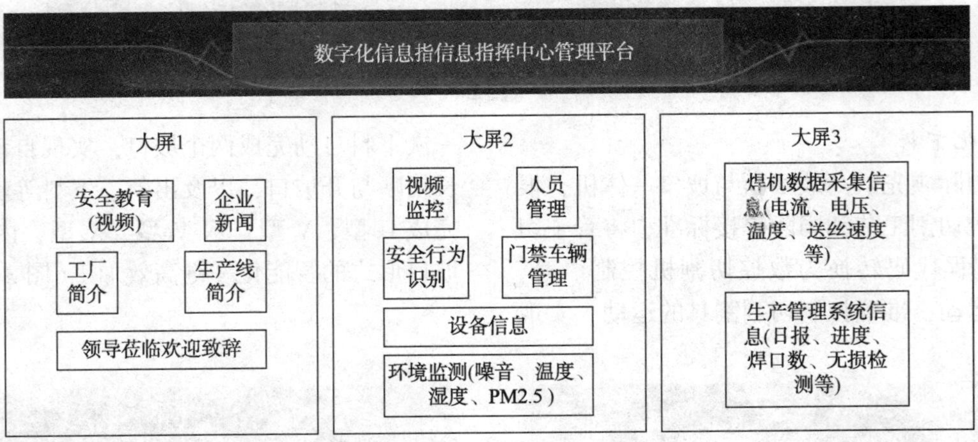

图 5

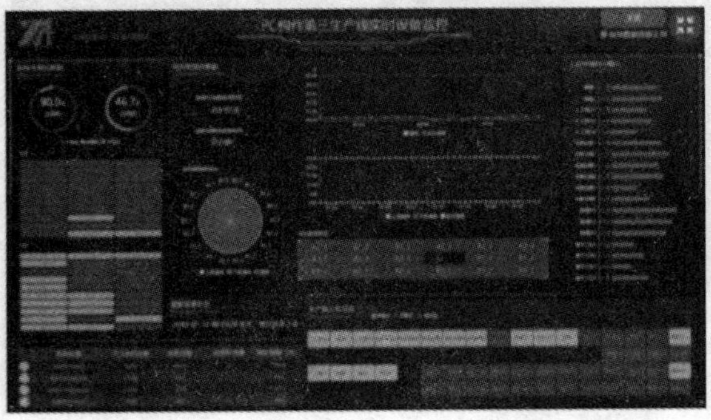

图 6

图 7

3.2　生产质量看板

监控产品质量，汇总各类质量信息，以提高效率、降低成本，实现精益化生产(图 7)。

3.3　生产进度看板

直观展示当前生产任务、目标差距，实时跟进，按计划进行(图 8)。

3.4　生产数据统一看板

对一线的实时数据展示，方便对车间现场统一协调、管理，对突发情况及时决策(图 9)。

图 8

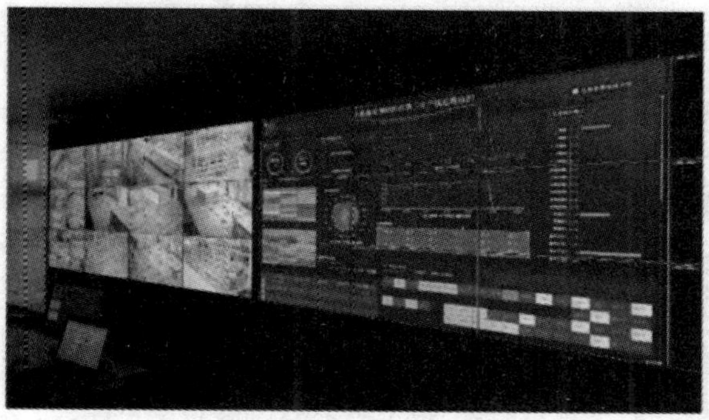

图 9

4 车间网络集成化

建立了公司级的网络搭建并实现了工位机部署，实现数控机床、自动化生产线、操作终端等数据采集器数据的有效集成，千兆以太网、光纤遍布公司各个工位、岗位，实现信息的无线传输(图 10)。

4.1 产线级 MES 执行系统

- 管段信息管理。项目及管段信息。
- 材料库存管理。材料收、发、存。
- 任务包创建、执行、反馈管理。
- 焊口检验管理，含组对、焊接、NDT
- 打印工作清单、生产报告(图 11)。

4.2 产线级联网监控系统

- 切割设备数据采集及监视。
- 集成 MES 系统下达切割指令。
- 焊接设备数据采集及监视(图 12)。

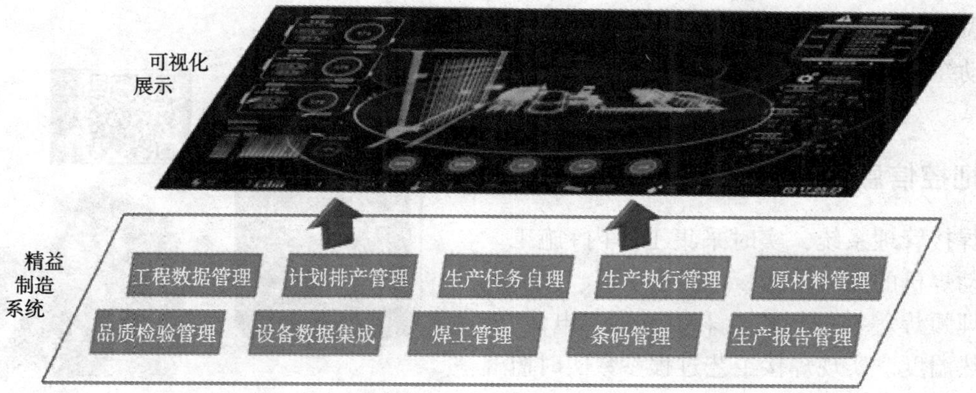

图 10

图 11

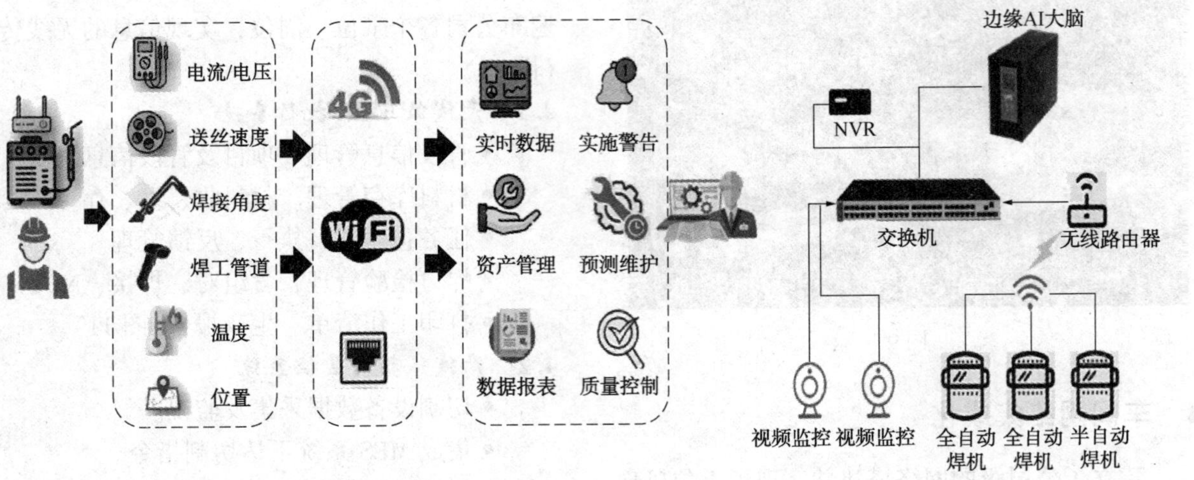

图 12

4.3 二维码移动终端系统 app

• 工位终端：接收任务、反馈执行。

• 移动终端：反馈检验结果，扫码入库。包括切、组、焊、入、出、检、安装等工序(图 13)。

5 质量把控信息化

采用焊接管理系统，实时采集工厂内+施工现场全自动焊机的焊接数据，包括手工焊、气体保护焊、埋弧焊等类型焊机，采数范围：电流、电压、预热温度。实现焊接工艺过程参数实时监控，变事后处置为实时管控，焊接工艺规程的有效执行，提升焊接本质质量，焊接一次合格率达 99.8%(图 14)。

图 13

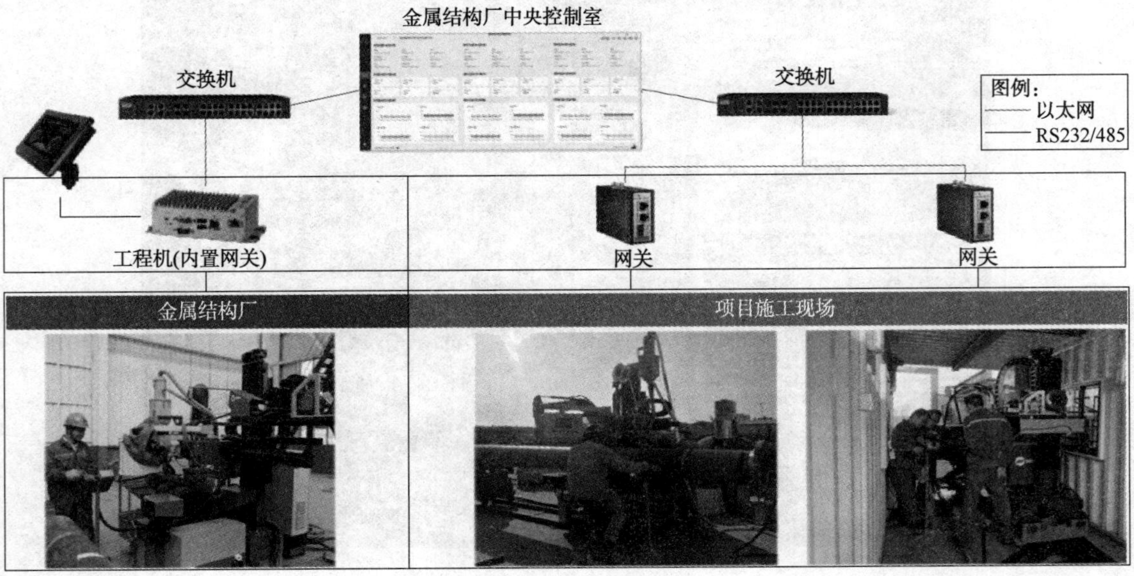

图 14

6 软硬件配置清单

6.1 硬件配置一览表（表1）

表1

序号	设备名称	配置数量	备　注
1	带锯坡口管道预制流水线	1台	配套物流设施
2	五轴数控等离子切割流水线	1台	配套物流设施
3	多功能组对工作站	1台	可组对法兰、弯头、三通等多种管段
4	自动焊接工位	2台	含氩弧焊、熔化极气体保护焊、埋弧焊及配套物流设施
5	半自动焊机工位	2台	
6	15t 桁车	2个	
7	2t 悬臂吊	4个	
8	托运小车	4台	
9	交换机	1台	交换机，24口千兆
10	应用服务器	1台	E-2246G/32GB 内存/8TB 硬盘
11	无线路由	1台	TP Link 无线路由
12	打印机	1台	A4黑白激光打印机，自动双面打印机
13	产线级 MES 系统	8台	PC 机硬件：台式6台、移动式2台
14	产线级联网监控系统	4台	设备网关
15	二维码移动终端系统	12台	工业级无线路由、工位机、手持终端
16	可视化管理系统	10台	多显示器拼接、55寸

6.2 软件系统配置一览表（表2）

表2

序号	软件名称	配置数量	备　注
1	加设软件	2套	北京高佳 EP3D
2	施工管理软件	1套	北京高佳 EP3D
3	产线级 MES 系统	1套	南京奥特
4	产线级联网监控系统	1套	南京奥特
5	二维码移动终端系统 app	1套	南京奥特
6	可视化管理系统	1套	南京奥特

7 劳动组织配置表

7.1 预制车间人员配置（表3）

表3

<table>
<tr><th>序号</th><th colspan="2">设备名称</th><th>设备</th><th>操作工</th><th>手工焊</th><th>管工</th><th>力工</th><th>备注</th></tr>
<tr><td rowspan="2">1</td><td rowspan="2">带锯坡口流水线</td><td>带锯机</td><td>1</td><td>1</td><td>0</td><td>0</td><td>1</td><td rowspan="7">1. 流水线至少需配置总负责人1人、工艺技术员1人、焊接组长1人、机电维修1人，共6人。
2. 组对工位的辅助工应是持证焊工，负责组对点口。
3. 此表为最低人员配置要求。</td></tr>
<tr><td>坡口机</td><td>1</td><td>1</td><td>0</td><td>0</td><td>1</td></tr>
<tr><td>2</td><td colspan="2">五轴数控火焰、等离子切割流水线</td><td>1</td><td>1</td><td>0</td><td>0</td><td>1</td></tr>
<tr><td>3</td><td colspan="2">多功能组对工作站</td><td>1</td><td>1</td><td>0</td><td>2</td><td>2</td></tr>
<tr><td>4</td><td colspan="2">自动焊接工位</td><td>2</td><td>2</td><td>0</td><td>0</td><td>1</td></tr>
<tr><td>5</td><td colspan="2">半自动焊工位</td><td>2</td><td>0</td><td>2</td><td>0</td><td>1</td></tr>
<tr><td></td><td colspan="2">合计（23人）</td><td></td><td>6</td><td>2</td><td>2</td><td>7</td></tr>
</table>

7.2 生产管理人员配置(表4)

表4

序号	管理岗位	配套软件	职责
1	材料管理岗	MES软件	管材、管件的入库、出库。
2	工艺技术岗	EP3D加设软件、MES软件	材料编码、项目编码、导入IDF/PCF数据、管理管道信息、加工设计、下达预制信息。
3	生产进度调度岗	MES软件	自动排产、下达预制任务、任务跟踪变更、进度管理。
4	质量管理岗	MES软件	焊工信息管理、二维码质量检验、数字化交付竣工报表输出。

8 取得的成效

(1) 材料损耗率从5%降低到2%；焊接一次合格率99.6%；工厂化预制率82%；工效提高30%；减少用工20%以上。

(2) 形成了“三维生产设计、数字化施工、流水化作业、自动化焊接、同步化预制、模块化总装”预制施工技术。

(3) 利用工业互联网等先进技术，搭建预制管理平台，对“人机料法环”五大要素的关键参数进行数据采集，实现进度风险可控，资源合理配置。

(4) 通过工厂化预制，推动工程建设过程“由现场向工厂、由立体向平面、由串联工序向并联工序、由单一时空向多维时空”转变。

通过推进数字化转型、智能化提升，促进二厂化预制向数字化制造转型，建成了中国石化国内上游地面工程“灯塔预制工厂”，实现了施工效率、工程质量的大幅提升，安全、环保风险以及物耗、能耗、三废排放的大幅下降。

参考文献

[1] 陆一昕. SmartPlant Construction智慧施工管理在CAP1400项目中的应用[J]. 中国勘察设计，2015年，26(9)：84-88.

[2] 徐双庆，陈学光，李晶. 国内外模块化理论研究综述【J】. 科技管理研究，2008，(9)：179-182.

管道智能巡检系统应用研究

章　浩　杜培楠

（中国石化中原油田分公司）

摘　要　本文以管道智能巡检系统的研发与应用为方向，从完善管道巡护人员管控机制、系统联动协同响应机制、智能巡检系统功能优化及应用三个方面研发了一款可以全方位有效提升管道巡检质量的管道智能巡检系统。同时该系统实现了与管道泄露定位系统、管道视频监控系统、管道完整性管理系统的统一响应，大大提升了管道整体完整性管理水平。

关键词　管道巡检；完整性管理；智能管线

1　前言

目前中国早期开发的油气田集输管道服役已达20~30a，由于长期埋在地下，受土壤环境、地势下沉、腐蚀介质等因素影响，易出现管道防腐层破损、穿孔、泄漏等现象，甚至引起突发的火灾、爆炸等恶性事故，危及人身财产安全。近年来，以预防为主的管道完整性管理模式陆续在各油田推广应用，深入研究制约管道完整性运行的各种基本要素，其中管道巡检作为管道完整性管理工作中的重要一环，如何有效提升管道巡检质量，管道智能巡检系统则成为解决这一问题的有效方法。

2　主要研究内容

2.1　完善管道巡护人员管控机制

1. 定制电子地图

以输油管道具体走向为基础，利用计算机技术，定制中心管道的电子地图。电子地图上细化管线沿途桩号、公路、重点地理位置等标识，一旦发生紧急情况，能够第一时间获取异常发生的位置、现场图片信息，为管理层的相应决策提供第一手资料。管道智能巡检系统的电子地图包括矢量数据、影像数据和管线数据(图1、图2)。

2. 全过程监控

以电子地图为基础，基于3G(GIS、GPS、GPRS)技术设计并实现的管道智能巡护系统，能够实时掌握巡护人员的行踪并将巡线的动态数据进行采集，通过系统可视化查询、分析，实现对巡线人员的远程管理，达到对管道设施运行状态的实时监控，实现管道巡护工作的科学化、规范化管理，杜绝安全隐患，保证管道安全运行(图3)。

图1　电子矢量地图

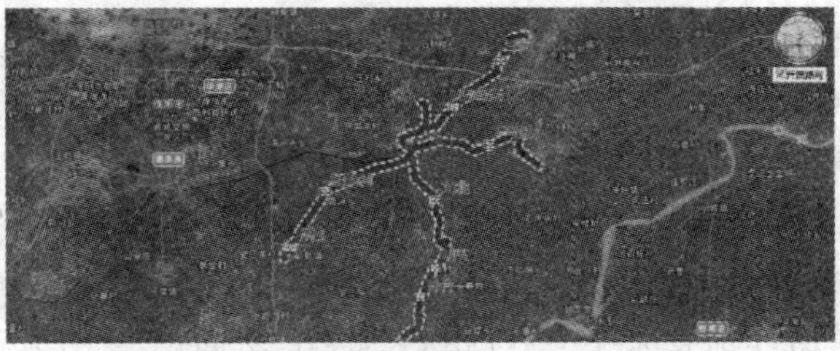

图2　电子影像地图

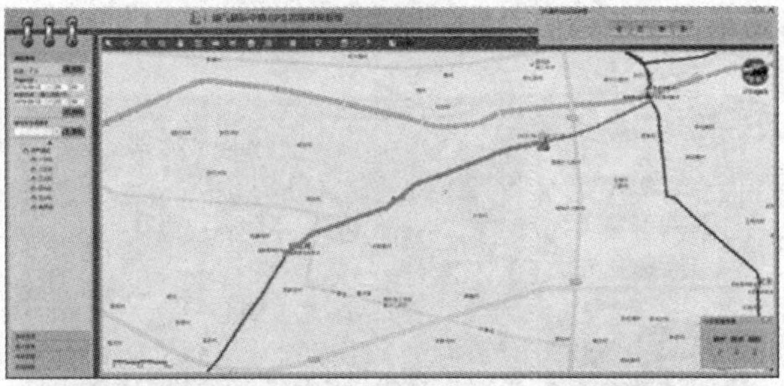

图3　系统实时监控画面

3. 设置电子围栏

借鉴目前最先进的周界防范系统中的电子围

栏概念，利用先进的精确的定位技术，在电子地图上实现“无围挡”的管道巡检路线电子围栏，完整的、明确的设置管道巡护路由界限。根据管道铺设具体位置，利用技术手段在电子地图上设置电子围栏，以管道两侧 5 米内为优秀，10 米内为合格，10 米外为不合格为考核指标，规范巡护人员管道巡护行为(图 4)。

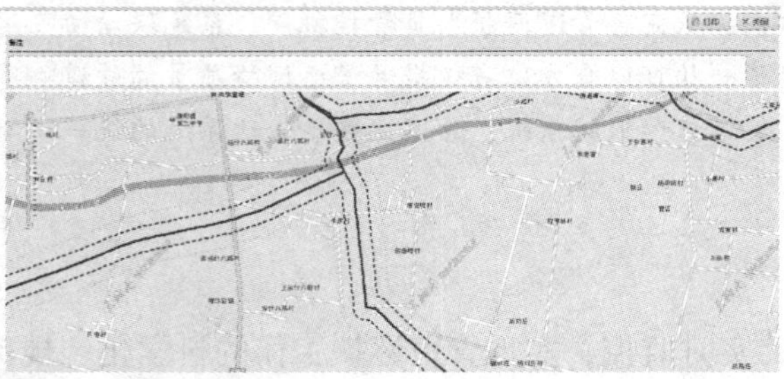

图 4　电子围栏

2.2　完善管道安全及人员呼救措施

1. 管道安全防护

管道安全防护实行隐患监控全过程管理。违章占压、第三方施工都属于对管道形成了直接或间接危险的特殊情况，巡护人员在管道巡护工作中发现隐患、第三方施工必须立即上报，对于第三方施工现场应等待相关管理人员到位后方可离开，上报信息必须包括位置、类型、相关说明、现场图片等基础信息。相关管理人员接到上报信息后应立即处理，并现场监护处理过程，详细记录处理结果，经过巡护人员现场确认后方可将隐患记录存档备案。

通过优化管道智能巡检系统隐患管理模块，能将现场巡护人员发现的隐患或异常情况信息(包括现场照片、视频)实时传送回信息中心，各级管理人员能及时掌控缺陷及跟踪处理情况、施工监护、抢修调度、设备维护等情况(图 5～图 10)。

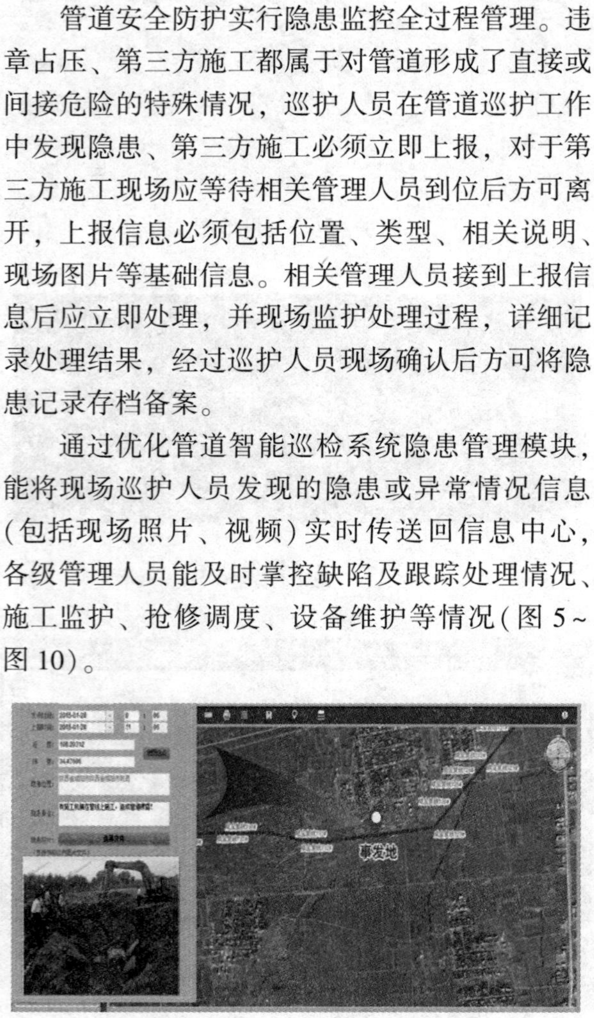

图 5　隐患上报

图 6　隐患提醒

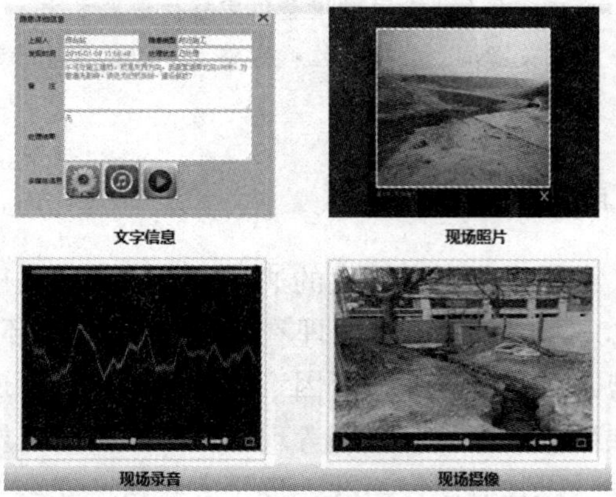

图 7　隐患上报信息形式

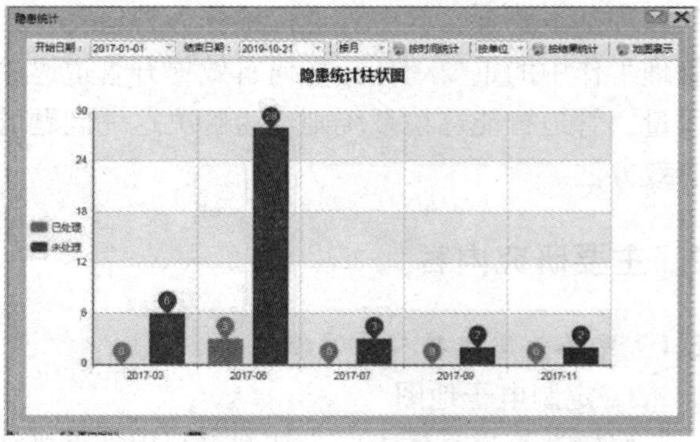

图 8　隐患时间分布分析

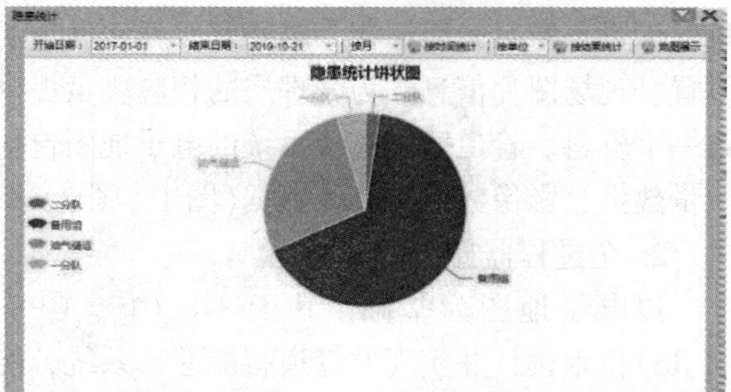

图 9　隐患类型分布分析

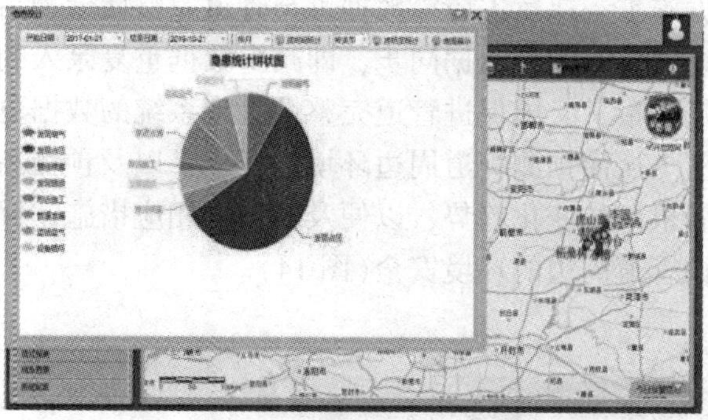

图 10　隐患单位分布分析

2. 人员快速求救

优化手持仪配置，设置一键报警功能。管道智能巡护系统具有地图功能，结果油气储运中心管道敷设的实际情况，增加了管线沿途桩号、启末点位置标注、管线过公路标识、重点地理位置标识等功能，管线或工作人员一旦发生紧急情况，如摔伤、中暑等，可立即出发求救信号。管理人员接到求救信号后，可以迅速在管道智能管理系统中进行定位，使得营救人员第一时间获取队员所在位置，便于营救工作的顺利开展(图 11)。

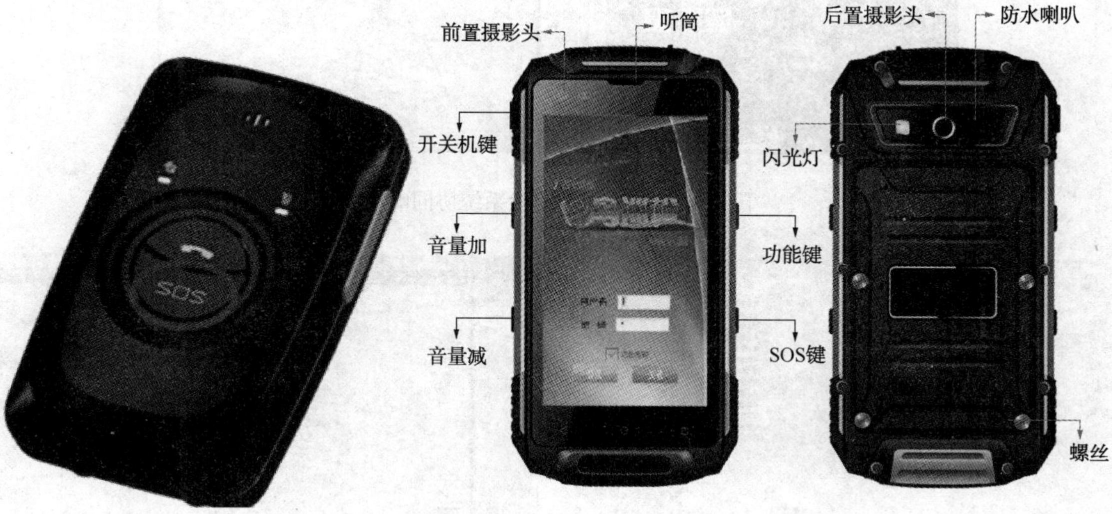

图 11　简装和智能巡检仪

2.3　完善管道安全及人员呼救措施

1. 与泄漏定位系统协同响应

当泄漏定位系统发出泄漏报警信号时，生产调度室值班人员立即确认报警线路，随后通知管道巡护大队相对应的管道巡护分队队该段管道进行专项细致巡护。队员巡护过程中，管理者可通过管道智能巡护系统实时观察巡线队员的巡线轨迹和上报的相关现场图片。结合泄漏定位系统分析的重点巡护管段进行重点巡护监控。最终在确保报警管线全段巡护完成后再进行启输作业(图 12)。

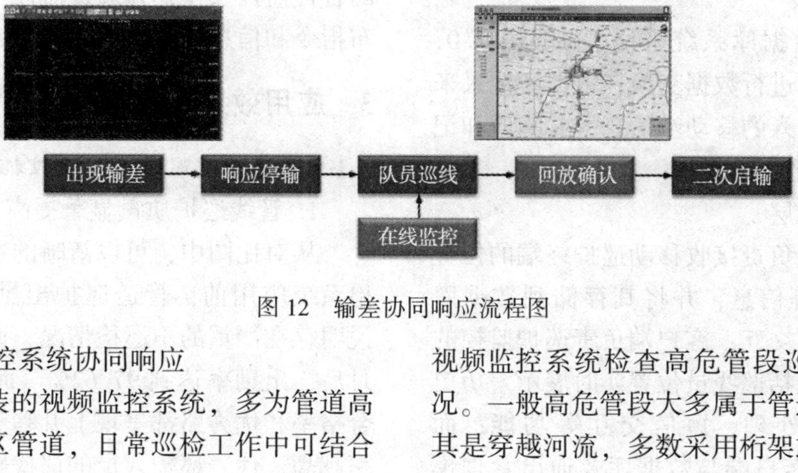

图 12　输差协同响应流程图

2. 与视频监控系统协同响应

管道沿线安装的视频监控系统，多为管道高危管段或高后果区管道，日常巡检工作中可结合视频监控系统检查高危管段巡检人员的巡检情况。一般高危管段大多属于管道穿跨越管段，尤其是穿越河流，多数采用桁架或附近桥梁作为通行路径，利用视频监控系统与管道巡检系统相结合和直观监控高危管段的实际巡检情况，可有效避免巡检路线合格，但未对关键点进行巡查的不足(图13)。

2. 与管道完整性管理系统协同响应

管道智能巡检系统采集到的管道隐患、第三方施工、违章占压等数据可与管道完整性管理系统共享，实现数据同步，即减少数据重复录入的工作量，又能促进管道完整性管理系统的数据更新。从而预测管道周边环境的变化，以及预测高后果区的变化趋势，以便及时采取相应措施，保护管道周边的环境安全(图14)。

图13　视频监控与巡检系统协同响应

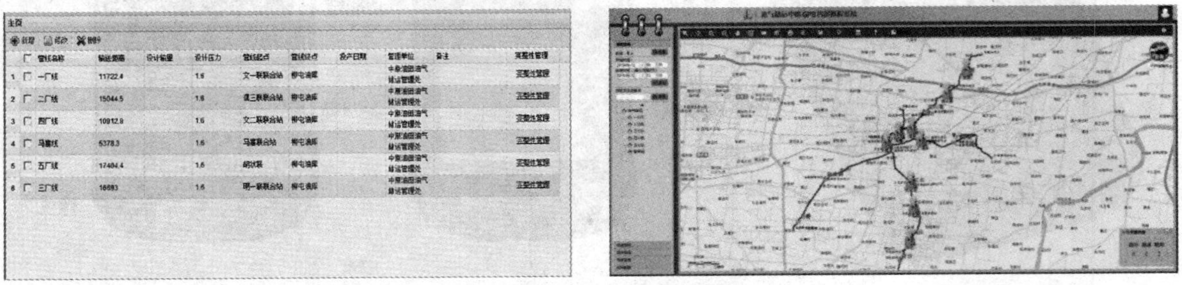

图14　视频监控与巡检系统协同响应

2.4　优化巡检系统及其功能

系统原始框架包括六大管理模块，但个别模块间存在交叉和重复，应用过程中操作复杂，人机交互性能差。因此，对系统的总体架构和模块功能进行特色优化(图15)。

将系统整体架构分为三层，数据层、业务逻辑层、表现层。

(1) 数据层

数据层中的数据库系统采用Oracle10.2.0，通过数据交换接口进行数据交换；数据库记录来自通讯管理模块传入的移动端信息，并响应和记录Web Service对数据的操作。

(2) 业务逻辑层

通讯管理模块负责接收移动巡护终端的位置坐标、事件报警等信息，并将其存储到数据库中，同时支持短信交互；客户端负责巡护监控的主要业务逻辑，包括巡线员位置实时展示、历史轨迹回放、事件处理、短信交互等功能；而Web Service作为客户端与数据库及通讯管理模块的连接器，其中，客户端与移动巡护终端的短信功能就是通过Web Service与通讯管理模块的连接与交互来实现的。

(3) 表现层

装有终端软件的巡护终端接收GPS卫星信号完成对终端的自动定位；在监控PC端把监控目标显示在可视化的电子地图上，实现对巡线工的各种监控操作，并通过监控平台向巡护终端发布指令和信息(图16)。

3　应用效果

3.1　完善管道巡护人员管控机制

1. 管线巡护质量显著提高

从对比图中，可以清晰的看出，管道智能巡检系统应用前，管道巡护出勤率仅为35.97%，说明存在严重的不巡检情况，而在系统应用一个月后，出勤率达到97.62%。而管道巡护路径的合格率和优秀路都呈现上升趋势，合格率、优秀率越高，代表巡护人员的巡检路由越贴近管道实际走向。

管道智能巡检系统优化应用后，有效提高了管道巡护的质量，杜绝了脱岗、虚假报线、不按轨迹巡线、巡检不到位、报警后查线不到位等现象(图 17)。

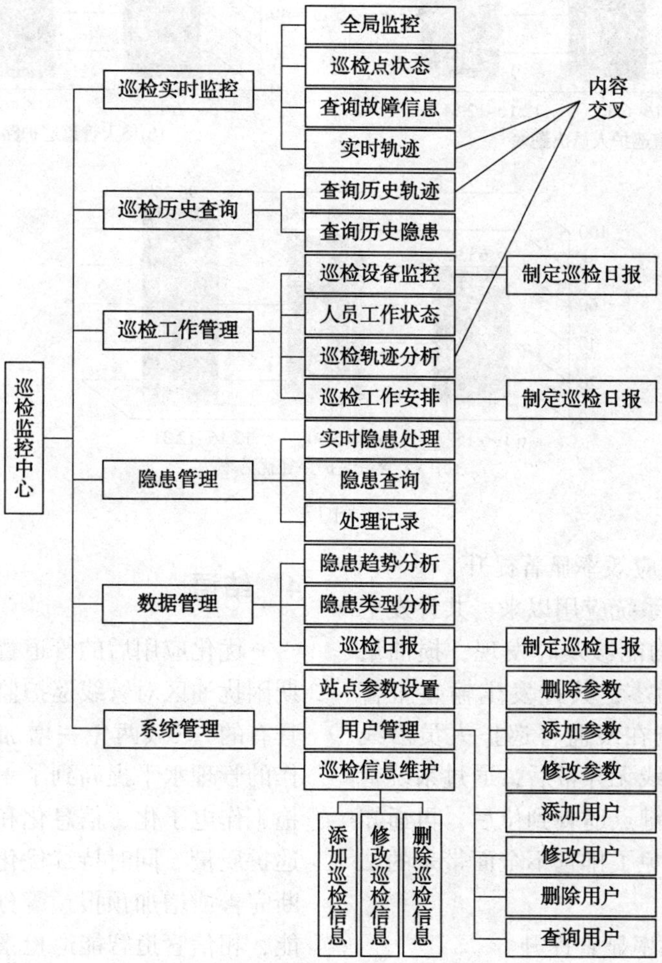

图 15　原系统模块结构图

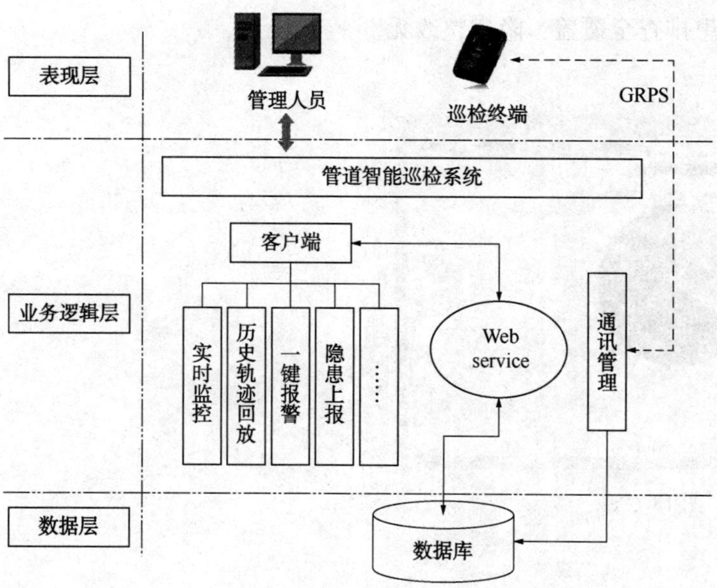

图 16　优化后系统构架及流程图

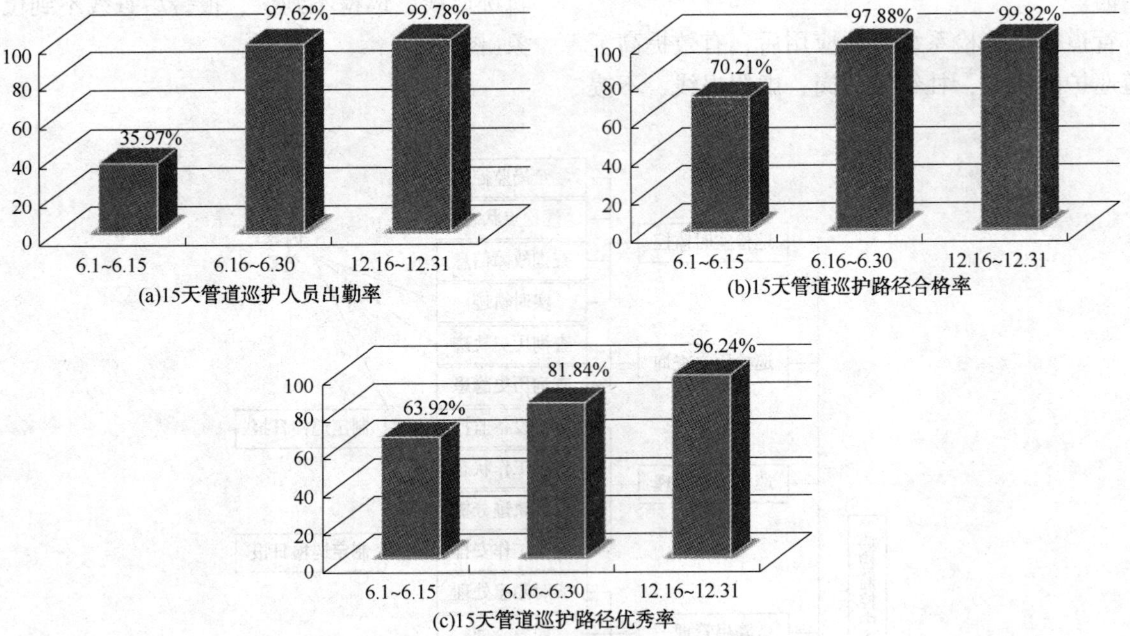

图 17

2. 管道突发情况响应效率显著提升

据统计数据显示，系统应用以来，共计发生管道腐蚀穿孔 16 起，均能够及时发现，损油量极小，污染面积几乎为零；共计发生输差报警 21 次，调度室值班人员在线监督巡护人员沿线巡查情况，反馈管道全线无异常后，通过系统管道巡护轨迹回放确认关键点巡查到位后，再通知前线启输作业，完全避免了排查不全面带来的二次启输的泄漏损失。

3. 管道隐患排查效率显著提升

管道智能巡护系统应用以来，共计上报管道隐患 142 项。图文记录真实详细，隐患整改跟踪到位，实现了管道隐患排查全覆盖，隐患整改无延时(图 18)。

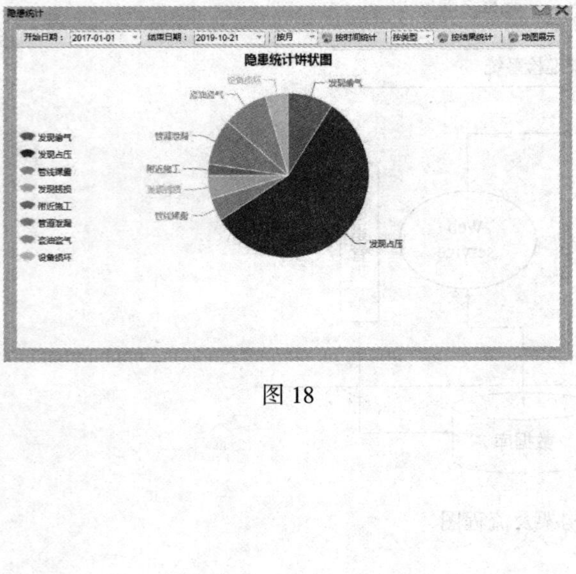

图 18

4　结语

优化应用后的管道智能巡检系统彻底改变长期困扰油区对管线巡护监督管理难的问题，系统具有的“三减两免一增加”的特点将管道巡护工作的管理水平提高到了一个新的层次，实现了巡检工作电子化、信息化和智能化，最终保证管道巡护质量。同时持续优化管道智能巡检系统，不断完善或增加预报预警分析、管道风险分析等功能，相信管道智能巡检系统会有更为广阔的应用前景。

大数据在管道完整性管理的应用

肖述辉　王　炯　王荣元　白　洁　高启飞　李鹏飞

［陕西延长石油(集团)管道运输公司］

摘　要　围绕油气管道完整性管理，阐述大数据在油气管道行业的发展概况，总结大数据在管道高后果区识别、风险评价、完整性评价、风险消减与维护、效能评价等管道完整性管理各环节的应用研究现状，对比分析国内油气管道大数据应用的不足，提出未来发展方向。

关键词　大数据；管道完整性管理

1　大数据在油气管道行业发展现状

管道完整性管理大数据包括管道基础数据、检验数据和风险分析数据等。近年来，国外研究人员采用不同大数据分析方法对管道泄漏、腐蚀速率、剩余寿命、缺陷类型和失效机理等进行预测。Abbasy 等使用人工神经网络建立了基于历史检验数据的模型，来对海上油气管道状况进行评价和预测。Castellanos 等开发了一个综合多种算法的失效分析专家系统，可以确定陆上管道的可能失效机理。Layouni 等使用小波分析和人工神经网络来处理管道漏磁检测信号，以确定管道缺陷类型和估计深度。

国内大数据应用还处于探索研究阶段。董绍华等建立了适合于未来发展的管道系统大数据管理架构模型，提出了基于大数据的管道数据算法模型，为大数据在管道行业的发展建立了基础。林现喜等构建了在大数据下的管道内检测模型，提出了在大数据下对内检测数据的深度挖掘与应用。吴琋瑛通过大数据理论结合案例分析得出了现场设备与数据之间的相关关系。顾晓婷等人给出了基于大数据管道安全评估的模式，为初步判断管道的安全性能提供了理论基础，同时介绍了基于大数据的管道可靠性评估方法。王新颖等人从管道大数据中挖掘有效信息，高效准确地识别管道存在的风险，建立城市管网风险预测体系，结合深度置信网络，提出了基于深度置信网络的管道风险预测方法。

2　大数据在管道完整性管理中的应用

2.1　高后果区识别

(1) 人口信息

通过对移动信号的定位追踪和处理，能快速和便利地获取用户的地理信息和其他信息，从而分析统计得出人口信息。首先需要构建相关高后果区地图信息模型，将移动设备基站看作是坐标的定位记录点，所有基站共同组成了信号范围的覆盖区，建立网络拓扑框架，通过移动设备的数据互联，得到用户的实时位置坐标。基于此构建高后果区范围内的人口密度模型，通过移动设备的位置信息更新和对用户信息的采集整理，动态统计人口密度和时空分布，并分析人员组成、人员行为特征、人员综合素质等。其次，利用高清摄像头和社会公共监控系统统计分析人口流入和流出、驻留时长、来往密度等数据信息，形成人口数量的数据视图，分析管道高后果区潜在影响区内公众出行时空特征，确定实时人口密度。

(2) 违章施工信息

通过远程视频监控系统对现场作业区全方位、无死角监控，进一步规范现场施工程序，及时发现现场违章行为。

(3) 地质灾害信息

根据管道沿线地理地质条件、地质灾害等自然环境情况分布及变化趋势，确定管道周边环境特征参数。基于地理信息系统(GIS)，参考地质灾害图形库，与地质灾害预警系统联动，从而实现管道的灾害预警和及时防控。建立基于大数据的地质灾害信息管理系统，能便捷有效地整合多源、海量的地质数据，使用户快速查询到相关地质灾害信息，并可以通过三维可视化的方式展示查询结果，实现动态的地质灾害类型检索，灾点查询，地质信息更新，灾害预警等目的。

(4) 管道缺陷信息

通过大数据采集方式，收集和保存油气管道

设计施工阶段管材制造、焊缝、现场施工、人员操作等缺陷数据；运营时期管材、管径和运行压力等数据；管道内外检测、管道腐蚀、失效泄漏等缺陷数据。将各管道公司的多源数据对齐匹配，建立完整共享的管道缺陷信息库和动态的管道缺陷信息网，为管道缺陷成因和变化趋势提供重要的数据源。

（5）高后果区风险动态管控

利用大数据提炼油气管道高后果识别和管理的关键参数后，便可部分实现管道动态风险管控。即结合管道智能化建设成果，辨识出管道高后果区后果和失效影响因素，确定风险的类别和影响因素的重要性；完成管道风险/安全评价，确定管道风险等级；针对不同风险类别和不同等级，研究风险管控方法，并提出基于不同情景下的事故应急处置措施。基于大数据的油气管道高后果区风险动态管控流程如图1所示。

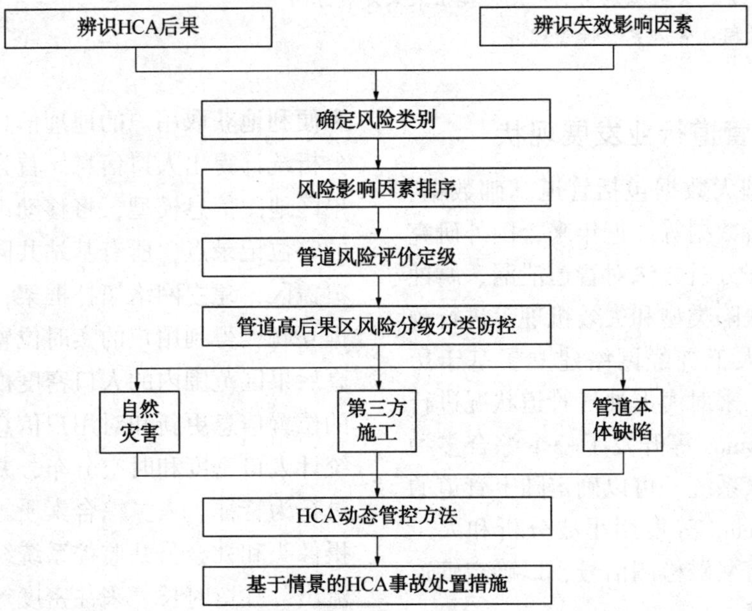

图1 基于大数据的管道高后果区风险动态管控流程

2.2 风险评价

在管道风险评价中，通常会使用到的方法是失效故障树分析法以及专家打分等。利用这些方法，可以对管道存在的风险情况进行预测及评估。但是，在日常进行评价操作的过程中，一些预存的风险会被理想化，它的评价结果主要是来自参与评价人员的工作经验以及主观判断。

在管道风险评价中，充分利用管道大数据风险评价，能够有效规避理想化状态以及与现实情况的偏差，进而减少由于人员的主观判断，对评价结果带来的不利影响。由于它是完全建立在实际数据的基础上对风险进行评估，所以其具有一定精准性，可以有效预防风险发生。

2.3 完整性评价

在现阶段的完整性评价标准当中，所得出的评价结果呈现出过于保守的状态，导致管道输送效率较低，同时也在一定程度上加大了维修成本。而运用管道大数据，可以对各种因素进行准确分析，并能精准找到完整性评价结果，与管道安全情况之间的联系，同时找到影响评价标准呈现过于保守的主要原因。管道大数据，可以依据相关的分析结果，对评价结果进行有效修改，并提供正确的维修方案，最大限度地节约了维修成本。管道大数据是借由数据分析，对影响因素进行有效划分，继而对评价标准进行正确修改。因此，管道大数据具备的完整性评价，在一定程度上可以打破传统评价标准的保守性质。

2.4 风险消减与维护

（1）风险消减

部分企业通过移动式无线视频监控技术，制作成移动式视频监控设施，对第三方施工现场进行24小时实时监控，实现了第三方施工的智能管控，大大提高了第三方施工的安全系数。

通过打造空天地一体化监测与预警平台，利用InSAR技术开展地质灾害识别与监测，例如获取地表变形并圈定滑坡危险区、识别监测管道周边地面塌陷、监测地层活动变化等。也有通过采用无人机拍摄管道周边影像，人工标注管道走向和重要地物，借助人工智能中的图像处理及识别技术，实现无人机影像的实时比对分析，加强对管道周边环境的对比分析，实现人员、房屋、车辆的自动识别，深入挖掘人员行为特征和环境突发情况特征，提高管道风险管控能力。

也有通过安装光纤管道安全防御系统，不间断、实时地采集来自管道周边10m范围内、对管道构成威胁的行为所产生的各类震动，位移，监测管道运行状况，并可以利用已有的通讯光缆构成通信网络，实现一个实时性、可精确定位的防止第三方干扰的检测系统。

（2）风险维护

当前，无损检测X光片正从实体胶片向数字化方式转变。数字化的检测结果，通过通信网络，进行实时传输，便于专家团队进行远程复核、互检，确保检测质量，将检测结果永久存储，便于追溯，不断积累的数字化检测结果可建立缺陷特征库，为计算机智能识别缺陷奠定基础。

缺陷定位一直是管道维抢修的痛点，近年来主要依靠管道探测数据和内检测数据的双向对齐获取管道环焊缝的地理空间坐标，实现缺陷的精准定位，但这种方式周期长、成本高、操作难度大。未来，管道内检测设备将由单纯的缺陷检测向高清晰度、GPS和GIS技术集成于一体的高智能检测器方向发展，可直接有效获得各种潜在的风险数据及准确的地理位置，有效提高缺陷管理及维修维护的效率，彻底改变管道企业的缺陷定位方式，从而提升管道维护维护的效率。

2.5　效能评价

基于国内外行业标准和中国石油企业标准，提出一种针对油田区域特点的典型指标体系建立方法。建立包含工作流程、实施方案、风险层面、管理层面、经济层面等5个维度的指标体系。效能评价以结果为导向，避免了落入梳理复杂系统内部逻辑联系的陷阱，能够科学、客观地反映评价对象管道完整性管理效能现状。采用专家打分法对指标进行量化，利用数据包络分析法计算相对效能值，统一各油田公司效能评价标准。建立的效能评价指标体系及所采用的效能评价方法能有效计算管道完整性管理效能值，能为管理者提供真实、有效的决策依据，提高管道完整性管理效率。

3　未来发展方向

3.1　移动智能端

移动智能终端是指在移动设备上采用开放式的操作系统，可装载相应的程序来实现相应的功能，同时结合通信网络实现数据的交换。目前该技术已在中国石油的某些管道成功应用，如中国石油移动办公平台，可随时随地进行OA（Office Automation）、财务等业务审批。结合RFID（Radio Frequency Identification）、GPS、GIS和移动开发等技术建设的移动巡检平台在国内也已获得广泛应用。

长输管道具有地域范围广、作业环境复杂的特点，对移动应用有着更加迫切的需求。随着中国石油的企业移动应用平台建设，基于管道完整性大数据的信息发布、应急抢险、设备管理、移动巡检等应用，通过高效、精确的指令下达，数据从源头进行准确、及时的采集，实现对管道维护资源的优化配置及全过程管控，将为管道企业安全运营和降本增效提供巨大帮助。

3.2　云计算

依照美国国家标准与技术研究院定义：云是一种可配置的计算资源共享池（资源包括网络、服务器、存储、应用软件及服务），其资源按使用量付费的模式向用户提供高可用的、便捷的、按需的网络访问。云计算是网格计算、分布式计算、并行计算、效用计算、网络存储、虚拟化、负载均衡等计算机技术和网络技术发展融合的产物。中国石油在长输管道上开展完整性管理系统建设，借助云计算技术，实现了基础设施的云化和应用的SOA（Service-Oriented Architecture）架构，基于云化资源对内检测信号等数据实现了集中统一的管理和发布，基于SOA架构和云平台实现了针对不同管道企业的完整性数据和应用分布式的管理和发布。

对于长输管道完整性数据管理，云计算未来的主要目标是数据的存储和分析。通过基础设施云化，整合现有的服务器、存储等基础设施，统一管理调度平台，并在此基础上建设并行程序的设计和开发环境，结构化海量数据的分布式存储管理系统、海量数据分布式文件系统以及实现云计算的其他系统管理工具，从而面向中国石油长输管道的各级企业提供简单的软件应用服务和用户交互接口等，使企业无需再购买和管理服务器端软件，最终实现整合资源、提高系统可靠性、降低系统投资与维护成本的目标，更好地为长输管道完整性管理服务。

3.3 管道物联网

随着管道信息化的发展，智能管网的需求越来越迫切，物联网技术的独有特点恰好满足了该需求，并在长输管道的某些业务领域开展了成熟性的应用。国外一些大型管道运营公司，如 BP、Enbridge 等公司在长输管道安全管理方面陆续开展了物联网技术应用，主要集中在移动办公、人员防护等方面。在中国石油的管道运营中，尽管物联网技术已在某些单位开展了积极应用，但目前应用的广度和深度与国外相比还较低，同时缺乏总体性规划，基本上停留在某些单项业务领域的应用，业务间无有效集成与数据共享，主要应用的业务领域有站场、阀室设施状态监测、地质灾害监测、阴保数据采集等。

长输管道物联网未来的应用目标是基于物联网技术，将感应器嵌入到油气管道、设备设施、环境敏感点及管道检测设备、维抢修机具中，将分布着末梢神经的智能管网与现有的信息网整合起来，利用能力强大的数据中心计算资源，对系统内的人员、管道、设备设施实施实时管理和控制。通过对实时、精确的传感数据进行动态分析，实现风险的预控和工艺的优化，确保管道安全、高效运行。

3.4 大数据分析

基于管道完整性的大数据，从数据挖掘与知识发现的角度，针对管道基础数据、周边地理环境数据、管道生产运行数据、管道检测评价数据、管道安全防护数据以及气象地灾预警数据等进行抽取、整合及转化，利用机器学习算法和大数据计算框架，建立基于大数据的运行决策支持模型，实现聚类分析、关联分析、热点分析、趋势预测，为管道生产运行中的投资计划、资源利用及人员调配提供优化建议，已经成为当前管道大数据分析的热点。韩小明等利用中国石油管道完整性管理系统积累的数据进行分析，预测管道潜在的威胁，提高油气管道安全水平。

长输管道完整性管理大数据发展的主要目标是：利用大数据技术，挖掘以往通过常规手段无法发现的知识，打破信息化的具体业务活动边界，从多维度深入分析数据价值，并结合具体业务需求进行挖掘。如依据管道内、外检测及相关数据，实现内外检测数据关联分析、管道外防腐层老化状态预测、管道本体腐蚀增长预测及维修策略的优化。

4 结论

大数据已成为国家战略发展策略之一，在不久的未来会对社会开启重大转型，并将逐渐改变人类的生活方式。在此背景下，油气管道行业也应顺应时代的发展，紧跟时代走向，重视大数据技术在管道完整性管理领域中的应用研究，以此全面提升管理成效，继而为企业的可持续性发展打下坚实基础。

参 考 文 献

[1] El-Abbasy M S, Senouci A, Zayed T, et al. Artificial neural network models for predicting condition of offshore oil and gas pipelines[J]. Automation in Construction, 2014(45): 50-65.

[2] Castellanos V Albiter A, Barrera G. Failure analysis expert system for onshore pipelines. Part-II: End-User interface and algorithm[J]. Expert Systems with Applications, 2011, 38(9): 11091-11104.

[3] Layouni M, Hamdi M S, Tahar S. Detection and sizing of metal-loss defects in oil and gas pipelines using pattern - adapted wavelets and machine learning [J]. Applied Soft Computing, 2016, 52.

[4] 董绍华，安宇. 基于大数据的管道系统数据分析模型及应用[J]. 油气储运，2015，34(10)：1027-1032.

[5] 林现喜，李银喜，周信，等. 大数据环境下管道内检测数据管理[J]. 油气储运，2015，34(4)：349-353.

[6] 吴琋瑛. 大数据在管道运行中的应用探讨[J]. 天然气与石油，2015，33(3)：15-17.

[7] 顾晓婷，王秋妍，孙萍萍，等. 大数据在管道安全评估中的应用[J]. 消防科学与技术，2017，36(3)：398-400.

[8] 王新颖，张惠然，张瑞程，等. 基于深度学习的大数据管网风险评价方法[J]. 消防科学与技术，2019，33(6)：902-904.

[9] MELL P, GRANCE T. The NIST definition of cloud computing: NIST Special Publication 800-145(draft)[R]. Gaithersburg: National Institute of Standards and Technology, U S Depart-ment of Commerce, 2011: 3-4.

[10] 韩小明，苗绘，王哲. 基于大数据和神经网络的管道完整性预测方法[J]. 油气储运，2015，34(10)：1042-1046.

面向智慧油气管网的数据标准化建设方案

王荣元　王　炯　肖述辉　李鹏飞　高启飞　白　洁
[陕西延长石油(集团)管道运输公司]

摘　要　随着智慧油气管网的建设和运营规模的不断扩大，大数据的采集、管理和利用也成为了行业关注热点，且现行大数据相关标准不足以支撑智慧油气管网建设运行。本文以实现油气管网智慧化为要领，基于现行标准之上进行融合补充这一原则，围绕物理-事理-人理(WSR)3个方面，梳理了智慧管网大数据标准化现状与需求。结合智慧油气管网业务范围和数据生命周期管理，提出大数据标准体系建设方案，包括智慧管油气网大数据标准框架和关键标准制修订建议，保障智慧油气管网数据质量和数据利用率。

关键词　大数据；数据质量；标准化；标准制修订

随着我国经济的快速发展和能源需求的不断增长，智慧油气管网(以下简称“智慧管网”)建设已成为我国能源战略的重要组成部分。然而，在智慧管网建设过程中，各个单位采集的数据格式不统一、数据质量不高、数据应用困难等问题也随之出现。

笔者在总结国家管网集团智慧管网标准体系制定过程的技术和经验基础上，采用WSR方法的思想，梳理智慧管网大数据标准化现状与需求，设计智慧管网大数据标准框架，提出关键标准制定建议。保证智慧管网数据质量和数据利用率，实现各单位、层级之间数据的高效衔接。

1　智慧管网大数据标准化现状

1.1　智慧管网简述

智慧管网是在油气管道智能化建设的基础上，以数据全面统一、感知交互可视、系统融合互联、供应精准匹配、运行智能高效、预测预警可控为目标的管道网络管理系统。该概念最早在2019年中国智能管道大会上由中国石油管道公司提出。智慧管网的特点包括数据全面统一，即通过数据整合和统一标准，实现对管道运行数据的全面收集和管理；感知交互可视，指通过传感器和监测设备感知管道运行状态，并将数据可视化展示，以便进行实时监控和交互；系统融合互联，将各个业务系统融合在一起，实现信息的共享和协同；供应精准匹配，通过数据分析和预测，实现对供应的精确匹配，提高运营效率；运行智能高效，利用大数据、机器学习等技术优化管道运行模式和参数，提高运行效率和安全性；预测预警可控，通过数据分析和预警系统，提前预测和控制潜在的管道故障和风险。

薛鲁宁等人构建了智慧管网技术标准体系架构，提出数据类标准可以从数据的分类与代码、数据模型、数据规范、数据词典等方面建立标准，对不同数据源进行格式统一，并对同类数据提出规范性要求，如图1所示。

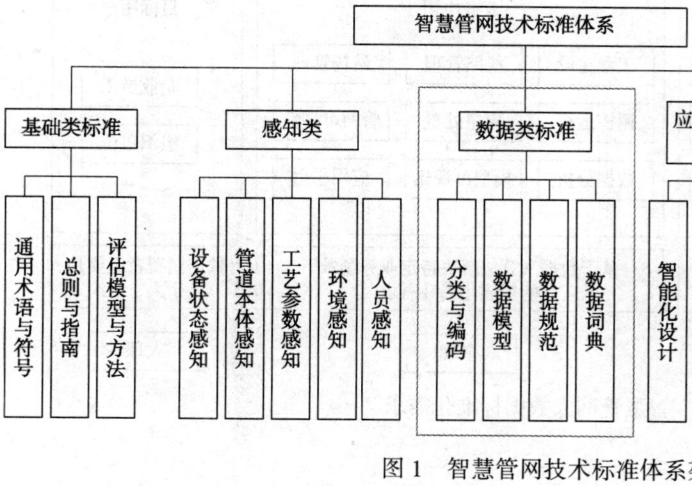

图1　智慧管网技术标准体系架构

1.2　智慧管网大数据标准化的现状和存在的问题

截至2023年5月，检索油气行业信息技术体系中大数据类标准14项，分为数据字典、系统数据采集、数据分类、数据元等几大类型。从标准的技术规范分布情况可以看出，大数据管理类标准一直是油气行业信息技术标准制、修订的重点方向。国家管网集团十四五标准规划中工程建设和资产完整性管理领域也规划了大量数据标准，重点围绕工程编码物料编码、文件交付、数据管理、通用技术等专业。资产完整性管理则涉及专业多，标准之间存在交叉重复的问题，在大数据管理与信息平台考虑了相关标准。由于众多标准暂未发布，本文就不一一列举(表1)。

表1　石油天然气行业智慧管网大数据类标准统计

标准号	标准名称
SY/T 5785—2007	石油工业信息分类与编码导则
SY/T6183—2012	石油行业数据字典管道分册
SY /T 5708—2012	油气田地面工程建设施工及管理数据项名称规范
SY/T 5497—2018	石油工业物资分类与代码
SY/T 5391—2018	石油地震数据采集系统通用技术规范
SY/T 7352—2016	油气田地面工程数据采集与监控系统设计规范
SY/T 7037—2016	油气输送管道监控与数据采集(SCADA)系统安全防护规范
SY/T 7004—2014	石油数据映射应用指南
SY/T 6705—2007	石油工业数据元设计原则
SY/T 6227—2005	石油工业数据库设计规范
SY/T 7005—2014	数据质量控制与评估原则
SY/T 2950—2012	石油工业计划统计指标代码
SY/T 6494—2000	石油天然气工业设备可靠性和维修性数据的采集与交换
SY/T 6932—2012	石油地质图形数据交换规范

智慧管网业务场景有个共同特点，均是基于数据和智能算法(如人工神经网络、机器学习等算法)解决特定业务场景下的智能化提升需求。以此聚焦智慧管网主要智能化业务应用发展态势及标准现状为主线，从信息技术特性与系统工程层面，围绕物理、事理、人理3个方面，梳理智慧管网大数据标准化需求，如图2所示。系统设备层面的大数据需求主要是统一基础大数据标准，实现各信息系统间互联互通。业务应用层面的数据需求主要是高质量、丰富的数据为智能化业务场景提供支撑。目标用户主要面向数据的消费者，如个人、组织。

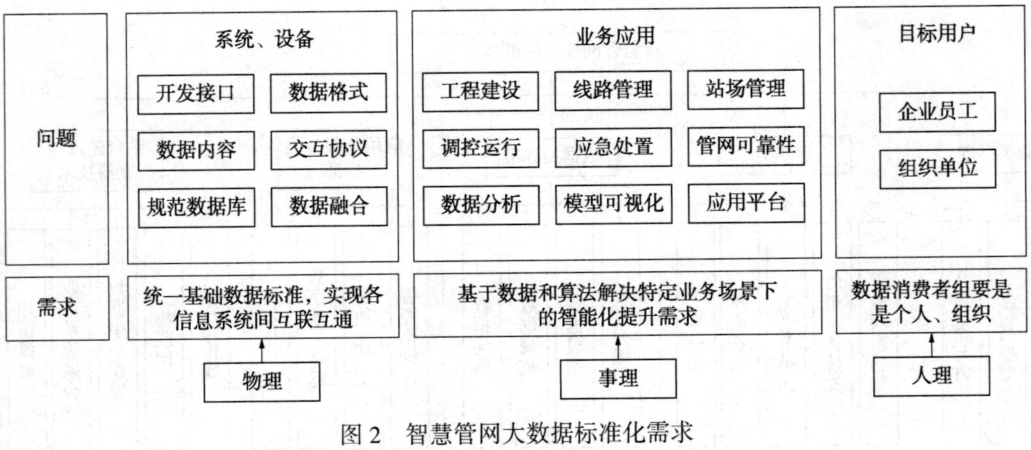

图2　智慧管网大数据标准化需求

结合智慧管网生产实践现场综合调研所了解情况，在各异的业务场景中，关于各信息系统中数据的使用和衔接存在如下几个方面的问题：

（1）标准化规范不统一。目前国内油气行业暂未形成统一的油气大数据技术标准体系。各地区公司在标准适用性方面尚存在很多问题，尤其是针对大数据标准的缺乏统一的标准体系将标准清单进行规范管理。

（2）数据质量问题。数据质量是在指定条件下使用时，数据特性满足明确的及隐含的要求程度，并具有一致、完整、及时、合法、准确、唯一（六元素）的分析维度。智慧管网涉及大量的传感器数据、监测数据和运营数据等，而这些数据可能存在质量问题，如误差、缺失、异常值等。数据质量问题会影响到智慧管网的准确性和可靠性，因此需要进行数据质量评估和清洗，确保数据的可信度和完整性。

（3）数据共享困难。在智慧管网运营中，不同的子系统和设备通常由不同的供应商提供，并使用不同的数据格式和通信协议。这导致了数据孤岛问题，即数据难以在不同系统之间进行交互和集成。解决数据孤岛问题需要制定统一的数据交换标准和接口，实现数据的无缝集成和共享。

（4）数据安全和隐私保护。智慧管网涉及大量的敏感数据，如设备状态、操作记录和生产数据等。这些数据的安全性和隐私保护尤为重要，以防止数据泄露、篡改或未经授权的访问。在智慧管网中，需要采取安全措施，如数据加密、身份验证和访问控制等，确保数据的安全性和隐私保护。

（5）数据分析和决策支持。目前大都利用统计学、机器学习、模式识别等学科知识开展数据分析与应用，应用领域包括管道腐蚀风险综合评价、气象与地质灾害预警有效性分析、焊缝缺陷智能识别、管道应力应变识别、管道应急抢险数据支持等。智慧管网需要利用大数据分析和人工智能技术来处理和分析海量的数据，并提供决策支持。然而，由于数据量大、复杂性高，以及算法和模型的选择等问题，数据分析和决策支持可能面临挑战。需要建立适应管网特点的数据分析模型和算法，提高数据分析的准确性和效率。

2 智慧管网大数据标准化内容

2.1 建立大数据标准体系

从数据生命周期角度，梳理大数据流转与业务系统之间的交互逻辑，在业务层按数据表现形式定义数据标准，在系统层按数据在系统内部存在方式定义数据标准，从数据生命周期角度建立智慧管网数据流程闭环，如图3所示。

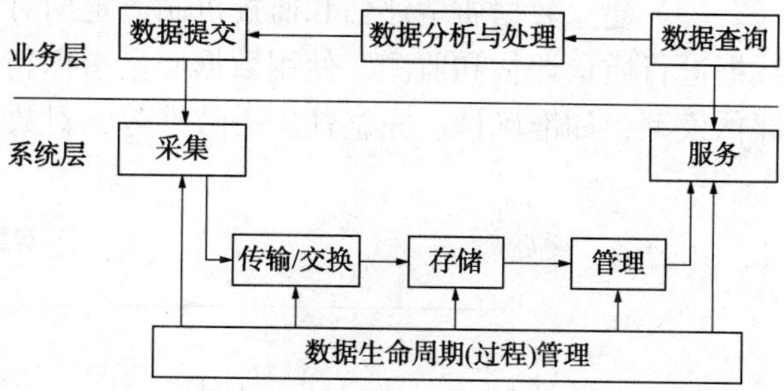

图3　大数据生命周期管理

根据标准体系建设的原则：相关性、全面性、层次性、适用性等，梳理整合现有相互作用、相互依赖的数据标准。参考智慧管网技术标准体系和数据生命周期管理，将数据范围内的标准按照内在联系形成科学的有机整体，并基于WSR方法论提出多级可扩展的数据标准体系，三级表示如图4所示。智慧管网数据标准涵盖数据管理基础、数据技术规范、数据资产管理、数据业务应用、数据工具五个元模块。其中数据管理基础涵盖数据标准总则、数据组织架构、流程规范、数据运维、数据评价、数据通用标准等系列标准。数据技术规范涵盖数据模型、元数据、数据采集标准、数据传输标准、数据存储标准等系列标准。数据资产管理涵盖数据资产目录、自残价值评估、资产质量管理、数据全寿期管理等系列标准。数据业务应用涵盖战略规划、生产运维、工程建设、安全环保、流程与IT、供应链等系列标准。数据工具涵盖数据底座、相关数据工具等系列标准。

2.2 提高数据质量

在智慧管网建设运行中，如何提高数据质量，确保高质量的建设与运行。可从制定数据采集标准，确保数据采集设备的部署、传感器的选择和校准等符合标准要求。定义数据采集的频率、精度和准确性要求，确保数据的质量在采集阶段就得到保证。对于如何提高数据质量，主要从以下几个方面进行标准化：

（1）对采集到的数据进行清洗和去噪处理，去除异常值、噪声和错误数据。使用合适的算法和方法，如平滑滤波、插值法等，处理缺失值和异常值，以提高数据的准确性和完整性；

（2）建立数据一致性标准，定义数据的术语和定义，确保不同数据源之间的数据能够进行准确的比较和分析。对于相同属性的数据，统一单位和量化标准，消除不一致性；

（3）建立数据质量评估和监控机制，定期对数据进行质量评估和监测。使用数据质量指标和评估模型，如准确性、完整性、一致性等，对数据进行定量评估，并及时发现和解决数据质量问题；

（4）对数据进行验证和校验，确保数据的准确性和可信度。使用合适的验证方法和技术，如数据对比、逻辑校验、参考数据对照等，验证数据的正确性和一致性。

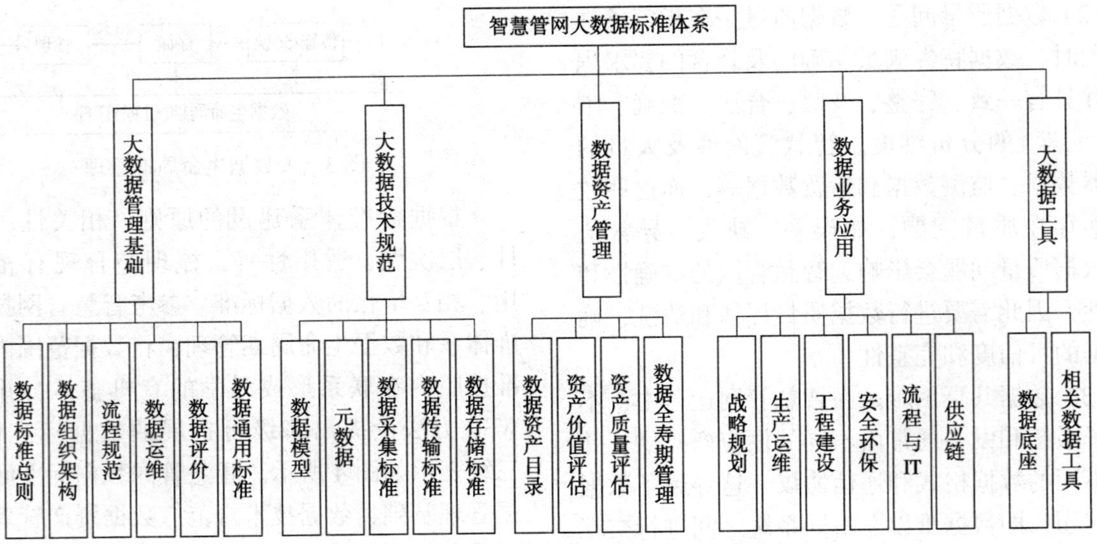

图4　智慧管网大数据标准体系架构

2.3　建立数据共享与应用机制

智慧城市建立了数据融合系列标准，主要从数据的融合方式、权限和范围等方面的要求，以确保数据的融合、共享和利用的合法性和安全性。关于智慧管网数据共享与应用机制可从如下几方面进行：

（1）建立数据安全和隐私保护的标准化机制，确保在数据共享过程中的数据安全性和隐私保护。采用加密、脱敏、访问控制等技术手段，保护敏感数据的安全，遵循相关法律法规和隐私保护标准；

（2）制定数据共享协议，明确数据提供方和数据使用方的权责义务。定义数据共享的范围、目的、期限，明确数据使用的限制和约束条件，确保数据共享的合规性和可控性；

（3）制定数据标准和语义统一的规范，确保不同数据源之间的数据能够进行准确的比较和应用。建立数据字典和词汇表，统一数据的术语和定义，提高数据的一致性和可理解性；

（4）建立数据访问和权限管理的标准化机制，确保只有经过授权的人员和应用能够访问和使用共享的数据。设定不同层级的权限，实现对数据的精确控制和监管。

2.4　数据安全和隐私保护

根据数据的敏感性和隐私程度，确定不同级别的保护措施和权限控制，将敏感数据进行特殊保护。数据安全和隐私保护主要从以下几方面进行：

（1）采用合适的数据加密技术，对存储、传输和处理过程中的敏感数据进行加密保护。确保数据在传输和存储过程中的机密性和完整性，防止数据被非法窃取和篡改；

（2）建立严格的身份验证和访问控制机制，确保只有经过授权的人员才能访问和操作敏感数据。使用多因素身份验证和强密码策略，限制数据访问的权限，并记录数据的访问日志；

（3）对敏感数据进行脱敏处理，去除个人身份信息等敏感信息，确保数据在共享和使用过程中的匿名性。使用技术手段如数据加密、数据哈希、数据屏蔽等，保护个人隐私；

（4）建立数据审计和监控机制，对数据的访问和使用进行监测和审计。记录数据的访问、修改和传输日志，及时发现和应对数据安全事件和异常行为。

2.5 数据分析和决策支持

数据分析和决策支持标准化主要从以下几方面进行：

（1）建立数据集成和清洗的标准化流程，确保数据从不同来源的采集、整合和清洗过程符合一致的标准。定义数据的质量要求、清洗规则和异常处理方法，保证数据的准确性和一致性；

（2）建立统一的数据存储和管理标准，包括数据仓库、数据库和文件系统等。定义数据的存储结构、命名规范和索引策略，确保数据的高效访问和管理；

（3）制定数据分析和建模的标准化方法和流程，包括数据预处理、特征工程、模型选择和评估等。规范化分析方法，确保数据分析的可重复性和可验证性；

（4）建立数据可视化和报告的标准化规范，确保数据分析结果以可视化形式展现，并能生成清晰、易懂的报告。定义数据可视化的样式、指标选择和报告格式，提供直观的决策支持；

（5）建立决策支持系统和工具的标准化规范，包括数据可视化工具、模型应用工具和决策支持系统的设计和开发。确保系统和工具的稳定性、易用性和扩展性。

3 关键大数据标准制修订建议

在图1智慧管网技术标准体系架构和图4智慧管网大数据标准体系框架指导下，结合相关标准需求分析情况，提出了近期亟需研制大数据标准，见表2。

表2 关键大数据标准制订建议

序号	名称	主要内容	建议
1	重要数据标识指南	给出智慧管网范围内重要数据识别的基本原则、考虑因素以及重要数据描述格式。适用于数据处理者识别其掌握的重要数据，为重要数据安全保护工作提供支撑。	制定
2	数据管理工作导则	规定数据管理工作的原则和要求，包括定义数据分类、数据架构管理、数据质量管理、数据安全管理、数据共享管理、数据资产目录管理、元数据管理、参考数据和主数据管理。适用于数据管理工作。	制定
3	数据模型管理规范	规范智慧管网数据模型的构建原则及方法，划分和定义数据域、业务过程、维度、度量/原子指标、修饰类型、修饰词、时间周期、派生指标等内容。	制定
4	元数据管理规范	规定智慧管网数据元数据管理的术语和定义、角色和职责、管理流程、管理要求。	制定
5	智慧管网运行维护期数据采集规范	本文件规定了智慧管网运行与维护期中数据采集过程、数据采集内容、数据采集技术、数据采集质量控制及数据采集安全控制的要求。适用于智慧管网运行与维护期数据采集。	制定
6	数据质量管理规范	明确数据质量描述的基本原理，说明识别及报告数据质量信息的基本方法，规范数据质量控制的基本原则与方法。适用于智慧管网数据应用环境建设和各类数据库中数据质量管理。	制定
7	数据可视化分析规范	规范数据可视化分析的总体原则及分析工具的使用方法与要求等内容。	制定
8	数据开放共享技术规范	智慧管网数据开放共享的技术内容，包括：总体架构、开放共享数据业务分类、模式分类、数据开放共享总体模型、数据开放共享相关功能实体及数据开放共享业务实现过程描述。适用于智慧管网的规划设计、组织管理、系统建设和数据业务提供等。	制定

4 结语

本文从智慧管网大数据标准化现状、大数据标准化问题和需求、大数据标准化的实现方法等多个方面进行分析，并提出了实现智慧管网大数据标准化方案，包括智慧管网大数据标准化内容和亟需的关键数据标准制订建议。本文认为，智慧管网大数据标准化是智慧管网建设和运营的基础和前提，需要加强标准化方案的制定、实施和维护，从而提高智慧管网大数据的可靠性和准确性，促进数据的共享和利用，推动智慧管网的发展。

参 考 文 献

[1] 王振声，陈朋超，王巨洪. 中俄东线天然气管道智能化关键技术创新与思考[J]. 油气储运，2020，39(07)：730-739.

[2] 薛鲁宁，李莉，张栩赫，等. 智慧管网技术标准体系架构探索[J]. 中国标准化，2023(06)：50-57.

[3] 帅训波，乔德新，冯梅，等. 新形势下的油气行业信息技术标准体系建设[J]. 油气田地面工程，2021，40(10)：1-5.

[4] 税碧垣. 智慧管网总体架构与发展策略思考[J]. 油气储运，2020，39(11)：1201-1218.

[5] 陈朋超，冯文兴，燕冰川. 油气管道全生命周期完整性管理体系的构建[J]. 油气储运，2020，39(01)：40-47.

[6] 贾韶辉，张新建，李妍，等. 油气管道全生命周期数据管理及其在中俄东线的应用[J]. 油气储运，2020，39(07)：756-762+820.

[7] 肖波，文必龙，邵庆. 基于业务模型的油气勘探开发数据标准体系设计[J]. 东北石油大学学报，2014，38(04)：86-91+11.

[8] 国家智慧城市标准化总体组. 智慧城市标准化白皮书[R].

石油化工项目管理中电子签章系统的应用研究

王淑红　王　力　闫旭青

（中石化中原石油工程设计有限公司）

摘　要　在石油化工项目建设过程中，项目文件数量庞大，审批流程长且仍需要电子版和纸质版分别归档，纸张消耗成本高。为减少项目成本、提高文件流转效率，本文根据石油化工项目管理特点，在PKI体系和数字证书的技术背景下，提出将电子签章系统应用到项目管理平台中，并基于某地面工程项目进行了应用并分析其利弊，减轻各相关方的工作负担，实现项目的高效管理，为石油化工项目信息化管理提供方向。

关键词　电子签章；项目管理；石油化工；项目文件

目前石油化工的项目资料大多使用双轨制进行归档，即除纸质原件外，线上留存纸质原件扫描后的电子版，存在重复工作量；且纸质文件数量庞大，扫描过程中由于操作不当，浪费纸张的现象层出不穷。2020年7月15日，国家发展改革委、中央网信办、工业和信息化部等13个部门联合印发《关于支持新业态新模式健康发展激活消费市场带动扩大就业的意见》中指出要推动完善电子合同、电子发票、电子印章、电子签名、电子认证等数字应用的基础设施，为在线办公提供有效支撑。

目前水利工程、电站等领域使用电子签章技术解决该问题，在项目资料产生的过程中，引入电子签章技术，保证在资料流转和归档的过程中存在法律效益，即可以减少纸质文件产生的资金浪费，又能节约重复工作量产生的时间成本。

电子签章可保证文档信息的真实性、完整性、机密性和不可否认性，石油化工项目管理中施工过程资料的流转涉及监理单位和EPC总承包单位（针对EPC项目），其他如开工报告等文件，还涉及建设单位等，电子签章技术的引入能够减少文件流转的次数，提升文件在签字盖章过程中的工作效率。本文研究在石油化工项目管理过程中电子签章技术的运用，推动管理创新，实现施工资料的高效流转，保障工程档案的及时收集和归档，提升项目信息化管理水平。

1　电子签章系统总体设计

1.1　关键技术

1.1.1　PKI体系

公钥基础设施（Public Key Infrastructure，PKI）是一组建立在公开密钥算法基础上的数字认证体系，主要由认证中心（Certification Authority，CA）、注册中心（Register Authority，RA）、应用接口系统、密钥证书管理系统构成。电子签章系统采用安全可靠的PKI体系密码技术，具有国际/国产双密码算法，拥有版式PDF文档解析、组件服务、云端签章、多硬件多CA等自主研发的核心技术，通过电子签章手段，确保文档防伪造、防篡改、防抵赖，安全可靠。

电子签章系统基于PKI体系，支持国密算法和硬件，符合密码法相关标准及要求，满足在多场景化下的签章需求，支持对PDF文档格式的签章，支持Windows操作系统，在PC端和移动端保持一致的使用体验。

1.1.2　数字证书

由CA（证书授权中心）签发的数字证书，可用于验证互联网环境下个人或企业的身份信息。个人数字证书的申请需要身份证正面、反面拍照上传（加水印）、个人身份证号码、手机号等信息。企业数字证书的申请若为公司法人申请则需要法人身份证正面、反面拍照上传（加水印）、法人身份证号码、法人手机号、企业统一社会信用代码复印件（加盖红色单位公章），企业名称、地址、代码证号和企业电话等信息；若为非法人申请则除以上信息外还需要企业授权委托书，证明该公司授权该申请人进行企业数字证书申请。

CA中心会根据用户提供的资料进行验证，确定身份信息没有问题后，管理员将数字证书存储到签章后台服务器中。同时CA中心会提供一对可用于文件加密的公钥和解密的私钥，具体流程见图1。

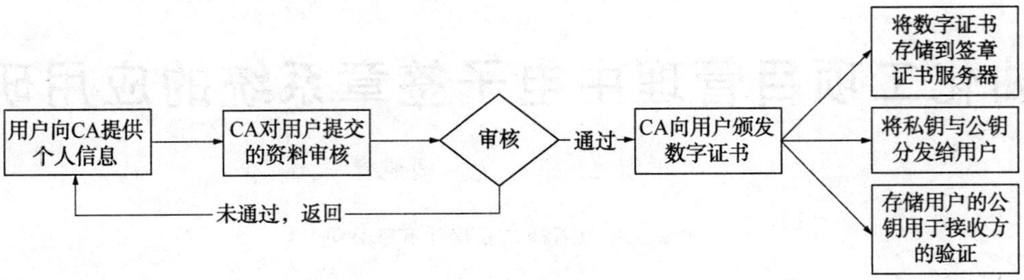

图 1　数字证书申请流程图

1.2　石油化工项目管理特点

针对电子签章系统的应用需要按照石油化工项目管理特点进行考虑，总的来说包含以下几个方面：

(1) 安全管理要求高：石油化工项目具有点多线长面广的特点，项目多涉及高温、高压、易燃、易爆等危险因素，因此对安全管理的要求极高，需要采取多种措施确保项目的安全性和稳定性。

(2) 技术要求严格：石油化工项目需要使用各种复杂的技术和设备，包括大型机组、反应器、压缩机等，因此既需要具备足够的专业技术知识，又需要对“355667”管理体系下的进度、投资、合同、质量、HSE 和廉洁管理有着足够的管理知识，知识储备要求高。

(3) 项目管理难度大：石油化工项目通常需要多个单位共同协作完成，包括设计、采购、施工等多个环节，因此项目管理难度较大，需要协调各方面的工作和资源，作为地面工程的建设方管理人员，既需要管理传统集输类的中小型项目，又需要管理油气站场类大中型项目，业务范畴广；既需要管理传统项目模式下的监理方、设计方、施工方、检测方，又需要管理其它项目模式下的 PMC 方、项目咨询方、EPC 联合体方，管理对象复杂。

(4) 质量要求高：石油化工项目的质量直接关系到生产安全和产品质量，因此对质量要求极高，需要采取多种措施确保项目的质量符合要求。

(5) 资金投入大：石油化工项目需要大量的资金投入，包括设备采购、人力成本、材料费用等，因此需要对资金进行科学管理和使用，确保项目的经济效益和社会效益。

石油化工项目工作繁琐，参与方多，知识储备高，导致工程管理的学习成本高，工作任务重，业务实现规范化、精细化、智能化管理，整体工程建设模式对标新发展格局转型要求颇具挑战。

1.3　电子签章系统应用优势

电子签章系统是一种利用数字技术进行电子文档签名的工具，它在石油化工应用中具有多种优势：

(1) 提高效率：电子签章可以大大提高签署效率，避免传统纸质签章的繁琐流程，缩短石油化工项目周期，降低成本。

(2) 加强安全性：电子签章采用了先进的加密技术和数字证书，能够保证签章的真实性和合法性，有效避免纸质签章中的伪造、篡改等问题，提高项目管理的安全性。

(3) 提升信息化管理水平：电子签章可以与项目管理系统、文档管理系统等无缝集成，实现信息的共享和管理，有利于实现项目的信息化、数字化管理，提高管理水平和效率。

(4) 降低成本：电子签章不需要纸张、印刷、邮寄等成本，可以大幅度降低签章成本。同时，电子签章还可以实现多人同时在线签章，避免了纸质文档传递过程中的人力物力消耗。

(5) 增强合规性：电子签章系统符合相关法律法规和标准的要求，能够保证签章的合法性和合规性，避免法律风险。

综上所述，电子签章可以提高石油化工项目管理的效率、加强安全性、促进信息化管理、降低成本、提高可追溯性、增强合规性、优化资源配置等优势。

1.4　系统架构

本文研究的电子签章系统由 CA 中心、管理员后台服务器端、印章系统客户端组成，系统架构图见图 2。

用户通过 CA 中心得到数字证书认证，并将个人签名扫描成透明图片，由系统管理员将个人签名上传到印章服务器并设定初始密码，用户可在印章系统客户端进行密码修改，单位签章由相应单位授权人进行上述操作。

电子签章系统包括后台服务器端和客户端，功能架构图见图3。

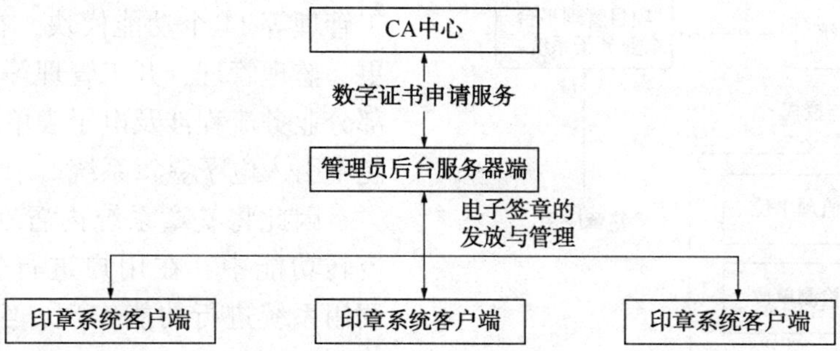

图2　电子签章系统架构

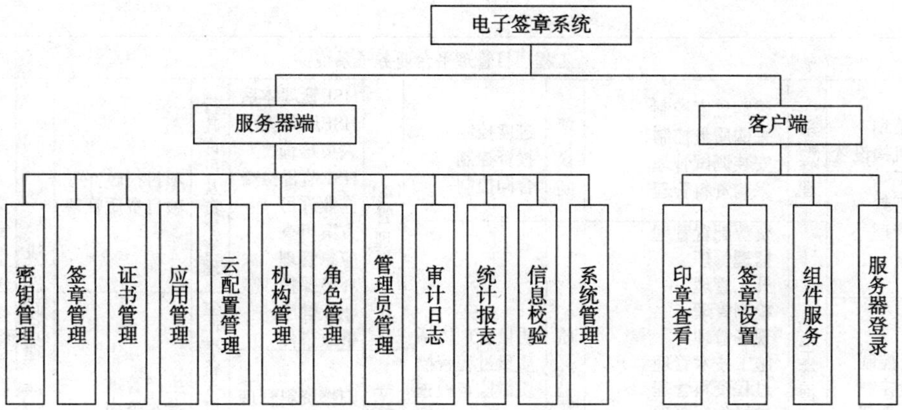

图3　电子签章系统的功能架构图

电子签章服务器端作为电子签章系统的重要组成部分，提供了包括密钥管理、签章管理、证书管理、应用管理等功能，其主要功能用于管理签章用户的全生命周期使用流程，涵盖了从签章用户的发放、签章使用记录，到签章用户的销毁，全生命流程均可通过审计日志方式，进行审计查看，确保用户行为的可追溯性。并实现了对签章用户生命周期内的管控功能，包括授权管理、打印管理等。

电子签章客户端包含印章查看、签章设置、组件服务和服务器登录等功能。在进入客户端以后，首先需进行网络配置和密钥盘配置，之后可进行印章查看，签章密码修改等操作。

3　石油化工项目管理中电子签章应用

3.1　项目背景

在某石油化工地面工程项目中，由于项目工程量大，整个项目建设需要三家施工单位、两家监理单位和一家设计单位共同完成，且施工区域大多为某两家共同负责，两家监理单位的监理部分也多交叉，因此在一个庞大的项目上，资料的流转和协调成为了一个重要的管理问题。在这样的背景下，建立工程项目管理平台并在平台的文件流转过程中加入电子签章系统成为了一个有效的解决方案。通过这种方式，实现了文件资料的高效流转，可以有效解决资料流转难题，提高项目管理效率、加强安全性、促进信息化管理、降低成本、提高可追溯性、增强合规性以及优化资源配置等方面具有显著优势。

3.2　系统功能设计

电子签章系统与项目管理平台的业务子系统深入融合，将各参建的项目经理、监理工程师等个人签名及单位签章存储在电子签章系统后台服务器中，用户在项目管理平台业务子系统中如开工报告、工程联络单等业务流程中进行电子文件的签署及流转，产生合法有效的电子文件，具体业务架构图见图4。在全部流程完成以后，在项目管理业务子系统中归档功能下将签署完成的文件存入到项目管理平台归档子系统中，在该子系统中可查看归档文件并导出归档文件目录。

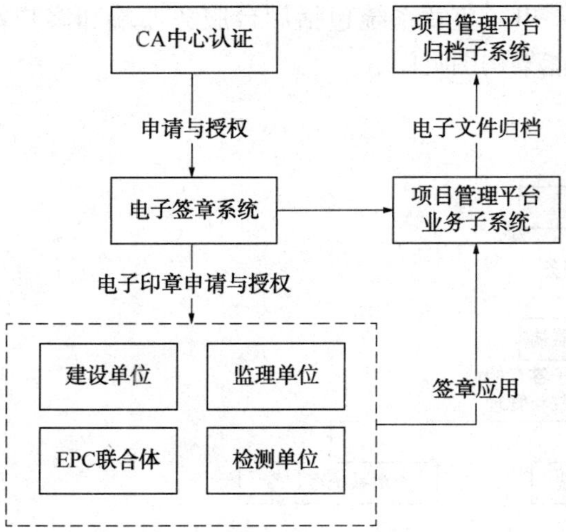

图4　电子签章业务总体架构

基于电子签章的项目管理平台业务子系统针对石油化工项目特点进行功能设计，具体包含业务功能见图5。工程项目管理平台业务子系统中包含项目组织与管理、设计管理、采购管理、施工管理等11个功能模块，在各模块中如设计变更、监理管理、开工管理等业务功能(图5)中有部分业务流程涉及电子表单的流转，在该部分功能中引入电子签章系统。

因此将签章系统内置在项目管理平台业务流转功能中，在用户进行签名或签章操作时，调用系统进行功能实现，实现更加高效的项目管理。

工程项目管理平台业务子系统											
项目组织与管理	项目概况 项目管理策划 项目组织机构设置及职能分工 制度规范汇编 计划统计管理 二维码质量管理应用	采购管理	采购进度控制 采购质量控制 安装调试管理 采购资料管理	项目控制	进度控制 投资控制 合同控制	HSE管理	HSE管理体系 HSE风险管理 人员培训 HSE监督检查 作业许可 方案审查 应急管理 环境保护 职业健康 事故事件	行政许可及资质管理	项目行政许可 项目资质管理	竣工验收管理	交工验收 专项验收 生产考核 竣工决算与审计 档案验收 综合竣工验收 竣工验收文件归档
设计管理	设计进度控制 设计质量控制 设计变更管理 设计资料管理	施工管理	资源配置管理 监理管理 开工管理 检测管理 现场管理 施工技术管理 过程资料管理 进场物资管理 施工变更管理 预试车、交工阶段施工管理	质量管理	质量管理体系 质量过程管控 质量监督检查	文档管理	归档资料管理 电子文档管理 文档审批	生产准备与试运车管理	生产管理 试车管理		

图5　石油化工项目管理平台业务子系统

3.3　系统应用

3.3.1　施工文件签署流程

以施工文件(施工组织设计/施工技术方案报审表)签署流程为例，详细阐述电子签章系统在石油化工项目管理中的应用。

施工组织设计/施工技术方案报审表是一种重要的工程文件，主要用于向监理单位或相关主管部门提交施工组织设计或施工技术方案，以供审查和批准。施工单位根据工程项目的具体情况，填写施工组织设计/施工技术方案报审表，然后将填好的报审表提交给监理单位审查，经过审查后，施工单位的项目经理或技术负责人需要在报审表上签字并加盖单位公章，以确认该报审表的真实性和有效性，如果审查通过，则会批准执行该施工组织设计/施工技术方案。经过监理单位、建设单位等审核，审核完毕后确认可按照联络单上所述进行方案或现场的更改，至此流程完成。在该过程中，每当流程流转至签署用户时，即调用电子签章系统进行签名或者签章操作，待全部审核完成时，工程管理业务子系统将通过归档操作将签章后的文件推送至业务归档子系统中进行电子化保存。详细流程见图6。

经过实名认证并设置签字的用户只需登录工程项目管理业务子系统，然后按照待办事项提醒进行审核流程。一旦完成审核，点击通过并进行意愿校验(自动弹窗)，即可轻松完成全部工作，显著提高工作效率，见图7为石油化工项目管理平台电子签章的应用实例。

3.3.2　应用效益分析

对于中大型石油化工项目管理过程中，按照3家施工单位计算，项目施工文件大概形成综合卷、设备材料卷、土建安装工程卷、管道安装工程卷、设备安装工程卷和电气安装工程卷等六个部分，并且根据厚度不同进行分册，按照每个卷分为6册进行计算，每册的页数在250页左右，这样针对一个工程项目的施工文件数量有3＊6＊6＊250＝13500张，监理文件约为施工文件的10%，即1350张，另外建设单位、设计单位也有部分文件需审批，则按照总数15000张考虑，且各家单位也需保存纸质版文件一份，则总数为15000＊5＝75000张。项目应用电子签章以后，无需打印纸质文件，仅此一项节约7500元（75000＊0.1元/页）的资金成本，节约用纸在375kg（按平均5.0g/页计算），同时在文件流转过程中，按照每个流程平均5次分发过程计算，每次分发签章的时间在1h计算，则单次流程即可节约5h的时间成本，针对大中型石油化工项目来讲，参建单位众多，更加节约时间成本，提高工程项目管理效率。

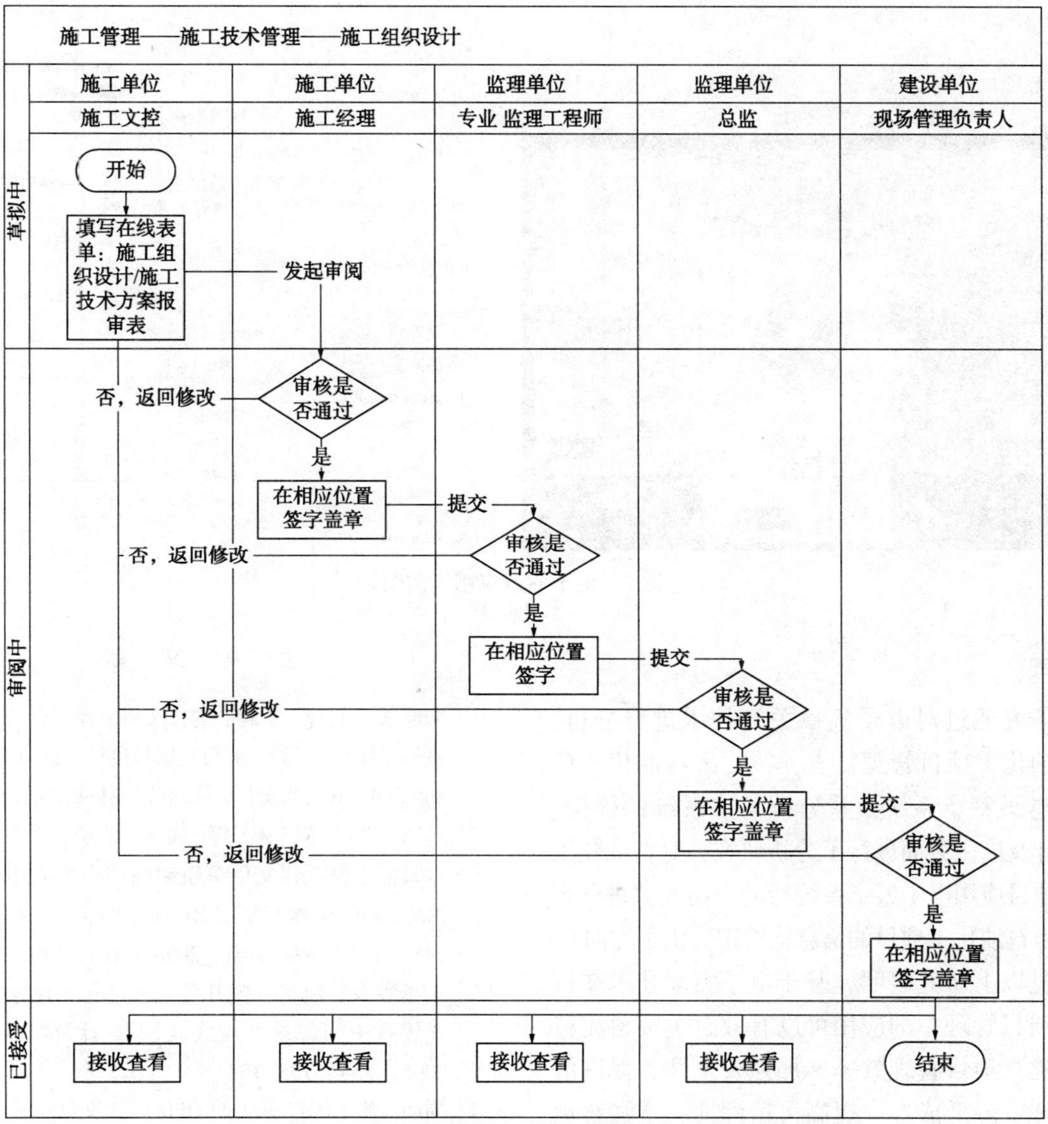

图6 施工组织设计/施工技术方案签署流程

3.3.3 应用难点分析

虽然电子签章有诸多优势，但在石油化工的应用推广方面还存在一些问题，具体体现在以下几个方面：

（1）电子签章的信任问题：石油化工项目中合同的签署需要高度的安全性和可信度。电子签章作为数字时代的产物，其信任问题需要通过一系列的安全措施和技术手段来解决。如何确保电子签章的合法性和有效性，是电子签章系统应用中的一个难点。

（2）电子签章的管理问题：电子签章的管理涉及到多个环节，包括签章的生成、存储、使用、撤销等。大中型石油化工项目涉及到的合同和文件数量众多，如何高效地管理电子签章，防止签章被滥用或伪造，也是电子签章系统应用中的一个难点。

（3）电子签章的法律问题：电子签章在法律上的认可度还相对较低，如何确保电子签章的合法性和合规性，以及在出现法律纠纷时如何进行证据保全和维权，是电子签章系统应用中需要解决的一个重要问题。

（4）电子签章的技术实现问题：电子签章的实现需要涉及到多种技术，包括数字签名技术、加密技术、身份认证技术等。如何将这些技术有效地集成在一起，实现电子签章的安全性和可靠性，是电子签章系统应用中的一个技术难点。

综上所述，电子签章系统在石油化工领域的应用难点主要涉及到信任、管理、法律和技术实现等方面的问题。要解决这些难点，需要采取一系列的安全措施和技术手段，同时加强相关人员的培训和管理，确保电子签章系统的安全性和可靠性。

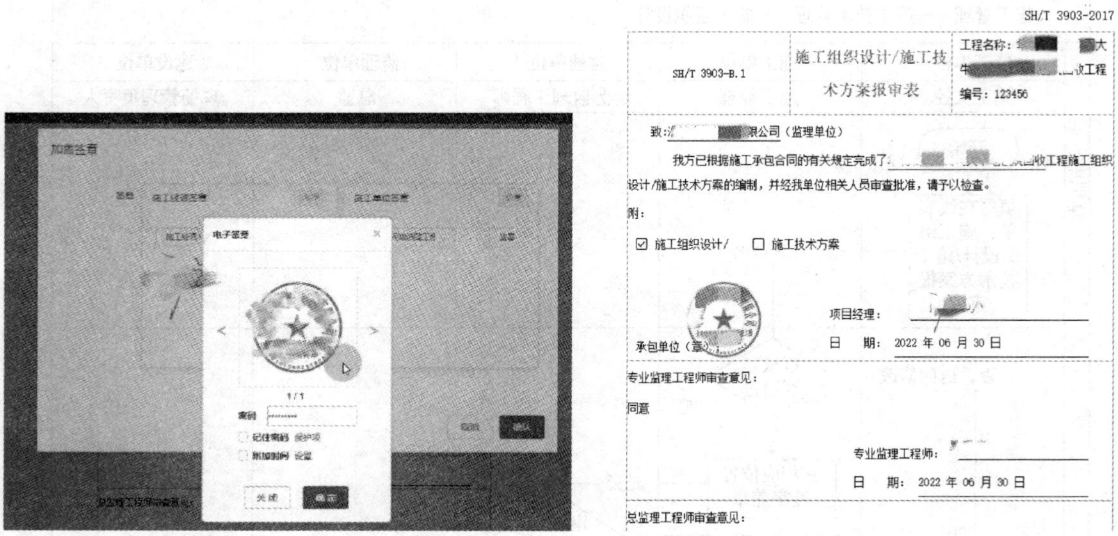

图 7　电子签章应用实例图

4　总结

本研究通过对电子签章关键技术进行分析，针对石油化工项目管理特点，特提出石油化工项目管理电子签章系统，并分析了该系统的框架、功能设计及应用方面进行了分析研究，对石油化工大中型项目应用电子签章系统后的应用效益进行了分析，为石油化工项目的信息化管理提供了方向。

通过以上研究表明，基于电子签章技术在石油化工项目管理中的应用可以有效解决资料流转难题，提高项目管理效率、加强安全性、促进信息化管理、降低成本、提高可追溯性、增强合规性以及优化资源配置等方面具有显著优势。通过这种方式，可以实现更加高效、安全、可靠的项目管理，在石油化工大中型项目中应用电子签章系统后，可以带来显著的应用效益，为石油化工项目的信息化管理提供了方向。但是在推广应用方面仍存在一些难题，需要采取一系列安全措施和技术手段，同时加强相关人员的培训和管理，确保电子签章系统的安全性和可靠性。

参考文献

[1] 朱晓斌，刘辉，李韡，等. 水利工程建设管理中电子签章系统设计[J]. 水利规划与设计，2021(10)：76-80. DOI：10. 3969/j. issn. 1672-2469. 2021. 10. 017.

[2] 马琳，王艳，杨义，等. 关于“电子签章”技术在抽水蓄能电站工程文件单轨制归档中的应用研究[J]. 水电与抽水蓄能，2020，6(3)：113-116，120. DOI：10. 3969/j. issn. 2096-093X. 2020. 03. 023.

[3] 丁惠春，谷建华，张凡等. 面向电子政务应用的电子签章中间件设计与实现[J]. 计算机应用研究. 2005，(3)：135-137

[4] 周明. 基于国产算法的 OFD 版式文件电子签章系统的设计与实现[D]. 战略支援部队信息工程大学，2020.

[5] 郑美玲，陈瀚，俞洪水，等. 电子签章系统中 PKI 与数字水印技术[J]. 科学技术创新，2021(30)：101-103. DOI：10. 3969/j. issn. 1673-1328. 2021. 30. 041.

[6] 姜瑞文，李三星. 石油化工项目建设与试生产过程安全管理探索与实践[J]. 石油化工安全环保技术，2022，38(3)：9-12. DOI：10. 3969/j. issn. 1673-8659. 2022. 03. 005.

AI 行为分析技术在油气管道工程智能工地中的研究与应用

闫旭青　黄　巍　王淑红

（中石化中原石油工程设计有限公司）

摘　要　在油气管道工程项目建设过程中，人员组成复杂、流动频繁，机具作业区域多，工序复杂，无法对施工现场进行有效安全质量管控。为加强施工现场智能化安全质量管控能力，通过应用 AI 行为分析技术对人员、机具行为进行安全监视把控，通过研究、分析、选定最合适深度学习算法框架、图像识别技术满足 AI 分析识别的准确率，利用现有软硬件资源将 AI 行为分析技术与信息系统集成，应用于管道工程建设安全监督管理工作中，实现施工现场不安全行为自动识别和预警，辅助管理者进行决策，提高施工现场管理效率、智能管控能力。

关键词　AI 行为分析；深度学习算法框架；图像识别技术；安全质量管控

为进一步建立健全工程现场智能管控能力，根据工程建设“点多、线长、面广”的特点，建设规模和数量增长迅速，现场安全生行为监管亟待加强；工地施工人员组成复杂，流动频繁，安全意识有待提升，违章行为有禁不止；施工机具、机械、设备作业占比较高，管理难度较大等，同时为了落实中石化集团公司工程部《关于落实集团公司<关于加强安全管理的硬措施>的通知》及各项相关要求，应用 AI 行为分析技术，开发、部署“智能安全行为识别系统”。

以实用、好用、易用为出发点，不增加一线作业人员负担为前提，研究适用于管道施工作业现场的实用化智能监督业务功能、智能安全管控手段，探索人工智能识别系统应用推广路线，充分应用大数据、图像识别、目标检测等先进技术开展基于视频监控的工程施工现场不安全行为识别技术研究。在相关人工智能技术研究的基础上，研究管道工程建设安全风险视频智能识别算法模型，对现场存在安全风险行为的场景进行自动识别训练，最终将人工智能技术应用于管道工程建设安全监督管理工作中，实现施工现场不安全行为自动识别和预警，辅助管理者进行决策，提高管理效率。

1　AI 行为分析系统设计

1.1　系统简介

充分应用大数据、图像识别、目标检测等先进技术开展基于视频监控的工程施工现场不安全行为识别技术研究。在人工智能技术研究的基础上，研究管道工程建设安全风险视频智能识别算法模型，对现场存在安全风险行为的场景进行自动识别训练，满足施工风险隐患智能监督需求，开发、部署“智能安全行为识别系统”，最终将人工智能技术应用于管道工程建设安全监督管理工作中。实现油气管道工程施工现场不安全行为自动识别和预警，辅助管理者进行决策，提高施工现场安全质量管控能力，见图 1。

1.2　系统设计思路

通过在油气管道工程作业区域部署固定摄像头、移动布控球，在现场项目部部署基于 AI 行为分析技术的“智能安全行为识别系统”，将该系统以子系统的方式嵌入工程项目智能管控平台，和摄像头终端设备接入，实现对施工现场违规行为、高风险行为的自动识别分析和预警，见图 2。

2　AI 行为分析技术的研究与分析

2.1　AI 相关概念

AI 是用于模拟、延伸和扩展人的智能的理论、方法、技术及应用系统的一门新的技术科学。AI 与机器学习、深度学习、人工神经网络密不可分，它们之间既有区别又有联系。AI 包括深度学习和机器学习，能让计算机像人类一样具有自然语言理解能力和图像识别能力。此外，

AI从信息处理角度对人脑神经元网络进行抽象后建立某种模型，按不同的连接方式组成不同的网络，即人工神经网络，从而训练和优化识别算法。卷积神经网络(Convolutional Neural Network，简称CNN)是人工神经网络的进一步发展，对网络层的功能和形式做了优化，满足大型图像处理的要求。

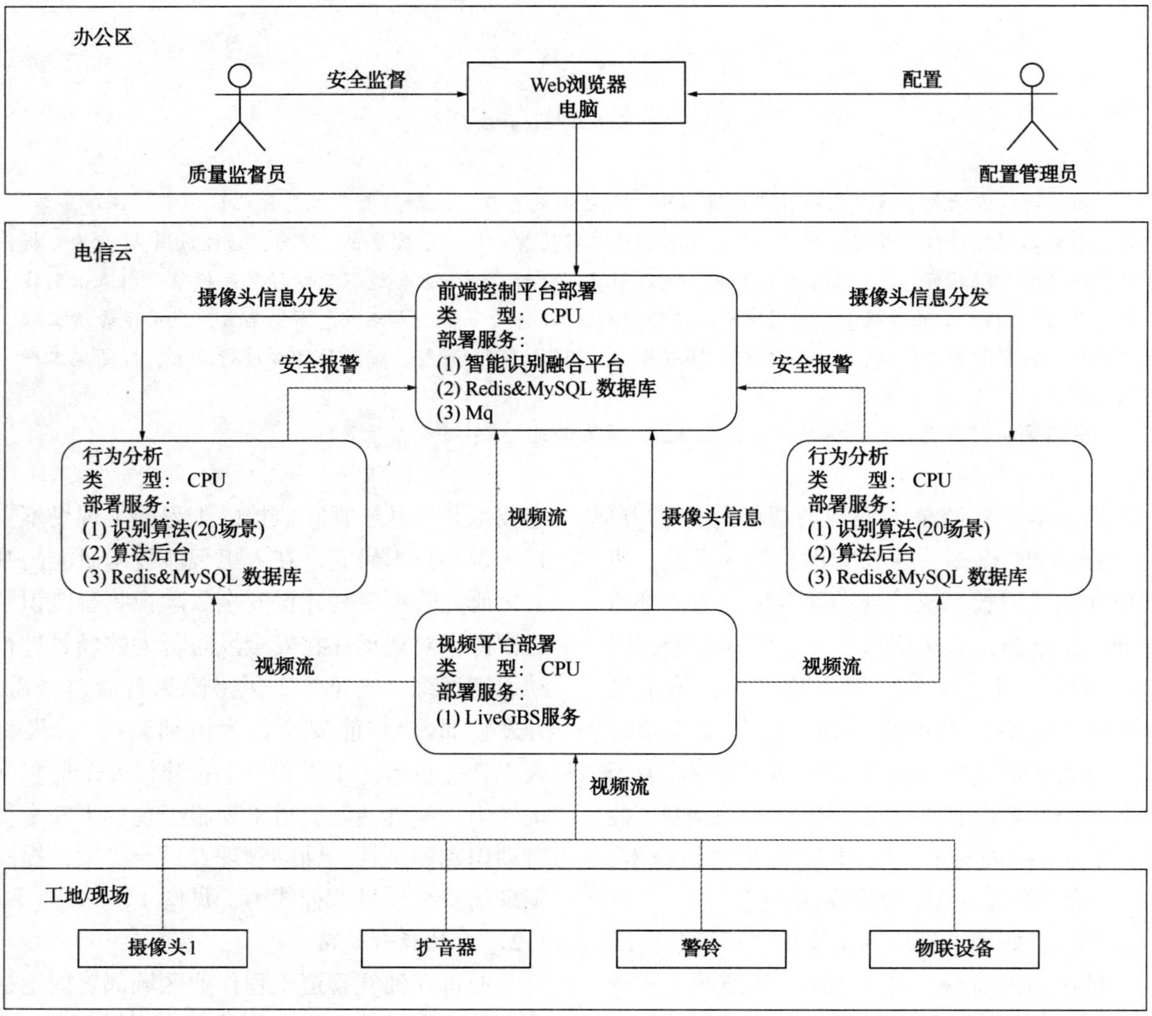

图1　智能安全行为识别系统架构图

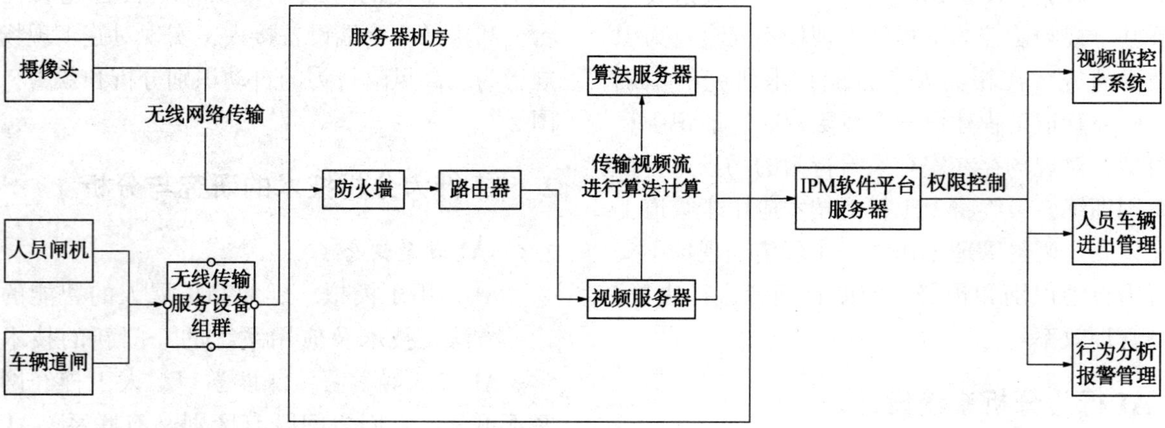

图2　智能安全行为识别系统设计图

2.2 深度学习算法框架

TensorFlow、PaddlePaddle、PyTorch 为市面主流人工智能深度学习框架，结合业务识别需求，研究、分析、并选定适合油气储运建设行业安全监管业务智能识别需求的框架。

TensorFlowGoogle 框架支持 GPU 和 TPU 高性能数值计算，包含各类开发和研究项目的完整生态系统，可部署于各类服务器，PC 终端和网页，安全性和兼容性都可以得到保障。

PaddlePaddle 框架性能强可完成全异步大规模训练集群，参数规模大 Embedding 和模型扩大数倍，性价比更高通过参数服务器训练可大幅度减少内存的开销。

PyTorch 框架是简洁高效的一种算法框架，设计理念为追求最少的封装进行轻量化，设计更符合人类思维，同时 FAIR 的支持确保了 PyTorch 获得持续的开发更新。

最终选定 pytorch 深度学习框架，其主要有三大特点：简洁、速度和易用。其在设计上追求最少的封装，尽量使用现有的代码，无需重复编写已有的代码，pytorch 的简洁使开发者能够更清楚代码的每一步逻辑。同时，pytorch 在代码运行速度上也要优于很多其他框架，在设计的过程中遵循面向对象的思想，使得框架的各个算法接口调用起来很方便。

2.3 图像识别技术

2.3.1 目标检测算法

AI 行为分析采用的 yolo 系列算法是一种端到端的神经网络算法模型，输入图片，输出预测出物体的类别和坐标，将对象检测重新定义为一个回归问题，将单个卷积神经网络(CNN)应用于整个图像，将图像分成网格，并预测每个网格的类概率和边界框，并将输入图像中的像素数据转为更高阶、更抽象的层级特征。与传统的目标检测算法相比，基于深度学习的目标检测算法具有速度快、准确性强、鲁棒性高的特点。

2.3.2 语义分割技术

语义分割技术，把图像中每一像素赋予一个类别标签，用不同的颜色进行标识。用于需要对目标精确定位的场景，相对于目标检测只能给出框住目标的一个目标框，语义分割给出的结果是像素级别的，部分算法就使用了这一技术对目标进行精确定位，如钢管定位。

2.3.3 传统图像处理技术

传统图像处理技术是区别于深度学习的图像处理方法，常用于基于深度学习目标检测的图片前处理及后处理过程。

2.3.4 人体骨骼关键点检测技术

人体骨骼关键点检测技术可检测人体骨骼关键点，如关节，五官等，将人体结构与周围环境进行区分，并学习人体的运动属性(求救、打架、跌倒、攀爬、闯入、离岗等)，结合时间、人数、动作及空间区域等维度，将行为识别范畴扩展至安防领域所需要识别的人体异常行为(聚集、独处、人员热力、滞留、徘徊、缺岗等)，进行准确检测及高效预警，识别率高，误报率低，应用前景明朗。

3 AI 行为分析技术的应用

3.1 应用背景

在油气管道工程建设过程中，施工人员在施工现场可能会存在异常行为(例如：安全帽佩戴不规范)，容易导致安全隐患。当前，针对施工人员的行为管理通常是依靠人工管理手段，对摄像头画面进行人工识别和人工统计分析。然而，实践发现，一旦将施工人员的施工异常行为误识别为施工正常行为，则容易导致对该施工人员进行错误管理，从而可能会引发安全事故。可见，提出一种提高施工异常行为的识别准确性的技术方案显得尤为重要。

3.2 应用实施

3.2.1 实施方案

坚持“整体规划，分步实施，以点带面，统筹推进”策略，以现有 IPM 平台为基础，开发智能安全行为识别系统，将“智能安全行为识别系统”以功能的方式完全融入工程项目智能管控平台，实现资源整合，满足数字化安全监管的要求。

前期预估油气管道站场工程所需硬件，以此采购部署相关硬件设施，以分别对人员、车辆出入场管理、作业区域监控管理部署道闸和摄像设备。同时通过网络传输技术将现场采集信息回传至视频监控服务器，再由视频监控服务器接入已经成熟的 9 种算法服务器进行 AI 智能识别，将识别出的报警信息推送至视频监控系统平台展示。另外可辅助其他现场报警设备，如灯光报警，声音报警等。

实施过程中对其他未成熟的6种算法进行训练，将训练完成的算法部署到算法服务器进行使用，从而保障施工现场的违规操作能及时报警。同时对其他站场建设现场推广摄像头建设，一一接入系统，保障所有站场均能进行AI智能识别。

最后对现场闸机、道闸等进行接入。对移动端APP进行开发，使APP能够实时查看现场视频，调取报警信息，统计报警数据等。同时对已经识别的数据进行收集、统计、分析和归类形成人员、车辆、设备等相关数据的监控管理大屏等。

3.2.2　智能识别场景

经过对油气管道施工业务安全隐患场景进行梳理，根据现场摄像头内监控识别、现场此类事件高频发生、事件涉及高危险行为安全隐患、业务判断逻辑复杂程度、正负样本素材收集难易程度等，经过研究与实际验证，研究场景的更替，最终确定了3大类15种业务场景，见表1。

表1　智能识别场景清单

序号	质量监督隐患内容		
	算法类别	算法场景	描述
1		未按规定正确佩戴安全帽	画面内未按规定正确佩戴安全帽。
2		未按规定正确穿戴反光衣	画面内穿戴反光衣不会报警为未正确穿戴工服(或在固定画面内识别全部人员未穿反光衣)。
3	安全着装识别	未按规定正确穿戴工服(红色)	未按规定正确穿戴红色工服(包含未穿戴整套工服、或穿的半袖、短裤)。
4		未按规定正确穿戴工服(除红色外其他颜色)	未按规定正确穿戴除红色外其他颜色的工服(包含未穿戴整套工服、或穿的半袖、短裤)
5		未按规定正确佩戴安全带	人员在高处作业，且画面内未按规定正确佩戴安全带。
6		吊物下或机械周边停留	画面内在吊装作业时人员在吊管机、挖掘机、起重机吊臂、吊物下停留、穿行或休息的。
7		挖掘机铲斗载人或乘坐挖掘机铲斗的	画面内挖掘机铲斗载人或乘坐挖掘机铲斗。
8		现场吸烟的	画面内在现场吸烟的。
9	人员行为识别	施工现场摔倒的	画面内人员摔倒的或倒地的。
10		施工现场人员聚集的	画面内施工人员超过三人以上聚集，且相互之间人员间隔不超过1M的。
11		施工时打电话的	画面内打电话的。
12		警戒区域闯入	画面内有翻越防护墙；画面内划定电子围栏，人员进入电子围栏内即报警。
13		离岗识别	机械操作在吊装作业时吊物静置悬空时，操作人员长时间离开控制室；画面内的监控区域、监控室、监控大厅等需要人员值班的区域长时间无人员。
14	环境风险识别	烟雾识别	画面内有浓重烟雾。
15		明火识别	画面内有明亮火焰的。

3.3　应用系统集成

对完成工程项目智能管控平台(IPM)和智能安全行为识别系统的集成，将“智能安全行为识别系统”以功能的方式完全嵌入工程项目智能管控平台(IPM)，IPM系统智能监控模块功能，最终实现全部智能安全行为识别功能的接入，和摄像头终端设备的重新接入。智能安全行为识别系统通过研究、分析、融合功能后总结了以下功能模块，见图3。

包括新系统前后端平台的交互设计、功能研发、平台框架与后台权限重新搭建配置；多平台间融合配置、平台间连接方式、接口集成等研发工作，见图4。

智能安全行为识别							
物理硬件	算法服务器 视频服务器 防火墙及相关网络设备 摄像头 人员闸机 车辆道闸 施工现场无线传输设备	视频监控	权限认证系统 摄像头联调后台系统 摄像头管理系统 摄像头列表及画面查看页面	人员车辆管理	权限认证及系统后台设置系统 进出场统计 人员定位 人员累计进出场详情 车辆累计进出场详情 人员、车辆进出场详情信息列表 场景进出口摄像头一键查看	行为分析报警管理	权限认证及后台设置系统 摄像头视频流及算法配置系统 报警信息详情展示列表 报警总分布图 报警类型查询

图3　智能安全行为识别系统模块图

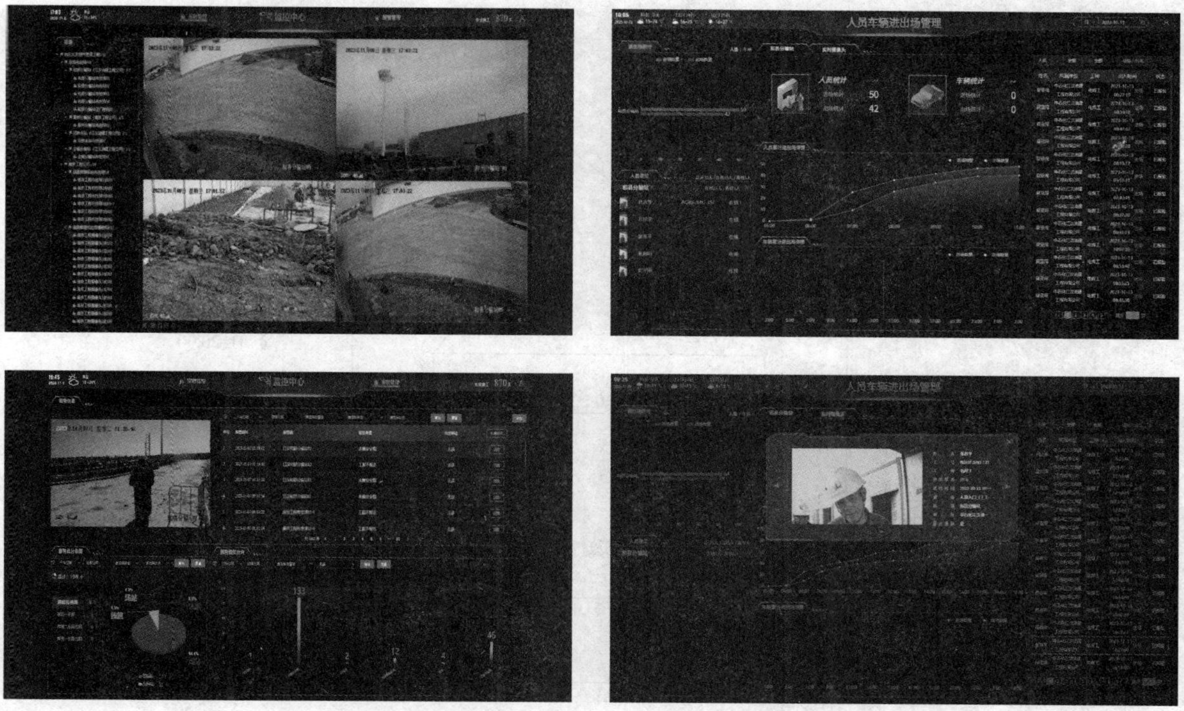

图4　智能安全行为识别系统功能界面模块图

3.4　硬件部署与联动

新建、改扩建站场按规定安装部署视频监控和人车闸机设施。在固定场所的围墙对角分别安装一台室外固定摄像头，安装高度应不低于5m。若围墙边长超过100米的，每隔100米安装1个固定摄像头。摄像头监视范围应全面覆盖施工作业区域；在固定场所应设置人员及车辆进出口各一处，并布置双通道人脸识别闸机、车辆识别空降门和360度旋转摄像头各1个；在固定场所每个施工作业区域和预制场(厂)的边界四周的斜对角分别安装一台室外固定摄像头，安装高度应不低于5m，视频监视范围应全面覆整个作业区域，随工程进展可调整视频监控安放的高度；在室内棚顶安装一台固定摄像头；在隐蔽工程施工区域配置2台移动布控球，安装高度应不低于1.5m，保障视频监视范围的全面性，见表2。

后端系统可对现场的智能感应器进行连接，通过智能感应器读数确认先后现场违规情况，并且在相关机械内加装控制原件进行连接，可直接控制现场相关机械的启停，见图5~图10。

表 2　油气管道工程现场摄像头配置表

工作内容		配置详情
站场工程		2 台布控球、3 台抢机
		一套门禁系统(人员闸机、车辆道闸各一套)
阀室工程		1 台布控球、1 台抢机
线路工程	焊接(连头)	2 台布控球、1 台枪机/焊棚
	定向钻	1 台布控球、2 台枪机
	顶管	1 台布控球、2 台枪机
	防腐	1 台布控球
	下沟	2 台布控球

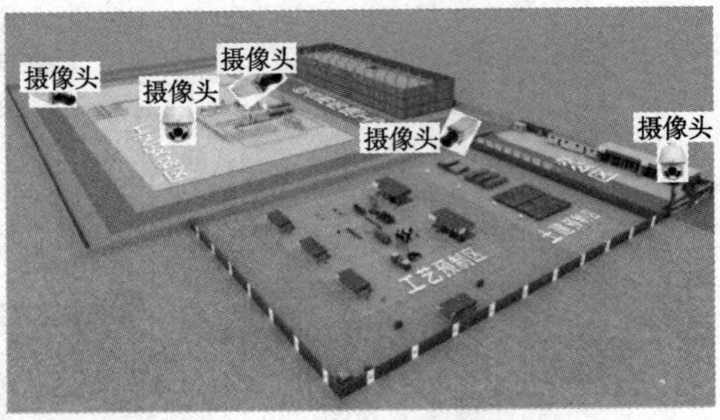

图 5　站场作业摄像头拍摄区域示例图

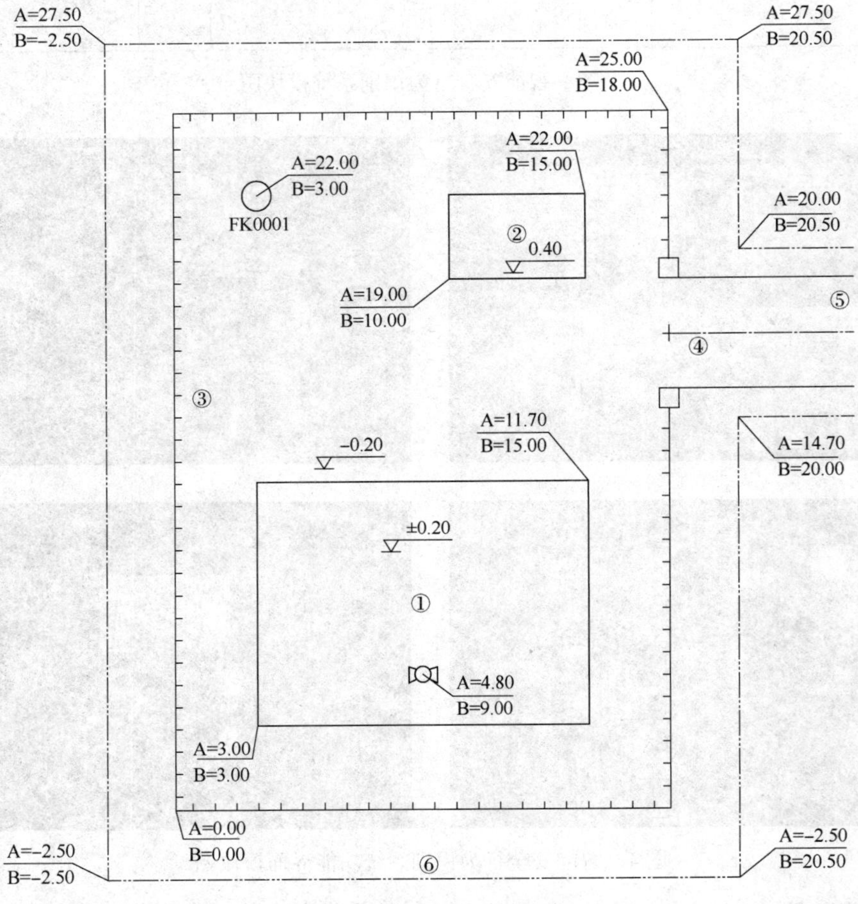

图 6　阀室作业摄像头拍摄区域示例图

图 7　线路焊接作业摄像头拍摄区域示例图

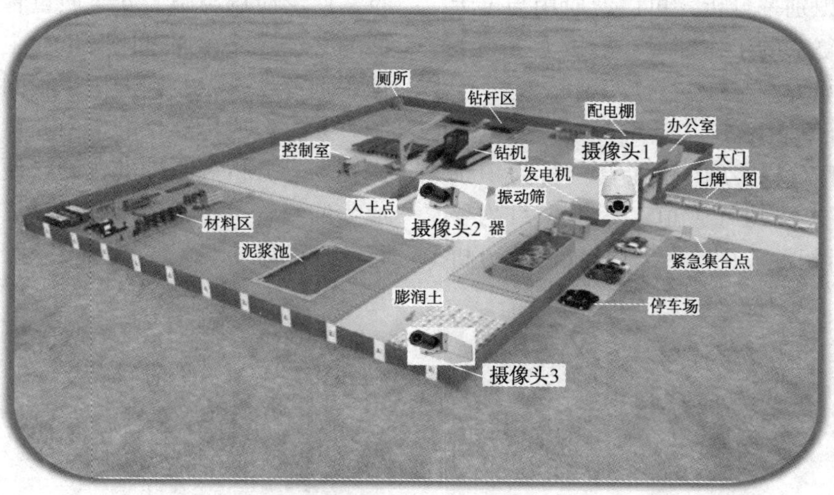

图 8　定向钻作业摄像头拍摄区域示例图

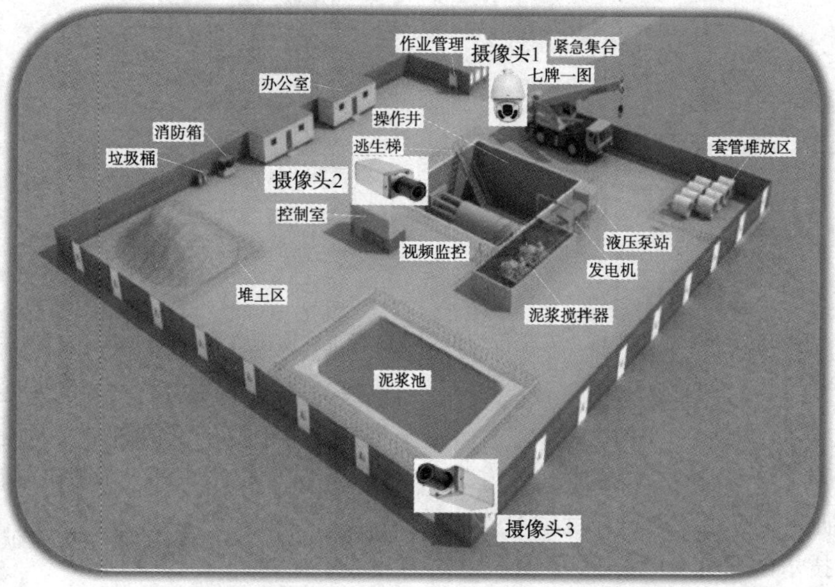

图 9　顶管作业摄像头拍摄区域示例图

图 10　防腐作业摄像头拍摄区域示例图

3.5　应用价值分析

3.5.1　技术价值

AI 行为分析技术可以提高数据分析的效率和准确性、实现实时监控和预警、自动化处理和响应、智能识别和分类、优化资源分配以及辅助决策支持等价值。随着人工智能技术的不断发展和应用，AI 行为分析技术将在更多领域发挥其独特的优势，为企业和社会带来更多的创新和发展机遇。

3.5.2　经济价值

基于 AI 行为分析技术的智能安全行为识别系统可以完全嵌入工程一体化管理平台，以功能模块的形式嵌入系统，且不需要新增、更新监控摄像头和传输设备，大大降低智能化建设软硬件经济成本。

3.5.3　工程价值

AI 行为分析技术可以解放人们的双眼，让现场监控人员免受疲劳之苦，不需要时刻人工值守，当出现异常情况时，系统可以及时告警并显示异常现场情况，人员进行处理就可以，免除大量人工成本的同时，机器识别率能达到全方位、全天侯监控、高识别率分析，可广泛应用与全天候、工况恶劣且复杂的工作环境，能极大提高工程安全质量管控能力。

3.5.4　标准化价值

为响应《关于安装实施“智能安全行为识别系统”的通知》要求，油气管道工程类项目均要开展 AI 行为分析相关应用部署，将 AI 行为分析技术广泛应用与施工安全质量管控是智能工地发展的必经之路，通过比对市面主流深度学习、图像识别等技术，找到适用于不同类别工程的技术和方案，形成标准化的指南方案文件、标准化的识别场景分析表、标准化的软硬件配置表，将会成为油气管道工程建设中提高工作效率、方案实行落地的好工具，见图 11。

基于工程项目智能管控平台（IPM）
智能安全行为识别系统
实施方案

2023 年 7 月

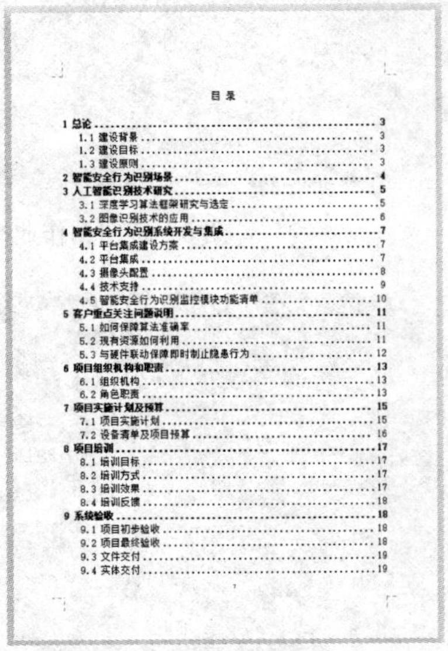
目录

图 11　安全行为识别系统标准化实施方案

4　结语

本文介绍了 AI 行为分析技术在油气管道工程智能工地中的研究与应用。通过深度学习算法框架和图像识别技术的研究分析，探究 AI 行为分析技术的原理、优势以及在工程建设中的应用场景，并从技术、经济、安全、复用性等方面对其进行价值分析，发现该技术在提高施工效率、降低成本以及保障施工安全方面的巨大潜力，基于 AI 行为分析技术的“智能安全行为识别系统”的发展和优化完善将成为未来安全检测方面必经的发展之路。

尽管 AI 行为分析技术在智能工地中具有广泛的应用前景，但该技术在实际应用中仍存在一些挑战和限制。例如，数据采集和处理的难度、算法的准确性和可靠性以及与现有系统的集成等问题。因此，我们需要进一步研究、学习和改进 AI 行为分析技术，以更好地适应复杂多变的施工环境，通过将该技术与其他先进技术（如 BIM、物联网、云计算等）相结合，构建一个更加智能、高效和安全的油气管道施工现场。未来，我们将继续关注 AI 行为分析技术的发展动态，并致力于将其应用于更广泛的领域，构建一个更加智能、高效和安全的未来油气管道工程智能工地。

参 考 文 献

[1] 钱坤，王天真，马斌，等. 一种新型的局部连接 BP 网络模型及应用[J]. 系统科学与数学，2014，34(7)：792-804.

[2] 姚海鹏，王露瑶，刘韵洁. 大数据与人工智能导论[M]. 北京：人民邮电出版社，2017：5-65.

[3] 李博. 机器学习实践作用[M]. 北京：人民邮电出版社，2017：102-135

[4] 韩燕，高晓东，周建. 高校课堂教学 AI 视频识别分析系统的开发与应用[J]. 江苏工程职业技术学院学报，2021，21(4)：24-28. DOI：10. 19315/j. issn. 2096-0425. 2021. 04. 006.

[5] 岑兆祥，王意，杨理文，等. 华安泰 AI 智能分析在校园安全防护的应用[J]. 现代信息科技，2021，5(14)：151-153. DOI：10. 19850/j. cnki. 2096-4706. 2021. 14. 040.

[6] 张善兵. 洗煤厂视频 AI 智能分析系统探讨[J]. 自动化博览，2023，40(4)：30-33. DOI：10. 3969/j. issn. 1003-0492. 2023. 04. 020.

智能化技术在管道完整性管理中的应用

庞小敏

（中国石化中原油田分公司）

摘　要　本文主要研究了智能化技术在管道完整性管理中的应用。首先，提出了管道完整性、管道完整性管理等的概念。然后分析了管道完整性管理面临的挑战，主要包括管道事故的危害、传统管道完整性管理的缺陷，如数据采集困难和风险评估不准确。接着，探讨了机器学习、物联网、大数据等在管道完整性管理当中的应用。最后，展望了智能化技术未来的发展趋势，强调了智能化在管道完整性管理中的前景与重要性。

关键词　智能化技术；管道；管道完整性管理

1　引言

管道运输是石油、天然气最经济、合理的运输方式，由于石油、天然气的易燃、易爆性和具有毒性等特点，管道的安全运行非常重要。然而在如今工业化快速发展的时代，管道事故频发，给环境和社会带来巨大损失。因此，探索先进的智能化技术在管道完整性管理中的应用，成为当前亟待解决的问题。智能化技术一是可以实现对管道系统的实时检测和数据采集，能够及时发现和解决潜在的安全隐患，有效避免安全事故的发生，从而保障管道的安全运行；二是能够对管道系统进行精细化管理，通过采用各种传感器和监测设备，能够实时掌握管道系统的运行状态，及时发现和解决潜在问题，避免因维护不当或人为因素导致的管道损坏，从而增强管道的完整性和可靠性；三是可以实现管道系统的自动化和智能化管理，能够大大降低管理成本和人力投入，提高管道管理的效率和精度。

2　管道完整性概念

管道完整性是指管道处于安全可靠的服役状态，主要包括：管道在结构和功能上是完整的；管道处于风险受控状态；管道的安全状态可满足当前运行要求。

管道完整性管理是指对管道面临的风险因素不断进行识别和评价，持续消除识别到的不利影响因素，采取各种风险消减措施，将风险控制在合理、可接受的范围内，最终实现安全、可靠、经济地运行管道的目的。

管道完整性管理的核心内容包括：数据采集与整合、高后果区识别、风险评价、完整性评价、风险消减与维修维护、效能评价、失效管理等内容。

3　管道完整性管理面临的挑战

油气田管道所处区域内地质环境复杂，导致管道内外腐蚀问题逐年加剧，油气泄漏风险逐年增大，虽然管道已应用内防腐工艺，但由于建设初期受低成本开发影响及后期多层系开发管道结垢，管道内腐蚀依然存在，为确保地面系统“零泄漏、零事故、零污染”，很有必要剖析管道管理存在的瓶颈问题，进而提高管道风险防控能力。

3.1　管道事故的危害与影响

一是管道事故往往会导致严重的人员伤亡。在管道事故中，大量的人员可能因爆炸、火灾、中毒等原因死亡或受伤。2013 年哈萨克斯坦境内发生的中石油管道爆炸事故，导致 1 人死亡，17 人受伤，并且造成了巨大的经济损失。二是管道事故也会对环境造成严重的污染。由于管道泄漏、爆炸等，会导致大量有毒物质和有害气体排放到环境中，如石油、天然气等烃类物质，以及苯、氨等有害化学物质。这些物质会对水体、土壤和空气造成严重污染，对生态环境和人类健康产生长期影响。三是管道事故会对当地经济造成严重的损失。除了人员伤亡和环境污染的直接损失外，还可能包括长时间的停工损失、维修费用、赔偿费用等。例如，2015 年俄罗斯的天然气管道爆炸事故，导致欧洲天然气供应中断，经济损失巨大。四是管道事故通常会对当地社会产生广泛的影响，由于管道事故可能导致停气、停水、停电等问题，会影响到人们的正常生活。此外，事故可能引发交通堵塞、通讯中断等问题，对当地的社会秩序造成一定程度的破坏。五是衍生灾害管道事故还可能衍生出其他的灾害。例如，管道爆炸可能会引发火灾，导致进一步的财产损失和人员伤亡。此外，一些地质灾害如地震山体滑坡等也可能会对管道造成破坏，从而引发一系列的灾害链反应。

3.2 传统管道完整性管理的局限

一是评估模型落后，传统的管道完整性管理主要基于离线评估模型，无法满足实时监测的需求。在实时监测过程中，传统的评估模型无法及时发现管道系统中存在的早期故障，可能导致严重的安全事故。二是实时监控欠缺，传统管道完整性管理缺乏实时监控和预警机制，无法及时发现和排除潜在的隐患。在出现异常情况时，往往需要人工干预和排查，导致处理效率低下，且可能错过最佳的处理时机。三是预防性维护缺失，传统管道完整性管理缺乏科学的预防性维护计划和策略，难以制定有效的预防性维护措施。在管道系统出现故障时，往往只能进行被动维修，这增加了维修成本和停机时间。四是高成本及低效率，传统管道完整性管理措施的实施成本较高，且难以满足快速变化的市场需求。由于管理流程和操作过程较为复杂，传统管道完整性管理的效率较低，难以实现大规模的推广和应用。五是故障检测不准确，传统故障检测方法难以准确检测出细小故障这可能导致故障的扩大和恶化，增加维修成本和停机时间。此外，传统故障检测方法还缺乏自动化和智能化，检测效率较低。六是缺乏智能化及自动化，传统管道完整性管理缺乏智能化和自动化，难以实现自动化监测、预警、维护等功能。随着技术的发展，智能化和自动化已成为管道完整性管理的必要手段。

3.3 数据采集与分析困难

管道完整性管理需要大量数据的支持，包括管道运行状态、环境参数、材料状况等。然而，数据的获取和处理常到限制。许多管道位于偏远或复杂环境中，数据采集困难，导致监测覆盖不全。同时，传统数据分析方法难以处规模、多源、高维的数据，限制了对管道健康状况的准确把握。数据的滞后性也使得预测难以精准，无法在事故前采取及时措施。

4 智能化技术在管道完整性管理中的应用

4.1 机器学习在管道健康监测中的作用

机器学习作为人工智能的分支，在管道完整性管理中发挥着重要作用。通过对大量历史数据的学习，机器学习可以识别出管道健康状况的模式和异常。例如，基于机器学习的算法可以实时监测管道的振动、温度、压力等参数，从中发现异常波动，进而预测潜在故障风险。此外，机器学习还能够优化管道维护计划，根据实际情况调整检修周期和方式，最大程度地减少停机时间和维护成本。

4.2 物联网在管道数据采集中的应用

物联网技术为管道数据采集和传输提供了全新解决方案。通过在管道各处安装传感器，可以实时监测管道的运行状态和环境参教。这些传感器可以收集温度、湿度、压力等多种数据，将其传输至中心数据库进行分析。物联网的应用不仅扩展了数据来源，还能够实现远程监测，无需人工干预即可获取实时信息。这为管道完整性管理提供了更全面、精准的数据基础。

4.3 数据分析与预测模型构建

智能化技术的核心在于数据的分析和利用。在管道完整性管理中，数据分析是关键一步。通过对收集到的数据进行处理和分析，可以提取出有价值的信息。例如，利用统计方法和机器学习算法，可以建立管道的健康评估模型，预测管道的寿命和维护需求。数据分析的结果可以为决策者提供参考，帮助他们做出合理的管道维护和风险管理决策。

预测模型的构建也是智能化技术的重要应用之一。基于历史数据和实时监测结果，可以建立预测模型来预估管道未来的状态和可能出现的问题。这些模型可以基于机器学习算法，如回归分析、神经网络等，将多个因素考虑在内，实现对管道健康状况的准确预测。预测模型的使用可以帮助管道管理人员提前采取措施，避免事故的发生，保障管道安全运行。

4.4 大数据技术在高风险区域的应用

大数据技术可以帮助识别管道中的高风险区域，并对其进行评估。通过对管道周围环境，设备运行状态、历史事故等信息进行分析，可以找出容易导致事故的区域和环节。针对这些区域和环节，可以采取相应的措施进行改善和优化，提高管道的安全性和可靠性。

5 未来发展与展望

5.1 智能化技术发展的趋势

未来，智能化技术在管道完整性管理中将继续迎来持续的发展。随着机器学习、物联网等领域的不断进步，算法和传感器技术将更加精密，数据处理能力将进一步增强。这将使得管道健康监测和预测模型构建更加准确和高效，为管道完整性管理带来更多创新的解决方案。

5.2 管道完整性管理智能化的前景

智能化技术为管道完整性管理带来了广阔的前景。通过实时监测、数据分析和预测模型，管道系统的健康状况可以得到持续跟踪和准确评估。这将大大降低管道事故的风险，提高生产效率，减少维护成本。智能化管道完整性管理不仅有助于保障工业生产的稳定性，还有利于环境保护和社会安全。

5.3 持续创新与跨学科合作的重要性

在智能化技术在管道完整性管理中的应用过程中，持续的创新和跨学科合作至关重要。不断推陈出新的技术和方法将进一步提升管道完整性管理的水平。同时，各领域专家的跨学科合作可以充分利用不同领域的知识和经验，解决问题的多样性和复杂性。只有通过持续创新和跨学科合作，智能化技术在管道完整性管理中才能够持续发挥最大的效益，为工业的可持续发展做出贡献。

6 结论

综上所述，智能化技术在管道完整性管理中具有重要的应用前景。通过机器学习、物联网和数据分析等手段，管道的健康监测、维护优化和风险管理得以有效改进。这些创新方法不仅提高了管道系统的安全性和可靠性，还为工业生产和环境保护带来了积极影响。然而，要实现智能化管道完整性管理的最佳效果，持续的创新和跨学科合作是不可或缺的，以应对不断变化的挑战并实现更加可持续的管道运营。

参 考 文 献

[1] 张川，李文忠，李宝军. 智能化技术在管道完整性管理中的研究与应用[J]. 化工安全与环境，2022，35(28)：5-9.

[2] 罗明. 腾婉. 吕超. 信智能化技术在管道完整性管理中的应用研究[J]. 建筑科学，2023(11)：1-2.

基于海管旁路式内腐蚀监测系统的设计与研究

娄　政　张伟峰　卫　姣　冯玉民　胡志强　张朝晖

（中国石化中原油田分公司）

摘　要　为实时监测海底管道在介质输送过程中的内腐蚀情况，南海 WS 平台引进了海管旁路式内腐蚀监测系统，并将在 WS-Z 海管中得到应用。该系统为在海管出、入口处安装旁路式内腐蚀监测系统，通过监测系统在线观察海管内腐蚀探针挂片的状态，可获得海管在油、气、水三相混输状态下的内腐蚀、结垢信息，该监测系统维护保养难度小，成本低，并且所有作业均不影响油气田正常生产，在其它海上平台也得到了推广和使用。

关键词　海底管道；旁路式设计；内腐蚀监测

海底管道（以下简称“海管”）是海上油气输送的快捷通道，也是连接海上平台与陆地终端的“枢纽”。海管一旦发生腐蚀穿孔，将会导致油气田设备停产及输送介质的泄露，从而造成巨大经济损失和安全风险，也会对海洋环境构成巨大威胁，因此海管的腐蚀监测与防护显得至关重要。而旁路式内腐蚀监测系统能全面跟踪、监测海管的运行状况和内腐蚀情况，利用旁路设计及腐蚀探针挂片的优势，根据实际生产需求可选择不同的监测方法，能实现不停产在线拆装。该系统能够实时监测管道焊缝腐蚀、电偶腐蚀、微生物腐蚀、结垢产物及沉积物并获得直观的内腐蚀信息，相对于其它海管腐蚀检测方法，该系统具有成本较低，系统结构简单，易于操作、维护难度较小等优点。

1　系统概况

1.1　海管旁路式内腐蚀监测系统构成

为实时监测海管在高硫化氢工况下油、气、水三相混输状态的内腐蚀情况，WS 平台采用旁路式内腐蚀监测系统。该系统包括旁路式检测管段（含两端配对法兰、垫片、螺栓/螺母）、检测探头、数据电缆、电化学工作站及 PC 机等，管线示意图见图 1，系统实施例图见图 2。在被监测管道典型位置（海管出、入口）各安装一段可在线拆装，且与管道材质、压力等级相同的腐蚀测试短节，其设计、制造、检验及验收标准参照 GB150—1998《钢制压力容器》执行。

1.2　设计寿命及实用性

该系统设计寿命为 25 年，在设计寿命时间内，该腐蚀检测装置能提供关于管道腐蚀速率、腐蚀形式及风险评估等相关数据。

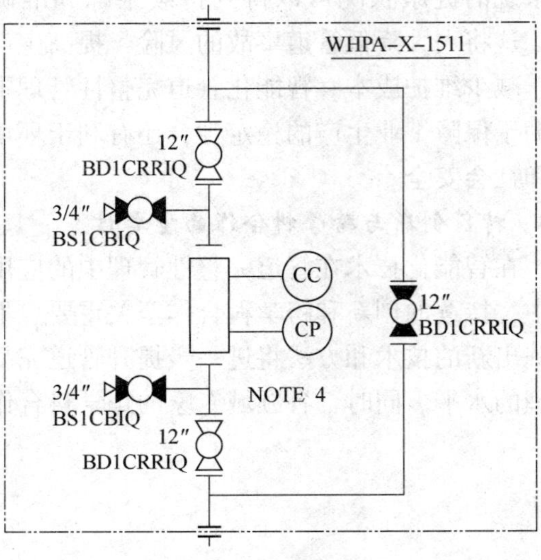

图 1　管线示意图

2　海管参数

WS 平台距离陆地 Z 终端约 22km，井口采出的油、气、水经过 1 条混输管道输送至 Z 终端进行处理，该条管道参数见表 1。

3　旁路式腐蚀检测系统设计要求

3.1　旁路式监测管段设计要求

根据 WS 平台旁路式内腐蚀监测系统的技术要求，以及海底管道参数等信息，同时结合其它海上平台的实践经验和研究成果，对 WS 平台旁路式监测管段做如下设计：

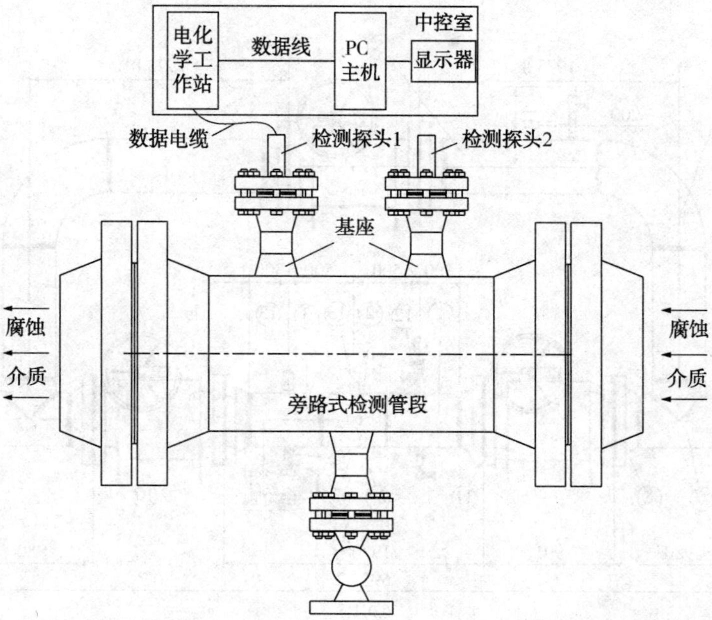

图2　系统实施例图

表1　管道参数

参数	单位	WS至Z终端混输管	Z终端至WS注水管
直径	mm	406(16”)	273.1(10”)
壁厚	mm	15.9	14.3
设计寿命	yr	25	25
内腐蚀裕量	mm	6	3
管线等级		API5LPSL2X65SML	API5LPSL2X65SML
设计温度	℃	82	76
设计压力	MPa	6.65	8.549

(1) 腐蚀监测短节材质和尺寸与海底管道一致，水平安装，安装在海底管道入口或出口管线主流程中，在腐蚀监测短节两侧与旁路上面安装有球阀，便于拆卸腐蚀监测短节，观察和收集内部腐蚀信息，监测管段设计图见图3。

(2) 旁路式检测管段上按相关要求焊接3套2"管座、接管及法兰，上端用于安装2个检测探头，下端用于安装1排放阀门；管座、接管内毛刺不应高于1mm，孔径应不小于45mm。

(3) 安装于管道上的旁路式检测管段及检测探头未安装期间，应在旁路式检测管段两端和管座上、下端法兰上采用螺栓连接安装配套盲法兰，并配备4对法兰垫圈供日后旁路式管道内腐蚀检测系统安装、拆卸及更换探头时使用；旁路式检测管段上方应有用于吊装旁路式检测管段所需的空间及足够坚固的承载体(如工字钢或者挂钩)。

(4) 加工旁路式检测管段时，应对旁路式检测管段进行防腐处理，法兰端面涂油，管段外壁涂刷与工业管道相同的防腐涂料，内壁保持干燥。

(5) 腐蚀监测短节上面安装有三层挂片，具有检测水平海底管道不同深度内腐蚀的功能；在腐蚀监测短节上配备电感探针腐蚀监测系统，对海底管道内腐蚀进行实时监测。

(6) 在腐蚀监测短节下方(6点钟)位置配置有沉积物取样装置和油气水取样口，获取海底管道底部内腐蚀信息。

3.2　检测探头设计要求

检测探头能够实现电阻探针、极化电阻和腐蚀挂片等测量；满足最高压力要求，满足最高温度要求；腐蚀挂片材质与海管材质相同。

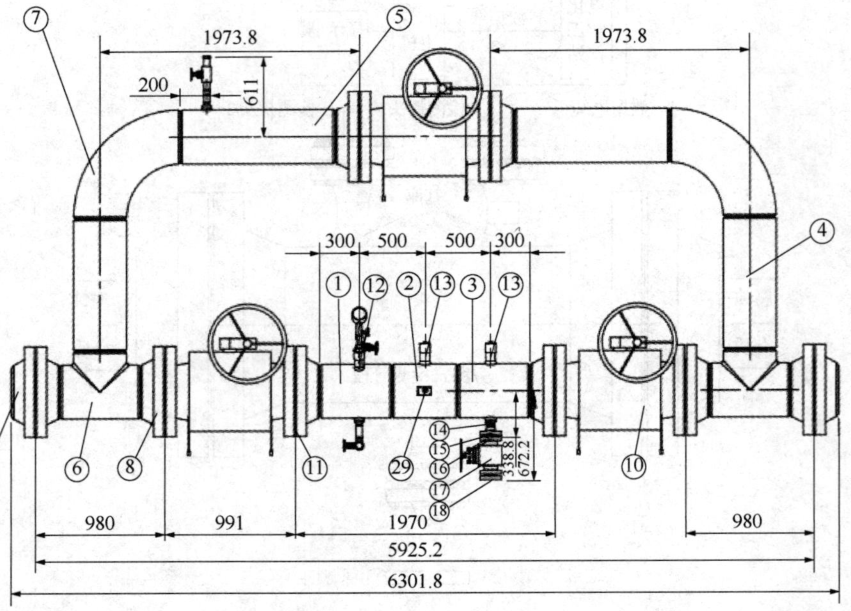

图 3　监测管段设计图

3.3　电缆设计要求

在 WS 平台陆地建造期间，由建造方进行电缆铺设，待海上安装调试期间完成电缆两端接线及设备调试，连接现场检测探头和中控室电化学工作站的数据电缆，采用 9 芯防爆电缆，信息参数见表 2。

表 2　电缆铺设信息表

编号	名称	电缆型号	材质	长度	数量	所在平台	起点	终点	备注
1	通讯电缆	CHJPJP95/NC FS-150/250V 4×1.5	双屏蔽层钢丝编织铠装	200m	1 根	WS	旁路式内腐蚀监测系统	中控室	电缆铺设路径无要求，两端预留 5m 余量

3.4　电化学工作站设计要求

该工作站由高性能的 16 位单片机(MCS80C196)控制电化学系统工作，具有高速高精度数据采集系统、数字函数发生器、IR 补偿、精密放大器和电极控制等功能，主要性能参数如下：

3.4.1　控制精度

电位分辨率：1.0mV

电流灵敏度：1.0μA

时间分辨率：1us

3.4.2　参数给定范围

起始电位：-4.0V～+4.0V

终止电位：-4.0V～+4.0V

电位扫描范围：-2.0V～+2.0V

扫描速度：1mV/S～50V/S

方波周期：10mS～1S

恒电流范围：±1μA～±1000mA

3.4.3　主要功能

计时电流法；线性(模拟)、数字(阶梯)扫描波和三角波常规脉冲、差分脉冲和差分常规脉冲伏安法；方波伏安法和循环方波伏安法；交流伏安法；阳极溶出伏安法；计时电位法和循环计时电位法；控制电流线性扫描法和恒电流多电极暂态法；电位溶出、多次微分电位溶出法；开路电位测试。

3.5　中控设备设计要求

安装在中控室的设备耗电情况为：主机与显示器(约 300W)、打印机(300W)、UPS(60W)、内腐蚀工作站(200W)。

为节约平台空间，安装在中控室的设备尺寸为：主机(420mm×450mm×180mm)、显示器(370mm×480mm×180mm)、打印机(423mm×425mm×335mm)、UPS(430mm×220mm×84mm)、内腐蚀工作站(400mm×325mm×155mm)，见图 4。

图4 主机、显示器、UPS、内腐蚀工作站

3.6 其他要求

（1）每套系统提供与海管相同压力等级的的检测探头两个，检测探头的法兰需与旁路式检测管段上基座的法兰相匹配；每套系统提供PC机一套，包括PC主机及显示器，并预先安装相关软件。

（2）在旁路式检测管段未安装之前进行拍照、摄像并存档；将检测探头安装在旁路式检测管段上并保证其密封性能，连接检测探头与数据电缆并保证其电连接性能，连接数据电缆与电化学工作站并保证其电连接性能。

（3）定期拆卸、更换检测探头及管段，定期录取旁路式检测系统的数据，提供水样、化学分析及焊接挂片分析并提供分析报告。

（4）定期获取的数据(操作压力、操作温度、海底管道入口气体组份(mol%)：H_2S、CO_2、海底管道入口含砂情况、生产过程中在海底管道中加入的其他介质加入量及处理情况等)。

4 旁路式内腐蚀监测的意义

旁路式内腐蚀监测的最大优点是“在线监测”，即在设备不停产情况下掌握即时的腐蚀速率，并全程追踪海管腐蚀速率大小或某一特征变量的变化情况，从而随时掌握材料、设备的腐蚀状态，预防和控制腐蚀的发生与发展，使海管处于良好运行状态。

近年来，随着旁路式内腐蚀监测技术的改进和推广，实时动态监测成为可能，腐蚀控制和管理有了突破性的进展，开展在线腐蚀监测，主要有如下几方面意义：

4.1 为科学管理与决策提供依据

通过在线腐蚀监测，对真实时间和真实环境中腐蚀速率和腐蚀情况有了一个即时、准确的掌握，对可能导致腐蚀失效的破坏性工况进行早期预警，观察过程参数的相关变化以及它们对腐蚀的影响，诊断特殊的腐蚀问题，识别其腐蚀机理及影响因素，评估腐烛控制和防护技术的有效性，找出最佳的工艺及应用条件，提供与当前海管运行状况和各种维护要求相关的管理信息，从而为科学管理和决策提供依据。

4.2 预防腐蚀的发生、发展，降低事故发生率

有害物质的高度泄漏或工艺参数的变化有时会导致严重的腐蚀。采用在线腐蚀监测，可以随时监测介质的腐蚀状况，如果发现腐蚀速率骤然变化，就应立即检查系统，及时找出问题所在，以防止重大事故的发生。

4.3 预测海管寿命

通过在线腐蚀监测可以准确地掌握海管正常运时时的腐蚀速率，可以预测海管的使用寿命，做到既安全又经济。

4.4 保障海管运行和人身安全

在线腐蚀监测可以改善设备运行状态，提高海管运行的可靠性，延长运转周期和缩短停产检修时间，从而得到巨大的经济效益。除此之外，腐蚀监测技术还可以使海管在接近于设计状态的最佳条件下运转，也可以在保证海洋平台和操作人员的安全。

5 分析与总结

海管旁路式内腐蚀监测系统能够较全面的掌握海管的腐蚀现状，以指导海上油气田的腐蚀防护工作。该系统已广泛应用海管腐蚀评价，通过腐蚀探针挂片的表面分析、平均腐蚀速率、坑腐蚀速率和腐蚀垢样分析等多手段监测，挖掘大量有效腐蚀信息，并结合油气田原油、油田水、天然气等介质物性，推断腐蚀的主要影响因素，为海管的腐蚀趋势预测、缓蚀剂选型等防腐方法提供科学依据，对高效指导油气田腐蚀防护工作具有重要意义。

参 考 文 献

[1] 廖伍彬，秦立峰，李飞，等. 海管旁路式内腐蚀监测系统设计与应用[J]. 中国海上油气，2011，23(04)：275-278.

[2] 陆晓鹏，李季，王晶. 管道腐蚀监测系统在海洋平台中的应用[J]. 中国造船，2012，53(S2)：469-474.

[3] 钟鸿鹏，谢伟浩，崔书姮，等. 海上油气田油气管道腐蚀挂片监测技术[J]. 石化技术，2023，30(11)：76-78.

大数据在管道工程中的应用研究

王　炯　肖述辉　王荣元　高启飞　白　洁　李鹏飞

[陕西延长石油(集团)管道运输公司]

摘　要　随着管道业务及信息化技术的快速发展，可获取的管道数据种类不断增加，数据格式变得更加复杂，且各类数据每年快速增长。大数据技术具有快速处理海量异构数据的技术特点，在油气管道行业具有广泛的应用前景，可满足油气管道行业快速增长的数据处理需求。本文总结油气管道大数据平台框架搭建、大数据技术与管道业务融合应用等油气管道大数据应用研究现状，提出并分析了油气管道大数据发展建议，对智慧化管道发展的提升具有重要的实际意义。

关键词　大数据；管道工程；应用研究

1　引言

随着我国社会主义制度的不断改革优化，信息技术的发展也紧跟时代步伐，呈现爆发式增长扩大。大数据作为新兴理念已逐渐应用于互联网和信息行业。油气管道建设层面想要实现可持续化发展，必须依靠新兴技术解决目前问题，大大提高工作效率与质量。于是大数据作为油气管道建设行列迫切需要的信息技术必定受到重视。合理利用大数据技术，作为油气管道建设及运行方面的技术依托，势必为油气管道建设的腾飞打下夯实基础。

2　大数据本质及应用技术

2.1　大数据本质

当前，大数据已经成为多个领域共同关注和讨论的研究课题，并在许多领域得到了应用。国际学术界的顶级期刊英国的 Nature(自然)和美国的 Science(科学)分别于 2008 年和 2011 年出版了专刊“Big Data(大数据)”和“Dealing With Data(数据处理)”。我国国家高技术研究发展计划、国家自然科学基金、国家重点基础研究发展计划等都投入大量基金，支持大数据技术相关的研究工作。相比于传统数据，大数据具有体量大、速度快和价值密度低等特点。一般来说，大数据的量级在 PB 级以上，数据种类涉及结构化数据、图像数据和地图数据等，计算响应要求在秒级。分析、挖掘大数据潜在价值是大数据分析技术的主要目标和应用场景。相比于传统的数据挖掘，二者在处理的数据量级和种类等方面存在差异。大数据的这些特点本质往往能够作为应用依据，在各方面的数据应用中展现优势。在油气管道建设方面运用大数据必将在项目的各个环节中发挥巨大作用，是项目成功实施的得力助手。

2.2　大数据应用技术

从技术能度上看，大数据技术十分全能。但也正应对全能，其应用过程较为困难。但若能完整利用大数据的收益优势，就能在最短时间内总结出最有效的行为方式。其优势技术按照数据分区分为四种，即数据收集、数据管理、数据解读和数据呈现。

(1) 数据收集。收集技术顾名思义是定位在数据采收行动模式下的技术。收集代表查询、定位和记录，查询技术多为利用传感器、网页等固定数据交流渠道进行关键字信息搜集。而记录则利用分区定位，产生一系列分区复制锁定信息内容的过程。其重点在于利用过程实现对基础需要使用数据结构的规划成型。

(2) 数据管理。管理技术实际上牵扯到以数据内容为主的多项理解定义内容。也可以说数据管理方法是对现有数据内容的精确筛选，可按照技术方给定的准则内容进行工作。初级步骤以数据抽取为主，负责将杂乱无章的原始数据转型编排，使其成为利于系统统一分辨和处理的形态。进阶步骤为清洗步骤，负责过滤存储数据中的无效和错误内容。尽可能提升存储区的数据利用价值，进而提升数据系统的利用率。

(3) 数据解读。解读技术是过滤技术的进化手段，其相比于其他辨明技术更加具备全面性特征。其技术分解具体则包含过滤器、索引、联想树结构和其他一些计算技术。精化解读技术更加针对整体数据，而并非专注于部分结构的准确度。通俗来讲就是大数据解读技术更加偏向找寻数据内容的关联性而不单单局限在确认准度层面内。

（4）数据呈现。呈现部分就是将数据解读的关联结果，以一个更加适合研究人员思想模式的形式进行剖析呈现。现有呈现类技术形式中比较常用的就是绘图技术和画布显示。而经专业人员论证，在未来三维模式将是数据呈现的大势技术。

3　油气管道大数据平台架构研究现状

国外，“大数据”一词由美国高性能计算公司 SGI 的首席科学家约翰·马西于 1998 年提出，接下来十多年一直处于不断探索研究阶段，直到 2014 年概念体系基本成形，形成了包括数据资源、平台与工具、数据基础设施等构成的大数据框架体系。国内，2015 年王维斌借鉴管天云等提出的数据处理分析系统架构，结合管道系统特点，提出包括数据源、数据获取及预处理、数据储存与计算、数据分析、数据应用等方面的管道大数据系统架构。董绍华等在王维斌提出的管道大数据系统架构基础上进行了完善，调整了“数据获取与预处理”和“数据储存与计算”的先后顺序，并进一步细化了数据应用层部分内容。2018 年郭磊等提出依托完整性管理中已有数据，结合业务应用场景进行管道大数据平台设计，平台架构中增加了平台监控管理功能。

基于大数据处理技术，借鉴相关专家已有研究成果，结合管线大数据应用实践，进一步完善管道大数据平台系统架构中各层内容，拓展管道大数据平台分析内容和范围。油气管道大数据平台系统架构如图 1 所示。

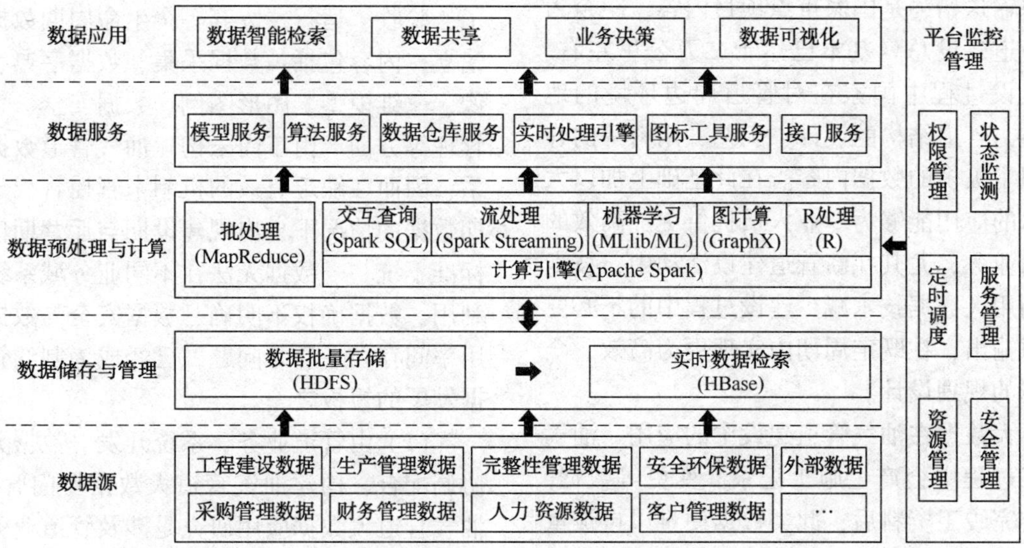

图 1　油气管道大数据平台系统架构示意

由图 1 可知，平台系统架构分为数据源、数据储存与管理、数据预处理与计算、数据服务、数据应用以及平台监控管理六个部分。数据源主要包括：管线设计、工程建设、调度运行、生产经营等管线系统全生命周期数据采集，通过设置不同数据源的数据获取接口，与已建信息系统、物联网系统、第三方数据及应用提供的数据服务等实现集成。数据储存与管理层利用分布式文件系统（HDFS）和分布式列式存储数据库（HBase）实现采集的结构化、半结构化、非结构化以及实时数据的快速持久化存储与高效数据检索。数据预处理与计算层利用分布式计算框架（MapReduce）和大数据计算引擎（Apache Spark）实现数据的预处理、特征提取、模型训练等过程。源数据经过该层格式处理和转换、整合、去噪、过滤、特征提取等处理后，仍然保存在分布式存储中供数据计算和分析。数据服务层包括模型服务、算法服务以及通用服务，为管道大数据分析应用提供模型、算法等支撑。数据应用层为用户提供数据智能检索、数据共享、业务决策、数据可视化等功能。平台监控管理包括权限管理、状态监测等功能，从数据安全、质量、作业状态、任务调度及平台健康状态、组件健康状态等不同方面进行监管，保障管线大数据平台的稳定运行。此外，通过油气管道大数据平台可实现与其他相关系统间信息流通共享，具体结构关系如图 2 所示。

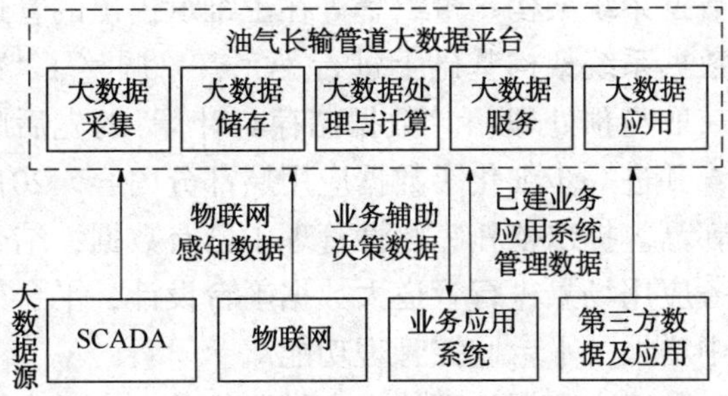

图 2　油气管道大数据平台其他相关系统结构关系示意

4　大数据在油气管道建设及运行中的应用

(1) 大数据在油气管道规划、设计中的应用。资源输送始终是国家重点项目内容，距今为止国内管道建设总量基本已达十二万公里左右。因此在建设过程中国家在对管道周边环境的地址、地质，管道结构的设计、工艺、用料等内容已经掌握了极多的数据内容。在此基础上加以大数据技术的应用能够为专业人员提供更加高效的信息选用业务，尤其在新管道建设活动中，技术方可以利用大数据技术减少建设过程中的不必要人力资源输出，在既定周期内实现更为高效、全面、具体的规划设计。

(2) 大数据在油气管道建设中的应用。油气管道施工过程中会产生施工记录、变更等数据。以往在交完竣工资料后，此类数据便难以再被重复利用。现今随着信息化、移动终端的发展，大量纸质数据可以直接变成电子数据。大数据技术可以让这些沉睡的数据“变废为宝”，通过大数据技术，对以往记录数据进行分析，可以更具针对性地推测新管道建设存在的难点，并整合过往经验编制出更具有可行性的施工组织方案。在人员布设，机械设备，物资分配等方面进行全面优化，可有效降低项目成本，保证施工技术方案可行，施工质量可靠。

(3) 大数据在油气管道建设监理中的应用。油气管道建设监理行业正在推动信息化，数字化建设。大数据技术将更好地推动此过程，并将充分利用信息化、数字化的成果，提升监理服务水平，提高监理管控质量。

(4) 大数据在油气管道运行中的应用。以油气管道运程的特殊性业务内容来看，大数据技术应用于其中目前正处在需要提升的阶段中。当前可用的技术系统为 SCADA，系统主营业务专对在采集监控方面，可利用实时技术在规定时间内完成对管道内部信息的搜集、管理、解读、呈现。同时若将监控系统与其他控制系统联合，就能实现对管道运行状态的实施作用，令油气管道的管理更具智能性特征。

5　未来发展建议

借鉴国外知名管道公司应用案例，结合当前大数据方面国家政策和国内发展不足与短板，提出未来国内油气管道大数据未来发展建议。

(1) 依托油气管道全生命周期数据标准，构建油气管道数据治理体系。目前，国内管道企业已经基本实现覆盖管道规划、设计、采购、施工、验收、运行、废弃等全生命周期数据标准的建立，内容包括：数据采集、数据字典、地图影像、三维模型、图形图例、数据安全、数据质量管理等方面。由于尚未构建油气管道数据治理体系，因而在缺乏有效的机制来管控管线全生命周期数据的情况下，出现建设期与运营期依据数据标准不统一、数据无法在不同业务域系统中重复利用、数据确权不明确、数据安全与数据共享利用率间存在矛盾等问题，已经成为制约管道大数据发展的短板之一。

(2) 由管道业务、系统开发、数据分析人员协调配合，构建油气管道大数据专门管理机构。油气管道大数据应用研究是涉及管道业务、数据分析业务、系统开发业务的综合性业务，同时亦是贯穿管道全生命周期的持续性业务，包括：管道设计、采购、施工、运行等大数据应用。因此，有必要构建由业务、系统开发、数据分析人员组成的油气管道大数据专门管理机构，其中管道业务人员熟悉业务流程和相关业务理论方法，负责利用油气管道大数据结合业务场景提炼数据分析挖掘的目的；数据分析业务人员熟悉大数据算法模型，负责利用算法模型实现数据分析挖掘目的；系统开发业务人员熟悉大数据应用系统平台，负责利用系统平台实现数据分析挖掘的开发，三者间协调配合，以业务为导向、数据分析和系统开发为支撑，为管道大数据应用研究持续顺利进行提供专业化人员保障。

（3）加强油气管道大数据应用广度和深度，破除“积累数据量多、挖掘信息量少”的应用现状。目前，国内油气管道行业大数据应用主要集中在管道完整性管理领域，利用统计分析、各种模型预测算法实现管道腐蚀缺陷致因分析、腐蚀控制、风险预警等，对工程建设、生产、调度、能耗、安全环保、采购等管理业务则少有相关研究，亦无指导性深层次应用，如管道本体缺陷大数据应用方面，现阶段通过关联规则可以挖掘管道本体缺陷与周边环境、本体属性之间的关联规则，但无法进一步做出管道本体缺陷发生失效风险的最佳防控方案，需要人工根据关联规则结果寻求问题解决之道。总的来说，管道大数据的应用的广度和深度不足，未实现数据蕴含价值的充分挖掘，呈现“数据量大、信息量少”的现状，对数据的分析挖掘还处在初级阶段。国际商业机器公司（IBM）相关报告指出：大部分企业仅利用了1%的数据。未来，结合国家管网成立带来的管道业务模式转变及发展要求，建议管道大数据应用向管道全生命周期业务域扩展，实现管道设计与施工方案优选、管网运行调度优化、管道应急响应方案自动生成、管容需求预测、针对性营销服务等深层次应用研究，实现管道多源异构大数据充分挖掘利用，实现数据资产价值的最大化。

参考文献

[1] 魏滨. 我国油气管道建设运行管理技术及发展展望[J]. 国石油和化工标准与质量，2018，38(15)：60-61.

[2] 杜晓坤. 油气长输管道工程的主要施工风险及管理策略[J]. 科技风，2015(9)：162-163.

[3] 杨祖佩，郑洪龙，冯庆善，等. 管道完整性管理技术[M]. 北京：石油工业出版社，2011.

[4] 黄维和. 油气管道輸送技术[M]. 北京：石油工业出版社，2012：1-3.

[5] 王维斌. 长输油气管道大数据管理架构及应用[J]. 油气储运，2015，34(03)：229-232.

[6] 董绍华，安宁. 基于大数据的管道系统数据分析模型及应用[J]. 油气储运，2015，34(10)：1027-1032.

[7] 郭磊，周利剑. 贾韶辉. 油气长输管道大数据研究及应用[J]. 石油规划设计，2018，29(01)：34-41.

[8] 张伟洋. Had00p 大数据技术开发实战[D]. 北京：清华大学出版社，2019.

[9] 梅宏，十三届全国人大常委会专题讲座第十四讲-大数据：发展现状与未来趋势[EB/OL].[2019-10-30]

标准化、信息化、数字化在管线制造中的应用

于　宾　任国庆　朱斌燕

（渤海石油装备制造有限公司江苏钢管分公司）

摘　要　在全球经济一体化的引领下，标准化与信息化、数字化在产品制造及使用过程中的应用越来越紧密，我国也正处在由制造大国迈向制造强国过程中的重要时刻，这关系着制造业在国际地位的话语权及综合竞争力表现。目前，行业正大力构建标准化与产品制造过程中的信息化、数字化充分融合，充分打造产品在整个产业链的完整一致性，旨在为日后实现制造业的更长远的发展提供有力的支撑。

关键词　标准化；信息化；数字化

1　引言

随着现代工业的飞速发展，一个大规模的生产、信息共享、数字应用的时代也在慢慢开启，产品制造行业从简单到复杂、标准一致性由差到强，单一的产业制造链信息化从无到有。这是一个传统制造业发展的必经之路，在全球一体化产品的大发展背景下，标准化问题日益贯穿于各个制造阶段，标准也是一个公认的机构指定和发布的文件，它对活动和活动的结果规定了规则、指导原则和特性值，供公用和反复使用，以实现在特定领域内的最大效益。所以标准化是现代社会产品形成最佳秩序的重要前提之一，本文以石油管道制造行业为背景，梳理标准化、信息化、数字化与制造应用的实施。

石油管道制造业在国内也已广泛应用，其在经济发展及能源储备中具有非常重要的意义。生产标准化在整个制造过程中全面、有效覆盖，从最初的炼钢轧钢，管道制造、现场施工、产品追溯、有效运行等方面全方位引入标准化的系统应用，打造整体产品质量追溯，指引信息传递全覆盖，为管线使用提供了有效支撑，满足现代工业发展与标准化的深切融合。本文从上述几个板块系统论述标准化在管道行业的实施过程。

2　标准化在卷板制造过程的应用

标准化是现代大型生产企业规模化生产的必要条件，是缩短生产周期、节约原材料和能源、稳定和提高产品质量的重要保证条件，从而最终达到客户对产品的满意。

钢管制造企业对卷板的理化性能尤为关注，包括卷板的化学成分、力学性能等参数的变化。国内各大一流钢厂生产的X80M管线钢具有高纯净度、高韧性、良好的焊接性能和抗硫化氢应力腐蚀性能，技术水平已处于世界同类制造产品的先进水平。

钢厂在进行管线钢卷板生产时，其生产流程（高炉铁水→铁水脱硫→转炉→合金微调站→LF→RH(Si-Ca)处理→连铸→板坯检查和清理→板坯验收加热→轧机热连轧→在线控制冷却→卷取→外形和性能检测→入库→发货）及质检流程（熔炼化学成分分析与判定→在线尺寸和表面质量检查→离线尺寸、外形、表面质量检查→性能检验→综合判定→开具质证书）全流程根据炼钢工艺与热轧工艺进行标准化控制，结合各企业的设备能力，对炼钢工艺建立标准，构造标准化体系。生产过程通过完备的ERP系统实现物流和信息流的准确、畅通，完成合同管理、生产计划编制、生产作业、质检、判定、钢卷库管理以及生产实绩的收集及处理，确保产品质量的可控制性、可追溯性。保证卷板的各项性能均能满足GB/T9711—2017、API Spec 5L、GB/T14164—2013等标准与客户技术要求。

生产过程中出铁号、炉号、坯号和卷号之间唯一对应，产品从铁水预处理至热连轧产品全流程实现产品信息的高度可跟踪、可追溯，具体方式如下所示：

铁水预处理 → 转炉冶炼 → LF 精炼 → RH 精炼 → 连铸 → 热连轧
↓　↓　↓　↓　↓　↓
出铁号　炉号　炉号　炉号　炉号/坯号　坯号/卷号

3 标准化在产品制造过程中的支持及作用

3.1 标准化与工艺管理的创新

工艺(technology、craft)是指劳动者利用各类生产工具对各种原材料、半成品进行加工或处理，最终使之成为成品的方法与过程。标准，则是从全方面来对生产过程进行约束。我国现行的产品质量标准，从标准的适用范围和领域来看，主要包括：国际标准、国家标准、行业标准(或部颁标准)和企业标准等。从原材料进厂、生产、检验，一直到产品销售等各个环节，都必须有相应标准作保证。它不但包括各种技术标准，而且还包括管理标准以确保各项活动的协调进行。如 ISO 9000 就是一个质量体系标准，它是一个结构完善的质量管理体系，使组织的运行产生更大的效益及更高的效率；减少顾客拒收和申诉，节省大量制造开支，并使顾客对企业和产品/服务有了更大的信任；确保在 ISO 9000 认证的市场中畅通无阻。

质量标准，在工艺管理中的作用至关重要。一件产品的工艺形成直至该产品进入市场的整个过程，就是由两方面组成的。首先技术要求和标准是工艺形成的先决条件，其次质量标准是工艺流程中产品成型的决定因素。任何产品都必须遵循质量标准，不论是产品的初始阶段还是产品的半成品、成品阶段，它都必须在质量标准的前提下完型。所以，在工艺管理中，质量标准是整个公司流程的主线，对所生产的产品能否进入市场并被用户接受起着决定性作用，见图 1。

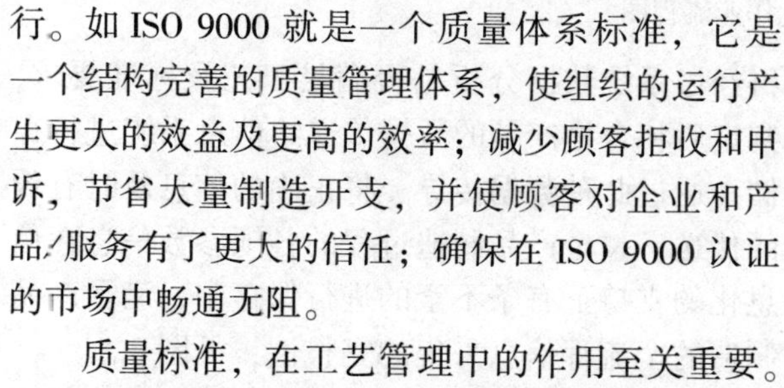

图 1　产品制造标准化与工艺流程

钢管制造行业的管理标准为 ISO 9000、API Q1，相关技术标准包括 GB/T9711、API 5L、API 5CT、GB/T3091、SY/T5037、SY/T5040，这些标准中涵盖国际标准、国家标准、行业标准。同时企业根据产品的特点、生产能力和技术水平制定企业内控标准。内控标准是在企业具有工艺创新、技术创新、管理创新基础上的集中表现，结合着实际应用和大量数据。如管端整圆技术创新的应用，内控成功的将标准值公差范围降低了 1/2 以上。保证最佳对接便利性和焊接质量，提升企业产品形象。

没有创新就没有发展。科技创新是过程，标准是沉淀科技创新成果的重要载体，是创新成果的重要结果，在标准形成和发展过程中又与科技创新互为促进。科技创新形成的创新成果通过产品、信息、服务等形式最终为社会应用实现价值，标准化过程本身就是新产品、新技术、新方法、新工艺等积累的过程，创新成果应用的最好方法就是将其转变为标准化并进行实施。发挥科技创新在技术标准工作中的引领作用，全面提升工艺技术标准水平。

3.2 标准化与信息化的应用

钢管制造过程标准化以信息为载体，结合制造标准与过程信息，提供一个完整的技术框架，以保证两者相融合。钢管合同是一个项目的开始阶段，建立钢管合同数据信息，读取合同中的卷板数据信息，能够根据管理要求完成卷板合同标准化与信息化转化。精确测量和记录卷板信息，为预测和计划奠定基础，建立卷板库存对应标准化卷板库存，操作卷板数据成立钢管工程，收集有关钢管工程数据信息，采用统一的工艺技术标准，以生产出质量一致的相同规格和标准的钢管并符合钢管合同要求。对于不符合工艺的钢管采用模块控制手段进行分类分级。钢管制造过程中通过数据模块处理产品生产各工序数据信息，包含标准化要求的最原始的、看似最平凡的信息单位。通过收集生产制造过程所有数据信息，我们可以预先捕捉到要发出的预警信号，系统把这些异常信息与正常信息进行对比，预测可能发生的问题并进行提示。最终的产品信息进入钢管库进行分类管理，负责对产品的最终流转控制。信息化的加入，实现提高生产质量和生产效率，达到降本增效的目标。

信息化的大量应用不仅能够成为企业竞争力的来源，也将成为国家竞争力的一部分。通过标准化与信息化融合的方式，创建新的钢管制造形式，实现“中国制造到中国创造”的改变，对制造业的发展意义重大，见图2。

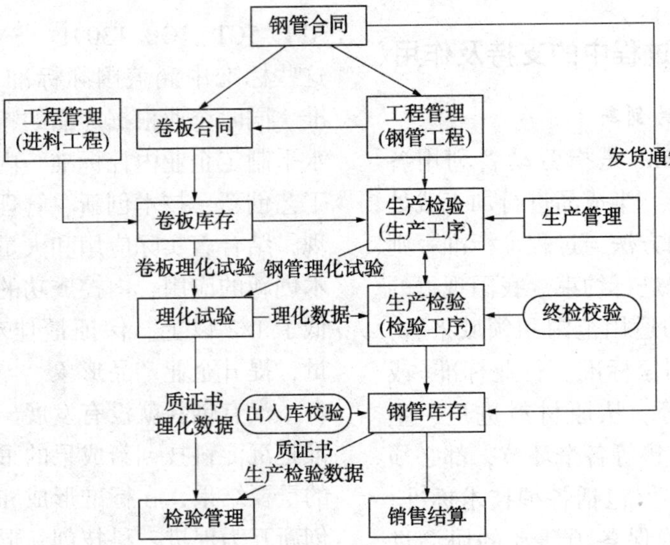

图2　钢管信息化作业流程图

3.3　标准化与数字化的融合

在全球数字信息化大潮的推动下，钢管制造产业数字信息化发展迅猛，这既是机遇，也是挑战，数字信息的建立目的是为企业系统地组织、理解和使用数据以便进行管理决策。在产品的生产制造过程中常常伴随大量的数据，这些数据反映了每个生产环节的状态，为生产顺利进行提供了保证，通过对这些数据的分析，得到产品质量与这些参数之间的关系。这样可以对改进产品质量提出针对性很强的建议，而且有可能提出新的更高效、节约的生产质量控制模式。

企业是制造主体，也是实现信息化、数字化与工业产品融合的主体桥梁，企业信息化建设是通过信息技术与企业研发、生产、经营、管理的各方面、各环节的集成与融合，构建数字化设计、生产、运营、管理系统平台等多方面从而最终实现数据采集、传输、存储及分析，提升企业竞争力及产品综合竞争能力。

钢管产品在制造过程中，全流程、全方位实施信息化传导，通过信息融合，根据标准化需求设置正确设备的数据信息，现场利用工业以太网进行设备信息采集，通过以太网通讯处理器，将PLC系统连接到工业以太网，使用Ethernet和TCP/IP协议构成Ethernet/IP协议的体系结构，与信息系统实现信息交换。通过设备检测过程不断的信息传输，采集到一个工序的整体数据链，再经过系统数据分析是否满足工艺及标准要求，判定后将合格产品的数据传递给信息系统进行存储。通过此种数据传导、将正确的信息及时有效的传送。整个产品制造过程的各项参数信息在信息化的支持下有条不紊的进行保存中，满足产品制造的全流程信息采集的完整性，见图3。

最终的达标产品经全流程合格验收后交付现场并将制造信息进行有效传递，以前通过纸质信息的传递及核对进行的，现在通过标准化的信息系统为平台，通过信息化管理与数字化采集相结合，运用信息化平台，对产品的大数据平台进行筛选，采用二维码快速响应矩阵的QR code制式，将需求的产品信息与信息系统相关联，采集有效的数据信息，通过数码设备对产品进行扫描存储，进入中石油MDM公共数据编码平台的数据库中进行数据关联，并传递到最终的管线运行的数据库中。

数字管道是一个完整的管道信息模型，它能够把所有的管道信息融通构成一个信息模型，实现“信息在指尖”的理想，它是一个扩展了的、全方位的、高速的、网格化的综合管道数字信息系统。通过数字化信息系统管理，可对任意段的管线全周期生产数据进行全面查询，达到管道运营全生命周期的数字化传递及全方位管理，运用数字管道技术，能够有效实现管道安全管理水平，有助于管道建设及运营对环境、人员健康、安全隐患的排查治理，做到绿色管线运营，也是管线建设的可持续发展之路。

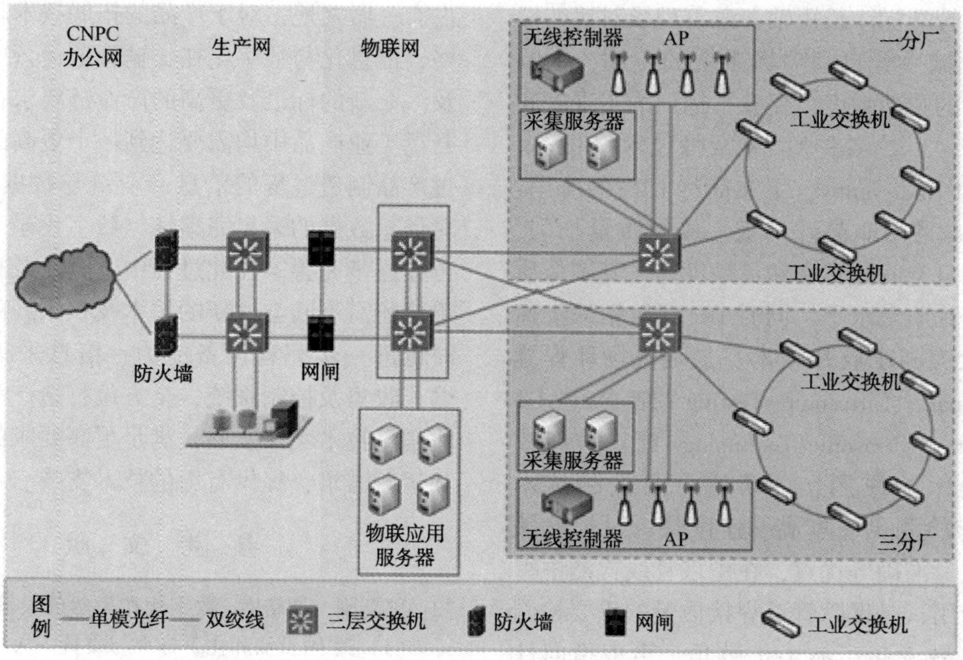

图 3　物联网工业网络拓扑图

4　标准化与输送业务的创新成果

标准化是影响全局的大事，从科技创新研发的初始就要有技术标准战略的介入，开展标准化先行研究。在原始创新过程中，不断利用标准化手段固化创新成果，可以促进创新成果的应用，为新的科技创新奠定新的基础，为科技创新提供方向指引。

中俄东线天然气管道工程是我国首条同时采用超大口径、高钢级、高压力的具有世界级水平的天然气长输管道工程。除了技术上的创新外，还通过“大数据+云计算+物联网+人工智能”和互联网++项目管理的新模式，建设“智慧工地”，打造我国首条智能化管道的样板工程。中俄东线天然气管道工程管道沿线林地密布，冬季最低气温-40℃，夏季大面积沼泽湿地，极高的施工难度与复杂多样的自然环境为管道建设带来巨大挑战。

中俄东线天然气管道工程采用管道智能化建设总体规划思路，管道应用多项智能化关键技术创新。在满足管道建设的标准上提升各项规范要求和创新成果。

智能管道关键技术的一些成果，一是数字化设计：中俄东线天然气管道采用路线、站场、建筑数字化设计平台，实现云端部署，做到统一管理、统一存储、统一移交。二是实现“一键启停机”与“一键启停站”攻克天然气管道压缩机组负荷分配控制等关键技术，解决了压缩机转速大滞后、超调等难题，实现了由单体操作到模糊对象操作的智能化升级，为无人站建设奠定了基础。升级整合压缩机组及辅助系统控制功能，并与场站控制系统深入融合，实现压缩机组与辅助系统按照预设的控制逻辑顺序自动启停，只需一个指令，即可自动完成压缩机组启停机、压气站启停站的所有过程，无需人为操作与干预。三是管道实时感知技术：实现管道智能化视频监控，针对人口聚集、河流穿越、第三方施工等高风险区域，设置视频监控系统。开发现场作业远程监控与危险因素智能识别功能，提升“一人多点”监护工作效能与管道安全管控能力；实现安全预警与泄露监测，研发新一代光纤预警技术，定位达100m，可精确识别人工挖掘、机械挖掘等内外部干扰，有效遏制第三方施工损伤事件的发生；实现地质灾害远程监控。通过管体应变监测与土体位移监测，及时掌握地质灾害发展情况及管体受力情况；结合PIS系统提供的累计降雨量及降雨预报信息，科学预测土体位移变化趋势，指导实施应力释放，确保地质灾区管道风险受控。

生产制造、施工过程中的技术创新。一是提升钢管成型、焊接质量管控。1）管端周长、管端椭圆度的自动测量系统创新。通过激光测量系统创新成果的应用，实施检测管端周长和管端椭圆度。并在管端标注长短轴，改善现场对接的操作性；2）机械手臂自动喷标系统的应用，大幅改善了员工的劳动强度，提升了标识的美观度和有效辨识度；3）数字平板直接成像技术（Director Digital Panel Radigraphy，下文简称 DR）的应用，DR 技术基本采用非晶硅平板，成像质量均匀，无采集变形且空间分辨率和灵敏度高，其图像质量已超过胶片质量水平。同时 DR 的数据采集速度和效率大大高于胶片技术；二是现场环焊缝 AUT（Automatic Ultrasonic Testing）结合 PAUT（Phased Array Ultrasonic Technology 超声波相控阵）检测技术的应用。自动超声波检测技术（AUT）具有检测灵敏度高、速度快、对焊缝缺欠定位和定量准确等优点，在中俄管线检测中得到了推广应用，是保障管道焊接质量的重要检测技术。AUT 减少超声波半扩散角，声束指向性更好，超声波能量更集中，有利于提高焊缝缺欠的检出率和定量精度。同时根据频次要求进行 PAUT 检测，可以从多方位、多角度对缺陷进行扫描分析，对缺陷参数测量更加精确。

当前制造业正处于科技大发展、产业大变革时期。新科技革命和产业变革正在孕育兴起。全球知识创造和技术创新步伐明显加快，科技创新与产业变革深度融合，移动互联、智能终端、大数据、云计算等新一代信息技术蓬勃发展，成果转化更加迅捷。

5 结语

随着工业化的快速发展，全球市场的统一化进程，市场上的竞争也越来越激烈，产品的竞争逐步延伸到产品的增值附加服务，能否在市场上占有一席之地，对于产品的拓展技术越加要求严格，信息化与数字化在长输管道运营中已逐渐普及。全新的标准及更高的产业链要求在整个行业乃至工业产品中均需要达到一个更高的水平，通过产品制造过程的信息产业链与数据链相关联，对信息数据的采集完整性、数字化录入的规范性也在逐步完善。在此过程中，企业及相关上下游单位还需不断尝试新的技术及积累新的经验，同时也进一步完善设备能力、信息采集、数据传输、收集及控制系统，全方位打造产品质量标准化信息技术飞跃发展，满足更高要求的管网建设和运营需求，提供有力的技术支持。

参 考 文 献

[1] 郭新刚，谭皓南. 数字化在天然气长输管道中应用[J]. 中国石油和化工标准与质量，八月(下)：232.

[2] 孟巧玲，房鹏. 浅析生产型企业标准化体系的建立与管理[A]. 第十七届中国标准化论坛论文集，1081-1085.

[3] 谢含宇，解谨. 智能化管道是管道行业的发展方向[J]. 科学管理，2016(10)：227.

[4] 余文. 数字管道技术在长输管道建设中的应用[J]. 当代化工研究，2018(04)：64-65.

[5] 任丽萍，李京，周博. 浅谈创新与标准化和科技创新[J]；国防技术基础，2009(001)：11-13.

[6] 强天鹏. 射线检测[M]. 宋继红，林树青，王晓雷. 北京市：中国劳动社会保障出版社，2007.

[7] 屠耀元. 超声检测技术[M]. 彭应秋，刘晴岩. 北京市：机械工业出版社，2018.

工业机器人在钢管综合测量中的应用

张志明[1]　卢舟进[1]　冯伟华[2]　刘　涛[2]

（1. 南京巨龙钢管有限公司；2. 渤海装备研究院）

摘　要　在当前成品钢管管端尺寸手工测量或固定旋转机构测量的基础上，提出了一种基于工业机器人的钢管综合测量解决方案。该方案设计了一套终检成品工程师站，通过两个六轴工业机器人在直线导轨上的工进和复位、机械臂在测量工件和校准工件上的检测切换以及钢管在液压称重台上的升降，来实现钢管长度、重量、管端尺寸等数据的自动综合测量。同时，该工程师站通过对上位机软件的开发，具备了数据分析功能。从而实现了终检成品岗位的集成化、智能化，以满足当前生产需求。

关键词　工业机器人；钢管；综合测量；工程师站

钢管管端尺寸精度，是保证管道现场施工时环焊的效率与质量的重要参数。随着我国高压油气输送管道建设的发展，大口径埋弧焊管向高钢级、大口径、大壁厚方向发展，焊管管端尺寸精度对现场环焊施工地影响更趋加大。多年以来，在焊管生产线终检测量工序，工人采用测径卷尺对钢管的周长、不圆度等宏观尺寸进行测量，测量一致性、客观性不易保证，测量精度偏低，特别是在焊管直径越来越大的环境下，单人测量困难、数据一致性不好的缺点更明显。

随着油气输送管道市场需求的日益增长，当前直缝埋弧焊管生产线面临着生产任务量饱满、交付时间紧、保供压力大的形势。为了适应市场形势，终检成品岗位还需进一步提高生产效率，提升质量控制水平。因此，为生产岗位设计一套精确可靠、集成度高、操作方便的自动化综合测量产品很有必要。

1　工程师站总体设计

如图1所示，工程师站测量装置位于现称重测长工位，由两个单元组成：管端尺寸与长度测量单元、称重单元。管端尺寸与长度测量单元包括工业机器人、机器人移动轴、激光测量传感器、PLC控制系统、工业计算机、数据采集模块及管理模块。称重单元包括液压式升降称重台、称重传感器、称重管理机、工业计算机、称重数据采集模块及管理模块。

首先钢管在工位稳定后，机器人按设定好的管径调整好位姿，钢管两侧移动轴携带机器人向管端逼近，当内、外表面检测传感器检测到管端

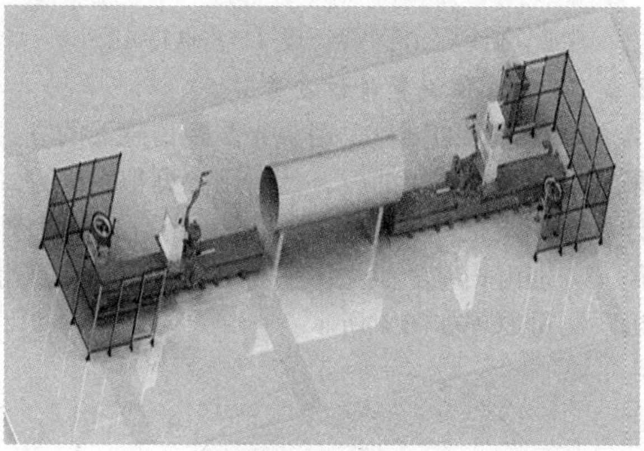

图1　工程师站测量装置示意图

时，读取移动轴编码器数据，计算出钢管长度。

钢管长度测量完成后，工业机器人携带装有传感器的测量装置绕钢管管端旋转一周，得到钢管内外表面形貌信息，通过上位机软件处理计算出周长、不圆度、内外径、厚度、管端焊缝未修磨处的错边、噘嘴等管端测量数据，如图2所示。

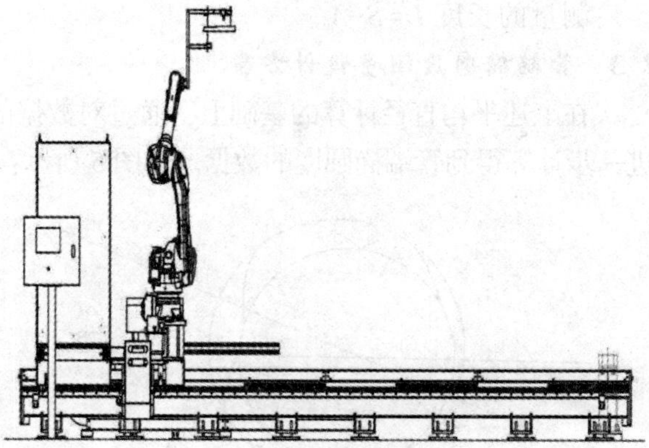

图2　工程师站测量装置轮廓图

2　测量原理及设计方案

2.1　长度测量设计方案

移动轴向钢管移动，检测到钢管时移动轴停止，根据移动轴位置以及移动轴零点之间的间隔计算出钢管的长度，方案如图3所示：

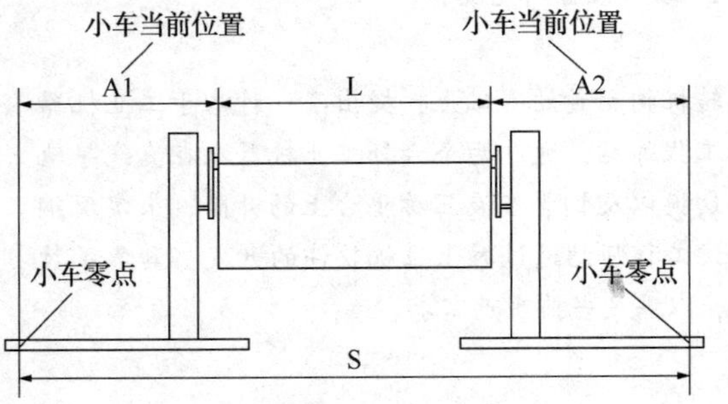

图3　工程师站长度测量方案图

由此可计算出钢管长度 $L=S-A1-A2$。

2.2　管端直径测量设计方案

管端直径的测量采用激光测距传感器的方式采集钢管管端圆周曲线，然后用数据拟合的方式计算出管端的平均直径。平均直径分内径和外径，分别由相应的激光传感器测量采集和计算得出。测量原理如图4所示：

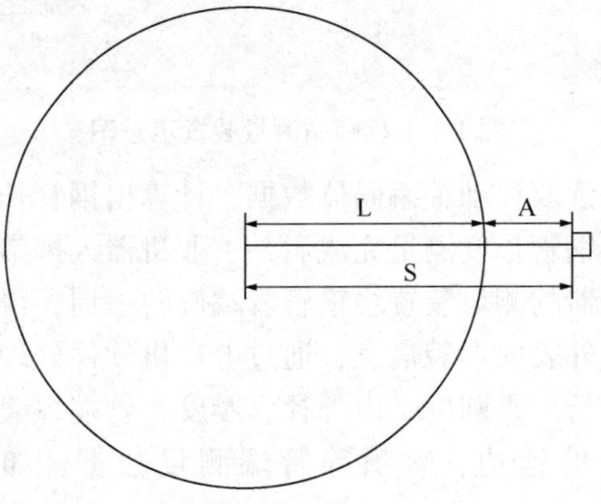

图4　工程师站管端直径测量方案图

测量的长度 $L=S-A$。

2.3　管端椭圆度测量设计方案

在上述平均直径计算的基础上，通过对数据的进一步计算得到管端椭圆度的数据。如图5所示：

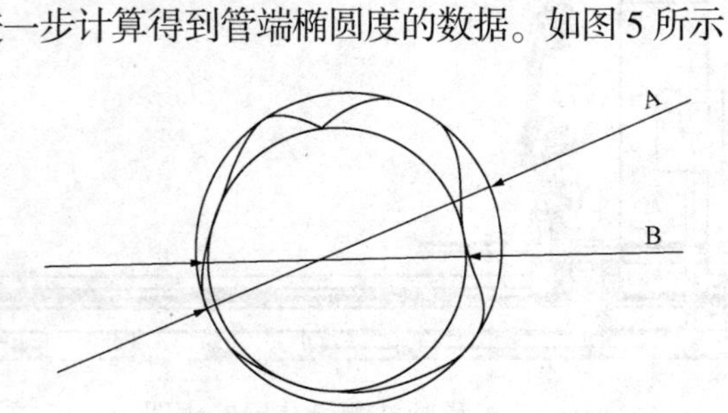

图5　工程师站管端椭圆度测量方案图

利用公式 $l=\sqrt{(x_i-A)^2+(y_i-B)^2}+\sqrt{(x_{i+180}-A)^2+(y_{i+180}-B)^2}\ i\in(1,2,3\cdots n)$，求出长短轴 l_{max}、l_{min} 及对应的位置，其中 (x_{i+180}, y_{i+180})、(x_i, y_i) 差180角管端数据，管端不圆度为 $l_{max}-l_{min}$。

2.4　管端周长测量设计方案

机械臂带动测量工装围绕钢管管端转到一圈，激光点位移传感器测量管端的实际轮廓数据 $(x_i, y_i)\ i\in(1,2,3\cdots n)$，钢管管端近似为一圆形，通过最小二乘圆法拟合得到管端轮廓方程，即圆心坐标 (A, B)，平均半径 r 及管端周长。

2.5　钢管壁厚测量设计方案

相向布置两只激光点位移传感器，分别测量钢管同一截面的内外壁轮廓数据 (x_{in}, y_{in})、(x_{out}, y_{out})，最小二乘圆拟合，得到内外半径 R_{in}、R_{out}。

平均厚度 $=R_{out}-R_{in}$

$R=\sqrt{((x_{out})_i-A)^2+((y_{out})_i-B)^2}-\sqrt{((x_{in})_i-A)^2+((y_{in})_i-B)^2}\ i\in(1,2,3\cdots N)$，求出最大、最小壁厚 R_{max}、R_{min}。

2.6　称重测量设计方案

称重单元由两个称台组成，布置在工位两侧，采用液压升降方式。液压式升降称重台将工位上的钢管顶起，稳定后读取钢管重量，称重结束后，液压式升降台落下。

为进一度提高称重的精度，更好的适应工况，新设计的称重台采用悬臂梁式称重传感器和浮动结构，每侧称重台四角均匀布置四个称重传感器，传感器信号并联到一个接线盒，并由一个称重控制器测量本侧称重台重量，钢管总重量为两侧的重量之和。

2.7　电气控制系统设计方案

电气控制系统采用上下位机结构，上位机采用工业计算机，下位机为PLC控制系统及工业机器人；上下位机通过工业以太网通讯。

上位机管理软件具有PLC测量数据的接收和处理、显示测量结果。PLC通过PROFINET工业以太网通讯。主要功能包括：传感器检测数据的采集、设备工作模式选择、起停车和紧急停车控制、系统故障及报警、区域流程联锁控制，

工业机器人主要根据上位机数据自动完成换道，并完成管端的测量动作。

3　工程师站管理软件的设计

3.1　界面设计

如图6所示，上位机软件界面操作简便，内容齐全，按照功能可划分如下：

图像显示区：此区域为钢管在旋转过程中根据采集到的钢管的半径绘制的钢管的外形，由此可以分辨钢管的椭圆度。

参数设置区：此区域为设置当前批次被检测钢管的规格型号。

操作按钮区：此区域包括系统的主要操作按钮，可以进行设备参数设定，可以保存所有测量数据，可用于编辑钢管合格阈值。

状态显示区：方便查看各部分的通讯状态、PLC信息以及各类报警信息。

测量结果区：可对各钢管的测量数据进行显示、查看及导出。

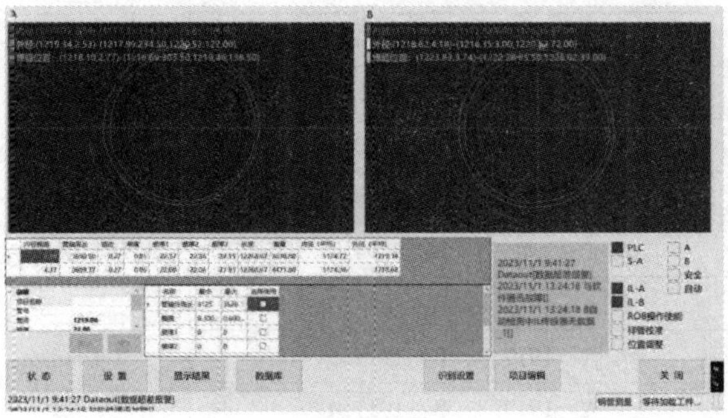

图6　软件界面

3.2　数据管理

数据管理部分具有参数设置、数据处理与显示、存储查询等功能。预留网络接口，允许车间MES网络访问本地存储系统。

参数设置：在人机界面设置钢管规格、生产工艺参数及设备运行参数等信息，并可根据工艺要求设置各个参数的报警阈值，对不合格质量数据进行报警，提示岗位人员进行进一步处理。

数据处理与显示：将采集到的原始数据进行分析处理后显示在人机界面上，显示数据包括：重量、长度、不圆度、外周长、外直径、内直径、平均壁厚、焊缝噘嘴、焊缝错边等尺寸数据。

存储查询：测量数据在本机存储，数据库与MES系统匹配。操作人员需要在软件人机交互界面录入管号进行数据绑定。测量数据可以按规格、日期、班次、管号、钢厂，工程编号等条件分类查询，并生成报表，能以excel文件格式输出。本地存储容量至少满足半年测量数据存储，充分考虑了数据容量和精度。

4　应用效果分析

4.1　钢管测量数据示例

钢管测量结果可显示管号、测量时间、钢管长度、钢管重量、周长、内外径、壁厚、椭圆度、噘嘴、错边等各类数据，并能根据需要进行筛选和导出。如表1所示：

表1　测量数据导出表

id	时间	管号	管长	钢管重量	周长	外径	壁厚	椭圆度	噘嘴	错边
8306	2023/11/5 6：41	NJ200001	10550	3667.4	2552.1	812.4	17.33	3.7	0.38	0.84
8305	2023/11/5 6：34	NJ100433	12133	3450.4	2552.2	812.4	14.13	3.2	0.16	0.7
8304	2023/11/5 6：28	NJ100512	12331	3532.8	2552.9	812.6	14.2	1.8	0.18	0.13
8303	2023/11/5 6：22	NJ100506	12286	3529	2552.5	812.5	14.24	1.1	0.36	0.15
8302	2023/11/5 6：17	NJ100508	12105	3460.8	2552.6	812.5	14.05	1.4	0.4	0.19
8301	2023/11/5 4：41	NJ200041	12146	4223.6	2551.4	812.1	17.37	2.8	0.12	0.22

4.2　系统测量精度分析

工程师站在生产线应用后，随机抽取以规格为φ610 * 9mm，管号为HDNJ100447的钢管进行多次重复测量，并与人工测量进行对比，测量结果如表2所示。

通过对该钢管的各项测量数据来看，包括钢管长度、重量、不圆度（内外）、管端内外径、壁厚、周长、管端外焊缝错边、噘嘴等各项数据测量的最大重复误差值均达到了设计要求，设备测量精度、工作效率、运行稳定性均达到了预期效果。

工程师站上线后，通过管理软件与MES系统的数据交换，实现了产品工艺参数数据的结构化、数字化。打通了工艺设计和生产环节，起到了指导生产，管控制造，校核错误，预防质量事故事件发生的关键作用。同时该系统为工艺技术人员优化工艺提供了丰富的数据，为持续提升产品质量提供了有力支持。

表 2　测量数据比较表

序号	管号	测量项目	人工测量数值	设备测量数值(重复测量)	重复误差
1	HDNJ100447	钢管长度(mm)	12102	12103 12103 12103	0
2		钢管重量(kg)	/	1647.2 1647.0 1647.0	0.01%
3		管端不圆度(内外)(mm)	A 外：4.1 B 外：2.2	A 外：4.0，B 外：2.4 A 外：4.1，B 外：2.4 A 外：4.1，B 外：2.3	0.1mm
4		管端内径(mm)	/	A：592.3，B：592.4 A：592.3，B：592.4 A：592.3，B：592.3	0.1mm
5		管端外径(mm)	610	A：610.3，B：610.3 A：610.3，B：610.4 A：610.3，B：610.3	0.1mm
6		钢管壁厚(mm)	A：8.95 B：8.95	A：8.94，B：8.93 A：8.95，B：8.94 A：8.94，B：8.94	0.1mm
7		钢管周长(mm)	A：1916.4 B：1916.5	A：1917.3，B：1917.4 A：1917.3，B：1917.5 A：1917.3，B：1917.4	0.1mm
8		管端噘嘴(mm)	A：0.32 B：0.31	A：0.32，B：0.24 A：0.35，B：0.21 A：0.28，B：0.25	0.07mm
9		管端焊缝错边(mm)	A：0.44 B：0.45	A：0.56，B：0.50 A：0.55，B：0.55 A：0.51，B：0.57	0.07mm

5　结束语

在当前数字化、信息化及智能制造背景下，企业从管控产品制造过程、强化过程追溯、优化制造工艺、采集客观大数据等多方面需要出发，开发的管端综合检测机器人具有钢管制造行业独特特性的工艺管理功能，为工艺大数据分析、生产制造水平的提升提供了技术支撑，也为其他装备行业开发提供思路借鉴。

参　考　文　献

[1] 李子正. 钢管管端圆周截面形状测量系统及算法分析[J]. 焊管，2012，35(7)：44-47.

[2] 黄雄飞. 基于激光测距钢管椭圆度测量仪的研制[J]. 焊管，2015，38(3)：48-51.

[3] 方文. 工业机器人在焊管生产中的应用[J]. 钢管，2018，47(7)：52-54.

[4] 张贤达. 矩阵分析与应用[M]. 清华大学出版社，2004.

[5] 杨昊东，梁冬明，岳寰宇. 环形激光器双光路椭圆度测量系统[J]. 光学精密工程，2012(9)：56-64.

[6] 黄继庆，冯伟华，孟凡佳，等. 钢管管端尺寸综合测量装置设计与应用[J]. 焊管，2020，43(10)：51-55.

基于工艺仿真模拟的超临界 CO_2 管道数字孪生建设及应用

李其锐

（中石化石油工程设计有限公司）

摘　要　二氧化碳管道建设是实现双碳的重要举措，当前数字孪生正成为全球信息技术发展的焦点，并依照“描述-诊断-预测-决策”的趋势进行演化与发展，其数据驱动、模型支撑、精准映射、智能决策的技术特点赋能双碳落地。二氧化碳管道因多相流共存、腐蚀性严重等特点，相较常规管道建设要求越来越高，如何保证生产运行智能优化迫在眉睫。本文基于数字孪生理念，通过工艺动态仿真技术建立高精度机理模型，实现运行优化，实时动态仿真、多源数据三维可视化，保证生产运行最优、效率效益最大、高效低碳环保。

关键词　超临界 CO_2 管道；工艺仿真；数字孪生

1　概述

CO_2 管道输送技术作为连接碳源与碳汇的桥梁，在整个 CCUS 过程中发挥着重要作用。随着 CCUS 进程的不断深入，CO_2 输送量将不断增加，面对如此之大的市场需求，建设 CO_2 长距离输送管道势在必行，但目前在超临界 CO_2 管道建设及运行方面缺乏经验，尚未形成配套理论研究指导生产实践，实现 CO_2 的高效率、低成本运输任重道远。目前我国超临界 CO_2 管道输送技术尚处于起步阶段，缺乏成熟的工艺仿真方法用于指导 CO_2 管道建设与运行，二氧化碳管道因多相流共存、腐蚀性严重等特点，相较常规管道建设对进度、质量、安全管控、运行动态优化、智能管控的需求越来越高，现有管道仿真软件主要针对油气管道，并未考虑 CO_2 管道的特殊性，难以准确描述管输过程中 CO_2 的相态变化，无法为管道工艺方案设计提供支持。如何保证管道高质量建设及生产运行智能优化迫在眉睫。

当前数字孪生正成为全球信息技术发展的焦点，并依照“描述-诊断-预测-决策”的趋势进行演化与发展，其数据驱动、模型支撑、精准映射、智能决策的技术特点赋能双碳落地。

数字孪生体的建设是覆盖工程全生命周期的，在工程建设阶段完成静态孪生体建设，而孪生体的应用主要在运营期，通过数据模型和机理模型的深度融合，加上数字化新技术的应用为运营期的提质增效、安全环保、运行优化、辅助决策等提供服务。

所以建设具有数据驱动、模型支撑、精准映射、智能决策等功能的 CO_2 管道数字孪生体，可为 CO_2 管道的建设、投运以及流动保障提供理论支持，对提高 CO_2 输运效率、降低 CO_2 输运成本、提升 CCUS 技术整体经济性、助力碳中和目标实现具有重要意义。

2　数字孪生体建设

2.1　定义

数字孪生正成为全球信息技术发展的新焦点、跨国企业业务布局的新方向、主要国家数字化转型的新抓手，是未来几年最具影响力的新技术之一。

数字孪生指充分利用物理实体模型、传感器、运行数据等，集成多学科、多物理量、多尺度、多概率的仿真模拟，在虚拟信息空间中对物理实体和逻辑过程进行镜像映射，反映物理实体行为、状态或活动的全生命周期过程；是物理实体对象在数字空间的全生命周期的动态复制体。数字孪生体与实体物理系统是与生共有、同生共长，数据是基础，模型是核心，应用是载体。数字孪生体基于基本模型及丰富的历史、实时数据，加之先进的算法模型，实现对实体物流系统对象的运行状态进行高度相似的数字化表征和预测，以实现正确的推理、精准的操作，优化的控制。

2.2 建设思路

数字孪生的基础与核心是数据与模型，基于工程数字化交付成果，建立水力热力学机理模型，并在此基础上完成了数字孪生体建设(图1)。

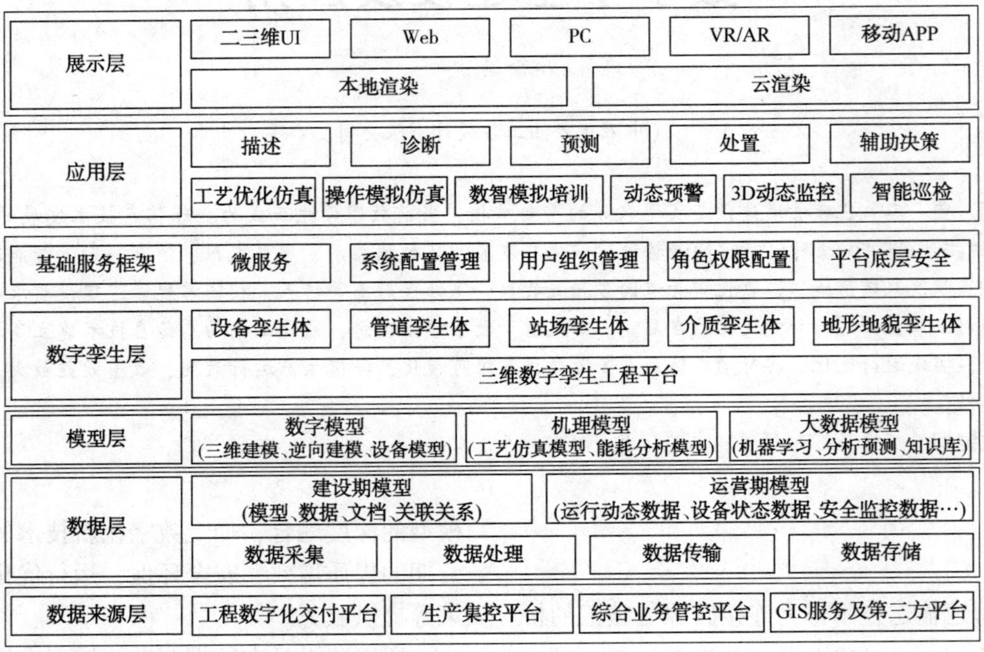

图1

应用“工程建设100%数字交付+多元机理数据驱动”的方式，研发建立集仿真模拟、三维可视、工况模拟于一体的数字孪生系统，实现三维场景化、关键数据实时化、设备信息颗粒化、工况模拟虚拟化；通过运行数据实时驱动机理模型，将实时数据采集与机理模型进行深度交互，实现物理工程与数字管道智能同频共生、全线动态数据分析展示、多工况仿真模拟、在线数字运维等，保障管道运行安全，实现 CO_2 传输管道整体态势的把控与预测，提高智能运维能力。主要包括两个方面：一个是基于机理模型的动态工艺仿真模拟，一个是三维动态数字孪生体建设及应用。

3 基于机理模型的动态工艺仿真模拟

机理模型在数字孪生中起着至关重要的作用，代表了数字孪生成熟度达到“先知”阶段。在数字孪生中将物理过程的机理模型和几何模型结合，对系统的动态行为进行建模和预测的方法。在数字孪生中，通过建立“实测数据驱动+在线机理模型”的动态仿真模拟系统，实现对复杂系统的精确模拟和预测，为系统的优化和管理提供有力的支持。

对于超临界二氧化碳的工艺模拟仿真，建立高精度的机理模型是基础和核心。超临界二氧化碳是一种特殊的流体，其密度和粘度随温度和压力的变化而变化，同时还存在复杂的相变行为和传热传质过程。超临界二氧化碳管输水力学特点也是值得关注的重要方面。在超临界二氧化碳的工艺模拟仿真中，还需要考虑 CO_2 的特性，比如其高压缩性、高扩散性、化学反应性和热力学性质等，这些特性将对工艺过程产生重要影响，因此需要在机理模型中加以考虑。

建立高精度机理模型需要以下几个步骤：

(1) 深入理解系统：建立机理模型需要对系统的运行原理、机制和控制方式有深入的理解和掌握，这是建立高精度机理模型的基础。

(2) 选择合适的建模方法：根据系统的复杂程度和特点，选择合适的建模方法，比如灰箱模型、黑箱模型和白箱模型等。对于二氧化碳超临界管道，使用基于多相流水力学和二氧化碳物性体系的热力学数学模型。

(3) 数据采集与处理：通过行业通用的数据协议，如 OPC、MODBUS 等，实现数据采集系统的接入，并对接入的数据进行处理和分析，以驱动模型的在线动态计算。

（4）参数调整与优化：根据采集的实际数据，对机理模型的计算结果进行参数调整和优化，以提高模型的精度和可靠性。

（5）模型上线应用：完成高精度的机理模型建立后，就可以将它应用于数字孪生系统中，并开发针对投产、停输再启动、清管、泄压等具体场景的功能。通过机理模型的在线、实时、动态运算，实现对工艺的实时模拟和预测。

在超临界二氧化碳管道的启动、输送和各类运行操作过程中，超临界二氧化碳的流量和压力受到水力坡度、流速、管道形状等多种因素的影响。这些因素之间相互作用，会对超临界二氧化碳的传输和反应产生复杂的影响。对此，基于机理模型的数字孪生系统从以下方面支持超临界二氧化碳管道的生产运行决策。

（1）工艺变化精确预测：机理模型基于对二氧化碳超临界管道水力学、热力学的数学模型，可以提供更准确、可靠的预测结果，结合SCADA实际测量数据，驱动模型进行加速预测计算，预测系统在未来一段时间的运行情况。

（2）操作模拟优化：通过机理模型，模拟生产操作方案，评估操作方案的可行性和可靠性，实现操作方案效果的提前预演和优化。

（3）故障预测与健康管理：机理模型可以用于关键仪表和动设备的健康管理，通过对系统运行数据的分析和处理，结合机理模型，从工艺KPI角度评估仪表和动设备的运行偏差幅度，为预知性维修提供支持，提高设备运行安全性。

通过热力计算与相态管理功能实现全线超临界二氧化碳的水热力学状态，提升管输操作的安全性；通过水击动态分析与风险预警功能，识别超压风险，提升操作方案安全性和可靠性；通过投产模拟，实现多方案优化验证，识别规避投产过程的风险，预演投产实操，提高操作安全性和流程可靠性，从而实现管道输送“全局洞察，局部透视”，有力支撑管道全生命周期的安全运行。

4　三维动态数字孪生体建设及应用

研发集仿真计算、三维可视、工况模拟、试运培训等功能于一体的数字孪生平台，将工艺仿真模拟与三维模型深度融合，实现三维场景化、关键数据实时化、设备信息颗粒化、工况模拟虚拟化，以可视化的方式呈现管道运行状态，助力运维人员快速获取多维度信息，高效率处理异常，提高智能运维能力(图2)。

（1）机理仿真与三维集成：机理模型与三维可视化孪生平台进行数据集成，实现在三维平台中可实时查看工艺仿真数据，为数字孪生植入大脑。

（2）线路关键控制点数据展示：通过底层机理分析驱动三维模型，在GIS上可随时查看线路关键控制点(站场、阀室、穿跨越等)关键参数信息，并进行趋势分析，直观掌控线路运行动态。

（3）数字孪生与物理场站虚实结合：在孪生平台中植入现场实景照片，同时引入实时视频，真正做到数字孪生与物理场站虚实结合。

（4）介质动态流向及设备机理模拟：基于三维模型，根据工艺介质流动状态进行三维可视化展示，同时将典型设备机理模拟嵌入平台中，辅助运维人员实操。

（5）二三维联动：通过数据驱动与规则设置，实现工艺仿真系统与三维孪生模型的二三维联动，将工艺逻辑与三维空间紧密关联，提高运维及应急管理响应速度及水平。

图2

5　价值体现

（1）实现多工况仿真模拟，针对问题提出解决方案，辅助指导现场操作。

通过工艺仿真系统提供的离线模拟，支持对不同工况(正常、异常、应急)下的工艺流程变化及相应状态进行离线加速分析，计算流程变化及工艺状态，指导生产作业。支持非计划工况的故障预演模式，帮助工艺人员提高对异常工况的处理能力，并帮助操作员发现生产中的问题。

(2) 实现实时在线工艺仿真，实时状态监测，为现场操作全程护航。

通过采集实时数据驱动模拟实时计算，管网工艺数据的实时监测。基于动态模型模拟，通过采集现场关键数据进行实时模拟计算反映系统运行状态，同时展示在可视化界面中实现实时监控。

(3) 实现预测模拟，预判未来趋势及影响，防患于未然。

通过监测工艺流程、设备、仪表状态、设备状态相关参数并进行趋势分析，对管网流动保障和首末站关键参数的异常工况初期征兆进行预判并诊断产生原因，实现异常预测预警，及时指导现场人员采取措施。

6　结束语

数字孪生技术作为一种先进的智能化技术，能够将物理世界与数字世界进行无缝连接，通过实时数据采集、分析和模拟，实现对现实系统的精确控制和优化管理。在管道运行阶段，数字孪生技术整合超临界 CO_2 输送过程中的动态模拟数据与实时信息，实现对管道运行状态的实时监控和分析。通过数据驱动模型和数字化平台的应用，可以有效弥补现有管道监测手段在 CO_2 管道运行方面的不足，为管道运行提供更可靠的技术方案，提高管道的智能化水平，为实现我国实现“双碳”目标做出贡献。

油气管道虚拟施工中的服务实体放置策略研究

车荣杰　陈国龙

（中石化石油工程设计有限公司）

摘　要　利用物联网边缘计算技术可以实现油气管道虚拟施工中虚拟建模任务，提高虚拟施工的效率。本文提出了一种油气管道施工中虚拟现实系统的服务实体放置策略，旨在油气管道施工中虚拟现实系统的服务延迟和虚拟模型分析精度之间达到一个满意的权衡。研究表明，本文提出的算法降低了虚拟施工过程中的建模延迟，提高了建模精度，有效提升了智能化施工、智能工地的工作效率。

关键词　虚拟现实；边缘计算；服务实体；智能化施工

实现工程高质量建设、保障本质安全是工程建设的重中之重。目前，油气管道地面工程施工普遍工期紧、节奏快，尤其是大型复杂工程，施工工序复杂，现场交叉作业多，安全隐患普遍存在。虚拟施工（Virtual Construction，简称 VC），是实际施工过程在计算机上的虚拟实现。它采用虚拟现实和仿真等技术，在高性能计算机等设备的支持下群组协同工作。通过建模技术建立工程的几何模型和施工过程模型，可以实现对施工方案进行实时、交互和逼真的模拟，进而对已有的施工方案进行验证、优化和完善，逐步替代传统的施工方案编制方式和方案操作流程。

因此，油气管道虚拟施工中，虚拟模型的构建成为虚拟施工的重中之重。然而如图 1 所示，在油气管道地面工程中，大型机具等施工要素不易移动，构建虚拟模型时需要现场收集信息，传统的云服务器距离现场较远，无法实时构建虚拟模型。移动虚拟现实技术可以将采集的数据发送到距离现场较近的边缘服务器中，服务实体为每个待建模施工要素分配合适的边缘服务器卸载任务，减少了端到端的延迟，满足油气管道工程虚拟模型的实时构建。

图 1　油气管道虚拟施工中大型机具建模过程的服务器选择

移动边缘计算（MEC）近年来通过在无线接入网络的边缘部署边缘服务器而成为一种很有前途的范例。由于用户本地设备的虚拟现实（VR）应用的处理能力有限，只能支持一些简单或二维模型的构建，而 VR 传感器收集的视频帧可以发送到边缘服务器，为计算机视觉应用提供数据。在 MEC 的范例中，由于用户的工作负载是由附近的边缘服务器而不是远程服务器提供服务的，因此端到端延迟可以显著减少。移动虚拟现实系统（MVR）使用 MEC 范式来执行操作，如快速和准确的 3D 图形生成、多传感器交互和在计算资源有限的移动设备上的高分辨率显示。VR 用户的视频任务包括在终端设备上运行的前端组件和在服务器上运行的后端组件。在 MEC 中，操作员通常将运行后端组件的服务实体(SE)放置在边缘服务器中。一方面，由于边缘服务器不如传统云强大，不能为 SE 提供足够的专用计算资源，因此放置在同一边缘服务器上的 SE 数量可能会极大地影响计算延迟。另一方面，考虑到用户的移动性，如果 SE 没有在边缘服务器中迁移，将会导致额外的通信延迟。SE 的放置集中于决定将边缘服务器中每个用户的 SE 放在哪里，以提高系统的服务质量。然而，油气管道施工中虚拟现实系统服务实体放置问题仍然面临着以下几个挑战：①如何选择合理的网络接入点，避免网络拥堵现象；②如何优化服务实体放置和模型分辨率选择，使服务延迟与模型分析精度之间实现良好的权衡。

本文提出了一种油气管道施工中虚拟现实系统的服务实体放置策略，旨在油气管道施工中虚拟现实系统的服务延迟和虚拟模型分析精度之间达到一个满意的权衡。网络接入点的选择可以减少系统的网络拥塞，服务实体的放置可以减少异构边缘服务器的服务延迟。虚拟模型分辨率的动态调整可以满足系统的服务质量要求(高虚拟模型精度或低服务延迟)。本文提出的技术和现有技术相比，具有的创新性为：

(1) 本文所提出的油气管道施工中虚拟现实系统的服务实体放置策略能够有效降低服务延迟，提高虚拟模型精度，从而提高系统的服务质量；

(2) 本文所提出的油气管道施工中虚拟现实系统的服务实体放置策略通过块坐标下降算法，大大缩短了运行时间；

(3) 本文所提出的油气管道施工中虚拟现实系统的服务实体放置策略可以根据具体系统需求调整服务延迟和虚拟模型精度，有效降低服务延迟，提高虚拟建模精度。

1 研究内容

本文针对油气管道施工中虚拟现实系统包含 K 个网络接入点，M 个边缘服务器以及 N 个油气管道施工要素，假设油气管道施工要素 $U_i(1\leqslant i\leqslant N)$ 有一个构建虚拟模型的任务，该任务由放置在边缘服务器中的服务实体完成。一个任务被分为三部分：网络接入点传输数据、边缘服务器中处理数据、服务实体迁移；在这个过程中，任务的总延迟包括等待延迟、通信延迟、计算延迟、迁移延迟四部分。

1.1 等待延迟

等待延迟表示油气管道施工要素选择网络接入点传输数据时任务过多而需等待的时间，每个网络接入点 $AP_j(1\leqslant j\leqslant K)$ 的等待延迟为 $D^w(t)=\dfrac{1}{C_j-\sum_{k=1}^{N}Y_j^k(t)r_k(t)}$，其中 C_j，$\sum_{k=1}^{N}Y_j^k r_k(t)$ 分别表示网络接入点 AP_j 的总存储容量和连接到 AP_j 的油气管道施工要素所需的存储容量。

1.2 通信延迟

通信延迟包含两种情况，油气管道施工要素 U_i 到网络接入点 AP_j 的无线传输延迟和网络接入点 AP_j 到边缘服务器 $E_i(1\leqslant i\leqslant M)$ 的数据传输延迟。无线传输延迟为 $D^t(t)=\sum_{k=1}^{N}\sum_{AP_j\in\Psi_k(t)}Y_j^k(t)\dfrac{\delta B_k(t)}{R_{k,j}(t)}$，其中 $\delta B_k(t)$ 是油气管道施工要素的模型数据大小，$R_{k,j}(t)$ 是无线传输速率。数据传输延迟为 $D^d(t)=\sum_{k=1}^{N}\sum_{i=1}^{M}\sum_{AP_j\in\Psi_k(t)}Y_j^k(t)X_i^k(t)H_{ij}(t)$，其中 $H_{ij}(t)$ 是网络接入点 AP_j 到边缘服务器 E_i 的传输延迟。

1.3 计算延迟

计算延迟取决于油气管道施工要素的任务所需的计算资源和边缘服务器的计算资源，因此，系统的总计算延迟为：$D^l(t)=\sum_{i=1}^{M}\sum_{k=1}^{N}S_k(t)X_i^k(t)/F_i$，其中 $S_k(t)X_i^k(t)$ 是边缘服务器 E_i 上所有油气管道施工要素的任务所需的计算资源，F_i 是边缘服务器 E_i 的计算资源。

1.4 迁移延迟

油气管道施工要素移动时，为其提供服务的服务实体也需要在边缘服务器中迁移，来实现任务实时处理。因此，系统的迁移延迟为：$D^e(t+1)=\sum_{k=1}^{N}\sum_{i=1}^{M}\sum_{j=1}^{M}X_i^k(t)X_j^k(t+1)E_{ij}^k(t+1)$，其中 $X_i^k(t)X_j^k(t+1)$ 表示服务实体从边缘服务器 E_i 迁移到 E_j，$E_{ij}^k(t+1)$ 是边缘服务器 E_i 迁移到 E_j 的延迟。

1.5 服务质量

系统的服务质量由总延迟和分析精度衡量。模型精度越高。系统的服务质量越好。因此，每个用户的分析精度建模为：$Q_k(t)=1-1.578e^{-6.5\times10^{-3}b_k(t)}$，其中 $b_k(t)$ 是油气管道施工要素的分辨率。

1.6 问题公式化

油气管道施工中虚拟现实系统应评估服务延迟和分析精度。为了完成所有油气管道施工要素的虚拟建模任务，系统需要等待、通信、计算和迁移四个过程，但不能同时进行。因此，MVR系统的总服务延迟为：$D(t)=D^w(t)+D^c(t)+D^d(t)+D^l(t)+D^e(t)$，而系统在 t 时隙中的总模型分析精度为：$Q(t)=\sum_{k=1}^{N}Q_k(t)$。在油气管道施工中虚拟现实系统中，我们的目标是最大化系统的总服务质量，并将其转化为总服务延迟最小化和总模型频分析精度最大化。本文将在满足限制条件的前提下，最大化系统服务质量，即最小化服务延迟和最大化虚拟模型精度：

$$\min M(t)=\min\left(D(t)-\alpha\sum_{k=1}^{N}Q_k(t)\right)$$

$$Q_k\geq\beta_k,\ \forall k\in[1,\cdots,N] \tag{1}$$

$$X_i^k(t)=\{0,1\},\ \forall k\in[1,\cdots,N],\ i\in[1,\cdots,M] \tag{2}$$

$$Y_j^k(t)=\{0,1\},\ \forall k\in[1,\cdots,N],\ AP_j\in\Psi_k(t) \tag{3}$$

$$\sum_{i=1}^{M}X_i^k(t)=1,\ \forall k\in[1,\cdots,N] \tag{4}$$

$$\sum_{k=1}^{N}X_i^k(t)\,r_k(t)\leqslant V_i,\ \forall i\in[1,\cdots,M] \tag{5}$$

$$\sum_{AP_j\in\Psi_k(t)}Y_j^k(t)=1,\ \forall k\in[1,\cdots,N] \tag{6}$$

$$\sum_{k=1}^{N}Y_j^k(t)\,r_k(t)\leqslant C_i\ \forall AP_j\in\Psi_k(t) \tag{7}$$

其中限制条件(1)保证每一个油气管道施工要素的虚拟建模不能低于他所需的最低精度，限制条件(2)(3)(4)(6)表示每一个油气管道施工要素只能与一个接入点和一个边缘服务器连接，限制条件(5)(7)表示连接到接入点和边缘服务器的油气管道施工要素所需总容量不能超过接入点和边缘服务器的总容量。

2 基于块坐标下降的服务实体放置方案

2.1 解决算法

根据所构建的模型，系统制定相应的服务实体放置策略，系统首先固定两种策略来优化第三种策略，交替运行直到三种策略均得到优化，采取块坐标下降的算法，初始模型分辨率选择策略 λ 是每个用户所需的最低模型分辨率。优化问题通过固定初始接入点选择策略 η 和 λ 的迭代SE放置算法求解，得到最优SE放置策略 γ_1^*；然后基于优化后的 γ_1^* 和视频帧分辨率选择策略 λ，通过迭代接入点选择算法求解优化问题，得到最优接入点选择策略 η_1^*；最后基于优化后的 η_1^* 和 γ_1^*，通过迭代分辨率选择算法求解优化问题，得到最优分辨率选择策略 λ_1^*。

使用基于迭代的搜索算法优化三种策略，设置内外双循环，内循环通过加入微小扰动产生新解，通过比较新解与原来解的大小以一定概率确定是否接受新解，跳出局部最优解。外循环将本次寻找到的最优解与前一次的最优解比较，若本次最优解小于前一次最优解，则接受本次最优解，直到循环结束。

具体过程：输入油气管道施工要素数量 N，边缘服务器数量 M，施工要素可用AP集 Ψ_k。

(1) 通过最小化 $D^w(t)$ 初始化AP选择策略 η。

(2) 初始化模型分辨率选择策略 λ。

(3) 固定 η 和 λ，利用迭代SE放置算法优化SE放置策略，得到最优SE放置策略 γ_1^*。

(4) 固定 γ_1^* 和 λ，利用迭代AP选择算法优化AP选择策略，得到最优AP选择策略 η_1^*。

(5) 固定 γ_1^* 和 η_1^*，利用迭代分辨率选择算法优化分辨率选择策略，得到最优分辨率选择策略 λ_1^*。

优化每一种策略时，使用基于迭代的搜索算法，由于基于迭代的搜索算法的相似性，我们以迭代SE放置算法为例，将不会重复对迭代AP选择算法和迭代帧分辨率选择算法的描述。

输入搜索参数 Z_e、外部迭代数 n_1、内部迭代数 n_2、AP和分辨率选择策略 η、λ。

(1) 初始化SE放置策略 γ_1。

(2) 根据策略(η、γ_1、λ)计算M(t)。

(3) 通过加入微小扰动产生SE放置策略的新解 γ_2，并且根据策略(η、γ_2、λ)重新计算M(t)。

(4) 比较新解与原来解的大小并以一定概率确定是否接受新解，其中概率 $P=e^{[-(currentQoS-lastQoS)/Z_e]}$，其中 $currentQoS$ 为新解，

lastQoS 为上一次循环产生的解。

（5）将本次寻找到的最优解与前一次的最优解比较，若本次最优解小于前一次最优解，则接受本次最优解，直到循环结束。

3 应用示例

以 10 个油气管道施工要素、5 个接入点和 5 个边缘服务器的 MVR 系统为例。传统的 SA 方案同时优化了三种策略。由于它们是高度耦合的，而目标函数是非凸的，因此 SA 方案很难找到最优策略。我们的方案（EDSP-Edge）通过块坐标下降理论对三种策略进行解耦，可以在较短的时间内找到最优策略。

图 2（a）和表 1 显示了 SA 方案为用户确定的最优策略。在图 2（a）中，AP_2 和 AP_3 的过载和不合理的 SE 放置减少了 MVR 系统的服务质量。图 2（b）和表 II 显示了由 EDSP-Edge 为用户确定的最优策略。在图 2（b）中，AP 的选择和 SE 的放置更加合理，提高了 MVR 系统的服务质量。表 1 和表 2 的对比表明，与 SA 方案相比，EDSP-Edge 方案的策略减少了总延迟约 41%，视频分析质量提高了约 7%。

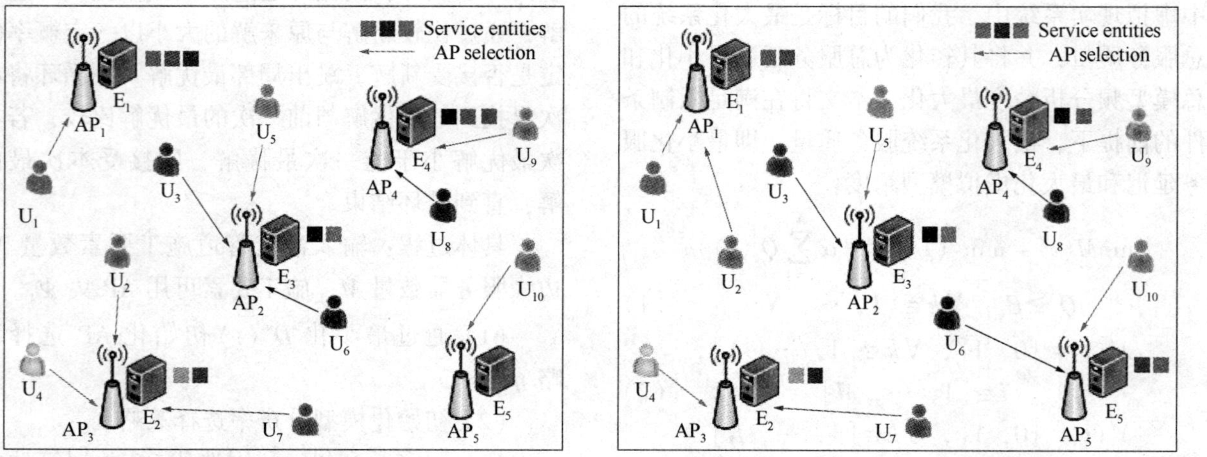

The strategies of the SA scheme
(a)

The strategies of the EDSP-Edge
(b)

图 2 油气管道虚拟施工中施工要素的两种方案比较

表 1 SA 方案的策略

施工要素	U_1	U_2	U_3	U_4	U_5	U_6	U_7	U_8	U_9	U_{10}
AP 选择	AP_1	AP_3	AP_2	AP_3	AP_2	AP_2	AP_3	AP_4	AP_4	AP_5
服务实体放置	E_1	E_1	E_1	E_2	E_3	E_3	E_2	E_4	E_4	E_4
分辨率选择	210^2	240^2	321^2	252^2	395^2	346^2	211^2	372^2	405^2	339^2
总服务延迟	348.4ms									
总分析质量	92.4%									

表 2 EDSP-Edge 方案的策略

施工要素	U_1	U_2	U_3	U_4	U_5	U_6	U_7	U_8	U_9	U_{10}
AP 选择	AP_1	AP_1	AP_2	AP_3	AP_2	AP_5	AP_3	AP_4	AP_4	AP_5
服务实体放置	E_1	E_1	E_2	E_2	E_3	E_3	E_5	E_4	E_4	E_5
分辨率选择	277^2	217^2	347^2	286^2	382^2	323^2	263^2	384^2	411^2	308^2
总服务延迟	204.6ms									
总分析质量	98.9%									

4 结语

大型复杂油气管道工程施工工序复杂，现场交叉作业多。“纸上谈兵”的方式往往无法实现对施工方案和关键工序的合理规划，已不能满足现阶段对工程进度、质量及安全的控制需求。因此智能化、可视化施工应运而生，而作为虚拟施工的第一步，虚拟建模的效率极大影响了总的虚拟施工进程。本文着眼于虚拟建模过程，采用边缘计算的方式完成油气管道虚拟建模任务，提高了整个系统的服务质量。

油气管道施工中虚拟现实系统通过优化三种策略提升系统的服务质量，动态权衡延迟和精度，满足不同的服务质量需求，实现更低的延迟或更高的模型精度，在最短时间找到三种策略的最优解，为油气管道虚拟施工提供了技术支持。

参考文献

[1] 周兆银，余政，周治臣，等. 基于 BIM+VR 技术的虚拟样板在施工管理中的应用研究[J]. 重庆建筑，2023，22(01)：28-31.

[2] 张恒，赵文，贾丰品，等. 基于虚拟地理环境的施工机械动态可视化仿真方法[J]. 地理空间信息，2023，21(04)：10-15.

[3] Z. Ning，P. Dong，X. Wang et al. Distributed and Dynamic Service Placement in Pervasive Edge Computing Networks[J]. *IEEE Transactions on Parallel and Distributed Systems*，2021：1210-1223.

[4] J. Xu，L. Chen，and P. Zhou. Joint Service Caching and Task Offloading for Mobile Edge Computing in Dense Networks. in Proc. of IEEE INFOCOM，2018，pp. 207-215.

[5] W.Zhang，S. Li，L. Liu et al. Hetero Edge：Orchestration of Real - time Vision Applications on Heterogeneous Edge Clouds. in Proc. of IEEE INFOCOM，2019，pp. 1270-1278.

[6] L. Wang，L. Jiao，T. He et al. Service Entity Placement for Social Virtual Reality Applications in Edge Computing. in Proc. of IEEE INFOCOM，2018，pp. 468-476.

[7] J. Huang，V. Rathod，C. Sun et al. Speed/Accuracy Trade-Offs for Modern Convolutional Object Detectors. in Proc. of IEEE CVPR，2017，pp. 3296-3297.

[8] 曲建军，郭战伟，杨飞，等. 基于块坐标下降法的有砟轨道大机捣固维修经济决策模型及算法[J]. 中国铁道科学，2023，44(02)：32-41.

[9] L. Grippo and M. Sciandrone. On The Convergence Of The Block Nonlinear Gauss - Seidel Method Under Convex Constraints [M]. Operations research letters，2000：127-136.

[10] J. Bi，H. Yuan，S. Duanmu et al. Energy Optimized Partial Computation Offloading in Mobile-Edge Computing With Genetic Simulated-Annealing-Based Particle Swarm Optimization[J]. IEEE Internet of Things Journal，2021：3774-3785.

长输管道工程三维数字化设计技术研究

张学功　崔世圣　朱海瑞　景龙祥　冀　晔

（中石化石油工程设计有限公司）

摘　要　油气水各类长输管道是国家重要基础设施，工程建设存在工程规模大、地形地貌多变、管道压力大、安全等级高、技术要求复杂、工程设计难度大等特点。设计过程中管沟敷设开挖回填与防护工程量巨大，对于工程投资影响高，常规设计方法采用估算值，准确度较低。本文通过研究数字化驱动设计技术，依托软件国产化工作思路，开展研究基于三维空间的管道设计方法，编制数字化设计软件，采用断面法计算管沟作业带土石方，较大程度地提高工程设计工程量计算准确度，并可自动化完成管道三维弯管设计与应力校核，针对各个桩点的作业带横断面进行边坡稳定分析，合理设置边坡防护，进行工程优化，形成设计图纸，从而提高工程设计质量与效率。

关键词　横坡敷设；管沟开挖；三维空间模型；作业带；边坡防护；工程量

1　前言

长输管道所经区域地形复杂多变，既有广阔的海滨平原，又有起伏的高原山区。受管道整体路由走向及地形条件、地质情况等因素的限制，管道敷设时，部分区段会存在横坡敷设的情况，即平行等高线敷设的情况，存在管位难以确定、作业带平整与削方工程量不准确、管道防护工程量变化大等问题，管道作业带平整过程中的土石方量较大，需结合地形数据、管道走向、管线断面等资料，选取合理的计算方法，提高工程量计算的准确度。

2　问题提出

目前，管道工程线路设计中，对于横坡敷设段存在的问题解决并不理想，仅仅通过现有的线路工程软件，采用简化模型进行粗略管沟开挖回填土石方计算，与现场实际施工中发生的工程量、削方参数相差较大。

横坡敷设段特点：横坡敷设是指管道以基本平行于等高线的敷设方式通过坡面，与垂直等高线敷设相比，存在以下特点：

（1）作业带开辟及管沟开挖过程中，需要进行削方，对原始稳定坡面产生扰动，形成新的边坡，同时产生大量土石方开挖工程量；

（2）由于产生了新的边坡，需分析确定放坡坡比、高度等参数，保证施工过程中人员和机具的安全；

（3）作业带开辟完成及管道敷设完成后，需对现场形成的坡面、填方等进行水工防护，因此，需准确确定防护工程量。

3　原因分析

目前设计过程中采用的是简化削坡计算模型，该模型假设待削方区域为三棱体。其方法是根据横坡敷设段作业带平整及管沟开挖情况，计算出作业带横截面面积，再乘以横坡段长度即作为作业带削方量计算结果。目前简化削坡计算模型中横坡段作业带截面见图1。

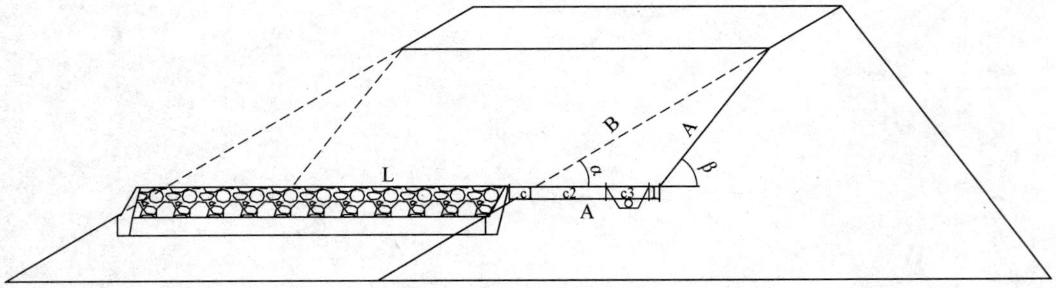

图1　简化削坡计算模型示意图

使用该简化计算模型存在不足之处：假设坡面平整，实际坡面不平整；假设管道轴线为直线，实际为水平或纵向折线；计算准确度取决于计算单元划分的精细程度；无法基于实际地形起伏情况进行计算。

结合横坡敷设段的特点，在设计过程中，需考虑管道敷设的安全性、削方参数的合理性、工程量的准确性及水工保护的针对性。目前，工程设计在横坡敷设段设计的过程中，采用简化模型进行计算，在削方参数的确定、工程量的计算方面存在一定不足，包括：

（1）由于不是基于全地形高程数据建模计算，导致选用的削方参数与实际地形吻合度较差；

（2）简化计算模型假设管道轴线为直线，实际为水平或纵向折线；不能体现待削方作业带的具体高程变化；

（3）简化计算模型假设坡面平整，实际坡面地形并不一定平整；计算截面划分较少，计算精确度较差；

（4）横坡段斜坡坡度需人工估算，横坡度值的识别较为繁琐，比较依赖设计人员经验；

（5）以往设计中仅能粗略估算工程量，未确定削方参数，更无法提供作业带平整图纸；

（6）由于无法确定削方后作业带横断面状态，导致水工防护缺乏针对性。

管沟作业带现场见图2。

图2　管沟作业带现场

国内多行业已经开展BIM技术研究与应用，由于多种原因，BIM技术在长输管道工程建设方面尚处于探索阶段，缺乏具体和深入的应用。目前国内尚且没有基于三维数字化方法进行管道土石方计算分析与工程防护的软件。横坡段水平及纵向地形起伏变化越大，挖方工程量计算越复杂。

为提高横坡敷设段工程量计算的准确度，分析横坡敷设段工程量计算准确度的影响因素，充分考虑地形变化对土石方量的影响，建立横坡段地形与作业带三维模型，对模型数据进行提取、计算与分析，提升设计精细化程度，减少现场变更，需要制定一款基于三维数字化、能够翔实计算分析、符合设计习惯操作方便的管道设计软件，采用三维数据模型进行横坡敷设段工程计算的同时，实现基于三维空间的管道弯管设计与应力分析。

4　软件分析实现过程与功能研究

4.1　设定管道工程基本信息、基础参数

根据工艺计算确定的管道主体尺寸，明确冷弯、热煨弯及弹性敷设有关弯管参数，确定管道最小埋置深度要求。

4.2　地形数字化

利用测绘提供的地形图文件，识别读取地形数据信息，构建以数据表达的数字地面模型。识别地形图内的高程点或等高线，提取相应的平面坐标及高差数据，存储为地形离散点数据，完成地形矢量化，构建数字地形三角网，建立数字地形DEM模型。

4.3　设计构建管道走向平面定位路由

结合现场踏勘、调研的结果，根据有关规划报批要求，可通过坐标数据录入软件内，自动形成管道路由平面图，或者在地形图上直接绘制管

道路由平面，后台自动提取记录相关数据信息。

4.4　设定计算范围，提取纵横断面地面数据

优先采用测绘方面提供的管道纵向及横向地形断面数据。也可通过软件在已经数字化的地形文件上自动提取管道纵向及横向地形断面数据。

4.5　设计纵断面控制标高，形成管道三维空间模型，完成管道主体设计

通过软件进行数字地形平滑模拟，确定地形起伏程度参数，自动计算确定管道纵断面设计标高，并可以进行预演、人工修改。

管道三维空间模型：把纵断面设计折点与平面路由折点汇合处理，每个折点对应两条相交直线，共同确定了一个个的空间平面，其一般方程式为：$Ax+By+Cz+D=0$，换为点法式：$A(x-x0)+B(y-y0)+C(z-z0)=0$，建立方程式求解ABC参数，（$A$，$B$，$C$）即为该平面的法向量。将空间曲线转化到此平面内进行曲线计算，确定管道弯管型式。依次计算所有折点对应的空间由线，完成整个管道三维空间模型分析。

4.6　设计作业带标准横断面（设置标准断面宽度组合、沟、墙构件）

用于管沟及作业带开挖的控制性标准，不同地段可以设置不同的标准断面形式、断面宽度，在不同断面间设置过渡段，确定是否进行清表及清表参数。组成标准断面的构件主要包括管沟、通道、土方堆放、焊接作业空间、安全宽度等，同时指定不同断面的各级边坡坡度、边沟与截水沟尺寸、挡墙或护面墙截面控制参数数据，如图3所示。

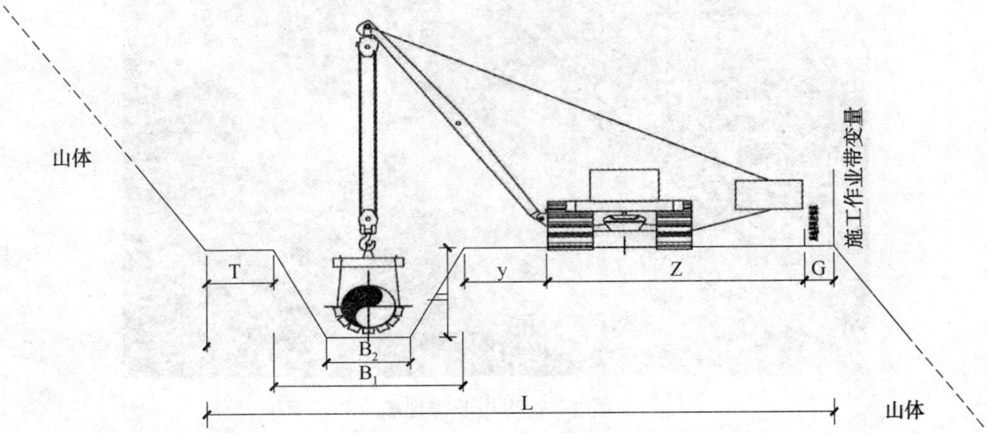

图3　作业带标准横断面

4.7　横断面挖填方计算，自动加载作业带标准横断面、边坡、必要的防护构筑物

管道施工作业的一般顺序：管沟开挖一般顺序是先进行边坡开挖及填筑作业，按照规定宽度形成作业带平台。然后按照设计纵断面标高及管沟尺寸开挖形成管沟。

管道位于横坡段敷设时，作业带开挖过程中，需根据施工机具、焊接方式、地形地貌及地质情况，确定作业带布置宽度及管沟方位，详见图3。由于横坡段施工较为困难，为降低对山体扰动，减小削方数量，需尽量缩小作业带宽度。因此，横坡段管道需采用沟下组焊，尽量达到挖填平衡，并取消错车宽度。

依据设计纵断面标高，通过在每一桩点加载标准横断面，完成管沟开挖、边坡放坡、边坡挡土墙防护、作业带土石方量计算。作业带平台及作业通道既可选择保留处理并回填管沟的方式（图4），也可选择进行恢复原始地貌状况的管沟回填方式（图5）。土石方计算过程利用三维空间数据为基础，采用断面法计算，充分计入管道地形纵向和横向的3维变化，由此计算获得的计算结果能够较为真实反映地形实际。

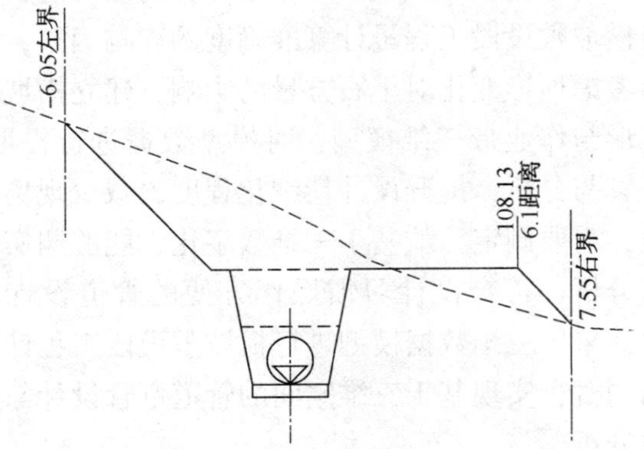

图4　管沟回填保留作业平台

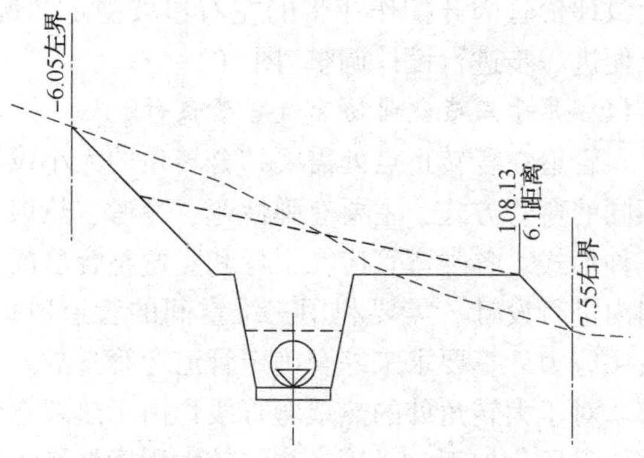

图5　管沟回填恢复地貌

4.8　输出平面、纵、横断面图

输出平面、纵、横断面图，自动完成逐桩坐标表、土石方计算表、挡土墙防护工程量统计，绘制管道三维模型，见图6。

4.9　自动拉坡技术研究

管道纵断面标高的确定需要结合地形地貌和管道最大最小埋深要求、穿跨越位置，并充分考虑土石方工程量大小予以确定，管道纵断面拉坡过程较为费时费力。依靠计算机运算能力，通过自动判别地形起伏状况研究，应用最小二乘法原理，软件可以初步确定一个较为合理的初始纵断面，然后由人工完成局部调整处理，从而最终确定纵断面设计标高，形成管道纵断面自动拉坡技术，这样可以大大减少手工劳动工作量(图7)。

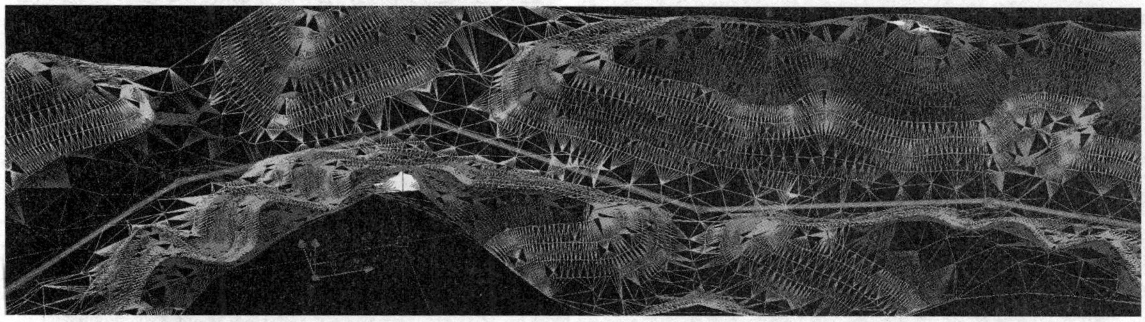

图6　三维管道

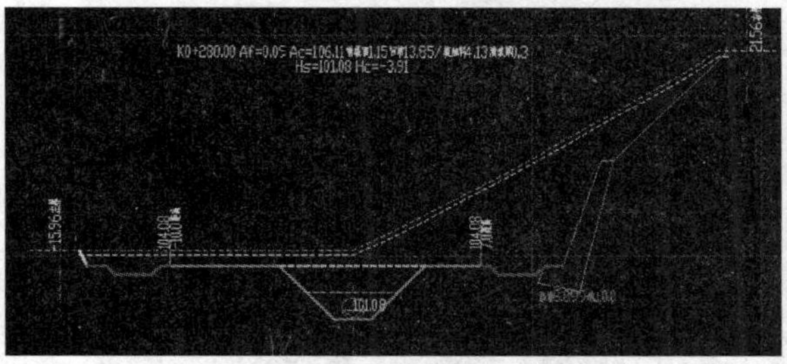

图7　边坡、挡墙自动加载

4.10　自动加载防护方式研究

管道沿线地形千变万化，形成管沟开挖作业平台的过程中，作业平台外侧挖填高度变化也会较大，为保证作业安全和管沟稳定，必须结合挖填状况进行必要的边坡处理与防护。通过专门研制自动加载边坡处理防护的方法，在软件内设置边坡防护专家系统，实现了边坡、挡土墙自动化处理的软件功能。

4.11　管道工程扫线图

结合工程项目管理需求，当管道施工的施工作业带和管沟开挖需要分阶段实施时，需要单独工程量计量、编制扫线图，在扫线过程完成施工作业带的平整工作，进行扫线土石方工程量计量，并通过软件自动绘制平纵横(三图合一)图纸(图8)。

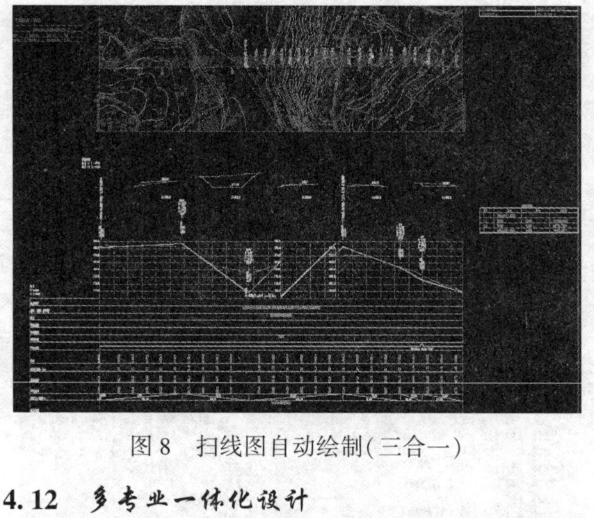

图8　扫线图自动绘制(三合一)

4.12　多专业一体化设计

把水工保护、管道防腐、通信设计等内容集约至同一信息平台窗口，管道平面、纵断面内实现自动统一协同绘图表达。

水工保护有关地面沟渠防护、挡土墙、截水墙可通过软件结合管道路由、纵坡以及地形地面信息自动判断处理，给出初始的水工保护设计，便于设计工作中进行修改，完整实现设计意图

(图9)。

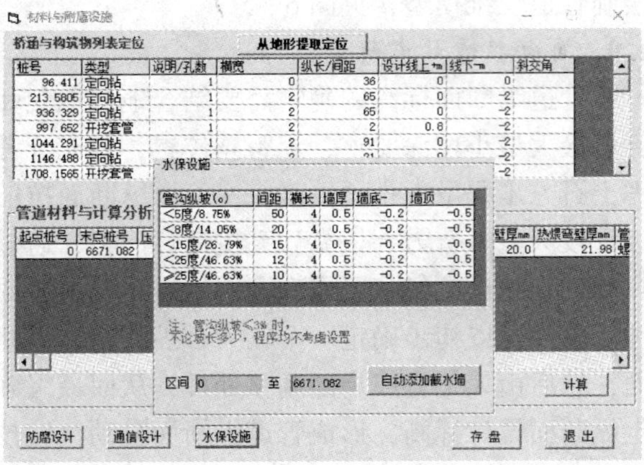

图9　截水墙自动添加

4.13　管道作业带边坡稳定分析

在完成管沟开挖作业带土石方计算的过程中，已形成了各个桩点的横断面数据信息，只需再录入待分析桩点的水文地质信息，即可快捷地大致评价管沟开挖作业带的左右边坡稳定状况，以便进一步进行设计调整(图10)。

4.14　基于三维空间的管道弯管设计

管道在各转折点处需要结合转角的大小设置不同的弯管方式，主要有弹性弯、冷弯、热煨弯三种形式。各类弯管应在平弯和竖弯整合后的空间内进行设计，需要利用三维空间的管道数据、按照应力计算要求来综合确定管道弯管参数。

对于大转角处的热煨弯管段，由于热煨弯管需要工厂化加工、运输，往往较大程度地制约二期，造成施工不便，为此，项目设计经常采取“冷代热”的方式，能较好地适应管道应力和施工需求。本次软件开发过程研究形成在三维管道空间上进行自动化“冷代热”处理以及其他弯管的自动设计技术，并针对各个弯管应力进行一一计算。

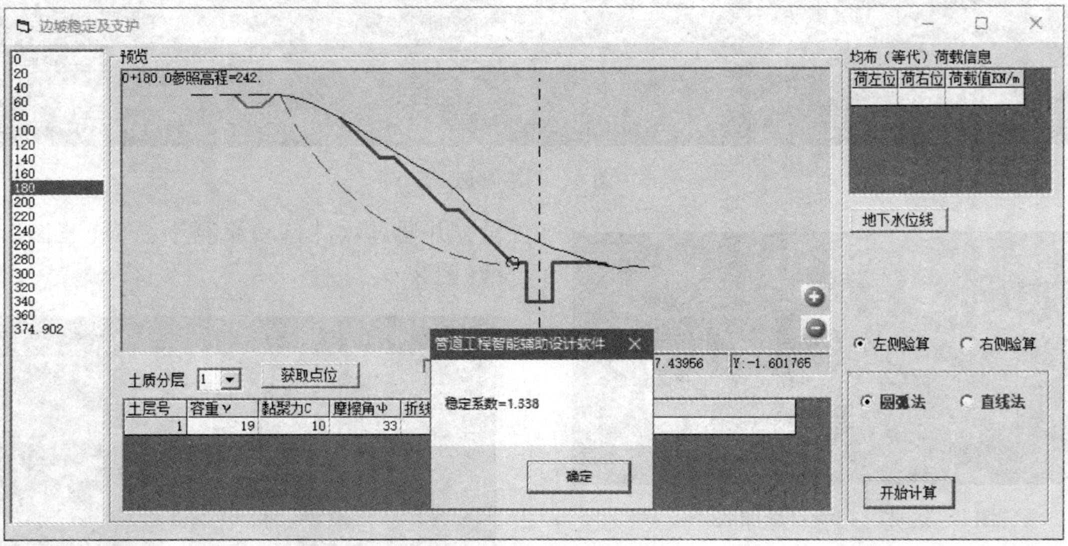

图10　边坡稳定分析

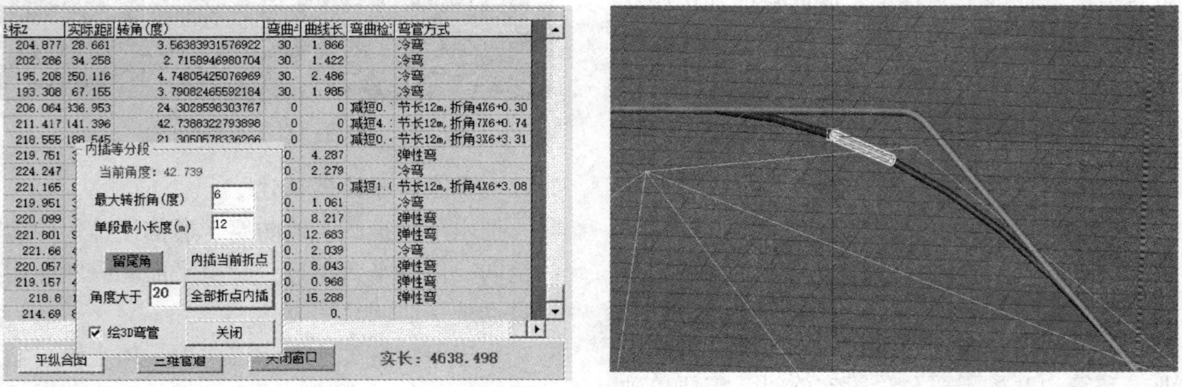

图11　弯管及“冷代热”设计

5　软件编制

作者利用计算机VB语言进行管道工程设计软件编制，分为文件管理、基础数据与信息、平纵横设计、成果输出等模块。输出定向可以是AutoCAD、中望CAD、MSoffice、WPS等办公软件格式文件，推进软件国产化进程。软件程序框图见图12，运行界面见图13。

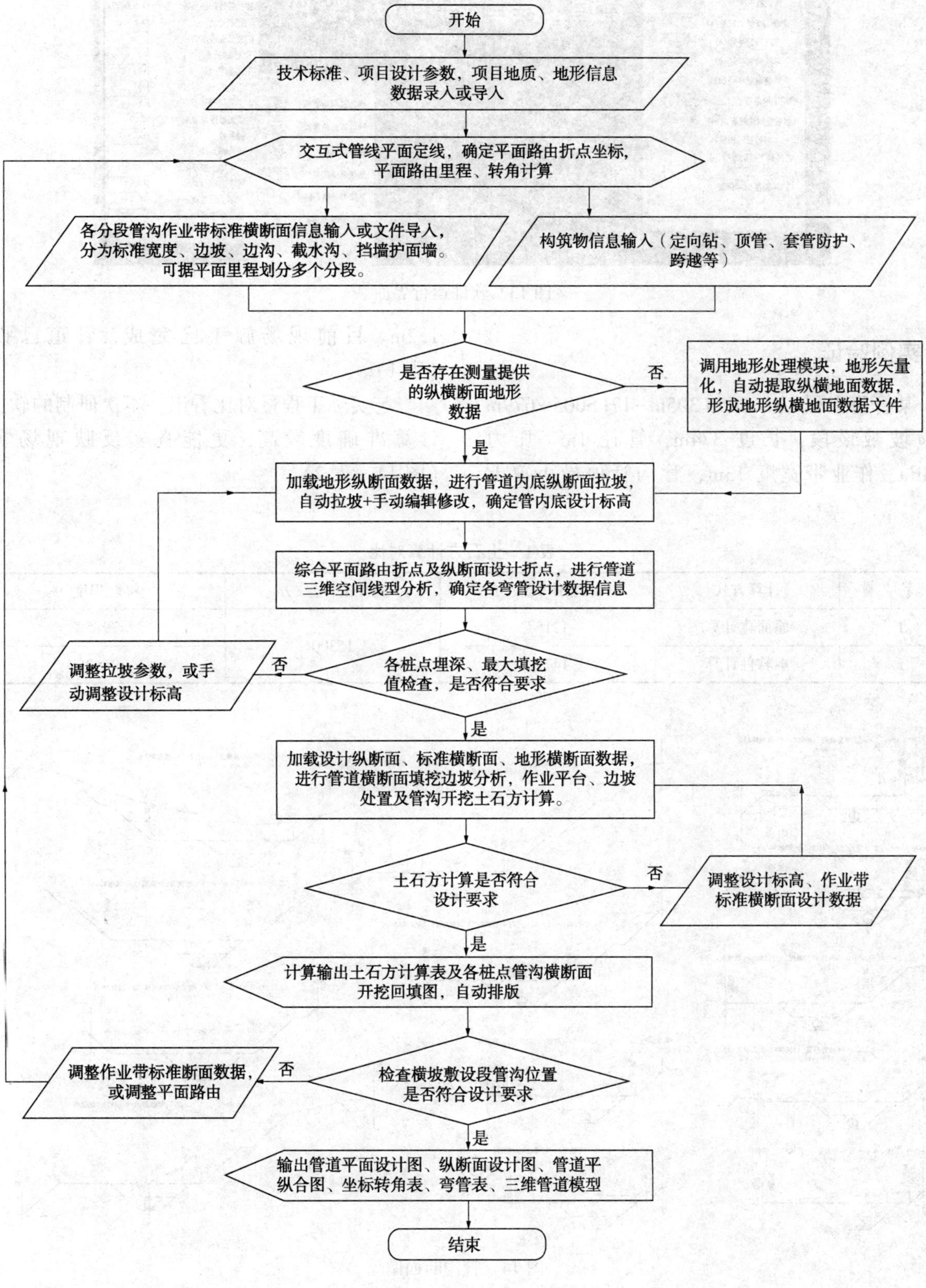

图12　程序框图

图 13　软件运行界面

6　实例验证

某管道工程 17LS005+305m-17LS005+679m 为横坡敷设段，长度 374m，管径 1m、压力 10MPa、作业带宽度 13m，管沟管顶最小覆土 1.2m。目前现场施工已完成，管道已投产（表 1）。

与实际工程量对比看出，本次研制的软件其计算准确度较高，更能真实反映现场实际（图 14，表 2）。

表 1　土石方计算对比

序号	计算方式	计算削方量/方	施工削方量/方	符合程度/%
1	原简化计算	12157	15300	79.5%
2	本软件计算	14723		96.2%

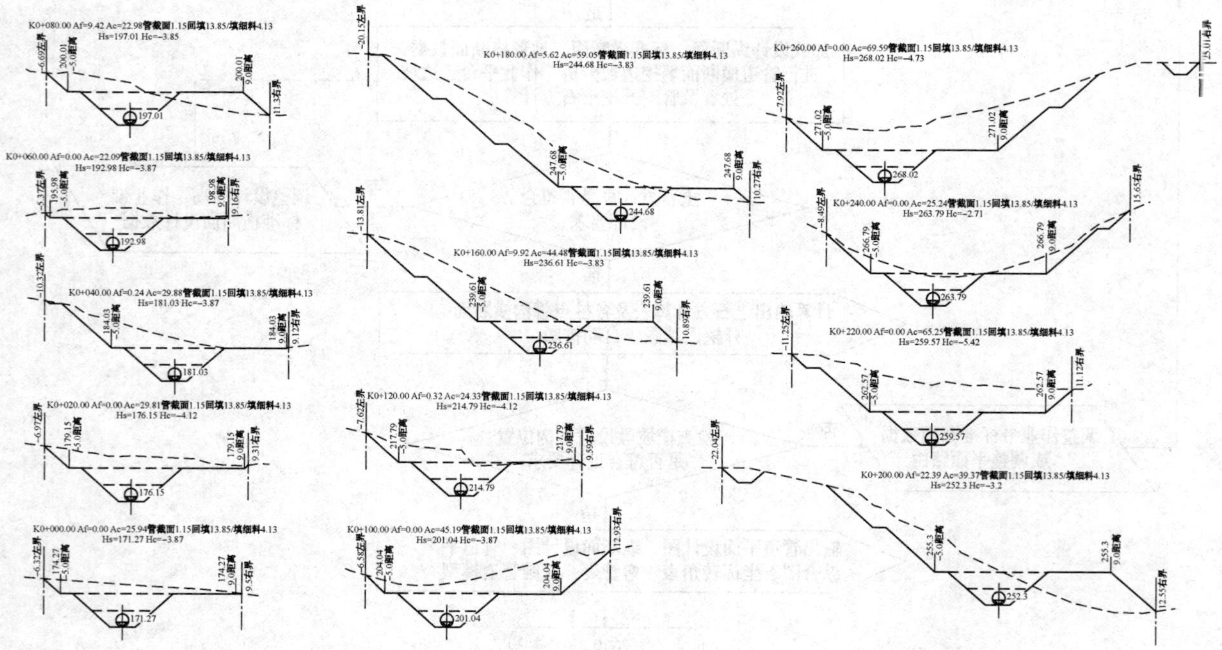

图 14　管沟断面图

表 2　土石方计算表

项目名称　×××工程　　　图号：管一计算表/0000　　　共 1 页第 1 页

桩号	前面面积(平方米)				距离	填挖数量(立方米)				本桩利用(立方米)				公里合计(立方米)			
	填方	挖方(土)	挖方(石)	清表		填方	挖方(土)	挖方(石)	清表	利用方	填缺	挖余	清表弃方	利用方	填缺	余方	弃方
K0+000.00	13.85	25.94	0.0	0.0	20.0	276.93	557.54	0.0	0.0	276.93		280.61	0.0				
K0+020.00	13.85	29.81	0.0	0.0	20.0	279.3	596.94	0.0	0.0	279.3		317.63	0.0				
K0+040.00	14.08	29.88	0.0	0.0	20.0	279.34	519.72	0.0	0.0	279.34		240.38	0.0				
K0+060.00	13.85	22.09	0.0	0.0	20.0	371.2	450.7	0.0	0.0	371.2		79.5	0.0				
K0+080.00	23.27	22.98	0.0	0.0	20.0	371.16	681.72	0.0	0.0	371.16		310.56	0.0				
K0+100.00	13.85	45.19	0.0	0.0	20.0	280.16	695.15	0.0	0.0	280.16		414.99	0.0				
K0+120.00	14.17	24.33	0.0	0.0	40.0	758.66	1376.13	0.0	0.0	758.66		617.46	0.0				
K0+160.00	23.76	44.48	0.0	0.0	20.0	432.26	1035.34	0.0	0.0	432.26		603.08	0.0				
K0+180.00	19.46	59.05	0.0	0.0	20.0	556.98	984.18	0.0	0.0	556.98		427.2	0.0				
K0+200.00	36.24	39.37	0.0	0.0	20.0	500.81	1046.19	0.0	0.0	500.81		545.37	0.0				
K0+220.00	13.85	65.25	0.0	0.0	20.0	276.93	904.97	0.0	0.0	276.93		628.04	0.0				
K0+240.00	13.85	25.24	0.0	0.0	20.0	276.93	948.35	0.0	0.0	276.93		671.42	0.0				
K0+260.00	13.85	69.59	0.0	0.0	20.0	276.93	1207.5	0.0	0.0	276.93		930.58	0.0				
K0+280.00	13.85	51.16	0.0	0.0	20.0	276.93	1009.87	0.0	0.0	276.93		732.94	0.0				
K0+300.00	13.85	49.83	0.0	0.0	20.0	276.93	876.8	0.0	0.0	276.93		599.87	0.0				
K0+320.00	13.85	37.85	0.0	0.0	20.0	276.93	607.76	0.0	0.0	276.93		330.83	0.0				
K0+340.00	13.85	22.92	0.0	0.0	20.0	276.93	653.44	0.0	0.0	276.93		376.51	0.0				
K0+360.00	13.85	42.42	0.0	0.0	14.9	206.31	570.76	0.0	0.0	206.31		364.45	0.0				
K0+374.90	13.85	34.19	0.0	0.0													

7 结语

采用数字化设计工作思路，引入智能化设计流程、方法，改进设计手段，采用三维数字化进行管道工程管沟敷设的工程计算，实施一体化的边坡防护，能够优化设计，工程量计算准确率可达95%以上，较大程度地提高设计精度、质量与设计效率，有效解决了管道工程横坡敷设段存在的问题，并且通过软件绘制出的管沟作业带横断面图进一步进行管沟边坡稳定计算分析。在开展三维数字化管沟设计时，为了能够获得一个较为优化的管沟设计，在开展设计过程中需重点处理完善以下几点：

（1）地形测绘数据信息应当翔实准确。

（2）作业带标准断面的尺寸设置应当合理。

（3）管道平面、纵断面总体设计应与地形密切结合，降低开挖及回填工程量。

（4）由于数字地形数据量较大，使用本软件时注意结合计算机性能适度分段。

参 考 文 献

[1] 输气管道工程设计规范 GB50251—2015
[2] 油气输送管道穿越工程设计规范 GB50423—2013
[3] 油气输送管道工程水平定向钻穿越设计规范 SY/T6968—2021
[4] 油气输送用钢制感应加热弯管 SY/T5257—2012
[5] 水工保护设计规范 SYT6793—2018

BH-VDT 远程传输系统开发与应用

陈红飞　陶松龄　黄　峰　张长春　陈奇涛　左　岳

（中国石油集团渤海钻探工程技术研究院）

摘　要　随着石油天然气勘探开发规模的不断扩大，以及信息技术的不断发展，对钻井监测及远程传输提出了更高的要求。本文针对井下数据的监测、预警、远程传输等开展系统深入的研究，开发了一套集现场监测，后方监测，智能预警，历史回放，参数同步等功能于一身的垂直钻井工具井下数据实时远程传输系统。介绍了系统的总体架构，阐述了系统各个部分的功能特点。该系统的开发有助于满足后方技术专家对现场数据的实时监测需求，有助于全面了解工具现场服务情况，及时提供远程技术支持，从而提高工具现场服务质量。

关键词　BH-VDT；远程传输；实时监测；智能预警；远程控制

1　前言

BH-VDT 垂直钻井系统是一种带有井下闭环控制，通过机、电、液一体化协同实现井下主动纠斜、保持井眼垂直的先进钻井工具，主要用于解决山前高陡构造、大倾角及逆掩推覆体等易斜地层的防斜打快钻井难题。由于井场分散和位置偏僻，后方技术专家很难实时掌握各井现场情况，不便于实时对现场提供技术支持，一定程度上影响了 BH-VDT 现场服务质量。因此，为了满足现场和后方工作人员对于井下数据进行实时监测的需要，需要开发一套 BH-VDT 的井下数据远程传输系统，实现现场数据采集与分析、智能预警、辅助分析、数据远程传输、远程实时监测与控制等功能，以满足垂直钻井技术服务的最新需求，进一步促进钻井与信息化的深度融合。

2　系统架构

BH-VDT 远程传输系统主要是用来解决实时计算分析 BH-VDT 井下泵压数据并且实时远传到后方服务器的问题，系统整体架构如图 1 所示。

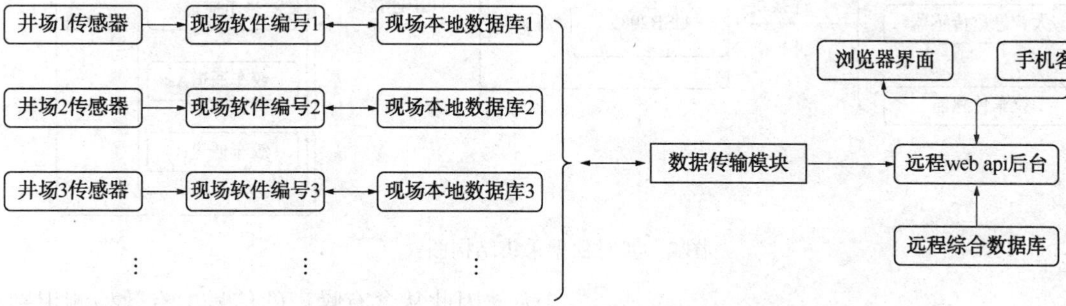

图 1　BH-VDT 远程传输系统总体架构图

由图所示，使用该系统的人员大体可以分为两类人员，分别为现场工作人员和后方决策人员，当垂钻工具开始工作后，软件可根据实际情况创建趟钻进行监测，显示随钻泥浆脉冲原始泵压信号以及过滤信号，同时根据解码算法计算出井斜、振动值、井底压力等数据，，帮助工程师掌握井下钻进数据，根据工程师给定预警规则，进行智能预警，提醒工程师及时对现场情况做出对应调整。另外软件可自动录入井深等数据，根据工程师录入地层数据，帮助工程师直观观测当前钻进的地质情况。最后所有以上数据均被录入数据库，后续可作为井史数据以图表的方式直观地帮助工程师进行辅助分析。

远程传输系统实时的将本地数据库中所有数据传输到后方数据库，并且可以在网络断开连接时候记忆通信中断位置，在通信恢复之后自动从中断位置开始传递后续数据。现场软件也可接收后方人员发送的参数更改指令。后方专家可通过内网互联的计算机或手机对现场进行监控，查看信号及数据。对数据进行评估分析，随时发出参数调整指令，使现场监控参数时刻达到最优水准。

3　系统功能组成部分

我们将该系统分为现场处理、数据远传、后方 web 三个部分。

3.1　现场处理部分

现场部分是整个系统中所需要数据的入口，更是整个系统的基石。现场处理部分主体由地面设备硬件以及软件构成。地面硬件包括但不限于压力传感器，大钩悬重传感器，绞车传感器，基于 USB2085 集成的解码箱，计算机。现场数据处理软件设计实现包括，数据采集，实时数据处理，用户界面搭建。

3.1.1　实时数据采集

为了可以方便高效的采集传感器数据，本系统采用了基于 USB 总线的数据采集卡——USB2085，可将地面设备中的各个传感器采集到不同通道中，并直接与计算机的 USB 接口相连。支持 USB2.0 Full-Speed 协议，真正实现即插即用，并且备有配套的驱动程序，因此软件只需对驱动程序进行适配代码的编写即可进行采集数据。后集成在解码箱中作为软件与地面传感器之间的媒介。

软件系统对于实时性的要求是毋庸置疑的，并且该实时系统必须要能够在实时采集数据的同时及时响应用户或操作系统的指令，为了满足这一需求，软件采用 C#语言进行编写，执行速度快性能高，基于 .NET Framework 开发框架，对于实时数据采集部分可直接开辟后台线程执行该部分任务，可靠稳定不会卡顿且不会影响软件其他响应需求。

采集的实时数据分处在 4 个通道，分别为压力通道、悬重通道、绞车通道 A 与绞车通道 B，由于硬件采集规则限制，多通道采集的数据融汇在一个缓存区中，为此，软件只需开辟 4 个通道子缓存，在采集过程中按照各通道在缓存区中的偏移进行数据分发，最后得到各自独立数据即可。整体结构如图 2 所示。

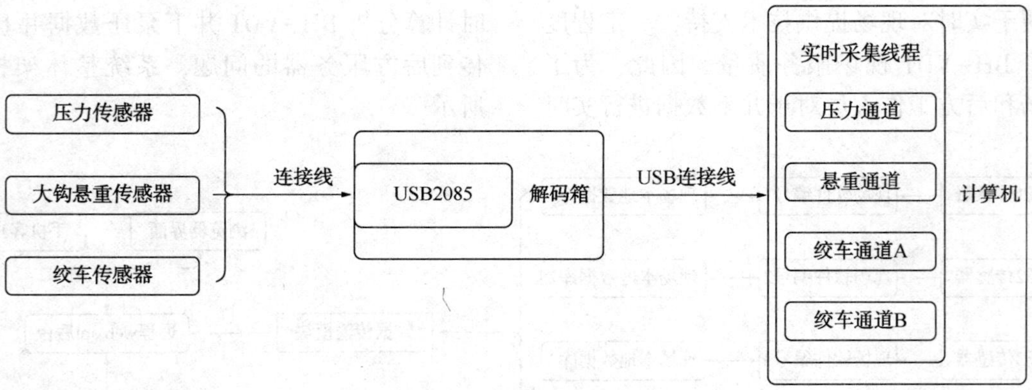

图 2　实时数据采集结构图

3.1.2　实时数据处理

实时数据处理同样需要满足实时性要求，因此同样为数据处理开辟后台线程，由于需要实时处理的数据有两种，即泵压数据与井深数据，则开辟两个后台线程进行数据处理计算。

对于实时采集到的压力通道数据，采用算术平均滤波算法，得到原始泵压，平均值滤波对周期性干扰抑制能力良好，但对异常信号和噪声抑制作用差。又由于井下各种及随机噪声多且强度大，因此从含有噪声的信号中有效检测识别出需要的脉冲信号就尤为重要。

在各类滤波函数中，Kaiser 窗主瓣能量与旁瓣能量之比最大，且可以自由选择主瓣宽度和旁瓣高度间的比重，Kaiser 窗由第一类零阶修正贝塞尔函数构成，其时域表示为：

$$W(n)=\frac{I_0[\beta\sqrt{1-(\frac{n}{N/2})^2}]}{I_0(\beta)},\quad 0\leqslant|n|\leqslant N/2$$

式子中 $I_0(\beta) = 1 + \sum_{n=1}^{\infty} [\frac{(\beta/2)^n}{n!}]^2$，为第一类变形零阶贝塞尔函数；$N$ 为窗函数的长度；β 为窗函数的形状参数，通过调节 β 可以控制主瓣宽度和旁瓣高度的衰减比例。

因此本软件为去噪采用低通或带通的 Kaiser 窗函数模型，通带选用 0-0.8hz；选用一组普适性较强的带通滤波系数，并通过解码反馈情况，不断地优化出一组优选的滤波数组，满足了对于原始泵压数据进行有效过滤的需要。

之后对过滤信号进行计算分析。一个周期包括 10 个脉冲，为了识别脉冲进行解码，本软件系统通过手动设置脉冲阈值，对超出阈值的各个脉冲间隔和脉冲宽度进行判断记录达到识别效果，并对这些脉冲的极值进行计算解码，得到解码数据并进行智能预警，涵盖井斜、振动值、动态压差、高边转动、信号情况以及悬重变化。并且为了满足预警的灵活性，软件提供用户预警规则的可修改入口，以人性化的界面进行呈现。

对于实时采集到的绞车及负荷通道，为了正确且自动更新深度数据，本软件基于用户根据现场实际情况做出的标定或校准来进行综合计算分析。用户利用负荷标定将通过负荷传感器采集到的 AD 数据与实际大钩负荷建立线性关系；利用绞车标定将绞车转动圈数和大钩偏移量建立线性关系。由此软件在给定深度初值后，能达到自动将采集到的 AD 数据转化为钻深及测深的效果。经过测试，由于不可避免会带来误差，软件对此做出优化，用户手动更改钻深进行覆盖或修正误差。

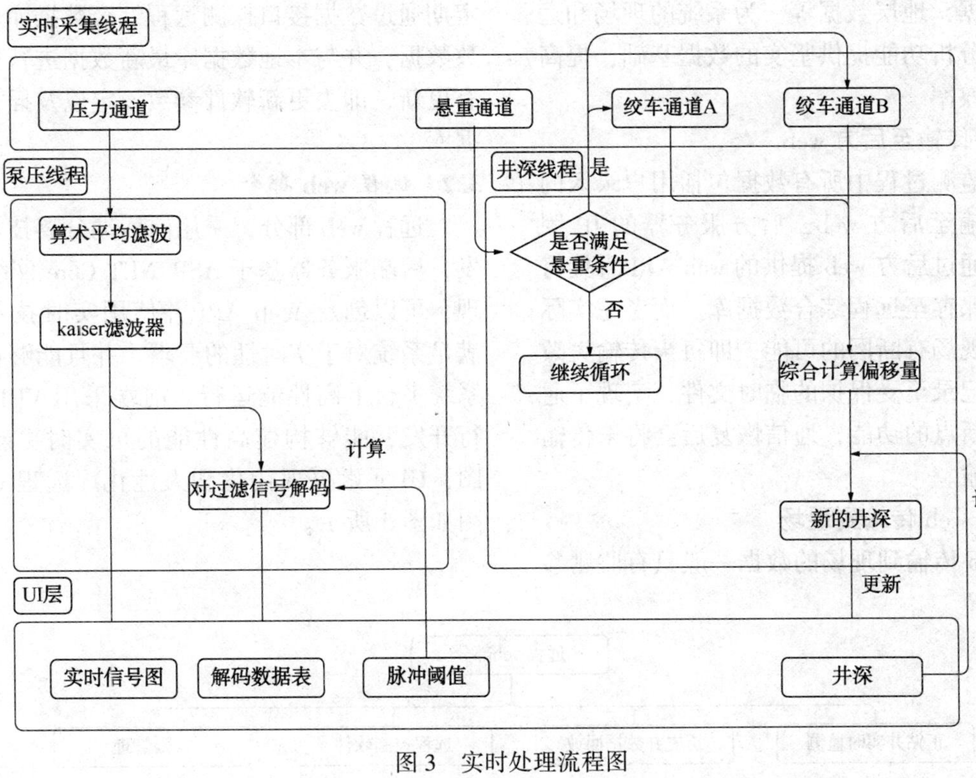

图 3　实时处理流程图

3.1.3　软件界面设计及相关功能

考虑到软件对实时性要求较高，以及软件对于实时监测曲线以及辅助分析的绘图需求，软件界面设计搭配了高性能 DevExpress UI 框架进行开发，开发遵循以下原则，1. UI 界面与运算逻辑分离，UI 与逻辑之间通过 C#中的事件进行消息传递，有利于软件模块化开发，提升软件可扩展性。2. 采用 UI 框架中的工具集进行开发，提高开发速度，提高软件维护性便于软件界面改进升级。3. 采用多窗口界面开发，提高用户使用体验。

同时为了满足现场预警及分析等需求，软件共设计功能界面如图 4 所示。

3.1　数据远程传输部分

数据传输部分是现场软件及远程 web 的联接纽带，针对系统中数据实时远传以及后方指令传输至现场的需求，基于不同的本地数据库与远程综合数据库，实现软件与远程 web 端数据的双向传输。

由于钻井作业区常常远离网络信号基站，通信过程中的断联情况必须考虑在内，因此将数据库设立为不同井场的本地数据库与远程综合数据库所构成的数据库集群，集群数据库全部选择PostgreSQL数据库，具有性能高速度快稳定性高，数据类型广等优点，以满足系统要求。

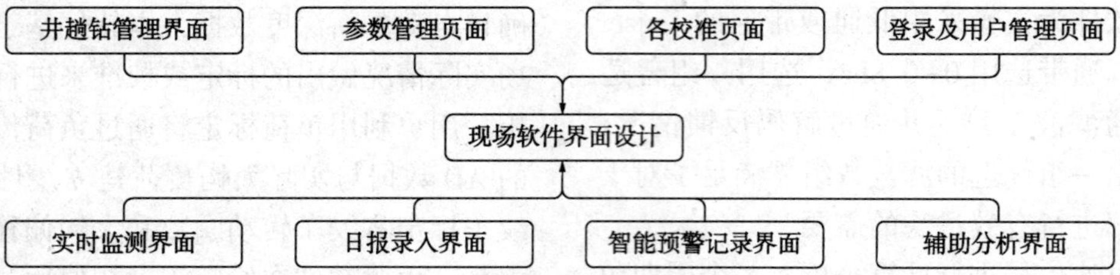

图4　现场软件结构图

另外，各数据库中的数据表与表中数据类型完全相同，便于远程数据传输过程流畅且不出差错。数据表包括但不限定于，实时原始泵压数据，实时解码数据，预警记录，监测参数数据，预警参数数据，地层数据等。为系统的现场和远程的监测和分析功能提供坚实的数据基础，提高数据管理的效率。

3.1.1　软件传输至后方web

软件在监测过程中所有数据包括用户录入的数据都将传输至后方web，后方服务器的IP固定，软件可通过后方web提供的web API直接将数据传输并保存至远程综合数据库。而考虑实际使用情况，现场有断网的可能，即每当传输失败都会将数据记录至受保护的临时文件，实现了通信中断保存断点的功能，通信恢复后会将未传输数据重新传输。

3.1.2　后方web传输到现场

远程web传输到现场的数据一般只有监测参数的更改。但现场软件端的IP地址可能常因为网络原因更改，不能依靠远程web精准识别，因此采用如下传输规则，后方web的更改直接保存到远程数据库，软件中利用框架自带的定时器，定期通过数据接口探测远程综合数据库中最新参数数据，并与本地数据库最新数据进行比对，若有更新，即去更新软件参数设定以及插入本地数据库。

3.2　远程web部分

远程web部分，采用前后端分离技术进行开发，后端服务器基于ASP.NET Core网络框架实现，可以创建Web API并使用实时技术，能够满足系统对于实时性的要求，并且能够在跨操作系统平台上高性能运行。前端采用VUE技术进行开发，能够构建高性能的可实时更新的曲线图，UI元素更现代化和人性化。远程web结构图如图5所示。

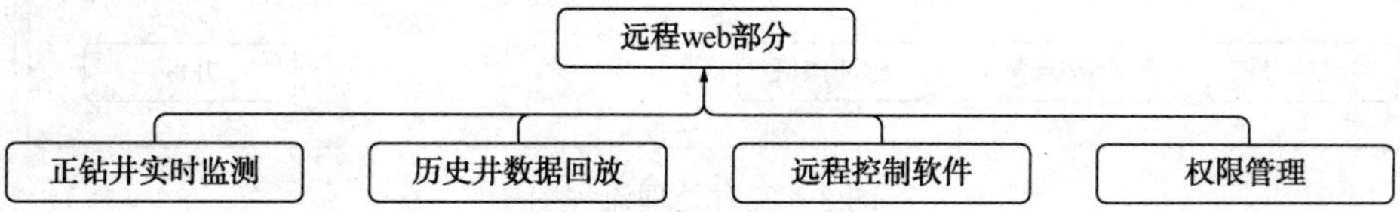

图5　远程web结构图

3.2.1　正钻井实时监测

由于监测的过程是实时的，后台数据库的数据在实时远传的过程中，数据不断增加，为了使页面感知实时数据，使用ASP.NET Core的实时技术，定时探测数据库中是否有新的数据，一旦有，就进行数据处理并传递给前端页面，web页面就会呈现新的实时数据，供后方人员监测及了解现场井况。

3.2.2　历史井数据回放

为了满足后方专家对于历史数据进行分析总结的需要，web部分实现已结束的井和趟钻的历史数据的回放功能。用户通过选取已经结束的井和趟钻，也可设置限定的时间区间或者深度区间，将对应录入的所有历史数据进行回放，并可对监测参数做临时调整。

3.2.3　远程控制软件

该模块可帮助后方人员实时监测现场正钻井时，对现场软件做出参数调整，从而实现远程控制软件的功能。

3.2.4　权限管理

为了对远程控制模块做出限制，采用如下权限管理规则，管理员每天都可更新权限密码，后方人员在更改参数时，必须要对密码进行验证才能成功更改参数。

4　现场应用测试

BH-VDT 远程传输系统在现场进行了应用测试，取得了良好的应用效果，显示出系统具有很好的稳定性和实时性，后方技术专家可以实时掌握现场工具运行及工况数据，从而更好地进行技术指导，提高了 BH-VDT 现场服务质量。以 BZ24-2 井三开钻井为例，根据第一趟 BH-VDT4000 工具实时传输的现场工况数据，后方技术专家及时调整下一趟工具的参数配置，并根据远程传输的现场作业动态数据及时提供技术指导，调整相关作业参数。第二趟工具从 3038m 钻至 3420m，持续稳定工作超过 200h，起钻时井斜 0.14°，期间远程传输系统一直稳定运行，信号解码率始终大于 90%，有力地保障了现场钻井作业施工进度。

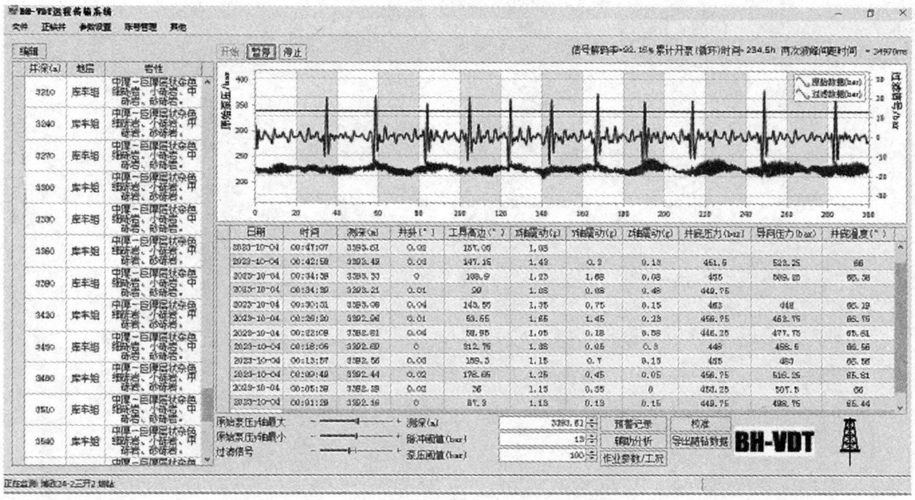

图 6　现场软件应用界面图

5　结论和认识

1）研究形成了一套集现场和后方同步监测、智能预警、历史回放、辅助分析等功能于一身的垂直钻井工具井下数据实时远程传输系统，满足了后方技术专家对现场数据的实时监测需求，有助于实时掌握工具现场服务情况，从而及时做出科学决策。

2）本系统实时将本地数据库中所有数据传输到服务器数据库，并且可以在网络断开连接时候记忆通信中断位置，在通信恢复之后自动从中断位置开始传递后续数据，保障了钻井现场网络不稳定时数据传输的完整性。

3）本系统采用传统滤波算法，需要手动设置阈值进行识别解码，同时随着高速螺杆的大量应用和超深井规模开发，对信号的干扰和传输也带来新的挑战，因此需要开展针对微弱信号或噪声大的信号的自适应滤波算法研究来保障系统的解码率，从而提升系统稳定性和泛用性。

参 考 文 献

[1] 陈世春，BH-VDT4000 垂直钻井系统研制与应用. 天津市，中国石油集团渤海钻探工程有限公司，2022-06-09.

[2] 吴佩林，马骉. 工业企业能耗在线监测数据传输设备远程运维研究[J]. 信息系统工程，2023(09)：126-129.

[3] 庞国红. 基于 ARM 的农机作业信息远程传输系统设计与实现[J]. 南方农机，2023，54(12)：74-76.

[4] 史磊. 基于 STM32 嵌入式的无线通信远程数据传输控制系统设计[J]. 计算机测量与控制，2022，30(11)：111-115+146. DOI：10. 16526/j. cnki. 11-4762/tp. 2022. 11. 017.

[5] 黎艺泉. 高速泥浆脉冲信号噪声消除方法研究[D]. 电子科技大学，2020.

[6] 采用凯塞尔窗函数的声表面波带通滤波器[J]. 压电与声光，1978(01)：68-81.
[7] 卢恋，任伟新，王世东. 基于 Kaiser 窗的分数阶 Fourier 变换与时频分析[J]. 振动工程学报，2023，36(03)：698-705.
[8] AhmedI. PostgreSQL 数据库的特点[J]. 软件和集成电路，2021(06)：63. DOI：10. 19609/j. cnki. cn10-1339/tn. 2021. 06. 030.
[9] 丁治明. PostgreSQL 生态价值与中国开发者社区运营实践[J]. 软件和集成电路，2021(06)：66-67. DOI：10. 19609/j. cnki. cn10 - 1339/tn. 2021. 06. 032.
[10] 张建平，马利，何翠华. 基于 ASP. NET 的粮仓温湿度远程监测管理系统的实现[J]. 粮食与饲料工业，2014(04)：21-23+27.
[11] 张像源. 基于 ASP. NET 的滑坡实时监测数据网上发布系统设计与实现[J]. 中国地质灾害与防治学报，2005(04)：124-127.